全国及各地区主体功能区规划

（下）

国家发展和改革委员会 编

 人民出版社

出版说明

　　主体功能区规划是我国国土空间开发的战略性、基础性和约束性规划。编制实施主体功能区规划,是深入贯彻落实科学发展观的重大战略举措,对于推进形成人口、经济和资源环境相协调的国土空间开发格局,加快转变经济发展方式,促进经济长期平稳较快发展和社会和谐稳定,实现全面建成小康社会宏伟目标和社会主义现代化建设长远目标,具有重要战略意义。

　　国务院批准发布《全国主体功能区规划》以来,各省(区、市)人民政府按照统一部署,陆续出台实施了省级主体功能区规划,这为实现到2020年主体功能区布局基本形成的战略目标奠定了坚实基础。

　　按照党的十八届三中全会关于坚定不移实施主体功能区制度的总体部署,为回应社会各界学习贯彻主体功能区战略和规划的要求,凝聚各方面推进形成主体功能区布局的共识,推动各地区严格按照主体功能定位谋划发展,现将全国及各地区主体功能区规划汇编出版,供有关方面研究参考。

人民出版社

二〇一五年五月

目 录 Contents

四川省主体功能区规划

序　言

四川素有"天府之国"美誉，历史悠久，人口众多，幅员广阔，资源丰富，生态地位重要。这里有山川秀美的巴蜀大地，这里是勤劳勇敢的四川人民世世代代繁衍生息的地方，这里创造了辉煌灿烂的巴蜀文化，这里是我们赖以生存和发展的家园。为了我们的家园更美好、经济更发达、区域更协调、人民更富裕、社会更和谐，为了给自然留下更多修复空间，给农业留下更多良田，给子孙后代留下天蓝、地绿、水净的美好家园，必须推进形成主体功能区，科学开发我们的家园。

推进形成主体功能区，就是根据不同区域的资源环境承载能力、现有开发强度和发展潜力，统筹谋划人口分布、经济布局、国土利用和城镇化格局，确定不同区域的主体功能，并据此明确开发方向，完善开发政策，控制开发强度，规范开发秩序，逐步形成人口、经济、资源环境相协调的国土空间开发格局。

推进形成主体功能区，是深入贯彻落实科学发展观的重大举措，有利于推进经济结构战略性调整，加快转变经济发展方式，实现科学发展；有利于按照以人为本的理念推进区域协调发展，缩小地区间基本公共服务和人民生活水平的差距；有利于引导人口分布、经济布局与资源环境承载能力相适应，促进人口、经济、资源环境的空间均衡；有利于从源头上扭转生态环境恶化趋势，促进资源节约和环境保护，应对和减缓气候变化，实现可持续发展；有利于打破行政区划界限，制定实施更有针对性的区域政策和绩效考核评价体系，加强和改善区域调控。

《四川省主体功能区规划》根据《国务院关于编制全国主体功能区规划的意见》（国发〔2007〕21号）、《全国主体功能区规划》编制，是全省科学开发国土空间的行动纲领和远景蓝图，是全省辖区国土空间开发的战略性、基础性、约束性规划，是省级其他空间性规划和其他省级规划空间开发和布局的基本依据。规划以县级行政区划为基本单元，规划主要目标确定到2020年，规划任务是更长远的，实施中将根据形势变化和评估结果适时调整修改。本规划的规划范围包括全省陆地和水域的国土空间。①

第一篇 规划背景

第一章 规划基础

第一节 自然状况

四川省位于中国西南内陆腹地,地处长江上游流域,与滇黔渝藏青甘陕西部七省(区、市)接壤,地理区位重要,地形地貌复杂,气候复杂多样,自然资源丰富。(图1 四川省行政区划图)

——地形。地跨青藏高原、云贵高原、横断山脉、秦巴山地、四川盆地。地形复杂多样,西高东低、高差悬殊,西部为高原、山地,东部为盆地、丘陵。可分为四川盆地、川西北高原和川西南山地三大部分。(图2 四川省地形图)

——气候。区域差异大,四川盆地和川西南山地属中亚热带气候区,西部属青藏高原气候区;山地气候垂直变化显著,亚热带山地垂直气候带谱完备,冬干夏雨的季风气候特点明显;气候类型复杂多样,亚热带类型集中成片于盆地区,温带、寒带气候类型出现在盆周山区、川西南山地。

——土地。幅员面积48.6万平方公里,占全国国土面积的5.1%,居全国第5位。土壤类型丰富多样,共有25个土类、66个亚类、137个土属、380个土种,土类数和亚类数分别占全国总数的43.5%和32.6%。

——水资源。水资源丰富,居全国前列。水资源以河川径流最为丰富,境内河流众多,有流域面积在100平方公里以上的河流1229条。

——矿产资源。矿产资源丰富且种类较齐全,已发现矿产132种,占全国总数的70%。钒钛、硫铁矿等7种矿产居全国第1位,钛储量占世界总储量82%、钒储量占世界总储量1/3。

——生物资源。生物资源丰富,有许多珍稀、古老的动植物种类,是全国乃至世界珍贵的生物基因库之一。植物种类占全国30%以上,是全国植物资源最丰富省份之一,有森林、灌丛、草原、草甸、竹林、沼泽等植被。动物资源丰富,有脊椎动物1246种,占全国总数的45%以上,兽类和鸟类约占全国的53%,有鱼类230余种,为全国重要的淡水生物资源库。

——灾害。自然灾害类型多、发生频率高、危害严重,为全国自然灾害最严重的省份之一。灾害的区域性、季节性和阶段性特征突出,并具有显著的共生性和伴生性。

第二节 经济社会概况

改革开放尤其是西部大开发以来,四川省发展成就巨大,经济实力显著增强,基础设施不断完

---

① 本规划涉及全省各县(区、市)的行政区划情况截止到2012年12月31日。2013年,巴中市新设恩阳区,广安市新设前锋区,广元市元坝区更名为昭化区,新调整的三个行政区的主体功能按原所属区划对应的主体功能定位和要求。

善,产业结构逐步优化,城镇化快速推进,社会发展步伐加快,人民生活显著提高。

——国民经济。2010 年地区生产总值达到 17185 亿元,居西部第 1 位、全国第 8 位;人均地区生产总值 21182 元,地方财政一般预算收入 1561 亿元。

——产业结构。农业基础进一步巩固,工业强省成效明显,服务业持续发展,2010 年三次产业结构为 14.4:50.5:35.1。初步形成电子信息、装备制造、能源电力、油气化工、钒钛钢铁、饮料食品、现代中药、旅游文化等特色优势产业。

——人口概况。2010 年全省常住人口 8041 万人,占全国 6.0%,居全国各省(区、市)第 4 位。常住人口中,城镇人口 3231 万人,占 40.2%;农村人口 4810 万人,占 59.8%。人口密度 165.8 人/平方公里,高于全国平均水平。全省有 55 个民族,少数民族人口 490 万人,占总人口 6.1%。

——城镇体系。2010 年城镇化率 40.2%,低于全国 9.5 个百分点。形成 1 个超大城市、8 个大城市、16 个中等城市、28 个小城市、1793 个小城镇的城镇体系,成都、川南、川东北、攀西 4 个城市群初步形成。

——人民生活。2010 年城镇居民人均可支配收入 15461 元,为全国平均水平 81%;农民人均纯收入 5140 元,为全国的 87%;城乡就业人员 4773 万人,城镇登记失业率 4.1%。

第三节　综合评价

综合评价全省国土资源、环境容量、生态环境重要性、自然灾害危险性、人口集聚度及经济社会发展水平(图 13　四川省国土空间开发综合评价图),从工业化城镇化开发角度看,四川省国土空间有以下特点:

——国土空间①广阔,但适宜开发的面积少。国土幅员面积居全国第 5 位,但可利用土地资源分布不均,60%以上集中于盆地和丘陵地区,其中平原地区可利用土地资源仅占 25%左右。适宜工业化城镇化开发的面积约 11.11 万平方公里,扣除必须保护的耕地和已有建设用地,今后可用于工业化城镇化开发的建设用地面积约 3.25 万平方公里,占全省幅员面积 6.7%。

——水资源总量丰富,但时空分布不均衡。人均水资源占有量 2900 立方米,略高于全国平均水平,但季节性、区域性、工程性缺水现象突出,全年 70%左右的降水集中在 5 至 9 月(大多以洪水形式流失),地区生产总值占全省 85%的盆地腹心地区水资源量仅占全省的 22%。

——能源矿产资源丰富,但总体上相对短缺。能源以水能、煤炭和天然气为主,石油资源储量很小。矿产资源总量丰富,但人均占有量低于全国水平,资源种类齐全,但多数矿种储量不足。且能源和矿产资源主要分布在生态脆弱地区,与主要消费地呈逆向分布。

——生态多样且重要,但生态环境较脆弱。生态类型多样,森林、湿地、草原等生态系统均有分布,地处长江、黄河源区,生态战略地位重要,但生态系统较为脆弱,中度以上生态脆弱区域占全省国土面积 83.2%。

——自然灾害频发,灾害影响面较大。自然灾害种类多、发生频率高,巨灾风险大,造成的人口和经济损失大。70%以上县(市、区)位于自然灾害威胁严重的区域内。受气候变化、地震活跃等因素影响,自然灾害可能呈现分布范围扩展、活动频率增强、危害程度提高的趋势,给人民群众生产

---

①　国土空间是指国家主权与主权权利管辖下的地域空间,是国民生存的场所和环境。包括陆地、水域、内水、领海、领空等。

生活和生命财产安全带来隐患。

第四节　存在的主要问题

全省国土开发和空间布局成绩显著,为经济社会持续快速健康发展提供了有力支撑,但也存在一些较突出的问题:

——国土开发空间结构①矛盾突出,利用效率较低。空间结构不清晰,土地用途分布不合理,土地利用界限不明晰,建设用地挤占优质耕地,建设用地粗放式开发利用,土地占用规模与经济效益、建设用地利用与土地承载能力、工业占地与居民生活用地之间矛盾日益凸显。

——城乡和区域发展不均衡,基本公共服务差距大。城镇化水平较低,城乡二元结构矛盾突出,城乡公共服务和生活条件差异大。经济社会发展水平较高的区域主要集中于盆地平原和丘陵地区,经济社会较不发达的区域主要集中于盆周和西部高山高原区等偏远地区,区域之间基本公共服务存在着较大的差距。

——部分地区耕地减少过快,保障粮食安全压力较大。随着工业化城镇化快速推进,全省地理条件较好的盆地平原和丘陵地区,城镇人口快速增加,城市空间不断扩张,工业占地快速增加,造成适宜发展农业生产的地区耕地逐年减少,对农产品尤其粮食生产影响较大,加之粮食生产品种结构不合理等,保障粮食安全压力较大。

——部分地区资源开发强度过大,环境破坏较突出。由于自然因素和人为活动等原因,尤其是部分地区粗放式开发,导致对生态环境的破坏日益突出。全省水土流失面积15.65万平方公里(不含冻融侵蚀面积6.47万平方公里),金沙江、嘉陵江和岷江多年平均输沙量约占长江上游85%。流经成都平原的沱江干支流水污染严重,主要工业城市均有酸雨出现,污染范围较大,程度较严重。

第五节　面临的形势

今后一个时期是全省加快发展的战略机遇期,也是各种矛盾凸显时期,对优化全省国土空间布局提出了更高要求。

——新型工业化新型城镇化进程加快,满足开发建设的空间需求面临挑战。全省进入工业化、城镇化"双加速"发展阶段,在重点工业化城镇化地区,城市建设和工业发展用地需求将进一步扩大,交通、能源等基础设施建设也将不断加快推进,这些都将不可避免占有耕地和绿色生态空间。

——统筹城乡发展深入推进,城乡空间结构优化面临新课题。随着城镇化快速发展,全省将继续深入推进统筹城乡发展,逐步打破城乡二元结构。农村人口进入城市,城市建设需要为农村人口进入城市预留生活空间。城市基础设施和公共服务设施向农村居民点延伸覆盖以及发展现代农业,都要求农村居住点相对集中,农村土地做进一步整理和复垦。这将对优化城乡空间布局结构,以及对国土空间开发效率提出了更高要求。

——人民生活质量不断提高,满足居民改善生活空间需求面临挑战。随着全面建设小康社会和推进社会主义现代化进程的加快,要满足人民生活质量不断改善的客观要求,需要更加宽敞的住

---

① 空间结构是指不同类型空间的构成及其在国土空间中的分布,如城市空间、农业空间、生态空间的比例,以及城市空间中城市建设空间与工矿建设空间的比例等。

所、优美的环境、洁净的空气、清洁的水源,这对保护耕地和环境质量提出了新要求。

——生态环境压力将持续增加,瓶颈制约日益凸现。四川地处长江、黄河上游,是长江、黄河及其主要支流重要水源涵养地,对确保流域生态平衡和三峡库区生态安全十分重要。但全省生态系统脆弱,环境容量有限,工业化和城镇化正快速推进,水资源短缺将更趋严重,生态环境保护面临更大挑战,气候变化影响不断加剧。

第二篇　指导思想与规划目标

第二章　指导思想和原则

第一节　指导思想

以邓小平理论和"三个代表"重要思想为指导,深入贯彻落实科学发展观,以人为本,树立新的国土空间开发理念,优化空间布局,调整开发内容,创新开发方式,规范开发秩序,提高开发效率,构建高效、协调、可持续的国土空间开发格局,为全面建设小康社会提供支撑。

第二节　主体功能区划分

本规划将我省国土空间分为以下主体功能区:按开发方式,分为重点开发区域、限制开发区域和禁止开发区域[①];按开发内容,分为城市化地区、农产品主产区和重点生态功能区;按层级,分为国家和省级两个层面。

重点开发区域、限制开发区域和禁止开发区域,是基于不同区域的资源环境承载能力、现有开发强度和未来发展潜力,以是否适宜或如何进行大规模高强度工业化城镇化开发为基准划分的。

城市化地区、农产品主产区和重点生态功能区,是以提供主体产品的类型为基准划分的。城市化地区是以提供工业品和服务产品为主体功能的地区,也提供农产品和生态产品;农产品主产区是以提供农产品为主体功能的地区,也提供生态产品、服务产品和部分工业品;重点生态功能区是以提供生态产品为主体功能的地区,也提供一定的农产品、服务产品和工业品。

重点开发区域是有一定经济基础、资源环境承载能力较强、发展潜力较大、集聚人口和经济的条件较好,从而应该重点进行工业化城镇化开发的城市化地区。

限制开发区域分为两类:一类是农产品主产区,即耕地较多、农业发展条件较好,尽管也适宜工业化城镇化开发,但从保障国家农产品安全以及中华民族永续发展的需要出发,必须把增强农业综合生产能力作为发展的首要任务,从而应该限制进行大规模高强度工业化城镇化开发的地区;一类是重点生态功能区,即生态系统脆弱或生态功能重要,资源环境承载能力较低,不具备大规模高强

[①]　国家原则要求划分为优化、重点、限制和禁止开发四类功能区,鉴于国家规划已将成渝地区确定为国家层面的重点开发区域,我省不再划优化开发区域。重点开发和限制开发区域原则上以县级行政区为基本单元,禁止开发区域以自然或法定边界为基本单元,分布在其他类型主体功能区域之中。

度工业化城镇化开发的条件,必须把增强生态产品生产能力作为首要任务,从而应该限制进行大规模高强度工业化城镇化开发的地区。

禁止开发区域是依法设立的各级各类自然文化资源保护区域,以及其他禁止进行工业化城镇化开发、需要特殊保护的重点生态功能区。国家层面禁止开发区域,包括国家级自然保护区、世界文化自然遗产、国家森林公园、国家地质公园、国家级风景名胜区、国家重要湿地和国家湿地公园等。省级层面的禁止开发区域,包括省级及以下各级各类自然文化资源保护区域、重要水源地以及其他省级人民政府根据需要确定的禁止开发区域。

本规划的重点开发、限制开发、禁止开发中的"开发",特指大规模高强度的工业化城镇化开发。限制开发,特指限制大规模高强度的工业化城镇化开发,并不是限制所有的开发活动。对农产品主产区,要限制大规模高强度的工业化城镇化开发,但仍要鼓励农业开发;对重点生态功能区,要限制大规模高强度的工业化城镇化开发,但仍允许一定程度的能源和矿产资源开发。将一些区域确定为限制开发区域,并不是限制发展,而是为了更好地保护这类区域的农业生产力和生态产品生产力,实现科学发展。

各类主体功能区,在经济社会发展中具有同等重要的地位,只是主体功能不同,开发方式不同,保护内容不同,发展首要任务不同,政府支持重点不同。对城市化地区主要支持其集聚人口和经济,对农产品主产区主要支持其增强农业综合生产能力,对重点生态功能区主要支持其保护和修复生态环境。

主体功能区分类及其功能

第三节　开发原则

推进形成主体功能区,要坚持以人为本,把提高全体人民的生活质量、增强可持续发展能力作为基本原则。各类主体功能区都要推动科学发展,但不同主体功能区在推动科学发展中的主体内容和主要任务不同。

——优化结构。将国土空间开发从占用土地的外延扩张为主,转向调整优化空间结构为主。按照生产发展、生活富裕、生态良好的要求调整空间结构。保证生活空间,扩大绿色生态空间,严格保护耕地尤其是基本农田,保持农业生产空间,增加农村公共设施空间。适度扩大交通设施空间,扩大和优化重点开发区域的城市和产业发展空间,严格控制限制开发区域城市建设空间和工矿建设空间。

——协调开发。按照人口、经济、资源环境相协调以及统筹城乡发展、统筹区域发展的要求进行开发,促进人口、经济、资源环境相协调。重点开发区域在集聚经济的同时要集聚相应规模的人口,引导限制开发和禁止开发区域人口有序转移到重点开发区域。城市化地区要充分考虑土地、水资源承载能力,构建科学的城镇体系,强化区域性中心城市功能,带动全省区域协调发展。推进城乡经济社会一体化发展,逐步完善城乡基础设施和公共服务配套设施建设。统筹上下游开发,重要江河上游地区的开发要充分考虑对下游地区生态环境的影响。

——集约高效。把提高空间利用效率作为国土空间开发的重要任务,引导人口相对集中分布、产业集中布局,严格控制开发强度,优化国土空间开发结构,使绝大部分国土空间成为保障生态安全和农产品供给安全的空间。推进国土集约开发,实现国土高效开发利用。资源环境承载能力较强、人口密度较高的城市化地区,要把城市群作为推进城镇化的主体形态。农产品主产区的城镇建设和产业项目要依托县城和重点镇,集约建设农村基础设施和公共服务设施。工业项目建设要按照发展循环经济和有利于污染集中治理的原则集中布局。

——保护自然。按照建设资源节约型、环境友好型社会的要求,以保护自然生态为前提、以资源承载能力和环境容量为基础进行有度有序开发。工业化城镇化开发必须建立在对所在区域资源环境承载能力综合评价的基础上,严格控制在水资源短缺、生态脆弱、环境容量小、自然灾害危险性大的地区进行工业化城镇化开发。能源和矿产资源开发,要尽可能不损害生态环境并应最大限度地修复原有生态环境。交通、输电等基础设施建设要尽量避免对重要自然景观和生态系统的分割,以资源环境承载能力综合评价为基础,划定生态红线并制定相应的环境标准和环境政策,加强森林、草地、湿地、冰川等生态空间的保护。

第四节　重大关系

推进形成主体功能区,应处理好以下重大关系:

——主体功能与其他功能的关系。主体功能不等于唯一功能。明确一定区域的主要功能及其开发的主体内容和发展的主要任务,并不排斥该区域发挥其他功能。优化开发区域和重点开发区域作为城市化地区,主体功能是提供工业品和服务产品,集聚人口和经济,但也必须保护好区域内的基本农田等农业空间,保护好森林、草原、湿地等生态空间,也要提供一定数量的农产品和生态产品。限制开发区域作为农产品主产区和重点生态功能区,主体功能是提供农产品和生态产品,保障国家农产品供给安全和生态系统稳定,但也允许适度开发能源和矿产资源,允许发展不影响主体功能定位、当地资源环境可承载的产业,允许进行必要的城镇建设。政府从履行职能的角度,对各类主体功能区都要提供公共服务和加强社会管理。

——主体功能区与农业发展的关系。把农产品主产区作为限制进行大规模高强度工业化城镇化开发的区域,是为了切实保护这类农业发展条件较好区域的耕地,使之能集中各种资源发展现代农业,不断提高农业综合生产能力。同时,也可以使国家强农惠农的政策更集中地落实到这类区域,确保农民收入不断增长,农村面貌不断改善。此外,通过集中布局、点状开发,在县城适度发展非农产业,可以避免过度分散发展工业带来的对耕地过度占用等问题。

——主体功能区与能源和矿产资源开发的关系。能源和矿产资源富集的地区,往往生态系统比较脆弱或生态功能比较重要,并不适宜大规模高强度的工业化城镇化开发。能源和矿产资源开发,往往只是"点"的开发,主体功能区中的工业化城镇化开发,更多地是"片"的开发。将一些能源和矿产资源富集的区域确定为限制开发区域,并不是要限制能源和矿产资源的开发,而是应该按照该区域的主体功能定位实行"点上开发、面上保护"。

——主体功能区与区域发展总体战略的关系。推进形成主体功能区是为了落实好区域发展总体战略,深化细化区域政策,更有力地支持区域协调发展。把成都平原、川南、攀西、川东北地区内一些资源环境承载能力较强、集聚人口和经济条件较好的区域确定为重点开发区域,是为了引导生产要素向这类区域集中,促进工业化城镇化,加快经济发展。把一些不具备大规模高强度进行工业化城镇化的区域确定为限制开发的重点生态功能区,并不是不支持这些地区发展,而是为了更好地保护这类区域的生态产品生产力,为了使国家和全省保护生态环境的支持政策能更集中地用到这类区域,尽快改善当地公共服务和人民生活条件,使当地人民与其他区域人民共同过上全面小康的生活。

——政府与市场的关系。推进形成主体功能区,是政府对国土空间开发的战略设计和总体谋划。主体功能区的划定,是按照自然规律和经济规律,根据资源环境承载能力综合评价,在各地、各部门多方沟通协调基础上确定的。促进主体功能区的形成,要正确处理好政府与市场的关系,既要发挥政府的科学引导作用,更要发挥市场配置资源的基础性作用。政府在推进形成主体功能区中的主要职责是,明确主体功能定位并据此配置公共资源,完善法律法规和区域政策,综合运用各种手段,引导市场主体根据相关区域主体功能定位,有序进行开发,促进经济社会全面协调可持续发展。优化开发和重点开发区域主体功能定位的形成,主要依靠市场机制发挥作用,政府主要是通过编制规划和制定政策,引导生产要素向这类区域集聚。限制开发和禁止开发区域主体功能定位的形成,要通过健全法律法规和规划体系来约束不符合主体功能定位的开发行为,通过建立补偿机制引导地方人民政府和市场主体自觉推进主体功能建设。

第三章　战略目标和任务

第一节　主要目标

根据中央对全国主体功能区建设的总体要求和《全国主体功能区规划》的具体要求,到2020年,全省推进形成主体功能区的主要目标是:

——空间开发格局清晰。"一核、四群、五带"为主体的城镇化战略格局、五大农产品主产区为主体的农业战略格局、四类重点生态功能区为主体的生态安全战略格局基本形成。工业化城镇化得到快速推进,农业安全得到有效保障,生态环境得到有效保护。

——空间结构得到优化。全省陆地国土空间的开发强度①控制在 3.75% 左右。重点开发、限制开发、禁止开发三类主体功能区生态空间分别大于 60%、70% 和 95%，绿色生态空间大幅提高。城镇工矿用地面积控制在 0.47 万平方公里以内，农村居民点占地面积控制在 1.01 万平方公里以内，全省耕地保有量不低于 5.89 万平方公里，其中基本农田不低于 5.14 万平方公里。

——空间利用效率提高。城镇空间单位面积创造的生产总值显著提高，提高土地集约节约利用水平。各类工业园区单位建设用地的要素投入和生产能力显著提高，环境污染得到严格控制和集中治理。单位面积耕地粮食与主要经济作物产量和产值提高，粮食产量达到 750 亿斤以上。单位绿色生态空间林木蓄积量、产草量和涵养水量明显增加。

——人民生活水平差距缩小。不同主体功能区以及同类主体功能区各区域之间城镇居民人均可支配收入和生活条件、农村居民人均纯收入和生活条件的差距缩小。扣除成本因素后的人均财政支出能力大体相当，基本公共服务均等化取得重大进展。城乡和区域发展差距不断缩小。

——生态屏障建设成效显著。生态系统稳定性增强，生态退化面积减少，水土流失得到有效防治，环境质量明显改善，生物多样性得到有效保护，森林覆盖率达到 37%，森林蓄积量达到 17.2 亿立方米以上。主要污染物排放总量和排放强度明显下降，大中城市空气质量基本达到Ⅱ级标准，长江出川断面水质达到Ⅲ类以上，防灾减灾能力进一步提升，应对气候变化能力显著增强。

专栏 1　四川省国土空间开发规划指标		
指　　标	2010 年	2020 年
国土开发强度（%）	3.41	3.75
耕地保有量（万平方公里）	5.95	5.89
基本农田保护面积（万平方公里）	5.14	5.14
园地面积（万平方公里）	0.81	0.96
林地面积（万平方公里）	23.20	23.58
牧草地面积（万平方公里）	13.76	13.79
建设用地总规模（万平方公里）	1.65	1.81
城乡建设用地规模（万平方公里）	1.37	1.49
城镇工矿用地规模（万平方公里）	0.35	0.47
农村居民点用地规模（万平方公里）	1.03	1.01
交通、水利及其他用地规模（万平方公里）	0.28	0.33
森林覆盖率（%）	34.82	37

注：国土空间开发的规划指标依据国务院批复的土地利用总体规划和林地保护利用规划确定。

第二节　战略任务

按照国家构建城市化、农业、生态安全三大战略格局的要求，结合全面建成小康社会的战略目标，推进形成全省主体功能区三大战略格局。

---

① 开发强度是指一个区域建设空间占该区域总面积的比例。建设空间包括城镇建设、独立工矿、农村居民点、交通、水利设施、其他建设用地等空间。

——构建"一核、四群、五带"为主体的城镇化战略格局。依托区域性中心城市和长江黄金水道、主要陆路交通干线,形成成都都市圈发展极核,成都、川南、川东北、攀西四大城市群,成德绵广(元)、成眉乐宜泸、成资内(自)、成遂南广(安)达与成雅西攀五条各具特色的城镇发展带。重点推进成都平原、川南、川东北和攀西地区工业化城镇化基础较好、经济和人口集聚条件较好、环境容量和发展潜力较大的部分县(市、区)加快发展,使之成为全省产业、人口和城镇的主要集聚地。(图5　四川省城市化战略格局示意图)

——构建五大农产品主产区为主体的农业战略格局。以基本农田为基础,构建以盆地中部平原浅丘区、川南低中山区、盆地东部丘陵低山区、盆地西缘山区和安宁河流农产品主产区为主体,以其他农业地区为重要组成的农业战略格局。推进五大农产品主产区内耕地面积较多、农业条件较好的县(市、区)大力发展现代农业。以保障粮食安全和提高农业综合生产能力、抗风险能力、市场竞争能力为目标,加快农业科技创新,优化农业结构,提高农业产业化经营。大力发展粮油、畜禽、水产、果蔬、林竹、茶叶等特色效益农业,培育一批现代畜牧业重点县、现代农业产业基地强县和林业产业重点县,建成全国重要的优质特色农产品供给基地。(图6　四川省农业战略格局示意图)

——构建四类重点生态功能区为主体的生态安全战略格局。构建以若尔盖草原湿地、川滇森林及生物多样性、秦巴生物多样性、大小凉山水土保持及生物多样性生态功能区等为主体,以长江干流、金沙江、嘉陵江、沱江、岷江等主要江河水系为骨架,以山地、森林、草原、湿地等生态系统为重点,以点状分布的世界遗产地、自然保护区、森林公园、湿地公园和风景名胜区等为重要组成的生态安全战略格局。实施生态保护和建设重点工程,加强防灾减灾工程建设,强化开发建设中的生态保护和污染治理,全面推进长江上游生态屏障建设。(图7　四川省生态安全战略格局示意图)

第三节　未来展望

全省主体功能区布局基本形成,国土空间总体上将呈现生产空间集约高效、生活空间舒适宜居、生态空间山青水碧,人口、经济、资源环境相协调,"天府之国"更加美好的景象。

——经济布局更趋集中均衡①。工业化城镇化将在适宜开发的有限空间集中开发,产业集聚布局、人口集中居住、城镇密集分布。区域协调发展,成都作为全省中心城市更加发达和宜居,一批区域性中心城市快速崛起,形成功能完善、分工合理的四大城市群,大中小城市和小城镇协调发展,形成多元、多极、网络化的城镇体系,全省人口、城镇和经济布局更趋合理。

——城乡区域发展更趋协调。城市化地区成为人口分布和经济布局的主要载体,农村人口向城镇有序转移,其他区域人口向城市化地区集聚,更多人口生活在宜居区域。农产品主产区和重点生态功能区环境压力明显减轻,更多空间用于退耕还林还草还水。城市支撑农村、工业反哺农业和生态建设的力度加大,农业现代化水平、农业劳动生产率大大提高,区域比较优势得到充分发挥,区域产业分工进一步加强,区域经济发展更加协调,城乡与区域间人均生产总值及人均收入的差距逐步缩小。

---

① 集中均衡式经济布局是指小区域集中、大区域均衡的开发模式。即在较小空间尺度的区域集中开发、密集布局;在较大空间尺度的区域,形成若干个小区域集中的增长极,并在国土空间相对均衡分布。这是一种既体现高效,又体现公平的开发模式。

　　——基本公共服务更趋均等。公共财政支出规模与公共服务覆盖的人口规模更加匹配,非重点开发区域的基本公共服务和人民生活条件得到明显改善,生活在不同地区的居民享有均等化的基本公共服务和大体相当的基本生活条件。随着城镇化进程和人口集聚度提高,基本公共服务的效率显著提高。

　　——资源利用更趋集约高效。大部分人口和产业集聚于城市化地区尤其是四大城市群,单位人口居住和单位经济产出占用国土空间减少,基础设施共享水平大幅提高。城市群内形成相对完整的产业链,协作配套能力增强,市场指向型产品运距缩短,物流成本降低。资源优势转化为经济优势的能力增强,就地加工转化率提升,绿色经济快速发展,资源节约与环境友好型生产和消费体系基本形成,节能型轨道交通成为城市群主要客运方式并间接减少私人轿车的使用频率。

　　——经济社会发展更可持续。重点生态功能区承载人口和发展产业的压力大幅减轻,不符合主体功能定位的开发活动大幅减少,涵养水源、保持水土、维护生物多样性等生态功能提升,森林、草原、河流、湿地、农田等生态系统的稳定性增强。农产品主产区开发强度得到合理控制,农业的生态效能大幅提升。城市化地区的开发强度得到有效控制,绿色生态空间保持合理规模。

第三篇　主体功能区

　　推进全省形成主体功能区,必须明确国家级和省级层面的重点开发、限制开发(农产品主产区和重点生态功能区)、禁止开发区域的功能定位、发展目标、发展方向和开发原则。根据四川实际,有89个县作为重点开发区,并将与重点开发区相连的农产品主产区以及省级重点生态功能区50个县的县城镇及重点镇纳入重点开发区域范围(点状开发城镇面积共0.22万平方公里),重点开发区面积占全省总面积的21.2%。有35个县作为农产品主产区,占全省总面积的13.4%。有57个县作为重点生态功能区,占全省总面积的65.4%。禁止开发区域分散于上述三类主体功能区内。(图8　四川省主体功能区划分总图)

专栏2　四川省主体功能区划分概况			
主体功能区类型	县(个)	国土面积 (万平方公里)	占全省国土面积比重 (%)
重点开发区域	89	10.08	20.7
限制开发区域(农产品主产区)	35	6.70	13.8
限制开发区域(重点生态功能区)	57	31.82	65.5

注:(1)表中国土面积按照国土资源厅提供最新的土地利用现状。
　　(2)表中重点开发区域、限制开发区域面积均未扣除基本农田面积。
　　(3)重点开发区域和限制开发区域面积均未扣除其中分散的禁止开发区域面积。
　　(4)重点开发区域未加上点状开发城镇的面积,限制开发区域未扣除点状开发城镇的面积。

主体功能区类型	主体功能区层级	国土面积(万平方公里)	占全省国土面积比重(%)
重点开发区域	国家层面重点开发区域	3.97	8.16
	省级层面重点开发区域	6.12	12.59
	点状开发城镇(国家级)	0.06	0.13
	点状开发城镇(省级)	0.16	0.32
	合　计	10.31	21.20
限制开发区域(农产品主产区)	国家层面农产品主产区	6.52	13.42
限制开发区域(重点生态功能区)	国家层面重点生态功能区	28.65	58.95
	省级层面重点生态功能区	3.12	6.42
	合　计	31.77	65.37
禁止开发区域(分散于三类主体功能区内)	国家层面禁止开发区域	7.98	16.4
	省级层面禁止开发区域	5.21	10.7
	合　计	11.5	23.6

专栏3　四川省主体功能区划分明细

注:(1)表中重点开发区域、限制开发区域面积未扣除其中的基本农田。

(2)重点开发区域和限制开发区域面积均未扣除其中分散的禁止开发区域面积。

(3)农产品主产区和重点生态功能区已扣除点状开发城镇面积。

(4)禁止开发区域面积合计数已扣除部分相互重叠面积。省级以下各级各类自然文化资源保护区域、重要水源地以及其他省级人民政府根据需要确定的禁止开发区域暂未纳入统计。

第四章　重点开发区域

重点开发区域是全省加快推进新型工业化、新型城镇化发展的主要承载区域,对带动全省经济社会加快发展,促进区域协调发展意义重大。

第一节　重点开发区域范围

全省重点开发区域包括成都平原、川南、川东北和攀西地区19市(州)中的89个县(市、区),以及与之相连的50个点状开发城镇,该区域面积10.3万平方公里,占全省幅员面积21.2%。(图9　四川省重点开发区域分布图)

——国家层面重点开发区域。包括成都平原地区45个县(市、区),以及与之相连14个点状开发城镇(0.06万平方公里),该区域面积4.0万平方公里,占全省幅员面积8.3%。

——省级层面重点开发区域。包括川南、川东北和攀西地区的44个县(市、区),以及与之相连的36个点状开发城镇(0.16万平方公里),该区域面积6.3万平方公里,占全省幅员面积12.9%。

第二节　功能定位和发展方向

全省重点开发区域的主体功能定位:支撑全省经济增长的重要支撑区,实施加快推进新型工业化新型城镇化的主要承载区,是全省经济和人口密集区。

重点开发区域应在保护生态环境、降低能源资源消耗、控制污染物排放总量、提高经济效益的前提下,坚持走新型工业化道路,推进产业结构优化升级,提高自主创新能力,增强产业竞争能力,大力发展战略性新兴产业和先进制造业,壮大发展特色优势产业,加快发展现代服务业和现代农业,推动经济持续快速发展;坚持走新型城镇化发展道路,完善城镇体系,优化空间布局,增强城镇集聚产业、承载人口、辐射带动区域发展的能力,提升城镇化质量和水平,大力发展区域性中心城市,促进大中小城市和小城镇协调发展。发展方向和开发原则是:

——统筹规划国土空间。适当扩大制造业空间,扩大服务业、交通和城市居住等空间,扩大绿色生态空间,合理利用农村居住空间,减少城市核心区工矿建设空间,控制开发区过度分散。

——健全城市规模结构。优化特大城市空间布局,合理控制城市规模,扩大大中城市规模,形成辐射带动力强的区域性中心城市,发展壮大其他城市,推动形成分工协作、优势互补、各具特色、体系完善、联系紧密、集约高效的网络化城市群。

——促进人口加快集聚。加快推进城镇化进程,促进农业富余人口就地就近迁移,将符合落户条件的农业转移人口逐步转为城镇居民,引导区域内人口向区域性中心城市、县城、中心镇集聚。农村居民点适度集中布局。

——构建现代产业体系。发展优质、高效、安全、生态的现代农业,大力发展战略性新兴产业和先进制造业,壮大优势特色产业,加快服务业发展,推动产业集中集约集群发展,开发利用优势资源,促进资源加工转化,增强产业竞争能力。

——提高经济发展质量。推进经济发展方式转变,加强科技创新,提高产品附加价值,提高经济发展质量和效益,促进循环经济和绿色经济发展,提高资源利用效率,降低污染物排放强度。

——完善基础设施体系。进一步加强交通、能源、水利、通信、环保、防灾、农业等基础设施建设,完善基础设施体系,增强基础设施功能,构建高效、统一、城乡统筹的基础设施网络。

——保护生态环境。保护基本农田和生态环境,禁止发展不符合国家产业政策和达不到环保要求的产业,尽量减少工业化城镇化对生态环境的不利影响,合理利用土地、水资源,避免过度开发,减少环境压力,提高环境质量。

——把握开发时序。区分近期、中期和远期,实施有序开发,近期重点建设好国家和省级各类开发区和工业集中区,目前尚不需要或不具备条件开发的区域,要作为预留发展空间予以保护。

第三节 成都平原地区

该区域是国家层面的重点开发区域,是全国"两横三纵"城市化战略格局中重要组成部分,是成渝地区的核心区域之一。该区域位于四川盆地西部,龙泉山和龙门山—邛崃山之间。自然条件优越,人口、经济、城镇密集,产业基础雄厚,基础设施完备,科技和人才集聚,辐射带动能力较强,对外开放程度高,发展条件好,是全省经济核心区和带动西部经济社会发展的重要增长极。

该区域主体功能定位:西部地区重要的经济中心,全国重要的综合交通枢纽、商贸物流中心和金融中心,以及先进制造业基地、科技创新产业化基地和农产品加工基地。

——构建以成都为核心,以成德绵乐为主轴,以周边其他节点城市为支撑的空间开发格局。

——强化成都中心城市功能,提升综合服务能力,建设成为全国重要的综合交通、通信枢纽和商贸物流、金融、文化教育中心。推进四川成都天府新区建设,形成以现代制造业为主、高端服务业集聚,宜业、宜商、宜居的国际化现代新城区。

——壮大成德绵乐发展带,增强电子信息、先进装备制造、生物医药、石化、农产品加工、新能源等产业的集聚功能,加强产业互补和城市功能对接,推进一体化进程。

——壮大其他节点城市人口和经济规模,增强先进制造业和现代服务业的集聚功能,加强产业互补和城市功能对接,形成本区域新的增长点。

——提高标准化农产品精深加工和现代农业物流水平,发展农业循环经济和农村新能源。

——加强水资源的合理开发、优化配置、高效利用和有效保护,提高水源保障能力;加强岷江、沱江、涪江等水系生态环境保护。强化龙泉山等山脉的生态保护与建设,构建以龙门山—邛崃山脉、龙泉山为屏障,以岷江、沱江、涪江为纽带的生态格局。加强防洪基础设施建设,加强山洪灾害防治,提高水旱灾害应对能力。

专栏4　成都平原地区			
市　名	所辖县(市、区)	幅员面积(平方公里)	总人口(万人)
成都市	锦江区、青羊区、金牛区、武侯区、成华区、龙泉驿区、青白江区、新都区、温江区、都江堰市、彭州市、邛崃市、崇州市、金堂县、双流县、郫县、大邑县、蒲江县、新津县	12119	1149
德阳市	旌阳区、广汉市、什邡市、绵竹市、罗江县	3710	246.1
绵阳市	涪城区、游仙区、江油市、安县	5472	253.9
乐山市	市中区、五通桥区、沙湾区、夹江县、峨眉山市、金口河区、犍为县	5802	250.5
眉山市	东坡区、彭山县、丹棱县、青神县、仁寿县	5243	314.4
雅安市	雨城区、名山区、荥经县	3458	77.4
资阳市	雁江区、简阳市	3846	254.4
合　计	45(个)	39650	2545.7

注:(1)人口为2010年统计数据;未扣除其中分散的禁止开发区和基本农田面积;(2)根据《汶川地震灾后恢复重建总体规划》,分布于全省龙门山后的都江堰市龙池镇、虹口乡;彭州市龙门山镇、小鱼洞镇;什邡市红白镇;绵竹市清平乡、金花镇;安县千佛镇、高川乡要严格按照限制开发区域的重点生态功能区的要求进行管理。

第四节　川南地区

该区域是省级层面的重点开发区域,地处四川盆地南缘、长江上游中部、川渝滇黔结合部。大中城市密集,人口密度大,社会发育程度高,城市群初步形成;煤、硫磷、盐卤、水能等自然资源丰富,工业基础雄厚,产业竞争力较强,是西部发展基础好、潜力大的区域,具备发展成为西部特大城市密集区的条件。

该区域主体功能定位:成渝经济区重要的经济带,国家重要的资源深加工和现代制造业基地,成渝经济区重要的特大城市集群,川滇黔渝结合部综合交通枢纽,四川沿江和南向对外开放门户,长江上游生态屏障建设示范区。

——以宜宾、自贡、泸州、内江等区域性中心城市为核心,主要交通干线为轴线,中小城市和重

点镇为支撑的空间开发格局。

——加快培育区域性中心城市,拓展城市空间,优化城市布局,提升综合承载能力,加快城际快速通道建设,强化各城市功能定位和产业分工,构建分工协作紧密的城市群,形成四川南向开放的重要门户。

——依托"黄金水道",加快沿江产业带发展。加快建设川南现代化工和"中国白酒金三角"等重大产业基地,推动自贡、内江、宜宾老工业基地城市振兴发展,支持泸州资源枯竭型城市可持续发展。有序推进岸线开发和港口建设,加强建设宜宾港、泸州港,大力发展临港经济。积极发展自然生态旅游和恐龙、彩灯、盐酒等为特色的文化旅游产业。

——坚持开发与保护并重,构建区域"生态走廊"。加强水资源开发利用与节约保护,加快大中型水利工程建设和防洪工程建设。加强长江、沱江等主要流域水土流失防治和水污染治理,保护地表水和地下水源水质,构建功能完备的防护林体系,保障长江、沱江等主要流域水生态安全,增强区域防洪和水资源的调蓄能力,加强向家坝电站库区生态建设及重要采煤区生态修复和环境治理,加强城市、交通干线及江河沿线的生态建设。

专栏5　川南地区			
市　名	所辖县(市、区)	幅员面积(平方公里)	户籍人口(万人)
自贡市	自流井区、贡井区、大安区、沿滩区、富顺县	2776	257
泸州市	江阳区、龙马潭区、纳溪区、泸县、合江县	6077	345.9
宜宾市	翠屏区、宜宾县、南溪区、江安县	5765	280.2
内江市	市中区、东兴区、威远县、隆昌县	3650	294.5
合　计	18(个)	18268	1177.6

注:人口为2010年统计数据;未扣除其中分散的禁止开发区和基本农田面积。

第五节　川东北地区

该区域是省级层面的重点开发区域,位于川渝陕结合部,天然气、煤等储量丰富,人口众多,特色农产品资源丰富,以红色旅游、绿色生态旅游、历史文化旅游为代表的旅游资源独具特色。

该区域的主体功能定位是:我国西部重要的能源化工基地,农产品深加工基地,红色旅游基地,川渝陕结合部的区域经济中心和交通物流中心,构建连接我国西北、西南地区的新兴经济带。

——形成以南充、达州、遂宁、广安、广元、巴中等中心城市为依托的城镇群空间开发格局。

——加快推进区域性中心城市发展,优化城市空间布局,拓展城市发展空间,增强城市综合服务功能,提高人口集聚能力,强化辐射和带动作用。

——加快嘉陵江产业带和渠江产业带发展。利用嘉陵江流域和渠江流域丰富的自然资源,加快川东北地区特色优势资源深度开发和加工转化,积极承接产业转移,重点发展清洁能源和石油、天然气化工、农产品加工业,大力发展特色农业和红色旅游。

——加强区域合作,大力发展配套产业。加强广安、达州与重庆的协作,建设川渝合作示范区,主动承接重庆的产业转移,加快发展汽车和摩托车配套零部件、轻纺等工业。加强南充、遂宁与成都的产业化协作,承接成都平原地区的产业转移,形成机械加工、轻纺等优势产业。

　　——坚持兴利除害结合,全力推进渠江、嘉陵江流域防洪控制性工程和供水保障工程建设,增强对江河洪水的调控能力,提高防洪抗旱能力。大力加强生态环境保护和流域综合整治,构建以嘉陵江、渠江为主体,森林、丘陵、水面、湿地相连,带状环绕、块状相间的流域生态屏障。

专栏6　川东北地区			
市　　名	所辖县(市、区)	幅员面积(平方公里)	户籍人口(万人)
遂宁市	船山区、安居区、射洪县、大英县	4072	307
南充市	顺庆区、高坪区、嘉陵区、阆中市、南部县	6631	412.6
广安市	广安区、华蓥市、武胜县	2952	245.7
达州市	通川区、达县、大竹县	5212	289.3
广元市	利州区、元坝区、朝天区	4580	92.3
巴中市	巴州区	2560	137.5
合　　计	19(个)	26006	1484.4

注:人口为2010年统计数据;未扣除其中分散的禁止开发区和基本农田面积。

第六节　攀西地区

　　该区域是省级层面的重点开发区域,位于全省西南部、横断山脉东北部,地处长江上游,属青藏高原、云贵高原和四川盆地之间过渡带,地形地貌复杂,山高谷深,气候多样。水能、矿产、生物、旅游等资源丰富独特,优势产业国内外竞争力强,是国家战略资源综合开发利用重点地区。

　　该区域主体功能定位:中国攀西战略资源创新开发试验区、全国重要的钒钛和稀土产业基地、全国重要的水电能源开发基地、全省重要的亚热带特色农业基地。

　　——构建以攀枝花、西昌等城市为中心,以交通走廊为纽带,以成昆线、雅攀高速公路及108国道和安宁河流域等沿线其他城市为节点的空间开发格局。

　　——积极培育区域性中心城市。加强基础设施建设,推进城市功能转型提升,提高城市发展质量,增强人口集聚能力和区域辐射带动力,推进攀西城镇群有序发展,形成四川面向东南亚开放的重要门户。

　　——培育壮大沿交通轴线和沿江发展带。以成昆铁路、雅西和西攀高速公路为轴线,以金沙江流域、安宁河谷流域为重点,加强资源综合勘探、合理利用与跨区域整合,有序发展钒钛、稀土等优势资源特色产业,积极发展特色农业、阳光旅游和生态旅游。有序推进金沙江下游水电开发,加快金沙江下游沿江经济带发展。积极开展与滇西北和滇东北等区域的合作,打造四川南向开放的桥头堡,加快建设国家级战略资源创新开发试验区。

　　——以天然林保护等生态工程建设为重点,加快水资源配置工程建设和安宁河流域防洪治理。加强干热河谷和山地生态恢复与保护,加快推进小流域综合治理,坚持山、水、田、林、路统一规划,综合治理,充分发挥生态自我修复功能。加快封山育林和植树造林步伐,加强水土保持生态建设,加强山洪灾害防治,构建"三江"流域生态涵养带,加强矿山生态修复和环境恢复治理。实施邛海保护工程。

	专栏 7 攀西地区		
市　名	所辖县（市、区）	幅员面积（平方公里）	户籍人口（万人）
攀枝花市	东区、西区、仁和区、盐边县	5292	89.9
凉山州	西昌市、冕宁县、会理县	11616	144.5
合　计	7（个）	16907	234.4

注：人口为 2010 年统计数据；未扣除其中分散的禁止开发区和基本农田面积。

第七节　点状开发城镇①

主要包括与成都平原地区相连的农产品主产区以及省级重点生态功能区的 14 个县的县城镇及重点镇，共 0.06 万平方公里，该区域为国家层面的重点开发区域；与川南、川东北、攀西地区相连的农产品主产区以及省级重点生态功能区的 36 个县的县城镇及重点镇，共 0.16 万平方公里，该区域为省级的重点开发区域。

功能定位：区域性中心城市产业辐射和转移的重要承接区，农产品、劳动力等生产要素的主要供给区，农产品深加工基地，周边农业和生态人口转移的集聚区，使其成为集聚、带动、辐射乡村腹地的经济社会发展中心。

发展方向：在保障农产品供给和保护生态环境的前提下，适度推进工业化城镇化开发，点状开发优势矿产、水能资源，促进资源加工转化，推进清洁能源、生态农业、生态旅游、优势矿产等优势特色产业发展，促进产业和人口适度集中集约布局，加强县城和重点镇公共服务设施建设，完善公共服务和居住功能。

	专栏 8　点状开发城镇	
区　　域	所辖县（市、区）	幅员面积（平方公里）
国家层面的点状开发的城镇	中江县、三台县、盐亭县、梓潼县、安岳县、乐至县、井研县、汉源县、芦山县、洪雅县、沐川县、石棉县、峨边县、马边县 14 个县的县城镇及重点镇	620
省级层面的点状开发的城镇	荣县、资中县、长宁县、高县、珙县、筠连县、兴文县、叙永县、古蔺县、屏山县、蓬溪县、西充县、营山县、蓬安县、仪陇县、岳池县、开江县、渠县、宣汉县、平昌县、剑阁县、苍溪县、邻水县、会东县、德昌县、米易县、宁南县、普格县、喜德县、越西县、甘洛县、雷波县、布拖县、金阳县、昭觉县、美姑县 36 个县的县城镇及重点镇	1580
合　　计	50（个）	2200

注：农产品主产区的县城镇及重点镇重点开发按照 50 平方公里/个计算面积；重点生态功能区的县城镇及重点镇重点开发按照 30 平方公里/个计算面积。

---

① 依据《国家发展改革委办公厅关于省级主体功能区修改意见的通知》的相关要求，将农产品主产区和省级重点生态功能区的县城关镇和少数建制镇作为省级重点开发区域，与国家重点开发区域位置相连的，可作为国家层面的重点开发区域。

第五章　限制开发区域（农产品主产区）

限制开发的农产品主产区是指具备较好的农业生产条件，以提供农产品为主体功能，以提供生态产品、服务产品和工业品为其他功能，需要在国土空间开发中限制进行大规模高强度工业化城镇化开发，以保持并提高农产品生产能力的区域。

第一节　农产品主产区范围

全省农产品主产区包括盆地中部平原浅丘区、川南低中山区和盆地东部丘陵低山区、盆地西缘山区和安宁河流域5大农产品主产区，共35个县（市），面积6.7万平方公里，扣除其中重点开发的县城镇及重点镇规划面积1750平方公里，占全省幅员面积13.4%。（图10　四川省农产品主产区分布图）

该区域为国家层面农产品主产区，是国家"七区二十三带"为主体的农业战略格局的重要组成部分，是长江流域农产品主产区中的优质水稻、小麦、棉花、油菜、畜产品和水产品产业带，是国家重要的粮食、油料、生猪等主产区。

第二节　功能定位和发展方向

全省农产品主产区的主体功能定位：国家优质商品猪战略保障基地，现代农业示范区，现代林业产业基地，优势特色农产品加工业发展的重点区域，农民安居乐业的美好家园。

农产品主产区应着力保护耕地，加强农业基础设施建设，稳定粮食生产，发展现代农业，增强农业综合生产能力，保障全省主要农产品有效供给，增加农民收入，加快社会主义新农村建设。发展方向和开发原则：

——优化农业生产力布局和品种结构。搞好农业布局规划，促进农业规模化产业化经营，根据不同的农业发展条件，科学确定不同区域农业发展重点，形成优势突出和特色鲜明的农产品产业带。在复合产业带内，要处理好多种农产品协调发展的关系，根据不同农产品的特点和相互影响，合理确定发展方向和发展途径。

——加强农业基础设施建设。以"再造一个都江堰灌区"为重点，加强水利设施建设，重点改善农产品主产区的用水条件，加强农田基础设施建设，发展节水灌溉、旱作农业，加快推进农业机械化，强化田网、路网、林网、水网配套，提高耕地质量。强化农业防灾减灾能力建设，提高人工增雨抗旱和防雹减灾作业能力。

——稳定粮食生产。坚持把粮食安全放在首要位置，严格保护耕地和基本农田，加强田间基础设施、良种选育、土壤改良与地力培肥、农机装备建设，大规模改造中低产田土，加快农村土地整理复垦，实施测土配方施肥，建设高标准农田，稳步提升粮食生产能力。

——提高农业综合生产能力。加强土地整治，搞好规划、统筹安排、连片推进，加快中低产田改造，提升耕地质量，推进连片标准粮田建设，加快粮食生产机械化技术推广应用，进一步提高粮食主产区生产能力，集中建设一批基础条件好、生产水平高、调出量大的粮食生产核心区。在保护生态前提下，开发资源有优势、增产有潜力的粮食生产后备区。

——建设优质特色农产品产业带。大力发展优质水稻、专用小麦玉米、马铃薯、"双低"油菜、蔬菜、食用菌、水果、茶叶、蚕桑、中药材、烟叶、林竹和花卉等主要农产品产业带,以生猪、家禽为主的畜禽产品产业带,以淡水鱼类、鳖为主的水产品产业带,加快先进适用的粮食、油菜生产和养殖机械化技术推广应用,转变农业生产方式,推进规模化和标准化建设,着力提高品质和单产,确保农产品稳定增产。

——推进农业产业化经营。积极推进农业规模化、标准化、产业化,支持农产品主产区发展农产品深加工和流通、储运设施,引导农产品加工、流通、储运企业向优势产区聚集。积极发展现代农业示范区,实施现代农业示范工程,培育一批现代农业产业基地强县。提高农业科技和综合服务水平。

——促进农业可持续发展。坚持农业资源的合理开发利用与农村环境的有效保护,控制农产品主产区开发强度,优化开发方式,发展循环农业,促进农业资源的永续利用。鼓励和支持农产品、畜产品、水产品加工副产物的综合利用。着力控制农业面源污染,加大规模化畜禽养殖的污染治理力度。科学合理利用化肥、农药、农膜等农业投入品,加强农产品产地土壤污染防治。

第三节　盆地中部平原浅丘区

——大力发展优质粮油、生猪、奶牛、家禽、特色蔬菜、优质水果、特色水产等优势特色农产品,建设一批标准化和规模化的优质农产品生产示范基地。

——促进农产品、林产品、畜禽产品和水产品的精深加工及综合利用,提高附加值。发展生态农业和休闲农业,带动传统农业转型升级。

——加快发展现代农业,增强农业综合生产能力和市场竞争力。推进农业产业化经营,发展多种形式的适度规模经营,提高农业生产的专业化、标准化、规模化水平。

——建设专业农产品物流中心、农产品专用运输通道、农产品加工中心和研发推广中心,加快农业科技创新,提高农业技术水平。

专栏9　盆地中部平原浅丘区		
地　区	幅员面积(平方公里)	户籍人口(万人)
中江县	2200	143.1
三台县	2659	147.6
盐亭县	1645	59.7
梓潼县	1444	38.3
安岳县	2690	159.5
乐至县	1424	87.5
荣　县	1605	70.0
井研县	840	41.7
资中县	1735	131.1
合　计	16242	878.5

注:人口为2010年统计数据;未扣除其中分散的禁止开发区域面积。

第四节　川南低中山区

——大力发展优质生猪、肉羊、肉牛、家禽、水稻、饲用玉米、油菜、马铃薯、水果、蔬菜、茶叶、蚕桑、道地中药材、水产、林竹等优势特色产业。

——大力发展农产品加工龙头企业,发展劳动力密集型农产品加工企业,依靠技术进步和技术创新提高农产品加工企业的核心竞争力。

——突出本区域特点,形成粮油生产与加工基地、畜牧业生产与畜产品出口加工基地、饲料加工基地。

——依托大、中城市的市场需求,形成优质稻、特色油菜产业带;依托大型酿酒企业,逐步形成专用粮产业带;依托大型化工企业,逐步形成工业用高芥酸油菜籽产业带。

专栏 10　川南低中山区		
地　　区	幅员面积(平方公里)	户籍人口(万人)
长宁县	980	44.9
高　县	1321	53.0
珙　县	1146	42.2
筠连县	1256	41.6
兴文县	1380	46.5
叙永县	2974	71.8
古蔺县	3185	84.8
合　计	12242	384.8

注:人口为 2010 年统计数据;未扣除其中分散的禁止开发区域面积。

第五节　盆地东部丘陵低山区

——大力发展水稻、饲用玉米、油菜、水果、蔬菜、蚕桑、苎麻、圈养为主的草食牲畜、生猪、名优茶叶、干果、道地中药材、经济林果、木本粮油、食用菌等特色优势产业。

——发挥资源优势,建设工业原料林生产与加工基地、优质肉牛肉羊生产基地、中药材生产基地、名特优新经果林基地和丝麻纺织原料基地。

——继续实施新增粮食生产能力、农业综合开发、土地整理、退耕还林农户基本口粮田建设、有机质提升、测土配方施肥补贴和保护性耕作等项目,加快推进高标准农田建设,提高耕地质量。

——推进农业产业化和农产品深加工,发展以稻谷、薯类、小麦、玉米、生猪、牛羊肉为重点的粮食、肉类精深加工。

——巩固和扩大退耕还林成果,继续实施天然林保护工程和小流域水土流失综合治理,加强野生动植物生物多样性保护区建设。

专栏 11　盆地东部丘陵低山区		
地　区	幅员面积（平方公里）	户籍人口（万人）
蓬溪县	1252	74.0
西充县	1107	68.5
营山县	1635	94.8
蓬安县	1331	69.7
仪陇县	1773	107.8
岳池县	1479	118.1
开江县	1031	59.8
渠　县	2017	148.9
宣汉县	4271	129.5
平昌县	2225	105.3
剑阁县	3202	68.8
苍溪县	2330	79.1
邻水县	1909	102.4
合　计	25564	1226.7

注：人口为 2010 年统计数据；未扣除其中分散的禁止开发区域面积。

第六节　盆地西缘山区

　　——大力发展生态农业，重点发展玉米、薯类、茶叶、水果、蔬菜、生猪、奶牛、食用菌、花椒、工业原料林等特色优势产业。

　　——开展无公害农产品、绿色食品和有机食品认证，创建农产品标准化生产基地。加强农产品品牌体系建设，实施地理标志品牌工程和原产地保护工程。

　　——推进农业产业化和农产品深加工，发展以稻谷、薯类、奶牛、生猪、牛羊肉、小家禽为重点的粮食、乳制品、肉类精深加工和综合利用，提高农产品附加值。

　　——巩固退耕还林成果，继续实施天然林资源保护工程和小流域综合治理，加强野生动植物生物多样性保护区建设。

专栏 12　盆地西缘山区		
地　区	幅员面积（平方公里）	户籍人口（万人）
洪雅县	1897	34.7
汉源县	2215	32.2
芦山县	1190	12.0
合　计	5301	78.9

注：人口为 2010 年统计数据；未包含平原西部已列为国家重点开发区域的县（市）的基本农田面积；未扣除其中分散的禁止开发区域面积。

四川

第七节　安宁河流域

——发挥光热资源和生物资源优势,重点发展优质稻、马铃薯、特色水果、烟叶、反季节蔬菜、麻疯树、核桃等优势特色产业,形成全省高品质水稻生产基地、亚热带优质水果基地、优质烟叶生产基地、马铃薯生产基地、蔬菜生产基地和木本生物质能源基地。

——构建农产品加工产业体系,加强对糖业、蚕业、烟业等传统优势农产品加工业的技术改造和产品创新,重点发展烟草、中药、乳制品、软饮料、酿酒、制糖、粮油制品、肉食品等农产品深加工业优势产业链和产品链。

——合理开发利用安宁河谷土地资源,治理干热河谷和沙化、石漠化土地,大力发展太阳能,在做好生态保护的前提下有序开发小水电资源,推进生态工程建设。

专栏 13　安宁河流域		
地　区	幅员面积(平方公里)	户籍人口(万人)
会东县	3225	40.7
德昌县	2300	20.3
米易县	2110	21.5
合　计	7634	82.5

注:人口为 2010 年统计数据;未扣除其中分散的禁止开发区域面积。

第八节　基本农田保护

《全国主体功能区规划》明确规定,坚持最严格的耕地保护制度,对全部耕地按限制开发的要求进行管理,对全部基本农田按禁止开发的要求进行管理。

全省基本农田总面积5.2万平方公里①,占全省幅员面积10.7%。其中:重点开发区域中基本农田保护面积2.7万平方公里,农产品主产区中基本农田保护面积1.8万平方公里,重点生态功能区中基本农田保护面积0.7万平方公里。(附件1　基本农田保护面积表)

开发管制原则:

——认真落实国家基本农田保护制度,对全部基本农田按禁止开发的要求进行管理,确保耕地红线不动摇。

——严格实施土地利用总体规划,对保有耕地量、基本农田面积进行总量控制。基本农田一经划定,未经依法批准不得擅自调整,严格控制各类非农建设占用基本农田。

——积极开展土地开发整理,实现占补平衡,在数量平衡的基础上更加注重质量平衡,增加有效耕地面积,保障全省耕地面积和质量动态平衡。

---

① 重点开发区域、农产品主产区和重点生态功能区中基本农田保护面积由各市(州)上报数据而得。由于市(州)在落实省级目标时,会多保护一部分基本农田,因此181个县的基本农田数据加总后会大于省上基本农田保护面积5.14万平方公里。

第六章　限制开发区域（重点生态功能区）

限制开发的重点生态功能区是指生态系统十分重要,关系较大范围区域的生态安全,目前生态系统有所退化,需要在国土空间开发中限制进行大规模高强度工业化城镇化开发,以保持并提高生态产品①供给能力的区域。

第一节　重点生态功能区范围

重点生态功能区共57个县(市),总面积31.8万平方公里,扣除其中省级重点生态功能区中重点开发的县城镇及重点镇规划面积,占全省幅员面积65.4%。(图11　四川省重点生态功能区分布图)

——国家层面的重点生态功能区。包括若尔盖草原湿地生态功能区、川滇森林及生物多样性生态功能区、秦巴生物多样性生态功能区,共42个县,面积28.65万平方公里,占全省面积58.95%。

——省级层面的重点生态功能区。为大小凉山水土保持和生物多样性生态功能区,共15个县,面积3.17万平方公里,扣除其中重点开发的县城镇及重点镇规划面积,实际占全省面积6.42%。

第二节　功能定位和保护重点

重点生态功能区的主体功能定位是:国家青藏高原生态屏障和长江上游生态屏障的重要组成部分,国家重要的水源涵养、水土保持与生物多样性保护区域,全省提供生态产品的主体区域与生态财富富集区,保障国家生态安全的重要区域,生态文明建设、人与自然和谐相处的示范区。

重点生态功能区以保护和修复生态环境、提供生态产品为首要任务,因地制宜开发利用优势特色资源,发展资源环境可承载的适宜产业,加强基本公共服务能力建设,引导超载人口逐步有序转移。发展方向和管制原则:

——加强水源涵养。推进天然林资源保护、防沙治沙,重建和修复湿地、森林、草原、荒漠等生态系统。严格保护具有水源涵养功能的自然植被,禁止过度放牧、无序采矿、毁林开荒、开垦草原等。加强大江大河源头及上游的小流域治理和植树造林,减少面源污染。

——治理水土流失。限制陡坡垦殖和超载过牧。加强小流域综合治理,实行封山禁牧,恢复退化植被,治理水土流失。大力推行节水灌溉和雨水集蓄,发展旱作节水农业。加强对能源和矿产资源开发及建设项目的监管,加大矿山环境整治和生态修复力度,提高防洪减灾能力,加强地质灾害风险防治,最大限度地减少人为因素造成新的水土流失。

——维护生物多样性。强化生态系统、生物物种和遗传资源保护,科学、合理和有序地利用生物资源。保护自然生态系统与重要物种栖息地。禁止对野生动植物滥捕滥采,保持并恢复野生动

---

① 生态产品指维系生态安全、保障生态调节功能、提供良好人居环境的自然要素,包括清新的空气、清洁的水源、舒适的环境和宜人的气候等。生态产品同农产品、工业品和服务产品一样,都是人类生存发展所必需的产品。

植物物种和种群平衡,加强对自然保护区外分布的极小种群野生植物就地保护小区、保护点的建设,开展多种形式的民间生物多样性就地保护。加强防御外来物种入侵的能力,防止外来有害物种对生态系统的侵害。

——引导人口集中居住。提高县城和重点镇的综合承载能力,增强城镇人口吸纳功能,大力实施生态移民,促进分散人口集中居住,提高基本公共服务能力,降低基本公共服务成本,减少对生态环境的干扰和影响。

——严格控制开发强度。城镇建设与工业开发要依据现有资源环境承载能力相对较强的城镇集中布局、据点式开发,禁止成片蔓延式扩张。原则上不再新建各类开发区和扩大现有工业开发区的面积,已有的工业开发区要逐步改造成为低消耗、可循环、少排放、"零污染"的生态型工业区。

——因地制宜地发展适宜产业。在不损害生态系统功能的前提下,适度发展旅游、农林牧产品生产和加工、生态农业、休闲农业等产业。

专栏14　　重点生态功能区		
区　　　域	幅员面积(平方公里)	户籍人口(万人)
国家层面重点生态功能区		
若尔盖草原湿地生态功能区	28724	19.2
川滇森林及生物多样性生态功能区	240060	291.5
秦巴生物多样性生态功能区	17757	274.8
合　　计	286541	585.5
省级层面重点生态功能区		
大小凉山水土保持和生物多样性生态功能区	31697	326.2
合　　计	31697	326.2

注:人口为2010年统计数据;未扣除其中分散的禁止开发区和基本农田面积。

第三节　若尔盖草原湿地生态功能区

该区域主体功能定位:水源涵养、水文调节以及维系生物多样性、保持水土和防治土地沙化等功能。

——推进天然林草保护、围栏封育,治理水土流失,恢复草原植被,保持湿地面积,保护珍稀动物,维护和重建湿地、森林、草原等生态系统。

——严格保护具有水源涵养功能的自然植被,禁止过度放牧、无序采矿、毁林开荒、开垦草原等行为。加强小流域治理和植树造林,减少面源污染。

——加强防洪基础设施建设,加强山洪灾害防治,提高水旱灾害应对能力。

——以高寒泥炭沼泽湿地生态系统和黑颈鹤等珍稀野生动物保护为主,维持丘状高原原始自然景观,保护沼泽湿地及生物多样性,为长江、黄河源头的水源涵养提供基础保障。在不适宜人类居住、生产生活的生态脆弱区和需要保护的区域实施生态移民,生态移民选址要考虑生态承载力。

——继续加强生态恢复与生态建设,加快防沙治沙步伐,治理土壤侵蚀,恢复与重建水源涵养区森林、草原、湿地、荒漠等生态系统,提高生态系统的水源涵养功能。

——提高沼泽水位、恢复沼泽湿地、治理沙化土地,严禁泥炭开采和沼泽湿地疏干改造,严格草地资源和泥炭资源的保护;对已遭受破坏的草甸和沼泽生态系统,结合有关生态工程建设措施,加快组织重建和恢复,加大川西北沙化土地治理力度。

——在保护生态环境的前提下,科学规划,合理开发自然与人文景观资源,发展特色生态旅游。控制载畜量,合理发展畜牧业及相关产业。

专栏15　若尔盖草原湿地生态功能区

区　域	幅员面积(平方公里)	户籍人口(万人)
阿坝县	10116	7.3
若尔盖县	10316	7.6
红原县	8292	4.3
合　计	28724	19.2

注:人口为2010年统计数据;未扣除其中分散的禁止开发区和基本农田面积。

第四节　川滇森林及生物多样性生态功能区(四川省部分)

该区域主体功能定位:大熊猫、羚牛、金丝猴等重要珍稀生物的栖息地,国家乃至世界生物多样性保护重要区域,全省重要的生物多样性、涵养水源、保持水土、维系生态平衡的主要区域。

——重点保护原生森林、流域生态系统,加强造林绿化、小流域治理、矿山生态恢复、河流水生态恢复等生态工程,提供水源涵养、水土保持与野生动植物保护等生态功能。加强防洪基础设施建设,加强山洪灾害防治,提高水旱灾害应对能力。

——加大天然林资源保护和生态公益林建设与管护力度。禁止陡坡开垦和森林砍伐,做好低效生态公益林的补植改造及迹地更新。巩固天然林资源保护成果,恢复大熊猫栖息地和遗传交流廊道。

——有效保护天然林草植被、湿地和野生动植物资源,切实抓好生态移民工程,治理泥石流灾害、干旱河谷、荒漠化和沙化草(土)地。

——对已遭受破坏的生态系统,结合生态建设工程,加快组织重建与恢复,加强综合整治,防止水土流失。

——控制载畜量,发展以养殖业、特色经济林、食用菌、有机茶、竹业以及林下资源和水果种植为主的生态农林牧业和农畜产品深加工业,提高畜牧业发展水平。合理开发旅游文化资源,发展生态旅游。

第五节　秦巴生物多样性生态功能区(四川省部分)

该区域主体功能定位:四川重要的原始森林、野生珍稀物种栖息地与生物多样性保护的关键地区和生态屏障区域;全国生物多样性、涵养水源与土壤保持重要区,最大的天然生物种质的"基因

四
川

专栏16　川滇森林及生物多样性生态功能区		
区　域	幅员面积（平方公里）	户籍人口（万人）
汶川县	4083	10.2
理　县	4317	4.6
茂　县	3895	10.9
小金县	5565	8.0
松潘县	8339	7.4
九寨沟县	5283	6.6
金川县	5355	7.3
黑水县	4140	6.1
马尔康县	6620	5.5
壤塘县	6694	4.1
北川县	3083	24.0
平武县	5946	18.5
天全县	2391	15.4
宝兴县	3114	5.8
康定县	11591	11.2
泸定县	2165	8.5
丹巴县	4506	6.0
九龙县	6767	6.4
雅江县	7570	4.8
道孚县	7022	5.5
炉霍县	4477	4.5
甘孜县	6859	6.7
新龙县	9252	5.0
德格县	11433	8.2
白玉县	10258	5.3
石渠县	22364	8.8
色达县	8725	4.8
理塘县	14004	6.4
巴塘县	7666	5.2
乡城县	4943	3.0
稻城县	7086	3.1
得荣县	2912	2.6
木里县	13223	13.4
盐源县	8412	37.7
合　计	240060	291.5

注：人口为2010年统计数据；未扣除其中分散的禁止开发区和基本农田面积。

库"，世界同纬度地区重要的绿色宝库。

　　——重点保护原生森林、流域生态系统，加强造林绿化、野生动植物保护和自然保护区建设、小流域治理、矿山生态恢复等生态工程,提高水源涵养、水土保持和野生动植物保护等生态功能。加强防洪基础设施建设,加强山洪灾害防治,提高水旱灾害应对能力。

——建设珍稀、濒危中药资源和动植物资源等指向明确的生态功能保护区,对现有植被和自然生态系统严加保护,防止生态环境的破坏和生态功能的退化。

——巩固和扩大天然林资源保护成果、扩大保护范围,加强生物物种资源保护,依法禁止一切形式的捕杀、采集濒危野生动植物的活动,保护物种多样性和确保生物安全,强化引进外来物种生物安全管理,防止国外有害物种进入。

——引导人口转移,降低人口密度,停止导致生态功能继续退化的开发活动和其他人为破坏活动,以及产生严重环境污染的工程项目建设,遏制生态环境恶化趋势。

——发展以养殖业、经济林为主的生态农林牧业和农产品深加工业,合理开发旅游文化资源,发展生态旅游,点状开发天然气、水能、矿产资源。

专栏 17　秦巴生物多样性生态功能区		
区　域	幅员面积(平方公里)	户籍人口(万人)
旺苍县	2986	46.3
青川县	3212	24.4
万源市	4051	59.3
通江县	4120	76.8
南江县	3388	68.0
合　计	17757	274.8

注:人口为 2010 年统计数据;未扣除其中分散的禁止开发区和基本农田面积。

第六节　大小凉山水土保持和生物多样性生态功能区

该区域主体功能定位:长江上游水土保持的重点区域,四川省生物多样性保护的重点区域,长江上游生态屏障的重要组成部分。

——以维护区域生态系统完整性、保证生态过程连续性和改善生态系统服务功能为中心,加强生态保护,增强脆弱区生态系统的抗干扰能力,从源头控制生态退化和水土流失。

——以金沙江、雅砻江、大渡河及安宁河干流为重点,严禁樵采、过垦、过牧和无序开矿等破坏植被行为。推广封山育林育草技术,有计划、有步骤地建设水土保持林、水源涵养林和人工草地,恢复山体植被。

——以小流域为单元,进行以坡改梯和坡面水系建设为主的坡耕地综合整治,采用补播方式播种优良灌草植物,提高山体林草植被覆盖度,重点治理泥石流和滑坡,控制沟谷蚀;开展石漠化综合治理,拦蓄泥沙,保护土壤资源。

——以"长治"、天然林资源保护、石漠化综合治理、野生动植物保护、自然保护区建设、湿地保护及土地整理等国家重点生态工程为依托,对不同流域进行差别化治理,推进干热河谷和山地生态修复与重建。

——坚持"以防为主,防治结合",以非工程措施为主、并与工程措施相结合,工程治理和生物治理相结合,结合堤防、护岸、谷坊、拦沙坝、排导沟、水库等工程措施,逐步形成完善的山地灾害防治体系。

——保护原生森林、流域生态系统,加强造林绿化、小流域治理、矿山生态恢复等生态工程,提高水源涵养、水土保持和野生动植物保护等生态功能。

——加强扶贫开发,发展以养殖业、竹产业、经济林为主的生态农林牧业和农产品深加工业,合理开发旅游文化资源,点状开发水能、矿产资源。

专栏18　大小凉山水土保持和生物多样性生态功能区		
区　域	幅员面积(平方公里)	户籍人口(万人)
沐川县	1405	25.7
石棉县	2679	12.2
宁南县	1672	18.7
普格县	1905	17.1
喜德县	2203	20.6
越西县	2258	31.9
甘洛县	2153	21.2
雷波县	2840	25.4
屏山县	1418	30.7
峨边县	2382	14.8
马边县	2293	20.5
布拖县	1685	17.3
金阳县	1587	17.9
昭觉县	2702	27.9
美姑县	2515	24.3
合　计	31697	326.2

注:人口为2010年统计数据;未扣除其中分散的禁止开发区和基本农田面积。

第七章　禁止开发区域

禁止开发区域是指依法设立的各级各类自然文化资源保护区域,以及其他禁止进行工业化城镇化开发、需要特殊保护的重点生态功能区。

第一节　禁止开发区域范围

禁止开发区域点状分布于城市化地区、农产品主产区、重点生态地区。国家级禁止开发区域包括国家级自然保护区、世界文化自然遗产、国家级风景名胜区、国家森林公园、国家重要湿地、国家湿地公园和国家地质公园;省级禁止开发区域包括省级及以下各级各类自然文化资源保护区域、重要饮用水水源地以及其他省级人民政府根据需要确定的禁止开发区域。(图12　四川省禁止开发

区域分布图）

　　截至 2011 年 12 月 31 日,全省共有禁止开发区域 317 处,总面积 11.5 万平方公里①,占全省幅员面积 23.6%。重要饮用水水源地 246 处。今后新设立的世界文化自然遗产、国家和省级自然保护区、湿地公园、风景名胜区、森林公园、地质公园等自动进入禁止开发区域名录。市（州）及市（州）以下依法设立的自然保护区、森林公园、地质公园、风景名胜区和水源保护区按禁止开发区域管理,不再单列。根据《全国主体功能区规划》要求,基本农田也按禁止开发区域管理。（附件 2 国家禁止开发区域名录）②

第二节　功能定位和保护重点

　　全省禁止开发区域的主体功能定位:我省保护自然文化资源的重要区域,森林、湿地生态、生物多样性和珍稀动植物基因资源保护地,重要水土保持区域与重要饮用水水源保护地。在严格保护生态环境的前提下,合理开发优势特色旅游资源,发展生态旅游产业。

　　禁止开发区域要严格控制人为因素对自然生态的干扰,严禁不符合主体功能区定位的开发活动,引导人口逐步有序转移,实现污染物"零排放",提高环境质量,提高可持续发展能力。自然保护区、文化自然遗产、风景名胜区、森林公园、湿地公园、地质公园,要逐步达到各类区域规定执行标准。近期主要任务是:

　　——科学界定范围。完善划定禁止开发区域范围的相关规定和标准,对不符合相关规定和标准的,按照相关法律、法规和法定程序调整,进一步界定各类禁止开发区域范围,核定人口和面积。重新界定范围后,原则上不再进行单个区域范围的调整。

　　——实施分类管理。进一步界定自然保护区核心区、缓冲区、实验区的范围。对风景名胜区、森林公园、地质公园,应明确核心保护区域,划定禁止开发和限制开发范围,进行分类管理。

　　——管护人员定编。在重新界定范围的基础上,结合禁止开发区域的管护范围、管护职责和管护工作量以及区域人口转移的要求,对管护人员实行定编定岗。

　　——统一管理主体。界定归并范围相连、同质性强、保护对象相同、但人为划分不同类型的禁止开发区域,对位置相同、保护对象相同,但名称不同、多头管理的,要重新界定功能定位,明确统一的管理主体。今后新设立的各类禁止开发区,不得在范围上重叠交叉。

第三节　自然保护区

　　自然保护区依据国家《自然保护区条例》、《全国主体功能区规划》、《四川省自然保护区管理条例》以及自然保护区规划,按核心区、缓冲区和实验区分类管理。

　　——核心区严禁任何生产建设活动;缓冲区除必要的科学实验活动外,严禁其他生产建设活动;实验区除必要的科学实验以及符合自然保护区规划的经济活动外,禁止其他生产活动。

　　——按先核心区后缓冲区再实验区的顺序逐步转移自然保护区人口。到 2020 年,绝大多数自

---

① 省级以下各级各类自然文化资源保护区域、重要水源地以及其他省级人民政府根据需要确定的禁止开发区域个数和面积暂未纳入统计。

② 根据 2010 年 2 月 12 日《四川省人民政府办公厅关于城镇集中式饮用水水源地保护区划定方案的通知》（川办函〔2010〕26 号）,由省政府批准了 246 个城镇集中式饮用水水源地保护区,鉴于一一列出所需篇幅较长,在附件 2 中略去"城镇集中式饮用水水源地保护区"名录。

然保护区核心区要做到无居民居住,缓冲区和实验区人口较大幅度减少。

专栏19　四川省禁止开发区域基本情况

类　　　型	个数	面积(万平方公里)	占国土面积比重(%)
一、国家和省级自然保护区	91	5.92	12.18
国家级自然保护区	27	2.84	5.84
省级自然保护区	64	3.08	6.34
二、世界自然文化遗产	5	1.10	2.26
三、国家和省级森林公园	88	0.74	1.52
国家级森林公园	33	0.64	1.32
省级森林公园	55	0.10	0.20
四、国家和省级地质公园	24	0.49	1.0
国家地质公园	16	0.39	0.8
省级地质公园	8	0.10	0.2
五、重要湿地和湿地公园	19	1.11	2.27
国家重要湿地	3	1.08	2.22
国家湿地公园	7	0.012	0.02
省级湿地公园	9	0.017	0.03
六、国家和省级风景名胜区	90	3.95	8.13
国家风景名胜区	15	1.91	3.93
省级风景名胜区	75	2.04	4.20
合　　　计	317	11.5	23.6

注:1.截止于2011年12月31日。

　　2.6类禁止开发区中有重复,总面积已扣除部分相互重叠面积。

　　3.重要水源涵养地基本处于上述各类禁止开发区域内,不再单列重要水源涵养地面积。

　　——根据自然保护区的实际情况,将异地转移和就地转移两种形式结合,一部分人口转移到自然保护区以外,一部分人口就地转为自然保护区管护人员。

　　——加强自然保护区建设力度与管护力度,慎重建设交通、通信、电网基础设施,能避则避,必须穿越自然保护区的,按由外到内降低道路等级的原则加以控制,新建公路、铁路和其他基础设施不得穿越自然保护区核心区和缓冲区,尽量避免穿越实验区。

第四节　文化自然遗产

　　世界文化和自然遗产属于国家级禁止开发区域,依据《四川省世界文化和自然遗产保护条例》、《保护世界文化和自然遗产公约》、《实施世界遗产公约操作指南》、《全国主体功能区规划》以及世界文化自然遗产规划进行管理。

　　加强对遗产原真性的保护,保持遗产在艺术、历史、社会和科学方面的特殊价值;加强对遗产完整性的保护,保持遗产未被人扰动过的原始状态。

第五节　森林公园

　　森林公园依据国家《森林法》、《森林法实施条例》、《野生植物保护条例》、《森林公园管理办法》、《全国主体功能区规划》、《森林防火条例》、《四川省森林公园管理条例》以及森林公园规划进行管理。

——严格控制人工景观及设施建设,禁止从事与资源保护、生态建设、森林游憩无关的任何生产建设活动。

——在森林公园内以及可能对森林公园造成影响的周边地区,禁止进行采石、取土、开矿、放牧以及非抚育和更新性采伐等活动。

——建设旅游设施及其他基础设施等必须符合森林公园规划,逐步拆除违反规划建设的设施。

——根据资源状况和环境容量对旅游规模进行有效控制,不得对森林及其他野生动植物资源等造成损害。

——不得随意占用征收和转让林地。

第六节 地质公园

地质公园根据《世界地质公园网络工作指南》、《国土资源部地质环境司关于加强世界地质公园和国家地质公园建设与管理工作的通知》(国土资环函〔2007〕68号)、《全国主体功能区规划》以及国家地质公园规划进行管理。

除必要的保护和附属设施外,禁止其他任何生产建设活动。禁止在地质公园和可能对地质公园造成影响的周边地区进行采石、取土、开矿、放牧、砍伐以及其他对保护对象有损害的活动。未经管理机构批准,不得在地质公园范围内采集标本和化石。

第七节 重要湿地和湿地公园

重要湿地和湿地公园依据《国务院办公厅关于加强湿地保护管理的通知》(国办发〔2004〕50号)、《中国湿地保护行动计划》、《四川省湿地保护条例》、《国家林业局关于做好湿地公园发展建设工作的通知》(林护发〔2005〕118号)、《四川省人民政府办公厅关于加强湿地保护管理的通知》(川办函〔2005〕40号)和本《规划》进行管理。

——国际、国家重要湿地内一律禁止开垦占用或随意改变用途。

——国家级和地方级湿地公园内除必要的保护和附属设施外,禁止其他任何生产建设活动。禁止开垦占用、随意改变湿地用途以及损害保护对象等破坏湿地的行为。不得随意占用、征用和转让湿地。

第八节 风景名胜区

风景名胜区依据国家《风景名胜区条例》、《全国主体功能区规划》、《四川省风景名胜区管理条例》以及国家和省风景名胜区规划管理。

——严格保护风景名胜区内一切景物和自然环境,不得破坏或随意改变。严格控制人工景观建设。

——禁止在风景名胜区进行与风景名胜资源保护无关的生产建设活动,建设旅游服务设施及其他各类基础设施等必须符合风景名胜区规划,逐步拆除违反规划建设的设施。

——在风景名胜区开展旅游活动,必须根据资源状况和环境容量进行,不得对景物、水体、植被及其他野生动植物资源造成损害。

第九节　重要饮用水水源地

重要饮用水水源地是指集中式饮用水水源地及自来水厂取水口所在的水源地。重要饮用水水源地按照《四川省饮用水水源保护管理条例》管理。全省县级及以上集中式饮用水水源地约246处,分布于全省21个市(州)。重要饮用水水源地的保护方向是:加强饮用水水源地建设和保护,制定并实施饮用水水源地安全保障和建设规划,科学划定饮用水源保护区,加强一级、二级水源区保护和饮用水水源地水量、水质监控能力建设,建立完善饮用水水源地安全预警和应急机制。确需在饮用水水源保护区内建设的新(改、扩)建项目,应报环保及水政主管部门批准后才能实施。

——一级饮用水水源保护区。针对地表水、地下水水源地的一级保护区,以"查明核定"、"清理拆除"、"严格控制"污染源为基本原则,按照相关规定,列出主要污染点源清单,包括违规建筑物、违规建设项目(含工业企业、农副产品加工、畜禽养殖场等)、污水排放口、渗坑渗井等,整理核定污水排放口的数量及分布,制定截污和拆除方案,实施清理、整治与管理;对工程实施中和实施后的水源保护区严格土地使用管制,禁止新、扩、改建与供水和保护水源无关的建设项目,已建成的与供水和保护水源无关的建设项目,应拆除或关闭。

——二级和准保护区点源污染防治工程。二级、准保护区的点源污染防治工程按照近期以清查、拆除违规污染源为主,远期以污染预防为主的原则实施。按照相关规定,列出违规建筑物和建设项目清单;禁止在二级保护区新、扩、改建排放污染物的建设项目,已建成的排放污染物建设项目,应拆除或关闭。对于准保护区内的污染源,限期治理超标排放的污染源,实行严格总量控制,必须达到或高于相关排放标准。

第八章　能源与资源

能源与资源是经济社会发展的重要支撑。在对全省国土空间进行主体功能区划分的基础上,从形成主体功能区布局的总体要求出发,明确能源、主要矿产资源开发布局及水资源开发利用的原则和框架。能源基地和主要矿产资源基地的具体建设布局,由能源规划和矿产资源规划做出安排,水资源的开发利用,由水资源规划做出安排,其他资源和交通基础设施等的建设布局,由省直有关部门根据本规划另行制定并报省政府批准实施。

第一节　主要原则

根据《全国主体功能区规划》要求,能源基地和矿产资源基地以及水功能区分布于全省重点开发、限制开发区域之中,不属于独立的主体功能区,要服从和服务于主体功能区规划确定的所在区域的主体功能定位,符合该主体功能区的发展方向和开发原则,与主体功能区布局相协调。全省能源和资源开发应坚持以下原则:

——强化评估,科学规划。统筹资源的开发、节约和保护,加强所在区域资源环境承载能力综合评估,以国家和省主体功能区规划为基础,结合全省实际,做好能源基地和矿产资源基地的布局规划,并加强与相关规划的衔接。

——有序开发,合理保护。充分考虑全省经济社会发展需要和生态安全约束,坚持"点上开发、面上保护"的原则,合理开发与保护资源,通过点上有序开发,带动地方经济和富裕一方百姓,当水电、矿产等资源开发涉及国家和省级重点生态功能区,应当以坚决保护好生态环境为前提,加强资源开发的生态保护与修复,为生态建设和环境保护奠定基础,以达到面上保护的目的。

——科学开发,效益优先。尽可能依托现有城镇作为资源开发的后勤保障和深加工基地,促进能源和矿产资源就地转化,尽量减少大规模长距离运输,坚持节约与开发并举,优化和改善能源资源利用方式与效率,提高资源开发的经济效益和社会效益。实行最严格的水资源管理制度,强化用水需求和用水过程管理,有序有限有偿开发水资源,实现水资源高效可持续利用。

——分类指导,合理布局。位于重点开发区域内资源环境承载力较强的能源和矿产资源基地,应作为该区域的重要组成部分统筹规划、综合发展。加强位于重点生态功能区的能源基地和矿产基地的生态环境影响评估和环境影响评价,尽可能减少对生态空间的占用,其资源环境承载力相对较强的特定区域,在不损害生态功能前提下,可因地制宜适度发展能源和矿产资源开发利用相关产业。禁止在资源环境承载力弱的矿区进行矿产资源加工利用。

——统筹兼顾,综合平衡。合理调配城市化地区、农产品主产区和重点生态功能区的水资源需求,统筹调配流域和区域水资源,综合平衡各地区、各行业的水资源需求以及生态环境保护的要求。加强水利基础设施建设,提高对水资源的调配能力,协调好生活、生产、生态用水。通过水资源合理调配逐步退还挤占的生态用水,逐步恢复水资源过度开发地区以及由于水资源过度开发造成的生态脆弱地区的水生态功能。

第二节　能源开发布局

重点在以"三江流域"为核心的地区建设水电基地,以川南为核心的地区建设煤炭基地,以川东北为核心的地区建设天然气基地,以甘孜州、阿坝州、凉山州、攀枝花市为重点的地区建设新能源发电基地,以及建设连接能源生产基地和消费中心的主要能源产品输送体系的能源开发布局框架。

——水电。在金沙江、雅砻江、大渡河干流布局"三江"水电基地,在大中型河流水能资源比较集中的一定区域规划布局阿坝北部、阿坝东部、绵阳、甘孜中东部、甘孜南部、凉山、雅安等7个水电群,在嘉陵江、岷江中下游、长上干(长江川江段)规划布局3个航电通道,形成"三江七片三线"水电基地基本格局。按照在做好生态保护的前提下积极发展水电的总体要求,坚持生态优先、统筹考虑、适度开发的开发原则。

——火电。结合"上大压小"和城市发展,优化火电产业布局。根据煤炭储量、生产能力并结合负荷需求,根据煤炭资源分布和运力分布,规划布局路口煤电基地、川南煤电基地、攀枝花煤电基地、川东煤电基地。加大宜宾、泸州等产煤区新扩建坑口大型燃煤机组,以及宜宾、泸州、攀枝花、广元等地区坑口煤矸石、劣质煤综合利用电厂的前期工作力度。推进火电企业脱硝等污染治理工程建设。

——新能源。重点规划布局以德昌为中心的安宁河谷风电场、以丹巴为中心的大渡河谷风电场、以茂县为中心的岷江河谷风电场以及广元等盆周地市具备条件的风电场。在"三州一市"(甘孜州、阿坝州、凉山州、攀枝花市)城市建筑物和公共设施、偏远无电地区布局太阳能光伏发电项目。在全省粮食主产区布局生物质发电项目。积极开展川东、川南等地区核电选址布局。

——天然气。规划建设以普光、罗家寨、龙岗、九龙山、通南巴、元坝等气田为重点的川东北天然气基地,推进川西海相气藏勘探开发。在自贡、内江、宜宾布局页岩气等非常规天然气勘探开发。

——煤炭。优化生产开发布局,重点建设筠连、古叙和华蓥山中部等矿区。形成以达竹矿区为重点的一批炼焦煤资源接替基地。开展广旺、华蓥山、芙蓉等国有老矿资源接替勘探、延长服务年限。加快推进煤炭企业兼并重组和淘汰落后产能。积极推动芙蓉、华蓥山、古叙等重点矿区煤矿瓦斯抽采利用,开展地面煤层气开发试验。

第三节　主要矿产资源开发布局

根据全省矿产资源分布特点,发挥各地区特色和优势,将矿产资源开发与区域经济发展紧密结合起来,逐步形成特色突出、优势互补的五大矿产资源发展区,建成国家重要的资源深加工基地。

——国家级攀西矿产资源发展区。加强攀枝花、凉山钒钛磁铁矿综合利用,发展钒钛新工艺、新技术、新材料,实现规模化生产,建设国际知名的钒钛钢铁产业和稀土新材料产业基地。加强会理、会东有色金属矿山资源整合和技术改造,提高有色金属矿产品生产与加工能力。整合冕宁稀土矿资源,严格控制开发总量,提高稀土深加工产品的研发和生产能力。提高甘洛和汉源铅锌矿、会东和盐源铁矿生产加工能力。加强雷波磷矿和盐源盐卤资源开发。

——成都平原化工建材矿产资源发展区。重点加强绵竹、什邡磷矿的矿山改造,稳定磷矿开采能力,集约节约和综合利用磷矿资源。加大眉山芒硝矿开采加工和结构调整力度,优化开采加工布局,发展精深加工产品,大力改善矿山环境,提高资源开发的整体竞争力。发展都江堰、江油等地的水泥、玻璃原料生产,培育饰面石灰岩等新型非金属矿产品开发。

——川南化工矿产资源发展区。有序推进马边磷矿规模开发和集约经营,促进磷化工基地建设。控制和调整产大于销的岩盐生产,着力开发生产适销对路的精细盐化产品。规模集约开发建材资源,优化水泥、玻璃、陶瓷产业结构和布局。

——川东北建材矿产资源发展区。依托水泥产业结构调整,推进水泥原料矿产规模集约开发。加大新型玻陶原料和饰面石材开发力度,提高建材原料生产加工的竞争力。

——川西北有色稀有贵金属矿产资源发展区。加强甘孜西部和阿坝北部有色、贵金属等矿产规模开发的前期准备,有序推进矿产资源开发利用。逐步提高里伍铜矿、白玉呷村银多金属矿、巴塘夏塞银多金属矿、康定呷基卡锂矿、九寨松潘金矿等的开发利用能力。

第四节　水资源开发利用

结合全省水资源分布特点和生产力布局,围绕全省经济社会发展,加快建设水利设施,合理布局水利工程,加强水资源管理和保护,优化水资源配置,提高水资源利用效率,增强城乡供水能力,改善城乡水环境。

——成都平原岷江、涪江、沱江流域。在保护生态环境的前提下,合理开发利用岷江和涪江较为丰沛的水资源,加强控制性水利工程建设,提高水资源跨时空利用能力,解决川中丘陵区农村生活生产用水和城市缺水问题。加快城市第二水源建设,确保大中城市生活、生产和生态用水。适时建设调(引、补)水工程,为区域持续发展提供水源保障。实行排污总量控制,改善水生态环境。

——川南沱江、长江、岷江流域。结合产业和城镇布局,推进重点供水工程建设,加快向家坝灌区工程建设,将青衣江、金沙江水资源调入沱江流域。协调区域内水资源利用,加强城市备用水源建设,确保内江、自贡等城市用水需求。加大已成灌区续建配套与节水改造力度,加强小型农田水利建设,扩大有效灌溉面积。加大水污染治理力度,保护和改善水环境。

——川东北嘉陵江、涪江、渠江流域。在保护生态环境的前提下,坚持上蓄下泄相结合,加快嘉陵江、渠江等干流及主要支流控制性水库工程和重点城镇堤防工程建设,加大病险水库除险加固力度,加强重点水源工程及已成灌区续建配套与节水改造工程建设,提高防洪抗旱能力。

——攀西金沙江、安宁河流域。围绕优势特色农业资源开发,加快安宁河沿河灌区建设,大力发展高效节水灌溉,建设亚热带特色农产品基地和四川省第二大粮仓。完善安宁河干支流防洪治理工程,抓好大中型水利工程建设,加强水源涵养地保护,强化邛海污染治理,保护邛海水生态。

——川西北金沙江、雅砻江、大渡河、岷江流域。以加强水源地生态环境保护和解决农牧民饮水安全为重点,在科学、合理利用水资源的前提下,加快建设饮水工程和雨水集蓄利用工程,发展饲草料基地节水灌溉,推进雨水集蓄利用技术。继续实施天然林保护、退耕还林、退牧还草、水土保持等重点工程,加强川西北防沙治沙和若尔盖等高原湿地保护,修复和保护水源地生态环境,增强水源涵养功能。

第四篇　保障措施与规划实施

本规划提出的保障措施,是国土空间开发的各项政策及其制度安排的基础,主要指明政策措施和制度安排的方向。省直有关部门要根据本规划调整完善现行政策和制度安排,建立健全保障形成主体功能区布局的体制机制、政策体系和绩效评价体系。

第九章　政策措施

第一节　财政政策

——完善财政转移支付制度。加大对重点生态功能区和农产品主产区的均衡性转移支付力度,建立完善县级基本财力保障机制,增强限制开发区域基层政府实施公共管理、提供基本公共服务和落实各项民生政策的能力。建立生态环境补偿机制和生态环境保护奖惩机制,加大对重点生态功能区的支持力度。

——探索建立地区间横向援助机制。探索建立生态环境受益地区对重点生态功能区的横向援助机制,采取资金补助、定向援助、对口支援等多种形式,提高重点生态功能区基本公共服务水平。

第二节　投资政策

——加大政府投资支持。将政府预算内投资分为按主体功能区安排和按领域安排两个部分,实行二者相结合的政府投资政策。按主体功能区安排的投资,重点支持重点生态功能区和农产品主产区的生态修复和环境保护、农业综合生产能力建设、公共服务设施建设、生态移民、促进就业、基础设施建设以及支持适宜产业发展等。按领域安排的投资,逐步加大政府投资用于农业、生态建设环境保护方面的比例。农业投资,重点投向农产品主产区农业综合生产能力建设。生态环境保护投资,重点投向重点生态功能区生态产品供给能力建设。基础设施投资,重点投向重点开发区域的交通、能源、水利、环保以及公共服务设施的建设。

——根据主体功能定位积极引导社会资本投资方向。对重点开发区域,鼓励和引导民间资本进入法律法规未明确禁止准入的行业和领域。对限制开发区域,主要鼓励民间资本投向基础设施、市政公用事业和社会事业等。积极利用金融手段引导民间投资,引导商业银行按主体功能定位调整区域信贷投向,鼓励向符合主体功能定位的项目提供贷款,严格限制向不符合主体功能定位的项目提供贷款。

第三节　产业政策

——强化空间引导。发挥《产业结构调整指导目录》、《外商投资产业指导目录》等引导作用,明确不同主体功能区域鼓励、限制和禁止的产业。编制专项规划、布局重大项目,必须符合各区域的主体功能定位,进一步明确不同产业在省域空间内的布局。

——完善进退机制。严格区域产业准入,对不同主体功能区域实行差别化的用地、能耗和排放标准,严格限制乃至禁止不符合主体功能定位的产业布局。建立区域退出机制,对限制开发区域不符合主体功能定位的现有产业,通过设备折旧、设备贷款担保、迁移补贴、淘汰落后产能、技术改造等手段,促进产业升级和跨区域转移,有序转移或关闭与主体功能定位不符合的产业和企业。

——加强分类指导。支持重点开发区域改造提升传统产业,大力发展战略性新兴产业、先进制造业,加快发展现代服务业,发展资源加工产业和劳动密集型产业,壮大优势产业集群,提高产业聚集度。支持限制开发区域在保护生态和农业的前提下点状开发优势资源,培育发展特色产业。完善"产业飞地"模式,引导产业向发展条件较好的区域集聚。严格控制禁止开发区域相关产业发展。

第四节　土地政策

——实施差别化的土地政策。按照不同主体功能区的功能定位和发展方向,实行差别化的土地利用政策,科学确定各类用地规模。规范土地储备行为,加大土地整理力度,确保耕地、林地数量和质量。重点生态功能区和农产品主产区要严格控制工业用地增加,重点开发地区适度增加城市居住用地,逐步减少农村居住用地,合理控制交通用地增长。

——统筹城乡区域建设用地。探索城镇建设用地增加要与本地区农村建设用地减少相挂钩,探索城市建设用地的增加规模要与吸纳农村人口进入城市定居的规模挂钩,探索城市化地区建设用地的增加规模要与吸纳外来人口定居的规模挂钩。

——保障重点开发区域用地需求。适当扩大重点开发区域建设用地规模,促进人口城镇化和土地城镇化协同发展。优化土地利用结构,促进城市化和工业化协调发展。

——进一步严格土地用途管理。将基本农田落实到地块并标注到农村土地承包经营权证书上,禁止未经依法批准擅自改变基本农田的用途和位置。严格控制限制开发区域的农业发展用地、生态用地转变为工业发展和城市建设用地。妥善处理自然保护区、风景名胜区农牧地产权关系。

第五节　农业政策

——加大农业农村投入。调整财政支出、固定资产投资、信贷投放结构,保证各级财政对农业投入增长幅度高于经常性收入增长幅度,大幅度增加对农村基础设施建设和社会事业发展的投入,大幅度提高政府土地出让收益、耕地占用税新增收入用于农业和农村的比例。

——完善强农惠农政策。逐步完善支持和保护农业发展的政策,加大强农惠农政策力度,并重点向农产品主产区倾斜。稳步提高粮食最低收购价格,改善其他主要农产品价格保护办法,充实主要农产品储备,保持农产品价格合理水平。

——健全农业补贴制度。继续增加农民种粮和养猪补贴,加大对产粮大县的财政奖励和粮食、生猪项目扶持力度。加大良种补贴力度,争取中央财政支持,逐步扩大补贴范围和品种。

——支持发展农产品加工。支持农产品主产区依托本地农产品资源优势,积极发展农产品加工产业,根据农产品加工业不同产业的经济技术特点,对适宜发展的产业,优先在农产品主产区的县城布局,并按规定给予财政贴息和信贷扶持。

第六节 人口政策

——引导人口合理迁徙。重点开发区域实施积极的人口迁入政策,增强人口集聚吸纳能力,放宽户口迁移限制,鼓励外来人口迁入和定居,防止人口向超大城市过度集聚。限制开发区域实施积极的人口迁出政策,加强职业技能培训,增强劳动力跨区域转移就业能力,引导人口向重点开发区域和区域内县城和中心镇集聚。

——推进户籍综合配套改革。逐步实行城乡统一的户口登记管理制度,逐步剥离附加于现行户籍制度的基本公共服务。按照"属地化管理、市民化服务"的原则,鼓励城市化地区将流动人口纳入居住地教育、就业、医疗、社会保障、住房保障等体系,保障流动人口与本地人口享有均等的基本公共服务和同等权益。

——探索建立人口评估机制。构建重大建设项目与人口发展政策之间的衔接协调机制,重大建设项目的布局和社会事业发展应充分考虑人口集聚和人口布局优化的需要,以及人口结构变动带来需求的变化。

第七节 环境政策

——严格污染物排放标准和总量控制指标。重点开发区域要结合环境容量,实行严格的污染物排放总量控制,较大幅度减少污染物排放量。限制开发区域要通过治理、限制或关闭污染物排放企业等措施,实现污染物排放总量持续下降和环境质量达标。禁止开发区域要依法关闭所有污染物排放企业,确保污染物的"零排放"。

——严格产业准入环境标准。重点开发区域要按照国内先进水平,根据环境容量逐步提高产业准入环境标准。农产品主产区要按照保护和恢复地力的要求设置产业准入环境标准。重点生态功能区要按照生态功能恢复和保育原则设置产业准入环境标准。禁止开发区域要按照强制保护原则设置产业准入环境标准。

——完善保护环境的市场机制。重点开发区域要积极推进排污权制度改革,控制排污许可证增发,制定合理的排污权有偿取得价格,鼓励新建项目通过排污权交易获得排污权。限制开发区域要从严控制排污许可证发放。禁止开发区域不发放排污许可证。积极推行循环经济、清洁生产、绿色信贷、绿色保险、绿色证券等。

——完善环境评价和生态修复机制。涉及流域、区域开发和行业发展的规划以及建设项目,要严格执行环境影响评价制度,强化环境风险防范,各类开发区和工业集中区要按照循环经济的要求进行规划、建设和改造,严格依法落实生产建设项目水土保持方案报告制度,有效防控生产建设中的地貌植被破坏,确保从源头上控制污染和水土流失。限制开发区域要尽快全面实行矿山环境治理恢复保证金制度,并实行较高的提取标准。禁止开发区域的旅游资源开发须同步建立完善的污水垃圾收集处理设施。

——加强水资源和水环境保护。重点开发区域要合理开发、科学配置、节约集约利用水资源,限制入河排污总量。限制开发区域要加强水资源保护,适度开发、节约利用水资源,满足生态用水需求,加强水土保持和生态修复与环境保护。在禁止开发区域内严格禁止不利于水生态环境保护的开发活动,实行严格的水资源保护政策。

——加强土壤环境保护与综合治理。严格控制新增土壤污染,确定土壤环境保护优先区域,强化被污染土壤的环境风险控制,开展土壤污染治理与修复,建立农产品产地土壤环境监测机制,提升土壤环境监管能力。

第八节　应对气候变化政策

——城市化地区要积极发展循环经济,实施重点节能工程。积极发展和消费可再生能源,强化能源资源节约和高效利用技术开发应用,降低温室气体排放强度。

——农产品主产区要加强农业基础设施建设和农业气候资源的合理开发利用,推进农业结构和种植制度调整,加强新品种新技术开发,增强农业生产适应气候变化不利影响的能力。

——重点生态功能区要根据主体功能定位推进天然林资源保护、退耕还林还草、退牧还草、风沙源治理、防护林体系建设、野生动植物保护、湿地保护与恢复等,增加陆地生态系统的固碳能力。积极发展风能、太阳能、生物质能,充分利用清洁、低碳能源。

——开展气候变化对水资源、农业和生态环境等的影响评估,建立重大项目自然灾害风险评估制度。增强人工影响天气适应气候变化能力,提高极端天气气候事件监测预警能力,加强自然灾害的应急和防御能力建设。

第九节　民族政策

——落实支持民族地区发展的政策,促进民族地区经济社会跨越发展。充分尊重少数民族群众的风俗习惯和宗教信仰,切实维护民族团结。优先安排与少数民族聚居区群众生产生活密切相关的交通、能源电力、水利、农业、教育、卫生、文化、饮水、贸易集市、民房改造、扶贫开发等项目,解决制约民族地区发展的突出问题。鼓励并支持发展特色产业,积极推进少数民族地区农村劳动力转移就业,加强劳动力就业培训,结合生态建设、道路养护等工程开发公益岗位,努力为少数民族群众提供更多就业机会,扩大少数民族群众收入来源,提高少数民族群众收入水平。

第十章　规划实施

第一节　完善规划体系

——完善规划体系。主体功能区规划是国民经济和社会发展总体规划在空间开发和布局方面的体现,是其他各类规划在空间开发和布局方面的基本依据。省直各部门、市县级人民政府要根据本规划提出的思路、目标及各主体功能区域的功能定位和发展方向,制定适应主体功能区要求的各类规划。

——加强规划衔接。全省国民经济和社会发展总体规划要与本规划相互衔接。区域发展规划、产业发展规划、土地利用规划、城市总体规划、城镇体系规划、生态环境保护规划、矿产资源总体规划、水资源开发利用规划、林地保护利用规划、防灾减灾规划等专项规划,要根据本规划做相应调整。

第二节 省级有关部门的职责

发展改革部门。负责本规划实施的组织协调,充分做好本规划与各区域规划以及土地、环保、水利、农业、能源等部门专项规划的有机衔接,实现各级各类规划之间的统一、协调。按照《全国主体功能区规划》和本规划的要求,负责指导市县落实主体功能定位和开发强度要求,指导各市县在规划编制、项目审批、土地管理、人口管理、生态环境保护等工作中遵循全国和省级主体功能区规划的各项要求。根据本规划确定的各项政策,负责在省人民政府事权范围内制定实施细则和配套政策;负责落实对限制开发区域和禁止开发区域的政府投资。负责推动全省主体功能区规划的实施,加强规划实施的跟踪分析,开展规划实施情况监督检查、中期评估和规划修订。

科技部门。负责研究提出适应主体功能区要求的科技规划和政策,建立适应主体功能区要求的区域创新体系。

经济和信息化部门。负责编制适应主体功能区要求的工业、通信业和信息化产业发展规划。

监察部门。配合有关部门制定符合科学发展观要求并有利于推进形成主体功能区的绩效考核评价体系,并负责实施中的监督检查。

财政部门。负责按照本规划明确的财政政策方向和原则制定并落实适应主体功能区要求的财政政策。

国土资源部门。负责组织编制国土规划和土地利用总体规划;负责制定适应主体功能区要求的土地政策并落实用地指标;负责会同有关部门组织调整划定基本农田,并落实到地块和农户,明确位置、面积、保护责任人等;负责组织编制全省矿产资源规划,确定重点勘查区域。

环境保护部门。负责组织编制适应主体功能区要求的生态环境保护规划,制定相关政策;负责组织编制环境功能区划;负责组织有关部门编制全省自然保护区发展规划,指导、协调、监督各种类型的自然保护区、风景名胜区、森林公园的环境保护工作,协调和监督野生动植物保护、湿地环境保护、荒漠化防治工作。

住房城乡建设部门。负责组织编制和监督实施全省城镇体系规划;负责组织城市总体规划的审查。

水利部门。负责编制适应主体功能区要求的水资源开发利用、节约保护及防洪减灾、水土保持等方面的规划,制定相关政策。

农业部门。负责编制适应主体功能区要求的农牧渔业发展和资源与生态保护等方面的规划,制定相关政策。

人口计生部门。负责会同有关部门制定引导人口合理有序转移的相关政策。

林业部门。负责编制适应主体功能区要求的生态保护与建设规划,制定相关政策。

地震、气象部门。负责组织编制地震、气象等自然灾害防御和气候资源开发利用等规划或区划,参与制定自然灾害防御政策。

测绘地理信息部门。负责提供主体功能区规划地理信息数据,提供监测评估技术支持,参与制定相关政策。

其他各有关部门,要依据本规划,根据需要组织修订能源、交通等专项规划和主要城市的建设规划。

第三节　市县级人民政府职责

市县级人民政府负责落实全国和省级主体功能区规划对本市县的主体功能定位,不再编制主体功能区规划。

——根据本规划对本市县的主体功能区定位,编制本市县空间发展规划,对本市县国土空间进行功能分区,如城镇建设区、工矿开发区、基本农田、生态保护区、旅游休闲区等(具体类型可根据本地情况确定),明确"四至"范围,明确各功能区的功能定位、发展目标和方向、开发和管制原则等。

——根据本市县的主体功能定位和空间发展规划,编制实施土地利用规划、城市规划和镇规划、乡规划、村庄规划。

——根据国家和省确定的空间开发原则和本市县的空间发展规划,规范开发时序,把握开发强度,审批有关开发项目。

第四节　绩效评价考核

建立健全符合科学发展观并有利于推进形成主体功能区的绩效评价考核体系。强化对各地区提供公共服务、加强社会管理、增强可持续发展能力等方面的评价,增加开发强度、耕地保有量、环境质量、社会保障覆盖面等评价指标。在此基础上,按照不同区域的主体功能定位,实行各有侧重的绩效考核评价办法,并强化考核结果运用,有效引导各地区推进形成主体功能区。

——实施差别化的考核体系。重点开发区域实行工业化城镇化水平优先的绩效评价,农产品主产区实行农业发展优先的绩效评价,重点生态功能区实行生态保护优先的绩效评价,禁止开发区域按照保护对象确定评价内容,强化对自然文化资源原真性和完整性保护的评价。

——强化绩效考评。建立健全各级政府评价考核机制,并纳入各地经济社会发展综合评价体系,向社会公告考核结果,发挥社会和舆论的监督作用。严格执行问责制,加大奖励和处罚力度。对在考核中瞒报、谎报的地区,予以通报批评,对直接责任人依法追究责任;未完成年度目标任务的地区和部门,督促限期完成。

第五节　监测评估

建立覆盖全省、统一协调、更新及时、反应迅速、功能完善的主体功能区动态监测管理系统,对规划实施情况进行全面监测、分析和评估。

——开展主体功能区监测管理的目的是检查落实各地主体功能区实施情况,包括城市化地区的城市规模、农产品主产区基本农田的保护、重点生态功能区生态环境改善等情况。

——各级国民经济和社会发展总体规划及主体功能区规划是主体功能区监测管理的依据。四川省主体功能区动态监测管理系统由四川省发展和改革委员会与有关部门共同建设和管理。

——主体功能区动态监测管理系统以国土空间为管理对象,主要监测城市建设、项目开工、耕地占用、地下水和矿产资源开采等各类开发行为对国土空间的影响,以及水面、湿地、林地、草地、自然保护区、蓄滞洪区的变化情况等。

——加强对地观测技术在主体功能区动态监测管理中的运用,构建航天遥感、航空遥感和地面调查相结合的一体化对地观测体系,全面提升对主体功能区空间数据的获取能力。对全省主体功能区重点开发、限制开发和禁止开发区域进行全覆盖动态监测。

——整合四川省基础地理信息数据和主体功能区相关专题数据,建立有关部门和单位互联互通的四川省地理信息公共平台,促进各类空间信息之间测绘基准的统一和信息资源的共享。

——加强对国土资源、水资源、水环境、土壤环境的监测,不断完善国土、水文、水资源、土壤环境、水土保持等监测网络建设,将国土资源、水资源、水环境、土壤环境跟踪监测数据作为全省主体功能区规划实施、评估、调整的重要依据。

——转变对国土空间开发行为的管理方式,从现场检查、实地取证为主逐步转为遥感监测、远程取证为主,现场检查、实地取证为辅,从人工分析、直观比较、事后处理为主逐步转为计算机分析、机助解译、主动预警为主,提高发现和处理违规开发问题的反应能力及精确度。

——建立由发展改革、国土资源、住房城乡建设、经济和信息化、科技、水利、农业、环境保护、林业、中科院、地震、气象、测绘地理信息等部门和单位共同参与,协同有效的主体功能区监测管理工作机制。各有关部门要根据职责,对相关领域的国土空间变化情况进行动态监测,探索建立国土空间资源、自然资源、环境及生态变化情况的定期会商和信息通报制度。

——空间信息基础设施应根据不同区域的主体功能定位进行科学布局,并根据不同的监测重点建设相应的监测设施,如重点开发区域要重点监测城市建设、工业建设等,限制开发和禁止开发区域要重点监测生态环境、基本农田的变化等。

——各市(州)要加强主体功能区动态监测管理工作,通过多种途径,对本市(州)的主体功能区变化情况进行及时跟踪分析。

——建立主体功能区规划评估与动态修订机制。适时开展规划评估,提交评估报告,并根据评估结果提出需要调整的规划内容或对规划进行修订的建议。

附件1

基本农田保护面积表

表一　成都平原重点开发地区基本农田保护面积

市（州）	县（市、区）	基本农田面积（公顷）	市（州）	县（市、区）	基本农田面积（公顷）
成　都	中心城区	0	绵　阳	涪城区	11613
	双流县	4127		游仙区	31825
	龙泉驿区	9447		安　县	32890
	温江区	9993		江油市	57740
	郫　县	17980		小　计	134068
	青白江区	15273	眉　山	东坡区	62693
	新都区	21287		彭山县	15807
	崇州市	35580		丹棱县	14189
	都江堰市	23573		青神县	14877
	彭州市	46133		仁寿县	84605
	邛崃市	44747		小　计	192171
	金堂县	56707	德　阳	旌阳区	25655
	大邑县	29080		罗江县	22391
	新津县	9773		广汉市	28055
	蒲江县	28635		什邡市	19870
	小　计	352335		绵竹市	28730
乐　山	市中区	16771		小　计	124701
	沙湾区	12600	资　阳	雁江区	61700
	五通桥区	13922		简阳市	86300
	夹江县	17200		—	—
	峨眉山市	16300		—	—
	小　计	76793		—	—
雅　安	雨城区	12900		—	—
	名山区	20720		—	—
	荥经县	8900		小　计	148000
—	小　计	42520	合　计	—	1070588

表二　川南重点开发地区基本农田保护面积

市（州）	县（市、区）	基本农田面积（公顷）	市（州）	县（市、区）	基本农田面积（公顷）
乐山	金河口区	3300	泸州	江阳区	22805
	犍为县	46000		龙马潭区	11311
	小　计	49300		纳溪区	32490
宜宾	翠屏区	31500		合江县	55293
	南溪区	26000		泸县	74170
	江安县	32800		小　计	196069
	宜宾县	102151	自贡	自流井区	3110
	小　计	192451		贡井区	16213
内江	市中区	17323		大安区	15547
	东兴区	53800		富顺县	53350
	隆昌县	31987		沿滩区	15272
	威远县	41160		小　计	103492
	小　计	144270	合　计	——	685582

表三　攀西重点开发地区基本农田保护面积

市（州）	县（市、区）	基本农田面积（公顷）	市（州）	县（市、区）	基本农田面积（公顷）
攀枝花	仁和区	12277	凉山	西昌市	37719
	西　区	297		冕宁县	22220
	盐边县	15000		会理县	28506
	东　区	100		小　计	88445
	小　计	27674	合　计	——	116119

表四　川东北重点开发地区基本农田保护面积

市（州）	县（市、区）	基本农田面积（公顷）	市（州）	县（市、区）	基本农田面积（公顷）
广元	利州区	16728	南充	顺庆市	20451
	元坝区	29063		高坪区	27291
	朝天区	22400		嘉陵区	44677
	小　计	68191		南部县	71354
广安	广安区	61714		阆中市	47410
	武胜县	51011		小　计	211183
	华蓥市	9380	遂宁	船山区	22321
	邻水县	62889		安居区	68900
	小　计	184994		射洪县	60150
达州	达县	74000		大英县	30110
	通川区	9553		小　计	181481
	大竹县	73229	巴中	巴州区	67200
	——	——		小　计	67200
	小　计	156782	合　计	——	869831

表五　重点生态功能区的基本农田保护面积

市(州)	县(市、区)	基本农田面积(公顷)	市(州)	县(市、区)	基本农田面积(公顷)
阿坝	马尔康县	4600	甘孜	康定县	4300
	金川县	4400		泸定县	1200
	小金县	6750		丹巴县	680
	阿坝县	7300		九龙县	980
	若尔盖县	3550		雅江县	1336
	红原县	0		道孚县	5230
	壤塘县	2700		炉霍县	2732
	汶川县	4700		甘孜县	11790
	理县	2350		新龙县	1819
	茂县	7000		德格县	2927
	松潘县	10000		白玉县	3190
	九寨沟县	4350		石渠县	3743
	黑水县	6100		色达县	847
	小　计	63800		理塘县	3286
凉山	木里县	13682		巴塘县	3224
	盐源县	41402		乡城县	1879
	布托县	18773		稻城县	2345
	金阳县	15217		得荣县	2192
	昭觉县	31153		小　计	53700
	喜德县	20096	绵阳	平武县	26846
	越西县	20042		北川县	12489
	甘洛县	13857		小　计	39335
	美姑县	20035	宜宾	屏山县	27419
	雷波县	16097	达州	万源市	28810
	宁南县	14738	雅安	宝兴县	3680
	普格县	18560		天全县	11200
	小　计	243652		石棉县	6000
巴中	南江县	35300		小　计	20880
	通江县	46300	乐山	沐川县	15407
	小　计	81600		峨边县	9700
广元	旺苍县	39326		马边县	13400
	青川县	23127		小　计	38507
	小　计	62453	合　计	——	660156

表六　农产品主产区基本农田保护面积

地　　区		基本农田保护面积（公顷）
盆地中部平原浅丘区	中江县	85998
	三台县	99465
	盐亭县	47937
	梓潼县	41495
	安岳县	125500
	乐至县	64900
	荣　县	55408
	井研县	30400
	资中县	66830
川南低中山区	长宁县	29500
	高　县	48600
	珙　县	27900
	筠连县	29430
	兴文县	36900
	叙永县	53439
	古蔺县	74892
盆地东部丘陵低山区	蓬溪县	51991
	西充县	40275
	营山县	50073
	蓬安县	39053
	仪陇县	53116
	岳池县	63106
	开江县	31131
	渠　县	76244
	宣汉县	64433
	平昌县	53750
	剑阁县	69000
	苍溪县	75862
	邻水县	62889
盆地西缘山区	洪雅县	20229
	汉源县	19900
	芦山县	6700
安宁河流域	会东县	28816
	德昌县	11687
	米易县	15426
合　　计		1752276

四
川

附件 2

国家禁止开发区域名录①

一、自然保护区名录

国家级自然保护区

序号	名　　　称	面积(平方公里)	具体分布	主要保护对象
1	四川龙溪—虹口国家级自然保护区	310.0	成都市都江堰市	大熊猫及森林生态系统
2	四川白水河国家级自然保护区	301.5	成都市彭州市	大熊猫及森林生态系统
3	四川攀枝花苏铁国家级自然保护区	14	攀枝花市西区、仁和区	攀枝花苏铁及其生境
4	长江上游珍稀、特有鱼类国家级自然保护区四川段	199.64	泸州市、宜宾市	珍稀鱼类及河流生态系统
5	四川画稿溪国家级自然保护区	238.27	泸州市叙永县	杉椤等珍稀植物及地质遗迹
6	四川王朗国家级自然保护区	322.97	绵阳市平武县	大熊猫及森林生态系统
7	四川雪宝顶国家级自然保护区	636.15	绵阳市平武县	大熊猫及森林生态系统
8	四川米仓山国家级自然保护区	234	广元市旺苍县	水青冈属植物及森林生态系统
9	四川唐家河国家级自然保护区	400	广元市青川县	大熊猫及森林生态系统
10	四川马边大风顶国家级自然保护区	301.64	乐山市马边县、雷波县	大熊猫及森林生态系统
11	四川长宁竹海国家级自然保护区	287.19	宜宾市长宁县	竹类生态系统
12	四川花萼山国家级自然保护区	482.03	达州市万源县	森林及野生动物
13	四川蜂桶寨国家级自然保护区	390.39	雅安市宝兴县	大熊猫及森林生态系统
14	四川卧龙国家级自然保护区	2000	阿坝州汶川县	大熊猫及森林生态系统
15	四川九寨沟国家级自然保护区	642.97	阿坝州九寨沟县	大熊猫及森林生态系统
16	四川小金四姑娘山国家级自然保护区	560	阿坝州小金县	野生动物及高山生态系统
17	四川若尔盖湿地国家级自然保护区	1665.71	阿坝州若尔盖县	高寒沼泽湿地及黑颈鹤等野生动物

---

① 市(州)及市(州)以下依法设立的自然保护区、森林公园、地质公园、风景名胜区和水源保护区按禁止开发区域管理,不再单列。

序号	名　　称	面积(平方公里)	具体分布	主要保护对象
18	四川贡嘎山国家级自然保护区	4091.44	甘孜州康定县、泸定县、九龙县，雅安市石棉县	大熊猫及森林生态系统
19	四川察青松多白唇鹿国家级自然保护区	1436.83	甘孜州白玉县	白唇鹿及其生境
20	四川海子山国家级自然保护区	4591.61	甘孜州理塘县、稻城县	高寒湿地生态系统及林麝等珍稀动物
21	四川亚丁国家级自然保护区	1457.5	甘孜州稻城县	森林生态系统、野生动植物、冰川
22	四川美姑大风顶国家级自然保护区	506.55	凉山州美姑县	大熊猫及森林生态系统
23	四川长沙贡玛国家级自然保护区	6698	甘孜州石渠县	高寒湿地生态系统及雪豹等珍稀野生动物
24	四川老君山国家级自然保护区	35	宜宾市屏山县	四川鹧鸪及其栖息地
25	四川诺水河珍稀水生动物国家级自然保护区	92.2	巴中市通江县	大鲵、水獭、岩原鲤、中华鳖、乌龟、重口裂腹鱼、青石爬鳅等
26	四川黑竹沟国家级自然保护区	296.43	乐山市峨边县	大熊猫及森林生态系统
27	四川格西沟国家级自然保护区	228.97	甘孜州雅江县	大紫胸鹦鹉等珍稀鸟类及森林生态系统
	合　　计	28421		

注:部分区域与文化自然遗产、风景名胜区、地质公园、森林公园重叠

省级自然保护区

序号	名　　称	面积(平方公里)	具体分布	主要保护对象
1	四川光雾山省级自然保护区	349.84	巴中市南江县	自然地质地貌
2	四川诺水河省级自然保护区	630	巴中市通江县	河流生态系统
3	四川百里峡省级自然保护区	262.6	达州市宣汉县	大鲵、水獭、岩原鲤、重口裂腹鱼等
4	四川湾坝省级自然保护区	1201	甘孜州九龙县	自然生态
5	四川墨尔多山省级自然保护区	621.63	甘孜州丹巴县	亚高山针叶林及自然人文
6	四川泰宁玉科省级自然保护区	1414.75	甘孜州康定县、道孚县	自然生态
7	四川火龙沟省级保护区	1406	甘孜州白玉县	自然生态、野生动物
8	四川古蔺黄荆省级自然保护区	365.22	泸州市古蔺县	生态系统
9	四川睢水海绵礁省级自然保护区	52.3	绵阳市安县	自然遗迹
10	四川恐龙化石群省级自然保护区	50	资阳市安岳县	恐龙化石

续表

四川

序号	名　　称	面积(平方公里)	具体分布	主要保护对象
11	四川龙泉湖省级自然保护区	5.52	资阳市简阳市	次水水生生态
12	四川喇叭河省级自然保护区	234.37	雅安市天全县	大熊猫、牛羚,金丝猴
13	四川白河省级自然保护区	162.04	阿坝州九寨沟县	大熊猫、川金丝猴
14	四川小寨子沟省级自然保护区	443.85	绵阳市北川县	大熊猫及其伴生动物
15	四川黄龙寺省级自然保护区	550.51	阿坝州松潘县	生态系统
16	四川白羊省级自然保护区	767.10	阿坝州松潘县	大熊猫、金丝猴等
17	四川片口省级自然保护区	197.30	绵阳市北川县	大熊猫、森林生态系统
18	四川冶勒省级自然保护区	242.93	凉山州冕宁县	大熊猫及其栖息地
19	四川千佛山省级自然保护区	177.40	绵阳市安县、北川县,阿坝州茂县	大熊猫、金丝猴
20	四川宝顶沟省级自然保护区	898.84	阿坝州茂县	森林生态系统和野生动物
21	四川鞍子河省级自然保护区	101.41	成都市崇州市	大熊猫及其栖息地
22	四川勿角省级自然保护区	362.80	阿坝州九寨沟县	大熊猫、森林生态系统和栖息地生态环境
23	四川小河沟省级自然保护区	282.27	绵阳市平武县	大熊猫及栖息地
24	四川瓦屋山省级自然保护区	364.90	眉山市洪雅县	大熊猫、森林生态系统和栖息地生态环境
25	四川黑水河省级自然保护区	398.05	成都市大邑县	大熊猫及其栖息地
26	四川九顶山省级自然保护区	616.40	德阳市	大熊猫及森林生态系统
27	四川草坡省级自然保护区	522.51	阿坝州汶川县	大熊猫
28	四川申果庄省级自然保护区	337.00	凉山州越西县	大熊猫
29	四川麻咪泽省级自然保护区	388.00	凉山州雷波县	大熊猫等珍稀野生动植物及森林生态系统
30	四川马鞍山大熊猫省级自然保护区	279.81	凉山州甘洛县	大熊猫及其珍稀动植物
31	四川栗子坪省级自然保护区	479.40	雅安市石棉县	大熊猫为主的珍稀野生动物及栖息地;山地森林生态系统
32	四川洛须白唇鹿省级自然保护区	1553.50	甘孜州石渠县	白唇鹿、雪豹、黑颈鹤等国家一级保护动物
33	四川竹巴笼省级自然保护区	281.98	甘孜州巴塘县	矮岩羊等珍稀动物及生态环境
34	四川卡莎湖省级自然保护区	317.00	甘孜州炉霍县	湿地生态系统和黑鹳、黑颈鹤等珍稀野生动物
35	四川新路海省级自然保护区	270.38	甘孜州德格县	野生动植物,湿地

序号	名　　　称	面积（平方公里）	具体分布	主要保护对象
36	四川莫斯卡省级自然保护区	137.00	甘孜州丹巴县	白唇鹿、豹、猕猴、盘羊、云杉等
37	四川二滩鸟类省级自然保护区	749.60	攀枝花市盐边县	生物、湿地资源
38	四川金汤孔玉省级自然保护区	269.09	甘孜州康定县	金丝猴、牛羚等珍稀野生动物
39	四川大小兰沟省级自然保护区	69.32	巴中市南江县	以水青冈属植物为主的森林生态系统
40	四川铁布梅花鹿省级自然保护区	206.92	阿坝州若尔盖县	四川梅花鹿等国家珍稀野生动植物及其栖息地
41	四川米亚罗省级自然保护区	1607.32	阿坝州理县	大熊猫、川金丝猴、麝类、红豆杉、岷江柏森林生态
42	四川金花桫椤省级自然保护区	0.49	自贡市荣县	桫椤
43	四川翠云廊古柏省级自然保护区	271.55	广元市剑阁县、元坝区，绵阳市梓潼县	以古柏为主体的生物群落及生存环境
44	四川曼则塘湿地省级自然保护区	1658.74	阿坝州阿坝县	金雕、黑颈鹤
45	四川三打古省级自然保护区	623.19	阿坝州黑水县	川金丝猴
46	四川东阳沟省级自然保护区	307.60	广元市青川县	大熊猫等珍稀野生动植物及森林生态系统
47	四川水磨沟省级自然保护区	73.37	广元市朝天区	林麝、红腹锦鸡以及红豆极、珙桐等珍稀野生动植物及自然生态系统
48	四川毛寨省级自然保护区	208.00	广元市青川县	大熊猫、金丝猴
49	四川下拥省级自然保护区	236.93	甘孜州得荣县	林麝、马麝、岩羊等偶蹄类动物及植物
50	四川鸭嘴省级自然保护区	110.13	凉山州木里县	麝、红豆杉
51	四川观雾山省级自然保护区	292.53	绵阳市江油市	亚热带与温带交汇地带的森林生态系统及其生物多样性
52	四川百草坡省级自然保护区	255.97	凉山州金阳县	林麝、湿地
53	四川南莫且湿地省级自然保护区	1011.49	阿坝州壤塘县	湿地生态系统、黑颈鹤
54	四川白坡山省级自然保护区	236.20	攀枝花市米易县	云南红豆杉、扭角羚等珍稀动植物及自然生态系统
55	四川驷马省级自然保护区	121.62	巴中市平昌县	林麝、红豆杉、森林生态系统
56	贡杠岭省级自然保护区	1478.44	阿坝州九寨沟县、若尔盖县	大熊猫、森林生态系统
57	四川亿比措湿地省级自然保护区	272.76	甘孜州道孚县、雅江县、康定县	湿地和野生动物
58	四川雅江神仙山省级自然保护区	391.14	甘孜州雅江县	湿地生态系统、黑颈鹤、白唇鹿、林麝

四川

序号	名　称	面积(平方公里)	具体分布	主要保护对象
59	四川雄龙西省级自然保护区	1710.65	甘孜州新龙县	湿地和野生动物
60	四川五台山猕猴省级自然保护区	279	巴中市通江县	猕猴、森林生态系统
61	四川九龙山省级自然保护区	80.48	广元市苍溪县	林麝等珍稀野生动物及森林生态系统
62	四川螺髻山省级自然保护区	219	凉山州普格县、德昌县	珍稀野生动植物、森林生态系统
63	四川周公河珍稀鱼类省级自然保护区	31.70	眉山洪雅县、雅安市雨城区	大鲵、重口裂腹鱼、隐鳞裂腹鱼等
64	四川天全河珍稀鱼类省级自然保护区	36.19	雅安市天全县	大鲵、水獭、重口裂腹鱼、青石爬鮡等
	合　计	29535		

注:部分区域与文化自然遗产、风景名胜区、地质公园、森林公园重叠。

二、世界文化自然遗产名录

世界文化自然遗产

序号	名　称	面积(平方公里)	遗产种类	具体分布	景观特征
1	九寨沟	720	自然遗产	阿坝州九寨沟县	翠海叠瀑彩池藏情
2	黄龙	700	自然遗产	阿坝州松潘县	钙化奇观彩池藏情
3	峨眉山—乐山大佛	171.88	文化与自然遗产	乐山市、峨眉山市	雄秀神奇佛教文化
4	青城山—都江堰	178.91	文化遗产	成都市都江堰市	道教文化古堰水利
5	四川大熊猫栖息地	9245	自然遗产	成都市、阿坝州、雅安市、甘孜州	大熊猫栖息地
	合　计	11015.79			

注:部分区域与自然保护区、风景名胜区、地质公园、森林公园重叠。

三、森林公园名录

国家森林公园

序号	名　称	面积(平方公里)	具体分布
1	都江堰国家森林公园	295.48	成都市都江堰市
2	二滩国家森林公园	545.47	攀枝花市米易县、盐边县
3	海螺沟国家森林公园	185.98	甘孜州泸定县
4	西岭国家森林公园	486.5	成都市大邑县
5	高山国家森林公园	8.38	绵阳市盐亭县
6	剑门关国家森林公园	30.37	广元市剑阁县
7	瓦屋山国家森林公园	658.7	眉山市洪雅县
8	七曲山国家森林公园	20	绵阳市梓潼县
9	天台山国家森林公园	13.28	成都市邛崃市
10	九寨国家森林公园	370	阿坝州九寨沟县

序号	名　　称	面积(平方公里)	具体分布
11	福宝国家森林公园	110	泸州市合江县
12	黑竹沟国家森林公园	281.54	乐山市峨边县
13	龙苍沟国家森林公园	77.77	雅安市荥经县
14	夹金山国家森林公园	883.32	雅安市宝兴县、阿坝州小金县
15	白水河国家森林公园	22.72	成都市彭州市
16	美女峰国家森林公园	19	乐山市沙湾区
17	千佛山国家森林公园	78	绵阳市安县
18	华蓥山国家森林公园	80.91	广安市华蓥市
19	五峰山国家森林公园	8.76	达州市大竹县
20	米仓山国家森林公园	401.55	巴中市南江县
21	措普国家森林公园	480	甘孜州巴塘县
22	天曌山国家森林公园	13.34	广元市利州区
23	镇龙山国家森林公园	25.53	巴中市平昌县
24	二郎山国家森林公园	575.17	雅安市天全县
25	雅克夏国家森林公园	448.89	阿坝州黑水县
26	云湖国家森林公园	10.13	德阳市绵竹市
27	天马山国家森林公园	22.97	巴中市巴州区
28	空山国家森林公园	115.11	巴中市通江县
29	铁山国家森林公园	26.67	达州市达县
30	荷花海国家森林公园	54.17	甘孜州康定县
31	凌云山国家森林公园	11.16	南充市高坪区
32	北川国家森林公园	36.56	绵阳市北川县
33	盘龙山国家森林公园	23.31	南充市阆中市
	合　　计	6420.74	

注:部分区域与自然保护区、地质公园、文化自然遗产、风景名胜区重叠

省级森林公园

序号	名　　称	面积(平方公里)	具体分布
1	四川省金城山森林公园	2	南充市顺庆区
2	四川省鸡冠山森林公园	9	成都市崇州市
3	四川省长江森林公园	3	内江市东兴区
4	四川省石城山森林公园	3.67	宜宾市宜宾县
5	四川省高石梯森林公园	2	自贡市荣县
6	四川省青山岭森林公园	4	自贡市富顺县
7	四川省剑南春森林公园	3.33	德阳市绵竹市
8	四川省观雾山森林公园	10	绵阳市江油市
9	四川省鼓城山森林公园	36.98	广元市旺苍县
10	四川省凉风坳森林公园	14.33	乐山市沐川县
11	四川省云台山森林公园	4.25	宜宾市南溪县

续表

四川

序号	名　称	面积（平方公里）	具体分布
12	四川省雷音铺森林公园	8	达州市达县
13	四川省白鹿森林公园	34	成都市彭州市
14	四川省天鹅森林公园	2.33	德阳市高坪区
15	四川省龙池坪森林公园	7.3	绵阳市平武县
16	四川省龙门洞森林公园	17.65	绵阳市平武县
17	四川省花果山森林公园	1.25	遂宁市射洪县
18	四川省碧山湖森林公园	0.07	乐山市市中区
19	四川省黄丹森林公园	13.33	乐山市沐川县
20	四川省黑龙滩森林公园	0.2	眉山市仁寿县
21	四川省玉蟾森林公园	2.13	泸州市泸县
22	四川省千佛寨森林公园	2.5	资阳市安岳县
23	四川省七星山森林公园	10	宜宾市翠屏区
24	四川省周公山森林公园	13.33	雅安市雨城区
25	四川省玉皇观森林公园	5.93	泸州市叙永县
26	四川省方山森林公园	1.23	泸州市纳溪区
27	四川省灵山森林公园	47.26	凉山州冕宁县
28	四川省二郎山森林公园	29.42	甘孜州泸定县
29	四川省青峰寺森林公园	8.09	宜宾市江安县
30	四川省大黑山森林公园	12	攀枝花市仁和区
31	四川省罗家洞森林公园	2	广安市邻水县
32	四川省砦子城森林公园	2	眉山市东坡区
33	四川省白云寨森林公园	5.05	南充市蓬安县
34	四川省松涛森林公园	60	凉山州昭觉县
35	四川省红龙湖森林公园	33.33	泸州市古蔺县
36	四川省凤凰山森林公园	0.35	绵阳市三台县
37	四川省大坡岭森林公园	8.67	达州市渠县
38	四川省土地岭森林公园	11.6	阿坝洲茂县
39	四川省灵岩山森林公园	3	成都市都江堰市
40	四川省泸山森林公园	65.5	凉山州西昌市
41	四川省雪峰森林公园	8.36	广元市利州区
42	四川省老君山森林公园	11.45	宜宾市屏山县
43	四川省庆达沟森林公园	275.13	甘孜州雅江县
44	四川省崴螺山森林公园	2.5	德阳市旌阳区
45	四川省太蓬山森林公园	84.97	南充市营山县
46	四川省九龙山森林公园	3.8	眉山市丹棱县
47	四川省观音山森林公园	16.33	达州市宣汉县
48	四川省栖凤峡森林公园	8.72	广元市元坝区
49	四川省飞龙峡森林公园	21.8	自贡市自流井区
50	四川省慈菇塘森林公园	2.41	内江市威远县
51	四川省黑宝山森林公园	26.56	达州市万源市

序号	名　　　称	面积（平方公里）	具体分布
52	四川省犀牛山森林公园	2.97	达州市通川区
53	四川省峨城竹海森林公园	10.1	达州市宣汉县
54	四川省千口岭森林公园	4.24	达州市达县
55	四川省三溪口森林公园	4.89	广元市苍溪县
	合　　计	984.32	

注：部分区域与自然保护区、地质公园、文化自然遗产、风景名胜区重叠

四、地质公园名录

国家地质公园

序号	公园名称	总面积（平方公里）	主要地质景观	具体分布
1	四川兴文石海世界地质公园	130.5	天泉洞、大小岩湾天坑、岩溶峡谷遗迹地表石芽、峰丛、峰林	宜宾市兴文县
2	四川自贡世界地质公园	37.9	中侏罗世恐龙动物群化石埋藏地	自贡市
3	四川龙门山构造地质国家地质公园	251	以推覆构造和飞来峰为代表的典型地质剖面和地貌	成都市彭州市、德阳什邡市、绵竹市
4	四川海螺沟国家地质公园	350.3	现代冰川及其大瀑布和大冰舌、热矿泉	甘孜州泸定县
5	四川大渡河峡谷国家地质公园	93.57	大渡河峡谷、大瓦山平顶高山、五池高山湖泊群	乐山市金口河区、雅安市汉源县、凉山州甘洛县
6	四川安县生物礁国家地质公园	102.49	晚三叠世硅质六射海绵礁群化石保存地、砾岩岩溶地貌	绵阳市安县
7	四川九寨沟国家地质公园	729.6	成因各异的高山湖泊、规模宏大的钙化瀑布、形态万千的钙化滩等	阿坝州九寨沟县
8	四川黄龙国家地质公园	650	钙化池、雪山、高山峡谷、森林	阿坝州松潘县
9	四姑娘山国家地质公园	490	极高山山岳地貌、第四冰川地貌	阿坝州小金县
10	江油国家地质公园	116	丹霞地貌、岩溶地貌、地质构造、地质剖面	绵阳市江油市
11	华蓥山国家地质公园	116	中低山岩溶地貌、地质构造、地层剖面	广安市华蓥市
12	射洪县硅化木国家地质公园	12	硅化木、恐龙化石、波痕群及古人类化石等	遂宁市射洪县
13	大巴山国家地质公园	218.5	褶皱构造、岩溶地貌、峡谷地貌和水体景观等	达州市宣汉县、万源县
14	光雾山—诺水河国家地质公园	362	岩溶地貌、峡谷地貌、山岳地貌等	巴中市南江县、通江县
15	绵竹清平—汉旺地质公园	26.6	地震地质灾害遗迹、地震遗迹	德阳市绵竹市

序号	公园名称	总面积(平方公里)	主要地质景观	具体分布
16	青川地震遗迹国家地质公园	209	地震遗址、崩塌、滑坡地质灾害遗迹	广元市青川县
	合　计	3895.46		

注:部分区域与文化自然遗产、自然保护区、风景名胜区、森林公园重叠

省级地质公园

序号	公园名称	总面积(平方公里)	主要地质景观	具体分布
1	乡城乡巴拉七湖省级地质公园	174	冰蚀冰碛湖泊、羊背石、终碛堤、冰川"U"型谷、冰斗、冰溜面	甘孜州乡城县
2	剑阁剑门关省级地质公园	220	连锁式金字塔形砾峰丛群、上寺长江沟二叠系—三叠系剖面	广元市剑阁县
3	雷波马湖省级地质公园	156.8	高山湖泊、岩溶地貌及峡谷等地貌	凉山州雷波县
4	南充嘉陵江曲流省级地质公园	52	青居曲流景观及凌云山丹霞方山地貌	南充市高坪区
5	盐边格萨拉省级地质公园	135	漏斗、石林、盲谷等	攀枝花市盐边县
6	洪雅瓦屋山省级地质公园	74	构造断块方山、高山群瀑等景观	眉山市洪雅县
7	朝天省级地质公园	147	嘉陵江三峡,飞仙关地质剖面、曾家溶洞群与石柱群等	广元市朝天区
8	资中圣灵山岩溶省级地质公园	7.5	岩溶地貌、泉类景观	内江市资中县
	合　计	966.3		

注:部分区域与文化自然遗产、自然保护区、风景名胜区、森林公园重叠

五、国家重要湿地和国家湿地公园名录

国家重要湿地

序号	名　称	面积(平方公里)	主要湿地类型	具体分布
1	若尔盖高原沼泽区(国际重要湿地)	10000	泥炭沼泽湿地	阿坝州若尔盖县、红原县、阿坝县、松潘县
2	九寨沟湿地	600	高原湖泊湿地	阿坝州九寨沟县
3	泸沽湖湿地(四川部分)	168	高原湖泊湿地	凉山州盐源县
	合　计	10768		

国家湿地公园

序号	名　称	面积(平方公里)	主要湿地类型	具体分布
1	四川彭州湔江国家湿地公园	10.97	河流	成都市彭州市
2	四川南河国家湿地公园	1.11	河流	广元市利州区

续表

序号	名　　　　称	面积(平方公里)	主要湿地类型	具体分布
3	四川构溪河国家湿地公园	30.15	河流	南充市阆中市
4	四川大瓦山国家湿地公园	28.12	湖泊、泥炭沼泽	乐山市金口河区
5	四川柏林湖国家湿地公园	15.98	河流、库塘	广元市
6	四川若尔盖国家湿地公园	26.63	河流、湖泊、沼泽	阿坝州若尔盖县
7	四川桫椤湖国家湿地公园	4.36	河流、库塘	乐山市犍为县
	合　　　计	117.32		

省级湿地公园

序号	名　　　　称	面积(平方公里)	主要湿地	具体分布
1	四川云台湖省级湿地公园	7.76	库塘	宜宾市南溪区
2	四川七仙湖省级湿地公园	2.01	库塘	宜宾市高县
3	四川护安省级湿地公园	2.76	河流	广安市广安区
4	四川龙女湖省级湿地公园	7.62	河流、库塘	广安市武胜县
5	四川升钟湖省级湿地公园	95	库塘	南充市南部县
6	四川柏林省级湿地公园	12.45	库塘、河流	达州市渠县
7	四川莲宝叶则省级湿地公园	36.68	沼泽	阿坝州阿坝县
8	四川太湖省级湿地公园	1.1	河流	遂宁市射洪县
9	四川邛海省级湿地公园	5	湖泊	凉山州西昌市
	合　　　计	170.39		

六、风景名胜区名录

国家级风景名胜区

序号	名　　　　称	面积(平方公里)	具体分布	景观特征
1	九寨沟风景名胜区	1400	阿坝州九寨沟县	翠海、叠瀑、彩池、藏情
2	黄龙风景名胜区	2380	阿坝州松潘县	钙化奇观、彩池、藏情
3	峨眉山—乐山大佛风景名胜区	171.88	乐山市峨眉山市	雄秀神奇、佛教文化
4	青城山—都江堰风景名胜区	224	成都市都江堰市	道教文化、古堰水利工程
5	剑门蜀道风景名胜区	739	广元市、绵阳市	三国遗迹、天下雄关
6	贡嘎山风景名胜区	10000	甘孜州泸定县、康定县、九龙县	冰川、雪峰、温泉、高山景观
7	蜀南竹海风景名胜区	173	宜宾市	以竹景为主,兼有文物古迹
8	西岭雪山风景名胜区	639	成都市大邑县	雪山、原始森林
9	四姑娘山风景名胜区	950	阿坝州小金县	雪山、海子、藏情
10	石海洞乡风景名胜区	161	宜宾市文兴县	石林、溶洞、大漏斗
11	螺髻山—邛海风景名胜区	616	凉山州冕宁县、西昌市	高山景观、天然湖泊

四川

序号	名　称	面积（平方公里）	具体分布	景观特征
12	白龙湖风景名胜区	682	广元市青川县	湖泊、三国文化
13	光雾山—诺水河风景名胜区	775	巴中市南江县、通江县	峰丛、溪流、原始森林、洞景、红军史迹
14	天台山风景名胜区	105	成都市邛崃市	丹霞地貌、峡谷
15	龙门山风景名胜区	106	成都市彭州市	
	合　计	19121.88		

注：部分区域与文化自然遗产、自然保护区、地质公园、森林公园重叠

省级风景名胜区

序号	名　称	面积（平方公里）	具体分布	景观特征
1	朝阳湖	49	成都市蒲江县	湖泊
2	自流井—恐龙	170	自贡市	恐龙群窟、盐业遗址
3	蒙顶山	154	雅安市名山区	茶文化
4	鸡冠山—九龙沟	406	成都崇州市	瀑布森林
5	莹华山	276	德阳市什邡市	峡谷、溪流、瀑布
6	黑龙潭	186	眉山市仁寿县	湖泊
7	佛　宝	560	泸州市合江县	丹霞地貌、原始森林
8	玉　蟾	109	泸州市泸县	摩岩造像、奇石、古桥
9	真佛山	37	达州市达县	佛教文化
10	罗浮山—白水湖	68	绵阳市安县	山峰、溶洞、湖泊
11	云　台	36	绵阳市三台县	道教文化
12	彭城山—七里峡	327	广元市旺苍县	峡谷、溪流
13	白云山—重龙山	127	内江市资中县	摩岩造像
14	彭祖山	110	眉山市彭山县	长寿养生文化
15	华蓥山	80	广安市华蓥市	山谷、溶洞、湖泊
16	百里峡	65	达州市宣汉县	高岩深谷
17	泸沽湖	320	凉山州盐源县	湖泊、摩梭文化
18	马　湖	178	凉山州雷波县	湖泊
19	卡龙沟—达古冰川	403	阿坝州黑水县	钙化奇观、藏情
20	云顶石城	46	成都市金堂县	古寺、石城
21	丹　山	204	泸州市叙永县	石刻、岩溶洞穴
22	广德灵泉	80	遂宁市	寺庙
23	古　湖	72	内江市隆昌县	湖泊
24	槽渔滩	18	眉山市洪雅县	湖泊
25	中　岩	26	眉山市青神县	佛教文化
26	白　云	51	南充市蓬安县	峰丛、山水
27	芙蓉山	55	宜宾市珙县	岩溶、山水、悬棺
28	筠连岩溶	135	宜宾市筠连县	岩溶、温泉、原始森林
29	田湾河	259	雅安市石棉县	冰川雪山、瀑布

续表

序号	名　　　称	面积(平方公里)	具体分布	景观特征
30	夹金山	1249	雅安市宝兴县	雪山、藏情、熊猫、红军史迹
31	碧峰峡	20	雅安市	山水峡谷
32	叠溪—松坪沟	30	阿坝州茂县	高山峡谷、地震堰塞湖
33	米亚罗	3688	阿坝州理县	红叶、温泉
34	彝　海	110	凉山州冕宁县	高山、湖泊、林海、彝情
35	老君山	80	宜宾市屏山县	原始森林、桫椤
36	黑竹沟	1508	乐山市峨边县	高山峡谷、溪流瀑布
37	大渡河—美女峰	10	乐山市沙湾区	山水、奇石
38	龙泉花果山	272	成都市龙泉驿区	四季花果、十陵
39	黄龙溪	10	成都市双流县	溪流、古镇
40	窦团山—佛爷洞	212	绵阳市江油市	奇峰、溶洞、飞天藏
41	乾元山	30	绵阳市江油市	山峰、溶洞、道教文化
42	李白故居	8	绵阳市江油市	李白文化
43	龙　潭	62	攀枝花市米易县	山水景观
44	龙肘山—仙人湖	28	凉山州会理县	杜鹃、湖泊、名城
45	西　山	12	南充市	万卷楼、南充八景
46	锦　屏	37	南充阆中市	寺庙、湖泊、古城
47	灵鹫山—大雪峰	350	雅安市芦山县	原始森林、雪峰
48	八台山	120	达州市万源市	溪流、山谷
49	升　钟	517	南充市南部县	湖泊
50	笔架山	5	泸州市合江县	丹霞地貌、峰丛
51	富乐山	27	绵阳市	三国文化
52	平　安	60	遂宁市射洪县	子昂读书台、湖泊、道观
53	玉龙湖	32	泸州市泸县	山水湖泊
54	黄荆十节瀑布	315	泸州市古蔺县	原始森林、瀑布
55	九狮山	11	泸州市	松林、古刹
56	僰王山	60	宜宾市兴文县	多变型山岳奇观
57	二郎山	1600	雅安市天全县	高山景观、溪流、山峰、熊猫
58	亚　丁	760	甘孜州稻城县	高山海子、草甸、藏情
59	墨尔多山	932	甘孜州丹巴县	高峰雪峰、藏情
60	九顶山	120	德阳市绵竹市	高山景观、野生动植物
61	紫岩山	120	德阳市绵竹市	
62	天仙洞	100	泸州市纳溪区	
63	龙潭汉阙	248	达州市渠县	
64	越溪河	120	宜宾市宜宾县	
65	太阳谷	760	甘孜州得荣县	
66	千佛山	210	绵阳市安县	
67	三　江	380	阿坝州汶川县	

四
川

序号	名　　　称	面积（平方公里）	具体分布	景观特征
68	九鼎山—文镇沟大峡谷	327	阿坝州茂县	
69	神　门	240	巴中市南江县	
70	朱德故里—琳琅山	50	南充市仪陇县	
71	小相岭—灵光古道	115	凉山州喜德县	
72	小西湖—桫椤峡谷	81	乐山市五通桥区	
73	阴平古道	60	广元市青川县	
74	草　坡	530	阿坝州汶川县	
75	香巴拉七湖	211	甘孜州乡城县	高山海子、瀑布、野生动植物、藏情
	合　计	20434		

注：部分区域与文化自然遗产、自然保护区、地质公园、森林公园重叠

四

川

附件 3

图 1　四川省行政区划图

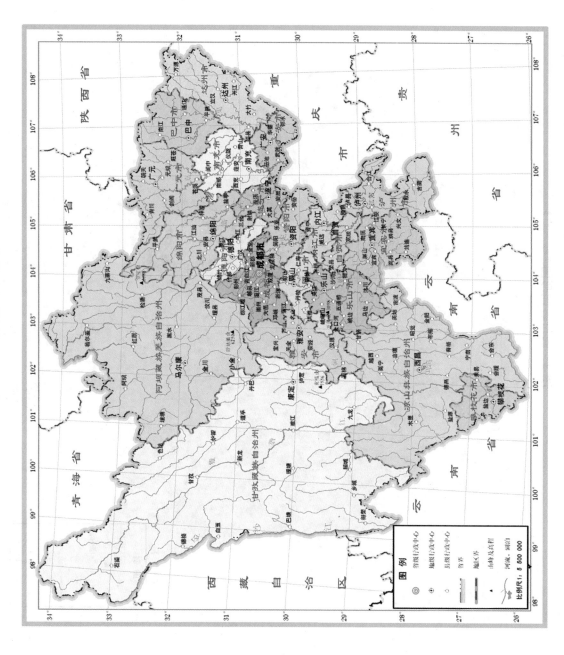

四
川

图 2　四川省地形图

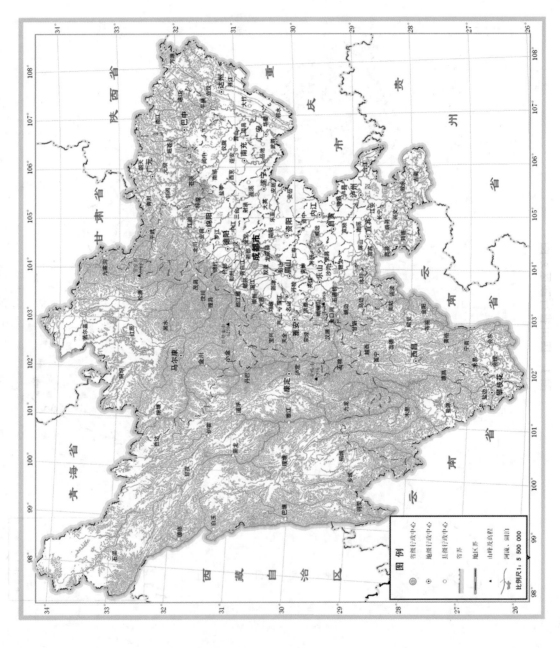

图 3　四川省地形海拔高程分级图

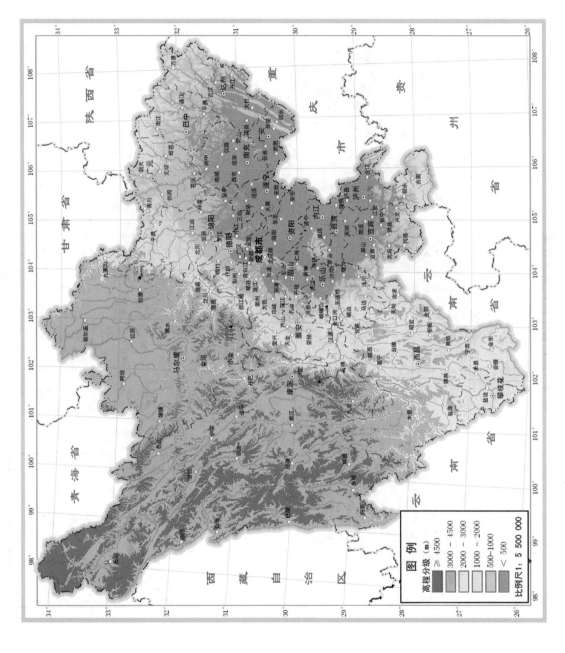

四川

图 4　四川省土地利用现状图

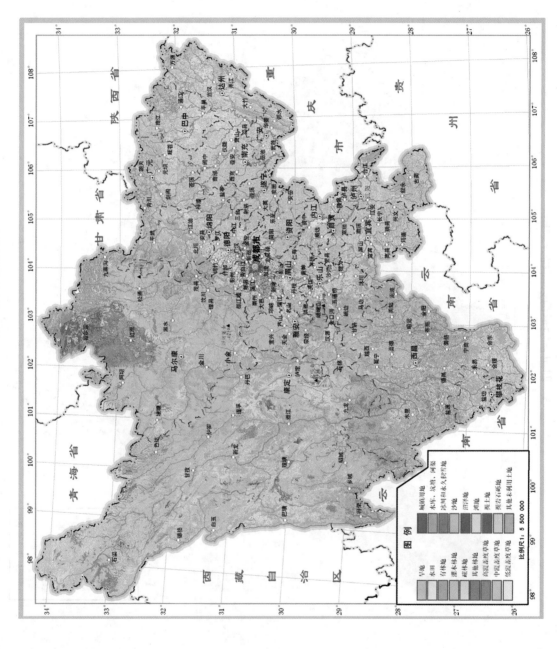

图 5　四川省城市化战略格局示意图

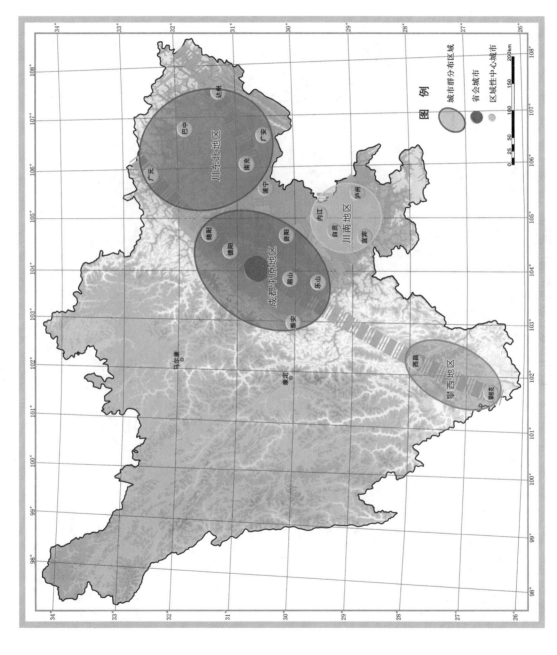

四川

图 6　四川省农业战略格局示意图

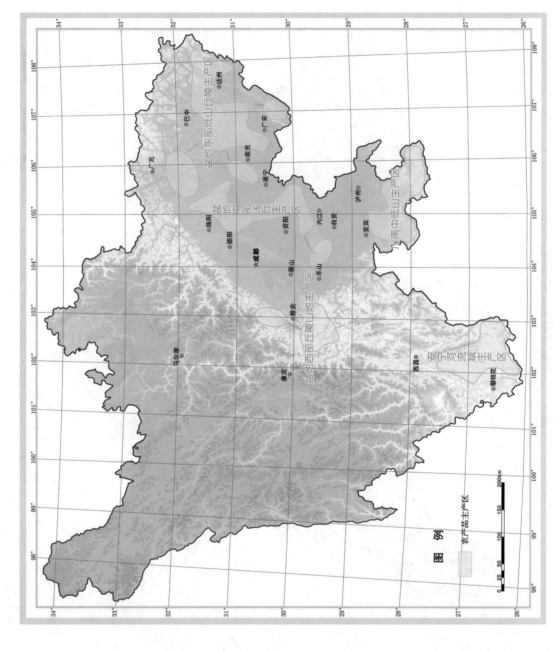

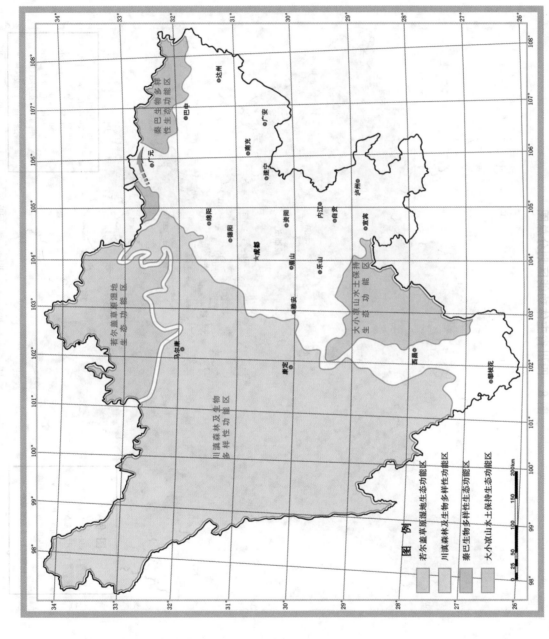

图 7　四川省生态安全战略格局示意图

四川

四
川

图 8 四川省主体功能区划分总图

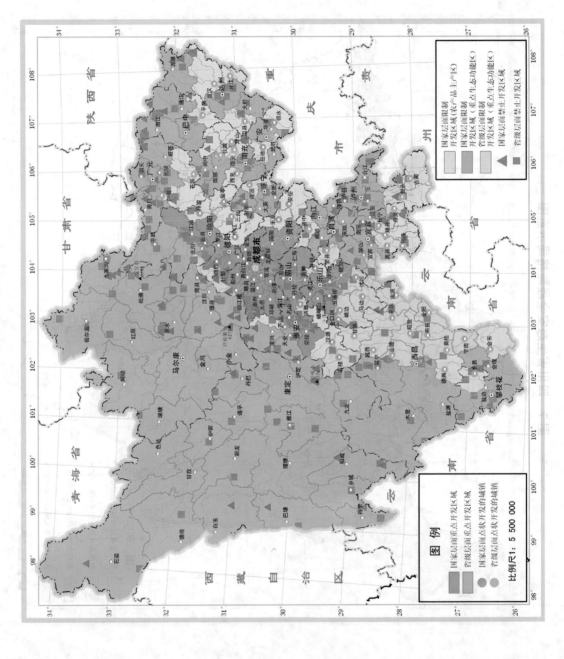

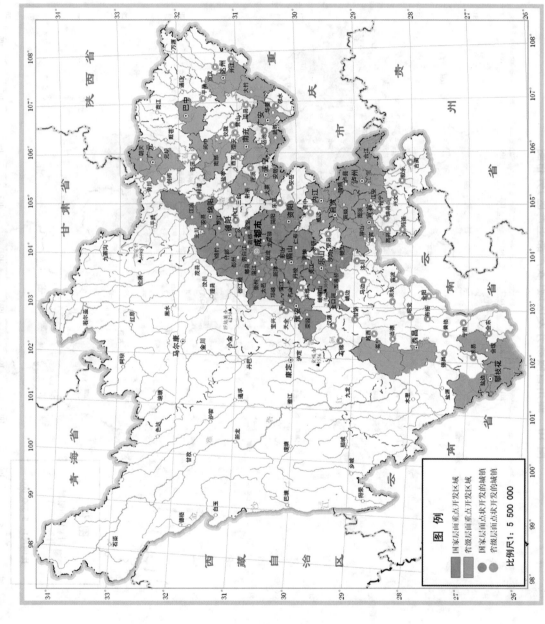

图 9 四川省重点开发区域分布图

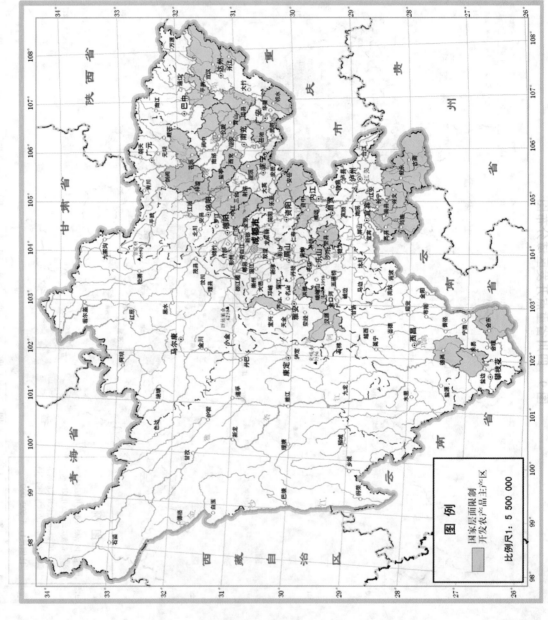

图10 四川省限制开发区域（农产品主产区）分布图

四川

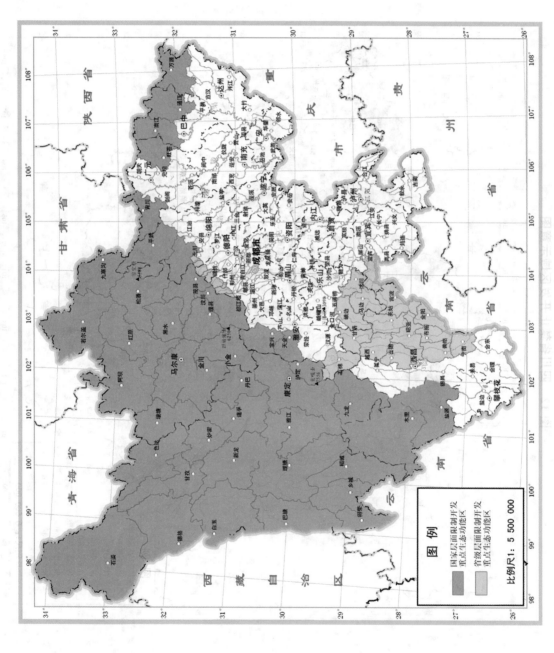

图 11　四川省限制开发区域（重点生态功能区）分布图

四川

图 12　四川省禁止开发区域示意图

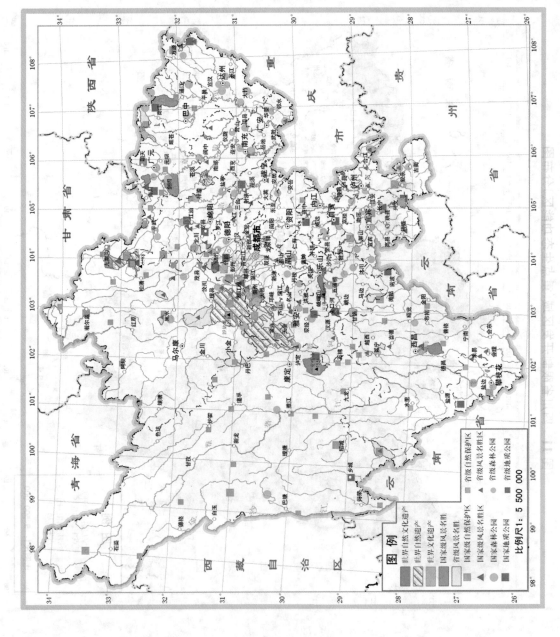

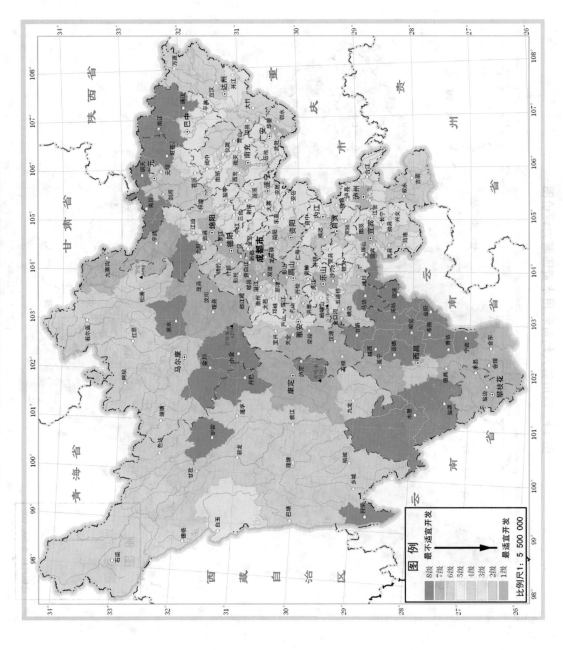

图 13　四川省国土空间开发综合评价图（判别评价法）

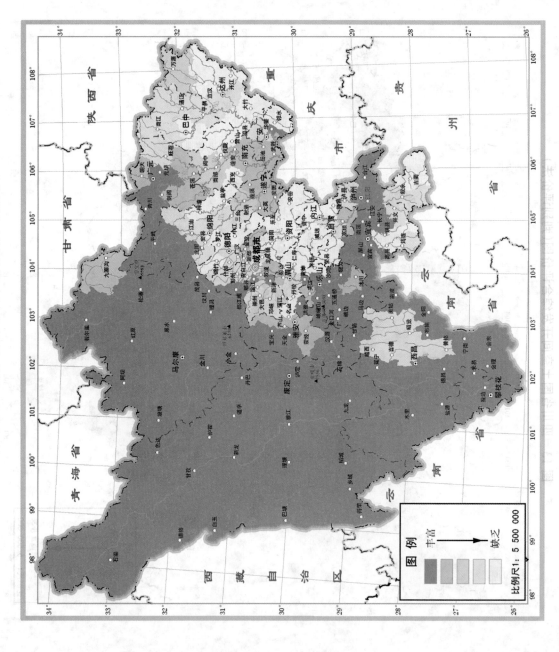

图 14　四川省人均可利用水资源潜力评价图

图 15 四川省水资源开发利用程度评价图

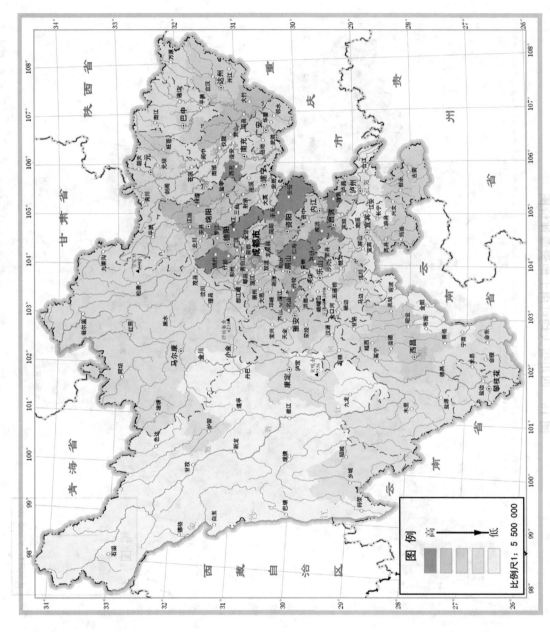

四川

图 16　四川省人均可用土地资源评价图

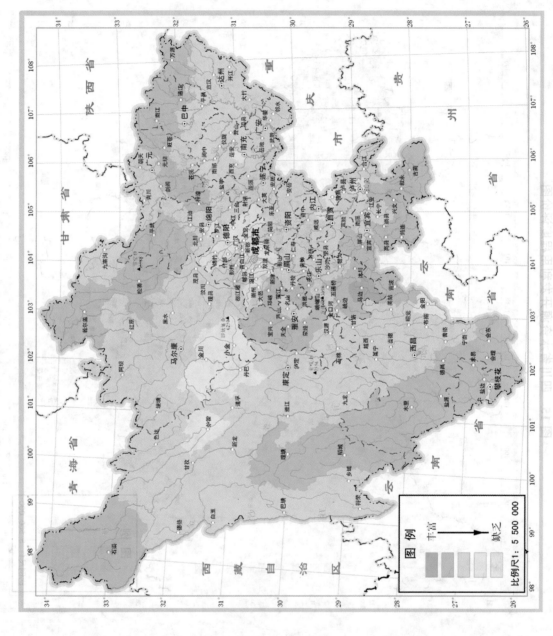

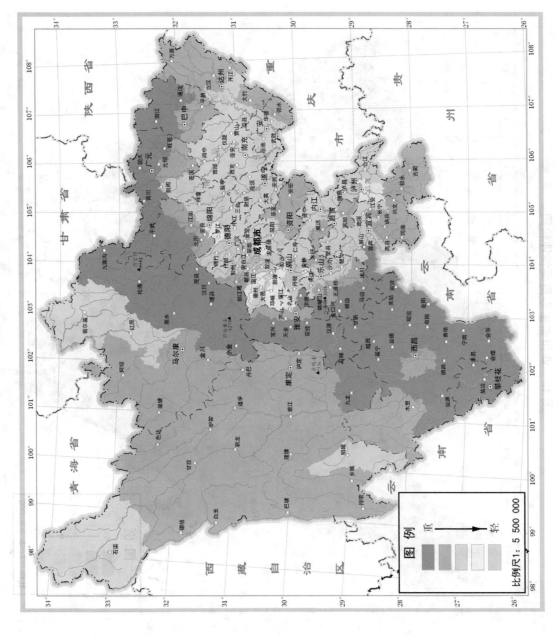

图 17 四川省生态脆弱性评价图

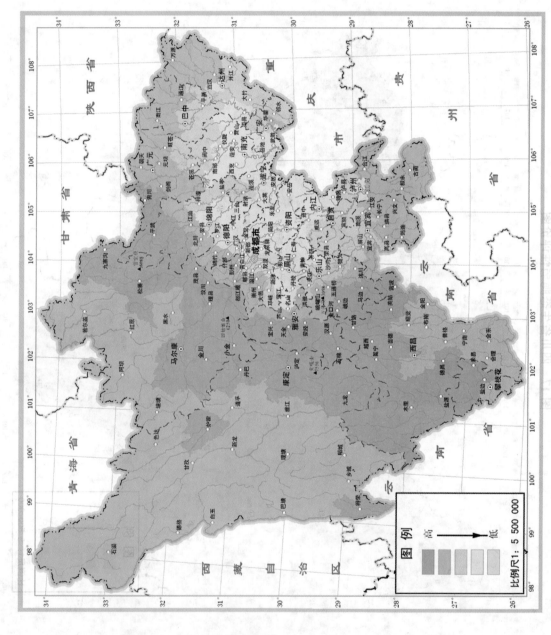

图18　四川省生态重要性评价图

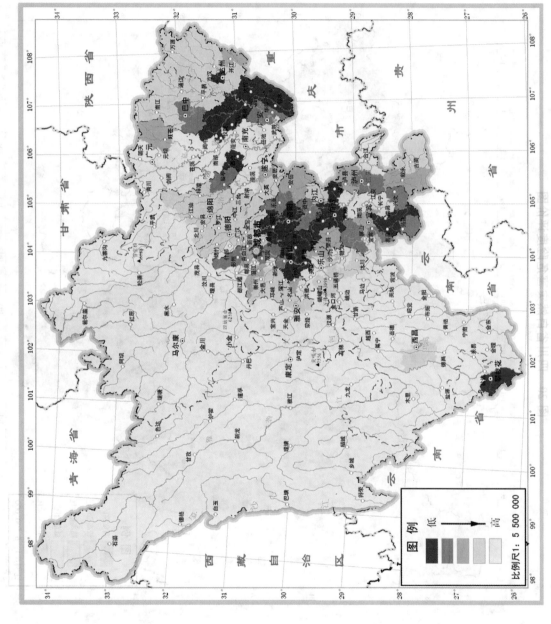

图 19　四川省环境承载能力综合评价图

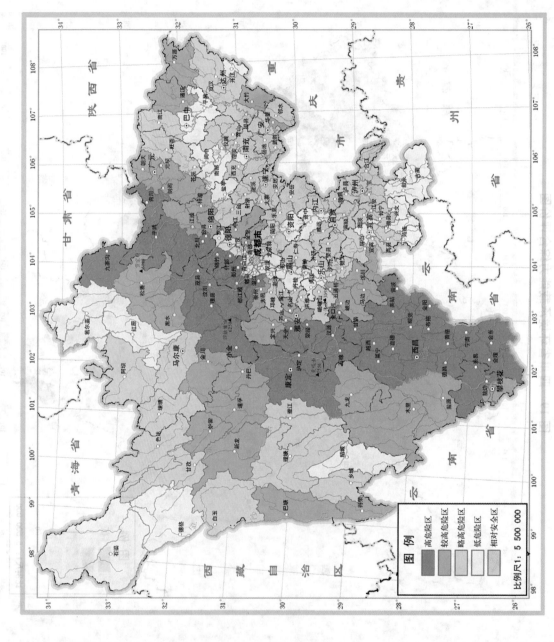

图20　四川省自然灾害危险度评价图

四
川

图 21 四川省人口聚集度评价图

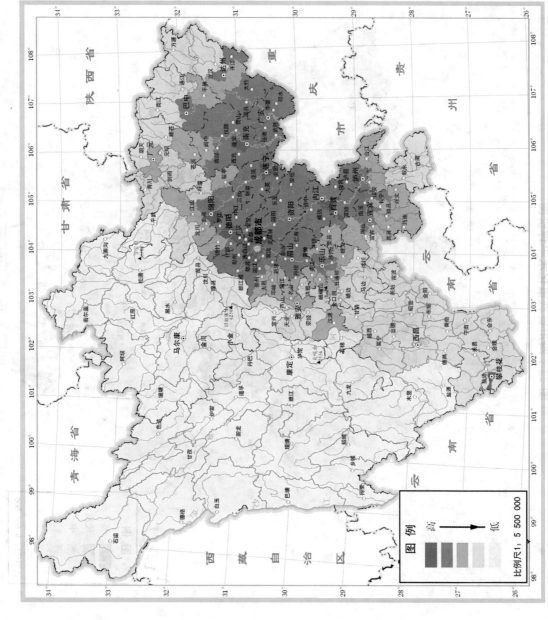

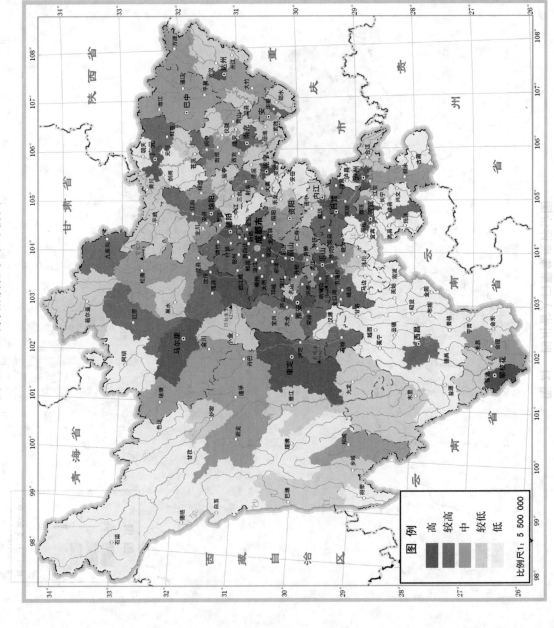

图 22　四川省城镇化水平评价图

四川

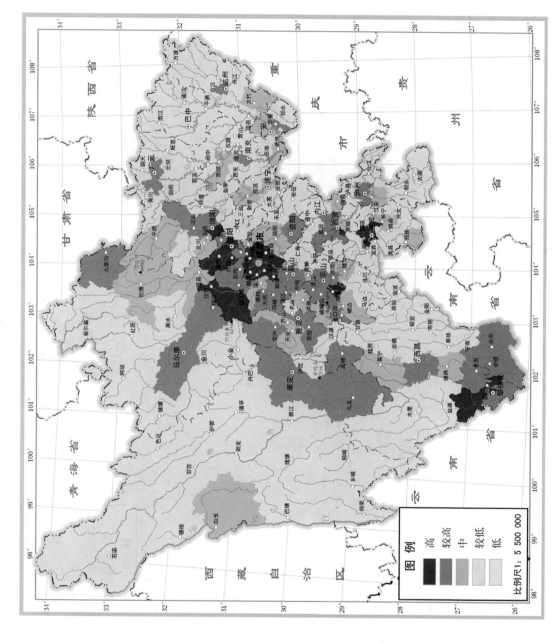

图 23　四川省经济发展水平评价图

四川

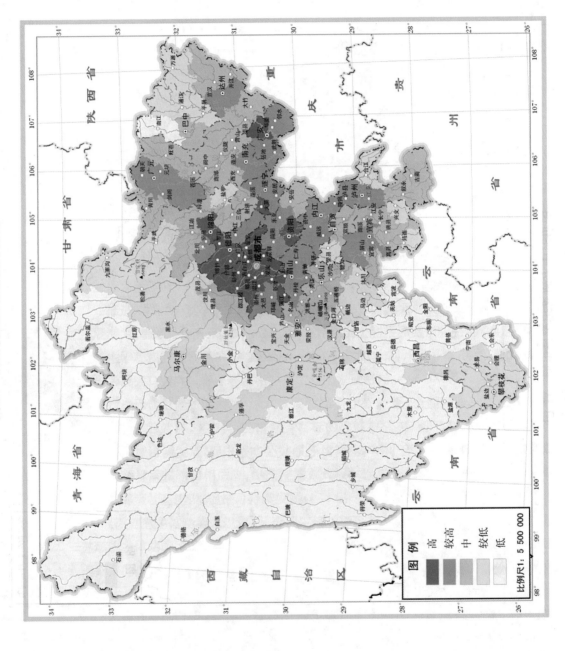

图 24　四川省交通优势度评价图

贵州省主体功能区规划

序　　言

国土空间①是宝贵资源，是我们赖以生存和发展的家园。贵州国土空间是全国大家园的重要组成部分，是贵州各族人民繁衍生息和永续发展的地方。为了我们的家园更美好、经济更发达、区域更协调、人民更富裕、社会更和谐，为了给我们子孙留下天更蓝、地更绿、水更清的家园，必须珍惜每一寸国土，推进形成全省主体功能区，在加快发展中科学开发我们的家园。

推进形成全省主体功能区，就是根据不同区域的资源环境承载能力、现有开发强度和发展潜力，统筹谋划未来人口分布、经济布局、国土利用和城镇化格局，确定不同区域的主体功能，并据此明确开发方向，完善开发政策，控制开发强度，规范开发秩序，逐步形成人口、经济、资源环境相协调的国土空间开发格局②。

推进形成全省主体功能区，是深入贯彻落实科学发展观的重大举措，有利于在加快发展中推进经济结构的战略性调整，加快转变经济发展方式，实现科学发展；有利于按照以人为本的理念推进区域协调发展，缩小地区间公共服务和人民生活水平的差距；有利于引导经济布局、人口分布与资源环境承载能力相适应，促进人口、经济、资源环境的空间均衡；有利于从源头上扭转生态环境恶化趋势，促进资源节约和环境保护，应对和减缓气候变化，实现可持续发展；有利于打破行政区划界限，制定实施更加有针对性的区域政策及绩效评价体系和政绩考核体系，加强和改善区域调控。

《贵州省主体功能区规划》（以下简称本规划）依据《国务院关于编制全国主体功能区规划的意见》（国发〔2007〕21 号）、《国务院关于印发全国主体功能区规划

---

① 国土空间，是指国家主权与主权权利管辖下的地域空间，是国民生存的场所和环境。包括陆地、陆上水域、内水、领海、领空等。

② 党的十七大要求到 2020 年基本形成主体功能区布局。国家"十一五"规划《纲要》要求编制全国功能区规划，明确主体功能区范围、功能定位、发展方向和区域政策。《国务院关于编制全国主体功能区规划的意见》（国发〔2007〕21 号）对编制规划提出了具体要求。

的通知》(国发〔2010〕46 号)①、《国务院关于进一步促进贵州经济社会又好又快发展的若干意见》
(国发〔2012〕2 号)和《贵州省人民政府办公厅关于开展全省主体功能区规划编制工作的通知》(黔
府办发〔2008〕2 号)编制,是推进形成全省主体功能区的基本依据,是科学开发我省国土空间的行
动纲领和远景蓝图,是我省国土空间开发的战略性、基础性、约束性规划②,各地、各部门必须切实
组织实施,健全法律法规,加强监测评估,建立奖惩机制,严格贯彻执行。

　　本规划推进实现全省主体功能区主要目标的时间是 2020 年,规划任务是更长远的,实施中将
根据形势变化、评估结果和发展需要,按程序适时调整修订。本规划的规划范围为贵州省全部国土
空间,包括全省行政区范围内的国家层面的主体功能区和省级层面的主体功能区,并与《全国主体
功能区规划》在国家层面主体功能区的数量、位置、范围和规划内容上保持一致。

第一篇　规划背景

第一章　规划背景

　　贵州省简称“黔”或“贵”,全省山川秀丽、气候宜人、资源富集、多民族集居,是我国西部发展潜
力巨大的内陆山区省份。千百年来,贵州各族人民在这个家园繁衍生息,创造了辉煌的历史和多彩
的民族文化。新中国成立特别是改革开放以来,贵州经济社会发展取得巨大成就,工业化、城镇化
发展步伐加快,长期制约全省发展的交通瓶颈和工程性缺水难题取得突破性进展,城乡面貌焕然一
新。构建贵州美好家园,首先要认识我们这个家园的自然状况,认识已经发生的变化以及还将发生
的变化。

第一节　自然状况

　　贵州位于我国大西南的东南部,介于东经 103°36′—109°35′、北纬 24°37′—29°13′之间,东毗湖
南,西连云南,南邻广西,北接四川和重庆,国土面积 17.62 万平方公里,占全国国土面积的 1.8%。
(图 1　贵州省行政区划图)

　　——地形。贵州地处云贵高原的东斜坡地带,隆起在四川盆地和广西、湘西丘陵之间,乌蒙山、
苗岭、大娄山、武陵山构成贵州高原的基本骨架。全省地势西部最高,中部次之,向北、东、南三面倾
斜,平均海拔 1100 米左右。境内山地占 61.7%,丘陵占 30.8%,山间盆地占 7.5%。喀斯特分布面
积占总面积的 73%。(图 2　贵州省地形图)

---

① 国务院印发的《全国主体功能区规划》主要是解决国土空间开发的全局性问题,包括国土空间开发的指导思想、战
　略目标、开发原则,国家层面优化开发、重点开发、限制开发和禁止开发区域的范围、功能定位、发展方向、目标,以
　及政策、法律法规、规划、绩效考核等方向的保障措施。国家主体功能区不覆盖全部国土。

② 战略性,指本规划是根据国家主体功能区规划要求,从关系贵州全局和长远发展的高度,对未来国土空间开发作
　出的总体部署;基础性,指本规划是在对国土空间各基本要素综合评价基础上编制的,是其他各类空间规划的基
　本依据,是区域政策的基本平台;约束性,指本规划明确的不同国土空间的主体功能定位、开发方式等,对各类开
　发活动具有约束力。

——气候。贵州属亚热带季风气候区,气候温和湿润,气温变化小,冬无严寒,夏无酷暑;降水较多,雨季明显,雨热同季,多云寡照。全省年平均气温在15℃左右,无霜期270天左右,多年平均降水量达1100—1300毫米。气候地域性差异大,山地、河谷的气候垂直变化明显。(图20　贵州省多年平均降水量分布图)

——土地。贵州土壤面积占全省土地总面积的90.4%,土地利用以农用地为主。全省农用地22257.97万亩,建设用地846.58万亩,未利用地3310.24万亩,分别占土地总面积的84.26%、3.21%和12.53%。土壤属黄壤—红壤地带,同时还有石灰土、紫色土和沼泽土等多种土类,土壤分布的微域性普遍。(图11　贵州省人均可利用土地资源评价图)

——植被。贵州地带性植被为中亚热带常绿阔叶林,植被类型多样,其主要类型有阔叶林、针叶林、竹林、灌丛及灌草丛等多植被类型。原生植被主要分布在北部、东部及东南部区域,植物种类丰富程度位居全国前列。森林类型以针叶林为主,2010年森林覆盖率为40.5%,活立木总蓄积量3亿多立方米。(图17　贵州省森林资源分布图)

——河流。贵州河流处在长江和珠江两大水系上游地带,其中长江流域面积占全省国土面积的65.7%,包括乌江水系、洞庭湖(沅江)水系、牛栏江和横江水系、赤水河和綦江水系;珠江流域面积占全省国土面积的34.3%,包括南、北盘江水系、红水河水系。贵州河流数量较多,长度在10公里以上的河流有984条,河网密度为0.71公里/平方公里。主要河流大多发源于省内西部,并随地势向东、南、北方向呈放射状分布,河流的山区性特征明显。除南北盘江、红水河、赤水河有客水补给外,其余河流自成体系。(图12　贵州省人均可利用水资源潜力图)

——矿产。贵州矿产资源丰富,已发现矿产127种,探明储量80种,50种矿产储量排名全国前十位。优势矿产有煤矿、锰矿、铝土矿、锑矿、金矿、硫铁矿、重晶石、磷矿等,优势矿产资源分布较集中。(图18　贵州省矿产资源分布图)

——灾害。贵州自然灾害发生频繁,自然灾害发生种类主要有春旱、夏旱、秋风、风雹、山洪、洪涝、霜冻等气象灾害,滑坡、崩塌、泥石流等地质灾害,以及病虫鼠害等生物灾害。全省均属于山洪地质灾害易灾区域。(图14　贵州省自然灾害危险性总体评价图)

第二节　空间布局

一、经济布局

全省经济总量主要集中在以贵阳市为中心的中部地区、以遵义市为中心的北部地区,以及六盘水市、毕节市等能源、矿产资源富集区和其他市(州)所在地中心城市。贵阳市、遵义市及安顺市的产业基础和城市发展能力较强,工业化、城镇化水平较高,辐射带动和科技创新能力排在全省前列,正在发展成为全国重要的以航天航空为重点的装备制造、能源化工、新材料、优质烟酒工业基地和西南重要的陆路交通枢纽,2010年地区生产总值总和为2263.48亿元,占全省生产总值的48.8%;毕节市、六盘水市和黔西南州(毕水兴地区)是贵州西部的能源矿产资源富集区,是中国南方重要的煤炭、电力、冶金工业基地,依托资源和产业优势,正发展成为全国重要的能源、煤化工、冶金和黄金工业基地,2010年地区生产总值总和为1408.61亿元,占全省生产总值的30.4%,规模以上原煤产量和电力发电量分别占全省的78.5%和63.2%;黔南州、黔东南州和铜仁市是我省南部及东部生物、旅游及矿产资源丰富的地区,特色产业发展潜力大,是贵州面向东部发达地区对外开放的门户和重要的出海物流通道,依托区位、资源和产业优势,正发展成为西南地区重要的磷化工、锰工业、钡化工、绿色食品基地和承接产业转移的前沿区,2010年地区生产总值总和为962.87亿元,占全省生产总值的20.8%。

二、人口布局

2010年年末,全省户籍人口4189万人,常住人口3479万人,人口密度每平方公里197人。从常住人口城乡分布看,2010年城镇人口为1174.78万人,农村人口为2299.87万人①,城镇化率为33.8%。从地域分布看,中部地区、北部地区和毕水兴地区(毕节市、六盘水市、黔西南州)是全省人口分布较多的地区,其他市(州)人口密度相对较低。从行政地区来看,各市(州)所在地中心城市的人口密度较高,其中,贵阳市人口密度最大。从人口集聚发展的趋势看,中部地区和重要工业经济走廊,其他区域性中心城市以及沿主要交通线的节点城市将是人口转移集聚的主要区域,形成一批明显的人口密集区和城镇绵延带。

第三节　综合评价

经对全省土地资源、水资源、环境容量、生态系统脆弱性、生态系统重要性、自然灾害危害性、交通优势度以及空间布局等方面的综合评价,我省国土空间具有以下特点:

——土地资源较为短缺,但现有开发强度不高。贵州山地多平地少,耕地质量总体较差,人均可利用土地资源总体较缺乏②。耕地占土地总面积的25.52%,25°以上的坡耕地占耕地面积的47.4%;中低产田占80.7%;中下等地占81.96%;土地利用结构不尽合理,建设用地面积小,土地利用效率低,陡坡垦殖现象严重。但目前工业化城镇化水平较低,现有开发强度不高,同时还有可开发利用的未利用土地3077.4万亩,其中小于25°的低丘缓坡荒滩等未利用土地达到67%③,农村集体建设用地集约节约利用的潜力较大,具有较大的开发空间。

——水资源总体较为丰富,但工程性缺水问题突出。贵州水资源丰富,多年平均径流量1062亿立方米,水能资源蕴藏量居全国第六位,人均占有水资源量2824立方米。水资源时空分布不均,地表水年内洪枯明显,年季丰枯突出。水资源分布与土地资源、经济布局不相匹配,地表调蓄能力差,水利设施建设不足,水资源开发利用率低,工程性缺水突出。

——能源矿产资源丰富,但开发利用效率不高。贵州是我国西部地区矿产资源大省,国家重要的能源原材料基地,具有水能与煤炭资源优势并存的特点。矿产资源种类多、分布广,储量丰富,在全国占有十分重要的地位。丰富的能源矿产资源和水资源形成良好组合,为优势能矿资源开发提供了有利条件。

——旅游资源独特秀美,开发比较优势突出。贵州具有开发利用价值的旅游景区(点)1000多处,其中国家级自然保护区9处,世界、国家文化自然遗产8处,国家级风景名胜区18处,国家级森

---

① 数据来源于2011年贵州统计年鉴。

② 根据国家《省级主体功能区域划分技术规程》的计算方法,[可利用土地资源]=[适宜建设用地面积]-[已有建设用地面积]-[基本农田面积];[适宜建设用地面积]=([地形坡度]∩[海拔高度])-[所含河湖库等水域面积]-[所含林草地面积]-[所含沙漠戈壁面积];[已有建设用地面积]=[城镇用地面积]+[农村居民点用地面积]+[独立工矿用地面积]+[交通用地面积]+[特殊用地面积]+[水利设施建设用地面积]。

③ 贵州省2010年土地变更调查资料。

林公园 22 处,国家级地质公园 10 处。秀美多姿的自然景观,与浓郁的民族文化和深厚的历史文化有机组合,使贵州成为全国重要的生态旅游、红色旅游、民族文化和休闲度假旅游目的地。

——生物资源种类繁多,开发利用潜力大。贵州复杂多样的生态环境,孕育了丰富多样的生物资源。全省有野生动物资源 1000 余种,野生植物资源 6000 余种,是全国重要的种源地和生物基因库。药用植物资源达 4419 种,是全国四大中药材产区之一。

——生态环境比较脆弱,自然灾害时有发生。贵州生态环境脆弱,水土流失较为严重,喀斯特石漠化问题突出。由于特殊的低纬度高海拔喀斯特地理条件,导致气象灾害和地质灾害时有发生,对经济社会发展和人民生命财产安全带来许多隐患。

——空间结构①不尽合理,空间利用效率较低。贵州城市规模普遍较小,综合承载能力不足,产业布局不合理,产业集聚度低,城市建设空间和工矿建设空间单位面积产出率低。农村人口居住分散,占用空间相对较大,土地使用效率较低。

——城乡和区域发展不协调,公共服务和生活条件差距大。贵州人口分布与经济布局不协调,城乡和区域发展差距较大,工业化城镇化水平较低,农村经济社会发展总体滞后,导致城乡和不同区域间公共服务及人民生活水平差距大。

第四节　面临趋势

今后一个时期,是我省深入实施西部大开发战略,加快推进工业化、信息化、城镇化、农业现代化"四化"同步发展,努力实现后发赶超和与全国同步全面建成小康社会的关键时期,必须深刻认识和全面把握国土空间开发的趋势,妥善应对面临的挑战。

——工业化城镇化快速发展,满足工业发展和城市建设的空间需求面临挑战。我省正处于工业化城镇化加快发展的新阶段,随着工业强省和城镇化带动战略的实施,我省工业发展和城市建设将进一步提速,优势产业规模将不断壮大,城镇集聚人口将显著增加,这必然要求扩大我省适宜开发区域的工业发展和城市建设空间,优化工业发展布局和城乡空间结构面临许多新课题。

——人民生活水平不断改善,满足居民生活空间需求面临挑战。我省处于人口总量持续增加和居民消费结构快速升级的阶段。满足现有人口消费结构升级必然占用一定空间。同时,人口总量的增加,既对扩大居住等生活空间提出了新的需求,也增加了对农产品的需求,进而对保住耕地提出了更高要求。

——基础设施不断完善,满足基础设施建设的空间需求面临挑战。我省交通、水利等基础设施仍然是制约经济社会发展的薄弱环节,加强基础设施建设,仍是今后一个时期的重大战略任务。加强基础设施建设,必然继续占用国土空间,甚至不可避免地占用耕地和绿色生态空间。

---

① 空间包括城市空间、农业空间、生态空间和其他空间。空间结构是指不同类型空间的构成及其在不同空间的分布,如城市空间、农业空间、生态空间的比例,城市空间中城市建设空间与工矿建设空间的比例。城市空间,包括城市建设空间、工矿建设空间。城市建设空间包括城市和建制镇居民点空间;工矿建设空间是指城镇居民点以外的独立工矿空间。农业空间,包括农业生产空间、农村生活空间。农业生产空间包括耕地、改良草地、人工草地、园地、其他农用地(包括农业设施和农村道路)空间;农村生活空间即农村居民点空间。生态空间,包括绿色生态空间、其他生态空间。绿色生态空间包括天然草地、林地、湿地、水库水面、河流水面、湖泊水面;其他生态空间包括荒草地、裸岩石砾地等。其他空间,指除以上三类空间以外的其他国土空间,包括交通设施空间、水利设施空间、特殊用地空间。交通设施空间包括铁路、公路、民用机场、港口码头、管道运输等占用的空间;特殊用地空间包括居民点以外的国防、宗教占用的空间。空间结构形成后,特别是耕地、生态空间等变为工业和城市空间后,调整的难度很大。

——工程性缺水的矛盾突出,满足水源工程建设及水源涵养的空间需求面临挑战。我省处于喀斯特地区,工程性缺水问题十分突出。随着我省工业化城镇化的不断推进,满足用水需求的压力增大,这既需要大量增加水利设施,又要节约、保护和科学配置水资源,恢复和扩大水源涵养功能的空间。

——资源环境约束的影响不断加大,保护和扩大绿色生态空间面临挑战。我省属于西部欠发达地区,经济发展对资源开发的依赖性强,产业发展方式比较粗放,环境污染问题较为突出。随着我省资源开发的力度加大,对资源环境的影响也将不断增大。这需要在加快发展中转变发展方式,切实提高资源开发利用水平,大力发展绿色经济和循环经济,保护和扩大生态空间,减少各类污染对环境的影响。

第二篇   指导思想和规划目标

第二章   总体要求

第一节   指导思想

推进形成主体功能区,要坚持以邓小平理论、"三个代表"重要思想和科学发展观为指导,全面贯彻党的十七大、十八大、国发〔2012〕2号文件精神和省第十次、第十一次党代会精神,加快实施主体功能区战略,以提高全省各族人民的生活质量,增强可持续发展能力作为基本要求,以推进形成科学的空间开发格局为重点,坚持把发展作为第一要务,切实树立新的开发理念,科学定位区域主体功能,创新开发方式,合理控制开发强度,规范开发秩序,构建科学合理的城镇化战略格局、农业战略格局、生态安全战略格局,强化生态建设和环境保护,推进公共服务均等化,不断缩小城乡区域差距,努力实现人口、经济、资源环境相互协调,构建高效、协调、可持续的国土空间开发格局,建设贵州美好家园。

一、树立科学的开发理念

推进形成主体功能区,必须树立科学的开发理念:

——根据自然条件进行适宜性开发的理念。不同的国土空间自然状况不同,必须尊重自然、顺应自然、保护自然,根据不同国土空间的自然属性确定不同的开发内容。

——区分主体功能的理念。一定的国土空间具有多种功能,但必有一种主体功能,必须区分不同国土空间的主体功能,根据主体功能定位确定开发的主体内容和发展的主要任务。

——根据资源环境承载能力进行开发的理念。空间结构是在不同类型国土空间开发中的反映,是经济结构和社会结构的空间载体。不同国土空间的主体功能不同,因而集聚人口和经济的规模不同,必须根据资源环境中的"短板"因素确定可承载的人口规模、经济规模以及适宜的产业结构。

——合理控制开发强度①的理念。我省不适宜工业化城镇化开发的国土空间占很大比重,要按照人口资源环境相均衡、经济社会生态效益相统一的原则,各类主体功能区都要有节制地开发,保持适当的开发强度。

——调整空间结构的理念。针对空间结构不合理,空间利用效率不高等突出问题,必须把调整空间结构纳入经济结构调整的内涵中,把国土空间开发的着力点从占用土地为主转到调整和优化空间结构、提高空间利用效率上来,促进生产空间集约高效、生活空间宜居适度、生态空间山清水秀。

——提供生态产品②的理念。保护生态环境、提供生态产品也是发展,随着人民生活水平的提高,人们对生态产品的需求在不断增强,必须把提供生态产品作为发展的重要内容,把增强生态产品生产能力作为国土空间开发的重要任务。

二、切实处理好重大关系

推进形成我省主体功能区,应切实处理好以下重大关系:

——主体功能与其他功能的关系。主体功能不等于唯一功能,明确一定区域的主体功能及其开发的主体内容和发展的主要任务,并不排斥该区域发挥其他功能。

——主体功能区与农业发展的关系。把农产品主产区作为限制进行大规模高强度工业化城镇化开发的区域,使国家和我省强农惠农富农的政策更集中地落实到这类区域,集中各种资源发展现代农业,不断提高农业综合生产能力,避免过度分散发展工业带来的对耕地过度占用等问题。

——主体功能区与能源和矿产资源开发的关系。能源和矿产资源往往只是"点"的开发,将一些能源和矿产资源富集的区域确定为限制开发区域,并不是要限制能源和矿产资源的开发,而是应该按照该区域的主体功能定位实行"点上开发、面上保护"。

——主体功能区与区域发展总体战略的关系。推进形成主体功能区是为了落实好区域发展总体战略,深化细化区域政策,更有力地支持区域协调发展。

——政府与市场的关系。推进形成主体功能区是政府对国土空间开发的战略设计和总体谋划,体现了国家战略意图,是确保我省长远发展的战略需要;既要发挥政府的科学引导作用,更要发挥市场配置资源的基础性作用。

第二节　开发原则

按照指导思想,在推进形成全省主体功能区中,要坚持以下开发原则:

——优化结构。将国土空间开发从以外延扩张为主转向以调整优化空间结构为主,按照不同地区主体功能定位要求,优化空间结构,提高空间利用效率。按照生产发展、生活富裕、生态良好的要求,扩大城市建设空间,保证生活空间,引导人口向城镇集中;优化产业发展空间,保障工矿建设

---

① 开发强度指一个区域建设空间占该区域总面积的比例。建设空间包括城镇建设、独立工矿、农村居民点、交通、水利设施、其他建设用地等空间。

② 生态产品指维系生态安全、保障生态调节功能、提供良好的人居环境的自然因素,包括清新的空气、清洁的水源、舒适的环境和宜人的气候等。生态产品同农业产品、工业产品和服务产品一样,都是人类生存发展所必需的产品。生态功能区提供生态产品的主体功能主要体现在:吸收二氧化碳、释放氧气、涵养水源、保持水土、净化水质、防治石漠化、调节气候、清洁空气、减少噪音、吸附粉尘、保护生物多样性、减轻洪涝灾害等。一些国家或地区对生态功能区的"生态补偿",实质是政府代表人民购买这类地区提供的生态产品。

空间,引导工业向园区聚集,提高投资强度和产出效率;加强生态修复和环境保护,进一步扩大绿色生态空间,严禁破坏生态环境的各类开发活动;坚持最严格的耕地保护制度,严守耕地保护红线,确保耕地数量与质量的逐步提高,对全部耕地按限制开发的要求进行管理。对基本农田按禁止开发的要求进行管理。

——保护自然。按照建设环境友好型社会的要求,使工业化、城镇化开发与资源环境承载能力相适应,走人与自然和谐相处的发展道路。大规模、高强度的工业化城镇化开发必须建立在国土空间资源环境承载能力综合评价基础上。在国家重点生态功能区、生态环境敏感区、脆弱区划定生态红线,坚持生态主导、保护优先,确保生态空间。严禁损害生态环境的各类开发活动。矿产资源开发和水能资源开发要最大限度地保护和修复生态环境。把保护湿地(包括湖泊、水面)、林地、草地放到与保护耕地同等重要的位置。农业开发要尽量减少对自然生态系统的影响,加强对农作物种质资源、林木种质资源、畜禽牧草种质资源和水生生物种质资源的保护,积极发挥农业的生态功能。重点生态功能区要保持生态系统的稳定与相对完整。

——集约开发。要按照建设资源节约型社会的要求,引导人口相对集中分布、经济相对集中布局。在资源环境承载能力较强、人口密度较高的城市化地区实行网状开发;沿重要交通干线产业相对集中的城市化地区实行点轴式开发,其他城市化地区要依托现有城市集中布局、据点式开发①;在重点生态功能区、农产品主产区或主要矿产资源开发地区,要实行有选择的据点式开发。农村居民点和农村基础设施、公共服务设施的建设要因地制宜、适度集中、集约布局。

——协调开发。要按照人口、经济、资源环境相协调的要求,统筹城乡区域发展。优化土地、水等资源配置和交通、水利等基础设施建设,促进人口、经济、资源环境的空间均衡。重点开发区域要按照人口与土地、水资源相协调的要求进行开发,在集聚经济的同时要集聚相应规模的人口;限制开发和禁止开发区域要引导人口转移,逐步减少人口规模。农产品主产区和重点生态功能区在减少人口规模的同时,要相应减少人口占地的规模。

——政策引导。要按照不同主体功能区的定位,实行差别化的区域政策,强化政策引导和落实,完善评价指标和绩效考核标准,明确各级政府职责,全面推进形成主体功能区格局。

第三节　主体功能区划分

一、主体功能区划分类型和要求

全国主体功能区规划将国土空间划分为以下主体功能区:按开发方式,分为优化开发、重点开发、限制开发和禁止开发区域;按开发内容,分为城市化地区、农产品主产区和重点生态功能区;按层级,分为国家和省级两个层面。

优化开发、重点开发、限制开发和禁止开发区域,是基于不同区域的资源环境承载能力、现有开发强度和未来发展潜力,以是否适宜或如何进行大规模、高强度工业化城镇化开发为基准划分的。其中,国家层面的优化开发、重点开发、限制开发和禁止开发区域,由国家主体功能区规划确定,国家层面的主体功能区不覆盖全部国土空间;国家层面主体功能区以外的区域由省级层面主体功能

---

① 据点式开发,又称增长极开发、点域开发,是指对区位条件好、资源富集等发展条件较好的地区,集中资源,突出重点,优先开发。

区划分确定。优化开发、重点开发和限制开发区域原则上以县级行政区为基本单元,禁止开发区域按照法定范围或自然边界确定,分布在其他类型主体功能区域之中。

城市化地区、农产品主产区和重点生态功能区是以提供主体产品的类型为基准划分的。其中,城市化地区是以提供工业品和服务产品为主体功能的地区,也提供农产品和生态产品;农产品主产区是以提供农产品为主体功能的地区,也提供生态产品和服务产品及部分工业品;重点生态功能区是以提供生态产品为主体功能的地区,也提供一定的农产品、服务产品和工业品。

主体功能区分类及其功能

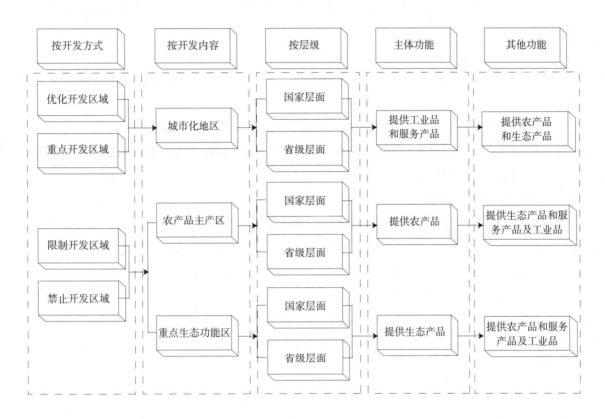

二、我省主体功能区划分

(一)国家层面主体功能区

依据《全国主体功能区规划》,我省国家层面的主体功能区划分为重点开发、限制开发和禁止开发区域三类,没有优化开发区域。

——国家重点开发区域是指具备较强经济基础、科技创新能力和较好发展潜力;城镇体系初步形成,具备经济一体化条件,中心城市有一定辐射带动能力,有可能发展成为新的大城市群或区域性城市群;能够带动周边地区发展,并对促进全国区域协调发展意义重大的区域。我省划为国家层面重点开发区域的是黔中地区。

——国家限制开发区域。国家限制开发区域分为两类:一类是农产品主产区,即耕地较多、农业生产条件相对较好,尽管也适宜工业化城镇化开发,但从保障国家农产品安全以及全民族永续发展的需要出发,必须把增强农业综合生产能力作为发展的首要任务,从而应该限制进行大规模高强度工业化城镇化开发的地区;一类是重点生态功能区,即生态系统脆弱或生态功能重要,资源环境承载能力较低,不具备大规模高强度工业化城镇化开发条件,必须把增强生态产品生产能力作为首要任务,从而应该限制大规模高强度工业化城镇化开发的区域。我省划为国家农产品主产区的共有35个县级行政单元,同时还包括整体划为重点开发区的5个县的90个乡镇;划为国家重点生态功能区的共有9个县级行政单元。

——国家禁止开发区域。国家禁止开发区域是指有代表性的自然生态系统,珍稀濒危野生动植物物种的天然集中分布地、有特殊价值的自然遗迹所在地和文化遗址等,需要在国土空间开发中禁止进行工业化城镇化开发的重点生态功能区。我省划为国家层面禁止开发区域的是省域范围内的国家级自然保护区、世界和国家文化自然遗产、国家级风景名胜区、国家级森林公园、国家级地质公园。

(二)省级层面主体功能区

我省省级层面主体功能区划分为重点开发、限制开发和禁止开发区域三类,没有优化开发区域。

——省级重点开发区域。省级层面重点开发区域是具有一定经济基础、资源环境承载能力较强、发展潜力较大、集聚人口和经济的条件较好,从而应该重点进行工业化城镇化开发的城市化地区。我省划为省级重点开发区域的共有8个县级行政单元,同时还包括划为国家农产品主产区县(市、区)中的中心城区、县城关镇和部分重点建制镇。

——省级限制开发区域。省级层面重点生态功能区生态系统脆弱、生态系统重要,资源环境承载能力较低,是不具备大规模高强度工业化城镇化开发条件的地区。我省省级层面的限制开发区域只有重点生态功能区。我省划为省级重点生态功能区的共有12个县级行政单元。

——省级禁止开发区域。省级层面的禁止开发区域是依法设立的省级和市(州)级自然保护区、省级风景名胜区、省级森林公园、省级地质公园、国家重点文物保护单位、重要水源地保护区、国家重要湿地、国家湿地公园、国家级和省级水产种质资源保护区等,点状分布于重点开发区域和限制开发区域。

各类主体功能区在全省经济社会发展中具有同等重要的地位,只是主体功能不同,开发方式不同,保护内容不同,发展的首要任务不同,国家和省支持的重点不同。对城市化地区主要支持加快工业化城镇化集约优化发展,集聚经济和人口;对农产品主产区主要支持农业综合生产能力建设;对重点生态功能区主要支持生态环境保护和修复,同时支持其加强公共服务能力和相应的基础设施建设。

表1 贵州省主体功能区分类统计表

序号	主体功能区域类型	县级行政单元数(或乡镇数)	面积		人口	
			面积(平方公里)	占全省国土面积比重(%)	2010年末总人口(万人)	占全省总人口比重(%)
一	重点开发区域	32个县	43919.25	24.93	1540.55	36.77
1	国家重点开发区域(黔中地区)	24个县	30602.06	17.37	1140.29	27.22
2	省级重点开发区域	8个县	13317.19	7.56	400.26	9.55
二	国家农产品主产区	35个县和90个镇	83251.01	47.26	1839.35	43.91

续表

序号	主体功能区域类型	县级行政单元数（或乡镇数）	面　积		人　口	
			面积（平方公里）	占全省国土面积比重（%）	2010年末总人口（万人）	占全省总人口比重（%）
1	以县级行政区为基本单元的国家农产品主产区	35个县	74233.07	42.14	1610.17	38.44
2	纳入国家农产品主产区的农产品主产乡镇	90个镇	9017.94	5.12	229.18	5.47
三	重点生态功能区	21个县	48997.70	27.81	809.15	19.32
1	国家重点生态功能区	9个县	26441.00	15.01	449.43	10.73
2	省级重点生态功能区	12个县	22556.70	12.80	359.72	8.59
合　　计			176167.96	100.00	4189.05	100.00

注:1.县指县(市、区、特区),镇指镇(乡);2.人口数为户籍人口。

第三章　　战略目标

第一节　　主要目标

根据党的十七大、十八大和《全国主体功能区规划》的总体要求,到2020年,我省推进形成主体功能区的主要目标是:

——空间开发格局清晰。"一群、两圈、九组"为主体的城市化战略格局基本形成,黔中地区集中全省50%以上的人口和60%以上的经济总量,城镇化率达到65%以上;"五区十九带"为主体的农业战略格局基本形成,农业产品供给的安全保障能力明显增强;"两屏五带三区"为主体的生态安全战略格局基本形成,长江、珠江上游区域性生态安全得到保障。

——空间结构得到优化。全省国土空间开发强度控制在4.5%以内,城市空间面积控制在0.206万平方公里以内①,农村居民点面积控制在0.328万平方公里以内,工矿建设空间适度增加,各类建设用地新增面积控制在0.259万平方公里以内。耕地保有量不低于4.37万平方公里,其中基本农田不低于3.62万平方公里(5426万亩)。绿色生态空间扩大,森林面积扩大到8.8万平方公里,河流、湖泊、湿地面积有所增加。

——空间利用效率提高。城市空间单位面积创造的生产总值大幅度提升,土地集约节约利用水平不断提高。农业综合生产能力逐步增强,粮食和油料作物单产水平提高10%和6%以上。单位绿色生态空间蓄积林木数量、产草量和涵养的水量增加。

——人民生活水平差距缩小。不同主体功能区以及同类主体功能区之间城镇居民人均可支配收入、农村居民人均纯收入和生活条件的差距缩小,扣除成本因素后的人均财政支出大体相当,基本公共服务均等化取得重大进展。

————————————

① 2020年,全省城市空间控制在0.206万平方公里,是按照2020年全省城镇化水平达到50%,城市每平方公里承载1.0万人为基础数据测算的城市空间。人口是按照居住半年以上人口数据计算。

——可持续发展能力增强。生态系统的稳定性明显增强,生物多样性得到切实保护,环境安全得到有效保障。石漠化和水土流失得到有效控制,林草植被得到有效保护与恢复,森林覆盖率提高到50%,森林蓄积量达到4.71亿立方米以上。主要污染物排放总量得到有效控制,主要江河湖库水功能区和集中式水源地按功能类别达标,重要江河湖库水功能区水质达标率不低于85%,空气、土壤等生态环境质量明显改善。水资源综合调配能力明显提高,全省水利工程供水能力达到159.4亿立方米,工程性缺水状况得到有效改善。能源和矿产资源开发利用更加科学合理有序。山洪地质等自然灾害防御水平进一步提升。应对气候变化能力明显增强。

表2　贵州省国土空间开发的规划指标

指　　　标	2008 年	2020 年
开发强度(%)	3.16	4.50
城市空间(万平方公里)	0.142	0.206
农村居民点(万平方公里)	0.338	0.328
耕地保有量(万平方公里)	4.49	4.37
林地保有量(万平方公里)	8.00	8.81
森林覆盖率(%)	40.00	50.00

第二节　战略任务

推进形成我省主体功能区,要重点构建我省城市化地区、农产品主产区、生态安全地区三大战略格局。

——构建我省"一群、两圈、九组"为主体的城市化战略格局。构建以快速铁路为发展主轴,以国家级重点开发区域为战略重点,以其他城市化地区为重要组成部分,以快速铁路沿线和高速公路网络节点上的重点城市为支撑,能更便捷地融入全国经济大循环的城市化战略新格局。以贵阳中心城市(含贵安新区)为核心,推进黔中地区的重点开发,积极培育贵阳—安顺及遵义两个都市圈,加快构建黔中城市群;推进构建以六盘水、毕节、都匀、凯里、兴义、铜仁等区域性中心城市和盘县、德江、榕江等一些新培育的区域次中心城市为依托的九个城市经济圈(城镇组群)。

做大做强贵阳中心城市,加快贵安新区建设,推进贵阳—安顺同城化发展,推进遵义大城市和六盘水、毕节、都匀、凯里、兴义、铜仁等6个中等城市的扩容升级,培育发展盘县、德江、榕江等交通区位重要、区域影响力较强、发展潜力较大的县城成为区域次中心城市,沿快速铁路和高速公路的网络节点,培育发展一批有条件的县城成为中小城市,推动一批重点建制镇加快发展,加快形成我省以大城市为依托、中小城市为骨干、小城镇为基础的梯次分明、优势互补、辐射作用较强的现代城镇体系。(图3　贵州省城镇化战略格局示意图)

——构建我省"五区十九带"为主体的农业战略格局。构建以基本农田为基础,以大中型灌区为支撑,以黔中丘原盆地都市农业区、黔北山原中山农—林—牧区、黔东低山丘陵林—农区、黔南丘原中山低山农—牧区、黔西高原山地农—牧区等农业生产区为主体,以主要农产品产业带、特色优势农产品生产基地为重要组成部分的农业发展战略格局。黔中丘原盆地都市农业区,重点建设优质水稻、油菜、马铃薯、蔬菜、畜产品产业带;黔北山原中山农—林—牧区,重点建设优质水稻、油菜、蔬菜、畜产品产业带;黔东低山丘陵林—农区,重点建设优质水稻、蔬菜、特色畜禽产业带;黔南丘原中山低山农—牧区,重点建设优质玉米、蔬菜、肉羊产业带;黔西高原山地农—牧区,重点建设优质玉米、马铃薯、蔬菜、畜产品产业带。(图4 贵州省农业战略格局示意图)

——构建我省"两屏五带三区"生态安全战略格局。构建以乌蒙山—苗岭、大娄山—武陵山生态屏障和乌江、南北盘江及红水河、赤水河及綦江、沅江、都柳江等河流生态带为骨架,以重要河流上游水源涵养—水土保持区、石漠化综合防治—水土保持区、生物多样性保护—水土保持区等生态功能区为支撑,以交通沿线、河湖绿化带为网络,以自然保护区、风景名胜区、森林公园、城市绿地、农田植被等为重要组成的生态安全战略格局,基本构筑起功能较为完善的"两江"上游区域性生态屏障。乌蒙山—苗岭生态屏障,要重点加强植被的修复,加强珠江防护林体系和长江防护林体系建设,加强石漠化防治,发挥涵养"两江"水源和调节气候的作用;大娄山—武陵山生态屏障,要重点加强天然植被的保护,加强水土流失防治,发挥保障乌江、赤水河、沅江流域生态安全的作用;河流生态带,要重点加强水土流失防治和水污染治理,加强石漠化综合治理和水环境综合治理,保护长江、珠江上游重要河段和湖泊等重要湿地,增强水体功能;西部水源涵养—水土保持区,要提高林草覆盖率,综合治理坡耕地,加强山洪地质灾害防治,大力营造水源涵养林,保护江河源头区和重要湿地;中部石漠化综合防治—水土保持区,要加强林草植被的保护与恢复,加强山洪地质灾害防治,加强石漠化综合治理,遏制石漠化蔓延,增强区域水土保持能力;东部生物多样性保护—水土保持区,要加强自然保护区建设和流域水土流失区综合治理,切实保护生物多样性和特有自然景观,增强森林生态系统功能。(图5 贵州省生态安全战略格局示意图)

第三篇 省域主体功能区

第四章 重点开发区域

根据主体功能区划分,我省国家和省级重点开发区域①共32个县级行政单元,区域国土总面积4.39万平方公里,占全省的24.93%;2010年总人口1540.55万人,占全省的36.77%。

第一节 功能定位和发展方向

一、功能定位

支撑全省经济增长的重要增长极,落实国家和我省区域发展总体战略、促进区域协调发展的重要支撑点,推进城市化、新型工业化和发展现代产业的重要集聚区,全国和我省重要的人口和经济密集区。

重点开发区域要在转变经济发展方式、优化产业结构、提高经济效益、降低资源消耗、保护生态

---

① 提出重点开发区域,既是落实区域发展总体战略,拓展发展空间,促进区域协调发展的需要,也是减轻其他主体功能区人口、资源、环境压力的需要。

环境、增强抗灾能力的基础上推动经济持续较快发展;进一步加快新型工业化进程,对重点开发区域现有产业结构进行调整及升级改造,推进信息化与工业化融合,提高自主创新能力,着力开发优势资源,大力发展特色优势产业和特色经济;提高对内对外开放水平,培育发展高新技术产业和战略性新兴产业,增强产业承接和聚集能力,形成具有区域特色、布局合理、分工协作的现代产业集群;加快推进城镇化,壮大综合经济实力,扩大城市规模,完善城市功能,改善人居环境,提高集聚人口的能力,承接其他区域的产业转移和人口转移。

二、发展方向和开发原则

——统筹规划国土空间。适度扩大产业发展空间,扩大服务业、交通和城市居住等建设空间,减少农村居住空间,扩大绿色生态空间。

——构建合理的城市规模结构。扩大区域中心城市规模,发展与大中城市紧密联系的中小城市和县城,基本形成分工协作、优势互补、集约高效的城市群或城镇密集区。

——促进人口加快集聚。通过积极推进人口城镇化以及完善城市基础设施和公共服务等,进一步提高城市的人口承载能力,城市规划和建设要预留吸纳限制开发区域、禁止开发区域人口转移的空间,实现人口较大规模转移。

——形成现代产业体系。加快发展壮大特色优势产业,着力培育发展新兴产业,运用高新技术和先进适用技术改造传统产业,积极承接东部地区产业转移,加快建设新型工业发展平台,大力发展服务业,增强产业配套能力,促进产业集群发展。增强农业发展能力,大力发展特色现代农业,加强优质粮食基地建设。

——提高发展质量。坚持科学发展、清洁发展和循环发展,科学规划工业园区、开发区等工业集聚发展区域,大幅度降低资源消耗和污染排放,确保发展质量和效益。

——完善基础设施。统筹规划建设交通、能源、水利、环保、防灾等基础设施,构建完善、高效、区域一体、城乡一体的基础设施网络。

——保护生态环境。超前做好生态建设、基本农田和林地保护、水资源节约与保护、水土保持等规划,减少工业化、城镇化对生态环境的影响,避免出现土地过多占用、水资源过度开发和生态环境压力过大等问题,努力提高环境质量。

——把握开发时序。区分近期、中期和远期实施有序开发,近期重点建设好国家批准的重点开发区域和经济技术开发区,对目前不需要开发的区域,要预留发展空间予以保护。

第二节　国家级重点开发区域(黔中地区)

黔中地区①是《全国主体功能区规划》确定的全国 18 个国家重点开发区域之一。该区域位于

---

① 黔中地区位于贵州省中部,大部分属云贵高原的喀斯特丘陵地区,城镇基本分布在山间平地(坝子),可利用土地资源较不丰富,但现有开发强度也不高,不超过 10%,因此,具备一定的开发潜力。该区域主要属乌江流域,人均水资源量大于 1000 立方米,水资源十分丰富。该区域由于地处山区,空气流动性较弱,因此,大气环境质量一般,二氧化硫超载较为严重;水环境质量相对较好,除贵阳等中心城市外,基本上不存在水污染超载问题。该区域属于喀斯特地貌,大部分地区都处在石漠化敏感地区,生态系统脆弱性较高,同时部分山区水源涵养、土壤保持、生物多样性等方面也具有一定程度的重要意义,需要加以保护。该区域自然灾害威胁较小。该区域人口据点式分布,整体人口密度不高,但平坝地区人口密度都在 1000 人/平方公里以上,是西南地区重要的中心城市之一,贵阳及其周边地区是贵州省最适宜城市化发展的地区。该区域是西南地区重要的交通枢纽,陆路交通基础设施发达,贵阳龙洞堡机场是全国重要的干线机场,交通基础设施对经济发展的支撑作用较强。

全国"两横三纵"城市化战略格局中沿长江通道横轴和包昆通道纵轴的交汇地带,渝黔、贵昆、黔桂、湘黔铁路和贵阳至广州、贵阳至重庆、贵阳至成都快速铁路、长沙经贵阳至昆明客运专线在贵阳交汇,杭瑞高速公路、西南出海大通道贯穿其境,是西南连接华南、华东的重要陆路交通枢纽。该区域区位和地缘优势明显,城市和人口相对集中,经济密度较大,铝、磷、煤等矿产资源丰富,水资源保障程度较高,发展的空间和潜力较大,环境承载力较强,是落实国家区域发展总体战略和构建我省城市化发展战略格局的中心区域。(图7　贵州重点开发区域分布图)

黔中地区包括贵阳市和遵义市、安顺市、毕节市、黔南州、黔东南州的24个县级行政单元,区域国土面积30602.06平方公里,占全省的17.37%;2010年总人口1140.29万人,占全省的27.22%。同时,还包括以县级行政区为单元划为国家农产品主产区的开阳等8个县(市)中的81个重点建制镇(镇区或辖区),以及靠近安顺市中心城区的镇宁县城关镇。

一、功能定位

该区域的功能定位是:全国重要能源原材料基地、资源深加工基地、以航天航空为重点的装备制造业基地、烟酒工业基地、绿色食品基地和旅游目的地;西南重要的陆路交通枢纽,区域性商贸物流中心和科技创新中心;全省工业化、城镇化的核心区;带动全省发展和支撑全国西部大开发战略的重要增长极。

二、发展方向

——构建以贵阳—安顺为核心,以遵义、都匀、凯里和毕节等城市为支撑,以区域内卫星城市、重要城镇为节点,贵阳—遵义、贵阳—都(都匀)凯(凯里)、贵阳—毕节快速交通通道为主轴的"一核三带多节点"的空间开发格局。

——着力提升贵阳中心城市地位。调整优化城市核心区发展布局,以贵安新区为重点加快拓展中心城区,积极培育发展卫星城市,加快城市规模化发展,构建现代城市发展新格局。强化城市骨干路网规划和建设,加强城市基础设施和公共服务设施建设,提高城市综合承载能力。提高产业配套和要素集聚能力,增强城市科技创新、商贸物流、信息、旅游、文化和综合服务功能,大力培育发展特色优势产业和战略性新兴产业,加快发展现代服务业和旅游产业。建设重要的装备制造、生物制药、新材料、电子信息、特色食品和烟草工业基地,西南地区重要的陆路交通枢纽、商贸物流中心、旅游城市、生态城市和区域性科技、金融服务中心,扩大辐射带动能力,成为支撑全省、带动黔中地区发展的核心增长极。

——推进贵阳—安顺同城化发展。沿贵阳—安顺,以长昆铁路为轴线,以铁路南侧为主要区域,加快建设贵安新区,重点发展装备制造、资源深加工、战略性新兴产业和现代服务业,集中打造新体制、高科技、开放型的新兴产业集聚区和现代化、人文化、生态化的新兴城市,建成国家内陆开放型经济示范区和黔中地区最富活力的增长极。努力扩大安顺中心城市规模,以城市路网建设为重点,促进西秀—普定、西秀—镇宁同城化发展,提升安顺城市商贸流通、旅游、文化、信息等综合服务功能,增强经济实力和产业集聚能力,积极发展以旅游业为重点的服务业,打造以航空、汽车及零部件为重点的装备制造业基地和绿色轻工业基地。

——加快遵义中心城市发展。扩大中心城市规模,优化提升中心城区,加快城市新区开发,推进中心城区与周边城镇一体化,培育发展卫星城市,推进形成区域特大城市。加强城市骨干路网和基础设施建设,完善综合服务功能,增强产业和要素集聚能力。积极构建连接成渝地区和黔中地区的经济走廊,重点发展装备制造、汽车及零部件、金属冶炼及深加工、新材料、新能源、特色轻工等优势产业,大力发展商贸物流、金融、旅游等服务业,建设新型工业城市、文化旅游城市,成为支撑全省和黔中地区发展的重要增长极。

——壮大都匀、凯里等中心城市人口和经济规模。加快建设都匀—凯里城市组团,重点扩大都匀、凯里城市规模,推进凯里—麻江同城化发展,形成区域性大城市。加强城市骨干路网和基础设施建设,增强综合服务功能和产业集聚能力,加强区域合作与产业承接,打造全国重要的磷化工基地和特色旅游目的地,区域性加工制造基地和商贸物流中心。

——加快毕节中心城市建设和发展。进一步扩大毕节中心城市规模,建成黔中地区大城市,推进毕节—大方同城化发展。加强城市基础设施建设,强化对外交通和交通枢纽建设,完善综合服务功能,推进与贵阳、成渝地区的优势互补,增强产业发展和人口集聚能力,重点发展汽车、煤及煤化工、加工制造、新型建材、特色食品等新型工业和旅游、商贸流通、现代物流等服务业,建设贵州西部重要的汽车制造、煤及煤化工、特色食品、新型建材工业基地,贵州西部重要交通枢纽和特色旅游区。

——统筹区域资源开发和产业布局,提升产业集聚能力。重点建设贵阳至遵义、贵阳至安顺工业走廊、贵阳至毕节和沿贵广快速铁路、高速公路产业带,加快建设织金—息烽—开阳—瓮安—福泉磷化工产业带、小河—孟关工业带、贵龙城市经济带、毕节—大方等先进制造和资源深加工基地,积极推进织金、黔西、清镇、普定、遵义(县)等能源基地建设,加强与珠三角和成渝地区的融合与互补,建设贵阳、遵义、黔东南等承接产业转移基地,优化提升国家级和省级经济开发区,合理布局建设一批现代产业园区,形成黔中产业集群。

——强化对外通道能力和交通枢纽建设,完善西南出海大通道,建设以快速铁路和高速公路为主的综合交通网络,加快形成贵阳连接周边各省会城市和全国经济发达地区中心城市的快速通道,加强贵阳与其他中心城市、中心城市与卫星城市之间的城际快速连接通道和现代通信等基础设施建设。

——发挥开阳、仁怀、绥阳、大方、金沙、贵定、长顺、普定及镇宁的比较优势,依托中心城市和交通干线,以重点城镇和产业园区(开发区)为重点,加快优势资源开发,大力发展优质白酒、加工制造、能源化工和旅游业等特色优势产业,积极推进与中心城市的融合发展,加快人口和产业集聚,提高城镇发展水平。

——继续稳定粮食生产,发展特色现代农业和绿色农业,加快农产品加工业发展,优化农业生产结构和区域布局。

——统筹区域生态建设和环境保护,强化石漠化防治和大江大河防护林建设,推进乌江、赤水河等重要流域水环境综合治理,保护长江上游重要河段水域生态及红枫湖、阿哈水库等重要水源地,大力发展循环经济和绿色经济,重点加强城市、工业和农村面源污染防治,构建长江和珠江上游地区生态屏障。

第三节　省级重点开发区域

我省以县级行政区为基本单元的省级重点开发区域为钟山—水城—盘县区域、兴义—兴仁区域和碧江—万山—松桃区域,共包括六盘水市、铜仁市、黔西南州的8个县级行政单元,区域国土面积 13317 平方公里,占全省的 7.56%;2010 年总人口 400.26 万人,占全省的 9.55%。同时,还包括以县级行政区为单元划为国家农产品主产区中的部分重点建制镇(镇区或辖区)。

一、钟山—水城—盘县区域

该区域位于贵州西部,包括六盘水市的钟山区、水城县和盘县,区域国土面积 5644.89 平方公里,占全省的 3.20%;2010 年总人口 190.38 万人,占全省的 4.54%。该区域是六盘水市的中心城区及拓展区,人口密集,矿产资源丰富,重化工产业集聚程度较高,是全省推进工业化城镇化的重要区域之一。

该区域的功能定位是:全国重要的能源、原材料和资源深加工基地,全省重要的绿色食品基地和特色旅游区,区域性交通枢纽和商贸物流区。贵州西部的人口和经济密集区,支撑全省发展的重要增长极。

——发展壮大六盘水中心城市,加快扩大城市和人口规模,建成贵州西部地区特大中心城市。推进中心城市与水城等周边重点城镇一体化,构建以钟山区为中心,以盘县、六枝、纳雍等重点城镇为支撑,以主要交通线为纽带的城市经济圈空间开发格局。

——加强城市基础设施、对外交通能力和铁路枢纽建设,提升中心城市综合服务功能,加快产业和人口集聚。积极推进钟山—水城—盘县、钟山—六枝产业带建设,以产业园区和经济开发区为重点,积极推进煤电化一体化,重点发展能源、原材料及深加工、冶金、煤化工、装备制造、建材等优势产业和物流商贸、旅游等服务业,加强与周边省区的协作,大力发展循环经济和绿色经济,建设重要的能源、原材料基地和全国循环经济示范城市,区域性交通枢纽和商贸物流中心。

——发挥盘县能矿资源及交通区位优势,重点培育发展盘县的红果为中等城市,提升综合服务功能,加强新型能源原材料基地建设,大力培育发展新兴产业,建设区域性物流商贸中心。

——加强生态保护和恢复,大力推进石漠化防治和生态建设工程,加强南北盘江流域防护林建设及重点水源地保护,做好重点工业区污染、城市生活污染、农村面源污染防治。

二、兴义—兴仁区域

该区域位于贵州西南部,包括黔西南州的兴义市和兴仁县,区域国土面积 4696.4 平方公里,占全省的 2.67%;2010 年总人口 132.73 万人,占全省的 3.17%。该区域城市发展条件良好,人口较为密集,以黄金、煤炭为主的矿产资源丰富,是贵州西南部重要的城市化地区。

该区域的功能定位是:全国重要的能源原材料基地和黄金生产基地,区域性绿色食品基地、优质烟草基地和特色旅游区,贵州西南部交通枢纽和商贸物流区。贵州西南部重要的人口和经济密集区,支撑全省发展的重要增长极。

——加快兴义市的规模扩展。把兴义市建设成为省际周边的大城市,强化城市综合服务功能,提高城市综合承载能力。积极推进兴义—兴仁一体化发展,加快培育发展一批重点城镇,构建兴(义)兴(仁)安(龙)贞(丰)城市组团。

——加强区域对外交通能力建设,构建滇黔桂三省结合部区域性交通枢纽和商贸物流中心。推进区域产业集聚发展,加快产业园区和经济开发区建设,重点发展能源、煤化工、黄金工业、特色食品、绿色轻工、新型建材、生态旅游和商贸服务等特色优势产业,加强与周边区域的联合与协作,建设贵州省重要的能源原材料、黄金工业、特色食品工业基地和特色旅游城市。

——积极推进石漠化防治和生态建设,强化红水河流域防护林建设及重点水源地保护,加强工业污染和城市生活污染防治,提升生态环境质量。

三、碧江—万山—松桃区域

该区域位于贵州东部,包括铜仁市的碧江区、万山区和松桃县,重点开发区域国土面积 2975.9 平方公里,占全省的 1.69%;2010 年总人口 77.15 万人,占全省的 1.84%。该区域是铜仁市中心城区和延伸发展区,属于国家武陵山经济协作区,交通条件较好,区位优势突出,生态环境良好,自然资源和旅游资源丰富,发展潜力和空间较大,是全国重要的锰工业基地之一和贵州东部重要的城市化地区。

该区域的功能定位是:全国重要的锰工业基地、民族文化和生态旅游目的地,区域性能源、化工、新材料、绿色食品及旅游商品产业基地;区域性交通枢纽和商贸中心,承接发达地区产业转移的重点地区;贵州东部地区的人口和经济密集区,带动贵州东部地区经济发展的重要增长极。

——发展壮大铜仁中心城市。加快扩大城市规模,把万山区纳入中心城区发展,建设成为省际周边区域性大城市。积极培育发展松桃、玉屏、江口等卫星城市,构建以碧江区为中心,以周边重点城镇为支撑,以骨干交通为纽带的城市组团空间发展格局。

——加强城镇基础设施建设,完善城镇综合服务功能,强化区域对外交通能力建设,增强产业和人口集聚能力;重点推进玉(屏)碧(江)松(桃)城市产业带建设,优化发展产业园区和经济开发区,建成在全国有重要影响的锰工业基地和特色旅游城市,区域性能源及化工基地、新材料产业基地、绿色食品生产基地和商贸物流中心。

——发挥松桃区位交通和锰工业优势,推进与碧江区的一体化发展,加快扩大城市规模,提升综合服务功能;强化优势资源开发和特色优势产业发展,重点发展锰及锰深加工、精细化工、新材料、特色食品、加工制造等新型工业和旅游、商贸物流等现代服务业,积极开发利用页岩气资源,推进产业带和工业基地建设,增强产业发展和要素集聚能力。

——强化农业综合生产能力建设,稳定粮食生产,大力发展生态农业和特色现代农业,发展农产品加工业。

——加强区域生态建设,加强城市及工业污染防治,保护和开发利用自然资源,大力发展循环经济和绿色经济;加强锦江流域及重要水源地保护,强化生态环境和原生态民族文化的保护。

四、其他重点开发的城镇

其他重点开发的城镇①为以县级行政区为单元划为国家农产品主产区的 27 个县(市、区)中的 178 个重点建制镇(镇区或辖区)。

其他重点开发城镇的功能定位是:区域性人口和经济密集区,交通和商贸物流中心,优势产业发展和城镇建设的集中区,核心城市产业服务保障基地,中心区域产业辐射和转移的重要承接区,带动区域经济发展的重要增长极。

---

① 其他重点开发的城镇以点状或带状分布,人口和经济比较集中,基础设施条件较好,城镇和产业发展空间较大,是各农产品主产区集中推进工业化城镇化的重要区域。

——加快重点城镇建设。坚持"点上开发、面上保护",优化城镇发展空间布局,扩大城市规模,培育发展一批有规模的中心城镇。加快把赤水市发展成为中等城市,把桐梓、习水、正安、湄潭、务川、德江、思南、金沙、六枝、安龙、普安、独山、黎平、榕江、天柱、镇远等有条件的县城建设成为小城市或中等城市。依托区域性中心城市,建设一批卫星城市或节点城市。

——加快产业发展和集聚。发挥区域比较优势,加强优势资源开发和承接产业转移,合理布局建设一批重点工业基地、产业园区和经济开发区,因地制宜发展能源、化工、加工制造、新型建材、特色食品、农副产品与矿产资源加工、旅游商品等优势工业,积极发展商贸、物流、旅游等服务业,推进优势产业集聚发展。

——强化城镇基础设施和对外交通能力建设,增强城镇综合服务功能,积极推进统筹城乡发展,加快完善公共服务,提高重点城镇人口承载和产业集聚能力。

——加强区域生态建设和环境保护,积极推进城镇环境整治和绿化建设,加强重要水源地保护和石漠化防治;强化节能减排,加强水资源开发利用保护和节约,开展生态修复和环境保护。

第五章　限制开发区域(农产品主产区)

限制开发区域的农产品主产区是指具备较好的农业生产条件,以提供农产品为主体功能,需要在国土空间开发中加以保护,限制进行大规模高强度工业化城镇化开发,以保持并提高农业综合生产能力的区域。我省国家农产品主产区共有35个县级行政单元,同时,还包括以县级行政区为单元划为国家重点开发区域的织金等5个县中的部分乡镇,区域国土面积83251.01平方公里,占全省的47.26%,2010年总人口1839.35万人,占省的43.91%。

第一节　功能定位和发展方向

我省农产品主产区的功能定位是:保障农产品供给安全的重要区域,重要的商品粮油基地、绿色食品生产基地、林产品生产基地、畜产品生产基地、农产品深加工区、农业综合开发试验区和社会主义新农村建设的示范区。

农产品主产区应着力保护耕地,集约开发,显著提高农业综合生产能力、产业化水平和物质技术支撑能力,大力发展现代农业和农产品深加工,提高农业生产效率,拓展农村就业空间,增加农民收入,保障农产品供给,保证粮食安全和食物安全;加强农村基础设施和公共服务设施建设,改善生产生活条件,加快建设社会主义新农村。发展方向和开发原则是:

——加强土地整治,搞好规划、统筹安排、连片推进,加快中低产田土改造,实施沃土工程,构建功能完备的农田林网,推进高标准基本农田、连片标准粮田建设。鼓励农民开展土壤改良。

——加强水利设施建设,加快大中型灌区、排灌泵站配套、节水改造以及水源工程建设,提高输水调配能力。鼓励和支持农民开展小型农田水利设施建设、小流域综合治理和小水电建设。建设节水农业,积极推广节水灌溉技术,兴修雨水集蓄利用工程,因地制宜发展旱作节水农业。

——优化农业生产布局和品种结构,搞好农业布局规划,科学确定不同区域农业发展的重点,形成优势突出和特色鲜明的产业带。积极推进农业的规模化、产业化,发展农产品深加工,拓展农村就业和增收领域。

——大力发展优质粮食和油料生产,增强粮油生产的自给能力。转变养殖业发展方式,推进规模化和标准化,促进畜产品、林产品和水产品的稳定增长。加大扶持力度,集中力量建设一批优势特色农产品产业带和生产基地。

——控制开发强度,优化开发方式,发展循环农业和生态农业,促进农业资源永续利用。鼓励和支持农产品、畜产品、水产品加工副产物的综合利用。加强农业面源污染和农产品产地土壤污染防治,保障农产品产地环境质量安全。

——加快农业科技进步和创新,加强农业物质技术装备。强化农业防灾减灾能力建设。强化人工影响天气基础设施和科技能力建设,科学开发利用空中云水资源。

——支持优势农产品主产区的农产品加工、流通、储运设施的建设,引导农产品加工、流通、储运企业向优势产区聚集。

——以县城为重点推进城镇建设和非农产业发展,加强县城和乡镇公共服务设施建设,完善小城镇公共服务和居住功能。

——农村居民点以及农村基础设施和公共服务设施的建设,要统筹考虑人口迁移等因素,适度集中、集约布局。

第二节　区域分布

受自然地理条件的限制,我省农产品主产区主要呈块状分布在农业生产条件较好、经济较集中、人口较密集的北部地区、东南部地区和西部地区,以国家粮食生产重点县和全省优势农产品生产县为主体,形成5个农业发展区。

——黔中丘原盆地都市农业区:包括贵阳市的开阳县,黔南州的长顺县、贵定县,安顺市的普定县,以及黔南州惠水县的15个乡镇、毕节市织金县的20个乡镇和黔西县的17个乡镇。区域国土面积占全省国家农产品主产区的13.3%。该区域地处黔中城市圈,对优质农产品和农业生态功能、旅游休闲功能的需求规模大,农产品加工业发达,农产品商品化程度高,都市农业发展条件好。

——黔北山原中山农—林—牧区:包括遵义市的桐梓县、绥阳县、正安县、道真仡佬族苗族自治县、务川仡佬族苗族自治县、凤冈县、湄潭县、余庆县、习水县、赤水市、仁怀市,毕节市的金沙县,铜仁市的思南县、德江县。区域国土面积占全省国家农产品主产区的38.7%。该区域农业发展基础好,农业生产水平高,农产品加工业较为发达,是贵州粮食产能县的集中区域,主要粮油作物、特色农产品规模化、商品化程度较高。

——黔东低山丘陵林—农区:包括黔东南州的三穗县、镇远县、岑巩县、天柱县、黎平县、榕江县、从江县、丹寨县,铜仁市的玉屏县,以及铜仁市松桃苗族自治县的17个乡镇。区域国土面积占全省国家农产品主产区的25%。该区域地处厦蓉高速公路、贵广快速铁路沿线,林业资源丰富,生态环境良好,水稻生产具有比较优势,特色农业产业发展具有一定基础。

——黔南丘原中山低山农—牧区:包括黔西南州的普安县、晴隆县、贞丰县、安龙县,黔南州的独山县。区域国土面积占全省国家农产品主产区的10.7%。该区域立体气候特征突出,特色农业资源丰富,优质肉羊、冬春反季节蔬菜等特色农产品生产具有良好基础。

——黔西高原山地农—牧区:包括六盘水市的六枝特区,毕节市的纳雍县、大方县,以及六盘水市盘县的21个乡镇。区域国土面积占全省国家农产品主产区的12.3%。该区域地处贵州西部高原地带,土地资源、牧草资源丰富,成片草场和草山草坡面积大,适宜发展旱作农业、草地畜牧业以及夏秋反季节蔬菜、优质干果、小杂粮等特色农产品。

第三节　主要农产品产业带和优势农产品生产基地

全面提升农业发展水平,增强主要农产品供给能力,充分发挥各地比较优势,重点加强以水稻、玉米、油菜、蔬菜、马铃薯、畜产品为主的农产品产业带和烤烟、茶叶、木本粮油、经济林果、中药材等优势农林产品基地建设。

一、主要农产品产业带

——黔中丘原盆地都市农业区。重点建设以优质籼稻为主的水稻产业带、以"双低"油菜为主的优质油菜产业带、以薯片薯条原料类加工型商品薯为主的马铃薯产业带、以夏秋反季节蔬菜为主的优质蔬菜产业带和以生猪、肉牛为主的优质畜产品产业带。

——黔北山原中山农—林—牧区。重点建设以优质籼稻为主的水稻产业带、以"双低"油菜为主的优质油菜产业带、以夏秋反季节蔬菜为主的冷凉蔬菜产业带和以生猪、肉羊为主的优质畜产品产业带。

——黔东低山丘陵林—农区。重点建设以优质籼稻为主的水稻产业带、以无公害绿色蔬菜为主的优质蔬菜产业带和以特色畜禽为主的优质畜产品产业带。

——黔南丘原中山低山农—牧区。重点建设以优质专用玉米为主的玉米产业带、以冬春反季节蔬菜为主的优质蔬菜产业带和以肉羊为主的优质畜产品产业带。

——黔西高原山地农—牧区。重点建设以优质专用玉米为主的玉米产业带、以脱毒种薯和高淀粉类加工型商品薯为主的马铃薯产业带、以夏秋反季节蔬菜为主的冷凉蔬菜产业带和以生猪、肉牛、肉羊为主的优质畜产品产业带。

二、特色优势农产品基地

在重点建设优势农产品产业带的同时,充分发挥贵州特色农业资源优势,积极引导和支持其他特色优势农产品基地的建设。主要包括:黔北富硒(锌)优质绿茶、黔中高档名优绿茶、黔西"高山"有机绿茶和黔东优质出口绿茶生产基地;黔中、黔东、黔南精品水果基地;黔西、黔北、黔东、黔南优质干果基地;黔北、黔西、黔中、黔南中药材基地;黔北、黔西优质烤烟生产基地;黔东、黔中特色水产养殖基地;黔西、黔南、黔北特色优质小杂粮基地;黔东优质油茶基地;黔北、黔东林下经济产业基地等。

第六章　限制开发区域(重点生态功能区)

我省国家和省级重点生态功能区①共包括威宁、罗甸等21个县级行政单元,区域国土面积

---

① 我省重点生态功能区是以喀斯特环境为主的生态系统,生态脆弱性高,生态系统出现退化现象,环境承载能力较低,经济水平差距较大,区位优势度较差,社会经济发展整体水平滞后。

48997.7 平方公里,占全省的 27.81%,2010 年总人口 809.15 万人,占全省的 19.32%。其中国家重点生态功能区有 9 个县级行政单元,区域国土面积 26441 平方公里,占全省的 15.01%;省级重点生态功能区有 12 个县级行政单元,区域国土面积 22556.7 平方公里,占全省的 12.8%。

第一节　功能定位和规划目标

一、功能定位

保障生态安全,保持并提高生态产品供给能力的重要区域,人与自然和谐相处的示范区。

二、规划目标

——生态服务功能增强,生态环境质量明显改善。地表水水质明显改善,主要河流径流量基本稳定并有所增加。石漠化防治和水土流失治理率分别达到 90% 以上,人为因素产生新的水土流失和石漠化得到有效控制。草地和湿地面积保持稳定,天然林面积扩大,森林覆盖率提高,森林蓄积量增加,野生动植物得到有效保护。水源涵养型和生物多样性保护型生态功能区的水质达到 Ⅰ 类,空气质量达到一级;水土保持型生态功能区水质达到 Ⅱ 类,空气质量达到二级;石漠化防治型生态功能区水质达到 Ⅱ 类,空气质量明显改善。

——形成点状开发、面上保护的空间结构。开发强度得到有效控制,保有大片开敞空间,水面、湿地、林地、草地等绿色生态空间扩大。以县城为重点推进城镇化建设,实行“据点式”开发,交通、水利、城镇等基础设施得到完善,公共服务体系得到健全,县城和中心镇的综合承载能力提高。

——形成环境友好型产业结构。在不影响生态系统功能的前提下,适宜产业、服务业得到发展,占地区生产总值的比重提高,人均生产总值明显增加,污染排放物总量控制在环境承载能力范围内。

——人口总量下降,人口质量提高。引导人口向重点开发区域或限制开发区域的中心城镇转移,区域总人口占全省比重明显降低,人口对资源环境压力逐步减轻。

——公共服务水平显著提高,人民生活水平明显改善。全面提高义务教育质量,基本普及高中阶段教育,人口受教育年限大幅提高。人均公共服务支出高于全省平均水平。婴儿死亡率、孕产妇死亡率、饮用水不安全人口比率大幅下降。城镇居民人均可支配收入和农村居民人均纯收入大幅提高,绝对贫困现象基本消除。

第二节　主要类型和发展方向

我省重点生态功能区主要分为水源涵养型、水土保持型、石漠化防治型、生物多样性保护型四种类型①。重点生态功能区要以修复生态、保护环境、提供生态产品为首要任务,因地制宜发展旅游、农林副产品加工等资源环境可承载的适宜产业,引导超载人口逐步有序转移。

——水源涵养型。推进天然林草保护,封山育林育草、退耕还林还草,治理水土流失,维护或重建湿地、森林、草地等生态系统。严格保护具有水源涵养功能的自然植被,禁止过度放牧、无序采

---

① 水源涵养型:指全省重要河流源头和重要水源补给区。水土保持型:指土壤侵蚀性高、水土流失严重,需要保持水土功能的区域。石漠化防治型:指喀斯特分布广,石漠化面积比重大且严重的地区。生物多样性维护型:指濒危珍稀动植物分布集中,具有典型代表性生态系统的地区。

矿、毁林开荒等行为。加大河流源头及上游地区的小流域治理,减少面源污染。拓宽农民增收渠道,解决农民长远生计,巩固林草植被建设成果。

——水土保持型。大力发展节水灌溉和雨水集蓄利用。限制陡坡开垦和超载放牧。加大公益林建设和退耕还林还草力度,加强小流域综合治理,恢复退化植被,最大限度地减少人为因素造成新的水土流失。解决农民长远生计,巩固水土流失治理、退耕还林还草成果。

——石漠化防治型。实行封山育林育草、植树造林、退耕还林还草和种草养畜,推进石漠化防治工程和小流域综合治理,恢复退化植被,实行生态移民,改变耕作方式。解决农民长远生计,巩固石漠化治理成果。

——生物多样性保护型。禁止滥捕滥采野生动植物资源,保持并恢复野生动植物物种和种群的平衡,实现野生动植物资源的良性循环和永续利用。加强防御外来物种入侵,保护自然生态系统与重要物种栖息地,防止生态建设导致生境的改变。

表3　贵州省重点生态功能区的类型和发展方向

层级	大区名称	亚区名称	类　型	综合评价	发展方向
国家层面	桂黔滇喀斯特石漠化防治生态功能区	威宁—赫章高原分水岭石漠化防治与水源涵养区①	石漠化防治与水源涵养	保存了完整的喀斯特高原面,是乌江、北盘江、牛栏江横江水系的发源地,拥有特殊高原湿地生态系统,全省重要的水源涵养地。目前,石漠化与水土流失较严重,湿地生态系统退化。	封山育林育草,推进石漠化防治,加强水土流失治理,保护和恢复植被、湿地。
		关岭—镇宁高原峡谷石漠化防治区②	石漠化防治与水土保持	喀斯特发育强烈,生态系统脆弱,喀斯特旅游资源丰富。目前,生态环境遭到破坏,生态系统退化,水土流失严重,石漠化有扩大趋势。	加强石漠化防治和水土流失治理,实行生态移民,改变耕作方式。
		册亨—望谟南、北盘江下游河谷石漠化防治与水土保持区③	石漠化防治与水土保持	喀斯特地貌与非喀斯特地貌相间分布,生态系统脆弱,对南、北盘江下游生态安全具有重要影响。目前,石漠化与水土流失较严重,生态系统退化。	推进防护林建设,加强水土流失治理和石漠化防治,防止草地退化。
		罗甸—平塘高原槽谷石漠化防治区④	石漠化防治与水土保持	喀斯特发育强烈,生态环境脆弱,土壤一旦流失,生态恢复难度极大。目前山地生态系统退化,水土流失严重,石漠化有扩大趋势。	加强石漠化防治和水土流失治理,恢复植被和生态系统,实行生态移民。

① 威宁—赫章高原分水岭石漠化防治与水源涵养区,包括毕节市的威宁县和赫章县。国土面积9541.4平方公里,占全省的5.42%;森林覆盖率分别为26.46%和37.26%;土壤侵蚀面积为6135.56平方公里,占该区的64.3%;石漠化面积1755.97平方公里,占该区的18.4%。2010年总人口216.65万人,占全省的5.17%。

② 关岭—镇宁高原峡谷石漠化防治区,包括安顺市的镇宁县、关岭县和紫云县。国土面积5472.3平方公里,占全省的3.11%;森林覆盖率分别为35.58%、35.87%和34.92%;土壤侵蚀面积2332.71平方公里,占该区的42.63%;石漠化面积1787平方公里,占该区的32.66%。2010年总人口111.58万人,占全省的2.66%。

③ 册亨—望谟南、北盘江下游河谷石漠化防治与水土保持区,包括黔西南州的册亨县和望谟县。国土面积5602.1平方公里,占全省的3.18%;森林覆盖率分别为54.54%和53.2%;土壤侵蚀面积1979.71平方公里,占该区的35.34%;石漠化面积932.5平方公里,占该区的16.65%。2010年总人口55.29万人,占全省的1.32%。

④ 罗甸—平塘高原槽谷石漠化防治区,包括黔南州的罗甸县和平塘县。国土面积5825.2平方公里,占全省的3.31%;森林覆盖率分别为41.35%和53.5%;土壤侵蚀面积2801.04平方公里,占该区的48.08%;石漠化面积2027.99平方公里,占该区的34.81%。2010年总人口65.91万人,占全省的1.57%。

续表

层级	大区名称	亚区名称	类　型	综合评价	发展方向
省级层面	武陵山区生物多样性与水土保持生态功能区	沿河—石阡武陵山区生物多样性与水土保持区①	生物多样性保护与水土保持	森林覆盖率较高,亚热带常绿阔叶林生态系统典型,山地垂直地带性突出,是珙桐、黔金丝猴、黑叶猴等重要物种的保护地,目前森林遭到不同程度的破坏,水土流失严重,生物多样性受到威胁。	加强水土流失治理,保护典型生态系统和濒危动植物。
	桂黔滇喀斯特石漠化防治生态功能区	黄平—施秉低山丘陵石漠化防治与生物多样性保护区②	石漠化防治与生物多样性保护	喀斯特发育强烈,生态系统良好,生物多样性丰富。但生态环境脆弱,目前石漠化有一定的扩大趋势,生态系统与生物多样性受到威胁,一旦破坏将无法恢复。	加强石漠化防治,保护生态系统,切实推进区域可持续发展。
		荔波丘陵谷地石漠化防治与生物多样性保护区③	石漠化防治与生物多样性保护	喀斯特发育强烈,生态系统良好,生物多样性丰富,是世界自然遗产地。但生态环境脆弱,目前石漠化有一定的扩大趋势,生态系统与生物多样性受到威胁,一旦破坏将无法恢复。	加强石漠化防治,保护世界自然遗产,切实推进区域可持续发展。
		三都丘陵谷地石漠化防治与水土保持区④	石漠化防治与水土保持	喀斯特生态环境脆弱,水土流失和石漠化较严重,生态系统受到一定威胁。	加强石漠化防治与水土保持,保护生态系统。
	苗岭水土保持与生物多样性保护生态功能区	雷山—锦屏中低山丘陵水土保持与生物多样性保护区⑤	石漠化防治与生物多样性保护	森林覆盖率较高,是西江水系重要的发源地之一,亚热带喀斯特森林生态系统典型,生物多样性丰富。目前森林系统遭到破坏,生物多样性受到威胁。	加强石漠化防治,保护自然生态系统和野生动植物栖息环境,加强水土流失治理。

第三节　开发和管制原则

——严格管制各类开发活动,尽可能减少对自然生态系统的干扰,不得损害生态系统的稳定和完整性。

——控制开发强度,逐步减少农村居民点占用空间,腾出更多的空间用于特色农产品基地建设和保障生态系统的良性循环。城镇建设与工业开发要在资源环境承载力相对较强的城镇集中布局、据点式开发,并实行严格的行业准入条件,严把项目准入关。

---

① 沿河—石阡武陵山区生物多样性与水土保持区,包括铜仁市的沿河县、印江县、江口县和石阡县,国土面积8471.1平方公里,占全省的4.81%;森林覆盖率分别为33.26%、45.89%、55.51%和47.96%;土壤侵蚀面积4492.63平方公里,占该区的53.03%;石漠化面积1568.82平方公里,占该区的18.52%。2010年总人口172.92万人,占全省的4.13%。

② 黄平—施秉低山丘陵石漠化防治与生物多样性保护区,包括黔东南州的黄平县和施秉县。国土面积3211.6平方公里,占全省的1.82%;森林覆盖率分别是41.9%和54.48%;土壤侵蚀面积1206.01平方公里,占该区的37.55%,2010年总人口55.1万人,占全省的1.32%。

③ 荔波丘陵谷地石漠化防治与生物多样性保护区,包括黔南州的荔波县。国土面积2431.8平方公里,占全省的1.38%;森林覆盖率为52.7%;土壤侵蚀面积630.4平方公里,占该区的25.92%;石漠化面积658.71平方公里,占该区的27.09%。2010年总人口17.28万人,占全省的0.41%。

④ 三都丘陵谷地石漠化防治与水土保持区,包括黔南州的三都水族自治县。国土面积2383.6平方公里,占全省的1.35%;森林覆盖率为61.28%;土壤侵蚀面积826.93平方公里,占该区的34.69%,2010年总人口35.71万人,占全省的0.85%。

⑤ 雷山—锦屏中低山丘陵水土保持与生物多样性保护区,包括黔东南州的雷山县、锦屏县、剑河县和台江县。国土面6058.6平方公里,占全省的3.44%,森林覆盖率分别是55.42%、72%、67.7%和56.19%;土壤侵蚀面积1822.05平方公里,占该区的30.07%。2010年总人口78.71万人,占全省的1.88%。

——在确保生态系统功能和农产品生产不受影响的前提下,因地制宜发展旅游、农产品生产和特色食品加工、休闲农业等产业,积极发展服务业,根据不同地区的情况,保持一定的经济增长速度和财政自给能力。

——在现有城镇布局基础之上进一步集约开发、集中开发,重点规划和建设资源环境承载力相对较强的中心城镇,提高综合承载能力。引导一部分人口有序向其他重点开发区域转移,一部分人口向区域中心城镇转移。加强对生态移民点的空间布局规划,尽量集中布局到中心城镇。

——加强中心城镇的道路、给排水、垃圾污水处理等基础设施建设。在条件适宜的地区,寻求清洁能源替代,积极推广沼气、风能、太阳能、地热能、小水电等清洁能源,努力解决农村能源需求。健全公共服务体系,改善教育、医疗、文化等设施条件,提高公共服务供给能力和水平。

第四节　点状开发城镇

为更好地进行生态建设和环境保护,在现有城镇布局基础上,重点规划和建设资源环境承载能力相对较强的县城和中心镇,集聚发展特色优势产业,吸纳转移人口。

发挥区域资源优势,加快发展特色现代农业、旅游业、特色食品及农副产品加工、生物制药、制造加工等适宜产业,因地制宜开发矿产品及加工,积极发展服务业,合理布局建设特色产业集聚区。

突出城镇特色,强化基础配套,注重环境保护,提高服务功能。依托旅游资源开发,建设荔波、平塘、雷山、江口、印江、石阡,以及剑河、台江、三都、施秉、黄平、册亨等旅游城市或旅游城镇。依托交通干线及内河航运等条件,建设沿河、罗甸、关岭、望谟等物流商贸型城镇。依托矿产资源开发,建设赫章、威宁、锦屏等资源加工及服务型城镇。

第七章　禁止开发区域

禁止开发区域①是指有代表性的自然生态系统、珍稀濒危野生动植物物种的天然集中分布地、有特殊价值的自然遗迹所在地和文化遗址等,需要在国土空间开发中禁止进行工业化城镇化的生态地区。我省禁止开发区域分为国家和省级两个层面,包括各类自然保护区、文化自然遗产、风景名胜区、森林公园、地质公园、重点文物保护单位、重要水源地、重要湿地、湿地公园和水产种质资源保护区,禁止开发区域面积 17882.67 平方公里,占全省国土总面积的 10.15%。

第一节　功能定位

我省禁止开发区域的功能定位是:我省保护文化自然资源的重要区域,点状分布的生态功能区域,珍稀动植物基因资源保护地和重要迁徙地,生物物种多样性和重要水源保护区域。

我省的禁止开发区域有 348 处,分为国家和省级二个层面。今后新设立的各类自然保护区、文化自然遗产、风景名胜区、森林公园、地质公园、重点文物保护单位、重要水源地、重要湿地、湿地公园和水产种质资源保护区,自动进入相应级别禁止开发区域名录。

---

① 禁止开发区域在保护地区性的生态、粮食、饮水、特色文化、民族文化、生物多样性、珍稀濒危物种、有特殊价值的自然遗迹与文化遗迹,以及现有天然林资源方面发挥着极其重要的作用。该区域是独特喀斯特自然生态系统、珍稀濒危野生动植物物种的天然聚集地,生态环境质量较好,但生态环境本底较脆弱,受外界环境影响较大。

表4　贵州省禁止开发区域分类统计表

类　　型	个　　数	面积（平方公里）	占全省国土面积比重（%）
一、国家级禁止开发区域			
国家级自然保护区	9	2471.82	1.40
世界、国家文化自然遗产	8	2142.32	1.22
国家级风景名胜区	18	3416.10	1.94
国家级森林公园	22	1510.51	0.86
国家级地质公园	10	2010.98	1.14
二、省级禁止开发区域			
省级、市（州）级自然保护区	19	2338.87	1.32
省级风景名胜区	53	5037.73	2.86
省级森林公园	27	871.85	0.49
省级地质公园	3	396.53	0.23
国家级重点文物保护单位	39		
重要水源地保护区	129		
国家重要湿地	2	82	0.05
国家湿地公园	4	40.58	0.02
国家级、省级水产种质资源保护区	5	38.43	0.02
合　　计	348	17882.67	10.15

注：本表统计结果截至2010年12月31日，合计数据中扣除了重复计算的部分。

第二节　管制原则

贵州省禁止开发区域要依据法律法规规定和相关规划实施强制性保护。严禁不符合主体功能定位的各类开发活动，按照全面保护和合理利用的要求，保持该区域的原生态，利用资源优势，重点发展生态特色旅游，开发绿色天然产品，传承贵州独特的少数民族文化传统，健全管护人员社会保障体系，提高公共服务水平，促进该区域的协调发展。分级编制各类禁止开发区域保护规划，明确保护目标、任务、措施及资金来源，并依照规划逐年实施。

一、自然保护区

全省有国家级自然保护区①9个、省级自然保护区4个和市（州）级自然保护区15个。要依据《中华人民共和国自然保护区条例》、本规划和自然保护区规划进行管理。

——划定核心区、缓冲区和实验区，进行分类管理。核心区严禁任何生产建设活动；缓冲区除必要的科学实验活动外，严禁其他任何生产建设活动；实验区除必要的科学实验以及符合自然保护区规划的绿色产业活动，严禁其他生产建设活动。

——逐步调整自然保护区内产业结构。按先核心区后缓冲区、实验区的顺序逐步转移自然保护区的人口。通过建立示范村、示范户和提供小额贷款的形式，调整产业结构，重点发展以生态旅

---

①　国家级自然保护区是指经国务院批准设立，在国内外有典型意义、在科学上有重大国际影响或者有特殊科学研究价值的自然保护区。

游为主的第三产业;保护好自然保护区内的资源。

——通过自然保护区可持续利用示范以及加强监测、宣传培训、科学研究、管理体系等方面的能力建设,提高自然保护区保护管理和合理利用水平,维护自然保护区生态系统的生态特征和基本功能。

——交通、通信、电网设施要慎重建设,新建公路、铁路和其他基础设施不得穿越自然保护区的核心区,尽量避免穿越缓冲区,必须穿越的,要符合自然保护区规划,并进行保护区影响专题评价。

二、文化自然遗产

全省有世界自然遗产地①2 个、国家自然遗产地 3 个、国家文化遗产地 2 个、国家自然文化双遗产地 1 个,国家级重点文物保护单位 39 处。要依据《保护世界文化和自然遗产公约》《实施世界遗产公约操作指南》《中华人民共和国文物保护法》及本规划确定的原则和自然文化遗产规划进行管理。

——加强对文化自然遗产地原真性的保护,保持遗产在历史、科学、艺术和社会等方面的特殊价值。加强对遗产完整性的保护,保持遗产未被人扰动过的原始状态。

三、风景名胜区

全省有国家级风景名胜区②18 个和省级风景名胜区 53 个。要依据《风景名胜区条例》、本规划和风景名胜区规划进行管理。

——根据协调发展的原则,严格保护风景名胜区内景物和自然环境,不得破坏或随意改变。

——严格控制人工景观建设,减少人为包装。

——禁止在风景名胜区进行与风景名胜资源保护无关的建设活动。

——建设旅游设施及其他基础设施等应当符合风景名胜区规划,并与景观相协调,不得破坏景观、污染环境、妨碍游览。违反规划建设的设施,要逐步迁出。

——在风景名胜区开展旅游活动,必须根据资源状况和环境内容进行,不得对景物、水体植被及其他野生动植物资源等造成损害。

四、森林公园

全省有国家级森林公园③22 个和省级森林公园 27 个。要依据《中华人民共和国森林法》《中华人民共和国森林法实施条例》《中华人民共和国野生植物保护条例》《森林公园管理办法》、本规划以及森林公园规划进行管理。

——森林公园内除必要的保护和附属设施外,禁止从事与资源保护无关的其他任何生产建设活动。

——禁止毁林开荒和毁林采石、采砂、采土以及其他毁林行为。

---

① 世界文化自然遗产是指根据联合国教科文组织《保护世界文化和自然遗产公约》,列入《世界遗产名录》的我省文化自然遗产。

② 国家级风景名胜区是指经国务院批准设立,具有重要的观赏、文化或科学价值,景观独特,国内外著名,规模较大的风景名胜区。

③ 国家森林公园是指具有国家重要森林风景资源,自然人文景观独特,观赏、游憩、教育价值高的森林公园。

——建设旅游设施及其他设施必须符合森林公园规划。违反规划建设的设施,要逐步迁出。

——根据资源状况和环境容量对旅游规模进行有效控制,不得对森林及其他野生动植物资源等造成损害。

——不得随意占用、征用和转让林地。

五、地质公园

全省有国家级地质公园①10个和省级地质公园3个。要依据《世界地质公园网络工作指南》、《关于加强国家地质公园管理的通知》、本规划以及地质公园规划进行管理。

——地质公园内除必要的保护和附属设施外,禁止其他任何生产建设活动。

——禁止在地质公园和可能对地质公园造成影响的周边地区进行采石、取土、开矿、放牧、砍伐以及其他对保护对象有损害的活动。

——未经主管部门批准,不得在地质公园内从事科学研究、教学实习以及采集、挖掘标本和古生物化石等活动。

六、重要水源地保护区

全省有重要水源地保护区129个。要依据《中华人民共和国水法》等法律法规、本规划以及水源地安全保障规划进行管理和监测。

——在重要水源地保护区内,加强日常监管,开展水源地达标建设。禁止从事可能污染饮用水源的活动,禁止开展与保护水源无关的建设项目。在水源地一级保护区内禁建,二级保护区内禁设排污口。禁止一切破坏水环境生态平衡的活动以及破坏水源林、护岸林、与水源保护相关植被的活动。不得开凿其他生产用水井,不得使用工业废水或生活污水灌溉和施用持久性或剧毒的农药,不得修建渗水厕所和污废水渗水坑,不得堆放废渣和垃圾或铺设污水管道,不得从事破坏深土层活动。任何单位和个人在水源保护区内进行建设活动,都应征得供水单位的同意和水行政主管部门的批准。

七、重要湿地和湿地公园

全省有国家重要湿地2个和国家湿地公园4个。要依据《湿地公约》、《国务院办公厅关于加强湿地保护管理的通知》(国办发〔2004〕50号)、《中国湿地保护行动计划》、《国家林业局关于印发〈国家湿地公园管理办法(试行)〉的通知》(林湿发〔2010〕1号)、本规划确定的原则进行管理。

——严格控制开发占用自然湿地,凡是列入国家重要湿地名录,以及位于自然保护区内的自然湿地,一律禁止开垦占用或随意改变用途。

——禁止在国家重要湿地、国家湿地公园内从事与保护湿地生态系统不符的生产活动。

八、水产种质资源保护区

全省有国家级水产种质资源保护区3个和省级水产种质资源保护区2个。要依据《水产种质

---

① 国家地质公园是指以具有国家级特殊地质科学意义,较高的美学观赏价值的地址遗迹为主体,并融合其他自然景观与人文景观而构成的一种独特的自然区域。

资源保护区管理暂行办法》(中华人民共和国农业部令 2011 年第 1 号)、本规划确定的原则进行管理。

——禁止在水产种质资源保护区内从事围湖造田工程。禁止在水产种质资源保护区内新建设排污口。

——按核心区和实验区分类管理。核心区内严禁从事任何生产建设活动;在实验区内从事修建水利工程、疏浚航道、建闸筑坝、勘探和开采矿产资源、港口建设等工程建设的,或者在水产种质资源保护区外从事可能损害保护区功能的工程建设活动的,应当按照国家有关规定编制建设项目对水产种质资源保护区的影响专题论证报告,并将其纳入环境影响评价报告书。

——水产种质资源保护区特别保护期内不得从事捕捞、爆破作业,以及其他可能对保护区内生物资源和生态环境造成损害的活动。

第三节　近期任务

根据国家安排,结合贵州省实际,"十二五"期间重点对全省禁止开发区域进行全面清查、规划建设与监测。主要任务是:

——完善划定我省禁止开发区域范围的相关规定和标准,对已设立区域划定范围不符合相关规定和标准的,按照相关法律法规和法定程序进行调整,进一步界定各类禁止开发区域的范围,核定面积。重新界定范围后,原则上今后不再进行单个区域范围的调整。

——进一步界定自然保护区的核心区、缓冲区、实验区和水产种质资源保护区的核心区、实验区的范围。对风景名胜区应划定核心区并确定相应范围。对森林公园、地质公园,确有必要的,也可划定核心区和缓冲区并确定相应的范围界限,进行分类管理。

——理顺禁止开发区域的管理体制,归并位置相连、均质性强、保护对象相同但人为划分为不同类型的禁止开发区域。对位置相同、保护对象相同,但名称不同、多头管理的,要重新界定功能定位,明确统一的管理主体。今后新设立的各类禁止开发区域,不得重复交叉。

——在重新界定范围的基础上,根据各类禁止开发区域各功能区的保护要求,引导超载人口有序转移。

——对各类型禁止开发区域中的归并衔接区域、受损区域、针对不同保护属性的扩展区域进行生态环境恢复建设,适度开发生态产品和发展旅游业。

——对禁止开发区域内保护目标、管理效能、生态功能、粮食安全保障等进行跟踪监测和评估,进一步改善管理。

第四篇　能源与矿产资源

第八章　能源与矿产资源

贵州是全国能矿资源大省,能源与矿产资源的开发布局,对构建我省国土空间开发战略格局至关重要。需要从形成主体功能区布局的总体要求出发,明确我省能矿资源开发利用布局的原则及框架,加大能矿资源调查评价、勘查、开发利用与保护力度,努力建设国家重要的煤电磷、煤电铝、煤电钢、煤电化一体化资源深加工基地。能源基地和主要矿产资源基地的具体建设布局,由能源规划和矿产资源规划做出安排;其他资源和交通基础设施等的建设布局,由有关部门根据本规划另行制定并报省人民政府批准实施。

第一节　主要原则

为使能源、矿产资源的开发布局与全省主体功能区布局相协调,要坚持以下原则:

——能源基地和矿产资源基地分布于重点开发、限制开发区域之中,不属于独立的主体功能区。能源基地和矿产资源基地的布局,要服从和服务于国家和省级主体功能区规划确定的所在区域的主体功能定位,符合该主体功能区的发展方向和开发原则。

——能源基地和矿产资源基地的建设布局,要坚持"点上开发、面上保护"的原则。通过点上开发,促进经济发展,提高人民生活水平,为生态建设和环境保护奠定基础,同时达到面上保护目的。

——能源基地和矿产资源基地以及能源通道的建设,要充分考虑全省城市化战略格局的需要,充分考虑农业战略格局和生态安全战略格局的约束。

——能源基地和矿产资源基地的建设布局,要按照引导产业集群发展,尽量减少大规模长距离输送加工转化的原则进行。

——能源基地和矿产资源基地的建设布局,应当建立在对所在区域资源环境承载能力进行综合评价的基础上,并要做到规划先行。能源基地和矿产资源基地的布局规划,应以主体功能区规划为基础,并与相关规划相衔接。

——能源和矿产资源的开发,应尽可能依托现有城市作为后勤保障和资源加工基地,避免形成新的资源型城市或孤立的居民点。

——位于重点开发区域内,且资源环境承载能力较强的能源和矿产资源基地,应作为城市化地区的重要组成部分进行统筹规划、综合发展。

——位于限制开发的重点生态功能区的能源基地和矿产资源基地建设,必须进行生态环境影响评估,并尽可能减少对生态空间的占用,同步修复生态环境。其中,在水资源严重短缺、环境容量很小、生态比较脆弱、地质灾害频发的地区,要严格控制能源和矿产资源开发。

——在不损害生态功能前提下,在重点生态功能区内资源环境承载能力相对较强的特定区域,支持其因地制宜适度发展能源和矿产资源开发利用相关产业。资源环境承载能力弱的矿区,要在区外进行矿产资源的加工利用。

第二节　能源开发布局

一、煤炭资源开发布局

——按照国家及我省的能源开发战略布局,在煤炭资源富集的六盘水、毕节、黔西南和遵义等市(州)建设大中型煤矿项目。加快煤矿企业兼并重组,淘汰落后产能,推进大型煤炭基地建设。

——积极发展煤化工,加快推进煤炭深加工升级示范项目建设,促进煤炭高效转化和清洁利用。重点建设毕清基地(毕节市、清镇市)、六兴基地(六盘水市、兴义市)、黔北基地(遵义市)三大煤化工基地,建设一批煤电化一体化示范项目;在主要煤炭产区规划布局大型矿井配套洗选项目,以及矿区水煤浆、型煤厂等项目。

——推进煤炭资源综合开发利用,重点布局六盘水市、毕节市、黔西南州等矿区集中利用煤层气(煤矿瓦斯)民用、发电等项目和煤矸石(煤泥、劣质煤)发电等项目。

——加强煤矿资源地质勘查工作,有效增加煤炭地质保有储量。重点加强六盘水、毕节、黔西南等市(州)和其他市(州)产煤县的煤矿资源地质勘查;根据新建和在建煤矿的地质勘查需要,布局煤炭资源的深度勘查;根据老矿区煤矿建设采掘接续的需要,适时安排六盘水市、毕节市等重点矿区深部资源补充勘查。

二、能源发展布局

进一步实施"西电东送"工程,统筹全省能源发展布局。大力开发水电,重点发展火电,加快煤层气及石油天然气、页岩气开发,加强煤电外送通道建设,建设中国南方重要的能源基地。除满足本省能源需要外,主要向广东及周边省(市、区)送电。

——依托煤炭资源开发,优化火电产业布局。重点在六盘水、毕节、黔西南、遵义等市(州)煤炭富集区建设坑口电站,并根据合理布局电源点和"西电东送"需要,通过"上大压小",在贵阳、安顺、铜仁、黔东南、黔南等市(州)合理布局建设火电厂,并同步配套建设脱硫脱硝设施。

——依托水能资源有序稳妥开发水电。重点在乌江、红水河、南北盘江、沅江、都柳江等主要江河合理布局水电开发,建设大中型水电站;积极开发小水电,在有条件的地区布局一批中小型水电开发项目。同时,积极开展抽水蓄能电站选点规划和建设。

——积极做好核电选址保护工作,形成我省水火互济、多种能源协调发展的新格局。

——以六盘水、毕节、黔西南、遵义等市(州)煤矿集中区为重点,加快煤层气开发利用,适时开展盘江矿区—盘县城区,水城矿区—六盘水市城区,毕节矿区—毕节市城区、普安和兴仁矿区—兴义市城区等重点矿区长距离煤层气管道输送到城镇集中利用项目。以赤水市为重点,加快石油天然气的勘探、开发和综合利用。以遵义、铜仁、黔东南等市(州)为重点,加强页岩气的勘探、开发。

此外,要大力发展风能、太阳能等可再生能源。有序推进风电资源精查及风电场项目建设前期工作,重点在我省毕节市、六盘水市等有条件的地区布局建设风力发电场;开展太阳能资源调查及利用研究和试点工作,重点在黔西南、遵义、铜仁等市(州)布局发展太阳能利用项目;结合贵阳、遵义等大城市的垃圾无害化处理及综合利用,推进规模化的城市垃圾发电建设试点。

第三节 主要矿产资源开发布局

一、磷矿资源开发布局

根据我省磷矿资源的区域分布,依照集约开发、集群发展、就地加工转化的原则,重点布局建设息烽、开阳、瓮安、福泉、织金等大型磷化工基地,积极推进煤电磷、煤电化一体化发展,建设织金—息烽—开阳—瓮安—福泉磷化工产业带。结合东部地区转移,加快推进基础磷化工产业结构调整,重点布局发展精细磷化工产业基地,推进磷矿资源开发的综合利用和发展循环经济。

二、铝土矿资源开发布局

进一步提高铝土矿资源开发水平,重点开发贵阳片区(清镇—修文—白云)、遵义—开阳片区、黔北片区(务川—正安—道真)、凯里—黄平片区等地区的铝土矿资源,在贵阳、遵义、黔北等地区布局建设铝工业基地,加强煤电铝一体化循环经济示范基地建设,推进形成一批铝电联营、上下游配套的大型铝工业基地。

三、其他重点矿产资源开发布局

——金矿。合理布局开发金矿资源,继续加强金矿资源地质勘探,重点在黔西南州的贞丰—兴仁—册亨、黔东南州的天柱—锦屏—黎平和丹寨、黔南州的三都县等区域布局金矿资源开发和冶炼加工,推进形成我省黔西南、黔东南两个金矿资源开发产业集聚区。

——锰矿。重点布局开发铜仁(松桃)、遵义锰矿资源,推进形成铜仁、遵义等大型锰及锰加工工业基地。

——重晶石。我省重晶石矿具有资源储量大、分布广、品质优等特点。要按照控制总量、合理开采、发展加工的要求,加快天柱、镇宁、麻江、施秉、织金等区域重晶石资源的勘探、开发及深加工,重点在安顺市、铜仁市、黔东南州建设全国精细碳酸钡生产和研发基地。

——钒矿。加强铜仁、遵义、黔东南等市(州)钒矿资源勘探、开发和综合利用,布局建设一批技术先进、环保可行的钒资源深加工项目。

适度开采镁、锑、汞、钼、钨、锡、稀土等矿产资源,并严格控制总量。科学开发钒矿。结合各个地区发展建材工业,因地制宜布局水泥用灰岩、建筑用石材等矿产资源开发。

四、加强重点矿产资源的地质勘查

加强优势和特色矿产勘查,重点勘查铜、铅、锌、金、银、镁、富铁、富锰、富磷、铝土矿、钒矿,发展我省支柱矿业所需的优势和特色矿产,适时布局启动一批重大矿产资源开发项目。重点布局勘查遵义—贵阳等地区的铝土矿,开阳、瓮安、福泉、织金等地的磷矿及伴生矿,毕节、安顺、黔西南、遵义、黔东南、六盘水等市(州)的铅、锌、镁、铁矿,铜仁、遵义、黔东南等市(州)的锰矿、钒矿及含钾页矿等,黔西南、黔东南等市(州)的金矿等特色矿产资源。

第五篇　保障措施

第九章　区域政策

按照主体功能区的要求,实行分类管理的区域政策,形成政府管理和市场主体行为符合各区域主体功能定位的利益导向机制。

第一节　财政政策

按照主体功能区的要求和基本公共服务均等化原则,深化财政体制改革,完善公共财政体系。

——积极适应主体功能区要求,在落实国家财政政策的基础上,完善省级一般性转移支付制度,增加对限制开发区域的均衡性财政转移支付。调整完善省级财政激励约束机制,加大以奖代补力度,支持并帮助建立基层政府基本财力保障制度,增强限制开发区域基层政府实施公共管理、提供基本公共服务和落实各项民生政策的能力。完善省级财政对下转移支付体制,建立省级生态环境补偿机制,加大对重点生态功能区的支持力度。省级财政在均衡性转移支付标准财政支出测算中,应当考虑属于地方支出责任范围的生态保护支出项目和自然保护区支出项目,并通过提高转移支付系数等方式,加大对重点生态功能区的均衡性转移支付力度。建立健全有利于切实保护生态环境的奖惩机制。

——加快建立省级生态环境补偿机制。参照中央财政在一般性转移支付标准财政支出中增设生态保护支出项目和自然保护区支出项目的办法,整合各类生态建设及生态补偿资金,完善管理体制机制,建立省级生态环境补偿机制,重点用于限制开发区域和禁止开发区域提供生态产品的能力建设、生态移民补贴等方面。

——探索建立我省地区间横向援助机制和上下游生态补偿机制。重点开发区域特别是生态受益地区,应采取资金补助、定向援助、对口支援、项目扶持等方式,对重点生态功能区因加强生态环境保护造成的利益损失进行补偿。

——加大各级财政对自然保护区的投入力度。在定范围、定面积、定功能的基础上定经费,并分清省、市、县各级政府的财政职责。把各级各类自然保护区的管理及建设费用分别纳入各级地方政府的财政预算,提高财政资金的保障水平,重点推进自然保护区核心区人口的平稳搬迁,减少区域内居民对自然保护区的干扰和破坏;改善自然保护区内不需要搬迁居民的社会保障、文化教育、医疗卫生、信息等基本公共服务条件。

第二节　投资政策

依据国家主体功能区规划对政府预算内投资的要求,调整优化投资结构,将省级政府预算内投资分为按主体功能区安排和按领域安排两个部分,实行两者相结合的政府投资政策。

——按主体功能区安排的投资,主要用于支持我省重点生态功能区和农产品主产区的发展,包括生态修复和环境保护、农业综合生产能力建设、公共服务设施建设、生态移民、促进就业、基础设施建设以及支持适宜产业发展等。按照国家实施重点生态功能区保护修复工程要求,结合我省实际,统筹解决全省重点生态功能区民生改善、区域发展和生态保护问题。用于支持省级重点生态功能区的投资,参照国家政策进行安排,并根据规划和建设项目实施时序,按年度安排投资数额。

——按领域安排的投资,要符合各区域的主体功能定位和发展方向。逐步加大政府投资用于农业、生态建设和环境保护方面的比例。基础设施投资,要重点用于加强重点开发区域的交通、能源、水利、环保以及公共服务设施的建设。生态建设和环境保护投资,要重点用于加强重点生态功能区生态产品生产能力的建设。农业投资,要重点用于加强农产品主产区农业综合生产能力的建设。加大对重点生态功能区和农产品主产区的交通、水利等基础设施和教育、卫生等公共服务设施的投资支持力度,对重点生态功能区和农产品主产区内由省支持的建设项目,参照国家相关政策,适当提高省级政府补助或贴息比例,逐步降低市(州)级和县级政府投资比例。

——鼓励和引导民间投资按照不同区域主体功能定位投资。对重点开发区域,鼓励和引导民间资本进入法律法规未明确禁止准入的行业和领域。对限制开发区域,主要鼓励民间资本投向基础设施、市政公用事业和社会事业等。

——积极利用金融手段引导民间投资。调整金融机构信贷投放结构,引导商业银行按区域主体功能定位调整区域信贷投向,鼓励向符合区域主体功能定位的项目提供贷款,严格限制向不符合主体功能定位的项目提供贷款。鼓励扩大重点开发区域的信贷规模。

第三节 产业政策

——根据国家修订的《产业结构调整指导目录》、《外商投资产业指导目录》和《中西部外商投资优势产业目录》,修订完善我省现行产业指导目录和实施西部大开发有关产业政策,进一步明确我省不同主体功能区域鼓励、限制和禁止的产业。

——在国家产业政策允许范围内,适当放宽我省具备资源优势、有市场需求的部分行业准入限制。

——编制专项规划、布局重大项目,必须符合各区域的主体功能定位。重大制造业项目和非矿产资源依赖型加工业项目应优先布局在国家或省级重点开发区域;在资源环境承载能力和市场允许的情况下,依托能源和矿产资源的资源型加工业项目,原则上应布局在重点开发区域。

——重点开发区域要发挥区域比较优势,依托专业产业园区,加快特色优势产业、战略性新兴产业集群式发展,推进优势资源转化和非资源型产业发展。

——限制开发区域要在生态开发和发展特色农业、提供生态产品和优质农产品的基础上,依托资源状况推进据点式开发,鼓励发展适宜产业。

——严格市场准入制度,对不同主体功能区的项目实行不同的占地、耗能、耗水、资源回收率、资源综合利用率、工艺装备、"三废"排放和生态保护等强制性标准。

——建立市场退出机制,对限制开发区域不符合主体功能定位的现有产业,要通过设备折旧补贴、设备贷款担保、迁移补贴等手段,促进产业跨区域转移或关闭。

第四节 土地政策

——按照不同主体功能区的功能定位和发展方向,实行差别化的土地利用和土地管理政策,科学确定各类用地规模。根据我省经济社会发展需要,在不突破规划约束性指标的前提下,严格土地利用总体规划实施管理,规范开展规划评估修改工作。在确保耕地和林地数量和质量的基础上,保障重点开发地区用地需要,合理扩大城市居住用地,适度增加工矿用地,保证交通、水利等基础设施建设用地,逐步减少农村居住用地。

——探索实行城乡之间用地增减挂钩的政策,城镇建设用地的增加规模要与本地区农村建设用地的减少规模挂钩。探索实行地区之间人地挂钩的政策,城市化地区建设用地的增加规模要与吸纳外来人口定居的规模挂钩。

——在集约开发的原则下,合理扩大重点开发区域建设用地规模,在保障城市合理建设用地需要的同时,积极引导工业项目向开发区、工业园区集中,强化节约和集约用地,显著提高单位用地面积产出率。对重点生态功能区和农产品主产区,应适度安排基础设施建设和资源性特色产业、生态产业发展的建设用地;严格控制农产品主产区建设用地规模,严禁改变重点生态功能区用地用途;严禁自然文化资源保护区土地的开发建设。

——严格执行国家基本农田保护政策和耕地占用占补平衡制度。将基本农田落实到地块、图件,并标注到土地承包经营权登记证书上,严禁擅自改变基本农田用途和位置。

——妥善处理自然保护区农用地的产权关系,引导自然保护区核心区、缓冲区人口逐步转移。

——严格实施林地用途管制,严禁擅自改变林地性质和范围,严格保护公益林地。

第五节　农业政策

——按照国家支持农业发展的要求,完善我省支持和保护农业发展的政策,加大强农惠农富农政策支持力度,并重点向农产品主产区倾斜。

——调整地方财政支出、固定资产投资、信贷投放结构,保证各级地方财政对农业投入增长幅度高于经常性收入增长幅度,增加对农村基础设施建设和社会事业发展的投入,大幅度提高政府土地出让收益、耕地占用税新增收入用于农业的比例,加大财政对农产品主产区的转移支付力度。

——落实国家对农业的补贴制度,规范程序,完善办法,特别要支持增产增收,落实并完善农资综合补贴动态调整机制,做好对农民种粮补贴工作。

——完善农产品市场调控体系,严格执行国家粮食最低收购价格政策,改善其他主要农产品市场调控手段,充实主要农产品储备,保持农产品价格合理水平。

——支持农产品主产区和有条件的地区依托本地资源优势发展农产品加工业,根据农产品加工不同产业的经济技术特点,对适宜的产业,优先在农产品主产区的县域布局。

——加大农业野生植物资源保护力度,合理开发利用农业野生植物基因资源。加强农业引种过程中的外来物种入侵风险管理。

第六节　人口政策

——引导人口合理分布。重点开发区域要实施积极的人口迁入政策,增强人口积聚和吸纳人口的能力建设,破除限制人口转移的制度障碍,放宽户口迁移限制,鼓励外来人口迁入和定居,将在城市有稳定就业或住所的流动人口逐步实现本地化,并引导区域内人口均衡分布。大力鼓励我省农村人口迁入和定居重点开发区域。

——探索建立人口评估机制。构建经济社会政策及重大建设项目与人口发展政策之间的衔接协调机制,重大建设项目的布局和社会事业发展应充分考虑人口集聚和人口布局优化的需要,以及人口结构变动带来需求的变化。

——限制开发和禁止开发的区域,要实施积极的人口退出政策[①]。大力加强义务教育、职业教育与劳动技能培训,增强劳动力跨区域转移就业的能力,鼓励人口到重点开发区域就业并定居。积极引导区域内人口向城市和中心城镇集聚。

——完善人口和计划生育利益导向机制。综合运用社会保障和其他经济手段,引导人口自然增长率较高的农村地区居民进一步自觉降低生育水平。

---

① 人口在地区间的转移有主动和被动两种。主动转移是指个人主观上具有迁移的意愿,并为之积极努力,付诸实践。被动转移是指个人主观上没有迁移的意愿,但出于居住地基础设施建设、自然地理环境恶化等原因不得不进行转移。

——加大城乡户籍管理制度的改革力度,逐步统一城乡户口登记管理制度。加快推进基本公共服务均等化,将公共服务领域的各项法律法规、政策与现行户口性质相剥离。按照"属地化管理、市民化服务"的原则,鼓励城市化地区将外来常住人口纳入居住地教育、就业、医疗、社会保障、住房保障等体系,切实保障流动人口与本地人口享有均等的基本公共服务和同等的权益。

第七节　民族政策

——积极落实国家民族政策,进一步完善和落实我省扶持民族地区①发展的各项政策,创新符合民族地区实际的发展模式。有重点地支持民族地区加强交通、水利等基础设施和教育、医疗、文化等公共服务设施建设,编制和实施相关专项建设规划,尽快解决制约发展的突出问题。加快推进重点开发区域内民族地区的工业化、城镇化发展,加快改善限制开发区域内民族地区基础设施和公共服务设施条件,促进不同民族地区经济社会的协调发展。

——加大对民族地区非物质文化遗产保护与传承的支持力度,加大各级财政特别是省级财政的投入。

——重点开发区域要注重扶持区域内少数民族聚居区的发展,改善城乡少数民族聚居区群众的物质文化生活条件,促进不同民族地区经济社会的协调发展。充分尊重少数民族群众的风俗习惯和宗教信仰,保障少数民族特需商品的生产和供应,满足少数民族群众生产生活的特殊需要。继续执行扶持民族贸易、少数民族特需商品和传统手工业品生产发展的财政、税收和金融等优惠政策,加大对民族乡、民族村和城市民族社区发展的扶持力度。

——限制开发和禁止开发区域要着力解决少数民族聚居区经济社会发展中突出的民生问题和特殊困难。优先安排与少数民族聚居区群众生产生活密切相关的农业、教育、文化、卫生、饮水、电力、交通、贸易集市、民房改造、扶贫开发等项目,积极推进农村地区少数民族群众的劳动力转移就业,鼓励并支持发展非公有制经济,最大限度地为当地少数民族群众提供更多的就业机会,扩大少数民族群众收入来源。

第八节　环境政策

——重点开发区域要结合环境容量②,实行严格的污染物排放总量控制指标,较大幅度减少污染物排放量。要按照国内先进水平,根据环境容量逐步提高产业准入环境标准。要积极推进排污权制度改革,合理控制排污许可证发放,制定合理的排污权有偿取得价格,鼓励新建项目通过排污权交易③获得排污权。重点开发区域要注重从源头上控制污染,凡依法应当进行环境影响评价的重点流域、区域开发和行业发展规划以及建设项目,必须严格履行环境影响评价程序。建设项目要加强环境风险防范。开发区和重化工业集中地区要按照发展循环经济的要求进行规划、建设和改造;要合理开发和科学配置水资源,控制水资源开发利用程度,在加强节水的同时,限制排入河湖的

---

① 全省88个县市区中,有46个属于民族自治区域,占52.3%,其中有36个是国家扶贫开发工作重点县,占全省50个重点县的72%,占民族地区46个县的78%。在三个自治州中,有10县市划入国家或省级重点开发区域,其余为限制开发区域。

② 区域环境容量不能满足主体功能区要求的,省级人民政府应依法制定比国家排放标准更严格的地方排放标准,并规定实施区域。

③ 排污交易权是指在一定的区域内,在污染物排放总量不超过允许排放量的前提下,内部各污染源之间通过货币交换的方式相互调剂排污量,从而达到减少排污量、保护环境的目的。

污染物总量,保护好水资源和水环境。加强大气污染防治,实施城市环境空气质量达标;规范危险废物管理;严格落实危险化学品环境管理登记制度。

——限制开发区域要通过治理、限制或关闭高污染高排放企业等措施,实现污染物排放总量持续下降和环境质量状况达标。限制开发区域的农产品主产区要按照保护和恢复地力、保障农产品产地环境质量安全的要求设置产业准入环境标准。重点生态功能区要按照生态功能恢复和保育原则设置产业准入环境标准,加强农业面源污染治理。要从严控制排污许可证发放,全面实行矿山环境治理恢复保证金制度,并实行较高的提取标准。要加大水资源保护力度,适度开发利用水资源,实行全面节水,满足基本的生态用水需求,加强水土保持和生态环境修复与保护。

——禁止开发区域要按照强制保护原则设置准入环境标准,不发放排污许可证,依法关闭所有污染物排放企业,确保污染物的"零排放",难以关闭的,必须限期迁出。禁止开发区域严格禁止不利于水生态环境保护的水资源开发活动,实行严格的水资源保护制度。禁止开发区域的旅游资源开发须同步建立完善的污水垃圾收集处理设施。

——贯彻落实国家关于主体功能区的税收及金融政策,积极推行绿色信贷①、绿色保险②、绿色证券③等。

第九节 应对气候变化政策

——城市化地区要加快推进绿色、低碳发展,积极发展循环经济,大力实施重点节能工程,积极发展和利用可再生能源,加大能源资源节约和高效利用技术开发和应用力度,加强生态建设和环境保护,优化生产空间、生活空间和生态空间布局,努力建设低碳城市,降低温室气体排放强度。

——农产品主产区要继续加强农业基础设施建设,推进农业结构和种植制度调整,选育抗逆品种,提高耕地质量,加强新技术的研究和开发,减缓农村温室气体排放,增强农业适应气候变化的能力。积极发展和消费可再生能源。

——重点生态功能区要加大石漠化综合治理力度,积极推进天然林资源保护、退耕还林、防护林体系建设、野生动植物保护、湿地保护与恢复等,增强山地生态系统固碳能力。有条件的地区要积极发展和利用风能、太阳能、生物质能等清洁、低碳能源。

——推进以煤炭为主的能源清洁化利用,加快火电厂脱硫改造步伐;大力发展循环经济,广泛推行清洁生产,减少二氧化硫排放量。

——开展气候变化对水资源、农业、林业和生态环境等的影响评估,严格执行重大工程气象灾害风险评估和气候可行性论证制度,提高极端天气气候事件、重大自然灾害监测预警能力,加强自然灾害的应急和防御能力建设。

---

① 绿色信贷是通过金融杠杆实现环保调控的重要手段。通过在金融信贷领域建立环境准入门槛,对限制类和淘汰类新建项目不提供信贷支持,对淘汰类项目停止新增授信支持,并采取措施收回已发放的贷款,从而实现在源头上切断高耗能、高污染行业无序发展和盲目扩张的投资冲动。

② 绿色保险又叫生态保险,是在市场经济条件下进行环境风险管理的一项基本手段。其中,由保险公司对污染受害者进行赔偿的环境污染责任保险最具代表性。

③ 绿色证券,是以上市公司环保核查制度和环境信息披露机制为核心的环保配套政策,上市公司申请首发上市融资或上市后再融资必须进行主要污染物排放达标等环保核查,同时,上市公司特别是重污染行业的上市公司必须真实、准确、完整、及时地进行环境信息披露。

第十章　绩效考核评价

　　建立健全符合科学发展观并有利于推进形成主体功能区的绩效考核评价体系。要强化各地区提供公共服务、加强社会管理、增强可持续发展能力等方面的评价,增加开发强度、耕地保有量、环境质量、社会保障覆盖率等评价指标。在此基础上,按照不同区域的主体功能区定位,实行各有侧重的绩效考核评价办法,并强化考核结构运用,有效引导各地区推进形成主体功能区。

第一节　完善绩效考核评价体系

　　——重点开发区域。实行工业化城镇化水平优先的绩效评价,综合评价经济增长、投资增长、吸纳人口、质量效益、产业结构、资源消耗、环境保护以及外来人口公共服务覆盖面等。主要考核地区生产总值、非农产业就业比重、财政收入占地区生产总值比重、城市空间单位面积产出率①、单位地区生产总值能耗和用水量、主要污染物排放总量减排目标完成情况、"三废"处理率、大气和水体环境质量、吸纳外来人口规模等指标。

　　——限制开发区域。限制开发区域主要实行农业发展优先和生态保护优先的绩效评价。限制开发的农产品主产区主要是强化对农产品保障能力的评价,弱化对工业化城镇化相关经济指标评价,主要考核农业综合生产能力,农民纯收入等指标,不考核地区生产总值、投资、工业、财政收入和城镇化率等指标;限制开发的重点生态功能区,强化对提供生态产品能力的评价,弱化对工业化城镇化相关经济指标评价,主要考核水体和大气质量、石漠化防治率、水土流失治理率、森林覆盖率、森林蓄积量、林地保有量、草畜平衡、生物多样性等指标,不考核地区生产总值、投资、工业、农产品生产、财政收入和城镇化率等指标。

　　——禁止开发区域。根据法律法规和规划要求,按照保护对象确定评价内容,强化对自然文化资源的原真性和完整性保护情况的评价。主要考核依法管理情况,污染物"零排放"情况,生态环境质量,保护目标实现程度,保护对象完好程度,不考核旅游收入等经济指标。

第二节　强化考核结果运用

　　要确保全省主体功能区规划主要目标的实现,关键在于建立健全符合科学发展观要求的并有利于推进形成主体功能区的绩效考核评价体系,并强化考核结果运用。要结合我省实际,加强部门协调,把有利于推进形成主体功能区的绩效考核评价体系和落实中央组织部《体现科学发展观要求的地方党政领导班子和领导干部综合考核评价试行办法》等考核办法有机结合起来,按照各地区的不同主体功能区定位,把推进形成主体功能区的主要目标的完成情况纳入各级党政领导班子调整和领导干部选拔任用、培训教育、奖励惩戒的重要依据。

---

　　① 　根据我省实际,将城市空间单位面积产出率作为重点开发区域的绩效评价指标,注重提高国土空间开发效率。

第六篇　规划实施

第十一章　规划实施

本规划是我省国土空间开发的战略性、基础性和约束性规划,在各类空间规划中居总控性地位,省人民政府有关部门和县级以上地方人民政府要根据本规划调整完善区域政策和相关规划,健全法律法规和绩效考核评价体系,明确责任主体,严格落实责任,采取有力措施,切实组织实施。

第一节　省人民政府的职责

一、编制省级主体功能区规划

省人民政府要根据国务院有关文件精神,切实贯彻落实《全国主体功能区规划》的开发原则和具体要求,认真编制和组织实施我省主体功能区规划。并在规划实施过程中,根据国家主体功能区规划调整、我省规划实施情况和国土空间开发的实际需要,适时组织调整或滚动修编省级主体功能区规划。

二、推动主体功能区规划的实施

——省人民政府负责全省的主体功能区规划的实施。

——根据《全国主体功能区规划》和《贵州省主体功能区规划》确定的各项政策,在省人民政府事权范围内制定实施细则。

——负责落实省级财政对限制开发区域和禁止开发区域的财政转移支付和政府投资。

——省人民政府及省有关部门负责配合国务院有关部门编制国家层面主体功能区的区域规划及相关规划。

三、指导和检查所辖市县的规划落实

——省人民政府负责指导所辖市县落实本市县辖区在国家和省级层面主体功能区中的主体功能定位和相关的各项政策措施;负责指导在市县功能区划分中落实主体功能定位和开发强度要求;负责指导所辖市县在规划编制、项目审批、土地管理、人口管理、生态环境保护等各项工作中遵循全国和省级主体功能区规划的各项要求。

第二节　省有关部门的职责

——省发展改革部门。负责本规划实施的组织协调;负责指导和衔接各市县空间规划的编制;负责组织有关部门和地方编制区域规划;负责制定并组织实施适应主体功能区要求的投资政策和产业政策;负责省级主体功能区规划实施的监督检查、中期评估和规划修订;负责研究开发强度、资源承载能力和环境容量等约束性指标分解落实到各市州；负责本规划在所辖市县的落实情况；负责组织提出适应主体功能区要求的规划体制改革方案。

——省科技部门。负责研究提出适应主体功能区要求的科技规划和政策，建立适应主体功能区要求的区域创新体系。

——省经济和信息化部门。负责编制适应主体功能区要求的工业、通信业和信息化产业发展规划。

——省监察部门。配合有关部门制定符合科学发展观要求并有利于推进形成主体功能区的绩效考核评价体系，并负责实施中的监督检查。

——省财政部门。负责按照本规划明确的财政政策方向和原则制定并落实适应主体功能区发展要求的各项财政政策。

——省国土资源部门。负责组织编制国土规划和土地利用总体规划；负责制定适应主体功能区要求的土地政策并落实用地指标；负责会同有关部门组织划定基本农田，并落实到地块和农户，明确位置、面积、保护责任人等；负责组织编制实施全省矿产资源总体规划、矿产资源专项规划，促进矿产资源勘查开发布局优化。

——省环境保护部门。负责制定适应主体功能区要求的生态环境保护规划和政策，制定相关政策；负责组织编制环境功能区划；负责组织有关部门编制省级自然保护区规划，指导、协调、监督各种类型的自然保护区、森林公园的环境保护工作，协调和监督野生动植物保护、湿地环境保护工作。

——省住房城乡建设部门。负责组织编制和监督实施全省城镇体系规划；负责组织省政府交办的市县域城镇体系规划、城市总体规划的审查；负责制定适应主体功能区要求的城市建设和市政公用事业规划和政策。

——省水利部门。负责制定适应主体功能区要求的水资源开发利用、节约保护及防洪减灾、水土保持等方面的规划，制定相关政策。

——省农业部门。负责编制适应主体功能区要求的农牧渔业发展和资源与生态保护等方面的规划，制定相关政策。

——省人口计生部门。负责会同有关部门提出引导人口合理有序转移的相关政策。

——省林业部门。负责编制适应主体功能区要求的生态保护与建设的规划，制定相关政策。

——省政府法制机构。负责组织有关部门研究提出适应主体功能区要求的地方性法规和政府规章草案。

——省地震、气象部门。负责组织编制气象自然灾害防御和气候资源开发利用及人工影响天气业务发展等规划或区划，组织气候变化和气象灾害对生态、农牧林业及其他主体功能区影响评估论证，参与制定应对气候变化和自然灾害防御政策。

其他各有关部门，要依据本规划，根据需要组织修订能源、交通等专项规划。

第三节　市县人民政府的职责

各市县①人民政府负责落实全国和省级主体功能区规划对本市县的主体功能定位。

---

① 市县：特指省以下的市（州）及县（市、区、特区）。

——配合省人民政府做好编制和实施省级主体功能区规划工作。

——根据本规划对本市县的主体功能定位,对本市县国土空间进行功能分区并明确"四至"范围,功能区的具体类型可根据本市县实际情况确定。

——在本市县的国民经济和社会发展总体规划及相关规划中,明确各功能区的功能定位、发展目标和方向、开发和管制原则等。

——根据本市县的主体功能定位和国民经济和社会发展总体规划,做好空间发展规划与土地利用总体规划、城市规划、镇(乡)规划和村庄规划的衔接。

——根据全国和省主体功能区规划确定的空间开发原则和本市县的国民经济和社会发展总体规划,规范开发时序,把握开发强度,审批有关开发项目。

第四节　监测评估

建立覆盖全省、统一协调、更新及时、反应迅速、功能完善的国土空间动态监测管理体系,对规划实施情况进行全面监测、分析和评估。

——开展国土空间监测管理的目的是检查落实各地区主体功能定位的情况,包括城市化地区的城市规模、农产品主产区基本农田的保护、重点生态功能区生态环境改善等情况。

——各级国民经济和社会发展总体规划及主体功能区规划是国土空间监测管理的依据。国土空间动态监测管理系统由省发展改革委与有关部门共同建设和管理。

——国土空间动态监测管理系统以国土空间为管理对象,主要检测城市建设、项目开工、耕地占用、地下水和矿产资源开采等各类开发行为对国土空间的影响,以及水面、湿地、林地、草地、自然保护区、重要水源地的变化情况等。

——加强对地观测技术在国土空间监测管理中的运用,构建遥感和地面调查相结合的一体化对地观测体系,全面提升对国土空间数据的获取能力。在对国土空间进行全覆盖监测的基础上,重点对国家层面和省级层面的重点开发区域、限制开发区域和国家级、省级自然保护区进行动态监测。

——整合全省基础地理框架数据,建立全省地理信息公共服务平台,促进各类空间信息之间测绘基准的统一和信息资源的共享。充分利用电子政务建设成果,建设我省"自然资源和地理空间基础信息库"和"宏观经济管理信息系统",加快建立有关部门和单位互联互通的地理空间信息基础平台。

——加强对水资源、水环境、土壤环境、气候环境的监测,不断完善水文、水资源、土壤环境、水土保持、气象等监测网络建设,将水资源、水环境、土壤环境跟踪监测数据作为全省主体功能区规划实施、评估、调整的重要依据。

——转变对国土空间开发行为的管理方式,从现场检查、实地取证为主逐步转为遥感监测、远程取证为主,从人工分析、直观比较、事后处理为主逐渐转为计算机分析、机助解译、主动预警为主,提高发现和处理违规开发问题的反应能力及精确度。

——建立由发展改革、国土、建设、科技、水利、农业、环保、林业、科学院、地震、气象、测绘等部门和单位共同参与,协同有效的国土空间监测管理工作机制。各有关部门要根据职责,对相关领域的国土空间变化情况进行动态监测,探索建立国土空间资源、自然资源、环境及生态变化状况的定期会商和信息通报制度。

　　——空间信息基础设施应根据不同区域的主体功能定位进行科学布局,并根据不同的监测重点建设相应的监测设施,如重点开发区域要重点监测城市建设、工业建设等,限制开发和禁止开发区域要重点监测生态环境、基本农田的变化等。

　　——各市县要加强地区性的国土空间开发动态监测管理工作,通过多种途径,对本地区的国土空间变化情况进行及时跟踪分析。

　　——建立主体功能区规划评估与动态修订机制。适时开展规划评估,提交评估报告,并根据评估结果提出需要调整的规划内容或对规划进行修订的建议。各地区各部门要对本规划实施情况进行跟踪分析,注意研究新情况,解决新问题。

　　各地、各部门要通过各种渠道,采取多种方式,加强推进形成主体功能区的宣传工作,使全社会都能全面了解国家和我省的主体功能区规划,使主体功能区的理念、内容和政策深入人心,动员全省各族人民、共建我们美好家园。

贵州

附件1

贵州省重点开发区域名录

表1 国家级重点开发区域(黔中地区)

区域	类型	范围	面积(平方公里)	人口(万人)
黔中地区	以县级行政区为基本单元的重点开发区域	贵阳市:南明区、云岩区、花溪区、乌当区、白云区、小河区、清镇市、修文县、息烽县	6007.70	329.66
		遵义市:红花岗区、汇川区、遵义县	5407.89	206.02
		安顺市:西秀区、平坝县	2703.50	122.25
		毕节市:七星关区	3412.20	148.37
		黔东南州:凯里市、麻江县	2528.10	70.71
		黔南州:都匀市、福泉市、瓮安县、龙里县	7461.40	150.19
	以县级行政区为基本单元的重点开发区域(部分乡镇为国家农产品主产区)	毕节市:织金县、黔西县	2148.57	94.37
		黔南州:惠水县	932.70	18.72
	其他重点开发的城镇	开阳县:城关镇、南江布依族苗族乡、禾丰布依族苗族乡、龙岗镇、花梨乡、龙水乡、金中镇、双流镇、永温乡		
		绥阳县:洋川镇、蒲场镇、风华镇、郑场镇、枧坝镇、青杠塘镇、旺草镇		
		仁怀市:中枢街道办事处、盐津街道办事处、苍龙街道办事处、茅台镇、坛厂镇、长岗镇、鲁班镇、三合镇、大坝镇、二合镇、合马镇、高大坪乡		
		普定县:城关镇、马官镇、白岩镇、化处镇、马场镇、坪上苗族彝族布依族乡		
		金沙县:城关镇、岩孔镇、西洛乡、沙土镇、安底镇、岚头镇、禹谟镇		
		大方县:大方镇、双山镇、羊场镇、黄泥塘镇、东关乡、小屯乡、雨冲乡、竹园彝族苗族乡、理化苗族彝族乡、六龙镇、猫场镇、鼎新彝族苗族乡、响水白族彝族仡佬族乡、凤山彝族蒙古族乡、普底彝族苗族白族乡、核桃彝族白族乡、文阁乡、鸡场乡		
		长顺县:长寨镇、广顺镇、威远镇、凯佐乡、摆所镇、代化镇、白云山镇、鼓扬镇、新寨乡、种获乡、摆塘乡、马路乡		
		贵定县:城关镇、盘江镇、昌明镇、德新镇、沿山镇、云雾镇、旧治镇、定南乡、定东乡、铁厂乡		
		镇宁布依族苗族自治县:城关镇		

注:2010年以后,我省部分乡镇区划进行了调整,有的乡改为镇,有的镇改为街道办,乡镇的名称、范围、个数发生了相应变化;2012年,贵阳市行政区划也有所调整,原小河区并入花溪区,新设立了观山湖区(由乌当区、清镇市的部分乡、镇、街道办构成),相关基础数据尚在测算统计中。考虑到与《全国主体功能区规划》的衔接和我省主体功能区规划中相关数据及图表一致性,这些政区名称仍采用2010年的名录,待规划修编时再统一调整更新。

表2　省级重点开发区域

区　域	类　型	范　围	面积(平方公里)	人口(万人)
钟山—水城—盘县区域	以县级行政区为基本单元的重点开发区域	六盘水市:钟山区、水城县	4065.00	132.22
	以县级行政区为基本单元的重点开发区域(部分乡镇为国家农产品主产区)	六盘水市:盘县	1579.89	58.16
兴义—兴仁区域	以县级行政区为基本单元的重点开发区域	黔西南州:兴义市、兴仁县	4696.40	132.73
碧江—万山—松桃区域	以县级行政区为基本单元的重点开发区域	铜仁市:碧江区、万山区	1852.20	44.66
	以县级行政区为基本单元的重点开发区域(部分乡镇为国家农产品主产区)	铜仁市:松桃苗族自治县	1123.70	32.49
其他区域	其他重点开发的城镇	桐梓县:娄山关镇、楚米镇、松坎镇、水坝塘镇、花秋镇、夜郎镇、茅石乡、新站镇、燎原镇		
		正安县:凤仪镇、土坪镇、安场镇、新州镇、流渡镇、小雅镇、庙塘镇、瑞溪镇		
		道真仡佬族苗族自治县:玉溪镇、洛龙镇、隆兴镇、大阡镇、三桥镇、旧城镇		
		务川仡佬族苗族自治县:都濡镇、大坪镇、浞水镇、镇南镇、丰乐镇		
		凤冈县:龙泉镇、琊川镇、绥阳镇、进化镇、蜂岩镇、永安镇		
		湄潭县:湄江镇、永兴镇、黄家坝镇、兴隆镇、鱼泉镇、马山镇		
		余庆县:白泥镇、龙溪镇、构皮滩镇、敖溪镇、松烟镇		
		习水县:东皇镇、土城镇、习酒镇、良村镇、温水镇、二郎乡、桑木镇、隆兴镇、仙源镇		
		赤水市:市中街道办事处、文华街道办事处、金华街道办事处、天台镇、复兴镇、长沙镇、大同镇、旺隆镇、官渡镇		
		六枝特区:平寨镇、郎岱镇、岩脚镇、新场乡、木岗镇、大用镇、新窑乡、中寨苗族彝族布依族乡		
		纳雍县:雍熙镇、维新镇、阳长镇、龙场镇、百兴镇、乐治镇、王家寨镇		
		思南县:思唐镇、许家坝镇、大坝场镇、合朋溪镇、瓮溪镇、板桥苗族土家族乡、塘头镇、文家店镇、张家寨镇、孙家坝镇、凉水井镇、邵家桥镇、香坝土家族苗族乡		
		德江县:青龙镇、煎茶镇、共和土家族乡、潮砥镇、复兴土家族苗族乡		
		玉屏侗族自治县:平溪镇、大龙镇、新店乡		

区　域	类　型	范　　围	面积(平方公里)	人口(万人)
其他区域	其他重点开发的城镇	三穗县:八弓镇、台烈镇、瓦寨镇、雪洞镇、桐林镇		
		镇远县:潕阳镇、羊场镇、都坪镇、蕉溪镇、青溪镇、羊坪镇		
		岑巩县:思旸镇、水尾镇、天马镇、龙田镇、注溪乡、大有乡		
		天柱县:凤城镇、瓮洞镇、高酿镇、白市镇、坪地镇、邦洞镇、兰田镇		
		黎平县:德凤镇、高屯镇、中潮镇、敖市镇、洪州镇、肇兴乡、水口镇		
		榕江县:古州镇、寨蒿镇、朗洞镇、平永镇、八开乡、忠诚镇		
		从江县:丙妹镇、贯洞镇、宰便镇、洛香镇、往洞乡		
		丹寨县:龙泉镇、排调镇、南皋乡、兴仁镇、长青乡、扬武乡		
		独山县:城关镇、基长镇、麻尾镇、上司镇、兔场镇、麻万镇、下司镇		
		普安县:盘水镇、青山镇、楼下镇、罗汉乡、罐子窑镇、江西坡镇、三板桥镇、地瓜镇、窝沿乡、新店乡、雪浦乡		
		安龙县:新安镇、普坪镇、新桥镇		
		晴隆县:莲城镇、中营镇、大厂镇、花贡镇、沙子镇、光照镇		
		贞丰县:珉谷镇、者相镇、龙场镇、白层镇		

贵
州

附件 2

贵州省农产品主产区名录

区　　域		范　　围	面积（平方公里）	人口（万人）
国家农产品主产区	黔中丘原盆地都市农业发展区	以县级行政区为基本单元的国家农产品主产区	贵阳市:开阳县	2026.20	43.49
			安顺市:普定县	1091.60	45.96
			黔南州:长顺县、贵定县	3185.40	54.92
		以乡镇为基本单元的农产品主产区	惠水县:王佑镇、雅水镇、断杉镇、芦山镇、摆榜乡、斗底乡、鸭绒乡、抵麻乡、太阳乡、羡塘乡、甲戎乡、抵季乡、长安乡、打引乡、好花红乡	1531.10	26.28
			织金县:桂果镇、以那镇、三塘镇、阿弓镇、化起镇、龙场镇、中寨乡、营合乡、纳雍乡、板桥乡、白泥乡、少普乡、实兴乡、黑土乡、自强苗族乡、官寨苗族乡、后寨苗族乡、大平苗族彝族乡、金龙苗族彝族布依族乡、鸡场苗族彝族布依族乡	1729.00	59.62
			黔西县:重新镇、雨朵镇、中坪镇、金兰镇、洪水乡、锦星乡、永燊彝族苗族乡、金坡苗族彝族满族乡、新仁苗族乡、花溪彝族苗族乡、中建苗族彝族乡、仁和彝族苗族乡、定新彝族苗族乡、协和彝族苗族乡、太来彝族苗族乡、红林彝族苗族乡、五里布依族苗族乡	1543.53	46.03
	黔北山原中山农—林—牧发展区	以县级行政区为基本单元的国家农产品主产区	遵义市:桐梓县、绥阳县、正安县、道真仡佬族苗族自治县、务川仡佬族苗族自治县、凤冈县、湄潭县、余庆县、习水县、赤水市、仁怀市	25354.37	558.15
			毕节市:金沙县	2528.00	66.97
			铜仁市:思南县、德江县	4302.40	119.02
	黔东低山丘陵林—农发展区	以县级行政区为基本单元的国家农产品主产区	黔东南州:三穗县、镇远县、岑巩县、天柱县、黎平县、榕江县、从江县、丹寨县	18538.70	248.98
			铜仁市:玉屏县	515.90	15.21
		以乡镇为基本单元的农产品主产区	松桃苗族自治县:盘石镇、普觉镇、乌罗镇、甘龙镇、牛郎镇、寨英镇、大路乡、妙隘乡、石梁乡、木树乡、九江乡、沙坝乡、平头乡、冷水溪乡、瓦溪乡、永安乡、长坪乡	1737.50	37.42
	黔南丘原中山低山农—牧发展区	以县级行政区为基本单元的国家农产品主产区	黔西南州:普安县、晴隆县、贞丰县、安龙县	6505.80	151.80
			黔南州:独山县	2442.20	34.79
	黔西高原山地农—牧发展区	以县级行政区为基本单元的国家农产品主产区	六盘水市:六枝特区	1792.10	69.00
			毕节市:纳雍县、大方县	5950.40	201.88
		以乡镇为基本单元的农产品主产区	盘县:水塘镇、民主镇、老厂镇、乐民镇、平关镇、大山镇、石桥镇、滑石乡、珠东乡、英武乡、新民乡、忠义乡、普田回族乡、马场彝族苗族乡、旧营白族彝族苗族乡、羊场布依族白族苗族乡、保基苗族彝族乡、四格彝族乡、淤泥彝族乡、普古彝族苗族乡、坪地彝族乡	2476.81	59.83

注:经综合评价,我省没有以县为行政单元的省级农产品主产区。

附件3

贵州省重点生态功能区名录

	区　　域	范　　围	面积（平方公里）	人口（万人）
国家重点生态功能区	威宁—赫章高原分水岭石漠化防治与水源涵养区	毕节市：威宁彝族回族自治县、赫章县	9541.40	216.65
	关岭—镇宁高原峡谷石漠化防治区	安顺市：关岭布依族苗族自治县、镇宁布依族苗族自治县、紫云苗族布依族自治县	5472.30	111.58
	册亨—望谟南、北盘江下游河谷石漠化防治与水土保持区	黔西南州：望谟县、册亨县	5602.10	55.29
	罗甸—平塘高原槽谷石漠化防治区	黔南州：平塘县、罗甸县	5825.20	65.91
省级重点生态功能区	沿河—石阡武陵山区生物多样性与水土保持区	铜仁市：江口县、石阡县、印江土家族苗族自治县、沿河土家族自治县	8471.10	172.92
	黄平—施秉低山丘陵石漠化防治与生物多样性保护区	黔东南州：施秉县、黄平县	3211.60	55.10
	荔波丘陵谷地石漠化防治与生物多样性保护区	黔南州：荔波县①	2431.80	17.28
	三都丘陵谷地石漠化防治与水土保持区	黔南州：三都水族自治县	2383.60	35.71
	雷山—锦屏中低山丘陵水土保持与生物多样性保护区	黔东南州：雷山县、锦屏县、剑河县、台江县	6058.60	78.71

附件4

贵州省禁止开发区域名录

一、国家级禁止开发区域

表1　国家级自然保护区名录

名　　称	位　　置	面积（平方公里）	主要保护对象
贵州赤水桫椤国家级自然保护区	赤水市	133.00	桫椤、小黄花茶等野生植物及森林生态
贵州宽阔水国家级自然保护区	绥阳县旺草镇	262.31	中亚热带常绿阔叶林森林生态系统和珍稀野生动植物
贵州习水国家级自然保护区	习水县	519.11	中亚热带常绿阔叶林森林生态系统和珍稀野生动植物
贵州梵净山国家级自然保护区	江口县、印江土家族苗族自治县、松桃苗族自治县交界处	434.14	黔金丝猴、珙桐等珍稀野生动植物及原生森林生态系统

---

① 荔波县已从2011年起纳入国家重点生态功能区政策范围，享受国家重点生态功能区中央财政转移支付。

贵
州

名　称	位　置	面积(平方公里)	主要保护对象
贵州麻阳河国家级自然保护区	沿河土家族自治县思渠镇、务川仡佬族苗族自治县	311.13	黑叶猴等珍稀动物及其生境
贵州威宁草海国家级自然保护区	威宁彝族回族苗族自治县草海镇	96.00	黑颈鹤等珍稀鸟类及高原湿地生态系统
贵州雷公山国家级自然保护区	雷山县、台江县、榕江县、剑河县境内,以雷山县为主	473.00	中亚热带森林生态系统及秃杉等珍稀植物
贵州茂兰国家级自然保护区	荔波县	212.85	亚热带喀斯特森林生态系统及珍稀野生动植物资源
长江上游珍稀特有鱼类国家级自然保护区	七星关区、金沙县、仁怀市、习水县、赤水市	30.28	珍稀特有鱼类

表2　世界、国家文化自然遗产名录

名　称	位　置	面积(平方公里)	遗产种类(世界级或国家级;自然遗产、文化遗产或自然文化双遗产)
"中国南方喀斯特"荔波世界自然遗产地	黔南州荔波县	730.16	世界自然遗产
"中国丹霞地貌"赤水世界自然遗产地	遵义市赤水市	273.64	世界自然遗产
织金洞风景名胜区	毕节市织金县	86.39	国家自然遗产
平塘风景名胜区	黔南州平塘县	22.23	国家自然遗产
马岭河峡谷风景名胜区	黔西南州兴义市	450.00	国家自然遗产
黄果树风景名胜区及屯堡文化	安顺市	518.80	国家自然与文化双遗产
苗族村寨	黔东南州雷山县、台江县、剑河县、从江县	33.50	国家文化遗产
侗族村寨	黔东南州黎平县、从江县、榕江县	27.60	国家文化遗产

表3　国家级风景名胜区名录

名　称	位　置	面积(平方公里)	名　称	位　置	面积(平方公里)
红枫湖风景名胜区	贵阳市清镇市	200.00	潕阳河风景名胜区	黔东南州镇远县、施秉县、黄平县	625.00
赤水风景名胜区	遵义市赤水市	328.00	黎平侗乡风景名胜区	黔东南州黎平县	150.00
九龙洞风景名胜区	铜仁市碧江区	65.00	都匀斗篷山—剑江风景名胜区	黔南州都匀市	267.00
马岭河峡谷—万峰湖风景名胜区	黔西南州兴义市	450.00	荔波樟江风景名胜区	黔南州荔波县	118.80
织金洞风景名胜区	毕节市织金县	307.00	平塘风景名胜区	黔南州平塘县	110.00
九洞天风景名胜区	毕节市大方县、纳雍县	86.20	榕江苗山侗水风景名胜区	黔东南州榕江县	174.00

名　　称	位　　置	面积（平方公里）	名　　称	位　　置	面积（平方公里）
龙宫风景名胜区	安顺市西秀区	60.00	石阡温泉群风景名胜区	铜仁市石阡县	54.00
黄果树风景名胜区	安顺镇宁布依族苗族自治县、关岭布依族苗族自治县	115.00	沿河乌江山峡风景名胜区	铜仁市沿河土家族自治县	102.20
紫云格凸河穿洞风景名胜区	安顺紫云苗族布依族自治县	70.00	瓮安江界河风景名胜区	黔南州瓮安县	133.90

表4　国家级森林公园名录

名　　称	位　　置	面积（平方公里）	名　　称	位　　置	面积（平方公里）
长坡岭国家森林公园	贵阳市白云区	10.75	赫章夜郎国家森林公园	毕节市赫章县	47.33
玉舍国家森林公园	六盘水市水城县	9.24	九龙山国家森林公园	安顺市西秀区	125.00
大板水国家森林公园	遵义市红花岗区	31.32	潕阳湖国家森林公园	黔东南州黄平县	214.72
凤凰山国家森林公园	遵义市红花岗区	10.62	黎平国家森林公园	黔东南州黎平县	54.75
竹海国家森林公园	遵义市赤水市	112.00	雷公山国家森林公园	黔东南州雷山县	43.55
燕子岩国家森林公园	遵义市赤水市	104.00	台江国家森林公园	黔东南州台江县	61.28
正安九道水国家森林公园	遵义市正安县	11.07	尧人山国家森林公园	黔南州三都水族自治县	47.87
习水国家森林公园	遵义市习水县	140.27	都匀青云湖国家森林公园	黔南州都匀市	29.80
安龙仙鹤坪国家森林公园	黔西南州安龙县	90.65	朱家山国家森林公园	黔南州瓮安县	48.88
毕节国家森林公园	毕节市七星关区	41.33	紫林山国家森林公园	黔南州独山县	35.29
百里杜鹃国家森林公园	毕节市黔西县、大方县	180.00	龙架山国家森林公园	黔南州龙里县	60.79

表5　国家级地质公园名录

名　　称	位　　置	面积（平方公里）	名　　称	位　　置	面积（平方公里）
贵州六盘水乌蒙山国家地质公园	六盘水市	388	贵州平塘国家地质公园	黔南州平塘县	200
贵州绥阳双河洞国家地质公园	遵义市绥阳县	318.60	贵州黔东南苗岭国家地质公园	雷山县、台江县、剑河县、黄平县、施秉县、镇远县	225.47
贵州兴义国家地质公园	兴义市顶效、乌沙、马岭河峡谷、西峰林、东峰林	270.00	贵州思南乌江喀斯特国家地质公园	铜仁市思南县	35.94

续表

名　称	位　置	面积(平方公里)	名　称	位　置	面积(平方公里)
贵州织金洞国家地质公园	毕节市织金县	307.00	中国汞都—万山国家矿山地质公园	铜仁市万山区	105.40
贵州关岭化石群国家地质公园	安顺市关岭县	26.00	贵州赤水丹霞国家地质公园	遵义市赤水市	134.57

二、省级禁止开发区域

表6　省级、市(州)级自然保护区名录

名　称	位　置	面积(平方公里)	主要保护对象
一、省级自然保护区			
贵州大沙河省级自然保护区	道真仡佬族苗族自治县大矸镇、三桥镇、洛龙镇、阳溪镇	266.90	银杉和黑叶猴及其栖息地
贵州石阡佛顶山省级自然保护区	石阡县甘溪仡佬族侗族乡	126.35	鹅掌楸等珍稀动植物
革东古生物化石自然保护区	剑河县革东镇	32.00	古生物化石
贵州百里杜鹃省级自然保护区	大方县普底彝族苗族白族乡和黔西县仁和彝族苗族乡等	125.80	杜鹃林
二、市(州)级自然保护区			
六盘水市野钟黑叶猴市级自然保护区	水城县野钟苗族彝族布依族乡、顺场苗族彝族布依族乡、花嘎苗族布依族彝族乡	26.74	黑叶猴及其栖息地
黎平县太平山州级自然保护区	黎平县德顺乡、地坪乡、德化乡、德凤镇、高屯镇、双江乡、口江乡、水口镇、永从乡、顺化瑶族乡、茅贡乡、九潮镇	315.51	天然阔叶林和竹林混交为主的森林生态系统。珍稀植物有桂南木莲、乐昌含笑、铁尖杉、钟萼木、花榈木、小叶红豆、闽楠、青钱柳等
台江县南宫州级自然保护区	台江县南宫乡	221.04	常绿阔叶林
黄平县上塘朱家山州级自然保护区	黄平县上塘乡、浪洞乡、旧州镇共11个村	70.67	动植物资源及其生态环境
麻江县老蛇冲州级自然保护区	麻江县谷硐镇、坝芒布依族乡	86.78	野生动植物及其生态环境
剑河县百里阔叶林州级自然保护区	剑河县久仰乡、南哨乡、太拥乡	97.99	榉木、秃杉、红豆杉、水杉、珍稀动植物及其生态环境
丹寨县老冬寨州级自然保护区	丹寨县扬武乡	45.13	楠木、白面獐等及其生态环境
榕江县月亮山州级自然保护区	榕江县计划乡	328.49	水源林及生物多样性
从江县月亮山州级自然保护区	从江县光辉乡	248.00	野生动植物资源
岑巩县小顶山州级自然保护区	岑巩县平庄乡、凯本乡12个村	185.08	常绿阔叶林、针叶混交林、水源林

续表

名　称	位　置	面积（平方公里）	主要保护对象
黎平县东风林场及周围景区州级自然保护区	黎平县高屯镇、德凤镇	28.31	杉木优良种源、喀斯特地貌原生林及风景林，珍稀植物有珙桐、银杏、金钱松、莲香树、水杉、深山含笑、猴樟、阴香、岩桂等
坡岗喀斯特植被州级自然保护区	兴义市顶效镇、则戎乡、郑屯镇、桔山街道办事处	50.30	喀斯特植被森林生态系统
清水河风景林州级自然保护区	兴仁县鲁础营回族乡，兴义市万屯镇、马岭镇，普安县楼下镇	25.56	风景林及其生态环境
龙头大山水源林州级自然保护区	贞丰县挽澜乡、龙场镇	28.17	水源林森林生态系统
仙鹤坪常绿阔叶林州级自然保护区	安龙县兴隆镇	30.05	常绿阔叶林森林生态系统

表7　省级风景名胜区名录

名　称	位　置	面积（平方公里）	名　称	位　置	面积（平方公里）
百花湖风景名胜区	贵阳市乌当区	55.80	仁怀茅台风景名胜区	遵义市仁怀市	44.50
安龙招堤风景名胜区	黔西南州安龙县	47.60	贵阳香纸沟风景名胜区	贵阳市乌当区	52.50
百里杜鹃风景名胜区	毕节市大方县、黔西县	101.66	镇远高过河风景名胜区	黔东南州镇远县	34.00
绥阳宽阔水风景名胜区	遵义市绥阳县	188.88	从江风景名胜区	黔东南州从江县	122.00
遵义娄山风景名胜区	遵义市遵义县、桐梓县	256.00	湄潭湄江风景名胜区	遵义市湄潭县	108.00
贞丰三岔河风景名胜区	黔西南州贞丰县	38.22	平坝天台山—斯拉河风景名胜区	安顺市平坝县	60.00
泥凼石林风景名胜区	黔西南州兴义市	12.60	清镇暗流河风景名胜区	贵阳市清镇市	63.50
花溪风景名胜区	贵阳市花溪区	72.10	贵阳相思河风景名胜区	贵阳市乌当区	68.00
习水风景名胜区	遵义市习水县	88.10	南开风景名胜区	六盘水市水城县	60.00
福泉洒金谷风景名胜区	黔南州福泉市	36.00	雷山风景名胜区	黔东南州雷山县	63.00
鲁布革风景名胜区	黔西南州兴义市	200.00	锦屏三板溪—隆里古城风景名胜区	黔东南州锦屏县	180.00
梵净山—太平河风景名胜区	铜仁市江口县	66.00	丹寨龙泉山—岔河风景名胜区	黔东南州丹寨县	75.10
六枝牂牁江风景名胜区	六盘水市六枝特区	161.20	三都都柳江风景名胜区	黔南州三都水族自治县	109.40
息烽风景名胜区	贵阳市息烽县	173.27	贵定洛北河风景名胜区	黔南州贵定县	25.80
普定梭筛风景名胜区	安顺市普定县	110.60	独山深河桥风景名胜区	黔南州独山县	46.10

贵州

名　　称	位　　置	面积(平方公里)	名　　称	位　　置	面积(平方公里)
修文阳明风景名胜区	贵阳市修文县	77.10	晴隆三望坪风景名胜区	黔西南州晴隆县	84.70
龙里猴子沟风景名胜区	黔南州龙里县	199.70	兴仁放马坪风景名胜区	黔西南州兴仁县	83.45
岑巩龙鳌河风景名胜区	黔东南州岑巩县	364.00	贵州屋脊赫章韭菜坪风景名胜区	毕节市赫章县	25.50
余庆大乌江风景名胜区	遵义市余庆县	112.00	印江木黄风景名胜区	铜仁市印江土家族苗族自治县	46.00
开阳风景名胜区	贵阳市开阳县	80.29	思南乌江白鹭洲风景名胜区	铜仁市思南县	96.00
惠水涟江—燕子洞风景名胜区	黔南州惠水县	122.20	松桃豹子岭—寨英风景名胜区	铜仁市松桃县	104.00
盘县古银杏风景名胜区	六盘水市盘县	72.00	万山夜郎谷风景名胜区	铜仁市万山区	33.66
盘县大洞竹海风景名胜区	六盘水市盘县	82.50	玉屏北侗箫笛之乡风景名胜区	铜仁市玉屏县	46.10
盘县坡上草原风景名胜区	六盘水市盘县	189.50	罗甸大小井风景名胜区	黔南州罗甸县	38.30
剑河风景名胜区	黔东南州剑河县	116.50	务川洪渡河风景名胜区	遵义市务川仡佬族苗族自治县	46.00
关岭花江大峡谷风景名胜区	安顺市关岭县	166.50	德江乌江傩文化风景名胜区	铜仁市德江县	45.00
长顺杜鹃湖—白云山风景名胜区	黔南州长顺县	86.80			

表8　省级森林公园名录

名　　称	位　　置	面积(平方公里)	名　　称	位　　置	面积(平方公里)
贵阳云关山森林公园	贵阳市	20.28	金沙三丈水森林公园	毕节市金沙县	45.60
贵阳鹿冲关森林公园	贵阳市	4.04	金沙冷水河森林公园	毕节市金沙县	273.45
息烽温泉森林公园	贵阳市息烽县	35.54	凯里市罗汉山森林公园	黔东南州凯里市	0.79
景阳森林公园	贵阳市修文县	11.28	凯里石仙山森林公园	黔东南州凯里市	6.29
钟山凉都森林公园	六盘水市钟山区	5.00	锦屏春蕾森林公园	黔东南州锦屏县	102.50
盘县七指峰森林公园	六盘水市盘县	5.32	麻江仙人桥森林公园	黔东南州麻江县	57.63
六枝月亮河森林公园	六盘水市六枝特区	5.40	丹寨龙泉山森林公园	黔东南州丹寨县	18.84
遵义娄山关森林公园	遵义市汇川区	13.67	福泉云雾山森林公园	黔南州福泉市	68.10
遵义象山森林公园	遵义市遵义县	9.91	罗甸翠滩森林公园	黔南州罗甸县	17.37

续表

名　称	位　置	面积（平方公里）	名　称	位　置	面积（平方公里）
桐梓凉风垭森林公园	遵义市桐梓县	5.96	野梅岭森林公园	黔南州惠水县	16.00
凤冈万佛山森林公园	遵义市凤冈县	21.88	普白森林公园	黔西南州普安县	6.54
湄潭龙泉森林公园	遵义市湄潭县	4.75	乌当盘龙山森林公园	贵阳市乌当区	19.38
万山老山口森林公园	铜仁市万山区	13.83	荔波兰鼎山森林公园	黔南州荔波县	35.03
大方油杉河森林公园	毕节市大方县	47.47			

表9　省级地质公园名录

名　称	位　置	面积（平方公里）	名　称	位　置	面积（平方公里）
贵州省乌当省级地质公园	贵阳市乌当区	50.53	贵州省独山省级地质公园	黔南州独山县	186.00
贵州省花溪省级地质公园	贵阳市花溪区	160.00			

表10　国家重点文物保护单位名录

名　称	位　置
遵义会议会址	遵义市红花岗区子尹路中段东侧
杨粲墓	遵义市红花岗区深溪镇平桥村东1.5公里
普定穿洞遗址	安顺市普定县城关镇青山村穿洞寨南
奢香墓	毕节市大方县大方镇奢香路南段东侧
息烽集中营旧址	贵阳市息烽县永靖镇猫洞村北
增冲鼓楼	黔东南州从江县往洞乡增冲村南
青龙洞	黔东南州镇远县潕阳镇东隅中河山麓
大屯土司庄园	毕节市七星关区大屯乡大屯村西北
盘县大洞遗址	六盘水市盘县珠东乡十里坪村西
黔西观音洞遗址	毕节市黔西县沙井乡沙井村东北1.5公里
赫章可乐遗址	毕节市赫章县可乐乡可乐河两岸
平坝天台山伍龙寺	安顺市平坝县天龙镇天龙村东南2公里
石阡万寿宫	铜仁市石阡县汤山镇万寿路东段北侧
安顺文庙	安顺市西秀区前进路黉学坝
云山屯古建筑群（含本寨）	安顺市西秀区七眼桥镇云山村、云峰本寨村
福泉城墙	黔南州福泉市城厢镇
郎德上寨古建筑群	黔东南州雷山县郎德镇郎德上寨村
海龙屯	遵义市汇川区高坪镇白沙村龙岩山
地坪风雨桥	黔东南州黎平县地坪乡地坪上寨村东南
万山汞矿遗址	铜仁市万山区万山镇土坪村
宁谷遗址	安顺市西秀区宁谷镇

贵州

名　　称	位　　置
交乐墓群	黔西南州兴仁县雨樟镇交乐村
红军四渡赤水战役旧址	遵义市习水县土城、二郎滩、太平渡,仁怀市茅台镇,汇川区娄山关
和平村旧址	黔东南州镇远县㵲阳镇
黎平会议会址	黔东南州黎平县德凤镇
湄潭浙江大学旧址	遵义市湄潭县湄江镇、永兴镇
黔东特区革命委员会旧址	铜仁市沿河土家族自治县谯家镇土地湾村、德江县枫香溪镇枫香溪村、印江土家族苗族自治县木黄镇
晴隆"二十四道拐"抗战公路	黔西南州晴隆县莲城镇南 500 米处
川滇黔省革命委员会旧址	毕节市大方县大方镇文星街福音堂内、毕节市七星关区百花路 19 号、毕节市七星关区中山路 34 号、毕节市七星关区和平路 74 号
马头寨古建筑群	贵阳市开阳县禾丰布依族苗族乡
葛镜桥	黔南州福泉市城厢镇
旧州古建筑群	黔东南州黄平县旧州镇
思南思塘古建筑群	铜仁市思南县思塘镇
铜仁东山古建筑群	铜仁市碧江区中山路两侧及大江北路东侧
文昌阁和甲秀楼	贵阳市城区
阳明洞和含阳明祠	贵阳市修文县、云岩区
寨英古建筑群	铜仁市松桃苗族自治县寨英镇
飞云崖古建筑群	黔东南州黄平县新州镇东坡村
织金古建筑群	毕节市织金县城关镇

表 11　重要水源地保护区名录

城市名称	水源地名称	城市名称	水源地名称
贵阳市	红枫湖	安顺市	夜郎湖水库
贵阳市	百花湖	平坝县	音关桥
贵阳市	汪家大井	平坝县	白水龙水库
贵阳市	松柏山水库	镇宁县	桂家湖水库
贵阳市	北郊水库	普定县	火石坡水库
贵阳市	花溪水库	关岭县	高寨水库
贵阳市	阿哈水库	遵义市	中心城区集中水源(南北郊水库)
贵阳市	中槽水厂	仁怀市	娅石庆
开阳县	翁井水库	仁怀市	流沙岩水库
息烽县	下红马水库	仁怀市	板桥水库
息烽县	小桥河水库	仁怀市	茅坝沟
息烽县	枧槽沟	凤冈县	穿阡水库
乌当区	大龙井(云锦水厂)	桐梓县	天门河
修文县	龙　场	湄潭县	湄潭县县城饮用水源
都匀市	茶园水库	绥阳县	牟家沟水库
福泉市	岔　河	道真县	沙坝水库
福泉市	平堡河	务川县	龙桥溪水库

城市名称	水源地名称	城市名称	水源地名称
福泉市	黑塘桥	务川县	沙坝水库
瓮安县	落马塘	正安县	正安县洋渡
瓮安县	梅花堰水库	习水县	鱼溪坝
瓮安县	朵云水库	习水县	三八水库
瓮安县	水冲河水库	遵义县	东风水库
龙里县	猴子沟	遵义县	水泊渡水库
惠水县	鱼梁水库	赤水市	甲子口
惠水县	程番水源地	赤水市	双鱼田
惠水县	龙塘水源地	余庆县	余庆县县城饮用水源
罗甸县	县城水库	六盘水	梅花山
独山县	高岩水库	六盘水	阿勒河
荔波县	荔波水厂	六枝	中坝水库
三都县	三都饮用水源地	盘县	松官水库
平塘县	龙洞	盘县	哮天龙水库
长顺县	转拐龙潭	凯里市	金泉湖水厂
铜仁市	鹭鸶岩	凯里市	普舍寨
玉屏县	㵲阳河	凯里市	里禾水库
万山区	琴门水库	镇远县	犀牛洞
江口县	牛硐岩水库	台江县	打岩沟
大龙开发区	饮用水源	天柱县	鱼塘水库
思南县	河西水厂水源地	天柱县	高明山
石阡县	龙川河	锦屏县	天堂
石阡县	岩门口饮用水源	榕江县	三角井
沿河县	官舟水库饮用水源	榕江县	归久溪
沿河县	淇滩镇沙坨饮用水源	从江县	宰章河
德江县	大龙阡	黄平县	响水桥
德江县	潮水河	黄平县	雷打岩
印江县	大鱼泉	黄平县	龙洞榜
贞丰县	纳山岗水库	岑巩县	禾山溪
贞丰县	云洞水库	麻江县	翁威马龙洞
兴仁县	法泥水库	剑河县	南脚溪
兴仁县	鲁皂水库	丹寨县	泉山水库
册亨县	坝朝水库	丹寨县	刘家桥水库
普安县	野猫菁水库	黎平县	三什江
晴隆县	三宝干塘水库	黎平县	五里江
晴隆县	西泌河	三穗县	大山沟水库
望谟县	六洞河	施秉县	平宁
安龙县	钱相马槽龙潭	雷山县	龙头河
安龙县	海子农场	毕节市	倒天河水库
安龙县	观音岩	毕节市	利民水库

贵州

城市名称	水源地名称	城市名称	水源地名称
兴义市	兴西湖水库	大方县	宋家沟水库
兴义市	木浪河水库	大方县	小箐沟水库
兴义市	围山湖水库	大方县	岔河水库
纳雍县	吊水岩水库	黔西县	附廓水库
威宁县	杨湾桥水库	金沙县	白果水库
赫章县	香椿树水库	金沙县	小洋溪水库
赫章县	公鸡寨水库	金沙县	南郊水厂水源
织金县	金鱼池		

表12　国家重要湿地名录

名　　　称	位　　　置	面积（平方公里）
草海国家湿地	毕节市威宁彝族回族苗族自治县	25.00
红枫湖国家湿地	贵阳市清镇市	57.00

表13　国家湿地公园名录

名　　　称	位　　　置	面积（平方公里）
石阡鸳鸯湖国家湿地公园	铜仁市石阡县	7.78
威宁锁黄仓国家湿地公园	毕节市威宁彝族回族苗族自治县	3.39
六盘水明湖国家湿地公园	六盘水市	1.98
余庆飞龙湖国家湿地公园	遵义市余庆县	27.43

表14　国家级、省级水产种质资源保护区名录

名　　　称	位　　　置	面积（平方公里）
一、国家级水产种质资源保护区		
锦江河特有鱼类国家级水产种质资源保护区	铜仁市碧江区	9.80
蒙江坝王河特有鱼类国家级水产种质资源保护区	黔南州罗甸县	12.77
太平河闵孝河特有鱼类国家级水产种质资源保护区	铜仁市江口县	14.60
二、省级水产种质资源保护区		
复兴河裂腹鱼省级水产种质资源保护区	遵义市桐梓县	0.54
普安银鲫省级水产种质资源保护区	黔西南州普安县	0.72

附件 **5**

图 1 贵州省行政区划图

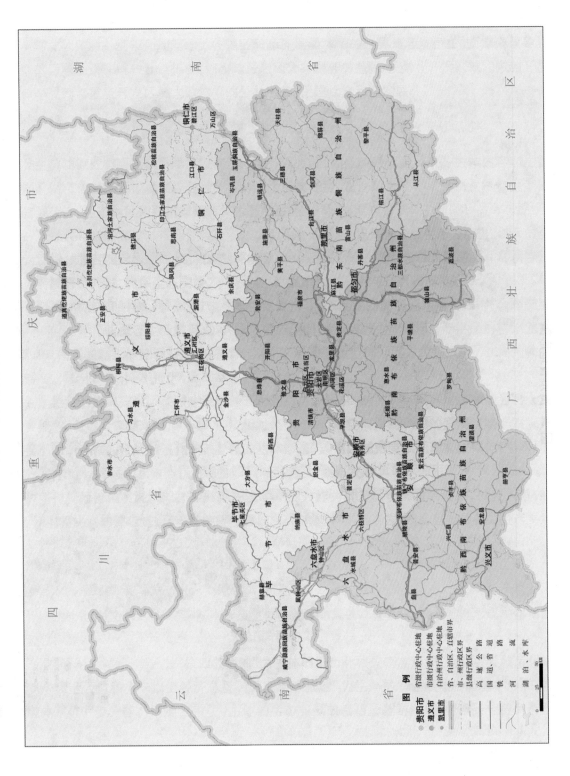

贵州

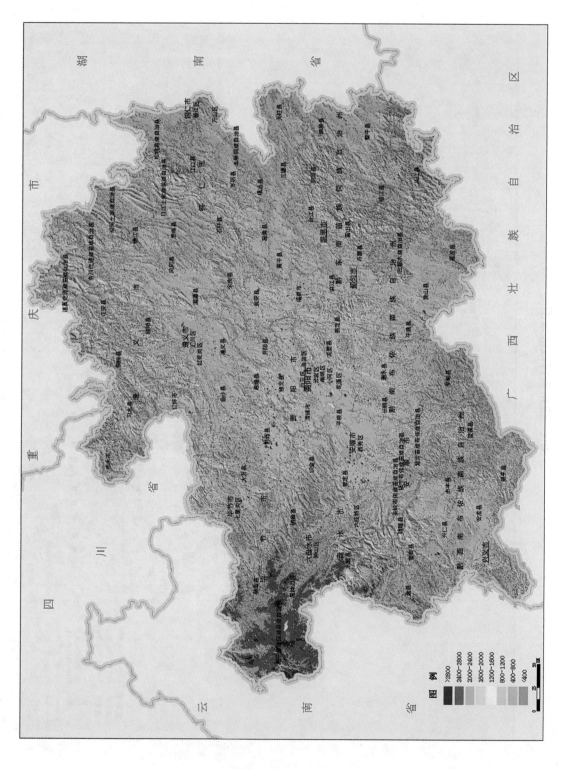

图 2 贵州省地形图

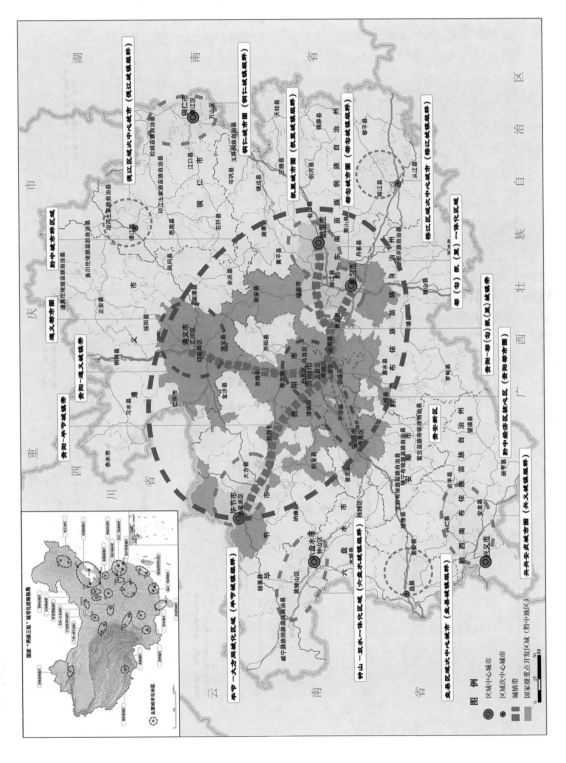

图 3　贵州省城镇化战略格局示意图

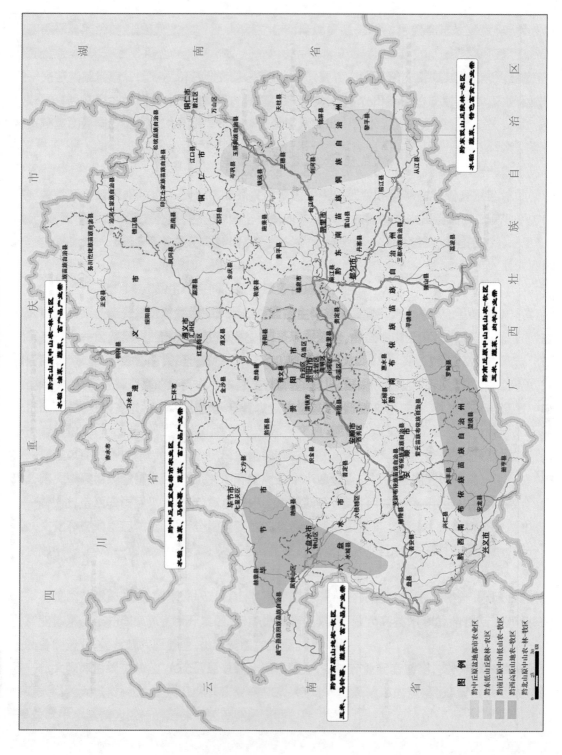

图 4　贵州省农业战略格局示意图

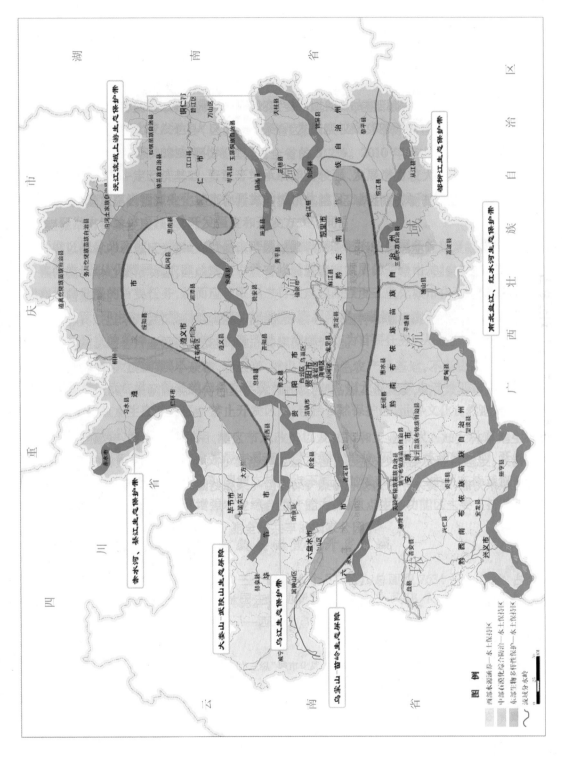

图 5 贵州省生态安全战略格局示意图

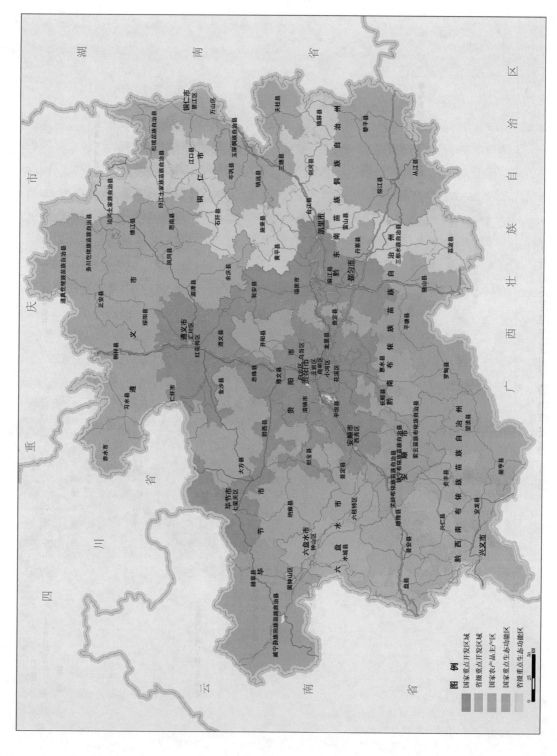

图 6　贵州省主体功能区划分总图

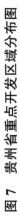

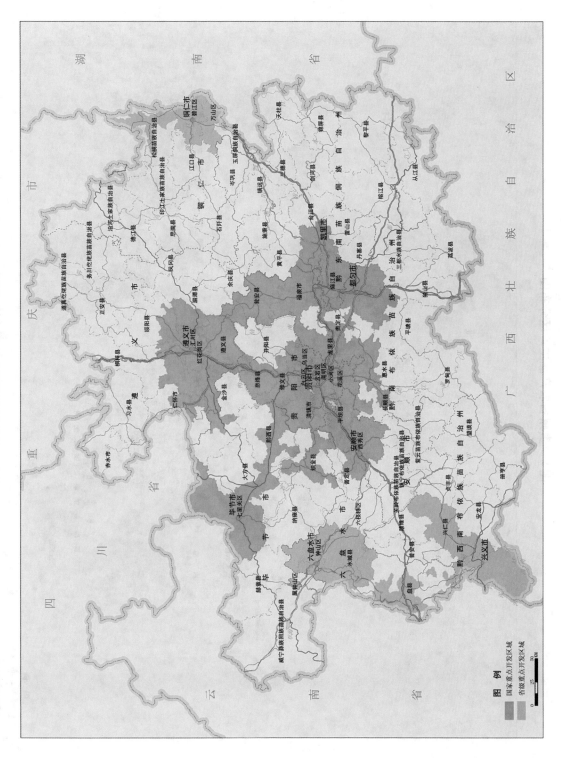

图7 贵州省重点开发区域分布图

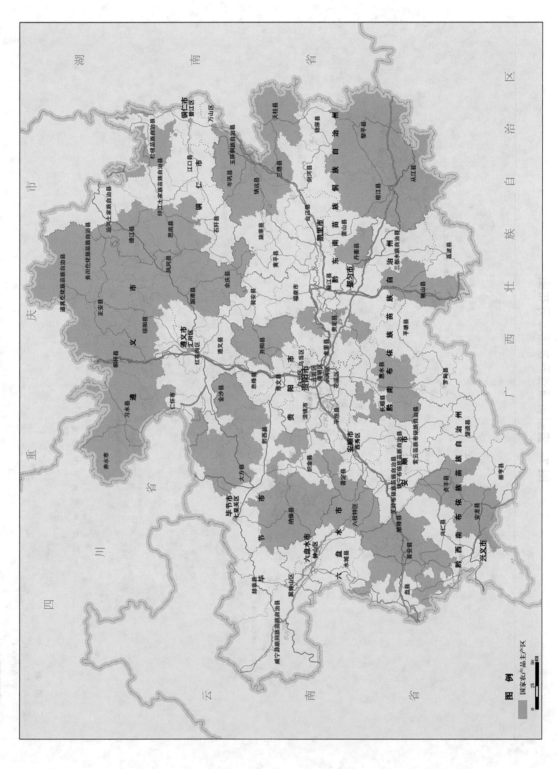

图 8　贵州省农产品主产区分布图

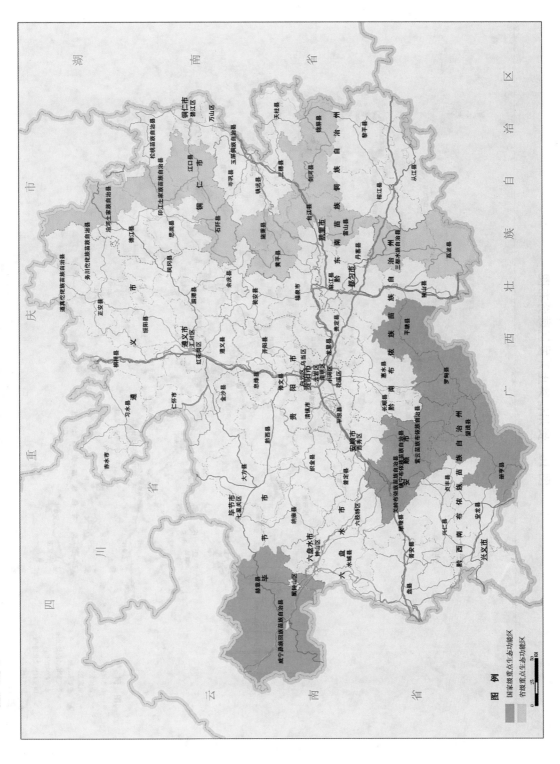

图 9　贵州省重点生态功能区分布图

贵州

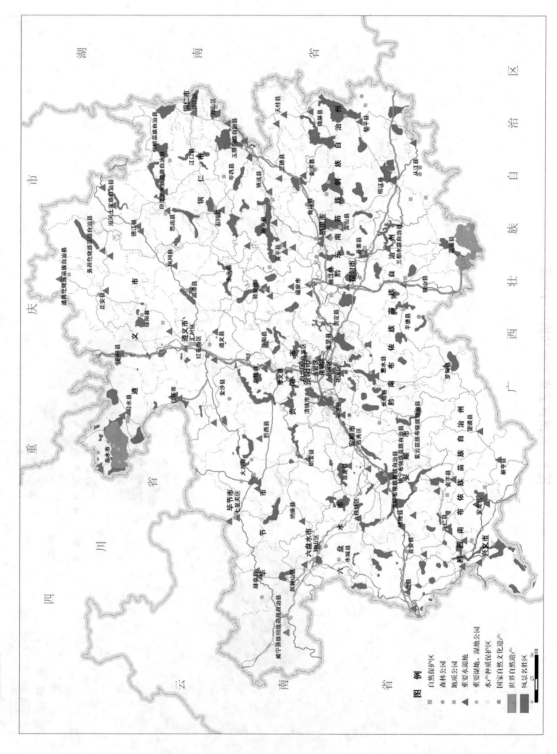

图 10　贵州省禁止开发区域分布图

贵
州

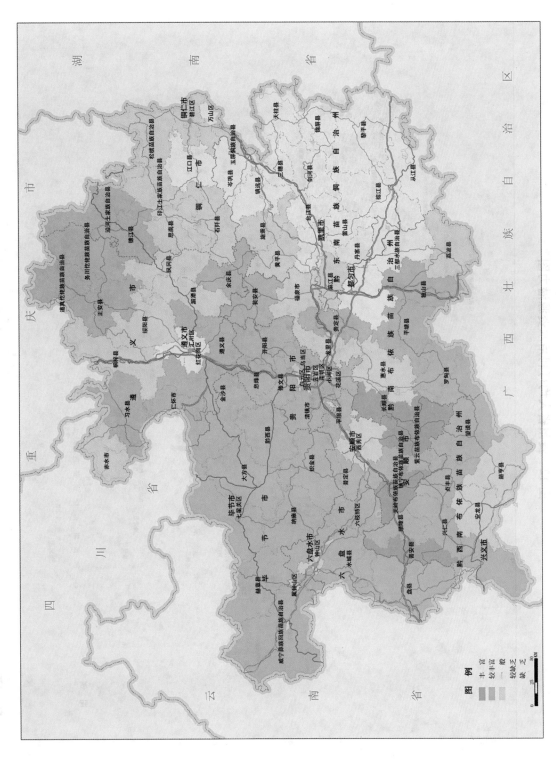

图 11 贵州省人均可利用土地资源评价图

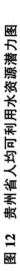

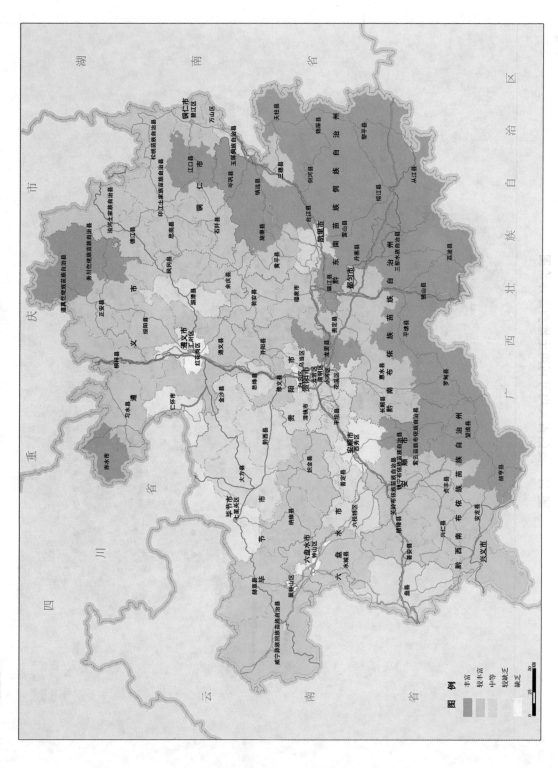

图 12　贵州省人均可利用水资源潜力图

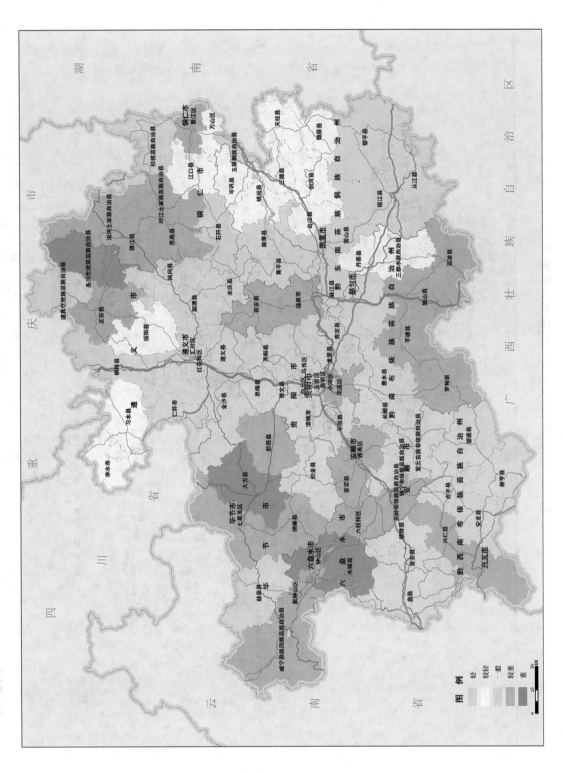

图 13　贵州省县域单元生态系统脆弱性评价图

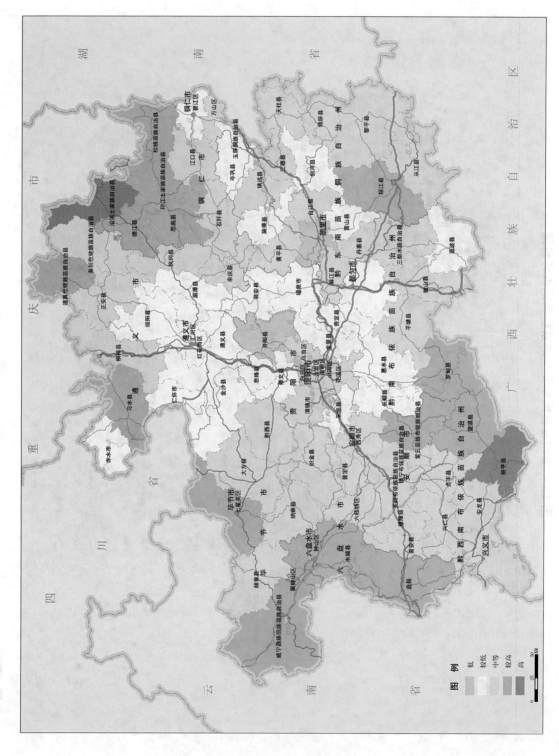

图 14　贵州省自然灾害危险性总体评价图

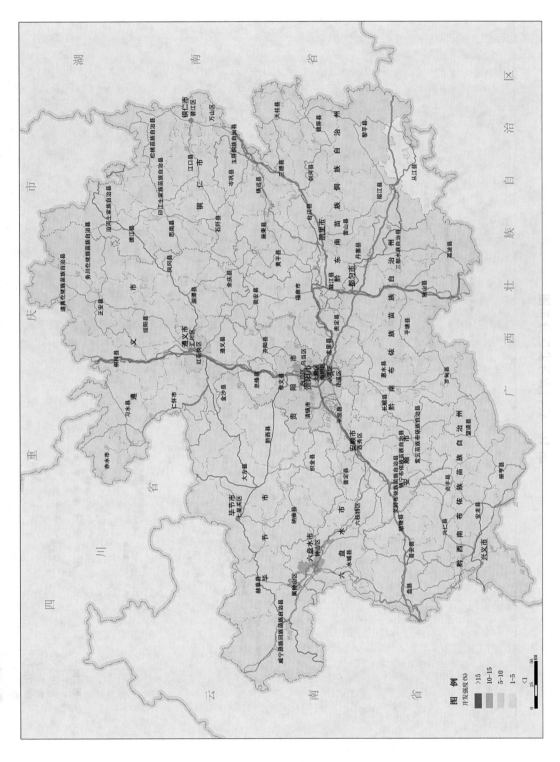

图 15 贵州省国土开发强度示意图

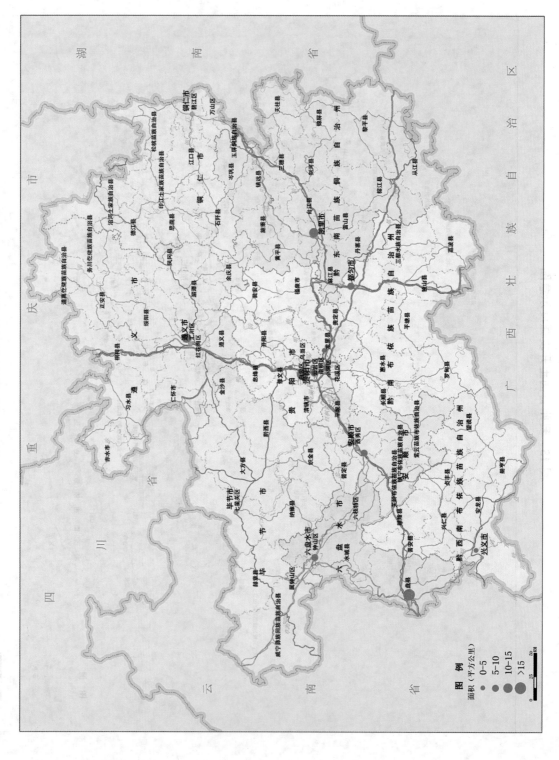

图 16 贵州省开发区分布图

贵州

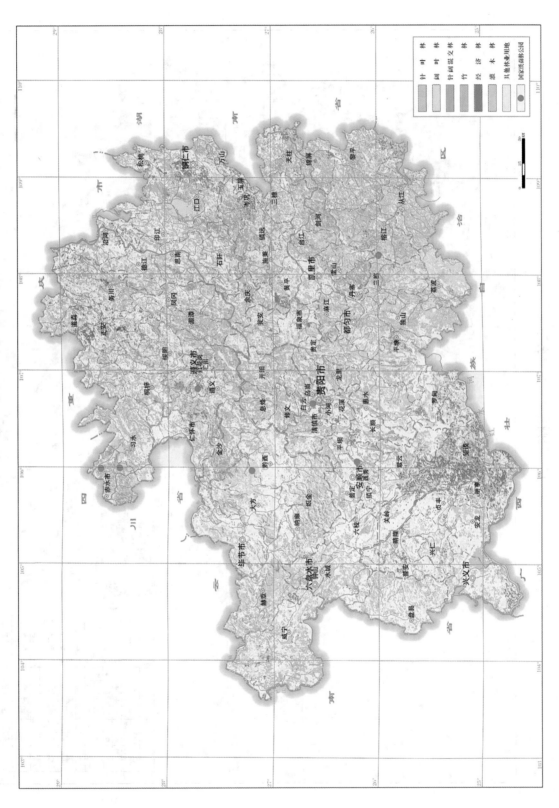

图 17 贵州省森林资源分布图

贵
州

图 18　贵州省矿产资源分布图

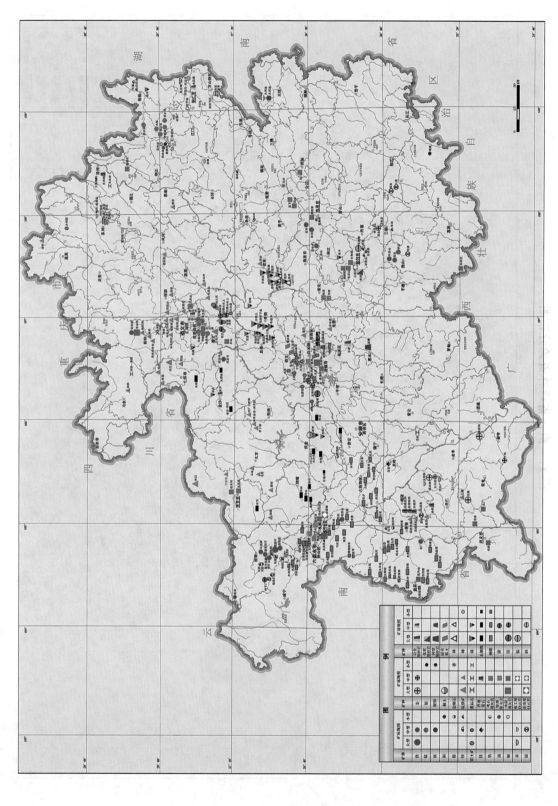

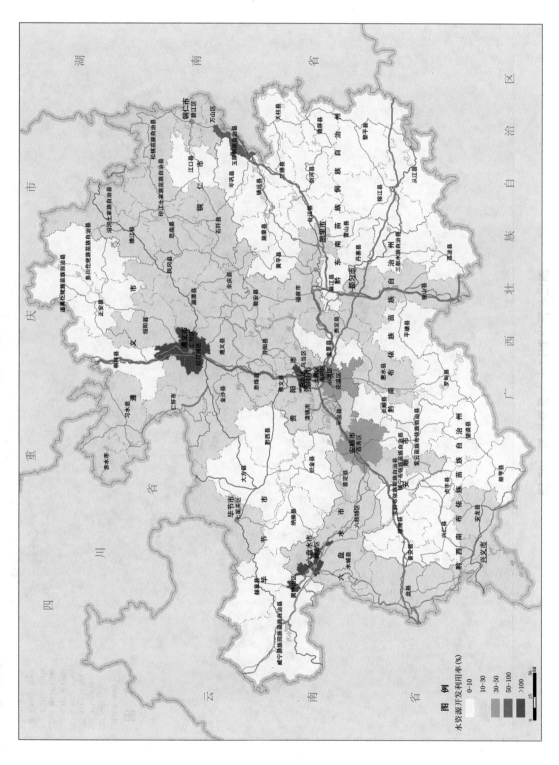

图 19　贵州省水资源开发利用率评价图

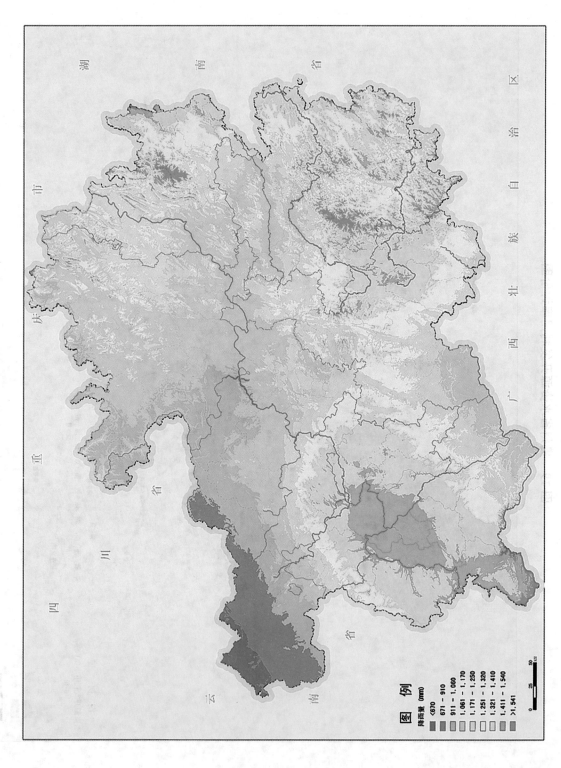

图 20　贵州省多年平均降水量分布图

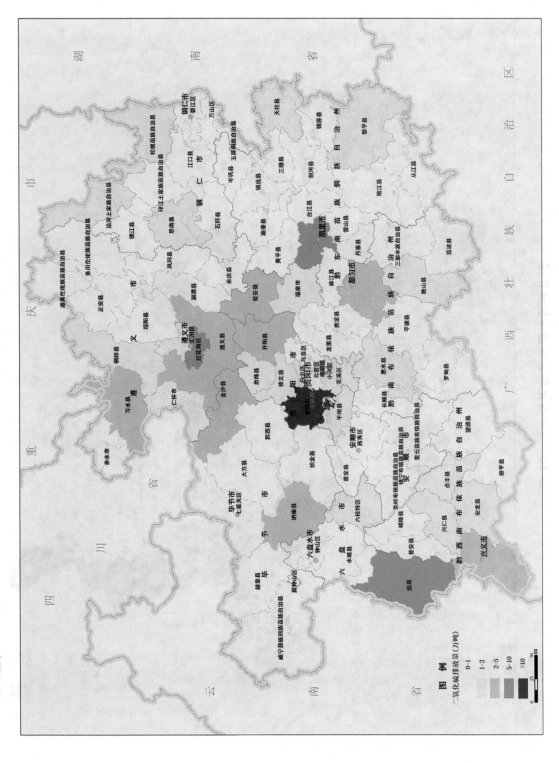

图 21　贵州省二氧化硫排放分布图

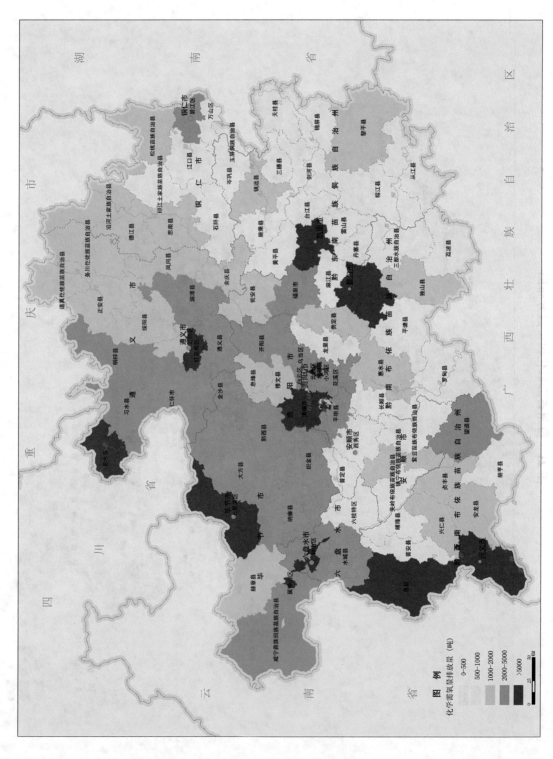

图 22　贵州省化学需氧量排放分布图

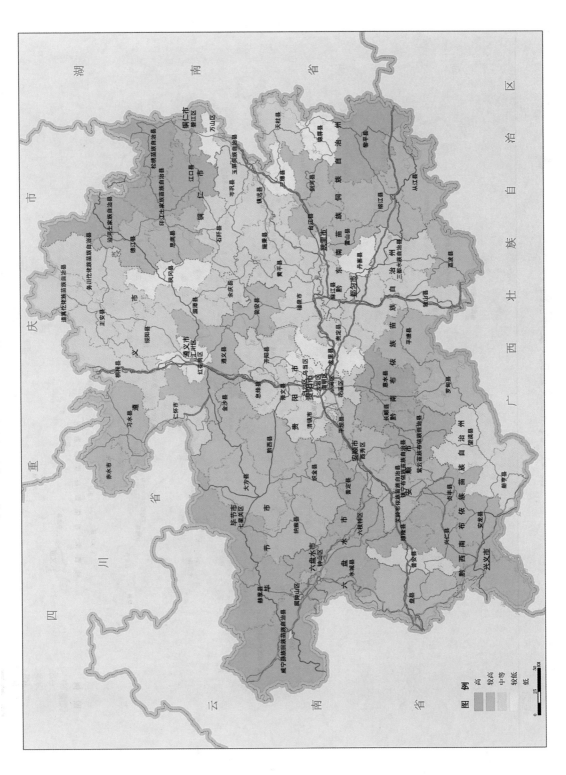

图 23　贵州省县域单元生态重要性评价图

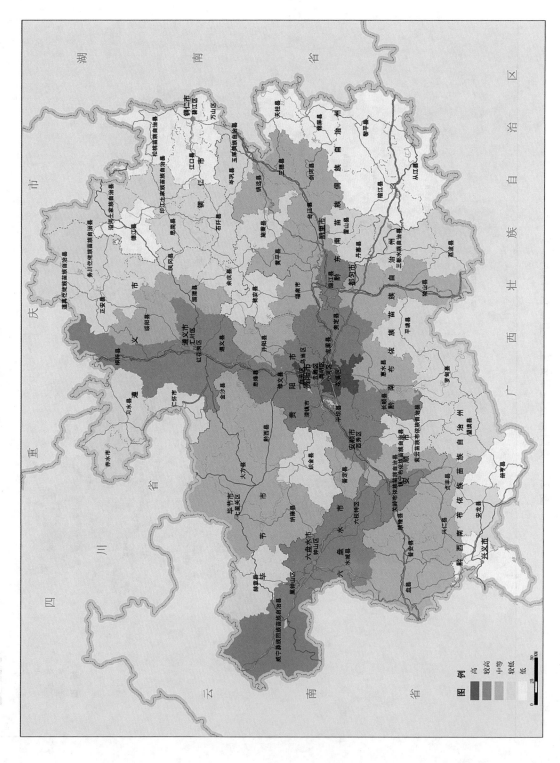

图 24　贵州省交通优势度评价图

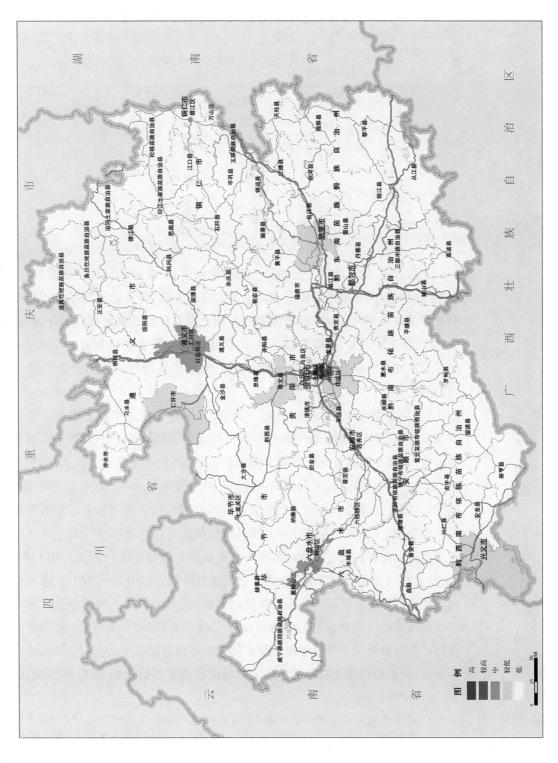

图 25　贵州省人口集聚度评价图

云南省主体功能区规划

序　言

　　七彩云南、绿色明珠。云南是中国通向东南亚、南亚陆路最便捷的国际通道，是中国面向西南开放重要桥头堡。丰富的自然资源、特殊的地理区位和多样的环境条件是各族人民赖以生存和发展的基础。为了我们的家园更加美好、经济更加发达、生活更加殷实、边境更加安宁、民族更加团结、社会更加和谐、生态更加文明，为了云南的青山绿水、蓝天白云世代相传，必须推进形成主体功能区①，科学开发我们的家园。

　　《云南省主体功能区规划》（以下简称本规划）是推进形成云南省主体功能区的基本依据、科学开发云南省国土空间的行动纲领和远景蓝图，是国土空间开发的战略性、基础性和约束性规划②。本规划依据中国共产党第十七次、十八次全国代表大会报告、《中华人民共和国国民经济和社会发展第十一个五年规划纲要》、《全国主体功能区规划》、《中华人民共和国国民经济和社会发展第十二个五年规划纲要》、《国务院关于编制全国主体功能区规划的意见》（国发〔2007〕21 号）、《国务院关于支持云南省加快建设面向西南开放重要桥头堡的意见》（国发〔2011〕11 号）、《云南省加快建设面向西南开放重要桥头堡总体规划（2012—2020 年）》、《云南省国民经济和社会发展第十一个五年规划纲要》、《云南省人民政府办公厅关于开展全省主体功能区规划编制工作的通知》（云政办发〔2007〕18 号）、《云南省国民经济和社会发展第十二个五年规划纲要》编制，规划范围覆盖云南省全部陆地国土空间及水域，本规划提出的推进形成主体功能区的主要目标到 2020 年，其他规划内

---

　　① 党的"十七大"要求：到 2020 年基本形成主体功能区布局。《国务院办公厅关于开展全国主体功能区规划编制工作的通知》（国办发〔2006〕85 号）和《国务院关于编制全国主体功能区规划的意见》（国发〔2007〕21 号）都对主体功能区规划提出了明确要求。

　　② 战略性：本规划是从关系全省全局和长远的高度，对未来国土空间开发作出的总体部署。基础性：本规划是在对国土空间各基本要素综合评价基础上编制的，是其他各类空间规划的基本依据，是区域政策的基本平台。约束性：本规划明确的不同国土空间的功能定位、开发方式等，对各类开发活动具有约束力。

容是更长远的,实施中将根据形势变化和评估结果适时调整修订。

可以预见,到 2020 年,云岭大地将更加光彩夺目,熠熠生辉。一座座城市生态文明,欣欣向荣;一个个村庄富裕民主,焕然一新;一条条道路纵贯南北,四通八达;一家家工厂节能环保,活力四射;一块块农田阡陌纵横,生机勃勃;一种种资源集约开发,有效利用;一片片森林郁郁葱葱,绿意盎然。到那时,鸟语花香树成荫、蓝天碧水山色新、开放繁荣民殷实、优化协调人宜居、和谐团结境安宁、科学发展谱新曲,一个崭新的云南将呈现在世人面前。

第一章　规划背景
——深化对省情的认识

巍巍的云岭,奔腾的三江,富饶的土地,璀璨的明珠,这里风景如画,这里和谐安宁,这里是中华民族的发祥地之一,更是云南人民的美好家园! 千百年来,各族人民在这片土地上,繁衍生息,创造了悠久的历史和多彩的文化。改革开放以来,随着经济社会的发展和西部大开发战略的实施,云南迅速抢占先机,民族文化开启了解之窗,丰富资源架起合作桥梁,特色产业夯实经济基础,对外开放拓宽发展空间,绿色经济孕育无限生机,云南迎来了科学发展的春天。但发展中仍存在着一些突出的矛盾和问题,新时期对加快云南发展提出了新的要求,对人民群众的新期待需要全面把握,对发展面临的新机遇和新挑战需要深刻认识,全面落实科学发展观,构建和谐社会,建设美好家园,需要深化对省情的认识。

第一节　自然状况

云南地处中国西南部,位于东经 97°31′—106°11′,北纬 21°8′—29°15′之间,国土总面积 39.4 万平方千米,2012 年末总人口 4659 万人。云南"连四省区(西藏、四川、贵州、广西)、邻三国(越南、老挝、缅甸)",边境线长 4060 千米。

地形。云南位于我国三大地势阶梯中的第一地势阶梯与第二地势阶梯过渡带上,地势北高南低,平均海拔 2000 米左右,山地占全省国土总面积 94%。东南部为滇东、滇中高原,西北部为横断山脉纵谷区,高山峡谷相间。(附图 2 云南省地形图)

水系。云南是诸多河流的发源地和上游区,分别属于金沙江、澜沧江、怒江、珠江、红河、伊洛瓦底江 6 大水系,水能资源理论蕴藏量 1.04 亿千瓦。云南共有 40 多个天然湖泊,多数为断陷型湖泊,其中九大高原湖泊尤为著名。

气候。云南属于低纬高原季风气候区,多样性显著,包含 7 个气候带,热区气候资源优势巨大。气温年较差小、日较差大,积温有效性高。雨量充沛,雨热同季,干湿季分明。山地立体气候特征显著,海拔高差几乎掩盖了纬度差异,形成"一山分四季,十里不同天"的特征。

资源。云南是全国植物种类最多的省份,在全国的 3 万种高等植物中,云南占 60% 以上,被誉为"植物王国";动物种类为全国之冠,有脊椎动物 1737 种,占全国的 59%,有昆虫 1 万余种,占全国的 40% 左右,被誉为"动物王国";是世界上难得的野生动植物种质资源基因库;矿产资源种多量丰,尤以磷矿和铜、铅、锌、锡等有色金属矿产最为突出,被誉为"有色金属王国";旅游资源十分丰富、聚合度高,全省已建成投入运营的景区、景点有 425 个,国家级 A 级以上景区有 168 个,被誉为

"旅游王国"。

区位。云南地处中国、东南亚、南亚三大市场结合部,与越南、老挝、缅甸3国接壤,与泰国和柬埔寨通过澜沧江—湄公河相连,并与马来西亚、新加坡、印度、孟加拉等国邻近,是我国毗邻周边国家最多、边境线最长的省份之一。在建设我国面向西南开放重要桥头堡和新一轮西部大开发的新形势下,随着综合交通运输网络的日趋完善,云南正在成为我国通往东南亚、南亚国家的便捷通道。

第二节　综合评价

通过对全省土地资源、水资源、环境容量、生态脆弱性、生态重要性、自然灾害、人口聚集度、经济发展水平、交通优势度9项指标的综合评价,全省国土空间具有以下特点:

——土地资源总体丰富,但可利用土地较少。云南国土总面积占全国陆地总面积的4.1%,居全国第8位,目前人均国土面积约0.87公顷,比全国平均多0.13公顷。最适宜工业化、城镇化开发的坝子(盆地、河谷)土地仅占国土面积的6%,耕地总面积622.49万公顷,陡坡耕地和劣质耕地比例较大,优质耕地比例较小,主要分布在坝区,未来坝区建设用地增加的潜力极为有限。因此,云南省提出"城镇化、工业化向山地、缓坡丘陵地区发展,保护坝区耕地,完善城乡建设发展"的思路,云南省坡度8—25度的土地面积虽然有近20万平方千米,占国土总面积的50%,但工业化、城镇化开发成本较高、难度较大。(附图11 云南省可利用土地资源评价图)

——水资源非常丰富,但时空分布不均。云南全省水资源总量约2200多亿立方米,仅次于西藏、四川两省区,居全国第3位,人均水资源占有量约4800立方米,是全国平均水平2倍多。但时空分布不均,雨季(5—10月)降雨量占全年的85%,旱季(11月—次年4月)仅占15%;地域分布上表现为西多东少、南多北少,水资源分布与土地资源分布、经济布局严重错位,水资源开发利用难度大,平均开发利用水平仅为7%,水资源供需矛盾十分突出,工程性、资源性、水质性缺水并存。特别是占全省经济总量70%左右的滇中地区仅拥有全省水资源的15%,部分县市区人均水资源量低于国际用水警戒线。(附图12 云南省可利用水资源评价图)

——环境质量总体较好,但局部地区污染严重。2012年,全省95条主要河流(河段)的179个监测断面中,水质优良率达70.4%;全省开展水质监测的64个湖泊、水库中,水质优良率达64%。全省18个主要城市空气质量优良率均在93%以上。但南盘江、盘龙江、沘江、南汀河等河流污染严重,滇池、星云湖、杞麓湖、异龙湖等湖泊水质依然为劣V类,恢复治理任重道远。(附图13 云南省环境容量评价图)

——生态类型多样,既重要又脆弱。2012年云南省森林覆盖率为54.64%,森林面积1817.73万公顷,约占全国1/10,居全国第3位;活立木蓄积15.54亿立方米,约占全国1/8,居全国第2位。全省生物多样性特征显著,有高等植物13000多种,占全国总数的46%以上;陆生野生脊椎动物1416种,占全国总数的52.8%。但由于大部分地形较为破碎,全省生态系统脆弱性也非常突出,土壤侵蚀敏感区域超过全省国土面积的50%,其中高度敏感区占国土面积的10%;石漠化敏感区占全省国土面积的35%,其中高度敏感区占国土面积的5%。(附图14 云南省生态系统脆弱性评价图、附图15 云南省生态重要性评价图)

——自然灾害频发,灾害威胁较大。云南省是我国地震、地质、气象等自然灾害最频发,危害最严重的地区之一,常见的类型有:地震、滑坡、泥石流、干旱、洪涝等。根据国家颁布的强制性标准《中国地震动参数区划图》(GB 13806—2011),云南省7度区以上面积占国土面积的84%,是全国平均水平的 2 倍。20 世纪中国大陆 23.6% 的 7 级以上大震,18.8% 的 6 级以上强震发生在仅占全国国土面积 4.1% 的云南省。全省记录在案的滑坡点有 6000 多个、泥石流沟 3000 多条,部分对城乡居民点威胁较大。干旱、洪涝、低温冷害、大风冰雹、雷电等气象灾害发生频率高,季节性、突发性、并发性和区域性特征显著。(附图 16 云南省自然灾害危险性评价图)

——经济聚集程度高,但人口居住分散。2012 年,全省生产总值 10310 亿元,占全国的 2%。人均生产总值 13539 元,是全国平均水平的 57.7%。滇中 4 州市以全省 1/4 国土面积和 1/3 的人口创造了全省约 2/3 的经济总量,昆明市更是以全省 1/20 的国土面积和 1/7 的人口创造了全省 1/3 的生产总值,其中仅昆明 4 个市辖区生产总值就为全省的 20%。目前云南省城镇化水平仅为 39.3%,有超过一半的人口分散居住在广大的山区、半山区,形成 3 户 1 村、5 户 1 寨的景观,人口的过度分散导致零星开垦、粗放耕作等现象普遍,加重了水土流失、石漠化等生态问题,更增加了基础设施的建设成本和公共服务提供的难度。(附图 17 云南省人口聚集度评价图、附图 18 云南省经济发展水平评价图)

——交通建设加快,但瓶颈制约仍然突出。目前云南省公路通车里程近 22 万千米,其中,高速公路里程超过 2900 千米,居西部前列,全省铁路营运里程超过 2600 千米,内河航道里程 2764 千米,民用航空航线里程 15.2 万千米。但云南省公路运输比重大,占全省运输总量的 90% 以上,物流成本达 24% 以上,高于全国平均水平 6 个百分点;农村公路等级低,晴通雨阻严重,通达能力差,还有近 2000 个行政村不通公路。(附图 19 云南省交通优势度评价图)

第三节　突出问题

改革开放以来,云南省经济持续快速发展,工业化、城镇化加快推进,人民生活水平明显提高,综合实力显著增强。同时,国土空间格局也发生了巨大变化,有力地支撑了经济发展和社会进步,但也出现了一些必须高度重视、认真解决的突出问题。

——人口、经济与资源环境的空间分布不够协调。坝区是全省经济社会发展的重要载体和空间结构的重要支撑,但全省坝区空间十分有限,分布于坝区的大中城市聚集人口过多,资源环境压力大;资源富集的广大山区,以及广泛分布于山区的小城镇和集镇,受客观条件限制,经济发展规模较小,人口规模过少。

——生态功能退化、环境问题突出。一是水污染问题严重。高原水系生态脆弱,坝区的水环境问题十分突出,滇池等高原湖泊加强水污染防治的任务繁重;二是许多地区受土壤侵蚀危害,水土流失严重;三是滇东北和滇东南岩溶石山地区,人多地少,土地垦殖强度大,已成为云南省石漠化重灾区。

——空间结构不尽合理,空间利用效率低。缺乏全省统一的空间开发战略规划,在土地利用、基础设施网络建设、人口流动、城乡规划与建设、产业聚集和布局等方面缺乏通盘考虑。全省人口分布和基础设施、生产力、城市布局过于分散,绝大部分城镇的人口密度较低,聚集人口和经济规模较小,基础设施建设成本高、规模效益不能充分发挥。

——区域和城乡间公共服务和生活条件差距明显。云南省山区与坝区、城镇和农村在基础设施建设、基本公共服务、基本社会保障和人民生活条件等方面存在较大差距,尤其以边境地区、民族地区的差距最为突出。

第四节　面临趋势

今后一个时期,是云南省全面建设小康社会的关键时期,也是加快推进桥头堡建设的战略机遇期,必须深刻认识并全面把握云南省国土空间开发的趋势,妥善应对由此带来的严峻挑战。

——人民生活不断改善,满足居民生活的空间需求面临挑战。云南省处于人口总量持续增加和居民消费结构快速升级的阶段。人口总量的增加和居民消费结构的升级,既对扩大居住等生活空间提出了新的需求,也增加了对农产品的需求,进而对保护耕地提出了更高的要求。

——工业化和城镇化的加快推进,满足工业发展和城镇建设的空间需求面临挑战。云南省正处于工业化和城镇化加速推进期,工业项目建设、城市建设空间的扩大都需要增加建设用地规模,工业化和城镇化建设用地与耕地和基本农田保护之间的矛盾更加突出。

——基础设施不断完善,满足基础设施建设的空间需求面临挑战。随着桥头堡建设的深入推进,交通、能源等基础设施将会迎来大建设大发展的黄金时期。基础设施的建设必然占用更多空间,甚至不可避免地占用一些耕地和绿色生态空间。

——区际关系日益密切,政府管制国土空间面临新的挑战。无论是生态环境保护、江河综合开发、自然资源合理利用等跨行政区域的利益协调,还是生产力布局、交通运输、水资源调配等基础设施建设,都对政府履行优化空间结构、管制空间资源、协调区域发展的责任提出了新的更高的要求。

第二章　指导思想和开发原则

——科学合理开发我们的家园

第一节　指导思想

落实主体功能区的重大战略部署,科学开发我们的家园,必须以邓小平理论、"三个代表"重要思想和科学发展观[①]为指导,全面贯彻党的十七大、十八大和省委九届五次全会精神,牢固树立尊重自然、顺应自然、保护自然的生态文明理念,把生态文明建设放在突出地位,融入经济建设、政治建设、文化建设、社会建设各方面和全过程,合理控制开发强度、调整空间结构,促进生产空间集约高效、生活空间宜居适度、生态空间山清水秀,构建天蓝、地绿、水净、富民、开放、和谐的美好家园,为建设绿色经济强省、民族文化强省、中国面向西南开放重要桥头堡,前瞻性、全局性地谋划好全省未来发展的空间战略格局。

第二节　主体功能区类型

编制实施主体功能区规划,就是要根据不同区域的资源环境承载能力、现有开发密度和未来发展潜力,划分主体功能区,逐步形成人口、经济、资源环境相协调的空间开发格局。根据国家对主体

---

① 落实科学发展观必须把科学发展的思想和要求落实到具体的空间单元,明确每个地区的主体功能定位以及发展方向、开发方式和开发强度。

功能区规划编制的要求,结合云南省情,本规划将全省国土空间按照开发方式分为重点开发区域、限制开发区域和禁止开发区域3类主体功能区①。(附图6云南省主体功能区划分总图)

——重点开发区域是指有一定经济基础,资源环境承载能力较强,发展潜力较大,聚集人口和经济条件较好,应该重点进行工业化、城镇化开发的城市化地区,其主体功能是提供工业品和服务产品,聚集经济和人口,但也要保护好基本农田、森林、水域,提供一定数量的农产品和生态产品。

——限制开发区域是指关系全省农产品供给安全、生态安全,不应该或不适宜进行大规模、高强度工业化和城镇化开发的农产品主产区和重点生态功能区。其中,限制开发区域中的农产品主产区是以提供农产品、保障农产品供给安全为主体功能的区域。限制开发区域中的重点生态功能区是以提供生态产品②、保障生态安全和生态系统稳定为主体功能的区域。限制开发也可发展符合主体功能定位、当地资源环境可承载的产业。

——禁止开发区域是指依法设立的各级各类自然文化资源保护区域,以及其他禁止进行工业化和城镇化开发、需要特殊保护的重点生态功能区。规划中禁止开发区域包括自然保护区、世界遗产、风景名胜区、森林公园、地质公园、城市饮用水源保护区、湿地公园、水产种质资源保护区、牛栏江流域上游保护区水源保护核心区等。

主体功能区分类及功能

主体功能不等于唯一的功能,明确一定区域的主体功能及其开发的主体内容和发展的主要任务,并不排斥该区域发挥其他功能。各类主体功能区,在国民经济和社会发展中同等重要,只是主

---

① 重点开发区域、限制开发区域是以县级行政区为基本单元,禁止开发区域以自然或者法定边界为基本单元,分布在其他类型主体功能区之中。

② 生态产品指维系生态安全、保障生态调节功能、提供良好人居环境的自然要素,包括清新的空气、清洁的水源和宜人的气候等。生态产品同农产品、工业品和服务产品一样,都是人类生存发展所必需的产品。

体功能不同,开发方式不同,保护的内容不同,发展的首要任务不同,国家和省支持的重点不同。推进形成主体功能区,既要根据主体功能定位开发,也要重视科学有序地发挥其他辅助功能。在本规划中,将适宜大规模、高强度工业化城镇化开发的国土空间确定为重点开发的城市化地区,使之聚集主要的经济活动和大部分人口,为全省农产品和生态产品的生产腾出更多空间;将不适宜大规模、高强度工业化城镇化开发的国土空间确定为限制开发的重点生态功能区或禁止开发区域,使之成为主要提供生态产品,保障全省全国生态安全的生态空间;将农产品的主要提供区域确定为限制开发的农产品主产区,保障农产品供给安全,防止过度占用耕地,使之成为保障国家农产品安全的农业空间。

第三节　开发原则

坚持以人为本,根据主体功能定位进行开发,推动科学发展,构建社会主义和谐社会,把提高全体人民的生活质量、增强可持续发展能力作为空间开发的基本原则。

——尊重自然。工业化和城市化开发必须以保护好自然生态为前提,以水土资源承载能力和环境容量为基础,避免在水资源短缺、生态系统脆弱、生态重要性程度高、环境容量小、工程地质条件差、气候恶劣、自然灾害危险性大的区域进行大规模和高强度的开发。生态遭到破坏的地区要修复并保护生态,使生态系统平衡发展。农业开发要充分考虑水土资源条件和对生态系统的影响。能源矿产资源开发要避免对农业、生态环境带来不利影响。城市及交通等基础设施建设要避免对重要自然景观的分割。

——优化结构。按照生产发展、生活富裕、生态良好的要求调整空间结构,保证生活空间,扩大绿色空间,保持农业生产空间,逐步扩大服务业以及交通等基础设施空间。因地制宜适度扩大重点开发区域的城镇和工矿空间。引导人口相对集中、产业合理聚集,集约利用空间资源,提高发展效率。统筹安排人口分布、经济布局、基础设施建设和城市化格局,促进形成人口、经济和资源环境协调的空间布局。突出空间管制的公益性,提高政府空间管理的能力和水平。

——有限开发。根据各地区资源环境承载能力,在区划上考虑将相当比例的土地作为保障农产品供给安全和生态安全的空间①,严格保护耕地尤其是基本农田,确保粮食生产和生态平衡。城市化地区的人口和经济规模要与资源环境承载能力相适应,特别是要控制在水资源的承载能力和环境容量允许的范围内,并保证一定比例的绿色生态空间。农产品主产区不得进行大规模、高强度的工业化城镇化开发。重点生态功能区要对各种开发活动进行严格管制。开发矿产资源、发展适宜产业和建设基础设施,都要控制在尽可能小的空间范围之内,并做到绿色生态空间的占补平衡。

——集约开发。把城市群作为云南城镇化的主体形态,防止城镇布局杂乱无序。城市发展要充分利用现有建成区空间,外部扩展要尽可能利用非耕地资源、荒山荒坡和其他废弃土地。以工业开发为主的开发区要提高单位面积产出率、工业建筑密度和建筑容积率。农村居民点建设要适度集中,集约建设农村基础设施和公共服务设施,防止宅基地盲目扩大。交通建设要尽可能利用现有基础设施扩能改造,必须新建的交通通道要尽可能利用既有交通走廊。

——协调开发。按照人口、经济、资源环境相协调的要求进行开发,实现城市和农村、沿边和内

---

① 生态空间,包括绿色生态空间、其他生态空间。绿色生态空间包括天然草地、林地、水库水面、河流水面、湖泊水面。其他生态空间包括荒草地、沙地、盐碱地、高原荒漠等。

地、山区和坝区协调发展。聚集经济的区域,要同时聚集相应规模的人口;人口和经济聚集的规模不能超出资源环境承载力;人口超载的区域,要促进人口有序转移,促进经济结构调整;城市建设占用农村土地的规模要与农村人口进入城市的规模相协调。

——特色导向。坚持统筹兼顾建特色,充分发挥区域比较优势,因地制宜科学谋划区域产业布局,宜农则农,宜工则工,宜商则商,宜林则林,宜旅则旅。推进形成各区域特色鲜明、优势互补、分工有序、共生共荣的区域经济格局。

第三章 战略目标

——构筑富裕、开放、和谐、可持续发展的美好家园

推进形成主体功能区,是国土开发的重大战略举措。目的是推动各地区严格按照主体功能定位发展,构建科学合理的城市化格局、农业发展格局、生态安全格局,构筑协调、和谐、可持续的国土空间格局,实现经济社会又好又快发展。

第一节 主要目标

到2020年推进形成主体功能区的主要目标是:

——主体功能区布局基本形成。由重点开发区域为主体的经济布局和城市化格局基本形成,由限制开发区域为主体框架的生态屏障和农业格局基本形成,禁止开发区域和基本农田切实得到保护。重点开发区域成为主要承担发展经济、创造就业、提供居住的城市空间,部分限制开发区域成为主要承担保障农产品供给并提供绿色空间的农村地区;禁止开发区域和部分限制开发区域成为主要提供生态产品和维护生态系统稳定的生态空间。

——空间结构得到优化。工业化城镇化在适宜开发的部分国土空间集中展开,产业布局适度聚集,人口居住相对集中,保护坝区优质耕地资源,推进具有云南特色的山地城镇建设。全省开发强度控制在2.85%以内,城市空间①控制在3100平方千米以内,耕地保有量不低于59800平方千米,其中,基本农田面积不低于49540平方千米,坝区基本农田不低于10800平方千米,绿色生态空间得到有效保护,林地面积不低于227814平方千米。

——空间利用效率得到提高。城市空间每平方千米生产总值提高到1950万元,粮食播种面积不低于433.33万公顷,粮食产量达到2000万吨,单位面积耕地粮食和主要经济作物产量提高35%以上(年均2%)。单位绿色生态空间生态功能增强,经济效益提升。

——城乡区域差距不断缩小。全省州市之间人均生产总值差距缩小到4倍左右,城镇居民人均可支配收入差距缩小到1.5倍左右,农村居民人均纯收入差距缩小到2倍左右,人均财政支出差距缩小到1.5倍左右。基本实现城乡和区域间基本公共服务均等化。

——面向东南亚、南亚的国际大通道基本形成。云南连接东南亚、南亚的中越、中老、中缅、中印的铁路、公路、航空和水运通道格局基本形成,区位优势得到充分发挥。

---

① 城市空间,包括城市建设空间、工矿建设空间。城市建设空间包括城市和建制镇居民点空间。工矿建设空间是指城镇居民点以外的独立工矿空间。

——可持续发展能力得到增强。资源高效利用率明显提高,生态系统稳定性明显增强,石漠化、水土流失、湿地退化、草原退化等面积减少,水、空气、土壤等生态环境质量明显改善,生物多样性得到切实保护,自然文化资源等保护功能大大提升,森林覆盖率提高到60%左右,主要污染物排放得到有效控制,所有的环境保护重点城市①空气质量达到2级标准的天数占全年比例超过90%,6大水系国控和省控断面水环境功能水质达标率在87%以上。防灾抗灾能力显著提高。

表1　云南省国土空间开发规划目标②

指　标	基　期	目标期
	2012 年	2020 年
开发强度(%)	2.53	2.85
城市空间(平方千米)	1665	3100
农村居民点(平方千米)	5173	5053
耕地保有量(平方千米)	62249	59800
基本农田(平方千米)	52623	49540
林地面积(平方千米)	230540	227814
重要江河湖泊水功能区水质达标率(%)	46.4	87
森林覆盖率(%)	54.64	60
粮食产量(万吨)	1749.1	2000

注:表中开发强度和城市空间目标数据采用土地利用总体规划修编与第二次全国土地调查衔接后的成果数据。

第二节　战略布局

实现云南省国土空间布局的主要目标,要从全面建设小康社会和构建社会主义和谐社会和建设绿色经济强省、民族文化强省及我国面向西南开放重要桥头堡的战略高度出发,遵循自然规律、经济规律和社会规律,推进主体功能区的形成和完善,构建全省城市化、农业生产、生态安全、对外开放4大战略格局。

——构建"一圈一带六群七廊"为主体的城市化战略格局。以加快推进滇中城市经济圈一体化建设为核心,以沿边对外开放经济带的口岸和重点城镇作为对外开放的新窗口,以滇中、滇西、滇东南、滇西北、滇西南和滇东北6大城市群建设为重点,以昆明至瑞丽辐射缅甸皎漂、昆明至磨憨辐射泰国曼谷、昆明至河口辐射越南河内、昆明至腾冲辐射缅甸密支那连接南亚4条对外开放经济走廊和昆明—昭通—成渝和长三角、昆明—文山—北部湾和珠三角、昆明—丽江—迪庆—滇川藏大香格里拉3条对内开放经济走廊为纽带,努力将"一圈一带六群七廊"区域打造成为聚集全省人口、经济和加快工业化、城镇化进程的核心区域。(附图4城市化战略格局图)

——构建"三屏两带"为主体的生态安全战略格局。根据全国主体功能区规划涉及云南的"黄土高原—川滇生态屏障"以及"桂黔滇喀斯特石漠化防治生态功能区"、"川滇森林及生物多样性生态功能区"的生态安全战略格局,结合云南实际,构建以重点生态功能区为主体,禁止开发区域为

---

① 云南省有7个环境保护重点城市,分别是:昆明市、曲靖市、玉溪市、大理市、个旧市、楚雄市、景洪市。

② 建设用地的增加主要依靠区域内农村居民点减少而转移出来的土地。林地增加一部分来源于退耕还林,另一部分来源于未利用荒山荒坡土地绿化。

支撑的云南省"三屏两带"生态安全战略格局。"三屏":青藏高原南缘生态屏障、哀牢山—无量山生态屏障、南部边境生态屏障;"两带":金沙江干热河谷地带、珠江上游喀斯特地带。青藏高原南缘生态屏障要重点保护好独特的生态系统和生物多样性,发挥涵养大江大河水源和调节气候的功能;哀牢山—无量山生态屏障要重点保护天然植被和生物多样性,加强水土流失防治,发挥保障滇中国家重点开发区域生态安全的作用;南部边境生态屏障要重点保护好热带雨林和珍稀濒危物种,防止有害物种入侵,发挥保障全省乃至全国生态安全的作用。金沙江干热河谷地带、珠江上游喀斯特地带要重点加强植被恢复和水土流失防治,发挥维护长江、珠江下游地区生态安全的作用。(附图5 生态安全战略格局图)

——构建"六大区域板块"的高原特色农业战略格局。充分发挥资源优势,结合地形地貌特点,以农产品主产区为主体、其他功能区为重要组成,发展各具特色的农庄经济,构建滇中、滇东北、滇东南、滇西、滇西北、滇西南6大区域板块高原特色农业战略格局。滇中重点发展粮食、烤烟、果蔬、木本油料、蚕桑、花卉园艺、野生食用菌等特色农产品,及绿色食品工业原料基地;滇东北重点建设发展粮食、畜牧、烤烟、天然药物、温带水果等特色农产品,及绿色食品工业原料基地;滇东南重点发展烤烟、天然药物、畜牧、亚热带水果等特色农产品,及绿色食品工业原料基地;滇西重点发展粮食、咖啡、畜牧、茶叶、木本油料、热带水果、水产品等特色农产品,及绿色食品、蔗糖工业原料基地;滇西南重点发展茶叶、天然橡胶、水产品、花卉、热带水果、天然药物等特色农产品,及绿色食品、蔗糖、木制品、造纸工业原料基地;滇西北重点发展畜牧、木本油料、野生食用菌、天然药物、特色花卉等特色农产品及绿色食品工业原料基地。

——构建我国面向西南开放重要桥头堡的开放战略格局。推进我国面向西南开放桥头堡建设,以通道、合作平台、产业基地建设为突破口,以滇中城市群为腹地,扩大沿边口岸开放规模,发挥沿边开放经济带的窗口作用,强化对内对外经济走廊的纽带、桥梁作用,加强与环渤海、长三角、珠三角国家优化开发区域,以及长江中游、中原、关中、成渝、北部湾国家重点开发区域的区域合作,加快推进向东南亚、南亚开放,实现内外区域合作共赢发展,提升云南在全国开放开发格局中的战略地位。

第三节　未来展望

到2020年主体功能区布局基本形成时,小康社会全面建成,我们的家园将呈现以下情景:

——国土空间格局更加清晰。不同国土空间的主体功能更加突出,生产空间更加集约高效,生活空间更加舒适,生态空间更加清晰自然,人口经济资源环境更加协调。"一圈一带六群七廊"的城镇化战略格局基本得以形成,全省主要城市化地区集中全省60%左右的人口和70%左右的经济总量;"三屏两带"为主体的生态安全战略格局得以形成,全省生态安全得到有效保障。"桥头堡"开放格局初步得以形成,对外开放平台迈上一个新的层次。

——国土空间管理更加精细科学。区域调控的针对性、有效性和公平性大大增强;各级各类规划间的一致性、整体性以及规划实施的权威性、有效性大大增强;政府国土空间管理的科学性、规范性和制度化水平大大增强;绩效评价和绩效考核的客观性、公正性大大增强。

——城乡区域发展更加协调。通过有序转移人口、逐步加大财政转移支付力度,以及适度发展资源环境可承载的产业,使限制开发区域和禁止开发区域公共服务和生活条件得到明显改善,地区和城乡之间生活水平差距缩小。适应主体功能区要求的财政体制将逐步完善,公共财政支出规模与公共服务覆盖的人口规模更加匹配,城乡、区域间基本公共服务和基本生活条件的差距缩小。

——资源利用更加集约高效。大部分人口的就业和居住以及经济聚集于城市群地区,将大大提高基础设施的共享水平;节能型轨道交通将成为城市群的主要客运方式;城市群内将形成相对完整的产业链,市场指向产品的运距将缩短,物流成本将降低。

——生态系统更加稳定。全省将形成结构合理、疏密适当的生活空间、生产空间和生态空间格局。先污染、后治理的传统模式将得到扭转,不符合主体功能定位的开发活动将大大减少,工业和生活污染排放将大大减少。重点生态功能区承载人口、创造税收、提供农产品和工业品的压力大大减轻,而涵养水源、保持水土、维护生物多样性、保护自然文化资源等生态功能大大提升,森林、水系、草地、湿地、荒漠、农田等生态系统的稳定性增强。有效控制城市化地区的开发强度,绿色生态空间将保持在较高比例。农产品主产区开发强度得到控制,生态能效将大大提升。

第四章　重点开发区域
——重点进行工业化城镇化开发的区域

我省重点开发区域指具备较好经济基础,较强资源环境承载能力和较大发展潜力的地区,城镇体系框架基本形成,中心城市具有较强的辐射带动力,具备经济一体化发展的条件,有可能发展成为新的大城市群或区域性城市群,对促进区域协调发展意义重大。(附图7重点开发区域分布图)

第一节　功能定位和发展方向

重点开发区域的功能定位:支撑全省乃至全国经济增长的重要增长级,工业化和城镇化的密集区域,落实国家新一轮西部大开发战略、我国面向西南开放重要桥头堡战略,促进区域协调,实现科学发展、和谐发展、跨越发展的重要支撑点。

重点开发区域应在优化结构、提高效益、降低消耗、保护环境的基础上推动经济可持续发展;推进新型工业化进程,提高自主创新能力,聚集创新要素,增强产业聚集能力,积极承接国际国内产业转移,形成分工协作的现代产业体系;加快推进城镇化,壮大城市综合实力,改善人居环境,提高聚集人口的能力;推进区域一体化,承接限制和禁止开发区域的人口转移,努力形成城市群和都市区;发挥区位优势,加快沿边地区对外开放,加强国际通道、口岸和城镇建设,形成若干支撑沿边对外开放的经济增长点,拓展我国对外开放的战略空间。

发展方向和开发原则:

——统筹规划国土空间。适度扩大新型工业发展空间,扩大服务业、交通和城市居住等建设空间,优化农村生活空间,扩大绿色生态空间。

——合理发展城市。扩大区域中心城市规模,发展壮大与中心城市具有紧密联系的中小城市,形成分工合理、优势互补、集约高效的城市群。发展要素聚集能力强、城镇合理布局的6大城市群。

——促进人口加快聚集。通过积极推进人口城镇化以及完善城市基础设施和公共服务等,促进人口素质提高与人口聚集规模相适应。进一步提高城市的人口承载能力,城市规划和建设要预留吸纳外来人口的空间,为大规模的人口聚集奠定基础。

——提高发展质量。积极培育发展战略性新兴产业、高新技术产业和高技术服务业,确保发展质量和效益,工业园区和开发区的规划建设要遵循循环经济理念,大幅度降低资源消耗和污染排放。

——发展都市型农业。改善耕地质量,提高粮食综合生产能力。加快城郊农业、蔬菜基地和养殖基地建设,保证基本农产品有效供给。

——保护生态环境。做好生态环境、基本农田等的保护规划,切实保护好耕地、水域、林地等绿色空间,减少工业化和城镇化对生态环境的影响,避免出现土地过多占用和环境污染等问题。

——把握开发时序。区分近期、中期和远期开发时序,近期重点建设好国家和云南省批准的开发区、工业园区和城镇重点发展区,对目前尚不需要开发的区域,要作为预留发展区域给予必要的保护。

第二节　国家层面重点开发区域

国家层面重点开发区域是对全国区域经济协调发展有重大意义的城市化地区,是支撑全国经济增长的重要增长极。云南省的国家层面重点开发区域位于滇中地区①,分布在昆明、玉溪、曲靖和楚雄4个州市的27个县市区和12个乡镇。行政区统计面积为4.91万平方千米,占全省国土面积12.5%。(详见附件1)

该区域的功能定位为:我国面向西南开放重要桥头堡建设的核心区,连接东南亚、南亚国家的陆路交通枢纽,面向东南亚、南亚对外开放的重要门户;全国重要的烟草、旅游、文化、能源和商贸物流基地,以化工、有色冶炼加工、生物为重点的区域性资源深加工基地,承接产业转移基地和外向型特色优势产业基地;我国城市化发展格局中特色鲜明的高原生态宜居城市群;全省跨越发展的引擎,我国西南地区重要的经济增长极。

发展方向:

——构建"一区、两带、四城、多点"一体化的滇中城市经济圈空间格局。加快滇中产业聚集区②规划建设,促进形成昆(明)曲(靖)绿色经济示范带和昆(明)玉(溪)旅游文化产业经济带,重点建设昆明、曲靖、玉溪、楚雄4个中心城市,将以县城为重点的城市和小城镇打造为经济圈城市化、工业化发展的重要支撑。以主要快速交通为纽带,打造1小时经济圈。

——强化昆明的科技创新、商贸流通、信息、旅游、文化和综合服务功能,建设区域性国际交通枢纽、商贸物流中心、历史文化名城、山水园林城市。

——曲靖、玉溪和楚雄等城市应依托资源特点和比较优势,加强产业分工协作和对接,实现优势互补、错位发展,形成民族特色和产业特色鲜明的城市。

——完善国际运输大通道,强化面向东南亚、南亚陆路枢纽功能。加强区域内城际快速轨道交

---

① 滇中地区属于滇东高原盆地,以山地和山间盆地地形为主,地势起伏和缓。多盆地,集中了全省近一半的山间平地(坝子)。开发强度较低,可利用土地资源具备一定潜力。位于长江、珠江和红河上游,有滇池、抚仙湖等高原湖泊,水资源开发利用程度高,但属于水资源短缺地区,水资源保障程度不高。大气环境质量总体较好,大部分地区二氧化硫排放未超标。水环境总体较好,滇池等部分高原湖泊污染严重。属亚热带气候,日照充足,四季如春,气候宜人,干湿季分明。土壤类型以红壤为主。植被类型多样,多为次生植被和人工植被。

② 滇中产业聚集区是为了推动云南省科学发展、和谐发展、跨越发展,选择在滇池径流区以外,资源环境承载力较强的区域规划建设的产业聚集区。分为东西两个片区,西片区包括安宁、易门、禄丰、楚雄4县市,东片区包括嵩明、寻甸、马龙3县。滇中产业聚集区发展定位是我国面向西南开放重要桥头堡建设的核心区、产业发展的聚集区、改革开放的实验区、产城融合的示范区、科技创新的引领区、绿色发展的样板区。

通、通信等基础设施建设,提升区域一体化水平。

——建设高原特色农产品生产基地,发展农产品加工业,稳步提高农产品质量和效益,推进与周边国家的农业合作,建设外销精细蔬菜生产基地、温带鲜切花生产基地和高效林业基地。

——加强以滇池、抚仙湖为重点的高原湖泊治理和牛栏江上游水源保护,加大水土流失和石漠化防治力度,构建以高原湖泊为主体,林地、水面相连,带状环绕、块状相间的高原生态格局。进一步加强跨界水污染和区域性大气复合污染整治,废弃物处置、金属污染治理,森林火灾、野生动植物疫源疫病、有害生物防范等为重点的区域生态安全联防联控力度。

第三节　省级层面集中连片重点开发区域

省级层面重点开发区域是指除国家层面重点开发区域外,对支撑全省经济持续增长和促进全省区域协调发展意义重大,并具有中心城市和一定区域辐射功能的相对连片城市化地区。分布在滇西地区、滇西北地区、滇西南地区、滇东南地区和滇东北地区,共涉及16个县市区,按行政区统计面积为3.66万平方千米,占全省国土面积的9.3%。(详见附件1)

一、滇西地区

该区域位于全省城市化战略格局的西部,是指以大理、隆阳、芒市、瑞丽为重点,以祥云、弥渡、腾冲等县城和猴桥、章凤、盈江等口岸为支撑的组团式条带状城镇密集区。[①]

功能定位:我国连接缅甸、南亚、印度洋的黄金通道,我国面向西南开放重要桥头堡的重要节点和窗口;云南省以优质粮、糖和香料为主的生物资源加工基地,重要的建材、矿冶、轻工生产和加工基地、商贸中心、文化产业发展中心和特色制造业中心,具有边疆民族特色的火山热海边界旅游区。

发展方向:

——构建以大理—瑞丽铁路和高速公路为纽带,以大理、隆阳、芒市、瑞丽为区域中心城市,通过快速通道连通周边县城和小城镇的2小时经济圈。

——大力发展生物资源生产加工、清洁载能、珠宝玉石和出口加工等产业,巩固提升旅游产业,壮大商贸物流产业,加快发展"三头在外"的外向型产业,积极培植文化产业。

——积极发挥瑞丽在我国沿边对外开放格局中的区位优势,加快推进瑞丽重点开发开放试验区建设,着力创新体制机制,大力发展进出口加工、商贸流通、旅游文化、特色农业等特色优势产业,加快一般贸易、转口贸易、加工贸易转型升级和健康发展,推动瑞丽、畹町两个现有边境经济合作区加快建设,积极创造条件,研究建立中缅跨境经济合作区、设立海关特殊监管区。积极申报,规划建设腾冲猴桥边境合作区。

——加强澜沧江、怒江、龙川江干流和洱海流域水污染治理,改善区域内水环境质量。推行清洁生产,发展循环经济。加强生物多样性保护,加大封山育林和防护林建设力度,巩固和扩大退耕还林成果。合理开发矿产资源,加强生态恢复和环境保护。调整土地利用方式,鼓励工业、城镇发展利用低丘缓坡,保护基本农田和林地。保护农田生态环境,控制化肥和农药的使用。保护水源涵养地和生物多样性,加强洱海水资源保护和水污染治理。

---

① 滇西地区大部分属于滇西纵谷区,以山地、平坝、河谷三种地形为主,大于100平方千米的坝子共6个。开发强度低,水资源总体较为丰富。该区域包括亚热带和温带气候,自然植被为半湿润常绿阔叶林为主。该区域为云南西部地区的交通枢纽和物资集散地,对云南西部地区经济发展具有重要支撑作用。

二、滇西北地区

该区域位于全省城市化战略格局的西北部,是指以丽江古城区为核心,香格里拉县建塘镇、泸水县六库镇等为支撑的据点式城镇发展区。①

功能定位:我省进入西藏的交通咽喉;大香格里拉旅游区的主要组成部分,世界级精品旅游胜地;我省独具特色的生物资源开发创新基地、重要的水能基地和矿产资源开发区。

发展方向:

——构建州际高等级公路为轴线,以丽江古城区为中心,以六库、片马、建塘等城镇为支点的3小时经济圈。

——发展特色农业、生物、旅游文化、清洁能源、矿产、轻工和出口加工等产业,努力建成全国重要的水电基地和旅游目的地。

——在保护生态环境的前提下,有序推进澜沧江上游、金沙江中游和怒江流域干流水电开发,整合中小水电资源,积极开发太阳能和生物质能,打造我国重要的清洁可再生能源基地。

——保护农业生态环境,防止由于不合理土地利用带来的水土流失。保护水源涵养地、高原草甸、高原湿地和生物多样性,明确保护范围。减少开发水电和矿产对生态环境的破坏。加强对城市、工业环境污染的监控和治理。

三、滇西南地区

该区域位于全省城市化战略格局的西南部,指以景洪、思茅、临翔3个中心城市为核心,宁洱、云县、澜沧、景谷等县城为节点,磨憨、孟定、南伞、打洛等口岸为支撑的组团式城镇发展区。②

功能定位:昆明至磨憨辐射泰国曼谷经济走廊的重要组成部分,中国与东南亚经济文化联系的纽带;重要的热带特色生物产业、可再生能源、出口商品加工基地;面向老挝、泰国的重要商贸集散地,澜沧江—湄公河国际旅游区。

发展方向:

——构建以景洪、思茅、临翔为中心,以昆曼公路、泛亚铁路中线为轴线,以临沧—普洱、景洪—打洛等高速公路为支撑,辐射周边县城和城镇的3小时经济圈。

——加快发展热区农业、旅游文化、生物、能源、轻工、出口商品加工、商贸物流等产业,促进形成以绿色经济为主的特色经济和外向型产业区。

——开发澜沧江干流水电,建成重要水电基地。

——加快昆曼经济走廊建设和口岸建设,推进形成中老磨憨—磨丁跨境经济合作区,建设孟定清水河、孟连勐阿等边境经济合作区。

——打造物流产业,形成澜沧江—湄公河次区域合作物流中心、贸易中心。

---

① 滇西北地区大部分位于三江并流区,大于100平方千米的坝子共3个,未来可用于工业化和城市化的土地资源较为有限,但水资源极为丰富,属亚热带季风气候,立体气候显著。该区域旅游资源丰富,是全国重要的旅游目的地,目前已形成包括铁路、高速公路和机场的立体交通网络。

② 滇西南地区地形以低山丘陵为主,地势起伏不大,光、热、水、土以及地形等自然条件配合较好,可用于工业化和城市化的土地、水等资源丰富。该区还具有与缅甸、老挝和越南3国接壤的优越区位条件,是中南半岛国家从陆路进入中国的重点门户,目前陆水空的综合交通体系已基本形成。

——加强思茅区、临翔区、景洪市等城市生活污水处理,保护水环境。加大对怒江、澜沧江流域的保护和治理,防止水土流失和土地退化。实施退耕还林、封山育林工程和公益林、防护林建设。做好生物多样性和水源涵养地的保护,减少热区经济作物对热带雨林的消极影响。加大对生物物种的监测控制,防止有害物种入侵。

四、滇东南地区

该区域位于全省城市化战略格局的东南部,指以个(旧)开(远)蒙(自)建(水)、文(山)砚(山)丘(北)平(远)为中心,以河口、天保、田蓬、金水河等口岸为前沿的双核心组团式城镇密集区。①

功能定位:昆明至河口辐射越南河内经济走廊以及昆明—文山—北部湾和珠三角经济走廊的结合部,沟通云南与越南、中国内地与越南市场的商贸枢纽和进出口物资中转通道;全省重要的现代农业、生物医药、有色冶金、能源、化工、建材基地,喀斯特山水文化旅游区。

发展方向:

——构建以蒙自、文山为中心,以个旧、开远、砚山、蒙自、丘北、河口等县城为支撑,以泛亚铁路东线和蒙文砚高速公路为纽带,辐射周边城镇的2小时经济圈,个(旧)开(远)蒙(自)建(水)率先形成1小时经济圈。

——重点加快发展观光农业、矿产、烟草、生物、旅游、商贸物流、出口加工等产业。

——构建昆河经济走廊,形成重要的物流中转点,尽快实现对国内和国际的双重辐射作用。强化向珠三角和北部湾开放大通道功能,加快富宁港建设,提升交通通道的综合能力。

——对哀牢山西坡实行封山育林,提高公益林比重。减少土地过度利用带来的土地退化。保护农田生态环境。加大石漠化治理力度。发展循环经济,推行清洁生产。管制个旧市、开远市二氧化硫排放,改善开远市大气环境状况。推进流域水环境综合治理,开展以异龙湖为重点的高原湖泊治理。

五、滇东北地区

该区域位于全省城市化战略格局的东北端,是指以昭阳区和鲁甸县一体化为核心,包括沿昆水公路重点城镇的带状组团式城镇密集区域。②

功能定位:昆明—昭通—成渝和长三角经济走廊的前沿,滇、川、渝、黔交界区域的经济增长极;全省重要的能源基地和重化工业基地。

发展方向:

——构建以昭阳和鲁甸一体化为核心,以水富港为门户节点,以规划和建设中的渝昆铁路、水

---

① 滇东南地区属中低山丘陵和喀斯特岩溶区,可用于工业化和城市化的土地资源较为丰富。但地下暗河发育,地面漏斗遍布,属于轻度缺水地区。水环境容量较小,河流污染较严重,很多河流未达到地表水环境功能的要求,异龙湖水质状况为劣V类。该区域是云南近代最早的外贸口岸和全省开放最早的地区,有较好的发展基础,是云南省重要的冶金、烟草基地,现正在为建成云南省最大的有色金属冶炼中心、重要的生物资源加工基地和面向东南亚开放的重要地区而努力。

② 滇东北地区以山地、坝子和高原地形为主,未来可用于工业化和城市化的土地资源较为丰富,水资源开发利用潜力大,水环境容量总体较好,但二氧化硫排放量重度超标,酸雨强度较高。现存自然植被类型以湿性常绿阔叶林和云南松林为主,林地覆盖率较低。该区域地处滇、川、黔3省结合部,位于昆明、成都、贵阳、重庆等中心城市经济社会发展辐射的交汇点,是云南的北大门和滇、川、黔3省经济、文化的交汇重地。

富—昆明高速公路为纽带,辐射周边城镇的2小时经济圈。

——以清洁载能型和劳动密集型产业为主要导向,重点加快发展生态农业、能源、化工、矿产、商贸物流、旅游等产业,促进形成产业聚集区。

——强化向长三角和成渝开放大通道功能,加快水富港的改扩建,提升交通通道的综合能力,形成集物流、能源、化工为一体的综合产业基地。

——封山育林育草,加大水土流失和金沙江干热河谷植被恢复和生态修复。发展以经济林木(果)为主的生态林业及以商品粮为主的生态农业。做好水电开发后的生态恢复和建设。调整产业结构,严格控制区域内二氧化硫的排放。加强渔洞水库水资源保护和区域水污染治理。

第四节　其他重点开发的城镇

其他重点开发的城镇是指点状分布于农产品主产区和重点生态功能区中城镇的中心区域,资源环境承载能力相对较强,有一定聚集经济和人口的条件,是全省城市化战略格局的重要组成和补充,主要进行"据点式"开发①。此类地区分为重点县城镇、重点小镇、重点口岸镇3种类型,共涉及80个乡镇。(详见附件1)

一、功能定位

中心城市辐射转移的重要承接区和服务保障的基地,农产品、特色产品、生态产品的集中加工区,农产品主产区和重点生态功能区人口的聚集地,对外开放的窗口和节点。

二、发展方向

——重点县城镇要发挥县域经济发展的核心区和引导区的作用,积极承接中心城市的产业辐射和转移,完善城镇各类道路、供水、电力、通信、交通等基础设施,优化居住环境,提升服务水平。大力发展碳汇经济和生态农业,依托现有经济发展和城镇建设基础,完善公共服务体系,建设成为全县经济的重要承载区和人口聚集区。

——重点小镇要以园区为重点,深入挖掘特色资源,促进特色产业聚集式发展,不断完善基础设施,构建综合交通网络,优化居住环境,积极承接周边农业人口转移。强化政府公共服务职能,改善投资环境,加大产业扶持力度,做大做强优势、主导产业。

——重点口岸镇要努力打造区域性物流基地、进出口加工基地和商品交易基地,加强口岸配套设施建设,加大边民互市贸易区(点)基础设施支持力度,发展边境贸易,扩大开放,聚集一定规模的人口和经济,维护边境安宁。完善城镇各类基础设施,优化居住环境,提升服务水平。

第五章　限制开发区域
——保障农产品供给和生态安全的重要区域

云南省限制开发区域包括农产品主产区和重点生态功能区2类,是保障全省乃至全国生态安

---

① 据点式开发,又称增长极开发、点域开发,是指对区位条件好、资源富集等发展条件好的较小范围区域,采取集中资源、突出重点的方式进行开发。

全、粮食安全的重要区域。

第一节　农产品主产区

农产品主产区是指具备较好的农业生产条件,以提供农产品为主体功能,以提供生态产品和服务产品及工业品为其他功能,需要在国土空间开发中限制大规模高强度工业化城镇化开发,以保持并提高农产品生产能力的区域。农产品主产区分国家和省级两个层面,国家层面农产品主产区包括48个县市(详见附件2),省级农产品主产区包括分布在重点开发区域和重点生态功能区的基本农田,以及农垦区①、林木良种基地等零星农业用地。云南省农产品主产区按行政区统计面积为15.9万平方千米,占全省国土面积的40.3%。(附图8 限制开发区域(农产品主产区)分布图)

一、功能定位

农产品主产区是保障粮食产品和主要农产品供给安全的基地,全省农业产业化的重要地区,现代农业的示范基地,农村居民安居乐业的美好家园,社会主义新农村建设的示范区。

农产品主产区要以大力发展高原特色农业为重点,切实保护耕地,稳定粮食生产,发展现代农业,增强农业综合生产能力,增加农民收入,加快建设社会主义新农村,有效增强农产品供给保障能力,确保国家粮食安全和食品安全。

二、发展方向和开发原则

——打破行政区划,推进优势农产品向优势产区集中,建设一批特色产业的规模化、集约化基地,尽快形成一批优质特色农产品产业群、产业带,加快特色产业发展,推进现代农业建设。

——稳定粮食种植面积,努力提高粮食单产,加大对粮食生产的扶持力度,建设一批基础条件好、生产水平高的粮食生产基地。

——加快无公害蔬菜、高档花卉、优质烟叶、优质稻米、优质畜产品和优质水产品等高原特色农业发展,建设规模化、标准化、集约化原料基地,提高农产品质量。

——以转变生产经营方式、提高生产水平为重点,加大"五小"水利基础设施建设,积极开拓市场,推进农林牧结合,大力发展优质草食畜牧、优势特色经济林、优质蚕桑、道地中药材等产业。

——发挥光热水土资源富集的优势,以甘蔗、茶叶、橡胶、热带水果、冬早蔬菜、咖啡、观赏绿化植物等为重点,加大开发力度,扩大冬季农业开发规模,稳步发展生物质能原料产业,积极发展精深加工,促进热区优势特色产业发展。

——大力实施退耕还林、绿化荒山荒地,恢复林草植被。发展生态农业,生产适销对路的新、优、特农产品,发展无公害产品、绿色食品和有机食品,实现经济效益、生态效益和社会效益相统一。

——切实加强农业基础设施、装备建设。以农田水利基础设施建设为主,突出抓好以水浇地、坡改梯和中低产田改造为重点的高稳产农田建设,加强大中型灌区续建配套和节水改造,提高人工增雨抗旱和防雹减灾作业能力。以提高农业生产装备保障能力为目标,切实加快农业机械化步伐。

——合理确定适宜渔业养殖的水域、滩涂,大力发展水库、坝塘、稻田水产养殖业。在南部和低

---

① 云南农垦辖区主要位于云南南部和西南部,点状分布在西双版纳、普洱、临沧、德宏、红河、文山、保山、昆明8个州市的29个县区,总面积2100平方千米,总人口超过30万人,是具有社会性和企业特点的特殊系统。本区是云南省农业生产主要区域,其工业化、城市化发展不均,发展农业和加工业潜力较好。

热河谷地区重点扶持发展罗非鱼养殖加工。在天然湖泊、重要江河积极开展渔业资源人工增殖放流,全面实施捕捞许可证制度。

——加强农村劳动力培训,开展多种形式就业培训,拓宽转移就业渠道,努力扩大培训规模。加强就业服务机构建设,完善就业服务体系,为农民提供就业信息。

——农村居民点以及农村基础设施和公共服务设施的建设,要统筹考虑人口迁移等因素,适度集中、集约布局。

——农垦区要继续巩固提高橡胶、茶叶等传统优势农业,发展畜牧、蔬菜、经济林木(果)、花卉等特色农业,发挥各地自身优势,突出特色,宜果则果,宜菜则菜,宜花则花,建设现代化种养殖基地和加工基地,大力发展适合当地特点、具有市场竞争优势的各类特色农业,促进农业产业结构调整和升级。

——加快农业走出去步伐,推进国际化合作,扩大农业对内对外开放。

第二节 重点生态功能区

重点生态功能区是指资源环境承载能力较弱、大规模聚集经济和人口条件不够好,生态系统十分重要,关系全省乃至全国更大范围生态安全,不适宜进行大规模、高强度工业化和城镇化开发,需要统筹规划和保护的重要区域。重点生态功能区分国家级和省级2个层面,共包括38个县市区和25个乡镇,其中国家级包括18个县市,省级包括20个县市区和25个乡镇(详见附件2)。行政区统计面积为14.93万平方千米,占全省国土面积的37.9%,其中,国家级21.9%,省级16.0%。(附图9限制开发区域(重点生态功能区)分布图)

一、功能定位

重点生态功能区在涵养水源、保持水土、调蓄洪水、防风固沙、维系生物多样性等方面具有重要作用,是关系全省、全国或更大区域生态安全的重要区域。重点生态功能区要以保护和修复生态环境、提供生态产品为首要任务,因地制宜地发展不影响主体功能定位的适宜产业,引导超载人口逐步有序转移。

二、发展方向

根据省情,云南省重点生态功能区分为水源涵养、水土保持、生物多样性保护3种类型。

——水源涵养型。推进天然林保护和退耕还林,治理水土流失,维护或重建湿地、森林等生态系统。严格保护具有水源涵养功能的自然植被,禁止过度放牧、无序采矿、毁林开荒等行为。加强江河源头及上游地区的小流域治理和植树造林,减少面源污染。禁止开垦草原(草甸),实行禁牧休牧和划区轮牧,稳定草原面积,建设人工草地。拓宽农民增收渠道,解决农民长远生计。

——水土保持型。大力推行节水灌溉和“五小”水利工程建设,发展旱作节水农业,限制陡坡垦殖。加强小流域综合治理,实行封山禁牧,恢复退化植被。加强对能源和矿产资源开发及建设项目的监管,加大矿山环境整治和生态修复力度,最大限度地减少人为因素造成新的水土流失。拓宽农民增收渠道,解决农民长远生计。

——生物多样性保护型。禁止对野生动植物进行滥捕滥采,保持并恢复野生动植物物种和种群的平衡,实现野生动植物资源的有效保护和永续利用。加强防御外来物种入侵的能力,在重点地区和重点水域建设外来物种监控中心和监控点,防止外来有害物种对生态系统的侵害。保护自然生态系统与重要物种栖息地,防止生态建设导致栖息环境的改变。在重要流域及湖泊,加强水域生态环境保护建设,开展水域生态修复,根据各种水生野生动物濒危程度和生物学特点,加大渔业资源人工增殖放流力度,设立禁渔区和禁渔期,对其产卵群体和补充群体实行重点保护。

表2　云南省重点生态功能区的类型和发展方向

区　　域	类　　型	综合评价	发展方向
滇西北森林及生物多样性生态功能区	生物多样性保护	原始森林和野生珍稀动植物资源丰富,是金丝猴、羚羊等重要物种的栖息地,在生物多样性维护方面具有十分重要的意义。目前山地生态环境问题突出,外来物种入侵日趋严重,生物多样性受到威胁	在已明确的保护区域保护生物多样性和多种珍稀动物基因库
南部边境森林及生物多样性生态功能区	生物多样性保护	热带北缘地带。发育我国特有的热带季节雨林、季雨林、山地雨林和湿润雨林,生态系统多样性和物种多样性极高,是亚洲象、绿孔雀、望天树等重要保护物种的分布地和亚洲象、亚洲野牛、印支虎与其国外栖息地的主要通道。目前由于不合理开发,生境破碎化程度较高,野生动植物生存受到不同程度的威胁	扩大保护区范围,加强对热带雨林和重要保护动物栖息地的保护;严禁砍伐森林和捕杀野生动物
哀牢山、无量山森林及生物多样性生态功能区	生物多样性保护	原始森林和动植物物种丰富,目前生态系统的多样性受到较大威胁,生物多样性逐渐减少,珍稀野生动植物资源总量下降	禁止非保护性采伐,涵养水源,保护动植物生物多样性
滇东喀斯特石漠化防治生态区	水土保持	拥有以岩溶系统为主的特殊生态系统,生态脆弱性极高,土壤一旦流失,生态恢复重建难度极大。目前生态系统退化问题突出,植被覆盖率低,石漠化面积加大	退耕还林、封山育林育草,种草养蓄,实行生态移民,改善耕作方式,发展生态产业和优势非农产业
沿金沙江干热河谷生态功能区	水土保持	受地理位置、地形地貌、气候变化等自然因素影响,以及人为活动的破坏,生态系统退化问题严重,植被覆盖率低,水土流失严重,是典型的生态脆弱带,植被生态系统的退化引起严重的环境问题	退耕还林、还灌、还草,综合治理,防止水土流失,降低人口密度
滇东北三峡库区上游生态功能区	水源涵养	金沙江区段为主的长江上游地区流域的生态屏障,受自然与人为活动的破坏,水土流失、泥石流灾害严重,砂石化不断加剧,大量泥沙进入金沙江,生态环境问题严峻	禁止非保护性林木采伐,植树造林,退耕还林、涵养水源,防止水土流失
高原湖泊生态功能区	水源涵养	湖泊是全省生态系统的重要组成部分,对区域水资源平衡、物种的保护、局部小气候和候鸟的迁徙等影响较大,系统较为较弱,一旦污染和破坏很难恢复。目前以滇池为主的高原湖泊水污染问题严重	禁止非法取水、过度捕捞、不达标的生产和生活污水直接排入湖中

三、开发和管制原则

——对各类开发活动进行严格管制,尽可能减少对自然生态系统的干扰,不得损害生态系统的稳定和完整性。

——开发矿产资源、发展适宜产业和建设基础设施,都要控制在尽可能小的空间范围之内,并做到林地、草地、湿地、水面等绿色生态空间面积不减少。新增公路、铁路建设规划必须严格执行环境影响评价制度,应事先规划好动物迁徙通道。在有条件的地区之间,要通过水系、绿带等构建生态廊道,避免形成"生态孤岛"①。

——严格控制开发强度,集约节约农村居民点用地,腾出更多的空间用于维系生态系统的良性循环。城镇建设与工业开发要依托现有资源环境承载能力相对较强的城镇集中布局、据点式开发,禁止成片蔓延式扩张。原则上不再新建各类开发区和扩大现有工业开发区的面积,已有的工业开发区要逐步改造成为低消耗、可循环、少排放、"零污染"的生态型工业区。

——实行更加严格的产业准入环境标准,严把项目准入关。在不损害生态系统功能的前提下,因地制宜地适度发展旅游、农林牧产品生产和加工、休闲农业等产业,积极发展服务业,根据不同地区的情况,保持一定的经济增长速度和财政自给能力。

——在现有城镇布局基础上进一步集约开发、集中建设,重点规划和建设资源环境承载能力相对较强的县城和中心镇,提高综合承载能力。引导一部分人口向城市化地区转移,一部分人口向区域内的县城和中心镇转移。生态移民点应尽量集中布局到县城和中心镇,避免新建孤立的村落式移民社区。

——加强县城和中心镇的道路、供排水、垃圾污水处理等基础设施建设。在条件适宜的地区,积极推广太阳能、生物质能等清洁可再生能源利用,努力解决农村特别是山区农村的能源需求。在有条件的地区建设一批节能环保的生态型社区。健全公共服务体系,改善教育、医疗、文化等设施条件,提高公共服务供给能力和水平。

第六章　禁止开发区域
——保护自然文化遗产的重要区域

第一节　功能定位

禁止开发区域是指有代表性的自然生态系统,珍稀濒危野生动植物物种的天然集中分布地、有特殊价值的自然遗迹所在地和文化遗址等点状分布的区域。

禁止开发区域分为国家级和省级,具体包括:自然保护区、世界遗产、风景名胜区、森林公园、地质公园、城市饮用水源保护区、湿地公园、水产种质资源保护区、牛栏江流域上游保护区水源保护核心区②等。禁止开发区域总面积为 7.68 万平方千米,占云南省总面积的 19.5%,呈斑块状或点状镶嵌在重点开发和限制开发区域中。禁止开发区域是国家和云南省保护自然文化资源的重要区域及珍贵动植物基因资源保护地。(附图10 禁止开发区域分布图)

---

① 生态孤岛是指物种被隔绝在一定范围内,生态系统只能内部循环,与外界缺乏必要的交流与交换,物种外向迁移受到限制,处于孤立状态的区域。

② 牛栏江流域上游保护区是牛栏江滇池补水工程的汇水区,对滇中地区发展和滇池治理有重要意义,但牛栏江流域上游保护区内人口众多,工农业发达,与其他水源保护区有明显差异,牛栏江流域上游保护区主要根据《云南省牛栏江保护条例》进行管理,因此在本规划中将牛栏江流域上游保护区单独作为一类禁止开发区,具体范围是牛栏江流域上游保护区的水源保护核心区。

表3　禁止开发区域基本情况

类　型	级　别	个　数	面积(平方千米)	占国土面积比重(%)
自然保护区	国家级	20	14835	3.76
	省　级	39	6994	1.77
	州市级	61	4727	1.20
	县　级	50	2304	0.58
世界遗产	——	5	17920	4.55
风景名胜区	国家级	12	14743	3.74
	省　级	54	6263	1.59
森林公园	国家级	27	1126	0.29
	省　级	14	437	0.11
地质公园	世界级	1	350	0.09
	国家级	9	3216	0.82
水源保护区	——	49	3124	0.79
湿地公园	——	4	166	0.04
水产种质资源保护区	——	16	298	0.08
牛栏江流域上游保护区水源水源保护核心区	——	1	344	0.09
合　计		359	76847	19.5

注:表中合计面积未扣除各类禁止开发区重复计算部分。

第二节　管制原则

根据法律法规规定和有关规划,对云南省各类自然文化保护区域实行保护,控制人为因素对自然生态的干扰,严禁不符合主体功能定位的开发活动,使自然文化资源切实得到有效保护。

一、自然保护区

依据《中华人民共和国自然保护区条例》、《云南省自然保护区管理条例》、本规划以及自然保护区总体规划进行管理。严格按照《自然保护区条例》等有关法律法规,进一步对自然保护区及其核心区、缓冲区和试验区明确界定范围,并且分类管理。核心区只供观测研究,禁止有碍自然资源保护管理的一切活动,严禁任何生产建设活动。缓冲区除必要的科学实验活动外,严禁其他任何生产建设活动。实验区除必要的科学实验以及符合规划的旅游、种植业和畜牧业等活动外,禁止其他生产建设活动。实施生态移民工程,按照先核心区后缓冲区、实验区的顺序逐步转移自然保护区的人口。到2020年,绝大多数自然保护区核心区无人居住,缓冲区和实验区人口大幅度减少。在不影响保护区保护对象和功能的前提下,对范围较大、人口较多的核心区,允许适度规模的人口居住,同时通过提供生活补助等途径,确保其生活质量稳步提高。

二、世界遗产

依据《保护世界文化和自然遗产公约》、《实施世界遗产公约操作指南》、本规划以及世界文化自然遗产规划进行管理。加强对遗产原真性的保护,保持遗产在艺术、历史、社会和科学方面的特殊价值。加强对遗产完整性的保护,保持遗产未被人扰动过的原始状态。

三、风景名胜区

依据《风景名胜区条例》、《云南省风景名胜区管理条例》、本规划及风景名胜区规划进行管理。严格保护风景名胜区内一切景物和自然环境,不得破坏和随意改变。严格控制人工景观建设,减少人为包装。禁止开山、采石、开矿、开荒等破坏景观、植被和地形地貌的活动。禁止在风景名胜区内设立各类开发区和在核心景区内建设宾馆、疗养院以及与风景名胜区无关的其他建筑物,已经建设的,应逐步迁出。在风景名胜区开展旅游活动,必须根据资源状况和环境容量进行,不得对景观、水体、植被及其他野生动植物资源等造成损害。

四、森林公园

依据《中华人民共和国森林法》、《中华人民共和国森林法实施条例》、《中华人民共和国野生植物保护条例》、《国家级森林公园管理办法》、本规划及森林公园规划进行管理。森林公园内除必要的保护和附属设施外,禁止其他任何生产建设活动。建设旅游设施及其他基础设施等必须符合森林公园规划,逐步拆除违反规划建设的设施。禁止毁林开荒和毁林采石、采砂、采土以及其他毁林行为。严禁随意占用、征用和转让林地。

五、地质公园

依据《世界地质公园网络工作指南和标准》、《关于加强世界国家地质公园和国家地质公园建设与管理工作的通知》、本规划以及地质公园规划进行管理。地质公园内除必要的保护和附属设施外,禁止其他任何生产建设活动,禁止在地质公园和可能对地质公园造成影响的周边地区进行采石、取土、开矿、放牧、砍伐以及其他对保护对象有损害的活动。未经管理机构批准,不得在地质公园范围内采集标本和化石。

六、城市饮用水源保护区

依据《中华人民共和国水污染防治法》、本规划以及城市饮用水源保护区规划进行管理。在城市饮用水源保护区内,禁止设置排污口;禁止在饮用水水源一级保护区内新建、改建、扩建与供水设施和保护水源无关的建设项目;禁止在饮用水水源二级保护区内新建、改建、扩建排放污染物的建设项目;禁止在饮用水源准保护区内新建、扩建对水体污染严重的建设项目,改建项目不得增加排污量。

七、湿地公园

依据《国务院办公厅关于加强湿地保护管理的通知》、《中国湿地保护行动计划》和本规划进行管理。除必要的保护和附属设施外,禁止其他任何生产建设活动。禁止开垦占用、随意改变湿地用途以及损害保护对象等破坏湿地的行为。不得随意占用、征用和转让湿地。

八、水产种质资源保护区

依据《水产种质资源保护区管理暂行办法》和本规划进行管理。特别保护期内不得从事捕捞、爆破作业以及其他可能对保护区内生物资源和生态环境造成损害的活动。禁止新建排污口。

云南

九、牛栏江流域上游保护区水源保护核心区

依据《云南省牛栏江保护条例》，将牛栏江流域上游保护区水源保护核心区划为禁止开发区域。区内禁止新建、改建、扩建排污口，围河造地、围垦河道，围堰、围网、网箱养殖，规模化畜禽养殖，破坏林木和草地，使用高毒、高残留农药。禁止利用溶洞、渗井、渗坑、裂隙排放、倾倒含有毒有害物质的废水、废渣，禁止向水体排放废水、倾倒工业废渣、城镇垃圾或者其他废弃物，禁止在江河、渠道、水库最高水位线以下的滩地、岸坡堆放、存贮固体废弃物或者其他污染物，禁止利用无防渗漏措施的沟渠、坑塘等输送或者存贮含有毒污染物的废水、含病原体的污水或者其他废弃物。禁止新建或扩建工业园区、重点水污染物排放的工业项目、经营性陵园和公墓。

充分考虑牛栏江流域上游保护区的特殊性，要切实处理好重点开发区域中涉及的牛栏江流域上游保护区重点污染控制区和重点水源涵养区与本规划划定为禁止开发区域的水源保护核心区在开发与保护中的关系，其重点污染控制区和重点水源涵养区在产业发展、城镇建设等方面要严格遵循《云南省牛栏江保护条例》进行开发与保护，确保牛栏江引水水质达标。牛栏江流域上游保护区属地政府要进一步推进跨界水污染联防联控，优化产业布局、调整产业结构，建立健全与水污染控制相适应的产业准入标准，有选择性地引导产业进入，严禁高耗水和排放重点水污染物的新建产业项目落地，淘汰现有高耗水和严重污染水环境的落后产能，工业园区要实现污水在园区内综合回用，达到工业污水零排放。城镇、集镇要配套污水处理、垃圾处理设施，保证生活污水达标排放、垃圾无害化妥善处理。

第三节　主要任务

——加大生态建设。禁止开发区域要加大退耕还林和水土保持生态修复力度，提高森林覆盖率，恢复生态系统功能，扩大环境容量。加强天然林保护、天然湿地保护、封山育林、植树造林和预防森林火灾、防治病虫害等措施。积极推进自然保护区、重要野生动植物分布区的原生态系统保护和退化生态系统恢复工作。生产开发造成生态退化的区域，必须明确责任，限期恢复自然特性和生态特征。因历史和自然原因造成生态退化的地区，要采取各种措施，积极实施抢救性保护工程，努力重建原有生态功能。

——加快人口有序转移。为减轻经济开发对禁止开发区域资源环境的破坏，发展禁止开发区域的职业教育和技能培训，提高劳动者跨区域就业的能力。加快禁止开发区域移民搬迁，将不适合居住和开发的区域、水源保护区域、森林和野生动植物保护区域的居民外迁。重点推进自然保护区特别是核心区人口的平稳搬迁，减少社区居民对自然保护区的干扰和破坏。

——加强法律保护。对禁止开发区域实行依法保护，凡不符合区域功能定位的开发建设活动必须一律禁止。承担一定旅游功能的禁止开发区域，要服从保护自然资源和文化遗产的主体功能，严禁以旅游开发名义大兴土木。

——加大扶贫力度。禁止开发区域坚持开发式扶贫的方针，因地制宜地继续搞好整村推进、贫困劳动力转移培训。尽快解决禁止开发区域贫困人口的温饱问题，努力提高低收入群体的收入水平和生活水平。对少数生存环境恶劣的贫困人口，要努力创造条件，实行易地扶贫。加大对保护区内不需要搬迁居民的社会保障、文化教育、医疗卫生、信息、技术等基本公共服务的支持，补偿对因保护重要野生动植物资源和自然文化遗产而造成的生命财产损失、农业生产损失和收入减少。

——发展生态旅游。科学开发、发展禁止开发区域生态旅游。以科学发展观为指导,以"保护优先,开发有序"为原则,以生物多样性为基础,以文化多样性为灵魂,以环境友好为要求,科学编制生态旅游发展规划,调整产业结构,转变经济增长方式,对禁止开发区域科学、合理开发,促进人与自然和谐发展。

第七章　能源与资源

——主体功能区形成的重要支撑

能源与资源的开发布局,对构建国土空间开发战略格局至关重要。在对全省国土空间进行主体功能区划分的基础上,从形成主体功能区布局的总体要求出发,需要明确云南省能源、主要矿产资源、生物资源、旅游资源和水资源开发利用的原则和框架。能源与资源开发区散布在重点开发、限制开发和禁止开发区域之中,不属于独立的主体功能区,开发布局必须服从所在区域的主体功能定位、发展方向和开发管制原则。

第一节　能源开发与布局

一、开发原则

——市场导向原则。继续实施西电东送战略,建成西电东送清洁能源基地、国家四大能源战略通道之一,在保障云南省需求的基础上,外送富余部分清洁能源。

——就地转化原则。在能源资源富集地区进行开发,尽可能依托现有城镇作为后勤保障和资源加工基地,避免形成新的资源城镇和孤立居民点,促进水电就地消纳、煤电一体化、新能源就近利用,推进多种形式的矿电结合,尽量减少大规模长距离的跨区域能源输送。

——点上开发、面上保护原则。通过点上开发,促进地方经济发展,妥善解决好开发中的移民安置问题,提高人民生活水平;通过将流域生态保护作为能源开发的重要目标,加强生态恢复、环境治理,达到面上保护的目的。

——因地制宜、有序推进、统筹协调原则。围绕优化产业结构、促进低碳转型的目标,大力发展清洁可再生能源,重视调峰蓄能配套设施建设,解决制约新能源电源发展并网难、外输难等问题,着力构筑稳定、经济、清洁、安全的能源体系。

——生态优先、适度开发、确保底线原则。在重点开发区域进行能源开发时,必须充分考虑资源和环境承载力;在限制开发区域进行能源开发建设时,必须开展环境影响评价工作,尽可能减少对农业空间和生态空间的占用。

二、空间布局

重点在水能资源丰富的三江干流地区①建设水电能源基地,在煤炭资源富集的滇东、滇东北、

---

① 三江干流区:怒江云南境内全长 619 千米,澜沧江云南境内全长 1240 千米,金沙江云南境内全长 1650 千米。三江流经云南 12 个州市、43 个县,流域面积 21.12 万平方千米,人口约占全省的 1/3,生产总值约占全省的 1/7,25 度坡以上耕地有 60.67 万公顷,约占三江流域耕地的 30%。

滇南地区建设煤炭和火电基地,在中缅油气管道的省内落点昆明建设新兴石油炼化基地,依托太阳能和生物质能源分布建设新能源示范基地,形成"三基地一枢纽"的能源开发布局框架。

——三江干流地区。按照水电开发与移民致富、生态保护和地方经济社会发展相协调的原则,在切实做好生态环境保护和移民安置的前提下,积极稳妥推进金沙江干流、澜沧江干流和怒江干流水电开发,建成国家西电东送清洁可再生能源基地。在保障省内用电需求的基础上,扩大云电送广东规模,新开辟广西、华东、华中电力市场。

——滇东、滇东北、滇南地区。以煤炭开采加工和大容量、高参数火力发电站建设为主,集中高效开发煤炭资源,综合发展煤电一体化,大力推进煤层气勘探及开发利用。

——中缅油气管道和昆明石油炼化基地。依托中缅油气管道建设石油炼化产业一体化发展的综合性石化基地,以天然气资源为主拓展全省燃气市场的开发利用。以昆明石油炼化基地生产的成品油资源为主要依托,以昆明安宁为一级中心,曲靖、玉溪、楚雄、大理为二级中心,形成全省放射状成品油输送管网,10 个州市通过输油管道覆盖,6 个州市依靠铁路和公路进行成品油补给。加快建设中缅天然气管道干支线工程,通过管道天然气、压缩天然气、液化石油气、煤层气、煤制天然气等多种气源供气方式,形成覆盖 16 个州市的供气网络。

——新能源示范基地。依托资源优势,稳步发展太阳能发电和热利用,积极开发生物质能,产业化开发天然铀资源。在丽江中部和东部、大理东部、楚雄北部、文山等区域,利用石漠化等未利用土地发展太阳能光伏并网发电项目;妥善处理好风电开发与环境保护的关系,规范风电有序发展,严格按照规划环评要求,取消位于鸟类迁徙通道和生物多样性丰富区的风电场,科学合理确定风电开发规划;按照资源和市场条件布局,依托甘蔗、木薯资源,建立以滇南、滇西为主的燃料乙醇原料基地和加工基地;依托金沙江、红河等干热河谷区域的小桐子资源,以西双版纳为主的滇南橡胶籽资源,以及城镇化密集区的地沟油资源,发展生物柴油。

——电力交换枢纽。重点在滇中、滇东北、滇西北和滇南 4 个区域电网均建成 1—2 个输电通道,按网对网方式向外区送电。与贵州等省合作进行电量互换,实现电力有进有出,水火互补。

第二节　主要矿产资源开发与布局

一、开发原则

——坚持在保护中开发,在开发中保护的方针,立足云南矿产资源和区位优势,依照矿产资源规划、勘查规划、重点矿种规划、重要矿产和矿区规划,加大矿产资源的整合力度,调控开采总量,统筹矿产资源开发与地质环境保护,实现矿产资源利用方式的根本转变。

——根据矿产资源开发利用总量与经济社会发展、市场需求相适应,符合国家产业政策的原则,鼓励开采云南省优势、国内紧缺的煤、磷、铜、铅、锌、金、银、铂、镍、铁、锰、钛等矿产,同时综合回收利用锗、铟、镉等伴生矿产;限制开采锡、钨、稀土和高硫煤、高灰煤;禁止开采蓝石棉、砷和可耕地的砖瓦用黏土。

——全面建立适应社会主义市场经济的矿产资源勘查、开发管理体制,实现矿产资源利用方式和管理方式的根本转变。

——坚持谁开发谁保护、谁破坏谁恢复、谁使用谁付费的原则,综合运用各种手段加大矿山生态恢复治理力度,严格矿山准入条件,在保护生态环境的前提下合理开发利用矿产资源,实现资源与环境的良性循环,达到经济效益、社会效益、资源效益和环境效益的和谐统一。

——在限制开发的重点生态功能区进行矿产开发基地建设,必须进行生态环境影响评价,尽可能减少对生态空间的占用。

二、空间布局

——打造滇西"三江"有色金属基地;滇东南锡、锌、钨、铟、铝基地;滇中磷、铁、铜、金、锗基地;滇东北煤、铅、锌、银基地等4个国家级和省级大型矿产资源开发基地。

——重点打造形成昆明—玉溪铁磷矿业经济区、曲靖—昭通煤炭矿业经济区、个旧—文山多金属矿业经济区、香格里拉—德钦—维西—兰坪有色金属矿业经济区、鹤庆—弥渡—祥云多金属矿业经济区、保山—镇康有色金属硅铁矿业经济区、澜沧—景洪铁铅锌矿业经济区等7个对全省矿业经济起主要支撑作用的经济区。

第三节　生物资源开发与布局

一、开发原则

——坚持因地制宜、符合主体功能区定位的原则。生物资源开发要因地制宜、服从和服务于所在区域的主体功能定位,充分发挥自然资源、科技开发和社会环境的优势,符合该主体功能区的发展方向和开发原则。

——坚持开发与保护并重,可持续发展的原则。正确处理开发与保护的关系,重视种质资源发掘、保存与新品种定向培育,对特有、濒危生物资源实施抢救性保护、人工培育或扩繁,做到既要坚持把生物资源优势开发转变为经济优势,又要强化生物资源的保护和监管,实现生物资源开发利用的可持续发展。

——坚持科学规划、合理布局的原则。生物资源开发基地的建设要充分考虑城镇化、农业发展和生态安全等的需要,对所在区域资源环境承载能力综合评价,按照引导产业集群发展的思路,做到规划先行、合理布局。

——坚持突出重点、科学合理有序开发的原则。优先开发重点开发区域内的生物资源,着力培育市场前景好,发展潜力大,科技支撑力强,能够真正发挥本地优势和对区域经济发展具有强劲辐射带动作用的生物资源开发项目;适度开发限制开发区域的生物资源,必须进行生态环境影响评估,加大生态修复及生物多样性保护建设;保护优先、慎重开发禁止开发区域的生物资源,强化保护措施,加强珍贵动植物种质资源保护建设的同时,适当加大野生种质资源人工驯化繁育能力建设等。

——坚持市场主导、政府引导、企业主体的原则。坚持以市场为导向,利用市场供求机制、竞争机制和价格机制加快生物产业发展。加强政府在统筹规划布局、营造产业发展环境、完善投融资体制、落实优惠政策等方面的宏观指导作用,切实发挥企业在经济社会发展中的主体作用,加快生物资源开发利用。

——坚持以科技为支撑、产业化开发的原则。加大生物资源开发的科技创新力度,加强以产品和技术为核心、产学研结合的体系建设,坚持走"特色化、规模化、集约化、产业化"的发展道路,加大对产业化重点龙头企业的扶持,实现对生物资源的深度开发和综合利用。

——坚持以人为本、提高生物资源开发利用的综合效益原则。把生物资源开发与产业发展、农民脱贫致富、区域经济发展结合起来,实现生态效益、经济效益和社会效益相统一。

二、空间布局

根据滇中、滇西、滇西北、滇西南、滇东北、滇东南6个片区生物资源的分布特点和产业基础,因地制宜保护和开发云南生物资源。

——滇中片区,包括昆明、玉溪、楚雄、曲靖4个州市。经济发展水平高,科技力量强,生物资源开发基础好,要加大生物资源开发力度。以产业化方式加快发展以天然药物及民族药物、化学原料药和制剂、生物制品为重点的生物医药;加快以粮食、烟草、鲜切花、食用菌、蔬菜、木本油料、蚕桑、畜产品为重点的现代生物农业及以新型酶制剂为重点的生物制造业发展。建成全国最大的烟草、鲜切花生产基地、木本油料加工基地,全国重要的蔬菜出口基地和高原特色绿色食品加工基地。依托昆明国家生物产业基地以及各类在滇科研院所、高等院校,开展生物多样性资源调查、保护和可持续利用研究以及濒危物种、特有物种的抢救性保护和可再生性开发研究,把滇中地区建成我国重要的专业性种质资源、基因资源保护保存、开发利用基地和生物技术研发及服务中心,为云南生物产业研发、生产和出口奠定坚实基础。

——滇西片区,包括大理、保山、德宏3个州市。在保护生物种质资源的前提下,开展野生资源的开发和产业化利用。重点发展以粮食、核桃、咖啡、奶业、烤烟、香料烟、茶叶、蚕桑、甘蔗、油茶、石斛、畜牧等为主的生物农业及农产品加工业,建设以能源甘蔗、能源木薯、膏桐、油桐为主的生物质能原料基地和加工基地。

——滇西北片区,包括丽江、迪庆、怒江3个州市。强化生物资源的保护,认真实施滇西北生物多样性保护行动计划,在保护物种资源的基础上,探索合理的野生动植物驯化和产业化发展道路,加大对特有、濒危生物资源的人工培育或扩繁,发展以特色中药材、球根类花卉、食用菌、林果、特色畜产品为重点的高原特色生物农业。

——滇西南片区,包括普洱、西双版纳、临沧3个州市。加强生物资源的保护与合理开发利用,强化对具有商品化开发潜力的野生动植物资源的监督管理,加快生物技术创新,重视种质资源的人工扩繁,以产业化方式发展茶叶、热带亚热带花卉和水果、咖啡、澳洲坚果、核桃、特色养殖业、天然橡胶、甘蔗、林产品、优质水稻等为重点的生物农业及农产品加工业,建设以能源甘蔗、能源木薯、膏桐、油桐为主的生物质能原料基地和加工基地,建设以林(竹)纸浆和松香油等林化产业为主的林产化工基地。

——滇东北片区,主要是昭通市。保护和合理开发利用地区生物资源,产业化方式发展以天麻为重点的中药材种植和加工,以粮食、畜牧、马铃薯、烤烟、果蔬为重点的生物农业及农产品加工业,建设以膏桐和油桐为主的生物质能基地,竹产业和非木材加工产业基地。

——滇东南片区,包括红河、文山2个州。合理开发利用滇东南地区生物资源,大力推进以三七、灯盏花为主的生物医药产业快速发展。以产业化方式推进温热带水果、蔬菜、油茶、烤烟、特色畜产品为重点的生物农业发展,建设以木材加工和观赏苗木为主的林产业基地,建设以膏桐、油桐、能源甘蔗为主的生物质能原料基地和加工基地。

第四节　旅游资源开发与布局

一、开发原则

——旅游资源的开发布局要服从和服务于国家主体功能区规划确定的所在区域的主体功能定位,符合该主体功能区的发展方向和开发原则。

——坚持优化升级原则。以特色旅游为依托,加强资源整合、机制创新、品牌培育和市场拓展,着力抓好旅游精品开发,打造具有国际影响力的旅游区,实现旅游产业结构调整、转换升级和提质增效。

——坚持规划引领原则。要高起点、高标准制定旅游资源开发的规划,统筹考虑产品定位、功能布局、线路安排、要素配置等,强化规划的执行力度。

——坚持开发与保护并重原则。充分发挥旅游产业资源节约型和环境友好型的特性,建立旅游要素产业节能降耗标准,强化旅游开发对生态建设的促进作用,做到景区自然生态环境的改善和资源的可持续利用。

二、空间布局

进一步优化旅游产业区域布局,巩固提升滇中大昆明国际旅游区和滇西北香格里拉生态旅游区,积极建设完善滇西南澜沧江—湄公河次区域国际旅游区、滇西火山热海边境旅游区、滇东南喀斯特山水文化旅游区、滇东北红土高原旅游区,把6大旅游区打造成特色鲜明、功能配套互补、要素流动通畅、互赢发展的旅游目的地。

——滇中大昆明国际旅游区。以昆明市为中心,包括曲靖市、玉溪市和楚雄州,要充分利用滇中良好的区位条件及旅游资源优势,巩固发展观光旅游,大力开发休闲度假、科考探险、户外运动、会展商务等旅游产品,进一步加强休闲度假旅游区的开发建设,提高和完善会展基础设施,提升节会赛事的组织水平和服务质量,把大昆明国际旅游区建设成为中国西南著名的观光度假国际旅游胜地、康体运动和会展商务旅游基地,以及云南连接海内外客源市场、面向东南亚和南亚的国内外旅游集散中心。

——滇西北香格里拉生态旅游区。滇西北的大理州、丽江市、迪庆州、怒江州,要进一步加快发展以世界自然、文化遗产为重点,历史文化名城和民族风情、自然景观为特色的旅游开发与建设,深度开发和提升融合少数民族风情的生态旅游精品,把滇西北香格里拉生态旅游区建成中国一流、世界知名的民族文化生态旅游区,中国香格里拉旅游区的核心区。把大理、丽江、迪庆建设成为国际知名的旅游区和连接西藏、四川的旅游集散中心。

——滇西南澜沧江—湄公河次区域国际旅游区。滇西南的西双版纳州、普洱市、临沧市,要突出热带雨林、民族风情和边境旅游特色,深度开发生态旅游、森林旅游、跨境旅游、民族风情旅游精品,加强开发水电工业旅游产品,加快打造和推出澜沧江—湄公河黄金旅游线路,把滇西南建成云南面向东南亚、大湄公河次区域的重要国际旅游区,把景洪市建成为云南面向东南亚、大湄公河次区域的重要国际旅游集散中心,把普洱市建成国际性旅游休闲度假养生基地。

——滇西火山热海边境旅游区。滇西的保山市和德宏州,要充分发挥火山温泉、民族风情、边境文化和边境区位的优势,重点开发建设以温泉度假、生态旅游为主的健康旅游产品和以民族风情、边境文化、抗战文化、侨乡文化、珠宝购物为特色的跨境旅游产品,把滇西建设成为重要的康体度假和边境旅游区,云南面向东南亚和南亚的重要旅游门户,把腾冲火山热海及德宏边境旅游培育成为国内外知名的旅游精品。

——滇东南喀斯特山水文化旅游区。滇东南的红河州、文山州以及昆明市、曲靖市的部分邻近地区,要依托罗平油菜花、元阳梯田、陆良彩色沙林、丘北普者黑等旅游品牌,突出滇东南喀斯特山水景观、观光农业田园风光、中原文化与边疆少数民族文化相结合的复合人文历史特色,深度开发融合少数民族风情的喀斯特地貌旅游精品和面向越南的边境旅游产品。把滇东南建设成为云南面向越南和连接广西、贵州的泛珠三角旅游区重要门户。

——滇东北红土高原旅游区。滇东北的昭通市以及昆明市、曲靖市的部分邻近地区,要加强旅游基础设施建设,重点面向四川、重庆、贵州和省内客源市场,以红土高原革命遗迹、温泉瀑布等优势旅游资源为依托,以红色旅游为亮点,重点开发红色旅游、生态旅游、休闲度假、康体运动、科考探险和自驾车旅游产品,着力打造西部千里大峡谷,加快建设成云南又一个新兴旅游区。

第五节　水资源开发与布局

一、开发原则

坚持水资源开发利用、节约保护与综合治理并重,地面水资源与空中水资源开发并举,统筹城乡生活、工农业生产、生态环境用水,促进水资源可持续利用与区域经济协调发展。

二、空间布局

——滇中水资源紧缺地区。涉及昆明、曲靖、玉溪、楚雄、红河、大理等州市,地处金沙江、珠江、澜沧江、红河等4大流域的分水岭。该区域应首先做好水资源节约保护,在积极开展节水型社会建设、城市再生水利用、水环境综合治理等前提下,对本区域内供水水源挖潜配套,建设禄丰西河等骨干中型水库,积极实施大中型水电站水资源综合利用项目,加快实施牛栏江—滇池补水工程,加快推进滇中引水工程前期工作,力争项目早日实施。加强水资源保护和水生态修复,加快推进滇池、抚仙湖、洱海等高原湖泊保护与治理,加强水源涵养林建设和南、北盘江等流域水污染防治,加大水土流失防治力度,加强应急抗旱水源工程建设、中小河流治理、山洪灾害防治。

——滇西北高山峡谷区。涉及怒江、迪庆、丽江等州市,处于金沙江、澜沧江、怒江流域上段的纵向峡谷区。应加快区域干流及主要支流水能资源开发与综合利用,重点实施解决城乡人畜饮水安全的"民生水利"工程,建设兰坪黄木等骨干中小型水库,加强水土保持和水源涵养林建设,以及中小河流治理、山洪灾害防治。

——滇东北高寒山区。涉及昭通市,水资源开发以建设鲁甸县月亮湾、巧家县小海子等一批骨干中小型水库及山区"五小"水利工程为主,加快金沙江干流水能资源开发与综合利用,加强水土流失综合治理及生态修复和环境保护,加强应急抗旱水源工程建设、中小河流治理、山洪灾害防治。

——滇西南、滇南水资源丰富区。涉及保山、临沧、德宏、普洱、西双版纳等州市,地处红河、澜沧江、怒江及伊洛瓦底江等国际河流的中下游区。水资源开发利用以建设镇康中山河等骨干大中型水库工程、小型水库工程、应急抗旱水源工程和山区"五小"水利工程为主,解决工程性缺水问题。加快红河、澜沧江、怒江等跨界河流的整治、中小河流治理、山洪灾害防治。

——滇东南岩溶、石漠化区。涉及文山、红河、曲靖等州市,水资源开发要坚持"点上开发、面上保护",重点是建设曲靖阿岗、文山德厚等一批大中型骨干水库工程,加快小型水库、"五小"水利、节水灌溉等工程建设,解决城乡饮水安全问题,加快跨界河流整治,珠江、红河流域的石漠化及水土保持治理、应急抗旱水源工程建设、中小河流治理、山洪灾害防治。

——统筹全省空中云水资源科学开发利用。进一步完善抗旱防雹、森林防火、水资源开发、生态修复等人工影响天气业务布局,建立飞机作业平台和若干地面作业基地,科学实施常态化、规模化人工影响天气作业,提高空中云水资源在全省范围内统筹开发利用水平。

第八章　区域政策
——科学开发的利益机制

根据国家主体功能区的总体部署,以及云南省主体功能区的划分,实行分类发展和管理的差别化区域政策,形成与主体功能区要求相匹配的政策引导机制和利益保障机制。①

第一节　财政政策

深化省级及以下财政体制改革。按照主体功能区规划要求和基本公共服务均等化的原则,完善公共财政体系。继续完善激励约束机制,加大奖补力度,建立和完善基层政府基本财力保障制度。建立健全省级及以下转移支付制度,按照推进形成主体功能区要求,加大均衡性转移支付力度,促进全省各主体功能区间公共服务均等化。进一步完善重点生态功能区转移支付制度,建立健全有利于生态环境保护的奖惩机制。鼓励下游对上游、生态受益地区对生态贡献地区采取资金补助、定向援助、对口支援等多种形式进行补偿,促进建立科学合理、互利共赢的生态补偿标准和长效机制。

重点开发区域。加强产业配套能力建设,促进产业集群发展,提高资源利用效率,推动该区域成为经济发展和财政增收的重点地区。加强税收征收管理,逐步规范税收优惠政策,省财政通过注入项目资本金、安排贴息贷款等方式,对该区域的发展给予适当支持和补助。

限制开发区域。健全公共财政体系,加大重点生态功能区和农产品主产区的财政转移支付力度,特别是一般性转移支付力度,切实增强限制开发区域基层政府实施公共管理、提供基本公共服务和落实各项民生政策的能力,改善居民生活条件,保障其能够逐步享受到与其他地区相差不多的基本公共服务水平。探索建立从价与从量、资源开发利用量与储量相结合的生态环境补偿费征收机制。

禁止开发区域。实施强制性保护,控制人为因素对自然生态的干扰,严禁不符合主体功能定位的开发活动,加大各级各类自然保护区的建设投入力度,使各类自然文化保护区域切实得到有效保护。禁止开发区域必要的基本公共服务发展所需资金,由各级财政重点予以保障,保障禁止开发区域居民能够逐步享受到与其他地区相差不多的基本公共服务水平。

---

①　本规划所称区域政策,是指涉及国土空间开发、涉及区域或地区发展的各类政策,不局限于本规划所列的政策。

第二节　投资政策

一、政府投资

将政府预算内投资分为按领域安排和按主体功能区安排2个部分,实行按领域安排与主体功能区安排相结合的政府投资政策。

——按主体功能区安排的投资。

重点开发区域。政府投资以资本金、财政补助、贷款贴息等方式支持重点开发区域的基础设施和保障性住房建设等。

限制开发区域。政府投资重点用于支持省级重点生态功能区和农产品主产区的发展,包括生态修复和环境保护、农业综合生产能力建设、公共服务设施建设、生态移民、促进就业、基础设施建设以及支持适宜产业发展等。根据政府投资规模,按照每5年解决若干个省级重点生态功能区的突出问题和特殊困难的方式进行安排,即根据每个省级重点生态功能区发展规划确定的目标和主要任务,明确建设项目及实施时间,按计划安排年度政府投资数额。争取到2020年,基本解决全省限制开发区域发展中突出的问题。

禁止开发区域。政府投资的重点是推进自然保护区,特别是核心区人口的平稳搬迁。省财政加大对生态环境保护工程的投入,重点实施从自然保护区搬迁出来人口的房屋和公益性设施建设、生产转型、社会保障、就业培训等项目。

——按领域安排的投资。

农业投资主要投向农产品主产区,加强该地区农业综合生产能力的建设,保障全省粮食安全。对农产品主产区省级支持的建设项目,适当提高省财政补助或贴息的比例,降低州市财政投资比例,逐步减少县级政府投资比例。

生态环境保护投资主要投向重点生态功能区,加强重点生态功能区生态产品生产能力建设,防止和减轻自然灾害,协调区域生态保护。对重点生态功能区省级支持的建设项目,适当提高省财政补助或贴息比例,降低州市财政投资比例,逐步减少县级政府投资比例。

二、社会投资

——积极利用间接融资。引导银行贷款按主体功能区定位调整信贷投向,按照云南省优势产业发展目录,对鼓励类项目提供信贷支持。鼓励国家政策性银行、保险公司和商业银行等金融机构给予基础设施和城市公用事业项目信贷支持。鼓励向符合主体功能定位的禁止开发区域项目提供贷款。严格限制向不符合主体功能定位的项目提供贷款。

——扩大利用直接融资。通过企业上市、发行债券、规范发展产业投资基金,扶持发展创业投资基金等多种筹集建设资金方式。

鼓励重点开发区域内的优化产业结构、提高效益、降低消耗和保护环境等项目建设,推进新型工业化和城镇化进程。

鼓励民间资本投向限制开发区域中符合农产品生产区、重点生态功能区功能定位、类型、发展方向和重点,以及基础设施、市政公用事业和社会事业等领域。

对限制开发区域国家鼓励类以外的建设项目实行更加严格的控制管理,其中属于限制类的建设项目禁止投资与建设,投资管理部门不予审批、核准或备案。

第三节　产业政策

根据国家产业政策,制定云南产业政策实施细则或引导目录。编制专项规划、布局重大项目,必须符合各区域的主体功能定位。重大制造业项目原则上应布局在重点开发区域。严格市场准入制度,对不同主体功能区的项目实行不同的占地、耗能、耗水、资源回收率、资源综合利用率、工艺装备、"三废"排放和生态保护等强制性标准。

重点开发区域。制定政策促进基础设施建设的投资,改善投资环境,加强产业配套能力建设,增强吸收资金、技术和劳动力聚集能力;更新招商引资观念,改招商引资为招商选资;制定产业合理化规划,鼓励资本密集型产业、劳动密集型产业和产业集群的发展,增强承接限制、禁止开发区域超载人口转移的能力。运用高新技术改造和提升传统产业,增强科技创新对重点产业和新兴产业的支撑能力,提高产品附加值和市场竞争力,积极培育和发展战略性新兴产业。根据区域资源环境承载能力设定产业准入门槛,在增长方式的转变中实现集约式发展,凡是不能达到集约开发指标的地区或项目,也要限制开发、延缓开发,具备条件后再开发。对达到指标的地区和项目,要鼓励开发;加快区域内工业化、城镇化进程,发展服务业。

限制开发区域。建立市场退出机制,对限制开发区域不符合主体功能定位的现有产业,要通过设备折旧补贴、设备贷款担保、迁移补贴、土地置换等手段,促进产业跨区域转移或关闭。因地制宜发展特色产业,限制低水平重复建设和不利于生态功能保护的开发活动。制定适度发展矿产资源开发利用、水能资源开发、旅游、农林产品加工以及其他生态型产业的产业政策;促进资源环境负荷重的产业向重点开发区域转移。

禁止开发区域。依据法律法规和有关规划,鼓励发展绿色产业,引导不符合主体功能定位要求的产业外迁,实施强制性保护,控制人为因素对自然生态的干扰,严禁不符合主体功能定位的活动。

第四节　土地政策

根据各主体功能的定位和发展方向,实行差别化区域土地利用和土地管理政策,科学确定各类用地规模,制定并实施不同主体功能区的人均建设用地面积等标准,以及城市化地区工业用地的投资强度、单位面积产出率等标准。认真贯彻落实耕地和林地保护政策,确保耕地和林地的数量和质量,划定永久基本农田和城镇发展界线,将基本农田落实到地块并标注到土地承包经营权登记证书上,禁止改变基本农田的用途和位置。加强土地执法监察力度,严格执行耕地占补平衡。严格执行林地用途管制制度,根据各级林地保护利用规划,确定林地使用方向,严格限制林地转为建设用地和其他农用地;加大宣传和执法力度,严厉打击毁林开垦和违法使用林地行为。适度增加城市居住用地,统一规划利用农村居住用地,集约节约农村居民点用地,严格控制城乡建设用地增长。严格控制坝区土地的开发利用,加大未利用土地开发,合理开发利用荒山荒坡荒地。探索落实国家主体功能区规划土地政策"三挂钩"的要求:即探索实行城乡建设用地增减挂钩的政策,城镇建设用地的增加规模要与本地区农村建设用地的减少规模挂钩;探索实行城乡之间人地挂钩的政策,城乡建设用地的增加规模要与吸纳农村人口进入城市定居的规模挂钩;探索实行地区之间人地挂钩的政策,城市化地区建设用地的增加规模要与吸纳外来人口定居的规模挂钩。通过土地政策的约束和引导功能,引导促进生产力和人口合理布局,实现科学发展。

重点开发区域。适当扩大建设用地规模,合理安排中心城区建设用地,盘活存量土地。将坝区周边适建山地、坡地和未利用地优先纳入储备,进行必要的前期开发,积极引导城镇、村庄、产业向坝区边缘、适建山地发展,进一步提高各类建设占用山地的比例。鼓励挖掘利用空中和地下潜力,提高土地利用强度。充分利用水面、山丘、农田、林地、草地等生态景观进行分隔,促使城镇、村庄组团式发展。合理划定永久基本农田、建设用地和生态用地,详细确定城镇和村庄规划边界。通过利用其他农用地和未利用土地,保障交通、能源、水利等重大基础设施以及发展特色优势产业和促进民族边疆地区发展的合理用地需求。合理安排防治地质灾害和避让搬迁用地。

限制开发区域。对坝区耕地实行特殊保护,原则上将坝区80%以上的现有优质耕地和山区连片面积较大的优质耕地划为永久基本农田,实行特殊保护,确保基本农田数目数量不减少、用途不改变、质量有提高。按照建设山地、山水、田园型城镇的要求,进行城镇和乡村规划,确定发展界线,对城镇人均建设用地标准实行分别控制、分类管理。以废弃工矿、砖瓦窑、"空心村"等废弃建设用地整治为重点,统筹安排增减挂钩及农村土地整治的规模、布局和时序,逐步将坝区布局零乱、居住分散、闲置低效的自然村向城镇、中心村和新型社区集中。减少重点生态功能区建设用地面积,增加维护生态功能类型的用地面积。禁止对破坏生态、污染环境的产业供地。从严限制生态用地改变用途,严格控制对基础性生态用地的开发利用。加大支持天然林和水源涵养林保护等工程,加强以自然修复为主的生态建设。

禁止开发区域。对该区域的土地实行最严格的总量开发控制,严格土地用途管制,严禁改变生态用途的土地供应。严格保护天然林和湿地等基础性生态用地。妥善处理自然保护区内农牧地的产权关系,引导自然保护核心区、缓冲区人口逐步转移。

第五节 农业政策

逐步完善各级财政支持和保护农业发展的政策,加大对农业农村扶持力度,重点向农产品主产区特别是优势农产品主产区倾斜。夯实农业农村基础,着力提升农业产业化水平,促进农业发展方式转变,统筹推进新农村建设和城镇化进程。不断提高农民生活水平,扩大农村有效消费需求。

完善农业投入稳定增长机制。调整各级财政支出、固定资产投资、信贷投放结构,大幅度增加各级政府对农村基础设施建设、农业产业化发展和社会事业发展的投入。保证各级财政支农资金增长幅度高于财政经常性收入增长幅度。大幅度提高政府土地出让收益、耕地占用税新增收入用于农业的比例。建立工业反哺农业,以农产品、农业资源和农村水电、矿产、旅游等资源为原料的各类企业和第三产业对农业的回哺机制。积极引导社会资本投入农业,完善农村金融服务体系,加大对农业科研和技术推广的支持力度。

健全农业支持保护制度。完善农业生产奖补制度,规范程序,完善办法,完善农资综合补贴动态调整机制。落实农资综合直补、粮食直补、良种补贴、农机购置补贴等各项政策。争取云南省更多农产品种类纳入中央良种补贴范围。

完善农产品市场调控机制。稳步提高粮食最低收购价格,建立重要农产品价格调控机制,充实主要农产品储备,保持农产品市场稳定和价格水平合理。建立和完善农林产品市场准入制度,有序推进产品认证工作,规范市场行为。加强生猪、蔬菜等主要"菜篮子"产品市场监测预警体系建设,制定鲜活农产品调控办法,建立反周期补贴制度等。

调整优化农业产业结构。根据农产品加工业不同产业的经济技术特点,对适宜的产业,优先在农产品主产区布局。对土地资源实行集约化、节约化开发利用,发展高效农业、绿色农业和城郊农业,支持农产品主产区依托本地资源优势发展农产品加工产业。加大农业产业化龙头企业、农民专业合作组织的培育和支持,加快农业产业化发展,推进现代农业发展。

健全农业生态环境补偿制度。加大对天然林保护、退耕还林、防护林、石漠化治理、湿地保护、陡坡地生态治理、草原保护、退牧还草等重点生态工程建设的资金投入,建立健全森林、水土保持生态效益补偿制度,完善造林、植草、抚育、保护、管理投入补贴制度。完善有害生物入侵防控补贴制度。形成有利于保护耕地、森林、草原、水域、湿地等自然资源和农业物种资源的激励机制。

建立健全农业保险机制。完善财政支持农业保险专项补贴方式,大力推进农产品政策性保险试点,完善农业保险理赔制度,通过扩大财政引导、农业产业化经营组织和农民成员方式,鼓励保险机构积极开展农业自然灾害保险,建立健全农业监测、预警、防控、评估、应急处置、灾后恢复等机制,努力降低农业灾害损失。

提高农产品质量安全水平。建设完善农产品质量安全检验监测机构,配备执法监测设备设施。建立边境动物疫病防控带、边境农作物重大病虫害防控带和外来入侵有害生物防控阻击带3个生物安全防控带。

促进农业对外合作。借助多边、双边和区域合作机制,加强农业科技交流合作,加快先进实用技术的引进、消化、吸收。加大引资引智力度,积极争取国外优惠贷款、赠款,提高农业利用外资水平。充分利用政府间合作交流平台,拓宽农业"走出去"渠道。加强农产品贸易服务能力建设,推动优势农产品出口。

第六节　人口政策

着力从体制机制上建立和形成人与区域相协调、人与自然共和谐、人与经济社会同发展的关系。科学准确测算各类主体功能区的人口容量,形成主体功能区要求的人口分布。坚持计划生育基本国策,完善人口和计划生育利益导向机制,强化计划生育行政执法,并综合运用其他经济手段,引导人口自然增长率较高的限制开发和禁止开发区域的居民自觉实行计划生育,有效控制人口数量增长,优化人口合理布局。优化教育结构,合理配置教育资源,加强教育区域合作,促进形成与区域主体功能相协调,适应经济社会发展需要的教育格局。加强预防控制,减少出生缺陷,从源头上提高出生人口素质,关注城市空巢老人和农村留守老人,积极发展老龄服务业。

引导重点开发区域内人口均衡分布,适当向滇中的曲靖、玉溪、楚雄3城市集中,控制向昆明市盘龙区、五华区、官渡区、西山区过度聚集;鼓励限制开发区域和禁止开发区域内人口向区域中心城镇聚集,与经济布局和资源环境承载力相适应。破除限制人口转移、人才流动的户籍管理制度障碍;促进人口转移形成与资金等生产要素同向有序流动;教育培训注重提高人口素质、劳动技能和就业能力;积极培育人力资源市场,鼓励人才开发和引进,促进劳动力的充分流动和优化配置。探索构建经济社会政策及重大建设项目与人口发展政策之间的衔接协调机制。

重点开发区域。进一步稳定低生育水平。放宽户籍政策,加大吸纳外来人口的能力,提高人口向中心城镇的聚集度,促使人口均衡分布,将有稳定就业或住所的流动人口逐步实现本地化。大力发展人力资源市场,加快人才特别是高层次人才的引进,提升区域吸纳外来劳动力的能力。统筹整合各类教育培训资源,努力满足社会成员多样化、个性化、职业化的学习需求。

限制开发区域。切实降低生育水平,实施稳妥的人口退出政策,本着个人自主决策的原则,鼓励人口到重点开发区域就业并定居。通过生态移民、工程建设移民，逐步实行有序人口外迁，使本区域人口限制在承载限度内。加强基础教育和职业教育，鼓励支持职业学校积极参与农村劳动力转移培训和农村实用人才培训，使本区域人口具备相应的素质和能力，切实增强劳动力流动和转移就业的能力，提高人口综合素质和人力资本水平。

禁止开发区域。实施积极的人口退出政策，引导并鼓励人口迁入重点开发区域或从事非农产业。本着自愿和尊重民族习惯的原则，引导人口适度向城镇或集市聚集。采取转移支付、经济激励、补助救济等措施，切实改善边境一线居民的生产、生活和居住条件。建立并逐步完善以奖励资助、困难救助、养老和医疗扶助为主要方式的人口和计划生育利益导向机制，适度降低生育水平，严格控制人口机械迁入，逐步缓解人与自然关系紧张的状况。大力加强义务教育、积极发展学前教育，因地制宜加快中小学区域布局调整，进一步巩固和提升义务教育，积极发展职业教育培训和现代远程教育，实施人力资源梯级开发，提高区域内人口的综合素质，以适应从事特色产业发展、维护生态环境及接待外来旅游观光人员和从事相关经营活动的需要。

第七节　民族政策

继续加大对少数民族地区和民族自治区域的财政、税收和金融支持力度，认真贯彻落实国家扶持民族贸易、少数民族特需商品和传统手工业品生产发展的优惠政策。优先安排与少数民族群众生产生活密切相关的基础设施项目和中小型公益性项目。鼓励、支持非公有制经济参与民族地区经济社会发展，稳步提升民族地区社会保障水平。优先发展民族教育和科技事业，大力发展民族文化事业。加快建立生态建设和资源开发补偿机制。加快民族地区人力资源开发，加大少数民族干部的培养选拔力度。千方百计加快少数民族和民族地区经济社会发展，改善少数民族聚居区群众的物质文化生活条件，努力缩小发展差距，实现全面协调可持续发展。

重点开发区域。注重扶持区域内少数民族聚居区的发展，改善城乡少数民族聚居区群众的物质文化生活条件，促进不同民族地区经济社会的协调发展。鼓励发展民族历史文化产业，建设民族文化名村和特色村寨，加强对少数民族非物质文化遗产的传承和保护。充分尊重少数民族群众的风俗习惯和宗教信仰，保障少数民族特需商品的生产和供应，满足少数民族生产生活的特殊需要。振兴少数民族地区特色产业，优先发展循环农业、特色农业、特色林业、自然风光及民族文化旅游等，拓展少数民族地区对外开放广度和深度。继续实施扶持民族贸易、少数民族特需商品和传统手工业品生产发展的财政、税收和金融等优惠政策，加大对民族乡、民族村和城市民族社区发展的帮扶力度。

限制开发和禁止开发区域。着力解决少数民族聚居区经济社会发展中的突出民生问题和特殊困难。优先安排与少数民族聚居区群众生产生活密切相关的农业、林业、旅游、教育、文化、卫生、饮水、电力、交通、贸易集市、民房改造、扶贫开发等项目，解决人口较少民族、特困民族和特殊困难群体脱贫致富的问题。加大扶贫开发整村推进的力度，对一些民族乡扶贫开发实行整乡推进。积极推进少数民族地区农村劳动力培训转移就业，鼓励并支持发展非公有制经济，最大限度地为当地少数民族群众提供更多就业机会，扩大少数民族群众收入来源。

第八节　环境政策

根据不同区域的资源环境承载能力，制定和实施分类管理的环境政策。积极推行绿色信贷、绿色保险、绿色证券等政策。

重点开发区域,实行严格的污染物排放总量控制制度。

——按照国内先进水平,根据环境容量逐步提高产业准入环境标准。

——探索推进排污权交易制度①,合理控制排污许可证的发放,鼓励新建项目通过排污权交易获得排污权。严格执行生态环境破坏责任追究制。

——土地利用的有关规划,区域、流域的建设、开发利用规划,工业、农业、畜牧业、林业、能源、水利、交通、城市建设、旅游、自然资源开发的有关专项规划,要组织进行环境影响评价;建设项目严格执行环境影响评价制度。注重从源头上控制污染,强化环境风险防范,并将污染物排放总量指标作为环评审批的前置条件。开发区和重化工业集中地区要按照发展循环经济的要求进行规划、建设和改造。加强城镇生活污染物减排。

——合理开发和科学配置水资源,实行最严格水资源管理制度,全面建设节水型社会,推行水价改革。控制水资源开发利用强度,在加强节水的同时,限制入河排污总量,保护好水资源和水环境。

限制开发区域。通过治理、限制或关闭污染物排放企业等手段,实现污染物排放总量持续下降和环境质量状况达标。

——农产品主产区要按照保护和恢复地力的要求设置产业准入环境标准,重点生态功能区要按照生态功能恢复和保育原则设置产业准入环境标准。

——建立健全农业农村面源污染防控机制,大力推广测土配方,制定化肥和有机肥的质量标准等相关标准,禁止使用高毒高残留农药,加快农村生产生活垃圾的资源化利用和无害化处理,开展农业农村环境评价。

——从严控制排污许可证的发放。

——加强生态修复和环境保护力度,实施矿山环境治理恢复保证金制度,并实行较高的提取标准。

——加大水资源保护力度,科学合理开发和高效利用水资源,实行全面节水,满足基本的生态用水需求,加强水土保持和生态环境修复与保护。

禁止开发区域。实行强制性保护,严格控制人为因素对自然生态的干扰。依法限期迁出或者关闭所有污染物排放企业,确保污染物的零排放。

——按照强制保护的原则设置产业准入环境标准,禁止不符合其主体功能的各类开发活动。

——不发放排污许可证,确保污染物的零排放。

——旅游及相关产业的开发,必须同步建立完善的污水垃圾收集处理设施,污水做到达标排放,垃圾妥善收集后外运安全处理处置,确保生态环境不被破坏。

——禁止危害水生态环境安全的水资源开发活动,实行最严格的水资源管理制度。

第九节　应对气候变化政策

重视气候变化对云南城市化地区、农产品主产区和重点生态功能区的影响。

---

① 排污权交易是指在一定的区域内,在污染物排放总量不超过允许排放量的前提下,内部各污染源之间通过货币交换的方式相互调剂排污量,从而达到减少排污量、保护环境的目的。

——加快推进低碳试点省建设,建立健全有利于低碳发展的政策体系和体制机制,积极建设以低碳、清洁、循环为特征的低碳产业体系。

——重点开发区域要加快推进绿色、低碳发展,积极发展循环经济,实施重点节能工程,积极发展和消费可再生能源,加大能源资源节约和高效利用技术开发和应用力度,加强生态建设和环境保护,建设生态园林城市,优化生产空间、生活空间和生态空间布局,降低温室气体排放强度。

——农产品主产区要继续加强农业基础设施建设,推进农业结构和种植制度调整,选育抗逆品种,加强新技术的研究和开发,提高农业生产适应气候变化的能力,积极发展和消费可再生能源,减缓农业农村温室气体排放。

——重点生态功能区要根据主体功能定位推进天然林资源保护、退耕还林、湿地保护、自然保护区建设、野生动植物保护等,构建功能强大的防护林体系,严格保护现有林地,大力开展植树造林,积极拓展绿色空间,增加陆地生态系统的固碳能力,发挥好调节气候的功能,防止水土流失,保护生物多样性。充分依靠科技合理开发生物资源,提供生态产品,创造生态价值。有条件的地区积极发展太阳能、地热能、生物质能,充分利用清洁、低碳能源。

——开展气候变化对水资源、农业和生态环境等的影响评估,严格执行重大工程气象风险评估和气候可行性论证制度。提高干旱、暴雨洪涝、低温冷害、高温热浪、强雷暴、冰雹大风等极端天气气候事件及其衍生的滑坡、泥石流等次生灾害监测预警能力,加强自然灾害的应急和防御能力建设。

第九章 绩效评价
——科学开发的评价导向

建立符合科学发展观并有利于推进主体功能区的绩效评价体系。这一评价体系要强化对各地区提供公共服务、加强社会管理、增强可持续发展能力等方面的评价,增加开发强度、耕地保有量、森林覆盖率、资源利用效率、环境质量、社会保障覆盖面等评价指标。在此基础上,按照不同区域的主体功能定位,实行各有侧重的绩效评价和考核办法。

重点开发区域。实行工业化和城镇化水平优先的绩效评价,综合评价经济增长、吸纳人口、质量效益、产业结构、资源消耗、环境保护以及外来人口公共服务覆盖面等,弱化对投资增长速度、吸引外资、出口等的评价,主要考核地区生产总值、非农产业就业比重、财政收入占地区生产总值比重、单位地区生产总值能耗和用水量、单位工业增加值取水量、主要污染物排放总量控制、"三废"处理率、大气和水体质量、吸纳外来人口规模、城乡居民就业率、城镇化率、城市建成区绿化覆盖率等指标。

限制开发区域。限制开发区域的农产品主产区和重点生态功能区分别实行农业发展优先和生态保护优先的绩效评价。

对限制开发的农产品主产区,要强化对农产品保障能力的评价,弱化对工业化城镇化相关经济指标的评价,主要考核农业综合生产能力、农民收入、耕地保有量等指标,不考核地区生产总值、投资、工业、财政收入和城镇化率等指标。

对限制开发的重点生态功能区,要强化对提供生态产品的评价,弱化对工业化城镇化有关经济指标的评价,主要考核大气和水体质量、水土流失和石漠化治理率、森林覆盖率、草畜平衡、生物多样性等指标,不考核地区生产总值、投资、工业、农产品生产、财政收入和城镇化率等指标。

禁止开发区域。按照保护对象确定评价内容,强化对自然文化资源原真性和完整性保护情况的评价。主要考核依法管理的情况,污染物"零排放"情况,保护目标实现程度,保护对象完好程度等,不考核旅游收入等经济指标。

第十章 规划实施

——建设彩云之南

第一节 省人民政府及其有关部门职责

1. 主体功能区规划的实施

根据国家有关要求和《全国主体功能区规划》确定的开发原则,省人民政府负责全省主体功能区规划的实施。

——发展改革行政主管部门,负责本规划实施的组织协调;负责组织编制跨州市行政区的区域规划;负责制定并组织实施推进形成主体功能区的投资政策和产业政策;负责全省主体功能区规划实施的监督检查、中期评估和修订;负责组织提出适应主体功能区要求的规划体制改革方案;负责研究并适时制定将开发强度、资源环境承载力和环境容量等约束性指标分解落实到州市的办法;负责指导县级功能区划实施方案制定。

——工业和信息化行政主管部门,负责编制适应主体功能区要求的工业、通信业、信息化的发展规划和有关政策。

——财政行政主管部门,负责按照本规划明确的财政政策方向和原则制定并落实适应主体功能区要求的各项财政政策。

——国土资源行政主管部门,负责编制、修编和完善土地利用总体规划;负责制定适应主体功能区要求的土地政策并落实用地指标;负责会同有关部门组织调整划定基本农田,并落实到地块和农户,明确位置、面积和保护责任人等;负责组织编制全省矿产资源规划,确定矿产资源勘查开发区域布局;负责组织编制地质公园规划。

——水利行政主管部门,负责制定适应主体功能区要求的水资源开发利用、节约保护及防洪减灾、水土保持等方面规划,制定相关管理政策。

——农业行政主管部门,负责编制跨州市行政区的农业功能区规划和有关自然保护区总体规划;制定适应主体功能区要求的相关农业政策。

——环境保护行政主管部门,负责编制适应主体功能区要求的生态环境保护规划、环境功能区划,制定环境标准和环境政策;负责划定生态红线;负责组织有关部门编制全省自然保护区规划;负责组织编制有关自然保护区总体规划。

——人口计生、公安、人力资源社会保障行政主管部门,负责制定引导人口转移的政策。

——民族事务、扶贫行政主管部门,负责制定支撑民族地区和少数民族发展的政策。

——人力资源社会保障、统计行政主管部门,负责研究制定符合科学发展观要求并有利于推进形成主体功能区的绩效考核评价体系。

——监察行政主管部门,负责配合有关部门制定符合科学发展观要求并有利于推进形成主体功能区的绩效考核评价体系,并负责实施中的监督检查。

——林业行政主管部门,负责编制符合主体功能区规划的生态保护与建设规划、林地保护利用规划,制定相关政策。负责全省湿地保护工作;负责组织编制森林公园规划和有关自然保护区总体规划。

——地震、气象行政主管部门,负责组织编制地震、气象等自然灾害防御规划和人工影响天气业务发展规划,参与制定自然灾害防御政策。

——测绘地理信息行政主管部门,负责编制测绘地理信息规划,提供、获取省级主体功能区规划和县级功能区划实施方案编制、实施、监测评估所需的基础地理信息和航空航天影像等,组织建设地理信息公共服务平台,开展主体功能区地理空间动态监测。

——文化行政主管部门,负责组织编制全省世界文化遗产保护区规划。

——住房城乡建设行政主管部门,负责组织编制全省城镇体系规划、跨州市行政区的城镇群规划、世界自然遗产保护管理规划、国家风景名胜区规划,指导州、市、县、区人民政府依法开展符合主体功能区要求的城市规划和城乡规划编制及修编工作。

——教育、卫生等行政主管部门,要依据本规划,按照基本公共服务均等化的要求,编制有关规划,制定具体政策。

——其他有关部门,要依据本规划,根据需要组织修订能源、交通等专项规划和主要城市的建设规划。

二、指导和检查州市县的规划落实

——省人民政府负责指导各州、市、县、区落实本地区在国家和云南省主体功能区中的主体功能定位和相关的各项政策措施;负责指导县市区在县级功能区划分中落实主体功能定位和开发强度要求;负责指导各州、市、县、区,在规划编制、项目审批、土地利用、城乡建设、人口管理、生态环境保护等各项工作中遵循全国和云南省主体功能区规划的各项要求。

——省发展改革部门负责监督检查本规划在各州、市、县、区的落实情况,对本规划实施情况进行跟踪分析,及时了解规划实施中出现的问题,采取相应措施,纠正实施中的偏差,保证规划在各州、市、县、区切实落实。

第二节 州市县区人民政府职责

州、市、县、区人民政府负责落实全国和云南省主体功能区规划对本地区的主体功能定位。

——州、市、县、区人民政府配合国家和省人民政府做好全国和云南省主体功能区规划实施。

——县级政府根据全国和云南省主体功能区规划对本县域的主体功能定位,对本县域国土空间进行功能区划分,制定县级功能区划实施方案,如城镇建设区、工矿开发区、基本农田、生态保护区、旅游休闲区等,并划定"四至"范围①,明确各功能区的功能定位、发展目标和方向、开发和管制原则等。

---

① "四至"是指审核确定地块边界的文字描述,一般用边界所经线状地物、永久性地名表述。

——县级政府根据本县域的主体功能定位和县级功能区划实施方案,做好有关规划的衔接、编制、修订工作,将经济社会发展的重点有机融入到具体空间。

——州、市、县、区人民政府根据国家和省人民政府确定的空间开发原则和本区域空间发展规划,规范开发时序,把握开发强度,审批有关开发项目。

第三节　监测评估

建立覆盖全省、统一协调、更新及时、反应迅速、功能完善的国土空间动态监测管理系统,对规划实施情况进行全面监测、分析和评估。

——开展国土空间监测管理的目的,是检查落实各地区主体功能定位的情况,包括城市化地区的城镇规模、农产品主产区基本农田的保护、重点生态功能区生态环境改善的情况等。

——全国和云南省主体功能区规划及州、市、县、区空间发展规划是国土空间监测管理的依据。国土空间动态监测管理系统由省发展改革委牵头与有关部门共同建设和管理。

——国土空间动态监测管理系统以国土空间为管理对象,主要监测城镇建设、项目动工、耕地占用、矿产资源开采、水电开发、道路交通建设等各种开发行为对国土空间的影响,以及湖泊、林地、水源地、自然保护区等的变化情况。

——加强对地观测技术在国土空间监测管理中的运用,构筑遥感和地面调查相结合的一体化观测体系,全面提升对空间数据的获取能力。

——建立云南省基础地理信息公共平台和地理信息数据交换中心,实现部门和单位之间基础地理空间信息的共享,为主体功能区规划的监测评估提供平台,为各类与空间布局有关的规划调整提供科学依据,为涉及空间布局的重大决策提供支撑。

——建立由发展改革、工业和信息化、国土资源、住房城乡建设、科技、水利、农业、环境保护、林业、交通运输、统计、地震、气象、测绘地理信息等行政主管部门共同参与,协调有效的国土空间监测管理工作机制。探索建立国土空间资源定期会商和信息通报制度。

——建立主体功能区规划评估与动态修订机制。适时开展规划评估,提交评估报告,根据评估结果提出是否需要调整规划内容,或对规划进行修订的建议。

——各地各部门要对本规划实施情况进行跟踪分析,注意研究新情况、解决新问题。

各地各部门要通过各种渠道,采取多种方式,加强推进形成主体功能区的宣传工作,让政府、企业和全社会都能全面了解本规划,使主体功能区规划深入人心,动员全体人民,共建彩云之南。

云
南

附件1

云南省重点开发区域名录

表1 集中连片重点开发区域

级 别	数 量	县区和乡镇名录
国家级	27个县市区和12个乡镇	五华区、盘龙区、官渡区、西山区、呈贡区、晋宁县、富民县、嵩明县(不包括滇源镇、阿子营镇)、寻甸县、安宁市、麒麟区、马龙县、富源县、沾益县、宣威市、红塔区、澄江县、华宁县、江川县、通海县、易门县、峨山县、楚雄市(不包括三街镇、八角镇、中山镇、新村镇、树苴乡、大过口乡、大地基乡、西舍路乡)、牟定县(不包括蟠猫乡)、南华县(不包括五顶山乡、马街镇、兔街镇、一街乡、罗五庄乡、红土坡镇)、武定县(不包括已衣乡、万德乡、东坡乡、环州乡、发窝乡)、禄丰县(不包括黑井镇、妥安乡、高峰乡) 宜良县匡远镇、宜良县北古城镇、宜良县狗街镇、石林县鹿阜街道、禄劝县屏山镇、禄劝县转龙镇、师宗县丹凤镇、师宗县竹基镇、罗平县罗雄镇、罗平县阿岗镇、罗平县九龙镇、双柏县妥甸镇
省 级	16个县市区	隆阳区、昭阳区、鲁甸县、古城区、华坪县、思茅区、临翔区、个旧市、开远市、蒙自市、河口县、砚山县、大理市、祥云县、弥渡县、瑞丽市

表2 其他重点开发的城镇

类 别	数 量	乡 镇 名 录
重点县城	41个	陆良县中枢镇、会泽县金钟镇、施甸县甸阳镇、龙陵县龙山镇、腾冲县腾越镇、昌宁县田园镇、宁洱县宁洱镇、景谷县威远镇、墨江县联珠镇、澜沧县勐朗镇、景东县锦屏镇、永胜县永北镇、盐津县盐井镇、镇雄县乌峰镇、威信县扎西镇、彝良县角奎镇、水富县向家坝镇、凤庆县凤山镇、云县爱华镇、大姚县金碧镇、永仁县永定镇、元谋县元马镇、姚安县栋川镇、石屏县异龙镇、泸西县中枢镇、元阳县南沙镇、建水县临安镇、弥勒市弥阳镇、屏边县玉屏镇、鹤庆县云鹤镇、宾川县金牛镇、剑川县金华镇、南涧县南涧镇、文山市开化镇、丘北县锦屏镇、富宁县新华镇、芒市芒市镇、勐海县勐海镇、景洪市允景洪街道、泸水县六库镇、香格里拉县建塘镇
重点小镇	24个	石林县西街口镇、陆良县召夸镇、会泽县者海镇、新平县嘎洒镇、新平县杨武镇、施甸县水长乡、彝良县洛泽河镇、大关县寿山镇、元谋县黄瓜园镇、双柏县大庄镇、永仁县莲池乡、大姚县六苴镇、洱源县邓川镇、鹤庆县西邑镇、巍山县永建镇、云龙县漕涧镇、盈江县平原镇、文山市马塘镇、文山县古木镇、芒市轩岗镇、芒市风平镇、景洪市嘎洒镇、景洪市勐养镇、兰坪县通甸镇
重点口岸镇	15个	腾冲县猴桥镇、江城县康平乡、镇康县南伞镇、耿马县孟定镇、沧源县勐董镇、孟连县勐马镇、盈江县那邦镇、陇川县章凤镇、金平县金水河镇、马关县都龙镇、富宁县剥隘镇、麻栗坡县天保镇、勐海县打洛镇、勐腊县磨憨镇、泸水县片马镇

附件2

云南省限制开发区域名录

表1 农产品主产区

级 别	数 量	县区名录
国家级	48个县市	宜良县(不包括匡远镇、北古城镇和狗街镇)、石林县(不包括鹿阜街道)、禄劝县(不包括屏山镇和转龙镇)、陆良县、师宗县(不包括丹凤镇和竹基镇)、罗平县(不包括罗雄镇、阿岗镇和九龙镇)、会泽县、新平县、元江县、元谋县、姚安县、施甸县、腾冲县、龙陵县、昌宁县、宁洱县、墨江县、景谷县、江城县、澜沧县、凤庆县、云县、永德县、镇康县、双江县、耿马县、沧源县、建水县、弥勒市、石屏县、泸西县、元阳县、绿春县、红河县、丘北县、宾川县、巍山县、洱源县、鹤庆县、云龙县、永胜县、芒市、梁河县、盈江县、陇川县、镇雄县、彝良县、威信县

表2 重点生态功能区

级 别	数 量	县区和乡镇名录
国家级	18个县市	玉龙县、屏边县、金平县、文山市、西畴县、马关县、广南县、富宁县、勐海县、勐腊县、剑川县、泸水县、福贡县、贡山县、兰坪县、香格里拉县、德钦县、维西县
省 级	20个县市区和25个乡镇	东川区、大姚县、永仁县、双柏县(不包括妥甸镇)、巧家县、盐津县、大关县、永善县、绥江县、水富县、宁蒗县、景东县、镇沅县、孟连县、西盟县、麻栗坡县、景洪市、南涧县、漾濞县、永平县 嵩明县滇源镇、阿子营镇、楚雄市三街镇、八角镇、中山镇、新村镇、树苴乡、大过口乡、大地基乡、西舍路乡、牟定县蟠猫乡、南华县五顶山乡、马街镇、兔街镇、一街乡、罗五庄乡、红土坡镇、武定县己衣乡、万德乡、东坡乡、环州乡、发窝乡、禄丰县黑井镇、妥安乡、高峰乡

附件3

云南省禁止开发区域名录①

表1 自然保护区

级别	序号	名 称	所在县市	面积 (平方千米)	主要保护对象
国家级	1	轿子山	东川区、禄劝县	164.56	寒温性针叶林、中山湿性常绿阔叶林生态系统,珍稀野生动植物
	2	会泽黑颈鹤	会泽县	129.11	黑颈鹤及其越冬栖息的高原湿地生态系统
	3	哀牢山	新平县、楚雄市、南华县、双柏县、景东县、镇沅县	677.00	以云南特有树种为优势的中山湿性常绿阔叶林生态系统和黑冠长臂猿等珍稀动植物、候鸟迁徙地
	4	元 江	元江县	223.79	干热河谷稀树灌木草丛,亚热带森林生态系统
	5	大山包黑颈鹤	昭阳区	192.00	黑颈鹤及其越冬栖息的高原湿地生态系统

---

① 禁止开发区名录截至2013年10月30日,2013年10月30日以后新设立的自然保护区、世界遗产、风景名胜区、森林公园,地质公园、城市饮用水源保护区、湿地公园、水产种质资源保护区自动进入禁止开发区域名录。

续表

级别	序号	名　　称	所在县市	面积 （平方千米）	主要保护对象
国家级	6	药　山	巧家县	201.41	原生典型半湿润常绿阔叶林和亚高山沼泽化草甸湿地生态系统，珍稀野生动植物和野生药用植物资源
	7	无量山	景东县、南涧县	309.38	黑冠长臂猿种群及其栖息环境——以云南特有树种为优势的中山湿性常绿阔叶林
	8	永德大雪山	永德县	175.41	以中山温性常绿阔叶林为代表的南亚热带山地垂直自然生态系统及珍稀特有野生动植物，我国纬度最南的苍山冷山林
	9	南滚河	沧源县、耿马县	508.87	亚洲象、印支虎、白掌长臂猿、豚鹿等珍稀野生动物及其栖息的热带森林生态系统
	10	大围山	屏边县、河口县、个旧市、蒙自市	439.93	热带季雨林、山地雨林、季风常绿阔叶林生态系统的多种苏铁科等珍稀野生植物
	11	金平分水岭	金平县	420.27	山地苔藓常绿阔叶林生态系统和珍稀野生动植物
	12	黄连山	绿春县	618.60	热带季雨林、山地雨林、季风常绿阔叶林、山地苔藓常绿阔叶林生态系统和绿春苏铁、白颊长臂猿、黑长臂猿、印支虎、马来熊等为代表的珍稀濒危物种及其栖息地生态环境
	13	文　山	文山市、西畴县	268.67	以兰科植物为标志的滇东南岩溶中山南亚热带季风常绿阔叶林原始类型和亚热带山地苔藓常绿阔叶林原始自然景观，以及珍稀濒危动植物种
	14	西双版纳	景洪市、勐海县、勐腊县	2425.10	热带雨林、热带季雨林、季风性常绿阔叶林森林生态系统和亚洲象、望天树等珍稀野生动植物
	15	纳板河流域	景洪市、勐海县	266.00	热带雨林、热带季雨林、热带竹林和季风常绿阔叶林生态系统
	16	苍山洱海	大理市、漾濞县	797.00	高原湖泊、森林植被、冰川遗迹和珍稀野生植物，以及名胜古迹
	17	云龙天池	云龙县	144.75	滇金丝猴为旗舰种的珍稀濒危野生动物资源及其栖息环境
	18	高黎贡山	隆阳区、腾冲县、泸水县、福贡县、贡山县	4055.50	中山湿性常绿阔叶林、季风常绿阔叶林生态系统和羚羊、白眉长臂猿、多种兰科植物等珍稀野生动植物
	19	白马雪山	德钦县、维西县	2816.40	滇金丝猴及其栖息的多种冷杉属树种为优势的寒温性针叶林生态系统
	20	长江上游珍稀特有鱼类（云南段）	镇雄县、威信县	1.36	白鲟、达式鲟、胭脂鱼、大鲵、水獭等
省　级	1	乌蒙山	永善县、彝良县、大关县、盐津县	261.87	山地湿性常绿阔叶林生态系统及野生天麻种质基地，毛竹、水竹、罗汉竹、小熊猫、珙桐等动植物
	2	铜壁关	盈江县、陇川县、瑞丽市	516.51	阿萨姆婆罗双、东京龙脑香、羯布罗香、白眉长臂猿等珍稀特有野生动植物及其栖息的热带雨林、季雨林、季风常绿阔叶林森林生态系统
	3	梅树村	晋宁县	0.58	震旦—寒武系地层界线国际剖面
	4	十八连山	富源县	12.13	云南山茶种质基地、野山茶群落生态系统

云
南

续表

级别	序号	名 称	所在县市	面积（平方千米）	主要保护对象
省级	5	驾 车	会泽县	82.82	华山松种质资源
	6	海 峰	沾益县	266.10	岩溶湿地生态系统、特殊的岩溶天坑森林
	7	珠江源	沾益县、宣威市	1179.34	珠江源头水源涵养林,发育于喀斯特地貌的湿地生态系统
	8	帽天山	澄江县	4.50	古生物化石产地
	9	北海湿地	腾冲县	16.29	火山堰塞湖湿地生态系统、珍稀濒危动植物
	10	小黑山	龙陵县、隆阳区	58.05	中山湿性长绿阔叶林、桫椤林,以及白眉长臂猿、绿孔雀、灰叶猴、疣粒野生稻、长蕊木兰、桫椤、云南红豆杉等野生动植物
	11	拉市海高原湿地	玉龙县	65.23	高原湖泊、季节性湖泊,珍稀水禽及其栖息地
	12	玉龙雪山	玉龙县	260.00	温性、寒温性针叶林生态系统,高山自然垂直带植被景观。现代冰川
	13	泸沽湖	宁蒗县	81.33	高原深水湖泊(我国第三大深水湖泊)、特有裂腹鱼和海菜花为主的野生水生植物,及湖周山地多种寒温性针叶林生态系统
	14	太阳河	普洱市	70.35	热带雨林、季风常绿阔叶林及珍稀野生动植物
	15	糯扎渡	普洱市	189.97	北热带南缘雨林、季雨林、季风常绿阔叶林和热性竹林生态系统
	16	墨江桫椤	墨江县	62.22	中华桫椤及其生境
	17	威远江	景谷县	77.04	思茅松种质资源及思茅松森林生态系统
	18	竜 山	孟连县	0.54	小花龙血树及其生境
	19	澜沧江	凤庆县、临翔区、云县、双江县、耿马县	895.04	完整的中山湿性常绿阔叶林和季风常绿阔叶林生态系统及栖息其间的黑长臂猿等珍稀动植物、野生古茶树群落
	20	南捧河	镇康县	369.70	亚热带季风常绿阔叶林、中山湿性常绿阔叶林生态系统。珍稀濒危野生动植物资源
	21	紫溪山	楚雄市	160.00	亚热带半湿润常绿阔叶林及云南松林生态系统、古山茶树及文化古迹
	22	雕翎山	禄丰县	6.13	原始森林、珍稀动物
	23	燕子洞白腰雨燕	建水县	16.01	溶洞山地地貌景观、白腰雨燕繁殖种群及其栖息环境
	24	观音山	元阳县	161.87	热带山地雨林、亚热带季风常绿阔叶林、山地苔藓常绿阔叶林生态系统
	25	阿姆山	红河县	147.56	山地苔藓常绿阔叶林和季风常绿阔叶林生态系统
	26	老君山	麻栗坡县、马关县	45.09	季风常绿阔叶林、山地苔藓常绿阔叶林生态系统
	27	老 山	麻栗坡县	205.00	滇东南热带山地季风常绿阔叶林、珍稀动植物
	28	古林箐	马关县	68.32	热带季雨林、雨林、石灰山季雨林及珍稀野生动植物
	29	普者黑	丘北县	107.46	岩溶湖群湿地及景观
	30	八 宝	广南县	52.32	独特的河谷峰丛、峰林岩溶地貌

云
南

级别	序号	名　称	所在县市	面积 （平方千米）	主要保护对象
省级	31	驮娘江	富宁县	191.28	驮娘江流域湿地及岩溶山地热区森林生态系统
	32	青华绿孔雀	巍山县	10.00	绿孔雀及其栖息环境
	33	金光寺	永平县	91.93	半湿润常绿阔叶林生态系统
	34	剑湖湿地	剑川县	46.30	高原湿地生态系统及湿地野生动植物
	35	云　岭	兰坪县	758.94	滇金丝猴、红豆杉等珍稀濒危物种，原始季风常绿阔叶林生态系统
	36	碧塔海	香格里拉县	141.33	特有的中甸重唇鱼、黑颈鹤等珍稀野生动物及湖周寒温性针叶林生态系统
	37	哈巴雪山	香格里拉县	219.08	温性寒性针叶林生态系统，高山自然垂直带植被景观。现代冰川遗迹
	38	纳帕海	香格里拉县	24.00	高原季节性湖泊、沼泽草甸。黑颈鹤、黑鹳等候鸟及其越冬栖息地
	39	寻甸黑颈鹤	寻甸县	72.17	黑颈鹤及其栖息地
州市级	1	双河磨南德	安宁市	235.03	半湿润常绿阔叶林及云南松林
	2	牛栏江鱼类	马龙县、沾益县、宣威市、会泽县	25.00	长薄鳅、金线鲃等特有土著鱼类
	3	多依河鱼类	罗平县	1.72	金线鲃、暗色唇鲮等特有土著鱼类
	4	牛街河鱼类	罗平县	1.20	金线鲃、暗色唇鲮等特有土著鱼类
	5	五洛河鱼类	师宗县	1.60	金线鲃、暗色唇鲮等特有土著鱼类
	6	北盘江鱼类	沾益县、宣威市、富源县	5.00	金线鲃、暗色唇鲮等特有土著鱼类
	7	菌子山	师宗县	495.18	杜鹃
	8	万峰山	罗平县	474.91	森林植被及水源涵养林
	9	红塔山	玉溪市	56.96	森林植被及水源涵养林
	10	龙　泉	易门县	113.67	水源林
	11	玉白顶	峨山县	69.62	水源林
	12	白老林	盐津县	22.00	云豹、红豆杉及森林植被
	13	老黎山	盐津县	2.97	天然林
	14	五莲峰	永善县	354.20	森林及云南红豆杉及云豹、黑熊等野生动物
	15	二十四岗	绥江县	109.89	天然林
	16	以　拉	镇雄县	6.85	南方红豆杉及其生境
	17	袁家湾	镇雄县	16.34	森林及珍稀野生动植物
	18	大雪山	威信县	21.53	森林及珙桐、岩羊、黑熊等珍稀动植物
	19	铜锣坝	水富县	24.84	森林及野生动植物
	20	西　山	楚雄市	35.50	森林资源及自然景观
	21	三峰山	楚雄市	471.30	水源林、珍稀动物
	22	白竹山	双柏县	83.84	森林生态系统及珍稀动物
	23	恐龙河	双柏县	95.21	水源涵养林
	24	化佛山	牟定县	6.67	森林生态系统及珍稀动物
	25	白马山	牟定县	158.38	森林生态系统及珍稀动物

续表

级别	序号	名　称	所在县市	面积（平方千米）	主要保护对象
州市级	26	大尖山	姚安县	101.34	水源林、珍稀动物
	27	花椒园	姚安县	370.61	水源林、珍稀动物
	28	昙华山	大姚县	12.31	森林及自然风景
	29	方　山	永仁县	7.33	森林及自然风景
	30	土　林	元谋县	19.92	土林地质遗迹
	31	狮子山	武定县	13.60	森林及自然风景
	32	樟木箐	禄丰县	36.31	森林及珍稀动物
	33	南溪河水生野生动物	河口县	1.75	鼋、水獭、斑鳖、山瑞鳖等水生野生动物
	34	澜沧江—湄公河流域鼋、双孔鱼	西双版纳州	0.67	鼋、双孔鱼及其生境
	35	罗梭江鱼类	西双版纳州	7.20	水生野生动物及其生境
	36	布　龙	景洪市、勐海县	354.85	热带野生动植物资源
	37	凤　阳	大理市	0.67	鹭鸶鸟、古榕树
	38	蝴蝶泉	大理市	5.00	蝴蝶及其生境
	39	雪山河	漾濞县	10.00	常绿阔叶林及野生核桃林
	40	水目山	祥云县	15.00	古山茶、森林植被
	41	大黑山	弥渡县	92.00	森林植被及野生动物
	42	天生营	弥渡县	130.00	森林、野生动植物及历史文化遗址
	43	太极顶	弥渡县	26.73	水源涵养林、针阔叶林
	44	大龙潭	南涧县	10.73	水源涵养林
	45	凤凰山	南涧县	0.25	迁徙候鸟及其生境
	46	南涧土林	南涧县	5.00	地质地貌景观
	47	隆庆鸟道雄关	巍山县	10.80	森林植被、迁徙候鸟
	48	巍宝山	巍山县	20.00	森林及风景资源
	49	博南山	永平县	45.00	森林及古树名木、文物遗迹
	50	永国寺	永平县	21.87	华山松、野茶树、小熊猫
	51	茈碧湖	洱源县	8.00	湖泊及水生生物
	52	西　湖	洱源县	7.00	湿地生态系统
	53	海西海	洱源县	140.00	水源涵养林及野生动植物
	54	黑虎山	洱源县	90.00	森林植被及野生动物
	55	鸟吊山	洱源县	9.00	迁徙候鸟及自然景观
	56	西罗坪	洱源县	100.00	森林植被及野生动物
	57	石宝山	剑川县	28.00	原始阔叶林、风景资源
	58	朝　霞	鹤庆县	8.00	地貌景观及地下水资源
	59	龙华山	鹤庆县	25.00	十八寺遗址及原始森林植被
	60	母屯海湿地	鹤庆县	4.00	湿地生态系统及越冬水禽
	61	小岩方	永善县	96.98	天然山地湿性常绿阔叶林及珍稀动植物

续表

级别	序号	名　　称	所在县市	面积（平方千米）	主要保护对象
	1	九乡麦田河	宜良县	18.67	半湿润常绿阔叶林
	2	汤池老爷山	宜良县	13.33	半湿润常绿阔叶林
	3	竹山总山神	宜良县	9.33	半湿润常绿阔叶林
	4	翠峰山	麒麟区	11.29	半湿润常绿阔叶林
	5	朗目山	麒麟区	9.00	半湿润常绿阔叶林及古建筑群
	6	廖郭山	麒麟区	14.50	半湿润常绿阔叶林
	7	五台山	麒麟区	13.50	森林景观
	8	青峰山	麒麟区	11.10	阔叶林及古建筑
	9	潇湘谷原始森林生态	麒麟区	25.79	植物资源
	10	黄草坪水源	马龙县	29.50	饮用水源
	11	彩色沙林	陆良县	52.80	彩色沙林地貌景观
	12	翠云山	师宗县	0.11	半湿润常绿阔叶林
	13	大堵水库	师宗县	1.60	饮用水源
	14	丁累大箐	师宗县	2.93	野生动植物
	15	东风水库	师宗县	49.60	森林及饮用水源
	16	鲁布革	罗平县	70.00	野生动植物
	17	鲁纳黄杉	会泽县	17.45	黄杉及其生境
	18	秀　山	通海县	92.69	半湿性常绿阔叶林
县　级	19	大龙潭	江川县	66.89	水源涵养林
	20	梁王山	澄江县	22.85	森林生态系统、水源林
	21	登楼山	华宁县	61.44	野生动植物
	22	脚家店恐龙化石	易门县	10.00	恐龙化石
	23	易门翠柏	易门县	78.00	古翠柏林、黄杉林及半湿润常绿阔叶林
	24	磨盘山	新平县	74.53	中山湿润常绿阔叶林、云南松林
	25	新平哀牢山	新平县	102.36	中山湿性常绿阔叶林、半湿性常绿阔叶林
	26	火山热海	腾冲县	129.90	地热火山等自然景观
	27	天坛山	昌宁县	63.50	森林生态系统及野生动植物
	28	黄杉、铁杉	鲁甸县	0.08	黄杉、铁杉
	29	马　树	巧家县	4.03	黑颈鹤及其越冬湿地生态系统
	30	金沙江绥江段特有鱼类	绥江县	10.24	白鲟、胭脂鱼、岩原鲤等水生野生动物
	31	宁洱松山	宁洱县	27.00	水源林及动植物
	32	坝卡河	墨江县	35.00	饮用水源
	33	湾河水源	镇沅县	50.00	饮用水源
	34	牛倮河	江城县	47.53	森林生态系统及野生动物
	35	南垒河水生生物	孟连县	2.00	水生野生动物
	36	佛殿山	西盟县	13.50	水源林
	37	南朗河水生生物	澜沧县	5.20	鼋、山瑞鳖、红瘰蝾螈等水生野生动物

云南

续表

级别	序号	名　称	所在县市	面积 （平方千米）	主要保护对象
县　级	38	澜沧江水生生物	澜沧县	15.60	鼋、山瑞鳖、红瘰蝾螈、云南闭壳龟、双孔鱼等水生野生动物
	39	竹塘蜘蛛蟹	澜沧县	20.00	蜘蛛蟹等珍稀土著水生动物
	40	黑河水生生物	澜沧县	4.40	鼋、山瑞鳖、红瘰蝾螈等水生野生动物
	41	南康河勐梭河生生物	西盟县	0.38	云纹花鳗、巨鲩、保山四须鲃等水生野生动物
	42	勐梭龙潭	西盟县	42.00	饮用水源
	43	德党后山水源林	永德县	73.33	亚热带常绿阔叶林
	44	董棕林	个旧市	1.60	董棕林
	45	南　洞	开远市	2.67	水源涵养林
	46	景　洪	景洪市	441.43	热带雨林
	47	勐科河流域	梁河县	30.70	水源涵养林
	48	翠坪山	兰坪县	86.00	森林生态、自然景观及历史遗迹
	49	澜沧江	昌宁县	303.54	湿地生态系统、珍稀濒危野生动植物
	50	五台山	禄丰县	35.27	水源林

表2　世界文化自然遗产

名　称	遗产种类	面积（平方千米）
云南丽江古城	文化遗产	3.8
云南三江并流保护区	自然遗产	17097.3
中国南方喀斯特—石林	自然遗产	350
云南澄江化石地	自然遗产	7.32
红河哈尼梯田	文化遗产	461.31

表3　国家风景名胜区

级别	序号	名　称	面积（平方千米）
国家级	1	石林风景名胜区	350
	2	大理风景名胜区	1012
	3	西双版纳风景名胜区	1147.9
	4	三江并流风景名胜区	9650.1
	5	昆明滇池风景名胜区	355.16
	6	玉龙雪山风景名胜区	957
	7	腾冲地热火山风景名胜区	115.35
	8	瑞丽江—大盈江风景名胜区	672.31
	9	九乡风景名胜区	167.14
	10	建水风景名胜区	151.56
	11	普者黑风景名胜区	152
	12	阿庐风景名胜区	12.7

云
南

续表

级别	序号	名　　　称	面积（平方千米）
省　级	1	通海秀山风景名胜区	67.4
	2	文山老君山风景名胜区	94
	3	广南八宝风景名胜区	68.3
	4	曲靖珠江源风景名胜区	50
	5	抚仙—星云湖泊风景名胜区	252
	6	武定狮子山风景名胜区	13.6
	7	威信风景名胜区	110
	8	罗平多依河—鲁布革风景名胜区	42.92
	9	砚山浴仙湖风景名胜区	109
	10	楚雄紫溪山风景名胜区	850
	11	元谋风景名胜区	295.66
	12	禄丰风景名胜区	50
	13	永仁方山风景名胜区	34
	14	弥勒白龙洞风景名胜区	30
	15	屏边大围山风景名胜区	50
	16	漾濞石门关风景名胜区	115
	17	孟连大黑山风景名胜区	160
	18	景东漫湾—哀牢山风景区	160
	19	玉溪九龙池风景名胜区	5
	20	峨山锦屏山风景名胜区	120
	21	保山博南古道风景名胜区	120
	22	临沧大雪山风景名胜区	160
	23	轿子雪山风景名胜区	253
	24	牟定化佛山风景名胜区	30
	25	彩色沙林风景名胜区	50.2
	26	思茅茶马古道风景名胜区	264
	27	景谷威远江风景名胜区	200
	28	镇源千家寨风景名胜区	44
	29	普洱风景名胜区	64
	30	沧源佤山风景名胜区	147.34
	31	云县大朝山—干海子风景名胜区	190.8
	32	永德大雪山风景名胜区	174
	33	耿马南汀河风景名胜区	146
	34	剑川剑湖风景名胜区	19
	35	洱源西湖风景名胜区	80
	36	兰坪罗古箐风景名胜区	100
	37	麻栗坡老山风景名胜区	180
	38	盐津豆沙关风景名胜区	70
	39	大姚县华山风景名胜区	110
	40	双柏白竹山—鄂嘉风景名胜区	100

续表

级别	序号	名　称	面积(平方千米)
省级	41	会泽以礼河风景名胜区	50
	42	宣威东山风景名胜区	27.5
	43	河口南溪河风景名胜区	100
	44	个旧蔓耗风景名胜区	148
	45	石屏异龙湖风景名胜区	150
	46	元阳观音山风景名胜区	97
	47	大关黄连河风景名胜区	107
	48	鹤庆黄龙风景名胜区	92
	49	马龙马过河风景名胜区	28
	50	师宗南丹山风景名胜区	60
	51	富宁驮娘江风景名胜区	120
	52	彝良小草坝风景名胜区	43.1
	53	弥渡县太极山风景名胜区	26.69
	54	昆明阳宗海风景名胜区	34

表4　国家森林公园

级别	序号	名　称	面积(平方千米)	位　置
国家级	1	巍宝山	12.55	巍山县
	2	天星	74.20	威信县
	3	清华洞	98.55	祥云县
	4	东山	62.82	弥渡县
	5	来凤山	64.67	腾冲县
	6	花鱼洞	31.43	河口县
	7	磨盘山	242.00	新平县
	8	龙泉	10.00	易门县
	9	太阳河	66.67	思茅区
	10	金殿	20.00	盘龙区
	11	章凤	70.00	陇川县
	12	十八连山	20.78	富源县
	13	鲁布格	48.67	罗平县
	14	珠江源	43.76	曲靖市
	15	五峰山	24.92	陆良县
	16	钟灵山	5.40	寻甸县
	17	棋盘山	9.20	西山区
	18	灵宝山	8.11	南涧县
	19	铜锣坝	32.37	水富县
	20	小白龙	6.25	宜良县
	21	五老山	36.04	临翔区
	22	紫金山	17.00	楚雄市
	23	飞来寺	34.31	德钦县

续表

级别	序号	名　　　称	面积（平方千米）	位　置
国家级	24	圭　山	32.06	石林县
	25	新生桥	26.16	兰坪县
	26	宝台山	10.47	永平县
	27	西双版纳	18.02	景洪市
省级	1	小道河	36.04	临翔区
	2	大浪坝	24.01	双江县
	3	罗汉山	18.67	文山市
	4	鸡冠山	20	西畴县
	5	南　安	3.33	双柏县
	6	五台山	35.53	禄丰县
	7	象鼻温泉	33.33	华宁县
	8	小黑江	62.45	普洱县
	9	分水岭	95.91	宣威市
	10	大围山	10.17	屏边县
	11	锦屏山	67.33	弥勒市
	12	太　保	4.86	隆阳区
	13	金钟山	5.44	会泽县
	14	畹　町	19.89	瑞丽市

表5　国家地质公园

级别	序号	名　　　称	面积（平方千米）
世界级	1	石林岩溶峰林国家地质公园	350
国家级	1	云南腾冲火山国家地质公园	830
	2	云南禄丰恐龙国家地质公园	170
	3	云南玉龙黎明—老君山国家地质公园	1110
	4	云南大理苍山国家地质公园	577
	5	云南澄江动物古生物国家地质公园	18
	6	云南玉龙雪山冰川国家地质公园	340
	7	云南九乡峡谷洞穴国家地质公园	53.36
	8	云南罗平生物群国家地质公园	78.87
	9	云南泸西阿庐国家地质公园	38.70

表6　城市饮用水水源保护区

序号	城市	名　　　称	类型	水环境功能	面积（平方千米）
1	昆明市	松华坝水库	湖库	Ⅱ类	286.26
2		云龙水库	湖库	Ⅱ类	333.64
3		清水海	湖库	Ⅱ类	314.81
4		宝象河水库	湖库	Ⅱ类	79.31
5		大河水库	湖库	Ⅱ类	45.58
6		柴河水库	湖库	Ⅱ类	106.00
7		自卫村水库	湖库	Ⅱ类	17.49

云南

续表

序号	城市	名　　　称	类型	水环境功能	面积(平方千米)
8	曲靖市	潇湘水库	湖库	Ⅱ类	18.00
9		西河水库	湖库	Ⅱ类	16.30
10		独木水库	湖库	Ⅱ类	146.00
11	玉溪市	东风水库	湖库	Ⅲ类	205.85
12	保山市	龙泉门	湖库	Ⅱ类	101.87
13		龙王塘	湖库	Ⅱ类	9.08
14		北庙水库	湖库	Ⅱ类	22.56
15	昭通市	渔洞水库	湖库	Ⅱ类	709.00
16	丽江市	黑龙潭	湖库	Ⅱ类	5.02
17		清溪水库	湖库	Ⅱ类	4.32
18		三束河	湖库	Ⅱ类	16.36
19	普洱市	箐门口水库	湖库	Ⅱ类	7.50
20		纳贺水库	湖库	Ⅱ类	2.67
21		木乃河水库	湖库	Ⅱ类	3.91
22		大箐河水库	湖库	Ⅱ类	3.36
23		信房水库	湖库	Ⅱ类	8
24	临沧市	中山水库	湖库	Ⅱ类	18.81
25	楚雄市	九龙甸水库	湖库	Ⅱ类	168.16
26		西静河水库	湖库	Ⅱ类	50.22
27		团山水库	湖库	Ⅲ类	14.90
28	蒙自市	五里冲水库	湖库	Ⅱ类	56.93
29	文山市	暮底河水库	湖库	Ⅱ类	7.89
30	景洪市	澜沧江	河流	Ⅱ类	14.66
31	大理市	洱海一水厂	湖库	Ⅱ类	13.28
32		洱海二水厂	湖库	Ⅱ类	11.02
33		洱海三水厂	湖库	Ⅱ类	28.43
34		洱海四水厂	湖库	Ⅱ类	22.84
35		洱海凤仪水厂	湖库	Ⅱ类	24.57
36		鸡舌箐五水厂	河流	Ⅱ类	2.37
37	芒　市	勐板河水库	湖库	Ⅱ类	43.79
38	六库镇	玛布河	河流	Ⅱ类	5.91
39		赖茂河	河流	Ⅱ类	6.01
40	香格里拉	龙潭水库	湖库	Ⅱ类	2.53
41		桑那水库	湖库	Ⅱ类	21.11
42	安宁市	车木河水库	湖库	Ⅱ类	53.59
43	个旧市	白云—花果山水库	湖库	Ⅱ类	6.36
44		牛坝荒水库	湖库	Ⅱ类	1.34
45		石门坎水库	湖库	Ⅱ类	1.27
46		兴龙水库	湖库	Ⅱ类	1.25
47	开远市	南　洞	河流	Ⅱ类	14.13

续表

序号	城市	名　　　称	类型	水环境功能	面积（平方千米）
48	宣威市	偏桥水库	湖库	Ⅰ类	15.28
49	瑞丽市	姐勒水库	湖库	Ⅱ类	54.80

表 7　国家湿地公园

序号	名　　　称	面积（平方千米）	位　　置
1	哈尼梯田国家湿地公园	130.12	红河州
2	洱源西湖国家湿地公园	13.53	洱源县
3	普者黑喀斯特国家湿地公园	11.07	丘北县
4	普洱五湖国家湿地公园	11.48	思茅区

表 8　水产种质资源保护区

级别	序号	名　　　称	位　　置	面积（平方千米）	主要保护对象
国家级	1	弥苴河大理裂腹鱼	洱源县	20.00	大理裂腹鱼
	2	南捧河四须鲃	镇康县	7.50	保山四须鲃、巨魾、大刺鳅、云纹鳗鲡、水獭等
	3	元江鲤	元江县	6.00	元江鲤（华南鲤）、江鳅、甲鱼等
	4	槟榔江黄斑褶鮡拟鱼晏	腾冲县	8.73	黄斑褶鮡、拟鳗（俗称"上树鱼"）等
	5	澜沧江短须鱼芒、中华刀鲶、叉尾鲶	澜沧县	20.00	短须鱼芒、中华刀鲶、叉尾鲶等
	6	滇　池	昆明市	18.65	滇池金线鲃、昆明裂腹鱼、云南光唇鱼、云南盘鮈等
	7	白水江特有鱼类	昭通市	2.14	大鲵
	8	抚仙湖特有鱼类	澄江县、江川县、华宁县	105.80	鱇白鱼、云南倒刺鲃、抚仙金线鲃等
	9	怒江中上游特有鱼类	怒江州	63.74	贡山裂腹鱼、贡山鮡、短体拟鳗等
	10	程海湖特有鱼类	永胜县	9.00	程海白鱼、程海红鲌
	11	南腊河特有鱼类	勐腊县	5.41	裂峡鲃、斑腰单孔鲀、厚背鲈鲤、双孔鱼
	12	谷拉河特有鱼类	富宁县	11.00	卷口鱼、叶结鱼、暗色唇鲮、长臀鮠、斑鳠
	13	官寨河特有鱼类	丘北县	4.41	丘北盲高原鳅、鹰喙角金线鲃、暗色唇鲮、长尾鮡、多鳞倒刺鲃
	14	普文河特有鱼类	景洪市	7.57	细纹似鱤、丝尾鳠、红鳍方口鲃、中国结鱼、后背鲈鲤
省级	1	漾弓江流域小裂腹鱼	鹤庆县	1.20	小裂腹鱼、秀丽高原鳅
	2	南滚河特有鱼类	沧源县	6.50	云纹鳗鲡、无斑异齿鰋、少斑褶鮡、异斑南鳅

表 9　牛栏江流域上游保护区水源保护核心区

序号	涉及县区	涉及乡镇	面积（平方千米）
1	官渡区	大板桥街道	1.10
2	嵩明县	杨林镇、牛栏江镇、小街镇	78.29
3	寻甸县	塘子镇、七星乡、河口乡	137.96
4	沾益县	大坡乡、菱角乡、德泽乡	103.70
5	会泽县	田坝乡	22.87
合计	5 个县区	11 个乡镇	343.92

云

南

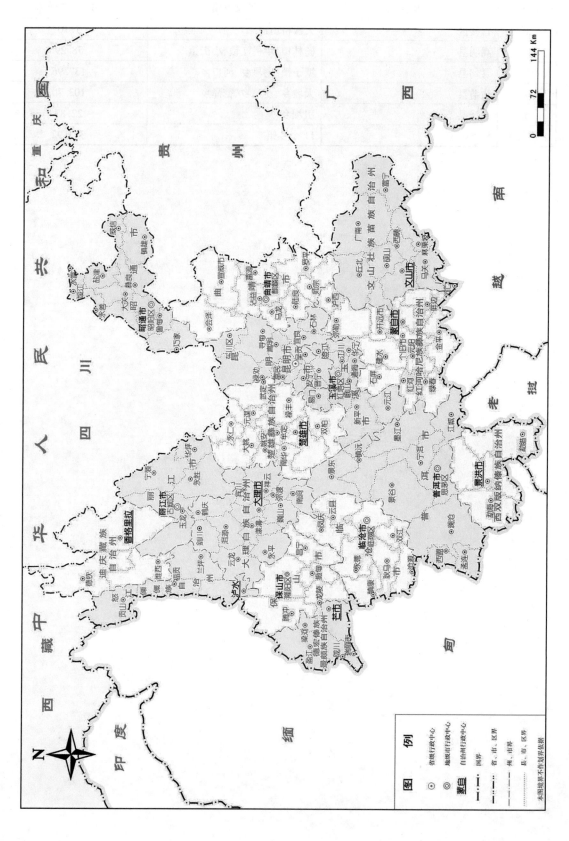

附图 1　云南省行政区划图

附件 4

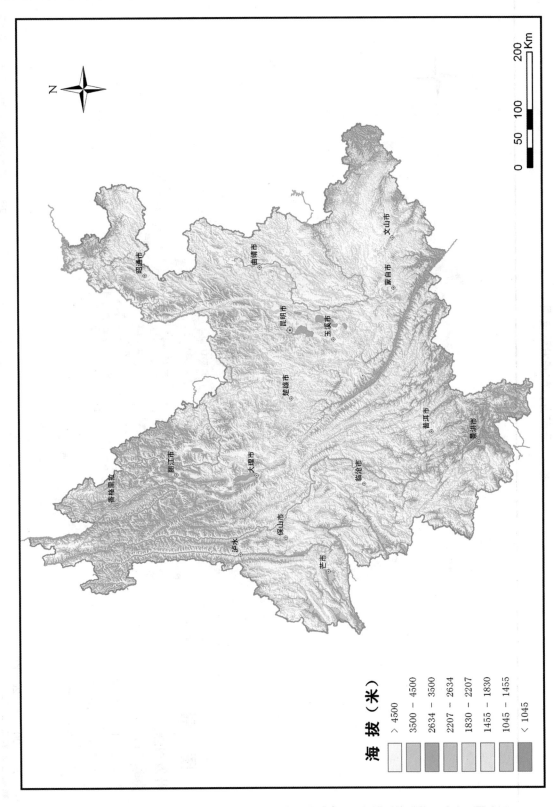

附图2 云南省地势图

海 拔（米）

> 4500
3500 - 4500
2634 - 3500
2207 - 2634
1830 - 2207
1455 - 1830
1045 - 1455
< 1045

云南

附图 3　云南省目前开发强度图

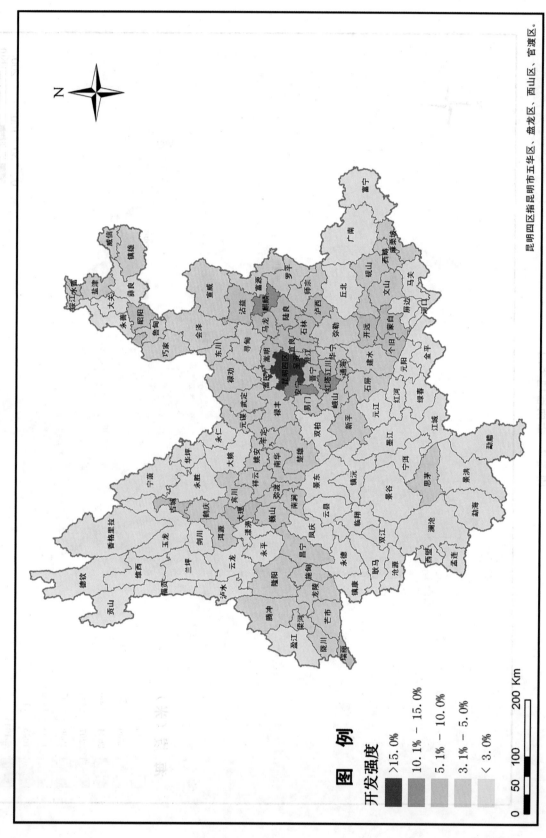

图　例

开发强度

>15.0%

10.1% – 15.0%

5.1% – 10.0%

3.1% – 5.0%

< 3.0%

0　50　100　　　200 Km

昆明四区指昆明市五华区、盘龙区、西山区、官渡区。

根据建设用地占地区域面积的比例，以县级行政区为单位计算得出。

数据来源：省国土厅。

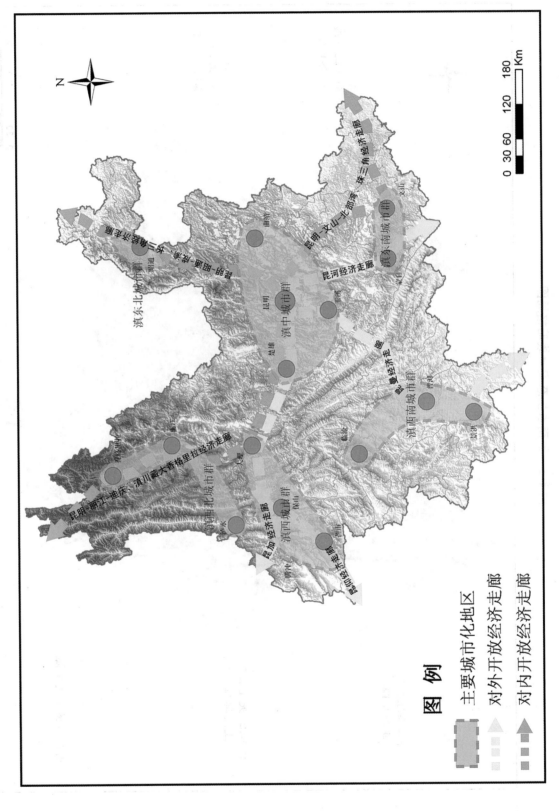

附图 4 云南省城市化战略格局图

图 例

主要城市化地区

对外开放经济走廊

对内开放经济走廊

云
南

附图 5 云南省生态安全战略格局图

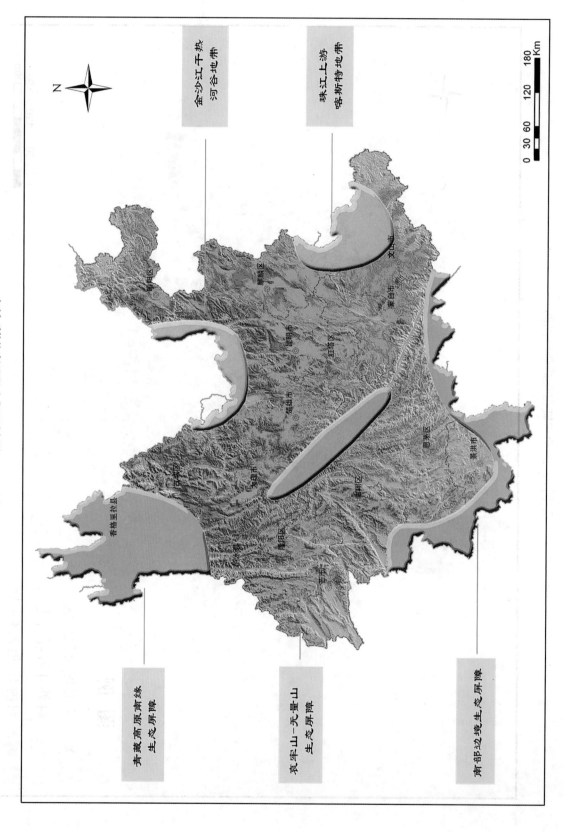

金沙江干热
河谷地带

珠江上游
喀斯特地带

青藏高原南缘
生态屏障

哀牢山－无量山
生态屏障

南部边境生态屏障

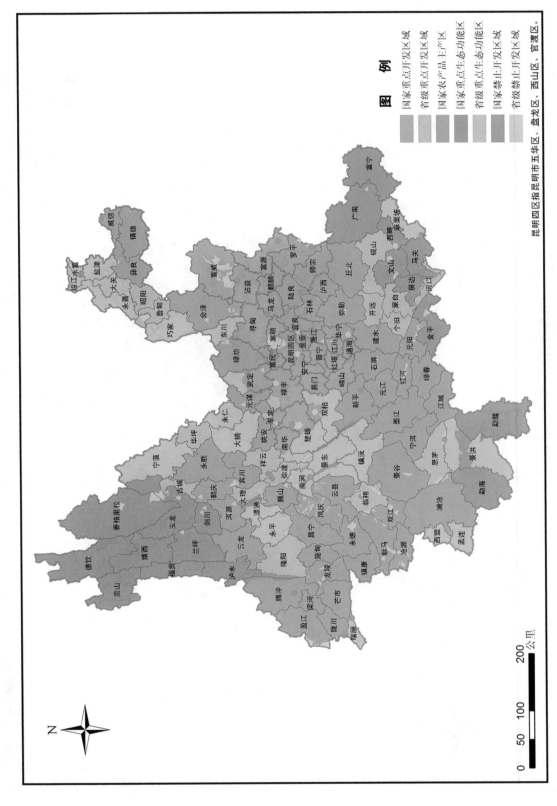

附图 6 云南省主体功能区划分总图

云南

附图 7　云南省重点开发区域分布图

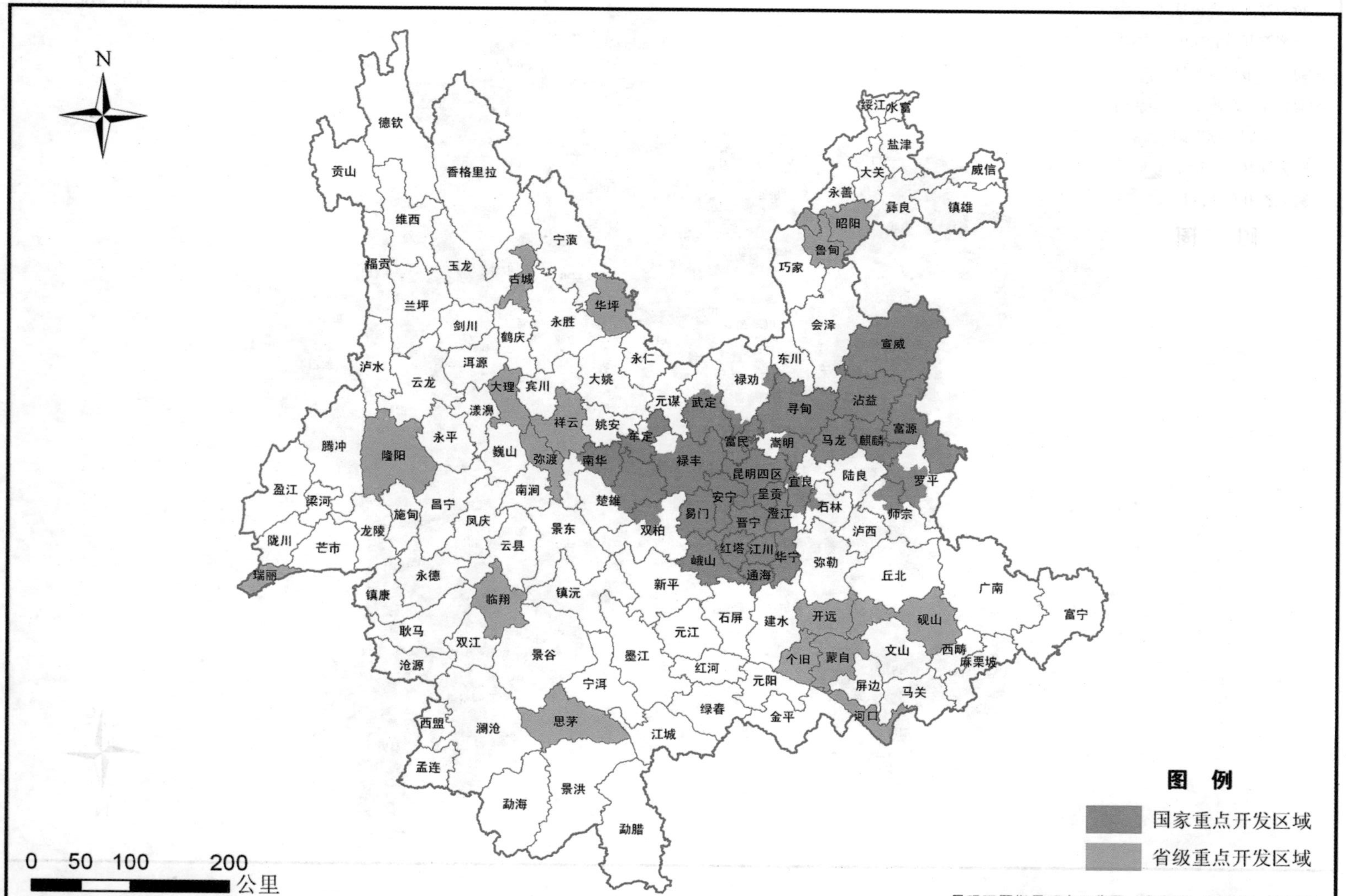

图　例

国家重点开发区域

省级重点开发区域

昆明四区指昆明市五华区、盘龙区、西山区、官渡区。

云 南

附图 8 云南省限制开发区域（农产品主产区）分布图

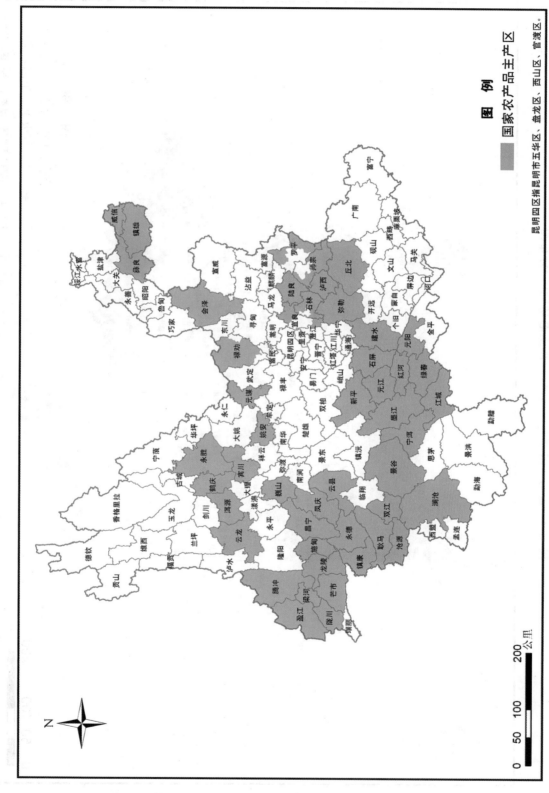

图 例

国家农产品主产区

昆明四区指昆明市五华区、盘龙区、西山区、官渡区。

云 南

附图 9 云南省限制开发区域（重点生态功能区）分布图

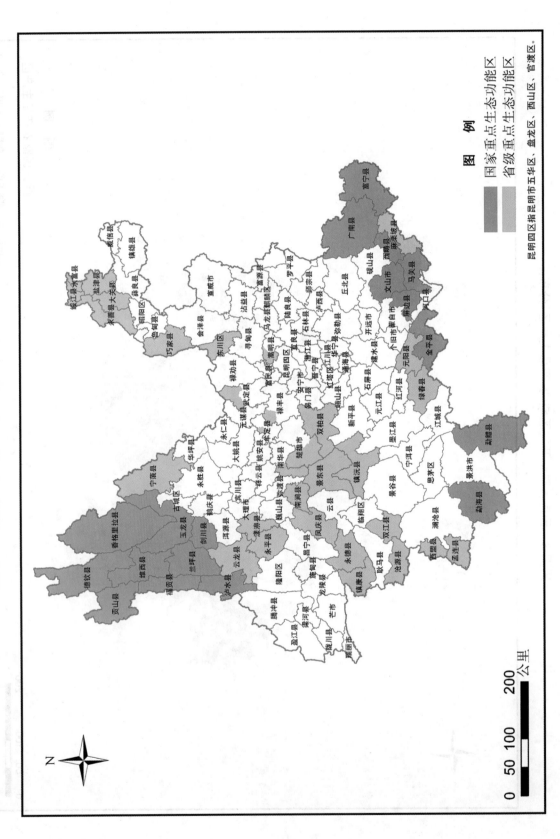

图 例

国家重点生态功能区

省级重点生态功能区

昆明四区指昆明市五华区、盘龙区、西山区、官渡区。

附图 10 云南省禁止开发区域分布图

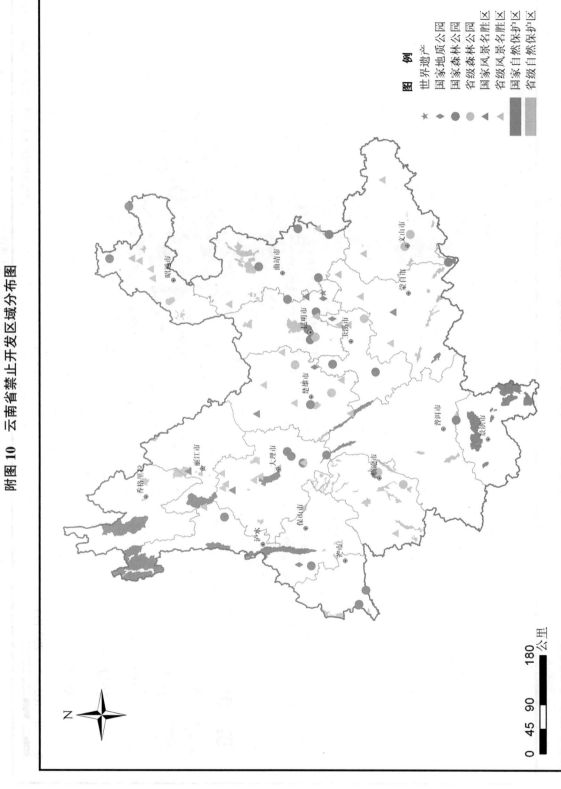

云
南

附图11 云南省可利用土地资源评价图

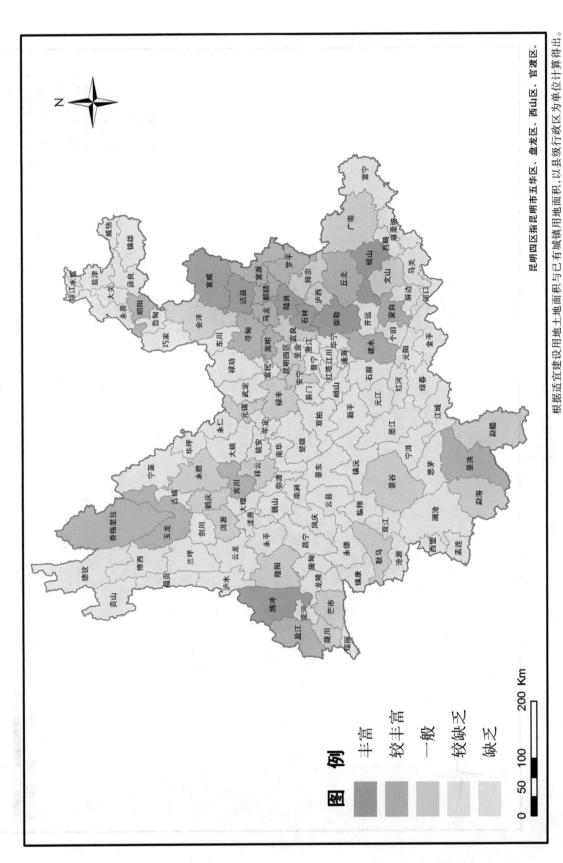

昆明四区指昆明市五华区、盘龙区、西山区、官渡区。

昆明四区土地面积与已有城镇用地面积，以县级行政区为单位计算得出。

根据适宜建设用地土地面积。

数据来源：省国土厅

图 例

丰富
较丰富
一般
较缺乏
缺乏

0 50 100 200 Km

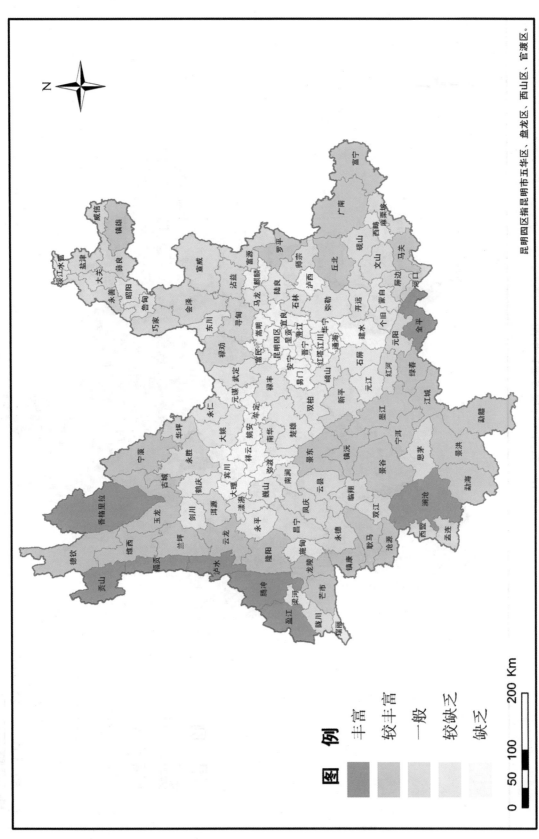

附图12 云南省可利用水资源评价图

图 例

丰富
较丰富
一般
较缺乏
缺乏

0 50 100 200 Km

昆明四区指昆明市五华区、盘龙区、西山区、官渡区。根据水资源总量、用水量与人口数据,以县级行政区为单位计算得出。数据来源:省水利厅、省统计局

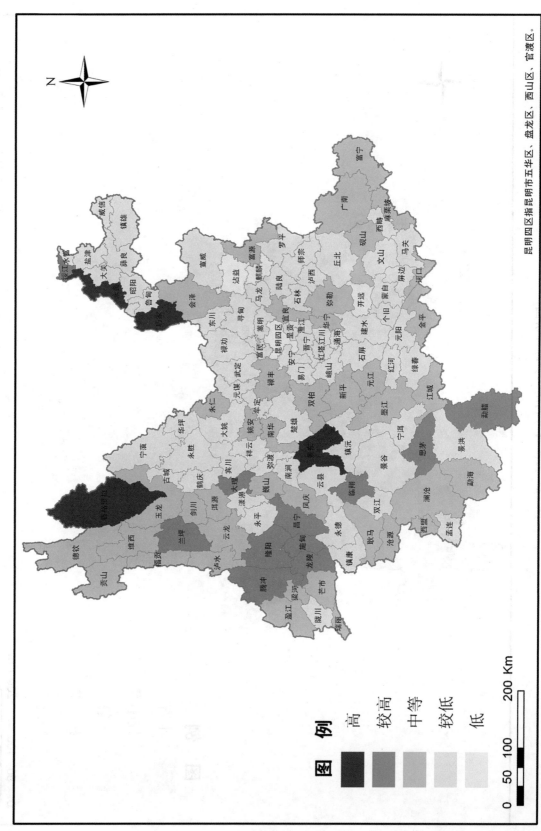

附图 13　云南省环境容量评价图

图例

高
较高
中等
较低
低

0　50　100　200 Km

昆明四区指昆明市五华区、盘龙区、西山区、官渡区。
昆明四区的环境容量,以县级行政区为单位计算得出。
根据最小的 cod 和氨氮计算得出。
数据来源:省环保厅

云

南

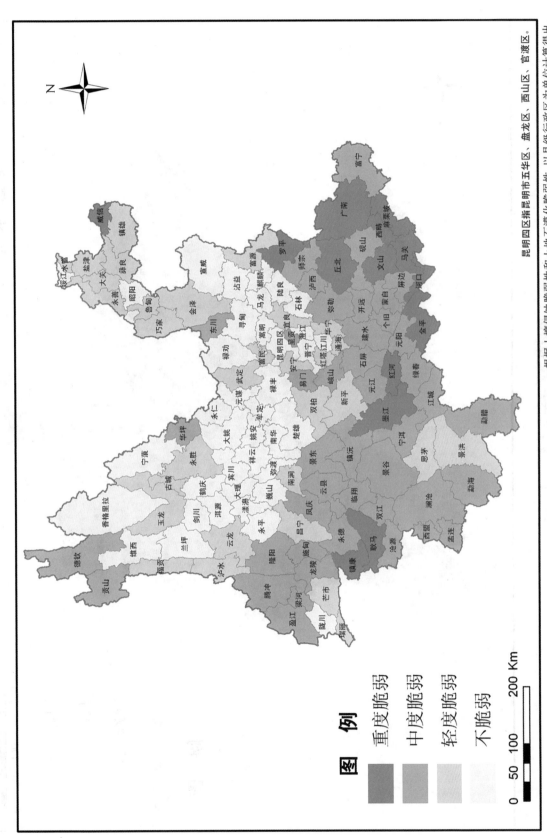

附图 14 云南省生态系统脆弱性评价图

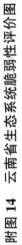

图 例

重度脆弱

中度脆弱

轻度脆弱

不脆弱

0 50 100   200 Km

昆明四区指昆明市五华区、盘龙区、西山区、官渡区。以县级行政区为单位计算得出。

根据土壤侵蚀脆弱性和土地石漠化脆弱性，以县级行政区为单位计算得出。

数据来源：省环保厅

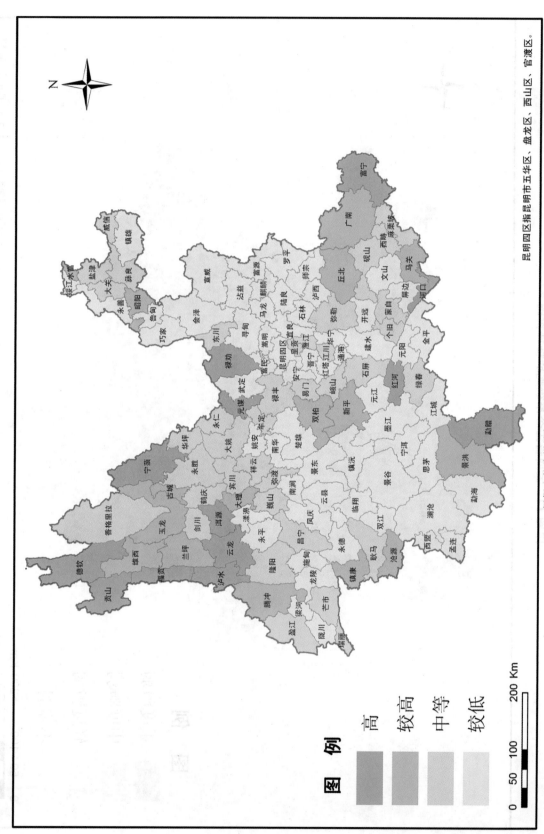

附图 15　云南省生态重要性评价图

图　例

高
较高
中等
较低

0　50　100　　　　200 Km

根据生物多样性保护的重要性和各县区生态极为重要的区域所占的比例,以县级行政区为单位计算得出。

昆明四区指昆明市五华区、盘龙区、西山区、官渡区。

数据来源:省环保厅

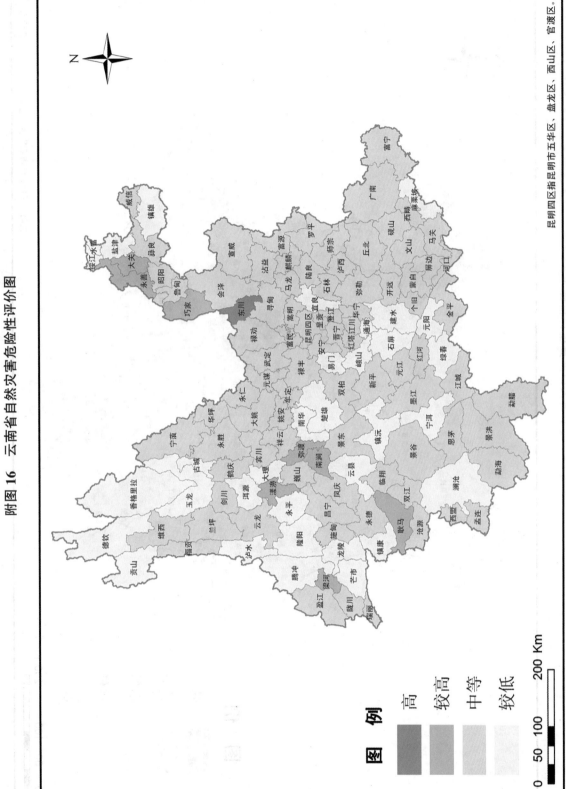

附图 16 云南省自然灾害危险性评价图

图 例

高
较高
中等
较低

0 50 100 200 Km

昆明四区指昆明市五华区、盘龙区、西山区、官渡区。

根据地震和滑坡泥石流危险性，以县级行政区为单位计算得出。

数据来源：省地震局、省国土厅

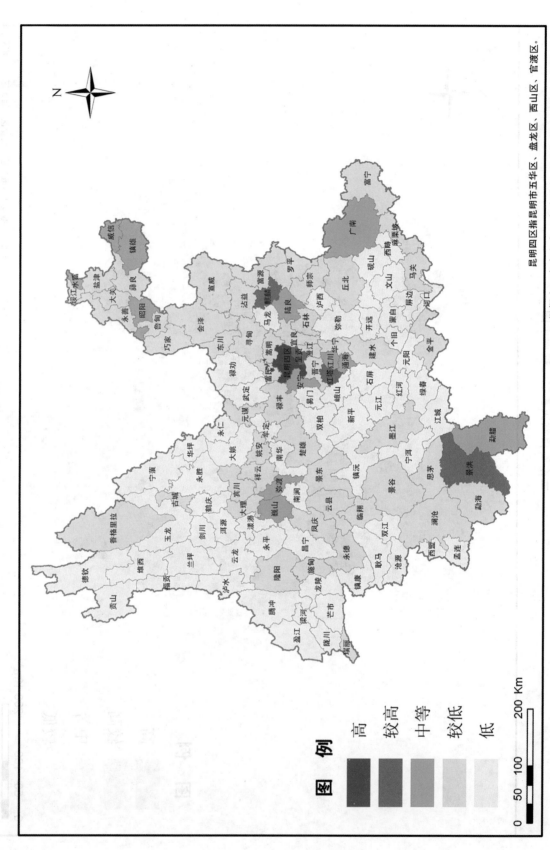

附图17　云南省人口聚集度评价图

根据人口密度和人口流动强度,以县级行政区为单位计算得出。
数据来源:省统计局,省国土厅,省公安厅
昆明四区指昆明市五华区、盘龙区、西山区、官渡区。

图例

高
较高
中等
较低
低

0　50　100　　　200 Km

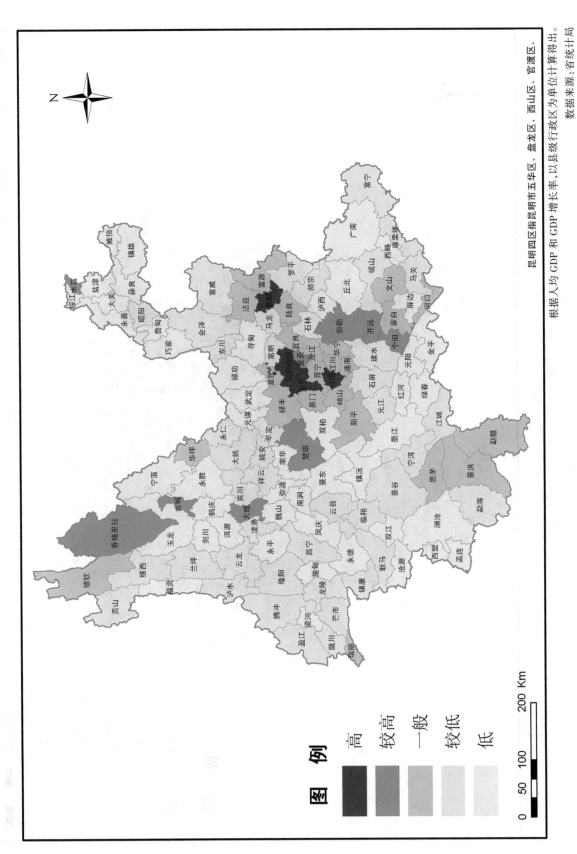

附图18　云南省经济发展水平评价图

图　例

高
较高
一般
较低
低

0　50　100　　200 Km

昆明四区指昆明市五华区、盘龙区、西山区、官渡区。
根据人均GDP和GDP增长率,以县级行政区为单位计算得出。
数据来源:省统计局

云
南

附图 19　云南省交通优势度评价图

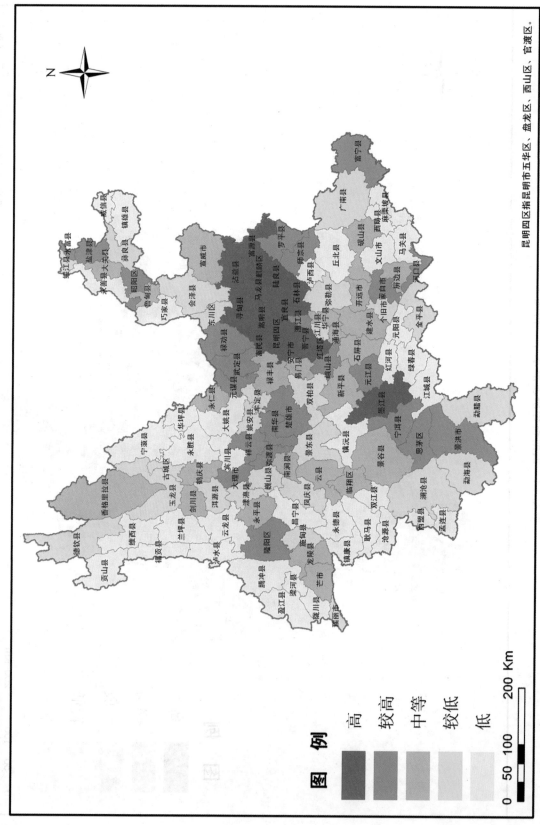

图　例

高
较高
中等
较低
低

0 50 100   200 Km

根据公路网密度、交通干线的技术等级与主要经济中心的距离，以县级行政区为单位计算得出。
昆明四区指昆明市五华区、盘龙区、西山区、官渡区。
数据来源：省交通厅、省测绘局

西藏自治区主体功能区规划

——建设有中国特色、西藏特点的和谐美好家园

序　言

西藏国土空间①广阔，是各族人民繁衍生息和永续发展的家园。为了我们的家园更加美好，为了经济社会更好发展、更快发展、更大发展，为了给我们的子孙后代留下一个环境美好、人与自然和谐共处的家园，必须推进形成主体功能区，科学开发我们的家园。

推进形成主体功能区规划，就是要根据不同区域的资源环境承载能力、现有开发强度和发展潜力，统筹谋划人口分布、经济布局、国土利用和城镇化格局，确定不同区域的主体功能，并据此明确开发方向，完善开发政策，控制开发强度，规范开发秩序，逐步形成人口、经济、资源环境相协调的空间开发格局②。西藏主体功能区规划是国家主体功能区规划的重要组成部分。

推进形成主体功能区，是全面贯彻落实党的十八大和十八届三中全会精神，贯彻落实习近平总书记系列重要讲话精神、关于西藏工作的重要指示精神、特别是"治国必治边、治边先稳藏"的重要战略思想的重大举措，有利于推进科学发展、跨越式发展和长治久安；有利于建设重要的国家安全屏障、重要的生态安全屏障、重要的战略资源储备基地、重要的高原特色农产品基地、重要的中华民族特色文化保护地和重要的世界旅游目的地；有利于落实"一产上水平、二产抓重点、三产大发展"的经济发展战略；有利于按照以人为本的理念推进区域协调发展，缩小地区间基本公共服务和人民生活水平差距；有利于引导人口分布、经济布局与资源环境承载能力相适应，促进人口、经济、资源环境的空间均衡；有利于从源头上扭转生态环

---

① 国土空间是指国家主权与主权权利管辖下的地域空间，是国民生存的场所和环境。包括陆地、水域、内水、领海、领空等。

② 党的十七大要求到 2020 年基本形成主体功能区布局。国家"十一五"规划《纲要》要求编制全国主体功能区规划，明确主体功能区的范围、功能定位、发展方向和区域政策。《国务院关于编制全国主体功能区规划的意见》(国发〔2007〕21 号)对编制规划提出了具体要求。全国主体功能区规划由国家主体功能区规划和省级主体功能区规划组成。

境恶化趋势,促进资源节约和环境保护,应对和减缓气候变化,实现可持续发展;有利于打破行政区划界限,制定实施更有针对性的区域政策和绩效考核评价体系,加强和改善区域调控。

《西藏自治区主体功能区规划》(以下简称本规划)根据《国务院关于编制全国主体功能区规划的意见》、《全国主体功能区规划》、《西藏自治区人民政府办公厅关于开展全区主体功能区规划编制工作的通知》(藏政办发〔2007〕112 号)编制,本规划范围为全区所有国土空间,是推进形成主体功能区的基本依据,是科学开发国土空间的行动纲领和远景蓝图,是国土空间开发的战略性、基础性和约束性规划①。本规划推进构建主体功能区主要目标时间是 2020 年,规划任务更长远,实施中将根据形势变化和评估结果适时调整修订。各地市、各部门必须切实组织实施,加强监测评估,严格贯彻执行。

第一篇　规划背景

西藏自治区(简称西藏)素有"雪域高原"之称,在这片神奇的土地上,拥有宏伟壮丽的自然景观,高原蜿蜒,峻山嵯峨,湖泊星罗棋布,青青的草原,碧蓝的天空,茂密的原始森林,奔腾的江河。又有着丰富、独特、别具一格的人文景观,民俗风情古朴浓郁又不失绚丽多彩,金碧辉煌的名刹古寺,好客善舞的人们。自然景观和人文景观融合在辽阔的大地上,是重要的世界旅游目的地。

现代工业从无到有、从小到大,逐步成长壮大,一大批关系重大、影响深远的重大项目建设显著改善了基础设施状况,城镇化水平稳步提高,城乡居民收入不断增加、生活水平全面改善,站在改革开放和现代化建设新的历史起点上,一个有中国特色、西藏特点的社会主义新西藏呈现在世人面前。

第一章　规划背景

第一节　自然状况

——区位。西藏地处我国西南边陲,幅员面积达 120 多万平方公里,约占全国国土面积的 1/8,为我国第二大省(区),国境线长达 4000 多公里,占全国陆地边境线 1/6 以上,是我国西南边疆的重要门户和屏障②,战略位置十分重要。

——地形。西藏是青藏高原的主体,是一个巨大的块状隆起区③,地质历史年轻,成为"世界屋

---

① "战略性"指本规划从关系国家全局和长远发展的高度,对未来国土空间开发作出的总体部署。"基础性"指本规划是在对国土空间各基本要素综合评价基础上编制的,是其他各类空间规划的基本依据,是区域政策的基本平台。"约束性"指本规划明确的不同国土空间的主体功能定位、开发方式等,对各类开发活动具有约束力。

② 我区位于北纬 26°51′—36°28′和东经 78°23′—99°08′之间,东西长约 2000 公里,南北宽达 1000 公里。北界昆仑山、唐古拉山,与新疆维吾尔自治区和青海省毗邻;东隔金沙江,与四川省相望;东南与云南省相邻;南界喜马拉雅山脉,与尼泊尔、印度、不丹和缅甸接壤;西与克什米尔地区相邻。

③ 西藏高原在近 340 万年期间,上升幅度达 3500—4000 米以上,成为"世界屋脊"。

脊"。海拔在 4000 米以上的地区,占全区土地总面积的 92%。地势总体呈西北高,东南低,特别是羌塘高原原始地面几乎没有受到破坏,保存着完好的高原面貌。而西藏高原周边切割强烈,形成巨大的地形反差,喜马拉雅山与南侧恒河平原高差达 6000 米,昆仑山与塔里木盆地间高差也达 4000米以上。地貌主要由高亢辽阔的高原、巍峨高峻的群山、长而宽广的山间平原(平地)、幽深狭窄的峡谷四大类型组成。

——气候。西藏是北半球气候变化的启动器和调节器,也是气候敏感区和脆弱区,升温效应比其他地区更为显著。气候水平和垂直变化明显。在水平方向上,从东南往西北可划分出热带、亚热带、高原温带、高原亚寒带和高原寒带等气候带。在每一个纬度带,又可分出以该纬度带为基带的多层次气候带。降水量区域差异明显①,藏东南和喜马拉雅山脉南坡,降水丰富。气温年较差和日较差较大,表现出一天中升温与降温迅速。西藏高原地区不仅大风多,而且强势、持续时间长,是我国大风日数量多、范围最大的地区。

——植被。西藏拥有除海洋生态系统外的几乎所有陆地生态系统,拥有森林、灌丛、草甸、草原等多种多样的植被类型,是世界上山地生物物种最主要的分化与形成中心,有高寒生物自然种质库之称。植被以植物区系成分复杂、植被类型多样和高山植被发育等为显著特点。植被从东南向西北相继出现热带、亚热带山地森林带、山地灌丛草原带、高寒草甸带、高寒草原带和高寒荒漠带。在每一个植被带,随山地海拔高度的变化,出现相应的多层次植被垂直带谱。森林面积十分可观②,覆盖率达 11.98%。草原是分布最广的高寒草原植被类型,以藏北和藏南高寒半干旱地区最为集中。

——灾害。西藏自然灾害③情况十分严重,特殊的地理位置和地质构造、复杂多变的气候导致自然灾害频繁严重,有灾害种类多、分布地域广、发生频率高及灾害损失重的特点,灾害威胁很大。破坏性地震分布广、强度大,泥石流、滑坡、冻土冻融、洪水、沙尘暴与沙尘天气、风灾和雪灾每年都有发生。

——湖泊。西藏湖泊星罗棋布,大小湖泊有千余个,是全国湖泊最多的地区,面积达 2.38 万平方公里。分布有盐湖 490 个,是全球海拔最高、范围最大、数量最多、资源最为丰富的高原盐湖分布区,氯化钠、硼、芒硝、钾、锂、镁、铯等资源储量大、品位高。湖泊淡水资源十分丰富,贮量约为 626亿立方米。

第二节　综合评价

通过对战略位置、可利用土地资源、可利用水资源、环境容量、生态系统脆弱性、生态重要性、自然灾害危险性、人口聚集度、经济发展水平、交通优势度、战略选择等指标的综合评价,全区国土空间特点显著。

——国土空间辽阔,但适宜开发的面积少。西藏国土空间面积大,约占全国国土面积的 1/8,

---

① 藏东南低山丘陵区年降水量达 4000 毫米以上,是我国降水量最多的地区之一。年平均气温由 18℃ 递减到−4℃ 以下。除东南部外,年日照时数一般在 2000 小时以上。太阳辐射总值全国最高,藏西北高原每年每平方米总辐射值大于 6300 兆焦耳。

② 我区是我国西南林区重要组成部分,森林面积达到 1471.56 万公顷,其群落类型和群建树种相当丰富,集中分布在受西南季风影响的藏东南山地与喜马拉雅山脉南侧,且具有明显的垂直地带分异。

③ 我区自然灾害种类多,主要有地质灾害、地震灾害、洪水灾害、沙尘暴与沙尘天气和雪灾。地质灾害主要包括泥石流灾害、滑坡和崩塌灾害、冻土冻融等。

为我国第二大省（区）。但是海拔<3000米的国土面积仅有5.74万平方公里，仅占国土空间面积的4.7%；海拔>4500米的不适宜人类生存的面积达到96.04万平方公里，占国土空间面积近80%。气候寒冷、干旱，又是多地震区域，不适宜发展高层建筑，人均建设用地面积较我国东中部需求偏大。适宜种植业利用的宜农土地资源面积少，仅占土地总面积的0.41%，大多集中分布在少数几条大河谷地之中。耕种的土地资源主要集中在经济较为发达的中心城镇，城镇发展与保护耕地间的矛盾较为突出。

　　——能源和矿产资源藏量丰富，但开发利用程度低。西藏能源资源主要有水能、太阳能、地热能、风能、林木和畜粪等可再生能源，探明的石油、天然气和煤炭等能源资源匮乏，总体上"可再生能源丰富，化石能源短缺"①，受开发条件和开发成本影响，开发利用程度低。矿产资源储量大②，开发潜力巨大，但受自然地理、基础设施条件的制约，开发利用程度较低。

　　——生态类型多样，但生态系统③比较脆弱。西藏生态类型多样，生物资源较为丰富④，森林、湿地、草原、荒漠等生态系统均有分布。但生态系统极其脆弱⑤，抗干扰能力差，一旦遭到破坏，影响极大且很难恢复。水土流失、草场退化、土地沙化⑥等问题较为严重，冰川、雪山、湿地面积逐年减小，泥石流、山体滑坡、雪灾等自然灾害时有发生，生物多样性面临挑战。脆弱的生态环境，使工业化城镇化只能在很有限的国土空间集中展开。

第三节　突出问题

　　在推进跨越式发展和长治久安的进程中，全区国土空间的开发利用⑦，一方面有力促进了经济社会发展与生态环境的改善，另一方面由于特殊的地理环境和历史原因，西藏仍属于欠发达地区，与全国平均发展水平还有较大差距，存在不少困难和挑战，出现了一些必须高度重视和着力解决的

---

①　我区水能资源理论蕴藏量2.1亿千瓦，技术可开发装机容量1.4亿千瓦。水能资源理论蕴藏量和技术可开发量分别占全国的29%和24.5%，均居全国首位；太阳能资源是世界上最丰富地区之一，太阳能辐射总量折合标煤约4500亿吨/年，居全国首位；风能资源储量约930亿千瓦时/年，折合标煤约3365万吨/年，居全国第七位，部分地区具备风能开发利用条件；地热能资源丰富，总储量约66万千卡/秒，折合标煤为300万吨/年；薪柴资源理论产出量约480万吨标准煤；年产畜粪折合近280万吨标准煤；化石能源中，煤炭探明保有储量不足5000万吨，石油天然气资源尚待查明。

②　目前已发现101种矿产资源，查明矿产资源储量的有41种，优势矿有铜、铬、硼、锂、铅、锌、金、锑、铁，以及地热、矿泉水等。部分矿产在全国占有重要地位，铜、铅、锌、铬、锂、地热等储量居全国前5位。

③　生态系统是指在一定的空间和时间范围内，在各种生物之间以及生物群落与其无机环境之间，通过能量流动和物质循环而相互作用的一个统一整体。

④　我区是全国五大林区之一，活立木蓄积量居全国第二，森林面积名列我国第五。有丰富的高等植物、木本植物、药用植物、油脂和油料植物、芳香油和香料植物、工业原料植物等植物，高等植物6600多种，木本植物1700余种，药用植物1000余种，油脂、油料植物100余种，芳香油、香料植物180余种，工业原料植物300余种，可代食品、饲料的淀粉、野果植物300余种，绿化观赏花卉植物达2000余种。食用菌415种，灵芝等药用菌238种。全区有各种常用中草药400多种，具有特殊用途的藏药300多种。野生脊椎动物795种，其种类居全国第三，大中型野生动物种群数量居全国前列，其中国家和自治区重点保护野生动物141种。

⑤　中度以上脆弱区域面积达102.92万平方公里，占全区国土总面积的86.1%，其中极度脆弱的占18.58%，重度脆弱的占37.77%，中度脆弱的占29.76%。

⑥　据2001年水利部第二次土壤侵蚀遥感调查，西藏各类土壤侵蚀面积为102万平方公里，占全区国土面积的85%，土壤侵蚀强度大，每年达到44.7亿吨，水土流失呈加重趋势。

⑦　经济发展和工业化城镇化，必然要落到具体国土空间。从国土空间的角度观察，工业化城镇化就是农林牧业空间转化为城市空间的过程；从人口的角度观察，就是就业以农林牧业为主、居住以农牧区为主，转为就业以工业和服务业为主、居住以城镇为主的过程。

突出问题。

——区域发展不协调。全区经济总量持续快速增长,初步形成藏中、藏东和藏西的经济发展格局。但在区域间协调发展、区域内部协作中缺乏有效机制。城乡之间、腹心地区与边境地区、资源富集地区与资源贫乏地区的发展差距还比较大。藏中经济区占全区地区生产总值的86.2%,而藏东和藏西分别仅占10.76%和3.04%。

——土地资源开发利用率低,耕地后备资源少质量差。土地生产力水平和经济效益不高,土地利用率仅为72.69%,灌溉保证率较低,加之耕作方式粗放,粮食产量较低。适宜种植业利用的耕地后备资源面积少,大多集中分布在少数几条大河谷地之中,绝大部分属于质量低劣的五等或六等地。

——生态较为脆弱,生态系统功能退化。约有92%的国土面积处于寒冷、寒冻和冰雪作用极为强烈的高寒环境中,大部分地区干旱作用影响显著。受全球气候变化影响以及人为因素的干扰,部分地区森林破坏、水土流失、土地沙漠化、草地退化、湿地退化,生态系统功能退化容易、恢复难。

——空间结构不合理,空间利用效率低。城镇化率仅有23.7%,不足全国平均水平的一半,大部分居民分布在广大农牧区。城镇数量少、规模小、间隔远、密度低、布局分散,仅有两个设区城市。建制镇占乡镇总数的比例(不含县城镇)仅为11.2%,城镇建成区面积仅200平方公里,除拉萨城区与日喀则市桑珠孜区外,其他5个行署所在镇的镇域户籍总人口一般只有2万人左右,一般县城所在镇的镇域户籍总人口约为5—6千人。城镇产业发展支撑不足,就业吸纳能力弱,要素聚集能力低,空间利用效率低。

第四节　面临趋势

今后一个时期,是西藏全面建成小康社会的关键时期,也是加快推进社会主义现代化的重要阶段,必须深刻认识并全面把握国土空间开发的趋势,妥善应对由此带来的严峻挑战。

——人民生活水平不断改善,满足居民生活的空间需求面临挑战。随着社会主义新农村建设的不断深入和"八到农家"工程等的全面实施,安全饮水、出行道路、科学教育、医疗健康、文化娱乐等基本公共服务配套设施不断完善,农牧民的居住环境将得到极大改善,这些对农牧区居民聚集区的建设空间提出了更多要求。满足现有人口消费结构升级,特别是城乡居民对高原绿色食(饮)品和汽车等高档消费品需求量的迅速增加,要求供给更大面积的优质土地资源和城镇生活空间。

——城镇化水平不断提高,满足城镇建设的空间需求面临挑战。西藏城镇化水平较低,发展潜力和空间巨大,处于快速发展阶段。随着人口总量的增加和农牧区人口不断向城镇转移,城镇规模将不断扩大,一方面增加了扩大城镇建设空间的要求,另一方面对保障农产品主产区的生产力提出了更大的挑战,如何统筹城乡协调发展,优化布局城镇空间结构面临许多新课题。

——基础设施不断完善,满足基础设施建设的空间需求面临挑战。基础设施建设滞后是西藏发展的瓶颈制约,也是国家投资的重点领域,随着国家投资力度的进一步加大,西藏交通、能源、水利和通信等基础设施仍将处于快速发展阶段。建设公路、铁路和航空运输综合运输体系,开发和利用能源资源,改善水利设施和通信网络设施,必然占用更多空间,甚至不可避免地占用一些耕地和绿色空间。

——特色优势产业发展壮大,满足各地区的建设空间需求面临挑战。按照"一产上水平、二产抓重点、三产大发展"的经济发展战略,培育壮大特色优势产业,不断增强自我发展能力是西藏未来发展的重点任务。发展产业园区,建设现代特色农林牧业生产基地,发展矿业、能源、建材等重工业,高原生物和绿色食(饮)品、农畜产品加工、藏药、纺织等轻工业,必然占用较多土地资源,处理好产业发展和耕地保护、林地保护面临新的挑战。

总之,我们一方面要满足推进经济社会跨越式发展、人口增加、人民生活改善、工业化城镇化发展、基础设施建设等对国土空间的巨大需求,另一方面要为保障国家生态安全、农产品供给而保护重点生态功能区和耕地、林地,国土空间开发面临诸多挑战。

第二篇 指导思想与规划目标

未来一个时期是西藏推进跨越式发展和长治久安、和全国同步全面建成小康社会的重要时期,也是优化空间结构的重要时期。在这一时期,必须遵循经济社会发展规律和自然规律,立足国土空间的自然状况,针对开发中存在的突出问题,应对未来各方面挑战,确立新的开发理念和原则,科学调整国土空间开发导向①,有序开发国土空间,为更长远的发展构架一个科学合理的国土空间。

第二章 指导思想

以邓小平理论、"三个代表"重要思想和科学发展观②为指导,全面贯彻落实党的十八大、十八届三中、四中全会、中央民族工作会、中央第五次西藏工作座谈会精神,贯彻落实习近平总书记系列重要讲话精神、关于西藏工作的重要指示精神、特别是"治国必治边、治边先稳藏"的重要战略思想,坚持"一个中心、两件大事、四个确保"的新时期西藏工作指导思想,坚持"依法治藏、长期建藏、争取人心、夯实基础"的重要原则,坚持走有中国特色、西藏特点的发展路子,以建设"两屏四地"为总体目标,树立新的开发理念,调整开发内容,创新开发方式,规范开发秩序,提高开发效率,确保经济社会跨越式发展,确保国家安全和西藏长治久安,确保各族人民物质文化生活水平不断提高,确保生态环境良好,努力建设富裕、和谐、幸福、法治、文明、美丽的社会主义新西藏。

第一节 树立开发新理念

科学开发我们的家园,解决国土开发中资源利用效率低下、空间分布不合理、盲目开发、无序开发的问题,必须调整和树立新的开发理念。

——基于自然条件适宜性。不同的国土空间,自然状况不同。海拔高、地形复杂、气候恶劣的地区以及其他生态重要和生态脆弱的区域,对维护全区生态安全具有不可或缺的作用,不适宜大规模、高强度的工业化城镇化开发,有的区域甚至不适宜高强度的农牧业开发。否则,将对生态系统造成破坏,对提供生态产品能力造成损害。必须尊重自然、顺应自然,根据不同国土空间的自然属

---

① 空间结构形成后很难改变,特别是耕地、生态空间等变为工业和城市建设空间后,调整的难度和代价很大。

② 落实科学发展观,必须把科学发展的思想和要求体现和落实在具体的空间单元,明确每个地区的主体功能定位以及发展方向、开发方式和开发强度。

性确定不同的开发内容。

——区分主体功能。一定的国土空间具有多种功能,但必有一种主体功能,或以提供工业产品和服务产品为主体功能,或以提供农产品、生态产品为主体功能。区分主体功能并不排斥其他功能,但若主次不分,则会带来不良后果。重点生态功能区应把提供生态产品作为主体功能,把提供农产品和工业品作为次要功能,否则,就可能损害生态产品的生产能力。农产品主产区应把提供农产品作为主体功能,把提供工业品作为次要功能,否则大量占用耕地就可能损害农产品的生产能力。因此,必须区分不同国土空间的主体功能,根据主体功能定位确定开发的主体内容和发展的主要任务①。

——依据资源环境承载能力。不同国土空间的主体功能不同,聚集人口和经济的能力不同。重点生态功能区和农产品主产区由于不适宜或不应该大规模、高强度的工业化城镇化开发,因而承载较高消费水平人口的能力有限②,必然要有一部分人口逐步转移到就业机会较多、收入水平较高的城镇化地区。同时,一定空间单元的城镇化地区,资源环境能力也是有限的,人口和经济的过度聚集也会给资源环境、交通等带来难以承受的压力。因此,必须根据资源环境中的"短板"因素确定可承载的人口规模、经济规模以及适宜的产业结构③。

——节约优先、保护优先、自然恢复为主。合理划分生态红线,形成节约资源和保护环境的空间结构、产业结构、生产方式、生活方式,推进绿色发展、循环发展、低碳发展,切实推进生态文明和美丽西藏建设。

——控制开发强度④。全区不适宜开发的国土面积巨大,水土配合条件较高的宽坝河谷地区尽管适宜工业化城镇化开发,但这类国土空间同样适宜农牧业开发,为保障全区农产品供给安全,也不能过度开发。即使是城镇化地区,也要保持必要的耕地和绿色生态空间,以满足人们对生态环境服务功能的需求。因此,必须有节制地开发,控制全区国土空间的开发强度。

——调整空间结构⑤。空间结构是经济结构和社会结构的重要内容。空间结构状态影响着发展方式,决定着资源配置效率。因此,必须把调整空间结构纳入经济结构调整的内涵中,把国土空间开发的着力点放到调整和优化空间结构、提高空间利用效率上。

——提供生态产品⑥。提供生态产品也是创造价值的过程,保护生态环境、提供生态产品的活动也是发展。因此,必须把提供生态产品作为发展的重要内容,把增强提供生态产品的能力作为国土空间开发的重要任务。

---

① 退耕还林、退牧还草、退田还湖等,一定意义上就是将以提供农产品为主体功能的地区,恢复为以提供生态产品为主体功能的地区,是对过去开发中主体功能错位的纠正。

② 在农业社会,很多地区可以做到"一方水土养活一方人",但在工业社会,达到较高的消费水平后,有些地区就很难做到"一方水土养富一方人"。

③ 技术进步可以提高一定国土空间的承载能力,但国土空间的总量、环境容量、开创绿色空间是技术进步不能完全解决的。

④ 开发强度指一个区域建设空间占该区域总面积的比例。建设空间包括城镇建设、独立工矿、农牧区居民点、交通、水利设施,其他建设用地等空间。

⑤ 空间结构是指不同类型空间的构成及其在不同空间的分布,如城市空间、农业空间、生态空间的比例,城市空间中城市建设空间与工矿建设空间的比例等。

⑥ 生态产品指维系生态安全、保障生态调节功能、提供良好人居环境的自然要素,包括清新空气、清洁水源、舒适环境和宜人气候等。生态产品同农产品、工业品和服务产品一样,都是人类生存发展所必需的产品。对重点生态功能区进行"生态补偿",实质是政府代表人民购买重点生态功能区提供的生态产品。

第二节　主体功能区划分

根据以上开发理念,全国主体功能区规划将国土空间分为以下主体功能区:按开发方式,分为优化开发区域、重点开发区域、限制开发区域和禁止开发区域①四类;按开发内容,分为城市化地区、农产品主产区和重点生态功能区。鉴于经济社会发展总体水平和发展基础,我区现阶段尚不具备可划为优化开发区域的区域,本规划中没有就我区国土空间划分出优化开发区域,将城市化地区称为城镇化地区。

重点开发、限制开发和禁止开发三类主体功能区,是基于不同区域的资源环境承载能力、现有开发强度和未来发展潜力,以是否适宜或如何进行大规模、高强度的工业化城镇化为基准划分的。

城镇化地区、农产品主产区和重点生态功能区,是以提供主体产品的类型为基准划分的。城镇化地区是以提供工业品和服务产品为主体功能的地区,也提供农产品和生态产品;农产品主产区是以提供农产品为主体功能的地区,也提供生态产品、服务产品和部分工业品;重点生态功能区是以提供生态产品为主体功能的地区,也提供一定的农产品、服务产品和工业品。

重点开发区域是指有一定经济基础、资源环境承载能力较强、发展潜力较大、聚集人口和经济的条件较好,从而应该重点进行工业化城镇化的地区。重点开发区域分为国家级和自治区级两个层面。

限制开发区域分为两类,一类是农产品主产区,即耕地面积较多、发展农牧业条件较好,尽管也适宜工业化城镇化开发,但从保障全区农产品安全以及长远发展的需要出发,需把增强农牧业综合生产能力作为发展的首要任务,从而应该限制进行大规模高强度工业化城镇化开发;一类是重点生态功能区,即生态脆弱、生态系统重要,资源环境承载能力较低,不具备大规模高强度工业化城镇化开发的条件,必须把增强生态产品生产能力作为首要任务,从而应该限制进行大规模高强度工业化城镇化开发,重点生态功能区分为国家级和自治区级两个层面。

禁止开发区域是指依法设立的各级各类自然文化资源保护区域,以及其他禁止工业化城镇化开发、需要特殊保护的重点生态功能区。禁止开发区域分为国家级和自治区级两个层面。国家层面的禁止开发区域,包括国家级自然保护区、世界文化自然遗产、国家级风景名胜区、国家森林公园和国家地质公园。自治区级层面的禁止开发区域,包括自治区级及以下各级各类自然文化资源保护区域、重要水源地、其他自治区人民政府根据需要确定的禁止开发区域,以及未列入国家级禁止开发区域的国家级水产种质资源保护区、国际重要湿地、国家重要湿地、国家湿地公园和饮用水水源地。

各类主体功能区,在全区经济社会发展中具有同等重要的地位,只是主体功能不同,开发方式不同,保护内容不同,发展首要任务不同,自治区的支持重点不同。对城镇化地区主要支持其聚集人口和经济,对农产品主产区主要支持其增强农牧业综合生产能力,对重点生态功能区主要支持其保护和修复生态环境。

---

① 重点开发和限制开发区域以县级行政单位为基本单元,禁止开发区域以自然或法定边界为基本单元,分布在其他类型主体功能区域之中。鉴于我区国土空间辽阔,为实现区域主体功能定位的准确性,本规划在技术规程分析过程中将基本单元细化到乡镇层级。

主体功能分类及其功能

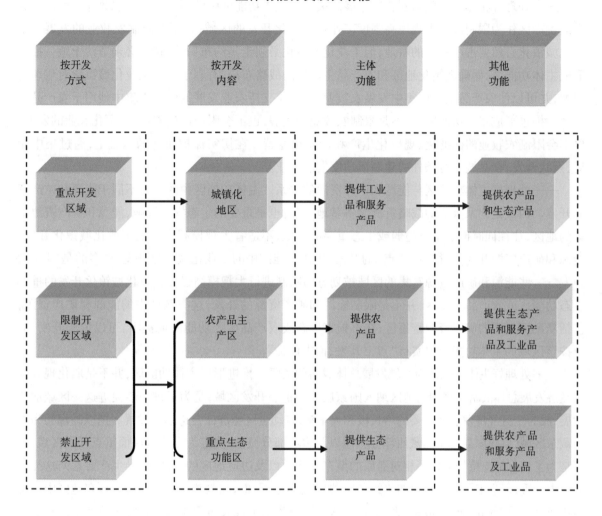

第三节　重大关系

推进形成主体功能区,要处理好以下重大关系。

——处理好保护与开发的关系。开发与发展的含义不同,发展通常是指经济社会的发展,发展需要对国土空间进行一定强度的开发。本规划的重点开发、限制开发、禁止开发,特指大规模高强度的工业化城镇化开发。限制或禁止开发,特指在这类区域限制或禁止进行大规模高强度的工业化城镇化开发,并不是限制或禁止所有行为的开发。限制或禁止开发,是为了更好地保护这类区域的农牧业生产力和生态产品生产力,为了可持续发展,并不是限制或禁止发展。

——处理好主体功能与其他功能的关系。主体功能不等同于唯一功能。明确一定区域的主体功能及其开发的主体内容和主要任务,并不排斥该区域发挥其他辅助或附属功能。推进形成主体功能区,既要根据主体功能定位开发,也要重视发挥其他功能。重点开发区域,作为全区主要的城镇化地区,其主体功能是提供工业品和服务产品,聚集人口和经济,但也要保护好基本农田、森林、湿地,提供一定数量的农牧业产品和生态产品。限制开发区域,作为全区主要的农产品主产区和重点生态功能区,其主体功能是提供农产品和生态产品,保障农产品供给安全和生态系统稳定,但也允许适度开发能源和矿产资源,允许发展那些不影响主体功能定位、当地资源环境可承载的产业。

对禁止开发区域,要依法进行强制性保护。政府为各类主体功能区都要提供基本公共服务。

——处理好主体功能区与农牧业发展的关系。主体功能区中的开发不同于农牧业开发。把农产品主产区作为限制进行大规模高强度工业化城镇化开发的区域,并不会限制农牧业的发展。工业化城镇化必然要占用一定的耕地,但工业化城镇化必须走集约布局的道路,必须节约土地。推进形成主体功能区,明确城镇化地区和农产品主产区的战略布局,有利于避免工业化城镇化对耕地的侵蚀,并可以使农产品主产区集中发展农牧业,使国家支持农业发展的政策更集中地用于农产品主产区。推进形成主体功能区,并不是限制农牧业的发展,也不会限制设施农业、工厂化农业的发展,更不会限制农牧业的标准化、规模化生产和产业化经营。在切实保护耕地的基础上,通过集中布局、点状开发,在县城和有条件的建制镇适度发展工业。

——处理好主体功能区与能源和矿产资源的关系。主体功能区中的开发不同于能源和矿产资源开发。西藏是国家重要的战略资源储备基地,同时也是重要的生态安全屏障,能源和矿产资源富集的地区,往往同时也是生态脆弱或生态重要的区域,不适宜大规模高强度的工业化城镇化开发。能源和矿产资源开发,往往只是"点"的开发,主体功能区中的工业化城镇化开发,更多的是"片"的开发。一些能源和矿产资源富集的区域被划分为限制进行大规模高强度工业化城镇化开发的重点生态功能区或农产品主产区,并不是限制能源和矿产资源的开发,这类区域中的能源和矿产资源,包括新勘探发现的矿产资源富集区,在不损害生态或农产品生产功能的前提下,可以依法开发,但应按该区域的主体功能定位实行"点上开发、面上保护"。

——处理好主体功能区与区域发展总体战略的关系。推进形成主体功能区,并不是弱化现有区域经济发展总体战略。藏中南地区纳入国家层面的重点开发区域,是为了进一步促进这一区域加快发展,成为全区经济发展最重要的增长极和火车头,带动全区经济社会跨越式发展。把以昌都县为主的藏东区域、以噶尔县为主的藏西部分城镇以及边境部分城镇,确定为自治区层面重点开发区域,恰恰是为了更好地支持目前发展相对滞后的藏东和藏西以及边境地区的发展,引导生产要素向这类区域集中配置,促进工业化城镇化的集约布局,加快经济发展和人口聚集。藏北、藏西、藏东地区中生态脆弱或生态重要的国土空间占很大比重,在这些区域确定了较大面积的限制开发区域和禁止开发区域,并不是不支持这些地区的发展,而是为了更好地保护这类区域的生态产品和农牧业产品生产能力,使国家保护生态环境、加快社会主义新农村建设的支持政策能更集中地用到这类区域,显著改善当地公共服务和人民生活条件,使当地人民与其他区域人民一道过上全面小康的生活。

——处理好政府与市场的关系。推进形成主体功能区,是政府对国土空间开发的战略设计和总体谋划,体现了自治区党委、政府的战略意图和全区各族人民长远发展的战略需要。主体功能区的划定,是按照自然规律和经济规律,根据资源环境承载能力综合评价,在各地市各部门的多方沟通协调基础上确定的。但主体功能区的划定,并不意味着主体功能区的形成。形成主体功能区,政府既要发挥重要的引导作用,更要发挥市场配置资源的决定性作用,特别是重点开发区域主体功能的形成,应当充分发挥市场配置资源的决定性作用。政府在推进形成主体功能区中的主要职责是,根据主体功能定位配置公共资源,完善各项政策措施,引导市场主体的行为方向。

第三章　开发原则

推进形成主体功能区,要坚持以人为本,把提高各族人民的生活水平、增强可持续发展能力作为基本原则。推动科学发展是各类主体功能区的永恒主题,但不同主体功能区推动科学发展的主体内容和主要任务不同。必须牢固树立发展是解决西藏所有问题基础的思想,根据主体功能定位,不断推进在科学发展的轨道上实现跨越式发展。城镇化地区要把增强综合经济实力作为主要任务,农产品主产区要把增强农牧业综合生产能力作为主要任务,重点生态功能区要把增强提供生态产品的能力作为主要任务。

第一节 优化结构

要将国土空间开发从外延扩张为主,转向优化空间结构和调整各类空间在不同区域的分布为主①。按照生产发展、生活富裕、生态良好的要求调整空间结构,保证生活空间,扩大绿色生态空间。城镇化地区按照满足主体功能区建设的要求有序扩展城镇空间总面积,扩大城镇居住、公共设施和绿地等空间,节约工矿建设用地,修复工矿迹地,合理布局小城镇建设空间,增强综合经济实力。农产品主产区要确保基本农田面积不减少、质量不降低,不断增强农牧业综合生产能力。按照农牧区人口向城镇转移的规模和速度,节约集约利用农牧民居住用地,适度增加农牧区公共设施空间,并将闲置的农牧区居住空间进行复垦,转为农牧业生产空间或绿色生态空间。重点生态功能区增强提供生态产品的能力,保护重要的生态功能类型区。

第二节 保护优先

按照建设重要的生态安全屏障要求,根据区域国土空间的不同特点,以保护自然生态为前提、以水土资源承载能力和环境容量为基础进行有度有序开发,走人与自然和谐的发展道路。工业化城镇化必须建立在对所在区域资源环境承载能力综合评价基础上,根据环境容量严格控制规模。严禁各类破坏生态环境的开发活动。能源和矿产资源要在点上开发,面上保护,保护优先,最大限度修复原有生态环境。加强对河流原始生态的保护。保护天然草地、沼泽地、苇地、滩涂、冻土、冰川及永久积雪等自然空间。

第三节 集约开发

按照建设资源节约型社会的要求,走空间集约道路。发展产业集群,引导产业相对聚集发展,人口相对集中居住。在资源环境承载能力较强、人口密度较高的城镇化地区,形成"中心城镇+次一级城镇+卫星城镇"的城镇空间主体形态、其他城镇化地区据点式开发②的大中小城镇协调发展的城镇化格局,发展循环经济,提高土地、水等资源的利用效率,增强可持续发展能力。城镇发展要尽可能提高土地利用效率和容积率,确有必要扩展的要尽可能利用空闲地、废弃地,减少占用耕地。农牧区居民

---

① 城市空间,包括城市建设空间、工矿建设空间。城市建设空间包括城市和建制镇居民点空间。工矿建设空间是指城镇居民点以外的独立工矿空间。农业空间,包括农业生产空间、农村生活空间。农业生产空间包括耕地、改良草地、人工草地、园地、其他农用地(包括农业设施和农村道路)空间。农村生活空间即农村居民点空间。生态空间,包括绿色生态空间、其他生态空间。绿色生态空间包括天然草地、林地、湿地、水库水面、河流水面、湖泊水面。其他生态空间包括荒草地、沙地、盐碱地、高原荒漠等。其他空间,指除以上三类空间以外的其他国土空间,包括交通设施空间、水利设施空间、特殊用地空间。交通设施空间包括铁路、公路、民用机场、港口码头、管道运输等占用的空间。水利设施空间即水工建设占用的空间。特殊用地空间包括居民点以外的国防、宗教等占用的空间。

② 据点式开发,又称增长极开发、点域开发,是指对区位条件好、资源富集等发展条件较好的地区,集中资源,突出重点,优先开发。

点和农牧区基础设施、公共服务设施的建设要统筹考虑人口迁移等因素,适度集中、集约布局。

第四节　有限开发

按照建设环境友好型社会的要求,走人与自然和谐相处的发展道路。切实保护全区重点生态功能区等自然生态系统,根据国土空间的不同特点,有度有序地开发,缓解各种开发活动对资源和生态环境的压力。在环境容量限度内开发国土资源,在水资源严重短缺、生态比较脆弱、生态系统非常重要、环境容量小、自然灾害危险性大的地区,要严格控制工业化城镇化开发,确有必要开发重要矿产资源的,要最大限度地保护和修复生态环境。农牧业开发要充分考虑对自然生态系统的影响,积极发挥农牧业的生态功能,严禁有损自然生态系统的开荒以及侵占湿地、林地、草地等的农牧业开发。确保生态安全,不断改善河流、水、大气等环境质量,实现人与自然和谐相处,使绝大部分国土空间成为保障生态安全和农产品供给安全的空间。城镇化地区的人口、产业布局和经济规模要与资源环境承载能力相适应,特别要控制在水资源的承载能力和环境容量允许的范围内,并保证一定比例的绿色生态空间;农产品主产区不得进行大规模、高强度的工业化城镇化开发,城镇建设和工业项目要依托现有城镇;在重点生态功能区严格管制各种开发活动,开发矿产资源、发展适宜产业和建设基础设施,都要控制在尽可能小的空间范围之内,并做到绿色生态空间的占补平衡。开展生态修复行为要有利于构建生态廊道和生态网络,保持天然草地、沼泽地、冻土、冰川及永久积雪等自然空间。

第五节　协调开发

要按照人口、经济、资源环境相协调以及统筹城乡发展、统筹区域发展的要求进行开发,促进人口、经济、资源环境的空间均衡。按照人口与经济相协调的要求进行开发,重点开发区域在聚集经济的同时要聚集相应规模的人口,限制开发和禁止开发区域要引导人口转移,逐步减少人口规模。城镇化地区和各城镇的人口和经济规模的确定以及产业结构的选择,要充分考虑水资源的承载能力,以水定量。交通设施布局和建设规模、密度要与各主体功能区的人口、经济规模相协调,宜密则密,宜疏则疏。在重点开发区域规划和重大工程规划中,要充分考虑各类地质灾害、地震等因素。按照建设以县域经济为载体的新农村的要求,统筹城乡协调发展,有序推进城镇化。城镇化地区和各城镇在扩大城镇建设空间的同时,要增加相应规模的人口;农产品主产区和重点生态功能区在减少人口规模的同时,要相应减少人口占地的规模。防止城镇化地区对农牧区的过度侵蚀,为农村人口进入城镇提供必要的空间,使城镇化与农村人口转移规模相适应,有条件的地区要将城镇基础设施延伸到农牧区居民点。禁止开发区内可开展相关法律法规许可范围内的旅游、科学普查等活动。

第四章　战略目标

要以建设重要的国家安全屏障、重要的生态安全屏障、重要的战略资源储备基地、重要的高原特色农产品基地、重要的中华民族特色文化保护地和重要的世界旅游目的地为总体目标,从现代化建设全局和持续发展的战略需要出发,遵循不同国土空间的自然属性,构建我区发展战略格局,基本形成由重点开发区域为主体的工业化布局和城镇化格局,对限制开发区域中的重点城镇进行据点式布局开发,由限制开发区域和禁止开发区域为主体框架的农牧区和生态屏障区基本形成,禁止开发区域和基本农田得到切实保护。

第一节 主要目标

按照到2020年基本形成主体功能区布局的总体要求,推进形成全区主体功能区的主要目标是:

——空间开发格局清晰。基本形成"一圈两翼三点两线"为主体的城镇化战略格局,集中全区大部分的人口和经济总量。基本形成"七区七带"为主体的农业战略格局,稳定青稞生产,形成区域化布局、专业化生产、产业化开发、规模化经营的重要的高原特色农产品基地。基本形成"三屏五区"为主体的重要的生态安全屏障,显著提高全区生态环境质量。

——空间结构优化。全区开发强度控制在0.083%①,城镇空间控制在261.74平方公里以内,农牧区居民点占地面积控制在633.98平方公里以内,工矿建设空间适度增加。耕地保有量维持稳定,不低于3527平方公里,其中基本农田不低于3036平方公里,各类建设占用耕地新增面积控制在60平方公里以内。青稞产量达到70万吨以上,蔬菜产量达到100万吨以上。绿色生态空间进一步扩大,林地保有量增加至17.46万平方公里,国家和自治区重点公益林得到有效保护,中、重度退化草地得到治理,草地覆盖度较大幅度提高,草原占陆地国土空间面积的比例保持在53.73%以上,湿地得到有效保护,国家重点保护以及我区特有的野生动植物物种和基因得到保护。

——空间利用效率提高。基础设施条件全面改善,人口集中度和经济聚集度进一步提高,城镇空间每平方公里生产总值大幅度提高,提高土地节约集约利用水平。单位面积耕地粮食和主要经济作物产量稳步提高。单位绿色生态空间蓄积林草、涵养水的数量增加。

——区域基本公共服务差距缩小。进一步缩小不同主体功能区以及同类主体功能区之间城镇居民人均可支配收入、农牧民人均纯收入和生活条件的差距,扣除成本因素后的人均财政支出大体相当,基础设施、经济、社会和安全方面的基本公共服务均等化取得重大突破,农牧民人均纯收入接近全国平均水平,基本公共服务能力接近全国平均水平。

——可持续发展能力增强。生态安全屏障建设取得明显成效,生态系统稳定性明显增强,沙漠化、水土流失(冻融侵蚀)、草原退化、湿地退化、河流与湖泊干枯、耕地质量下降等生态退化面积减少,水、空气、土壤等生态环境质量不下降,生物多样性得到切实保护,森林覆盖率提高到12.31%。主要污染物排放得到有效控制,空气质量达到二级标准的天数超过90%的环境保护重点城镇达到100%,各水系好于Ⅲ类的比例达到100%以上,国家重要江河湖泊水功能区达标率在95%以上,入河污染物排放总量明显减少,万元GDP能耗达到国家要求。自然灾害防御水平进一步提升。应对气候变化能力明显增强。

表1 全区国土空间开发的规划指标

指 标	2010年	2020年
开发强度(%)	0.061	0.083
城镇空间(平方公里)	170	261.74
农村居民点(平方公里)	330	633.98

---

① 我区国土面积广大,但相当一部分国土空间并不适宜工业化城镇化开发。到2020年全区国土空间开发强度控制在0.083%是根据《西藏自治区土地利用总体规划(2006—2020年)》确定的建设用地指标,并以全部陆地国土空间测算的,若扣除不适宜工业化城镇化开发的面积,开发强度将大大超过0.083%。

续表

指　　标	2010 年	2020 年
耕地保有量(平方公里)	3573	3527
青稞产量(万吨)	60.3	>70
蔬菜产量(万吨)	58.1	> 80
林地保有量(万平方公里)	12.68	17.46
森林覆盖率(%)	11.91	12.31

第二节　战略任务

坚持走有中国特色、西藏特点的发展路子,着力构建全区国土空间的"三大战略格局",建设团结、民主、富裕、文明、和谐、生态的社会主义新西藏。

——构建"一圈两翼三点两线"为主体的城镇化战略格局。在空间布局上,形成以"拉萨—泽当城镇圈"为核心圈,日喀则市桑珠孜区为中心的雅鲁藏布江中上游城镇、八一镇为中心的尼洋河中下游城镇为东西两翼,藏东昌都镇、藏北那曲镇和藏西狮泉河镇为三个节点,边境沿线和交通沿线重要小城镇为两线,加快发展产业集聚程度高、经济综合实力强、内外开放程度大、区域先导作用显著的现代中心城市(镇),有序建设功能完善、环境优美、文化厚重、特色突出小城镇,打造结构合理、层次有序、辐射力强、功能互补的城镇化体系。以推进新型城镇化为重要抓手,加快建设重要的战略资源储备基地、重要的中华民族特色文化保护地和重要的世界旅游目的地。(图 3　城镇化战略格局示意图)

——构建"七区七带"为主体的农业战略格局。从优化农林牧业生产空间布局的角度出发,以建设重要的高原特色农产品基地为目标,在藏西北、羌塘高原南部、藏东北、雅鲁藏布江中上游区、雅鲁藏布江中游—拉萨河区域、尼洋河中下游、藏东南七大农林牧业生产区,加快建设藏西北绒山羊、藏东北牦牛、藏中北绵羊、藏东南林下资源和藏药材、藏中优质粮饲、城郊优质蔬菜和藏中藏东藏猪藏鸡七个特色农林牧业产业带。推进现代农林牧业示范区建设,在条件适宜的地方培育"提升一产"的示范县、示范乡镇和科学种植养殖示范户。(图 4　农业战略格局示意图)

——建设"三屏五区"为主体的国家生态安全战略格局。构建以藏西北羌塘高原荒漠生态屏障区、藏东南高原边缘森林生态屏障区、喜马拉雅中段生态屏障区、念青唐古拉山南翼水源涵养和生物多样性保护区、昌都地区北部河流上游水源涵养区、羌塘高原西南部土地沙漠化预防区、阿里地区西部土地荒漠化预防区、拉萨河上游水源涵养与生物多样性保护区为骨架,以其他限制开发的重点生态功能区为重要支撑,以点状分布的国家和自治区层面禁止开发区域为重要组成的国家重要的生态安全屏障。生态区域,要重点保护好多样性、独特的生态系统,发挥涵养大江大河水源和调节气候的作用,要实现沙化土地综合防治面积和水土流失治理面积显著提高、大江大河源头区、重要湖泊、河谷区生态环境保护和生物多样性保护取得显著进展、生态环境监管体系和监测网络较为完善、基本实现农村传统能源替代、生态环境与经济社会呈现协调发展态势的目标。(图 5　生态安全战略格局示意图)

第三节　未来展望

到 2020 年主体功能区布局基本形成之时,我们的家园将呈现人口、经济、资源环境相协调的美好情景。

西藏

——经济社会发展水平得到显著提高。农牧民人均纯收入接近全国平均水平,人民生活水平全面提升,基本公共服务能力接近全国平均水平,基础设施条件全面改善,生态安全屏障建设取得明显成效,自我发展能力明显增强,社会更加和谐稳定,实现全面建设小康社会的奋斗目标。

——国土空间布局更加合理。经济布局更趋集中均衡①,工业化城镇化将在适宜开发的很小一部分国土空间集中展开,产业聚集布局、人口集中居住、城镇较为密集分布。重点开发区域特别是藏中南地区基础设施基本完善,产业建设取得重大成效,形成若干增长极,成为全区提升自我发展能力、推进跨越式发展的主要支撑点。青藏铁路沿线、藏东、藏西和边境重点城镇基础设施建设取得长足进步,特色产业初具规模,成为带动本区域发展的重要增长点,使经济增长的空间由中向东和向西、由南向北拓展,人口和经济在国土空间上既有集中又实现相对均衡,区域间基本公共服务、人均地区生产总值和人均收入的差距逐步缩小。

——城乡发展更加协调。农牧区人口向城镇有序转移。耕地和草场的生产力持续提高,农牧区劳动力人均占有耕地和草场增加,农林牧业经营的规模化水平、劳动生产率和农牧民人均收入大大提高,城乡居民生活水平差距逐步缩小。人口更多地生活在更适宜人居的区域。农产品主产区和重点生态功能区的人口将向城镇化地区逐步转移,城镇化地区在聚集经济的同时聚集相应规模的人口。适应主体功能区要求的财政体制逐步完善,公共财政支出规模与公共服务覆盖的人口规模更加匹配,城乡间基本公共服务和基本生活条件差距缩小。

——生态安全得到有效保障。经济生态化、生态产业化的发展道路逐步形成,资源节约型、环境友好型社会建设取得重要成效。重点生态功能区承载人口、创造税收、提供农牧产品和工业品的压力大大减轻,而大江大河源头区、草原、湿地、天然林及生物多样性得到有效保护,人口密集区、农牧业发达地区、重点水源地、退化草地、沙化土地等区域生态建设和污染防治力度进一步加大,生态环境得到明显改善。城镇化地区的开发强度得到有效控制,绿色生态空间保持在较高比例。农产品主产区开发强度得到控制,生态效能大大提升,切实保护好雪域高原这片碧水蓝天,筑牢重要的生态安全屏障。

——国土空间管理更加精细科学。对不同区域明确不同的主体功能定位,为涉及国土空间开发各项政策的制定和实施提供统一的政策平台,区域调控的针对性、有效性和公平性大大增强;为各类规划的衔接协调提供基础性的规划平台,各级各类规划间的一致性、整体性以及规划实施的权威性、有效性大大增强;为政府对国土空间及其相关经济社会事务的管理提供统一的管理平台,政府管理的科学性、规范性和制度化水平大大增强;为实行各有侧重的绩效评价和政绩考核提供基础性的评价平台,绩效评价和政绩考核的客观性、公正性大大增强。

第三篇　主体功能区

西藏的主体功能区由国家层面和自治区层面重点开发、限制开发、禁止开发三个类型构成。推进

---

① 集中均衡式经济布局是指小区域集中、大区域均衡的开发模式。亦即在较小空间尺度的区域集中开发、密集布局;在较大空间尺度的区域,形成若干个小区域集中的增长极,并在国土空间相对均衡分布。这是一种既体现高效,又体现公平的开发模式。

形成主体功能区,必须明确国家层面和自治区层面不同主体功能区的功能定位、发展目标和开发原则。

全区国土总面积 120 多万平方公里,其中:重点开发区域 6.04 万平方公里(国家级 3.24 万平方公里、自治区级 2.8 万平方公里),占国土总面积的 5.02%(国家级占 2.70%、自治区级占 2.33%);限制开发区域(农产品主产区)32.91 万平方公里,占国土总面积的 27.38%;限制开发区域(重点生态功能区)81.24 万平方公里(国家级 57.11 万平方公里、自治区级 24.13 万平方公里),占国土总面积的 67.58%(国家级占 47.51%、自治区级占 20.07%)。

2010 年,全区总人口 300.22 万人,其中:重点开发区域人口 107.42 万人(国家级 88.67 万人、自治区级 18.75 万人),占总人口的 35.78%(国家级占 29.54%、自治区级占 6.25%);限制开发区域(重点生态功能区)人口 76.55 万人(国家级 17.30 万人、自治区级 59.25 万人),占总人口的 25.5%(国家级占 5.76%、自治区级占 19.74%);限制开发区域(农产品主产区)人口 116.25 万人,占总人口的 38.72%。

第五章 重点开发区域

国家层面重点开发区域①是指具备以下条件的城镇化地区:具备较强的经济基础,具有一定的科技创新能力和较好的发展潜力;城镇体系初步形成,具备经济一体化的条件,中心城市有一定的辐射带动能力;能够带动周边地区发展,且对促进全国区域协调发展意义重大。自治区层面重点开发区域是指在本区内相对而言:经济基础较强、技术创新能力较好和发展潜力较大,可以成为全区新的增长极;对全区区域协调发展意义重大,是落实区域发展总体战略重要支撑的城镇化地区。

第一节 功能定位与发展方向

一、国家层面重点开发区域

国家层面的重点开发区域主要是藏中南地区②,该区域包括拉萨—泽当城镇圈、雅鲁藏布江中上游城镇、尼洋河中下游城镇和青藏铁路沿线城镇。

功能定位:全国重要的农林畜产品生产加工、藏药产业、旅游、文化和矿产资源基地,水电资源后备基地;全区最重要的工业和服务业发展中心。

发展方向:

——构建以拉萨为中心,以青藏铁路和青藏公路(G109)沿线、"一江两河"地区(雅鲁藏布江

---

① 提出重点开发区域,既是落实区域发展总体战略、拓展发展空间、促进区域协调发展的需要,也是减轻其他主体功能区人口、资源、环境压力的需要。

② 藏中南地区位于喜马拉雅山和冈底斯山—念青唐古拉山之间的藏南谷地,海拔在 3500—4500 米左右,可利用土地资源比重较低,但由于人口不多,人均可利用土地资源较丰富,除拉萨市区外现有开发强度不到 1%,具备较大开发潜力。该区域属雅鲁藏布江流域,水量丰富,大多数地区人均水资源高于 2000 立方米。该区域属高原河谷地形,由于降水稀少、气候干燥,土壤侵蚀脆弱性很高,山区的土壤保持、水源涵养功能十分重要,要重点保护。该区域位于印度板块和亚欧板块的交界处,地震灾害危险性较高,城镇建设要提高抗震设防等级。该区域大部分人口分布在拉萨市区及少数县城,其余地区人口密度极低;经济发展水平较高,人均 GDP 在西部属于中上水平。拉萨作为自治区的首府,是西藏的政治、经济、文化中心和国际旅游城市,拉萨及其周边地区是西藏最具发展潜力的地区。该区域是全区的交通中心,贡嘎机场、米林机场和日喀则机场是连接西藏和内地、西藏和世界的门户,也是我国面对南亚地区的重要窗口。青藏铁路建成后,陆路交通基础设施对该区域经济发展的支撑作用也显著增强。

中游、拉萨河和年楚河下游)以及尼洋河中下游等地区城镇为支撑的空间开发格局。

——提升拉萨中心城市功能,提高基础设施和公共服务设施水平,建设旅游、文化基地和区域性交通、航空物流枢纽。

——完善日喀则市桑珠孜区、那曲镇、泽当镇、八一镇等城镇功能,发展农林畜产品加工、旅游、藏药产业,有序开发利用矿产资源。

——推进农牧业科技进步,建设标准化优质粮油和牧草基地,抓好林下资源开发,推进农牧业产业化经营。

——加强草原保护,增强草地生态系统功能,提高草原畜牧业生产水平。

——维护生态系统多样性,加强流域保护,推进雅鲁藏布江综合治理,构建以雅鲁藏布江、拉萨河、年楚河、尼洋河为骨架,以自然保护区为主体的生态格局。

二、自治区层面重点开发区域

自治区层面的重点开发区域主要包括藏东、藏西和边境地区重点城镇、藏中据点式开发城镇等四个区域。

功能定位:本地区今后工业化和城镇化的重点区域,承接限制开发和禁止开发区域的人口转移,支撑本地区经济发展和人口聚集的重要空间载体。

发展方向:

——统筹规划国土空间。扩大资源开发利用、服务业、基础设施和公共服务等城镇发展建设空间,保护和扩大绿色生态空间,有效利用现有农林牧业土地空间。

——健全城镇体系。扩大区域中心城镇规模,发展壮大中心城镇,形成布局合理、分工协作、优势互补、集约高效的城镇体系。进一步提高城镇的人口承载能力,吸纳限制和禁止开发区域的转移人口。

——形成优势产业集群。围绕自治区优势特色产业,坚持产业多元、产业延伸、产业升级的发展方向,运用高新技术改造传统产业,因地制宜发展各具特色的产业集群,发展非资源型产业,提高区域经济综合实力。

——提高经济发展质量。城镇、开发区(工业园区)以及独立工矿区的规划建设要遵循循环经济的理念,大幅度降低资源消耗和污染排放,确保经济发展质量和效益。

——保护生态环境。规划好水资源、耕地、林地等绿色生态空间的发展,减少城镇化、工业化对区域和周边生态环境的影响,避免出现土地过多占用、水资源过度开发和生态环境压力过大等问题,努力提高环境质量。

——把握开发时序和重点。区分近期、中期和远期有序开发的重点,近期重点抓好自治区级工业园区建设,同时完善中心城镇的基础设施和公共服务,强化区域的协作配套,中远期做好重点开发区域间以及和周边省区间的协同发展,提高整体实力和综合竞争力。

第二节　国家层面重点开发区域

一、拉萨—泽当城镇圈

该区域位于藏中南地区的核心区域,包括拉萨部分城镇和"一江两河"东部区。

功能定位:国家西部地区有重要影响的经济中心,具有国际影响力的旅游目的地、中转地和促进国家区域协调发展的重要支撑点,全区城镇化发展的主要区域和经济社会发展的主要增长极。

（一）拉萨区域城镇

区域范围:包括拉萨市城关区、堆龙德庆县、达孜县、曲水县、墨竹工卡县,面积1.16万平方公里,占全区总面积的0.97%。该区域人口43.5万人,占全区总人口的14.5%。

功能定位:全区最大的综合交通枢纽,全区商贸物流中心和金融中心,全区特色文化产业发展基地,提升传统产业和发展现代工业的重要基地。

——构建以城关区为核心、沿拉萨河沿线为轴线的两小时经济圈。

——增强首府城市功能,建成民族特色鲜明的区域性中心城市。

——打造工业发展平台,提升产业聚集能力。以拉萨经济技术开发区为核心,以达孜、堆龙、曲水产业园区为依托,发挥交通枢纽和中心城镇的综合优势,集中打造工业发展平台,优化、提升产业结构。发展满足全区建设需要的新型建材业。有序发展采选业和能源工业。

——重点发展高原绿色饮品食品、藏药、天然饮用水、特色旅游产品等特色资源加工业和民族手工业等特色产业,建成在国际国内有重要影响的高原生物资源开发、加工基地和生物医药产业基地。

——强化科技教育、商贸物流和金融服务功能,构建多层次的现代服务业格局。突出旅游业的支柱地位和龙头作用,发挥区域比较优势,延伸旅游产业链,带动现代服务业和其他相关产业全面发展,成为全区现代服务业中心。培育壮大商贸物流业,建设物流基地和中转地。

——进一步完善基础设施建设。以支撑产业发展、推进城镇化和加强与区外联系为重点,统筹考虑重大基础设施项目布局,构建和完善综合交通运输体系;加强能源体系建设,解决能源供需矛盾;加速提升信息通讯水平,建成完善的信息化网络平台。

——加强高原特色农畜产品生产加工及加工基地建设,成为引领农林牧业现代化的示范区,打造现代农牧业物流枢纽。

——堆龙德庆县、达孜县、曲水县、墨竹工卡县同时属自治区确定的粮食主产县,享受自治区对农产品主产区制定的相关特殊政策。这些县在发展产业、推进城镇化过程中,要将提供农产品作为重要职能,加强农牧业基础设施建设,增强农牧业发展能力,大力发展特色农林牧业,加强优质粮食生产基地建设,稳定粮食生产,确保粮食安全特别是青稞安全。建立围绕主要城镇供给为重点的蔬菜生产基地,把这一区域建设成为全区蔬菜、水果、油菜的核心产区,提升生产能力和供应水平。

（二）山南区域城镇

区域范围:包括山南地区乃东县、贡嘎县、扎囊县,区域面积0.67万平方公里,占全区总面积的0.56%。该区域人口14.1万人,占全区总人口的4.7%。

功能定位:全区重要的经济发展中心,重要的矿产资源基地,重要的旅游业、农林牧业特色产业和民族手工业发展基地,连接拉萨区域城镇和辐射带动藏东区域的重要通道。

——构建以乃东县为中心,以贡嘎县、扎囊县为主要支撑,以贡嘎机场为枢纽、沿国道349、贡嘎机场至泽当为轴线的空间开发格局。

——提升乃东县的重要支撑作用,加强与拉萨的产业分工、协作和对接,实现优势互补,错位发展,建设成为集拉萨产业集群发展的配套功能区、雅砻藏源文化产业发展基地和民族手工业基地为一体的"一江两河"东部经济增长极。

——充分发挥贡嘎机场的门户功能,实施临空产业开发,大力促进旅游产业和民族手工业发展,加快城镇人口聚集,把贡嘎县建成山南和拉萨区域一体化的重要纽带。

——发展壮大特色优势产业。重点是要加强旅游业、高原特色农畜产业和民族手工业,有序开发优势矿产资源、水电资源,建成全国重要的铬铁矿和铜多金属矿等优势矿种的开发基地,打造具有国际影响力的雅砻藏源文化品牌。

——发展节水农业和设施农业,培育高原特色农牧产业,发展集约化、标准化高效种养殖,推进农业发展方式转变。重视粮油农产品基地建设,建成城郊农业和高效生态农业。

——乃东县、贡嘎县、扎囊县同时属自治区确定的粮食主产县,享受自治区对农产品主产区制定的相关特殊政策。这些县在发展产业、推进城镇化进程中,要将提供农产品作为重要职能,加强农业基础设施建设,增强农业发展能力,大力发展特色农林牧业,加强优质粮食生产基地建设,稳定粮食生产,确保粮食安全特别是青稞安全。建立围绕主要城镇供给为重点的蔬菜生产基地,把这一区域建设成为全区蔬菜、水果、油菜的核心产区,提升生产能力和供应水平。

二、雅鲁藏布江中上游城镇

区域范围:包括日喀则市桑珠孜区、白朗县、江孜县,区域面积1.03万平方公里,占全区总面积的0.86%。该区域人口22.6万人,占全区总人口的7.5%。

功能定位:全区重要的经济发展中心,重要的矿产资源基地,重要的旅游业、农林牧业特色产业和民族手工业发展基地,连接拉萨区域城镇和辐射带动藏西区域的主要通道。

——构建以日喀则市桑珠孜区为中心,以白朗县、江孜县为主要支撑,沿拉日铁路、国道318线和国道562为轴线的空间开发格局。

——提升日喀则市桑珠孜区在全区的次中心城市地位,建设成为集国家级历史文化名城、国际商贸物流、跨国旅游和对南亚开放窗口为一体的"一江两河"西部经济增长极。

——大力发展优势矿产业,加快地质勘查步伐,做好资源调查、资源评价和矿业开发规划工作,建设铜多金属生产基地。

——依靠科技进步,稳定粮食生产,积极发展农区牧业,扩大无公害蔬菜生产规模,提高绿色食品的精深加工能力,形成绿色食品精深加工产业群。

——发挥南亚陆路大通道前沿区位优势,强化城镇、交通、能源基础设施建设,完善流通体系,成为重要的西南地区国际商贸物流中心。

——通过恢复植被,遏制生态环境破坏加剧的趋势,防止水土流失和耕地、草场荒漠化,不断改善周边生态环境。

——日喀则市桑珠孜区、白朗县、江孜县同时属自治区确定的粮食主产县,享受自治区对农产品主产区制定的相关特殊政策。这些县在发展产业、推进城镇化过程中,要将提供农产品作为重要职能,加强农业基础设施建设,增强农业发展能力,大力发展特色农林牧业,加强优质粮食生产基地建设,稳定粮食生产,确保粮食安全特别是青稞安全。建立围绕主要城镇供给为重点的蔬菜生产基地,把这一区域建设成为全区蔬菜、水果、油菜的核心产区,提升生产能力和供应水平。

三、尼洋河中下游城镇

区域范围:包括林芝县林芝镇和八一镇,区域面积0.19万平方公里,占全区总面积的0.16%。

该区域人口 4.2 万人,占全区总人口的 1.4%。

功能定位:全区重要的经济发展中心和生态旅游中心,重要的特色农林业、藏药业、林副产品加工业、天然饮用水产业发展基地,连接拉萨区域城镇和辐射带动藏东区域的主要通道。

——构建以八一镇为中心,以林芝县为主要支撑,以国道 318 沿线和至米林机场沿线为主轴的空间开发格局。

——充分利用相对优越的自然条件,把林芝县八一镇建成全区最大的自然生态宜居城镇;充分利用航空枢纽区位优势,把米林县建成全区重要的游客集散中心和特色生物资源的加工、出口基地。

——完善基础设施建设,统筹规划交通建设,扩大网络,逐步形成以 318 国道为主干线、连接各县和旅游景区的公路网;推进拉萨至林芝铁路建设;加快骨干电源建设步伐。

——大力发展生态旅游业,整合该区域内旅游资源,着力打造雅鲁藏布大峡谷自然保护区和工布自然保护区森林旅游,建成全国重要的生态旅游示范区。

——加快生物资源和林下经济开发,重点发展特色农林产品深加工和藏药材基地建设,发展生态林果业,延伸产业链,提高附加值,增强竞争力。

四、青藏铁路沿线

区域范围:包括拉萨市当雄县当曲卡镇,那曲地区那曲县那曲镇。本区域面积 0.2 万平方公里,占全区总面积的 0.17%。该区域人口 4.3 万人,占全区总人口的 1.4%。

功能定位:全区对外开放的重要门户、重要的物流枢纽中心、藏北地区人口和要素流动的密集区。

——构建以那曲镇为中心,以当曲卡镇为主要支撑,以青藏铁路沿线为主轴的空间开发格局。

——重点加强那曲镇建设,使其成为藏北区域功能齐全、设施配套更加完善的中心城镇,充分发挥那曲物流中心的辐射带动作用,把那曲镇建成藏北的交通枢纽和物流中心,最大限度地挖掘青藏铁路的巨大潜力,最大限度地发挥青藏铁路的强大辐射作用。

——发展高产、优质、高效的畜牧业,建设以牦牛、藏系绵羊等特色畜种为主的生产和育肥基地,打造畜产品深加工基地。围绕铁路经济带加快铜矿、富铁矿、地热、天然饮用水、盐湖等主要矿种开发。

——发展以青藏铁路沿线观光为主的精品旅游业。

——加强草原保护建设,优化草地生态系统,提高草原畜牧业生产水平。

第三节　自治区层面重点开发区域

一、藏东重点开发的城镇

区域范围:包括昌都县城关镇、芒康县嘎托镇、丁青县丁青镇、察雅县烟多镇、江达县江达镇、索县亚拉镇,以及波密县扎木镇,区域面积 0.95 万平方公里,占全区总面积的 0.79%。该区域人口 11.4 万人,占全区总人口的 3.8%。

功能定位:该区域东连四川、北接青海、南与云南相通,是我区连接川、滇、青的枢纽,重要的能源和矿产资源开发基地,重要的生态旅游发展区域,康巴特色文化产业发展中心。

——构建以昌都县为中心,以嘎托镇、丁青镇、烟多镇、江达镇、亚拉镇和扎木镇为主要支撑,以川藏公路(北线和南线)为主要轴线的空间开发格局。

——把昌都建设成为连接川、滇、青的交通枢纽、商贸中心、有色金属基地、"西电东送"的接续能源基地和"三江"流域生态旅游区,逐步扩大以县城和建制镇为中心的人口与经济聚集规模,辐射带动藏东区域加快发展。

——加大基础设施建设力度。加快旅游景区公路建设和进出藏通道的改扩建,建设重点县间的快速通道,提升邦达机场的通航能力。

——完善藏东电网,加强城镇配电网建设与改造。在做好生态保护的前提下,有序推进以金沙江、澜沧江、怒江水电资源开发为重点的藏电外送基地的规划和开发。

——加快旅游产业发展。以独特的人文资源为主体,以相对特色的自然资源为依托,以市场为导向,充分挖掘和发挥康巴人文资源,把康巴文化产业打造成全区文化产业的重要组成部分和增长点。实施"大香格里拉"生态旅游区建设,构建自然生态—人文景观—民族手工业—特色旅游产业链。

——以优势矿产资源为基础,重点抓好铜、铅、锌等有色金属资源的开发。

二、藏西重点开发的城镇

区域范围:以噶尔县狮泉河镇、札达县托林镇为重点,在藏西区域实施据点式开发,区域面积0.53万平方公里,占全区总面积的0.44%。该区域人口1.3万人,占全区总人口的0.4%。

功能定位:我区连接国家西北经济区特别是新疆地区的重要枢纽,是全区重要的畜产品生产基地和盐湖资源开发基地,重要的旅游业发展区域。

——构建以狮泉河镇为中心,以托林镇为主要支撑,以国道219为轴线的据点式空间开发格局。

——把狮泉河镇建设成为连接新疆的交通枢纽、藏西区域的商贸中心和物流中心,逐步扩大以县城和建制镇为中心的人口与经济聚集规模,辐射带动藏西区域加快发展。

——加强交通、能源、水利等基础设施建设,改善城乡居民居住条件,增加人均受教育年限,完善医疗卫生服务体系,扩大社会保障覆盖面,提高基本公共服务水平。

——合理开发优势资源。加大对盐湖资源的勘探力度,在生态环境保护的前提下加快对硼和锂的开发利用。打造神山圣湖—古格遗址精品旅游路线,加快发展特色旅游产业。立足草原保护,发展高效优质生态畜牧业,转变养殖业发展方式,重点推进绒山羊精深加工。

三、边境地区重点开发的城镇

区域范围:包括普兰县普兰镇、吉隆县吉隆镇、聂拉木县樟木镇、亚东县下司马镇、错那县错那镇、察隅县竹瓦根镇、墨脱县墨脱镇、定结县陈塘镇和日屋镇。本区域面积0.98万平方公里,占全区总面积的0.8%。该区域人口2.8万人,占全区总人口的0.9%。

功能定位:建设南亚陆路大通道的重要节点,全区的重要口岸,稳边固边的重要支撑点。

——构建以吉隆镇、樟木镇、下司马镇等为重点,以国边防公路为轴线的据点式空间开发格局。

——加大基础设施建设力度,大力实施"兴边富民"战略,着力改善边境地区的交通、能源、水利等基础设施条件,改善城乡居民生产生活条件。

——大力提升基本公共服务水平,巩固提高义务教育,加强学前教育和职业技能培训,完善公共卫生服务体系,强化社会保障,实施文化固边工程,加强扶贫开发,加强和创新社会管理。

——充分发挥区位优势,加强口岸基础设施建设,促进边境贸易发展,重点推动农畜产品、藏药材、矿产品、林副产品和民族手工品等我区自产产品的出口,加快旅游景区建设,显著提高边境地区农牧民收入。

四、藏中重点开发的城镇

区域范围:包括日喀则市拉孜县曲下镇、南木林县南木林镇和谢通门卡嘎镇,山南地区曲松县曲松镇、加查县安绕镇,那曲地区索县亚拉镇、安多县帕那镇,实施据点式开发。本区域面积0.34万平方公里,占全区总面积的0.28%。该区域人口3.8万人,占全区总人口的1.3%。

功能定位:我区重要的矿产资源、水能资源和特色农产品开发基地,全区重要的吸纳重点生态功能区人口转移基地。

——在做好生态保护的前提下,加快水电资源的开发,建设我区重要的能源工业基地;加快矿业有序开发,形成国家重要的铬铁矿生产基地和我区重要的铜和金矿生产基地。

——加强城镇基础设施建设,提高基本公共服务水平,吸纳过载人口,逐步扩大县城所在地的人口与经济聚集规模。

——加强旅游基础设施建设,围绕青藏铁路观光带和唐古拉山—怒江源风景名胜区加快发展特色旅游产业。

——发展高产、优质、高效的畜牧业,建设以牦牛、藏系绵羊等特色畜种为主的生产和育肥基地。因地制宜,积极发展生态林果业。

——加强生态建设和环境保护,大力实施天然草原保护建设工程,通过生物和工程措施修复矿山迹地,保持水土,改善周边生态环境。

——将拉孜县建成辐射日喀则市西部乃至西部经济区的重要的公共服务中心、交通枢纽、区域性物流中心,培育特色优势产业的重要基地,南亚贸易陆路大通道上的重要节点。

第六章　限制开发区域（农产品主产区）
——限制进行大规模高强度工业化城镇化开发的农产品主产区

自治区层面限制开发的农产品主产区是指具备较好的农牧业生产条件,以提供农产品为主体功能,以提供生态产品、服务产品和工业品为其他功能,需要在国土空间开发中限制进行大规模高强度工业化城镇化开发,以保持并提高农产品生产能力的区域。

第一节　功能定位和发展方向

功能定位:保障农产品供给安全的重要区域,农村安居乐业的美好家园,社会主义新农村建设的示范区。

农产品主产区应着力保护耕地,稳定粮食生产,发展现代农业,增强农牧业综合生产能力,增加农民收入,加快建设社会主义新农村,确保粮食安全,保障农畜产品有效供给。

发展方向和开发原则是:

——生态环境质量得到改善,生态空间比例保持在较高水平。

——超载人口向承担重点开发功能的乡镇有序转移,提供优质的公共服务,基础设施得到明显改善,解决好人畜饮水安全问题,逐步建立起覆盖农牧区的社会保障体系,提高学前教育、义务教育、高中教育、职业教育和成人教育质量。

——加强耕地保护。坚持最严格的耕地保护制度,确保耕地数量不减少、质量有提高、布局总体稳定。对全部耕地按限制开发的要求进行管理,对全部基本农田按禁止开发的要求进行管理。严格控制建设占用耕地,重点开发区域的工业建设和城镇建设必须尽量不占或少占耕地,同时应确保补充相同质量、数量的耕地。

——进一步提高农产品的自我供给能力。稳定发展粮食生产,不断提高经济作物和畜牧产品综合生产能力,逐渐提高全区主要农产品的自我供给能力,尤其是蔬菜的生产能力。适应城乡居民生活水平不断提高的需要,推进农产品标准化生产,提高农产品质量安全水平。

——优化农业生产布局和品种结构。根据草地资源质量和畜牧产品产销格局,加大对主要牧区畜牧生产的扶持力度,集中力量建设一批基础条件好、生产水平高和调出量大的畜牧业核心区。在保护生态前提下,开发一批资源有优势、增产有潜力的青稞备产区。大力发展高原优质油菜籽种植。转变养殖业增长方式,着力推进养殖业向规模化、标准化方向发展,确保畜牧业的稳定发展。在条件适宜的水域可以适当发展水产品生产。在复合产业带内,要处理好多种农产品协调发展的关系,根据不同产品的特点和相互影响,合理确定发展方向和发展途径。

——促进农牧业增效和农牧民持续增收。积极推进农牧业产业化经营,拓宽非农就业空间,不断拓展农牧区内外部就业和增收领域。加大惠农政策力度,重点向优势农产品生产区倾斜,发挥农民主体作用。加强农林牧业基础设施建设,改善农牧业装备条件,开展秸秆综合利用,促进高效利用。提高人工增雨抗旱和防雹减灾保障能力。加快农业科技进步,加强农牧业防抗灾体系建设,强化农牧业防灾减灾能力。控制农业资源开发强度,优化开发方式,大力发展循环农业资源的永续利用。

——加强水生生物资源养护。养护和合理利用水生生物资源,大力提升水生生物资源养护管理水平,推进渔业可持续发展,加强鱼类增殖放流力度,增加放流品种,提高放流标准,扩大放流数量,增加水产品产量。改善水域生态环境,维护水生生物多样性。

第二节 发展重点

从确保全区粮食安全和食物安全的大局出发,充分发挥各地区比较优势,重点建设以"七区七带"①为主体的自治区农产品主产区。

一、雅鲁藏布江中上游区主产区

区域范围:分布在日喀则市南木林县、仁布县、拉孜县、谢通门县、萨迦县、昂仁县,区域面积5.89万平方公里,占全区总面积的4.9%。该区域人口26.9万人,占全区总人口的9%。

---

① 七区指藏西北等七个农产品主产区;七带指七区中以青稞、绒山羊、牦牛等农产品生产为主的七个农业特色产业带。

发展方向:建设青稞、马铃薯、奶牛、藏系绵羊、"双低"优质油菜、城郊蔬菜产业带、天然饮用水产业。

二、雅鲁藏布江中游—拉萨河主产区

区域范围:分布在山南地区琼结县、桑日县、曲松县、加查县和林芝地区朗县,拉萨市林周县、尼木县,区域面积1.78万平方公里,占全区总面积的1.48%。该区域人口15.6万人,占全区总人口的5.2%。

发展方向:建设青稞、奶牛、牦牛、藏猪与藏鸡、优质油菜和城郊蔬菜瓜果产业带、生态林果业、天然饮用水产业。

三、藏西北主产区

区域范围:分布在阿里地区噶尔县,区域面积1.67万平方公里,占全区总面积的1.39%。该区域人口0.6万人,占全区总人口的0.2%。

发展方向:建设以绒山羊为主的畜产品产业带,以优质羊绒为主导产品,形成若干集饲养、羊绒分梳加工、羊绒制品为一体的基地。

四、羌塘高原南部主产区

区域范围:分布在那曲地区申扎县,区域面积2.56万平方公里,占全区总面积的2.13%。该区域人口2万人,占全区总人口的0.7%。

发展方向:建设以藏系绵羊为主的畜产品产业带。

五、藏东北主产区

区域范围:分布在那曲地区聂荣县、索县、巴青县、安多县、那曲县、比如县,昌都地区的边坝县,区域面积10.08万平方公里,占全区总面积的8.39%。该区域人口33.8万人,占全区总人口的11.3%。

发展方向:建设以牦牛、藏系绵羊为主的畜产品产业带、天然饮用水产业。

六、藏东南主产区

区域范围:分布在林芝地区波密县和昌都地区昌都县、察雅县、芒康县、八宿县、左贡县、洛隆县,区域面积7.65万平方公里,占全区总面积的6.36%。该区域人口35.2万人,占全区总人口的11.7%。

发展方向:建设青稞、干果、水果、林下资源产业和城郊蔬菜产业带。

七、尼洋河中下游主产区

区域范围:分布在林芝地区工布江达县、米林县、林芝县,区域面积3.39万平方公里,占全区总面积的2.82%。该区域人口6.5万人,占全区总人口的2.2%。

发展方向:建设青稞、优质油菜、尼洋河干果与水果、藏猪与藏鸡、林下资源和城郊蔬菜产业带、生态林果业、天然饮用水产业。

第三节　基本农田

——分布范围:我区基本农田主要分布于雅鲁藏布江中游及其主要支流拉萨河、年楚河中下游以及藏东三江流域等,主要涉及日喀则市桑珠孜区、江孜县、拉孜县、萨迦县、南木林县、白朗县、定日县、昂仁县、仁布县、谢通门县等的部分区域,拉萨市林周县、墨竹工卡县、堆龙德庆县、达孜县、曲水县等的部分区域,山南地区贡嘎县、乃东县、扎囊县等的部分区域,以及昌都地区丁青县、芒康县、察雅县、贡觉县、昌都县、洛隆县等的部分区域。区域面积 3633.82 平方公里,占全区总面积的 0.3%。其中,重点开发区域中基本农田保护面积 1158.37 平方公里。

——开发管制原则:认真落实国家基本农田保护制度,对全部基本农田按禁止开发的要求进行管理,确保耕地红线不动摇。严格实施土地利用总体规划,对耕地保有量、基本农田面积进行总量控制。基本农田一经划定,原则上不得调整,严格控制各类非农建设占用基本农田。积极开展土地开发整治,实现占补平衡,在数量平衡的基础上更加注重质量平衡,增加有效耕地面积,保障全区耕地面积和质量动态平衡。

第七章　限制开发区域(重点生态功能区)

——限制进行大规模高强度工业化城镇化开发的重点生态功能区

第一节　功能定位和发展方向

一、国家层面重点生态功能区

国家层面限制开发的重点生态功能区是指生态系统十分重要,关系全国或较大范围区域的生态安全,目前生态系统有所退化,需要在国土空间开发中限制进行大规模高强度工业化城镇化开发,以保持并提高生态产品供给能力的区域。

功能定位:保障国家生态安全的重要区域,人与自然和谐相处的示范区。

发展方向:以保护和修复生态环境、提供生态产品为首要任务,因地制宜地发展不影响主体功能定位的适宜产业,引导超载人口逐步有序转移。

经综合评价,包括藏西北羌塘高原荒漠生态功能区和藏东南高原边缘森林生态功能区两个区域。

二、自治区层面重点生态功能区

自治区层面限制开发的重点生态功能区指资源环境承载能力较弱或生态环境恶化问题严峻,全区具有较高生态功能价值和生态安全意义的地区,不适宜产业和人口进一步聚集的矿业地区,需提高资源环境承载能力、遏止生态环境退化的地区。

功能定位:加强生态修复,引导超载人口逐步有序转移。

发展方向:以修复生态、保护环境、提供生态产品为首要任务。增强水源涵养、水土保持、防风固沙等提供生态产品的能力,加强森林植被保护和恢复,加强湿地保护与恢复和自然保护区建设,

维护生物多样性,因地制宜发展资源环境可承载的适宜产业,引导超载人口逐步有序转移,其中:

——水源涵养型①:要推进天然林保护和围栏封育,治理土壤侵蚀,维护与重建湿地、森林、草原等生态系统。严格保护具有水源涵养功能的自然植被,限制和禁止过度放牧、无序采矿、毁林开荒、开垦草地等行为。科学开发利用空中云水资源。在大江大河源头和上游地区加大植被恢复力度,减少面源污染。拓宽农牧民增收渠道,解决其长远生计,巩固植被恢复成果。

——水土保持型②:要大力推进节水灌溉,发展旱作节水农业;限制陡坡垦殖和超载过牧。科学开发利用空中云水资源。加强小流域综合治理,恢复退化植被。严格对资源开发和建设项目的监管;加大矿山环境整治和生态修复力度,控制人为因素对土壤的侵蚀。拓宽农民增收渠道,解决农民长远生计,巩固植被恢复成果。

——防风固沙型③:要转变传统畜牧业生产方式,推进舍饲圈养,以草定畜,严格控制载畜量。加大退牧还草力度,恢复草地植被。加强对内陆河流的规划和管理,保护沙区湿地,新建水利工程要充分论证、审慎决策,禁止发展高耗水工业。对主要沙尘源区、沙尘暴频发区,要实行封禁管理。

——生物多样性维护型④:要禁止对野生动植物进行滥捕滥采,保持和恢复野生动植物物种和种群的平衡,实现野生动植物资源的良性循环和永续利用。加强防御外来物种入侵的能力,防止外来有害物种对生态系统的侵害。保护自然生态系统与重要物种栖息地,防止生态建设导致栖息环境的改变。

经综合评价,包括喜马拉雅中段生态安全屏障区以及念青唐古拉山南翼水源涵养和生物多样性保护区等6个生态功能区。

第二节　国家重点生态功能区

一、藏西北羌塘高原荒漠生态功能区⑤

区域范围:在藏西北羌塘高原形成的带幅宽度不一的屏障带,包括阿里地区的日土县、革吉县、改则县和那曲地区的班戈县、尼玛县、双湖县,区域面积49.44万平方公里,占全区总面积的41.12%。该区域人口12.6万人,占全区总人口的4.2%。

类型和发展方向:加强草原草甸保护,加强湿地保护与恢复,保护高原典型荒漠生态系统,加强野生动植物保护和自然保护区建设,保护好重要的野生动植物繁衍栖息的自然环境,加大设施减畜降牧和生态搬迁政策力度,维护区域生物多样性。

二、藏东南高原边缘森林生态功能区⑥

区域范围:在藏东南高原,自错那县沿边境线,向东延伸,经过隆子县、墨脱县至察隅县,形成带

---

① 水源涵养型:主要指重要江河源头和重要水源补给区。
② 水土保持型:主要指土壤侵蚀性高、水土流失严重、需要保持水土功能的区域。
③ 防风固沙型:主要指沙漠化敏感性高、土地沙化严重、沙尘暴频发并影响较大范围的区域。
④ 生物多样性维护型:主要指珍稀濒危动植物分布较集中、具有典型代表性生态系统的区域。
⑤ 该区处于青藏高原腹地,保存着较为完整的高原荒漠生态系统,拥有藏羚羊、黑颈鹤、野牦牛和藏野驴等珍稀特有物种。目前土地沙化面积扩大,草原鼠害和融冻滑塌等灾害增多,土地沙化面积扩大,生物多样性受到威胁。
⑥ 该区主要以分布在海拔900—2500米的亚热带常绿阔叶林为主,山高谷深,天然植被仍处于原始状态,保存完好,对生态系统保育和森林资源保护具有重要意义。目前土壤侵蚀加重,原始林面积减小,生物多样性受到威胁。

幅宽度不一的森林生态功能区,包括山南地区的错那县、林芝地区的墨脱县和察隅县,区域面积9.78万平方公里,占全区总面积的8.13%。该区域人口4.3万人,占全区总人口的1.4%。

类型和发展方向:维护生物多样性,保护自然生态系统。其中错那县错那镇和察隅县竹瓦根镇作为"点状开发的城镇",是稳边固边的重要支撑点,是实施"兴边富民"战略,改善边境地区的交通、能源、水利等基础设施条件,显著提高边境地区农牧民收入的重点区域。

第三节 自治区重点生态功能区

一、喜马拉雅中段生态屏障区

——分布与生态特点:该屏障区主要分布在日喀则市仲巴县、萨嘎县、吉隆县、聂拉木县、定日县、定结县、岗巴县、康马县、亚东县以及山南地区浪卡子县、洛扎县、措美县、隆子县,区域面积13.13万平方公里,占全区总面积的10.92%。该区域人口27.7万人,占全区总人口的9.2%。在其北部发育大面积的山原高寒草原生态系统,植物种类单一且盖度低,草地退化和土地沙化较为严重;在其南部发育以亚热带常绿林为基带的多层次生态系统,生物多样性丰富且山地灾害多发。

——功能定位与发展方向:发展生态旅游和登山探险业;推进野生动植物保护及保护区建设,提高管护能力、科研与监测水平,改善基础设施条件,加强生物多样性功能的保护;实施天然草地保护、游牧民定居、传统能源替代、水土流失治理和防沙治沙,提高地表植被覆盖度,提高对河谷农牧区水资源的持续补给能力,为该区农林牧业生产发展提供良好的环境基础,为雅鲁藏布江国际河流泥沙减少和水资源、水环境安全提供保障。

二、念青唐古拉山南翼水源涵养和生物多样性保护区

——分布与生态特点:主要分布于拉萨市当雄县和那曲地区嘉黎县,区域面积2.29万平方公里,占全区总面积的1.9%。该区域人口6.3万人,占全区总人口的2.1%。区域内发育了以高寒草原生态系统为主的多种高山生态系统类型,有较大面积的高寒沼泽草甸和原始森林。

——功能定位与发展方向:加强生态系统水源涵养和生物多样性功能的保护,重点发展生态旅游业,适度发展谷地生态农林业,加强重点开发县城综合开发能力建设和非重点开发区域县城以发挥行政职能和生态监管为主的城镇建设,为生态脆弱区人口有序转移提供条件,为重点开发区域生态旅游业和特色农林产业的发展提供保障。

三、昌都地区北部河流上游水源涵养区

——分布与生态特点:该区主要包括昌都地区丁青县、类乌齐县、贡觉县、江达县,区域面积3.71万平方公里,占全区总面积的3.09%。该区域人口23.3万人,占全区总人口的7.8%。区内山地森林生态系统分布面积大,河谷干燥,以灌丛草地为主,具有水土流失敏感和山地灾害多发及生物多样性丰富的特点。

——功能定位与发展方向:加强山地森林生态系统生物多样性保护和河谷地区水土保持及山地灾害预防,重点发展生态旅游业,适度发展特色生态农林业,加强重点开发区域的综合开发能力建设,为生态旅游发展提供环境保障。

四、羌塘高原西南部土地沙漠化预防区

——分布与生态特点:该区主要分布于阿里地区措勤县,区域面积2.29万平方公里,占全区总面积的1.9%。区域内人口1.5万人,占全区总人口的0.5%。该区域具有破坏容易恢复重建难的脆弱性特点,土地沙漠化敏感性高。

——功能定位及发展方向:高寒荒漠草原生态系统十分脆弱,对外力作用的响应极为敏感,因此,其功能定位为防止土地沙化、保护高寒特有动植物种。加强区内非重点开发区域县城以发挥行政职能和生态监管为主的城镇建设,为生态脆弱区超载人口有序转移提供条件,为减少人为草地破坏和扬沙天气和沙尘对周边地区的危害发挥屏障作用。

五、阿里地区西部土地荒漠化预防区

——分布与生态特点:该区位于阿里地区札达县、普兰县,区域面积3万平方公里,占全区总面积的2.5%。该区域人口0.9万人,占全区总人口的0.3%。区域内气候干旱,温性荒漠生态系统分布面积大,土地沙漠化、荒漠化敏感性程度极高。河谷湖盆低地具有发展人工草地的条件。

——功能定位及发展方向:该区域荒漠生态系统极为脆弱,土地荒漠化面积较大,其功能定位为:土地沙化和荒漠化的预防及河谷湖盆低地草地的合理开发利用,加强区内各县以发挥行政职能和生态监管为主的城镇建设,为该区人文—生态旅游业及特色畜牧业提供环境保障。

六、拉萨河上游水源涵养与生物多样性保护区

——分布与生态特点:位于拉萨河上游段,包括林周县和墨竹工卡县境内热振藏布和曲绒藏布两条支流的部分乡镇,区域面积0.1万平方公里,占全区总面积的0.08%。区内山地草甸发育,在源头区有较大面积高寒沼泽草甸,为高寒特有动物的栖息提供了有利条件。

——功能定位与发展方向:区内高寒草甸和沼泽草甸生态系统,在涵养水源和维护生物多样性方面发挥着重要的作用。因此,该区生态功能定位为:水源涵养与高寒生物多样性保护。通过保护工程的实施,为拉萨河水资源水环境安全和拉萨市周边重点开发区域生产生活用水提供保障。

第四节　规划目标

——生态产品数量增加,质量提高。地表水水质明显改善,主要河流径流量基本稳定并有所增加。水土流失和荒漠化得到有效控制,草原面积得以稳定,植被得以恢复。天然林面积扩大,森林覆盖率提高。湿地得到充分保护。野生动植物物种得到恢复和增加。水源涵养型和生物多样性维护型区域的水质达到Ⅰ类,空气质量达到一级。

——形成点状开发、保有大片开敞生态空间的空间结构。开发强度控制在规划目标之内,湿地、林地、草地等绿色生态空间扩大,人类活动占用空间减少。

——产业结构优化,适宜产业持续发展。形成以环境友好的特色产业和服务业为主体的经济格局,人均地区生产总值大幅度提高。经济发展与生态环境更加协调。

——人口总量下降,人口质量提高。进一步降低总人口占全区的比例,减轻人口对生态环境的压力。推进义务教育均衡发展,基本普及高中阶段教育,人均受教育年限大幅度提高。

——公共服务水平显著提高,人民生活水平明显改善。人均公共服务支出高于全区平均水平。

婴儿死亡率、孕产妇死亡率、饮用水不安全人口比率大幅度下降。城镇居民人均可支配收入和农村居民人均纯收入大幅度提高,绝对贫困现象基本消除。

第五节　开发管制原则

——对各类开发活动进行严格管制,尽可能减少对自然生态系统的干扰,不得损害生态系统的稳定和完整性。以保护自然生态为前提、以水土资源承载能力和环境容量为基础,划定生态红线并制定相应的环境标准和环境政策。

——严格控制开发强度,节约集约利用农牧区居民点用地,腾出更多的空间用于保障生态系统的良性循环。城镇建设与工业开发要依托现有资源环境承载能力相对较强的城镇集中布局、据点式开发,禁止成片蔓延式扩张。原则上不再新建各类开发区和扩大现有工业开发区的面积,已有的工业开发区要逐步改造成为低消耗、可循环、少排放、"零污染"的生态型工业区。

——开发矿产资源、发展适宜产业和建设基础设施,都要控制在尽可能小的空间范围之内,并做到天然草地、林地、水库水面、河流水面、湖泊水面等绿色生态空间面积不减少。控制新增公路、铁路建设规模,必须新建的,应事先规划好动物迁徙通道。在有条件的重点生态功能区之间,要通过水系、绿带等构建生态廊道①,避免形成"生态孤岛"②。

——实行更加严格的产业准入环境标准,严把项目准入关。在不损害生态功能的前提下,因地制宜地适度发展旅游、农林牧产品生产和加工、休闲农业等产业,积极发展服务业,保持一定的经济增长速度。

——在现有城镇布局基础上进一步集约开发、集中建设,重点规划和建设资源环境承载能力相对较强的县城和中心镇,提高综合承载能力。引导一部分人口向城镇转移,一部分人口向区域内的县城和中心镇转移。加强对生态移民点的空间布局规划,尽量集中布局到县城和中心镇。

——加强县城和中心镇道路、供排水、垃圾污水处理等基础设施建设。在条件适宜地区,积极推广太阳能、地热、沼气、生物质能等清洁能源,有序开发小水电,努力解决广大农牧区能源需求。在有条件的地区建设一批节能环保的生态型社区。健全公共服务体系,改善教育、医疗、文化等条件,提高公共服务供给能力和水平。

第八章　禁止开发区域

禁止开发区域是指有代表性的自然生态系统、珍稀濒危野生动植物物种的天然集中分布地、有特殊价值的自然遗迹所在地和文化遗址地等,需要在国土空间开发中禁止进行工业化城镇化开发的重点生态功能区。禁止开发区域44.66万平方公里(国家级40.26万平方公里、自治区级4.50万平方公里),占国土总面积的37.15%(国家级占33.49%、自治区级占3.74%)。

---

① 生态廊道是指从生物保护的角度出发,为可移动物种提供一个更大范围的活动领域,以促进生物个体间的交流、迁徙和加强资源保存与维护的物种迁移通道。生态廊道主要由植被、水体等生态要素构成。

② 生态孤岛是指物种被隔绝在一定范围内,生态系统只能内部循环,与外界缺乏必要的交流与交换,物种向外迁移受到限制,处于孤立状态的区域。

第一节　功能定位

——国家层面禁止开发区域:国家保护自然文化资源的重要区域,珍稀动植物基因资源保护地。

——自治区层面禁止开发区域:自治区保护自然文化资源的重要区域,区内珍稀动植物基因资源保护地,实行强制保护、禁止人为干扰活动。

第二节　国家层面禁止开发区域

一、分布及保护对象

我区的国家级禁止开发区域主要包括国家级自然保护区、世界文化自然遗产、国家级风景名胜区、国家森林公园和国家地质公园。

具体包括:(1)西藏拉鲁湿地国家级自然保护区;(2)西藏雅鲁藏布江中游河谷黑颈鹤国家级自然保护区;(3)西藏类乌齐马鹿国家级自然保护区;(4)西藏芒康滇金丝猴国家级自然保护区;(5)西藏珠穆朗玛峰国家级自然保护区;(6)西藏羌塘国家级自然保护区;(7)西藏色林错国家级自然保护区;(8)西藏雅鲁藏布大峡谷国家级自然保护区;(9)西藏察隅慈巴沟国家级自然保护区;(10)西藏布达拉宫;(11)西藏纳木措—念青唐古拉山风景名胜区;(12)西藏唐古拉山—怒江源风景名胜区;(13)西藏雅砻河风景名胜区;(14)土林—古格风景名胜区;(15)西藏巴松湖国家森林公园;(16)西藏色季拉国家森林公园;(17)西藏玛旁雍错国家森林公园;(18)西藏班公湖国家森林公园;(19)西藏然乌湖国家森林公园;(20)西藏热振国家森林公园;(21)西藏姐德秀国家森林公园;(22)西藏尼木国家森林公园;(23)西藏易贡国家地质公园;(24)西藏札达土林国家地质公园;(25)西藏当雄羊八井国家地质公园。

今后新设立的国家级自然保护区、世界文化自然遗产、国家级风景名胜区、国家森林公园和国家地质公园等自动进入国家级禁止开发区域名录。

二、管制原则

国家禁止开发区域要依据法律法规规定和相关规划实施强制性保护,严格控制人为因素对自然生态和文化自然遗产原真性、完整性的干扰,严禁不符合主体功能定位的各类开发活动,引导人口逐步有序转移,实现污染物"零排放",提高环境质量。

——国家级自然保护区[①]。要依据《自然保护区条例》、本规划确定的原则和自然保护区规划进行管理。一是按核心区、缓冲区和实验区分类管理。核心区,严禁任何生产建设活动;缓冲区,除必要的科学实验活动外,严禁其他任何生产建设活动;实验区,除必要的科学实验以及符合自然保护区规划的旅游、种植业和畜牧业等活动外,严禁其他生产建设活动。二是按先核心区后缓冲区、实验区的顺序,逐步转移自然保护区的人口。绝大多数自然保护区核心区应逐步实现无人居住,缓冲区和实验区也应较大幅度减少人口。三是根据自然保护区的实际情况,实行异地转移或就地转

---

① 国家级自然保护区是指经国务院批准设立,在国内外具有典型意义、在科学上有重大国际影响或者有特殊科学研究价值的自然保护区。

移两种转移方式,一部分人口要转移到自然保护区以外,一部分人口就地转为自然保护区管护人员。四是在不影响保护区主体功能的前提下,对范围较大、目前核心区人口较多的区域,可以保持适量的人口规模和适度的农林牧业活动,同时通过生活补助等途径,确保人民生活水平稳步提高。五是交通、通信、电网等基础设施要慎重建设,能避则避,必须穿越的,要符合自然保护区规划,并进行保护区影响专题评价。新建公路、铁路和其他基础设施不得穿越自然保护区核心区,尽量避免穿越缓冲区。

——世界文化遗产①。要依据《保护世界文化和自然遗产公约》、《实施世界遗产公约操作指南》、本规划确定的原则和文化自然遗产规划进行管理。加强对遗产原真性的保护,保持遗产在艺术、历史、社会和科学方面的特殊价值。加强对遗产完整性的保护,保持遗产未被人扰动过的原始状态。

——国家级风景名胜区②。要依据《风景名胜区条例》、本规划确定的原则和风景名胜区规划进行管理。一是严格保护风景名胜区一切景物和自然环境,不得破坏或随意改变。二是严格控制人工景观建设。三是禁止在风景名胜区从事与风景名胜资源无关的生产建设活动。四是建设旅游设施及其他基础设施等必须符合风景名胜区规划,逐步拆除违反规划建设的设施。五是根据资源状况和环境容量对旅游规模进行有效控制,不得对景物、水体、植被及其他野生动植物资源等造成损害。

——国家森林公园③。要依据《中华人民共和国森林法》、《中华人民共和国森林法实施条例》、《中华人民共和国野生植物保护条例》、《森林公园管理办法》、本规划确定的原则和森林公园规划进行管理。一是除必要的保护设施和附属设施外,禁止从事与资源保护无关的生产建设活动。二是在森林公园内以及可能对森林公园造成影响的周边地区,禁止进行采石、取土、开矿、放牧以及非抚育和更新性采伐等活动。三是建设旅游设施及其他基础设施等必须符合森林公园规划,逐步拆除违反规划建设的设施。四是根据资源状况和环境容量对旅游规模进行有效控制,不得对森林及其他野生动植物资源等造成损害。五是不得随意占用、征用和转让林地。

——国家地质公园④。要依据《世界地质公园网络工作指南》、《地质遗迹保护管理规定》、本规划确定的原则和地质公园规划进行管理。一是除必要的保护和附属设施外,禁止其他任何生产建设活动。二是在地质公园和可能对地质公园造成影响的周边地区,禁止进行采石、取土、采矿、放牧、砍伐以及其他对保护对象有损害的活动。三是未经管理机构批准,不得在地质公园范围内采集标本和化石。

三、近期任务

在"十二五"期间,按国家统一部署,对现有国家级禁止开发区域进行规范。主要任务是:

——完善划定国家级禁止开发区域范围的相关规定和标准,对划定范围不符合相关规定和标

---

① 世界文化自然遗产是指根据联合国教科文组织《保护世界文化和自然遗产公约》,列入《世界遗产名录》的我区文化自然遗产。

② 国家级风景名胜区是指经国务院批准设立,具有重要的观赏、文化或科学价值,景观独特,国内外著名,规模较大的风景名胜区。

③ 国家森林公园是指具有国家重要森林风景资源,自然人文景观独特,观赏、游憩、教育价值高的森林公园。

④ 国家地质公园是指以具有国家级特殊地质科学意义,较高的美学观赏价值的地址遗迹为主体,并整合其他自然景观与人文景观而构成的一种独特的自然区域。

准的,按照相关法律法规和法定程序进行调整,进一步界定各类禁止开发区域的范围,核定面积。重新界定范围后,今后原则上不再进行单个区域范围的调整。

——进一步界定自然保护区中核心区、缓冲区、实验区的范围。对风景名胜区、森林公园、地质公园,确有必要的,也可划定核心区和缓冲区,并根据划定的范围进行分类管理。

——在界定范围的基础上,结合禁止开发区域人口转移的要求,对管护人员实行定编。

——归并位置相连、均质性强、保护对象相同但人为划分为不同类型的禁止开发区域。对位置相同、保护对象相同,但名称不同、多头管理的,要重新界定功能定位,明确统一的管理主体。今后新设立的各类禁止开发区域的范围,原则上不得重叠交叉。

第三节　自治区层面禁止开发区域

一、分布及保护对象

自治区级禁止开发区域包括自治区级自然保护区、自治区级风景名胜区、自治区级地质公园、国家级水产种质资源保护区、国际重要湿地、国家级湿地公园等。

具体包括:(1)林芝巴结巨柏自治区级自然保护区;(2)纳木错自治区级自然保护区;(3)札达土林自治区级自然保护区;(4)昂仁搭格架地热间歇喷泉群自治区级自然保护区;(5)日喀则群让枕状熔岩自治区级自然保护区;(6)工布自治区级自然保护区;(7)玛旁雍错湿地自治区级自然保护区;(8)班公错湿地自治区级自然保护区;(9)扎日南木错湿地自治区级自然保护区;(10)洞错湿地自治区级自然保护区;(11)麦地卡湿地自治区级自然保护区;(12)桑桑湿地自治区级自然保护区;(13)然乌湖湿地自治区级自然保护区;(14)昂孜错—马尔下错湿地自治区级自然保护区;(15)日多温泉自治区级地质公园;(16)巴松措特有鱼类国家级水产种质资源保护区;(17)玛胖雍错国际重要湿地;(18)麦地卡国际重要湿地;(19)西藏多庆错国家湿地公园;(20)西藏嘎朗国家湿地公园;(21)西藏雅尼国家湿地公园;(22)西藏当惹雍错国家湿地公园;(23)西藏嘉乃玉错国家湿地公园;(24)西藏年楚河国家湿地公园;(25)西藏拉姆拉错国家湿地公园;(26)西藏朱拉河国家湿地公园;(27)梅里雪山(西坡)风景名胜区;(28)曲登尼玛风景名胜区;(29)卡日圣山风景名胜区;(30)卡久风景名胜区;(31)勒布沟风景名胜区;(32)扎日风景名胜区;(33)哲古风景名胜区;(34)鲁朗林海风景名胜区;(35)三色湖风景名胜区;(36)娜如沟风景名胜区;(37)荣拉坚参大峡谷风景名胜区;(38)神山圣湖风景名胜区。

今后新设立的自治区级自然保护区、自治区级风景名胜区、自治区级地质公园、国家级水产种质资源保护区、国际重要湿地、国家级湿地公园等自动进入自治区级禁止开发区域名录。

二、管制原则

自治区级禁止开发区域要依据相关法律法规规定和相关规划实施强制性保护,严格控制人为因素对自然生态和文化自然遗产原真性、完整性的干扰。

——自治区级自然保护区。依据《西藏自治区实施〈中华人民共和国自然保护区条例〉办法》、《西藏自治区〈中华人民共和国野生动物保护法〉实施办法》、《西藏自治区野生植物保护办法》、《西藏自治区湿地保护条例》、本规划以及自然保护区规划进行管理。按核心区、缓冲区和实验区分类管理,必要时,可以在自然保护区的外围划定一定面积的外围保护地带。禁止在自然保护区内进行砍伐、放牧、毁林、狩猎、捕捞、采药、开垦、开矿、采石、挖沙以及其他可能造成自然保护区景观和自然资源破坏的活动。法律、法规另有规定的除外。未经批准,任何单位和个人不得进入自然保护区的核心区,缓冲区只允许从事科学研究观测活动;实验区可以进入从事科学试验、教学实习、参观考察、旅游以及驯化、繁殖珍稀濒危野生动植物等活动。核心区和缓冲区不得建设任何生产设施;实验区不得建设污染环境、破坏资源或景观的生产设施。未经自治区人民政府批准,自然保护区内不得迁入新的单位和居民。按先核心区后缓冲区、实验区的顺序逐步转移自然保护区人口。到2020年,绝大多数自然保护区核心区做到无人居住,缓冲区和实验区也要较大幅度减少人口。交通设施要尽可能规避自然保护区。

——自治区级风景名胜区。要依据《风景名胜区条》、本规划确定的原则和风景名胜区规划进行管理。一是严格保护风景名胜区一切景物和自然环境,不得破坏或随意改变。二是严格控制人工景观建设。三是禁止在风景名胜区从事与风景名胜资源无关的生产建设活动。四是建设旅游设施及其他基础设施等必须符合风景名胜区规划,逐步拆除违反规划建设的设施。五是根据资源状况和环境容量对旅游规模进行有效控制,不得对景物、水体、植被及其他野生动植物资源等造成损害。

——水产种质资源保护区。要根据《水产种质资源保护区管理暂行办法》,按核心区和实验区分类管理。一是禁止在水产种质资源保护区内从事围湖造田、围海造地或围填海工程。禁止在水产种质资源保护区内新建排污口。二是按核心区和实验区分类管理。核心区内严禁从事任何生产建设活动;在实验区内从事修建水力工程、疏浚航道、建闸筑坝、勘探和开采矿产资源、港口建设等工程建设的,或者在水产种质资源保护区外从事可能损害保护区功能的工程建设活动的,应当按照国家有关规定编制建设项目队水产种质资源保护区的影响专题论证报告,并将其纳入环境影响评价文件。三是水产种质资源保护区特别保护期内不得从事捕捞、爆破作业以及其他可能对保护区内生物资源和生态环境造成损害的活动。

——国家重要湿地。在其范围内,一律禁止开垦占用或随意改变用途。

——国家湿地公园。在其范围内,除必要的保护和附属设施外,禁止其他任何生产建设活动。禁止开垦占用、随意改变湿地用途以及损害保护对象等破坏湿地的行为。不得随意占用、征用和转让湿地。

三、近期任务

在"十二五"期间,结合国家级禁止开发区域的规范工作,对自治区级禁止开发区域开展规范工作。主要任务是:

——完善划定自治区级禁止开发区域范围的相关规定和标准,对划定范围不符合相关规定和标准的,按照相关法律法规和法定程序进行调整,进一步界定各类禁止开发区域的范围,核定面积。重新界定范围后,今后原则上不再进行单个区域范围的调整。

——进一步界定自然保护区中核心区、缓冲区、实验区的范围。对风景名胜区、森林公园、地质公园、湿地公园,确有必要的,也可划定核心区和缓冲区并进行分类管理。在界定范围的基础上,结合禁止开发区域人口转移的要求,对管护人员实行定编。

——归并位置相连、均质性强、保护对象相同但人为划分为不同类型的禁止开发区域。对位置相同、保护对象相同,但名称不同、多头管理的,要重新界定功能定位,明确统一的管理主体。今后新设立的各类禁止开发区域的范围,原则上不得重叠交叉。

第四篇　能源与资源

西藏是国家重要的战略资源储备基地,能源和资源的开发布局,是国土空间开发战略格局的重要部分。要从形成主体功能区布局的总体要求出发,在主体功能区划分的基础上,进一步明确能源、主要矿产资源开发布局以及能源资源开发利用的基本原则和总体框架。能源项目、主要矿产资源基地的具体建设布局和能源资源开发利用等,由相关专项规划进行具体安排。

第九章　能源与资源

总体把握与主体功能区相协调的原则,科学布局能源和资源开发格局,形成对主体功能区的战略支撑。

第一节　主要原则

在能源、矿产资源的开发利用过程中,必须与主体功能区相协调,坚持以下原则:

——与区域主体功能定位相协调。能源、矿产资源基地分布于重点开发、限制开发区域之中,不属于独立的主体功能区。能源基地和矿产资源基地的布局,要服从和服务于自治区主体功能区规划确定的所在区域的主体功能定位,符合该主体功能区的发展方向和开发原则。要以主体功能区规划为基础,做好能源基地和矿产资源基地的建设布局规划。

——与生态修复和环境保护相协调。矿产资源基地的建设布局,要坚持"点上开发、面上保护"的原则。位于限制开发的重点生态功能区的能源基地和矿产基地建设,必须进行生态环境影响评估,尽可能减少对生态空间的占用,同步修复生态环境。要尽可能在区外进行矿产资源的冶炼利用。实行最严格的水资源管理制度,根据水资源和水环境承载能力,强化用水需求和用水过程管理。

——与城镇化发展相协调。矿产资源基地和能源通道的建设,要充分考虑"一圈两翼三点两线"城镇化战略格局的需要,充分考虑"七区七带"农业战略格局和"三屏五区"生态安全战略格局的约束。位于重点开发区域内的能源和矿产资源基地,应作为城镇化的重要组成部分进行统筹规划、综合发展。能源和矿产资源的开发,应充分依托现有城镇作为后勤保障和资源加工基地,避免形成孤立的居民点。

第二节　优势矿产资源开发布局

结合全区矿产资源分布和资源丰欠情况,矿业发展总体布局是:

——中部"一江两河"地区。本区域主要包括拉萨市、日喀则市和山南地区,是全国最大的铬铁矿分布区,要在有效控制开采规模的前提下,继续发挥国家重要铬铁矿生产基地的作用。要以市场为依托,依靠科技进步,依托本区域经济相对发达、具有较好基础设施的优势,重点加大铜、铅、锌、金、地热、建材的开发力度,将这一地区建成具有一定规模的、全国重要的铜、铅、锌等有色金属生产基地。

——东部"三江"地区。本区域位于昌都地区,要加快铜多金属资源开发,建成我国重要的铜矿生产基地。同时,以满足经济建设需要为目标,合理开发利用铅锌、金、银、煤炭及建材矿产资源。

——藏西北地区。本区域包括那曲、阿里地区部分区域,其中班—怒带有丰富的锂、硼、镁、钾等盐湖矿产资源,龙荣—青草山—多龙成矿带有丰富的铜、金等有色金属。本区域要依托交通、能源等重大基础设施条件的显著改善,积极开发利用潜力巨大的优势矿产。

——青藏铁路延伸线。本区域包括那曲地区和拉萨市部分区域,要重点加大低品位铬、铜以及富铁、建材、矿泉水和盐湖矿产等资源的开发。

第三节　能源资源开发利用

结合全区能源资源禀赋,坚持开发当地能源资源和输入优质能源并举,以水电为主,油气和新能源互补,形成稳定、清洁、安全、经济、可持续发展的综合能源体系。水能资源是我区重要的优势资源。水电既是保障区内用电的首选电源,也是建设国家"西电东送"接续能源基地的重要保障之一,对国家能源安全具有重大战略意义。

——水能资源分布。全区水能资源技术可开发量1.4亿千瓦,居全国首位。雅鲁藏布江理论蕴藏量为11389.2万千瓦,占全区水能资源总蕴藏量的56.6%,雅鲁藏布江水能蕴藏量仅次于长江,居全国第二位。怒江理论蕴藏量为2658.7万千瓦,占全区水能资源总蕴藏量的13.2%。澜沧江理论蕴藏量为903.9万千瓦,占全区水能资源总蕴藏量的4.5%。水能资源按区域划分,藏东南的水能资源占全区水能资源的89.8%,四大江水能资源占全区水能资源的76.8%。水能资源按流域划分,以雅鲁藏布江、怒江、澜沧江、金沙江最为丰富,其技术可开发装机容量分别占全区的61.7%、12.9%、5.8%、4.3%,共占全区的84.7%。

——水能资源开发空间布局。雅鲁藏布江、怒江、澜沧江、金沙江干流梯级水电站规模大多在100万千瓦以上,个别为1000万千瓦级的巨型电站,是全国乃至世界少有的水能资源"富矿"。在空间布局上,集中在藏东"三江"流域(金沙江、澜沧江、怒江)和雅鲁藏布江流域。在做好生态保护的前提下,统筹干支流水能资源开发与保护的关系,处理好自身用电和"藏电外送"的关系。加快推进金沙江上游、澜沧江上游、水电站建设,实现藏电外送零的突破。积极做好怒江上游、雅鲁藏布江下游水电资源开发的前期研究论证工作。保障区内用电,重点开发雅鲁藏布江的中游以及扎曲河、易贡藏布、朋曲、象泉河等中小河域。

——太阳能资源分布。我区绝大部分地区属于太阳能资源丰富区。太阳能资源最丰富区域为阿里地区、日喀则市大部、那曲地区西南部、拉萨市中西部及山南地区雅鲁藏布江河谷地带,约48.8万平方公里,占全区国土面积的41%。该区域年太阳总辐射量大于6300兆焦耳/平方米,年日照时数3000—3560小时。太阳能资源很丰富区域包括那曲地区中东部、昌都地区大部、林芝地区西部、山南地区错那县、日喀则市聂拉木和亚东两县,约56.5万平方公里,占全区国土面积的47%。该区域年太阳总辐射量5050—6300兆焦耳/平方米,年日照时数2500—3000小时。这两大区域太阳能资源稳定。

——新能源资源开发空间布局。我区太阳能、风能和地热资源丰富,主要分布于藏西北和藏中地区,分布上与水能资源互补,在能源结构中具有重要地位,应加大新能源开发力度,实现规模化发展。规模化利用太阳能,重点开发西部太阳能资源丰富区,主要包括阿里地区、那曲西部地区、雅鲁藏布江中游西段和上游及山南地区,其次为喜马拉雅山南翼—那曲中东部—昌都太阳能资源较丰富区。积极推进风电开发,重点为藏北高原风能较丰富区及喜马拉雅山脉风能可利用区。继续开发利用地热能,重点为藏中中温热区、藏西中高温地热区,加强羊八井、羊易、阿里郎久、那曲古露等热田开发利用,实现地热发电新突破,拓宽地热利用领域,研究利用藏南高温地热区。

——勘探开发油气资源。羌塘盆地具备形成大型油气田地质条件,其中胜利河—长蛇山海相油页岩资源丰富,隆鄂尼—昂达尔错油砂资源丰富,具有较好开发前景,要加强资源勘探力度,适时推进开发利用。

第五篇　保障措施

本规划是国土空间开发的战略性、基础性和约束性规划,在全区各类空间规划中居总控性地位,自治区有关部门和县级以上地方人民政府要根据本规划调整完善各项规划和相关政策,健全绩效评价体系,并严格落实责任,采取有力措施,切实组织实施。

第十章　区域政策

在国家主体功能区区域政策的框架下,根据西藏自治区主体功能区规划的基本要求,逐步建立和健全包括财政、投资、产业、土地、人口、环境、应对气候变化等内容的、分类管理的区域政策体系。

第一节　财政政策

——继续完善自治区对下财政体制。在中央财政的大力支持下,继续实行并逐步完善"划分收支、专项扶持、财力补助、转移支付"的自治区对下财政体制;通过提高财政支出标准、加大转移支付力度、建立生态环境补偿机制和生态环境保护奖惩机制等方式,加大对重点生态功能区的支持力度;按照主体功能区的要求和基本公共服务均等化的原则,建立新型的公共财政体系,增强落实主体功能区规划的基本财力保障能力。

——在重点开发区域实行有利于提高工业化城镇化水平的激励性财税政策。以改善基础设施和促进产业发展为重点,通过财政专项、财政贴息、税收优惠等方式支持和引导特色优势产业聚集、集中和集约发展,增强经济综合能力;积极实施促进人口聚集和劳动力就业的财政支持政策,不断完善保障性住房、公共教育、公共医疗卫生、公共就业、社会保障和广播电视、电信普遍服务等基本公共服务体系,为承接限制开发区域和禁止开发区域产业、人口转移创造条件。

——在限制开发区域实行有利于农牧业发展和生态环境保护的激励与补偿相结合的财税政策。建立基层政府基本财力保障制度,增强限制开发区域基层政府实施公共管理、提供基本公共服务和落实各项民生政策的能力,加大限制开发区域均衡性转移支付力度,优先保障重点生态功能区生态保护和建设投入，推进基本公共服务均等化。支持基本农田基础设施建设和保护，加大良种、造林和农机具补贴力度，提高农牧业综合生产能力。加大对因适度减少农牧生产活动而出现的剩余劳动力的职业技能培训，促进人口适度聚集和向重点开发区域有序转移。

——在禁止开发区域加快建立有利于生态建设、环境保护和人口转移的补偿型财税政策。建立完善生态补偿机制，加大禁止开发区域均衡性转移支付力度，按照核心区、缓冲区和实验区的先后顺序，逐步提高生态建设财政支出标准，扩大转移支付资金规模。加大对外迁居民的补助力度，鼓励和引导禁止开发区域人员有序转移就业。

第二节　投资政策

——保持投资规模适度增长，显著提高城乡公共服务水平。加大交通基础设施建设投资力度，重点打通对内对外联系的"大通道"，畅通与"大通道"联系的"静脉"、"毛细血管"，完善公路网络，加快铁路建设，大力发展航空运输，加强邮政设施建设，加快形成综合交通运输体系。加大水利基础设施建设投资，重点加强大型骨干水利工程及配套灌区工程建设，加快实施农田水利、农村安全饮水等重大工程，保障城乡供水安全和农牧区生产灌溉用水。加强防汛抗旱工程建设力度，提高水旱灾害防御能力。加强城镇基础设施建设，重点加强城镇公共交通、地下管网、电力、供排水、供暖供气、污水和垃圾处理、旅游配套设施等项目建设，进一步完善城镇服务功能。着力加大农牧区村容村貌整治工程、医疗、教育、文化等设施建设，不断改善农牧民生产生活条件。

——加大生态修复和环境保护的投资力度，确保西藏生态安全屏障功能作用。持续加大对限制开发、禁止开发区域生态环保工程的投入，继续实施藏西北地区防沙治沙，以及退牧还草、人工种草与天然草地改良工程、草原鼠虫毒草害治理等天然草地保护工程，遏制天然草地的持续退化，修复荒漠和天然草地生态；完善草原生态保护奖励制度，逐步提高生态公益林和草原生态保护奖励补偿标准，保障公益林和草原生态保护奖励补偿资金投入；加强以"一江四河"为主的江河流域湿地和纳木错、班公湖等湖泊湿地及城市周边城郊湿地的保护工程建设、自然保护区野生动植物保护及保护区工程建设；加强藏东南"四江"流域重要地带、"一江两河"流域宽谷低地、喜马拉雅山区重要地带及藏西北河谷区宜林地的防护林体系建设。加大对废弃工矿区的土地整理、污染土壤修复、植被恢复等迹地恢复工程建设投入，加强泥石流、滑坡、崩塌等地质灾害防治工程建设。实施重点生态功能区保护修复工程，统筹解决民生改善、区域发展和生态保护问题。

——依托特色资源和市场需求，加大对特色产业发展的投资力度。支持高原优质农牧产品、高原生物产品的生产和深加工基地建设，不断延伸产业链条，提升产业化层次水平。鼓励藏医藏药研发与生产投资。加大对旅游、文化设施的投资建设，促进旅游业与文化产业的快速发展。以资源环境承载能力为基础，有重点地开发利用优势矿产资源。积极开发水能资源。

——限制开发区域和禁止开发区域以政府投资为主。加强政府投资向限制开发和禁止开发区域生态建设、环境保护、基础设施建设、公共服务设施建设、生态移民、促进就业、农牧业综合能力建设等领域的投入和倾斜，保障这两类区域的主体功能，提高两类区域的公共服务水平，增强两类区域的自我发展能力。

——鼓励和引导民间资本按照不同区域的主体功能定位投资。在重点开发区域，充分发挥民间投资积极性，除涉及国家安全和重要战略资源开发等国家和自治区限制开放的领域外，鼓励和引导民间资本进入法律法规未明确禁止准入的行业和领域。对农产品主产区和重点生态功能区，通过采取投资补助和贷款贴息等方式,鼓励民间资本向农林牧业产业化项目、农林牧业产品深加工项目、民族手工艺项目、城市公用设施、基本公共服务项目等领域投入。

第三节 金融政策

——在重点开发区域实行有利于提高城镇化水平的货币信贷政策。对国家层面和自治区层面的拉萨、山南雅鲁藏布江中上游、尼洋河中下游青藏铁路区域藏东、藏西、藏中重点开放、边境地区重点开发城镇建设给予优先信贷支持。实现信贷资金向重点开发区域、重点产业倾斜,促进重点开发区域工业化城镇化水平提高,促进产业集聚、人口集聚和资金集聚,形成资金"洼地效应",提高信贷资金吸纳能力;扩大区域中心城镇规模,形成优势产业集群,提高经济发展质量,充分发挥其区域优势和辐射带动作用。

——在限制开发区域实行有利于农牧业发展和生态保护的区别性货币信贷政策。重点支持限制开发区域内以"七区七带"为主体的自治区农产品区的基本农田水利建设、生态功能区天然草地保护、游牧民定居、传统能源替代、水土流失治理、治沙防沙等项目建设,对于符合条件的项目执行扶贫贴息贷款政策,提高限制开发区域的资源环境承载能力,促进农牧区居民点节约集约用地和城镇合理布局。

——在禁止开发区域实行有利于农牧业发展和生态保护的货币信贷政策。对禁止开发区域项目坚持"有保有压"的信贷原则,大力支持世界文化自然遗产、国家级风景名胜区、国家重要湿地、国家森林公园、国家地质公园、国家湿地公园等项目建设,对禁止开发区域内的采石、矿业、砍伐等项目严格控制信贷投放,严格控制高污染、高耗能的项目贷款。

第四节 产业政策

——实施分区分类指导的产业政策,促进形成符合区域主体功能的产业分工体系。按照主体功能区规划的要求,切实落实国家西部大开发战略有关产业政策,加快调整产业发展方向,制订鼓励发展的特色优势产业指导目录,编制产业发展专项规划,鼓励发展符合区域主体功能定位的产业,限制和禁止不符合区域主体功能定位的产业开发活动,促进形成不同功能区各具特色、分工合作、优势互补的产业体系。

——坚持实施更加严格的市场准入条件,切实维护国家生态安全屏障功能。对不同主体功能区的项目实行不同的占地、耗能、耗水、资源回收利用率、资源综合利用率、工艺装备、"三废"排放和生态保护等强制性标准。严格限制高污染、高排放、高耗能产业发展,全面禁止引进和发展重污染产业。对不符合主体功能定位的现有产业,通过设备折旧补贴、设备贷款担保、迁移补贴、土地置换、关停补偿等手段,进行跨区域转移或关闭。加快建立限制开发和禁止开发区域的生态环境补偿机制,在加大政府公共财政投入的基础上,逐步引进排放贸易、绿色标识等市场化机制,增强绿色产业的可持续发展能力。

——制定财政、金融、投资等配套政策,促进产业结构优化升级。鼓励农林牧业规模化、标准化、集约化生产经营,加快发展农牧产品深加工,着力提高农林牧业的规模效益和综合竞争力。鼓励支持能矿资源开发、高原绿色食(饮)品、藏药生产、民族手工艺品加工等特色优势工业发展,不断提升技术层次和附加值,稳步扩大市场占有率。积极扶持旅游、商贸、物流、文化等服务业加快发展,加强相关配套设施建设,不断提高服务业发展水平和就业贡献率。

——大力开展就业培训工作,引导农牧区剩余劳动力向二、三产业转移。鼓励和支持转移、转产、转业的农牧民通过职业技能培训有序向二、三产业转移,减轻分散型农林牧业生产生活活动对生态环境的压力。重点支持适应当地产业发展的就业培训。

第五节　土地政策

——坚持严格保护耕地和林地,控制建设用地过快增长,推行节约和集约用地,提高土地利用效益。适度增加城市居住用地,逐步减少农牧区居住用地;科学合理规划工业用地,提高工业用地效率;优先安排交通、能源、水利等建设用地,保证基础设施用地需求。

——探索实行城乡建设用地增减挂钩、人地挂钩政策,城镇建设用地的增加规模要与本地区农牧区建设用地的减少规模、城镇吸纳农牧业转移人口规模相挂钩。严格城乡建设用地扩展边界控制。适当增加重点开发区域及县城、中心城镇建设用地供应,从严控制限制开发区域改变农牧业用途和生态用途的土地供应,严禁改变重点生态功能区生态用地用途。

——对于不同主体功能区在供地规模和时序、审批程序、土地集约程度等方面实行差异化的土地政策。制定不同主体功能区集约用地标准和指标,通过确定人均建设用地面积、人均城镇用地面积、单位面积产出、投资强度等重点指标,建立各类主体功能区土地集约利用准入门槛,加强对土地集约利用的监管、考评和奖惩。

——严格土地整治,加大闲置、空闲土地及城镇存量建设用地的整理盘活力度,促进低效用地的开发利用。建立矿产资源开发土地复垦预备金征收制度,加强土地开发质量管理,使各类土地利用类型都能发挥最大效用。

——妥善处理自然保护区内农用地的产权关系,引导核心区居民逐步转移。对自然保护区内旅游、景观开发用地实行严格管制,在生态系统重点保护区域周边留出一定范围缓冲区域,预防局部破坏带来的传导效应。

第六节　农牧业政策

——完善支持和保护农牧业发展的政策,加大强农惠农政策力度,并重点向农产品主产区倾斜。保证各级财政对农牧业投入增长幅度高于经常性收入增长幅度,加大对农牧区基础设施建设投入,提高政府土地出让收益、耕地占用税新增收入用于农牧业的比例,加大自治区财政对农产品主产区的转移支付力度,创新支持模式,提高支持标准。

——健全农牧业补贴制度,规范程序,完善办法,特别要支持增产增收。加大"四补贴"实施力度,扩大补贴规模,增加补贴种类,提高补贴标准,完善补贴方法。落实粮食直补政策,建立健全化肥、农药等农资综合补贴动态调整机制,提高青稞种植和农机具购置补贴标准,扩大补贴规模;将油菜和马铃薯纳入国家良种补贴范围,增设优质牦牛、藏绵羊、藏山羊良种繁育与推广补贴政策;按照牲畜年饲养总量逐年增加畜禽疫苗损耗和储备补贴;稳步提高青稞等重要粮食品种最低收购价,保障农牧民收益,保障青稞为主的粮食安全。

——加大对粮食主产区转移支付力度。根据主体功能定位,加大对粮食主产区特别是青稞主产区的转移支付力度,强化和完善种粮大县奖励政策,建立与产量直接挂钩的奖励机制,提高粮食主产区种粮积极性。

——支持农产品主产区发展特色优势农牧产品加工业。扶持培育一批农畜产品深加工龙头企业,鼓励企业集团化发展,强化市场开拓能力,扩大生产规模,提升产品质量,打造一批有特色、上规模、附加值高、竞争力强的知名品牌,积极打造重要的高原特色农产品基地。

——完善农产品市场调控体系,稳步提高粮食最低收购价格,改善其他主要农产品市场调控手段,充实主要农产品储备,保持农产品价格合理水平。

——完善农林牧业公共服务支持政策。重点支持农林牧业科研创新、推广应用、动植物疫病防控、有害生物防治、信息引导、执法监管、安全生产等,健全农牧业支撑体系。稳步推进农业保险,扩大范围,增加险种。

——完善农林牧业生态和资源保护政策。重点保护和利用好耕地、草场等农林牧业资源,认真做好草原生态补偿和森林生态效益补偿工作。

第七节　人口政策

——统筹人口分布和城镇空间格局协调发展。根据主体功能定位和资源环境承载力,有序推进具备条件的农牧民向城镇转移,稳妥引导艰苦偏远高寒地区农牧民相对集中居住,破除进城农牧民工市民化的体制机制障碍,推动形成人口分布与城镇建设、产业建设、资源配置与公共服务相协调的发展格局。

——重点开发区域要不断提高人口综合承载力。不断提高基本公共服务水平,提高人口吸纳能力,吸引限制开发和禁止开发区域更多人口进入。逐步将有稳定就业或住所的农牧区转移就业人口转化为本地居民,在教育、医疗、住房、社保等方面享受与本地居民同等待遇。通过产业结构调整,不断优化空间布局,引导区域内人口实现合理流动和布局。制定特殊性政策,鼓励和支持重点边境口岸城镇人口集中。

——限制开发和禁止开发区域要实行相应的人口退出政策[①]。进一步加强义务教育、职业教育和农民工职业技能培训,不断提高劳动力素质和跨区域就业能力,鼓励人口到重点开发区域就业并定居。加强区域内中心城镇基础设施建设,加快实施牧民定居工程,引导农牧民适当收缩生产生活范围,向城镇、中心乡村聚集。

——稳步推进城乡户籍制度改革。推进农业转移人口市民化,稳步把符合条件的农业转移人口转为城镇居民。逐步将公共服务领域各项法律法规和政策与户籍相剥离。按照"属地化管理、市民化服务"的原则,鼓励重点开发区域特别是城镇化地区将流动人口纳入居住地教育、就业、医疗、社会保障、住房保障等体系,切实保障流动人口与本地人口享有均等的基本公共服务和同等权益。

——以农牧区为重点,进一步完善人口和优生优育利益导向机制,并综合运用其他经济手段,促进人口长期均衡发展。加强妇幼保健设施建设和优生优育服务,提高出生人口素质。

——探索建立人口评估机制。构建经济社会政策及重大建设项目与人口发展政策之间的衔接协调机制,重大建设项目布局和社会事业发展应充分考虑人口集聚、人口布局优化的需要,以及人

[①] 人口在地域间的转移有主动和被动两种。主动转移是指个人主观上具有迁移的意愿,并为之积极努力,付诸实践。被动转移是指个人主观上没有迁移的意愿,但出于居住地基础设施建设、自然地理环境恶化等原因不得不进行迁移。推进形成主体功能区,促进人口在区域间的转移,除了在极少数自然保护区核心区必要的生态移民等被动转移外,主要地立足于个人自主决策的主动转移。政府的主要职责是提高人的素质,增强就业能力,理顺体制机制,引导限制开发和禁止开发区域的人口自觉自愿、平稳有序地转移到其他地区。

口结构变动带来的需求变化。

第八节 环境政策

——完善生态环境管理制度。坚持把生态环境保护作为发展的前提条件,严守生态环境底线、红线和高压线,划定生态保护红线,明确生产生活生态空间管制界限,优化国土空间格局。加强环境保护监管,严格执行环境影响评价制度,强化主要污染物排放总量控制,全面实行企业排污许可证制度,推进绿色发展、循环发展、低碳发展。

——重点开发区域要按照高技术、高起点的原则,注重从源头上控制污染,根据环境容量,实行严格的污染物排放总量控制制度,逐步提高污染物排放控制标准。按照国内先进水平要求,逐步提高产业准入环境标准,大力发展清洁生产;根据不同区域的环境容量制定相应的产业准入环境标准,大力推广环保技术和发展环保产业,利用区域限批和行业限批手段,通过治理、限制和关闭污染严重、技术设备落后、生产水平低下的企业等措施,实现污染物排放总量有效控制,促进产业结构升级和布局优化;涉及流域、区域建设与开发利用的规划及其建设项目,要严格执行环境影响评价制度,强化环境风险防范,并将污染物排放总量指标作为建设项目环评审批的前置条件;加强城镇重点水源地保护,加强水质监测、加强水土保持监督与管理、建立饮用水水源保护区管理制度,合理开发和科学配置水资源,保护和修复与水有关的生态环境。

——限制开发区域要从严发放排污许可,通过治理、搬迁和关闭污染企业,实现污染物排放总量持续下降,确保环境质量达标。在农产品主产区和生态区设置不同的产业准入环境标准,防止由于技术、设备与项目的引进产生新的环境污染和生态破坏。全面实行矿山环境治理恢复保证金制度,并实行较高的提取标准,建立矿山生态保护与恢复和环境污染防治的长效机制。加大水资源保护力度,适度开发利用水资源,加强水土保持和生态环境修复与保护。

——禁止开发区域要依据法律法规规定和相关规划实施强制性保护,保持原真性、完整性,控制人为因素对自然生态的干扰,严禁不符合主体功能定位的开发活动,因地制宜,除边境等特殊区域外,引导人口逐步有序转移。

——研究开展环境税试点工作,积极推行绿色信贷①、绿色保险②、绿色证券③、生态标识,并根据不同类型主体功能区制定不同的实施细则和管理办法,探索建立经济发展与环境保护综合协调机制。

第九节 应对气候变化政策

——大力提升气候变化监测预警能力。加强西藏自治区卫星遥感、减缓和应对气候变化能力建设,建立以遥感监测为主、地面观测为辅的西藏高原气候变化监测服务系统,开展气候、生态、冰

---

① 绿色信贷是通过金融杠杆实现环保调控的重要手段。通过在金融信贷领域建立环境准入门槛,对限制和淘汰类新建项目不提供信贷支持,对于淘汰类项目停止新增授信支持,并采取措施收回已发放的贷款,从而实现在源头上切断高耗能、高污染行业无序发展和盲目扩张的投资冲动。

② 绿色保险又叫生态保险,是在市场经济条件下进行环境风险管理的一项基本手段。其中,由保险公司对污染受害者进行赔偿的环境污染责任保险最具代表性。

③ 绿色证券,是以上市公司环保核查制度和环境信息披露机制为核心的环保配套政策,上市公司申请首发上市融资或上市后再融资必须进行主要污染物排放达标等环保核查,同时,上市公司特别是重污染行业的上市公司必须真实、准确、完整、及时地进行环境信息披露。

雪圈等观测,实现对整个西藏高原气候变化及生态环境沿边情况的长期动态监测,提高极端天气气候事件的监测预警能力。

——积极开展减缓和应对气候变化工作。开展全球气候变化对西藏自然、资源、环境、经济、社会发展产生的可能影响,尤其是因气候变化可能引发的重大极端气候和生态事件的影响评估,制定应对性和防范性对策措施,确保西藏地区乃至整个国家的生态安全和经济社会健康发展。加强大气污染防治,建设低碳生态城镇。加强新技术的研究和开发,推进农业结构和种植制度调整,增强农牧业生产适应气候变化的能力。加强自然灾害的应急和防御能力建设。

——合理开发利用和保护气候资源。积极开发利用太阳能、地热能、风能、水能、生物质能和空中云水资源等清洁再生能源。加快实施西藏生态安全屏障保护和建设工程,严格执行重大工程的气象灾害风险评估和气候可行性论证制度,保护好多样、独特的生态系统,发挥涵养大江大河水源和调节气候的作用。大力推进草地退化、湿地退化、土地沙化、水土流失、生物多样性衰减等生态修复工程,完善建立退牧还草、退耕还林生态补偿机制。加强林业科技支撑体系建设,严格保护林地,积极开展绿化造林,提高植被覆盖率,增强陆地生态系统的固碳能力。

第十一章　绩效评价

按照国家推进形成主体功能区的总体要求,加快建立符合西藏实际、推动科学发展的绩效评价体系。要遵循不同区域的主体功能定位,实行各有侧重的绩效评价和考核办法,强化政府责任,重点对各地市提供公共服务、加强社会管理、增强可持续发展能力等方面进行评价。

第一节　重点开发区域

要从扩大城镇规模、改善人居环境,加快推进城镇化和提高聚集人口与产业能力的角度,综合评价经济增长、吸纳人口、质量效益、产业结构、资源消耗、环境保护以及基本公共服务覆盖面等,科学、合理确定投资增长速度。主要考核的指标包括地区生产总值、非农产业比重、非农产业就业比重、财政收入占地区生产总值比重、服务业增加值比重、工业增加值比重、特色优势产业比重、研发投入经费比重、单位地区生产总值能耗、单位工业增加值取水量、"三废"治理率、主要污染物排放总量控制情况、大气和水体质量、循环经济普及率、吸纳农牧区人口规模等。

第二节　限制开发区域

对限制开发的农产品主产区和重点生态功能区分别实行农牧业发展优先和生态保护优先的绩效评价。对限制开发的农产品主产区,要强化对提供农畜产品供给能力的评价,适度推进城镇化,弱化对工业化相关经济指标的评价,主要考核农牧民收入、农牧业综合生产能力、农林牧业集约化生产水平、农牧区基本公共服务等指标,不考核地区生产总值、工业、财政收入等指标。对限制开发的重点生态功能区,要强化对提供生态产品能力的评价,弱化对工业化相关经济指标的评价,主要考核水体和大气质量、水土流失和荒漠化治理率、森林覆盖率、林地面积、生物多样性等指标,不考核地区生产总值、投资、工业、财政收入和城镇化率等指标。

第三节　禁止开发区域

根据相关法律法规和规划要求,对不同的保护对象确定评价内容,实行依法保护优先和污染物"零排放"的绩效评价。对自然保护区,按照核心区、缓冲区和试验区,分别考核其生物多样性、生态系统完整性、森林覆盖率、大气和水体质量、外界干扰程度、自然保护区经费投入、人口外迁状况;对世界文化遗产、国家级风景名胜区、国家森林公园、国家地质公园、国家重要湿地、国家湿地公园等适合旅游开发的禁止开发区域,主要考核其物质和非物质文化资源保护的原真性和完整性,严格禁止旅游业的过度开发对这些自然文化遗产造成破坏。

第四节　强化考核结果运用

推进形成主体功能区的主要目标能否实现,关键在于要建立健全符合有利于推进形成主体功能区的绩效考核评价体系,并强化考核结果运用。要加强部门协调,把有利于推进形成主体功能区的绩效考核评价体系和中央组织部印发的《体现科学发展观要求的地方党政领导班子和领导干部综合考核评价试行办法》等考核办法有机结合起来,根据各地(市)不同的主体功能定位,把推进形成主体功能区主要目标的完成情况纳入对各地(市)党政领导班子和领导干部的综合考核评价结果,作为各地(市)党政领导班子调整和领导干部选拔任用、培训教育、奖励惩戒的重要依据。

第六篇　规划实施

本规划承接国家主体功能区规划,在自治区各级各类规划中居总控性地位。自治区各部门和各级政府要根据本规划调整完善区域政策和相关规划,健全地方性法规和绩效考核体系,明确责任主体,采取有力措施,多渠道多形式宣传主体功能区的理念和政策,让全社会都能全面了解本规划,动员全区各族人民共建美好家园。

第十二章　规划实施

第一节　自治区人民政府的职责

按照国务院有关文件精神和全国主体功能区规划,自治区人民政府负责组织实施自治区主体功能区规划。有关部门要根据所承担的责任和任务制定相应的规划和政策。

发展改革部门。负责自治区主体功能区规划的组织协调,充分做好本规划与土地、环保、水利、农牧业、能源等部门专项规划的有机衔接,实现各级各类规划之间的统一、协调;负责制定并组织实施适应主体功能区要求的投资政策和产业政策;负责自治区主体功能区规划实施的监督检查、中期评估和修订;负责开发强度、资源承载力和环境容量等约束性指标的分解落实;负责组织提出规划体制改革方案并组织实施。

科技部门。负责研究提出适应主体功能区要求的科技规划和政策,建立适应主体功能区要求的区域创新体系。

工业信息化部门。负责编制适应主体功能区规划要求的工业、通信业、信息化产业的发展规划。

财政部门。负责按照本规划明确的财政政策方向和原则,制定并落实适应主体功能区要求的财政政策。

国土资源部门。负责组织修订土地利用总体规划;负责制定适应主体功能区要求的土地政策并落实用地指标;负责协调、会同有关部门调整划定各类保护区域、基本农田范围,并落到具体地块,明确"四至"范围①;负责组织编制实施全区矿产资源总体规划、矿产资源专项规划,促进矿产资源勘查开发布局优化;负责组织、指导、协调国家地质公园规划实施工作。

环境保护部门。负责制定适应主体功能区要求的生态环境保护规划和政策;负责组织编制自治区环境功能区规划,划定生态保护红线;负责组织编制自治区自然保护区发展规划,并组织相关国家规划的实施工作;指导、协调、监督各类自然保护区、风景名胜区、森林公园、地质公园的环境保护工作,协调和监督野生动植物保护、湿地保护、荒漠化防治工作。

住房城乡建设部门。负责组织编制和监督实施全区城镇体系规划;负责指导、协调全区城乡规划的编制和报批工作;负责制定适应主体功能区要求的城乡建设和市政公用事业规划和政策;负责编制国家级风景名胜区规划,监督全区风景名胜区规划实施,提出相关政策。

水利部门。负责编制适应主体功能区要求的水资源开发利用、节约保护及防洪减灾、水土保持等方面的规划,制定相关政策。

农牧业部门。负责组织编制和实施适应主体功能区要求的农林牧业发展、农林牧业特色产业发展规划和政策。

交通运输部门。负责组织编制和实施适应主体功能区空间布局要求的交通运输发展规划和政策。

卫生计生部门。负责建立限制开发区域和禁止开发区域的人口计生利益导向机制,使人口计生政策促进人口增长与经济社会发展相适应。

林业部门。负责编制适应主体功能区要求的生态保护与建设规划,制定相关政策;负责组织编制自治区森林公园、湿地保护规划,提出相关政策;负责国家和自治区相关规划的实施工作。

气象部门。负责组织编制气象自然灾害防御和气候资源开发利用及人工影响天气业务发展规划,参与制定应对气候变化和自然灾害防御政策,组织开展气候变化对水资源、农林牧业和生态环境等的影响评估。对与气象条件密切相关的规划和建设项目进行气象灾害风险评估和气候可行性论证。

地震部门。负责组织编制地震灾害防御等规划或区划,参与制定应对自然灾害防御政策。

政府法制机构。负责组织有关部门研究提出适应主体功能区要求的地方性法规和规章的立法计划,以及国家相关法律法规在我区具体实施的管理办法。

测绘地理信息部门。负责编制适应主体功能区规划要求的基础测绘规划,组织获取主体功能区规划实施所需的基础地理信息和航空航天遥感影像,建设测绘应急保障体系和地理信息公共服

---

① "四至"是指审核确定地块边界的文字描述,一般用边界所经线状地物、永久性地名表述。

务平台,开展地理国(区)情监测,动态监测主体功能区实施情况。

其他各有关部门,要依据本规划,组织修订能源、交通等专项规划。

第二节　地(市)行署(人民政府)的职责

一、推动主体功能区规划的实施

——负责所辖区域的主体功能区规划的实施。

——根据自治区主体功能区规划对本地市的主体功能定位,通过编制地市国民经济和社会发展总体规划对所辖国土空间进行功能分区,如城镇建设区、工矿开发区、基本农田、生态保护区等,具体类型可根据本地情况确定,并明确"四至"范围。

——根据本规划确定的各项政策,在地(市)行署(人民政府)事权范围内制定实施细则。

——负责衔接落实中央和自治区财政对限制开发区域的财政转移支付和政府投资。

——配合自治区有关部门编制本规划确定的主体功能区区域规划,并负责承接这些区域规划在所辖区内的实施工作。

——根据中央和自治区人民政府确定的空间开发原则和本地市国民经济和社会发展总体规划,审批有关开发项目,把握好开发时序和开发强度。

二、指导和检查所辖市县的规划落实

——负责指导所辖市县落实本市县辖区在国家和自治区级层面主体功能区中的主体功能定位和相关的各项政策措施;负责指导在市县功能区划分中落实主体功能定位和开发强度要求;负责指导所辖市县在规划实施、项目审批、土地管理、人口管理、生态环境保护等各项工作中遵循国家和自治区级主体功能区规划的各项要求。

——地(市)行署(人民政府)发展改革部门负责监督检查本规划在所辖市县的落实情况,对规划实施情况进行跟踪分析,及时了解规划实施中出现的问题,采取相应措施,纠正实施过程中出现的偏差,保证规划在本辖区的切实落实。

第三节　县级人民政府的职责

县级人民政府负责落实全国和自治区级主体功能区规划对本县域的主体功能定位。

——根据自治区级主体功能区规划、本地市国民经济和社会发展总体规划对本县域的主体功能定位,对本县域国土空间进行功能分区,具体类型可根据本地情况确定。

——在本县国民经济和社会发展总体规划中,明确各功能区的功能定位、发展目标和方向、开发和管制原则等。

——根据本县主体功能定位和国民经济和社会发展总体规划,编制实施土地利用规划、城镇规划、乡村规划和风景名胜区规划等规划。

第四节　监测评估

要加大投入,加强遥感、信息地理技术应用,建立覆盖全区、统一协调、功能完善的国土空间动态监测管理系统,对规划实施情况进行全面监测、分析和评估。

————国土空间动态监测管理系统以国土空间为管理对象,主要监测城镇建设、项目动工、耕地占用、水资源开发、矿产资源开采等各种开发行为对国土空间的影响,以及水面、湿地、林地、草地、自然保护区、蓄滞洪区的变化情况等,重点对重点开发、限制开发区域和自然保护区进行动态监测。

————加强对地观测技术的运用,加快建立全区自然资源和地理空间基础信息库①,不断完善水文、水资源、土壤环境、水土保持等监测网络建设,充分利用电子政务平台,实现地理空间信息共享,逐步提升对国土空间数据的获取能力。

————建立由发展改革、国土、建设、科技、水利、农牧业、环保、林业、地震、气象、测绘地理信息等部门和相关科研单位共同参与、协同有效的国土空间监测管理工作机制,通过遥感监测、计算机辅助解译等手段,增强对国土空间开发方式管理的主动预警能力,提高发现和处理违规开发问题的反应能力及精确度。各有关部门要根据职责,对相关领域的国土空间变化情况进行动态监测,探索建立国土空间资源、环境及生态变化状况的定期会商和信息通报制度。

————科学布局空间信息基础设施,根据不同区域的主体功能定位,明确监测重点,建设相应的监测设施。通过多种途径,对全区国土空间变化情况进行及时跟踪分析,将跟踪监测的数据作为自治区主体功能区规划实施、评估、调整的重要依据。

————建立主体功能区规划评估与动态修订机制。适时开展规划评估,提交评估报告,并根据评估结果提出是否需要调整规划内容,或对规划进行修订的建议。

西藏

---

① "自然资源和地理空间基础信息库"是国家空间信息基础设施建设和应用的重要项目,主要建设基础地理空间信息目录体系和交换体系、地理空间信息共享服务平台和综合信息库,以及相应的标准规范、管理制度和技术与服务支撑体系。

附件 1

表 1   各类主体功能区包括的县级行政区名录

序号	地 区	县 名	主体功能区类型	备 注
1	拉 萨 市	达孜县	国家重点开发区域	
2	拉 萨 市	堆龙德庆县	国家重点开发区域	
3	拉 萨 市	墨竹工卡县	国家重点开发区域	
4	拉 萨 市	曲水县	国家重点开发区域	
5	拉 萨 市	城关区	国家重点开发区域	
6	日喀则市	白朗县	国家重点开发区域	
7	日喀则市	江孜县	国家重点开发区域	
8	日喀则市	桑珠孜区	国家重点开发区域	
9	山南地区	贡嘎县	国家重点开发区域	
10	山南地区	乃东县	国家重点开发区域	
11	山南地区	扎囊县	国家重点开发区域	
12	阿里地区	改则县	国家重点生态功能区	
13	阿里地区	革吉县	国家重点生态功能区	
14	阿里地区	日土县	国家重点生态功能区	
15	那曲地区	班戈县	国家重点生态功能区	
16	那曲地区	尼玛县	国家重点生态功能区	
17	那曲地区	双湖县	国家重点生态功能区	
18	林芝地区	察隅县	国家重点生态功能区	竹瓦根镇为自治区重点开发区域
19	林芝地区	墨脱县	国家重点生态功能区	墨脱镇为自治区重点开发区域
20	山南地区	错那县	国家重点生态功能区	错那镇为自治区重点开发区域
21	拉 萨 市	林周县	自治区农产品主产区	
22	拉 萨 市	尼木县	自治区农产品主产区	
23	阿里地区	噶尔县	自治区农产品主产区	狮泉河镇为自治区重点开发区域
24	昌都地区	八宿县	自治区农产品主产区	
25	昌都地区	察雅县	自治区农产品主产区	烟多镇为自治区重点开发区域
26	昌都地区	洛隆县	自治区农产品主产区	
27	昌都地区	左贡县	自治区农产品主产区	
28	林芝地区	工布江达县	自治区农产品主产区	
29	林芝地区	朗 县	自治区农产品主产区	
30	林芝地区	林芝县	自治区农产品主产区	林芝镇、八一镇为国家重点开发区域
31	林芝地区	米林县	自治区农产品主产区	
32	那曲地区	安多县	自治区农产品主产区	帕那镇为自治区重点开发区域
33	那曲地区	巴青县	自治区农产品主产区	
34	那曲地区	比如县	自治区农产品主产区	
35	那曲地区	那曲县	自治区农产品主产区	那曲镇为国家重点开发区域
36	那曲地区	聂荣县	自治区农产品主产区	
37	那曲地区	申扎县	自治区农产品主产区	

西藏

序号	地　区	县　名	主体功能区类型	备　注
38	那曲地区	索　县	自治区农产品主产区	亚拉镇为自治区重点开发区域
39	日喀则市	南木林县	自治区农产品主产区	南木林镇为自治区重点开发区域
40	日喀则市	谢通门县	自治区农产品主产区	卡嘎镇为自治区重点开发区域
41	山南地区	曲松县	自治区农产品主产区	曲松镇为自治区重点开发区域
42	山南地区	琼结县	自治区农产品主产区	
43	山南地区	桑日县	自治区农产品主产区	
44	昌都地区	边坝县	自治区农产品主产区	
45	昌都地区	芒康县	自治区农产品主产区	嘎托镇自治区为重点开发区域
46	林芝地区	波密县	自治区农产品主产区	扎木镇自治区为重点开发区域
47	日喀则市	昂仁县	自治区农产品主产区	
48	日喀则市	拉孜县	自治区农产品主产区	曲下镇为自治区重点开发区域
49	日喀则市	仁布县	自治区农产品主产区	
50	日喀则市	萨迦县	自治区农产品主产区	
51	山南地区	加查县	自治区农产品主产区	安绕镇为自治区重点开发区域
52	昌都地区	昌都县	自治区农产品主产区	城关镇为自治区重点开发区域
53	昌都地区	丁青县	自治区重点生态功能区	
54	昌都地区	类乌齐县	自治区重点生态功能区	
55	山南地区	浪卡子县	自治区重点生态功能区	
56	昌都地区	江达县	自治区重点生态功能区	江达镇为自治区重点开发区域
57	阿里地区	措勤县	自治区重点生态功能区	
58	阿里地区	普兰县	自治区重点生态功能区	普兰镇为自治区重点开发区域
59	阿里地区	札达县	自治区重点生态功能区	托林镇为自治区重点开发区域
60	昌都地区	贡觉县	自治区重点生态功能区	
61	拉萨市	当雄县	自治区重点生态功能区	当曲卡镇为国家重点开发区域
62	那曲地区	嘉黎县	自治区重点生态功能区	
63	日喀则市	定结县	自治区重点生态功能区	日屋镇、陈塘镇为自治区重点开发区域
64	日喀则市	定日县	自治区重点生态功能区	
65	日喀则市	岗巴县	自治区重点生态功能区	
66	日喀则市	吉隆县	自治区重点生态功能区	吉隆镇为自治区重点开发区域
67	日喀则市	康马县	自治区重点生态功能区	
68	日喀则市	聂拉木县	自治区重点生态功能区	樟木镇为自治区重点开发区域
69	日喀则市	萨嘎县	自治区重点生态功能区	
70	日喀则市	亚东县	自治区重点生态功能区	下司马镇为自治区重点开发区域
71	日喀则市	仲巴县	自治区重点生态功能区	
72	山南地区	措美县	自治区重点生态功能区	
73	山南地区	隆子县	自治区重点生态功能区	
74	山南地区	洛扎县	自治区重点生态功能区	

表2　国家重点生态功能区名录

区　　　　域	范　　　　围	面积(平方公里)
藏东南高原边缘森林生态功能区	林芝地区:墨脱县、察隅县,山南地区:错那县	97750
藏西北羌塘高原荒漠生态功能区	那曲地区:班戈县、尼玛县、双湖县,阿里地区:日土县、革吉县、改则县	494381

表3　自治区重点生态功能区名录

区　　　　域	范　　　　围	面积(平方公里)
喜马拉雅中段生态屏障区	日喀则市:仲巴县、萨嘎县、吉隆县、聂拉木县、定日县、定结县、岗巴县、康马县、亚东县山南地区:浪卡子县、洛扎县、措美县、隆子县	98100
念青唐古拉山南翼水源涵养和生物多样性保护区	拉萨市:当雄县那曲地区:嘉黎县	18400
昌都地区北部河流上游水源涵养区	昌都地区:丁青县、类乌齐县、贡觉县、江达县	36000
羌塘高原西南部土地沙漠化预防区	阿里地区:措勤县	21800
阿里地区西部土地荒漠化预防区	阿里地区:札达县、普兰县	25600
拉萨河上游水源涵养与生物多样性保护区	林周县和墨竹工卡县境内的热振藏布和曲绒藏布两条支流	1000

表4　国家禁止开发区域名录

序号	名　　　　称	面积(平方公里)	位　　　　置
一、国家级自然保护区			
1	西藏拉鲁湿地国家级自然保护区	12.2	拉萨市
2	西藏雅鲁藏布江中游河谷黑颈鹤国家级自然保护区	6143.5	林周县、达孜县、浪卡子县,日喀则市桑珠孜区、南木林县、拉孜县
3	西藏类乌齐马鹿国家级自然保护区	1206.15	类乌齐县
4	西藏芒康滇金丝猴国家级自然保护区	1853	芒康县
5	西藏珠穆朗玛峰国家级自然保护区	33810	定结县、定日县、聂拉木县、吉隆县
6	西藏羌塘国家级自然保护区	298000	安多县、尼玛县、改则县、双湖县、革吉县、日土县、噶尔县
7	西藏色林错国家级自然保护区	18936.3	申扎县、尼玛县、班戈县、安多县、那曲县
8	西藏雅鲁藏布大峡谷国家级自然保护区	9168	墨脱县、米林县、林芝县、波密县
9	西藏察隅慈巴沟国家级自然保护区	1014	察隅县
二、世界文化自然遗产			
10	西藏布达拉宫	2.6	文化遗产
三、国家级风景名胜区			
11	纳木措—念青唐古拉山风景名胜区	4873	当雄县、班戈县
12	唐古拉山—怒江源风景名胜区	7998	安多县

序号	名　　称	面积（平方公里）	位　　置
13	雅砻河风景名胜区	920	贡嘎县、扎囊县、乃东县、琼结县、桑日县、曲松县、加查县
14	土林—古格风景名胜区	818	扎达县
四、国家森林公园			
15	西藏巴松湖国家森林公园	4100.00	工布江达县
16	西藏色季拉国家森林公园	4000.00	林芝县、米林县
17	西藏玛旁雍错国家森林公园	3105.52	普兰县
18	西藏班公湖国家森林公园	481.59	日土县
19	西藏然乌湖国家森林公园	1161.50	八宿县
20	西藏热振国家森林公园	74.63	林周县
21	西藏姐德秀国家森林公园	84.98	贡嘎县
22	西藏尼木国家森林公园	61.92	尼木县
五、国家地质公园			
23	西藏易贡国家地质公园	2160	波密县
24	西藏札达土林国家地质公园	2464	札达县
25	西藏羊八井国家地质公园	1002	当雄县

西藏

表5　自治区禁止开发区域名录

序号	名　　称	面积（平方公里）	位　　置
一	自然保护区		
1	林芝巴结巨柏自治区级自然保护区	0.08	林芝县
2	纳木错自治区级自然保护区	10610	当雄县、班戈县
3	札达土林自治区级自然保护区	5600	札达县
4	昂仁搭格架地热间歇喷泉群自治区级自然保护区	4	昂仁县、萨嘎县
5	日喀则群让枕状熔岩自治区级自然保护区	1.4	江孜县
6	工布自治区级自然保护区	20149.81	工布江达县、米林县、朗县、林芝县
7	玛旁雍错湿地自治区级自然保护区	974.98	普兰县
8	班公错湿地自治区级自然保护区	563.03	日土县
9	扎日南木错湿地自治区级自然保护区	1429.82	措勤县、尼玛县、昂仁县
10	洞错湿地自治区级自然保护区	411.73	改则县
11	麦地卡湿地自治区级自然保护区	895.41	嘉黎县
12	桑桑湿地自治区级自然保护区	56.44	昂仁县
13	然乌湖湿地自治区级自然保护区	69.78	八宿县
14	昂孜错—马尔下错湿地自治区级自然保护区	940.4	尼玛县
二	自治区级地质公园		
15	日多温泉自治区级地质公园	3	墨竹工卡县

续表

序号	名　称	面积（平方公里）	位　置
三	国家级水产种质资源保护区		
16	巴松措特有鱼类国家级水产种质资源保护区	100	
四	国际重要湿地		
17	玛旁雍错国际重要湿地	733.99	普兰县
18	麦地卡国际重要湿地	237.30	嘉黎县
五	国家湿地公园		
19	西藏多庆错国家湿地公园	327.2	亚东县
20	西藏嘎朗国家湿地公园	26.9	波密县
21	西藏雅尼国家湿地公园	69.7	米林县、林芝县
22	西藏当惹雍错国家湿地公园	1381.7	尼玛县
23	西藏嘉乃玉错国家湿地公园	35.1	嘉黎县
24	西藏年楚河国家湿地公园	20.2	白朗县
25	西藏朱拉河国家湿地公园	12.7	工布江达县
26	西藏拉姆拉错国家湿地公园	28.1	加查县
六	风景名胜区		
27	曲登尼玛风景名胜区	267	岗巴县
28	梅里雪山（西坡）风景名胜区	规划未完成面积待定	左贡县、察隅县
29	卡日圣山风景名胜区	同上	仁布县
30	卡久风景名胜区	同上	洛扎县
31	勒布沟风景名胜区	同上	错那县
32	扎日风景名胜区	同上	隆子县
33	哲古风景名胜区	同上	措美县
34	鲁朗林海风景名胜区	同上	林芝县
35	三色湖风景名胜区	同上	边坝县
36	娜如沟风景名胜区	同上	比如县
37	荣拉坚参大峡谷风景名胜区	同上	嘉黎县
38	神山圣湖风景名胜区	同上	普兰县

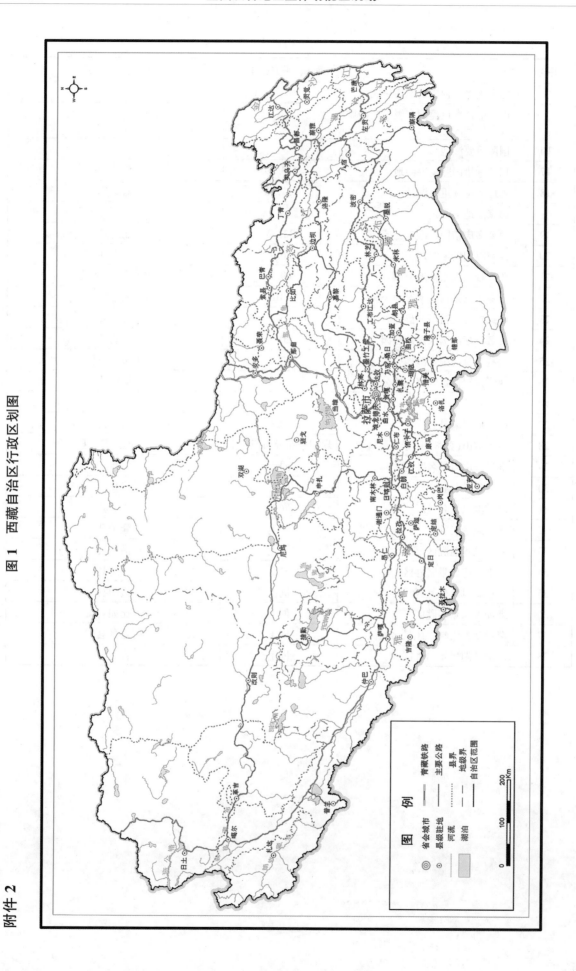

图 1 西藏自治区行政区划图

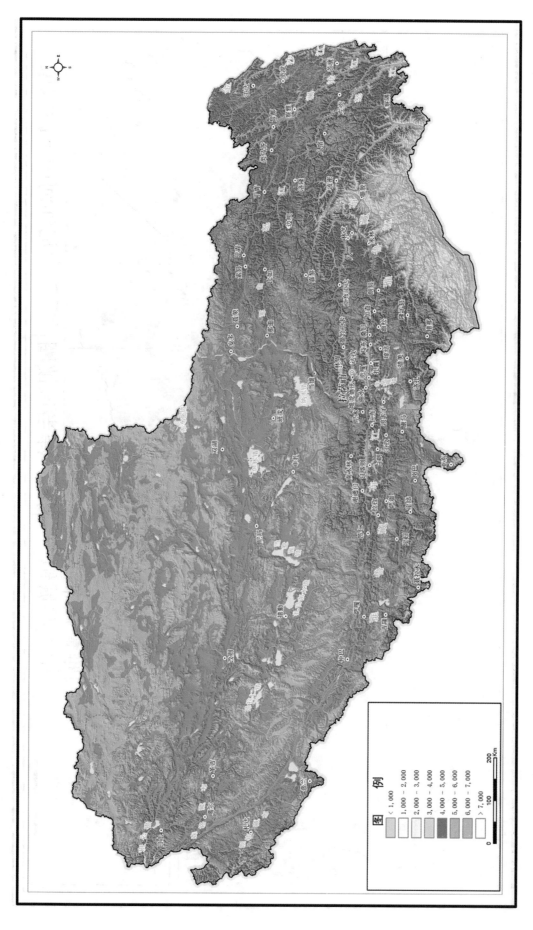

图 2　西藏自治区地形图

西藏

图 3　城镇化战略格局示意图

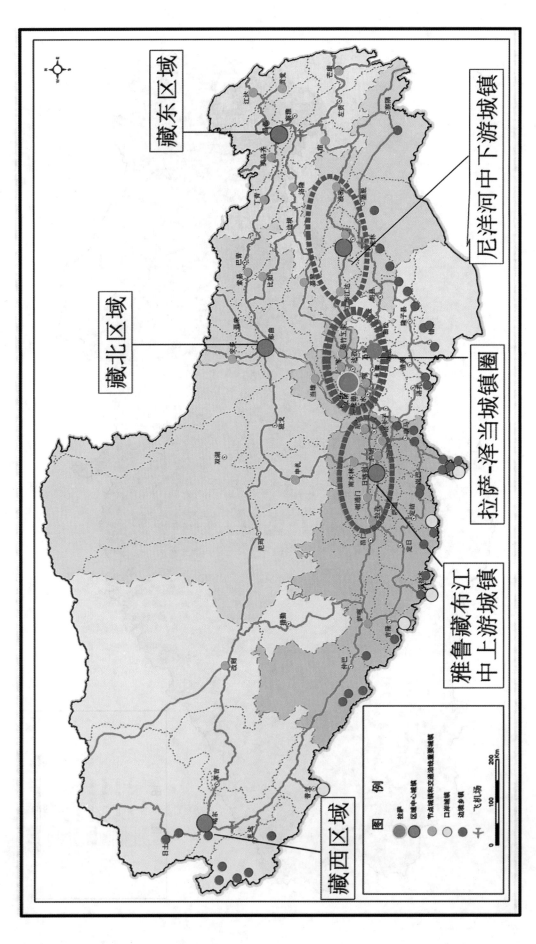

图 4　农业战略格局示意图

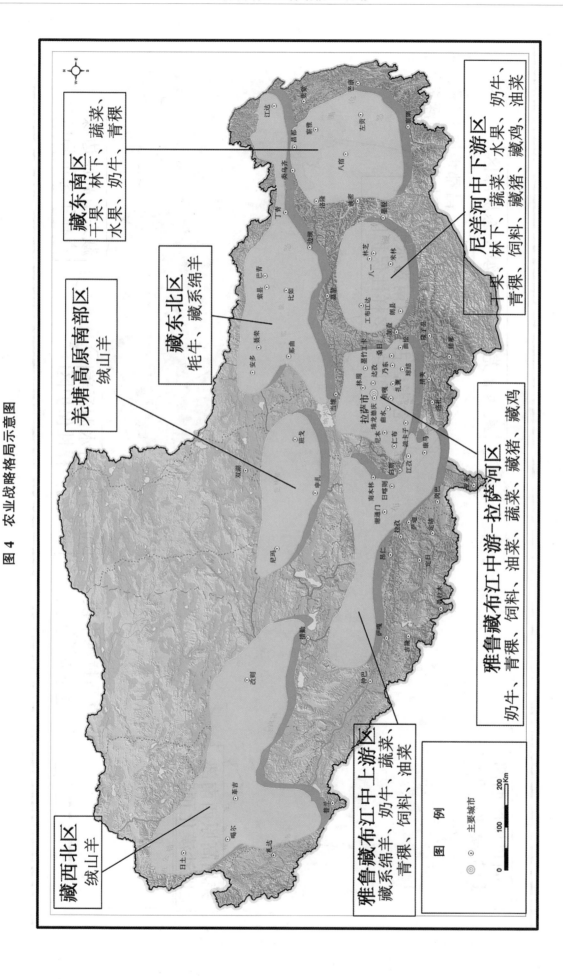

西藏

西藏

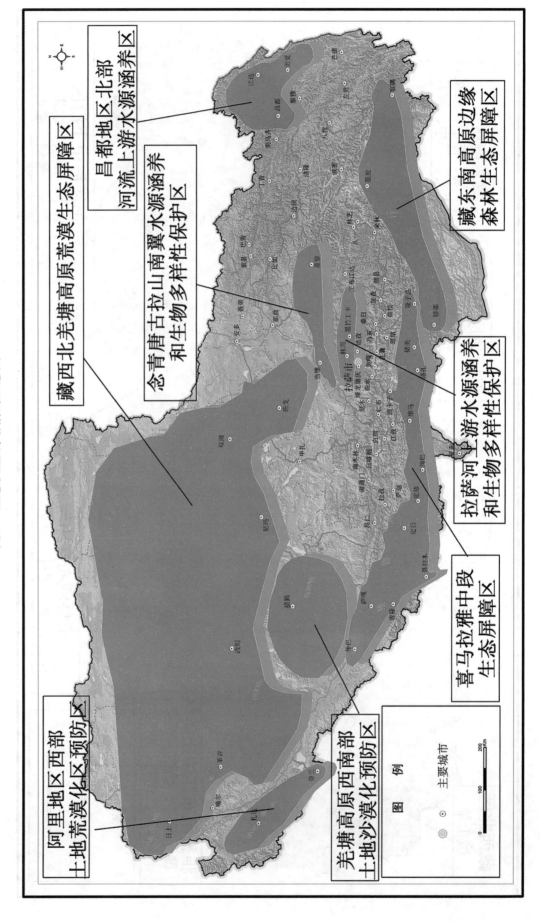

图 5　生态安全战略格局示意图

昌都地区北部
河流上游水源涵养区

藏东南高原边缘
森林生态屏障区

藏西北羌塘高原荒漠生态屏障区

念青唐古拉山南翼水源涵养
和生物多样性保护区

拉萨河上游水源涵养
和生物多样性保护区

阿里地区西部
土地荒漠化预防区

羌塘高原西南部
土地沙漠化预防区

喜马拉雅中段
生态屏障区

图　例

⊙　主要城市

0　　100　　200
Km

图 6 主体功能区划分总图

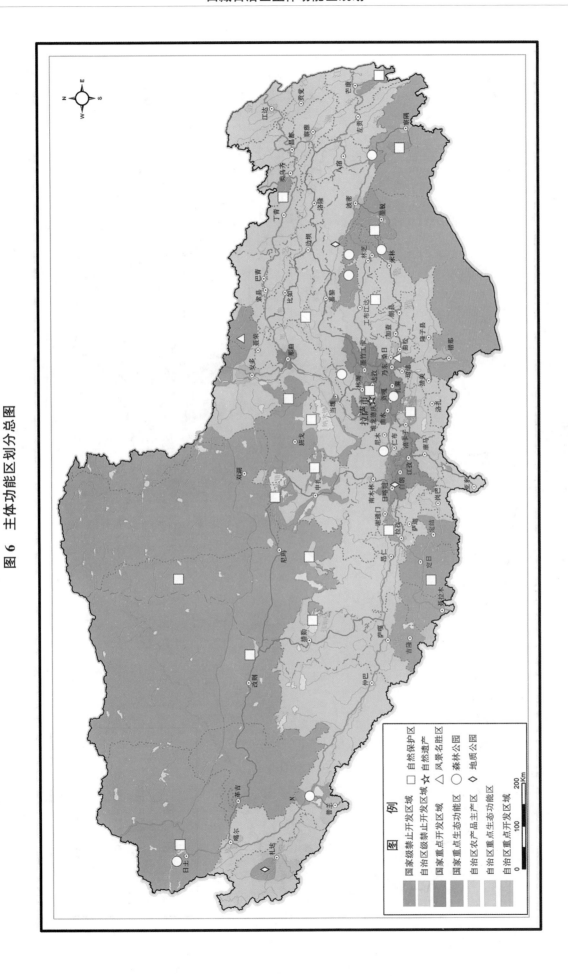

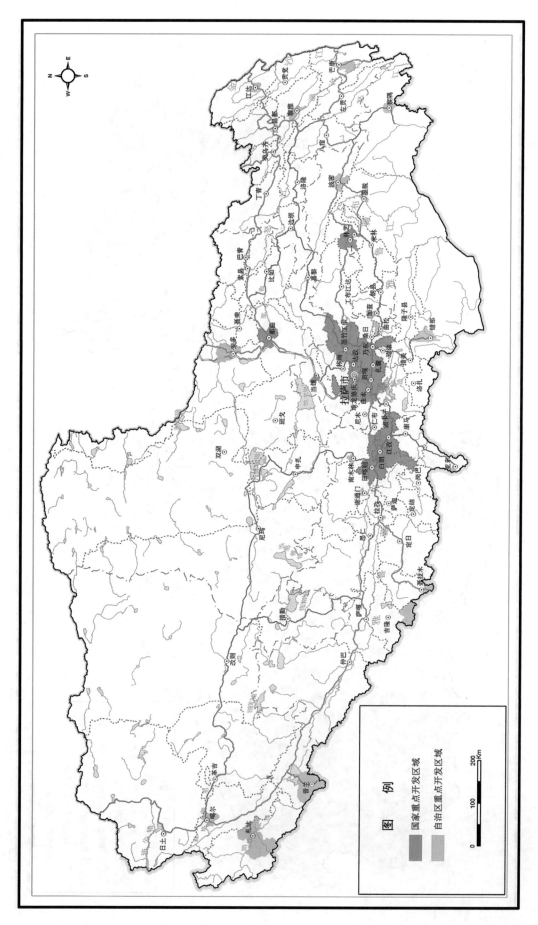

图 7　重点开发区域分布图

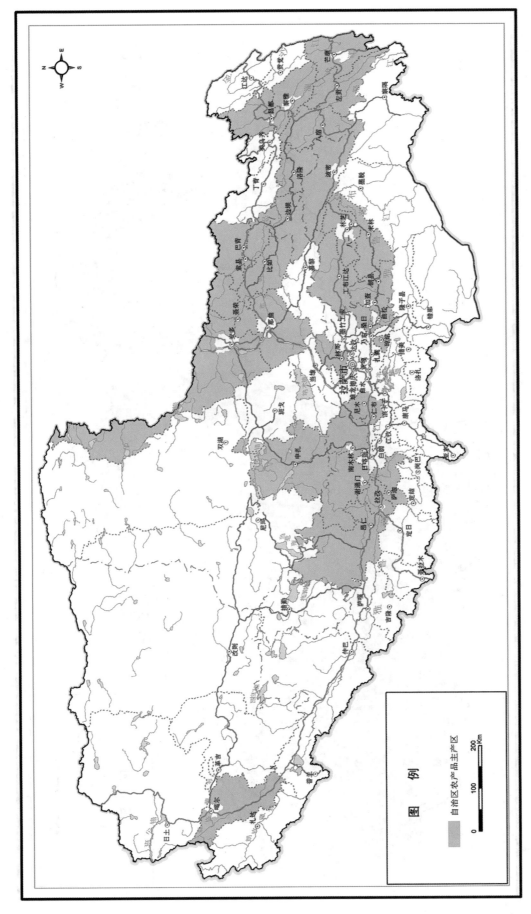

图 8　限制开发区域(农产品主产区)分布图

西藏

图　例

自治区农产品主产区

0　　100　　200
Km

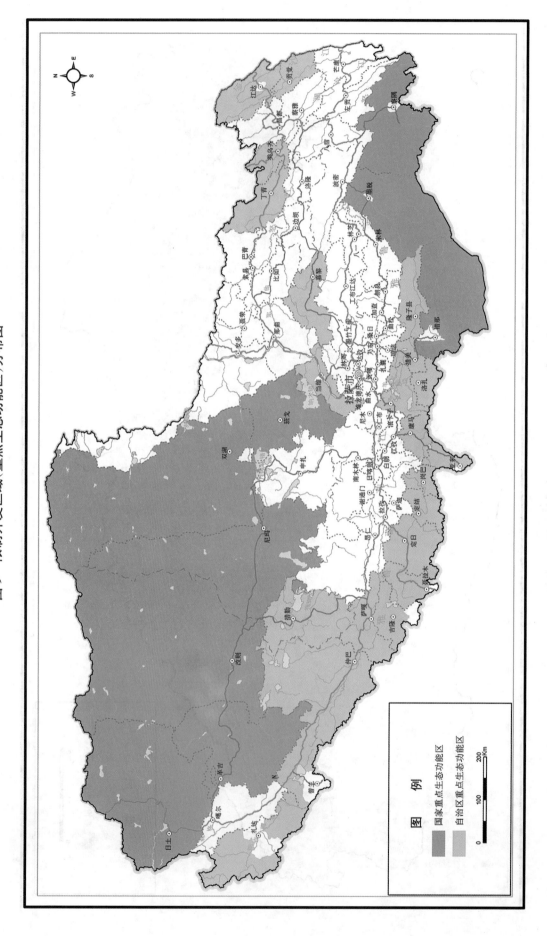

图 9　限制开发区域(重点生态功能区)分布图

西藏

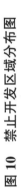

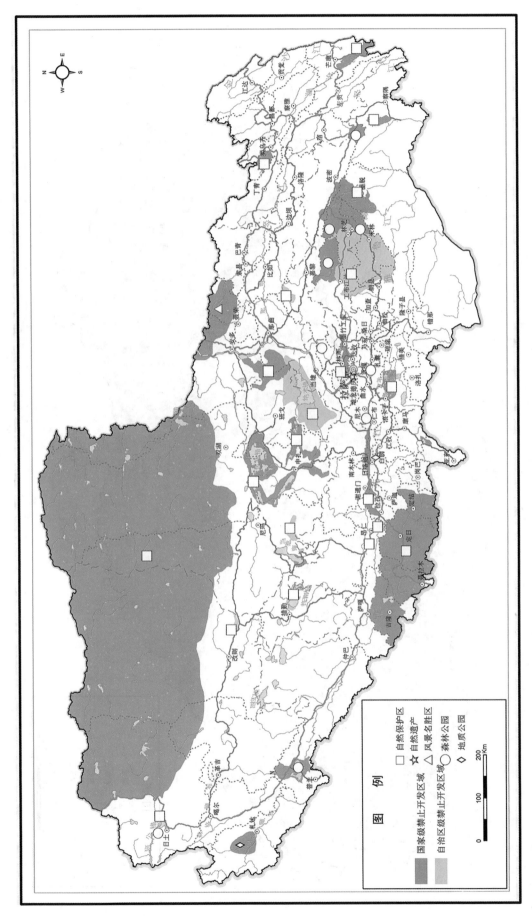

图 10 禁止开发区域分布图

西藏

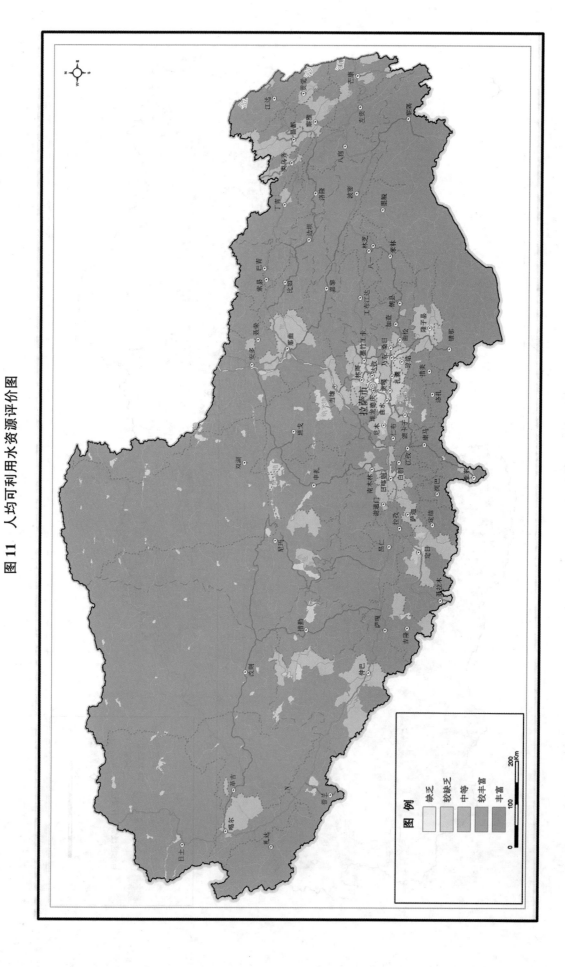

图 11　人均可利用水资源评价图

图　例

缺乏
较缺乏
中等
较丰富
丰富

0　　100　　200 Km

西藏

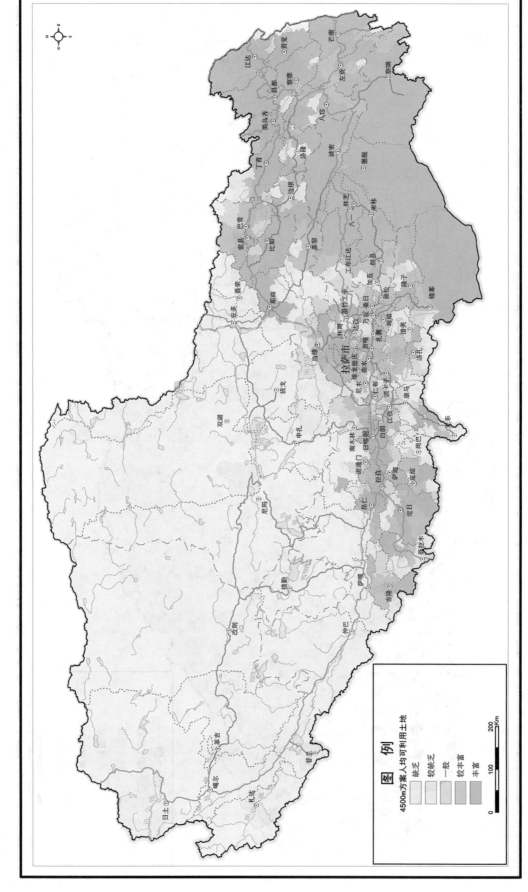

图 12 人均可利用土地资源评价图

西
藏

图 13 生态系统脆弱性分级图

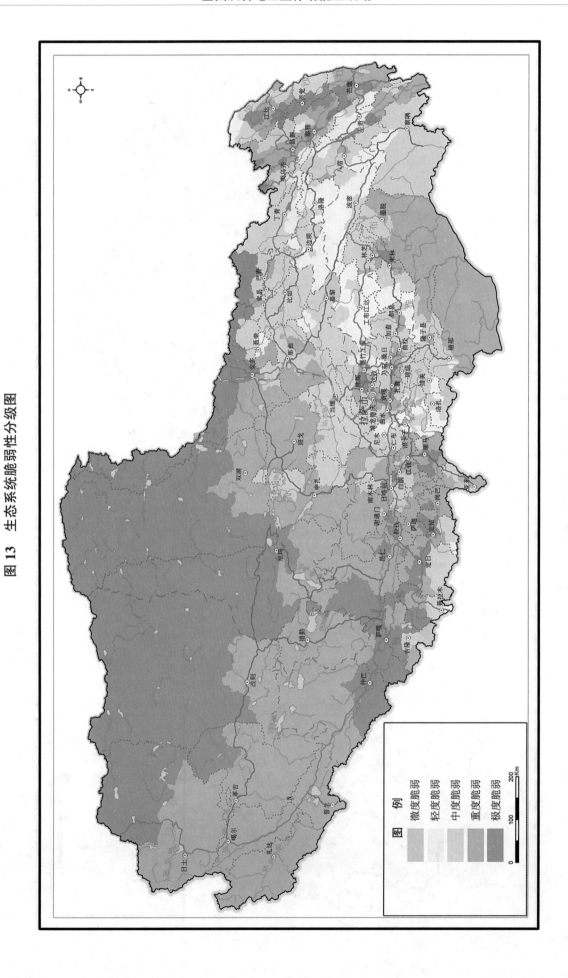

图　例

微度脆弱
轻度脆弱
中度脆弱
重度脆弱
极度脆弱

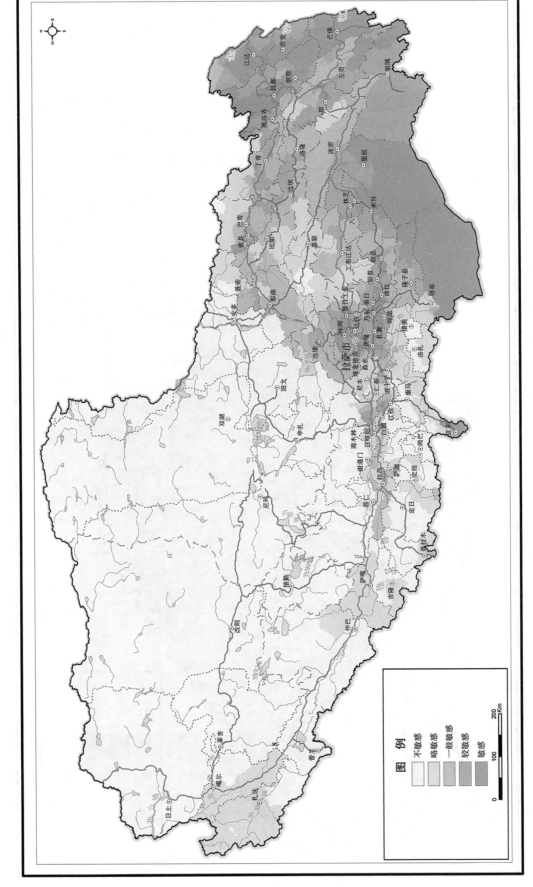

图 14　水力侵蚀敏感性分级图

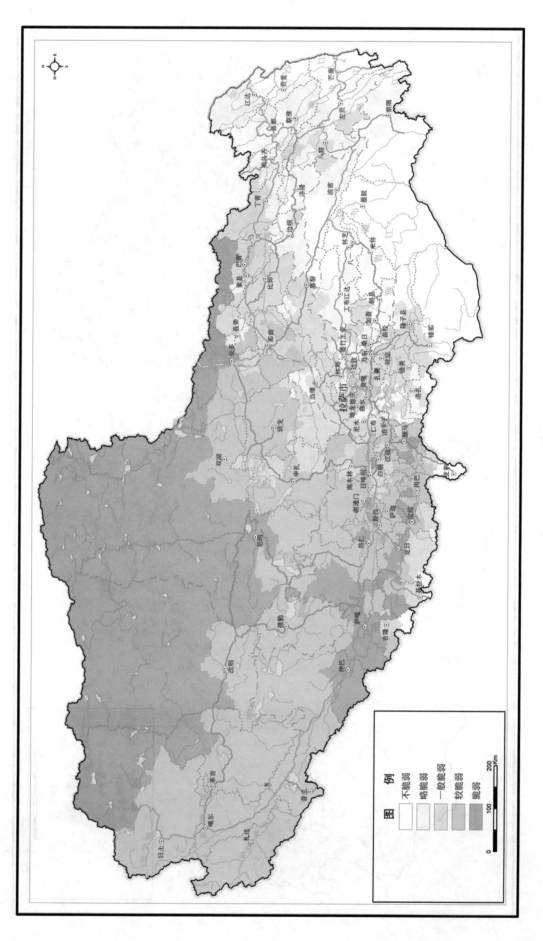

图 15　沙漠化脆弱性分级图

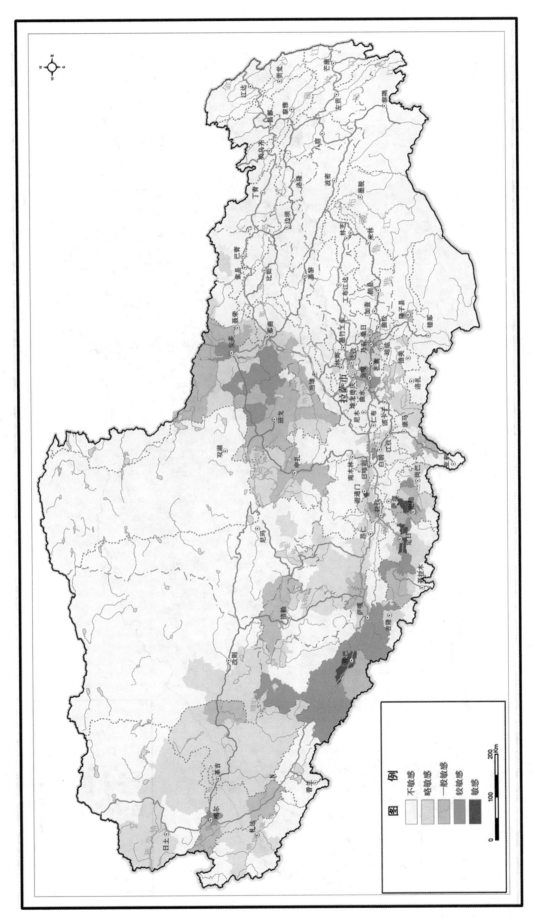

图 16 风力侵蚀脆弱性分区图

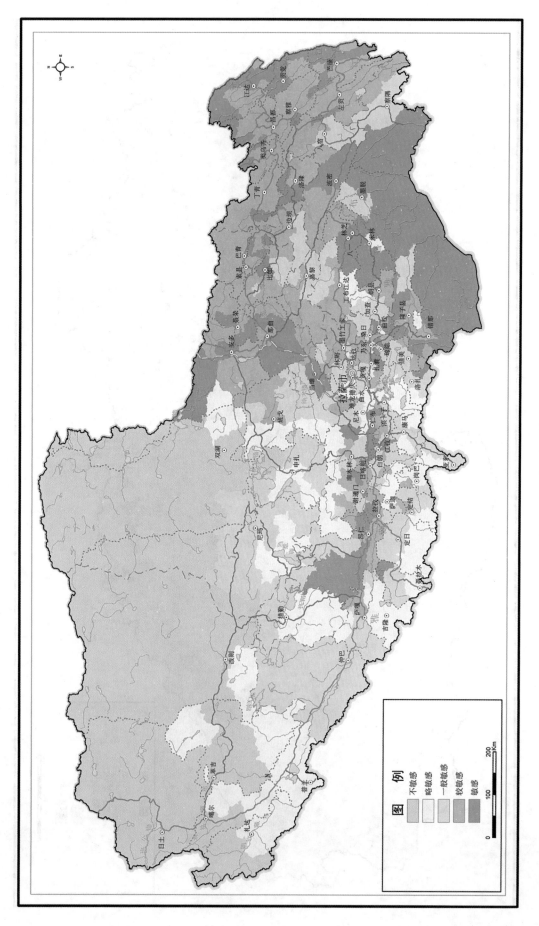

图 17 冻融侵蚀敏感性评价图

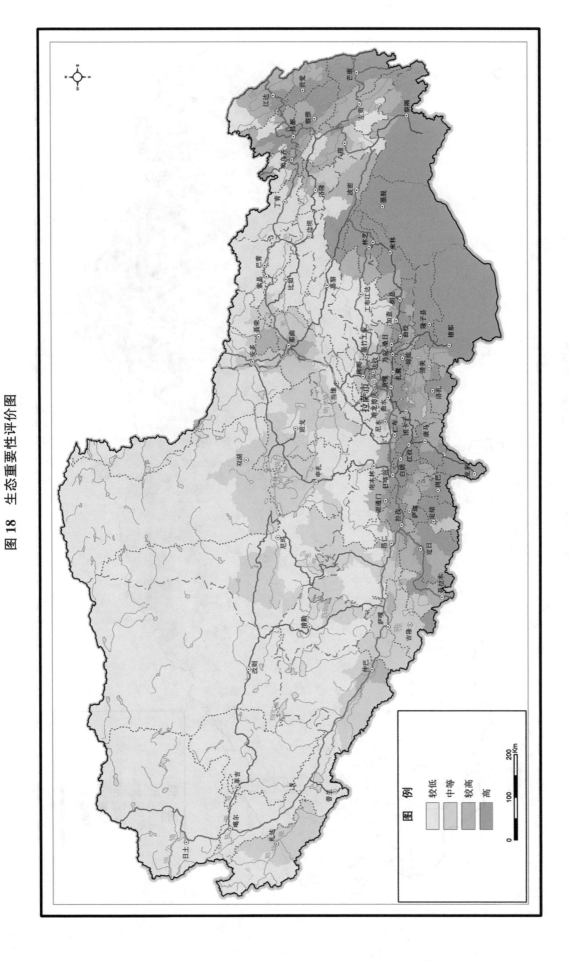

图 18 生态重要性评价图

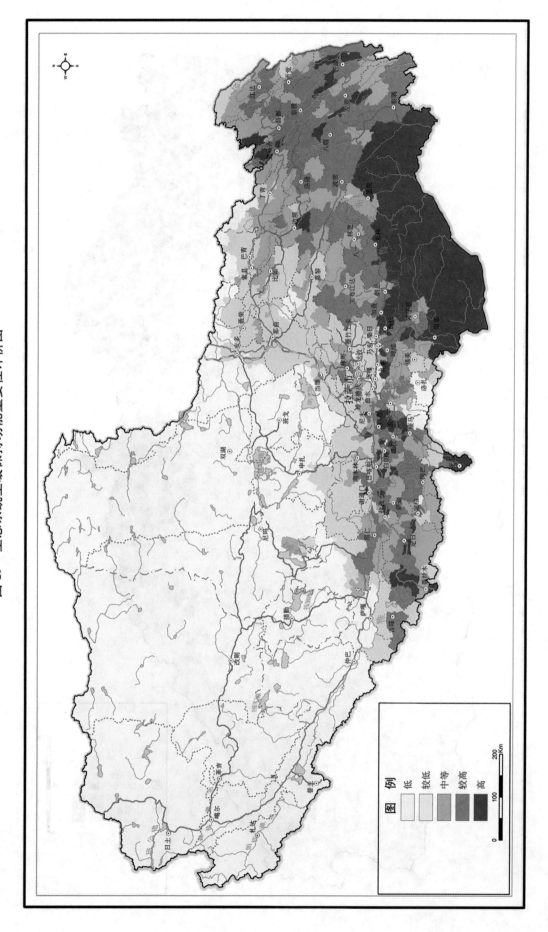

图 19　生态系统土壤保持功能重要性评价图

图例
低
较低
中等
较高
高

0　100　200 Km

西藏

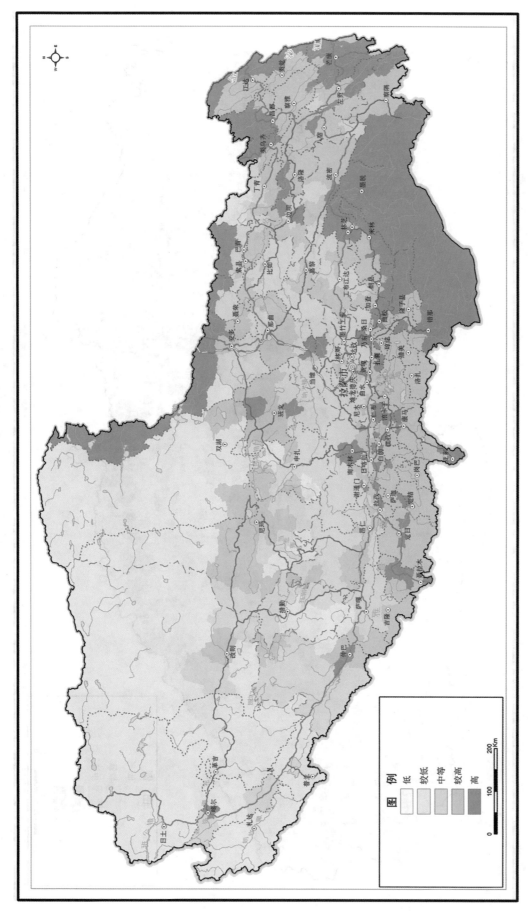

图 20　生态系统水源涵养功能重要性评价图

西藏

图 21 生态系统防风固沙功能重要性评价图

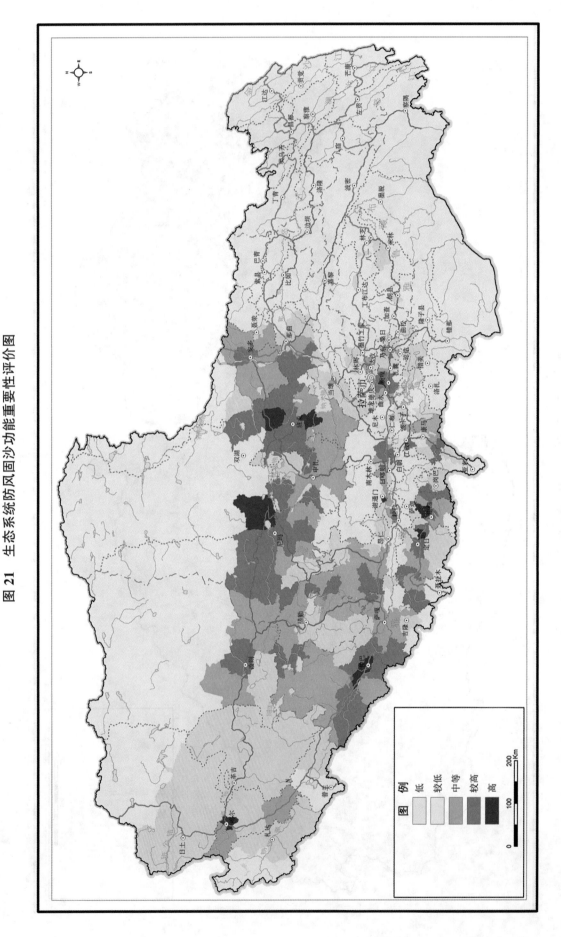

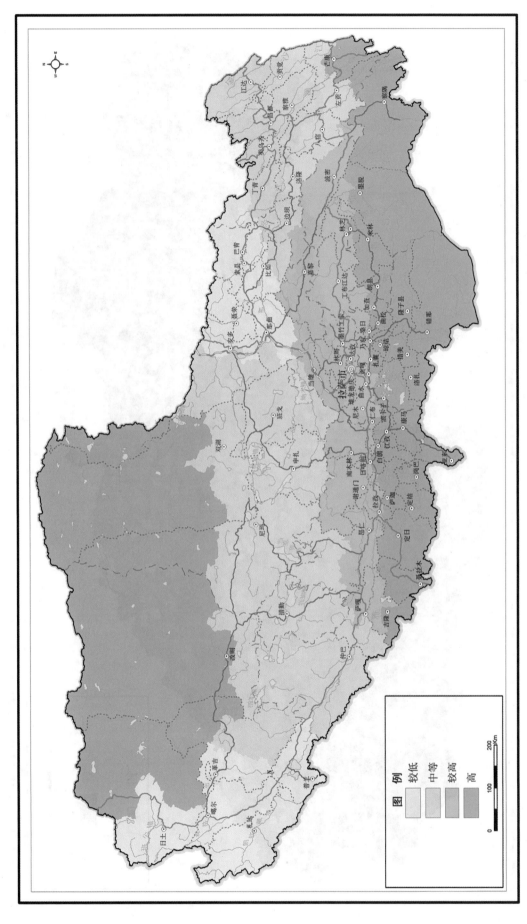

图 22 生物多样性维护重要性评价图

西
藏

图 23 环境容量评价图

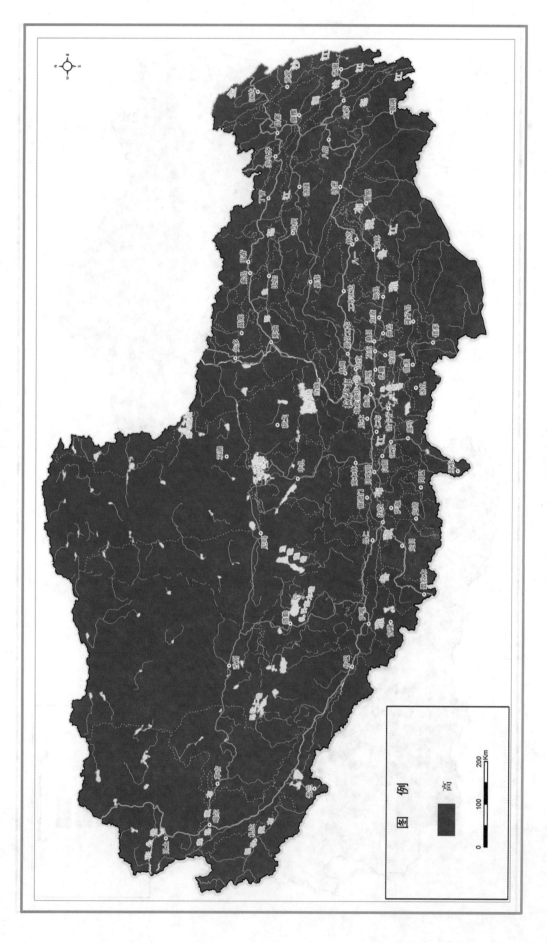

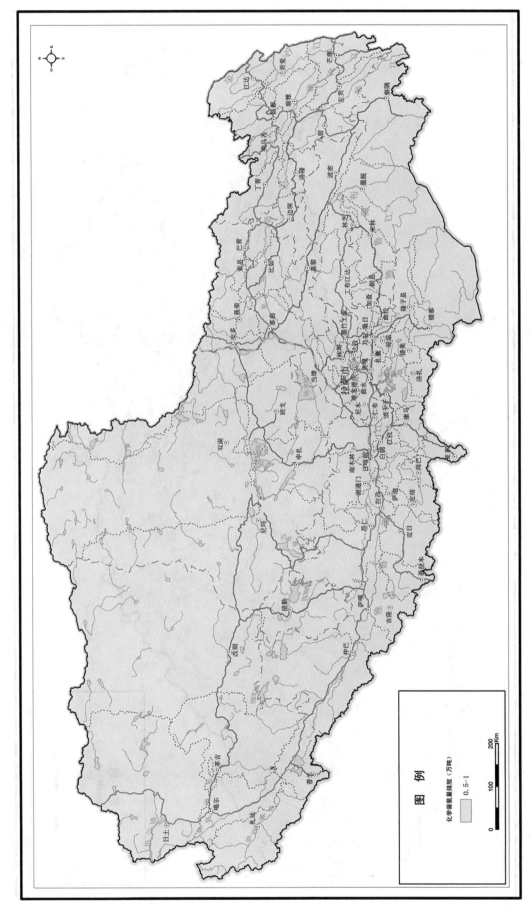

图 24　化学需氧量排放图

西藏

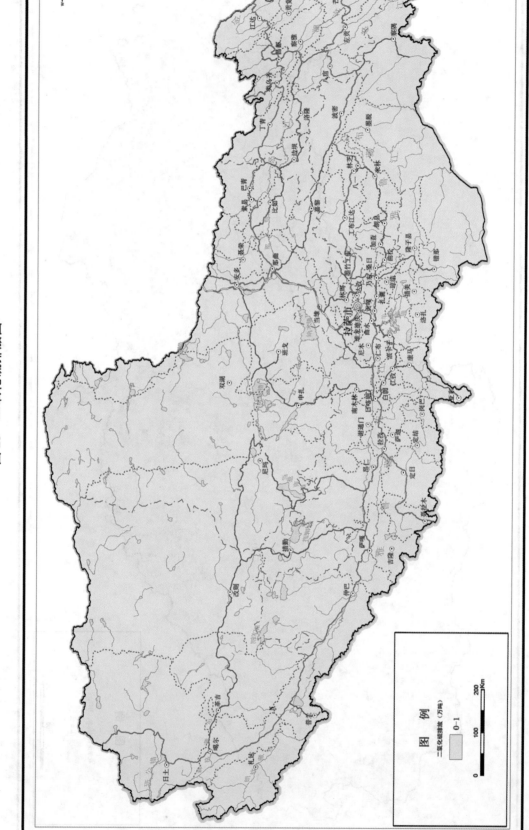

图 25　二氧化硫排放图

西
藏

图　例

二氧化硫排放（万吨）

0-1

0　　100　　200 Km

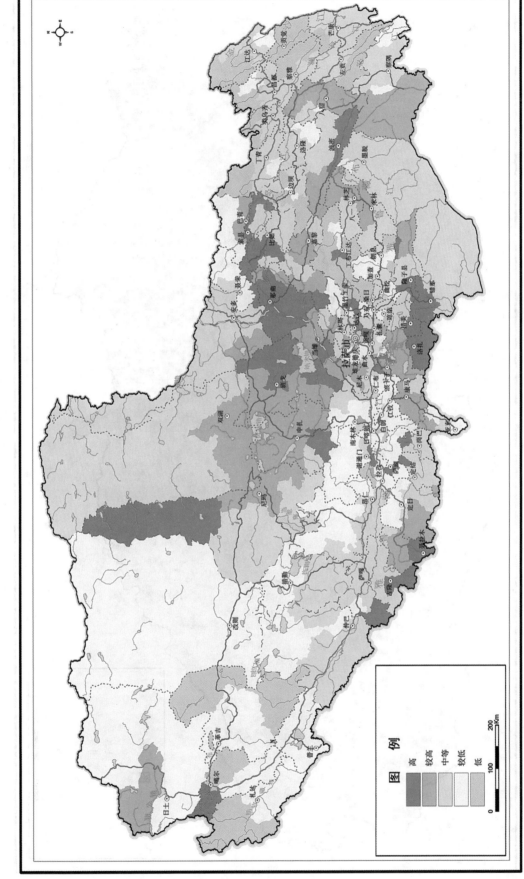

图 26　自然灾害危险性总体评价图

西藏自治区主体功能区规划

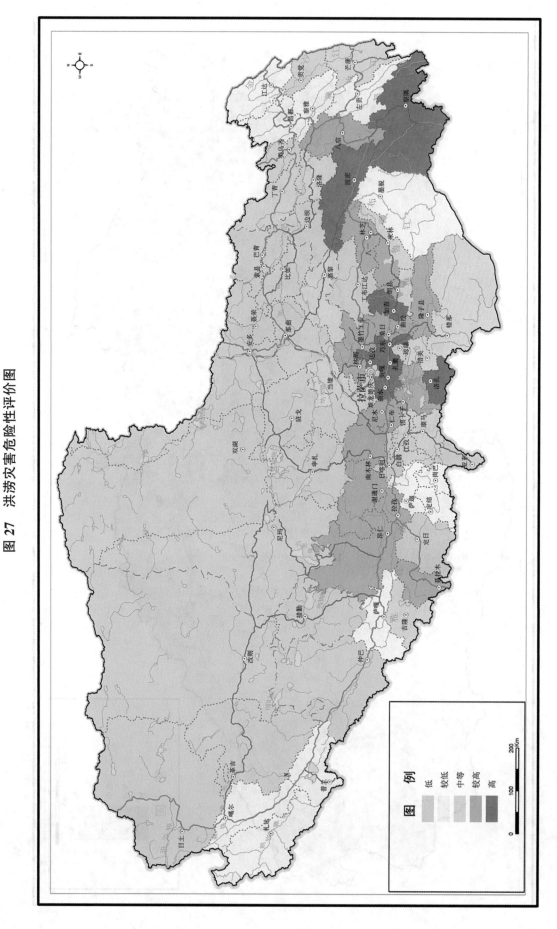

图 27　洪涝灾害危险性评价图

西
藏

西
藏

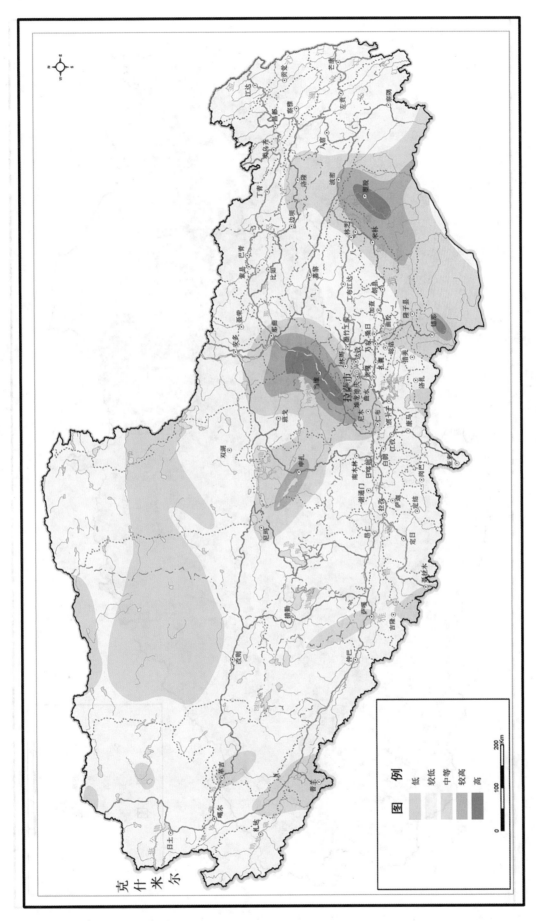

图 28　地震灾害危险性评价图

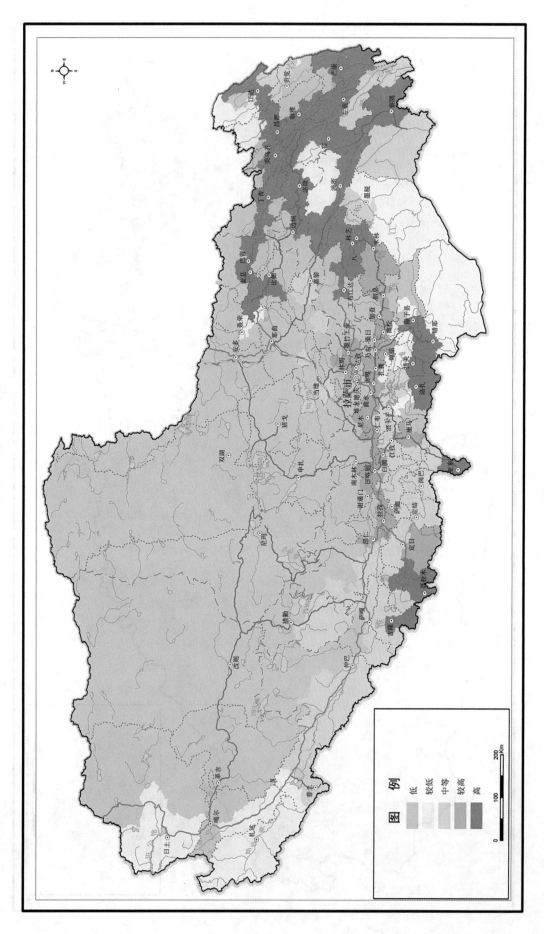

图 29　地质灾害危险性评价图

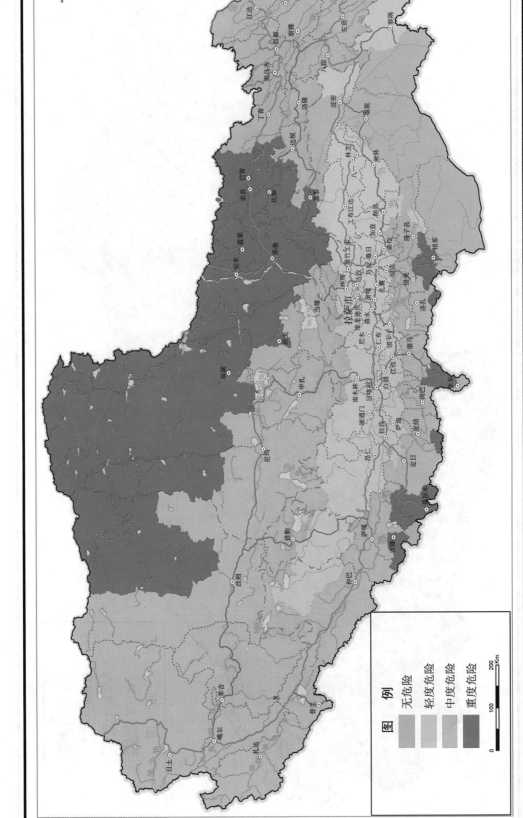

图 30 雪灾害危险性评价图

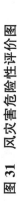

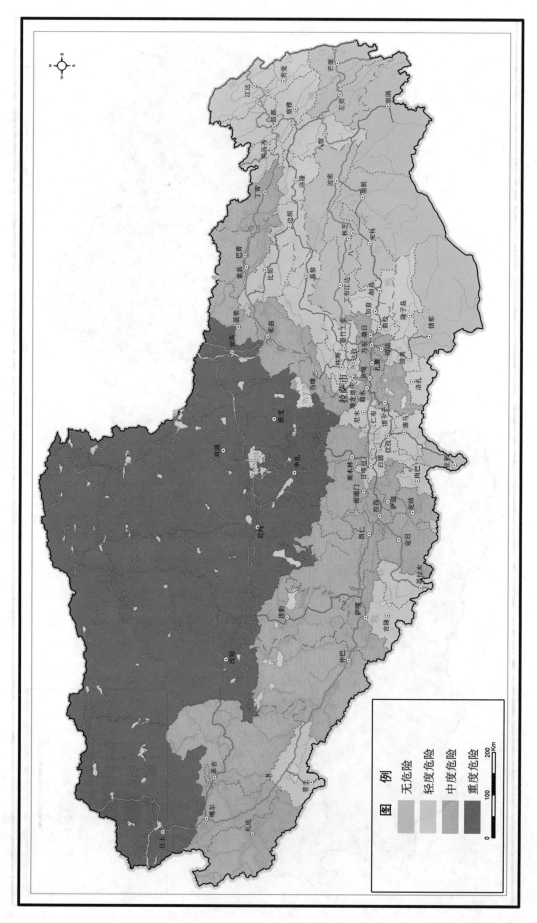

图31　风灾害危险性评价图

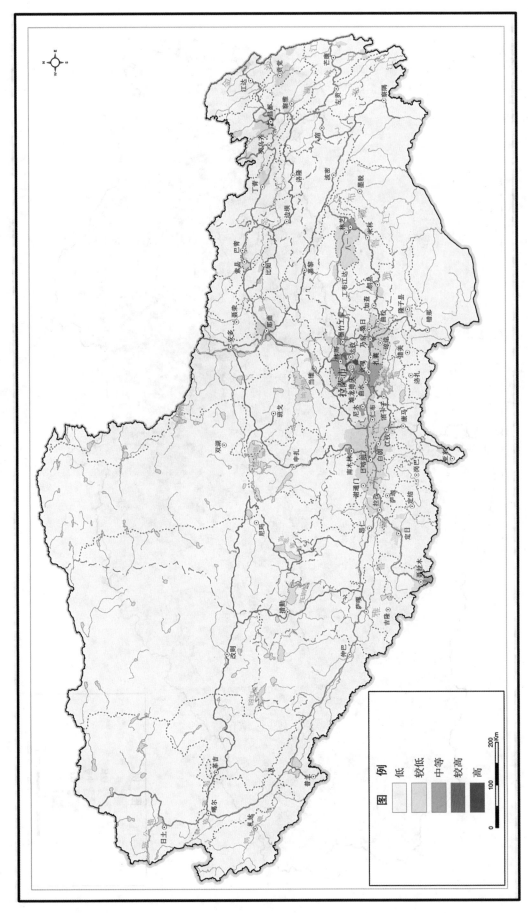

图 32　人口聚集度空间评价图

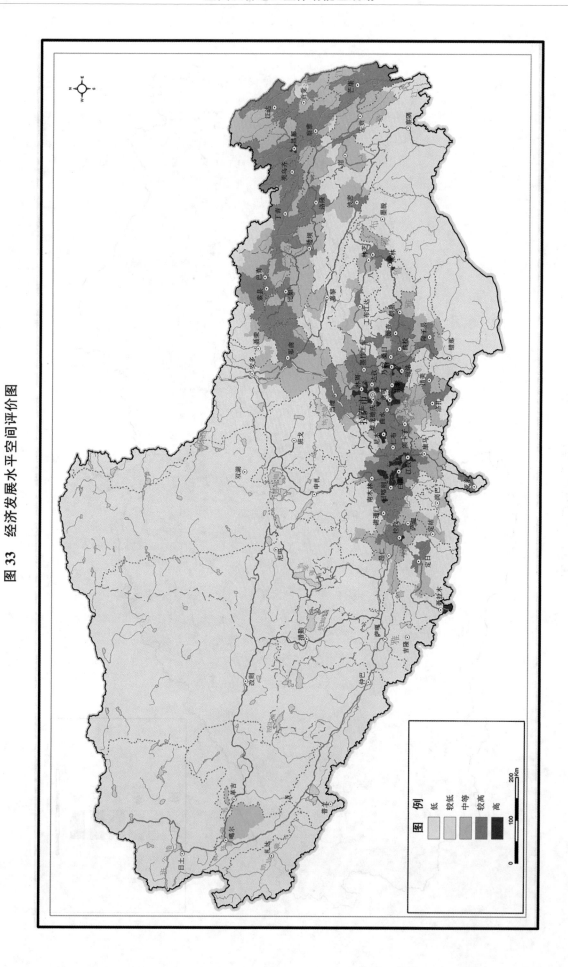

图 33　经济发展水平空间评价图

西藏

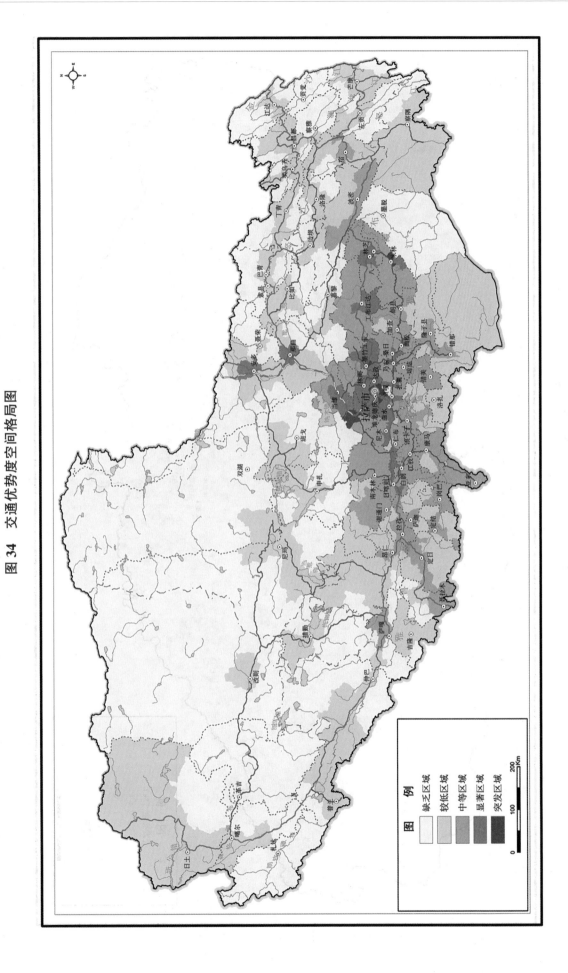

图 34 交通优势度空间格局图

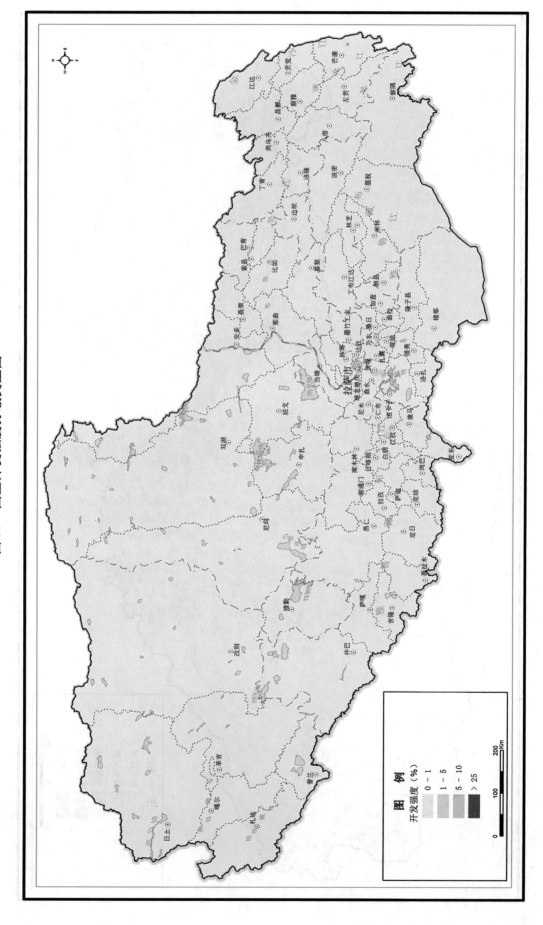

图 35　国土开发强度分级类型图

图　例

开发强度（%）

0－1
1－5
5－10
＞25

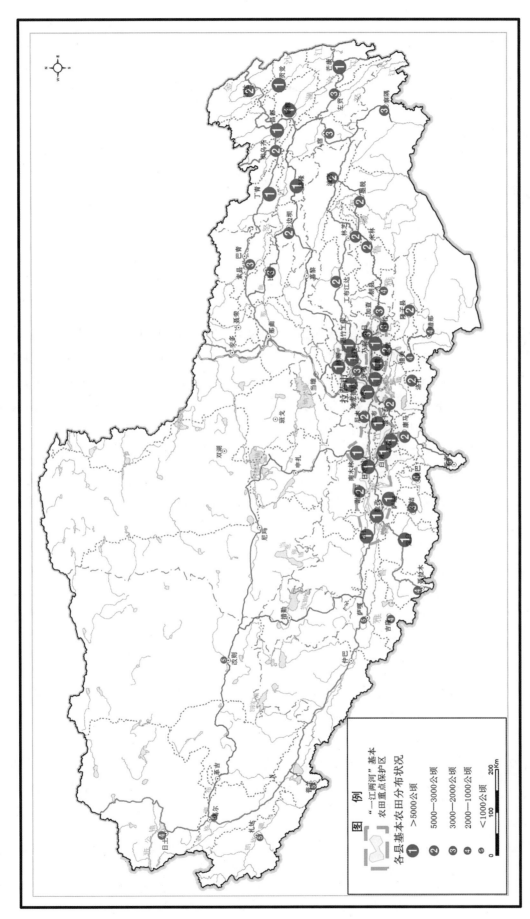

图 36　基本农田分布示意图

西藏自治区主体功能区规划

陕西省主体功能区规划

序　　言

　　美丽富饶的三秦大地是我们赖以生存和发展的家园。改革开放 30 多年尤其是实施西部大开发战略以来，全省工业化、城镇化快速推进，未来一段时期仍将持续高速发展，国土开发空间格局正在经历着深刻变化。为了使我们的家园天更蓝、地更绿、水更清，为了给子孙后代留下更加宜人的生存发展环境，必须加快推进形成主体功能区，科学高效利用国土空间。

　　推进形成主体功能区，就是根据不同区域的资源环境承载力、现有开发强度和发展潜力，统筹谋划未来人口分布、经济布局、国土利用和城镇化格局，确定不同区域的主体功能定位，明确开发方向，完善开发政策，控制开发强度，规范开发秩序，逐步形成人口、经济、资源环境相协调的空间发展格局。

　　推进形成主体功能区，是深入贯彻落实科学发展观，全面建设"经济强、科教强、文化强、百姓富、生态美"西部强省目标的战略举措，有利于按照以人为本的理念推进区域协调发展，促进基本公共服务均等化；有利于引导人口分布、经济布局与资源环境承载能力相适应，促进发展方式根本性转变；有利于加快资源节约型、环境友好型社会建设，促进可持续发展。

　　《陕西省主体功能区规划》是全国主体功能区规划的重要组成部分，是我省推进形成主体功能区的基本依据，是科学开发国土空间的行动纲领和远景蓝图，是国土开发的战略性、基础性和约束性规划①。各地各部门必须切实组织实施，加强监测评估，建立奖惩机制，严格贯彻执行。

　　本规划根据《国务院关于编制全国主体功能区规划的意见》（国发〔2007〕21号）、《全国主体功能区规划》和陕西省人民政府《关于编制全省主体功能区规划的实施意见》（陕政发〔2007〕72号）编制，以县级行政区划为基本单元，范围涵盖全

---

　　① 战略性，指本规划是从关系全局和长远发展的高度，对未来我省国土空间开发作出的总体部署。基础性，指本规划是在对我省国土空间各基本要素综合评价基础上编制的，是编制其他各类空间规划的基本依据，是制定区域政策的基本平台。约束性，指本规划明确的主体功能区范围、定位、开发原则等，对各类开发活动具有约束力。

省所有国土空间。本规划推进实现主体功能区主要目标的时间是 2020 年,规划任务是更长远的,实施中将根据国家统一部署并结合我省实际适时调整修订。

第一章　规划背景

构建美好家园,实现科学有序开发,首先要认识我省现有国土空间的基本状况、开发现状、存在问题和面临趋势。

第一节　基本状况

——区位。陕西地处我国内陆中心腹地,纵跨黄河长江两大水系,是亚欧大陆桥亚洲段的中心和进入大西北的门户,与晋、蒙、宁、甘、川、渝、鄂、豫等八个省(市、自治区)接壤(见附图 1),具有承东启西、连接南北的区位之便,总面积 20.58 万平方公里。

——地形。陕西地域狭长,地势南北高、中间低,从北到南依次为陕北高原、关中平原和秦巴山地(见附图 2),分别占全省总面积的 45%、19% 和 36%。秦岭山脉横贯东西,以北为黄河水系,主要河流有窟野河、无定河、延河、洛河、泾河、渭河等,以南属长江水系,主要河流有嘉陵江、汉江和丹江。

——气候。陕西纵贯三个气候带,南北气候差异较大。陕南属亚热带气候,关中及陕北大部属暖温带气候,陕北北部长城沿线属中温带气候。年降水量 310—1274 毫米,降水南多北少,陕南为湿润区,关中为半湿润区,陕北为半干旱区。

——植被。陕西植被类型丰富,森林、灌丛、草原、草甸等均有分布。森林主要分布在秦岭、巴山、关山、黄龙山、桥山等区域,草原主要分布在陕北榆林地区。全省森林覆盖率 41.4%。

——人口。2010 年末,全省常住人口 3735 万人,城镇化水平 45.7%,人口密度 181 人/平方公里。其中,关中地区常住人口 2342 万人,占全省总人口的 62.7%,人口密度 422 人/平方公里;陕北地区 554 万人,占 14.8%,人口密度 69.6 人/平方公里;陕南地区 839 万人,占 22.5%,人口密度 120 人/平方公里。

——经济。2010 年,全省实现生产总值 10123 亿元,人均生产总值 27133 元,经济总量位居全国 17 位,其中,关中地区生产总值 6353 亿元,人均生产总值 27126 元;陕北地区 2642 亿元,人均47690 元;陕南地区 1123 亿元,人均 13385 元。全省财政总收入 1801 亿元。三次产业结构比例为9.8:53.8:36.4,规模以上工业企业完成增加值 4229 亿元。

——矿产。我省地质成矿条件优越,矿产资源丰富,是我国矿产资源大省之一。2010 年,全省已探明储量矿产 93 种,保有资源储量列全国前十位的有 61 种,在全国 15 种主要矿产中,我省盐矿居第一位,水泥用灰岩居第三位,煤炭、天然气、钼居第四位,石油居第六位,金矿居第十位。矿产资源潜在价值占全国矿产资源潜在价值的三分之一。关中地区以煤、建材矿产、地热、矿泉水为主;陕北地区以优质煤、石油、天然气、岩盐、黏土类矿产为主;陕南地区以有色金属、贵金属、黑色金属和各类非金属矿产为主。

第二节　综合评价

——土地资源。海拔 800 米以下的平原、河川、盆地、台塬、山前洪积扇仅占土地总面积的 20% 左右,其余多为山地和高原。可利用土地资源(后备适宜建设用地)面积 2668 万亩,约占全省国土总面积的 8.6%,人均可利用土地资源 0.7 亩。耕地后备资源不足,且多分布在陕南陕北生态脆弱区,开发利用难度大。土地资源分布与三大区域经济社会发展需求的不平衡性极为突出(见附图11)。

——水资源。总量为423亿立方米,人均水资源量1133立方米,不到全国平均水平的一半。可利用水资源总量163亿立方米,且70%集中在汛期。关中、陕北、陕南地区的水资源分别占全省19%、10%和71%,与区域人口、产业集聚度和未来发展需求不相匹配,生产、生活、生态用水压力较大。汉丹江流域、沿黄地区水资源丰富,开发利用潜力较大,后续保障能力较强(见附图12)。

——生态环境。从生态重要性看,生态重要程度高和较高的区域约占全省总面积的70%(见附图13)。从生态脆弱性看,中度以上生态脆弱区域占全省总面积的35.4%(见附图14)。水土流失、土地荒漠化、沙化和湿地退化等生态问题仍然存在,大气与地表水环境质量面临较大压力。

——自然灾害。发生频率较高,且区域性、季节性、伴生性特征突出。灾害类型主要有滑坡、泥石流、洪涝、干旱、沙尘暴等。灾害危险性总体呈现南高北低,程度高和较高的地区占全省总面积的27%,主要集中在秦巴山区、黄土高原丘陵沟壑区等区域(见附图15)。

——经济发展。我省经济发展水平空间差异较大,"两极"集聚态势明显,经济发展水平较高的地区主要集中在关中平原和榆林北部两个地区,以及区域中心城市和重要交通枢纽(见附图16—17)。

——战略选择。关中地区正在按照国家《关中—天水经济区发展规划》要求,着力打造全国内陆型经济开发开放战略高地、统筹科技资源改革示范基地、全国重要的先进制造业基地、现代农业高技术产业基地和彰显华夏文明的历史文化基地。陕北地区煤、油、气、盐资源富集,是国家重要的能源化工基地。陕南地区山清水秀,水力、矿产和生物资源丰富,汉中盆地、月河川道、商丹谷地正着力打造国家级循环经济示范区(见附图18—19)。

综合以上要素评价,我省国土空间呈现如下特点:山地多而川原少,适宜开发的土地资源有限;水资源总量不足,时空分布与发展需求不匹配;能源和矿产资源丰富,开发利用前景广阔;生态重要性突出,但生态环境相对脆弱;自然灾害发生频率较高,对经济社会发展和人民群众安全威胁较大;经济综合实力提升较快,但欠发达依然是基本省情;总体开发程度不高,后续开发潜力较大。

第三节　面临趋势

——城镇化水平快速提升,需要优化城乡空间结构①。我省正处于城镇化加快推进阶段,大量农村人口转移转化为城镇居民,既需要扩大城镇建设空间,也需要科学整理农村闲置宅基地,有效推进用地占补平衡,优化城乡空间结构。

——工业化进程加速推进,需要增加工矿建设用地。我省正处于工业化中期阶段,能源化工、装备制造、有色冶金等支柱产业及生物医药、节能环保等战略性新兴产业加快发展,这就需要适度

---

① 空间结构是指不同类型空间的构成及其在国土空间中的分布,如城市空间、农业空间、生态空间及其他空间的比例,以及城市空间中城市建设空间与工矿建设空间的比例等。
城市空间,包括城市建设空间、工矿建设空间。城市建设空间包括城市和建制镇居民点空间。工矿建设空间是指城镇居民点以外的独立工矿空间。
农业空间,包括农业生产空间、农村生活空间。农业生产空间包括耕地、改良草地、人工草地、园地、其他农用地(包括农业设施和农村道路)空间。农村生活空间即农村居民点空间。
生态空间,包括绿色生态空间、其他生态空间。绿色生态空间包括天然草地、林地、湿地、水库水面、河流水面、湖泊水面。其他生态空间包括荒草地、沙地、盐碱地、高原荒漠等。
其他空间,指除以上三类空间以外的其他国土空间,包括交通设施空间、水利设施空间、特殊用地空间。交通设施空间包括铁路、公路、民用机场、港口码头、管道运输等占用的空间。水利设施空间即水利工程建设占用的空间。特殊用地空间包括居民点以外的国防、宗教等占用的空间。

扩大建设用地规模,进一步优化生产力布局,提高生产空间集约化水平。

——基础设施不断完善,需要占用更多的国土空间。我省交通、水利、电力等基础设施仍处于加快建设期,不可避免地需要占用部分农业用地和生态用地,满足基础设施建设的空间需求压力较大。

——积极应对气候变化,需要扩大绿色生态空间。我省仍属于欠发达省份,既要加快发展,又要妥善应对气候变化。这就需要转变以往的开发模式,尽可能地扩大绿色生态空间,提高森林覆盖率,增强固碳能力。

总之,既要满足人口增加、经济增长、工业化城镇化发展、基础设施建设等对国土空间的巨大需求,又要为保障农产品供给、维护生态安全不断扩大绿色生态空间,就必须加快推进形成主体功能区,科学高效地利用国土空间。

第二章　主体功能区划分

我省主体功能区划分方案,以县级行政区划为基本单元,结合我省实际,统筹考虑全省土地资源、水资源、环境容量、生态脆弱性、生态重要性、自然灾害危害程度、人口分布、经济发展水平、交通优势度和发展战略等十大类 61 项指标,运用多种评价方法,综合分析而得出。

第一节　划分类型

我省主体功能区划,按开发方式,分为重点开发区域、限制开发区域和禁止开发区域①三类;按开发内容,分为城市化地区、农产品主产区和重点生态功能区三类;按层级,分为国家级和省级。

主体功能区分类及其功能

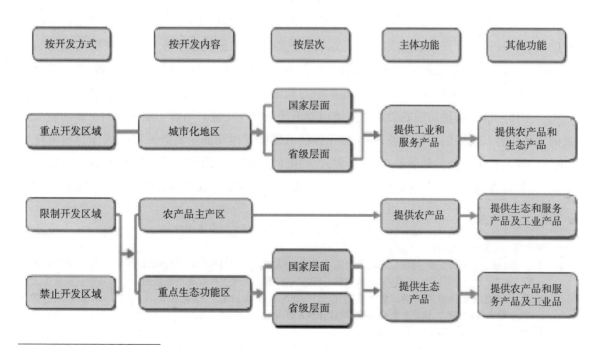

---

① 重点开发和限制开发区域原则上以县级行政区为基本单元;禁止开发区域以自然或法定边界为基本单元,分布在其他类型主体功能区域之中。

重点开发区域、限制开发区域和禁止开发区域，是基于不同区域的资源环境承载能力、现有开发强度①和未来发展潜力，以是否适宜或如何进行大规模高强度工业化城镇化开发为基准划分的。

城市化地区、农产品主产区和重点生态功能区，是以提供主体产品的类型为基准划分的。城市化地区是以提供工业品和服务产品为主体功能的地区，也提供农产品和生态产品②；农产品主产区是以提供农产品为主体功能的地区，也提供生态产品、服务产品和部分工业品；重点生态功能区是以提供生态产品为主体功能的地区，也提供一定的农产品、服务产品和工业品。

重点开发区域是有一定经济基础、资源环境承载能力较强、发展潜力较大、集聚人口和经济的条件较好，从而应该重点进行大规模高强度工业化城镇化开发的城市化地区。

限制开发区域分为两类，一类是农产品主产区，即耕地较多、农业发展条件较好，虽也适宜工业化城镇化开发，但从保障农产品安全以及区域永续发展的需要出发，必须把增强农业综合生产能力作为发展的首要任务，从而应该限制进行大规模高强度工业化城镇化开发的地区。一类是重点生态功能区，即生态脆弱，生态系统③重要，资源环境承载能力较低，不具备大规模高强度工业化城镇化开发的条件，必须把增强生态产品生产能力作为首要任务，从而应该限制进行大规模高强度工业化城镇化开发的地区。

禁止开发区域是依法设立的各级各类自然文化资源保护区，以及其他需要特殊保护，禁止进行工业化城镇化开发，并点状分布于重点开发和限制开发区域之中的重点保护区域。国家层面禁止开发区域，包括国家级自然保护区、国家森林公园、国家级风景名胜区、国家级地质公园和世界文化遗产。省级层面禁止开发区域，包括省级及以下各级各类自然文化资源保护区域、重要湿地、重要水源地以及其他由省人民政府根据需要确定的禁止开发区域④。

第二节　重大关系

推进形成主体功能区，应着重处理好以下重大关系：

——开发与发展的关系。本规划的重点开发、限制开发、禁止开发中的"开发"，特指大规模高强度的工业化城镇化开发。限制或禁止开发，特指在这类区域限制或禁止进行大规模高强度的工业化城镇化开发，并不是限制或禁止所有的开发行为。将一些区域划为限制开发区域，并不是限制发展，而是为了更好地保护这类区域的农业生产力和生态产品生产力，实现可持续发展。

——主体功能与其他功能的关系。主体功能不等于唯一功能。明确一定区域的主体功能及其开发的主体内容和发展的主要任务，并不排斥该区域发挥其他功能。重点开发区域作为城市化地区，主体功能是提供工业品和服务产品，集聚人口和经济，但也必须保护好区域内的基本农田等农业空间，保护好森林、草原、湿地等生态空间，也要提供一定数量的农产品和生态产品。限制开发区

---

① 开发强度指一个区域建设空间占该区域总面积的比例。建设空间包括城镇建设、独立工矿、农村居民点、交通、水利设施以及其他建设用地等空间。

② 生态产品指维系生态安全、保障生态调节功能、提供良好人居环境的自然要素，包括清新的空气、清洁的水源和宜人的气候等。生态产品同农产品、工业品和服务产品一样，都是人类生存发展所必需的。生态功能区提供生态产品的主体功能主要体现在：吸收二氧化碳、制造氧气、涵养水源、保持水土、净化水质、防风固沙、调节气候、清洁空气、减少噪音、吸附粉尘、保护生物多样性、减轻自然灾害等。一些国家或地区对生态功能区的"生态补偿"，实质是政府代表人民购买这类地区提供的生态产品。

③ 生态系统是指在一定的空间和时间范围内，在各种生物之间以及生物群落与其无机环境之间，通过能量流动和物质循环而相互作用的一个统一整体。

④ 根据国家有关要求，本规划将国家湿地公园和国家水产种质资源保护区暂补充列入省级层面禁止开发区域。

域作为农产品主产区和重点生态功能区,主体功能是提供农产品和生态产品,保障国家农产品供给安全和生态系统稳定,但也允许适度开发能源和矿产资源,允许发展那些不影响主体功能定位、当地资源环境可承载的产业,允许进行必要的城镇建设。对禁止开发区域,要依法实施强制性保护。政府从履行职能的角度,对各类主体功能区都要提供公共服务和加强社会管理。

——主体功能区与农业发展的关系。把农产品主产区作为限制进行大规模高强度工业化城镇化开发的区域,是为了切实保护这类农业发展条件较好区域的耕地,使之能集中各种资源发展现代农业,不断提高农业综合生产能力。同时,也可以使国家强农惠农的政策更集中地落实到这类区域,确保农民收入不断增长,农村面貌不断改善。此外,通过集中布局、点状开发,在县城适度发展非农产业,可以避免过度分散发展工业带来的对耕地过度占用等问题。

——主体功能区与能源和矿产资源开发的关系。能源和矿产资源富集的地区,大多也是生态脆弱或生态重要的区域,不适宜大规模高强度工业化和城镇化开发。能源和矿产资源开发往往只是"点"的开发,主体功能区中的工业化城镇化开发,更多的是"片"上的开发。一些能源和矿产资源富集的地区被划为限制开发区域,并不是要限制能源和矿产资源的开发,而是应该按照该区域的主体功能定位实行"面上保护、点上开发"。

——政府与市场的关系。促进主体功能区的形成,要正确处理好政府与市场的关系,既要发挥政府的科学引导作用,更要发挥市场配置资源的基础性作用。政府在推进形成主体功能区中的主要职责是,明确主体功能定位并据此配置公共资源,完善法律法规和区域政策,综合运用各种手段,引导市场主体根据相关区域主体功能定位,有序进行开发,促进经济社会全面协调可持续发展。重点开发区域主体功能定位的形成,主要依靠市场机制发挥作用,政府的作用主要是通过编制规划和制定政策,引导生产要素向这类区域集聚。限制开发和禁止开发区域主体功能定位的形成,要通过健全法律法规和规划体系来约束不符合主体功能定位的开发行为,通过建立补偿机制引导地方人民政府和市场主体自觉推进主体功能建设。

——相对稳定与动态调整的关系。主体功能区一经确定应保持相对稳定,区域开发建设活动应符合主体功能要求。但随着经济社会发展和资源环境承载能力的变化,可以对区域的主体功能进行适当调整。

第三节　划分结果

——国家层面重点开发区域。主要分布于关中地区(包括商洛市商州区、丹凤县)和榆林北部地区,包括36个县(市、区)以及汾渭平原农产品主产区中的部分地区,总面积33836平方公里,占全省国土面积的16.5%。扣除基本农田后面积25978平方公里,占全省的12.6%。

——省级层面重点开发区域。主要分布于延安、汉中和安康市,包括3个区块的4个县(区),总面积7634平方公里,占全省国土面积的3.7%。扣除基本农田后面积6662平方公里,占全省的3.2%。

——限制开发区域(农产品主产区)。主要分布于渭河平原、渭北台塬和商洛北部,共计24个县(区),总面积31269平方公里,占全省国土面积的15.2%。

——国家层面限制开发区域(重点生态功能区)。主要分布于陕北黄土高原丘陵沟壑区和陕南秦巴山区,共计33个县,总面积81202平方公里,占全省国土面积的39.4%。

——省级层面限制开发区域(重点生态功能区)。主要分布于延安沿黄地区、子午岭地区、黄龙山区、商洛南部地区,包括 10 个县以及重点开发区域中部分生态功能重要的区块,总面积 51859 平方公里,占全省国土面积的 25.2%。

　　——禁止开发区域。呈点状分布于重点开发和限制开发区域之中,共 407 处各级各类禁止开发区域,扣除部分相互重叠的区域后总面积 22949 平方公里(不含省上公布的 55 个重要湿地面积),占全省国土面积的 11.1%。

第三章　总体要求和规划目标

　　今后一个时期,是我省工业化和城镇化快速推进的重要时期,也是空间结构调整优化的关键时期,我们必须立足国土空间的自然状况,针对发展中存在的突出问题,科学谋划国土空间开发格局,合理安排生产、生活和生态空间,实现协调有序开发和可持续发展。

第一节　指导思想

　　推进形成主体功能区,要以邓小平理论、"三个代表"重要思想和科学发展观为指导,深入贯彻落实党的十七大、十八大精神,科学划分主体功能区,引导形成主体功能清晰、发展导向明确、开发秩序规范,人口、经济与资源环境相互协调,公共服务和人民生活水平差距不断缩小的空间开发新格局,构建高效、协调、可持续的美好家园。

　　——遵循自然适宜性开发的理念。我省地形地貌复杂,生态类型多样,资源禀赋迥异,发展条件差异较大,特别是陕南秦巴山地生物多样性功能区和陕北黄土高原丘陵沟壑水土流失防治区生态脆弱、功能重要,不适宜大规模高强度工业化城镇化开发。否则将对生态系统造成破坏,对生态产品供给能力造成损害,进而导致自然灾害频发多发。因此,必须尊重自然,顺应自然,根据不同国土空间的自然属性确定不同开发内容。

　　——区分主体功能的理念。一定的国土空间具有多种功能,但必须有一种主体功能。从提供产品角度划分,或者以提供工业品和服务产品为主体功能,或者以提供农产品为主体功能,或者以提供生态产品为主体功能。如果次要功能发挥过度,就会损害主体功能产品的生产能力。因此,必须依据资源环境承载能力、开发强度和发展潜力,区分不同国土空间的主体功能,确定开发的主体内容和主要任务。

　　——优化空间结构的理念。空间结构是经济结构和社会结构的空间载体,是城市空间、农业空间和生态空间等不同类型空间在国土空间开发中的反映。要明确在资源环境承载力较好、区位条件较优的地区,加大开发力度,提高开发效率,集聚更多的人口和产业。反之,则要控制经济活动,适度迁移人口,更多的承载生态保护功能,从而实现空间结构上的优化和空间利用效率的提高。

　　——控制开发强度的理念。我省不适宜工业化城镇化开发的国土空间占很大比重。平原及其他自然条件较好的国土空间尽管适宜工业化城镇化开发,但这类国土空间更加适宜发展农业,为保障农产品供给安全,不能过度占用耕地推进工业化城镇化。即使是城市化地区,也要保持必要的耕地和绿色生态空间,在一定程度上满足当地人口对农产品和生态产品的需求。因此,各类主体功能区都要有节制地开发,保持适当的开发强度。

　　——提供生态产品的理念。人类需求既包括对农产品、工业品和服务产品的需求,也包括对清新空气、清洁水源、舒适环境、宜人气候等生态产品的需求。从需求角度,这些自然要素也具有产品的性质,提供生态产品也是创造价值的过程,保护生态环境、提供生态产品的活动也是发展。因此,必须把提供生态产品作为发展的重要内容,把增强提供生态产品的能力作为国土空间开发的重要任务。

——树立公共服务均等化的理念。各地区间经济发展水平的差异是客观存在的,但必须通过实施有效的区域政策和财政补偿机制,缩小地区之间公共服务的差距,使禁止开发区域和限制开发区域人口享受到与重点开发区域大致均等的公共服务,促进社会和谐发展。

第二节　开发原则

各类主体功能区都要推动科学发展,但不同主体功能区在推动科学发展中的主体内容和主要任务不同。城市化地区要把增强综合经济实力作为首要任务,农业地区要把增强农业综合生产能力作为首要任务,生态地区则要把增强提供生态产品能力作为首要任务。

——坚持人与自然和谐。按照建设环境友好型社会的要求,以保护自然生态为前提,以人的全面发展为目标,划定生态红线并制定相应的环境标准和环境政策,在符合资源承载能力和环境容量的前提下有度有序开发,确保生态安全,不断改善环境质量,实现人与自然和谐相处。

——坚持优化空间结构。按照生产发展、生活富裕、生态良好的要求调整空间结构,合理配置生活、生态和生产空间,保证生活空间,扩大绿色生态空间,保持农业生产空间,严格保护耕地尤其是基本农田,适当控制工矿建设空间和各类开发区面积,将国土空间开发方式从外延扩张向结构调整优化转变。

——坚持集约集聚开发。按照建设资源节约型社会的要求,把提高空间利用效率作为国土开发的重要任务,引导人口相对集中分布,经济相对集中布局,走空间集约利用的发展道路。重点开发区域要把城镇群作为推进城镇化和工业化的主体形态,其他区域则要依托现有城镇,集中布局、据点式开发①,建设好县城和重点镇,促进人口和经济集约集聚发展。

——坚持统筹协调发展。把符合资源环境承载能力作为开发活动的重要前提,按照人口、经济、资源环境相协调的要求进行开发,统筹考虑城乡、区域之间的均衡发展,合理布局各类生产要素和公共服务。

第三节　主要目标

根据党的十七大关于到2020年基本形成主体功能区布局的总体要求,我省推进形成主体功能区的主要目标是:

——空间开发格局清晰。"一核四极两轴"为主体的城市化格局基本形成,全省主要城市化地区集中60%以上人口和70%以上经济总量;"五区十八基地"为主体的农业战略格局基本形成,农产品供应体系进一步完善;"两屏三带"为主体的生态安全战略格局基本形成,生态安全得到有效保障。

——空间结构得到优化。全省国土空间的开发强度控制在4.56%,建设用地总规模控制在9390平方公里。其中城市空间控制在2320平方公里以内,农村居民点占地减少到5034平方公

---

① 据点式开发,又称增长极开发,是指对区位优势明显、资源富集等发展条件较好的地区,突出重点,点状开发。

里,耕地保有量不低于 38913 平方公里(5837 万亩),基本农田不低于 35227 平方公里(5284 万亩)。绿色生态空间扩大,林地面积达到 1242 万公顷,湿地面积有所增加。

——空间利用效率提高。经济布局更趋集中均衡,产业集聚布局,人口集中居住,城镇密集分布,城市空间单位面积创造的生产总值大幅度提高,提高土地集约节约利用水平。粮食和经济作物的单产水平提高 10% 以上。单位绿色生态空间林木蓄积量、产草量和涵养的水量明显增加。

——城乡区域协调发展。农村人口向城市有序转移,所腾出的闲置生活空间得到复垦还耕还林还草还湿,农业经营的规模化水平、农业劳动生产率和农民人均收入大幅提高,城市化地区反哺农业地区的能力增强,城乡差距逐步缩小。人口更多地生活在更适宜人居的地方,农产品主产区和重点生态功能区的人口向城市化地区逐步转移,城市化地区在集聚经济的同时集聚相应规模的人口,城乡区域间公共服务和生活条件的差距缩小。

——可持续发展能力增强。生态系统稳定性明显增强,生态环境质量显著改善。荒漠化、草原退化和湿地退化等得到有效遏制,退耕还林(草)面积增加。资源开发对环境的影响明显降低,主要污染物排放得到有效控制,渭河等主要流域水质明显改善。秦巴山区生物多样性得到切实保护,水源涵养功能进一步强化。自然灾害防御水平进一步提升。应对气候变化能力明显增强。到 2020 年,力争全省森林覆盖率提高到 45% 左右,森林蓄积总量达到 4.77 亿立方米,主要河湖水功能区水质达标率达到 82% 以上。

表 1　国土空间开发的规划指标

指　　标	2010 年	2020 年
开发强度(%)	4.11	4.56
建设用地总规模(平方公里)	8463	9390
城市空间(平方公里)	1670	2320
农村居民点(平方公里)	5165	5034
耕地保有量(平方公里)	39907	38913
基本农田(平方公里)	35227	35227
城市空间人口密度(人/平方公里)	7747	10000
林地保有量(万公顷)	1228	1242
森林蓄积量(亿立方米)	4.24	4.77
森林覆盖率(%)	41.4	45

注:表中用地数据依据《陕西省土地利用总体规划(2006—2020 年)》,林业数据依据《陕西省林地保护利用规划(2010—2020 年)》。

第四节　战略格局

从建设富裕和谐生态陕西和国土空间永续发展的战略需要出发,遵循不同国土空间的自然属性,着力构建我省三大空间战略格局。

——构建以"一核四极两轴"为主体的城市化战略格局。一核,即西安国际化大都市,以西咸新区、经济开发区、高技术产业园区等建设为着力点,提升西安、咸阳主城区综合服务功能,打造历史底蕴与现代气息交相辉映的人文历史古都,形成千万人口的国际化大都市;四极,即宝鸡、榆林、汉中、渭南 4 个城市,扩大城市规模,完善城市基础设施,增强集聚辐射功能,形成百万人口的省际区域性中心城市;两轴,即以陇海铁路和连霍高速公路为东西向主轴,以西包—西康铁路和包茂高速公路为南北向主轴,形成"十"字形城镇群主骨架(见附图3)。

——构建以"两屏三带"为主体的生态安全战略格局。两屏,即黄土高原生态屏障和秦巴山地生态屏障;三带,即长城沿线防风固沙林带、渭河沿岸生态带和汉丹江两岸生态安全带。构建以"两屏三带"为主骨架,以其他重点生态功能区为重要支撑,以点状分布的禁止开发区域为重要组成的生态安全战略格局。黄土高原生态屏障要重点加强水土流失防治和植被保护与修复;秦巴山地生态屏障要重点维护森林生态系统和生物物种多样性,加强水源涵养。长城沿线防风固沙林带要重点加强防护林建设、草原保护和防风固沙;渭河沿岸生态带要重点开展渭河全线综合整治,营建生态林带,打造"八百里秦川"绿色生态走廊;汉丹江两岸生态安全带要重点开展水土流失治理、污染防治和沿江绿化,打造南水北调中线水源区绿色生态走廊(见附图4)。

——构建以"五区十八基地"为主体的农业战略格局。着力提高农业综合生产能力,发展农业生产,保障农产品供给。关中平原重点建设以优质强筋、中筋为主的优质专用小麦生产基地,以籽粒与青贮兼用型为主的优质专用玉米生产基地,以精细菜为主的设施蔬菜生产基地。渭北台塬重点建设以苹果为主的优质果品产业基地,以豆类、玉米为主的杂粮生产基地,以牛、羊为主的奶畜产品产业基地,以家庭规模养殖为主体的生猪产业基地。汉中盆地重点建设优质水稻生产基地,"双低"油菜产业基地,瘦肉型猪为主的畜产品产业基地。陕北高原重点建设以红枣、马铃薯、豆类为主的优质杂粮干果生产基地,春玉米生产基地,优质牧草生产基地,大漠蔬菜生产基地,绒山羊产业基地。秦巴山地重点建设以天麻、杜仲、丹参、黄芩等为主的中药材产业基地,以核桃、板栗、魔芋、食用菌、蚕桑等为主的林特产品产业基地,以及优质茶叶产业基地(见附图5)。

第四章　重点开发区域

重点开发区域,是指经济基础较强,具有一定的科技创新能力和较好的发展潜力,城镇体系初步形成,中心城市有一定辐射带动能力,重点进行工业化城镇化开发的城市化地区。

第一节　功能定位和发展方向

重点开发区域的功能定位是:支撑全省乃至全国经济发展的重要增长极,提升综合实力和产业竞争力的核心区,引领科技创新和推动经济发展方式转变的示范区,全省重要的人口和经济密集区。发展方向和开发原则是:

——完善提升城镇功能。有序扩大城市规模,增强城市金融、信息、研发等服务功能,尽快形成辐射带动力强的中心城市,发展壮大县域中心城镇,构建城乡一体化服务网络,推动形成分工协作、优势互补、集约高效的城镇群。

——统筹规划发展空间。适度扩大先进制造业、资源深加工业、现代服务业、城市居住和交通建设空间,有序减少农村生活空间,扩大绿色生态空间,实现土地科学、高效的动态管理和供给。

——促进人口合理集聚。适度预留吸纳外来人口空间,完善城市基础设施和公共服务,进一步提高城市的人口承载能力。通过就业带动、宅基地置换城镇住房、公平享受公共服务等多种途径引导辖区内人口向中心城区和重点镇集聚。

陕西

——形成现代产业体系。强化主导和支柱产业的主体地位,大力发展战略性新兴产业,运用高新技术改造传统产业;积极发展现代农业,加强优质农产品基地建设;大力发展高端生产性服务业,提升对国民经济的支撑作用;合理开发能源和矿产资源,将资源优势转化为经济优势。

——提高发展质量。优化空间结构、提高土地特别是工业用地的产出水平;开发区和工业园区建设应遵循循环经济的发展理念,大力发展清洁生产,降低资源消耗和污染物排放强度,确保发展的质量和效益。

——完善基础设施。统筹规划建设交通、能源、水利、通信、环保、防灾等基础设施,构建完善、高效、区域一体、城乡一体的基础设施网络。做好生态环境、基本农田等保护规划,减少工业化城镇化对生态环境的影响。

第二节　国家层面重点开发区域

主要包括两个区域,即关中—天水重点开发区域的关中地区和呼包鄂榆重点开发区域的榆林北部地区,总面积 33836 平方公里,占全省国土面积的 16.5%。扣除基本农田后面积 25978 平方公里,占全省的 12.6%。2010 年年末人口 1705 万,占全省的 45.6%。(见附表 1,附图 6-7)

一、关中地区

该区域是国家重点开发区域关中—天水经济区的主体部分,包括西安、铜川、宝鸡、咸阳、渭南、商洛和杨凌六市一区范围内的部分地区,面积 21117 平方公里,占全省国土面积的 10.3%。扣除基本农田后面积 15165 平方公里,占全省的 7.4%。2010 年年末人口 1544 万,占全省的 41.3%。

功能定位:西部地区重要的经济中心和科技创新基地。全国内陆型经济开发开放战略高地,重要的先进制造业基地、高新技术产业基地、现代农业产业基地、历史文化基地、科技教育与商贸中心和综合交通枢纽。

——构建以西安—咸阳为核心,以陇海铁路、连霍高速沿线走廊为主轴,以包茂、京昆、福银、沪陕高速公路关中段沿线城镇带为副轴,关中环线周边中小城镇为支撑的空间开发格局。

——着力打造西安国际化大都市,高水平建设西咸新区,推进西咸一体化,强化科技、教育、商贸、金融、文化和交通枢纽功能,建设全国重要的教育和科技研发中心、区域性商贸物流会展中心、区域性金融中心、国际一流旅游目的地,以及全国重要的高新技术产业和先进制造业基地,提升国际化水平。

——构筑航空航天、装备制造、电子信息、生物医药、资源加工、文化产业、旅游产业为代表的特色优势产业体系。依托国家和省级开发区,培育优势产业集群,做大高技术和战略性新兴产业,做强先进装备制造业,做优现代服务业,做精资源加工业。

——壮大陇海沿线主轴,扩大交通通道综合运输能力,强化产业配套功能,支持宝鸡、渭南尽快成为百万人口的大城市,壮大铜川、商洛、杨凌、韩城、兴平、华阴等城市的规模,打造以中心城市为支撑、串珠状中小城镇为依托的西部地区重要城镇群。

——培育高速公路沿线副轴,依托现有的开发区、工业园区和循环经济园区,加强产业配套对接,提高沿线中小城市的人口承载能力,集聚人口和经济,成为区域对外辐射极。

——严格实施节能减排措施,加快城镇生活污水、垃圾处理能力建设,积极推进节水型社会建设,促进资源型城市和地区可持续发展。

——加大中低产田改造力度,加快农业结构调整,建设特色农产品生产和加工基地、农业机械化示范基地,提高农业产业化水平。

——加强渭河、泾河、千河、北洛河和石头河、黑河等秦岭北麓水资源保护,实施渭河综合治理工程。加强地下水保护,修复水面、湿地、林地、草地等生态区,加大重点区域绿化,构建以秦岭北麓、渭北台塬、渭河和泾河沿岸生态廊道为主体的关中生态屏障。

二、榆林北部地区

该区域是国家重点开发区域呼包鄂榆地区的重要组成部分,包括榆林市榆阳区、神木县、府谷县、横山县、靖边县、定边县等6个县(区)的部分地区,面积12719平方公里,占全省国土面积的6.2%。扣除基本农田后面积10813平方公里,占全省的5.2%。2010年年末人口161万,占全省的4.5%。

功能定位:全国重要的能源化工基地和循环经济示范区,区域性商贸物流中心、现代特色农业基地,资源型城市可持续发展示范区。

——构建以榆林中心城区为核心,以长城沿线城镇和产业带为轴线的空间开发格局。

——强化榆林中心城市功能,建成陕甘宁蒙晋接壤区域百万人口大城市、国家级历史文化名城和沙漠绿洲宜居城市。

——以榆林高新技术开发和神府经济开发区为核心,以榆神和榆横煤化学、府谷煤电化载能工业园区和靖边能源综合产业园区为支撑,推进资源深度转化。

——建设马铃薯、大漠蔬菜、小杂粮、春玉米、绒山羊等特色农产品基地,不断提高特色作物机械化生产水平,发展红枣、长柄扁桃等特色经济林,加快农产品加工业发展,优化农业生产结构和区域布局。

——加强节能减排、资源综合利用、灌区节水改造以及城市和工业节水。加大林草地生态保护,强化"三北"防护林建设,实施京津风沙源治理二期工程,推进防沙治沙示范区建设,依法划定一批沙化土地封禁保护区,巩固防风固沙成果。切实保护煤矿开采区地下水资源,加快采煤沉陷区综合治理及矿山生态修复。

第三节　省级层面重点开发区域

该区域包括延安市、汉中市和安康市的三个区块4个县(区),总面积7634平方公里,占全省国土面积的3.7%。扣除基本农田后面积6662平方公里,占全省的3.2%。2010年年末人口235万,占全省的6.4%。(见附表1,附图6-7)

一、延安区块

该区块主要包括宝塔区全部和甘泉县的部分地区,面积4089平方公里,扣除基本农田后面积3751平方公里,是我省南北主轴上的重要支撑区块。

功能定位:陕北能源化工基地重要组成部分,区域性石油化工服务基地、特色农产品生产加工基地,全国重要的红色旅游及陕北民俗文化旅游中心,全省统筹城乡发展示范区。

——构建以延安为中心,以甘泉县城及区域内部分重点乡镇为支撑,以主要交通走廊为轴线的空间开发格局。

——提升延安中心城市地位,强化商贸流通、信息、旅游、文化等综合服务功能,建设区域性中心城市、山水园林城市、红色旅游城市。壮大甘泉城镇规模,加强与延安主城区的产业互补和城市功能对接,加快一体化进程。重点规划和建设资源环境承载能力较强的乡镇,接纳主城区和农村产业、人口转移,建成城乡一体化先行区。

——发挥区位和资源优势,强化与周边区域产业分工和城市功能的互补性。积极发展石油装备制造、石油开采加工和矿山机械设备制造等配套服务业,鼓励发展新能源、新材料和节能环保等新兴产业。

——发展旱作农业和生态农业,提高标准化农畜产品精深加工和现代农业物流水平,构建农业循环经济和特色农产品加工基地。

——做大做精红色旅游和黄土高原风情旅游业,打造具有全国竞争力的旅游产品,建成全国重要的旅游目的地。

——巩固和扩大退耕还林(草)成果,加大公益林建设力度,构建延河及交通干线绿色生态景观带,改善区域生态环境。

二、汉中区块

该区块位于汉台区和城固县,面积1630平方公里,扣除基本农田后面积1454平方公里,是关中—天水经济区与成渝经济区的重要联结点。

功能定位:国家级循环经济示范区,国内一流生态文化旅游特色城市,全省重要的装备制造业基地,区域性新材料基地、绿色食品加工基地、商贸物流、科教文化和金融服务中心。

——构建以汉中中心城区为核心,周边重点乡镇为支撑,以汉江沿岸产业走廊为主轴,以西汉高速公路、阳安铁路和宝汉高速公路为副轴的空间开发格局。

——强化汉中中心城市功能,扩大城市规模,推进"一江两岸"延伸发展,重点促进南郑县汉山镇、大河坎镇、梁山镇和勉县褒城镇、老道寺镇等与汉中市主城区一体化建设,完善城市基础设施,提升城市品位,建成文化底蕴深厚、产业高度集聚、地域特色鲜明的陕甘川毗邻地区重要中心城市。

——优化产业布局,加强区域间分工协作和功能互补。大力发展中药材、茶叶、果业等特色农业,推进生产经营标准化、集约化、绿色化。着力推进循环经济产业集聚区建设,培育壮大新能源、有色冶金、装备制造、生物医药、新材料等特色优势产业。积极发展现代服务业。

——深度挖掘汉中历史文化和生态旅游资源,重点打造"两汉三国"、汉水文化等精品景区,形成以文化、山水、"国宝"、民俗风情、红色旅游为重点的多元旅游目的地城市。

——强化汉中连接西北、西南的重要交通枢纽地位,构建支撑省内、辐射周边、高效快捷的立体交通运输网络。

——加强流域综合治理,严格控制污染排放,建设汉江沿岸绿色生态走廊。加大汉江综合整治及中小河流防洪治理力度。

三、安康区块

该区块位于汉滨区,面积1915平方公里,扣除基本农田后面积1456平方公里,是关天、成渝、江汉三大经济区域的几何中心和重要联结点。

功能定位:连接西北、西南和华中的重要交通枢纽,我省重要的清洁能源基地,区域性新材料和绿色食品加工基地、现代服务业和物流配送中心。

——构建以安康中心城市为核心,以月河川道为主轴,西康高速公路为副轴,沿线重点城镇为支撑的空间开发格局。

——按照"打造核心、开发江北、提升江南、东延西进"的城市发展战略,强化中心城市功能,建设具有优良生态环境、丰富人文景观、秀美自然风光的山水园林城市。

——加快月河川道城乡统筹发展示范区建设,以十天高速沿线汉滨区建民镇至汉阴县城关镇段为重点,积极推进城乡规划、产业发展、市场体系、基础设施、公共服务、管理体制"六个一体化",着力打造陕南城乡统筹发展综合配套改革示范区。

——做大清洁能源、装备制造、富硒食品、生物医药产业,培育现代物流、新材料等新兴产业,巩固改造蚕茧丝绸等传统产业,大力发展现代农业和生态旅游业,优化生产布局和品种结构。

——搞好沿江、沿河防洪体系和绿化景观带建设,严格控制污染排放,加强月河、恒河、傅家河等重点河流综合整治。

第五章 限制开发区域(农产品主产区)

限制开发的农产品主产区是指具备较好的农业生产条件,以提供农产品为主体功能,以提供生态产品、服务产品和工业品为其他功能,需要在国土空间开发中限制进行大规模高强度工业化城镇化开发,以保持并提高农产品生产能力的区域。

第一节 功能定位与发展方向

农产品主产区的功能定位是:保障农产品供给安全的重要区域,现代农业发展的核心区,农村居民安居乐业的美好家园,社会主义新农村建设的示范区。

农产品主产区应着力保护耕地,稳定粮食生产,提高农业综合生产能力,增加农民收入,优化农业产业结构,着力提高品质和单产,保障农产品供给。发展方向是:

——加强农业基础设施建设,新建和改造一批引水工程和大中型灌区配套设施,构建功能完备的农田防护林体系,加强小流域治理和小型农田水利工程建设,推广节水灌溉,发展节水农业,全面推进农业机械化。强化农业防灾减灾体系建设,提高人工增雨抗旱和防雹减灾作业能力。

——加强土地整理,加快中低产田改造,鼓励农民开展土壤改良,提高耕地质量,建设区域性商品粮生产基地。

——优化农业生产布局和品种结构,促进农产品向优势产区集中,建成若干特色农产品产业基地和农业标准化示范基地。

——加快转变农业发展方式,充分发挥杨凌农业示范区的辐射带动作用,加大农业技术投入,加快农业和农机化科技创新与推广应用。

——支持农产品加工、流通、储运设施建设,发展粮油、果蔬、畜禽、奶制品、林特产品等深加工业,促进规模化、园区化发展。

——因地制宜发展"一村一品"、"一乡一业",拓展就业渠道,提高农业的经济社会综合效益。

——控制农业资源开发强度,优化开发方式,减少面源污染,发展循环农业,促进农业资源的永续利用。

——以县城为重点推进城镇建设和非农产业发展,完善城镇公共服务和居住功能,引导农村公共服务设施向新型社区、中心村适度集中、集约布局。

第二节　区域分布

我省农产品主产区主要包括渭河平原小麦主产区,以及渭北东部粮果区、渭北西部农牧区、洛南特色农业区,总面积 31269 平方公里,占全省国土面积的 15.2%。2010 年年末人口 867 万,占全省的 23.2%。(见附表 2,附图 6、8)

一、渭河平原小麦主产区

该区包括西安市的蓝田县和户县,宝鸡市的凤翔县、岐山县、扶风县和眉县,咸阳市的武功县、三原县、泾阳县、礼泉县和乾县,渭南市的富平县、蒲城县、大荔县、合阳县、澄城县等 16 个县,面积 17788 平方公里。

功能定位:该区域是国家汾渭平原农产品主产区的重要组成部分,重点建设国家级优质专用小麦产业基地和玉米生产基地,保障国家粮食安全。

——加大技术投入,促进机械化种植和采收,鼓励制种,推广普及优良品种,发展优质强筋、中筋小麦和高蛋白、高淀粉、高赖氨酸的专用玉米,提高粮食品质和商品率。

——优化农业生产布局,着力发展特色农业,建设"秦川牛"养殖基地、生猪产业基地、设施蔬菜生产基地和猕猴桃、苹果、樱桃等特色经济林果生产基地。在大中城市周边积极发展以花卉、园艺、休闲体验等为主的都市农业。

——优化开发方式,发展循环农业,搞好现代农业示范园区建设,实现农业生产的无害化和农业资源利用的综合化。

二、渭北东部粮果区

该区包括渭南市白水县和延安市洛川县,面积 2780 平方公里。

功能定位:全国优质苹果产区、西部农业综合发展示范区。

——大力发展优质苹果,提高生产关键技术,加快主要环节生产机械化技术推广,推行标准化管理,建设绿色果品出口示范基地,加强"陕西苹果"地理标志产品保护。

——积极发展蔬菜、养殖等特色优势农业,提高集约化和专业化水平,推进农业发展方式转变。

——因地制宜发展机械制造、石油加工,加强蒲白等煤炭开采区环境综合整治,积极发展食品加工业、红色旅游业和休闲农业。

三、渭北西部农牧区

该区包括宝鸡市陇县、千阳县、麟游县,咸阳市永寿县、淳化县等 5 县,面积 7866 平方公里。

功能定位:优质奶畜产品生产基地、优质小麦生产基地、优质苹果和鲜杂果生产基地、中药材生产基地。

——重点发展奶牛、奶山羊等特色畜牧养殖业,积极发展苹果、小麦、玉米、小杂粮等特色优势农业,加快农业科技推广和农业机械化发展,提升产业化水平。

——适度开发煤炭、石灰石等资源,科学规划和建设生态型工业园区,有序发展建材、陶瓷、缫丝、中药材等产业,鼓励发展特色手工艺品和以乳制品、肉制品、果蔬制品、粮油加工为重点的食品工业等。

——加强县城和重点镇道路、供排水、污水垃圾处理等基础设施建设,提高综合承载能力,引导农村人口向城镇转移。

四、洛南特色农业区

该区包括洛南县全部,面积 2835 平方公里。

功能定位:全国核桃生产基地,我省重要的生猪生产基地、蚕桑生产基地、烤烟生产基地。

——重点发展核桃、生猪、蚕桑、烤烟四大特色产业,加快产业化步伐,提升市场竞争力,促进农民增收。

——积极发展生态、文化旅游业,重点建设华山南区、仓颉造字遗址、老君山、九龙山等景区,融入"大华山旅游圈"和"秦岭—伏牛山旅游走廊"。

——在保护好生态环境的前提下,适度开采钾长石、钼、黄金等优势矿产资源,按照循环经济的模式进行精深加工,延长产业链。

——加强县城和石门镇、卫东镇等重点镇建设,完善服务功能,引导人口集中和产业集聚。

第三节　点状开发的城镇

主要是指限制开发的农产品主产区内部分县(区)城关镇、重点镇的镇区,根据城镇化发展需要,实施点上开发、面上保护。(见附表 4,附图 7)

功能定位:县域人口、经济和公共服务的聚集区,统筹城乡发展的重要平台。

——以县城、重点镇和产业园区为依托,加强城镇基础设施建设,完善配套设施,增强公共服务功能,承接周边农业人口转移。

——重点发展特色优势产业、农林产品精深加工业,因地制宜发展餐饮、商贸、旅游等服务业。

——科学规划建设县域产业园区,提高集聚能力,按照循环经济模式发展优势资源加工产业和大工业配套型、劳动密集型产业。

——控制开发强度,合理利用土地、水资源,避免过度开发。

第四节　基本农田保护

基本农田是指按照一定时期人口和经济社会发展对农产品的需求,依据土地利用总体规划确定的不得占用的耕地。要依据《土地管理法》、《农业法》和《基本农田保护条例》和本规划的要求进行严格管理,确保面积不减少,用途不改变,质量不降低。

全省基本农田保护面积 35227 平方公里(5284 万亩),占全省国土面积的 17.1%(见附表 5)。

——坚持最严格的耕地保护制度,对耕地按照限制开发区域的要求进行管理,对基本农田按照禁止开发区域的要求进行管理。

——严格实施土地利用总体规划,切实保护耕地,特别是基本农田。基本农田一经划定,原则上不得调整,严格控制各类非农建设占用基本农田。

——省级以上重大建设项目和保障人民群众生命安全的建设项目选址确实无法避开基本农

田,经合法审批占用的,须补充划入数量和质量相当的基本农田。

第六章 限制开发区域(重点生态功能区)

限制开发的重点生态功能区是指生态脆弱、生态功能重要,关系到全省乃至国家生态安全,以提供生态产品为主,不宜进行大规模高强度工业化城镇化开发的区域。

第一节 功能定位与发展方向

一、功能定位

限制开发的重点生态功能区的功能定位是:保障国家和地方生态安全的重要区域,人与自然和谐相处的示范区。

二、发展方向

限制开发的重点生态功能区要以修复生态、保护环境、提供生态产品为首要任务,因地制宜发展不影响主体功能定位的适宜产业,引导超载人口逐步有序转移。

——提升生态服务功能。扩大天然林面积,修复区域植被,提高森林覆盖率,增加森林蓄积量;恢复和增加野生动植物物种,加大湿地保护力度,维护生物多样性;加强流域治理,控制水土流失,稳定主要河流径流量,保障水质安全。增强生态系统服务功能,提高生态产品供给能力。

——发展环境友好型产业。在不损害生态系统功能的前提下,因地制宜地发展旅游、农林牧产品生产和加工、休闲农业等产业,积极发展服务业。按照园区化承载、循环式发展的原则,适度发展装备制造、优势资源开发和深加工等产业,根据不同地区的情况,保持一定的经济增长速度和财政自给能力。

——有序引导人口转移转化。建立健全土地流转、人口流动的体制机制,加强县城和重点镇的道路、供排水、污水垃圾处理等基础设施建设,逐步引导区内超载人口向生存环境和生活条件较好的城镇区域转移转化,减轻人口承载压力。

——显著提高公共服务水平。加大均衡性财政转移支付力度,大幅提高人均受教育程度、安全饮水人口比例和公共卫生服务水平。在有条件的地区积极推广沼气、风能、太阳能等清洁能源,建设一批节能环保的生态社区。城乡居民收入水平不断提高,差距逐步缩小,绝对贫困现象基本消除。

三、管制原则

——维护生态系统完整性。严格管制各类开发活动,开发矿产资源、发展适宜产业和建设基础设施都应控制空间范围和建设规模,尽可能减少对自然生态系统的干扰,不得损害生态系统的稳定性和完整性。科学规划公路、铁路建设线路,预设动物迁徙通道。在有条件的地区之间,要通过水系、林带等构建生态廊道,避免形成"生态孤岛"。

——严格控制开发强度。城镇建设与工业开发要布局在资源环境承载力相对较强的川塬、盆地等特定区域,禁止成片蔓延式扩展。城镇布局在现有基础上进一步集约开发、集中建设,避免新建孤立的村落式移民社区。逐步减少农村居民点占用空间,腾出更多空间用于保障生态系统良性循环。原则上不再新建各类开发区和扩大现有工业区面积,已有工业园区要按照减量化、可循环、再利用、"零污染"的模式加快优化改造。

——严把项目准入关。严格产业准入环境标准,禁止布局与生态功能区不相适应的各类产业和项目。坚决淘汰落后产能,关闭生产工艺落后、三废排放不达标的企业。加强节能减排和工业点源治理。

第二节　国家层面重点生态功能区

我省国家层面重点生态功能区包括黄土高原丘陵沟壑水土保持生态功能区和秦巴生物多样性生态功能区,是国家"两屏三带"生态安全战略格局的重要组成部分。共包括西安、宝鸡、延安、榆林、汉中、安康、商洛等7市33县,总面积81202平方公里,占全省国土面积的39.4%。2010年年末人口704万,占全省的18.8%。(见附表3,附图6、9)

一、黄土高原丘陵沟壑水土保持生态功能区

该区域包括延安市吴起县、志丹县、安塞县、子长县,榆林市绥德县、米脂县、子洲县、清涧县、佳县、吴堡县等10县,总面积22285平方公里。

该区域黄土堆积深厚,梁峁交错,沟壑纵横,坡面土壤和沟道侵蚀严重,水土流失敏感程度高,对黄河中下游生态安全具有重要作用。其主体功能是防治水土流失、维护生态安全。保护和发展方向是:

——开展小流域综合治理和淤地坝系建设,实施封山禁牧,恢复退化植被。加强幼林抚育管护,巩固和扩大退耕还林(草)成果,促进生态系统恢复。

——改造中低产田,加强基本农田保护,大力推行节水灌溉、雨水积蓄、保护性耕地和少免耕等技术,发展旱作节水农业。

——鼓励发展红枣、马铃薯、小杂粮、山地苹果等特色林果业和种植业,建立优质杂粮、干果、薯类、牧草生产与加工基地。

——发挥自然及人文资源优势,发展黄土风情和红色文化旅游。在不损害生态功能的前提下,适度开发煤炭、石油、天然气、岩盐等优势资源,发展能源化工、盐化工、装备制造等产业。

——加强对能源和矿产资源开发及建设的监管,加大矿山环境整治修复力度,最大限度地减少人为因素造成新的水土流失。

——在现有城镇布局基础上,集约开发,集中建设,有序引导梁峁腹地偏远人口向资源环境承载能力较好的城镇和中心村转移。

二、秦巴生物多样性生态功能区

包括西安市周至县,宝鸡市凤县、太白县,汉中市南郑县、洋县、西乡县、勉县、佛坪县、宁强县、略阳县、留坝县、镇巴县,安康市汉阴县、石泉县、宁陕县、紫阳县、岚皋县、平利县、旬阳县、镇坪县、白河县,商洛市镇安县、柞水县等23个县,总面积58917平方公里。

该区地处亚热带与暖温带的过渡区,是我国生物多样性最为丰富的地区之一,现存种子植物

2900多种、中药材资源3000余种,大熊猫、朱鹮、羚牛、金丝猴等珍稀动植物均有分布;同时也是汉江、丹江、嘉陵江和黑河、石头河等重要河流的发源地,国家南水北调中线调水工程重要水源涵养区。

该区的主体功能是维护生物多样性、水源涵养、水土保持,提供生态产品。保护和发展方向:

——加强退耕还林、封山育林、天然林保护、湿地保护、长防林建设,开展小流域治理,防止水土流失,促进植被恢复,维护生态系统。

——严禁毁林开荒、滥采、滥捕、滥伐等行为,保护生态系统与重要物种栖息地,防止外来有害物种侵害,保持并恢复野生动植物物种和种群的平衡。

——加大城镇生活污水垃圾处理和工业点源污染治理力度,减少农村面源污染,确保主要河流水质保持在Ⅱ类以上。

——围绕特色农产品基地建设,加强茶叶、食用菌、林果、蚕桑、中药材、蔬菜、生猪等规模化种植养殖,推进标准化生产和精深加工。积极发展生态旅游、文化旅游和休闲观光游。

——发展太阳能、生物质能等新能源,推广沼气、地热等清洁能源,在保护生态和群众利益前提下,科学开发汉丹江、嘉陵江流域水能资源。按照"点上开发、面上保护"的要求,适度开发优质矿产资源。

——建立自然灾害应急预防体系,加强对灾害多发区的监测,提高防灾减灾能力。完善城镇体系,引导山区人口向县城、重点镇和条件较好的中心村转移。

第三节　省级层面重点生态功能区

该区域分布在陕北黄土高原南部和秦岭山地东部,主要包括铜川市宜君县,延安市延长县、延川县、甘泉县、富县、黄龙县、宜川县、黄陵县,商洛市商南县、山阳县等10县,以及其他一些生态功能比较重要的地区,总面积51859平方公里,占全省国土面积的25.2%。2010年年末人口224万,占全省的6%。(见附表3,附图6、9)

——沿黄黄土长梁沟壑水土保持生态片区。该区包括延长县、延川县、宜川县等3县,属中度—强度水土流失区,具有重要的水土保持功能。保护和发展方向:在塬面和梁面地区建设稳定的基本农田,沟坡退耕还林还草,河滩及河岸营造防护林。严禁在水源地保护区进行石油和煤炭开采,适度发展新型清洁能源。实施引黄工程,解决生活、生产用水困难。积极发展以红枣、苹果为主的特色产业和沿黄生态旅游业。

——子午岭森林生态片区。该区包括宜君县、黄陵县、富县和甘泉县等4县,该区以天然次生林为主,是黄土高原地区动植物种类繁多、森林生态系统保存完好的典型地区,具有水源涵养和维护生物多样性的重要功能。保护和发展方向:大力实施天然林保护、退耕还林工程,扩大林地面积。加强自然保护区和森林公园建设,大力发展文化旅游、生态旅游和特色农业,适度发展设施养殖业。加强煤炭资源开发监管,加大矿山环境整治和生态修复力度。

——黄龙山生物多样性保护片区。该区包括黄龙县全部,是黄土高原森林生态系统保存完好的地区,是全省五大林区之一。保护和发展方向:保护森林植被,提高林分质量,森林覆盖率稳定在75%左右。加强自然保护区和森林景区建设,保护森林生态系统和珍稀动植物。发展核桃、苹果、板栗、花椒等特色农业和生态旅游业。

——秦岭东段中低山水土保持片区。该区主要位于丹江流域,包括商南县和山阳县2县,土壤侵蚀比较严重,水源涵养和水土保持功能重要。保护和发展方向:实施丹江流域水土保持和污染综合治理工程,确保南水北调中线调水水质安全。以公益林建设为主体,扩大天然林保护范围,巩固和扩大退耕还林成果,增加森林蓄积量。禁止非保护性采伐,修复山地植被,保护野生动植物。大力发展经济林、中草药、茶叶等特色产业和生态旅游业。适度开采优势矿产资源,重点加强钒、镁、铅锌、石英石等矿产开发监管,强化矿山生态修复和尾矿库治理。

——其他区域。主要包括陕北长城沿线榆阳区、神木县、府谷县、横山县、靖边县、定边县的部分乡镇,关中北部旬邑县和耀州区个别乡镇,以及汉中市城固县、安康市汉滨区和商洛市丹凤县的个别乡镇。保护和发展方向:陕北地区要加强荒漠治理、湿地保护与林草生态系统保护,实施退耕还林、"三北"防护林工程和京津风沙源治理工程,提高林草覆盖率,恢复矿区生态环境。关中北部地区要加强退耕还林,防止水土流失,扩大绿色生态空间。秦巴山区要减少林木采伐,恢复山地植被,减少水土流失和地质灾害,保护生物多样性。

第四节 点状开发的城镇

主要指重点生态功能区内部分县(区)城关镇、重点镇的镇区(见附表4,附图7)。根据城镇建设和当地经济社会发展需要,实施点上开发、面上保护。

功能定位:县域人口、经济和公共服务的重要聚集区。

——加强城镇基础设施建设,完善配套设施,增强服务功能,承接周边生态区人口转移。

——重点发展特色种植养殖业、林特产品精加工业,因地制宜发展旅游文化商贸等服务业,适度开发矿产资源。

——依托县域产业园区,按照循环经济模式发展优势资源加工产业,积极发展劳动密集型产业,严格限制高污染、高能耗产业。

——加强生态建设和环境整治,完善污水垃圾处理设施,提高运营水平,确保区域水质达标排放。

第七章 禁止开发区域

禁止开发区域是具有代表性的自然生态系统、珍稀濒危野生动植物物种天然集中分布地、有特殊价值的自然遗迹所在地和文化遗址等,需要在国土空间开发中禁止进行工业化城镇化开发的重点生态功能区。主要包括各级自然保护区、水产种质资源保护区、森林公园、风景名胜区、地质公园、自然文化遗产、重要湿地(湿地公园)、重要水源地。

第一节 功能定位和区域分布

禁止开发区域的功能定位是:保护自然文化资源的重要区域,珍稀动植物基因资源保护地。

目前,全省境内共有国家层面禁止开发区域64处,面积约9435平方公里,占全省国土面积的4.6%;省级禁止开发区域343处,面积约15200平方公里(不含省政府公布的55个重要湿地),占全省国土面积的7.4%。扣除相互重叠的面积,全省各类禁止开发区域实际面积22949平方公里,占全省国土面积的11.1%。(见表2—3、附表6和附图10)

今后新设立的自然保护区、森林公园、风景名胜区、地质公园、文化自然遗产、水产种质资源保护区、重要湿地(湿地公园)、重要水源地等自动进入禁止开发区域名录。

表2 国家层面禁止开发区域基本情况

主要类型	个 数	面积(km²)	占全省国土比例(%)
自然保护区	17	5271.21	2.56
森林公园	32	1636.44	0.80
风景名胜区	6	1013.08	0.49
地质公园	8	1458.26	0.71
世界文化自然遗产	1	56.25	0.03
总 计	64	9435	4.6

注:1.本表截至2012年12月31日;2.总面积中未扣除部分相互重叠的面积。

表3 省级层面禁止开发区域基本情况

主要类型	个 数	面积(km²)	占全省比例(%)
自然保护区	41	6199.52	3.01
森林公园	46	1444.38	0.70
风景名胜区	29	1852.45	0.90
地质公园	2	231.91	0.11
文化自然遗产	45	2189.26	1.06
水产种质资源保护区	15	748.7	0.36
重要湿地(含湿地公园)	69	219.69	0.11
重要水源地	96	2314.58	1.18
总 计	343	15200	7.4

注:1.本表截至2012年12月31日;2.重要湿地的面积仅为14个国家湿地公园面积,省政府公布的全省55个重要湿地面积数据不详,其四至范围详见附表6;3.总面积中未扣除部分相互重叠的面积。

第二节 管制原则

禁止开发区域要依据法律法规和相关规划实施强制性保护,严格控制人为因素对自然生态和文化自然遗产原真性、完整性的干扰,严禁不符合主体功能的开发活动,引导人口逐步有序转移,实现环境污染"零排放",提高生态环境质量。

一、自然保护区

自然保护区是具有代表性的自然生态系统、珍稀濒危野生生物种群的天然集中分布区。要依据《自然保护区条例》、本规划确定的原则和自然保护区规划进行管理。

——按核心区、缓冲区和实验区分类管理。核心区严禁任何生产建设活动,缓冲区除必要的科学实验活动外,严禁其他任何生产建设活动,实验区除必要的科学实验及符合自然保护区规划的旅游、种植业和畜牧业等活动外,严禁其他生产建设活动。

——根据自然保护区实际情况,按核心区、缓冲区、实验区的顺序,采用异地和就地两种方式转移人口。绝大多数自然保护区核心区应逐步实现无人居住,缓冲区和实验区大部分人口转移到区外,其余人口就地转化为自然保护区管护人员。

——交通、通讯、电网设施要慎重建设,能避则避,必须穿越的,要符合自然保护区规划,并通过环境影响评价。新建公路、铁路和其他基础设施,不得穿越自然保护区的核心区和缓冲区,尽量避免穿越实验区。

二、森林公园

森林公园是以良好的森林景观和生态环境为主体,融合自然景观与人文景观,具有游览、度假、休憩、科学教育等功能的场所。要依据《森林法》、《森林法实施条例》、《野生植物保护条例》、《森林公园管理办法》、本规划确定的原则和森林公园规划进行管理。

——除必要的保护设施和附属设施外,禁止从事与资源保护无关的任何生产性建设活动。

——在森林公园及其周边地区,禁止采石、取土、开矿和放牧活动,禁止毁林开荒和非抚育、非更新性采伐活动。任何单位或个人,不得随意占用、征收和转让森林公园用地。

——森林公园内的旅游设施及其他设施,必须符合森林公园建设规划,逐步拆除违反规划建设的设施。

——应根据资源状况和环境容量对旅游规模进行有效控制,不得对森林及其他野生动植物资源等造成损害。

三、风景名胜区

风景名胜区是风景资源集中、环境优美、具有一定规模、知名度和游览条件,可供人们游览欣赏、休憩娱乐或进行科学文化活动的地域。要依据《风景名胜区条例》、本规划确定的原则和风景名胜区规划进行管理。

——严格保护风景名胜区内一切景物和自然环境,不得人为破坏或随意改变。

——严格控制人工景观建设。

——禁止在风景区内从事与风景名胜无关的生产建设活动。

——风景区内建设的旅游设施及其他基础设施,必须符合风景名胜区规划,违反规划建设的设施应逐步拆除。

——根据资源状况和环境容量,对旅游规模进行有效控制,不得对景物、水体、植被和动植物资源造成损害。

四、地质公园

地质公园是地质遗迹①景观和生态环境的重点保护区,地质科学研究与普及的基地。要依据《世界地质公园网络工作指南》、《地质遗迹保护管理规定》、本规划确定的原则和地质公园规划进行管理。

——除必要的保护设施和附属设施外,禁止任何其他生产性建设活动。

——在地质公园及其周边地区,禁止进行采石、取土、开矿、放牧、砍伐以及其他对保护对象有

---

① 地质遗迹是在地球形成、演化的漫长地质历史时期,受各种内、外动力地质作用,形成、发展并遗留下来的自然产物,它不仅是自然资源的重要组成部分,更是珍贵的、不可再生的地质自然遗产。

损害的活动。

——未经管理机构批准,不得在地质公园内采集标本和化石。

——应根据资源状况和环境容量,控制旅游活动的规模和路线,不得对地质遗迹和资源环境等造成损害。

五、文化自然遗产

文化自然遗产是在一个国家或更大范围内具有突出普遍价值的文化遗产、自然遗产和文化自然双重遗产。要依据《保护世界文化和自然遗产公约》、《实施世界遗产公约操作指南》、本规划确定的原则和文化自然遗产规划进行管理。

——加强对遗产原真性的保护,保持遗产在历史、社会、艺术和科学等方面的特殊价值。

——加强对遗产完整性的保护,保持遗产未被人为扰动过的原始状态。

——控制旅游活动的规模和路线,引导人口逐步有序转移,有效控制人为因素对文化自然遗产的干扰和破坏。

六、水产种质资源保护区

水产种质资源保护区是指为保护水产种质资源及其生存环境,在具有较高经济价值和遗传育种价值的水产种质资源的主要生长繁育区域,依法划定并予以特殊保护和管理的水域、滩涂及其毗邻的岛礁、陆域。要依据《渔业法》、国务院《中国水生生物资源养护行动纲要》、农业部《水产种质资源保护区管理暂行办法》和本规划确定的原则进行管理。

——禁止在水产种质资源保护区内从事围湖造田,新建排污口。

——按核心区和实验区分类管理。核心区内严禁从事任何生产建设活动;在实验区内从事水利、疏浚航道、建闸筑坝、勘探和开采矿产资源、港口等工程建设的,或者在水产种质资源保护区外从事可能损害保护区功能的工程建设活动的,应当按照国家有关规定编制建设项目对水产种质资源保护区的影响评价报告,并将其纳入环境影响评价报告书。

——水产种质资源保护区特别保护期内不得从事捕捞、爆破作业以及其他可能对保护区内生物资源和生态环境造成损害的活动。

七、重要湿地

重要湿地是指具有一定面积和重要生态功能的常年或者季节性的沼泽地、湿原或者水域地带。湿地分为天然湿地以及重点保护野生动物栖息和野生植物集中分布的人工湿地。国家湿地公园是由国务院林业主管部门批准建立的,以保护湿地生态系统完整性、维护湿地生态过程和生态服务功能,并在此基础上以充分发挥湿地的多种功能效益、开展湿地合理利用为宗旨,可供公众浏览、休闲或进行科学、文化和教育活动的特定湿地区域。要依据《国务院办公厅关于加强湿地保护管理的通知》、《陕西省湿地保护条例》和本规划确定的原则和湿地保护规划进行管理。

——禁止在天然湿地范围内擅自排放湿地蓄水,未经批准不得擅自改变天然湿地用途。

——禁止向天然湿地范围内排放超标污水或者有毒有害气体,投放可能危害水体、水生生物的化学物品,向天然湿地及其周边一公里范围内倾倒固体废弃物。

——不得破坏湿地生态系统的基本功能,不得破坏野生动植物栖息和生长环境。

——湿地公园内除必要的保护和附属设施外,禁止其他任何生产建设活动。禁止开垦、随意改变湿地用途以及损害保护对象等破坏湿地的行为。不得随意占用、征用和转让湿地。

——河道及沿岸湿地保护及自然保护区规划、建设、管理,应符合流域防洪、河道管理等相关法律、法规的规定。

八、重要水源地

重要水源地是保障一定地域内饮水供给和安全的重要区域,包括重要河流源头、城市引水水库、备用水源等。依据《中华人民共和国水法》、《中华人民共和国水污染防治法》、《水资源保护条例》、《陕西省城市饮用水水源保护区环境保护条例》、《陕西省湿地保护条例》、本规划确定的原则和重要水源地规划进行管理。

——科学划定和调整饮用水水源保护区,建设好城市备用水源,强化水污染事故的预防和应急处理。

——坚决取缔水源保护区内的直接排污口,严防养殖业污染水源,禁止有毒有害物质进入饮用水水源保护区,减少农药和化肥对水库水质的影响。

——在水源地保护区内禁止从事与供水设施和保护水源无关的经营建设项目,坚决杜绝旅游、房地产等开发建设行为。

——尽量减少人为因素对水源保护区的破坏和干扰,有序分流和外迁人口,解决重要水源地周边地区人口超载问题。

第三节 近期任务

"十二五"期间,根据国家确定的相关规定和标准,对省域内禁止开发区域进行规范。主要任务是:

——现有禁止开发区域划定范围不符合相关规定和标准的,按照相关法律法规和法定程序进行调整,进一步界定各级各类禁止开发区域的范围,核定面积。

——进一步界定自然保护区中核心区、缓冲区、实验区的范围。对水产种质资源保护区、森林公园、风景名胜区、地质公园、重要湿地和重要水源地,确有必要的,也可划定核心区和缓冲区,并根据划定的范围进行分类管理。

——在重新界定范围的基础上,结合禁止开发区域人口转移的要求,对管护人员实行定编。

——归并位置相连、均质性强、保护对象相同但人为划分为不同类型的禁止开发区域。对位置相同、保护对象相同但名称不同、多头管理的,要重新界定功能定位,明确统一的管理主体。今后设立的各类禁止开发区域的范围,原则上不得重叠交叉。

第八章 能源与资源

能源与资源的开发布局,对构建国土空间开发战略格局至关重要。在对全省国土空间进行主体功能区划分的基础上,从形成主体功能区布局的总体要求出发,明确能源、主要矿产资源开发布局以及水资源开发利用的原则和框架。

第一节　主要原则

能源、矿产资源的开发布局和水资源的开发利用,要坚持以下原则:

——能源和矿产资源基地以及水功能区分布于重点开发、限制开发区域之中,不属于独立的主体功能区。开发布局要服从和服务于所在主体功能区域的功能定位,符合该主体功能区的发展方向和开发原则,充分考虑"一核四极两轴"城市化战略格局的需要,充分考虑"五区十八基地"农业安全战略格局和"两屏三带"生态安全战略格局的约束。

——能源基地和矿产资源基地的建设布局,应以主体功能区规划为基础,以区域资源环境承载能力综合评价为前提,坚持点上开发、面上保护,促进经济发展,提高人民生活水平,保护生态环境。

——能源和矿产资源的开发,应尽可能依托现有城镇作为资源开发的后勤保障和资源加工基地,引导产业集群发展,促进能源和矿产资源就地转化,尽量减少大规模长距离输送加工转化,避免形成新的资源型城市或孤立的居民点。

——在重点开发区域内,且资源环境承载能力较强的能源和矿产资源基地,应作为城市化地区的重要组成部分进行统筹规划、综合发展。

——在限制开发区域内,资源环境承载力相对较强的特定区域,在不损害主体功能的前提下,可因地制宜适度发展和能源、矿产资源开发利用相关产业。在水资源严重短缺、环境容量很小、生态十分脆弱、地震和地质灾害频发的地区,要严格控制能源和矿产资源开发,或在区外进行矿产资源的加工利用。

——在水资源过度开发地区,应综合平衡地区、行业的水资源需求以及生态环境保护的要求,合理调配区域和流域水资源,逐步退还挤占的生态用水,逐步恢复水资源过度开发地区以及由于水资源过度开发造成的生态脆弱地区的水生态功能。

——实行最严格的水资源管理制度,建立用水总量控制、用水效率控制、水功能区限制纳污制度和水资源管理责任考核制度,加强水土流失综合治理及预防监督。

第二节　能源开发布局

按照"加快陕北、稳定关中、优化陕南"的原则,合理布局能源产业,形成陕北能源化工基地、关中能源接续区及陕南绿色能源健康有序发展的格局,构筑安全可靠、清洁高效的能源供给体系。

——煤炭。稳步推进陕北、黄陇大型煤炭基地建设,将陕北基地建设成国家大型煤炭示范基地。加快推进煤炭资源综合利用,有序开展煤炭资源深度转化,深入推进煤炭企业兼并重组和淘汰落后产能。关中地区加快彬长、永陇矿区整体开发,继续实施老矿区挖潜改造和煤炭资源整合,增强能源接续能力,保障关中—天水经济区发展的能源供应。加强煤层气综合勘探开发,积极推动府谷、韩城等区域煤层气资源开发利用,加快铜川、韩城、彬长等煤矿瓦斯抽采利用重点区域建设。

——石油天然气。按照"陕北稳油增气、关中陕南加快开发"的思路,加大陕北油气勘探开发力度,推广高效增产技术,提高油气采收率和综合开发水平。积极推进关中北部、陕南镇巴区块勘探开发。加强页岩气调查评价、勘查开发,重点推进延安国家级陆相页岩气示范区建设。完善油气管网体系,实现资源安全、高效输送。

——电力。按照区域平衡原则,优化火电建设布局,推进火电企业脱硝等污染治理工程建设,陕北以煤电一体化和煤矸石综合利用电厂为主,建设大型煤电基地;关中稳步增加装机规模,重点建设热电联产和现有电源扩能改造工程;陕南适时布局建设火电支撑电源。按照煤电一体化模式,建设陕北、彬长等"西电东送"煤电基地,推进电力外送。在保护生态的前提下,稳步推进汉江干流、黄河北干流水电梯级开发,有序推进嘉陵江、南江河、丹江、旬河流域开发。

——新能源。大力发展风能、太阳能等清洁能源。加快建设陕北百万千瓦风电基地,积极推进渭北、秦岭山区风电场建设。优先在陕北、渭北等光资源丰富区域建设光伏发电应用示范基地,鼓励城乡推广太阳能热利用。积极稳妥地开发生物质能、核能和关中地热资源。

第三节　主要矿产资源开发布局

按照高水平、集约化、无污染的要求,在主要矿产资源相对集中、资源禀赋和开发条件较好的地区,有重点地开发优势矿产,加快绿色矿山建设,推进矿业经济区发展。

——陕北地区。加快岩盐资源开发,促进盐化工和煤化工、石油化工、天然气化工相结合,实现盐化工和能源化工一体化协调发展。加大铝土矿、膨润土、高岭土等勘查利用。

——关中地区。充分发挥关中地区地勘、冶炼、深加工、科研等优势,合理开发渭北水泥灰岩、渭南钼矿、潼关金矿等矿产资源,建设重要矿产研发加工基地。

——陕南地区。在不影响区域主体功能的前提下,按照"点上开发、面上保护"的要求,科学规划,有序开发凤(县)太(白)、勉(县)略(阳)宁(强)、山(阳)镇(安)柞(水)、旬阳、商南等地区金属和非金属矿产资源,建设现代材料基地。

第四节　水资源开发利用

统筹关中、陕北、陕南三大区域水资源综合利用,加强水利基础设施建设,加大水土保持和水生态修复与环境保护力度,科学开发利用空中云水资源,全面提升水资源保障能力,推进节水型社会建设,努力实现水资源合理配置和高效利用。

——陕北黄河流域。水资源开发要以保护生态环境为前提,加强延河、无定河、窟野河等重点流域的生态修复,构建黄河中上游地区生态安全屏障。在加强节约用水的基础上,加快延安黄河饮水工程、榆林大泉黄河引水、府谷岩溶水开发等项目前期论证工作,加快王圪堵水库、南沟门水库等重点水源工程建设,保障能源开发、农业发展和生态用水的需要。

——渭河流域。加强水资源开发管理,退还挤占的生态用水和超采的地下水。开展渭河综合治理,加大水污染防治,改善水生态系统功能。建设引汉济渭、东庄水库等重点水源工程,构建水资源调控体系,努力缓解关中地区供水需求矛盾。

——汉丹江流域。推进汉江和丹江综合治理,加强水污染防治和水土保持,确保南水北调中线水源区水质安全。加快汉阴洞河、南郑云河、洛南张坪水库等水源工程和小型水利工程建设,解决工程性缺水问题。在保护生态和群众利益的前提下,有序开发水能资源,适度发展水产养殖,促进水资源综合开发利用。

第九章　区域政策

根据推进形成主体功能区的要求,实行分类管制的区域政策,形成市场主体行为符合区域主体功能区定位的利益导向机制。

第一节　财政政策

——完善财政转移支付制度。建立限制开发区域和禁止开发区域转移支付制度,合理确定转移支付系数,加大对禁止和限制开发区域的转移支付力度;建立健全省级生态环境补偿机制,逐步加大对重点生态功能区的支持力度,逐步实现基本公共服务均等化。

——建立地区间横向援助机制。生态受益地区采取资金补助、定向援助、对口支援等多种方式,对重点生态功能区因加强生态保护导致的利益损失进行补偿。

——加大各级财政对自然保护区的投入力度。在定范围、定面积、定功能的基础上定经费,并分清省、市、县各自的财政责任。

——实施财政奖励制度。对农产品生产和生态保护贡献突出的区域,由省级财政给予补助奖励。

第二节　投资政策

——按照主体功能区安排的政府预算内投资,主要用于支持限制开发的重点生态功能区和农产品主产区的发展,包括生态修复与环境保护、农业综合生产能力建设、公共服务建设、生态移民、促进就业、基础设施建设以及支持适宜产业发展等。

——按领域安排的政府预算内投资,要符合各区域的主体功能定位与发展方向。逐步加大政府投资用于农业、生态建设、环境保护等方面的比例,加强农业综合生产和生态产品生产能力建设。对重点生态功能区和农产品主产区内中、省支持的建设项目,逐步降低市、县(区)政府的投资比例。

——鼓励和引导民间资本按照不同区域的主体功能定位投资。对重点开发区域,鼓励和引导民间资本进入法律法规未明确禁止准入的行业和领域。对限制开发区域,主要鼓励民间资本投向基础设施、市政公用事业和社会事业等。

——积极利用金融手段引导社会投资。引导商业银行按主体功能区定位调整区域信贷投向,鼓励向符合主体功能区定位的项目提供贷款,严格限制向不符合主体功能定位的项目提供贷款。

第三节　产业政策

——严格执行国家相关产业政策,进一步明确不同主体功能区鼓励、限制和禁止的产业。

——编制专项规划、重大项目布局,必须符合主体功能区定位。国家和省级重大项目,优先布局在重点开发区域。

——严格市场准入制度,对不同主体功能区的项目实行不同的占地、耗能、耗水、资源回收、资源综合利用、工艺装备、"三废"排放和生态保护强制性标准。

——建立市场退出制度,对限制开发区域不符合主体功能区定位的现有产业,要通过设备折旧补贴、设备贷款担保、迁移补贴等手段,促进产业跨区域转移或关闭。

第四节　土地政策

——按照不同主体功能区的功能定位和发展方向,实行差别化土地政策,科学确定各类用地规模。严格控制工业用地,适度增加城市居住用地,逐步减少农村居住用地。

——适度扩大重点开发区域建设用地规模,保障重大基础设施和重点项目建设用地,引导产业集中布局、集群发展。严格控制农产品主产区建设用地规模,将基本农田落实到地块并标注到农村土地承包经营权证书上,禁止改变基本农田的用途和地块位置。严禁改变重点生态功能区生态用地用途,严禁自然文化资源保护区土地的开发建设。

——实行城乡建设用地增减挂钩政策。城镇建设用地的增加要与本地区农村建设用地的减少相挂钩。

——妥善处理自然保护区和风景名胜区内农牧地的产权关系,引导自然保护区核心区、缓冲区人口逐步转移。

第五节　农业政策

——逐步完善支持和保护农业发展的政策,加大强农惠农政策力度,并重点向农产品主产区倾斜。

——调整财政支出、固定资产投资、信贷投放结构,保证各级财政对农业投入增长幅度高于经常性收入增长幅度,加大对农业基础设施和农村公共服务投入,大幅度提高政府土地出让收益、耕地占用税新增收入用于农业的比例。

——探索建立土地承包经营权流转制度,引导耕地等农业生产要素向种田大户、家庭农场和农机合作社等集聚,发展多种形式的适度规模经营,大幅度提高劳动生产率。

——健全农业补贴制度,规范程序,完善办法,特别要支持增产增收,落实并完善农资综合补贴动态调整机制,做好农民种粮补贴工作。

——完善农产品市场调控体系,稳步提高粮食最低收购价格,改善其他主要农产品市场调控手段,保持农产品价格合理水平。

第六节　人口政策

——重点开发区域要实施积极的人口迁入政策,加强人口集聚和吸纳能力建设,破除人口迁入的制度障碍,鼓励外来人口迁入和定居,将在城市有稳定职业和住所的流动人口逐步实现本地化。

——限制开发区域和禁止开发区域要实施积极的人口迁出政策。切实加强义务教育、职业教育与职业技能培训,增强劳动力跨区域转移就业能力,鼓励人口到重点开发区域就业并定居。

——完善以奖励扶助、困难补助、养老和医疗扶助为主体的人口和计划生育利益导向机制,并综合运用其他经济手段,引导人口自然增长率较高的限制开发区域和禁止开发区域的居民自觉降低生育水平。

——逐步统一城乡户口登记管理制度,将公共服务领域各项法律法规和政策与现行户口性质相剥离。将流动人口纳入居住地教育、就业、医疗、社会保障、住房保障等体系,切实保障流动人口与本地人口享有均等的基本公共服务和同等的权益。

——探索建立人口评估机制。构建经济社会政策及重大建设项目与人口发展政策之间的衔接协调机制,重大建设项目的布局和社会事业发展应充分考虑人口集聚和人口布局优化的需要,以及人口结构变动带来需求的变化。

第七节　环境政策

——制定分类的污染物排放标准。重点开发区域要结合环境容量,实行严格的污染物排放总量控制指标,较大幅度减少污染物排放量。限制开发区域要通过治理、限制或关闭污染排放企业等手段,实现污染物排放总量持续下降和环境质量状况达标。禁止开发区域要依法关闭所有污染排放企业,确保污染物"零排放",难以做到的,必须限期迁出。

——制定分类的产业准入环境标准。重点开发区域要按照国内先进水平,根据环境容量,逐步提高产业准入环境标准。农产品主产区要按照保护和恢复地力的要求设置产业准入环境标准。重点生态功能区要按照生态功能恢复和保育原则设置产业准入环境标准。禁止开发区域要按照强制保护原则设置产业准入环境标准。

——制定分类的污染控制和管理措施。涉及流域、区域开发和行业发展的规划以及建设项目,要依法严格执行环境影响评价制度,强化环境风险防范。开发区和重化工业集中的地区要按照发展循环经济的要求进行规划、建设和改造。限制开发区域要尽快全面实行矿山环境治理恢复保证金制度,并实行较高的提取标准。禁止开发区域的旅游资源开发须同步建立完善的污水垃圾收集处理设施。

——制定分类的水资源利用和水资源保护政策。重点开发区域要合理开发和配置水资源,控制水资源开发利用强度,在加强节水的同时,限制入河排污总量,保护好水资源和水环境;限制开发区域要加大水土保持、生态修复与环境保护的力度,适度开发利用水资源,满足基本的生态用水和农业用水;禁止开发区域严格禁止不利于水生态环境保护的水资源开发活动,实施严格的水资源保护政策。

第八节　应对气候变化政策

——城市化地区要加快推进绿色、低碳发展,积极发展循环经济,大力实施重点节能工程,积极发展和消费可再生能源,加强可再生资源回收和利用,加大能源资源节约和高效利用技术开发的应用力度,优化生产空间、生活空间、生态空间布局,降低温室气体排放强度。

——重点生态功能区要根据主体功能定位推进天然林资源保护、退耕还林还草、退牧还草、风沙源治理、防护林体系建设、野生动植物保护、自然保护区建设、湿地保护与恢复等,严格保护现有林地,大力开展植树造林,积极拓展绿色空间,增加生态系统的固碳能力。有条件的地区积极发展风能、太阳能、生物质能、地热能,充分利用非化石能源。

——农产品主产区要继续加强农业基础设施建设,推进农业结构和种植制度调整,选育抗逆品种,加强新技术的研究和开发,减缓农业农村温室气体排放,增强农业生产适应气候变化能力。

——积极探索建立碳排放交易机制,逐步实现重点开发区域的碳排放需求与限制和禁止开发区域的碳汇能力的有机对接。

——开展气候变化对水资源、农业和生态环境等的影响评估,实行基础设施和重大工程气象灾害风险评估和气候可行性论证制度,提高极端天气气候事件监测预警能力,加强自然灾害的应急和防御能力建设。

第九节　绩效评价政策

调整完善现行目标责任考核制度,建立符合科学发展观并有利于推进形成主体功能区的绩效评价体系。要强化对各地区提供公共服务、加强社会管理、增强可持续发展能力等方面的评价,增加开发强度、耕地保有量、环境质量、社会保障覆盖面等评价指标。在此基础上,按照不同区域的主体功能定位,实行各有侧重的绩效评价和考核办法。强化考核结果运用,有效引导各市县推进形成主体功能区。

——重点开发区域。实行工业化城镇化水平和转变发展方式优先的绩效评价制度,综合评价经济增长、吸纳人口、质量效益、产业结构、资源消耗、环境保护以及外来人口公共服务覆盖面等,弱化对投资增长速度等的评价。主要考核地区生产总值、研发投入经费比重、非农产业就业比重、财政收入占地区生产总值比重、单位地区生产总值能耗和用地量、单位工业增加值用水量、二氧化碳排放强度、污染物总量排放目标、"三废"处理率、大气和水体质量、吸纳外来人口规模等指标。

——限制开发区域。限制开发的农产品主产区,实行农业发展优先的绩效评价制度,强化对农产品保障能力的评价,弱化对工业化城镇化相关经济指标的评价。主要考核农业综合生产能力、农民收入等指标,不考核地区生产总值、投资、工业、财政收入和城镇化率等指标。限制开发的重点生态功能区,实行生态保护优先的绩效评价,强化对提供生态产品能力的评价,弱化对工业化城镇化相关经济指标的评价,主要考核大气和水体质量、水土流失治理、森林覆盖率、森林蓄积量、林地面积、草畜平衡、生物多样性、农田灌溉水有效利用系数和重要江河湖泊水功能区达标率等指标,不考核地区生产总值、投资、工业、农产品生产、财政收入和城镇化率等指标。

——禁止开发区域。根据法律法规和规划要求,按照保护对象确定评价内容,强化对自然文化资源原真性和完整性保护情况的评价。主要考核依法管理的情况,污染物"零排放"情况,保护目标实现程度,保护对象完好程度,是否存在违法违规建设情况,不考核旅游收入等经济指标。

第十章　规划实施

本规划是全省国土空间开发的战略性、基础性和约束性规划,在各类空间规划中居总控性地位。省级相关部门和县级以上地方政府要根据本规划调整完善区域政策和相关规划,健全法律法规和绩效考核体系,明确主体责任,采取有力措施,切实组织实施。

第一节　规划实施

本规划由省、市县政府共同实施。

一、省级有关部门的职责

——发展改革部门,负责本规划实施的组织协调;负责编制并组织实施适应主体功能区要求的区域规划和有关专项规划,制定相关政策;负责主体功能区规划实施的监督检查、中期评估和修订;负责指导推进市县落实全省主体功能区规划。

——监察部门,配合有关部门制定适应主体功能区要求的绩效评价体系和考核办法,并负责实施中的监督检查。

——财政部门,负责按照本规划明确的财政政策方向和原则,制定并落实适应主体功能区要求的财政政策。

——国土资源部门,负责组织编制国土规划、土地利用总体规划和矿产资源规划;负责制定适应主体功能区要求的土地政策并落实用地指标;负责会同有关部门组织划定基本农田落实到具体地块和农户,并明确"四至"范围。

——环境保护部门,负责制定适应主体功能区要求的生态环境保护规划和政策;负责组织编制环境功能区划;指导、协调、监督各种类型的自然保护区、风景名胜区、森林公园和水源保护区的环境保护工作,协调和监督野生动植物保护、湿地环境保护、荒漠化防治工作。

——住房和城乡建设部门,负责组织编制并监督实施适应主体功能区要求的全省城镇体系规划和风景名胜区规划。

——水利部门,负责制定适应主体功能区要求的水资源开发利用、节约保护及防洪减灾、水土保持和水能资源开发管理等方面的规划、管理政策。

——农业部门,负责编制适应主体功能区要求的农业发展等方面的规划及相关政策。

——林业部门,负责编制适应主体功能区要求的生态保护与建设规划并监督实施,负责全省湿地保护工作,制定相关政策。

——人口计生部门,负责会同有关部门提出适应主体功能区要求的引导人口转移政策。

——测绘地理信息部门,负责完善适应主体功能区要求的地理信息监测系统,提供主体功能区规划和实施过程中的地理信息。

——教育、科技、文化、卫生、交通、通信、电力等提供基本公共服务的部门,要依据本规划,按照基本公共服务均等化的要求,编制相关规划,制定具体政策并组织实施。

——地震、气象、文物等其他相关部门,要按照推进形成主体功能区的要求,调整完善相关专项规划,研究制定有关政策。

二、市县人民政府的职责

——按照主体功能区规划要求,强化分区管理,规范开发时序,把握开发强度,落实功能定位。

——根据全省主体功能区规划对本市县的主体功能定位,细化本市县国土空间分区,如城镇建设区、工矿开发区、基本农田、生态保护区、旅游休闲区等(具体类型可根据本市县的实际情况确定),并明确"四至"范围。

第二节　监测评估

建立覆盖全省、统一协调、更新及时、反应迅速、功能完善的国土空间动态监测管理系统,对规划实施情况进行全面监测、分析和评估。

——依据国家和全省主体功能区规划开展国土空间监测管理,检查各市县主体功能定位的落实情况,包括城镇化地区的城镇规模、农产品主产区基本农田保护、重点生态功能区生态环境的改善等情况。

——国土空间动态监测管理系统以国土空间为管理对象,主要监测城市建设、项目动工、耕地占用、地下水开采、矿产资源开采等各类开发行为对国土空间的影响,以及湿地、林地、草地、自然保护区的变化情况等。

——国土空间监测数据是全省主体功能区规划实施、评估、调整的重要依据。各有关部门要根据职责,对相关领域的国土空间变化情况做好动态监测工作。

——转变国土空间开发行为的管理方式,从现场检查、实地取证逐步转为遥感监测、远程取证为主,从人工分析、直观比较、事后处理为主逐步转为计算机分析、机助解译、主动预警为主,提高发现和处理违规开发问题的反应能力及精确度。

——建立由发展改革、国土、建设、水利、农业、林业、环保、测绘地理信息、地震、气象等部门共同参与、协同有效的国土空间监测管理工作机制。建立国土空间资源、自然资源、环境及生态变化状况的定期会商和信息通报制度。加快建设互联互通的地理空间信息公共服务平台,促进各类空间信息资源之间的共建共享。

——建立主体功能区规划评价与动态修订机制,适时开展规划评估,提交评估报告,并根据评估结果提出需要调整的规划内容或对规划进行修订的建议。各地区各部门要对本规划实施情况进行跟踪分析,注意研究新情况,解决新问题。

——各部门、各市县要通过多种渠道,采取多种形式,加大推进形成主体功能区的宣传力度,使全社会都能全面了解本规划,使主体功能区的理念、内容和政策深入人心,动员全体人民群众,共建更加美好的新陕西。

陕西

附表1：

重点开发区域名录

区　域		范　　围	面积（km²）占全省比例	人口（万人）占全省比例
国家层面重点开发区域（36个县区）	关中—天水经济区	西安市：新城区、碑林区、莲湖区、灞桥区、未央区、雁塔区、长安区、阎良区、临潼区、高陵县；铜川市：王益区、印台区、耀州区；宝鸡市：渭滨区、金台区、陈仓区；咸阳市：秦都区、渭城区、兴平市、长武县、彬县、旬邑县；渭南市：临渭区、韩城市、华阴市、华县、潼关县；商洛市：商州区、丹凤县；杨陵示范区。	21117	1344
		其他重点开发的城镇：西咸新区大王镇、渭丰镇、泾干镇、高庄镇、崇文镇、永乐镇、太平镇、蓝田县蓝关镇、华胥镇、洩湖镇、三里镇、户县甘亭镇、余下镇、泾阳县云阳镇、三渠镇、凤翔县城关镇、陈村镇、长青镇、南指挥镇、岐山县凤鸣镇、蔡家坡镇、枣林镇、雍川镇、眉县首善镇、常兴镇、金渠镇、扶风县城关镇、绛帐镇、段家镇、午井镇、武功县普集镇、小村镇、大庄镇、富平县城关镇、庄里镇、留古镇、王寮镇。		200
	呼包鄂榆地区	重点开发的城镇：榆阳区榆阳镇、鼓楼街办、新明楼街办、上郡路街办、青山路街办、崇文路街办、航宇路街办、驼峰路街办、鱼河镇、大河塔镇、麻黄梁镇、牛家梁镇、金鸡滩镇、小纪汗乡、芹河乡、神木县锦界镇、大保当镇、店塔镇、神木镇、府谷县府谷镇、新民镇、老高川镇、庙沟门镇、三道沟镇、清水镇、黄甫镇、孤山镇、横山县城关镇、白界乡、波罗镇、殿市镇、靖边县张家畔镇、杨桥畔镇、东坑镇、海则滩乡、黄蒿界乡、宁条梁镇、定边县定边镇、贺圈镇、砖井镇、安边镇、郝滩乡、白泥井镇、红柳沟镇。	12719	161
	小计		33836（16.5%）	1705（45.6%）
省级重点开发区域（4个县区）	延安区块	宝塔区	4089	48
	汉中区块	汉台区,城固县	1630	100
	安康区块	汉滨区	1915	87
	小计		7634（3.7%）	235（6.4%）
合　计			41470（20.2%）	1940（52%）

陕西

附表2

限制开发区域(农产品主产区)名录

区域	功能类型	范　围	面积(km²) 占全省比例	人口(万人) 占全省比例
农产品主产区(24个)	汾渭平原农产品主产区	西安市:蓝田县、户县;渭南市:富平县、蒲城县、大荔县、澄城县、合阳县;咸阳市:乾县、泾阳县、三原县、武功县、礼泉县;宝鸡市:凤翔县、岐山县、扶风县、眉县。	17788	689
	渭北东部粮果区	渭南市:白水县;延安市:洛川县。	2780	50
	渭北西部农牧区	宝鸡市:陇县、千阳县、麟游县;咸阳市:永寿县、淳化县。	7866	84
	洛南特色农业区	商洛市:洛南县。	2835	44
	合　计		31269 (15.2%)	867 (23.2%)

附表3

限制开发区域(重点生态功能区)名录

区域	类　型	范　围	面积(km²) 占全省比例	人口(万人) 占全省比例
国家层面生态功能区(33个)	黄土高原丘陵沟壑水土流失防治区	榆林市:绥德县、米脂县、佳县、吴堡县、清涧县、子洲县;延安市:吴起县、志丹县、安塞县、子长县。	22285	171
	秦巴山地生物多样性功能区	西安市:周至县;宝鸡市:凤县、太白县;汉中市:洋县、宁强县、略阳县、镇巴县、佛坪县、留坝县、勉县、西乡县、南郑县;安康市:宁陕县、紫阳县、岚皋县、平利县、镇坪县、旬阳县、白河县、汉阴县、石泉县;商洛市:镇安县、柞水县。	58917	533
	小　计		81202 (39.4%)	704 (18.8%)
省级层面生态功能区(10个)	沿黄黄土长梁沟壑水土保持片区	延安市:宜川县、延长县、延川县。	7295	41
	子午岭森林生态片区	延安市:富县、黄陵县、甘泉县;铜川市:宜君县。	7981	36
	黄龙山生物多样性保护片区	延安市:黄龙县。	2757	5
	秦岭东段中低山水土保持片区	商洛市:商南县、山阳县。	5848	64
	其他区域	榆林市榆阳区、府谷县、神木县、横山县、靖边县、定边县,咸阳市旬邑县,铜川市耀州区,汉中市城固县,安康市汉滨区和商洛市丹凤县等县区中未划为重点开发区的部分乡镇。	27978	78
	小　计		51859 (25.2%)	224 (6.0%)
合　计			133061 (64.6%)	928 (24.8%)

附表4

点状开发的城镇

市域名	乡 镇 名
西安市	蓝田县:汤峪镇;周至县:二曲镇、哑柏镇、集贤镇。
宝鸡市	陇县:城关镇、东风镇、东南镇;千阳县:城关镇、草碧镇、水沟镇;麟游县:九成宫镇、两亭镇、招贤镇;扶风县:法门镇。
咸阳市	三原县:城关镇、西阳镇、陵前镇;乾县:城关镇、阳洪镇、灵源镇;礼泉县:城关镇、西张堡镇、烟霞镇;永寿县:监军镇、店头镇、常宁镇;淳化县:城关镇、官庄镇、润镇。
铜川市	宜君县:城关镇、彭镇、太安镇。
渭南市	大荔县:城关镇、许庄镇、官池镇;合阳县:城关镇、甘井镇、同家庄镇;澄城县:城关镇、交道镇、韦庄镇;蒲城县:城关镇、陈庄镇、党睦镇;白水县:城关镇、林皋镇、尧禾镇。
延安市	延长县:七里村镇、黑家堡;延川县:延川镇、永坪镇;甘泉县:下寺湾镇、道镇;富县:茶坊镇、交道镇;洛川县:凤栖镇、交口河镇、杨舒乡;黄龙县:石堡镇、三岔乡;宜川县:丹洲镇、云岩镇;黄陵县:桥山镇、店头镇。
榆林市	神木县:大柳塔镇、孙家岔镇。
汉中市	南郑县:汉山镇、大河坎镇、梁山镇;勉县:老道寺镇、褒城镇。
安康市	汉阴县:涧池镇、蒲溪镇、双乳镇。
商洛市	洛南县:城关镇、石门镇、卫东镇;山阳县:城关镇、中村镇;商南县:城关镇、试马镇。

附表5

全省耕地保有量与基本农田保护指标表(2006—2020年)

	2005年耕地面积		耕地保有量指标				基本农田保护面积指标	
			2010年		2020年			
	公顷	万亩	公顷	万亩	公顷	万亩	公顷	万亩
全 省	4088900	6133.35	3990666	5986.00	3891334	5837.00	3522666	5284
西安市	316906	475.36	302100	453.15	287107	430.66	266000	399
铜川市	82787	124.18	80773	121.16	78727	118.09	74000	111
宝鸡市	364367	546.55	357593	536.39	350787	526.18	329333	494
咸阳市	385520	578.28	378407	567.61	371200	556.80	348000	522
渭南市	625926	938.89	620340	930.51	614686	922.03	564667	847
汉中市	346547	519.82	339813	509.72	333013	499.52	301333	452
安康市	383640	575.46	374860	562.29	365960	548.94	310000	465
商洛市	199720	299.58	194507	291.76	189227	283.84	176667	265
延安市	402947	604.42	377453	566.18	351967	527.95	343333	515
榆林市	976100	1464.15	961093	1441.64	945947	1418.92	807333	1211
杨凌示范区	4440	6.66	3727	5.59	2713	4.07	2000	3

附表6

禁止开发区域名录

一、自然保护区

序号	名　称	面积(km²)	级　别	位　置	主要保护对象	批准文号
1	陕西佛坪国家级自然保护区	292.4	国家级	佛坪县	大熊猫、金丝猴、羚牛等野生动物及其森林生态系统	国发〔1978〕256号
2	陕西太白山国家级自然保护区	563.25	国家级	太白县、眉县、周至县	森林生态系统及大熊猫、金丝猴、羚牛等野生动植物	国发〔1986〕75号
3	陕西周至国家级自然保护区	563.93	国家级	周至县	金丝猴、大熊猫等野生动植物及其生境	国发〔1988〕30号
4	陕西牛背梁国家级自然保护区	164.18	国家级	西安市长安区宁陕县、柞水县	羚牛及其生境	国发〔1988〕30号
5	陕西长青国家级自然保护区	299.06	国家级	洋　县	大熊猫、羚牛、林麝等野生动植物及其生境	国函〔1995〕129号
6	陕西汉中朱鹮国家级自然保护区	375.49	国家级	洋县、城固县	朱鹮及其生境	国办发〔2005〕40号
7	陕西子午岭国家级自然保护区	406.21	国家级	富　县	森林生态系统及豹、黑鹳、金雕等野生动植物	国办发〔2006〕9号
8	陕西化龙山国家级自然保护区	281.03	国家级	镇坪县、平利县	北亚热带森林生态系统及其珍稀野生动植物	国办发〔2007〕20号
9	陕西天华山国家级自然保护区	254.85	国家级	宁陕县	大熊猫、金丝猴、羚牛等野生动物及其森林生态系统	国办发〔2008〕5号
10	陕西桑园国家级自然保护区	138.06	国家级	留坝县	大熊猫、羚羊、金雕等	国办发〔2009〕54号
11	陕西青木川国家级自然保护区	102	国家级	宁强县	金丝猴、大熊猫、羚牛等珍稀野生动植物及其生境	国办发〔2009〕54号
12	陕西陇县秦岭细鳞鲑国家级自然保护区	65.59	国家级	陇　县	秦岭细鳞鲑等水生生物及其生境	国办发〔2009〕54号
13	陕西延安黄龙山褐马鸡国家级自然保护区	817.53	国家级	黄龙县、宜川县	褐马鸡及其生境	国办发〔2011〕16号
14	陕西米仓山国家级自然保护区	341.92	国家级	西乡县	北亚热带过渡地带的森林生态系统及生物多样性	国办发〔2011〕16号
15	陕西韩城黄龙山褐马鸡国家级自然保护区	377.56	国家级	韩城市	褐马鸡及其生境	国办发〔2012〕7号 陕环函〔2012〕874号
16	陕西紫柏山国家级自然保护区	174.72	国家级	凤　县	林麝及其生境	国办发〔2012〕7号
17	陕西太白湑水河水生野生动物保护区	53.43	国家级	太白县	大鲵、秦岭细鳞鲑及其生境	国办发〔2012〕7号

续表

序号	名　称	面积(km²)	级　别	位　置	主要保护对象	批准文号
18	洛南黄龙铺—石门《小秦岭元古界剖面》省级自然保护点	1	省级	洛南县	元古界地质剖面	陕自保发〔87〕001 号
19	东秦岭泥盆系岩相剖面省级自然保护点	0.25	省级	柞水县、镇安县	泥盆系岩相地质剖面	陕林护字〔1990〕220 号
20	陕西宝峰山省级自然保护区	294.85	省级	略阳县	羚牛、冷杉等野生动植物	陕环函〔2002〕119 号
21	陕西观音山省级自然保护区	135.34	省级	佛坪县	大熊猫及其栖息地生态系统	陕环函〔2003〕153 号
22	陕西摩天岭省级自然保护区	85.2	省级	留坝县	大熊猫、羚牛、林麝等	陕环函〔2003〕153 号
23	陕西野河省级自然保护区	109.96	省级	扶风县	金钱豹、金雕、黑鹳、白肩雕等	陕环函〔2004〕113 号
24	陕西延安柴松省级自然保护区	176.4	省级	富县	柴松	陕环函〔2004〕113 号
25	陕西黄龙山天然次生林省级自然保护区	355.63	省级	黄龙县	金钱豹、金雕、白鹤、黑鹳等	陕环函〔2004〕113 号
26	陕西洛南大鲵省级自然保护区	57.15	省级	洛南县	大鲵及其生境	陕环函〔2004〕113 号
27	陕西天竺山省级自然保护区	216.85	省级	山阳县	金钱豹、金雕、白肩雕等	陕环函〔2004〕113 号
28	陕西新开岭省级自然保护区	149.63	省级	商南县	豹、云豹、黑鹳、林麝等	陕环函〔2004〕113 号
29	陕西牛尾河省级自然保护区	134.92	省级	太白县	大熊猫、金丝猴等	陕环函〔2004〕113 号
30	陕西周至老县城省级自然保护区	126.11	省级	周至县	大熊猫及其生境	陕环函〔2004〕113 号 陕环函〔2012〕190 号
31	陕西香山省级自然保护区	141.96	省级	铜川市耀州区	黑鹳、天然油松林	陕环函〔2006〕60 号
32	陕西太安省级自然保护区	258.72	省级	宜君县	黄土高原典型生态系统	陕环批复〔2010〕75 号
33	陕西鹰咀石省级自然保护区	114.62	省级	镇安县	羚牛、云豹、金雕、林麝等	陕环批复〔2010〕76 号
34	陕西略阳大鲵省级自然保护区	56	省级	略阳县	大鲵	陕政函〔2006〕185 号
35	陕西黄柏塬省级自然保护区	218.65	省级	太白县	大熊猫及其栖息地	陕政函〔2006〕186 号
36	陕西皇冠山省级自然保护区	123.72	省级	宁陕县	大熊猫及栖息地	陕政函〔2006〕188 号
37	陕西石门山省级自然保护区	300.49	省级	旬邑县	天然次生林	陕政函〔2007〕5 号
38	陕西平河梁省级自然保护区	211.52	省级	宁陕县	大熊猫、羚牛等国家重点保护野生动物及其栖息地	陕政函〔2008〕38 号
39	陕西劳山省级自然保护区	203.17	省级	甘泉县	森林生态系统	陕政函〔2009〕205 号

序号	名 称	面积(km²)	级 别	位 置	主要保护对象	批准文号
40	陕西桥山省级自然保护区	246.51	省级	黄陵县	森林生态系统	陕政函〔2009〕205号
41	陕西丹江武关河省级自然保护区	90.29	省级	丹凤县	大鲵、水獭等珍稀野生动物及其生境	陕政函〔2010〕236号
42	陕西安舒庄省级自然保护区	110.16	省级	麟游县	渭北黄土丘陵沟壑区典型森林系统	陕政函〔2011〕253号
43	陕西黑河珍稀水生野生动物省级自然保护区	46.19	省级	周至县	秦岭细鳞鲑、大鲵、水獭等珍稀野生动物及栖息地	陕政函〔2012〕43号
44	陕西府谷杜松市级自然保护区	87.21	市级	府谷县	杜松	陕环函〔2000〕162号
45	榆林市榆阳区市级臭柏自然保护区	66.67	市级	榆林市榆阳区	臭柏	榆政函〔2003〕95号
46	榆林市横山市级臭柏自然保护区	69.33	市级	横山县	臭柏	榆政函〔2003〕96号
47	陕西永寿翠屏山市级自然保护区	192	市级	永寿县	人工林生态系统	咸政函〔2003〕38号
48	陕西淳化爷台山市级自然保护区	100	市级	淳化县	金钱豹、锦鸡、水曲柳等	咸政函〔2003〕38号
49	大荔沙苑县级自然保护区	50	县级	大荔县	沙苑沙地生态系统	荔政发〔2000〕006号
50	陕西神木臭柏县级自然保护区	114.08	县级	神木县	臭柏	神政字〔2006〕43号 陕地保办函〔2011〕1号
以下为湿地自然保护区						
51	陕西泾渭湿地省级自然保护区	30.298	省级	西安市灞桥区、未央区、高陵县	湿地及水禽	陕环函〔2001〕209号
52	陕西黄河湿地省级自然保护区	573.48	省级	韩城市、合阳县、大荔县、华阴市、潼关县	湿地及水禽	陕政函〔2005〕152号
53	陕西周至黑河湿地省级自然保护区	131.25	省级	周至县	以黑河水库为主的湿地及区域森林生态系统	陕政函〔2006〕187号
54	陕西千湖湿地省级自然保护区	71.56	省级	千阳县	珍稀水禽保护动物及湿地生态系统	陕政函〔2007〕6号
55	陕西无定河湿地省级自然保护区	114.8	省级	横山县	湿地生态系统	陕政函〔2009〕207号
56	陕西汉江湿地省级自然保护区	336.05	省级	汉中市汉台区勉县、南郑县、城固县、西乡县	湿地生态系统	陕政函〔2009〕206号
57	陕西瀛湖湿地省级自然保护区	80.5	省级	安康市汉滨区	黑鹳、金雕、白鹳、白肩雕等	陕环批复〔2011〕565号
58	红碱淖湿地自然保护区	217	县级	神木县	湿地及珍禽	榆政函〔2005〕111号

二、森林公园

序号	名　称	面积（km²）	级别	位　置	批准文号
1	陕西太白山国家森林公园	29.49	国家级	眉县	林造批字〔1991〕67号
2	陕西延安国家森林公园	54.47	国家级	延安市宝塔区	林造批字〔1992〕23号
3	陕西终南山国家森林公园	47.99	国家级	西安市长安区	林造批字〔1992〕104号
4	陕西楼观台国家森林公园	274.87	国家级	周至县	林造批字〔1992〕107号
5	陕西天台山国家森林公园	81	国家级	宝鸡市渭滨区	林造批字〔1993〕105号
6	陕西天华山国家森林公园	69.54	国家级	宁陕县	林场批字〔1997〕1042号
7	陕西朱雀国家森林公园	26.21	国家级	户县	林场发〔1999〕141号
8	陕西南宫山国家森林公园	31	国家级	岚皋县	林场发〔2000〕74号
9	陕西王顺山国家森林公园	36.33	国家级	蓝田县	林场发〔2000〕698号
10	陕西五龙洞国家森林公园	58	国家级	略阳县	林场发〔2001〕514号
11	陕西骊山国家森林公园	23.59	国家级	西安市临潼区	林场发〔2001〕519号
12	陕西通天河国家森林公园	52.35	国家级	凤县	林场发〔2002〕274号
13	陕西汉中天台国家森林公园	36.74	国家级	汉中市汉台区	林场发〔2002〕274号
14	陕西黎坪国家森林公园	94	国家级	南郑县	林场发〔2002〕274号
15	陕西金丝大峡谷国家森林公园	17.94	国家级	商南县	林场发〔2002〕274号
16	陕西榆林沙漠国家森林公园	34.93	国家级	榆林市榆阳区	林场发〔2003〕241号
17	陕西木王国家森林公园	36.16	国家级	镇安县	林场发〔2003〕241号
18	陕西劳山国家森林公园	19.33	国家级	甘泉县	林场发〔2004〕217号
19	陕西鬼谷岭国家森林公园	51.35	国家级	石泉县	林场发〔2004〕217号
20	陕西太平国家森林公园	60.85	国家级	户县	林场发〔2004〕217号
21	陕西玉华宫国家森林公园	32	国家级	铜川市印台区	林场许准〔2005〕966号
22	陕西千家坪国家森林公园	21.54	国家级	平利县	林场许准〔2005〕967号
23	陕西蟒头山国家森林公园	21.2	国家级	宜川县	林场许准〔2005〕968号
24	陕西上坝河国家森林公园	45.26	国家级	宁陕县	林场许准〔2006〕945号
25	陕西黑河国家森林公园	76.42	国家级	周至县	林场许准〔2006〕946号
26	陕西洪庆山国家森林公园	30	国家级	西安市灞桥区	林场许准〔2006〕947号
27	陕西牛背梁国家森林公园	21.23	国家级	柞水县	林场许准〔2008〕26号
28	陕西天竺山国家森林公园	10.89	国家级	山阳县	林场许准〔2008〕1194号
29	陕西紫柏山国家森林公园	46.62	国家级	留坝县	林场许准〔2008〕1195号
30	陕西少华山国家森林公园	63	国家级	华县	林场许准〔2008〕1196号
31	陕西石门山国家森林公园	88.56	国家级	旬邑县	林场许准〔2010〕1335号
32	陕西黄陵国家森林公园	43.58	国家级	黄陵县	林场许准〔2012〕13号
33	陕西省沣峪森林公园	62.73	省级	西安市长安区	陕林场发〔1992〕366号
34	陕西省太兴山森林公园	60.16	省级	西安市长安区	陕林场发〔1992〕384号
35	陕西省龙门洞森林公园	19.06	省级	陇县	陕林场发〔1992〕384号
36	陕西省乾陵森林公园	0.47	省级	乾县	陕林场发〔1992〕440号
37	陕西省香山森林公园	93.86	省级	铜川市耀州区	陕林场发〔1992〕440号

序号	名　　称	面积(km²)	级别	位　置	批准文号
38	陕西省吴山森林公园	33.37	省级	宝鸡市陈仓区	陕林场发〔1993〕31号
39	陕西省嵯峨山森林公园	12.99	省级	三原县	陕林场发〔1993〕31号
40	陕西省金栗山森林公园	10	省级	富平县	陕林场发〔1993〕93号
41	陕西省翠屏山森林公园	10.08	省级	永寿县	陕林场发〔1994〕186号
42	陕西省擂鼓台森林公园	5.85	省级	紫阳县	陕林场发〔1994〕362号
43	陕西省石鼓山森林公园	14.2	省级	渭南市临渭区	陕林场发〔1997〕69号
44	陕西省灵崖寺森林公园	1	省级	旬阳县	陕林场发〔1997〕138号
45	陕西省定边沙地森林公园	4.44	省级	定边县	陕林场发〔1997〕139号
46	陕西省苍龙山森林公园	15.51	省级	山阳县	陕林场发〔1998〕142号
47	陕西省玉皇山森林公园	74.9	省级	商南县	陕林场发〔1998〕143号
48	陕西省褒河森林公园	33.12	省级	汉中市汉台区	陕林场发〔1998〕144号
49	陕西省华山森林公园	100.42	省级	华阴市	陕林场发〔1998〕145号
50	陕西省三道门森林公园	15.09	省级	镇坪县	陕林场发〔1998〕146号
51	陕西省玉虚洞森林公园	0.88	省级	洛南县	陕林场发〔1998〕173号
52	陕西省神河源森林公园	32	省级	岚皋县	陕林场字〔1999〕117号
53	陕西省牢固关森林公园	6.4	省级	宁陕县	陕林场发〔2000〕137号
54	陕西省太安森林公园	6.12	省级	宜君县	陕林场发〔2000〕137号
55	陕西省桥峪森林公园	66.15	省级	华县	陕林场发〔2001〕238号
56	陕西省洽川森林公园	99.82	省级	合阳县	陕林发〔2001〕409号
57	陕西省红河谷森林公园	23.14	省级	眉县	陕林字〔2002〕568号
58	陕西省商山森林公园	14.15	省级	丹凤县	陕林发〔2003〕305号
59	陕西省桥北森林公园	33.02	省级	富县	陕林字〔2004〕340号
60	陕西省黄龙山森林公园	38.68	省级	黄龙县	陕林字〔2004〕340号
61	陕西省翠峰山森林公园	39.18	省级	周至县	陕林字〔2004〕340号
62	陕西省玉山森林公园	13.93	省级	蓝田县	陕林字〔2004〕578号
63	陕西省关山森林公园	69.82	省级	陇县	陕林字〔2004〕578号
64	陕西省榆林红石峡森林公园	1.69	省级	榆林市榆阳区	陕林字〔2004〕578号
65	陕西省仲山森林公园	30	省级	淳化县	陕林发〔2005〕264号
66	陕西省宁东森林公园	32.18	省级	宁陕县	陕林发〔2005〕264号
67	陕西省方山森林公园	14.25	省级	白水县	陕林字〔2006〕205号
68	陕西省女娲山森林公园	5.34	省级	平利县	陕林字〔2007〕615号
69	陕西省吴起退耕还林森林公园	99.17	省级	吴起县	陕林字〔2007〕660号
70	陕西省秦王山森林公园	65.85	省级	商洛市商州区	陕林发〔2008〕345号
71	陕西省榆林沙地森林公园	10	省级	榆林市榆阳区	陕林字〔2008〕433号
72	陕西省西安雁塔森林公园	9.53	省级	西安市雁塔区	陕林发〔2009〕292号
73	陕西省白鹿原森林公园	5.36	省级	西安市雁塔区	陕林发〔2010〕408号
74	陕西省太白青峰峡森林公园	66.85	省级	太白县	陕林发〔2010〕56号

陕
西

序号	名　　称	面积（km²）	级　别	位　　置	批准文号
75	陕西省秦岭十寨沟森林公园	20.67	省级	户　县	陕林字〔2010〕818号
76	陕西省凤凰山森林公园	44.7	省级	安康市汉滨区	陕林场发〔2011〕348号
77	陕西省云雾山森林公园	21.13	省级	勉　县	陕林场发〔2011〕71号
78	陕西省紫云山森林公园	6.92	省级	蓝田县	陕林场字〔2012〕133号

三、风景名胜区

序号	名　　称	面积（km²）	级　别	位　　置	批准文号
1	华山风景名胜区	159.28	国家级	华阴市	国发〔1982〕136号
2	临潼骊山风景名胜区	316	国家级	西安市临潼区	国发〔1982〕136号
3	黄河壶口瀑布风景名胜区	100	国家级	宜川县	国发〔1988〕51号
4	宝鸡天台山风景名胜区	133.34	国家级	宝鸡市渭滨区	建城〔1997〕242号
5	黄帝陵风景名胜区	128	国家级	黄陵县	国函〔2002〕40号
6	洽川风景名胜区	176.46	国家级	合阳县	建城函〔2008〕22号
7	香溪洞风景名胜区	6	省级	安康市汉滨区	陕政发〔1990〕65号
8	磻溪钓鱼台风景名胜区	12	省级	宝鸡市陈仓区	陕政发〔1990〕65号
9	凤翔东湖风景名胜区	32	省级	凤翔县	陕政发〔1990〕65号
10	药王山风景名胜区	4	省级	铜川市耀州区	陕政发〔1990〕65号
11	唐玉华宫风景名胜区	14	省级	铜川市印台区	陕政发〔1990〕65号
12	柞水溶洞风景名胜区	17	省级	柞水县	陕政发〔1990〕65号
13	瀛湖风景名胜区	102	省级	安康市汉滨区	陕政发〔1993〕42号
14	汉中天台山—哑姑山风景名胜区	12	省级	汉中市汉台区	陕政发〔1993〕42号
15	南宫山风景名胜区	160	省级	岚皋县	陕政发〔1993〕42号
16	蓝田玉山风景名胜区	154	省级	蓝田县	陕政发〔1993〕42号
17	张良庙—紫柏山风景名胜区	50	省级	留坝县	陕政发〔1993〕42号
18	江神庙—灵岩寺风景名胜区	8.2	省级	略阳县	陕政发〔1993〕42号
19	南湖风景名胜区	8	省级	南郑县	陕政发〔1993〕42号
20	周公庙风景名胜区	4	省级	岐山县	陕政发〔1993〕42号
21	三国遗址五丈原名胜区	50	省级	岐山县	陕政发〔1993〕42号
22	翠华山—南五台风景名胜区	120	省级	西安市长安区	陕政发〔1993〕42号
23	午子山风景名胜区	25	省级	西乡县	陕政发〔1993〕42号
24	红石峡—镇北台风景名胜区	31	省级	榆林市榆阳区	陕政发〔1993〕42号
25	楼观台风景名胜区	323	省级	周至县	陕政发〔1993〕42号
26	神木红碱淖风景名胜区	100	省级	神木县	陕政发〔1995〕70号
27	千湖风景名胜区	25	省级	凤翔县、千阳县、宝鸡市陈仓区	陕政字〔1999〕32号

续表

序号	名　称	面积（km²）	级别	位　置	批准文号
28	关山草原风景名胜区	30	省级	陇　县	陕政字〔1999〕32号
29	香山—照金风景名胜区	312	省级	铜川市耀州区	陕政字〔1999〕32号
30	福地湖风景名胜区	42	省级	宜君县	陕政函〔2002〕143号
31	三国遗址武侯墓祠—定军山风景名胜区	22.6	省级	勉　县	陕政函〔2004〕41号
32	黄河龙门—司马迁祠墓风景名胜区	52	省级	韩城市	陕政函〔2004〕59号
33	月亮洞风景名胜区	30	省级	山阳县	陕政函〔2008〕52号
34	白云山风景名胜区	4.65	省级	佳　县	陕政函〔2008〕133号
35	南沙河风景名胜区	102	省级	城固县	陕政函〔2010〕234号

四、地质公园

序号	名　称	面积（km²）	级别	位　置	批准文号
1	中国秦岭终南山世界地质公园	1074.85	世界级	周至县、户县、西安市长安区、蓝田县、临潼县	2009年8月22日联合国教科文组织复函
2	陕西宜川壶口瀑布国家地质公园	29	国家级	宜川县	国土资发〔2001〕388号
3	陕西洛川黄土国家地质公园	8.01	国家级	洛川县	国土资发〔2001〕388号
4	陕西延川黄河蛇曲国家地质公园	86	国家级	延川县	国土资发〔2005〕187号
5	陕西商南金丝峡国家地质公园	28.6	国家级	商南县	国土资函〔2013〕5号
6	陕西岚皋南宫山国家地质公园	31	国家级	岚皋县	国土资函〔2013〕5号
7	陕西柞水溶洞国家地质公园	140	国家级资格	柞水县	国土资厅函〔2012〕380号
8	陕西耀州照金丹霞国家地质公园	60.8	国家级资格	铜川市耀州区	国土资厅函〔2012〕380号
9	陕西省黎坪地质公园	72.63	省级	南郑县	陕国土资函〔2010〕39号
10	陕西省华山地质公园	159.28	省级	华阴市	陕国土资函〔2012〕93号

五、文化自然遗产

序号	名　称	年代	面积（km²）	位　置	级　别	批准文号
1	秦始皇陵及兵马俑	秦	56.25	西安市临潼区	世界文化遗产国家考古遗址公园	教科全字〔1998〕9号 文物保发〔2010〕35号
2	汉长安城未央宫遗址	汉	60.33	西安市未央区	中国世界文化遗产预备名单国家考古遗址公园	文物保函〔2012〕1604号 文物保发〔2010〕35号
3	唐长安城大明宫遗址	唐	6.436	西安市新城区、未央区	中国世界文化遗产预备名单国家考古遗址公园	文物保函〔2012〕1604号 文物保发〔2010〕35号

续表

序号	名　称	年代	面积(km²)	位　置	级　别	批准文号
4	大雁塔	唐	3.6	西安市雁塔区	中国世界文化遗产预备名单	文物保函〔2012〕1604号
5	小雁塔	唐	3.5	西安市碑林区	中国世界文化遗产预备名单	文物保函〔2012〕1604号
6	兴教寺塔	唐	4.3	西安市长安区	中国世界文化遗产预备名单	文物保函〔2012〕1604号
7	张骞墓	汉	0.4	城固县	中国世界文化遗产预备名单	文物保函〔2012〕1604号
8	彬县大佛寺石窟	南北朝—唐	6.22	彬　县	中国世界文化遗产预备名单	文物保函〔2012〕1604号
9	乾陵	唐	31.72	乾　县	中国世界文化遗产预备名单	文物保函〔2012〕1604号
10	党家村古建筑群	元—清	0.25	韩城市	中国世界文化遗产预备名单	文物保函〔2012〕2037号
11	统万城遗址	十六国	92.9	靖边县	中国世界文化遗产预备名单	文物保函〔2012〕2037号
12	西安城墙	明	5.77	西安市碑林区、新城区、莲湖区	中国世界文化遗产预备名单	文物保函〔2012〕2037号
13	汉阳陵	西汉	12	咸阳市渭城区	国家考古遗址公园	文物保发〔2010〕35号
14	秦咸阳城遗址	秦	72	咸阳市渭城区	国家考古遗址公园	文物保发〔2010〕35号
15	汉茂陵	西汉	33.5	兴平市	全国重点文物保护单位	1961年3月4日国务院公布
16	汉杜陵	西汉	11.6	西安市	全国重点文物保护单位	1988年1月13日国务院公布
17	汉长陵	西汉	11.5	咸阳市渭城区	全国重点文物保护单位	1988年1月13日国务院公布
18	汉霸陵	西汉	13	西安市灞桥区	全国重点文物保护单位	国发〔2001〕25号
19	汉康陵	西汉	3.58	咸阳市渭城区	全国重点文物保护单位	国发〔2001〕25号
20	汉延陵	西汉	10.5	咸阳市渭城区	全国重点文物保护单位	国发〔2001〕25号
21	汉义陵	西汉	11	咸阳市渭城区	全国重点文物保护单位	国发〔2001〕25号
22	汉渭陵	西汉	8.85	咸阳市渭城区	全国重点文物保护单位	国发〔2001〕25号
23	汉平陵	西汉	18.5	咸阳市秦都区	全国重点文物保护单位	国发〔2001〕25号
24	汉安陵	西汉	5.85	咸阳市渭城区	全国重点文物保护单位	国发〔2001〕25号
25	唐献陵	唐	8.2	三原县	全国重点文物保护单位	国发〔2001〕25号
26	唐昭陵	唐	19.4	礼泉县	全国重点文物保护单位	1961年3月4日国务院公布

陕西

序号	名　　称	年代	面积（km²）	位　置	级　别	批准文号
27	唐桥陵	唐	20	蒲城县	全国重点文物保护单位	1988 年 1 月 13 日国务院公布
28	唐定陵	唐	4.3	富平县	全国重点文物保护单位	国发〔2001〕25 号
29	唐泰陵	唐	11	蒲城县	全国重点文物保护单位	国发〔2001〕25 号
30	唐建陵	唐	4.1	礼泉县	全国重点文物保护单位	国发〔2001〕25 号
31	唐元陵	唐	2.9	富平县	全国重点文物保护单位	国发〔2001〕25 号
32	唐光陵	唐	10	蒲城县	全国重点文物保护单位	国发〔2001〕25 号
33	唐丰陵	唐	3.6	富平县	全国重点文物保护单位	国发〔2001〕25 号
34	唐景陵	唐	8.6	蒲城县	全国重点文物保护单位	国发〔2001〕25 号
35	唐庄陵	唐	0.4	三原县	全国重点文物保护单位	国发〔2001〕25 号
36	唐崇陵	唐	20	泾阳县	全国重点文物保护单位	国发〔2001〕25 号
37	唐章陵	唐	2.2	富平县	全国重点文物保护单位	国发〔2001〕25 号
38	唐端陵	唐	0.4	三原县	全国重点文物保护单位	国发〔2001〕25 号
39	唐简陵	唐	3.2	富平县	全国重点文物保护单位	国发〔2001〕25 号
40	唐贞陵	唐	10.2	泾阳县	全国重点文物保护单位	国发〔2001〕25 号
41	唐靖陵	唐	1	乾　县	全国重点文物保护单位	国发〔2001〕25 号
42	阿房宫遗址	秦	10.89	西安市	全国重点文物保护单位	1961 年 3 月 4 日国务院公布
43	丰镐遗址	西周	35	西安市长安区	全国重点文物保护单位	1961 年 3 月 4 日国务院公布
44	周原遗址	周	1400	扶风县、岐山县	全国重点文物保护单位	1982 年 2 月 23 日国务院公布
45	秦雍城遗址	秦	31.56	凤翔县	全国重点文物保护单位	1988 年 1 月 13 日国务院公布
46	隋大兴唐长安城遗址	隋唐	83	西安市	全国重点文物保护单位	国发〔1996〕47 号

六、水产种质资源保护区

序号	名　　称	面积（km²）	级别	位　　置	主要保护对象	批准文号
1	黄河洽川段乌鳢国家级水产种质资源保护区	258	国家级	合阳县	乌鳢、鲇鱼、鲤鱼、黄颡鱼、合阳高原鳅	农业部公告第 1130 号农办渔〔2009〕34 号

序号	名 称	面积(km²)	级 别	位 置	主要保护对象	批准文号
2	黑河多鳞铲颌鱼国家级水产种质资源保护区	60.98	国家级	周至县	多鳞铲颌鱼	农业部公告第1130号 农办渔(2009)34号
3	辋川河特有鱼类国家级水产种质资源保护区	42.37	国家级	蓝田县	鲇鱼	农业部公告(第1308号) 农办渔〔2010〕104号
5	嘉陵江源特有鱼类国家级水产种质资源保护区	22.35	国家级	凤 县	唇鱼骨、多鳞铲颌鱼、鲇鱼	农业部公告(第1308号) 农办渔〔2010〕104号
4	库峪河特有鱼类国家级水产种质资源保护区	6.11	国家级	西安市长安区	岷县高原鳅、多鳞铲颌鱼、山溪鲵、中国林蛙	农业部公告(第1491号) 农办渔〔2011〕87号
6	汉江西乡段国家级水产种质资源保护区	51.16	国家级	西乡县	黄颡鱼、齐口裂腹鱼、鲤鱼	农业部公告(第1491号) 农办渔〔2011〕87号
7	褒河特有鱼类国家级水产种质资源保护区	17.14	国家级	留坝县 汉中市汉台区	鲇、长吻鮠、黄颡鱼、大眼鳜、鲤、乌鳢	农业部公告(第1684号) 农办渔〔2012〕63号
8	渭河国家级水产种质资源保护区	149.72	国家级	华阴市、大荔县、潼关县	鲤、鲇鱼、黄颡鱼、乌鳢、鲫	农业部公告(第1684号) 农办渔〔2012〕63号
9	黄河滩中华鳖国家级水产种质资源保护区	37.5	国家级	大荔县	中华鳖、芦苇	农业部公告(第1684号) 农办渔〔2012〕63号
10	甘峪河秦岭细鳞鲑国家级水产种质资源保护区	6.18	国家级	户 县	秦岭细鳞鲑	农业部公告(第1873号)
11	沮河上游国家级水产种质资源保护区	25.42	国家级	黄陵县	鲤鱼、鲫鱼、赤眼鳟、鲇	农业部公告(第1873号)
12	丹江源国家级水产种质资源保护区	6.08	国家级	商州区	鲇、黄颡鱼	农业部公告(第1873号)
13	千河国家级水产种质资源保护区	32.72	国家级	千阳县、陇县	青虾、鲤鱼、鲫鱼、鲇和黄颡鱼	农业部公告(第1873号)
14	湑水河国家级水产种质资源保护区	6.11	国家级	城固县	大眼鳜、鲤鱼、鲇、黄颡鱼	农业部公告(第1873号)
15	任河多鳞铲颌鱼国家级水产种质资源保护区	26.86	国家级	紫阳县	多鳞铲颌鱼和大鲵	农业部公告(第1873号)

陕西

七、重要湿地

(一)国家湿地公园

序号	名 称	面积(km²)	级 别	位 置	批准文号
1	千湖国家湿地公园	5.73	国家级	千阳县	林湿发(2011)212号
2	西安浐灞国家湿地公园(试点)	7.89	国家级	西安市灞桥区	林湿发〔2008〕234号
3	三原清峪河国家湿地公园(试点)	10.7	国家级	三原县	林湿发〔2008〕234号

续表

序号	名　　称	面积(km²)	级　别	位　　置	批准文号
4	淳化冶峪河国家湿地公园(试点)	11.71	国家级	淳化县	林湿发〔2008〕234号
5	蒲城卤阳湖国家湿地公园(试点)	14.7	国家级	蒲城县	林湿发〔2008〕234号
6	铜川赵氏河国家湿地公园(试点)	13.15	国家级	铜川市耀州区	林湿发〔2009〕297号
7	丹凤丹江国家湿地公园(试点)	20.8	国家级	丹凤县	林湿发〔2009〕297号
8	宁强汉水源国家湿地公园(试点)	15.09	国家级	宁强县	林湿发〔2009〕297号
9	宁陕旬河源头国家湿地公园(试点)	20.62	国家级	宁陕县	林湿发〔2009〕297号
10	凤县嘉陵江国家湿地公园(试点)	25.56	国家级	凤县	林湿发〔2009〕297号
11	太白石头河国家湿地公园(试点)	10.54	国家级	太白县	林湿发〔2009〕297号
12	旬邑马栏国家湿地公园(试点)	20.2	国家级	旬邑县	林湿发〔2011〕61号
13	千渭之会国家湿地公园(试点)	7.5	国家级	宝鸡市高新区、陈仓区、凤翔县	林湿发〔2012〕341号
14	澽水国家湿地公园(试点)	35.5	国家级	韩城市	林湿发〔2012〕341号

（二）重要湿地

序号	名　　称	四至界限范围	级　别	隶属地	批准文号
1	陕西黄河湿地	从府谷县墙头乡墙头村到渭南市潼关县秦东镇十里铺村,包括我省域内的黄河河道、河滩、泛洪区及河道陕西一侧1km范围内的人工湿地。含陕西黄河湿地自然保护区。	省级	榆林市、延安市、渭南市	陕政发〔2008〕34号
2	府谷清水川湿地	从府谷县哈镇到海则庙乡寨峁村沿清水川至清水川与黄河交汇处,包括清水川河道、河滩、泛洪区及河道两岸1km范围内的人工湿地。	省级	府谷县	陕政发〔2008〕34号
3	府谷孤山川湿地	从府谷县庙沟门镇沙梁村到府谷镇沿孤山川至孤山川与黄河交汇处,包括孤山川河道、河滩、泛洪区及河道两岸1km范围内的人工湿地。	省级	府谷县	陕政发〔2008〕34号
4	神木窟野河湿地	从神木县神木镇到贺家川镇柳林滩村沿窟野河至窟野河与黄河交汇处,包括窟野河河道、河滩、泛洪区及河道两岸1km范围内的人工湿地。	省级	神木县	陕政发〔2008〕34号
5	神木乌兰木伦河湿地	从大柳塔镇前石圪台村到神木镇沿乌兰木伦河至乌兰木伦河与窟野河交汇处,包括乌兰木伦河河道、河滩、泛洪区及河道两岸1km范围内的人工湿地。	省级	神木县	陕政发〔2008〕34号
6	神木秃尾河湿地	从神木县瑶镇到万镇沿秃尾河至秃尾河与黄河交汇处,包括秃尾河河道、河滩、泛洪区及河道两岸1km范围内的人工湿地。	省级	神木县	陕政发〔2008〕34号
7	定边花麻池湿地	定边县盐场堡乡北畔村和二楼村界内的花麻池,包括滩涂及周边500m内的沼泽地。	省级	定边县	陕政发〔2008〕34号
8	陕西红碱淖湿地	西至神木县尔林兔镇东葫芦村,北至中鸡镇壕赖村,东到尔林兔镇贾家梁村,南至尔林兔镇后尔林兔村。含陕西红碱淖自然保护区。	省级	神木县	陕政发〔2008〕34号

续表

序号	名　称	四至界限范围	级　别	隶属地	批准文号
9	佳县佳芦河湿地	从佳县方塌镇杨塌村到佳芦镇沿佳芦河至佳芦河与黄河交汇处,包括佳芦河河道、河滩、泛洪区及河道两岸1km范围内的人工湿地。	省级	佳县	陕政发〔2008〕34号
10	定边烂泥池湿地	东至水滩滩,西至西沙窝,南至东滩,北至盐池城郊林场,包括滩涂及周边500m内的沼泽地。	省级	定边县	陕政发〔2008〕34号
11	定边莲花池湿地	东至定边盐场堡乡朱咀,西至海子塘,南至西红庄,北至猫头梁,包括滩涂及周边500m内的沼泽地。	省级	定边县	陕政发〔2008〕34号
12	定边苟池湿地	定边县周台子乡王圈村界内的苟池,包括滩涂及周边500m内的沼泽地。	省级	定边县	陕政发〔2008〕34号
13	定边公布井湿地	定边县周台子乡公布井村和金鸡湾村界内的公布井,包括滩涂及周边500m内的沼泽地。	省级	定边县	陕政发〔2008〕34号
14	定边明水湖湿地	定边县白泥井镇明水湖村界内的明水湖,包括滩涂及周边500m内的沼泽地。	省级	定边县	陕政发〔2008〕34号
15	榆林无定河湿地	从定边长春梁东麓到清涧县河口,沿无定河至无定河与黄河交汇处,包括我省域内的无定河河道、河滩、泛洪区及河道两岸1km范围内的人工湿地。含陕西无定河湿地自然保护区。	省级	定边县、横山县、榆林市榆阳区、米脂县、绥德县、清涧县	陕政发〔2008〕34号
16	靖边金鸡沙湿地	东至靖边县东坑小桥畔村,西至宁条梁镇柳一村,南至东坑镇宋渠村,北至东坑镇金鸡沙村,包括滩涂及周边500m内范围内的沼泽地。	省级	靖边县	陕政发〔2008〕34号
17	靖边海则滩湿地	北至红墩界镇王家洼城,东至柳树湾林场,南至沙石卯林场,西至河南村二组,包括水面、滩涂及周边500m范围内的沼泽地。	省级	靖边县	陕政发〔2008〕34号
18	芦河湿地	从靖边县新城乡到横山县横山镇吴家沟村,沿芦河至芦河与无定河交汇处,包括芦河河道、沼泽地、泛洪区及河道两岸1km范围内的人工湿地。	省级	靖边县	陕政发〔2008〕34号
19	榆阳榆溪河湿地	从榆阳区小壕兔乡到鱼河镇,沿榆溪河至榆溪河与无定河交汇处,包括河道、河滩、泛洪区及河道两岸1km范围内的人工湿地。	省级	榆林市榆阳区	陕政发〔2008〕34号
20	榆林大理河湿地	从靖边县小河乡到绥德县名州镇沿大理河至大理河与无定河交汇处,包括大理河河道、河滩、泛洪区及河道两岸1km范围内的人工湿地。	省级	靖边县、横山县、子洲县、绥德县	陕政发〔2008〕34号
21	陕西清涧河湿地	从清涧县折家坪镇王家崖村到延川县土岗乡苏亚河村沿清涧河至清涧河与黄河交汇处,包括清涧河河道、河滩、泛洪区及河道两岸1km范围内的人工湿地。	省级	榆林市、延安市	陕政发〔2008〕34号
22	延安延河湿地	从安塞县镰刀湾乡杨石寺村到延长县南河沟乡两水岸村沿延河至延河与黄河交汇处,包括延河河道、河滩、泛洪区及河道两岸1km范围内的人工湿地。	省级	安塞县、延安市宝塔区、延长县	陕政发〔2008〕34号

陕西

序号	名　　称	四至界限范围	级　别	隶属地	批准文号
23	榆阳河口水库湿地	从榆阳区马合镇河口到打拉石,包括水库水面及周边500m范围内的沼泽地。	省级	榆林市榆阳区	陕政发〔2008〕34号
24	陕西北洛河湿地	从定边县白于山郝庄梁到大荔县沙苑沿北洛河至北洛河与渭河交汇处。包括北洛河河道、河滩、泛洪区及河道两岸1km范围内的人工湿地。	省级	榆林市、延安市、渭南市	陕政发〔2008〕34号
25	陕西黑河湿地	东至就峪山梁,西至青冈砭垭,南至陈河口,北至仙游寺与马召武兴村南口。含陕西黑河湿地自然保护区。	省级	周至县	陕政发〔2008〕34号
26	延安葫芦河湿地	从富县张家湾镇五里铺村到洛川县交口镇沿葫芦河至葫芦河与洛河交汇处,包括葫芦河河道、河滩、泛洪区及河道两岸1km范围内的人工湿地。	省级	富县、黄陵县、洛川县	陕政发〔2008〕34号
27	陕西泾河湿地	从长武县芋园乡至高陵县耿镇沿泾河至泾河与渭河交汇处,包括泾河河道、河滩、泛洪区及河道两岸1km范围内的人工湿地。	省级	西安市、咸阳市	陕政发〔2008〕34号
28	陕西渭河湿地	从宝鸡市陈仓区凤阁岭到潼关县港口沿渭河至渭河与黄河交汇处,包括渭河河道、河滩、泛洪区及河道两岸1km范围内的人工湿地。含西安泾渭湿地自然保护区。	省级	宝鸡市、咸阳市、西安市、渭南市等	陕政发〔2008〕34号
29	千河湿地	东至陈仓区桥镇冯家庄村口,西至陕西、甘肃交界处的马鹿河,包括千河河道、河滩、泛洪区及河道两岸500m范围内的人工湿地。含陕西千湖湿地自然保护区和陕西陇县秦岭细鳞鲑省级自然保护区。	省级	陈仓区、千阳县、陇县	陕政发〔2008〕34号
30	宝鸡石头河湿地	从太白县桃川河到岐山县五丈塬镇沿石头河至石头河与渭河交汇处,包括石头河河道、河滩、泛洪区及河道两岸500m范围内的人工湿地。含陕西黑河湿地自然保护区。	省级	太白县、眉县、岐山县	陕政发〔2008〕34号
31	户县涝峪河湿地	从户县天桥乡东岳庙到大王镇沿涝峪河至涝峪河与渭河交汇处。包括河流中的河道、河滩、泛洪区及河道两岸1km范围内的人工湿地。	省级	户县	陕政发〔2008〕34号
32	长安沣河湿地	从西安市长安区滦镇鸡窝子到咸阳市渭城区沣东镇沙苓村沿沣河至沣河与渭河交汇处,包括沣河河道、河滩、泛洪区及河道两岸1km范围内的人工湿地。	省级	西安市长安区、咸阳市渭城区	陕政发〔2008〕34号
33	长安灞河湿地	从蓝田县蓝关镇到灞桥区新合镇沿灞河至灞河与渭河交汇处,包括灞河河道、河滩、泛洪区及河道两岸1km范围内的人工湿地。	省级	西安市灞桥区、蓝田县	陕政发〔2008〕34号
34	长安浐河湿地	从长安区杨庄镇坪沟村到灞桥区新筑镇沿浐河至浐河与灞河交汇处,包括浐河河道、河滩、泛洪区及河道两岸1km范围内的人工湿地。	省级	西安市灞桥区、雁塔区、长安区	陕政发〔2008〕34号

续表

序号	名　　称	四至界限范围	级　别	隶属地	批准文号
35	铜川桃曲坡水库湿地	北至良采河村,南至马咀村,西至柏树塬村,东至生寅村,包括水库水面及周边500m范围内的沼泽地。	省　级	铜川市耀州区	陕政发〔2008〕34号
36	洛南洛河湿地	从洛南县洛源镇洛源村到灵口镇戴川村沿洛河至陕、豫省界,包括洛河河道、河滩、泛洪区及河道两岸500m内的人工湿地。含陕西洛南大鲵自然保护区。	省　级	洛南县	陕政发〔2008〕34号
37	蒲城县卤阳湖湿地	东至齐家村西口,西至常家,南至富家,北至内府口,包括湖泊、滩涂及周边500m内的沼泽地。	省　级	蒲城县	陕政发〔2008〕34号
38	陕西嘉陵江湿地	从凤县马头滩到宁强县燕子砭镇,包括嘉陵江河道、河滩、泛洪区及河道两岸1km范围内的人工湿地。含陕西略阳大鲵省级自然保护区。	省　级	凤县、略阳县、宁强县	陕政发〔2008〕34号
39	陕西汉江湿地	从勉县土关铺乡田坝到白河县城关镇,包括汉江河道、河滩、泛洪区及河道两岸1km范围内的人工湿地。含陕西汉中朱鹮国家级自然保护区、陕西汉江湿地自然保护区。	省　级	汉中市、安康市	陕政发〔2008〕34号
40	汉中漾家河湿地	从南郑县黄家河坝到勉县温泉镇沿漾家河至漾家河与汉江交汇处,包括漾家河河道、河滩、泛洪区及河道两岸1km范围内的人工湿地。	省　级	南郑县、勉县	陕政发〔2008〕34号
41	汉中褒河湿地	从留坝县玉皇庙乡到汉台区龙江镇沿褒河至褒河与汉江交汇处,包括褒河河道、河滩、泛洪区及河道两岸1km范围内的人工湿地。	省　级	留坝县、勉县、汉中市汉台区	陕政发〔2008〕34号
42	汉中石门水库湿地	北至河东店镇与留坝交界处,南至河东店镇光明村北口,包括滩涂及周边500m内的湿地。	省　级	汉中市汉台区	陕政发〔2008〕34号
43	汉中湑水河湿地	从洋县华阳镇到洋县湑水镇沿湑水河至湑水河与汉江交汇处,包括湑水河河道、河滩、泛洪区及河道两岸1km范围内的人工湿地。	省　级	城固县、洋县	陕政发〔2008〕34号
44	陕西太白湑水河湿地	南至太白县与洋县县界,北至红崖河口,东至核桃坪,西至牛尾河。含太白湑水河流域珍稀水生动物省级自然保护区。	省　级	太白县	陕政发〔2008〕34号
45	西乡子午河湿地	从西乡县子午乡到三花石乡沿子午河至子午河与汉江交汇处,包括子午河河道、河滩、泛洪区及河道两岸1km范围内的人工湿地等。	省　级	西乡县	陕政发〔2008〕34号
46	汉中牧马河湿地	从城固县大盘乡到西乡县三花石乡沿牧马河至牧马河与汉江交汇处,包括牧马河河道、河滩、泛洪区及河道两岸1km范围内的人工湿地。	省　级	城固县、西乡县	陕政发〔2008〕34号
47	镇巴任河湿地	从镇巴县巴山乡到紫阳县城关沿任河至任河与汉江交汇处,包括任河河道、河滩、泛洪区及河道两岸1km范围内的人工湿地。	省　级	镇巴县、紫阳县	陕政发〔2008〕34号

序号	名　称	四至界限范围	级别	隶属地	批准文号
48	安康岚河湿地	从平利县正阳乡到汉滨区玉岚乡沿岚河至岚河与汉江交汇处,包括岚河河道、河滩、泛洪区及河道两岸1km范围内的人工湿地。	省级	平利县、岚皋县、安康市汉滨区	陕政发〔2008〕34号
49	安康旬河湿地	从宁陕县江口回族镇到旬阳县城关镇沿旬河至旬河与汉江交汇处,包括旬河河道、河滩、泛洪区及河道两岸1km范围内的人工湿地。	省级	宁陕县、旬阳县、镇安县	陕政发〔2008〕34号
50	安康坝河湿地	从平利县城关镇到旬阳县吕河镇沿坝河至坝河与汉江交汇处,包括坝河河道、河滩、泛洪区及河道两岸1km范围内的人工湿地。含陕西安康瀛湖湿地自然保护区。	省级	旬阳县、平利县、紫阳县、安康市汉滨区	陕政发〔2008〕34号
51	商洛金钱河湿地	从柞水县凤凰镇凤镇街村到山阳县漫川关镇小河口村沿金钱河至陕、鄂省界,包括金钱河河道、河滩及河道两岸1km范围内的人工湿地。	省级	柞水县、山阳县	陕政发〔2008〕34号
52	镇坪南江河湿地	从镇坪县钟保镇到洪石乡沿南江河至陕、鄂省界,包括南江河河道、河滩、泛洪区及河道两岸1km范围内的人工湿地。	省级	镇坪县	陕政发〔2008〕34号
53	镇坪大暑河湿地	从镇坪县蜀坪乡到小蜀河乡沿大暑河至大暑河与南江河交汇处,包括大暑河河道、河滩、泛洪区及河道两岸1km范围内的人工湿地。	省级	镇坪县	陕政发〔2008〕34号
54	商洛丹江湿地	从商州区陈塬街办凤山村到商南县白浪镇月亮湾村,包括丹江河道、河滩、泛洪区及河道两岸1km范围内的人工湿地。	省级	商洛市商州区、丹凤县、商南县	陕政发〔2008〕34号
55	商洛二龙山水库湿地	商洛市商州区麻街镇域内,西到铺上村,东到下湾村,南至白岭村北口,包括水库水面及周边500m内的沼泽地。	省级	商洛市商州区	陕政发〔2008〕34号

八、重要水源地

序号	水源地名称	水源类型	面积(km²)	级别	位　置	批准文号
1	黑河金盆水库水源地	水库型	154.73	市级	周至县黑河峪口	陕政办发〔1999〕33号
2	田峪水源地(调剂水源)	河流型	0.25	市级	周至县田峪河峪口	陕政办发〔1999〕33号
3	石砭峪水库水源地(调剂水源)	水库型	16.04	市级	西安市长安区滈河石砭峪口	陕政办发〔1999〕33号
4	沣峪水源地(调剂水源)	河流型	0.31	市级	西安市长安区沣峪口	陕政办发〔1999〕33号
5	浐河水源地	河流型	0.32	市级	西安市东郊咸宁路以北浐河上	陕政办发〔1999〕33号
6	灞河地下水源	地下水	17.98	县级	西安市灞桥区汪家寨至石家道段	市政发〔1999〕186号

续表

序号	水源地名称	水源类型	面积（km²）	级别	位　　置	批准文号
7	沣河地下水源	地下水	7.7	县级	西安市西北郊沿沣河东岸	市政发〔1999〕186号
8	皂河地下水源	地下水	6.2	县级	西安市西郊三桥镇皂河以西	市政发〔1999〕186号
9	渭滨地下水源	地下水	8.31	县级	西安市北郊草滩农场沿渭河南岸	市政发〔1999〕186号
10	段村地下水源	地下水	2.75	县级	西安市北郊段村西侧灞河东岸	市政发〔1999〕186号
11	渭河西北郊地下水源	地下水	12.79	县级	西安市西北郊沣河入渭处	市政发〔1999〕186号
12	临潼渭河新丰镇水源	地下水	0.12	县级	西安市临潼区新丰街办渭河南岸	临政发〔2000〕43号
13	冯家山水库水源地	水库型	51.43	市级	宝鸡市北24公里	陕环函〔2011〕711号
14	牛家沟水源地▲	河流型		县级	太白县咀头镇	陕政办发〔1999〕33号
15	宝鸡石头河水库水源地	水库型	11.08	县级	眉县斜峪关	陕政函〔2001〕41号
16	宝鸡市嘉—清水源地▲	河流型		县级	宝鸡市渭滨区神农镇	陕政函〔2007〕125号
17	石沟河水源地	河流型	46.5	县级	太白县城南3公里	陕政函〔2007〕125号
18	扶风县官务水库	水库型	9.3	县级	扶风县法门镇	陕政函〔2007〕125号
19	凤翔县白狄沟水库▲	水库型		县级	凤翔县姚家沟镇	陕政函〔2007〕125号
20	凤县城区水源地	河流型	0.855	县级	凤县双石铺镇	陕政函〔2007〕125号
21	麟游县永安河水源地▲	河流型		县级	麟游县九成宫镇	陕政函〔2007〕125号
22	冯村水库水源地	水库型	4.02	县级	三原县嵯峨镇	陕政办发〔1999〕33号
23	李家川水库水源地	水库型	3.65	县级	彬县城关镇	陕政办发〔1999〕33号
24	四郎池水库水源地	水库型	0.5	县级	彬县底店镇	陕政办发〔1999〕33号
25	咸阳市城区水源地	地下水	3.6	市级	咸阳市主城区	咸政函〔2002〕28号
26	咸阳市西郊水源地	地下水	3.4	市级	两寺渡以西，过塘村以南	咸政函〔2002〕28号
27	咸阳市东郊水源地	地下水	1.8	市级	咸阳市区东3公里	咸政函〔2002〕28号
28	咸阳市陈阳寨水源地	地下水	2.4	市级	咸阳市陈阳寨以东	咸政函〔2002〕28号
29	咸阳市沣西水源地▲	地下水		市级	咸阳市曹家寨以东	咸政函〔2002〕28号
30	兴平市二水厂水源地	地下水	2.3	县级	兴平市西城办、庄头镇	咸政计发〔1996〕311号
31	泾阳县一、二水厂水源地	地下水	0.095	县级	泾阳县泾干镇	泾政发〔2011〕38号
32	尤河水库水源地	水库型	157.17	市级	渭南市临渭区	陕政办发〔1999〕33号
33	五一水库水源地	水库型	48.55	县级	澄城县罗家洼乡	陕政办发〔1999〕33号
34	薛峰水库水源地	水库型	95.9	县级	韩城市板桥镇	陕政办发〔1999〕33号
35	华县小夫峪水库水源地	水库型	0.62	县级	华县县城东南11公里	陕政函〔2001〕41号

陕西

序号	水源地名称	水源类型	面积（km²）	级别	位置	批准文号
36	桃曲坡水库水源地	水库型	44.7	市级	铜川市耀州区石柱镇	陕政办发〔1999〕33号
37	铜川市溪水河柳湾水源地	河流型	21	市级	铜川市印台区金锁关镇和印台镇	陕政函〔2007〕125号
38	宜君县西河水源地	水库型	3.3	县级	宜君县城关镇	陕政函〔2007〕125号
39	延安王瑶水库水源地	水库型	263	市级	安塞县王瑶乡	陕政函〔2001〕41号
40	黄陵县郑家河水库饮用水源地	水库型	165	县级	黄陵县隆坊镇	陕政函〔2002〕292号
41	黄龙县尧门水库饮用水源地	水库型	3.33	县级	黄龙县石堡镇	陕政函〔2002〕292号
42	洛川县拓家河水库饮用水源地	水库型	3.86	县级	洛川县槐柏镇	陕政函〔2002〕292号
43	洛川县银川河水库饮用水源地	水库型	2.59	县级	洛川县凤栖镇	陕政函〔2002〕292号
44	富县莲花池大申号水库饮用水源地	水库型	5.2	县级	富县茶坊镇	陕政函〔2002〕292号
45	延川县文安驿川河饮用水源地	河流型	1.02	县级	延川县延川镇	陕政函〔2002〕292号
46	延长县烟雾沟饮用水源地	河流型	2.56	县级	延长县七里村镇	陕政函〔2002〕292号
47	宜川县木头沟水库饮用水源地	水库型	0.73	县级	宜川县英旺乡	陕政函〔2002〕292号
48	子长县红石峁沟水源地	水库型	76.36	县级	子长县栾家坪乡	陕政函〔2007〕125号
49	子长县中山川水库水源地	水库型	143	县级	子长县安定镇	陕政函〔2007〕125号
50	甘泉县高哨乡岳屯村水库饮用水源地	水库型	4	县级	甘泉县高哨乡	陕环函〔2011〕710号
51	甘泉县雨岔水源地	水库型	5.8	县级	甘泉县下寺湾镇	陕环函〔2011〕710号
52	延长安沟水源地	水库型	2.44	县级	延长县安沟乡	陕环函〔2011〕710号
53	宜川刘庄水库	水库型	0.84	县级	宜川县英旺乡	陕环函〔2011〕710号
54	榆林市红石峡水库水源地	河流型	302.84	市级	榆林市城北约5公里	陕政函〔2002〕292号
55	米脂县榆林沟水源地	河流型	1.81	县级	米脂县城北3公里	陕政函〔2002〕292号
56	神木县窟野河水源地	河流型	7.51	县级	神木县城西北2公里	陕政函〔2002〕292号
57	子洲县大理河张寨—清水沟水源地	河流型	1.826	县级	距子洲县城1公里	陕政函〔2002〕292号
58	绥德县丁家沟—十里铺饮用水源地	河流型	1.3	县级	绥德县城北6公里	陕政函〔2002〕292号
59	横山县王圪堵村水源地	河流型	4.086	县级	横山县雷龙湾乡	陕政函〔2007〕125号
60	绥德县无定河四十铺水源地	河流型	4.135	县级	绥德县四十铺镇	陕政函〔2007〕125号

序号	水源地名称	水源类型	面积（km²）	级　别	位　置	批准文号
61	神木县瑶镇水库水源地	水库型	176.23	县　级	神木县锦界镇	陕环函〔2009〕43号
62	府谷天桥岩溶水源地	地下水	4.3	县　级	府谷县府谷镇	全国矿产储量委员会（矿储发〔1990〕243号）
63	定边县定边镇马莲滩—梁圈水源地	地下水	160	县　级	定边县定边镇	2009年定边县第8次常务会纪要
64	靖边四柏树水源地	地下水	57.32	县　级	靖边县城北侧四柏树村	靖政发〔2008〕21号
65	清涧老柳卜水源地	地下水	1.12986	县　级	清涧县下二十里铺乡	清政函〔2007〕17号
66	清涧丁家沟水库水源地	地下水	0.92876	县　级	清涧县折家坪镇	清政函〔2007〕17号
67	清涧牛家湾水源地	地下水	0.94958	县　级	清涧县宽州镇	清政函〔2007〕17号
68	八渡河水源地	河流型	0.551	县　级	略阳县城关镇	陕政办发〔1999〕33号
69	留坝县石峡子沟水源地	河流型	7.26	县　级	留坝县城东北0.7公里	陕政函〔2001〕41号
70	西乡县牧马河水源地	河流型	1.851	县　级	西乡县城关镇	陕政函〔2002〕292号
71	佛坪县城区水源地	河流型	1.725	县　级	佛坪县长角坝镇	陕政函〔2001〕41号
72	镇巴县泾洋河及鹿子坝河水源地	河流型	0.744	县　级	镇巴县泾洋镇	陕政函〔2001〕41号
73	宁强县城区小河水源地	河流型	0.165	县　级	宁强县汉源镇	陕政函〔2001〕41号
74	宁强县二郎坝水源地	河流型	30.2	县　级	宁强县汉源镇	陕政函〔2007〕125号
75	安康市马坡岭及许家台水源地	河流型	6.27	市　级	安康市汉滨区建民办	陕政函〔2001〕41号
76	紫阳县西门河水堰和汉江抽水站水源地	河流型	1.24	县　级	紫阳县城关镇	陕政函〔2001〕41号
77	镇坪县小石岩河水源地	河流型	0.36	县　级	镇坪县城关镇	陕政函〔2001〕41号
78	岚皋县堰溪沟两岔河和岚河火神庙水源地	河流型	0.69	县　级	岚皋县城关镇	陕政函〔2001〕41号
79	汉阴县水源地	水库型	1.985	县　级	汉阴县观音河镇	陕政函〔2001〕41号
80	平利县供水公司水源地	水库型	0.53	县　级	平利县城关镇、广佛镇	陕政函〔2001〕41号
81	白河县汉江干流城区和白石河口水源地	河流型	0.67	县　级	白河县城关镇	陕政函〔2001〕41号
82	宁陕县渔洞河水源地	河流型	29.6	县　级	宁陕县城关镇	陕政函〔2001〕41号
83	石泉县水电站库区水源地	水库型	7.5	县　级	石泉县城关镇、曾溪镇	陕政函〔2001〕41号

续表

序号	水源地名称	水源类型	面积(km²)	级别	位置	批准文号
84	安康市汉滨区红土岭水库水源地	水库型	2.84	市级	安康市汉滨区建民办	陕政函〔2007〕125 号
85	紫阳县长滩沟水源地	河流型	1.24	县级	紫阳县城关镇	陕政函〔2007〕125 号
86	岚皋县四季河水源地	河流型	0.92	县级	岚皋县四季镇	陕政函〔2007〕125 号
87	旬阳县冷水河水源地	河流型	0.625	县级	旬阳县白柳镇	陕政函〔2007〕125 号
88	汉阴县大木坝绿源水源地	河流型	1.082	县级	汉阴县城关镇	陕政函〔2007〕125 号
89	白河县红石河水源地	河流型	0.17	县级	白河县中厂镇	陕环函〔2011〕709 号
90	二龙山水库水源地	水库型	21.5	市级	商洛市商州区板桥镇、麻街镇	陕政办发〔1999〕33 号
91	洛河李村水库水源地	水库型	9.1	县级	洛南县永丰镇	陕政办发〔1999〕33 号
92	县河水库水源	水库型	11	县级	商南县城关镇	陕政办发〔1999〕33 号
93	乾佑河水源地	河流型	11.7	县级	柞水县乾佑镇	陕政办发〔1999〕33 号
94	薛家沟水库水源地	水库型	4	县级	山阳县十里埔镇	陕政函〔2007〕125 号
95	镇安县城区水源地	河流型	10	县级	镇安县云盖寺镇	陕政函〔2007〕125 号
96	丹凤县龙潭水库水源地	水库型	5.3	县级	丹凤县龙驹寨镇	陕政函〔2007〕125 号

注:带"▲"者,只有保护区范围,具体面积不详。

陕西

附图1:陕西省行政区划图

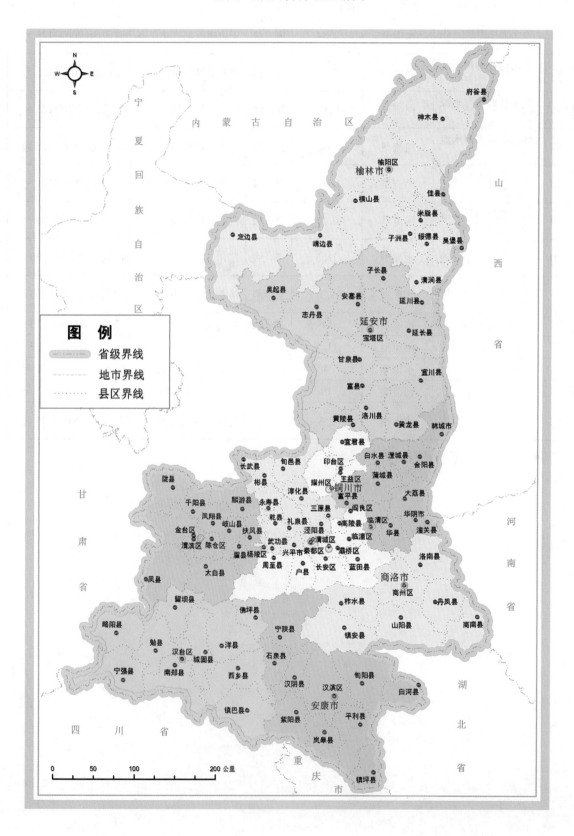

附图 2：陕西省地形图

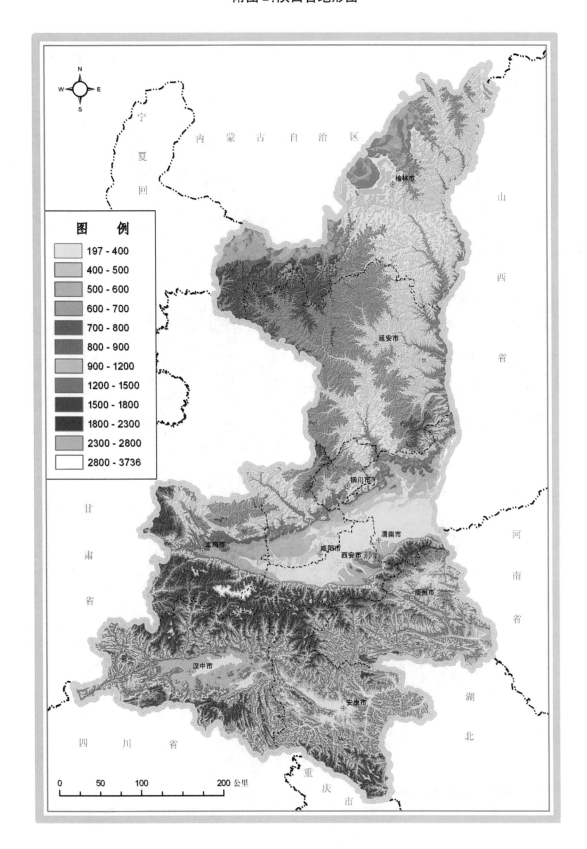

附图3：城市化战略格局示意图

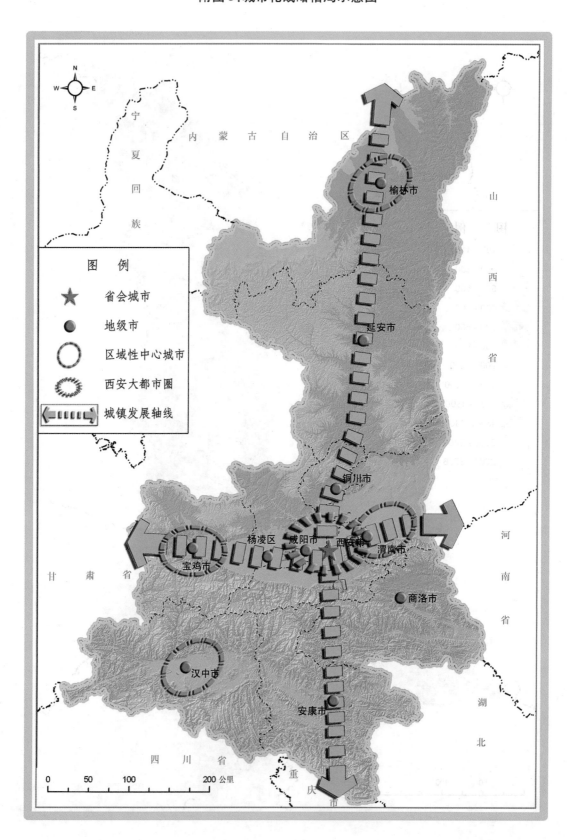

附图 4：生态安全战略格局示意图

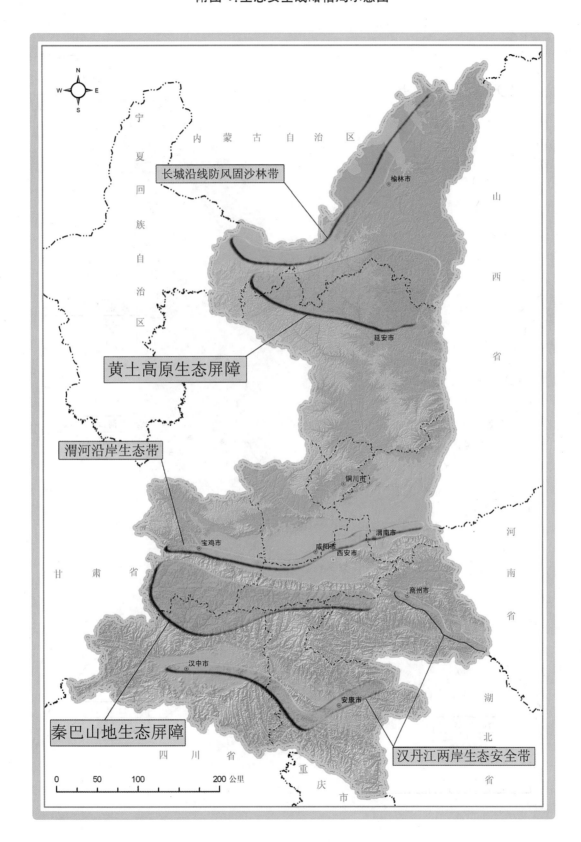

附图5：农业战略格局示意图

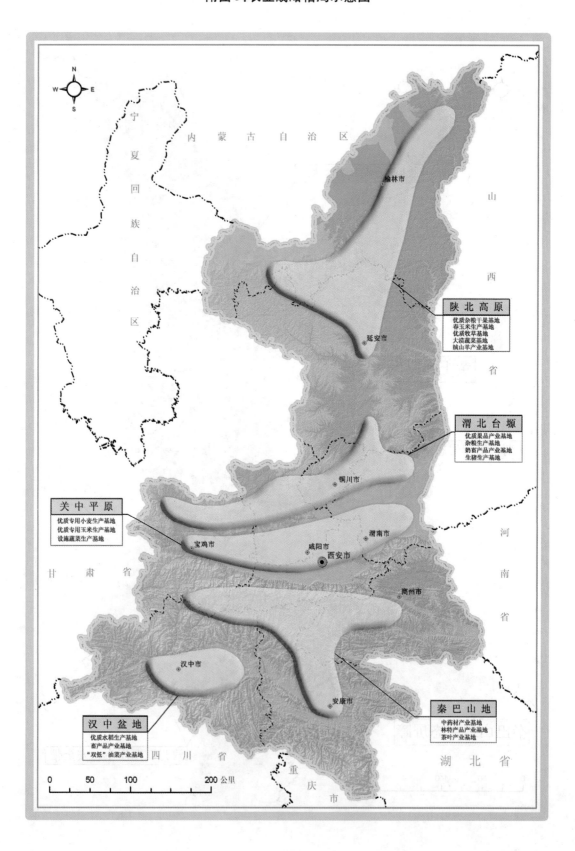

陕西

陕北高原
优质杂粮干果基地
春玉米生产基地
优质牧草基地
大漠蔬菜基地
绒山羊产业基地

渭北台塬
优质果品产业基地
杂粮生产基地
奶畜产品产业基地
生猪生产基地

关中平原
优质专用小麦生产基地
优质专用玉米生产基地
设施蔬菜生产基地

汉中盆地
优质水稻生产基地
畜产品产业基地
"双低"油菜产业基地

秦巴山地
中药材产业基地
林特产品产业基地
茶叶产业基地

附图6：主体功能区划分总图

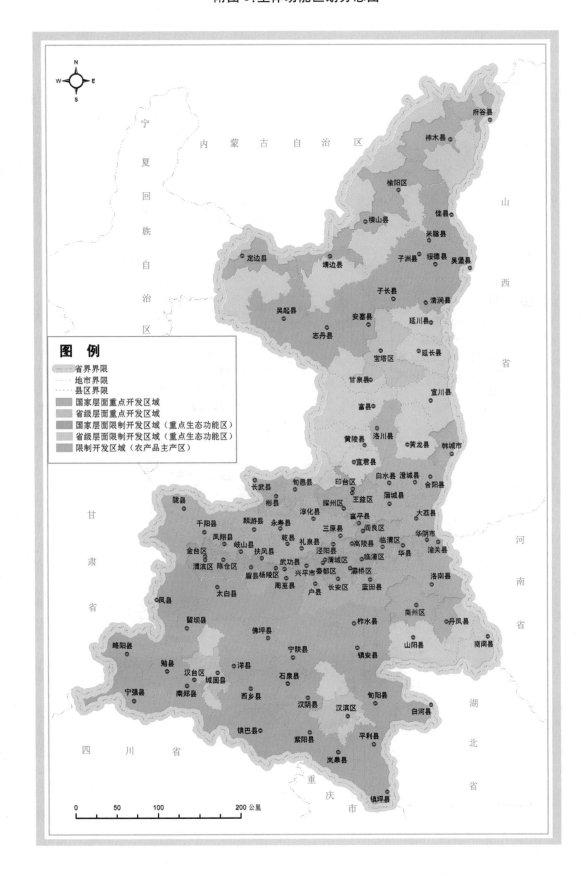

附图7:重点开发区域分布图

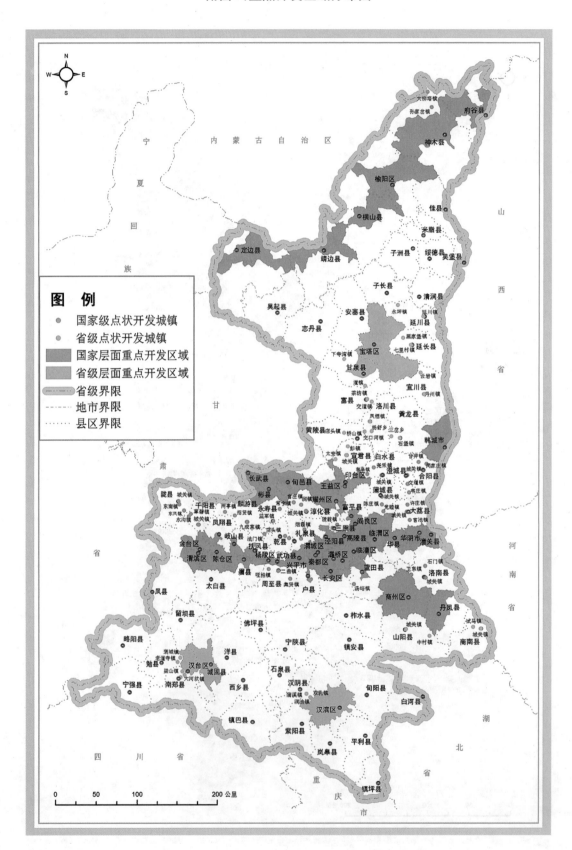

附图8:限制开发区域(农产品主产区)分布图

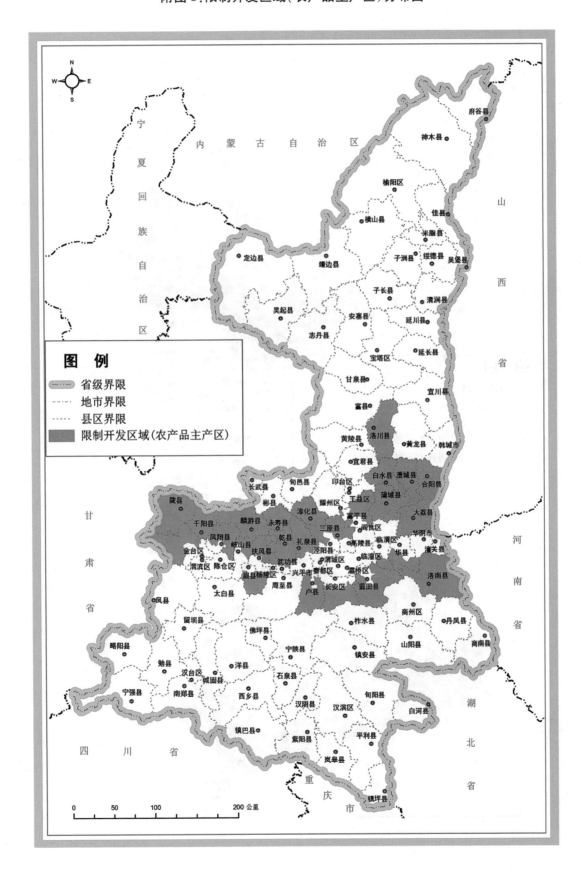

附图9：限制开发区域（重点生态功能区）分布图

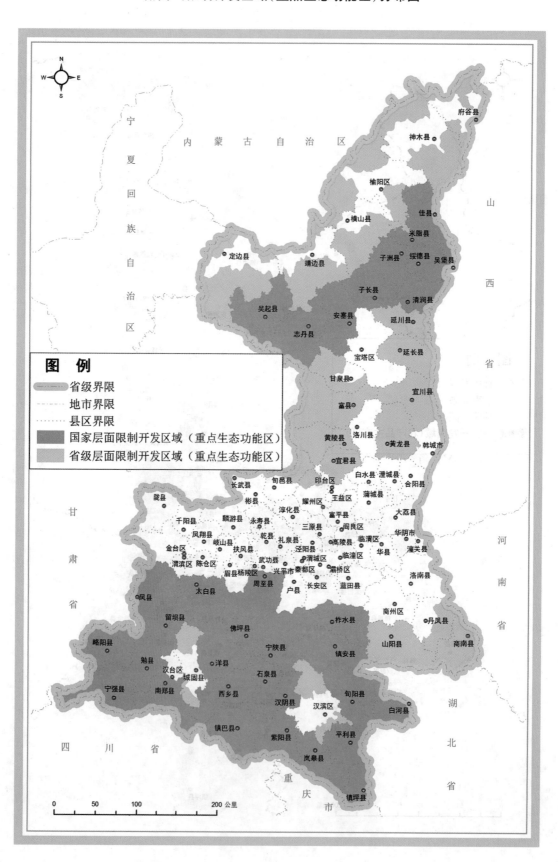

附图10:禁止开发区域分布图

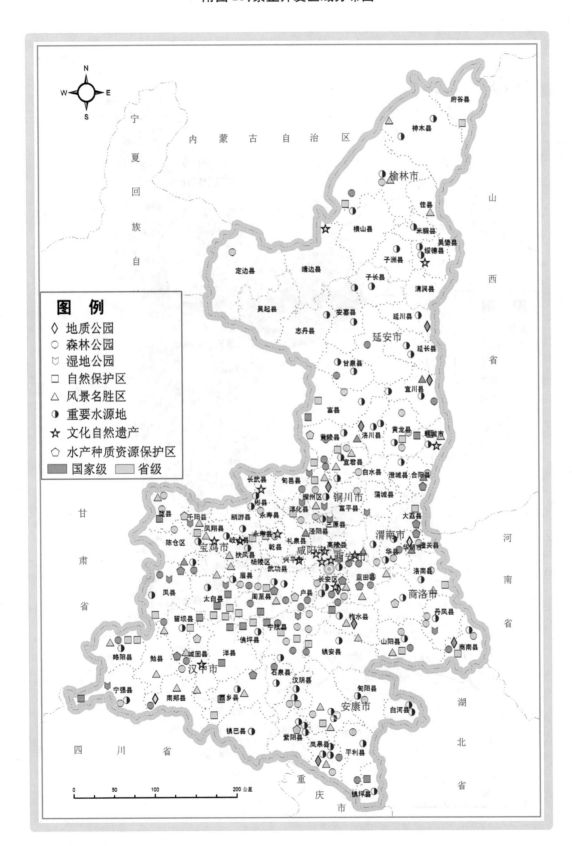

附图11：人均可利用土地资源评价图

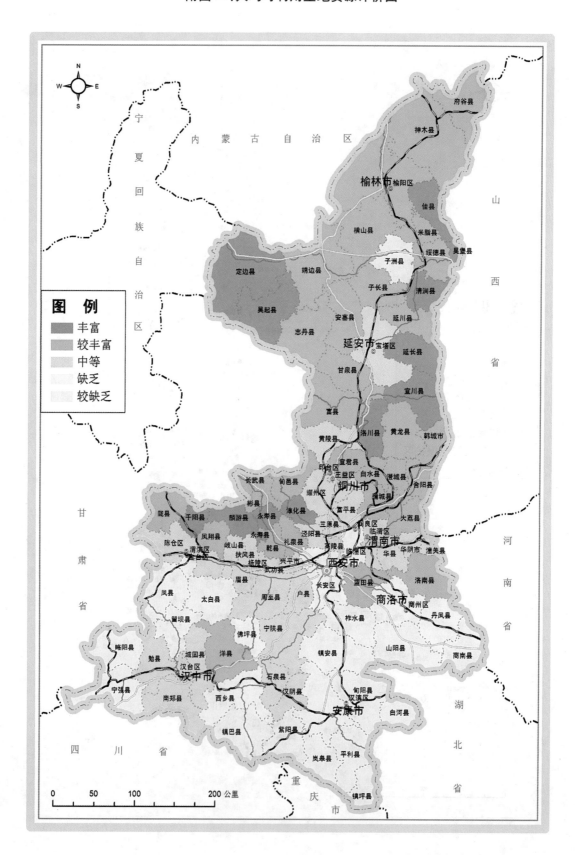

附图12：人均可利用水资源评价图

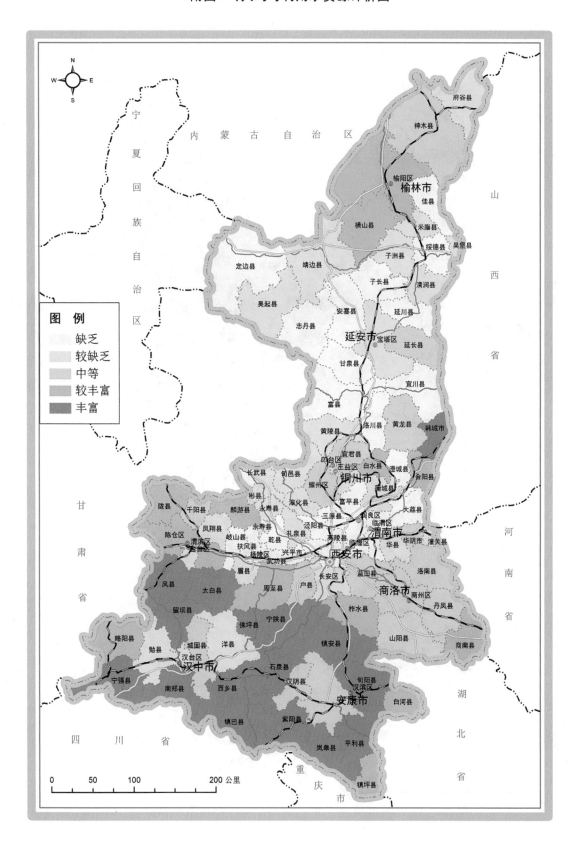

附图 13：生态重要性评价图

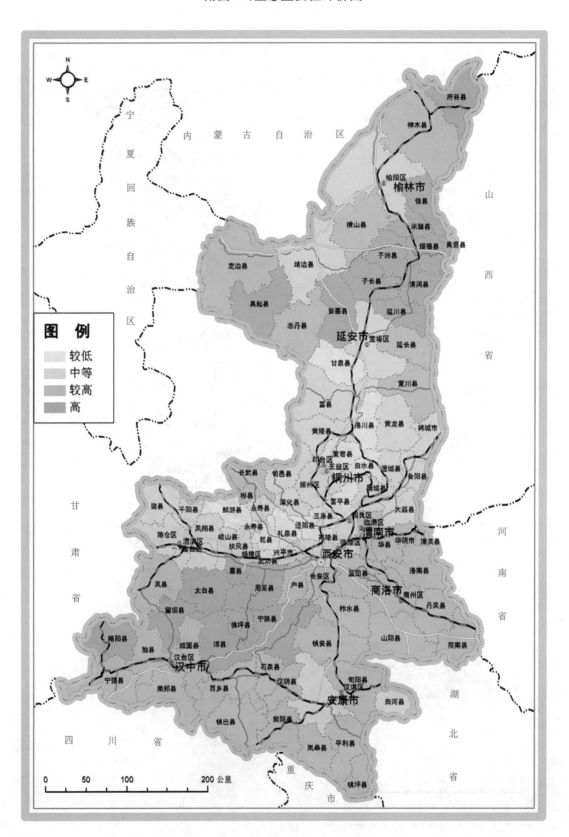

附图14:生态脆弱性评价图

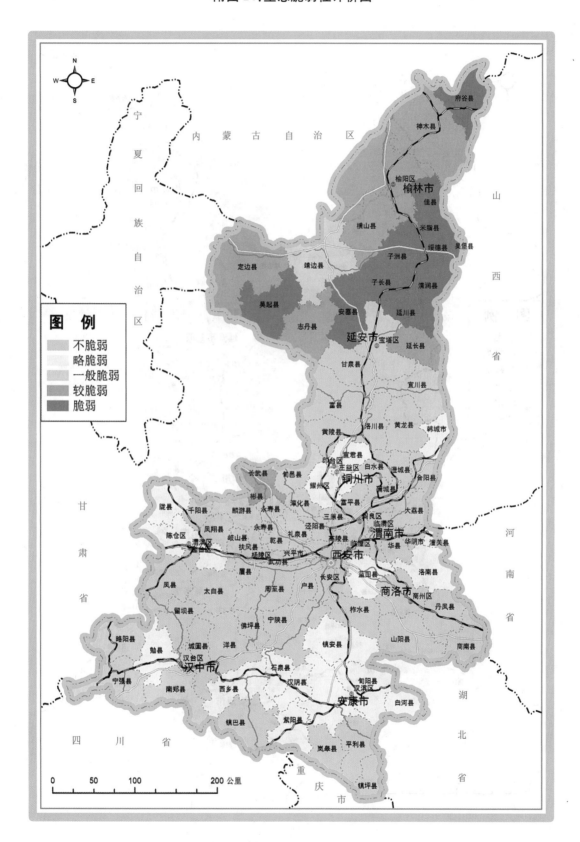

附图15：自然灾害危险性评价图

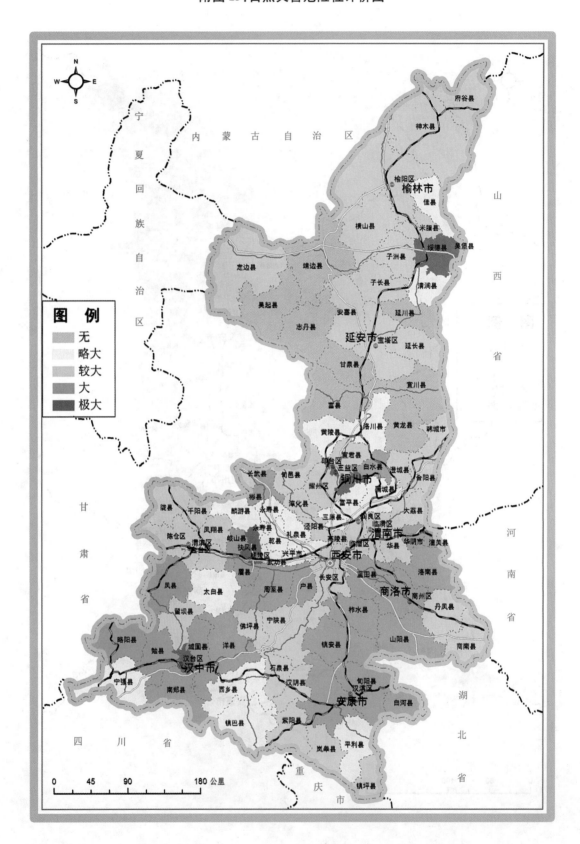

陕西

附图16:地均生产总值评价图

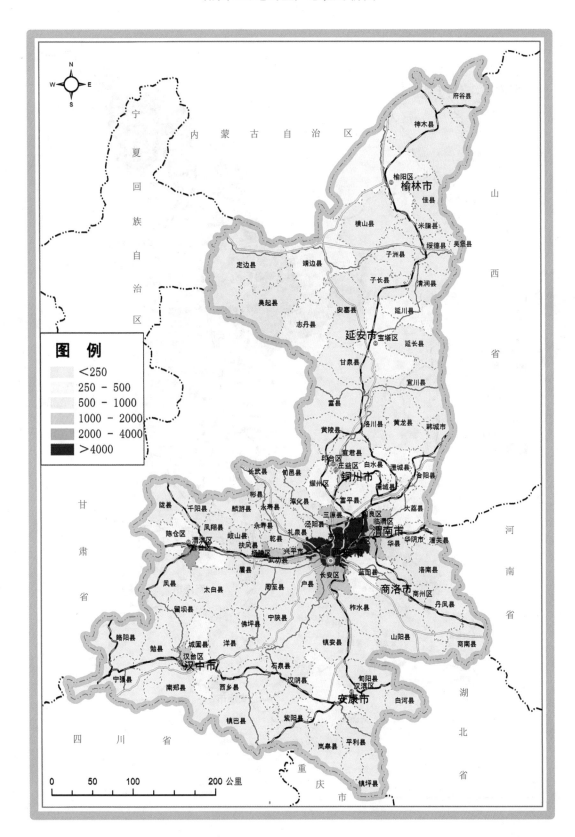

附图17：经济发展水平评价图

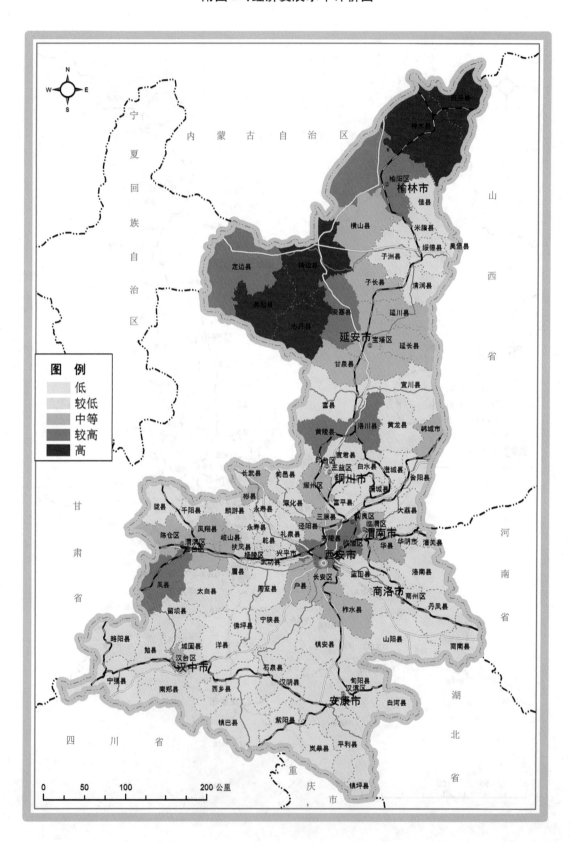

附图18：战略选择评价图

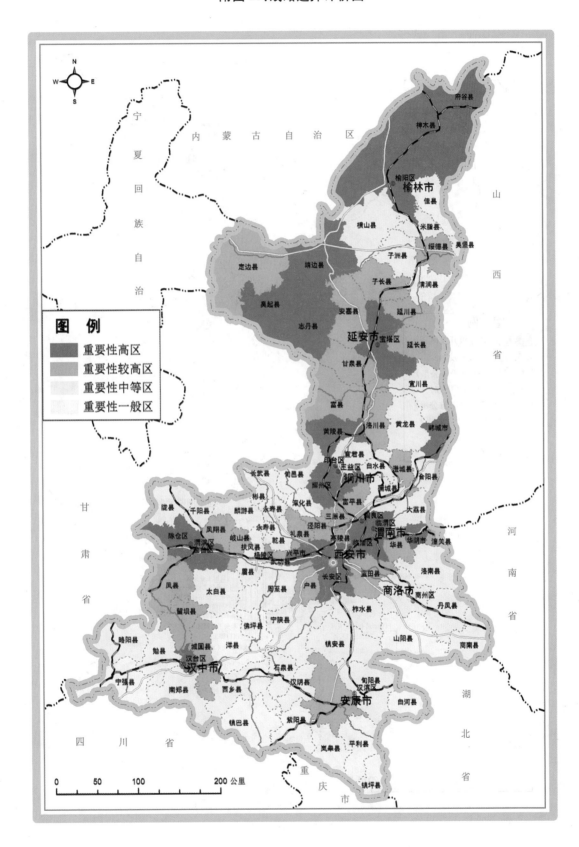

附图19:现有省级及以上开发区(园区)

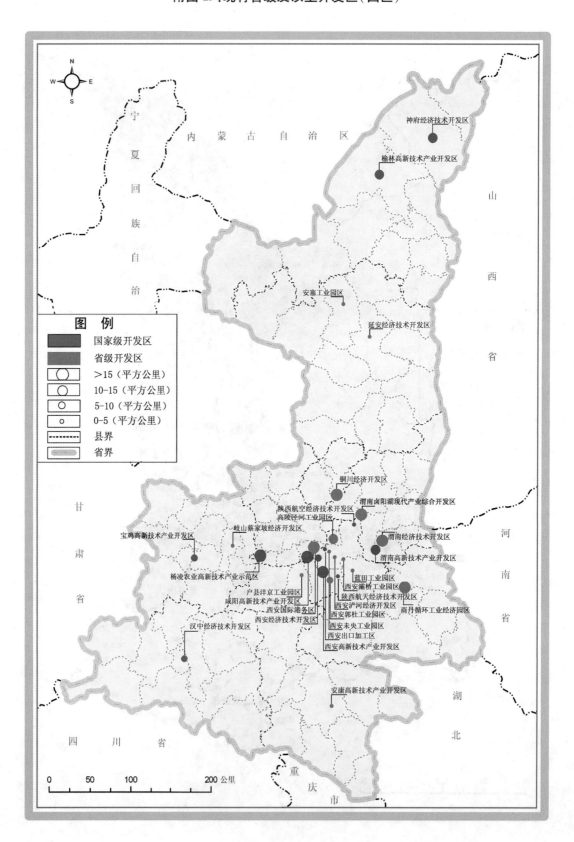

附图20：二氧化硫排放分布图

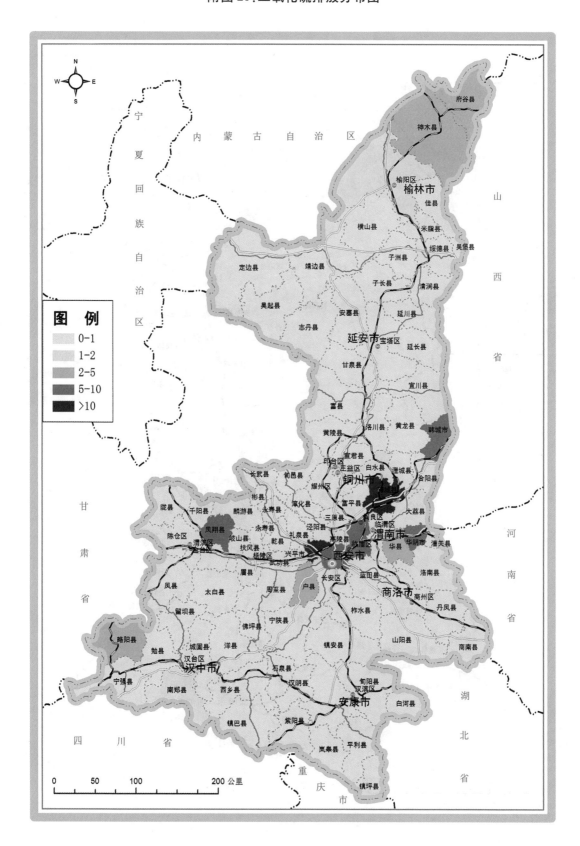

附图21:环境容量评价图

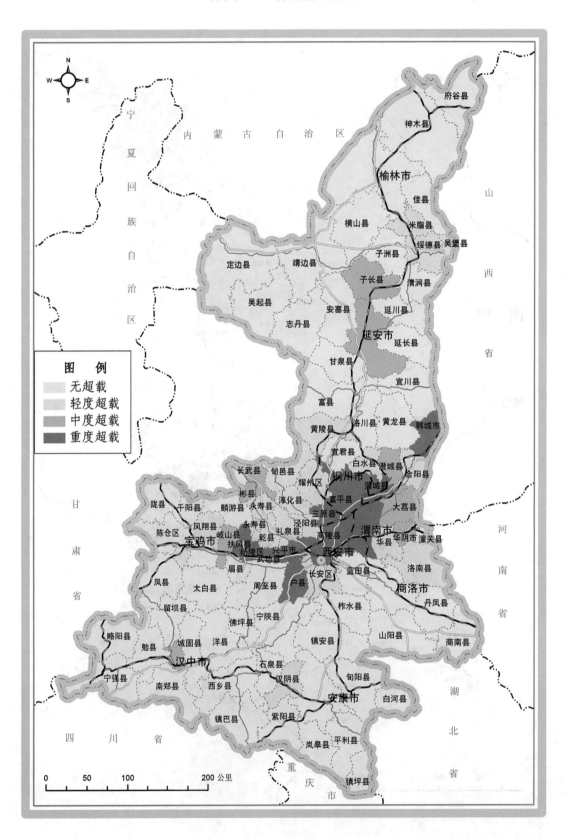

附图22:人口集聚度评价图

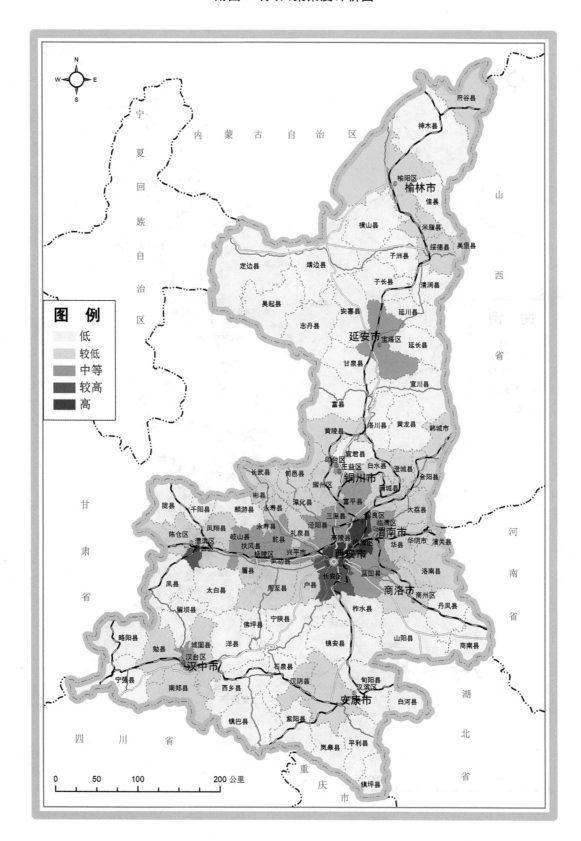

附图23：交通优势度评价图

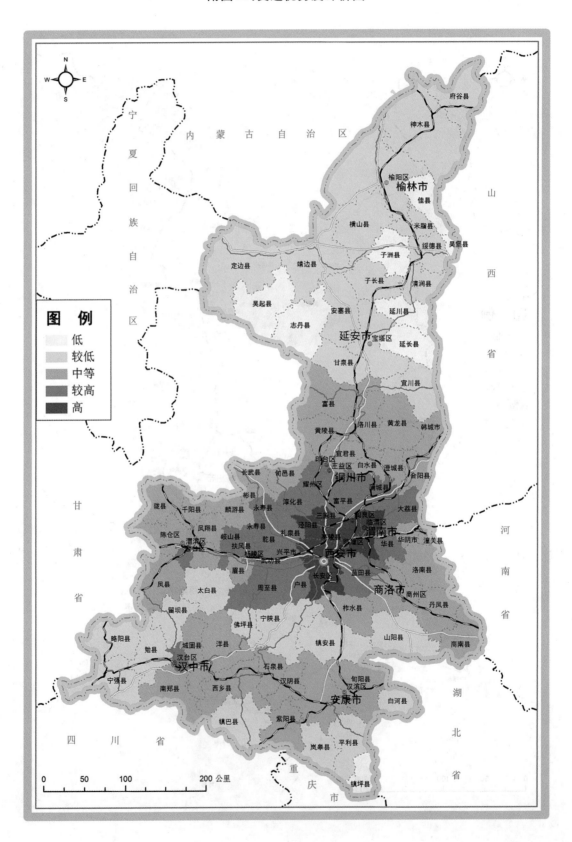

甘肃省主体功能区规划

推进形成主体功能区[①],是深入落实科学发展观的重大举措,就是要根据不同区域的资源环境承载能力、现有开发强度和发展潜力,统筹谋划人口分布、经济布局、国土利用和城镇化格局,确定不同区域的主体功能,并据此明确开发方向,完善开发政策,控制开发强度,规范开发秩序,逐步形成人口、经济、资源环境相协调的国土空间[②]开发格局。这有利于推进经济结构战略性调整,加快转变经济发展方式;有利于推进区域协调发展,缩小地区间基本公共服务和人民生活水平的差距;有利于引导人口分布、经济布局与资源环境承载能力相适应,促进人口、经济、环境的空间均衡;有利于促进资源节约和环境保护,实现可持续发展;有利于制定实施有针对性的区域政策和绩效考核评价体系,加强和改善区域调控。

本规划根据《中华人民共和国国民经济和社会发展第十一个五年规划纲要》、《国务院关于编制全国主体功能区规划的意见》(国发〔2007〕21号)和《全国主体功能区规划》(国发〔2010〕46号)以及《甘肃省人民政府关于开展全省主体功能区规划编制工作的通知》(甘政发〔2007〕86号)编制。主体功能区规划是战略性、基础性和约束性的规划[③],是制定国民经济和社会发展规划、人口规划、区域规划、城市规划、土地利用规划、环境保护规划、生态建设规划、流域综合治理规划、水资源综合利用规划以及交通、能源等基础设施建设和重大生产力布局等的重要依据。

---

① 功能区:是一个空间范畴,是指将一定区域确定为具有一般或特殊功能的特定地域空间单元,如工业区、农业区、商业区、自然保护区等。主体功能区是基于不同区域的资源环境承载能力、现有开发密度和发展潜力等,将特定区域确定为特定主体功能定位类型的一种空间单元。主体功能区规划,既要考虑资源环境承载能力等自然要素,又要考虑现有开发密度、发展潜力等经济要素,是依托行政区划和自然区划,综合评价人口、资源、环境和经济社会发展等多种因素,将特定区域确定为特定主体功能定位的空间综合规划。

② 国土空间:是指国家主权与主权管辖下的地区空间,是国民生存的场所和环境,包括陆地、水域、内水、领海、领空等。

③ 战略性,指本规划是从关系全局和长远发展的高度,对未来国土空间开发做出的总体部署。
基础性,指本规划是在对国土空间基本要素基本评价基础上综合编制的,是编制其他各类空间规划的基本依据,是制定区域政策的基本平台。
约束性,指本规划明确的主体功能区范围、定位、开发原则等,对各类开发活动具有约束力。

本规划范围为甘肃省行政区内全部国土空间,规划目标期限为 2020 年。推进实现主体功能区是一项长期任务,实施中将根据形势变化和评估结果适时调整修订。

一、省域国土空间开发现状

甘肃地处我国西北,位于东部季风区、西北干旱区和青藏高原区三大自然区交汇处。省域介于东经 92°13′—108°46′和北纬 32°11′—42°57′之间,地形呈狭长状。东与陕西毗邻,南与四川、青海相连,西与新疆相接,北与宁夏、内蒙古自治区交界并与蒙古国接壤,处于我国蒙、维、藏、回四大少数民族地区结合部,具有十分重要的战略地位。全省现设 12 个省辖市、2 个自治州,86 个县市区,国土总面积为 42.58 万平方公里①。2008 年全省总人口 2628.12 万人,其中少数民族人口 240 万人,约占全省总人口的 9.3%。(见附件 1:附图 1-1 甘肃省行政区划图)

(一) 自然状况

1. 地质地貌。甘肃处于众多大地构造单元的交接带,主要大地构造单元有北山褶皱带、阿拉善台隆、祁连山褶皱带、鄂尔多斯地台、秦岭褶皱带和布尔汗布达褶皱带等。平均海拔高,大部分地区地势普遍向北倾斜。最高海拔阿尔金山主峰 5798 米,最低海拔文县罐子沟白龙江谷地 550 米,全省平均海拔 1000—3000 米。全省大致可分为陇南山地、陇中陇东黄土高原、甘南高原、河西走廊、祁连山地和北山山地六大地形区。(见附件 1:附图 1-2 甘肃省地形地貌分布图)

2. 气候特征。甘肃以温带大陆性气候特征为主,温差大、无霜期短。全省分为 8 个气候区,陇南南部河谷北亚热带湿润区、陇南北部暖温带湿润区、陇中南部冷温带半湿润区、陇中北部冷温带半干旱区、河西走廊冷温带干旱区、河西西部暖温带干旱区、祁连山高寒半干旱半湿润区和甘南高寒湿润区。全省平均年气温为 7.8℃,各地年平均气温在 0—14.8℃,气温年较差在 20—34℃,日较差在 8—16℃。气候干旱,降水量偏少,全省各地年降水量在 42—757 毫米,大致从东南向西北递减,其中河西为 157.9 毫米,河东为 481.9 毫米。部分地区多大风,河西走廊年平均风速可达 2.1—4.5 米/秒,局部地区大风日数达 30—70 天。地表水分、光热等组合类型多样,地域分异特征明显。(见附件 1:附图 1-3 甘肃省气候区划分布图、附图 1-4 年甘肃省累年年均气温及降水量分布图)。

3. 水资源。甘肃地处黄河、长江和内陆河三大流域,分属 12 个水系②。全省多年平均水资源总量为 289.4 亿立方米,其中地表水资源量 282.1 亿立方米,占水资源总量的 97.4%;纯地下水资源量 7.3 亿立方米,占水资源总量的 2.6%。按流域划分,黄河流域多年平均水资源总量为 127.8 亿立方米,占全省水资源总量的 44.1%;长江流域多年平均水资源总量为 100.4 亿立方米,占全省水资源总量的 34.7%;河西内陆河多年平均水资源总量为 61.3 亿立方米,占全省水资源总量的

---

① 全省国土总面积 42.58 万平方公里为行政勘界面积。本规划有关数据待第二次全国土地调查数据正式公布后,进行相应调整。

② 三大流域 12 个水系:黄河流域为黄河干流、洮河、湟水、泾河、渭河、洛河 6 个水系;长江流域为嘉陵江、汉江 2 个水系;内陆河流域为石羊河、黑河、疏勒河和哈尔腾河苏干湖 4 个水系。全省河流中年径流量大于 1 亿立方米的河流有 78 条。

21.2%。（见附件1：附图1-5甘肃省水资源分布图）

4.土地资源。甘肃是一个多山地高原、少平原川地的省份。按地形划分，山地约占国土面积的25.97%，高原约占29.50%，川地约占29.61%，戈壁沙漠约占14.99%。按土地类型划分，耕地约5.4万平方公里，约占12.7%；森林约6.36万平方公里，占14.95%；草原约14.2万平方公里，占33.35%；水域约0.75万平方公里，占1.76%。复杂多样的地形及气候水热组合，形成了不同的土壤类型。全省由东南向西北依次分为北亚热带森林土壤、暖温带森林土壤、森林草原土壤、温带草原土壤、高原土壤以及以祁连山和甘南高原为主的高寒土壤类型区。（见附件1：附图1-6甘肃省土地利用现状图、附图1-7甘肃省森林资源分布图）

5.矿产资源。甘肃是全国矿产资源相对富集的省区之一，河西地区以黑色、有色金属及化工非金属矿产为主；中部地区是有色金属及建材矿产的聚集区；陇南地区是有色金属和黄金的富集区。截至2008年，全省已发现各类矿产178种（含亚矿种），矿产地1123处。现已探明储量的矿产有110种，其中镍、钴、铂族、硒矿、铸型用黏土等10种矿产储量居全国第一位，32种居前五位，60种居前十位。（见附件1：附图1-8甘肃省主要矿产资源分布图）

6.能源资源。甘肃能源资源较为丰富，石油资源集中分布在玉门和长庆两个油区，累计探明石油地质储量12.4亿吨；煤炭保有储量120亿吨，主要集中在陇东及中部地区，少量分布于河西地区。省内水能资源丰富，全省可供开发利用的水能资源1205万千瓦，已开发的水电总装机容量为558万千瓦。风能资源理论储量2.37亿千瓦，技术可开发量4000万千瓦。全省年日照时数1700—3300小时，太阳总辐射量约在4800—6400兆焦/平方米，分布趋势自西北向东南逐渐减弱，其中河西地区是全省太阳能最丰富地区，年太阳总辐射量为5800—6400兆焦/平方米，具有开发建设大型风能、太阳能基地的良好条件。

7.植被分布。全省分属中国—日本森林植物亚区、中国—喜马拉雅森林植物亚区、青藏高原植物亚区和亚洲荒漠植物亚区等四个植物亚区，受纬度、气候和地貌等自然因素影响，植被从南到北大部分呈明显的纬度地带性分布。森林植被面积狭小，主要分布于祁连山、陇南山地和甘南高原边缘山地的特定高度层带，林带以下为草原或荒漠草原，林带以上为高山草甸、亚冰雪稀疏植被与高山冰雪带。荒漠植被分布广泛，主要在河西地区、陇中北部和柴达木盆地北部苏干湖流域。

8.自然灾害。甘肃是一个自然灾害多发的省份，灾害种类多，区域性和季节性强，旱灾、暴洪、霜冻、冰雹、大风、沙尘暴、干热风等自然灾害频发，泥石流、滑坡等地质灾害常有发生。气象、地质灾害是影响全省经济社会发展和生态环境的主要自然灾害。全省4/5以上国土面积位于Ⅶ度以上地震高烈度区，地震活动分布广、频度高、强度大、震害重。

（二）经济社会发展现状

改革开放以来甘肃经济社会取得了长足的发展，1980年至2000年全省经济保持年均9%以上的增长速度，提前四年实现了翻两番的目标。2000年国家实施西部大开发战略以来，省委、省政府坚持以科学发展观统领经济社会发展全局，深入实施西部大开发和工业强省战略，按照"四抓三支撑"总体工作思路，抢抓机遇，真抓实干。基础设施条件得到较大改善，特色优势产业加快发展，生态建设和环境保护取得阶段性成果，城乡面貌发生了重大变化，全省实现总体小康目标，进入加快全面小康社会建设的新阶段。

2000年至2008年①,全省生产总值由1052.9亿元增长到3176.1亿元,年均增长10.8%,经济总量连续跨上2000亿元和3000亿元台阶;人均生产总值由4129元提高到12110元,年均增长10.6%。工业增加值由327.6亿元增长到1221.7亿元,年均增长12.7%。全社会固定资产投资由441.4亿元增长到1735.8亿元,年均增长18.3%。地方财政一般预算收入由61.3亿元增长到265亿元,年均增长18.3%;财政支出由188.2亿元增加到965.4亿元,年均增长23.2%。城镇居民人均可支配收入由4916.3元提高到10969.4元,年均增长10.5%;农民人均纯收入由1428.7元提高到2723.8元,年均增长7.6%,成为经济社会发展快、改革开放步伐大、人民群众得到实惠多的时期之一。

(三) 空间开发综合评价

甘肃地域广阔,独特的地理位置和版图形态,形成了极富特色的甘肃省域国土空间开发格局。

——区位独特,战略位置重要。甘肃毗邻蒙、维、藏、回等少数民族聚集地区,连接新疆、内蒙古、宁夏三个少数民族自治区及广大藏区,在维护国土安全、促进各民族共同发展、巩固边疆等方面发挥着重要的作用。甘肃是黄河上游、长江上游和河西内陆河流域的重要水源涵养补给区和生态屏障,对于保障西北乃至全国生态安全具有重要地位。陇海、兰新、包兰、兰青、宝中和建设中的兰渝等铁路干线贯穿全境,西兰、兰新、包兰、甘川、甘青等国道干线公路交汇于我省,是连通内地、连接西北西南和通往新疆、西藏以及中亚的交通枢纽和经济通道,战略位置十分重要。

——土地广阔,适宜开发面积少。全省土地总面积和人均土地面积,分居全国第七位②和第五位。根据2008年全省土地利用现状变更调查,全省土地开发利用面积26.39万平方公里,其中农用地面积25.42万平方公里,占全省总土地面积的55.90%;建设用地面积0.97万平方公里,占全省总土地面积的2.15%,全省土地利用率58.02%。未利用土地19.08万平方公里中,戈壁沙漠等15.09万平方公里,约占全省未利用土地面积80%左右。受地形、气候、水资源等因素的制约,全省可开发利用土地空间分布极不平衡,可利用土地面积小,后备土地资源有限。

——水资源短缺,时空分布不均衡。甘肃是全国水资源缺乏和最为干旱的省份之一。全省自产水资源量居全国第29位,人均水资源占有量仅为全国人均占有量的二分之一,耕地亩均水资源量占全国的四分之一。全省多年平均降水量为277毫米,降水量时空分布不均,河西内陆河流域为130.4毫米,局部地区仅有30—50毫米,黄河流域为463.0毫米,长江流域为599.4毫米。黄河、长江、内陆河三大流域水资源总量分别占全省水资源总量的44%、35%和21%,土地面积分别占全省的32%、8%和60%,人口分别占全省的69%、13%和18%。全省水资源短缺和空间分布不平衡的矛盾十分突出,2008年全省需水量为136亿立方米,供需缺口约13亿立方米。

——生态脆弱,系统功能退化。甘肃以高原性地质地貌为主,自然条件严酷,是我国生态最为脆弱的地区之一。甘南高原水源涵养功能降低,湿地面积减少,草场退化;陇中陇东黄土高原沟壑发育,土地侵蚀,水土流失严重;陇南山地植被退减、自然生态修复功能下降,地质灾害频繁发生,生物多样性保护面临巨大压力;河西内陆河流域祁连山冰川萎缩、雪线上升,地下水位下降,沙漠和沙尘源地扩大。土壤侵蚀严重,据全国第二次土壤侵蚀遥感调查,涉及全省10个市州的61个县市

---

① 根据国务院编制主体功能区规划要求,本规划对省域国土空间开展综合评价采用2008年数据,为使相关数据相衔接,本规划中涉及的经济社会发展数据相应采用2008年数据。

② 本段数据来源为2008年甘肃省国土资源公报。

区,总面积达 11.80 万平方公里。

——类型多样,区域发展不平衡。甘肃自然环境类型多样、差异大。受自然条件和资源环境及经济社会发展等因素的影响,全省经济布局主要在陇海兰新铁路沿线地区,集中了全省 60% 的经济总量,而占全省总人口 60% 的陇东陇南地区仅占全省经济总量的 30% 左右,经济布局与人口分布不对称,地区间发展水平和差距不断扩大。

(四) 面临的形势与挑战

我省国土空间开发必须把握好以下趋势和挑战:

一是面临资源环境约束增强的新挑战。我省是一个自然资源禀赋条件较差的省份,水资源短缺、可开发利用土地资源有限、生态环境脆弱是长期制约甘肃经济社会发展的突出矛盾。资源原材料为主的重型工业结构和粗放的增长方式加剧了资源"瓶颈"约束,严峻的生态环境限制着资源的开发利用空间,全省经济社会发展面临资源保障支撑和生态环境约束的双重制约。

二是面临经济社会加快发展的新要求。随着国家西部大开发战略的不断推进,国家宏观调控和基本公共服务均等化等政策的继续实施,交通、能源等基础设施建设步伐加快,农业基础设施条件不断改善,城市化和工业化进程明显加快。同时,我省经济社会发展水平低,同发达地区相比差距仍在扩大。在国家大力支持和自身努力下,继续加强基础设施和生态环境建设,加快发展特色优势产业,努力提高城乡人民生活水平,促进经济社会又好又快发展,将是我省长期的重大任务。

三是面临构建合理空间开发格局的新形势。我省正在加快推进全面小康社会建设,未来 5—10 年全省城乡居民消费结构将进入快速升级的阶段。随着人口的增加、城乡居民消费水平的提高、城市化和工业化进程的加快,在改善居民生活条件、保障农产品供给、产业发展、加强生态建设和环境保护等方面都提出了新的需求,要求合理扩大城市空间,增大生态用地,优化农业和农村用地结构,进一步加快城市基础设施建设,改善城乡居民居住环境,促进并形成合理的空间开发格局。

二、全省主体功能区划分

主体功能区划分是基于不同区域的资源环境承载能力、现有开发强度和发展潜力等,将特定区域确定为特定主体功能定位类型的空间开发单元。全省主体功能区的划分,以县级行政区为基本单元,以可利用土地资源、可利用水资源、生态系统脆弱性、生态重要性、自然灾害危险性、环境容量、人口集聚度、经济发展水平、交通可达性及战略选择等综合评价为依据①,科学划分不同类型主体功能区。

---

① 可利用土地资源评价。主要是通过对后备适宜建设用地的数量、质量、集中规模的分析,评价一个地区剩余或潜在可利用土地资源对未来人口集聚、工业化和城镇化发展的承载能力。(见附件 1:附图 3-1 甘肃省人均可利用土地资源综合评价图)
可利用水资源评价。主要是通过对本地及入境水资源的数量、可开发利用率、已开发利用数量的分析,评价一个地区剩余或潜在可利用水资源对未来社会经济发展的支撑能力。(见附件 1:附图 3-2 甘肃省可利用水资源综合评价图)
环境容量评价。主要是通过大气环境容量承载指数、水环境容量承载指数和综合环境容量现状分析,评价一个地区在生态环境不受危害前提下可容纳污染物的能力。(见附件 1:附图 3-3 甘肃省环境容量综合评价图)
生态系统脆弱性评价。主要是通过对沙漠化、土壤侵蚀、土壤盐渍化等分析,评价一个地区生态环境脆弱程度。(见附件 1:附图 3-4 甘肃生态系统脆弱性综合评价图)

（一）国家规划的四类主体功能区定位

——优化开发区域，是指国土开发密度已经较高、资源环境承载能力开始减弱的区域。要改变依靠大量占用土地、大量消耗资源和大量排放污染实现经济较快增长的模式，把提高增长质量和效益放在首位，提升参与全球分工与竞争的层次，成为带动全国经济社会发展的龙头和参与经济全球化的主体区域。

——重点开发区域，是指资源环境承载能力较强、经济和人口集聚条件较好的区域。要充实基础设施，改善投资创业环境，促进产业集群发展，壮大经济规模，加快工业化和城镇化，承接优化开发区域的产业转移，承接限制开发区域和禁止开发区域的人口转移，逐步成为支撑全国经济发展和人口集聚的重要区域。

——限制开发区域，是指资源承载能力较弱、大规模集聚经济和人口条件不够好，关系农产品供给安全和较大范围生态安全的区域。要坚持保护优先、适度开发、点状发展，因地制宜发展资源环境可承载的特色产业，加强生态修复和环境保护，引导超载人口有序转移，逐步成为全国或区域性的重要生态功能区。

——禁止开发区域，是指依法设立的各级各类自然文化资源保护区域，以及其他禁止进行工业化城镇化开发、需要特殊保护的重点生态功能区。国家层面禁止开发区域，包括国家级自然保护区、世界文化自然遗产、国家级风景名胜区、国家森林公园和国家地质公园。省级层面的禁止开发区域，包括各级各类自然文化资源保护区域、基本农田以及其他省级人民政府根据需要确定的禁止开发区域。要依据法律法规规定和相关规划实行强制性保护，控制人为因素对自然生态干扰，严禁不符合主体功能定位的开发活动。

（二）国家主体功能区规划覆盖我省的区域

1. 进入国家重点开发区域的地区。《全国主体功能区规划》共划分了 18 个重点开发区域，其中我省天水的部分地区划入国家关中—天水重点开发区域范围，兰州和白银划入国家兰州—西宁重点开发区域范围。

2. 进入国家限制开发区域的地区。《全国主体功能区规划》共划分为"七区二十三带"农产品主产区和 25 个国家重点生态功能区。其中我省河西农产品主产区纳入甘肃新疆主产区范围；甘南

生态重要性评价。主要是通过水源涵养重要性、土壤保持重要性、防风固沙重要性、生物多样性维护重要性、特殊生态系统重要性分析，评价一个地区生态系统结构、功能重要程度。（见附件1：附图3-5甘肃省生态重要性综合评价图）

自然灾害危险性。主要是通过干旱沙尘暴、洪涝灾害危险性、地质灾害危险性、地震灾害危险性等气象地质灾害分析，评价一个地区自然灾害发生的可能性和灾害损失的严重性。（见附件1：附图3-6甘肃省自然灾害危险性综合评价图）

人口集聚度。主要是通过人口密度和人口流动强度的分析，评价一个地区现有人口集聚状态的集成性。（见附件1：附图3-7甘肃省人口集聚度空间评价图）

经济发展水平评价。主要是通过地区生产总值和人均地区生产总值增长率的分析，评价一个地区经济发展现状和增长活力。（见附件1：附图3-8甘肃省地均生产总值水平地域分布图）

交通优势度评价。主要是通过交通网密度、交通干线影响度和区位优势的分析，评价一个地区现有通达水平的集成性。（见附件1：附图3-9甘肃省交通优势度综合评价图）

战略选择评价。主要是通过综合评价，评估一个地区发展的政策背景和战略选择的差异性。

黄河重要水源补给生态功能区、祁连山冰川与水源涵养生态功能区、长江上游"两江一水"流域水土保持与生物多样性生态功能区、陇东黄土高原丘陵沟壑水土保持生态功能区、石羊河下游生态保护治理区划入国家限制开发区域重点生态功能区范围。

(1)国家农产品主产区——甘肃新疆主产区。其中包括甘肃河西绿洲农业带。

(2)国家重点生态功能区——甘南黄河重要水源补给生态功能区。范围包括甘南藏族自治州的合作市、临潭县、卓尼县、玛曲县、碌曲县、夏河县6个县市,临夏回族自治州的临夏县、和政县、康乐县、积石山县4个县,总面积3.38万平方公里,总人口155.5万人。

(3)国家重点生态功能区——祁连山冰川与水源涵养生态功能区。范围涉及甘肃、青海2省,共计14个县1个特别区,面积18.52万平方公里,人口240.7万人。其中甘肃为10个县和1个特别区,包括兰州市的永登县,武威市的天祝县、古浪县、民勤县3个县,金昌市的永昌县,张掖市的肃南县(不包括北部区块)、民乐、山丹县3个县和中牧山丹马场特别区,酒泉市的肃北县(不包括北部区块)、阿克塞县2个县。

(4)国家重点生态功能区——秦巴生物多样性生态功能区。范围涉及湖北、重庆、四川、陕西、甘肃5省市,共计45个县市区和神农架林区,面积14万平方公里,人口1500.4万人。其中甘肃省7个县(区),包括陇南市的武都区、康县、文县、宕昌县、两当县5个县(区),甘南州的迭部县、舟曲县2个县。

(5)国家重点生态功能区——黄土高原丘陵沟壑水土保持生态功能区。范围涉及山西、陕西、甘肃、宁夏4个省区,共计45个县市区,总面积11.2万平方公里,人口1085.6万人。其中甘肃省9个县,包括庆阳市的庆城县、环县、华池县、镇原县4个县,平凉市的庄浪县、静宁县2个县,天水市的张家川县,定西市的通渭县,白银市的会宁县。

3.进入国家禁止开发区域的各类保护区。根据国家主体功能区规划,我省进入国家禁止开发区域名录共计45处,面积约53903.7平方公里①。其中:国家级自然保护区15处,面积47874.01平方公里;世界文化自然遗产2处,面积459.7平方公里;国家级风景名胜区3处,面积679.3平方公里;国家森林公园21处,面积4344.02平方公里;国家地质公园4处,面积546.6平方公里。

（三）我省主体功能区划分的基本要求

根据不同类型主体功能定位和发展方向,我省主体功能区划分遵循以下基本要求:一是以县级行政区为基本单元,依据资源环境承载能力综合评价,进行不同类型主体功能区划分;二是国家层面四类主体功能区不覆盖全部国土,省级层面主体功能区规划实行省域国土空间全覆盖划分;三是与国家层面主体功能区确定的相同类型区域数量、位置和范围相一致,结合省域实际,划分和确定省级层面不同类型主体功能区;四是通过建立并实施评价和考核机制,依据资源环境承载能力变化,对不同类型主体功能区范围、数量进行动态调整。

按照国家对主体功能区发展方向的定位,优化开发区域主要集中在我国东部沿海地区。我省依据省域国土空间综合评价结果,基于国土空间开发现状和强度,总体上划分为重点开发、限制开发和禁止开发三类区域。全省主体功能区划分和分类关系如下:

——按开发方式:分为重点开发、限制开发、禁止开发三类区域。

---

① 由于自然保护区、世界文化自然遗产、国家风景名胜区、森林公园、地质公园相互之间有交叉,此数据中未扣除交叉重复计算面积。

　　——按开发内容：分为城市化地区、农产品主产区、重点生态功能区三类地区。

　　——按规划层级：分为国家重点开发、限制开发、禁止开发区域，省级重点开发、限制开发、禁止开发区域。

　　——按提供产品：重点开发区域以提供工业和服务产品为主，相应提供农产品和生态产品①；限制开发区域的农产品主产区以提供农产品为主，相应提供生态和服务产品及一定的工业品；限制开发区域的重点生态功能区和禁止开发区域以提供生态产品为主，相应提供一定的农产品、服务产品和工业品。

全省主体功能区分类示意图

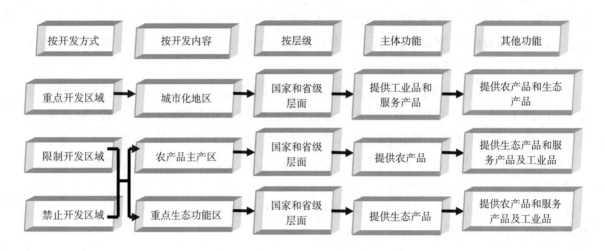

（四）全省三类主体功能区的划分

　　按照省域国土空间全覆盖，与国家主体功能区规划以及相邻省区规划确定的相同类型区域数量、位置和范围上相一致的要求，全省86个县级行政区和嘉峪关市共87个作为基本评价单元，依据区域人口、经济和资源环境承载能力的综合分析评价，主体功能区共划分6个重点开发区域、4个限制开发农产品主产区、7个限制开发重点生态功能区、191处点状禁止开发区域。（见附件1：附图2-1甘肃省三类主体功能区划分总图，表2-1甘肃省主体功能区基本情况）

表2-1　甘肃省主体功能区基本情况（2008年）

	土地面积		人　口		生产总值		人均生产总值		工业增加值	
	（平方公里）	占全省比重（%）	（万人）	占全省比重（%）	（亿元）	占全省比重（%）	（元）	为全省人均水平（%）	（亿元）	占全省比重（%）
全　　省	425835.7	100	2628.12	100	3176.11	100	12110	100	1221.66	100
一、重点开发区域	48102.76	11.30	925.13	35.20	2000.62	62.99	21625.29	178.57	867.32	71
二、限制开发区域	377732.94	88.70	1702.99	64.8	1175.49	37.01	6902.51	57.00	354.34	29

---

　　① 生态产品是指维系生态安全、保护生态调节功能、提供良好人居环境的自然要素，包括清洁的空气、清洁的水源、舒适的环境和宜人的气候等。生态产品与工业品和服务产品一样，都是人类生存发展所必需的产品。

续表

	土地面积		人口		生产总值		人均生产总值		工业增加值	
	（平方公里）	占全省比重（%）	（万人）	占全省比重（%）	（亿元）	占全省比重（%）	（元）	为全省人均水平（%）	（亿元）	占全省比重（%）
其中：农产品主产区	110112.99	25.86	819.81	31.19	539.76	16.99	6583.96	54.37	142.04	11.62
重点生态功能区	267619.95	62.84	883.18	33.61	635.73	20.02	7198.19	59.44	212.3	17.38
三、禁止开发区域*	(75843.34)	17.81	(74.60)	2.84	(181.63)	5.72	(24347.18)	201.05	——	——

禁止开发区域*：是指点状分布在重点开发区域、限制开发区域中的各类自然保护区、世界文化自然遗产、风景名胜区、森林公园和地质公园等。

1. 重点开发区域。全省6个重点开发区域覆盖24个县市区。行政区面积4.81万平方公里，约占全省总面积的11.3%；扣除基本农田面积后为4.03万平方公里，约占全省的9.46%。重点开发区域2008年人口925.13万人，约占全省总人口的35.2%；经济总量2000.62亿元，约占全省生产总值的62.99%，其中工业增加值为867.32亿元，约占全省的71.0%，人均生产总值21625.29元，为全省人均水平的1.79倍。（见表2-2甘肃省重点开发区域范围，表2-3甘肃省重点开发区域基本情况）

表2-2 甘肃省重点开发区域范围

区　　域	范　　围	数　量
1. 兰州—西宁区域：兰白（兰州—白银）地区	兰州市的城关区、七里河区、安宁区、西固区、红古区、皋兰县、榆中县，白银市的白银区、平川区	9
2. 关中—天水区域：天成（天水—成县、徽县）地区	天水市的秦州区、麦积区，陇南市的成县、徽县	4
3. 酒嘉（酒泉—嘉峪关）地区	酒泉市的肃州区，嘉峪关市	2
4. 张掖（甘州—临泽）地区	张掖市的甘州区、临泽县	2
5. 金武（金昌—武威）地区	金昌市的金川区，武威市的凉州区	2
6. 平庆（平凉—庆阳）地区	平凉市的崆峒区、华亭县、泾川县，庆阳市的西峰区、宁县	5
	合　　计	24

表2-3 甘肃省重点开发区域基本情况（2008年）

	土地面积		人口		生产总值		人均生产总值		工业增加值	
	（平方公里）	占全省比重（%）	（万人）	占全省比重（%）	（亿元）	占全省比重（%）	（元）	为全省人均水平（%）	（亿元）	占全省比重（%）
全　省	425835.7	100	2628.12	100	3176.11	100	12110	100	1221.66	100
1. 兰白地区	10688.21	2.51	330.34	12.57	973.17	30.64	29459.65	243.27	392.82	32.16
2. 天成地区	10234.83	2.4	167.31	6.36	184.78	5.82	11044.17	91.20	60.2	4.93
3. 酒嘉地区	4577.2	1.08	57.29	2.18	221.79	6.98	38713.56	319.68	125.75	10.29
4. 张掖地区	6390.74	1.5	65.1	2.48	100.57	3.16	15448.54	127.57	27.17	2.22
5. 金武地区	7967.37	1.87	121.33	4.62	309.85	9.76	25537.79	210.88	174.29	14.27
6. 平庆地区	8244.41	1.94	183.76	6.99	210.46	6.63	11452.98	94.57	87.09	7.13
合　计	48102.76	11.3	925.13	35.2	2000.62	62.99	21625.29	178.57	867.32	71

2. 限制开发区域。全省限制开发区域共划分为 4 个农产品主产区和 7 个重点生态功能区,涉及 63 个县市区,面积 37.77 万平方公里,约占全省国土总面积的 88.70%。限制开发区域 2008 年人口 1702.99 万人,约占全省总人口的 64.8%;经济总量 1175.49 亿元,约占全省生产总值的 37.01%。其中:

(1)农产品主产区划分为 4 个区域,覆盖 26 个县市区,面积 11.01 万平方公里,约占全省总面积的 25.86%。限制开发农产品主产区 2008 年人口 819.81 万人,约占全省总人口的 31.19%;经济总量 539.76 亿元,约占全省生产总值的 16.99%;人均生产总值 6583.96 元,为全省人均水平的 54.37%;粮食产量 287.55 万吨,约占全省粮食总产量的 32.36%。(见表 2-4 甘肃省限制开发区域—农产品主产区范围,表 2-5 甘肃省限制开发区域—农产品主产区基本情况)

表 2-4　甘肃省限制开发区域—农产品主产区范围

类 型 区	范　　围	数　量
1. 沿黄农业产业带	临夏州的临夏市、永靖县,白银市的景泰县、靖远县	4
2. 河西农产品主产区	张掖市的高台县、肃南县北部区块*,酒泉市的金塔县、玉门市、瓜州县	4
3. 陇东农产品主产区	庆阳市的合水县、正宁县,平凉市的灵台县、崇信县	4
4. 中部重点旱作农业区	定西市的安定区、临洮县、陇西县、渭源县、漳县、岷县,天水市的甘谷县、武山县、秦安县、清水县,陇南市的西和县、礼县,临夏州的广河县、东乡县	14
合　　计		26

* 肃南县北部区块作为肃南县级行政单元的部分地区,不作为独立评价单元。

表 2-5　甘肃省限制开发区域—农产品主产区基本情况(2008 年)

	土地面积		人　口		生产总值		人均生产总值		工业增加值		粮食产量	
	(平方公里)	占全省比重(%)	(万人)	占全省比重(%)	(亿元)	占全省比重(%)	(元)	为全省人均水平(%)	(亿元)	占全省比重(%)	(万吨)	占全省比重(%)
全　省	425835.7	100	2628.12	100	3176.11	100	12110	100	1221.66	100	888.5	100
1. 沿黄农业产业带	13091	3.07	111.37	4.24	101.71	3.2	9132.62	75.41	27.06	2.21	41.89	4.71
2. 河西农产品主产区	57897.81	13.6	60.68	2.31	162.57	5.12	26791.36	221.23	73.03	5.98	25.34	2.85
3. 陇东农产品主产区	7089.22	1.67	71.75	2.73	49.26	1.55	6865.51	56.69	9.64	0.79	38.31	4.31
4. 中部重点旱作农业区	32034.96	7.52	576.01	21.91	226.22	7.12	3927.36	32.43	32.31	2.64	182.01	20.49
合　计	110113	25.86	819.81	31.19	539.76	16.99	6583.96	54.37	142.04	11.62	287.55	32.36

(2)重点生态功能区划分为 7 个区域,覆盖 37 个县市区,面积 26.76 万平方公里,约占全省总面积的 62.84%。限制开发重点生态功能区 2008 年人口 883.18 万人,约占全省总人口的 33.61%;经济总量 635.73 亿元,约占全省生产总值的 20.02%;人均生产总值 7198.19 元,为全省人均水平

的59.44%。(见表2-6甘肃省限制开发区域—重点生态功能区范围,表2-7甘肃省限制开发区域—重点生态功能区基本情况)

表2-6 甘肃省限制开发区域—重点生态功能区范围

类 型 区	范 围	数量	备 注
1.甘南黄河重要水源补给生态功能区	甘南州的合作市、夏河县、碌曲县、玛曲县、卓尼县、临潭县,临夏州的临夏县、和政县、康乐县、积石山县	10	肃北北部马鬃山镇作为肃北县级行政单元的部分地区,不作为独立评价单元。
2.长江上游"两江一水"流域水土保持与生物多样性生态功能区	陇南市的武都区、宕昌县、文县、康县、两当县,甘南州的迭部县、舟曲县	7	
3.祁连山冰川与水源涵养生态功能区	酒泉市的阿克塞县、肃北县(不包括北部区块)、张掖市的肃南县(不包括北部区块)、民乐县、山丹县,金昌市的永昌县,武威市的古浪县、天祝县,兰州市的永登县和中牧山丹马场特别区	9	
4.石羊河下游生态保护治理区	武威市的民勤县	1	
5.敦煌生态环境和文化遗产保护区	酒泉市的敦煌市	1	
6.陇东黄土高原丘陵沟壑水土保持生态功能区	庆阳市的庆城县、镇原县、环县、华池县,平凉市的庄浪县、静宁县,白银市的会宁县,定西市的通渭县,天水市的张家川县	9	
7.肃北北部荒漠生态保护区	肃北县北部马鬃山镇		
合　　　计		37	

表2-7 甘肃省限制开发区域—重点生态功能区基本情况(2008年)

	土地面积		人 口		生产总值		人均生产总值		工业增加值	
	(平方公里)	占全省比重(%)	(万人)	占全省比重(%)	(亿元)	占全省比重(%)	(元)	为全省人均水平(%)	(亿元)	占全省比重(%)
全　省	425835.7	100	2628.12	100	3176.11	100	12110	100	1221.66	100
1.甘南黄河重要水源补给生态功能区	33031.24	7.76	154.1	5.86	65.66	2.07	4260.87	35.18	10.15	0.83
2.长江上游"两江一水"流域水土保持与生物多样性生态功能区	25060.01	5.88	145.35	5.53	62.61	1.97	4307.53	35.57	7.69	0.63
3.祁连山冰川与水源涵养生态功能区	107352.84	25.21	184.05	7	210.89	6.64	11458.30	94.62	74.58	6.11
4.石羊河下游生态保护治理区	15835.15	3.72	30.2	1.15	28.79	0.91	9533.11	78.72	5.04	0.41

续表

	土地面积		人口		生产总值		人均生产总值		工业增加值	
	（平方公里）	占全省比重（%）	（万人）	占全省比重（%）	（亿元）	占全省比重（%）	（元）	为全省人均水平（%）	（亿元）	占全省比重（%）
5.敦煌生态环境和文化遗产保护区	26718.15	6.27	18.29	0.7	36.39	1.14	19896.12	164.29	4.58	0.38
6.陇东黄土高原丘陵沟壑水土保持生态功能区	32722.56	7.68	350.97	13.36	230.53	7.26	6568.37	54.24	110	9
7.肃北北部荒漠生态保护区	26900	6.32	0.22	0.01	0.86	0.03	39090.91	322.80	0.26	0.02
合　计	267619.95	62.84	883.18	33.61	635.73	20.02	7198.19	59.44	212.3	17.38

（3）点状开发的城镇。对于限制开发区域范围内的县级政府所在地，如敦煌市、会宁县等63个县城的城区规划区，以及42个重点建制镇，将作为限制开发区域内城镇建设、人口聚集和适宜产业发展的地区进行据点式开发和布局。（见表2-8点状开发的城镇单一功能区名录，附件2：附表1限制开发区域内县级政府所在地城区基本情况表）

表2-8　点状开发的城镇单一功能区名录

所在行政区	县城所在地城区规划区	数　量	重点建制镇	数　量
兰州市	永登县	1	永登县连城镇	1
金昌市	永昌县	1	永昌县河西堡镇、朱王堡镇	2
白银市	靖远县、景泰县、会宁县	3	靖远县北湾镇、景泰县喜泉镇、会宁县河畔镇	3
天水市	甘谷县、秦安县、武山县、清水县、张家川县	5	武山县洛门镇、秦安县西川镇	2
武威市	民勤县、古浪县、天祝县	3	民勤县红沙岗镇、古浪县土门镇、大靖镇，天祝县打柴沟镇	4
张掖市	山丹县、肃南县、民乐县、高台县	4	高台县南华镇、山丹县位奇镇、民乐县六坝镇	3
酒泉市	玉门市、金塔县、瓜州县、肃北县、阿克塞县、敦煌市	6	金塔县东坝镇、瓜州县柳园镇、敦煌市七里镇、玉门市老市区	4
平凉市	灵台县、崇信县、静宁县、庄浪县	4	庄浪县南湖镇、崇信县新窑镇、静宁县威戎镇、灵台县什字镇	4
庆阳市	庆城县、环县、华池县、合水县、正宁县、镇原县	6	庆城县驿马镇、环县曲子镇、镇原县孟坝镇	3
定西市	安定区、临洮县、陇西县、通渭县、渭源县、漳县、岷县	7	安定区巉口镇、陇西县文峰镇、通渭县马营镇、渭源县会川镇、临洮县中铺镇	5
陇南市	武都区、宕昌县、康县、文县、西和县、礼县、两当县	7	武都区安化镇、文县碧口镇、礼县盐官镇、宕昌县哈达铺镇、康县阳坝镇	5

续表

所在行政区	县城所在地城区规划区	数 量	重点建制镇	数 量
临夏州	临夏市、永靖县、临夏县、康乐县、广河县、和政县、东乡县、积石山县	8	临夏市折桥镇、临夏县新集镇、广河县三甲集镇、和政县松鸣镇	4
甘南州	合作市、临潭县、卓尼县、舟曲县、迭部县、玛曲县、碌曲县、夏河县	8	临潭县冶力关镇、碌曲县郎木寺镇	2
合 计		63	合 计	42

3. 禁止开发区域。禁止开发区域包括 191 处点状分布国家和省级各类自然保护区、世界文化自然遗产、风景名胜区、森林公园、地质公园、饮用水源地保护区和基本农田。其中：国家和省级自然保护区 54 处；世界文化自然遗产 2 处；国家和省级风景名胜区 23 处；国家和省级森林公园 82 处；国家和省级地质公园 21 处；国家和省级湿地及湿地公园 9 处；基本农田 3.857 万平方公里（5785.5 万亩）①。禁止开发区域总面积 7.58 万平方公里②，约占全省总面积的 17.81%。禁止开发区域 2008 年人口 74.6 万人，约占全省总人口的 2.84%，经济总量 181.63 亿元，约占全省生产总值的 5.72%。禁止开发区域是呈点状分布的生态功能区和珍稀动植物资源保护地，也是我省自然文化资源保护的重要区域。

三、推进形成主体功能区的指导思想和主要目标

（一）指导思想和基本原则

以邓小平理论、"三个代表"重要思想和科学发展观为指导，遵循自然规律和经济规律，贯彻国家总体发展战略与甘肃实际相结合，突出区域主体功能导向，转变发展方式，立足近期、谋划长远，统筹兼顾、突出重点，因地制宜、分类指导，通过持续不懈的长期努力，逐步形成主体功能定位清晰、城乡和区域协调发展、人与自然和谐相处、基本公共服务和人民生活水平不断提高的区域发展新格局。

依据上述指导思想，要坚持以下基本原则：

——坚持以人为本。以人的全面发展为核心，立足人与自然和谐相处，引导人口与经济在省域空间合理分布，逐步实现不同区域和城乡居民的基本公共服务均等化，促进社会和谐发展。

——坚持尊重自然。依据水、土地等资源环境综合承载能力，立足区域生态环境和发展基础，集约利用空间资源和实施重点有限开发，引导产业相对集聚发展，促进人口相对集中居住和合理转移，努力实现经济社会可持续发展。

——坚持功能导向。发挥区域主体功能，妥善处理好局部与全局、开发与发展、政府与市场、行政区与主体功能区、主体功能与其他功能以及各类主体功能区之间的关系，坚持有限开发、集约开

---

① 基本农田：按国家四类功能区划分的原则，基本农田属禁止开发区域。鉴于基本农田点状分布于重点开发、限制开发和禁止开发区域中。在全省主体功能区规划中，仅以总量控制指标来进行规划。

② 不含基本农田面积，并扣除自然保护区、世界文化自然遗产、风景名胜区、森林公园、地质公园之间的相互交叉重复面积。

发、分类指导、分层次推进，积极引导不同区域科学发展。

——坚持优化布局。按照生活、生态和生产的顺序调整空间结构，扩大城市居住空间和绿色生态空间，合理减少农村居住空间，稳定耕地总面积，确保基本农田不减少，保护水域、湿地和林地，适度扩大服务业和交通等基础设施空间。

——坚持协调发展。正确处理好区域开发与生态保护的关系、区域发展效益和社会公平的关系，支持发展基础雄厚和条件较好地区加快发展，重视生态脆弱和条件较差地区的协调发展，通过发展特色经济、人口转移、财政转移支付等多种途径，逐步实现经济布局与人口分布的空间协调。

——坚持政策引导。根据不同区域的主体功能，明确不同的发展方向和基本要求，制订并实施分类指导的政策和有效的空间管制措施，促进省域国土空间的科学合理、有序协调开发。

（二）主要目标

全省主体功能区规划到 2020 年的主要目标是：

——主体功能区布局基本形成。以重点开发区域为主体和限制开发区域节点城市为补充的城市化布局基本形成，以限制开发区域为主体的农产品主产区和重点生态功能区基本形成，禁止开发区域和基本农田得到切实保护。

——国土空间结构进一步优化。农村居民点占地面积减少到 4260 平方公里，工矿建设空间适度增加，耕地保有量不低于 46460 平方公里（6969 万亩），基本农田保持在 38167 平方公里（5725 万亩）以上①。绿色生态空间扩大，湿地得到有效保护，林地面积扩大到 102204 平方公里，森林覆盖率提高到 18% 以上。

——空间利用效率明显提高。人口集中度和经济集聚度进一步提高，城市化地区空间人口密度达到 4500 人/平方公里，城市空间单位面积产出大幅提升。单位耕地面积粮食和主要经济作物产量提高 12% 以上。单位绿色生态空间蓄积的林木、涵养的水源等数量增加。

——城乡及区域发展差距不断缩小。各类主体功能区域间居民人均可支配收入差距缩小到 3 倍左右，基本实现城乡和地区间医疗、教育、文化和社会保障等基本公共服务均等化。

——可持续发展能力进一步增强。生态系统稳定性明显提高，森林资源持续稳定增长，草原退化、沙漠化、耕地盐碱化、湿地退化等得到遏制，水、空气、土壤等生态环境质量明显改善，生物多样性得到切实保护，主要污染物排放得到有效控制，万元生产总值能耗和二氧化碳排放达到国家要求，重点城市空气质量达到二级标准的天数超过 85%，主要河流控断面好于 III 类的比例达到 80%以上，自然灾害防御水平进一步提高。

甘肃省国土空间开发规划预期目标

指　　标	2008 年	2020 年
人口（万人）	2628.12	2850
城镇化率（%）	32.15	>50
空间开发强度（%）	2.29	2.50
城市空间（平方公里）	1350	1940

---

①　数据依据国务院批准的《甘肃省土地利用总体规划（2006—2020 年）》。

续表

指 标	2008 年	2020 年
农村居民点(平方公里)	4303	4260
耕地保有量(平方公里)	46237	46460
基本农田(平方公里)	38570	38167
林地面积(平方公里)	98900	102204
森林覆盖率(%)	13.42	>18
森林蓄积量(万立方米)	21993	26189

(三) 战略布局

为实现全省主体功能区规划的目标,要按照全面建设小康社会和可持续发展的要求,遵循不同主体功能区的空间自然属性,积极构建省域国土空间开发"三大战略格局"。

——构建"一横两纵六区"为主体的城市化战略格局。以西陇海兰新经济带为横贯全省的横轴,以呼包银—兰西拉经济带、庆(阳)—平(凉)—天(水)—成(县)徽(县)—武都经济带为两条纵轴,加速推进形成兰白(兰州—白银)、酒嘉(酒泉—嘉峪关)、张掖(甘州—临泽)、金武(金昌—武威)、天成(天水—陇南成县、徽县)、平庆(平凉—庆阳)等六大组团式城市化发展格局。(见附件1:附图2-2"一横两纵六区"重点开发区域分布图)

——构建"一带三区"为主体的农业战略格局。围绕提高农业综合生产能力,发展高效节水农业、旱作农业和现代农业,推进沿黄农业产业带发展的新跨越,实现河西地区和陇东地区现代农业发展的新突破,促进中部地区重点旱作农业区特色农业新发展,提高农产品供给和粮食安全保障能力。(见附件1:附图2-3"一带三区"限制开发区域—农产品主产区分布图)

——构建"三屏四区"为主体的生态安全战略格局。"三大屏障":以甘南黄河重要水源补给生态功能区为重点,构建黄河上游生态屏障;以"两江一水"流域水土保持与生物多样性生态功能区为重点,构建长江上游生态屏障;以祁连山冰川与水源涵养生态功能区为重点,构建河西内陆河流域生态屏障。"四大区域":以敦煌生态环境和文化遗产保护区、石羊河下游生态保护治理区、陇东黄土高原丘陵沟壑水土保持生态功能区、肃北北部荒漠生态保护区为重点,加大生态建设和环境保护。以"三屏四区"等生态保护区为重点,构建生态安全战略格局,保障区域和国家的生态安全。(见附件1:附图2-4"三屏四区"限制开发区域—重点生态功能区分布图)

展望未来,到2020年全省主体功能区基本形成之时,省域国土空间功能更加清晰,经济和人口布局更加合理。"一横两纵六区"为主体的城市化格局初步形成,产业集聚发展,人口集中居住,资源环境更加集约高效,城市整体功能和竞争力进一步提升。"一带三区"为主体的特色农业得到巩固和加强,"三屏四区"为主的生态安全和保护进一步增强,农业和生态功能区人口进一步向城市化地区有序转移,初步实现城乡一体化发展。生态地区水源涵养、防风固沙、水土保持、维护生物多样性、保护自然资源的功能大大提升,生态环境明显改善,呈现人与自然和谐发展的良好局面。

四、重点开发区域:"一横两纵六区"城市化地区

坚持把提高空间利用效率作为省域国土开发的重要任务,实施"中心带动、两翼齐飞、组团发

展、整体推进"区域发展战略,引导人口和产业相对集中分布,经济相对集中布局,走空间集约利用的发展道路,着力构建"一横两纵六区"组团式发展的城市化战略格局,优化空间开发结构。

——重点开发区域的功能定位。以基础设施为先导、特色优势产业为支撑、区域中心城市为依托,突出各自特色,加强优势互补,强化区域和区际联系,增强区域产业配套能力,形成若干产业高地,进一步壮大中心城市的经济规模,使之成为集聚经济和人口、参与国家产业分工和支撑全省经济持续增长的主体区域。

——重点开发区域的发展方向。发挥区域综合优势,提升产业创新能力,促进要素集聚,加快建设具有特色的现代产业支柱;进一步推进城市化进程,提高城镇综合承载能力和人口集聚能力,建设生态宜居城市;充分发挥区域中心城市带动和辐射作用,加速推进区域经济一体化发展;大力推进优势产业融合,培育和发展新兴产业,构建优势产业集群,壮大经济规模;发展都市农业、城郊农业和观光农业,大力调整农业种植结构;加快区内资源整合,推动资源有效节约利用,大力发展循环经济;合理布局并突出产业园区建设,改善投资创业环境,积极承接产业和人口转移。

——重点开发区域的主要目标。到 2020 年,全省重点开发区域生产总值占全省生产总值的75%以上,人口占全省的50%左右,城市化率达到60%以上,城市化地区空间人口密度达到每平方公里 4500 人以上;研究开发支出占重点开发区域生产总值的比重大大高于全省水平;万元生产总值能耗、水资源消耗、污染物排放达到全国平均水平。

（一）国家重点开发区域

1. 兰州—西宁区域的兰白(兰州—白银)地区

该区域为国家兰州—西宁重点开发区域的重要组成部分,地处西陇海兰新经济带中段和黄河沿岸,陇海、兰新、包兰、兰青、兰渝铁路和国主干线高速公路等主要交通通道交汇于此。范围包括兰州市的城关区、七里河区、安宁区、西固区、红古区、皋兰县、榆中县,白银市的白银区、平川区。面积 10688.21 平方公里,约占全省国土总面积的 2.51%。2008 年该区域人口为 330.34 万人,约占全省总人口的 12.57%;地区生产总值为 973.17 亿元,其中工业增加值为 392.82 亿元,分别占全省的 30.64% 和 32.16%。(见附件 1:附图 2-5 兰州—西宁国家重点开发区域兰白地区分布图)

功能定位:

全省经济、文化和科教中心,带动全省城市化、工业化和信息化发展的龙头地区。连接欧亚大陆桥的战略通道和西陇海兰新经济带重要支点,西北交通枢纽、商贸物流和区域性金融中心,西部重要的交通通信枢纽;全国重要的石油化工、有色冶金、新材料、新能源、水电、特色农产品加工产业基地,区域性的装备制造、生物医药产业基地和全国循环经济示范区;我国向西开放的战略平台和各民族共同繁荣发展的示范区。

发展方向:

——依托西陇海兰新经济带和呼包银—兰西拉经济带"十字"轴线,突出兰州中心城市的带动作用,抓住白银资源型城市转型的机遇,强化兰(州)—白(银)区域经济一体化发展,建设兰州新区和白银工业集中区,拓展城市空间,调整完善城市功能,优化城区布局和产业发展,促进资源要素聚集,优势互补,分工协作,加速推进城市化和工业化进程。

——加快推进新型工业化进程,促进产业结构优化升级。发挥区内产业和人才聚集作用,提高自主创新能力,强化西部石油化工、有色冶金工业基地的地位,努力实现重化工业、新材料工业、新能源、装备制造业、生物医药、食品加工、生态农业、旅游和现代服务业等产业的新跨越,推进跨区域经济技术合作,参与国家产业分工和区域竞争。

——突出兰州交通枢纽和西北商贸物流中心的地位,着力构建连接内地沿海、沟通西北西南、支持西藏发展、面向中亚的我国西部现代商贸物流业发展的战略格局,打造西部重要的商贸物流中心。

——统筹规划建设区内交通、能源、水利、环保等基础设施,构建完善、高效以及区域一体、城乡一体的基础设施网络。加强生态建设和环境保护,统筹规划水资源、耕地、林地保护,扩大城市绿色空间,着力改善人居环境,提高环境质量。

2. 关中—天水区域的天成(天水—成县、徽县)地区

该区域毗邻陕西关中平原,是国家西部大开发关中—天水经济区的重要组成部分,具有较强的地缘经济文化联系。该区域范围包括天水市的秦州区、麦积区和陇南市的成县、徽县。面积10234.83平方公里,约占全省国土总面积的2.40%。2008年该地区人口为167.31万人,约占全省总人口的6.36%;地区生产总值为184.78亿元,其中工业增加值为60.20亿元,分别占全省生产总值和工业增加值的5.82%和4.93%。(见附件1:附图2-6 关中—天水国家重点开发区域天成地区分布图)

功能定位:

甘肃东部重要的经济文化中心和交通枢纽,西陇海兰新经济带上的重要节点城市,西部重要的装备制造业基地、有色金属资源开发加工基地、历史文化旅游胜地、特色农产品生产加工基地,参与区域合作、承接人口转移、支撑和带动区域经济发展的重要增长极。

发展方向:

——完善天水—关中、天水—平凉—庆阳发展主轴,强化天成(天水—成县、徽县)地区的经济联系,优化空间布局,完善城市功能,增强区域联合和协调发展,承接陇东能源资源开发利用,构建东部四市经济协调发展的新格局。

——突出天水区域中心城市的作用,加快东西交通通道和南北交通、能源通道建设,完善配套基础设施,优化城镇布局,扩大城市规模,促进产业集聚,承接人口转移。

——以机械制造、电工电器、电子信息、风力发电设备为重点,整合资源,优化结构,提升产业发展水平,形成与周边地区相互配套的产业结构,打造西部重要的装备制造业基地。提高铅锌等矿产资源综合利用水平,大力发展农产品深加工,促进天水国家循环产业集聚区的形成和现代物流业的发展。

——以"丝绸之路"为主线,以"羲皇故里"华夏始祖文化根脉为主体,以陇南绿色文化旅游为重点,培育发展人文旅游、生态旅游,加快旅游资源开发和整合。加强跨省区、跨地区旅游线路的合作,连接西安、九寨沟、平凉崆峒山等周边旅游线路,促进文化旅游产业的发展。

——发挥区位和地缘经济的优势,加强与关中经济区、成渝经济区以及与平庆经济区的联合与协作,整合资源,参与区域分工和竞争,增强自我发展能力。

(二) 省级重点开发区域

3. 酒嘉(酒泉—嘉峪关)地区

酒嘉经济区地处西陇海兰新经济带甘肃西段,西连新疆,南邻青海,北与内蒙古自治区和蒙古

国相接。该区域范围包括酒泉市的肃州区、嘉峪关市。面积4577.2平方公里,约占全省国土总面积的1.08%。2008年该地区人口为57.29万人,约占全省总人口的2.18%;地区生产总值为221.79亿元,其中工业增加值为125.75亿元,分别占全省的6.98%和10.29%。(见附件1:附图2-7重点开发区域酒嘉地区分布图)

功能定位:

国家重要的新能源、冶金和石化基地,国家航空航天基地,西陇海兰新经济带的区域性中心城市,丝绸之路黄金旅游线极具影响的旅游胜地,全省特色农产品加工、外来资源落地加工基地,带动区域发展的重要增长极。

发展方向:

——以酒泉市肃州区和嘉峪关市为重点,加快城市资源和各类要素整合,统一规划和优化城市空间布局,完善城市功能,促进人口和产业集聚,推进区域经济一体化发展。

——改造提升冶金、石化等优势产业,加快新能源产业建设步伐。以酒嘉煤电基地建设和"陆上三峡"风电基地建设为契机,积极推进能源和资源加工产业融合,大力发展煤电、风电、太阳能发电、核能产业及风电装备制造业、矿产资源加工业。围绕特色农产品,做精做深农产品加工业,发展制种等优势产业,提高集约化水平。

——突出旅游资源丰富的优势,依托敦煌莫高窟、嘉峪关关城、酒泉航天城等国际级旅游品牌,整合旅游资源,打造精品旅游线路,促进旅游业的发展。

——注重生态环境保护,加强重点生态功能区、水源涵养区建设与保护,加强工业和城市"三废"治理,继续实施三北防护林、生态公益林、防风固沙、荒漠造林、封滩育林等生态建设工程。

——加快对外开放,充分利用地缘和交通优势,强化配套设施建设,扩大区际间合作,承接中东部地区产业转移和外来资源落地加工,建设区域性物流中心,构建面向新疆、内蒙古、青海、西藏以及中亚的陆路口岸,提高对外开放水平。

4.张掖地区(甘州—临泽)

该地区位于我省河西走廊中心地带,南与青海相邻,北与内蒙古自治区相接,具有明显的区位、交通和水资源、矿产资源优势。该区域范围包括张掖市的甘州区、临泽县。面积6390.74平方公里,约占全省国土总面积的1.5%。2008年该区域人口为65.10万人,约占全省总人口的2.48%;地区生产总值为100.57亿元,其中工业增加值为27.17亿元,分别占全省的3.16%和2.22%。(见附件1:附图2-8重点开发区域张掖地区分布图)

功能定位:

河西新能源基地的重要组成部分,战略矿产资源和重要农产品加工基地,陇海兰新经济带重要节点城市和经济通道,文化旅游重镇,现代农业、节水型社会和生态文明建设示范区,集聚经济和人口的重点城市化地区。

发展方向:

——发挥张掖地处河西走廊中部的区位优势,以现有城市为基础,完善城市基础设施,增强城市集聚人口、产业能力,提升区域交通枢纽和经济通道功能。

——充分利用农畜产品资源丰富的优势,推进各类现代农业示范区建设和特色优势产业带发展,建设优质农产品生产加工基地,提高农畜产品市场占有率和竞争力。

——以能源、矿产资源优势为依托,加大勘探开发力度,抓好钨钼等矿产资源的开采、冶炼及精深加工;以区域内旅游资源为依托,大力发展生态、历史文化等特色旅游业,积极培育新的支柱产业和经济增长点。

——加大生态保护力度,推进节水型社会建设。加快黑河二期治理,巩固退耕还林(草)成果。以水权制度改革为重点,探索节水型产业及城市生活节水新模式,促进水资源合理配置、高效利用和有效保护,建设高效的节水型社会。

5. 金武(金昌—武威)地区

该区域位于我省河西走廊东段,范围包括金昌市的金川区、武威市的凉州区。面积7967.37平方公里,约占全省国土总面积的1.87%。2008年区域人口121.33万人,约占全省总人口的4.62%;地区生产总值为309.85亿元,其中工业增加值为174.29亿元,分别占全省的9.76%和14.27%。(见附件1:附图2-9重点开发区域金武地区分布图)

功能定位:

国家镍钴、铂族贵金属生产及有色金属工业基地,国家新材料高技术产业基地和循环经济示范区,河西走廊重要的交通枢纽,特色农产品加工基地,历史和民族文化旅游重镇,带动区域城市化和工业化发展的重要地区。

发展方向:

——发挥区内产业带动和城市服务功能的互补作用,发挥区域中心城市和大中型企业的带动作用,着力实施以工促农、以城带乡,统筹城乡发展。

——强化镍钴生产和稀贵金属提炼加工基地的基础地位,不断延伸产业链条,大力发展后续产业,形成镍钴铜精深加工、粉体材料、金属盐化工和稀贵金属新材料等产业链,打造国家重要的新材料基地。以循环经济发展为主线,依托资源优势和大型企业,做大做强化工产业,积极发展新能源产业。充分发挥绿色农产品生产优势,发展壮大酿造、食品等特色加工业。

——保护区内耕地,发展现代农业。扎实推进生态建设和环境保护,加强水资源集约利用,推进节水型社会建设。加强资源的综合利用和水资源保护,大力发展循环经济,建设资源节约型和环境友好型社会。

6. 平庆(平凉—庆阳)地区

该地区位于甘肃东部,地处陕甘宁三省交接处,具有丰富的石油、天然气和煤炭资源,是陕甘宁革命老区的组成部分。该区域范围包括平凉市的崆峒区、华亭县、泾川县,庆阳市的西峰区、宁县。该区域面积8244.41平方公里,约占全省国土总面积的1.94%。2008年区域人口为183.76万人,约占全省总人口的6.99%;地区生产总值为210.46亿元,其中工业增加值为87.09亿元,分别占全省的6.63%和7.13%。(见附件1:附图2-10重点开发区域平庆地区分布图)

功能定位:

国家重要的石油、天然气、煤炭等能源化工基地,甘肃东部重要的城市化、工业化地区,区域性交通枢纽和物流集散地,特色农畜产品加工和出口基地,文化(民俗)产业示范基地,历史文化和红色旅游胜地,支撑全省经济发展和参与区域竞争的新兴工业化地区。

发展方向:

——围绕我省东部四市区域经济发展,加快南北交通通道建设,构建天(水)—平(凉)—庆(阳)经济发展轴线,形成以三市城市规划区为核心和周边其他城市为节点城镇化发展格局。加强基础设施建设,完善城市服务功能,着力培育和发展区域性中心城市,促进产业和人口集聚。

——依托资源优势,拓展煤电、石油等特色产业链条,建设陇东传统能源综合利用基地。加大石油、天然气和煤炭资源的勘探开发力度,积极发展能源化工后续产业。发挥果、菜、草、畜以及小杂粮特色农产品生产和精深加工的优势,促进出口型农产品加工业的集聚发展。

——整合旅游资源,发挥农耕文化、民俗文化、红色旅游等资源优势,打造具有地方特色的文化精品,积极推进陕甘宁、关中—天水等跨区域的旅游合作,加快旅游业发展。

——加大水资源和环境保护力度,推进流域综合治理,促进节水型社会建设。

五、限制开发区域:农产品主产区与重点生态功能区

限制开发区域的功能定位:坚持保护优先、适度开发、点状发展,统筹开发与治理工作,加强基础设施建设,提高基本公共服务水平,因地制宜发展资源环境可承载的特色产业,加强生态修复和环境保护,引导超载人口有序转移,使其成为保障农产品安全的重要基地,保障生态安全的重要区域。

限制开发区域的发展方向:依据功能定位和开发方向,限制开发区域划分为"一带三区"的农产品主产区和"三屏四区"的重点生态功能区。农产品主产区以发展现代农业和提高农产品供给保障能力为重点,切实保护耕地,着力提高农业综合生产能力。重点生态功能区以生态修复和环境保护为首要任务,增强水源涵养、水土保持、防风固沙、维护生物多样性等的能力,保护水生生物资源。

正确处理农业生产、生态保护与能源资源开发的关系,在不影响区域主体功能的前提下,根据资源环境承载能力,合理布局能源和矿产资源开发,适度发展旅游、农林产品加工以及其他生态型产业。对限制开发区内的63个县级政府所在地城镇及42个重点建制镇实行点状开发,科学界定城镇规模和产业布局,引导人口、产业适度集聚,促进人与自然和谐相处。

(一)"一带三区"农产品主产区

"一带三区"是指沿黄农业产业带、河西农产品主产区、陇东农产品主产区、中部重点旱作农业区。涉及全省26个县市区,总面积110112.99平方公里,约占全省国土面积的25.86%;其中耕地面积18451.92平方公里,约占全省耕地面积的34.1%;总人口819.81万人,占全省总人口的31.19%。要加强粮食综合生产能力建设,严格保护耕地,稳定粮食播种面积,改善生产条件,推动传统农业向现代农业转变,提高农业效益和农民收入,确保粮食安全和农产品供给。

功能定位:坚持最严格的耕地保护制度,严格控制建设占用耕地,对基本农田按禁止开发区域要求进行管制,控制不合理的土地资源开发活动,加强农用地土壤环境保护;优化农业区域布局和农业资源开发方式,优化结构、增加产量、提高品质,推进优势产业向优势产区集中,稳定粮食生产,确保粮食安全,提高保障农产品供给能力;加强农业基础设施建设,提高农业装备水平,推广旱作农业和灌溉农业节水技术等先进适用农业生产技术,提升人工增雨(雪)和防雹作业能力,促进现代农业发展;加快发展与资源环境承载能力相适应的农产品加工业、休闲农业和乡村旅游,拓宽非农就业空间和增收领域;合理确定区域内中小城市和城镇功能定位,优化城镇规模和结构,发挥中小城镇带动周围农村地区发展的作用,引导城镇有序发展和农村劳动力就地转移。

1. 沿黄农业产业带

沿黄农业产业带包括临夏州的临夏市(除城区)、永靖县(除县城),白银市的景泰县、靖远县(除县城)。总面积13091平方公里,约占全省国土总面积的3.07%。2008年,区域总人口111.37万人,约占全省总人口的4.24%;耕地面积2509.51平方公里,约占全省耕地面积的4.64%;粮食产量为41.89万吨,约占全省粮食总产量的4.71%。

该地区位于黄土高原地带,属温带干旱、半干旱气候。随着大型灌区等水利工程的建设和农业生产条件改善,日益成为全省农产品优质高产区。区域内基础设施相对完善,交通优势度高,人力资源丰富,具有进一步吸纳人口和产业聚集的条件,开发潜力较大。发展方向是:继续大力改善农业综合配套设施条件,大力推进农业节水,发展节水灌溉农业。加快建设沿黄灌区粮食基地,重点发展优质高效农业,积极发展城郊农业,稳定粮、油、肉、蛋、水产品等农产品生产,打造高原夏菜、瓜果、冷水鱼等优势品牌,提高农产品加工和供给保障能力。

2. 河西农产品主产区

河西农产品主产区包括张掖市的高台县、肃南县北部区块,酒泉市的金塔县、玉门市、瓜州县,总面积57897.81平方公里,约占全省国土总面积的13.6%。2008年区域人口60.68万人,约占全省总人口的2.31%;耕地面积1988.96平方公里,约占全省耕地面积的3.68%;粮食总产量为25.34万吨,约占全省粮食总产量的2.85%。

该地区土地广阔,属温带干旱半干旱气候,区内岛状分布的绿洲,具备人口聚集和农业开发的良好条件,灌溉便利,产出水平高,人均灌溉土地面积、人均粮食产量、单位耕地产值等在全省处于前列。河西地区经过多年开发建设,已成为国家重要的商品粮生产基地。发展方向是:发挥资源优势,利用现代农业技术,加快农田水利建设,合理调整农业生产结构与布局,依靠科技支撑,推进土地集约和适度规模开发,建设节水型农业。强化粮食生产和安全保障,大力发展制种、棉花、油料、酿造原料和果蔬、牛羊肉、冷水鱼等特色农产品生产及深加工;充分利用天然草场和农区秸秆,大力发展牧区和农区畜牧业,积极营造农田防护林、水源涵养林和防风固沙林,保护绿洲和生态。

3. 陇东农产品主产区

陇东农产品主产区包括庆阳市的合水县、正宁县,平凉市的灵台县、崇信县。面积7089.22平方公里,约占全省国土面积的1.67%。2008年该区域人口71.75万人,约占全省总人口的2.73%;耕地面积1318.74平方公里,约占全省耕地面积的2.44%;粮食产量38.31万吨,约占全省粮食总产量的4.31%。

该地区是我国最早进行农业耕作的地区之一,北部属温带半湿润半干旱气候,降水量较少且时间集中,植被稀,土质疏松易侵蚀;南部属温带温润气候,植被为温带草原类型,土壤耕性好,分布着我国最大的黄土塬面及河川道,土地平坦,雨养农业发展条件较好。发展方向是:以粮食生产为主体,以林牧业和特色农产品加工为两翼,以旱作农业和小流域治理为重点,稳定粮食生产,发挥特色农产品生产优势,建立名优和创汇农产品基地,发展现代农业;推广应用农业新技术,引导土地有序流转,扩大经营规模,调整农业布局,提高耕地单产和经济效益;把农业发展与水土保持相结合,在沟头源地封育林草,发展家庭养殖业;结合退耕还林,扩大关山和子午岭林区的林地面积,增强水源涵养能力。

4. 中部重点旱作农业区

中部重点旱作农业区包括定西市的安定区、临洮县、陇西县、渭源县、漳县、岷县,天水市的甘谷县、武山县、秦安县、清水县,陇南市的西和县、礼县,临夏自治州的广河县、东乡。面积32034.96

平方公里,约占全省国土总面积的 7.52%。2008 年区域人口 576.01 万人,约占全省总人口的 21.91%;耕地面积 12614.71 平方公里,约占全省耕地面积的 23.33%;粮食产量 182.01 万吨,约占全省粮食总产量的 20.49%。

该地区属温带半干旱气候,降水较少且分布不均,以旱作农业为主,土地垦殖率高,耕作方式粗放,生产水平低,贫困人口比例高,资源环境压力相对较大。发展方向是:加强农田水利建设,推广节水灌溉技术;采用地膜覆盖等旱作农业技术,培肥地力,提高土地产出能力;积极推进旱作集雨灌溉农业产业化模式,合理调整农作物布局,扩大马铃薯、中药材以及花卉等特色农产品种植面积,大力发展农区畜牧业;实施退耕还林和小流域治理,减少水土流失;坚持扶贫开发,提高人口素质,开拓非农就业渠道,引导人口向城镇集中。

甘肃省分区域耕地面积和粮食产量表(2008 年)

	耕地面积		粮　　食	
	(平方公里)	占全省比重(%)	(万吨)	占全省比重(%)
全　　　省	54102	100	888.5	100
一、农产品主产区	18451.92	34.1	287.55	32.36
二、重点生态功能区	24609.96	45.5	306.81	34.5
三、城市化地区	11040.12	20.4	294.14	33.1

(二)"三屏四区"重点生态功能区

"三屏"是指以甘南黄河重要水源补给生态功能区为主的黄河上游生态屏障、以"两江一水"(白龙江、白水江、西汉水)流域水土保持与生物多样性生态功能区为主的长江上游生态屏障、以祁连山冰川与水源涵养生态功能区为主的河西内陆河上游生态屏障;"四区"是指石羊河下游生态保护治理区、敦煌生态环境和文化遗产保护区、陇东黄土高原丘陵沟壑水土保持生态功能区、肃北北部荒漠生态保护区。涉及 37 个县市区,面积 26.76 万平方公里,约占全省总面积的 62.84%。人口 883.18 万人,约占全省总人口的 33.61%。

生态功能区要以修复生态、保护环境、提供生态产品供给为主要任务,增强提供水源涵养、水土保持、防风固沙、维护生物多样性等生态产品的能力,引导生态脆弱地区人口有序转移。在突出生态功能和环境保护的前提下,科学界定部分区域的农牧业生产规模,因地制宜发展资源环境可承载的林下产业、旅游业、服务业等特色产业。

1. 甘南黄河重要水源补给生态功能区

甘南黄河重要水源补给生态功能区包括甘南藏族自治州的合作市、夏河县、碌曲县、玛曲县、卓尼县、临潭县,临夏回族自治州的临夏县、和政县、康乐县、积石山县,总面积 33031.24 平方公里,约占全省国土面积的 7.76%;2008 年,区域内总人口为 154.1 万人,约占全省总人口的 5.86%。该地区位于甘肃省西南部、青藏高原东北边缘,多属高寒阴湿气候,是省内草场、林地比较集中的区域,植被茂密,传统牧业比较发达,具有重要的生态功能。其中,黄河在玛曲境内迂回绕行 433 公里,形成大面积沼泽湿地,是黄河重要的水源补给区;卓尼、临潭两县林区集中,是洮河上游重要的水源涵养地。

功能定位:黄河上游的重要生态功能区和全国生态重点治理区。

发展方向:坚持生态优先,保护与发展并重的方针,以构建黄河上游生态屏障为重点,加快传统畜牧业发展方式转变,全面推行禁牧休牧轮牧、以草定畜等制度,加大生态修复和环境保护力度,加强草原综合治理和重点区段沙漠化防治,增强水源涵养能力;培育与生态环境适宜产业,加快发展旅游业等特色产业。减少人为因素对自然生态的干扰,实施牧民定居工程,引导超载人口逐步有序转移,建设全国重要水源涵养区和全省优质畜产品供给区。

甘南黄河重要水源补给生态功能区生态保护与建设工程

甘南黄河重要水源补给生态功能区,是我国黄河流域最大的水源补给区。草地、森林和湿地构成的独特的生态系统,涵养和补给着黄河水源,年提供约 66 亿立方米水量,约占黄河总径流量的 11%,在保持水土、维护生物多样性等方面具有不可替代的作用。该区域已纳入国家限制开发生态地区水源涵养功能区,2007 年 12 月国家发展改革委批准并启动实施《甘南黄河重要水源补给生态功能区生态保护与建设规划》,涉及生态保护与修复、农牧民生活生产、生态保护支撑体系等建设。

---

2. 长江上游"两江一水"流域水土保持与生物多样性生态功能区

长江上游"两江一水"是指白龙江、白水江、西汉水流域,是我国秦巴生物多样性生态功能区的重要组成部分,也是长江上游的重要水源涵养区。长江上游"两江一水"流域水土保持与生物多样性生态功能区,主要包括陇南市的武都区、文县、康县、宕昌县、两当县,甘南藏族自治州的迭部县、舟曲县。面积 25060.01 平方公里,约占全省国土总面积的 5.88%。2008 年,人口为 145.35 万人,约占全省总人口的 5.53%。

该地区天然植被较好,是甘肃省最大的原始林区。流域内林地 8838 平方公里,天然草地 1653 平方公里,森林覆盖率为 40%—57%,林草覆盖率最高的区域达到 80% 以上。既是甘肃热量和水分条件最好的地区,也是全省最大的天然林区和长江上游重要的水源涵养林区,为我国长江上游的重要生态屏障和重要的生物基因库。

功能定位:长江上游水源涵养和生态屏障、秦巴生物多样性生态功能区的重要区域。

发展方向:坚持严格保护、合理利用、休养生息的方针,以构建长江上游生态屏障为重点,加强生态保护,减少与主体功能定位不一致的开发活动。继续实施国家生态环境建设重点县综合治理工程、天然林资源保护工程、陡坡地退耕还林还草工程、宜林荒山荒地造林绿化工程、基本农田建设工程、小型水利水保工程、草地治理工程及农村能源工程等。适度发展采矿业及水能开发,发展特色农业、林业和牧业;稳步推进生态移民,建设全国重要的生态功能区。

长江上游"两江一水"流域水土保持与生物多样性生态功能区建设工程

该流域是长江上游重要的水源补给区,区域内水资源丰富,生物资源富集多样,有多种珍稀濒危动植物,是大熊猫的主要栖息地之一。长江上游"两江一水"流域水土保持与生物多样性生态功能区作为秦巴生物多样性生态功能区的重要组成部分,已纳入国家主体功能区规划限制开发生态地区范围。汶川地震使这一地区生态植被遭受重大破坏,水土流失和地质灾害加剧。该区域水土保持和生物多样性保护工程的实施,有利于嘉陵江和长江干流的生态改善。工程主要涉及退耕还林(草)、天然林保护、长防长治林、公益林、自然保护区建设和生物多样性保护等 6 个方面。

---

3. 祁连山冰川与水源涵养生态功能区

祁连山位于青藏高原东北部边缘甘肃省与青海省交界处,东西向绵延约 1000 公里,宽约 200—300 公里,总面积约 15.8 万平方公里,平均海拔在 3000 米以上。处于河川水系之间,具有调节气候、增加降水、涵养水源、保持水土的作用。高原冰川面积约 1970 平方公里,储存的水量是三峡水库蓄水量的两倍多。降水和冰雪融水产生的地表径流每年为石羊河、黑河、疏勒河、苏干湖四个内陆河水系提供约 75 亿立方米的径流量,是甘肃河西走廊、内蒙古自治区西部等绿洲的水源基础,维系着近 500 万人口、70 多万公顷耕地和众多工矿企业的生存,为我国重要冰川、湿地保护地和河西内陆河流域的重要生态屏障。

祁连山冰川与水源涵养生态功能区包括酒泉市的阿克塞县、肃北县(不包括北部区块),张掖市的肃南县(不包括北部区块)、民乐县、山丹县,金昌市的永昌县,武威市的古浪县、天祝县,兰州市的永登县和中牧山丹马场特别区。面积 107352.84 平方公里,约占全省国土面积的 25.21%。2008 年该区域人口为 184.05 万人,约占全省总人口的 7%。

功能定位:国家重要的生态安全屏障,河西内陆河流域水源涵养保护区,绿洲节水高效农业示范区。

发展方向:以构建河西内陆河流域生态屏障为重点,实施对祁连山区冰川、湿地、森林、草原抢救性保护,防止人为生态破坏,实行严格的管制措施,增强水源涵养功能。创新保护机制,适度发展与生态环境相适应的特色产业,引导人口和产业有序转移,减轻系统压力。按照"南护水源、中兴绿洲、北防风沙"的战略方针,强化祁连山保护区水源涵养,采取流域综合治理措施,加快中部绿洲节水型社会建设,遏制下游荒漠化,实施石羊河、黑河、疏勒河三大内陆河流域综合治理工程。在加大生态保护力度的同时,积极支持永登、古浪、永昌、山丹、民乐等农业条件较好的县,发展特色农业和绿洲节水高效农业,协同建设沿黄农业产业带及河西农产品主产区,提升其在全省农业发展战略格局中的地位。

石羊河、黑河、疏勒河三大内陆河流域综合治理工程

1. 石羊河流域综合治理工程。石羊河流域位于河西走廊东部,流域面积 4.2 万平方公里。2007 年 12 月经国务院同意国家发展改革委批准并启动实施《石羊河流域重点治理规划》。规划涉及产业结构调整、水资源配置保障、灌区节水改造、生态建设与保护、水资源保护、基础设施建设等 6 大工程措施。2008 年 5 月上报国务院《石羊河流域防沙治沙及生态恢复规划》。

2. 黑河流域综合治理工程。黑河是西北的第二大内陆河,2001 年 8 月,国务院批复《黑河流域近期治理规划》,已连续 8 年实现向下游正义峡泄水 9.5 亿立方米的分水目标。2004 年 6 月编制完成了《黑河水资源开发利用保护规划》(二期规划),并通过黄委会审查后上报水利部;2008 年 10 月水利部决定对《黑河水资源开发利用保护规划》重新调整修编,将单项规划调整为综合治理规划。

3. 疏勒河流域综合治理工程。疏勒河流域位于甘肃省河西走廊西段,疏勒河流域分苏干湖水系和疏勒河水系。甘肃省河西走廊(疏勒河)农业灌溉暨移民安置综合开发项目,为世界银行贷款项目,也是国家"九五"计划重点项目。重点是解决甘肃中南部地区数万移民的贫困问题,增强河西走廊疏勒河流域经济社会和生态的可持续发展。该项目于 1996 年 5 月启动,经中期调整,2006 年 12 月竣工。

---

4. 石羊河下游生态保护治理区

地处民勤县的石羊河下游生态保护治理区是国家重点生态治理区,面积 15835.15 平方公里,约占全省国土面积的 3.72%。2008 年人口为 30.2 万人,约占全省总人口的 1.15%。

该地区属温带大陆性干旱气候,东西北三面被腾格里和巴丹吉林两大沙漠包围,降水稀少,日照充足,风沙多,以荒漠植被为主,大部分土地不适宜开发。由于石羊河上中游大量用水,民勤地下水位急剧下降,植被严重退化,土地荒漠化加剧,民勤绿洲岌岌可危。

功能定位:国家重要的生态修复和治理区,防沙治沙综合示范区。

发展方向:立足流域水资源,实施水资源统一管理,全面推进节水型社会建设,不断优化产业结构和用水结构,提高水资源利用效率。适度发展适合当地条件的特色产业,因地制宜实施生态移民,减轻环境压力,改善群众生产生活条件。加强防沙治沙,发展沙产业,巩固绿洲生态建设成果。严禁任何不符合该区域主体功能定位的开发活动,促进生态修复和环境保护。

5. 敦煌生态环境和文化遗产保护区

敦煌生态环境和文化遗产保护区地处河西走廊最西端,库姆塔格沙漠东部边缘,与新疆接壤,总面积 26718.15 平方公里,约占全省国土面积的 6.27%。2008 年该地区人口为 18.29 万人,约占全省总人口的 0.7%。该地区生态环境十分脆弱,地表水严重不足,区域地下水位急剧下降,湿地面积萎缩、绝迹,天然植被急剧减少、退化,荒漠化面积增加,生物多样性降低,部分生物链中断,风沙危害严重,自然灾害加剧,人类文化遗产莫高窟和自然奇观月牙泉受到严重威胁。生态环境问题已成为制约经济社会可持续发展的瓶颈。

功能定位:重要的生态环境治理和文化遗产保护区。

发展方向:坚持"科学规划、综合治理"的方针,推进节水型社会建设,通过实施全面节水、"引哈济党"生态调水工程、结构调整和科学管理等综合措施,规范用水秩序,减少水资源无序开发,控制人工绿洲规模,打造精品绿洲,发展与资源环境特别是水资源相适应的旅游等特色产业,加强生态保护、环境治理和文化遗产保护,实现生态修复、生产发展、人与自然和谐共处,把敦煌建成全省生态文明示范区。

敦煌水资源合理利用与生态保护综合治理工程

敦煌是我国重要的历史文化遗产保护地,由于自然、历史和大规模人类活动等原因,近年来敦煌绿洲的生存和发展面临严峻挑战。科学规划、综合治理、统筹加强敦煌水资源合理利用与生态保护,对维持敦煌绿洲稳定、保护文化遗产和实现经济社会发展具有重要意义。经国务院批准,国家发展改革委和水利部印发《敦煌水资源合理利用与生态保护综合规划》,规划分核心区和关联区,核心区包括党河和苏干湖两个水系,涉及敦煌、肃北和阿克塞 3 市县,关联区包括疏勒河中下游昌马、双塔灌区,涉及玉门和瓜州 2 个县市。按照"内节外调统筹、西拒北通并举、水源绿洲稳定、经济生态均衡"的总体布局,以水权制度建设和综合配套改革为重点,实施节水改造、引哈济党、月牙泉恢复补水、敦煌地下水源置换、河道恢复与归束、水土保持生态建设、桥子湿地生态引水等工程措施,加大综合治理与保护力度。

---

6. 陇东黄土高原丘陵沟壑水土保持生态功能区

陇东地区是我国黄土高原丘陵沟壑水土保持生态功能区极具代表性的地区之一。陇东黄土高原丘陵沟壑水土保持生态功能区,主要包括庆阳市的庆城县、镇原县、环县、华池县,平凉市的庄浪县、静宁县,白银市的会宁县,定西市的通渭县,天水市的张家川县。面积 32722.56 平方公里,约占全省国土面积的 7.68%。2008 年人口 350.97 万人,约占全省总人口的 13.36%。

该地区属温带半湿润半干旱气候,降雨偏少,植被稀疏,加之降雨集中,黄土土质疏松,强烈的土地侵蚀造成了丘陵沟壑密布的地形,水土流失现象极为严重。其中,环县北部还受较强风沙危害,生态十分脆弱。由于自然条件差,该地区虽然人均土地较多,但农业生产粗放,产出水平不高。

功能定位:国家黄土高原丘陵沟壑水土保持和重要的生态功能区。

发展方向:坚持"防治结合、保护优先、强化治理"的水土保持方针,以多沙粗沙区为重点,加快以治沟骨干工程为主体的小流域沟道坝系建设,加强坡耕地水土流失治理,促进退耕还林还草;充分利用生态系统的自我修复能力,采取封山育林、封坡禁牧等措施,加快林草植被恢复和生态系统的改善;通过机制创新和科技创新,实现由传统水土保持向现代水土保持转变,调整产业结构、节约保护、优化配置、合理开发利用水土资源;改善群众生产生活条件,加强基础设施和公共服务设施建设,引导超载人口逐步有序转移;加大优势能源勘探和开发利用,适度发展优势农产品加工业,促进区域人口、资源、环境的协调发展,为增强区域可持续发展能力提供支撑和保障。

7.肃北北部荒漠生态保护区

肃北北部荒漠生态保护区地处亚洲中部温带荒漠、极旱荒漠和典型荒漠的交汇处,其荒漠生态系统在整个西北地区具有一定的典型性和代表性。范围包括肃北北部马鬃山镇,面积 26900 平方公里,约占全省国土面积的 6.32%。2008 年人口 0.22 万人,约占全省总人口的 0.01%。

功能定位:全省荒漠自然保护的重点区域,保障生态安全的重要地区。

发展方向:坚持"科学管理、保护优先、合理利用、持续发展"的方针,依法保护荒漠植被和珍稀、濒危野生动植物资源及生物多样性,禁止在保护区猎杀、非法猎捕受保护的野生动物,建立保护区荒漠生物物种储存基地,保障生物物种安全。加强沙漠化和荒漠化治理,加大沙化和退化土地治理力度,正确处理经济社会发展和居民生产生活的关系,保护和合理开发利用资源,发展适合当地生态环境的特色产业,促进区域生态自然修复。

六、禁止开发区域

根据法律法规和有关规定,截至 2008 年全省境内国家级和省级自然保护区、世界文化自然遗产、风景名胜区、森林公园、地质公园、湿地公园共计 191 处,其中国家级 47 处,省级 144 处。禁止开发区域面积为 75843.34 平方公里①,占全省总面积的 17.81%。2008 年禁止开发区域人口 74.6万人,约占全省总人口的 2.84%。2008 年以后新设立的国家级和省级自然保护区、世界文化遗产、国家级和省级风景名胜区、国家级及省级森林公园、国家级及省级地质公园、各级饮用水源地保护区,按规定进入国家级和省级禁止开发区域名录。(见附件 1:附图 2-11 禁止开发区域分布图和表 6-1)

表 6-1　甘肃省禁止开发区域基本情况

类　　型	国家级(个)	省级(个)	总计(个)
合　计	47	144	191
1.自然保护区	15	39	54
2.世界文化自然遗产	2	—	2
3.风景名胜区	3	20	23
4.森林公园	21	61	82
5.地质公园	4	17	21
6.湿地和湿地公园	2	7	9
7.基本农田			38570 平方公里 (5785.5 万亩)

---

① 根据国家主体功能区规划的要求,将对现有国家和省级设立的自然保护区、森林公园、风景名胜区等进行全面清查核定。主要是完善划定国家和省级禁止开发区域范围的相关规定和标准,进一步界定自然保护区中核心区、缓冲区、实验区范围,明确统一的管理主体,避免重复交叉和多头管理。依据国家对各类自然保护区、森林公园等清理规定和标准,甘肃省将按照相关法律、法规和规定,在做好禁止开发区域清查核定的基础上,由主管部门进一步界定各类禁止开发区域的范围,核定人口和面积。重新界定范围后,2020 年前原则不再进行单个区域范围的调整。

（一）功能定位与发展方向

功能定位:点状分布的生态功能区,文化自然遗产保护的重要区域,珍稀动植物基因资源保护地。

发展方向:完善相关法规、政策和加强管理,严格禁止人类活动对自然文化遗产的干扰与破坏,实施强制性保护,有限发展与禁止开发区域功能定位相容的相关产业,保护自然遗产和文化遗产。严格保护基本农田。

——加强各类保护区建设。严格依法设立各类保护区,加强对各类保护区的监管和保护措施的落实,完善生态补偿机制,提高公共财政支持比例,加大保护区的投入力度。

——促进生态自然修复。将生态保护和易地扶贫开发结合起来,实施生态移民,引导保护区域人口有序转移,减少人为干扰和大规模开发活动对生态环境的影响。对暂不具备治理条件、生态区位重要的集中连片沙化土地,实行封禁保护。

——合理利用土地和严格保护基本农田。加强土地开发项目管理,不断落实完善耕地和基本农田保护责任制度。积极推进林地利用管制,引导节约集约使用林地。

——提高人民生活水平,大幅度减少贫困人口。以实现基本公共服务均等化为目标,加大财政转移支付力度,较大幅度增加教育、医疗卫生和基础设施投入,改善生产生活条件,贫困人口数量大幅度减少,人民生活水平接近全省平均水平。

（二）管制原则

——依据法律法规管制原则。禁止开发区域要依据法律法规规定和相关规划实施强制性保护。分级编制各类禁止开发区域保护规划,明确保护目标、任务、措施及资金来源,并依照规划逐年实施。

——区域分类管理管制原则。按照全国和甘肃省主体功能区规划及各类法定规划的要求,界定各类禁止开发区域的范围,完善国家和省级各类保护区相关规定和标准,对已设立区域划定范围不符合规定和标准的,按照相关法律法规和法定程序报原审批单位进行调整。进一步界定各类保护区中核心区、缓冲区、实验区的范围,进行分类管理和保护。

——引导人口有序转移原则。依据各类保护区规划,严格控制人为因素对自然生态的干扰,引导人口有序转移,实行生态自然修复和保护。

——协调发展原则。按照全面保护和合理利用的要求保持禁止开发区域的原生态,利用资源优势,发展生态旅游、畜牧业和林下产业等适宜产业。通过完善财政转移支付,逐步实现基本公共服务均等化,提高保护区人民群众生活水平,促进区域协调发展。

（三）自然保护区

全省省级以上自然保护区54处,其中国家级自然保护区15处,省级自然保护区39处(见附件2:附表2甘肃省国家级和省级自然保护区名录)。要依据国家有关法律和《甘肃省自然保护区条例》以及自然保护区规划进行管理。自然保护区按核心区、缓冲区、实验区分类管理,核心区除依照法律法规规定经批准可以进入从事科学研究活动外,禁止任何单位和个人进入;缓冲区只准进入从事科学研究观测活动;实验区可以进入从事科学试验、教学实习、参观考察、旅游以及驯化、繁殖珍稀濒危野生动植物等活动。

逐步调整自然保护区内产业结构,通过人口转移、建立示范村和示范户等形式,发展生态旅游等适宜产业,保护好自然保护区内的资源。

(四) 世界文化自然遗产

全省有世界文化自然遗产2处(见附件2:附表3甘肃省世界文化自然遗产名录)。要依据《保护世界文化遗产和自然遗产公约》、《实施世界遗产公约操作指南》以及世界文化自然遗产规划进行管理。按照"保护为主、抢救第一、合理利用、加强管理"的方针,确保世界文化自然遗产的真实性和完整性,正确处理保护与利用、长远利益与眼前利益、整体利益与局部利益的关系,加强对遗产原真性的保护,保持遗产在艺术、历史、社会和科学方面的特殊价值,加强对遗产完整性的保护。要在科学保护的前提下合理开发利用,充分发挥世界文化自然遗产的教育、科学和文化、宣传作用,不断提高世界文化自然遗产的社会效益和经济效益,推动当地经济社会全面、协调和可持续发展。

(五) 风景名胜区

全省风景名胜区23处,其中国家级风景名胜区3处,省级风景名胜区20处(见附件2:附表4甘肃省国家级和省级风景名胜区名录)。要依据《风景名胜区条例》以及国家和省级风景名胜区规划进行管理,严格保护风景名胜区一切景物和自然环境。严格控制人工景观建设。禁止在风景名胜区进行与风景名胜资源无关的生产建设活动,旅游、基础设施建设等必须符合风景名胜区规划。

(六) 森林公园

全省森林公园82处,其中国家森林公园21处,省级森林公园61处(见附件2:附表5甘肃省国家和省级森林公园名录)。要依据《森林法》、《森林法实施条例》、《野生植物保护条例》、《森林公园管理办法》以及国家和省上森林公园规划进行管理。森林公园内除必要的保护和附属设施外,禁止其他任何生产建设活动,禁止毁林开荒和毁林采石、采砂、采土以及其他毁林行为,不得随意占用、征用和转让林地。

(七) 地质公园

全省地质公园21处,其中国家地质公园4处,省级地质公园17处(见附件2:附表6甘肃省国家和省级地质公园名录)。要依据《世界地质公园网络工作指南》、《关于加强国家地质公园管理的通知》以及国家地质公园规划进行管理。地质公园内除必要的保护和附属设施外,禁止其他任何生产活动。禁止在地质公园和可能对地质公园造成影响的周边地区进行采石、取土、开矿、放牧、砍伐以及其他对保护对象有损害的活动。未经管理机构批准,不得在地质公园范围内采集标本和化石。

(八) 湿地及湿地公园

全省湿地及湿地公园9处,其中国家湿地公园2处,省级湿地公园7处(见附件2:附表7甘肃省国家和省级湿地公园名录）。依据《国务院办公厅关于加强湿地保护管理的通知》（国办发〔2004〕50 号）、《湿地公约》、《中国湿地保护行动计划》，湿地及湿地公园内除必要的保护和附属设施外，禁止其他任何生产建设活动。禁止开垦占用、随意改变湿地用途以及损害保护对象等破坏湿地的行为。不得随意占用、征用和转让湿地。湿地公园以保护湿地生态系统完整性、维护湿地生态过程和生态服务功能并在此基础上充分发挥湿地的多种功能效益、开展湿地合理利用为宗旨，可供公众游览休闲或进行科学、文化和教育活动。

（九）　基本农田保护

全省基本农田 38570 平方公里（5785.5 万亩）。要依据《农业法》、《土地管理法》、《基本农田保护条例》以及基本农田规划进行管理，确保面积不减少、用途不改变、质量不降低，并落实农户和地块，记载到土地承包经营权证。在未取得耕地或基本农田变更为建设用地审批前，任何单位和个人不得改变或者占用。禁止任何单位和个人在基本农田保护区内进行开发建设，禁止任何单位和个人闲置、荒芜基本农田。国家能源、交通、水利等重点建设项目选址确实无法避开基本农田的，要节约用地，并给予合理置换补偿。（见表 6-2 甘肃省分地区基本农田面积和保护率）

表 6-2　甘肃省分地区基本农田面积和保护率

行政区	耕地面积（平方公里）	基本农田面积（平方公里）	基本农田保护率（%）
全　省	54102	38390	70.96
兰州市	2897	1818	62.75
嘉峪关市	66	40	59.96
金昌市	1140	783	68.74
白银市	5178	3262	63
天水市	5337	4168	78.11
酒泉市	2572	1349	52.46
张掖市	3075	2174	70.70
武威市	4626	3119	67.42
定西市	8124	5683	69.95
陇南市	5586	4363	78.10
平凉市	4045	3107	76.81
庆阳市	6936	5403	77.90
临夏州	2747	1903	69.27
甘南州	1331	965	72.52

数据来源：甘肃省国土资源厅

七、资源保护与开发利用

坚持资源保护与合理开发利用的方针，正确处理不同区域主体功能定位与优化水资源配置和能源、矿产资源开发布局的关系，要把握以下基本原则：

——符合主体功能定位。水资源、能源、矿产资源分布于重点开发、限制开发区域之中,不属于独立的主体功能区。水资源配置和能源、矿产资源开发布局,要服从和服务于国家、省级主体功能区规划确定的主体功能定位和发展方向。

——促进合理开发利用。按照资源分布特点,坚持资源保护和合理开发利用,突出"点上开发、面上保护"。能源、矿产、水资源等开发建设和循环经济等产业项目布局,做好与国家相关规划、政策的衔接。在不损害生态功能前提下,在重点生态功能区内资源环境承载能力相对较强的特定区域,支持其因地制宜适度发展能源和矿产资源开发利用相关产业。资源环境承载能力弱的矿区,要在区外进行矿产资源的加工利用。

——引导产业集聚发展。依据资源环境承载能力,充分发挥重点开发区域产业基地的作用,建立资源开发、基地建设与环境保护协调机制,引导资源加工向重点开发区域和产业基地集聚发展。

——完善区域协调机制。在保护生态环境的前提下,支持重点生态功能区因地制宜适度发展资源开发利用相关产业。在不断完善财政转移支付政策的同时,支持各类市场主体建立资源开发利益补偿机制,促进区域协调发展。

（一）水资源利用与开发布局

依据全省水资源分布和时空不均衡特征,突出河西内陆河流域水资源保护和节水型社会建设,推进黄河干流及主要支流水资源高效利用,加强黄河和长江上游生态保护和水源涵养。有效利用空中云水资源,开展人工影响天气和雨水集蓄工程。实行最严格水资源管理制度,建立用水总量、用水效率和水功能区限制纳污控制指标,严格取水许可和水资源论证制度,实现水资源的高效可持续利用。

河西内陆河流域。调整用水结构,优化水资源配置,推进节水型社会建设。加快石羊河流域重点治理,基本完成规划确定的治理任务,加大农业、工业节水力度,提高水资源利用效率和效益,支撑特色产业发展。总结推广张掖节水型社会建设经验,大力推动高效节水现代农业体系建设,完成黑河干流引水口门改造和重点河段整治工程,推进黑河流域治理。实施祁连山水源涵养区生态保护和综合治理规划及人工增雨雪工程,加强水资源管理与保护,合理开发和调配水资源。继续推进疏勒河流域生态综合治理,实施敦煌水资源合理利用与生态保护综合规划,建设引哈济党工程,增加区域水资源承载能力,保障生活、生产、生态用水。

中部沿黄地区。围绕建立水资源高效利用和节水型社会建设,保障兰白核心经济区工业化城镇化以及农产品主产区对水资源的需求。积极开展新增水源工程的前期工作,实施兰州新区供水工程,优化引大入秦供水结构调整。加快沿黄高扬程泵站更新改造进度,进一步提高现有工程的供水效率和效益。完成引洮供水一期及配套工程建设,争取开工建设引洮二期等水源配置工程,推进渭河源头水源涵养区生态治理。加强临夏、定西等中部干旱地区小流域综合治理,继续实施雨水集流工程,促进生态保护和农业生产。

——陇东地区。以水资源高效利用和节约保护为重点,合理调配区域水资源,支持陇东国家大型能源化工基地和农产品主产区建设。全面建成盐环定扬黄续建工程,加快泾河流域综合治理,积极开展平凉兔里坪水库、庆阳葫芦河调水、白龙江引水等水源保障工程的前期工作,推进雨水集蓄利用工程建设,增强可持续发展能力。

——黄河、长江上游地区。以实施甘南黄河水源补给生态保护区规划、长江上游"两江一水"生态综合治理规划为重点,加强水源涵养和生态环境保护,做好地质灾害防治和沿河城市的防洪保安工程、山洪灾害防治工程,实施抗旱应急水源工程以及生态服务型人工影响天气工程。

(二) 能源资源开发布局

提升甘肃在国家能源安全战略格局中的重要地位,着力构建以河西新能源基地、陇东国家大型能源基地和区域性输配电中心为主的能源开发格局。

——河西新能源基地。发挥河西地区风能、太阳能资源开发优势,加快建设酒泉风电二期工程,统筹规划并稳步推进武威、金昌、张掖、白银等光伏发电和风电项目建设,积极落实电力送出通道和消纳市场,建成国家千万千瓦级风电基地和大型太阳能发电示范基地。积极推进生物质固体成型燃料和沼气发电等试点项目建设。加快建设核燃料生产基地和乏燃料后处理基地,做好核电项目建设论证和前期工作。

——陇东能源基地。围绕鄂尔多斯国家能源战略基地建设,加快陇东煤炭、石油、天然气资源开发。以建设国家大型能源基地为重点,拓展煤电、石油等特色产业链条,突出石油化工、煤电冶一体化发展。加快建设煤炭外运通道和电力外送通道。

——加强输配电网建设。围绕兰白核心经济区建设,发挥区域内大中型水火电配套和调峰电源的基础作用,以建设输电网和完善配电网为重点,支持"西翼"河西新能源基地和"东翼"陇东大型能源基地的发展,形成西联新疆、青海,东接宁夏、陕西的大容量主干输配电主网架,提升兰白区域性输配电枢纽的战略地位。

(三) 矿产资源开发布局

按照"统筹规划、突出重点、合理布局、规模开采、集约利用"的原则,推动矿产资源开发与区域协调发展。

——河西地区。以金昌、嘉峪关—酒泉矿业基地为依托,以钢铁、有色金属、稀贵金属及油气资源勘查开发为重点,加大铁、铜镍、钨钼及优势非金属开发利用强度,调整产品结构,提高采选冶加工技术,依据主体功能定位,实施集约化发展。

——中部地区。依靠兰州、白银矿业基地,大力提升采选冶和深加工技术水平,整合开发,改善资源利用结构和效益。

——陇东地区。以石油、煤炭勘查开发为主导,着力发展石油、天然气产业,加快宁正煤田、庆阳煤田的勘查开发进程,建成甘肃能源基地。着力加强区内煤层气(煤矿瓦斯)资源勘查和开发利用,增加清洁能源供应,保障煤矿安全生产。

——南部地区。发挥优势矿山企业主导作用,加强资源整合,实施企业重组。加大礼县—岷县、两当—徽县、文县及甘南州等地区的金矿勘查开发力度,重点开展阳山、寨上、李坝、马泉等大中型、难选冶金矿的技术攻关,注重文县石灰岩、重晶石和硅石资源开发,高度重视矿山地质环境保护工作。

重点矿产资源开发基地

　　1. 金昌矿产资源开发基地。区内主要矿产资源有镍、铜、铂族、钴、冶金用石英岩、膨润土。依托金川镍铜、贵金属开发加工基地和深加工技术优势，拓展产业链，提升市场竞争能力，辐射带动区域经济发展。加强潮水、武威盆地的油气勘探，加快红砂岗、西大窑、平山湖等煤田的勘探开发。利用丰富的水泥原(辅)料资源，建设天祝、古浪非金属加工基地。

　　2. 嘉峪关—酒泉矿产资源开发基地。区内主要矿产资源有铁、钒、钨、金、芒硝、石棉、水泥灰岩。利用铁、钒、铬、钨、钼、镍、钴、稀土产品，依托酒钢发展合金钢、特种钢等延伸产品的深加工。

　　3. 兰州—白银矿产资源开发基地。区内主要矿产资源有煤炭、铜、铅锌、水泥灰岩。加大白银铜矿区深部及外围的找矿力度，延长现有矿山的服务年限。稳定窑街、靖远两大煤炭基地生产能力，着力加强煤层气(煤矿瓦斯)资源勘查和开发利用，提升区域经济发展效能。

　　4. 陇东矿产资源开发基地。区内主要矿产资源有煤炭、水泥灰岩。以煤电为主攻方向，推进华亭煤田综合开发，加快宁正煤田的开发建设。

　　5. 陇南—甘南矿产资源开发基地。区内主要矿产资源有铅锌、锑、金、重晶石。重点开发陇南—甘南地区铅锌、金、银矿产。加大岷县—礼县、两当—徽县、文县及甘南州等金矿勘查和开发力度，以文县阳山、玛曲县格尔珂、岷县寨上金矿的开发为依托，建设甘肃黄金开发基地。依托陇南水电优势，开发文县锰、石灰岩、重晶石和硅石等资源。

八、推进形成主体功能区保障措施

　　推进和形成我省主体功能区，必须加强支持和引导，努力形成全省各具特色的区域发展格局，逐步改变城乡之间、区域之间基本公共服务和居民生活水平差距扩大的趋势。针对我省重点开发、限制开发、禁止开发三类主体功能区的不同功能定位和发展方向，分类提出保障措施，为主体功能区建设提供有力的政策支持。

（一）产业政策

　　——依据国家产业政策，制定适合甘肃不同主体功能区的产业发展支持措施，确定各区域鼓励类、限制类和禁止类产业发展目录，引导不同类型产业在不同区域的布局和发展。严格市场准入制度，对不同功能区实行不同的用地、耗能、耗水、资源回收、资源综合利用、工艺装备、"三废"排放和生态保护的强制性标准。

　　——根据主体功能定位，规划和布局各区域与其主体功能相符合的重大项目。优先在重点开发区域布局城市化项目和符合环境保护要求的重大工业项目。

　　——引导重点开发区域加强基础设施建设，发展循环经济，促进环境保护，改善发展条件。发挥已有产业优势，壮大产业基础，提高工业发展水平，努力形成特色产业基地和产业集群。运用新技术、新工艺、新方法加快传统工业改造，鼓励企业采用清洁生产和节能环保技术，积极发展新兴产业。加强产业配套能力建设，因地制宜发展资金密集型和劳动密集型产业，提升产业结构层次。

　　——建立市场退出机制。在各类主体功能区积极淘汰高耗能高污染企业。对限制开发区域内不符合其功能定位的现有产业，要通过设备折旧补贴、设备贷款担保、迁移补贴、土地置换等手段，促进产业转移或企业关闭。

　　——引导和支持限制开发区域搞好生态环境建设和农业生产，因地制宜积极发展特色产业，限制不符合该区域功能定位的产业扩张。

　　——支持禁止开发区域加强生态保护，适度发展生态产业。

（二）投资政策

——推进投资体制改革,依据不同类型主体功能区的开发方向和管制原则,重点支持限制开发区域、禁止开发区域生态环境保护和公共服务设施建设,加强该区域提供生态产品和公共服务的能力建设,支持公共服务设施、生态移民、促进就业等建设和适宜产业发展。支持重点开发区域加强基础设施建设,加快构建综合交通运输体系,努力建设大通道、大物流。积极鼓励企业科学开发利用资源,发挥资源优势,建设优势产业,促进工业化和城镇化建设。

——按领域安排的投资,要符合各区域主体功能定位和发展方向。工业投资主要投向城镇化地区,农牧业投资主要投向农牧业地区,生态环境保护投资主要投向生态地区。

——引导各类商业银行根据主体功能定位调整区域信贷投向,鼓励对符合主体功能定位的限制开发和禁止开发区域项目提供贷款,禁止向不符合主体功能定位的项目提供贷款。

——按照各区域主体功能定位和发展方向严格加强项目投资管理,其中限制类项目要经省级以上人民政府有关主管部门批准。

（三）土地政策

——落实节约优先战略,科学确定各类用地规模,严格控制工业用地增加,逐步减少农村居住用地,显著提高土地资源节约集约利用水平。

——实行城乡之间用地增减规模挂钩,促进城乡、地区之间人地协调发展。

——加强耕地和基本农田保护,确保规划期间耕地保有量不减少、质量有提高。做好基本农田的划定和保护工作,严禁占用基本农田。对限制开发区域和禁止开发区域实行严格的土地用途管制,严禁改变生态用地用途。

——在禁止开发区域妥善处理土地及各类资源产权关系,合理引导人口逐步转移。

（四）财政政策

按照形成主体功能区的要求和基本公共服务均等化原则,深化财政体制改革,进一步完善公共财政体系。

——完善省以下财政转移支付制度,进一步加大对禁止和限制开发区域的转移支付力度,逐步提高一般性转移支付的比例,整合专项转移支付项目,支持禁止开发区域设立生态保护和建设基金,完善生态补偿机制,增设生态保护支出项目和自然保护区支出项目,加强生态保护和建设力度。加快基本公共服务建设,提高公共服务水平。

——支持限制开发区域继续发挥地方优势和资源优势,在确保生态环境不受影响的前提下,加快发展特色农畜产品加工业、草产业、沙产业、林下产业和旅游业。

——支持省级重点开发区域优化发展环境,吸引投资,发展壮大产业集群,扩大经济规模,增强经济综合实力,扩大辐射带动能力。

——逐步建立地区间横向转移支付和援助机制,受益地区通过资金补偿、定向援助、对口支援等形式,对相关地区的保护投入和利益损失进行补偿。

（五）人口政策

探索建立人口评估机制,构建经济社会政策及重大建设项目与人口发展政策之间的衔接协调机制,重大建设项目的布局和社会事业发展应充分考虑人口集聚和人口布局优化的需要,以及人口结构变动带来需求的变化。

——在限制开发和禁止开发区域实施积极的人口退出政策,加强职业教育和技能培训,增强劳动力就业能力,引导人口逐步自愿平稳有序转移。鼓励劳动者到重点开发区域就业和定居,重点引导区域内人口向区域中心城镇集聚,妥善安置转移人口就业。

——在重点开发区域实施积极的人口迁入政策,破除各种制度障碍,将有稳定就业或住所的流动人口逐步实现本地化,增强人口集聚和吸纳能力。

——完善人口和计划生育利益导向机制,并综合运用其他经济手段,引导人口自然增长率较高地区的居民逐步自觉降低生育率。

——改革城乡户籍制度,将公共服务领域的政策制度与户籍相剥离,按照"属地化管理,市民化服务"的原则,鼓励和支持省内城市将外来常住人口纳入居住地公共服务体系,保障外来人口与本地人口享有同等的基本公共服务和权益。

（六）环境政策

——努力减少污染物排放。重点开发区域要根据环境容量,提高污染物排放标准,积极推行清洁生产,做到增产减污。限制开发区域要通过技术改造、调整企业布局等多种手段,逐步实现污染物排放总量持续下降。禁止开发区域要关闭和迁出有污染物排放的企业,实现污染物的"零排放"。

——实行严格的产业准入环境标准。重点开发区域要根据环境容量和优良人居环境要求,逐步提高产业准入标准。限制开发区域要根据主体功能设置产业准入环境标准。禁止开发区域要根据强制保护原则设置产业准入环境标准,禁止有任何污染的企业进入该区域。

——加强排污许可证管理。重点开发区域要加快推进排污权制度改革,合理控制排污许可证发放,鼓励新建项目通过排污权交易获得排污权。限制开发区域要从严发放排污许可证,禁止开发区域不发放排污许可证。

——注重从源头上控制污染。加强环境影响评价,重点开发区域要按照发展循环经济的要求进行规划、建设和改造,加强危险废物全过程规范化管理。限制开发区域要全面实行矿山环境治理恢复保证金制度。禁止开发区域的旅游景点开发必须同步建立比较完善的污水垃圾处理设施。建设项目应严格执行水土保持方案审批制度,控制生产建设中地貌植被破坏和人为水土流失。

——提高应对气候变化能力。综合运用调整产业结构和能源结构、节约能源和提高能效等政策,大幅度降低能源消耗强度和二氧化碳排放强度,有效控制温室气体排放,建立完善温室气体排放统计核算制度,逐步按照不同类型的主体功能区设置不同的温室气体排放目标。

（七）绩效评价和利益补偿机制

建立健全符合科学发展并有利于推进形成主体功能区的绩效考核评价体系,按照不同区域的主体功能定位,实行各有侧重的绩效考核评价办法,促进区域协调发展。

——制定不同区域科学发展的综合绩效评价指标,强化对各地区提供公共服务、加强社会管理、增强可持续发展能力的评价,实行不同区域各有侧重的绩效评价和考核办法,指导和促进主体功能区的建设。

——重点开发区域,要综合评价经济增长、质量效益、工业化和城镇化水平、产业结构、资源消耗、生态效益、社会发展、环境保护、外来人口公共服务覆盖面等,突出工业化和城镇化水平评价。

——限制开发区域,要对农业地区实行农业发展优先、生态地区实行生态保护优先的绩效评价。突出生态环境保护、农业综合生产能力、农民收入等的评价,弱化经济增长、工业化和城镇化水平的评价。

——禁止开发区域,主要评价生态环境和自然文化资源的保护能力。

——针对限制开发区域和禁止开发区域,努力建立生态补偿机制、水资源补偿机制、土地补偿机制以及地方政府管理补偿机制等,逐步加大区域财政转移支付和专项投入,增强公共服务职能和管理能力,确保区域利益补偿顺利实施、主体功能得以维护。

九、规划实施

（一）省人民政府的职责

省人民政府负责全省主体功能区规划的实施,落实全国主体功能区规划和省域国土空间的主体功能定位、开发强度和相关政策措施,指导和督促规划的实施。落实省级对限制开发区域的财政转移支付和政府投资。

——发展改革部门,组织协调本规划的实施,负责制定并实施适应主体功能区要求的投资政策和产业政策;组织编制并实施相关区域规划,加强与各区域规划以及土地、环保、水利、农业、林业、工业、能源等部门专项规划的衔接协调;负责全省主体功能区规划实施的监测、评估和修订。

——科技部门,按主体功能区要求,负责做好科技规划和政策的衔接工作,推进区域创新体系建设。

——工业和信息化部门,按主体功能区要求,负责做好工业、通信业和信息化产业发展规划及政策的衔接工作,促进区域产业合理布局和集聚发展。

——监察部门,配合有关部门制定符合科学发展观要求和有利于推进形成主体功能区绩效考核评价体系的考核办法,并负责实施中的监督检查。

——财政部门,负责制定并落实全省主体功能区建设的财政政策;落实国家对重点生态功能区的生态补偿政策、对农产品主产区的扶持政策;探索完善不同类型功能区的财政转移支付政策。

——国土部门,负责制定全省主体功能区建设的土地政策并落实用地指标,修订土地利用总体规划,与相关部门监督检查开发强度的落实情况;会同有关部门组织调整划定基本农田,明确位置、面积、保护责任人等;组织编制全省矿产资源规划和地质公园规划。

——环境保护部门,负责组织编制适应主体功能区要求的生态环境保护、环境功能、自然保护区等规划,协调相关部门制定相关环境政策;指导、协调、监督各种类型自然保护区、风景名胜区、森林公园、水源保护地的环境保护工作。

——住房和城乡建设部门,按主体功能区要求,负责做好全省城镇体系规划和政策的衔接工作,组织编制风景名胜区、城镇绿地系统以及城市建设和市政公用事业规划;负责组织省政府交办的重点城市总体规划审查和修定。

——水利部门,按主体功能区要求,负责做好水资源管理及水资源开发利用和节约保护、防洪减灾、水土保持等方面的规划和政策衔接工作,组织指导水功能区的划分、饮用水水源保护和水生态保护,加强水量水质和入河排污口设置等监督管理工作。

——农业部门,按主体功能区要求,负责做好农业区功能规划和政策衔接工作,指导农业发展,确保粮食安全和农产品有效供给。

——人口计生部门,按主体功能区要求,负责会同有关部门提出引导人口有序转移的相关政策。

——林业部门,按主体功能区要求,负责做好生态保护与建设规划和政策衔接工作,组织编制和实施全省森林公园、湿地保护和防沙治沙等相关规划。

——地震、气象部门、测绘地理信息部门,按主体功能区要求,负责做好地震等自然灾害防御、基础地理信息等资源开发利用、气象及人工影响天气等规划和政策的衔接工作,加强气候变化影响评估以及相关政策的制定和实施。

——文化、教育、卫生、交通、通信、电力等提供基本公共服务的部门,要依据本规划,按照基本公共服务均等化的要求,做好相关规划的编制和衔接工作,提出并落实相关政策。

（二）　市州、县市区人民政府的职责

市州人民政府负责监督和落实辖区内主体功能区的落实,指导县区落实本规划。县区人民政府负责实施并落实全国和全省主体功能区规划对本地的具体主体功能定位。

——根据全国和全省主体功能区规划对本地的主体功能定位,对本地国土空间进行功能分区,并明确界定本辖区各类单一功能区"东西南北"四个方向边界的"四至"①范围。

——加强本辖区主体功能定位与土地利用规划、城乡规划的衔接,进一步细化和明确各功能区的功能定位、发展方向、发展目标和开发时序等,努力实现全省主体功能区规划的具体空间落实。

各级政府和部门要在认真履行职能的同时,引导和广泛调动企业、团体和社会各方面力量,按照主体功能区导向,明确责任主体,完善相关政策和措施,积极行动,为建设美丽、富裕、文明、人与自然和谐相处的新甘肃而不懈努力。

（三）　规划衔接

根据《国务院关于加强国民经济和社会发展规划编制工作的若干意见》(国发〔2005〕33号)和《甘肃省人民政府办公厅关于加强国民经济和社会发展规划编制工作的实施意见》(甘政办发〔2006〕63号),着力形成以主体功能区规划为基础,以城市规划、土地利用规划和其他专项规划为支撑,各级各类规划定位清晰、功能互补、统一衔接的规划体系。

——国民经济和社会发展总体规划是以国民经济和社会发展各领域为对象编制的规划,是根据中央和省委、省政府部署编制的统领规划期内全省经济社会发展的宏伟蓝图和行动纲领,是其他各类规划编制的依据,由省级政府和市县政府分别组织编制。

——主体功能区规划是以国土空间为对象编制的战略性、基础性、约束性规划,是专项规划、区域规划以及其他各类规划在空间开发和布局方面的基本依据。主体功能区规划分为国家和省级两

---

① 四至是指依据国家和省级主体功能区规划,对本辖区各类单一功能区"东西南北"四个方向边界的界定。

个层面,分别由国务院发展改革部门和省级发展改革部门组织编制。市县要依据国家和省级主体功能区规划,在本行政区范围内进行具体空间的落实,不再编制本辖区主体功能区规划。

——区域规划是国民经济和社会发展总体规划、主体功能区规划在特定国土空间的延伸和细化。区域规划要明确行政区的空间结构方向、城镇和工业布局、主要城市的功能定位以及基础设施、生态环境及其他重大工程等。区域规划编制要依据总体规划和主体功能区规划,并与专项规划等相衔接。

——市县级国民经济和社会发展规划是国家与省级各类规划在市县范围内的具体落实,是市县范围内经济社会和国土空间开发的依据。市县国民经济和社会发展规划要依据国家与省级主体功能区规划对本辖区的主体功能定位,统筹规划经济社会发展、城镇发展布局、土地功能分区、基础设施建设、生态环境保护等,确保国家和省级规划的落实和顺利实施。

——加强各类规划的衔接。依据法律法规编制土地利用规划、城市规划以及镇规划、乡规划、村庄规划、林地利用保护规划等规划时,应贯彻落实国家与省级主体功能区规划的原则和要求,加强与国民经济和社会发展总体规划、主体功能区规划的衔接。

（四）规划监测评估

按照全国主体功能区规划的要求,省级要建立统一协调、更新及时、反应迅速、功能完善的国土空间动态监测管理系统,对规划实施情况进行全面检测、分析和评估。

——在规划实施中,省直相关部门按职责分工重点检查落实全省城镇化地区的城镇规模、农业地区的基本农田保护、生态地区的生态环境改善、水文水资源和水土保持监测等。

——依托省基础地理信息中心,加快建立有关部门和地区互联互通的地理信息公共服务平台,整合全省基础地理信息数据资源,促进各类空间信息测绘基准和标准的统一,实现信息资源的共享。

——加强国土空间开发动态监测管理,由省国土资源部门负责,建立包括发展改革、财政、建设、农业、林业、测绘、地震、气象等部门共同参与的全省国土空间监测管理工作机制,通过多种途径,对全省国土空间变化进行及时跟踪分析。

——建立规划评估与动态修订机制。省发展改革部门组织相关部门和专家参与,适时开展规划评估,提交评估报告及修订意见。

附件1:甘肃省主体功能区规划附图

1-1 甘肃省行政区划图

1-2 甘肃省地形地貌分布图

1-3 甘肃省气候区划分布图

1-4 甘肃省累年年均气温及降水量分布图

1-5 甘肃省水资源分布图

1-6 甘肃省土地利用现状图

1-7 甘肃省森林资源分布图

1-8 甘肃省主要矿产资源分布图

2-1 甘肃省主体功能区划分总图

甘肃

附件1

甘肃省主体功能区规划附图

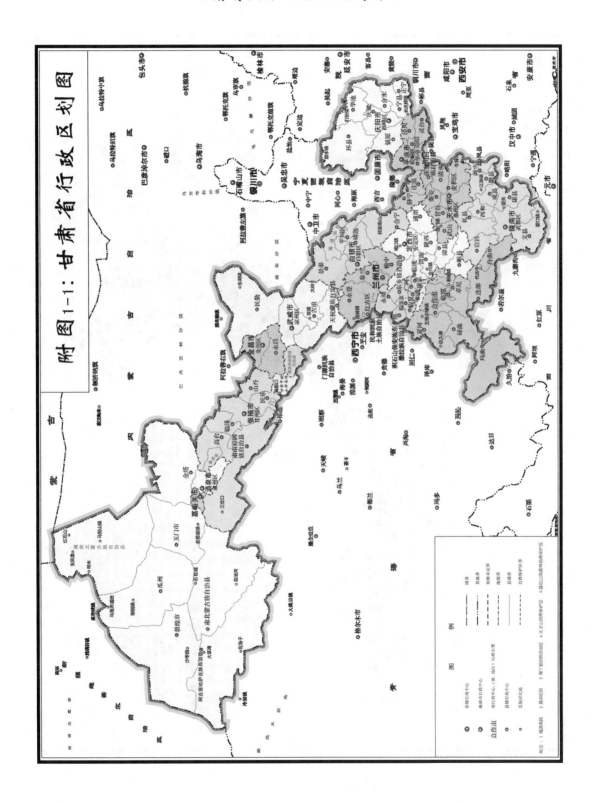

附图1-1：甘肃省行政区划图

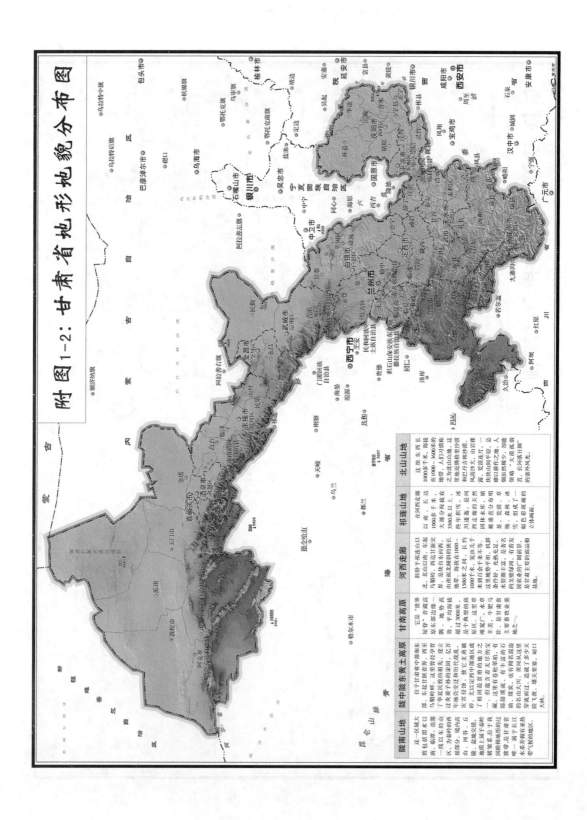

附图 1-2：甘肃省地形地貌分布图

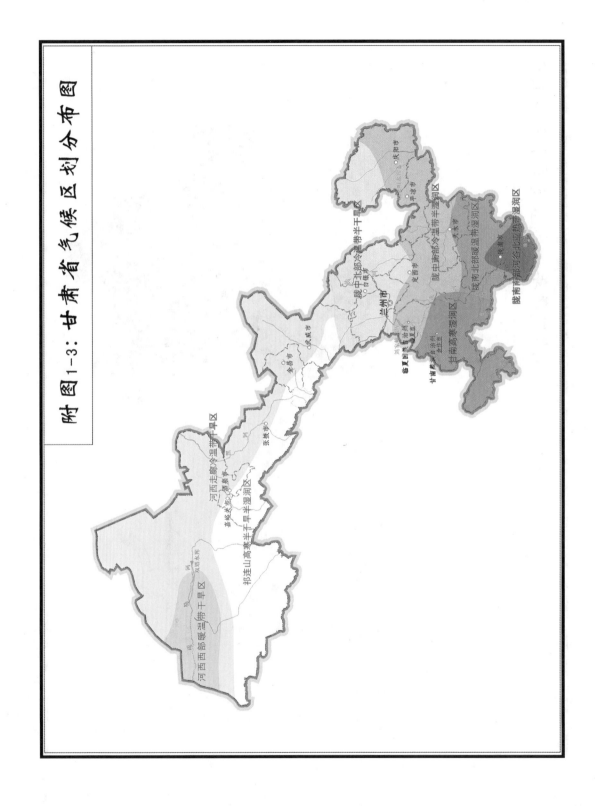

附图1-3：甘肃省气候区划分布图

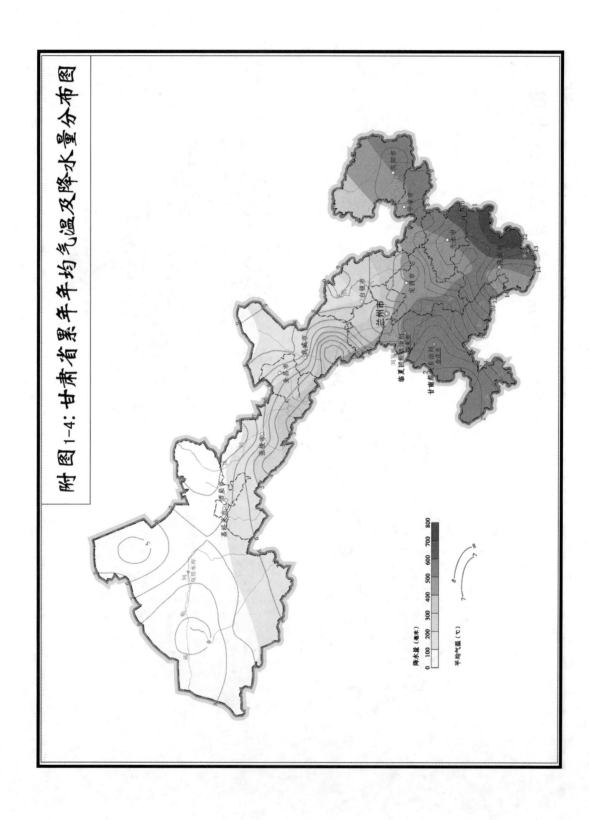

附图 1-4: 甘肃省累年年均气温及降水量分布图

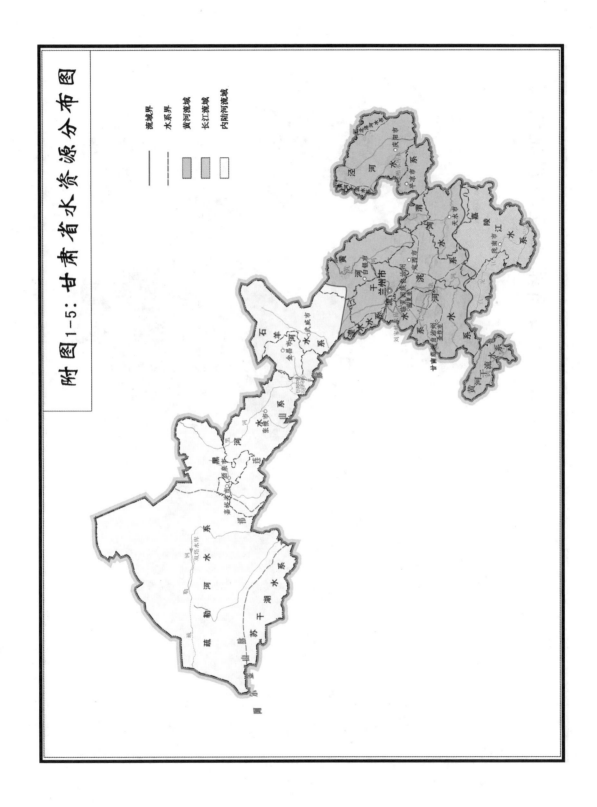

附图1-5：甘肃省水资源分布图

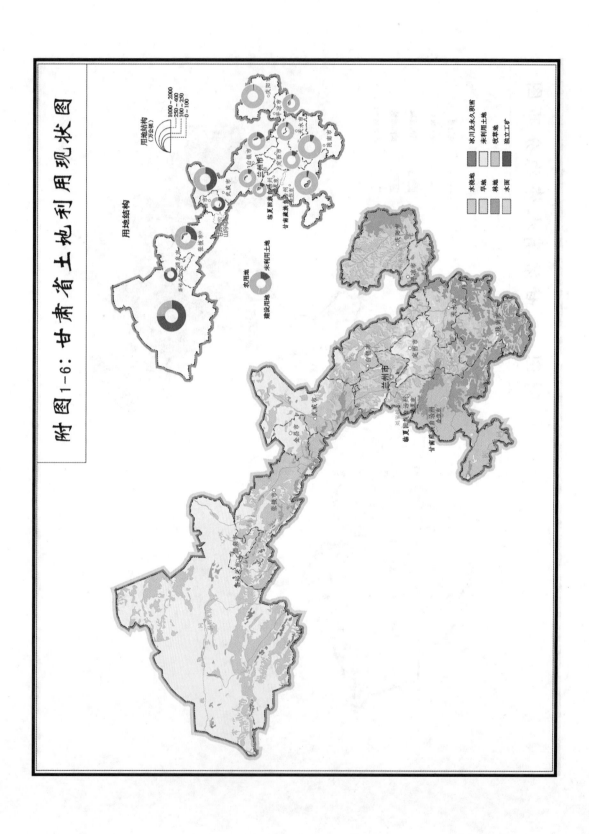

附图1-6：甘肃省土地利用现状图

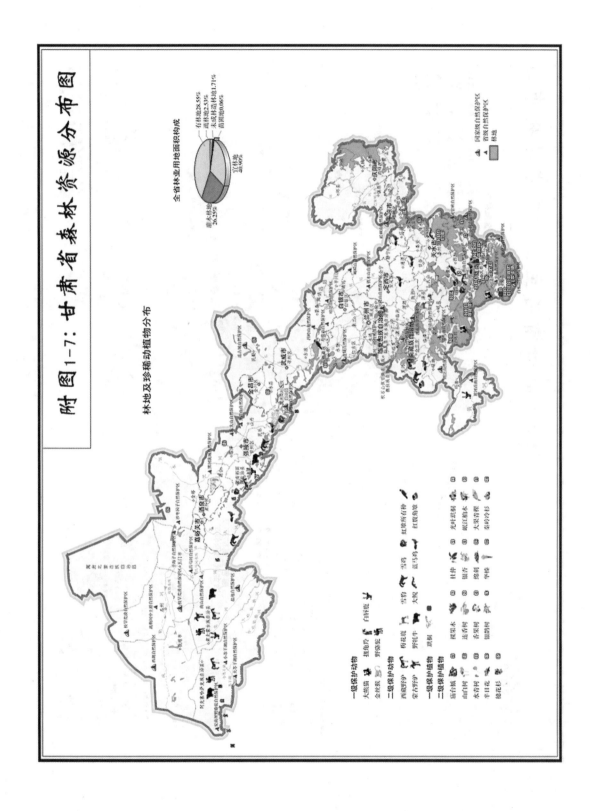

附图1-7：甘肃省森林资源分布图

甘肃

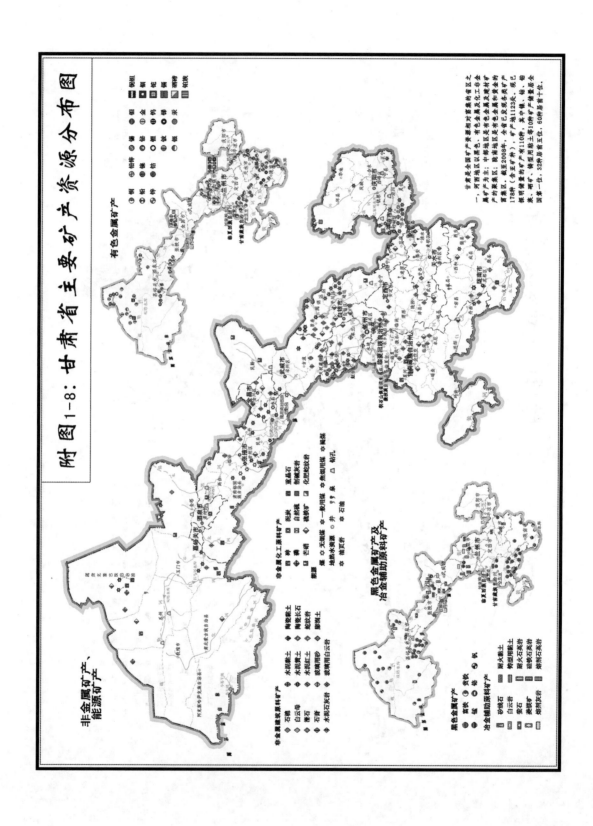

附图1-8：甘肃省主要矿产资源分布图

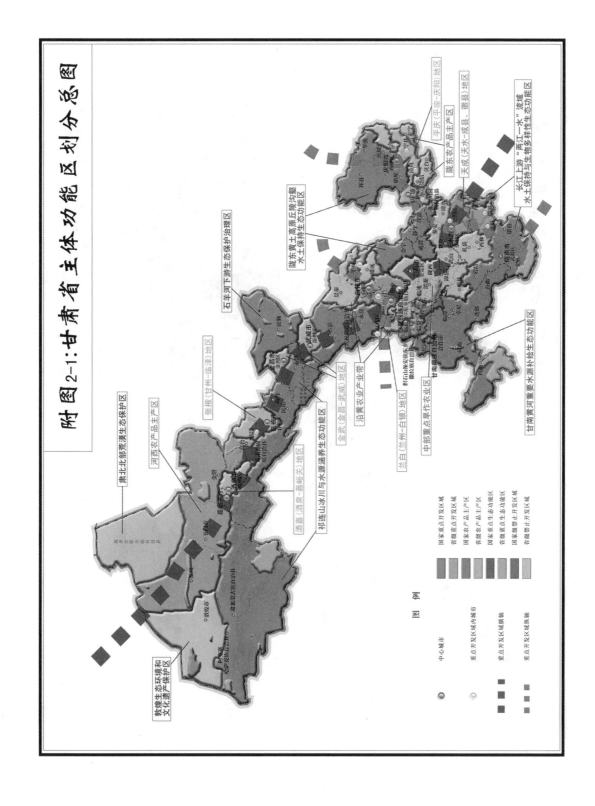

附图2-1:甘肃省主体功能区划分总图

图例

国家重点开发区域
省级重点开发区域
国家农产品主产区
省级农产品主产区
国家重点生态功能区
省级重点生态功能区
国家级禁止开发区域
省级禁止开发区域

中心城市
重点开发区城内城市
重点开发区城镇轴
重点开发区城镇轴

敦煌生态环境和文化遗产保护区

肃北北部荒漠生态保护区

河西农产品主产区

酒泉清泉景+嘉峪关区

祁连山冰川与水源涵养生态功能区

石羊河下游生态保护治理区

张掖(甘州-临泽)地区

金武(金昌-武威)区

沿黄农业产业带

兰白(兰州-白银)地区

中部重点旱作农业区

甘南藏族自治州

陇东黄土高原丘陵沟壑水土保持生态功能区

平庆(平凉-庆阳)地区

陇东农产品主产区

天成(天水-成县、徽县)地区

长江上游"两江一水"流域水土保持与生物多样性生态功能区

甘肃黄河重要水源补给生态功能区

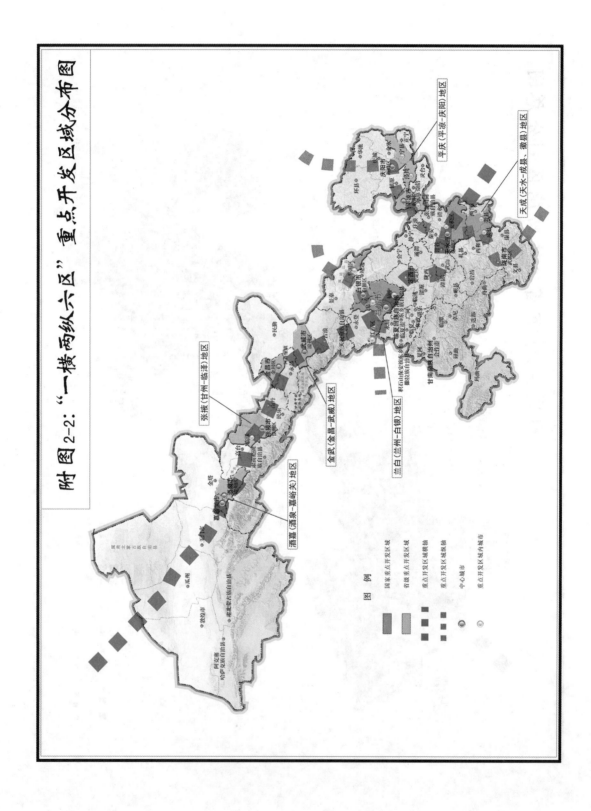

附图 2-2: "一横两纵六区" 重点开发区域分布图

平庆 (平凉-庆阳) 地区

天成 (天水-成县、徽县) 地区

张掖 (甘州-临泽) 地区

金武 (金昌-武威) 地区

兰白 (兰州-白银) 地区

酒嘉 (酒泉-嘉峪关) 地区

图　例

国家重点开发区域
省级重点开发区域
重点开发区域纵轴
重点开发区域横轴
中心城市
重点开发区域内城市

甘肃

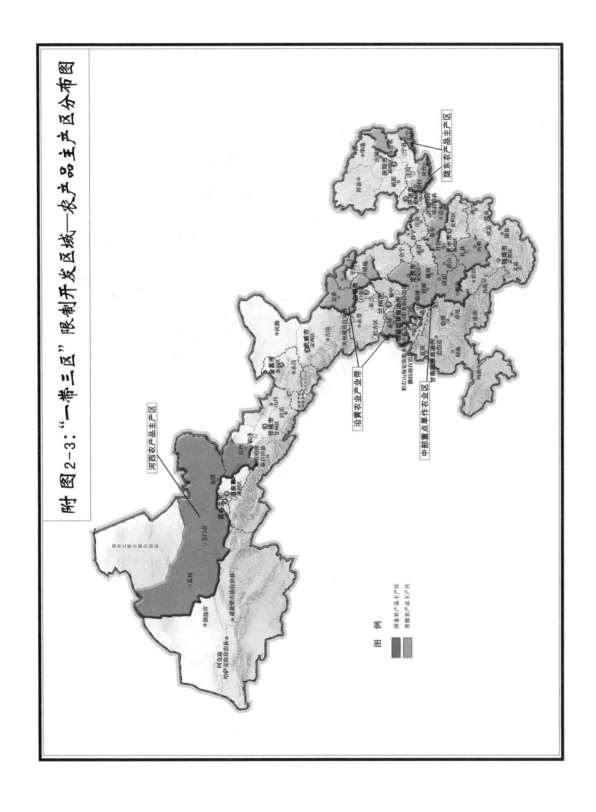

附图2-3："一带三区"限制开发区域—农产品主产区分布图

甘肃

甘肃

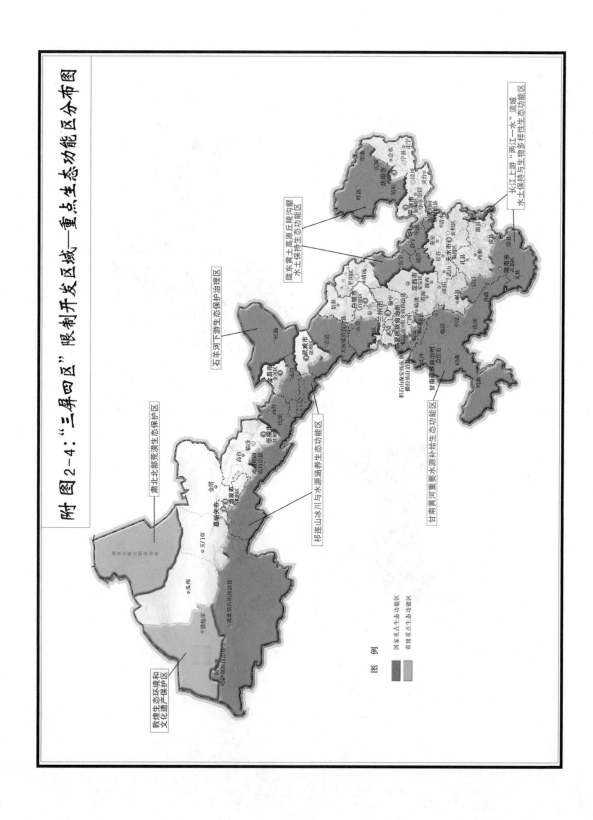

附图2-4："三屏四区"限制开发区域——重点生态功能区分布图

敦煌生态环境和文化遗产保护区

南北部荒漠生态保护区

石羊河下游生态保护治理区

祁连山冰川与水源涵养生态功能区

甘南黄河重要水源补给生态功能区

陇东黄土高原丘陵沟壑水土保持生态功能区

长江上游"两江一水"流域水土保持与生物多样性生态功能区

图 例

国家重点生态功能区
省级重点生态功能区

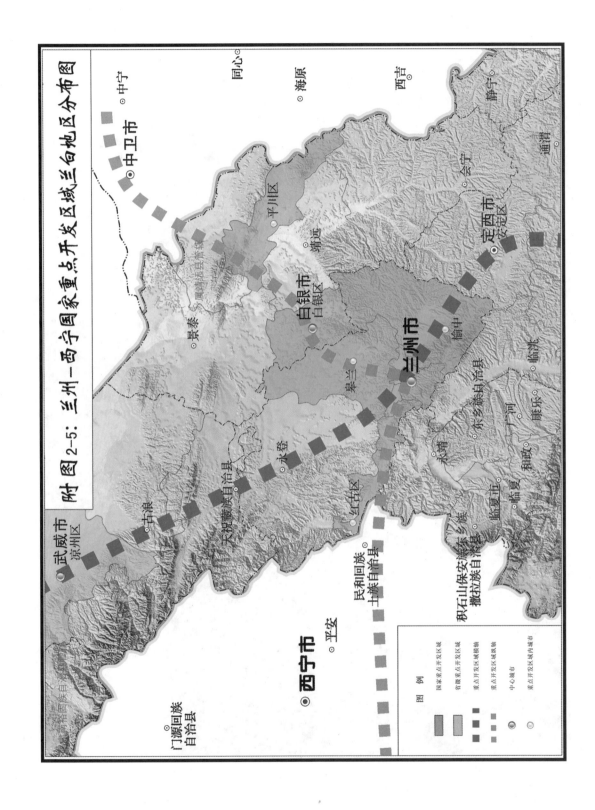

附图 2-5：兰州—西宁国家重点开发区域兰白地区分布图

图例
国家重点开发区域
省级重点开发区域
重点开发区域城镇轴
重点开发区域发展轴
中心城市
重点开发区域内城市

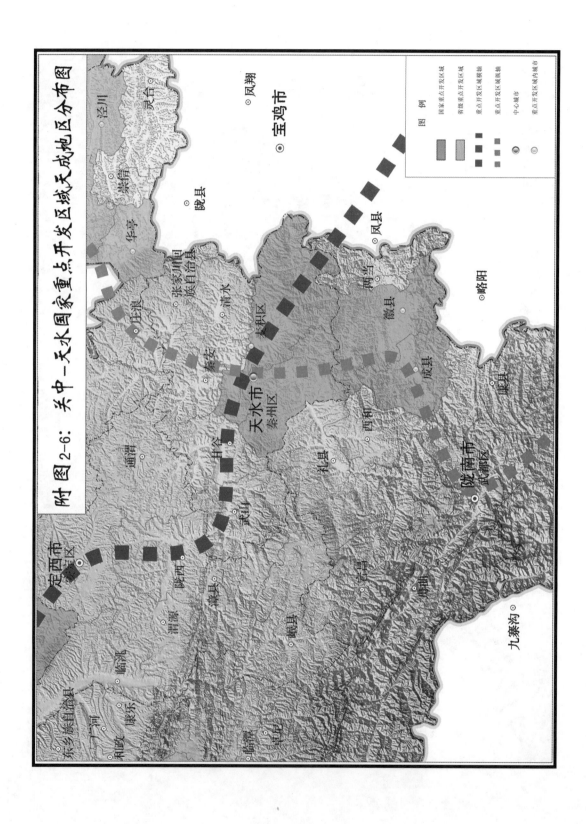

附图2-6: 关中—天水国家重点开发区域天成地区分布图

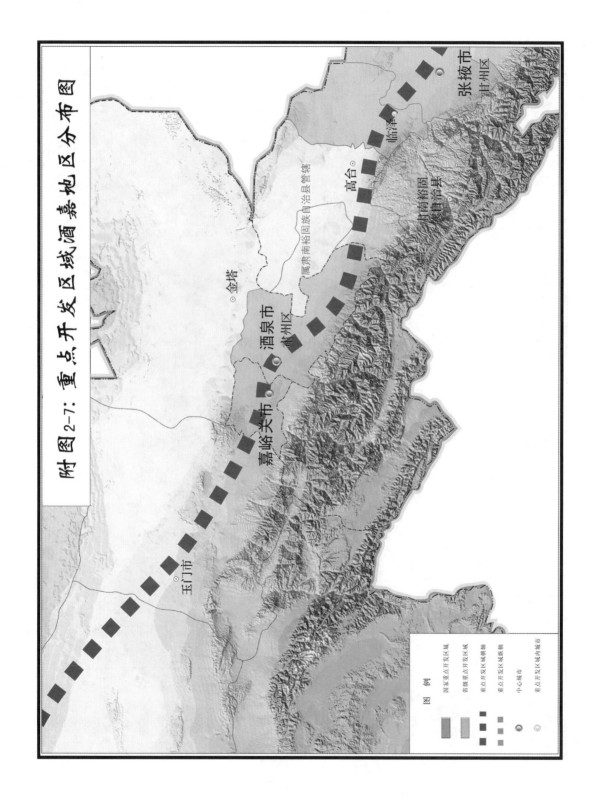

附图 2-7：重点开发区域酒嘉地区分布图

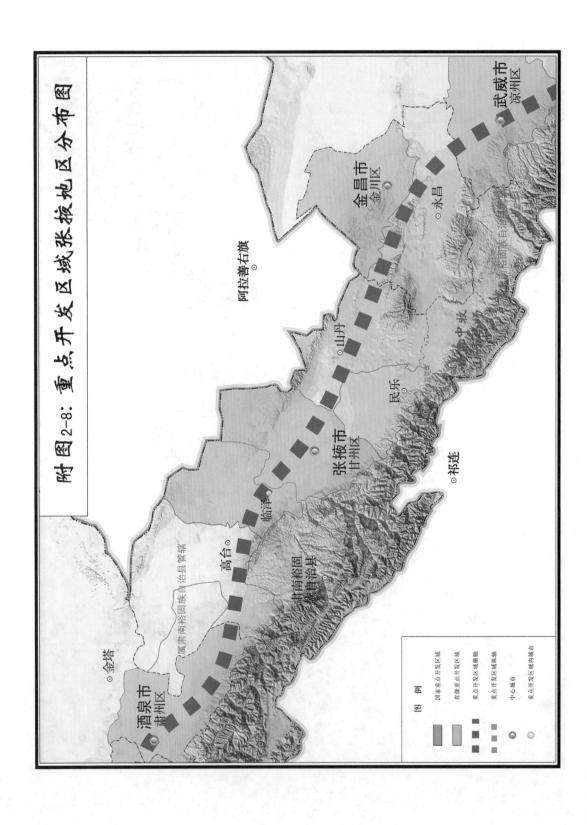

附图 2-8：重点开发区域张掖地区分布图

图　例

国家重点开发区域
省级重点开发区域
重点开发区域轴线
重点开发区域轴线
中心城市
重点开发区域内城市

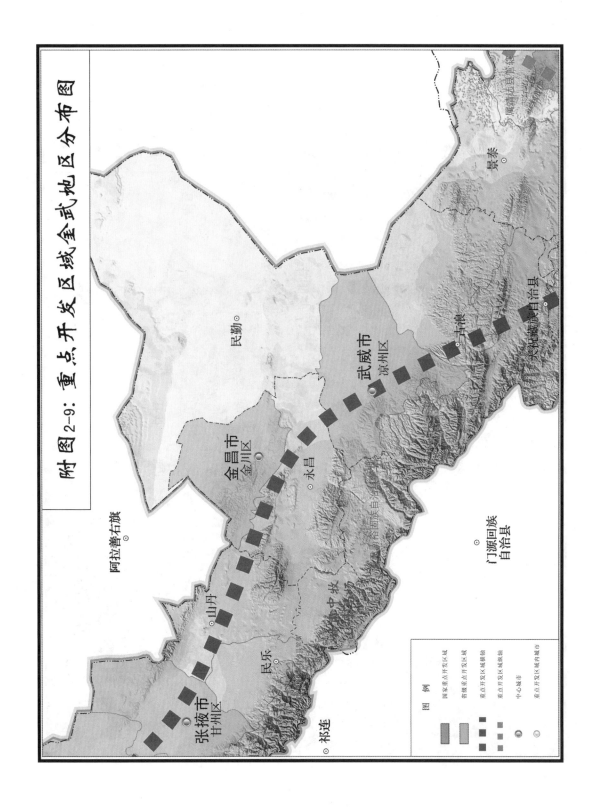

附图 2-9: 重点开发区域金武地区分布图

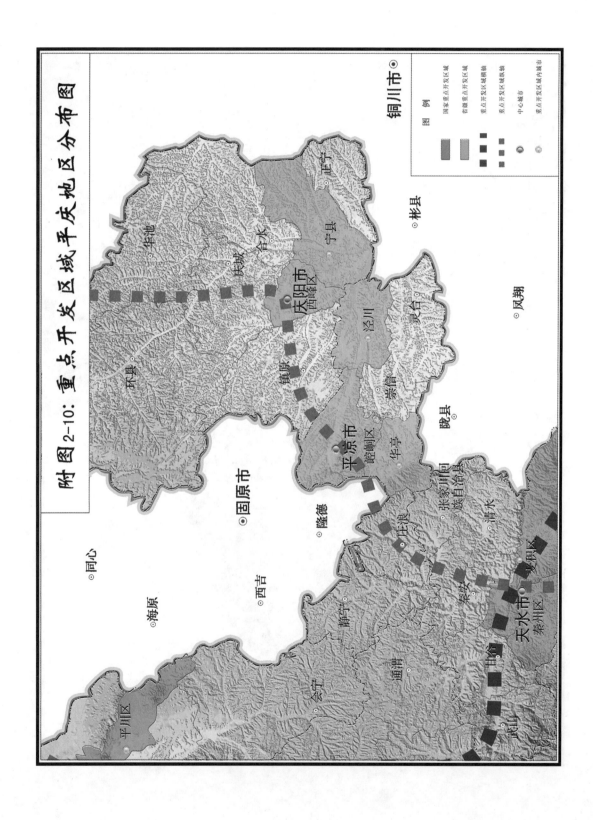

附图 2-10：重点开发区域平庆地区分布图

图　例

国家重点开发区域
省级重点开发区域
重点开发区域横轴
重点开发区域纵轴
中心城市
重点开发区域内城市

铜川市

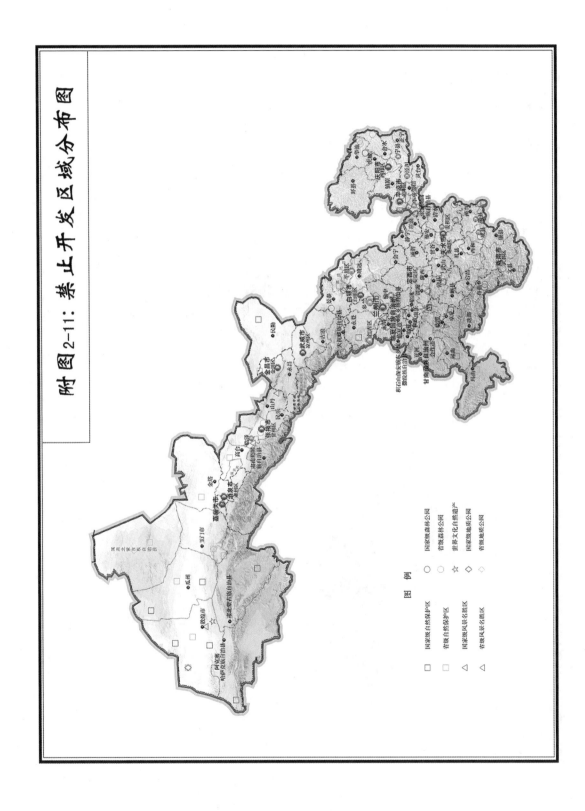

附图2-11：禁止开发区域分布图

图例

国家级自然保护区
省级自然保护区
国家级风景名胜区
省级风景名胜区

国家级森林公园
省级森林公园
世界文化自然遗产
国家级地质公园
省级地质公园

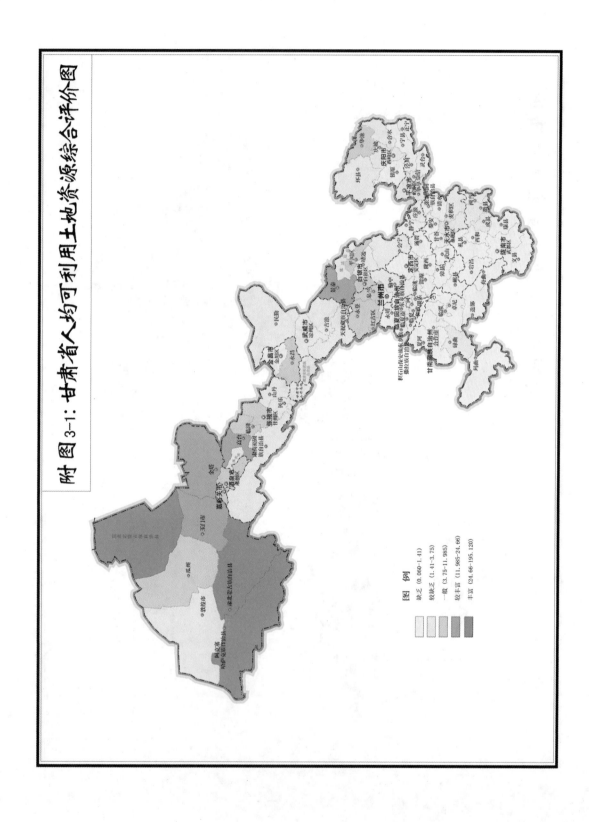

附图 3-1：甘肃省人均可利用土地资源综合评价图

图 例

缺乏 (0.060~1.41)
较缺乏 (1.41~3.75)
一般 (3.75~11.985)
较丰富 (11.985~24.66)
丰富 (24.66~195.120)

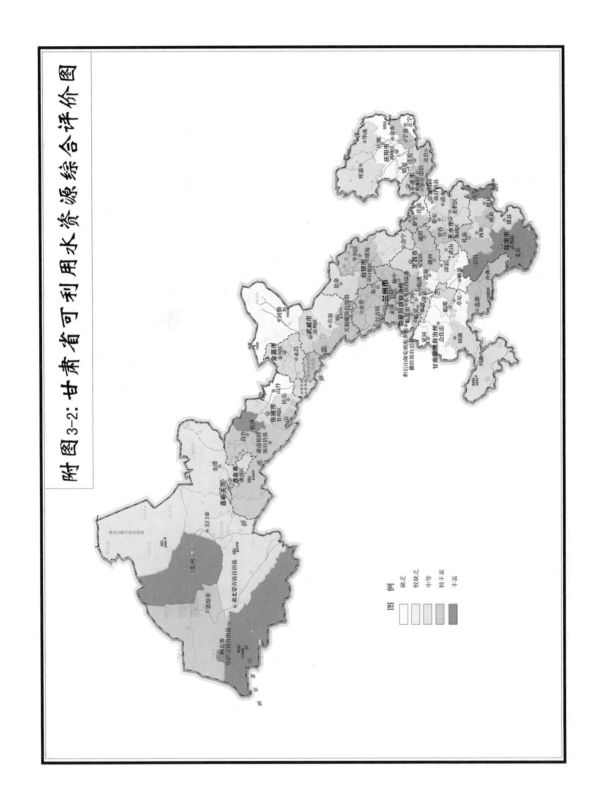

附图 3-2：甘肃省可利用水资源综合评价图

甘肃

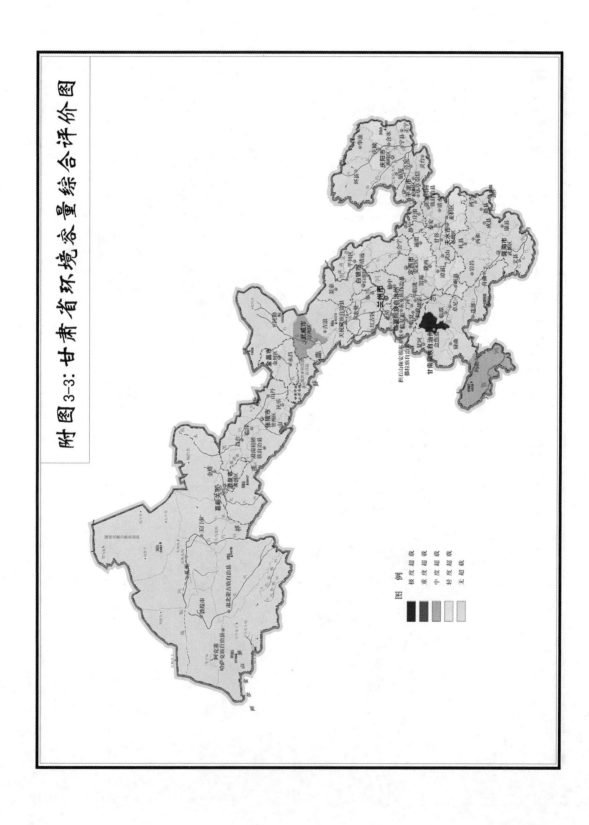

附图 3-3：甘肃省环境容量综合评价图

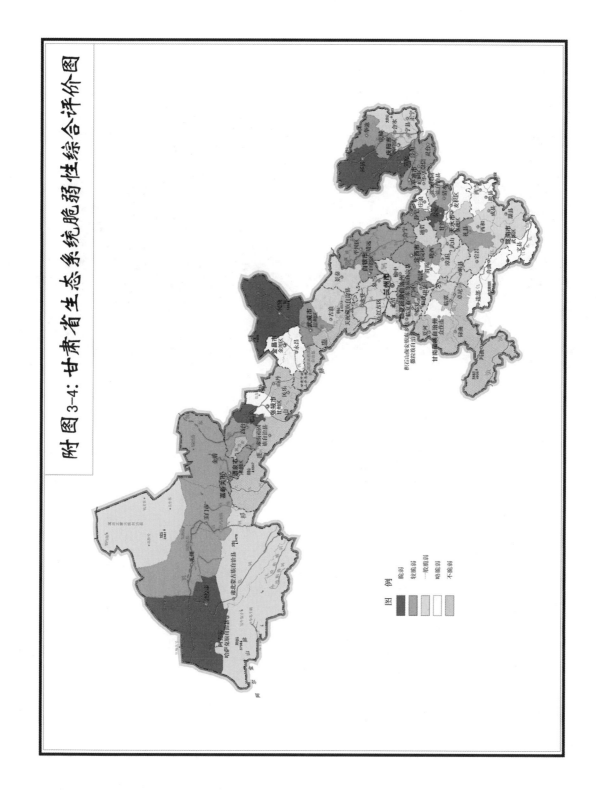

附图 3-4：甘肃省生态系统脆弱性综合评价图

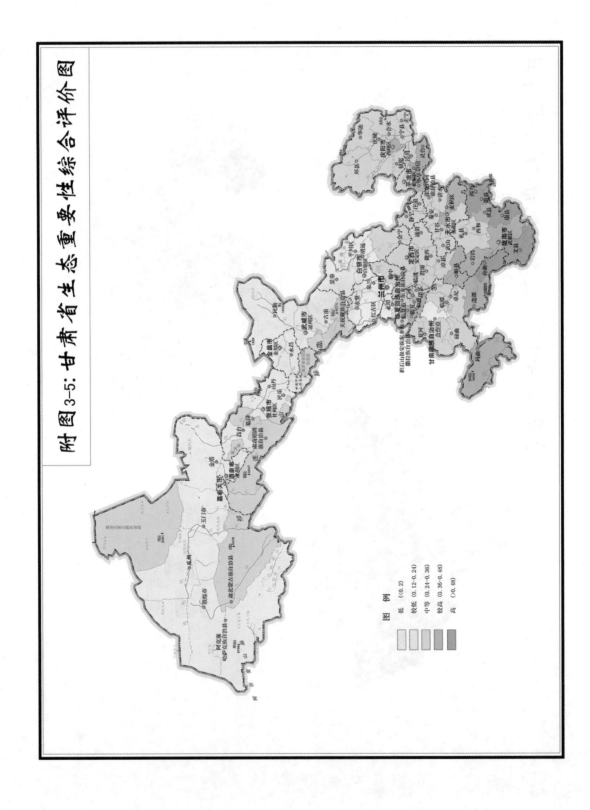

附图 3-5：甘肃省生态重要性综合评价图

图 例

低 (<0.2)
较低 (0.12~0.24)
中等 (0.24~0.36)
较高 (0.36~0.48)
高 (>0.48)

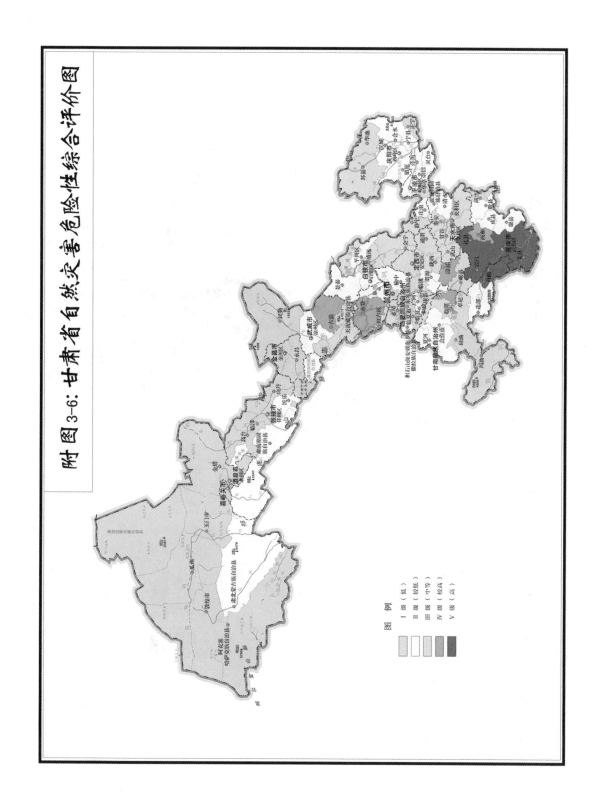

附图 3-6：甘肃省自然灾害危险性综合评价图

图　例

I 级（低）
II 级（较低）
III 级（中等）
IV 级（较高）
V 级（高）

甘
肃

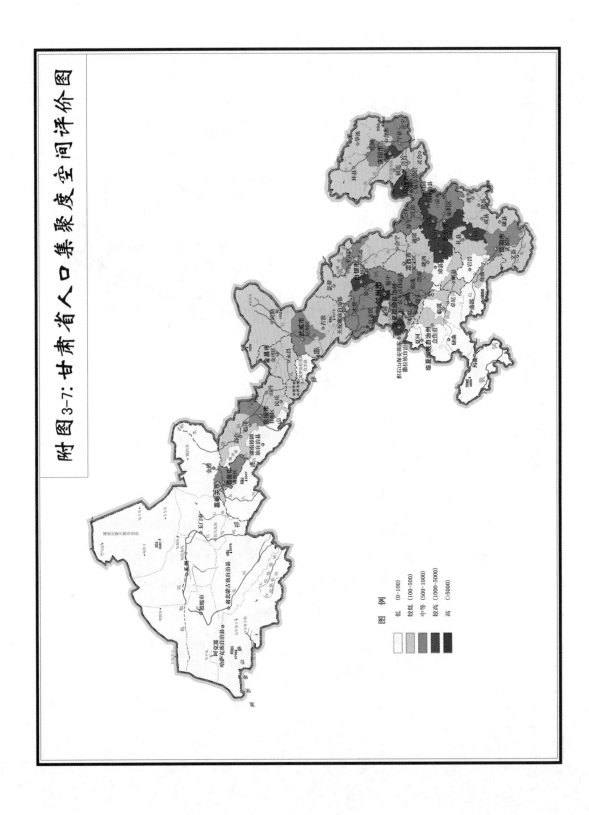

附图 3-7: 甘肃省人口集聚度空间评价图

图 例

低 (0~100)
较低 (100~500)
中等 (500~1000)
较高 (1000~5000)
高 (>5000)

附图 3-8: 甘肃省地均地区生产总值分布图

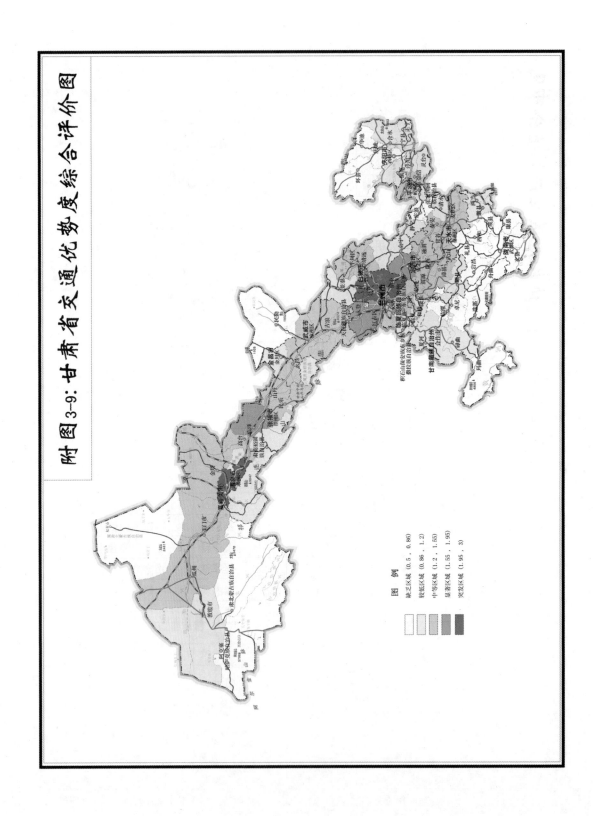

附图 3-9：甘肃省交通优势度综合评价图

图　例

缺乏区域（0.5，0.86）
较低区域（0.86，1.2）
中等区域（1.2，1.55）
显著区域（1.55，1.95）
突发区域（1.95，3）

附件2

甘肃省限制开发区域内县城基本情况表和禁止开发区域名录附表

附表1　限制开发区域内县级政府所在地城区基本情况表

序号	县城名称	所在市州	县城城区规划区面积（平方公里）	县城城区规划区人口（万人）	序号	县城名称	所在市州	县城城区规划区面积（平方公里）	县城城区规划区人口（万人）
1	永登县	兰州市	16.6	7.16	33	镇原县	庆阳市	98	4.22
2	永昌县	金昌市	6.09	3.85	34	安定区	定西市	35.88	12.5
3	靖远县	白银市	12.33	5.23	35	临洮县	定西市	17.86	7.2
4	景泰县	白银市	15	7.6	36	陇西县	定西市	58	12.85
5	会宁县	白银市	18.53	11.8	37	通渭县	定西市	17.4	5.5
6	甘谷县	天水市	16.5	7.5	38	渭源县	定西市	9.56	3.1
7	秦安县	天水市	15.8	11.24	39	漳　县	定西市	4.5	2.8
8	清水县	天水市	7.11	4.7	40	岷　县	定西市	14.2	5.21
9	武山县	天水市	7.2	6.6	41	武都区	陇南市	39.8	14.57
10	张家川县	天水市	13	3.26	42	宕昌县	陇南市	10.6	2.89
11	民勤县	武威市	8.47	7.32	43	康　县	陇南市	4.5	1.96
12	古浪县	武威市	3.22	3.3	44	文　县	陇南市	10	2.2
13	天祝县	武威市	7.9	2.54	45	西和县	陇南市	18.5	7.2
14	山丹县	张掖市	10	0.34	46	礼　县	陇南市	10.2	4.85
15	肃南县	张掖市	1.52	0.73	47	两当县	陇南市	2.5	1.5
16	民乐县	张掖市	11.49	6.1	48	临夏市	临夏州	14	10.9
17	高台县	张掖市	5	3.9	49	永靖县	临夏州	16.8	5.65
18	玉门市	酒泉市	9	5.6	50	临夏县	临夏州	5.79	3.67
19	金塔县	酒泉市	33.8	4.8	51	康乐县	临夏州	3.62	2.2
20	瓜州县	酒泉市	70	3.05	52	广河县	临夏州	5.8	5.7
21	肃北县	酒泉市	5.03	0.95	53	和政县	临夏州	5.08	3.8
22	阿克塞县	酒泉市	4.8	0.56	54	东乡县	临夏州	2.79	2
23	敦煌市	酒泉市	400	11	55	积石山县	临夏州	2.5	2.86
24	灵台县	平凉市	4.9	3	56	合作市	甘南州	17.5	5.15
25	崇信县	平凉市	19.8	2.9	57	临潭县	甘南州	7.3	2.31
26	静宁县	平凉市	18	5.79	58	卓尼县	甘南州	4.4	1.58
27	庄浪县	平凉市	28	10.1	59	舟曲县	甘南州	2.48	1.85
28	庆城县	庆阳市	41.2	8	60	迭部县	甘南州	2.35	1.4
29	环　县	庆阳市	20.71	5.8	61	玛曲县	甘南州	4	1.25
30	华池县	庆阳市	8.29	2.8	62	碌曲县	甘南州	2.13	0.67
31	合水县	庆阳市	27.91	2.8	63	夏河县	甘南州	9.7	1.7
32	正宁县	庆阳市	103.51	4.7					
合　　计								1428.45	306.26

附表2 甘肃省国家级和省级自然保护区名录

序号	保护区名称	所属行政区域	主要保护对象	类 型	级 别	始建时间
1	甘肃连城自然保护区	永登县	森林生态系统及祁连柏、青杆等物种	森林生态系统	国家级	20010401
2	甘肃兴隆山自然保护区	榆中县	森林生态系统	森林生态系统	国家级	19860111
3	甘肃民勤连古城自然保护区	民勤县	荒漠生态系统	荒漠生态系统	国家级	19820101
4	甘肃太统—崆峒山自然保护区	崆峒区	温带落叶阔叶林生态系统及野生动植物	森林生态系统	国家级	19820101
5	甘肃祁连山自然保护区	酒泉市、张掖市、武威市	森林及野生动物	森林生态系统	国家级	19870101
6	甘肃安西极旱荒漠自然保护区	安西县	荒漠生态系统及珍稀动植物	荒漠生态系统	国家级	19870602
7	甘肃盐池湾自然保护区	肃北蒙古族自治县	白唇鹿、野牦牛、野驴等珍稀动物及其生境	野生动物	国家级	19820401
8	甘肃安南坝野骆驼自然保护区	阿克塞哈萨克族自治县	野骆驼、野驴等野生动物及荒漠草原	野生动物	国家级	19821211
9	甘肃敦煌西湖自然保护区	敦煌市	野生动物及荒漠湿地	内陆湿地和水域生态系统	国家级	19921214
10	甘肃尕海—则岔自然保护区	碌曲县	森林生态系统	森林生态系统	国家级	19820902
11	甘肃白水江自然保护区	文 县	大熊猫、金丝猴、扭角羚等野生动物	野生动物	国家级	19780503
12	甘肃小陇山自然保护区	徽 县	青冈次生林	森林生态系统	国家级	19821103
13	甘肃莲花山自然保护区	康乐县	森林生态系统	森林生态系统	国家级	19821203
14	甘肃敦煌阳关自然保护区	敦煌市	湿地生态系统及候鸟	内陆湿地和水域生态系统	国家级	19941008
15	甘肃洮河自然保护区	卓尼县	森林生态系统	森林生态系统	国家级	20050202
16	甘肃张掖黑河湿地自然保护区	高台、甘州、临泽	湿地及珍稀鸟类	内陆湿地和水域生态系统	省级	20041210
17	甘肃太子山自然保护区	临夏州	水源涵养林及野生动植物	森林生态系统	省 级	20050101
18	甘肃芨芨泉自然保护区	金川区	荒漠生态系统及野生动植物	荒漠生态系统	省 级	20050806
19	甘肃崛吴山自然保护区	平川区	天然次生林	森林生态系统	省 级	20020114
20	甘肃哈思山自然保护区	靖远县	森林及云杉、油松	森林生态系统	省 级	20020114
21	甘肃黄河石林自然保护区	景泰县	地质遗迹	地质遗迹	省 级	20010305
22	甘肃沙枣园子自然保护区	金塔县	胡杨、柽柳、花棒、梭梭等天然林木；黄羊、天鹅、夜鹰等野生动物	荒漠生态系统	省 级	20020114

甘
肃

序号	保护区名称	所属行政区域	主要保护对象	类　　型	级　别	始建时间
23	甘肃疏勒河中下游自然保护区	瓜州县	湿地生态系统及野生动植物	荒漠生态系统	省　级	20020114
24	甘肃马鬃山自然保护区	肃北蒙古族自治县	岩羊等野生动物	野生动物	省　级	20010410
25	甘肃昌马河自然保护区	玉门市	高山荒漠	荒漠生态系统	省　级	19960321
26	甘肃玉门南山自然保护区	玉门市	野生动物及其生境	野生动物	省　级	20020114
27	甘肃敦煌雅丹自然保护区	敦煌市	雅丹地貌	地质遗迹	省　级	20011214
28	甘肃合水子午岭自然保护区	华池县	水源涵养林及野生动植物	森林生态系统	省　级	20050202
29	甘肃仁寿山自然保护区	陇西县	森林生态系统	森林生态系统	省　级	19970711
30	甘肃贵清山自然保护区	漳　县	野生动植物资源	森林生态系统	省　级	19920601
31	甘肃漳县秦岭细鳞鲑自然保护区	漳　县	细鳞鲑	野生动物	省　级	20050202
32	甘肃岷县双燕自然保护区	岷　县	森林、自然景观	森林生态系统	省　级	20020114
33	甘肃裕河金丝猴自然保护区	武都区	金丝猴及森林生态系统	野生动物	省　级	20020114
34	甘肃鸡峰山自然保护区	成　县	梅花鹿及其生境	野生动物	省　级	20050101
35	甘肃博峪河自然保护区	文　县	大熊猫及其生境	野生动物	省　级	20061121
36	甘肃文县大鲵自然保护区	文　县	大鲵及其生境	野生动物	省　级	20040509
37	甘肃刘家峡恐龙足迹群自然保护区	永靖县	恐龙足迹化石	古生物遗迹	省　级	20011123
38	甘肃插岗梁自然保护区	舟曲县	野生动物及其生境	野生动物	省　级	20050609
39	甘肃白龙江阿夏自然保护区	迭部县	大熊猫及其生境	野生动物	省　级	20040912
40	甘肃多儿自然保护区	迭部县	大熊猫及其生境	野生动物	省　级	20041012
41	甘肃黄河首曲自然保护区	玛曲县	珍稀鸟类	内陆湿地	省　级	19951123
42	甘肃玛曲土著鱼类自然保护区	玛曲县	土著鱼类	野生动物	省　级	20050202
43	甘肃黄河三峡湿地自然保护区	永靖县	水生动植物及湿地生态系统	野生动物	省　级	199501
44	甘肃香山自然保护区	礼　县	白唇鹿、油松、华山松等	森林生态系统	省　级	199208
45	甘肃省尖山自然保护区	文　县	大熊猫及森林生态系统	野生动物	省　级	199212
46	甘肃黑河自然保护区	两当县	羚牛等珍稀动物及自然生态系统	森林生态系统	省　级	199202
47	甘肃干海子自然保护区	玉门市	鸟类及其生境	野生动物	省　级	198201
48	甘肃大苏干湖自然保护区	阿克塞县	天鹅、黑颈鹤	野生动物	省　级	198201

序号	保护区名称	所属行政区域	主要保护对象	类　型	级　别	始建时间
49	甘肃小苏干湖自然保护区	阿克塞县	候鸟、湖泊、湿地	野生动物	省级	198201
50	甘肃昌岭山自然保护区	古浪县	青海云杉林	森林生态系统	省级	198001
51	甘肃东大山自然保护区	甘州区	天然林	森林生态系统	省级	195809
52	甘肃铁木山自然保护区	会宁县	天然灌木、灰雁及矿泉水、古代庙宇	森林生态系统	省级	199309
53	甘肃龙首山自然保护区	山丹县	青海云杉林及岩羊等野生动物	森林生态系统	省级	199201
54	甘肃寿鹿山自然保护区	景泰县	青海云杉、林麝	森林生态系统	省级	198007

附表3　甘肃省世界文化自然遗产名录

名　　称	地　　址	批准时间	备　　注
甘肃敦煌莫高窟	敦煌市	1987	
甘肃嘉峪关关城	嘉峪关市	1987	

附表4　甘肃省国家级和省级风景名胜区名录

序号	名　称	所在行政区域	级别	备注	序号	名　称	所在行政区域	级别	备注
1	麦积山	天水市麦积区	国家级		13	徽县三滩	陇南市徽县	省级	
2	鸣沙山—月牙泉	酒泉市敦煌市	国家级		14	肃南马蹄寺	张掖市肃南县	省级	
3	崆峒山	平凉市崆峒区	国家级		15	山丹县焉支山	张掖市山丹县	省级	
4	崇信龙泉寺—五龙山	平凉市崇信县	省级		16	漳县贵清山—遮阳山	定西市漳县	省级	
5	永靖黄河三峡	临夏州永靖县	省级		17	宕昌官鹅沟	陇南市宕昌县	省级	
6	武都万象洞	陇南市武都区	省级		18	和政太子山	临夏州和政县	省级	
7	和政松鸣岩	临夏州和政县	省级		19	临潭冶力关	甘南州临潭县	省级	
8	榆中兴隆山	兰州市榆中县	省级		20	肃南—临泽丹霞地貌	张掖市肃南和临泽县	省级	
9	天祝马牙雪山天池	武威市天祝县	省级		21	渭源渭河源	定西市渭源县	省级	
10	碌曲郎木寺	甘南州碌曲县	省级		22	两当云屏	陇南市两当县	省级	
11	华亭莲花台	平凉市华亭县	省级		23	积石山石海	临夏州积石山县	省级	
12	庄浪云崖寺	平凉市庄浪县	省级						

附表5　甘肃省国家和省级森林公园名录

序号	名　称	隶属	所属行政区域	面积（平方公里）	级　别	备注	序号	名　称	隶属	所属行政区域	面积（平方公里）	级　别	备注
1	吐鲁沟国家森林公园	市属	永登县	58.47	国家级		3	松鸣岩国家森林公园	省直	和政县	26.67	国家级	
2	石佛沟国家森林公园	县属	七里河区	63.73	国家级		4	云崖寺国家森林公园	县属	庄浪县	148.93	国家级	

序号	名　称	隶属	所属行政区域	面积（平方公里）	级　别	备注	序号	名　称	隶属	所属行政区域	面积（平方公里）	级　别	备注
5	徐家山国家森林公园	市属	城关区	1.73	国家级		25	羊沙森林公园	省属	临潭县	53.93	省　级	
6	贵清山国家森林公园	县属	漳　县	82.00	国家级		26	三黄谷森林公园	省属	清水县	29.33	省　级	
7	麦积国家森林公园	省直	天水市	92.00	国家级		27	卧牛山森林公园	省属	武山县	55.33	省　级	
8	鸡峰山国家森林公园	县属	成　县	42.00	国家级		28	太阳山森林公园	省属	北道区	4.00	省　级	
9	渭河源国家森林公园	县属	渭源县	79.33	国家级		29	兴隆山森林公园	省属	榆中县	320.73	省　级	
10	天祝三峡国家森林公园	县属	天祝县	1386.67	国家级		30	兰州北山凤凰台森林公园	省属	兰州市	2.20	省　级	
11	冶力关国家森林公园	省直	卓尼县临潭县	794.00	国家级		31	城关区兰山森林公园	市属	兰州市	4.33	省　级	
12	官鹅沟国家森林公园	市属	宕昌县	419.93	国家级		32	张掖森林公园	市属	张掖市	8.00	省　级	
13	沙滩国家森林公园	省直	舟曲县	301.40	国家级	大河坝	33	合作森林公园	市属	合作市	5.93	省　级	
14	腊子口国家森林公园	省直	迭部县	485.60	国家级		34	关山林业总场莲花台森林公园	市属	华亭县	346.67	省　级	
15	大峪国家森林公园	省直	卓尼县	270.13	国家级		35	合水林业总场夏家沟森林公园	市属	合水县	275.33	省　级	
16	小陇山国家森林公园	省直	天水市	196.73	国家级		36	天水市渗金山森林公园	市属	秦州区	4.60	省　级	
17	文县天池国家森林公园	县属	文　县	143.40	国家级		37	正宁林业总场调令关森林公园	市属	正宁县	93.00	省　级	
18	周祖陵国家森林公园	县属	庆城县	6.13	国家级		38	敦煌市阳关沙漠森林公园	县属	敦煌市	16.67	省　级	
19	寿鹿山国家森林公园	县属	景泰县	10.87	国家级		39	会宁县东山森林公园	县属	会宁县	7.67	省　级	
20	大峡沟国家森林公园	县属	舟曲县	196.73	国家级		40	会宁县铁木山森林公园	县属	会宁县	74.73	省　级	
21	莲花山国家森林公园	省直	康乐县临潭县	48.73	国家级		41	西固区关山森林公园	县属	西固区	6.00	省　级	
22	下巴沟森林公园	省属	合作市	45.47	省　级		42	西固区石头坪森林公园	县属	西固区	1.00	省　级	
23	车巴森林公园	省属	卓尼县	34.80	省　级		43	城关区五一山森林生态旅游区	县属	兰州市	0.87	省　级	
24	卡车森林公园	省属	卓尼县	144.67	省　级		44	安定区西岩山森林公园	县属	安定区	2.00	省　级	

序号	名　称	隶属	所属行政区域	面积（平方公里）	级别	备注	序号	名　称	隶属	所属行政区域	面积（平方公里）	级别	备注
45	陇西县仁寿山森林公园	县属	陇西县	4.00	省级		64	庆阳市巴家咀森林公园	县属	庆阳市	2.60	省级	
46	临洮县岳麓山森林公园	县属	临洮县	1.33	省级		65	碌曲县则岔森林公园	县属	碌曲县	213.27	省级	
47	岷县二郎山森林公园	县属	岷县	0.47	省级		66	两当县灵官峡森林公园	县属	两当县	47.33	省级	
48	秦安县凤山森林公园	县属	秦安县	16.00	省级		67	康县白云山森林公园	县属	康　县	21.53	省级	
49	武山县老君山森林公园	县属	武山县	1.87	省级		68	永靖县巴米山森林公园	县属	永　靖	83.33	省级	
50	甘谷县尖山寺森林公园	县属	甘谷县	14.93	省级		69	镇原县潜夫山森林公园	县属	镇原县	1.13	省级	
51	清水县温泉森林公园	县属	清水县	7.07	省级		70	靖远县哈思山森林公园	县属	靖远县	41.80	省级	
52	肃南县马蹄寺森林公园	县属	肃南县	13.33	省级		71	靖远县法泉寺森林公园	县属	靖远县	3.93	省级	
53	山丹县焉支山森林公园	县属	山丹县	287.87	省级		72	通渭县鹿鹿山森林公园	县属	通渭县	34.53	省级	
54	甘州区黑河森林公园	县属	甘州区	3.73	省级		73	漳县泰山森林公园	县属	漳　县	7.07	省级	
55	民乐县海潮坝森林公园	县属	民乐县	160.40	省级		74	云凤山省级森林公园	县属	张家川县	58.00	省级	
56	天祝县冰沟河森林公园	县属	天祝县	93.13	省级		75	华亭县米家沟森林公园	县属	华亭县	146.67	省级	
57	和政县南阳山森林公园	县属	和政县	9.33	省级		76	迭部县扎尕那森林公园	县属	迭部县	344.00	省级	
58	临夏市南龙山森林公园	县属	临夏市	3.33	省级		77	白水江博峪森林公园	县属	文　县	443.33	省级	
59	崆峒区太统森林公园	县属	崆峒区	144.67	省级		78	秦州区绣经山森林公园	县属	秦州区	4.80	省级	
60	崆峒区北山森林公园	县属	平凉市	10.67	省级		79	舟曲县拉尕山森林公园	县属	舟曲县	13.53	省级	
61	崇信县五龙山森林公园	县属	崇信县	72.00	省级		80	塔坪山森林公园	县属	陇西县	2.53	省级	
62	华池县双塔森林公园	县属	华池县	2.13	省级		81	云屏三峡森林公园	县属	两当县	96.67	省级	
63	环县老爷山森林公园	县属	环　县	15.67	省级		82	东华池森林公园	县属	华池县	85.00	省级	

附表6　甘肃省国家和省级地质公园名录

序号	名　称	所属行政区域	特　征	级别	批准时间	备注
1	敦煌雅丹国家地质公园	敦煌市	雅丹地貌	国家级	2001.12.10	
2	刘家峡恐龙国家地质公园	永靖县	恐龙足印化石	国家级	2001.12.10	
3	景泰黄河石林国家地质公园	景泰县	石林地貌	国家级	2002.11	

序号	名　　　称	所属行政区域	特　征	级别	批准时间	备　注
4	平凉崆峒山丹霞地貌国家地质公园	崆峒区	丹霞地貌	国家级	2002.11	
5	天水麦积山国家地质公园	麦积区	丹霞地貌	省　级		
6	和政古生物化石国家地质公园	和政县	古生物化石	省　级		
7	冶力关省级地质公园	临潭县	滑坡堰塞湖、丹霞	省　级	2003.12.31	
8	贵清山—遮阳山省级地质公园	漳　县	岩溶地貌	省　级	2004.10	
9	官鹅沟地质公园	宕昌县	构造、地层	省　级	2004.10	
10	玉门硅化木省级地质公园	玉门市	硅化木	省　级	2005.9.8	
11	万象洞省级地质公园	武都区	岩溶地貌	省　级	2005.9.8	
12	天池省级地质公园	文　县	构造地貌	省　级	2005.9.8	
13	马牙雪山峡谷省级地质公园	天祝县	峡谷地貌	省　级	2005.12.27	
14	张掖丹霞地貌省级地质公园	甘州区	丹霞地貌	省　级	2005.12.27	
15	公婆泉恐龙地质公园	肃北县	化石	省　级	2005.12.23	
16	洮河大峪地质公园	卓尼县	峡谷地貌	省　级	2005.12.27	
17	扎尕那省级地质公园	迭部县	岩溶地貌	省　级	2006.12.27	
18	崇信龙泉省级地质公园	崇信县	泉水、丹霞、黄土	省　级	2006.12.27	
19	炳灵丹霞地貌省级地质公园	永靖县	丹霞地貌	省　级	2007.6.25	
20	则岔石林省级地质公园	碌曲县	岩溶地貌	省　级	2007.10.22	
21	渭河源省级地质公园	渭源县	局部区域地质遗迹	省　级	2008.10	

附表 7　甘肃省国家和省级湿地及湿地公园名录

序号	名　　　称	行政区域	面积（平方公里）	主要保护对象	类型	级别	始建时间
1	甘肃敦煌西湖国家级自然保护区	敦煌市	6600	野生动物及荒漠湿地	野生动物	国家级	19921214
2	甘肃尕海—则岔国家级自然保护区	碌曲县	2474.31	森林生态系统（国际重要湿地）	森林生态	国家级	19820902
3	甘肃省疏勒河中下游省级自然保护区	瓜州县	3242	湿地生态系统及野生动植物	内陆湿地	省　级	20020114
4	甘肃省大苏干湖省级自然保护区	阿克塞哈萨克族自治县	96.4	天鹅、黑颈鹤等珍禽及其生境（国家重要湿地）	野生动物	省　级	19821011
5	甘肃省小苏干湖省级自然保护区	阿克塞哈萨克族自治县	24	天鹅、黑颈鹤等候鸟及湖泊湿地（国家重要湿地）	野生动物	省　级	19821011
6	甘肃省昌马河省级自然保护区	玉门市	682.5	高山荒漠	荒漠生态	省　级	19960321
7	甘肃省干海子省级自然保护区	玉门市	3	鸟类及其生境	野生动物	省　级	19820101
8	甘肃省黄河三峡省级自然保护区	永靖县	195	湿地生态系统及水生动植物	内陆湿地	省　级	19950210
9	甘肃省黄河首曲省级自然保护区	玛曲县	375	珍稀鸟类（国家重要湿地）	野生动物	省　级	19951123

青海省主体功能区规划

前　言

推进主体功能区规划建设,是深入贯彻落实科学发展观和党的十八届三中全会精神、全面建设小康社会、奋力打造国家循环经济发展先行区、生态文明先行区和民族团结进步先进区的重大举措,有利于引导人口分布、经济布局与资源环境承载能力相适应,促进人口、经济、资源环境的空间均衡;有利于加快转变经济发展方式,实现科学发展;有利于缩小地区间基本公共服务和人民生活水平的差距,推进区域协调发展;有利于从源头扭转生态环境恶化趋势,实现可持续发展;有利于制定实施更有针对性的区域政策和绩效考核评价体系,加强和改善区域调控。

编制主体功能区规划,就是根据省域内不同区域的资源环境承载能力、现有开发强度和发展潜力,统筹谋划未来人口分布、经济布局、国土利用和城镇化格局,确定不同区域的主体功能,并据此明确开发方向,完善开发政策,控制开发强度,规范开发秩序。

《青海省主体功能区规划》(以下简称《规划》)根据《国务院关于编制全国主体功能区规划的意见》(国发〔2007〕21 号)、《全国主体功能区规划》和《青海省人民政府办公厅转发省发改委关于青海省主体功能区规划编制工作方案的通知》(青政办〔2007〕142 号)编制,与《青海省"四区两带一线"发展规划纲要》和《青海省国民经济和社会发展第十二个五年规划纲要》进行了充分衔接,是科学开发国土空间的远景蓝图,是国土空间开发的战略性、基础性、约束性[①]规划。

推进实现主体功能区主要目标的时间是 2020 年,规划任务是更长远的,实施中需根据形势变化和评估结果适时调整修订。本规划的规划范围为省域全部国土空间。

[①]　战略性,指本规划是从关系全局和长远发展的高度,对未来国土空间开发作出的总体部署;基础性,指本规划是在对国土空间各基本要素综合评价基础上编制的,是编制其他各类空间规划的基本依据,是制定区域政策的基础平台;约束性,指本规划明确的主体功能区范围、定位、开发原则等,对各类开发活动具有约束力。

第一章 规划背景

科学开发利用国土空间,必须全面认识全省的自然与经济社会发展状况,正确分析国土开发利用的形势与问题,明确今后一个时期面临的趋势与任务。

一、自然与经济社会发展状况

(一)自然状况

——区位。我省位于青藏高原东北部,地理坐标介于东经89°25′—103°04′,北纬31°39′—39°11′之间,东西长约1200公里,南北宽800余公里,面积71.75万平方公里,居全国第4位。东部和北部与甘肃省为邻,东南部和四川省毗连,西北部同新疆自治区接壤,西南部与西藏自治区相连,地理位置特殊,战略地位重要。(图1 青海省行政区划图)

——地形。我省地貌以高原山地为主,境内地势高峻,高差明显,地形复杂,地貌多样。地势东低西高,总体呈现梯级上升形态。地形大体可分为祁连山地、柴达木盆地和青南高原三个自然区域类型,东部是青藏高原向黄土高原的过渡地带。全省海拔3000米以上的区域面积达60.7万平方公里,占84.6%,最高点6860米,最低点1650米。(图2 青海省地形地势图)

——气候。我省属于典型的大陆性高原气候,太阳辐射强,光照充足;气温日较差大,年较差小;冬季漫长,夏季凉爽;降水稀少,蒸发量大;空气稀薄,气压低。全省日照时数2328—3574小时,年平均气温-5.6—8.1℃,日较差为12—16℃①,降水量从东南向西北递减,年降水量在764.1—17.6毫米之间,全省平均大气压仅为海平面的三分之二,空气含氧量比海平面少20%—40%。

——资源。我省矿产资源种类多、储量大,共发现各类矿产134种,有11种矿产储量居全国第一,54种列全国前10位。太阳能和风能资源丰富。水资源②和水能资源较为丰富,开发条件优越,多年平均水资源总量629.3亿立方米,水能理论蕴藏量2337万千瓦,可装机容量2159万千瓦。动植物资源种类丰富,高原特有珍稀物种分布集中,经济价值较高。

——植被。我省植被比较丰富,有针叶林、阔叶林、灌木灌丛、草原、草甸、戈壁荒漠、草本沼泽以及水生植物等多种植被类型。全省林业用地面积11.2万平方公里,主要分布在长江、黄河上游及祁连山东段等地区,森林覆盖率为6.1%;草地面积40万平方公里,占全省国土面积的55.8%,主要分布在青南高原和环湖地区;高原湿地面积8.14万平方公里,占全省国土面积的11.3%,主要分布在江河源头;荒漠化面积19.14万平方公里,占全省国土面积的26.7%,主要分布在柴达木盆地和共和盆地。

(二)经济社会发展状况

1. 经济社会发展

西部大开发战略实施以来,全省国民经济持续快速发展,经济结构进一步优化,综合实力日益增强,人民生活水平不断提高。2013年全省生产总值2101亿元,其中第一产业增加值207.6亿

---

① 青海日照时数较同纬度的东部地区高出1/3左右,年平均气温比同纬度的黄土高原和华北平原低8—12℃;日较差比东部沿海平原地区高出一倍以上。

② 全省水资源量按流域分:黄河流域208.5亿立方米、长江流域179.4亿立方米、澜沧江流域108.9亿立方米、内陆河流域132.5亿立方米。

元,第二产业增加值 1204.3 亿元,第三产业增加值 689.2 亿元,三次产业比重为 9.9:57.3:32.8,人均生产总值 36510 元;全省总财力 1355 亿元,公共财政预算收入 368.6 亿元,财政总支出 1251 亿元;城镇居民人均可支配收入 19498 元,农牧民人均纯收入 6196 元。全省县以上研发机构 51 个,各级各类在校学生 110.5 万人,各类卫生机构 1666 个、床位近 3 万张,文化馆、图书馆 104 个,广播、电视人口覆盖率分别为 95.7% 和 96.9%。(图 3 青海省经济发展水平评价图)

2. 人口分布

我省地广人稀,人口分布极不平衡。2013 年全省总人口 577.8 万人,人口密度为 8.1 人/平方公里。全省城镇人口 280.3 万人,城镇化率 48.5%;少数民族人口 271.5 万人,占全省总人口的47%,高于内蒙古、广西和宁夏等民族自治区,省内世居的主要少数民族有藏族、回族、土族、撒拉族、蒙古族。全省人口集中分布在东部地区,该区面积占全省的 4.8%,人口占全省的 73%,人口密度 118.5 人/平方公里;西部地区面积占全省 95.2%,人口占全省的 27%,人口密度 2.2 人/平方公里。西宁市区人口密度 2709 人/平方公里;民和县人口密度 230 人/平方公里,大通、湟中、平安、互助、化隆县、乐都区人口密度 100—200 人/平方公里,湟源、循化县人口密度 50—100 人/平方公里,尖扎、同仁、贵德、门源、同德、贵南县人口密度 10—50 人/平方公里,其余各县人口密度均在 10 人/平方公里以下,最低的不到 1 人/平方公里。(图 4 青海省人口聚集度评价图)

3. 基础设施

经过多年来的建设,基础设施条件显著改善。交通,实现了省会到州府通二级、州府到县城通三级及以上等级公路、96% 的乡镇通沥青(水泥)路、80% 的行政村通沥青(水泥)路,全省公路通车里程超过 7 万公里。青藏铁路格拉段、兰青铁路增建二线、柴木铁路、玉树机场、西宁曹家堡机场二期、天然气涩宁兰复线、涩格复线、石油花格复线等一批重大项目建成投运,兰新铁路第二双线、西宁站改造及相关工程、格尔木至敦煌铁路、德令哈机场等开工建设,铁路营运里程达到 1862 公里。能源,公伯峡、苏只、康扬水电站、华电大通发电厂、唐湖火电厂、宁北火电厂,330 千伏东部地区双环网、海西地区单环网结构等重大能源项目建成投运,供电区域面积 51.5 万平方公里,供电人口544.5 万人。水利,建成了盘道、下湾、恰让等一批水利工程,供水能力达到 37.6 亿立方米,农田有效灌溉面积达到 1824 平方公里。(图 5 青海省交通优势度评价图)

二、突出问题

国土空间的开发利用,一方面有力地支撑了全省国民经济的快速发展和社会进步,另一方面也出现了一些必须高度重视和着力解决的突出问题。

——空间布局不均衡,利用效率低。省域国土空间中东部地区城镇、农村居民点密度高,西部稀疏;农村生活空间偏多,城镇居住空间偏少[①]。城市内部工业空间偏多,单位空间产出低;城镇集聚的人口和经济规模小,空间利用效率不高。

——矿产资源富集,勘查程度低。我省矿产资源富集,人均占有量居全国各省区前列,开发潜力巨大。但矿产资源主要分布在生态脆弱地区,资源开发与生态保护矛盾突出。矿产资源勘查勘探程度低,详查程度以上的矿产地仅占矿产地总数的 6.8%,能够提供矿山建设开发利用的经济可

---

① 农村居民点占全省国土空间的 0.1%,人均占有 0.026 公顷。城镇空间占全省国土空间的 0.07%,人均占有 0.018 公顷。

采储量仅占资源储量的 4.5%。太阳能、风能等新能源大规模开发利用还面临技术、环境和经济性等方面的制约。

——区域发展不协调,公共服务差距大。我省资源、人口分布与经济布局在区域之间不协调,劳动人口与赡养人口空间分离,城乡、区域间公共服务和人民生活水平差距较大。地区间人均财政支出相差 2.8 倍,城乡间居民人均收入相差 3.2 倍①。

三、综合评价

综合评价省域国土空间土地资源、水资源、环境容量、生态系统脆弱性、生态重要性、自然灾害危险性、人口集聚度、经济发展水平和交通优势度等要素,全省国土空间②具有以下特征:

——生态地位重要,功能呈退化趋势。我省是国家生态保护与建设的战略要地,是国家乃至全球重要的水源地和生态屏障,是高原生物多样性基因资源的宝库(图 8　青海省生态重要性评价图)。全省生态系统③较为脆弱,水土流失、荒漠化、沙化面积扩大,湿地萎缩,草场退化等问题突出。(图 9　青海省生态系统脆弱性评价图)

——国土空间大,适宜开发面积小。我省地域辽阔,占全国国土面积的 7.52%。国土空间中,山地多,平地少;高海拔的地域广,低海拔的区域小;难于开发利用面积大,易于开发面积小;具有生态价值的空间大,适宜工业化城市化开发的国土空间少。在全省国土空间中,高原、山地、丘陵约占土地总面积的 60%,盆地和沙漠、戈壁占 35%,河谷地占 5%;现有耕地面积 5885 平方公里,人均耕地 0.1 公顷,耕地后备资源仅有 0.3 万平方公里;建设空间 4615 平方公里,开发强度 0.64%,城市空间 501 平方公里,农村居民点 773 平方公里。(图 6　青海省人均可利用土地资源评价图)

——水资源丰富,时空分布不均。我省是长江、黄河、澜沧江、黑河等大江大河的发源地,黄河总径流量的 49%、长江流量的 2%、澜沧江流量的 17%、黑河流量的 41% 从我省流出,水资源总量居全国第 15 位,人均水资源为全国人均占有量的近 6 倍。但水资源分布与土地资源、人口及工业、城镇布局不匹配。青南地区为全省的富水区,水资源占全省的 63%,人口占全省的 14%;东部及柴达木盆地为全省的贫水区,水资源占全省的 12.3%,人口占全省 73%;祁连山及环青海湖地区为全省中水区,水资源占全省的 24.7%,人口占全省的 13%。地表水径流年内分配不均,6—9 月占全年径流量的 70% 以上。全省多年平均出境水量为 596 亿立方米。(图 7　青海省人均可利用水资源评价图)

——环境质量总体较好,局部地区中度污染。全省大气、水环境质量总体较好,容量较大,但局部地区中度污染。2013 年西宁市城市环境空气质量优良天数 221 天,可吸入颗粒物年平均浓度值 0.176 毫克/立方米,属中度污染。湟水干流西宁至民和段水体污染较重,部分河段水质超过 V 类水质标准,造成水资源水质性短缺。(图 10　青海省环境容量评价图)

——自然灾害频率高,危害程度大。我省自然灾害范围广、频率高,区域性、季节性明显,造成损失较严重的是旱灾、雪灾和地震、风沙等自然灾害。在地区分布上,东部以干旱、冰雹、洪涝、霜

---

① 2013 年,人均财政支出最高果洛州 25585 元,最低西宁市 9195 元,相差 16390 元。全省城镇居民人均可支配收入 19498 元,农牧民人均纯收入 6196 元,相差 13302 元。

② 国土空间是指国家主权与主权权利管辖下的地域空间,是国民生存的场所和环境。包括陆地、水域、领海、领空等。本规划范围是指省域内的陆地、水域等空间。

③ 生态系统是指在一定的空间和时间范围内,在各种生物之间以及生物群落与其无机环境之间,通过能量流动和物质循环而相互作用的一个统一整体。

冻、农作物病虫害为主;青南以雪灾、大风、鼠害为主;北部和西部以干旱、风沙和沙尘暴为主①。
(图11　青海省自然灾害危险性评价图)

四、面临趋势

未来一个时期,是我省经济加快转型、城镇化全面推进的关键时期,更是建成全面小康社会的关键时期,国土空间开发必须进一步突出我省重要的生态地位,强化生态功能,必须顺应全省各族人民过上美好生活新期待,顺应新型工业化、信息化、城镇化和农牧业现代化的发展趋势,促进人口经济与资源环境的空间协调。

——生态文明先行区建设对筑牢国家生态安全屏障提出新需求。我省是国家生态安全战略格局"两屏三带"的重要组成部分,生态文明先行区建设不仅关系到青海自身的发展,还关系全国可持续发展,要以生态文明先行区建设为统领,进一步巩固"三江源"、"中华水塔"、"全球气候启动区"的重要生态地位,筑牢国家生态安全屏障,扩大绿色空间,增强固碳能力,积极应对全球气候变化,形成国土开发保护新格局。

——人民生活水平提高对生活空间提出新需求。我省是全国人口自然增长率较高的地区,人口压力日趋显现②。人口数量的增加、人民生活水平的提高和消费结构的升级,既需扩大居住和绿色等生活空间,也需增加农产品生产空间和公共服务设施建设空间。

——新型工业化进程加快对建设空间提出新需求。工业的发展、工业园区规模的扩大和一批重大产业项目的建设,以及我省承接国内外产业转移进程加快,必然增加工业建设空间需求。

——全面推进城镇化对建设空间提出新需求。随着城镇化步伐加快和城镇功能的进一步完善,特别是东部城市群的建设,农村人口进入城市就业定居以及生态移民的安置,需要继续扩大城镇建设空间,也带来了农村居住空间闲置等问题,优化城乡空间结构面临许多新课题。

——完善基础设施对建设空间提出新需求。我省交通、能源、水利、信息等基础设施尚处于继续发展完善阶段,随着基础设施建设力度进一步加大,对建设用地的需求将持续增加,甚至不可避免地要占用一些耕地和绿色生态空间。

第二章　国家主体功能区分类

全省主体功能区规划,必须遵循国家对主体功能区分类要求和承接国家主体功能区覆盖我省的区域。

一、国家主体功能区分类

《全国主体功能区规划》,将我国国土空间分为以下主体功能区:按开发方式,分为优化开发区域、重点开发区域、限制开发区域和禁止开发区域四类;按开发内容,分为城市化地区、农产品主产

---

① 东部农业区春旱频率35%—60%,夏旱8%—45%,秋旱5%—25%;青南牧区雪灾发生频率为45%;2000年以来,全省发生5级以上地震60余次,其中2011年11月14日昆仑山口西8.1级地震是近60年来发生在我国境内最大震级的地震。

② 预计到2020年,全省人口达到620万人,比2013年净增42.2万人。

区和重点生态功能区三类;按层级,分为国家和省级两个层面。

优化开发、重点开发、限制开发和禁止开发四类主体功能区域,是基于不同区域的资源环境承载能力、现有开发强度和未来发展潜力,以是否适宜或如何进行大规模高强度工业化城市化开发为基准划分的。

城市化地区、农产品主产区和重点生态功能区,是以提供主体产品的类型为基准划分的。城市化地区是以提供工业品和服务产品为主体功能的地区,也提供农产品和生态产品;农产品主产区是以提供农产品为主体功能的地区,也提供生态产品、服务产品和部分工业品;重点生态功能区是以提供生态产品为主体功能的地区,也提供一定的农产品、服务产品和工业品。

优化开发区域是经济比较发达,人口比较密集,开发强度较高,资源环境问题十分突出,从而应该优化进行工业化城市化开发的城市化地区。

重点开发区域是有一定经济基础、资源环境承载能力较强、发展潜力较大,集聚人口和经济的条件较好,从而应该重点进行工业化城市化开发的城市化地区。优化开发和重点开发区域都属于城市化地区,开发内容总体上相同,开发强度和开发方式不同。

限制开发区域分为两类:一类是农产品主产区,即耕地较多、农业发展条件较好,尽管也适宜工业化城市化开发,但从保障国家农产品安全以及中华民族永续发展的需要出发,必须把增强农业综合生产能力作为发展的首要任务,从而应该限制进行大规模高强度工业化城市化开发的地区;一类是重点生态功能区,即生态系统脆弱或生态功能重要,资源环境承载能力较低,不具备大规模高强度工业化城市化开发的条件,必须把增强生态产品生产能力作为首要任务,从而应该限制进行大规模高强度工业化城市化开发的地区。

禁止开发区域是依法设立的各类自然文化资源保护区域,以及其他禁止进行工业化城市化开发、需要特殊保护的重点生态功能区。禁止开发区域,包括自然保护区、世界文化自然遗产、风景名胜区、森林公园和地质公园等。

各类主体功能区,在全国经济社会发展中具有同等重要的地位,只是主体功能不同,开发方式不同,保护内容不同,发展首要任务不同,国家支持重点不同。对城市化地区主要支持其集聚人口和经济;对农产品主产区主要支持其增强农业综合生产能力,对重点生态功能区主要支持其保护和修复生态环境,逐步建成兼具生态、旅游功能全民共享的国家公园。

二、国家规划覆盖我省的区域

1. 进入国家级重点开发区的区域。《全国主体功能区规划》划分了 18 个重点开发区域,其中我省西宁、海东、格尔木地区列入国家级兰州—西宁重点开发区域范围①。

---

① 兰州—西宁重点开发区,该区域位于全国"两横三纵"城市化战略格局中路桥通道横轴上,包括甘肃省以兰州为中心的部分地区和青海省以西宁为中心的部分地区。该区域的功能定位是:全国重要的循环经济示范区,新能源和水电、盐化工、石化、有色金属和特色农产品加工产业基地,西北交通枢纽和商贸物流中心,区域性的新材料和生物医药产业基地。构建以兰州、西宁为中心,以白银、格尔木为支撑,以陇海兰新铁路、包兰兰青铁路、青藏铁路沿线走廊为主轴的空间开发格局;提升兰州、西宁综合功能和辐射带动能力,推进兰州与白银、西宁与海东的一体化;壮大白银、格尔木等城市规模,增强产业集聚能力,加强产业合作和城市功能对接,建设重要的能源、化工和原材料基地。建设柴达木国家循环经济试验区;强化向西对外开放通道陆路枢纽功能,提升交通通道综合能力。发展旱作农业和生态农业,推进特色优势农牧产品基地建设,加强草原保护,构建农产品加工产业集群;保护和合理开发利用水资源,加强黄河干流和湟水河、大通河流域生态环境保护和污染治理,加大青海湖保护力度,做好水土流失治理和沙化防治,提高植被覆盖率,着力扩大绿色生态空间。

2. 进入国家级限制开发区的区域。《全国主体功能区规划》划分了 7 个农产品主产区和 25 个重点生态功能区。我省没有国家级农产品主产区,国家级重点生态功能区为三江源草原草甸湿地生态功能区、祁连山冰川与水源涵养生态功能区①。

3. 进入国家级禁止开发区的区域。根据《全国主体功能区规划》,我省进入国家禁止开发区名录 17 处,其中自然保护区 5 处,风景名胜区 1 处,森林公园 7 处,地质公园 4 处。国家级历史文物保护单位 18 处。

第三章　指导思想与规划目标

推进形成主体功能区,要立足我省国土空间自然状况,遵循自然规律和经济社会发展规律,针对国土空间开发中存在的突出问题,调整开发思路,确立新的开发理念和原则。

一、指导思想

以邓小平理论、"三个代表"重要思想和科学发展观为指导,全面贯彻党的十八大、十八届二中、三中全会和习近平总书记系列讲话精神,进一步突出我省在全国生态文明建设中的战略地位,坚持在保护中发展、在发展中保护,科学划分主体功能区域,着力加强重点生态功能区建设,着力推动重点开发区集聚集约开发和资源循环利用,促进人口、经济和资源环境相协调,基本公共服务和人民生活水平差距不断缩小,构建空间有序、生产高效、生活富裕、生态良好、社会和谐的美好新家园。

科学开发国土空间,必须树立和坚持以下理念:

——遵循自然规律的理念。尊重自然、顺应自然、保护自然,根据不同国土空间的自然属性确定不同的开发方式和开发内容。

——区分主体功能的理念。区分不同国土空间的主体功能,根据主体功能定位确定不同区域差异化发展方向和主要开发任务。

——依据资源环境承载力的理念。根据资源环境中的"短板"因素,确定可承载的人口规模、经济规模以及适宜的产业结构,推进城镇、产业集约绿色低碳发展。

——提供生态产品的理念。把提供生态产品②作为国土空间开发的重要任务,划定生态保护红线,完善生态补偿和生态交易机制,增强生态产品生产能力,稳步推进重要生态功能区管理改革,

---

① 国家级三江源草原草甸湿地生态功能区为水源涵养型生态功能区,是长江、黄河、澜沧江的发源地,有"中华水塔"之称,是全球大江大河、冰川、雪山及高原生物多样性最集中的地区之一,其径流、冰川、冻土、湖泊等构成的整个生态系统对全球气候变化有巨大的调节作用。目前草原退化、湖泊萎缩、鼠害严重,生态系统功能受到严重破坏。发展方向是封育草原,治理退化草原,减少载畜量,涵养水源,恢复湿地,实行生态移民。
国家级祁连山冰川与水源涵养生态功能区为水源涵养型生态功能区,冰川储量大,对维系甘肃河西走廊和内蒙古西部绿洲具有重要作用。目前草原退化严重,生态环境恶化,冰川萎缩。发展方向是围栏封育天然植被,降低载畜量,涵养水源,防治水土流失。
② 生态产品指维系生态安全、保障生态调节功能、提供良好人居环境的自然要素,包括清新的空气、清洁的水源、舒适的环境和宜人的气候等。生态产品同农产品、工业品和服务产品一样,都是人类生存发展所必需的产品。生态地区的主体功能是提供生态产品,主要体现在:吸收二氧化碳、制造氧气、涵养水源、保持水土、净化水质、防风固沙、调节气候、清洁空气、减少噪音、吸附粉尘、保护生物多样性、减轻自然灾害等。

逐步实施国家公园模式。

——调整空间结构的理念。把调整空间结构①作为经济结构调整的前提,把国土空间开发的着力点放到调整和优化空间结构、提高空间利用效率上。完善生态文明制度体系,提升治理能力。

——控制开发强度的理念。各类主体功能区都要统筹规划,改革开发方式,规范开发秩序,控制开发强度②,科学有序开发国土空间。

二、基本原则

坚持优化国土空间开发格局,根据主体功能定位进行开发、建设和保护,提高人民群众生活质量,增强可持续发展能力。

——坚持分类指导。科学确定各主体功能区域发展方向、重点任务,划定生态保护红线,以保护自然生态为前提、以资源环境承载能力为基础,有度有序开发,走人与自然和谐相处的发展道路。

——坚持优化空间结构。扩大城镇空间,合理布局交通和工矿等建设空间,保持农牧业生产和生态空间,逐步减少高寒缺水等非宜居地区居住空间。

——坚持集约高效利用。引导人口、经济向基础条件较好、资源环境承载能力较强、发展潜力较大地区集中布局,提高国土空间利用效率。

——坚持统筹协调开发。按照人口经济与资源环境相协调以及统筹城乡、区域发展的要求进行开发,促进人口经济与资源环境的空间均衡。

三、重大关系

推进形成主体功能区,要处理好以下重大关系。

——发展与开发的关系。发展与开发的含义不同,发展通常指经济社会的协调发展以及区域生态环境的持续改善,开发是指大规模高强度的工业化城市化开发。本规划的重点开发区、限制开发区和禁止开发区特指大规模高强度工业化城市化重点开发区域、限制开发区域和禁止开发区域。限制或禁止开发,不是限制或禁止发展,也不是限制或禁止所有开发行为,而是为了更好地促进这类区域农业生产力和生态产品生产力的可持续发展。

——主体功能与其他功能的关系。主体功能不等于唯一功能。明确一定区域的主体功能及其开发的主体内容和发展的主要任务,并不排斥该区域发挥其他功能。重点开发区域作为城市化地

---

① 空间结构是指不同类型空间的构成及其在国土空间中的分布,如城市空间、农业空间、生态空间的比例,以及城市空间中城市建设空间与工矿建设空间的比例等。

城市空间,包括城市建设空间、工矿建设空间。城市建设空间包括城市和建制镇居民点空间。工矿建设空间是指城镇居民点以外的独立工矿空间。

农业空间,包括农业生产空间、农村生活空间。农业生产空间包括耕地、改良草地、人工草地、园地、其他农用地(包括农业设施和农村道路)空间。农村生活空间即农村居民点空间。

生态空间,包括绿色生态空间、其他生态空间。绿色生态空间包括天然草地、林地、水库水面、河流水面、湖泊水面。其他生态空间包括荒草地、沙地、盐碱地、高原荒漠等。

其他空间,指除以上三种空间以外的其他国土空间,包括交通设施空间、水利设施空间、特殊用地空间。

交通设施空间,包括铁路、公路、民用机场、港口码头、管道运输等占用的空间。水利设施空间即水工建设占用的空间。特殊用地空间包括居民点以外的国防、宗教等占用的空间。

② 开发强度是指一个区域建设空间占该区域总面积的比例,建设空间包括城镇建设、独立工矿、农村居民点、交通、水利设施、其他建设用地等空间。

区,主体功能是提供工业品和服务产品,集聚人口和经济,但也必须保护好区域内的基本农田等农业空间,保护好森林、草原、水面、湿地等生态空间,也要提供一定数量的农产品和生态产品。限制开发区域作为农产品主产区和重点生态功能区,主体功能是提供农产品和生态产品,保障农产品供给和生态系统稳定,但也允许适度开发能源和矿产资源,允许发展不影响主体功能定位、当地资源环境可承载的产业,允许进行必要的城镇建设。对禁止开发区域,要依法实施强制性保护。政府从履行职能的角度,对各类主体功能区都要提供公共服务和加强社会管理。

——主体功能区与农牧业发展的关系。把农产品主产区作为限制进行大规模高强度工业化城市化开发的区域,是为了切实保护这类农业发展条件较好区域的耕地,使之能集中各种资源发展现代农业,不断提高农业综合生产能力。同时,也可以使国家强农惠农的政策更集中地落实到这类区域,确保农牧民收入不断增长,农村牧区面貌不断改善。此外,通过集中布局、点状开发,在县城和有条件的建制镇可适度发展非农产业,可以避免过度分散发展工业带来的对耕地过度占用等问题。

——主体功能区与能源和矿产资源开发的关系。能源和矿产资源富集的地区,多为生态系统比较脆弱或生态功能比较重要的区域,不适宜大规模、高强度的工业化城市化开发。但对划入限制开发区域的能源和矿产资源,可以进行点状、带状的开发,允许适度发展加工业,做到点上开发、面上保护。

——政府与市场的关系。主体功能区规划,是政府对国土空间开发的战略设计和总体谋划,是按照自然规律和经济规律,根据资源环境承载能力综合评价,在各地区各部门多方沟通协调的基础上确定的。政府在推进形成主体功能区中的主要职责是,完善法律法规和区域政策,综合运用配置公共资源、优化生产力布局、建立补偿机制等各种手段,引导市场主体科学保护,有序开发。重点开发区域主体功能定位的形成,主要依靠市场机制发挥作用。限制开发和禁止开发区域主体功能定位的形成,主要通过政府监管来约束不符合主体功能定位的开发行为。

四、规划目标与主要任务

(一) 规划目标

到 2020 年全省推进形成主体功能区的主要目标是:

——主体功能区布局基本形成。以限制、禁止开发区为主体框架的生态屏障基本形成,禁止开发区得到调整规范和切实保护。以重点开发区为主体的经济布局和城市化格局基本形成。

——空间结构逐步优化。全省开发强度控制在 1.0%,城市空间控制在 1793 平方公里,农村居民点占地面积控制在 700 平方公里以内。耕地保有量不低于 5360 平方公里,其中基本农田不低于 4340 平方公里。绿色生态空间扩大,湿地、草场面积有所增加,林业用地面积 11.2 万平方公里。

——空间利用效率提高。单位城市空间创造的生产总值提高 20%、人口密度提高 15%,单位面积耕地粮食和主要经济作物产量提高 10% 以上,单位绿色生态空间蓄积的林木、涵养的水等数量增加。

——区域发展协调性增强。区域之间城镇居民人均可支配收入、农村居民人均纯收入和生活条件的差距缩小,扣除成本因素后的人均财政支出大体相当,基本公共服务均等化取得重大进展,地区之间居民人均收入、人均财政支出差距逐步缩小,基本实现城乡和地区间基本公共服务均等化。

——可持续发展能力增强。生态系统稳定性明显提高,沙漠化、草原退化面积减少,水、空气、土壤等生态环境质量明显改善,生物多样性得到切实保护。主要污染物排放得到有效控制,主要城镇空气质量优良率达到75%,长江、黄河、澜沧江和青海湖流域干流水质达到Ⅱ类以上,湟水河稳定达到水环境功能区划要求,森林覆盖率提高到7.5%。自然灾害防御水平进一步提升,应对气候变化能力增强。

表1 全省国土空间开发规划主要指标

指　　标	单　　位	2009 年	2013 年	2020 年
开发强度	%	0.50	0.64	1.0
城市空间	平方公里	417.7	501	1793
农村居民点	平方公里	660.6	773	700
耕地保有量	平方公里	5880	5885	5360
基本农田	平方公里	4340	4340	4340
林业用地	平方公里	75626	112033	112033
森林覆盖率	%	5.2	6.1	7.5

（二）主要任务

完成全省主体功能区规划目标,要从建成全面小康社会和可持续发展的要求出发,根据不同国土空间的自然状况和资源禀赋,构建"三大战略格局"。

——构建"一屏两带"为主体的生态安全战略格局。构建以三江源草原草甸湿地生态功能区为屏障,以祁连山冰川与水源涵养生态带、青海湖草原湿地生态带为骨架以及禁止开发区域组成的生态安全战略格局,提高生态系统的稳定性、安全性。在重点生态功能区及其他环境敏感区、脆弱区划定生态保护红线,对各类主体功能区分别制定相应的环境标准和环境政策。（图13 青海省生态安全战略格局示意图）

——构建"一轴两群(区)"为主体的城市化工业化战略格局。以兰青、青藏铁路线为主轴,以轴线上的主要城市(镇)为支撑点,推进形成以西宁为中心、以海东为重要组成的东部城市群,以格尔木、德令哈为重心的柴达木城乡一体化地区,以玉树、共和、同仁、海晏、玛沁等城镇为重要节点的城市化战略格局。构建以柴达木国家循环经济试验区、西宁(国家级)经济技术开发区、海东工业园区为主体的现代工业体系,在海北、海南等地区,依托自身优势和条件,建设以优势资源加工为主、各具特色的工业集中区。以工业化支撑城市发展,以城市化推进工业转型升级,以工业化和城市化支持生态保护。（图12 青海省城市化战略格局示意图）

——构建"三区十带"农业和"三大区域"畜牧业战略格局。围绕提高农牧业综合生产能力和发展生态农牧业的目标,建设东部农业区麦类、豆类、油菜、马铃薯、果蔬产业带;柴达木绿洲农业区小麦、蔬菜、沙生植物(沙棘、枸杞等)产业带;青海湖周边农业区油菜、青稞产业带,构建"三区十带"农业发展战略格局①（图14 青海省农业战略格局示意图）。稳步发展青南地区生态畜牧业,

① 东部农业区麦类产业带主要在河湟流域的谷地和山地;豆类产业带主要在湟水流域的高位水地和低位山地;油菜产业带主要在中高位山地;马铃薯产业带主要在河湟流域山地;果蔬产业带主要在河湟谷地。
　柴达木绿洲农业区小麦产业带主要在都兰、乌兰、德令哈等地;蔬菜产业带主要在格尔木、德令哈城镇郊区;沙棘、枸杞等沙生植物产业带主要在格尔木、德令哈、都兰等地。
　青海湖周边农业区油菜产业带主要在门源、贵南、同德等地;青稞产业带主要在门源、共和等地。

加快发展环青海湖地区生态畜牧业,大力发展东部现代畜牧业,构建"三大区域"畜牧业战略格局。(图15　青海省畜牧业战略格局示意图)

　　(三)前景展望

　　到2020年,全省国土空间开发将呈现以下前景:

　　——主体功能定位清晰,城乡区域发展协调。"一轴两群(区)"为主体的城市化工业化战略格局基本形成,城市化、工业化水平提高;"一屏两带"为主体的生态安全战略格局基本形成,生态安全得到保障;"三区十带"农业和"三大区域"畜牧业战略格局基本形成,农畜产品供给能力和质量提高。农牧民收入大幅增长,城乡、区域间基本公共服务差距逐步缩小,人口、资源、环境更加协调。

　　——生态建设与环境保护取得显著成效,可持续发展能力不断增强。重点生态功能区涵养水源、防沙固沙、保持水土、维护生物多样性、保护自然文化资源等生态功能得到显著提升,森林、水系、草原、湿地、荒漠、农田等生态系统稳定性增强。农产品主产区生态效能提升。循环经济成为城市化地区发展主导模式,污染物排放得到有效控制,绿色生态空间保持合理规模。

　　——经济布局更加集中,资源利用效率提高。工业化城市化在适宜开发的一部分国土空间集中展开,产业集聚布局、人口集中居住、城市集群分布,能源、资源利用效率提高,基础设施的共享水平显著提升,市场指向型产品的运距缩短,物流成本降低。

　　——规划功能充分发挥,管理更加规范。清晰的主体功能定位,成为国土空间开发政策平台,成为各类规划基础平台,成为国土空间管理平台,成为科学发展绩效考核平台,规划的战略性、基础性、权威性、约束性得到充分体现。

第四章　全省主体功能区划分

　　综合评价各区域资源环境承载能力、现有开发强度、发展潜力和人居适宜性,全省主体功能区划分为重点开发区域、限制开发区域和禁止开发区域三类,没有优化开发区域。(图16　青海省主体功能区划分图)

　　重点开发区域。包括东部重点开发区域和柴达木重点开发区域,属国家级兰州—西宁重点开发区域。该区域扣除基本农田和禁止开发区后面积为7.3万平方公里,占全省国土面积的10.18%,总人口397万人,占全省总人口的68.7%。

　　限制开发区域。包括国家级三江源草原草甸湿地生态功能区、祁连山冰川与水源涵养生态功能区和省级东部农产品主产区、中部生态功能区。该区域扣除基本农田和禁止开发区域后面积为41.41万平方公里,占全省国土面积的57.71%,总人口149万人,占全省总人口的25.8%。

　　禁止开发区域。包括国家级自然保护区、国家风景名胜区、国家森林公园、国家地质公园等20处,面积22.11万平方公里;省级禁止开发区域有省级自然保护区、国际重要湿地、国家重要湿地、省级风景名胜区、省级森林公园、湿地公园、省级文物保护单位、重要水源保护地等437处,面积为3.81万平方公里。国家级、省级禁止开发区域面积25.91万平方公里,扣除重叠面积后为23.04万平方公里,占全省总面积的32.11%,总人口32万人,占全省总人口的5.5%。

青海省主体功能区分类示意图

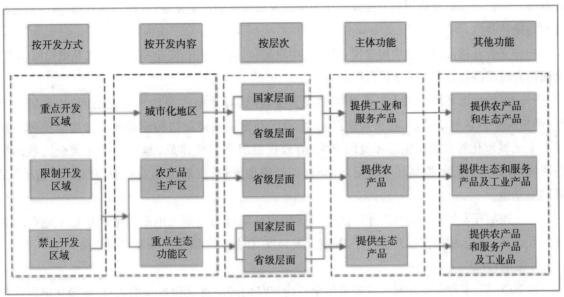

一、重点开发区域

重点开发区域,包括以西宁为中心的东部重点开发区域和以格尔木市、德令哈市为重心的柴达木重点开发区域,是国家级兰州—西宁重点开发区域的重要组成部分。(图17　青海省重点开发区域分布图)

(一)　功能定位、发展方向和发展目标

1.功能定位

重点开发区域是全国重要的新能源、水电、盐化工、油气化工、有色金属产业基地,区域性新材料、装备制造、特钢、煤化工、轻纺和生物产业基地;全省工业化和城市化的主要区域,人口和经济的重要空间载体;丝绸之路经济带战略通道、重要支点、人文交流中心和全省对外开放的主要窗口。要在优化结构、提高效益、降低消耗、保护环境的基础上推动经济又好又快发展,成为支撑全省经济持续发展的重要增长极。要提高创新能力,推进新型工业化进程,形成具有青海特色的现代工业和服务业体系。要加快城市化进程,扩大城市规模,改善人居环境,提高集聚人口的能力。

2.发展方向

——优化国土空间结构。统筹规划区域空间结构,扩大城市空间和绿色生态空间,适度扩大工业空间、服务业空间和交通空间,增加城市人居空间,调减农村生活空间,修复矿产资源开发空间。

——适度扩大城市规模。把城市群作为推进新型城市化的主体形态,积极推进以西宁为中心的东部城市群和以格尔木、德令哈为重心的柴达木地区城乡一体化建设。进一步发展壮大现有城市,强化中心城市的综合实力和辐射带动能力,培育次中心城市和新兴城市,积极发展重点特色城镇,基本形成布局合理、要素集聚能力强、优势互补、集约高效的城镇体系。实施积极的人口迁入政策,增加吸纳农牧业转移人口和生态移民空间,增强人口聚集承载能力。

——构建合理的产业体系。树立绿色低碳可持续发展理念,大力发展循环经济,以园区为载体,打造十大特色优势产业,提升产业集中度,延伸产业链,基本形成具有青海特色的现代产业体系。加强产业发展共性关键技术研发,加强与国内外的科技合作与交流,推动先进适用科技成果转化和推广。把资源综合利用和节能降耗作为提高发展质量的主要途径,合理利用资源,减少资源消耗和污染物排放。

——完善基础设施。加快构建覆盖城乡、功能配套、适度超前、安全高效的现代基础设施体系,全面提升对经济社会发展的支撑保障能力。

——保护生态环境。加大生态环境治理力度,保护好重要水源地和绿色空间,加强防沙治沙,严格保护沙区林草植被,在重要铁路、公路沿线和重要城市周边构建防风固沙生态屏障。减轻工业化城市化对农业和生态环境的影响,有效控制温室气体排放,基本建立覆盖全区域的生态环境监测评估体系,提高环境质量。同时,加强耕地保护,发展市郊农牧业,建设"菜篮子"保障供应基地。

——控制开发强度。现有工业园区和城镇建成区要努力提高土地利用率和单位土地产出效率。重点开发的区域要把握开发时序,控制开发强度,作好对预留重点开发空间的保护。

3. 发展目标

到2020年,全省重点开发区域要聚集全省约90%的经济总量和80%的人口,城镇化率提高到63%以上,工业增加值比重提高到55%左右,人口密度达到68人/平方公里。

表2　青海省重点开发区域发展目标

指标 \ 年份	单位	2009年 绝对数	2009年 占全省比重(%)	2013年 绝对数	2013年 占全省比重(%)	2020年 绝对数	2020年 占全省比重(%)
面积 按实际行政区划	万km²	8.05	11.21	8.05	11.21	8.05	11.21
面积 扣除基本农田	万km²	7.69	10.72	7.69	10.72	7.69	10.72
面积 扣除禁止开发区	万km²	7.30	10.18	7.30	10.18	7.30	10.18
人口	万人	377	67.6	397	68.7	496	80
人口密度	人/km²	51.6	—	54.4	—	68	
生产总值	亿元	902	83.4	1651	79	4206	90
工业增加值比重	%	46.7	—	49.8	—	55	
城镇化率	%	45.7	—	49.6	—	63	

（二）东部重点开发区域

1. 区域范围:东部重点开发区域①包括西宁市四区,海东市循化县,海南州贵德县、贵南县、共

---

① 东部重点开发区域是全省重要的人口与城镇聚集地区,是人居适宜性最好的区域。该区域生产总值1324亿元,占全省的63%,人均生产总值36585元,经济密度为293万元/km²。人口密度为80人/km²,城镇化水平48%。

该区域地处黄土高原向青藏高原过渡区,海拔1650米—4500多米,由东向西逐次升高,是以山地为主的山盆相间地貌,以湟水、黄河谷地为中心向两侧呈带状阶梯式抬升,是青海省开发历史悠久,开发强度最高的地区。

该区域属于温带干旱—半干旱大陆性气候,夏无酷暑,冬无严寒,暖期短,冷季长。降水量少,春秋多干旱,降雨集中,易造成水土流失。植被呈带状分布,低位山地为干旱半干旱植被,高位山地为湿润半湿润植被。区域内工程性缺水问题较为突出。通过水利工程建设,可解决区域内用水需求。

区域内大气环境质量较优,黄河水质良好,湟水河西宁—民和段由于缺乏污水处理设施,污水直接排入河道,造成水质污染。

和县,黄南州同仁和尖扎县,海北州海晏县全部区域;西宁市湟中县、湟源县、大通县,海东市乐都区、平安县、民和县、互助县、化隆县除基本农田以外的区域。该区域扣除基本农田和禁止开发区后面积为4.51万平方公里,占全省国土总面积的6.29%。总人口362万人,占全省总人口的62.6%。

2. 功能定位:青藏高原的经济发展核心区域、重要增长极和综合交通枢纽。全省的政治、经济、文化中心,引领全省经济社会跨越发展的综合经济区,促进全省协调发展的先导区,最具特色魅力、适宜人居、成才创业的和谐区。形成矿产资源精深加工基地、黄河水电基地、新能源、新材料产业基地、新型服务业发展基地、特色农牧业产业化基地。基本形成"一核一带一圈"空间布局的东部城市群,打造西宁中国夏都、青藏高原区域性现代化中心城市和海东高原现代农业示范区两大区域品牌,成为聚集经济和人口的重要地区,成为丝绸之路经济带交通枢纽、重要支撑和人文交流中心,成为全省全方位对外开放的主要窗口,在全省率先实现新型工业化、信息化、城镇化和农业现代化。

3. 发展方向

——着力优化空间开发格局。形成以西宁市为中心,以兰青、青藏铁(公)路为主轴,以黄河沿线为副轴,大通—西宁—平安—化隆—同仁为纵轴,其他城镇为节点的"两横一纵"空间开发格局。

——全力推进城市化进程。加快推进以西宁市为中心的东部城市群建设,强化西宁"核心"城市的聚集辐射带动作用,加快推进海东市乐都、平安核心区建设,加快共和、同仁、大通、湟中、贵德等城市化进程,积极培育一批新兴城市或新城区,着力提升西宁1小时"圈"的城市功能。加大区域城乡统筹,加强区域统规共建,促进区域发展空间集约利用,生产要素有序流动,公共资源均衡配置,强化科技、金融、物流、商贸等功能,辐射带动区域经济发展,全面提高东部地区发展能力和水平。

——加快特色产业发展。加快电力资源开发,加大西宁经济技术开发区建设力度,提升产业层次,促进产业融合,建成全国重要的新能源、新材料基地,国际藏毯生产集散基地,国内有色金属产业基地、装备制造业和生物产业基地。加快发展海东工业园区,培育新的经济增长极。大力发展节能环保和信息产业,推进新型工业化进程。发展特色农牧业,加大农业综合开发力度,建成特色农畜产品生产基地。打造环西宁"中国夏都"旅游圈,促进服务业快速发展,建成新型服务业发展基地。

——加强河湟流域生态建设和环境治理。继续实施河湟沿岸绿化工程,积极开展东部干旱山区水利综合开发,巩固退耕还林成果,控制水土流失,逐步形成以祁连山东段和拉脊山为生态屏障,以河湟沿岸绿色走廊为骨架的生态网络,提高植被覆盖度,改善人居和生态环境。加强湟水流域水污染综合治理,重点区域大气环境污染治理和环境风险防范,改善湟水河水质和重点区域大气环境质量。

4. 发展目标:到2020年,东部重点开发区域聚集全省62%的经济总量和70%的人口,城镇化率提高到61%以上,工业增加值比重提高到50%以上,人口密度达到96人/平方公里。

表3　东部重点开发区域发展目标

指标 年份	单位	2009年		2013年		2020年	
		绝对数	占全省比重(%)	绝对数	占全省比重(%)	绝对数	占全省比重(%)
面积　按实际行政区划	万 km²	5.25	7.32	5.25	7.32	5.25	7.32
面积　扣除基本农田	万 km²	4.90	6.83	4.90	6.83	4.90	6.83
面积　扣除禁止开发区	万 km²	4.51	6.29	4.51	6.29	4.51	6.29
人口	万人	343.7	61.7	362	62.6	434	70
人口密度	人/km²	76.2	—	80	—	96	—
生产总值	亿元	677.5	62.7	1185	56	2898	62
工业增加值比重	%	39		41	—	50	—
城镇化率	%	44		48	—	61	—

(三)柴达木重点开发区域

1.区域范围:柴达木重点开发区域①包括格尔木市、德令哈市、乌兰县、都兰县、大柴旦行委、茫崖行委、冷湖行委城关镇规划区及周边工矿区、东西台盐湖独立工矿区。该区域面积为2.79万平方公里,占全省总面积的3.89%,人口35.15万人,占全省总人口的6.08%。

2.功能定位:加快海西新型工业化和城乡一体化进程,打造全国重要的资源型循环经济发展示范区和全省统筹城乡发展一体化示范区两大区域品牌,构建集群发展、循环开放的城乡产业格局,宜业宜居、和谐共荣的城乡空间格局,协调发展、安全持续的城乡生态格局,内部高效、外部通达的城乡交通体系,健全统一、公平均衡的城乡基本公共服务体系,因地制宜、集约配置的城乡支撑体系。建成国家盐湖化工基地、钾肥生产基地、太阳能发电基地,国内重要的镁锂深加工基地,区域性石油天然气和煤化工基地,率先实现工业化,率先实现城乡一体化,率先实现全面小康,成为聚集人口、促进全省城镇化发展的重要地区,连接西藏、新疆、甘肃、四川的交通枢纽,成为丝绸之路经济带战略通道、重要支点,成为全省向西向南开放的重要窗口,为全省跨越发展提供强有力支撑。

3.发展方向

——构建以格尔木市、德令哈市为重心,以青藏铁(公)路轴线城市和工矿区为节点的城市空间开发格局。加快柴达木城市化和城乡一体化进程,把格尔木建成区域性重要交通枢纽、电力枢纽

---

① 柴达木重点开发区域是我省经济发展速度最快、城镇化水平最高的地区。该区域生产总值504亿元,占全省比重的24%,人均生产总值143385元,经济密度180万元/km²。人口密度为13人/km²,城镇化水平66%。

柴达木盆地是我国四大盆地之一,盆地四周高山环绕,盆地内宽阔平坦,从中心向四周依次抬升,构成湖积盐泽平原带、细土平原带、戈壁平原带、低山、中山、高山带等环带状地貌。盆地内有9个相对独立的小盆地,形成据点式的绿洲区。

柴达木盆地矿产资源富集,资源总量占全省的97%,钠盐、钾盐、锂盐、芒硝、石棉等矿产占全国同类矿产保有储量的60%以上。石油天然气资源较丰富,还有一定储量的煤炭、铅锌、铁矿等重要资源。

柴达木盆地属内陆河水系,主要有格尔木河、巴音河、香日德河、察汗乌苏河、那棱格勒河等,水资源总量52.7亿m³,工程性缺水是该地区经济、社会发展的重要限制因素。

柴达木盆地内环境质量总体良好,河流水质皆优,大气主要污染物为可吸入颗粒物。

柴达木盆地属大陆干旱性气候,夏季短,冬季长。降水量从盆地中心向四周呈递增趋势,盆地内降水量只有50—200mm,山区降水量在300—400mm。盆地由内到外依次呈现荒漠化草原—干旱草原—半干旱草原—草甸草原分布。绿洲农业区防风固沙林、农田防护林已具有一定规模。

青海

和资源加工转换中心,把德令哈建成新型高原绿洲城市和资源加工基地。成为区域性的交通枢纽和物流中心,提高人口承载和经济集聚能力。

——加快国家级柴达木循环经济试验区建设。大力发展盐湖化工、煤炭综合利用、油气化工、金属冶金、新能源、新材料、特色生物七大主导产业链。依托当地资源特点,适度发展建材等产业,满足青藏区域市场需求。积极发展绿洲农业和特色旅游业。

——推进生态保护与综合治理。以防风固沙工程为重点,加强绿洲生态保护与建设,对暂不具备治理条件但生态区位重要的连片沙化土地,划为沙化土地封禁保护区,实行严格的封禁保护;推进水资源保护和节水工程建设,突出抓好柴达木循环经济试验区水资源配置工程,合理分配、高效利用水资源,构建以绿洲防护林、绿洲农业、天然林、草原、湿地点块状分布的圈带型生态格局。

4. 发展目标:到 2020 年,柴达木重点开发区域聚集全省 28% 的经济总量和 10% 的人口,城镇化率提高到 75%,工业增加值比重 70% 左右,人口密度达到 22 人/平方公里。

表 4　柴达木重点开发区域发展目标

指标 \ 年份	单位	2009 年		2013 年		2020 年	
		绝对数	占全省比重(%)	绝对数	占全省比重(%)	绝对数	占全省比重(%)
面积	万 km²	2.79	3.89	2.79	3.89	2.79	3.89
人口	万人	33.3	6	35.2	6.1	62	10
人口密度	人/km²	12	—	13	—	22	—
生产总值	亿元	224	21	466	22	1309	28
工业增加值比重	%	70		72		70	
城镇化率	%	63	—	66	—	75	—

注:柴达木重点开发区域内没有基本农田和禁止开发区。

二、限制开发区域(重点生态功能区)

省域内重点生态功能区,包括国家级三江源草原草甸湿地生态功能区、祁连山冰川与水源涵养生态功能区以及省级中部生态功能区。(图 18　青海省重点生态功能区分布图)

功能定位:保障国家生态安全的重要区域,全省生态保护建设主战场,人与自然和谐相处的示范区。

(一)国家级重点生态功能区

1. 三江源草原草甸湿地生态功能区

——区域范围:主要包括玉树、果洛两州 12 县(市),黄南州的泽库、河南县,海南州的同德、兴海县和海西州格尔木市的唐古拉山镇。该区域扣除禁止开发区域后面积为 16.57 万平方公里,占全省总面积的 23.1%,总人口 61.7 万人,占全省总人口的 10.7%。

——综合评价:三江源草原草甸湿地生态功能区是长江、黄河、澜沧江的发源地,是我国淡水资源的重要补给地,有"中华水塔"之称,是全球大江大河、冰川、雪山及高原生物多样性最集中的地区之一,其径流、冰川、冻土、湖泊、草原等构成的整个生态环境对全球气候变化有巨大的调节作用,是全国重要的生态功能区。该区域地处青藏高原腹地,是藏民族聚居地区,其经济社会发展对保持藏区社会稳定,增强民族团结具有十分重要的意义。目前,该区域草地退化、冰川湖泊萎缩、生态系统逆向演替,导致黄河、长江流域的旱涝灾害加剧。

——发展方向:三江源地区要把生态保护和建设作为主要任务,全力推进国家级生态保护综合试验区建设,建立生态补偿机制,创新草原管护体制,强化生态系统自然修复功能,建成全国重要的生态安全屏障。加快区域内城镇化进程,积极发展生态畜牧业、高原生态旅游业和民族手工业,点状和有序开发水电、太阳能、风能、地热能、矿产等优势资源。

2. 祁连山冰川与水源涵养生态功能区①

——区域范围:包括海北州祁连县、门源县、刚察县,海西州天峻县。该区域扣除基本农田和禁止开发区后面积为 4.4 万平方公里,占全省总面积的 6.14%,总人口 24.8 万人,占全省总人口的 4.3%。

——综合评价:祁连山冰川与水源涵养生态功能区是我国保留最完整的寒温带山地垂直森林——草原生态系统,森林茂密、草原广袤、冰川发育,是珍稀物种资源的基因库,是黑河、大通河、疏勒河、托勒河、石羊河、布哈河、沙柳河等河流的发源地,对维系青海东部、甘肃河西走廊和内蒙古自治区西部绿洲具有重要作用。目前,森林草地生态退化,水源涵养功能下降。

——发展方向:加强天然林、湿地、草地和高原野生动植物保护,实施天然林保护、退耕还林还草、退牧还草、水土流失和沙化土地综合治理、生态移民等生态保护和建设工程,切实保护好黑河、大通河、疏勒河、石羊河等水源地林草植被,增加水源涵养。加快发展现代农牧业和特色旅游业,推进大通河、黑河流域水电资源开发,加快实施祁连山生态环境保护和综合治理规划,努力实现生态系统良性循环。按照"点上开发、面上保护"的原则,推进祁连山成矿带开发,因地制宜地发展煤炭、有色金属采选业。

(二) 省级重点生态功能区(中部生态功能区)

1. 区域范围:包括海西州格尔木市、德令哈市、乌兰县、都兰县、大柴旦行委、茫崖行委、冷湖行委除县城关镇规划区和周边工矿区以外的区域,以及西宁市、海东市、海南州、黄南州点状分布的生态功能区。该区域扣除基本农田和禁止开发区后面积 20.07 万平方公里,占全省总面积的 27.98%,总人口 13.4 万人,占全省总人口的 2.3%。

2. 综合评价:中部生态功能区属我国西北干旱荒漠化草原生态系统,是东部和柴达木重点开发区的生态间隔空间。该区域气候干旱、多风,植被稀疏,土地沙漠化、盐碱化敏感性程度极高。

3. 发展方向:以退耕还林还草、防风固沙、退牧还草工程为重点,加强沙生植被和天然林、草原、湿地保护,开发沙生产业,提高植被覆盖度,防止沙漠化扩大,在重要交通干线两侧和重要城市周边构建防风固沙生态屏障。加强水资源保护和节水工程建设,合理分配、高效利用水资源,点带状开发水电、太阳能、风能、地热能、矿产等优势资源。

(三) 规划目标

——生态服务功能增强,生态环境质量改善。保护并不断改善地表水水质,主要河流径流量基本稳定并有所增加。启动实施三江源生态保护与建设二期工程、祁连山生态环境保护和综合治理、黄土高原水土流失综合治理、柴达木地区生态保护与综合治理工程,水土流失和荒漠化得到有效控

---

① 国家级祁连山冰川与水源涵养保护区包括甘肃省的天祝、肃南、肃北、民乐、民勤、阿克赛县和中牧山丹马场,青海省的祁连、门源、刚察、天峻县,面积 18.52 万平方公里,人口 240.7 万人。其中青海省面积 5.4 万平方公里,人口 24.8 万人。

制,风沙危害逐渐减轻,草原面积保持稳定,草原植被得到恢复。天然林面积扩大,森林覆盖率提高,森林蓄积量增加,野生动植物种群得到恢复。

——形成点状开发、面上保护的空间结构。开展生态保护红线划定工作,优化生态、生产和生活空间格局。开发强度得到有效控制,保有大片开敞生态空间,湿地、林地、草地等绿色生态空间扩大。

——形成环境友好型的产业结构。不影响生态系统功能的适宜产业、特色产业和服务业得到发展。

——公共服务水平显著提高,人民生活明显改善。全面提高义务教育质量,基本普及高中阶段教育,人口受教育年限大幅度提高。人口总量下降,部分人口转移到城市(镇),人口对生态环境的压力减轻。人均公共服务支出高于全省平均水平。城镇居民人均可支配收入和农村居民人均纯收入大幅提高,绝对贫困现象基本消除。

——加强水产种质资源保护。要以恢复青海湖裸鲤资源为重点,加大对扎陵湖鄂陵湖花斑裸鲤、极边扁咽齿鱼国家级水产种质资源保护区、玛柯河重口裂腹鱼国家级水产种质资源保护区、黄河尖扎段特有鱼类国家级水产种质资源保护区等三个国家级水产种质资源保护区的渔业资源保护力度。

(四) 开发原则

——各类开发活动尽可能减少对自然生态系统的干扰,不得损害生态系统的稳定性和完整性。

——控制开发强度,逐步减少农村牧区居民点占用的空间,腾出更多的空间用于维系生态系统的良性循环。城镇建设与工业开发要依托现有资源环境承载能力相对较强的城镇集中布局、据点式开发,禁止成片蔓延式扩张。

——实行规范的产业准入环境标准,在不损害生态系统功能的前提下,因地制宜发展旅游、农林牧产品生产和加工、观光休闲农业等产业、积极发展服务业。

——开发矿产资源、发展适宜产业和建设基础设施,都要控制在尽可能小的空间范围之内,新建公路、铁路等基础设施,应事先规划好动物迁徙通道。

——在现有城镇布局基础上进一步集约开发、集中建设,重点规划和建设资源环境承载能力相对较强的中小城市、县城和重点镇,促进中小城市和小城镇人口合理集聚与协调发展,稳妥推进农牧业转移人口市民化。生态移民点应尽量集中布局到县城和重点镇,避免新建孤立的村落式移民社区。

——加强县城和重点镇的道路、供排水、垃圾污水处理等基础设施建设。在条件适宜的地区,积极推广太阳能、风能、沼气等清洁能源,努力解决农村牧区的能源需求。健全基本公共服务体系,改善就业、教育、医疗、文化等设施条件,提高公共服务供给能力和水平。

三、限制开发区域(省级农产品主产区)

省域内限制进行大规模高强度工业化城市化开发的农产品主产区为省级东部农产品主产区,没有国家级农产品主产区。(图19 青海省农产品主产区分布图)

(一) 区域范围

东部农产品主产区,包括西宁市大通县、湟中县、湟源县,海东市乐都区、平安县、民和县、互助县、化隆县的基本农田。总面积0.34万平方公里,占全省国土面积的0.48%,人口51万人,占全省总人口的9%。

（二）功能定位

保障全省农畜产品供给安全的重要区域,城乡居民"菜篮子"主要供应保障基地,社会主义新农村建设的示范区。

（三）发展方向

东部农产品主产区应着力发展现代农业,增强农业综合生产能力,保障农产品供给,确保粮食安全。增加农民收入,加快建设社会主义新农村。

——推进农业示范园区建设。积极推进东部地区农业示范园区建设,促进农业发展方式转变,努力把西宁市建设成为全省现代农业先行区、物流型农业科技示范区、城乡居民"菜篮子"供应保障基地、农畜产品精深加工和物流集散基地;把海东市建设成为全省最大的城乡居民"菜篮子"供应保障基地、特色农畜产品生产、初级加工基地和物流集散中心,建成全国独具特色的高原特色现代生态农业示范区,具有国际影响力的高原富硒农产品生产基地,成为引领全省现代生态农业发展的先导和全省主要的绿色农产品供给长廊。

——做大做强农区畜牧业。建设标准化规模养殖场(小区)。以奶牛、肉牛、肉羊、生猪等产业为重点,坚持"扶强大型户、扶大专业户、带动小农户"的基本原则,加快标准化规模养殖场(小区)建设,扩大养殖规模,确保牧区实施禁牧和草畜平衡后全省畜产品产量稳中有增。

——加强土地整治。加快实施黄河、湟水流域土地整治工程,确保耕地总量不减少,质量有提高,确保东部城市群发展用地需求。优化农业生产布局,科学确定不同区域农业发展重点,形成优势突出和特色鲜明的产业带。

——加强水利建设。加快引大济湟调水工程、黄河沿岸水利综合开发、东部城市群水利保障工程建设。加强大中型灌区续建配套与节水改造,推进中小河流治理、病险水库除险加固、山洪灾害防治、易灾地区生态环境治理,加快水土保持淤地坝建设和坡耕地水土流失综合治理,提高农业防灾减灾能力。

——加强人工影响天气建设。合理布局人工增雨和防雹重点作业区,加快人工影响天气基础设施建设。开展规模化人工影响天气作业,坚持抗旱型和蓄水型增雨并重,提高冰雹预警能力和作业水平,为农业稳产和增产提供优质保障。

——推进农业产业化。加快农业科技创新,提高农业物质技术装备水平。加强农产品加工、流通、储运设施建设,引导农产品加工、流通、储运企业向东部农产品主产区集中,拓展农村就业和增收空间。

——加快新农村建设。统筹考虑城市化及农村人口迁移等因素,优化农村居民点布局,建设美丽乡村。适度集中、集约建设农村基础设施和公共服务设施,改善农牧民生产生活条件,提升农村人居环境。

四、禁止开发区域

省域内禁止开发区域,包括国家级自然保护区、国家级风景名胜区、国家森林公园、国家地质公园等20处,面积22.11万平方公里;省级禁止开发区域有省级自然保护区、省级风景名胜区、省级森林公园、省级地质公园、湿地公园、国际重要湿地、国家重要湿地、省级文物保护单位、重要水源保护地等437处,面积为3.81万平方公里。国家级、省级禁止开发区域面积25.91万平方公里,扣除重叠面积后为 23.04 万平方公里,占全省总面积的 32.11%,人口 31.7 万人,占全省总人口的 5.5%。(图 20 青海省禁止开发区域分布图)

(一) 功能定位

保护自然生态、历史文化资源的重要区域,珍稀动植物基因资源保护地。

表 5 青海省域内禁止开发区域

类 别	数 量(处)	面积(平方公里)
一、国家级禁止开发区域		
1.国家级自然保护区	7	207337.51
2.国家级风景名胜区	1	4583
3.国家森林公园	7	2932.96
4.国家地质公园	5	6253
小 计	20	221106.47
二、省级禁止开发区域		
1.省级自然保护区	4	10316
2.省级风景名胜区	14	2726
3.省级森林公园	11	1872.71
4.省级地质公园	1	779
5.国家湿地公园	3	434.18
6.国际重要湿地	3	1672.8
7.国家重要湿地	15	19669.37
8.水源保护地	53	588.5
9.文物保护单位	333	
小 计	437	38058.56
合计 未扣除重叠面积		259165.03
合计 扣除重叠部分后面积		230396.94

(二) 管制原则

禁止开发区域要依据法律法规和相关规划实施强制性保护,严格控制人为因素对自然生态和文化自然遗产的原真性和完整性的干扰,引导区内人口有序转移,实现污染物排放零增长,提高环境质量。

1.自然保护区。依据国家有关的法律法规和主体功能区规划确定的原则进行管理。核心区除必要的科研教学实验、地质调查勘查外,严格控制对自然生态有明显影响的生产活动。在不影响保护功能的前提下,对人口较多、区域范围较大的核心区,允许适度的人口居住、农牧业生产和旅游活动,并通过生活补助,确保其生活水平稳步提高。交通、通讯、电网等基础设施建设必须穿越核心区的要进行专题评价,尽可能减少对环境影响。缓冲区、实验区在符合自然保护区规划的前提下,适度开展旅游、种植业和畜牧业活动及进行交通、通讯、电网等必要的基础设施建设。坚持以人为本、尊重群众意愿,按核心区、缓冲区、实验区顺序逐步转移人口,一部分转移到保护区外,一部分转为保护区管护人员。(图 21 青海省自然保护区分布图)

2.国际重要湿地、国家重要湿地和国家湿地公园。依据国家有关的法律法规和主体功能区规划确定的原则进行管理。湿地内除开展保护、监测等必需的保护管理活动外,不得进行与湿地生态系统保护和管理无关的其他活动,禁止改变湿地用途及开垦、填埋湿地等不符合主体功能定位的建设项目和开发活动。在不损害湿地整体生态功能的前提下,适度开展生态畜牧业、生态旅游和必要的交通等基础设施建设。

3. 风景名胜区。依据《中华人民共和国风景名胜区管理条例》和主体功能区规划确定的原则进行管理。严格保护风景名胜区内一切景物和自然环境,禁止在风景名胜区进行与风景名胜资源无关的生产建设活动,景区及相关基础设施建设等应符合风景名胜区规划,违反规划建设的设施要逐步拆除。开展旅游活动应根据环境容量和资源状况加以控制,不得对景物、野生动植物等造成损害。(图22　青海省风景名胜区分布图)

4. 森林公园。依据国家有关法律法规和主体功能区规划确定的原则进行管理。森林公园内可适度发展林下和旅游产业,除必要的保护和附属设施外,不得随意占用、征用林地。(图23　青海省森林公园分布图)

5. 地质公园。依据国家有关法律法规和主体功能区规划确定的原则进行管理。地质公园内除适度发展旅游业、生态畜牧业外,严格控制其他生产活动。在地质公园不得进行采石、取土、开矿、砍伐等对保护对象有损害的活动,未经管理机构批准,不得采集标本和化石。(图24　青海省地质公园分布图)

6. 水源保护地。依据《中华人民共和国环境保护法》、《中华人民共和国水污染防治法》和主体功能区规划及重要水源地保护规划进行管理。在饮用水水源一级保护区内,禁止设置排污口,严禁倾倒垃圾、渣土和其他废弃物,禁止开展水上体育、娱乐活动和捕猎水禽,禁止设置畜禽养殖场或在水体内放养畜禽;禁止新建、扩建与供水设施和保护水源无关的建设项目。在饮用水水源二级保护区内的已建项目,污染物必须达标排放,不能达标排放的,必须限期治理或搬迁,禁止新建、扩建向水体排放污染物的建设项目,禁止设置有害化学物品的仓库或堆栈。(图25　青海省水源保护地分布图)

7. 历史文物保护单位。依据文物保护相关法规和主体功能区规划确定的原则进行管理。加强对历史文物原真性、完整性的保护,保持历史文化遗产在艺术、历史、社会和科学方面的特殊价值。

（三）近期任务

2020 年前,根据《全国主体功能区规划》要求,对现有禁止开发区进行调整规范。主要任务是:

——对已设立的禁止开发区区域范围按照法定程序进行调整,进一步界定各类禁止开发区域的范围,核定面积。重新界定以后,今后原则上不再进行单个区域范围调整。

——进一步界定自然保护区中核心区、缓冲区、实验区的范围,划定生态保护红线。对森林公园、地质公园,确有必要的,也可划定核心区、缓冲区和实验区,并根据划定范围进行分类管理。

——在重新界定范围的基础上,结合禁止开发区域的人口转移,对管护人员实行定编、定岗、定保护面积。

——归并位置相连、均质性强、保护对象相同但人为划分为不同类型的禁止开发区域,明确统一的管理主体。今后新设立的各类禁止开发区域,原则上不得重叠交叉。

第五章　能源、资源与基础设施

能源、资源与基础设施的开发和建设布局,对构建国土空间开发战略格局至关重要。在对全省国土空间进行主体功能区划分的基础上,从推进形成主体功能区布局的总体要求出发,需要明确能源、主要矿产资源开发布局、水资源开发利用以及交通等基础设施建设布局的原则和框架。能源和矿产资源的开发利用,由能源和矿产资源规划做出安排;水资源的开发利用,由水资源规划做出安排;交通等基础设施的建设布局,由有关部门根据本规划另行编制。

一、主要原则

能源、矿产资源的开发布局、水资源的开发利用和交通等基础设施的建设布局,要坚持以下原则:

——能源和矿产资源开发、水资源利用以及交通等基础设施建设布局,要服从国家和省级主体功能区规划确定的主体功能定位和发展方向。

——重点开发区域的能源、矿产资源基地与交通等基础设施建设,应作为城市化地区的重要组成部分进行统筹规划,综合发展;限制开发区域内的能源、矿产资源开发及交通等基础设施建设,要坚持点上开发、面上保护的原则。

——能源、矿产资源开发以及交通等基础设施建设,要与"一轴两群(区)"为主体的城市化格局、"三区十带"农业和"三大区域"畜牧业格局以及"一屏两带"生态安全格局相衔接。

——区域发展要与水资源承载能力相适应,实行规范的水资源管理制度,实现水资源的有序开发、有偿开发和高效可持续利用。

——交通等基础设施建设布局,要统筹规划,精心设计,集约节约用地,尽量减少对环境的负面影响,有效保护区域生态环境。

二、能源开发布局

统筹考虑能源资源条件与水资源和生态环境承载能力,重点在能源富集的北部地区、东部地区、柴达木地区建设能源保障基地,有序开发黄河流域和三江源地区水能资源,加快太阳能、风能资源综合利用步伐。

——电力。优先发展水电,加快黄河等流域水电资源开发,有序推进通天河等流域水能资源开发进程。大力发展新能源,在资源富集的柴达木、环青海湖、东部地区加快太阳能、风能开发,建成重要的太阳能光伏产业基地和太阳能发电基地。适度发展火电、热电,在东部、柴达木地区布局一定规模的火电和热电厂,增强电源支撑,提高电网运行的稳定性和可靠性。

——石油天然气。以建设柴达木千万吨级油田为目标,加大油气勘探开发力度,增加储量,提高产量,完善油气输送网络,进一步提高原油加工和天然气化工技术装备水平。加快祁连山等多年冻土区天然气水合物、柴达木盆地页岩气、油页岩等资源勘查力度,加强开发技术研究,逐步成为战略性替代能源。

——煤炭。加快祁连山、柴达木地区煤炭资源勘探开发,逐步提高煤炭保障能力。

三、主要矿产资源开发布局

围绕我省未来国民经济和社会发展对矿产资源的需要,重点加强柴达木、祁连山和东部地区的矿产资源勘查、开发。加强三江源地区矿产资源勘查勘探,逐步形成国家中长期战略资源储备基地。

——柴达木地区。加大石油、天然气、煤炭、盐湖、黑色金属、有色金属、贵金属、非金属等矿产资源的勘探开发力度,提高综合开发、循环利用和精深加工水平,形成国家级矿业经济区和重要的矿产资源供应基地。

——祁连山地区。加大煤炭、铜、铅、锌等优势矿产的勘探开发力度,推进煤炭、有色金属为主的矿产品开发。加快天然气水合物勘探研究开发,形成战略性替代能源。

——东部地区。加强煤炭、水泥用灰岩的开发利用和铜、铅、锌矿产品的精深加工,积极推进石英岩、石膏、钙芒硝的加工和铁镍矿、磷矿等矿产的开发进程,建成省级矿产开发、矿产品精深加工及矿产品贸易为一体的矿业经济区。

——三江源地区。按照国家产业政策,以有色、稀有金属矿产为重点,加强大型超大型矿产地的调查评价、矿产开发的环境承载力调查与评价,在保护好生态的前提下,科学有序地开发有色、稀有金属等国家紧缺资源。

大力推进绿色矿山建设,实施矿产资源循环经济发展示范工程。重点加强盐湖资源、有色金属、贵金属矿产等共伴生矿产资源的回收利用,提高资源开采利用效率,提高废弃物的资源化水平,减少储量消耗和矿山废物排放,安全、环保、可持续地发展矿业经济。

四、水资源开发利用

——长江水系。加快金沙江、通天河水能资源开发,积极推进南水北调西线工程前期工作,开展"引江济柴"工程前期研究。

——黄河水系。加强黄河水资源管理,统筹干支流、丰枯期水资源调配。加强水资源控制性工程建设,全面推进黄河沿岸水利综合开发工程,保障沿黄重点开发区域和农业发展以及生态用水需要。建设"引大济湟"工程,缓解东部地区水资源短缺状况。加强湟水流域污染治理,解决水资源水质性短缺问题。

——西北内陆河水系。实施青海湖流域生态治理,合理调配、高效利用水资源,控制环青海湖地区耗水产业发展,增加入湖水量,保护和修复青海湖周边湿地及鱼类栖息生境。统筹做好内陆河水电资源开发,加强柴达木盆地水资源综合利用,推进水资源保护和节水、蓄水、调水工程建设,重点解决工程性缺水问题。防止地表水污染,控制地下水位下降,统筹生产、生活和生态用水。

——澜沧江水系。优先解决人畜饮水困难,保障城镇和生活用水,科学搞好流域水电资源开发。

——科学开发空中云水资源。进一步布局建设生态型人工影响天气工程,加大空中云水资源开发力度,增加山川、河流、湖泊、森林和草原等区域降水,缓解生态用水紧缺,提高气象条件修复生态能力。

五、交通等基础设施建设布局

加快构建"一横、两纵、两核心"综合交通运输体系,重点加快柴达木循环经济试验区、东部城市群、重点工业园区、重要资源开发区、"一圈三线"重点旅游景区交通基础设施建设。

——铁路。加快国家干线铁路建设,构建连通西藏、新疆、甘肃、四川等省区的铁路运输通道,形成包括西宁、格尔木枢纽在内的干支相结合的铁路运输网络,逐步提高我省铁路运输能力和服务水平。

——公路。建成国家高速公路青海境内路段,实现西宁至州府通高速公路;加强国省干线公路改造,实现与甘肃、四川、西藏、新疆四省区高等级化联接;加快农村公路建设,提高行政村公路通畅率。

——民航。完善机场布局,建成德令哈、花土沟、果洛、祁连、青海湖、黄南机场和格尔木机场扩建工程。根据资源开发和旅游业发展需要,设立适宜的通用航空布点,积极发展通用航空。

第六章　区域政策

制定实施分类管理的区域政策,统筹和强化国土空间用途管制,逐项划定生态红线,强化重要生态功能保育、资源集约激励和环境质量约束,形成符合各区域主体功能的利益导向机制。

一、财税金融政策

认真贯彻落实转移支付、生态补偿、金融、税收等政策,切实加大投入力度,加快推进主体功能区建设。

——进一步落实国家生态补偿相关政策,健全与三江源试验区要求相适应的生态补偿制度,充分发挥制度工程和技术补偿的综合效应。加大对生态替代产业的扶持,建立生态管护岗位,实现生态环境保护行为的自觉自愿自利。运用市场机制,以增量受益、基金认购、对口支援、社会捐赠等多种形式拓展补偿资金来源,建立多元补偿机制。

——适应主体功能区要求,完善省对下均衡性转移支付和专项转移支付制度①,加大对限制和禁止开发区的财政支持力度②。

——根据主体功能定位,综合运用预算安排、贴息、注入资本金、税收优惠等方式,确定财政支出方向及重点,大力支持东部城市群、西宁经济技术开发区、海西城乡一体化发展示范区、柴达木循环经济试验区、现代农牧业示范(实验)区、高原生态旅游示范区和热贡文化生态保护实验区等建设,促进区域协调发展。

——各级财政要统筹各类生态环境保护支出,引导和鼓励广大农牧民积极参与生态保护与建设,完善生态移民社区基础设施,支持生态移民发展后续产业,增强限制和禁止开发区域生态环境修复能力。

——按照公共服务均等化的原则,各级财政要切实保障禁止开发区域基层政权的正常运转、基本公共服务和民生重点项目支出的资金需求。

——加大财政对自然保护区的投入力度,省级财政设立自然保护区预算科目,逐步增加省级自然保护区管理设施和监管能力、科普宣传等方面的投入规模,提高自然保护区监管水平。自然保护区所在地区要充分发挥当地农牧民群众生态保护的主体作用,设立生态管护公益岗位,在定范围、定面积、定功能基础上定编,在定编基础上定经费。

① 生态环境保护专项转移支付主要用于加强生态地区生态产品的提供能力建设。要按照一个独立的生态功能区进行综合规划,统筹解决区域的发展问题。
② 按主体功能区完善公共财政,就是要将现行对地区的各项财政补助,调整为根据主体功能定位确定补助类别、以县为单元确定补助规模的财政政策。

青
海

——引导政策性银行、商业银行按主体功能定位调整区域信贷投向,鼓励向符合主体功能定位的限制开发和禁止开发区项目提供贷款,严格限制向不符合主体功能定位的项目提供贷款。

——采取税收优惠政策扶持符合功能定位的产业发展。

二、投资政策

(一)政府投资

按照投资体制改革方向,逐步将省级政府投资分为按主体功能区安排和按领域安排两个部分,实行按主体功能区安排与按领域安排相结合的政府投资政策。

——按主体功能区安排的政府投资,对重点开发区主要支持重大交通、能源、水利、公共服务和城镇市政公用基础设施建设,以及吸纳就业能力强的劳动密集型产业、特色优势产业和高附加值的产业;对限制开发区主要支持生态修复、环境保护、农业综合生产能力建设、公共服务设施建设、生态移民、促进就业、基础设施建设和适宜产业发展等。

——按领域安排的政府投资,要符合各区域的主体功能定位和发展方向。逐步提高政府投资用于基础设施、农牧业、市政公用、生态环境保护和公共服务的比例,农牧业投资要重点用于农牧业综合生产能力建设。生态环境保护投资主要用于生态产品生产能力建设。公共服务投资要加大公益性基础设施建设项目和教育、科技、卫生等民生工程的支持力度。

(二)民间投资

——鼓励和引导民间资本按照不同区域的主体功能定位投资。对重点开发区域,鼓励和引导民间资本进入法律法规未明确禁止准入的行业和领域。对限制开发区域,主要鼓励民间资本投向基础设施和社会事业等。

——通过政策扶持、资金引导等多种形式,支持民间资本以合作、参股等方式进入油气勘探、开发、储运等行业和领域。

三、产业政策

——认真贯彻执行国家《产业结构调整指导目录》、《外商投资产业指导目录》、《中西部地区外商投资优势产业目录》和《青海省工业生产力布局和产业转移指导目录》。落实国家的差别化产业政策,抓紧修订符合青海特点的鼓励类产业目录和外商投资优势产业目录。

——全省产业发展专项规划的编制、重大产业项目的布局,必须符合区域主体功能定位,重大工业项目原则上要布局在重点开发区。

——严格市场准入制度,对不同主体功能区的项目实行不同的占地、耗能、耗水、资源回收率、资源综合利用率、工艺装备、"三废"排放和生态保护等强制性标准。

——建立市场退出机制,对不符合主体功能定位的现有产业,通过设备折旧补贴、设备贷款担保、迁移补贴、土地置换等手段,淘汰落后产能,促进产业跨区域转移或关停。

四、土地政策

——实行差别化的土地利用和土地管理政策,科学确定各类用地规模,确保耕地数量和质量,合理增加城镇居住用地、工业用地和交通用地,逐步调减农村居住用地。

——规范开展我省城乡建设用地增减挂钩试点工作,城镇建设用地的增加规模要和农村建设用地的减少规模挂钩。探索制定城乡建设用地增加挂钩周转指标收益分配办法。

——适当扩大重点开发区域建设用地规模,突破行政区划限制,支持现有产业园区扩区升位,保障我省承接产业转移、发展"飞地经济"项目用地。支持民间资金参与土地整治项目。

——将基本农田落实到地块并在土地承包经营权登记证书上标注,严禁改变基本农田的用途和位置。

——科学修编土地利用总体规划,增加荒山、沙地、戈壁等未利用地建设用地指标。鼓励利用沙地、裸地、石砾地等未利用地发展盐田及矿山等项目,在做好对农牧民补偿的前提下,可以租赁方式供地。

——妥善处理好农牧用地的产权关系,引导自然保护区人口逐步向城镇转移。

五、农牧业政策

——完善支持农牧业发展的政策,加大强农惠农政策力度,并重点向农产品主产区倾斜。

——调整财政支出、固定资产投资、信贷投放结构,保证各级财政对农牧业投入增长幅度高于经常性收入增长幅度。大幅度提高政府土地出让收益和耕地占用税新增收入用于农牧业的比例。

——完善农牧业补贴政策,落实并完善草场、农资、良种、农机综合补贴动态调整机制。落实国家促进农牧业机械化发展扶持政策,加快提高主要农作物的耕种收机械化水平,协调推进畜牧养殖业机械化发展。

——完善农畜产品市场调控体系,稳步提高粮食最低收购价格,完善主要农畜产品价格保护办法,充实主要农畜产品储备,保持农畜产品价格合理水平。

——支持依托本地资源优势发展农畜产品加工产业,推进农牧业产业化经营,不断提高农牧业综合生产能力。积极创建无公害、绿色、有机农畜产品生产和深加工产业基地,培育高原绿色农畜产品品牌。

——建立健全农牧业生态环境补偿机制,形成有利于保护耕地、草原、水域、森林、湿地等自然资源和农牧业物种资源的激励机制。

六、人口政策

——建立健全经济社会政策及重大建设项目与人口发展政策之间的衔接协调机制。坚持人口发展规划先行,其他专项规划制定应充分考虑人口因素的影响。重大经济社会政策出台前,开展对人口发展影响的综合评估。

——重点开发区域要实施积极的人口迁入政策,增强人口集聚和吸纳能力,放宽户口迁移限制,鼓励人口迁入和定居,将在城镇有稳定职业和住所的流动人口逐步转为城镇居民,使人口转移和经济集聚基本同步。

——限制开发区域和禁止开发区域要实施积极的人口迁出政策,切实加强义务教育、职业教育与劳动技能培训,增强劳动力跨区域转移就业的能力,鼓励人口到省内外优化、重点开发区就业并定居,引导区域内人口向条件较好的区域重点城镇迁移,相对集聚,点状发展。

——完善以奖励扶助、困难救助、养老和医疗扶助为主体的人口和计划生育利益导向机制,并综合运用其他经济手段,引导人口自然增长率较高区域的居民自觉降低生育率。

——改革城乡户籍管理制度,按照"属地化管理、居民化服务"的原则,有序放开大中小城市和所有城镇落户限制,鼓励城镇化地区将流动人口纳入居住地教育、就业、医疗、社会保障、住房保障等体系,切实保障流动人口与本地人口享有均等的基本公共服务和同等的权益。

七、资源环境政策

——健全自然资源产权制度,开展生态资产评估和服务价值核算,逐步对各类自然资源进行统一确权登记,试点探索建立全民所有自然资源管理体制和国土空间用途管制体制。完善资源有偿使用制度,依靠市场主体保护生态环境。继续推进重要矿产品资源税从价计征改革,完善能源价格联动机制,提高水资源费征收标准,推进水权制度综合改革。开展节能量、碳排放权、排污权、水权交易,推行环境污染第三方治理。建立健全产权交易平台,规范林权、土地草场承包经营权等产权的流转。依法实行矿山环境治理和生态环境恢复责任制度,排污许可和污染物排放总量控制制度,对造成生态环境损害的责任主体严格实行赔偿。

——探索建立国家公园制度,引导当地群众以土地草场承包经营权、林权等各类产权入股投资或合作,参与国家公园建设、经营和管理,享受保护和开发带来的收益。促进保护生态与发展绿色产业有机结合,不断提高民生水平,使国家公园成为生态保护的高地和可持续发展的示范区。

——禁止开发区域要逐步关停现有排放污染物的建设项目,确保区内生态功能不降低。限制开发区要严格环境准入条件,控制污染物新增量,保持环境质量状况不下降。重点开发区域要结合环境容量,实行严格的污染物排放强度控制,通过污染综合治理或关闭污染物排放严重的企业等措施,逐步减少污染物排放量,改善环境质量。

——禁止开发区域要按照强制保护原则设置产业准入环境标准。限制开发区域要按照生态功能恢复和保护原则设置产业准入环境标准。重点开发区域要按照国内先进水平,根据环境容量逐步提高产业准入环境标准。

——禁止开发区域不发放排污许可证。限制开发区域要严格控制排污许可证发放①。重点开发区域要积极推进排污权制度改革,合理控制排污许可证增发,建立排污权有偿取得和交易制度,鼓励新建项目通过排污权交易获得排污权。

——禁止开发区域的旅游资源开发要同步建立完善的污水、垃圾、废气收集处理设施。限制开发区域要全面实行矿山环境治理恢复保证金制度,并实行较高的提取标准。重点开发区域要注重从源头上控制污染,建设项目要加强环境影响评价和环境风险防范,开发区和重化工业集中区要按照发展循环经济的要求进行规划、建设和改造。

——严格执行规划和建设项目环境影响评价制度,积极推行绿色信贷、绿色保险、绿色证券等②。

---

① 排污权交易是指在一定的区域内,在污染物排放总量不超过允许排放量的前提下,内部各污染源之间通过货币交换的方式相互调剂排污量,从而达到减少排污量、保护环境的目的。

② 绿色信贷是通过金融杠杆实现环保调控的重要手段。通过在金融信贷领域建立环境准入门槛,对限制和淘汰类新建项目,不提供信贷支持;对于淘汰类项目,停止各类形式的新增授信支持,并采取措施收回已发放的贷款,从而实现在源头上切断高污染行业无序发展和盲目扩张的投资冲动。

绿色保险又叫生态保险,是在市场经济条件下,进行环境风险管理的一项基本手段。其中,由保险公司对污染受害者进行赔偿的环境污染责任保险最具代表性。

绿色证券,是以上市公司环保核查制度和环境信息披露机制为核心的环保配套政策,上市公司申请首发上市融资或上市后融资必须进行主要污染物排放达标等环保核查,同时,上市公司特别是重污染行业的上市公司必须真实、准确、完整、及时地进行环境信息披露。

——禁止开发区域要禁止不利于水生态环境保护的水资源开发活动,实行严格的水资源保护政策,在解决区域内农牧民群众基本生活生产水利配套设施的基础上,适度开展水土保持和生态环境修复与保护工作,进一步加大生态保护力度。对各类主体功能区域内涉及取用水的建设项目及重要专项规划,开展水资源论证工作。限制开发区域要加大水资源保护力度,适度开发利用水资源,满足基本的生产、生活和生态用水需求,加强水土保持和生态环境修复与保护。重点开发区域要合理开发和科学配置水资源,控制水资源开发利用强度,开发利用活动应当符合水功能区保护要求,并不得影响相邻水功能区水量水质目标的实现,提高开发效率。在加强节水的同时,限制排入河湖的污染物总量,对排污量已超出水功能区限制排污总量的地区,限制审批新增取水和入河排污口,保护好水资源和水环境。

八、应对气候变化政策

贯彻落实《青海省应对气候变化办法》,推进形成低碳发展的法规和标准体系框架,综合运用宏观调控手段,加快构建以低碳排放为特征的产业体系、生产方式和消费模式,增强应对气候变化综合能力。

——城市化地区要积极发展循环经济,实施重点节能工程,积极发展和利用可再生能源,加大能源资源节约和高效利用技术开发和应用力度,减少空气污染,降低温室气体排放强度。

——农产品主产区要继续加强农业基础设施建设,推进农业结构和种植制度调整,选育抗逆品种。加强新技术的研究和开发,增强农业生产适应气候变化的能力。积极发展和消费可再生能源。

——重点生态功能区要推进天然林资源保护、退耕还林、退牧还草、风沙源治理、防护林体系、野生动植物保护、湿地保护与恢复等,增加生态系统的固碳能力①。积极发展利用水电、太阳能、风能等,充分利用清洁、低碳能源。

——加强对干旱、洪涝、雪灾、低温霜冻、沙尘暴等灾害的应急和防御能力建设,充分利用空中水资源,开展人工增雨。开展气候变化对水资源、农牧业和生态环境等影响评估,严格执行重大工程气象灾害风险评估和气候可行性论证制度。提高极端天气气候事件监测预警能力。

第七章 规划实施

本规划是国土空间开发的战略性、基础性和约束性规划,在各类空间规划中居总控性地位,省政府有关部门和县级以上地方人民政府要根据本规划调整完善专项规划、区域规划和相关政策,健全地方性法规、规章和绩效考核评价体系,并严格落实责任,采取有力措施,切实组织实施。

一、政府职责

(一) 省政府职责

根据国务院要求,省人民政府负责本规划的编制与发布,推动规划的实施,指导和检查各地区

---

① 固碳是有关造林种草减排的重要新概念,主要指森林草原吸收并储存二氧化碳的多少,或者说是森林草原吸收并固化二氧化碳的能力。

的规划落实。

发展改革部门。负责做好本规划与各区域规划以及专项规划的有机衔接;负责制定并组织实施适应本规划要求的投资和产业政策;负责规划实施评估和规划修订;负责编制修订全省能源开发利用规划、综合交通运输规划和服务业发展规划;负责制定适应本规划要求的人口控制、转移政策。

环境保护部门。负责编制适应主体功能区要求的环境保护规划和环境功能区规划,负责组织有关部门对现有各类禁止开发区域进行全面清查,提出范围界定和调整意见,组织划定生态保护红线;负责制定适应本规划要求的环境政策,组织分类主体功能区实施试点。

科技部门。负责研究提出适应本规划要求的科技规划和政策,建立适应本规划要求的区域创新体系。

工业和信息化部门。负责组织编制、修订全省工业化和信息化规划,制订适应本规划要求的相关政策。

监察部门。配合有关部门制定推进形成主体功能区的绩效考核评价体系,负责实施中的监督检查。

财政部门。按照全国主体功能区规划明确的财政政策方向和原则,制定并落实适应主体功能区要求的各项财政政策。

国土资源部门。负责本规划实施情况的动态监测;负责组织修订全省矿产资源规划、地质勘查规划、土地利用总体规划;负责制定适应本规划要求的土地、矿产资源政策,落实各类用地指标;负责落实耕地保护责任,会同有关部门组织调整划定基本农田,并落实到地块和农户,明确位置、面积、保护责任人。

住房城乡建设部门。负责组织编制、修订全省城镇体系规划、城乡发展规划、住房建设规划、组织编制风景名胜区规划;负责制订适应本规划要求的相关政策。

水利部门。负责编制适应本规划要求的水资源开发利用、节约保护及防洪减灾、水土保持、中小河流水能资源开发等方面的规划,制定相关政策。负责划分水功能区并监督实施,负责饮用水水源保护和水生态保护工作;组织审定江河湖库纳污能力,提出限制排污总量的意见;负责水量水质监督、监测和入河排污口设置管理工作。

农牧部门。负责编制适应本规划要求的农牧业发展规划,制定相关政策。

林业部门。负责组织编制生态保护规划和自然保护区、森林公园、湿地公园规划;负责制定适应本规划要求的相关政策。

教育、文化、卫生、交通、通信、电力等提供公共服务的部门。依据本规划,按照基本公共服务均等化的要求,负责编制相关规划,制定具体政策并组织实施。

政府法制部门。负责提出我省贯彻国家主体功能区相关法律法规的实施条例,组织有关部门研究制定适应本规划要求的地方性法规和规章。

地震、气象、测绘部门。负责组织编制全省地震、气象、地理国(省)情等自然灾害防御、气候和基础地理信息资源开发利用等规划,参与制定自然灾害防御政策。

其他各有关部门。要依据本规划,组织修订专项规划。

(二) 市、州级政府职责

市、州级人民政府负责落实全国和省级主体功能区规划对所辖行政区域的主体功能定位。

——在本市、州国民经济社会发展规划及相关规划中,明确各功能区的功能定位、发展目标和方向、开发原则等。

——根据本规划确定的空间开发原则和本市、州的国民经济社会发展规划,规范开发时序,把握开发强度,按权限审批有关开发项目。

（三）县级政府职责

县(市)级人民政府负责落实《全国主体功能区规划》和本规划对本县(市)的主体功能定位、发展方向和开发原则。

——根据本县(市)的主体功能定位和国民经济社会发展规划,编制实施土地利用规划、城镇规划、乡村规划①。

——根据《全国主体功能区规划》和本规划及本县(市)国民经济社会发展规划,规范开发时序,把握开发强度,按权限审批有关开发项目。

二、绩效评价

完善绩效考核评价制度。结合主体功能区要求,完善标准和统计体系,修订目标考核办法,大幅度提高生态环境指标考核权重,强化对各区域提供基本公共服务、加强社会管理、增强可持续发展能力等方面的评价,增设耕地保有量、环境质量、社会保障覆盖面等评价指标。完善资源环境评估预警体系,探索编制自然资源资产负债表,建立资源消耗、环境损害、生态效益责任制、问责制和离任审计制。

——重点开发区域。对东部和柴达木重点开发区,实行工业化和城市化水平优先的绩效评价,综合评价经济增长、吸纳人口、质量效益、产业结构、资源消耗、环境保护以及基本公共服务覆盖面等,主要考核地区生产总值、财政收入、非农产业就业比重、城镇化率、单位地区生产总值能耗、单位工业增加值用水量降低、主要污染物排放总量控制、"三废"治理率、大气和水体质量、吸纳外来人口规模等指标。

——限制开发区域。限制开发的农产品主产区,实行农业发展优先的绩效评价,强化对农产品保障能力的评价。限制开发的重点生态功能区,实行生态保护优先的绩效评价,强化对提供生态产品能力的评价,主要考核大气和水体质量、水土流失和荒漠化治理率、森林覆盖率、草场植被盖度、草畜平衡、生物多样性等指标。

——禁止开发区域。根据法律法规和本规划要求,按照保护对象确定相应的评价内容,强化对自然文化资源的原真性和完整性保护情况的评价。主要考核依法管理的情况、保护对象完好程度以及保护目标实现情况等内容。

三、监测评估

建立覆盖全省、统一协调、更新及时、反应迅速、功能完善的国土空间动态监测管理系统,对本规划实施情况进行全面监测、分析和评估。

——检查各地区主体功能定位和实施情况,包括城市化地区的城镇规模、农产品主产区基本农田的保护、重点生态功能区生态环境改善等情况。

---

① 市县的辖区国土空间相对狭小,资源环境差异不大,面临的空间开发问题一般比较具体,且调控手段有限,相对而言,规划要少一些宏观性、战略性,多一些贴近人民群众生活、具有更强可操作性的内容。

——监测城镇建设、项目开工、耕地占用、地下水和矿产资源开采等各类开发行为对国土空间的影响,以及湿地、林地、草地、自然保护区的动态变化情况等。

——加强对地观测技术在国土空间监测管理中的运用,全面提升我省对国土空间数据的获取能力,对国土空间进行全覆盖动态监测。

——加快建设全省基础地理信息空间框架,建立有关部门与地区互联互通的省级地理信息公共服务平台,开展地理省情监测,确保各类空间信息之间测绘基准的统一,促进信息资源的共享。

——建立由发展改革、国土、统计、建设、科技、水利、农牧、环保、林业、地震、气象、测绘等部门共同参与的国土空间监测管理工作机制。各有关部门要根据职责,对相关领域的国土空间变化情况进行动态监测,探索建立国土空间资源、自然资源、环境及生态变化情况的定期会商和信息通报制度。

——重点开发区域要重点监测城镇建设、工业建设等,限制和禁止开发区域要重点监测生态环境、基本农田的变化等。

——适时开展规划评估,根据评估结果提出是否需要调整规划内容,或对规划进行修订的建议。各地区各部门要对本规划实施情况进行跟踪分析,注意研究新情况,解决新问题。

各地区、各部门要通过各种渠道,采取多种方式,加强推进形成主体功能区的宣传工作,使全社会都能了解本规划,使主体功能区的理念、内容和政策深入人心,动员全省人民,共建美好家园。

青海

附件一：

重点开发区域基本情况表

区域	范围（州市）	范围（县区行委）	按实际行政区划 人口（万人）绝对数	比重	土地面积（km²）绝对数	比重	扣除基本农田 人口（万人）绝对数	比重	土地面积（km²）绝对数	比重	扣除禁止开发区 人口（万人）绝对数	比重	土地面积（km²）绝对数	比重
一、东部重点开发区	西宁市	城西区、城东区、城中区、城北区域、大通县、湟中县、湟源县基本农田以外的区域	188.63	32.65%	6408.57	0.89%	174.53	30.21%	5207.91	0.73%	186.95	32.36%	4596.89	0.64%
	海东市	乐都区、平安县、民和县、互助县、化隆县基本农田以外的区域，循化县全部区域	133.58	23.12%	10621.64	1.48%	92.18	15.95%	8890.34	1.24%	133.62	23.13%	8660.22	1.21%
	黄南州	同仁县、尖扎县	12.66	2.19%	4664.29	0.65%	9.68	1.68%	4512.27	0.63%	12.77	2.21%	4510.29	0.63%
	海南州	共和县、贵德县、贵南县	26.22	4.54%	26007.53	3.62%	19.57	3.39%	25551.01	3.56%	26.11	4.52%	23367.97	3.26%
	海北州	海晏县	2.65	0.46%	4830.74	0.67%	1.63	0.28%	4808.39	0.67%	2.49	0.43%	3969.19	0.55%
小计			363.74	62.95%	52532.76	7.32%	297.59	51.50%	48969.91	6.83%	361.94	62.64%	45104.55	6.29%
二、柴达木重点开发区	海西州	格尔木市、德令哈市、乌兰县、都兰县、大柴旦行委、冷湖行委、茫崖行委的城关规划区及周边的城镇规划区域，东西台吉独立工矿区	35.15	6.08%	27928.48	3.89%	35.15	6.08%	27928.48	3.89%	35.15	6.08%	27928.48	3.89%
小计			35.15	6.08%	27928.48	3.89%	35.15	6.08%	27928.48	3.89%	35.15	6.08%	27928.48	3.89%
合计			398.89	69.04%	80461.24	11.21%	332.74	57.59%	76898.39	10.7%	397.09	68.73%	73033.04	10.18%

青海

附件二:

限制开发区域基本情况表

区域	范围		按实际行政区划				扣除基本农田				扣除禁止开发区			
	州(市)	县(区,行委)	人口(万人) 绝对数	比重	土地面积(km²) 绝对数	比重	人口(万人) 绝对数	比重	土地面积(km²) 绝对数	比重	人口(万人) 绝对数	比重	土地面积(km²) 绝对数	比重
一、国家级三江源草原草甸湿地生态功能区	玉树州	玉树市、杂多县、治多县、称多县、曲麻莱县、囊谦县	40.05	6.93%	197953.70	27.59%	40.05	6.93%	197953.70	27.59%	31.24	5.41%	48513.87	6.76%
	果洛州	玛沁县、玛多县、达日县、班玛县、甘德县、久治县	19.20	3.32%	76442.38	10.65%	19.20	3.32%	76442.38	10.65%	10.37	1.79%	47986.18	6.69%
	黄南州	河南县、泽库县	11.23	1.94%	13092.58	1.82%	11.02	1.91%	13066.96	1.82%	7.83	1.36%	10159.58	1.42%
	海南州	兴海县、同德县	13.89	2.40%	16903.88	2.36%	9.73	1.68%	16723.04	2.33%	12.21	2.11%	10828.22	1.51%
	海西州	格尔木市唐古拉山镇	0.25	0.04%	58759.90	8.19%	0.25	0.04%	58759.90	8.19%	0.05	0.01%	48264.59	6.73%
小　计			84.62	14.65%	363152.45	50.61%	80.25	13.89%	362945.99	50.59%	61.70	10.68%	165752.45	23.10%
二、祁连山水源涵养生态功能区	海北州	门源县、祁连县、刚察县	25.95	4.49%	28496.91	3.97%	20.37	3.53%	28188.23	3.93%	22.85	3.95%	21739.87	3.03%
	海西州	天峻县	2.24	0.39%	25547.12	3.56%	2.24	0.39%	25547.12	3.56%	1.90	0.33%	22303.12	3.11%
小　计			28.19	4.88%	54044.03	7.53%	22.61	3.91%	53735.35	7.49%	24.75	4.28%	44042.99	6.14%
三、东部农产品主产区	西宁市	大通县、湟中县、湟源县的基本农田	14.08	2.44%	1015.54	0.14%	14.08	2.44%	1015.54	0.14%	14.08	2.44%	1015.54	0.14%
	海东市	乐都区、平安县、民和县、互助县、化隆县的基本农田	37.83	6.55%	2422.36	0.34%	37.83	6.55%	2422.36	0.34%	37.83	6.55%	2422.36	0.34%
小　计			51.91	8.98%	3437.90	0.48%	51.91	8.98%	3437.90	0.48%	51.91	8.98%	3437.90	0.48%

限制开发区域基本情况表（续）

区域		范围		按实际行政区划				扣除基本农田				扣除禁止开发区			
				人口（万人）		土地面积（m²）		人口（万人）		土地面积（m²）		人口（万人）		土地面积（m²）	
		州（市）	县（区、行委）	绝对数	比重	绝对数	比重	绝对数	比重	绝对数	比重	绝对数	比重	绝对数	比重
四、中部生态功能区		海西州	格尔木市、德令哈市、乌兰县、都兰县、大柴旦行委、冷湖行委、茫崖行委及格尔木周边城关镇规划区及东西台独立工矿区区外的区域	3.52	0.61%	215744.83	30.07%	3.68	0.64%	215482.82	30.03%	3.25	0.56%	200360.08	27.93%
		黄南州	同仁县、尖扎县	2.97	0.51%	152.02	0.02%	2.97	0.51%	152.02	0.02%	2.86	0.49%	152.02	0.02%
		海北州	海晏县	1.03	0.18%	22.35	0.003%	1.03	0.18%	22.35	0.01%	0.99	0.17%	22.35	0.01%
		海南州	共和县、贵德县、贵南县	6.66	1.15%	465.71	0.06%	6.66	1.15%	465.71	0.06%	6.31	1.09%	197.60	0.03%
	小计			14.18	2.45%	216384.91	30.16%	14.34	2.48%	216122.89	30.12%	13.41	2.32%	200732.05	27.98%
	合计			178.90	30.96%	637019.28	88.79%	169.11	29.27%	636242.13	88.68%	149.03	25.79%	414050.55	57.71%

附件三：

禁止开发区域名录

一、国家级自然保护区

名　　称	面积(km²)	位　　置	主要保护对象
青海湖自然保护区	4952.00	刚察、海晏、共和县	斑头雁、棕头鸥等水禽及生态系统
青海隆宝自然保护区	100.00	玉树市	黑颈鹤、天鹅等水禽及草甸生态系统
青海孟达自然保护区	172.90	循化县	森林生态系统及珍稀生物物种
青海可可西里自然保护区	45000	治多县	藏羚羊、藏野驴、野牦牛及生态系统
青海三江源自然保护区	152300	玉树、果洛、黄南、海南州的16县，海西州格尔木市唐古拉山镇	珍稀动物及湿地、森林、高寒草甸
青海柴达木梭梭林自然保护区	3733.91	德令哈市	梭梭林、鹅喉羚及荒漠植被生态系统
青海大通北川河源区自然保护区	1078.70	大通县	森林生态系统

二、国家级风景名胜区

名　　称	面积(km²)	位　　置	主要保护对象
青海湖国家级风景名胜区	4583	刚察、海晏、共和县	自然景观、人文景观

三、国家森林公园

名　　称	面积(km²)	位　　置	主要保护对象
青海北山国家森林公园	1127.23	互助县	原始生态林区
青海坎布拉国家森林公园	152.47	尖扎县	青海云杉、油松树种及丹霞地貌景观
青海大通国家森林公园	47.47	大通县	森林生态景观和自然山水景观
青海群加国家森林公园	58.49	湟中县	青海云杉、山杨、紫桦等乔木树种
青海仙米国家森林公园	1480.25	门源县	原始生态林区
青海哈里哈图国家森林公园	51.71	乌兰县	祁连圆柏、青海云杉等树种
青海麦秀国家森林公园	15.35	泽库县	森林景观和自然山水景观

四、国家地质公园

名　　称	面积(km²)	位　　置	主要保护对象
青海尖扎坎布拉国家地质公园	154.00	尖扎县	"丹霞"地貌景观
青海久治年宝玉则国家地质公园	2338.00	久治县	冰川地质遗迹
青海格尔木昆仑山国家地质公园	2386.00	格尔木市	地质地貌景观
青海互助北山国家地质公园	1127.00	互助县	"岩溶"地貌景观

续表

名　　　称	面积（km²）	位　　置	主要保护对象
青海贵德国家地质公园	248.00	贵德县	红色碎屑岩和风蚀地貌景观

五、省级自然保护区

名　　　称	面积（km²）	位　　置	主要保护对象
克鲁克湖—托素湖自然保护区	1150.00	德令哈市	梭梭林、鹅喉羚及荒漠植被
青海格尔木胡杨林自然保护区	42.00	格尔木市	水禽鸟类及湿地生态系统
青海祁连山自然保护区	7944.00	祁连、门源、天峻、德令哈	胡杨林及荒漠植被
青海省诺木洪自然保护区	1180.00	都兰县	湿地、森林生态系统

六、省级风景名胜区

名　　　称	面积（km²）	位　　置	主要保护对象
大通老爷山、宝库峡、鹞子沟风景名胜区	159.00	大通县	自然景观、人文景观
贵德黄河风景名胜区	63.00	贵德县	自然景观、人文景观
黄南坎布拉风景名胜区	102.00	尖扎县	自然景观、人文景观
门源百里花海风景名胜区	193.00	门源县	自然景观
互助北山风景名胜区	485.00	互助县	自然景观
都兰热水风景名胜区	78.00	都兰县	人文景观
泽库和日风景名胜区	17.00	泽库县	人文景观
贵南直亥风景名胜区	53.00	贵南县	自然景观
海西哈拉湖风景名胜区	900.00	德令哈	自然景观
互助佑宁寺风景名胜区	18.00	互助县	人文景观
天峻山风景名胜区	90.00	天峻县	自然景观
乐都药草台风景名胜区	33.00	乐都区	人文景观
柴达木魔鬼城风景名胜区	450.00	冷湖行委	自然景观
昆仑山野牛谷风景名胜区	85.00	格尔木市	自然景观

七、省级森林公园

名　　　称	面积（km²）	位　　置	主要保护对象
青海西宁湟水省级森林公园	3.11	西宁市	森林生态和自然景观
青海峡群寺省级森林公园	35.50	平安县	森林生态和自然景观
青海南门峡省级森林公园	220.00	互助县	森林生态和自然景观
青海上五庄省级森林公园	633.31	湟中县	森林生态和自然景观
青海东峡省级森林公园	20.00	湟源县	森林生态和自然景观
青海上北山省级森林公园	399.60	乐都区	森林生态和自然景观
青海黄河省级森林公园	32.87	贵德县	森林生态和自然景观
祁连黑河大峡谷省级森林公园	238.29	祁连县	森林生态和自然景观
青海互助松多省级森林公园	104.93	互助县	森林生态和自然景观
青海湟中南朔山省级森林公园	3.10	湟中县	森林生态和自然景观
青海德令哈柏树山省级森林公园	182.00	德令哈市	森林生态和自然景观

八、省级地质公园

名　称	面积(km²)	位　置	主要保护对象
青海德令哈柏树山省级地质公园	779.00	德令哈市	高寒干旱岩溶与湖泊景观

九、国家湿地公园

名　称	面积(km²)	位　置	主要保护对象
贵德黄河清国家级湿地公园	45.16	贵德县	沼泽、湖泊
西宁湟水国家级湿地公园	5.09	西宁市	沼泽、湖泊
洮河源国家级湿地公园	383.93	河南县	沼泽、湖泊

十、国际重要湿地

名　称	面积(km²)	位　置	主要保护对象
青海湖鸟岛自然保护区湿地	536	刚察、海晏、共和县	水禽鸟类、青海裸鲤
扎陵湖湿地	526.1	玛多县	水禽鸟类
鄂陵湖湿地	610.7	玛多县	水禽鸟类

十一、国家重要湿地

名　称	面积(km²)	位　置	主要保护对象
冬给措纳湖湿地	396.31	玛多县	水禽鸟类
尕斯库勒湖湿地	1373.29	茫崖行委	水禽鸟类
哈拉湖湿地	1253.14	德令哈市	水禽鸟类
库赛湖湿地	1259.15	治多县	水禽鸟类
卓乃湖湿地	1181.63	治多县	水禽鸟类
多尔改错湿地	791.68	治多县	水禽鸟类
可鲁克湖湿地	302.33	德令哈市	水禽鸟类
托素湖湿地	689.86	德令哈市	水禽鸟类
隆宝滩湿地	100	玉树市	黑颈鹤、天鹅等水禽
岗纳格玛错湿地	254.23	玛多县	水禽鸟类
玛多湖湿地	796.85	玛多县	水禽鸟类
柴达木盆地其他湿地	1411.25	海西州	沼泽、湖泊
依然错湿地(尼日阿错改区域)	4956.19	杂多县	沼泽、湖泊
茶卡盐湖湿地	311.46	乌兰县	沼泽、湖泊
青海湖湿地	4592	刚察、海晏、共和县	水禽鸟类、青海裸鲤

十二、主要城市饮用水水源保护地

名　称	面积(km²)	位　置	主要保护对象
北川塔尔水源地	61.19	西宁市、大通县	浅层地下水
西纳川丹麻寺水源地	55.4	西宁市、湟中县	浅层地下水
西川多巴水源地	49.23	西宁市、湟中县	浅层地下水
北川石家庄水源地	125.9	西宁市、大通县	浅层地下水

续表

名　　　称	面积(km²)	位　　置	主要保护对象
大通县城堡子水源地	19.93	大通县	浅层地下水
湟源城关大华水源地	11.26	湟源县	浅层地下水
乐都碾伯镇引胜沟水源地	7.4	乐都区	浅层地下水
互助县威远镇西坡水源地	22.67	互助县	浅层地下水
海北州西海镇麻皮寺水源地	3.6	海晏县	浅层地下水
门源老虎沟水源地	3.18	门源县	浅层地下水
海晏县三角城水源地	3.44	海晏县	浅层地下水
同仁县曲麻水源地	2.58	同仁县	浅层地下水
河南县优干宁镇水源地	0.42	河南县	浅层地下水
同德县尕巴松多镇水源地	5.55	同德县	浅层地下水
兴海县子科滩镇水源地	5.57	兴海县	浅层地下水
甘德县贡麻河水源地	2.1	甘德县	浅层地下水
达日县跨热沟水源地	2.1	达日县	浅层地下水
玛多县玛查理河水源地	2.2	玛多县	浅层地下水
祁连县八宝河水源地	1	祁连县	浅层地下水
刚察县沙柳河水源地	3.89	刚察县	浅层地下水
格尔木河冲洪积扇水源地	0.42	格尔木市	浅层地下水
德令哈市巴音河谷水源地	0.09	德令哈市	浅层地下水
乌兰县希里沟水源地	3.44	乌兰县	浅层地下水
天峻县新源镇水源地	15.32	天峻县	浅层地下水
大柴旦镇水源地	0.52	大柴旦镇	浅层地下水
冷湖镇水源地	7.09	冷湖镇	浅层地下水
花土沟阿拉尔水源地	2.25	茫崖行委	浅层地下水
玉树市扎西科河水源地	0.79	玉树市	浅层地下水
治多县聂恰曲水源地	0.79	治多县	浅层地下水
囊谦县那容沟水源地	3.59	囊谦县	浅层地下水
曲麻莱县珠穆泉沟水源地	2.2	曲麻莱县	浅层地下水
北川河黑泉水库水源地	9.57	大通县	水库
湟中县青石坡水源地	0.36	湟中县	河道
民和县西沟天井峡水源地	3.89	民和县	河道
民和县七星泉水源地	7.6	民和县	河道
化隆县沟后水库水源地	12.77	化隆县	水库
循化县积石镇水源地	0.36	循化县	河道
门源县城镇供水水源地	3.18	门源县	河道
同仁县江龙沟水源地	2.06	同仁县	河道
尖扎县自来水水源地	3.09	尖扎县	河道
泽库县夏德日河水源地	4.16	泽库县	河道
共和县恰让水源地	84.24	共和县	河道
同德县南巴滩水源地	5.55	同德县	河道
贵南县卡加水源地	3.55	贵南县	河道

名　　称	面积(km²)	位　　置	主要保护对象
贵德县岗拉弯水源地	3.76	贵德县	河道
玛沁县野马滩水源地	4.15	玛沁县	河道
班玛县莫巴沟水源地	2.2	班玛县	河道
久治县第二水源地	2	久治县	河道
杂多县清水沟水源地	1.3	杂多县	河道
称多县下庄村叉拉沟水源地	1.2	称多县	河道
囊谦县自来水水源地	1.1	囊谦县	河道
曲麻莱县龙纳沟水源地	1.5	曲麻莱县	河道
都兰县察汗乌苏镇水源地	5.8	都兰县	河道

十三、国家级文物保护单位

名　　称	位　　置	主要保护对象
马厂垣遗址	民和县马厂垣乡	古遗址
西海郡故城遗址	海晏县	古遗址
喇家遗址	民和县官亭镇	古遗址
塔温搭里哈遗址	都兰县巴隆	古遗址
热水墓群	都兰县热水乡	古墓葬
塔尔寺	湟中县鲁沙尔镇	古建筑
瞿昙寺	乐都区瞿昙镇	古建筑
隆务寺	同仁县隆务镇	古建筑
藏娘佛塔及桑周寺	玉树市仲达乡	古建筑
贵德文庙及玉皇阁	贵德县河阴镇	古建筑
第一个核武器研制基地旧址	海晏县西海镇	重要史迹及代表性建筑
柳湾遗址	乐都区高庙镇柳湾村	古遗址
沈那遗址	城北区小桥村	古遗址
格萨尔三十大将军灵塔和达那寺	囊谦县吉尼赛乡麦曲村	古建筑
却藏寺	互助县南门峡乡却藏寺村	古建筑
贝大日如来佛石窟寺和勒巴沟摩崖	玉树市巴塘乡贝达社村	石窟寺及石刻
新寨嘉那嘛呢	玉树市结古镇新寨村	近现代重要史迹及代表性建筑
循化西路红军革命旧址	循化县查汗都斯乡赞卜乎村	近现代重要史迹及代表性建筑

十四、省级文物保护单位

名　　称	位　　置	主要保护对象
巴州遗址	民和县巴州乡巴州村	古遗址
朱家寨遗址	西宁市大堡子乡朱家寨村	古遗址
白崖子遗址	乐都区高庙镇白崖子村	古遗址
汉庄子遗址	乐都区雨润乡汉庄村	古遗址
蒲家墩遗址	乐都区高庙镇蒲家墩村	古遗址
小垣遗址	民和县塘尔垣乡小垣村	古遗址

续表

名　　　称	位　　　置	主要保护对象
巴燕遗址	化隆县巴燕镇前台村	古遗址
总寨遗址	互助县沙塘川乡总寨村	古遗址
虎　台	西宁市彭家寨乡杨家寨村	古遗址
曲沟古城	共和县曲沟乡	古遗址
希里沟古城	乌兰县希里沟镇	古遗址
香日德古城	都兰县香日德镇	古遗址
南垣遗址	民和县巴州乡南垣村	古遗址
山城遗址	民和县上川口镇山城村	古遗址
松树庄遗址	民和县松树庄乡松树庄村	古遗址
阳洼坡遗址	民和县转导乡阳洼坡村	古遗址
马聚垣遗址	民和县马场垣乡马聚垣村	古遗址
罗巴垣遗址	民和县李二堡乡罗巴垣村	古遗址
黑鼻崖遗址	互助县哈拉直沟乡尚家村	古遗址
清水河遗址	湟中县总寨乡清水河村	古遗址
本巴口遗址	湟中县拦隆口乡本巴口村	古遗址
豆尔加阴坡遗址	互助县五峰乡豆尔加阴坡村	古遗址
下哇台遗址	互助县五十乡五十村	古遗址
张卡山遗址	互助县松多乡盘路村	古遗址
下柴开遗址	都兰县香日德乡下柴开村	古遗址
托勒台遗址	共和县曲沟乡合洛寺村	古遗址
胡热热遗址	民和县官亭镇吕家沟村	古遗址
白崖子沟遗址	民和县前河乡下甘家村	古遗址
本布台台遗址	湟中县多巴镇王家庄村	古遗址
后子河遗址	大通县后子河乡东村	古遗址
石家营（丙）遗址	平安县小峡乡古城崖村	古遗址
下排园艺场遗址	贵德县河西乡下排村	古遗址
羊曲十八档遗址	兴海县河卡乡羊曲村	古遗址
兔儿滩东遗址	同德县巴沟乡团结村	古遗址
拉毛遗址	尖扎县昂拉乡拉毛村	古遗址
乔什旦遗址	尖扎县加让乡如是其村	古遗址
三其遗址	互助县沙塘川乡三其村	古遗址
长宁遗址	大通县长宁乡长宁村	古遗址
三合（乙）遗址	平安三合乡三合村	古遗址
肖家遗址	民和县转导乡肖家村	古遗址
新尼（乙）遗址	尖扎县贾家乡安中村	古遗址
下孙家寨遗址	西宁市二十铺乡下孙家寨村	古遗址
张尕遗址	循化县白庄乡张尕村	古遗址
尕马卡遗址	民和县杏儿乡尕马卡村	古遗址
仓库遗址	循化县查汗都斯乡中庄村	古遗址
尕义香更遗址	贵德县罗汉堂乡乜那村	古遗址

青
海

名　　称	位　　置	主要保护对象
狼舌头遗址	兴海县曲什安乡西滩村	古遗址
南坎沿(乙)遗址	兴海县河卡乡羊曲村	古遗址
堂尔亥来遗址	贵德县河西乡五路口村	古遗址
晁马家遗址	乐都区高庙镇晁马家村	古遗址
西坪遗址	乐都区洪水乡西坪村	古遗址
瓦窑台(甲)遗址	民和县马场垣乡上西川村	古遗址
西杏园遗址	西宁市马坊乡西杏园村	古遗址
张家(丙)遗址	民和县前河乡张家寺村	古遗址
花园台遗址	西宁市二十里铺乡花园台村	古遗址
东村遗址	平安县三合乡东村	古遗址
庙后台遗址	湟中县田家寨乡田家寨村	古遗址
大通苑(乙)遗址	互助县双树乡大通苑村	古遗址
寺沟遗址	大通县后子河乡北川渠管所	古遗址
寺台遗址	平安县巴藏沟乡寺台村	古遗址
平乐(甲)遗址	大通县清平乡平乐村	古遗址
山城遗址	大通县景阳乡山城村	古遗址
高家遗址	民和县转导乡高家村	古遗址
八寺崖遗址	大通县沟乡八寺崖村	古遗址
白土庄遗址	化隆县德加乡白土村	古遗址
白崖(丙)遗址	互助县威远镇白崖村	古遗址
东干木遗址	同仁县麻巴乡东干木村	古遗址
丰台(甲)遗址	互助县威远镇红崖村	古遗址
古格滩南坎遗址	贵南县茫拉乡那然村	古遗址
贺家庄遗址	大通县青山乡贺家庄	古遗址
勒加遗址	同仁县年都乎乡曲麻村	古遗址
拉卡石树湾遗址	湟中县李家山乡吉家村	古遗址
龙哇切吾遗址	共和县恰卜恰镇吉东村	古遗址
麻洞门遗址	湟中县坡家乡坡家村	古遗址
马汉台西坎沿遗址	共和县铁盖乡农业点	古遗址
马克唐遗址	尖扎县加让乡马克唐村	古遗址
南海殿遗址	贵德县河阴镇西家咀村	古遗址
祁家庄遗址	互助县南门峡乡祁家庄村	古遗址
群科加拉古城西遗址	共和县倒淌河乡甲乙村	古遗址
双二东坪遗址	乐都区洪水乡双二村	古遗址
寺台地遗址	贵德县河西乡吾路口村	古遗址
塔格尕当遗址	贵南县茫拉乡格达麻村	古遗址
塔干遗址	湟中县拦隆口乡铁家营村	古遗址
唐加里遗址	贵德县罗汉堂乡乜那村	古遗址
团结遗址	化隆县群科镇团结村	古遗址
下石城遗址	湟中县多巴镇国寺营村	古遗址

续表

名　称	位　置	主要保护对象
新麻遗址	同仁县保安乡新城村	古遗址
夏塘台遗址	祁连县扎麻什乡夏塘台村	古遗址
西台遗址	共和县恰卜恰镇西台村	古遗址
崖头沿遗址	贵德县河东乡罗家村	古遗址
朱乃亥台遗址	共和县沙珠玉乡岗力卡村	古遗址
靳家台遗址	互助县五峰乡下马家圈村	古遗址
北向阳古城	刚察县吉尔孟乡向阳村	古遗址
破塌城	湟中县多巴镇多巴村	古遗址
冬次多古城	贵南县塔秀乡只哈村	古遗址
大小方台	湟源县日月乡大茶石浪村	古遗址
金巴台古城	门源县北山乡金巴台村	古遗址
塌　城	化隆县德加乡白土庄村	古遗址
丹阳古城	民和县中川乡辛家村	古遗址
门源古城	门源县城	古遗址
十八公里处古三角城	祁连县俄博乡	古遗址
黑古城	乐都区马营乡古城村	古遗址
藏盖古城	贵德县新街乡藏盖村	古遗址
白城子（又称察汉城）	共和县倒淌河乡黄科村	古遗址
黑古城	湟中县上新庄乡黑古城村	古遗址
切吉古城	兴海县河卡乡红旗村	古遗址
铁城山古城	同仁县保安乡保安村	古遗址
正东巴古城	共和县东巴乡东巴村	古遗址
支东加拉古城	兴海县河卡乡宁曲村	古遗址
罗哇村场后台遗址	尖扎县加让乡罗哇林场	古遗址
黑古城	共和县倒淌河乡蒙古村	古遗址
尕海古城	海晏县甘子河乡尕海村	古遗址
龙曲古城	兴海县唐乃亥乡沙那村	古遗址
夏塘古城	兴海县桑当乡夏塘村	古遗址
应龙城	共和县青海湖海心山	古遗址
莫草得哇遗址	玛多县花石峡乡	古遗址
伏俟城	共和县石乃亥乡	古遗址
克图古城	门源县克图乡克图村	古遗址
科哇古城	循化县白庄乡朱格村	古遗址
文都古城	循化县文都乡拉代村	古遗址
边　墙	大通县桥头镇	古遗址
尕让古城	贵德县尕让乡查曲昂村	古遗址
南滩古城	西宁市城中区	古遗址
瓦家古城	贵德县河西乡瓦家村	古遗址
鸿化寺古城	民和县转导乡鸿化村	古遗址
斗后宗古城	同德县巴水乡	古遗址

名　　　称	位　　　置	主要保护对象
班家湾遗址	互助县威远镇班家湾村	古遗址
龙山遗址	湟源县申中乡卡路村	古遗址
善马沟遗址	互助县台子乡善马沟村	古遗址
南古城	湟源县城关镇尕庄	古遗址
北古城	湟源县城关镇	古遗址
赤岭遗址	湟源县日月乡兔尔干村	古遗址
西纳寺遗址	湟中县拦隆口乡上寺村	古遗址
科尔林昂索古堡	民和县硖门乡康杨村	古遗址
西宁古城墙香水园段	西宁市城中区	古遗址
湟中边墙遗址	湟中县李家山、四营、坡家、上新庄	古遗址
永安城	门源县皇城乡	古遗址
小柴旦遗址	大柴旦镇东约40公里	古遗址
三岔口遗址	格尔木市南约110公里	古遗址
崖家坪遗址	民和县李二堡乡范家村	古遗址
胡李家遗址	民和县中川乡光明村胡李家社	古遗址
加木格尔滩古城址	天峻县快尔玛乡	古遗址
克才城址	共和县曲沟乡克才村	古遗址
杨家古城遗址	大通县城关镇李家磨村	古遗址
苏家堡故城	大通县景阳镇苏家堡村	古遗址
端巴营墓群	湟中县拦隆口乡端巴营村	古墓葬
吴仲墓群	西宁市大堡子乡巴浪村	古墓葬
总寨墓群	互助县沙塘川乡总寨村	古墓葬
多巴墓群	湟中县多巴镇指挥庄村	古墓葬
杜家庄墓群	湟中县总寨乡杜家庄村	古墓葬
考肖图古墓	都兰县香加乡考肖图沟内	古墓葬
刘家寨墓群	西宁市彭家寨乡晨光村	古墓葬
彭家寨墓群	西宁市彭家寨乡彭家寨村	古墓葬
英德尔古墓	都兰县英德尔羊场	古墓葬
白崖子墓群	乐都区高庙镇白崖子村	古墓葬
高寨墓群	互助县高寨乡东庄村	古墓葬
陶家寨墓群	西宁市二十里铺乡陶家寨村	古墓葬
汪家庄墓群	互助县沙塘川乡汪家庄村	古墓葬
烧人沟墓地	同仁县保安乡保安村	古墓葬
年都乎墓地	同仁县年都乎乡年都乎村	古墓葬
瓦窑嘴墓地	乐都区雨润乡汉庄村	古墓葬
尕马堂东台墓地	尖扎县康扬乡尕马堂村	古墓葬
关塘村墓地	贵南县沙沟乡关塘村	古墓葬
勒合加墓地	同仁县麻巴乡群吾村	古墓葬
如什其墓地	尖扎县加让乡如是其村	古墓葬
大湾口墓地	湟源县和平乡尕庄村	古墓葬

青海

名　　称	位　　置	主要保护对象
德州墓地	海晏县托勒乡德州村	古墓葬
棺材沟墓地	循化县街子乡古吉来村	古墓葬
尕山墓群	互助县威远镇大寺村	古墓葬
尕什在来墓地	贵德县东沟乡上兰角村	古墓葬
加玛山墓地	循化县积石镇沙坝塘村	古墓葬
蚂蚁嘴墓地	湟源县申中乡卡路咀村	古墓葬
羌隆沟墓地	兴海县温泉乡南木塘村	古墓葬
日干墓地	化隆县德恒隆乡德恒隆村	古墓葬
三十里铺墓地	平安县小峡乡三十里铺村	古墓葬
香让北坎沿墓地	兴海县河卡乡羊曲村	古墓葬
下西台墓地	共和县恰卜恰镇下西台村	古墓葬
哇龙山墓地	贵德县河阴镇邓家村	古墓葬
干果羊下庄墓地	贵德县常农乡干果羊上庄村	古墓葬
沙麻索墓地	共和县东巴乡	古墓葬
上滩墓地	平安县平安镇上滩村	古墓葬
上卡庙沟墓地	贵德县新街乡上卡力岗村	古墓葬
加羊墓群	都兰县沟里乡	古墓葬
大园山东侧墓葬	西宁市城东区大园山	古墓葬
囊谦王族墓地	囊谦县白扎乡东村	古墓葬
祁土司始祖墓	互助县台子乡多士代村	古墓葬
西来寺	乐都区	古建筑
文　庙	西宁市城中区文化街	古建筑
关帝牌坊	乐都区	古建筑
白马寺	互助县红崖子沟乡白马寺村	古建筑
鼓　楼	互助县威远镇	古建筑
五峰寺	互助县五峰乡白多脑村	古建筑
东关清真大寺	西宁市城东区东关大街	古建筑
洪水泉清真寺	平安县洪水泉乡洪水泉村	古建筑
积善塔	湟中县海子沟乡阿滩村	古建筑
科哇清真大寺	循化县白庄乡科哇村	古建筑
孟达清真寺	循化县孟达乡孟达村	古建筑
南禅寺	西宁市城中区	古建筑
旦斗寺	化隆县金源乡	古建筑
杨宗寺	乐都区中坝乡	古建筑
旦麻古塔	循化县道帏乡旦麻村	古建筑
高庙八卦楼	乐都区高庙镇西村	古建筑
清水清真寺	循化县清水河乡东村	古建筑
赛拉亥寺	同德县谷芒乡赛拉亥村	古建筑
苏志清真寺	循化县查汗都斯乡苏志村	古建筑
石藏寺	同德县河北乡格什克村	古建筑

名　称	位　置	主要保护对象
张尕清真寺	循化县白庄乡张尕村	古建筑
赵家寺	乐都区引胜乡赵家寺村	古建筑
阿河滩清真寺	化隆县甘都镇阿河滩村	古建筑
城隍庙	西宁市城中区	古建筑
贡巴昂	乐都区芦花乡芦花村	古建筑
关帝庙	贵德县尕让乡亦什扎村	古建筑
尕让白马寺	贵德县尕让乡大磨村	古建筑
尕让寺	贵德县尕让乡阿言麦村	古建筑
古曰寺	尖扎县马克唐镇	古建筑
拉加寺	玛沁县拉加乡	古建筑
罗汉堂寺	贵德县罗汉堂乡罗汉堂村	古建筑
塘尔垣寺	民和县塘尔垣乡松山村	古建筑
大佛寺	西宁市城中区	古建筑
尕藏寺	称多县称文乡尕藏贡巴村	古建筑
结古寺	玉树市结古镇	古建筑
赛达寺（亦称"下赛巴寺"）	称多县歇武乡下赛巴村	古建筑
文都寺	循化县文都乡拉代村	古建筑
夏琼寺	化隆县查甫乡	古建筑
嘎丁寺	囊谦县毛庄乡	古建筑
古雷寺	循化县道帏乡古雷村	古建筑
红卡寺	乐都区芦花乡营盘湾村	古建筑
会宁寺	大通县景阳乡土关村	古建筑
喀德卡哇寺	民和县甘沟乡民族村	古建筑
拉布寺	称多县拉布乡	古建筑
石沟寺	乐都区洪水乡姜湾村	古建筑
塔撒坡清真寺	循化县孟达乡塔沙坡村	古建筑
王佛寺	乐都区高庙镇柳湾村	古建筑
夏宗寺	平安县寺台乡瓦窑台村	古建筑
药草台寺	乐都区瞿昙乡台沿村	古建筑
羊官寺	乐都区寿乐乡阳关沟	古建筑
支哈加寺	化隆县金源乡支哈加村	古建筑
智钦寺	班玛县知钦乡知钦村	古建筑
张沙寺	循化县道帏乡张沙村	古建筑
总寨堡及门楼	湟中县总寨乡总南村	古建筑
珍珠寺	贵德县河东乡保宁村	古建筑
西宁宏觉寺街古建筑群	西宁市城中区宏觉寺街	古建筑
白玉寺	久治县白玉乡白玉村	古建筑
查朗寺	达日县建设乡卡热村	古建筑
东科寺	湟源县日月乡寺滩村	古建筑
当头寺	玉树市巴塘乡当头村	古建筑

青海

续表

名　　称	位　　置	主要保护对象
岗察寺	治多县多采乡	古建筑
广惠寺	大通县东峡乡衙门庄村	古建筑
瓜什则寺	同仁县曲库乎乡瓜什则村	古建筑
浩门镇南关清真寺	门源县浩门镇南关村	古建筑
龙喜寺	玉树市下拉秀乡	古建筑
乜那寺	贵德县河阴镇城东区	古建筑
能科德千寺（德钦寺、迭缠寺）	尖扎县能科乡	古建筑
囊拉千户院	尖扎县昂拉乡尖巴昂村	古建筑
囊拉赛康（亦称赛康寺）	尖扎县昂拉乡东加村	古建筑
南宗寺（阿琼南宗寺、安俊寺）	尖扎县布拉乡	古建筑
文昌庙	贵德县河西乡下排村	古建筑
仙米寺（亦称显明寺）	门源县仙米乡大庄村	古建筑
香日德班禅行院	都兰县香日德镇上柴开村	古建筑
恰卜恰新寺	共和县东巴乡下梅村	古建筑
奄古录拱北	循化县查汗都斯乡大庄村	古建筑
乙沙尔清真寺	化隆县群科镇乙沙二村	古建筑
珠固寺	门源县珠固乡珠固寺村	古建筑
张经寺	互助县红崖子沟乡张家村	古建筑
藏式雕楼建筑群	囊谦县扎乡东日尕村	古建筑
扎藏寺	湟源县巴燕乡下寺村	古建筑
当卡寺	玉树市结古镇前进村	古建筑
嘎然寺	玉树市仲达乡歇格村	古建筑
群则寺	称多县珍秦乡察玛村	古建筑
唐隆寺	玉树市仲达乡唐隆村	古建筑
城隍庙	乐都区碾伯镇西关街	古建筑
东塬古塔	民和县川口镇东塬村	古建筑
王屯龙王庙	贵德县河东乡王屯村	古建筑
佑宁寺	互助县五十乡寺滩村	古建筑
更钦·久美旺博昂欠	尖扎县昂拉乡尖巴昂村	古建筑
火祖阁	湟源县城关镇丰盛街	古建筑
隆务清真大寺	同仁县隆务镇老城区	古建筑
曲格寺	河南县宁木特乡政府所在地	古建筑
清泉下拱北	平安县巴藏沟乡清泉村	古建筑
下阴田清真寺	门源县下阴田乡下阴田村	古建筑
乙什扎寺	化隆县石大仓乡石大村	古建筑
文成公主庙	玉树市结古镇贝纳沟	石窟寺及石刻
北禅寺	西宁市城北区	石窟寺及石刻
巴哈莫力岩刻	都兰县普加乡	石窟寺及石刻
哈龙沟岩画	刚察县泉吉乡	石窟寺及石刻
舍卜齐沟岩画	刚察县吉尔孟乡	石窟寺及石刻

名　　称	位　　置	主要保护对象
石经墙	泽库县和日乡和日村	石窟寺及石刻
岗龙沟石窟寺、岩画	门源县克图乡巴哈村	石窟寺及石刻
湖李木沟岩画	共和县黑马河乡然去乎村	石窟寺及石刻
鲁茫沟岩画	天峻县天棚乡	石窟寺及石刻
切吉岩画	共和切吉乡东科村	石窟寺及石刻
寺台石窟寺	平安县寺台乡寺台村	石窟寺及石刻
水峡石刻	湟中县上五庄乡水峡林场	石窟寺及石刻
然吾沟石窟及经堂	玉树市结古镇然吾沟村	石窟寺及石刻
洛多杰智合寺及其石窟	尖扎县马克唐镇洛科村	石窟寺及石刻
当旦石经墙及佛塔	玉树市结古镇当代路	石窟寺及石刻
西宁烈士陵园	西宁市城中区	近现代重要史迹及代表性建筑
孙中山先生纪念堂及纪念碑	西宁市城西区	近现代重要史迹及代表性建筑
馨　庐	西宁市城东区	近现代重要史迹及代表性建筑
子木达红军长征标语	班玛县亚尔堂乡子木达沟	近现代重要史迹及代表性建筑
城隍庙	湟源县城内	近现代重要史迹及代表性建筑
红军哨所	班玛县亚尔堂乡扎洛村	近现代重要史迹及代表性建筑
扎洛村	班玛县亚尔堂乡扎洛沟	近现代重要史迹及代表性建筑
尕让千户院	贵德县尕让乡尕让村	近现代重要史迹及代表性建筑
湟源小学堂	湟源县城关镇	近现代重要史迹及代表性建筑
江日堂寺(下莫巴白札多卡寺)	班玛县江日堂乡	近现代重要史迹及代表性建筑
十世班禅故居	循化县文都乡毛玉村	近现代重要史迹及代表性建筑
赛宗寺	兴海县桑当乡	近现代重要史迹及代表性建筑
夏日乎寺	甘德县岗龙乡	近现代重要史迹及代表性建筑
佐那寺	贵德县汉堂乡昨那村	近现代重要史迹及代表性建筑
赞卜乎清真寺	循化县查汗都斯乡赞中庄村	近现代重要史迹及代表性建筑
忘支扎昂索院	化隆县支扎乡正尕村	近现代重要史迹及代表性建筑
福音堂	湟源县城关镇东大街	近现代重要史迹及代表性建筑
骆驼泉	循化县街子乡	其他
三十灵塔	囊谦县吉尼赛乡	其他

青海

图 1 青海省行政区划图

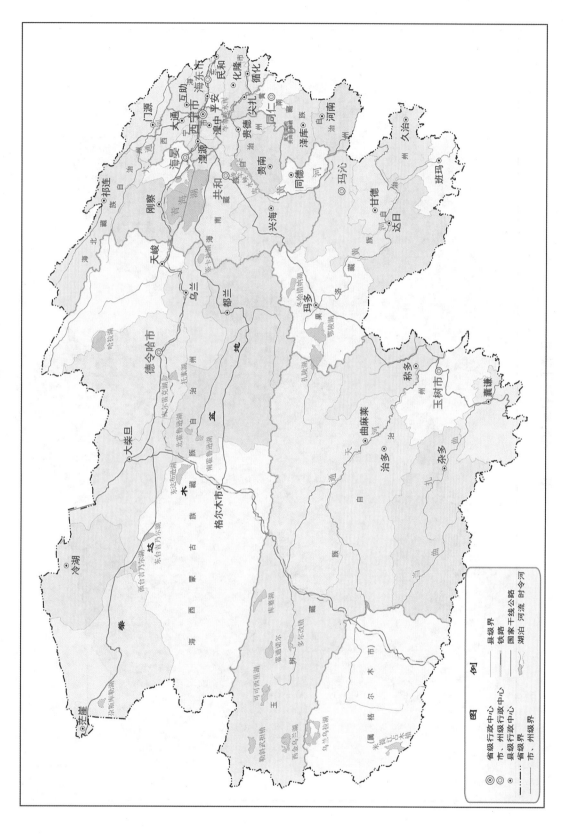

附件四：

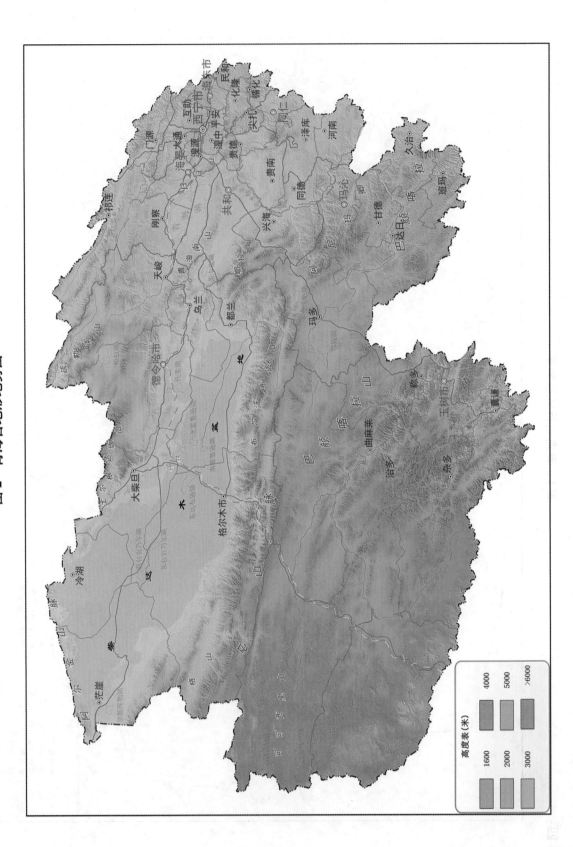

图 2　青海省地形地势图

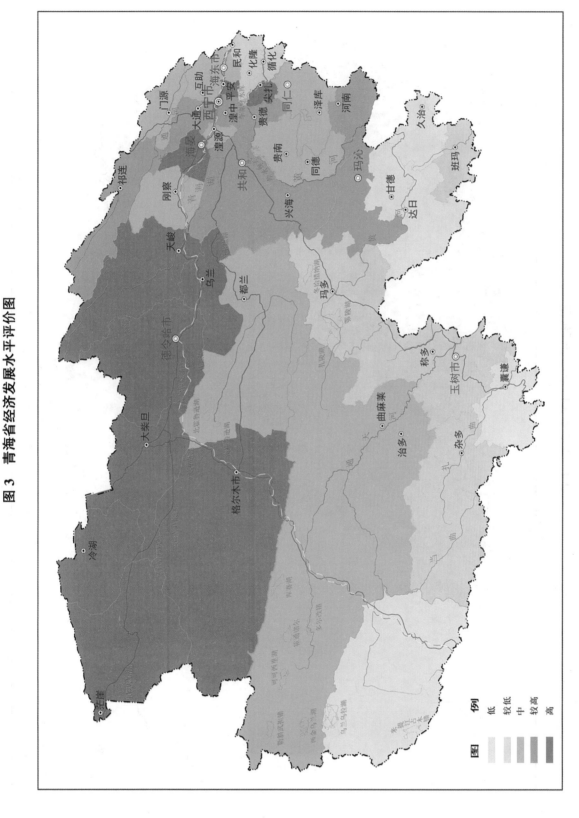

图 3 青海省经济发展水平评价图

图例

低
较低
中
较高
高

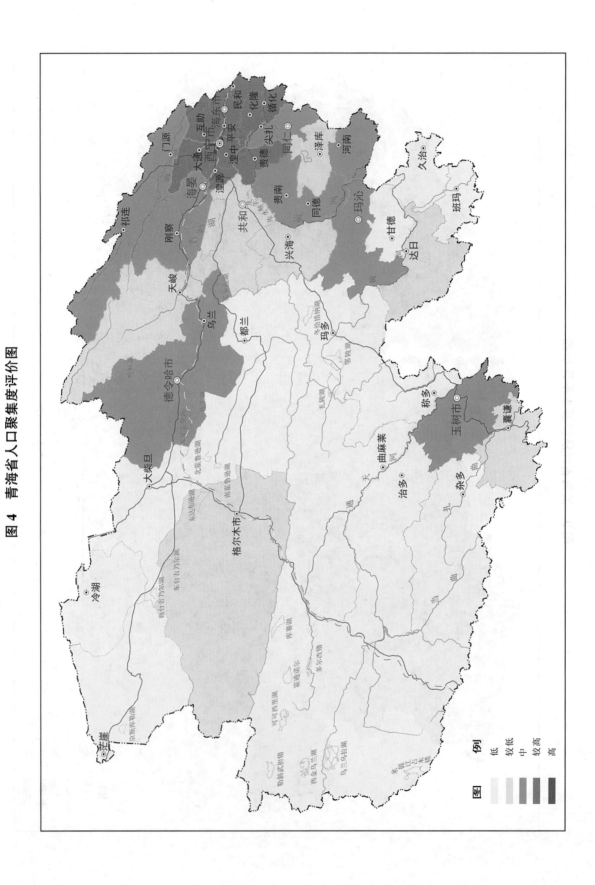

图 4 青海省人口聚集度评价图

青海

图例

低 较低 中 较高 高

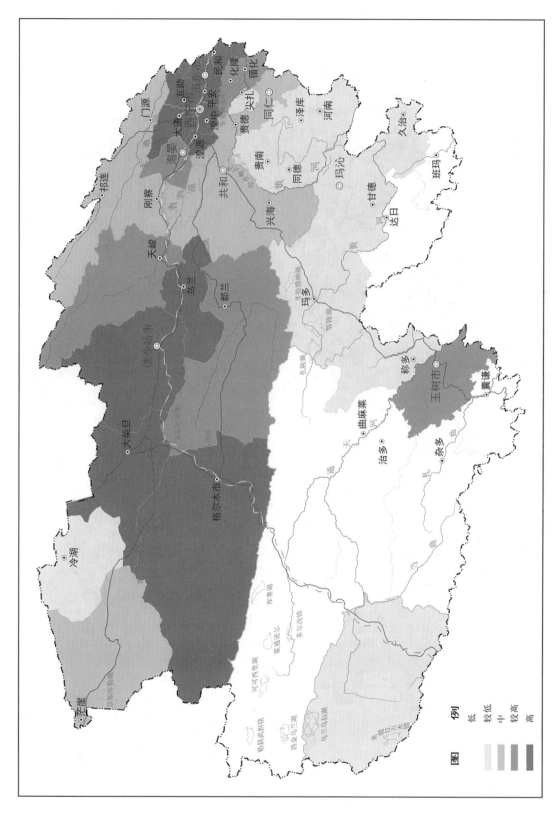

图 5　青海省交通优势度评价图

图例

低
较低
中
较高
高

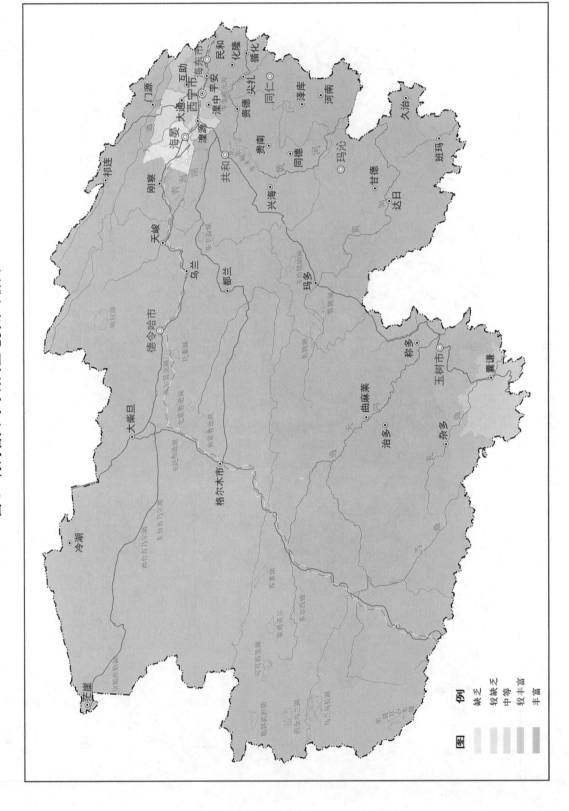

图 6　青海省人均可利用土地资源评价图

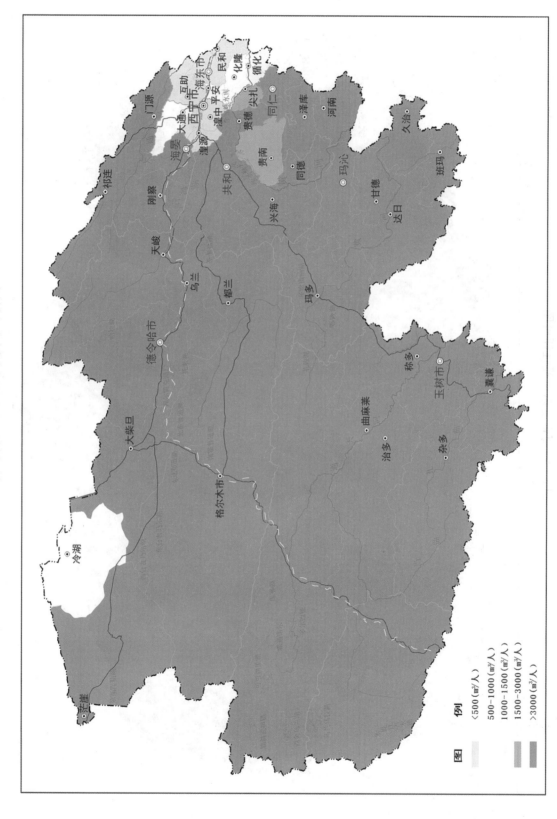

图 7　青海省人均可利用水资源评价图

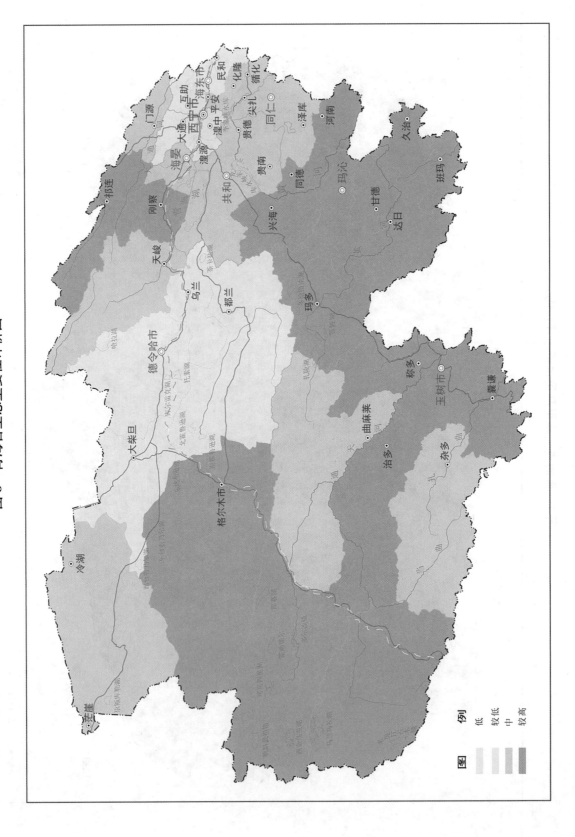

图 8 青海省生态重要性评价图

图例
低
较低
中
较高

青海

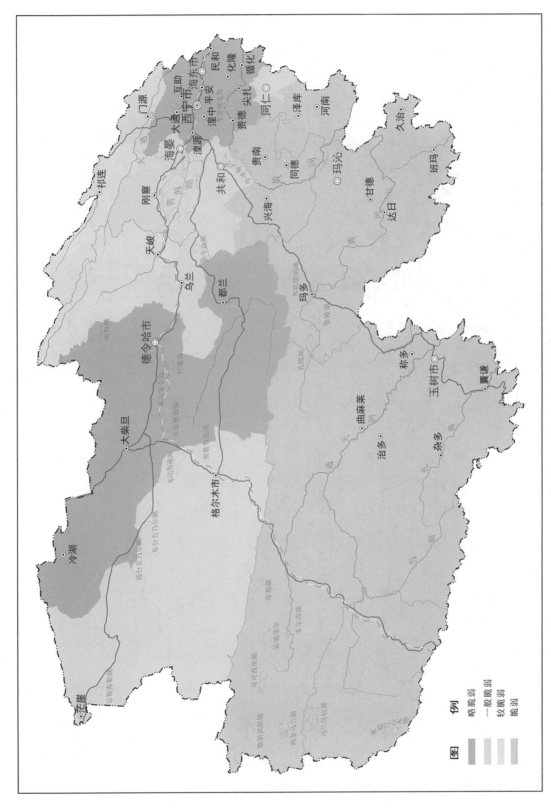

图 9 青海省生态系统脆弱性评价图

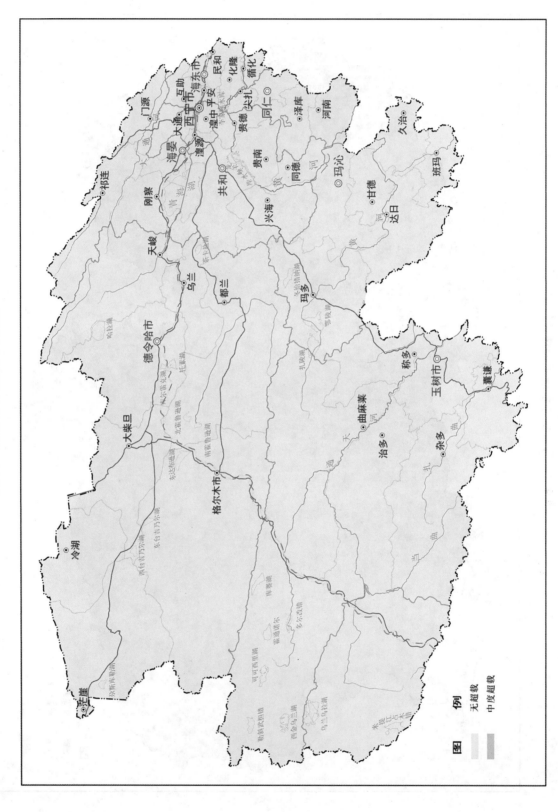

图 10　青海省环境容量评价图

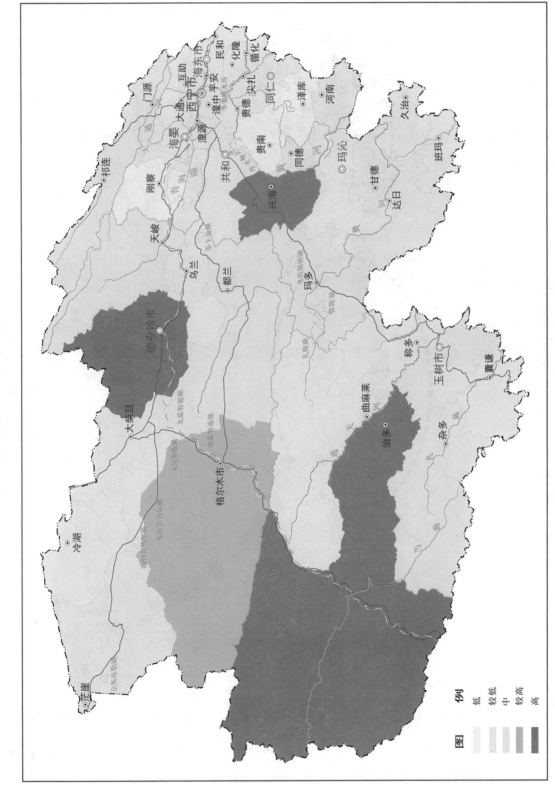

图 11 青海省自然灾害危险性评价图

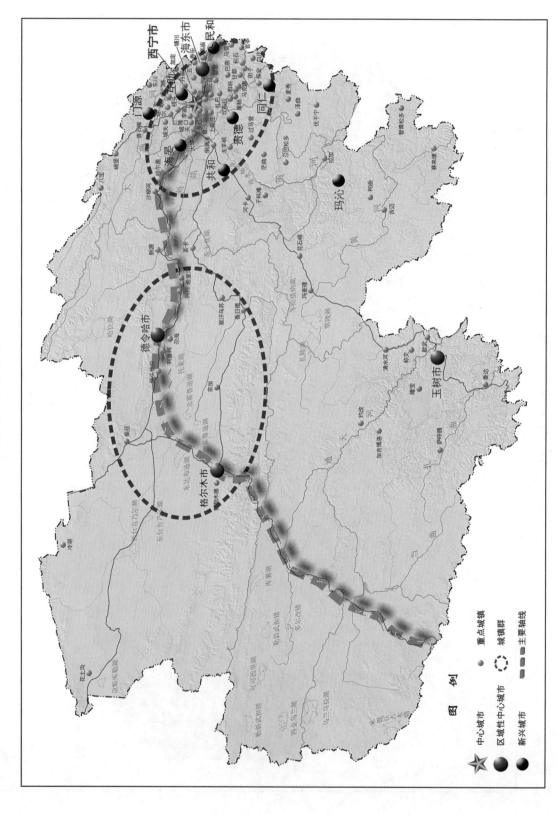

图 12　青海省城市化战略格局示意图

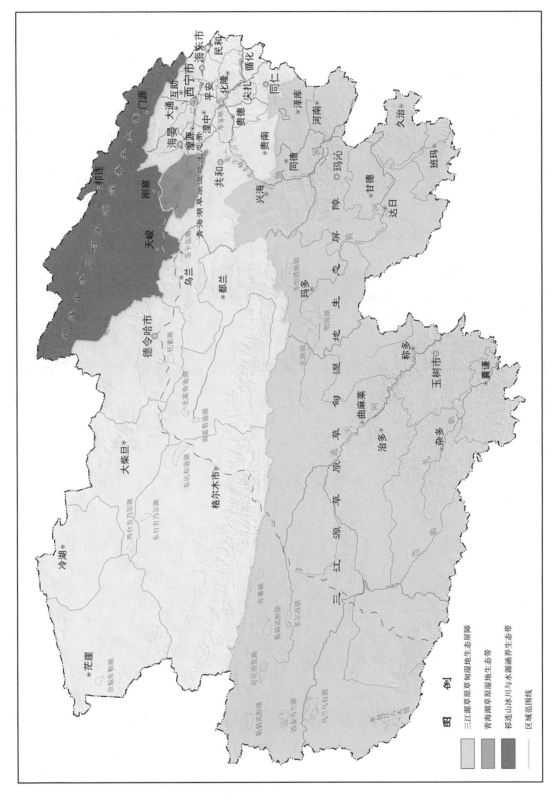

图 13　青海省生态安全战略格局示意图

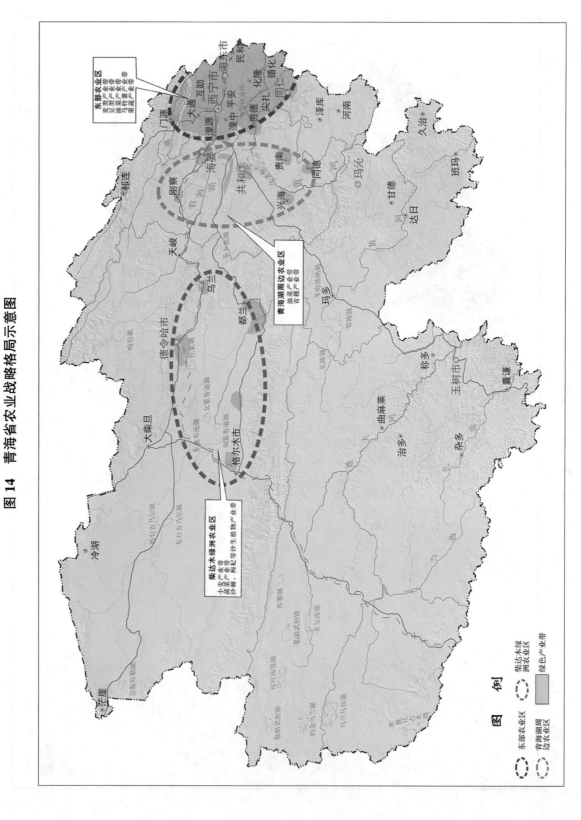

图 14 青海省农业战略格局示意图

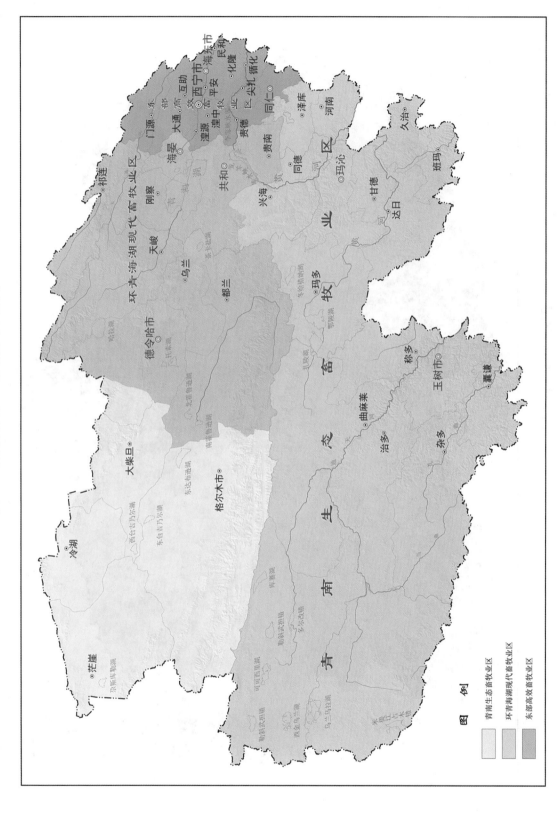

图 15 青海省畜牧业战略格局示意图

图 例

青南生态畜牧业区

环青海湖现代畜牧业区

东部高效畜牧业区

青
海

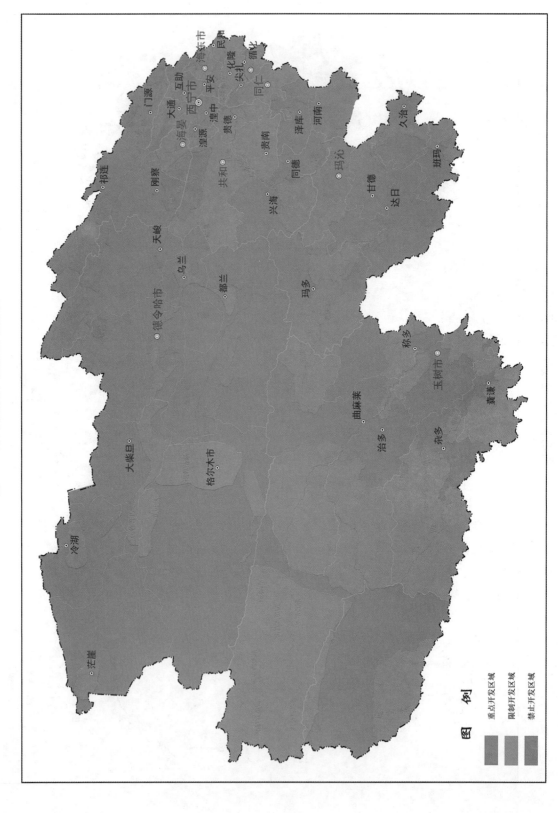

图 16　青海省主体功能区划分图

图　例

重点开发区域
限制开发区域
禁止开发区域

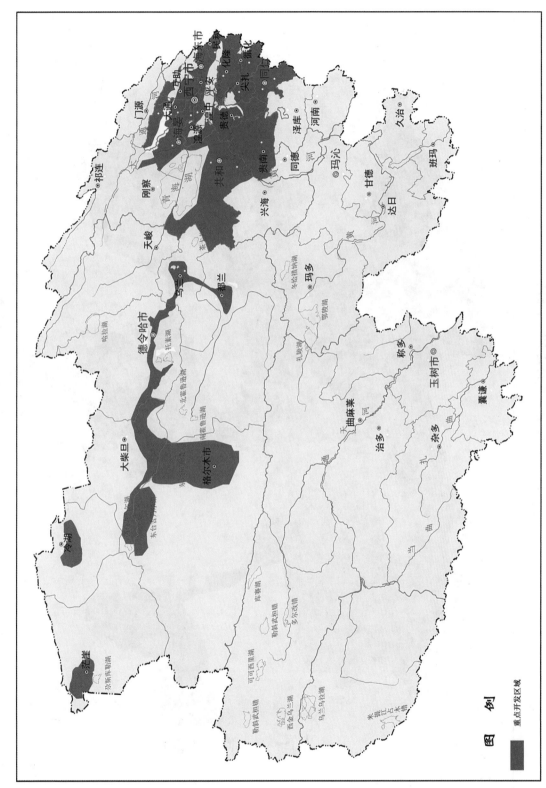

图 17　青海省重点开发区域分布图

图　例

重点开发区域

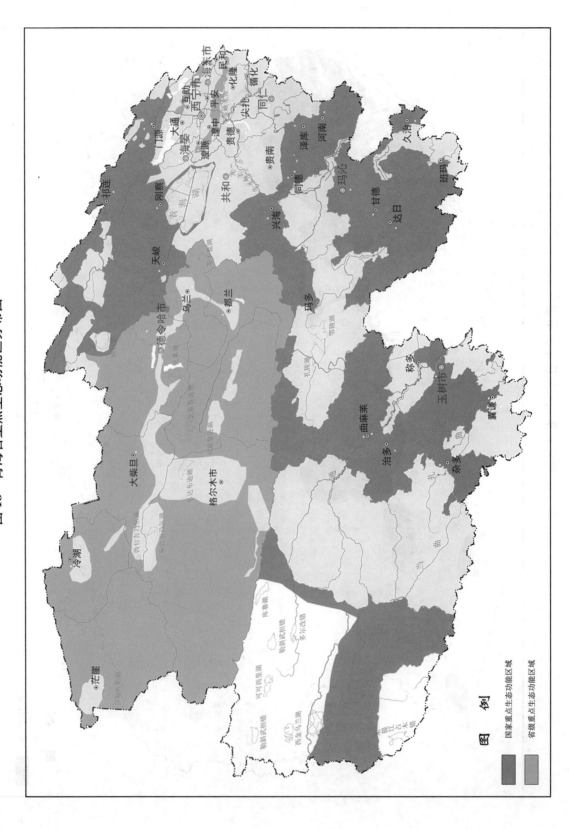

图 18　青海省重点生态功能区分布图

图　例

国家重点生态功能区域

省级重点生态功能区域

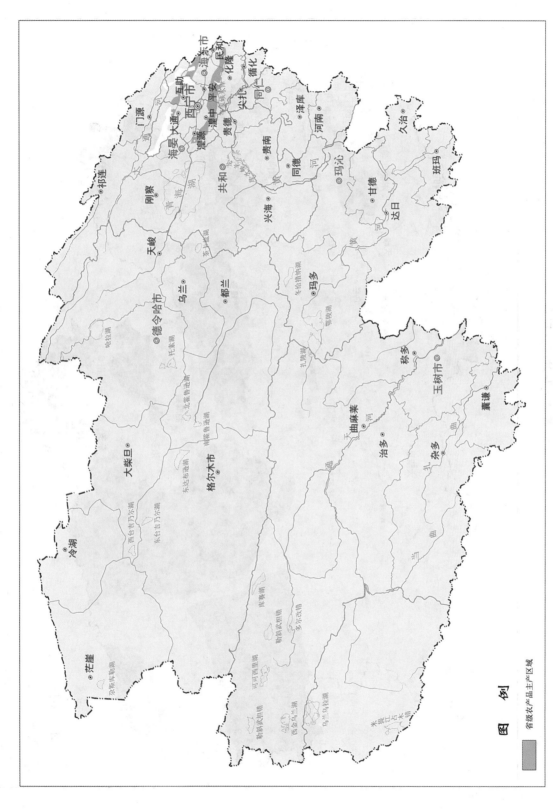

图 19 青海省农产品主产区分布图

图　例

省级农产品主产区域

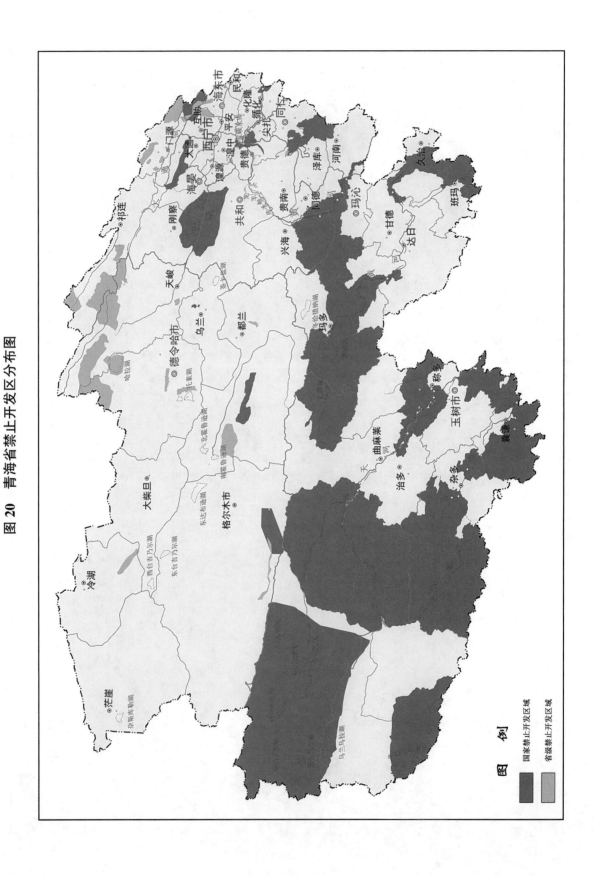

图20　青海省禁止开发区分布图

图　例

国家禁止开发区域

省级禁止开发区域

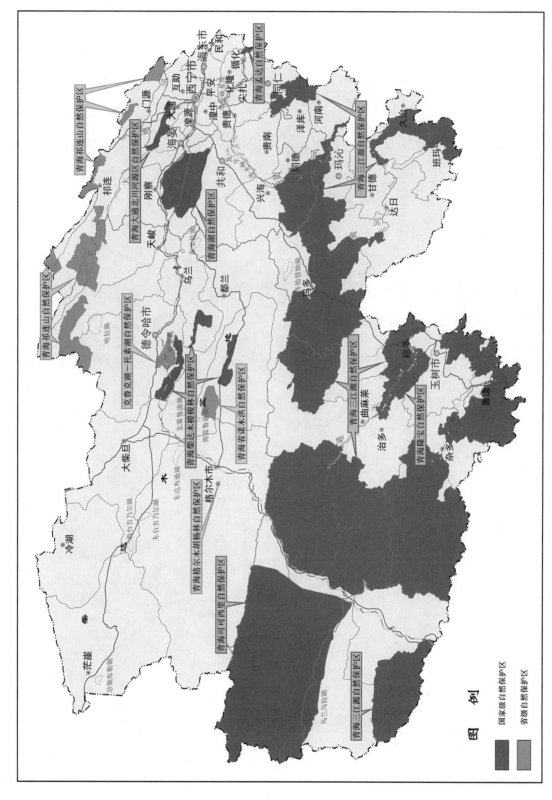

图 21　青海省自然保护区分布图

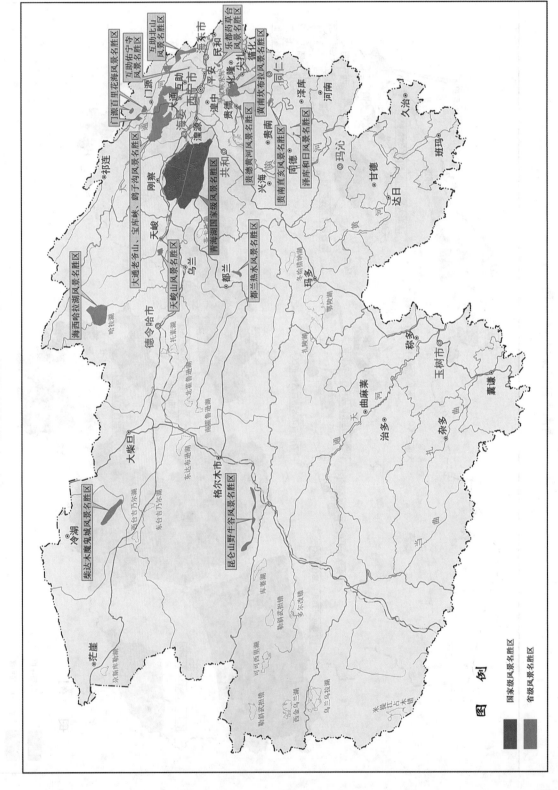

图 22　青海省风景名胜区分布图

青
海

图　例

国家级风景名胜区

省级风景名胜区

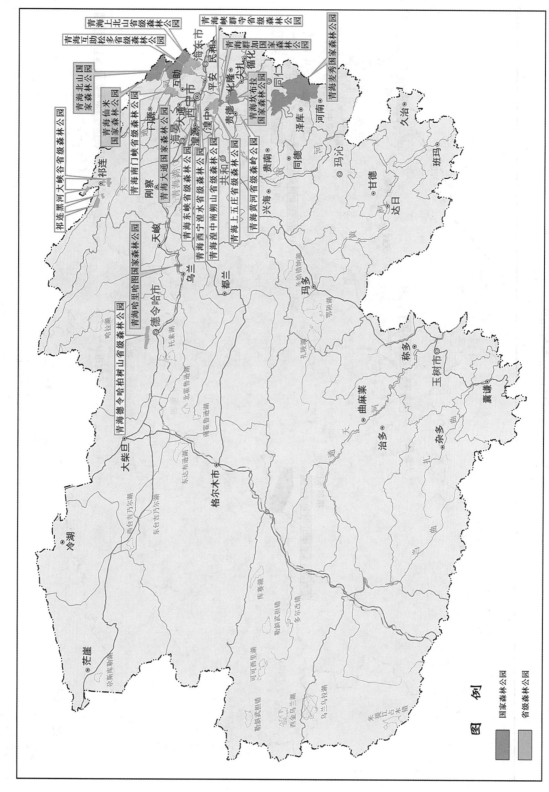

图 23 青海省森林公园分布图

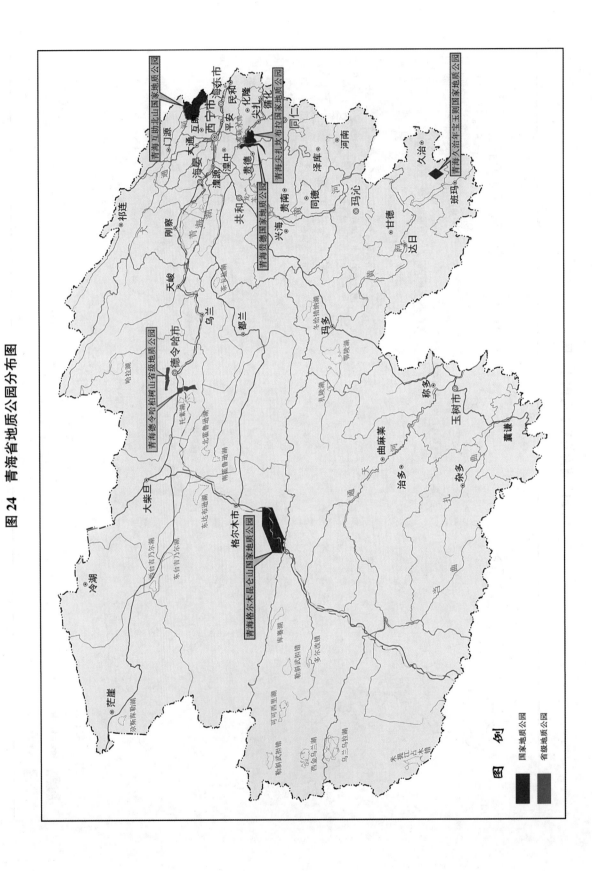

图 24　青海省地质公园分布图

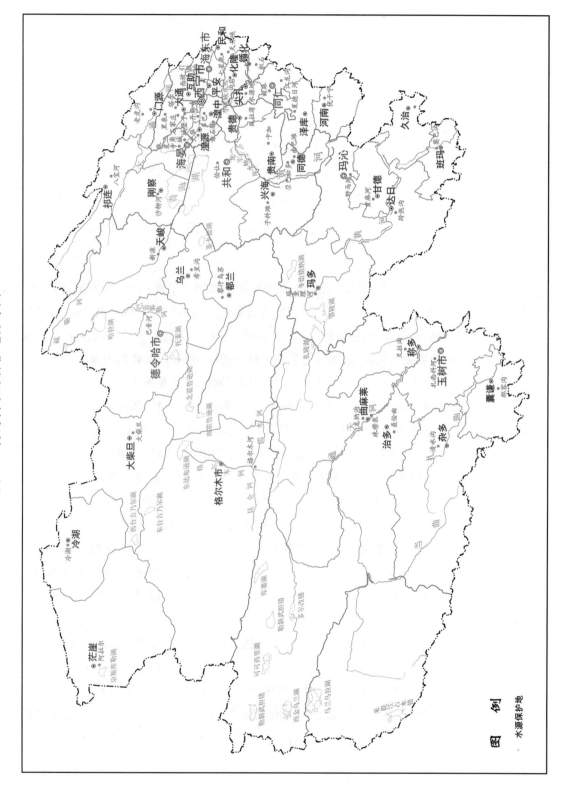

图 25 青海省水源保护地分布图

图 例

 水源保护地

宁夏回族自治区主体功能区规划

序　言

　　国土空间①是人类赖以生存和发展的家园。宁夏 6.64 万平方公里的国土,是回汉各族人民繁衍生息和永续发展的家园。为了我们的家园更美好、经济更发达、社会更和谐、区域更协调、人民更富裕,为了给我们的子孙后代留下天更蓝、水更清、山更绿的家园,必须推进形成主体功能区,科学开发我们的家园。

　　推进形成主体功能区,就是要根据不同区域的资源环境承载能力、现有开发强度和发展潜力,统筹谋划人口分布、经济布局、国土利用和城镇化格局,确定不同区域的主体功能,并据此明确开发方向,完善开发政策,控制开发强度,规范开发秩序,逐步形成人口、经济、资源环境相协调的国土空间开发格局。

　　推进形成主体功能区,是深入贯彻落实科学发展观的重大举措,有利于推进经济结构战略性调整,加快转变经济发展方式,实现科学发展;有利于按照以人为本的理念推进区域协调发展,缩小地区间基本公共服务和人民生活水平的差距;有利于打破行政区划界限,引导人口分布、经济布局与资源环境承载能力相适应,促进人口、经济、资源环境的空间均衡;有利于从源头上扭转生态环境恶化趋势,促进资源节约和环境保护,应对和减缓气候变化,实现可持续发展。

　　《宁夏回族自治区主体功能区规划》(以下简称规划)根据中国共产党第十七次全国代表大会报告、《中华人民共和国国民经济和社会发展第十一个五年规划纲要》、《国务院关于编制全国主体功能区规划的意见》(国发〔2007〕21 号)、《全国主体功能区规划》和《宁夏回族自治区国民经济和社会发展第十一个五年规划纲要》编制,是推进形成主体功能区的基本依据,是科学开发宁夏国土空间的行动纲领和

---

　　① 国土空间,是指国家主权与主权权利管辖下的地域空间,是国民生存的场所和环境,包括陆地、陆上水域、内水、领海、领空等。

远景蓝图,是国土空间开发的战略性、基础性和约束性规划①,各地、各部门必须切实组织实施,健全法律法规,加强监测评估,建立奖惩机制,严格贯彻执行。

本规划覆盖宁夏全部国土空间,规划实现主体功能区主要目标的时间是 2020 年。规划任务是长远的,实施中将根据形势变化和评估结果适时调整修订。

第一章　规划背景
——认识我们变化着的家园

雄伟的贺兰、峻峭的六盘、奔腾的黄河、雄浑的大漠、辽阔的草原,肥沃的农田,这就是我们美丽的家乡——宁夏川。这里绿荫处处,稻香鱼肥,瓜果飘香,牛羊塞道。千百年来,"天下黄河富宁夏"的歌谣世代传唱。进入改革开放年代,特别是实施西部大开发以来,宁夏现代化建设全面展开,工业化、城镇化和新农村建设快速推进,一家家工厂不断涌现,一座座城市拔地而起,一个个村庄焕然一新,一条条公路纵横南北,我们的家园发生了深刻变化。构建美好家园,首先要认识我们这片家园的自然状况,认识已经发生的变化以及还将发生怎样的变化。

第一节　自然状况

宁夏,自南北朝以来便以"塞上江南,鱼米之乡"闻名于世。宁夏是中国 5 个少数民族自治区之一,位于中国东西轴线中心、黄河中上游,连接华北与西北的重要枢纽。地处东经 104°17′—107°39′,北纬 35°14′—39°23′之间,东连陕西、南接甘肃、北与内蒙古自治区接壤。地理位置独特,地势地形复杂,气候类型多样。

——地形。地势南高北低,地形南北狭长,南部以流水侵蚀的黄土地貌为主,中北部以干旱剥蚀、风蚀地貌为主,自南而北有六盘山地、黄土丘陵、中部山地丘陵盆地、灵盐台地、宁夏平原、贺兰山地等地貌类型②,平原、盆地一般海拔 1090—2000 米,贺兰山最高峰海拔 3556 米(图 1　宁夏地形地貌图)。

——气候。地处内陆,位于季风区西缘,冬季受蒙古高压控制,为寒冷气流南下要冲;夏季处在东南季风西行的末梢,形成典型的大陆性气候。按全国气候区划,最南端(固原市的南半部)属中温带半湿润区,固原市北部至同心、盐池南部属中温带半干旱区,中北部属中温带干旱区。光能丰富,热量适中,降水稀少且于夏秋季集中。冬寒夏热,春秋短促,昼夜温差大。南凉北暖、南湿北干。全年平均气温 5.3—9.9℃,引黄灌区和固原地区分别为全区高温区和低温区,南部年均降水 400毫米以上,引黄灌区年均不足 200 毫米(图 2　年降水量图)。

——资源。宁夏具有煤炭、农业、旅游等方面的资源优势,部分资源人均占有量位居全国前列。土地资源丰富,人均土地、人均耕地、人均灌溉耕地远高于全国平均值,还有近 1000 万亩尚未开发

---

① 战略性,指本规划是从关系宁夏全局和长远发展的高度,对未来国土空间开发作出的总体部署。基础性,指本规划是在对国土空间各基本要素综合评价基础上编制的,是其他各类空间规划的基本依据,是区域政策的基本平台。约束性,指本规划明确的不同国土空间的主体功能定位、开发方式及强度等,对各类开发活动具有约束力。

② 全区土地总面积国家分配数为 6.64 万平方公里,其中:山地占 20.92%、丘陵占 34.08%、台地占 17.93%、盆地和平原占 25.73%、沙漠占 1.34%。

利用的荒地资源(图3 人均可利用土地资源评价图)。探明矿产33种,其中煤炭和石膏探明储量分别为348.1亿吨和27.8亿吨,分列全国第6位和第7位。风、光、热资源也十分丰富。自然和人文旅游资源丰富多彩,独具魅力。但水资源匮乏,水土资源匹配差,包括国家分配的黄河可用水量,人均水资源占有量仅相当于全国平均值的1/3,水资源短缺和利用效率低是制约宁夏发展的最大瓶颈(图4 主要矿产分布图)。

——植被。宁夏自然植被有森林、灌丛、草甸、草原、沼泽等类型,以草原植被为主体,面积占自然植被的79.5%。干草原和荒漠草原是宁夏草原的主要类型,其面积占全区草原面积的97%以上。森林集中分布于贺兰山、六盘山和罗山等海拔较高、相对高度较大的山地,属天然次生林,六盘山有一定比例的人工林。受水热条件尤其是水分因素的制约,植被的地带性分异明显,自南向北,呈森林草原—干草原—荒漠草原—草原化荒漠的水平分布规律。山地垂直变化显著,由山麓草原向中高山森林、亚高山草甸过渡。草甸、沼泽、盐生和水生植物群落则分布于河滩、湖泊等低洼地域(图5 植被分布图)。

——灾害。宁夏自然灾害种类多、分布广、频率大。属地质地貌灾害的有地震、滑坡、土壤侵蚀、土地沙化、高氟地下水等,属气象气候灾害的有干旱、暴雨洪水、霜冻、沙尘暴、寒潮、冰雹、连阴雨、热干风、低温冷害等,属生物灾害的有鼠害、虫害等。干旱和地震是危害最严重的两种自然灾害。

第二节 国土空间开发现状

——国土空间呈现三大生态经济板块。宁夏国土开发已形成了沿黄经济区、中部干旱区和南部山区三大生态经济板块,呈现出产业分工明确、发展特色鲜明的空间格局。沿黄经济区水土资源优越、生态环境良好、农业基础雄厚、工业发展迅速,已形成能源、化工、新材料、装备制造、农产品加工等特色优势产业。经济结构不断调整,经济发展方式逐步转变,集聚经济和人口的能力明显增强。中部干旱带土地和矿藏丰富,但水土匹配差,土地退化沙化严重,目前在防沙治沙、生态修复的基础上,发展旱作节水补灌农业,形成一定规模的采矿业、特色农产品加工业。南部山区为黄土丘陵和土石山区,水土流失问题突出,是宁夏重要的生态保护地区和生态农业区,草畜、马铃薯、小杂粮、油料等特色农业有较大潜力。

——城镇化进程加快。随着宁夏沿黄经济区的发展,城市基础设施建设力度加大,城市建成区面积不断扩大,区域中心城市集聚经济和人口的能力提高,农村劳动力转移速度加快,城市人口稳定增加,农村人口呈现下降趋势,城镇化水平逐步提高,城镇化速度和水平在西部处于前列。

——生态保护与建设加强,促进了人与自然和谐发展。全区植树造林、封山禁牧成效显著,"三河源"生态经济圈、退耕还林、退牧还草、三北防护林、天然林保护、防沙治沙等工程扎实推进,森林覆盖率达到9.84%。积极实施水权转换,对缓解水资源压力、改变用水结构和传统的农业生产模式、保证工业用水发挥积极作用。环境保护力度加大,重点流域、重点地区生态环境质量显著改善。

第三节 资源环境综合评价

经对全区陆地空间土地资源、水资源、环境容量、生态系统脆弱性、生态重要性、自然灾害危险性、人口集聚度、经济发展水平、交通优势度等指标以及国土空间开发现状综合评价,宁夏国土空间具有以下特点：

——具有一定资源优势。能源（煤炭）、农业（北部灌区）、旅游资源优势明显，在我国西部具有重要地位，特别是宁东能源化工基地、宁夏引黄灌区优质粮食和特色农产品基地，在宁夏建设全面小康社会中将发挥重要作用（图6 耕地分布图）。

——水资源短缺。地表水资源具有量少、质差、空间分布不均、时间变率大等特点。多年平均降水总量149.49亿立方米，天然地表水资源量9.49亿立方米（未计算黄河过境水量），仅占全国平均水平的0.03%；每平方公里年产水量1.73万立方米，只有全国平均值的5.6%，加上国家分配的黄河可用水量40亿立方米，人均水量或耕地亩均水量，仍为全国最少的省区之一（图7 人均可利用水资源评价图）。

——生态比较脆弱。宁夏国土被乌兰布和、腾格里、毛乌素三大沙漠包围，处于干旱、半干旱气候过渡地带，是对全球气候反应最为敏感的生态脆弱带。由于历史上人类不合理的活动，生态退化显著。全区中度以上生态脆弱区域占国土空间的40.23%，其中，极度脆弱占2.03%、重度脆弱占8.58%、中度脆弱占29.62%、水土流失面积占全区总面积的70%[1]。脆弱的生态环境，使大规模的工业化、城镇化开发受到很大制约（图8 生态脆弱性评价图）。

——自然灾害威胁大。暴雨、大风（沙尘暴）、干旱和洪水等自然灾害频繁，受灾面广，财产损失严重，以南部山区和中部干旱带最为突出。80%以上的县级行政区位于自然灾害威胁严重区域。自然灾害频发，阻碍了工业化、城镇化进程和给人民生命财产安全带来隐患（图9 自然灾害危险性评价图）。

第四节 空间开发主要问题

改革开放以来，宁夏经济持续快速发展，工业化、城镇化加快推进，人民生活水平明显提高，经济综合实力显著增强，国土空间也发生了巨大变化。这种变化，有力地支撑了我区的经济发展和社会进步，但也带来了一些必须高度重视、认真解决的突出问题。

——空间结构不合理。工农业生产挤占一定的湿地、林地、草地，绿色生态空间偏少。农村人口减少后，相对于城市人均居住空间，农村人均居住占用空间偏多。

——空间利用效率低。2008年，宁夏各类建设空间2590平方公里，国土开发强度为3.9%；其中城市空间占国土面积的比例为1.12%，农村居民点占国土面积的比例为1.67%[2]。全区经济密度166万元/平方公里，远低于东中部地区。另外，在加快推进工业化、城镇化进程中，存在着城市建设配套性差、工业园区效率低下、土地产出率低等问题。

——经济布局与人口分布不均衡。南部山区和中部干旱带土地贫瘠，水资源缺乏，经济发展落后，贫困面大，生态环境脆弱，人口承载压力大。2008年生产总值仅占全区的11.4%，而人口占到全区的39.1%，部分市县人口严重超载。

——城乡区域差距较大。2008年，人均地区生产总值最高地区（石嘴山市城区）为最低地区

---

[1] 根据水利部进行的全国第二次水土流失遥感调查数据，全区现有水土流失面积36850平方公里。根据宁夏生态环境2004年遥感数据，宁夏沙化土地面积11826平方公里。

[2] 2008年，我区农村居民点占用空间1110平方公里，农村居民人均居住占用空间285平方米（包括农村居民散养畜禽占用空间和庭院），高于全国平均水平50多平方米；城镇建设空间746平方公里，城镇人均居住空间为28平方米，高于全国平均水平8平方米左右。

(海原县)的 9.9 倍;城镇在岗职工平均工资最高地区(银川市三区)为最低地区(贺兰县)的 1.7 倍;农民人均纯收入最高地区(利通区)为最低地区(海原县)的 2.5 倍;人均地方财政收入最高地区(银川市三区)为最低地区(西吉县)的 39.2 倍。城乡居民收入比为 3.5∶1,城乡居民支出比为 3.1∶1。教育、医疗、卫生、文化等基本公共服务方面,城乡差距明显。

——环境问题依然严峻。宁夏干旱少雨,水环境质量总体状况较差,近 50% 的县级行政区化学需氧量排放超过了环境容量,其中 8 个位于南部山区,且都属重度以上超载。大气环境质量总体尚好。随着工业化、城镇化的发展,煤炭资源开发利用加速,加之工业中高耗能产业比重较大,宁夏资源环境面临很大压力。

第五节　面临挑战

《国务院关于进一步促进宁夏经济社会发展的若干意见》(国发〔2008〕29 号)要求,"到 2020 年,人均地区生产总值、城乡居民收入接近或达到全国平均水平,综合经济实力和自我发展能力显著增强,人均基本公共服务达到全国平均水平,单位生产总值能耗进一步显著下降,生态环境明显改善"。因此,今后一个时期,是宁夏加快推进实施新一轮西部大开发战略、实现全面建设小康社会宏伟目标的关键时期,对国土空间开发提出了巨大挑战。工业化、城镇化和农业现代化加速推进,对生态环境形成了新的压力。我们既要满足人民生活改善、经济发展、工业化推进、基础设施建设、承接东部地区产业转移等对国土空间的巨大需求,又要保护环境和人民健康,应对水资源短缺、土地沙化、空气污染,保住并扩大绿色空间;既要满足我们自身发展需要的国土空间,又要为保障国家生态安全、能源安全和粮食安全提供一定的国土空间。面对这些挑战,我们必须把优化国土空间结构作为重要突破口,采取得力措施,优化国土空间开发格局。

第二章　指导思想和开发原则

——科学开发我们家园的新理念和准则

今后一个时期,是宁夏新型工业化、信息化、城镇化和农业现代化加速发展的重要时期,也是国土空间结构急剧变动的历史时期,科学的国土空间开发导向极为重要[①]。立足宁夏国土空间自然状况和发展战略,针对开发中的突出问题以及未来面临诸多挑战,我们必须积极推进形成主体功能区。

第一节　指导思想

推进形成主体功能区,要以邓小平理论和"三个代表"重要思想为指导,深入贯彻落实科学发展观[②],全面贯彻党的十八大精神,坚持以人为本,遵循自然规律和经济规律,以县域为基本单元,树立新的开发理念,调整开发内容,创新开发方式,规范开发秩序,提高开发效率,实现人口、经济、

[①]　空间结构形成后很难改变,特别是农业空间、生态空间等变为工业和城市建设空间后,调整恢复的难度和代价很大。

[②]　落实科学发展观,必须把科学发展观的思想和要求落实到具体空间单元的开发利用工作中,明确每个地区的主体功能定位以及发展方向、开发方式和开发强度。

资源环境的相互协调,构建山川秀美、经济发展、生活富裕、社会文明和谐的新宁夏。

一、开发理念

本规划中优化开发、重点开发、限制开发、禁止开发的"开发"①,特指大规模高强度的工业化、城镇化开发。限制开发,特指限制大规模高强度的工业化、城镇化开发,并不是限制所有开发活动。对农产品主产区,要限制大规模高强度的工业化、城镇化开发,但仍要鼓励农业开发;对重点生态功能区,要限制大规模高强度的工业化、城镇化开发,但仍允许一定程度的能源和矿产资源开发。将一些区域确定为限制开发区域,并不是限制发展,而是为了更好地保护这类区域的农业生产力和生态产品生产力,实现科学发展。

——根据自然条件适宜性开发的理念。不同的国土空间,自然状况不同。生态脆弱或生态功能重要的区域,并不适宜大规模高强度的工业化、城镇化开发,有的区域甚至不适宜高强度的农牧业开发。否则,将对生态系统造成破坏,对提供生态产品的能力造成损害。因此,必须尊重自然、顺应自然,根据不同国土空间的自然属性确定不同的开发内容。

——区分主体功能的理念。一定的国土空间具有多种功能,但必有一种是主体功能。从提供产品的角度划分,或者以提供工业品和服务产品为主体功能,或者以提供农产品为主体功能,或者以提供生态产品为主体功能。在关系全局生态安全的区域,应把提供生态产品作为主体功能,把提供农产品和服务产品及工业品作为从属功能,否则,就可能损害生态产品的生态功能。因此,必须区分不同国土空间的主体功能,根据主体功能定位确定开发的主体内容和发展的主要任务。

——根据资源环境承载能力开发的理念。不同国土空间的主体功能不同,因而集聚人口和经济的规模不同。生态功能区和农产品主产区由于不适宜或不应该进行大规模高强度的工业化、城镇化开发,因而难以承载较多消费人口。在工业化、城镇化的过程中,必然会有一部分人口主动转移到就业机会多的城市化地区。同时,人口和经济的过度集聚以及不合理的产业结构也会给资源环境、交通等带来难以承载的压力。因此,必须根据资源环境中的"短板"因素确定可承载的人口规模、经济规模以及适宜的产业结构。

——控制开发强度的理念。我区不适宜工业化、城镇化开发的国土空间占很大比重。沿黄经济区自然条件较好,尽管适宜工业化、城镇化开发,但也适宜发展农业,为保障农产品供给安全,不能过度占用耕地推进工业化、城镇化。由此决定了宁夏可用来推进工业化、城镇化的国土空间并不宽裕。即使是城镇化水平较高的地区,也要保持必要的耕地和绿色生态空间。在一定程度上满足当地人口对农产品和生态产品的需求。因此,各类主体功能区都要有节制地开发,保持适当的开发强度。

——调整空间结构的理念。空间结构是城市空间、农业空间和生态空间等不同类型空间在国土空间开发中的反映,是经济结构和社会结构的空间载体。空间结构的变化在一定程度上决定着经济发展方式及资源配置效率。必须把调整空间结构纳入经济结构调整的内涵中,把国土空间开发的着力点从占用土地为主转到调整和优化空间结构、提高空间利用效率上来。

——提供生态产品的理念。人类需求既包括对农产品、工业品和服务产品的需求,也包括对清

---

① 开发通常是指以利用自然资源为目的的活动,也可以指发现或发掘人才、发明技术等活动。发展通常指经济社会进步的过程。开发与发展既有联系也有区别,资源开发、农业开发、技术开发、人力资源开发以及国土空间开发等会促进发展,但开发不完全等同于发展,对国土空间的过度、盲目、无序开发不会带来可持续的发展。

新空气、清洁水源、宜人气候等生态产品的需求。从需求角度看,这些自然要素在某种意义上也具有产品的性质。保护和扩大自然界提供生态产品能力的过程也是创造价值的过程,保护生态环境、提供生态产品的活动也是发展。随着人民生活水平的提高,人们对生态产品的需求在不断增强。因此,必须把提供生态产品作为发展的重要内容。

二、主体功能区划分

根据以上开发定义和开发理念,国土空间分为以下主体功能区:按开发方式,分为优化开发区域、重点开发区域、限制开发区域和禁止开发区域;按开发内容,分为城市化地区、农产品主产区和重点生态功能区。

优化开发区域①、重点开发区域、限制开发区域和禁止开发区域,是基于不同区域的资源环境承载能力、现有开发强度和未来发展潜力,以是否适宜或如何进行大规模高强度工业化、城镇化开发为基础划分的。

城市化地区、农产品主产区和重点生态功能区,是以提供主体产品的类型为基准划分的。城市化地区是以提供工业品和服务产品为主体的地区,也提供农产品和生态产品;农产品主产区是以提供农产品为主体功能的地区,也提供生态产品、服务产品和部分工业品;重点生态功能区是以提供生态产品为主体功能的地区,也提供一定的农产品、服务产品和工业品。

——优化开发区域是经济比较发达、人口比较密集、开发强度较高、资源环境问题更加突出,从而应该优化进行工业化、城镇化开发的城市化地区。

——重点开发区域是有一定的经济基础、资源环境承载能力较强、发展潜力较大、集聚人口和经济的条件较好,从而应该重点进行工业化、城镇化开发的城市化地区。优化开发和重点开发区域都属于城市化地区,开发内容总体上相同,开发强度和开发方式不同。

——限制开发区域分为两类:一类是农产品主产区,即耕地较多、农业发展条件较好,尽管也适宜工业化、城镇化开发,但从保障国家农产品安全以及中华民族永续发展的需要出发,必须把增强农业综合生产能力作为发展的首要任务,从而应该限制进行大规模高强度工业化、城镇化发展的地区;一类是重点生态功能区,即生态系统脆弱或生态功能重要,资源环境承载能力较低,不具备大规模高强度工业化、城镇化开发的条件,必须把增强生态产品生产能力作为首要任务,从而应该限制进行大规模高强度工业化、城镇化开发的地区。

——禁止开发区域是依法设立的各级各类自然文化资源保护区域,以及其他禁止进行工业化、城镇化开发、特殊保护的重点生态功能区。国家层面禁止开发区域,包括国家级自然保护区、世界文化自然遗产、国家级风景名胜区、国家森林公园和国家地质公园。省级层面的禁止开发区域,包括省级及以下各级各类自然文化资源保护区域、重点水源地以及其他省级人民政府根据需要确定的禁止开发区域。

——各类主体功能区,在经济社会发展中具有同等重要的地位,只是主体功能不同,开发方式不同,保护内容不同,发展首要任务不同,国家和自治区支持的重点不同。对城市化地区主要支持其集聚人口和经济,对农产品主产区主要支持其增强农业综合生产能力,对重点生态功能区主要支

---

① 按开发方式国家划分了四类主体功能区,即优化开发区域、重点开发区域、限制开发区域和禁止开发区域。因我区正处在工业化、城镇化加快发展阶段,目前还没有具备优化开发区域条件的县区,故本规划中没有划分优化开发区域。

持其保护和修复生态环境。

主体功能区分类及其功能

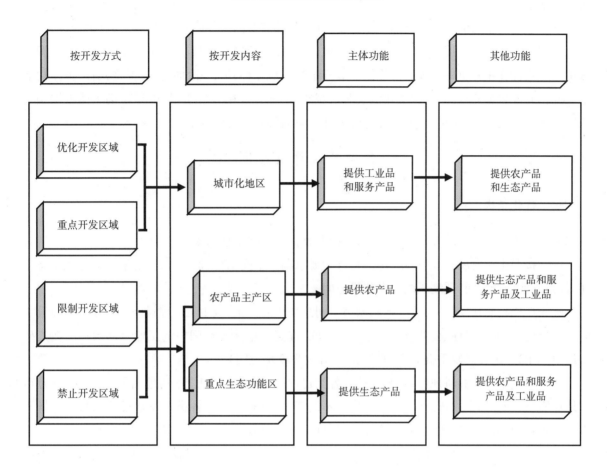

三、重大关系

推进形成主体功能区,应处理好以下重大关系:

——主体功能与其他功能的关系。主体功能不等于唯一功能。明确一定区域的主体功能及其开发的主体内容和发展的主要任务,并不排斥该区域发挥其他功能。

——主体功能区与农业发展的关系。把农产品主产区作为限制进行大规模高强度工业化、城镇化开发的区域,是为了切实保护这类农业发展条件较好区域的耕地,不断提高农业综合生产能力。此外,通过集中布局、点状开发,在县域适度发展非农产业。

——主体功能区与能源和矿产资源开发的关系。能源和矿产资源开发,往往只是"点"的开发,主体功能区中的工业化、城镇化开发,更多的是"片"的开发。一些能源和矿产资源富集的区域确定为限制开发区域,不是要限制能源和矿产资源开发,而是按照该区域的主体功能定位实行"点上开发、面上保护"。

——主体功能区与区域发展总体战略的关系。推进形成主体功能区是为了落实好区域发展总体战略,深化细化区域政策,更好地支持区域协调发展。把沿黄经济区确定为重点开发区域,就是要集聚人口和经济,引导生产要素向沿黄经济区集中,推进工业化、城镇化进程,使中南部贫困地区人口到沿黄经济区就业、定居,从而更好地保护中南部地区生态,提高生态产品供给能力,国家和自治区支持生态环境保护和改善民生的政策能够集中落实到中南部地区,尽快改善当地公共服务和人民生活条件。

——政府与市场关系。推进形成主体功能区,是政府对国土空间开发的战略设计和总体谋划,体现了国家战略意图。促进主体功能区的形成,要正确处理好政府与市场的关系,使市场在资源配置中起决定性作用和更好发挥政府作用。政府推进形成主体功能区的主要职责是,明确主体功能定位并据此配置公共资源,完善法律法规和区域政策,综合运用各种手段,引导市场主体根据相关区域主体功能定位,有序进行开发,促进经济社会全面协调可持续发展。

第二节　开发原则

一、优化结构

要将国土空间开发从外延扩张为主,转向调整优化空间结构为主[①]。

——按照生产发展、生活富裕、生态良好的要求调整空间结构,保证生活空间,扩大绿色生态空间,保持农业生产空间,适度压缩工矿建设空间。

——严格控制开发强度,适度控制城市空间总面积的扩张,减少工矿建设空间。在城市建设空间中,主要扩大城市居住、公共设施和绿地等空间,提高城市建设空间中的工业空间效率。在工矿建设空间中,压缩并修复采掘业空间(图10　开发强度示意图)。

——落实最严格的耕地保护制度,控制各类建设占用耕地,稳定全区耕地面积,坚守1630万亩耕地保有量,确保基本农田总量不减少、用途不改变,质量有提高。各类开发建设活动都要尽量不占或少占耕地,确需占用耕地的,要在依法报批用地前,补充数量相等的、质量相同的耕地。

——实行基本草原保护制度、禁止开垦草原,实行禁牧休牧划区轮牧,稳定草原面积,在有条件的地区加强人工草地建设。

——增加农村公共设施空间。按照农村人口向城市转移的规模和速度,逐步适度减少农村生活空间,并将闲置的农村居民点由政府进行评估后,给予一定的经济补偿予以收购,复垦整理成农业生产空间或绿色生态空间。

——适度扩大交通设施空间,重点扩大区域对外通道空间及城市群之间的轨道交通空间。

——调整城市空间的区域分布。扩大重点开发区域的城市建设空间,适度扩大先进制造业和服务业空间。适度控制限制开发区域城市建设空间和工矿建设空间,从严控制开发区总面积。

---

① 城市空间,包括城市建设空间、工矿建设空间。城市建设空间包括城市和建制镇居民点空间。工矿建设空间是指城镇居民点以外的独立工矿空间。

农业空间,包括农业生产空间、农村生活空间。农业生产空间包括耕地、改良草地、人工草地、园地、其他农用地(包括农业设施和农村道路)空间。农村生活空间即农村居民点空间。

生态空间,包括绿色生态空间、其他生态空间。绿色生态空间包括天然草地、林地、湿地、水库水面、河流水面、湖泊水面。其他生态空间包括荒草地、沙地、盐碱地、荒漠等。

其他空间,指除以上三类空间以外的其他国土空间,包括交通设施空间、水利设施空间、特殊用地空间。交通设施空间包括铁路、公路、民用机场、港口码头、管道运输等占用的空间。水利设施空间即水利工程建设占用的空间。特殊用地空间包括居民点以外的国防、宗教等占用的空间。

二、保护自然

要按照建设环境友好型社会的要求,根据国土空间的不同特点,以保护自然生态为前提、以水土资源承载能力和环境容量为基础进行有度有序开发,走人与自然和谐的发展道路。

——把保护水面、湿地、林地、荒漠、绿洲放到与保护耕地同等重要位置。

——工业化、城镇化开发,必须建立在对所在区域资源环境承载能力综合评价的基础上,严格控制在水资源承载能力和环境容量允许的范围内。编制区域规划,应事先进行资源环境承载能力综合评价,并保持一定比例的绿色生态空间。

——在水资源严重短缺、生态脆弱、生态系统重要、环境容量小、地震和地质灾害等自然灾害危险性大的地区,要严格控制工业化、城镇化开发,适度控制其他开发活动,缓解开发活动对资源和生态环境的压力。

——严禁破坏生态环境的各类开发活动。能源资源和矿产资源开发,也要尽可能不损害生态环境,并应最大限度地修复生态环境。在沙化土地上从事营利性治沙活动的,应按照《营利性治沙管理办法》有关规定履行审批手续。

——加强对河流原始生态的保护。在保护河流生态的基础上有序开发水利资源。实行最严格的水资源管理制度,严格控制地下水超采,加强对超采的治理和对地下水源的涵养与保护。加强水土流失综合治理及水土流失预防监督工作。

——交通、输电等基础设施建设要尽量避免对重要自然景观和生态系统的分割,从严控制穿越禁止开发区域。

——农业开发要充分考虑对自然生态系统的影响,积极发挥农业的生态、景观和间隔功能。严禁有损自然生态系统的开荒以及侵占水面、湿地、林地、草地、沙地等的农业开发。

——按照土地利用总体规划确定的耕地和基本农田保护目标,以全国土地调查结果为基础,结合国家"十二五"生态退耕规划,有计划地实行退耕还林、退牧还草、退田还湖。在农业用水严重超出区域供水能力的地区实行退耕还水①。

——严格保护现有林地,大力发展植树造林,积极拓展绿色生态空间;引导节约集约使用林地,严格控制林地转为建设用地,逐步减少城市建设、工矿建设和农村建设占用林地数量;通过生态脆弱区和退化生态系统修复治理,积极扩大和保护林地,逐步增加森林比重。

——生态遭到破坏的地区要尽快偿还生态欠账。生态修复行为要有利于构建生态廊道和生态网络。

三、集约开发

要按照建设资源节约型社会的要求,把提高空间利用效率作为国土空间开发的重要任务,引导人口相对集中分布、经济相对集中布局,走空间集约发展道路。

——严格控制开发强度,把握开发时序,使绝大部分国土空间成为保障生态安全和农产品供给安全的空间。

---

① 退耕还水就是在严重缺水地区,通过发展节水农业以及适度减少必要的耕作面积等,减少农业用水,恢复水系平衡。

宁夏

——资源环境承载能力较强、人口密度较高的城市化地区,要把城市群作为推进城镇化的主体形态。其他城市化地区要依托现有城市集中布局、据点式开发①。重点建设县城,逐步减少小城镇数量,严格控制乡镇建设用地盲目扩张。各类开发活动都要充分利用现有建设空间,尽可能利用空闲地和废弃地。

——工业项目要按照发展循环经济和有利于污染集中治理的原则集中布局。以工业开发为主的开发区要提高土地利用效率。各类开发区未达到土地利用评价的有关标准之前,不得扩大开发区面积。

——交通建设要尽可能利用现有基础搞扩能改造,必须新建的也要尽可能利用既有交通走廊。跨河、湖的公路、铁路尽可能共用桥位。

四、协调开发

要按照人口、经济、资源环境相协调和统筹城乡发展、统筹区域发展的要求进行开发,促进人口、经济、资源环境的空间均衡。

——按照人口与经济相协调的要求进行开发。重点开发区域在集聚经济的同时要集聚相应规模的人口,限制开发和禁止开发区域要引导人口有序转移到重点开发区域。

——按照人口与土地相协调的要求进行开发。城市化地区在扩大城市建设空间的同时,要增加相应规模的人口。农产品主产区和重点生态功能区在减少人口规模的同时,要相应减少人口占地的规模。

——按照人口与水资源相协调的要求进行开发。城市化地区集聚的人口和经济规模以及产业结构的选择,要充分考虑水资源的承载能力。

——按照区域相对均衡的要求进行开发。在促进沿黄经济区人口和经济进一步集聚的同时,在中南部地区资源环境承载能力相对较强的区域,适度培育形成一定规模的人口和经济密集区。沿黄经济区要积极吸纳中南部地区人口,上缴更多的财政收入,帮助中南部地区修复生态环境和实现人口脱贫。

——按照统筹城乡的要求进行开发。城市建设必须为农村人口进入城市预留生活空间,有条件的地区要将城市基础设施延伸到农村居民点。

——按照统筹地上地下的要求进行开发。各类开发活动都要充分考虑水文地质、工程地质和环境地质等地下要素,充分考虑地下矿产的赋存规律和特点。在条件允许的情况下,城市建设和交通设施的建设空间应积极利用地下空间。

——交通基础设施的建设规模、布局、密度等,要与各主体功能区的人口、经济规模和产业结构相协调,宜密则密,宜疏则疏。

第三章　战略目标和任务

——我们未来的美好家园

第一节　主要目标

到 2020 年宁夏推进形成主体功能区的主要目标是:

---

① 据点式开发,又称增长极开发,是指对区位优势明显、资源富集等发展条件较好的地区,突出重点,点状开发。沿黄经济区既是城市化地区也是重要农产品主产区,要统筹考虑,据点式开发。

——主体功能区格局基本形成。"一带一区"为主体的城镇化战略格局基本形成,全区主要城市化地区集中全区大部分人口和经济总量;"三区五带"为主体的农业战略格局基本形成,农产品供给安全得到切实保障;"两屏两带"为主体的生态安全战略格局基本形成,生态安全得到有效保障。

——空间结构优化。全区开发强度控制在4.7%①,适度增加城市空间(城市和建制镇、独立工矿),城市空间控制在1346平方公里(占国土面积2.03%)。适度增加交通运输空间,逐步减少农村居民点空间。耕地保有量10867平方公里(1630万亩)以上。绿色生态空间扩大,其中湿地面积有所增加。

——空间利用效率提高。城市空间单位面积创造的生产总值大幅度提高。单位面积耕地粮食和主要经济作物产量提高10%以上。林木蓄积量、涵养的水资源等进一步增加。

——区域发展协调性增强。不同主体功能区以及同类主体功能区之间城镇居民人均可支配收入、农村居民人均纯收入和生活条件的差距逐步缩小,山川之间人均财政支出大体相当,基本公共服务均等化取得重大进展。

——可持续发展能力增强。生态系统稳定性明显增强,沙化、水土流失、盐渍化、湿地退化、草原退化等生态退化面积减少,水、空气、土壤等环境质量明显改善,森林覆盖率达到20%以上。主要污染物排放得到有效控制,主要河湖水功能区水质达标率进一步提高。黄河宁夏段国控、区控断面水质达到Ⅲ类以上标准。自然灾害防御水平进一步提升。应对气候变化能力明显增强。

表1　宁夏国土空间开发的规划指标

指　　标	2008年	2020年
开发强度(%)	3.9	4.7
城市空间(平方公里)	746	1346
农村居民点(平方公里)	1110	1092
耕地保有量(平方公里)	11071	10867
基本农田(平方公里)	8853	8853
林地保有量(平方公里)	18010	19218
森林覆盖率(%)	9.84	20

第二节　战略任务

从宁夏建成全面小康社会全局和新型工业化、信息化、城镇化和农业现代化的战略需要出发,遵循不同国土空间的自然属性,构建全区"三大战略格局"。

——构建"一带一区"为主体的城镇化战略格局。按照把宁夏作为一个大城市规划建设的理念,构建以黄河为轴线,以沿黄城市带为重点,固原市辖区为主要支撑点,以其他城镇为重要组成的城镇化战略格局(图11　城镇化战略格局示意图)。

以银—吴为核心,以石嘴山市、中卫市为两翼,以固原市为延伸,按照"两大战略"、"两区建设"

① 我区国土面积狭小,到2020年建设用地为3120平方公里,工业化、城镇化开发空间有限。其次,我区大部分国土空间不适宜工业化、城镇化开发,甚至不适宜人类生存,适宜工业化、城镇化开发的地区集中在沿黄经济区,且沿黄经济区又是农业生产的重要地区,工业化、城镇化发展必将占用一定的农业空间,集约开发任务艰巨。

总体要求,加快沿黄经济区建设,使之成为我国内陆开放型经济试验区核心区,能源化工"金三角"重要一极,特色鲜明的国际旅游目的地,连接欧亚区域现代物流中心,承接国内外产业转移示范区,现代产业集聚区。

——构建"三区五带"为主体的农业战略格局。构建北部宁夏平原引黄灌区现代农业示范区,中部干旱带旱作节水农业示范区,南部黄土丘陵生态农业示范区为重要组成的农产品供给安全战略格局。建设宁夏平原优质小麦产业带、优质水稻产业带、优质玉米产业带,形成西北地区重要粮食生产基地。建设北中部特色林果产业带和南部山区马铃薯产业带。维护黄河健康生命,改善中部干旱带农业灌溉、生态环境条件和沿黄经济区工业、城市供水条件(图12　农业战略格局示意图)。

——构建"两屏两带"为主体的生态安全战略格局。构建以六盘山水源涵养、水土流失防治生态屏障、贺兰山防风防沙生态屏障、中部防沙治沙带和宁夏平原绿洲生态带为骨架,以国家和自治区限制开发的重点生态功能区为支撑,以点片状和条带状分布的国家和自治区禁止开发的重点生态功能区为重要组成的生态安全战略格局(图13　生态安全战略格局示意图)。

第三节　未来展望

到2020年主体功能区布局基本形成之时,我们的家园将呈现生产空间更加集约高效,生活空间更加舒适宜居,生态空间更加山青水碧,人口、经济与资源环境更加协调的远景。

——经济和人口布局更加集中均衡。工业化、城镇化将在沿黄经济区集中展开,产业集聚布局、人口集中居住、城镇密集分布。在继续提升银川、石嘴山、吴忠、中卫等现有大中城市整体功能和区域竞争力基础上,在固原等其他适宜开发的区域,引导县城和特色小城镇进行据点式开发,使人口和经济在国土空间的分布相对均衡。

——城乡、区域发展更加协调。农村人口将继续向城镇有序转移,腾出的闲置生活空间将得到整理复垦,农业经营的规模化水平、农业劳动生产率和农民人均收入较大幅度提高,工业反哺农业的力度逐步加大,城乡差距逐步缩小。人口更多由山区向川区、由农村向城镇,由限制开发区域向重点开发区域逐步转移,区域间人均生产总值和人均收入的差距将逐步缩小。适应主体功能区要求的财政体制逐步完善,公共财政支出规模与公共服务覆盖的人口规模更加匹配,城乡、区域间基本公共服务和基本生活条件基本实现均等化。

——资源利用更加集约高效。沿黄经济区内将形成相对完整的产业链,市场指向型产品的运距将缩短,物流成本将降低。大部分人口的就业和居住聚集在沿黄经济区,将大大提高基础设施的共享水平,多种客运方式形成有效衔接的综合运输网络。

——污染防治更加有效。一定空间单元集聚的人口规模和一定产业结构的经济规模将控制在环境容量允许的范围之内,先污染、后治理的传统模式得以扭转。绝大部分国土空间作为农产品主产区和重点生态功能区,随着其主体功能定位的逐步落实,不符合主体功能定位的开发活动得到严格控制,工业、农业和生活污染排放大大减少。相对于小规模、分散式的布局,经济的集中布局和人口的集中居住,可有效提高污染治理水平。

——人与自然更加和谐。重点生态功能区承载人口、创造税收、提供农产品和工业品的压力减轻,涵养水源、防沙固沙、保持水土、维护生物多样性、保护自然文化资源等生态功能大大增强,森林、草地、湿地、荒漠、农田等生态系统的稳定性提升。适度控制城市化地区的开发强度,绿色生态空间将保持较高的比例。农产品主产区开发强度得到控制，生态功能大大增强。

——国土空间管理更加精细科学。不同地区明确的主体功能定位，将为涉及国土空间开发各项政策的制定和实施提供统一的政策平台，区域调控的针对性、有效性和公平性增强；将为各类规划的衔接协调提供基础性的规划平台，各级各类规划间的一致性、整体性以及规划实施的权威性、有效性增强；将为政府对国土空间及其相关经济社会事务的管理提供统一的管理平台，政府管理的科学性、规范性和制度化水平增强；将为实行各有侧重的绩效评价和政绩考核提供基础性的评价平台，绩效评价和政绩考核的客观性、公正性将增强。

第四章　重点开发区域
——重点进行工业化、城镇化开发的城市化地区

重点开发区域是指具备较强经济基础、技术创新能力和较好发展潜力，可以成为全区乃至西部新的增长极；城市群框架初步形成，具备经济一体化条件并有可能发展成为新的城市群；对区域协调发展意义重大，是落实区域发展总体战略重要支撑的城市化地区。宁夏重点开发区域①包括国家级重点开发区域和自治区级重点开发区域，国家级重点开发区域为沿黄经济区（含宁东能源化工基地），自治区级重点开发区域为固原市原州区。重点开发区域面积10275平方公里，占国土空间比重为15.5%（图14　重点开发区域分布图）。

重点开发区域以县级行政区域确定主体功能定位，主要是城市化地区和工业化地区；同时结合宁夏实际，将沿黄经济区部分县域的城关镇、重点镇和工业园区所在的乡镇作为重点开发区域。主体功能确定为国家级重点开发区域的县区有银川市兴庆区、金凤区、西夏区、灵武市，石嘴山市大武口区、惠农区，吴忠市利通区，中卫市沙坡头区8个县区以及宁东能源化工基地（含太阳山）；将贺兰县、永宁县、平罗县、青铜峡市、中宁县5个县的城关镇和工业园区所在乡镇划为国家级重点开发区域。固原市原州区主体功能确定为自治区级重点开发区域，包括城区、官厅镇和开城镇。

第一节　功能定位和发展方向

宁夏重点开发区域（包括国家级和自治区级）要在优化结构、提高效益、降低消耗、保护环境的基础上推动经济较快发展，成为支撑未来全区经济持续发展的增长极；要提高创新能力，推进新型工业化进程，提高集聚产业的能力，形成分工协作、相对完整的现代产业体系；要加快推进城镇化，提高城镇综合承载能力，改善人居环境，提高集聚人口的能力，成为全区最重要的人口和经济密集区。

功能定位：

现代产业的集聚区，统筹城乡发展的示范区，生态文明的先行区，内陆开放型经济试验区的核心区，国家向西开放的战略高地，能源化工"金三角"重要增长极，带动全区实现全面建设小康社会

---

① 我区重点开发区域包括国家级重点开发区域和自治区级重点开发区域。沿黄经济区是国家主体功能区明确的重点开发区域，自治区级重点开发区域为固原市原州区。我区重点开发区域主要考虑城市化地区和工业化地区，为地级城市和县级城市未来发展留有足够空间，工业化地区主要是现有开发区所在乡镇，工业开发尽量不占用耕地，属重点开发区域的面积10275平方公里，其中国家级重点开发区域9786平方公里，自治区级重点开发区域489平方公里。

的重要区域。

发展方向和开发原则：

——统筹规划国土空间。扩大煤炭、矿产等资源开发和先进制造业空间，扩大服务业、交通和城市居住等建设空间，减少农村生活空间，保护和扩大绿色生态空间，有效利用现有土地空间。

——完善"一带一区"城镇体系。适度扩大首府银川及石嘴山、吴忠、中卫、固原5个地级市城市规模，发展壮大中小城市和重点城镇，基本形成分工协作、优势互补、集约高效的城镇体系。

——促进人口加快向沿黄经济区城市群集聚。通过积极推进农村人口城镇化以及完善城市基础设施和公共服务等，进一步提高城市的人口承载能力，城市规划和建设要预留吸纳外来人口的空间，实现人口较大规模增长。

——形成现代产业体系。增强农业综合生产能力，大力发展优势特色农业。做强做大能源、装备制造、特色农产品加工产业，发展战略性新兴产业，运用高新技术改造化工、冶金、轻纺等传统产业，增强产业配套能力，促进产业集群发展。大力发展现代物流、金融、信息、旅游等现代服务业。

——提高工业园区发展质量。加快"五大十特"工业园区和慈善产业园区建设，积极承接东部产业转移，确保发展质量和效益。工业园区的规划建设要遵循循环经济的理念，大幅度降低资源消耗和污染排放。淘汰浪费资源、污染环境和不具备安全生产条件的落后产能。

——保护生态环境。做好生态环境、基本农田等保护规划，减少工业化、城镇化对生态环境的影响，避免出现土地过多占用、水资源过度开发和生态环境压力过大等问题，努力提高环境质量，加大防沙治沙力度，着力构建防风固沙生态屏障。

——把握开发时序。区分近期、中期和远期实施的有序开发，近期重点建设好国家批准的经济开发区等各类国家级园区，对目前尚不需要开发的区域，要作为预留发展空间予以保护。

第二节　银—吴核心区

该区域位于我区沿黄经济区的中心[①]，包括银川市城区、贺兰县、永宁县、灵武市、利通区和青铜峡市，是全区新型工业化、新型城镇化战略格局中的核心区域，也是全区重要的交通、通信、科教、金融和现代物流中心，大西北重要的"门户城市"，能源化工"金三角"重要一极，我国向西开放的战略高地。

功能定位：

国家重要的能源化工、新材料、装备制造、生物制药、羊绒纺织、高新技术产业基地，国家级现代农业示范区，我国重要的清真食品和穆斯林用品产业集聚区，区域性国际交通枢纽、国际物流中心、金融中心、信息交流中心和独具特色的国际旅游目的地，承接东部产业接续区，带动宁夏实现全面小康社会和跨越式发展的重要增长极。

发展方向和开发原则：

——以银川为中心，以吴忠为副中心，以永宁、贺兰、灵武、青铜峡等辖区中小城镇为支撑，以交

---

① 银—吴地区地势平坦，地貌类型以平原为主。土地垦殖历史悠久，是我国十大商品粮基地之一。除银川市城区外，其余市县开发强度都在10%以下，未来可作为建设用地的土地资源相对丰富。该区域紧靠黄河，过境水资源较为丰富，可利用水资源量15.67亿立方米，占全区可利用水资源的2/5，基本能够满足区域用水需要。水环境质量总体较好。大气环境质量总体尚可，利通区、永宁县和贺兰县尚有剩余容量。银—吴地区是宁夏人口与城镇集聚地区，现已基本形成以银川为中心的城市群。人口密度约172人/平方公里，城镇化水平超过63%。

通路网为纽带,推进交通、旅游、通信、金融、教育、社保等跨区互通互认,加快推进银—吴同城化步伐,打造银—吴无障碍合作城市圈。

——突出银川市"塞上湖城、西夏古都"的文化特色,扩大城市规模,加快城市东扩南进北移,推进与永宁、贺兰的一体化。高水平建设滨河新区、银川综合保税区和临空经济区,打造内陆开放大平台。

——突出吴忠市"滨河水韵、回族风貌"文化特色,加快城市基础设施建设,扩大城市规模,加快城市西移东扩,推进与青铜峡市一体化。

——明确银—吴地区的产业分工,壮大先进制造、新材料、高新技术产业,做大做强清真食品穆斯林用品产业,着力发展石油天然气化工和生态纺织工业,强化产业配套,培育产业集群,增强城市经济实力。

——提升银—吴核心区金融、科技、信息、教育、交通、物流、通信等服务功能,加快发展工业设计、设备维修、金融、物流等生产性服务业和教育、医疗、房地产等生活性服务业,把银—吴地区建成面向能源"金三角"的综合服务基地,打造西北地区"最适宜人居、最适宜创业"和重要辐射带动作用的现代化区域核心城市圈。

——壮大灵武市、贺兰县、永宁县、青铜峡市的经济实力,大力发展新材料、化工、生物工程、清真食品和穆斯林用品加工、羊绒等产业,扩大城市规模。

——大力发展旅游业,加快贺兰山历史文化和塞上江南新天府旅游板块建设,深入挖掘黄河文化、穆斯林文化、西夏文化,建设贺兰山东麓百万亩葡萄文化长廊,打造独具特色的国际旅游目的地。

——发展现代农业和都市农业,建成现代农业示范区。

——依托宁夏平原引黄灌区实施绿洲生态系统建设工程和湖泊湿地保护恢复工程。

第三节　宁东能源化工基地

宁东能源化工基地①位于宁夏东部,西邻黄河,东靠沙漠,北与内蒙古鄂尔多斯市接壤,南为黄土丘陵地区,是鄂尔多斯盆地重要组成部分,也是新亚欧大陆桥的必经通道,连接西北与华北的捷径。基地规划区面积 3484 平方公里,范围包括银川市、吴忠市的部分县区,主要产业布局在灵武市。

功能定位:

全国重要的大型煤炭基地、"西电东送"火电基地、煤化工产业基地、国家级循环经济示范区、国家大型综合能源化工生产基地,能源化工区域性研发创新平台,能源化工"金三角"重要增长极,我区跨越式发展和建设全面小康社会的战略支撑区。

发展方向和开发原则:

——构建"两轴"、"两中心"、"五大功能区"总体空间格局。围绕太中银铁路银川联络线和正

---

① 宁东能源化工基地内含煤面积约 2000 平方公里,探明储量 273 亿吨,占宁夏煤炭探明储量的 87%。远景预测资源量 1394 亿吨。白云岩预测资源量 17.9 亿吨,其中冶镁白云岩探明储量 1268.9 万吨。石灰岩预测资源量 49.2 亿吨,其中探明储量 2094.2 万吨。宁东能源化工基地是我国西气东输、西电东送、煤化工产品东运的重要枢纽,对外交通运输便利。当地水资源短缺,基地项目建设用水全部采取农业节水的水权转换方式,不增加宁夏黄河用水总量,可以保证用水需求。宁东能源化工基地规划区共有约 1000 平方公里的成片发展用地,区域范围内人口稀少。项目建设不占用耕地,对环境影响小,适宜建设大型能源化工基地。

线两大发展轴线,建立北部能源化工产业中心和南部能源新材料产业中心,形成资源开发区、产业发展区、城镇服务区、生态治理区、农业保护区5个功能区。

——加快资源深度开发利用,重点开发煤炭、煤层气、冶镁白云岩、石膏等矿产资源,促进水资源的高效利用,实现资源优势向经济优势转化。

——推进煤电化一体化发展。以煤炭、电力、煤化工、石油化工和新材料产业为重点,以精细化工、建材等产业为补充,重点发展煤化工和石油化工产品深加工项目,采用上下游一体化的发展方式,延伸产业链,提高产品附加值,形成定位清晰、特色鲜明、技术先进、清洁生产、竞争力强、优势显著、协调发展的国家级能源化工产业集群。

——推进宁东产业一体化、高端化、大型化发展,带动辐射宁夏经济发展,促进全区产业结构调整,提升经济发展质量和效益。以宁东的"上大"(即大项目、大产业、大企业、大格局)促进全区工业产业结构优化升级。

——加强中阿在石油、天然气、煤炭和新能源方面的国际合作,通过境外投资、易货贸易等多种方式,积极引进阿拉伯国家及世界穆斯林地区的资本、技术、人才,大力发展新型煤化工、石油天然气化工、新能源和配套装备制造等产业,把宁东建成中阿能源合作开发的先行区、试验区、示范区。

——完善宁东基地的交通、通讯、供水、供电、供气和污水处理、防灾减灾等基础设施,建设现代化的产业基地。积极推进区域内以现代物流、公共服务等为主的中心城镇建设,为宁东基地提供物流和生活服务保障。

——加强与内蒙古、陕西毗邻地区的区域协作。建立多领域、多层次的协作关系,实现科学合理的区域分工协作,注重各自能源化工产业的特色性和互补性,共同促进三省区能源产业友好发展,谋求产业良性互动,实现合理分工和互惠互利。

——改善区域生态环境,开展采煤沉陷区综合治理,实施矿山地表生态修复、保护和草场封育。加强产业基地和城镇居民区绿化与美化。

——保持现有基本农田规模,建成生态农业区,为宁东能源化工基地和城镇居民提供农副产品,稳定提高农村居民收入。

第四节　石嘴山市

该区域位于我区沿黄经济区战略格局的北端,包括大武口区、惠农区和平罗县,是沿黄经济区北翼,宁夏北部的重要门户城市,是全区工业化、城镇化战略的重要区域①。

功能定位:

国家内陆开放型经济先行先试区,承接国内外产业转移示范区,宁夏战略性新兴产业的集聚区,国家老工业基地振兴示范区,国家级循环经济示范区,宁北、蒙西地区物流中心。

发展方向和开发原则:

——完善城市基础设施,增强城市综合服务功能,建设西部独具特色的山水园林新型工业化

---

① 石嘴山市地貌类型以平原、台地、山地为主。市区是以煤炭资源开发而形成的新型工业城市。开发强度不到5.3%,未来可作为建设用地的土地资源较为丰富。该区域是黄河在宁夏的出口段,可利用水资源量4.85亿立方米,大武口区水资源较短缺,地下水超采。水环境质量一般,尚有一定容量。石嘴山市是以重型工业为主的移民城市,是宁夏北部区域中心。市区人口密度178人/平方公里,城镇化水平70%。

城市。

——提升装备制造、新型煤化工、煤炭开采等传统优势产业,建成全国重要的煤矿机械生产基地、煤化工产业基地,面向能源化工"金三角"的设备制造与维修服务基地。

——培植壮大稀有金属、光伏材料、电子元器件、煤基碳材等新材料产业,建成具有世界影响的战略性新兴产业基地。

——培育壮大文化旅游、现代物流、节能环保等接续替代产业,积极承接东部产业转移,调整优化产业结构,加快推进经济转型。

——加快对外交通基础设施建设,大力发展以生产资料为重点的现代物流业,提升惠农陆港口岸综合服务功能,加快沙湖通勤机场建设步伐,建设西北地区大宗工业产品保税区,打造东进西出、通江达海、高效便捷的区域性交通枢纽。

——加快发展高效设施农业,推进土地流转,积极引进大型农产品加工龙头企业,建成全国农作物制种基地、西部地区脱水蔬菜、番茄加工基地、优质大米加工基地和水产品养殖基地。

——加大矿山地质环境恢复整治、生态保护与修复、污染治理力度,改善城市环境质量,建成全国循环经济示范城市。

第五节　中卫市

中卫市位于沿黄经济区战略格局的南端,包括中卫市沙坡头区、中宁县,是沿黄经济区的南翼,宁夏西部的重要门户城市,西北重要的交通枢纽①。

功能定位:

世界级新型冶金产业基地,特色鲜明的旅游目的地,全国防沙治沙示范区,欧亚大陆桥和丝绸之路经济带上重要的交通枢纽和现代商贸物流中心,国家电子信息产业基地,特色农副产品加工基地,黄河上游重要的水利枢纽和水电能源基地。

发展方向和开发原则:

——完善旅游基础设施,突出"沙漠水城、花儿杞乡、休闲中卫"文化特色,加快国家沙漠地质公园和旅游试验开发试验区建设步伐,提升服务水平,挖掘、整合旅游资源,开发旅游精品,优化旅游产业结构,打造特色鲜明的国际旅游城市。

——增强交通综合服务功能,着力构建公铁空海联运综合交通体系,加快完善中宁陆路口岸功能,大力发展现代物流,建成欧亚大陆桥和丝绸之路经济带上重要的交通枢纽城市。

——做大以金属锰为主导的新型冶金产业,拉伸拉长产业链,加快中卫云计算基地建设,壮大林纸一体化、高端装备制造、化工、建材、信息等产业规模,提升经济实力。

——提高农业产业化水平,加大枸杞、硒砂瓜、高酸苹果、设施蔬菜等特色农产品种植规模,提高加工水平,打造品牌。

---

① 中卫市地貌类型多样,有山地、丘陵、平原和沙漠等,地势高低起伏。土地垦殖历史悠久,是引黄自流灌区。主要产业有旅游业、冶金、新材料、造纸、特色种植养殖业及农产品加工业。中卫市开发强度1.7%,未来可作为建设用地的土地资源较为丰富。中卫市地处黄河的宁夏入口段,水资源较为丰富,可利用水资源量4.62亿立方米。水能资源丰富,适合建设大型水利枢纽工程。大气和水环境质量总体较好,都有一定容量。但生态环境较脆弱,沙漠化面积大,强度高。中卫市是连接西北与华北的重要交通枢纽,沿黄经济区的重要组成部分。人口密度65人/平方公里,城镇化水平45%。

——扩大禽蛋、生猪、牛羊肉、奶牛等养殖业规模,建成西北地区禽蛋、生猪集散地。

——加快沙化土地综合治理,保护和合理利用沙区资源,发展沙区循环经济,积极推进沙产业开发。

——加快推进大柳树水利枢纽工程,保障国家生态安全、能源安全和维护黄河健康生命。

第六节　固原市原州区

该区域位于宁夏南部,是宁夏南部区域性中心城市,是少数民族集聚区,也是六盘山片区扶贫开发的重点地区①。

功能定位:

六盘山片区区域扶贫开发的核心区,全国旅游扶贫发展试验区,绿色农产品生产加工贸易基地,劳务输出培训基地,区域性物流集散基地和商贸中心。

发展方向和开发原则:

——加强城市基础设施建设,突出"山城风貌、文化古城、回乡民俗、生态园林"四大特色,提高城市服务功能,拓展城市发展空间,建设特色突出、功能完备和具有较强集聚辐射带动作用的宁南区域性中心城市。

——依托宝中铁路、固原机场、福州—银川高速公路、309国道等综合交通运输网络,大力发展交通运输、通用航空、商贸流通业,打造西兰银区域物流中心。

——大力发展职业教育,提升农村劳动力技能培训能力,建成宁南劳务输出培训基地,扩大劳务输出,促进农村人口转移。

——积极发展休闲度假旅游业,挖掘地方特色旅游资源,拓展旅游产业,完善宾馆、娱乐、餐饮等配套服务体系,提升旅游服务水平。

——壮大马铃薯、草畜等特色产业加工,培育建材、民族医药产业,加快开发煤炭,适度发展能源产业。

——提高区域内水源涵养能力,保护好水资源,积极实施大六盘生态圈建设、小流域综合治理等生态工程、中南部城乡饮水安全工程,构建区域生态安全和城乡居民饮水安全保障体系,促进自然生态系统的修复。

第五章　限制开发区域(农产品主产区)
——限制进行大规模高强度工业化、城镇化开发的农产品主产区

限制开发的农产品主产区是指具备较好的农业生产条件,以提供农产品为主体功能,以提供生态产品、服务产品和工业品为其他功能,需要在国土空间开发中限制进行大规模高强度工业化、城

---

① 固原市原州区地处宁夏南部山区,地貌类型以黄土丘陵和山地为主,地势高低起伏。商贸历史悠久,是南部山区中心城市。开发强度4.4%,但未来可作为建设用地的土地相对较少。人口密度113人/平方公里。
该区域属半干旱地区,海拔较高,热量不足。农业以旱作农业为主。近代人口猛增,土地超载,水土流失严重,自然灾害频繁,生态脆弱,生态重要性较高。农业生产低而不稳,是我国著名的贫困地区。
固原市原州区列入重点开发区的支撑条件明显不足,但兼顾国土开发和均衡布局的要求,考虑对老少边穷区域的政策扶持,国家允许将此类少数民族集居的地级市所在地划分为重点开发区,以促进区域发展。

镇化开发,以保持并提高农产品生产能力的区域。宁夏北部引黄灌区是国家级限制开发的农产品主产区①,包括贺兰县、永宁县、平罗县、青铜峡市、中宁县 5 个县,灵武市、惠农区、利通区、沙坡头区 22 个乡镇以及农垦 14 个国有农林牧场,面积为 11858 平方公里,占国土空间比重为 17.9%(图15 限制开发农产品主产区分布图)。

第一节 功能定位和发展方向

农产品主产区应着力保护耕地,稳定粮食生产,增强农业综合生产能力,发展现代农业,增加农民收入,加快社会主义新农村建设,保障农产品供给,确保地区粮食安全和食物安全。

功能定位:

保障农产品供给安全的重要区域,农民安居乐业的美好家园,社会主义新农村建设的示范区。

发展方向和开发原则:

——加强水利设施建设,加快灌区续建配套与节水改造以及南部山区水源工程建设。鼓励和支持农民开展小型农田水利设施建设、小流域综合治理。建设节水型社会,加强节水农业建设,大力推广节水灌溉,搞好旱作农业示范工程。加强人工增雨和防雹设施建设。开展规模化人工影响天气作业,坚持抗旱型和储蓄型增雨并重,为农业稳产和增产提供优质保障。

——优化农业生产布局和调整种养殖品种结构,搞好农业布局规划,科学确定"三大农业示范区"发展的重点,形成优势突出和特色鲜明的产业带。

——支持优势农产品主产区农产品加工、流通、储运设施建设,引导农产品加工、流通、储运企业向优势产区集聚。

——加大农业生产的扶持力度,集中力量建设一批基础条件好、生产水平高的粮食生产核心区。在保护生态前提下,开发资源有优势、增产有潜力的粮食生产后备区。

——大力发展地方优势特色种植业,着力提高品质和单产,做到"一县一品"。转变养殖业生产方式,推进规模化和标准化建设,确保畜牧和水产品的增产增效。

——控制农业资源开发强度,优化开发方式,发展循环农业,促进农业资源的永续利用。鼓励和支持农产品、畜产品、水产品加工副产物的综合利用。加强农业面源污染防治。

——加强农业基础设施建设,改善农业生产条件。加快农业科技进步和创新,加强农业物质技术装备。强化农业防灾减灾能力建设。

——积极推进农业的规模化、产业化,发展农产品深加工,拓展农村就业和增收领域。

——以县城为重点推进城镇建设和工业发展,加强县城和乡镇公共服务设施建设,完善公共服务中心职能。

——农村居民点以及农村基础设施和公共服务设施的建设,要统筹考虑人口迁移等因素,适度集中、集约布局。

第二节 农业战略布局

在稳定粮食播种面积,增加农产品供给同时,加快农业种植结构调整,压减高耗水水稻、小麦等

---

① 农产品主产区主体功能定位以县域为单元确定,将主体功能区确定为重点开发区域的部分农业生产条件较好、以提供农产品为主的乡镇划为农产品主产区。

农作物种植面积,大力发展现代高效农业和设施农业,全面提升农业发展水平,重点建设以"三区五带"为主体的绿色农业示范省区①。

——北部引黄灌区(国家级农产品主产区)。建设以优质中强筋为主小麦产业带,优质粳稻产业带和优质专用玉米产业带,培育壮大枸杞、清真牛羊肉、奶牛养殖、水产、红枣、葡萄等特色产业,提高蔬菜、园艺、花卉、养殖等产业的质量和水平。培育壮大一批农产品加工、流通企业,加快农产品加工转化,加强无公害农产品生产区建设,强化动植物疫病防控,使引黄灌区成为引领西北、示范周边、面向全国的现代农业示范区。

——中部旱作节水农业区。按照节水、生态、特色、避灾的发展方向,建设以优质中筋为主的小麦产业带,优质专用玉米产业带,优质葡萄、红枣、枸杞、苹果为主的林果产业带,培育壮大硒砂瓜、马铃薯、滩羊、油料、甘草等优势特色产业,将中部干旱带建设成为引领西北、示范全国的旱作节水农业示范区。

——南部黄土丘陵农业区。建设以优质弱筋为主的小麦产业带,优质淀粉加工薯和菜用薯为主的马铃薯产业带,培育壮大肉牛、冷凉蔬菜、中药材、油料等特色产业。加快生态恢复和农田水利基础设施建设,提高水资源利用效率,把南部黄土丘陵区建成西北乃至全国的生态农业示范区。

第六章 限制开发区域(重点生态功能区)
——限制进行大规模高强度工业化、城镇化开发的重点生态功能区

限制开发的生态功能区是指生态系统十分重要,关系全国或较大范围区域的生态安全,生态系统脆弱,需要在国土空间开发中限制进行大规模高强度工业化、城镇化开发,以保持并提高生态产品供给能力的区域。

第一节 功能定位和类型

重点生态功能区②功能定位是:保障国家生态安全的重要区域,西北重要的生态功能区,人与自然和谐相处的示范区。

重点生态功能区包括国家级重点生态功能区和自治区级重点生态功能区。国家级重点生态功能区的县区包括彭阳县、盐池县、同心县、西吉县、隆德县、泾源县、海原县、红寺堡区等七县一区;自治区级重点生态功能区包括灵武市、沙坡头区、中宁县、原州区部分乡镇。重点生态功能区总面积为38072平方公里,占国土空间比重为57.3%。2008年人口241万人,占全区的39%。分为水源

---

① 宁夏国土面积狭小,分为北部引黄灌区、中部干旱风沙区和南部黄土丘陵区。按照基本农田分布区域,划为北部引黄灌区、中部旱作农业区和南部黄土丘陵农业区。北部引黄灌区是国家级农产品主产区,中部干旱带和南部黄土丘陵区是国家级重点生态功能区。

② 宁夏重点生态功能区分为国家级和自治区级重点生态功能区。彭阳县、盐池县、同心县、西吉县、隆德县、海原县、红寺堡等七县一区,属黄土高原丘陵沟壑水土保持生态功能区,是国家主体功能区规划中明确的国家级限制开发的重要生态功能区,面积为29538平方公里。自治区级重点生态功能区面积为8534平方公里,包括:原州区除彭堡镇、清河镇外的其余各乡镇,灵武市白土岗和马家滩两个乡镇,沙坡头区兴仁、香山、蒿川三个乡镇,中宁县舟塔、喊叫水、徐套三个乡镇。

涵养型①、水土保持型②、防风固沙型③三种类型(图16 限制开发重点生态功能区分布图)。

第二节 规划目标

——生态服务功能增强,生态环境质量改善。地表水水质明显改善,主要河流径流量基本稳定并有所增加。水土流失和荒漠化得到有效控制,沙化土地面积持续减少,草原面积保持稳定,草原植被得到恢复。天然林面积扩大,森林覆盖率提高,森林蓄积量增加。野生动植物物种得到恢复和增加。水源涵养型和生物多样性维护型生态功能区的水质达到Ⅰ类,空气质量达到一级;水土保持型生态功能区水质达到Ⅱ类,空气质量达到二级;防风固沙型生态功能区的水质达到Ⅱ类,空气质量得到改善。

——形成点状开发、面上保护的空间结构。开发强度得到有效控制,保有大片开敞生态空间,水面、湿地、林地、草地等绿色生态空间扩大,人类活动占用的空间控制在目前水平。

——形成环境友好型的产业结构。不影响生态系统功能的适宜产业、特色产业和服务业得到发展,人均地区生产总值明显增加,污染物排放总量大幅度减少。

——人口总量下降,人口质量提高。部分人口转移到城市化地区,重点生态功能区总人口占全区的比重有所降低,人口对生态环境的压力减轻。

——公共服务水平显著提高,人民生活水平明显改善。全面提高义务教育质量,基本普及高中阶段教育,人口受教育年限大幅度提高。人均公共服务支出达到全区平均水平。婴儿死亡率、孕产妇死亡率、饮用水不安全人口比率大幅下降。城镇居民人均可支配收入和农村居民人均纯收入大幅提高,绝对贫困现象基本消除。

第三节 发展方向

限制开发生态区域以修复生态、保护环境、提供生态产品为首要任务,增强水源涵养、水土保持、防风固沙、维护湿地生态等功能,提高生态产品供给的能力,因地制宜地发展资源环境可承载的适宜产业,引导超载人口逐步有序转移。

——水源涵养型。推进土石山区天然林保护和南部山区、中部干旱带围栏封育,治理土壤侵蚀,维护与重建森林、草原、湿地等生态系统。严格保护具有水源涵养功能的自然植被,限制或禁止无序采矿、毁林开荒、开垦草地等行为。加大植树造林力度,减少面源污染。

——水土保持型。大力推行节水灌溉,发展旱作节水农业。禁止陡坡垦殖。加强小流域综合治理,恢复退化植被。严格对资源开发和建设项目的监管,加大矿山环境整治修复力度,控制人为因素对土壤的侵蚀。大力发展草畜产业、马铃薯产业、林果产业、中药材产业等适合当地资源环境

---

① 宁夏水源涵养型生态功能区有二种类型,一是泾河、渭河、清水河发源地,主要是六盘山地区,包括泾源县、隆德县、彭阳县和原州区;二是区域内生活、农业灌溉地下水补给区,主要是贺兰山、罗山、香山和南华山等。

② 水土保持型生态功能区主要是土壤侵蚀强度高、水土流失严重、需要保持水土功能的区域。宁夏水土流失面积分布广、侵蚀强度大,全区现有水土流失面积36850平方公里,年输入黄河泥沙8000万吨。同心县、海原县、原州区、西吉县、彭阳县主要为水力侵蚀,沙坡头区、盐池、灵武的局部区域主要为风力侵蚀。

③ 防风固沙型生态功能区主要是沙漠化敏感性高、土地沙化严重、沙尘暴频发并影响较大范围的区域。宁夏沙化土地面积11826平方公里,其中流动沙丘1285平方公里,主要在中卫、盐池、灵武等市县;半固定沙丘942平方公里,主要分布在中卫、盐池、灵武、同心和平罗等县市;固定沙丘6807平方公里,主要分布在中卫、盐池、灵武、银川等地;沙化耕地主要分布在中部干旱带。

的特色农业和加工业,拓宽农民增收渠道,解决农民长远生计,巩固退耕还林成果。

——防风固沙型。加大退牧还草力度,实施围栏禁牧,恢复草地植被。转变传统畜牧业生产方式,推行舍饲圈养。加强对内陆河流的规划管理,保护沙区湿地。推进沙漠化地区防沙治沙,加强防护林带建设和监管。在有条件地区发展扬黄灌溉农业和节水补灌农业,适度发展矿产采掘和加工业。禁止发展高耗水工业。

第四节　开发管制原则

——对各类开发活动进行严格管制,尽可能减少对自然生态系统的干扰,不损害生态系统的稳定性和完整性。

——矿产资源开发、适宜产业发展以及基础设施建设,都要控制在尽可能小的空间范围之内,并做到耕地、天然草地、林地、河流、湖泊等农业和绿色生态空间面积不减少。在有条件地区之间,要通过水系、绿带等构建生态廊道,避免形成"生态孤岛"。

——严格控制开发强度,逐步减少农村居民点占用的空间,腾出更多的空间维系生态系统的良性循环。城镇建设与开发区要依托现有资源环境承载能力相对较强的城镇集中布局、据点式开发、禁止成片蔓延式扩张。开发区要建成为低消耗、可循环、少排放、"零污染"的生态型开发区。

——实行更加严格的行业准入条件,严把项目准入关。在不损害生态系统功能的前提下,因地制宜地适度发展旅游、农林牧产品生产和加工、观光休闲农业等产业,积极发展服务业。

——在现有城镇布局基础上进一步集约开发、集中建设,重点规划和建设资源环境承载能力相对较强的县城和中心镇、大村庄,提高综合承载能力。引导大部分人口向城市地区转移,少部分人口向区域内的县城和中心城镇转移。生态移民点应尽量布局到县城和中心镇。

——加强县城、中心镇、中心村的道路、供排水、垃圾污水处理等基础设施建设和农村饮水安全工程建设。积极推广沼气、风能、太阳能等清洁能源,努力解决山区农村的能源需求。健全公共服务体系,改善教育、医疗、文化等设施条件,提高公共服务供给能力和水平。

——大力实施扶贫开发,加快实施教育移民、生态移民、产业移民和劳务移民,减轻人口超载对生态环境的压力。

第七章　禁止开发区域
——禁止进行工业化、城镇化开发的重点生态功能区

禁止开发区域是指有代表性的自然生态系统、珍稀濒危野生动植物物种的天然集中分布地、有特殊价值的自然遗迹所在地和文化遗址等点状分布的地区,需要在国土空间开发中禁止进行工业化、城镇化开发的重点生态功能区。

第一节　功能定位

禁止开发区域的功能定位是:保护自然文化资源的重要区域,点状和条带状分布的生态功能区,珍稀动植物基因资源保护地,生态文明的科普教育基地。

根据法律法规和有关方面的规定,宁夏禁止开发的生态区域包括自然保护区、风景名胜区、国

家森林公园、地质公园、湿地公园(及湿地保护与恢复示范区)五类,共54处,面积6195平方公里,占国土空间比重为9.3%(图17　禁止开发区域分布图)。

表2　宁夏禁止开发的生态区域基本情况

类　　型	个　　数	面积(平方公里)	占国土比重(%)
自然保护区	13	4644.53	7.00
风景名胜区	4	206.34	0.31
国家森林公园	4	285.87	0.43
地质公园	5	367.69	0.55
湿地保护与恢复示范区、湿地公园	28	690.34	1.01
合　　计	54	6194.77	9.30

注:1.本表数据截至2007年底。2.总面积已扣除部分相互重叠面积。3.新设立的自然保护区、风景名胜区、森林公园、地质公园,自动进入禁止开发区域名录。

第二节　管制原则

——依据法律法规管制原则。自治区禁止开发区域要依据法律法规规定和相关规划实施强制性保护,严格控制人为因素对自然生态的干扰,严禁不符合主体功能定位的开发活动。分级编制各类禁止开发区域保护规划,明确保护目标、任务、措施及资金来源,并依照规划逐年实施。

——区域分类管制原则。按照国家和自治区主体功能区划及各类法定规划的要求,界定各类禁止开发区域的范围,核定人口和面积,完善自治区禁止开发区域的相关规定和标准,对已设立区域划定范围不符合规定和标准的,按照相关法律法规和法定程序报原审批单位进行调整。进一步界定自然保护区中核心区、缓冲区、实验区的范围,进行分类管理和保护。对风景名胜区、森林公园、地质公园、湿地公园,确有必要的,也可划定核心区、缓冲区、实验区或重点保护区域,并确定相应的范围。

——有序转移人口原则。引导与禁止开发区域主体功能不相关的人口逐步有序转移,实现污染物"零排放",提高环境质量。在重新界定范围的基础上,优先转移核心区内除生态保护以外的全部人口。

——协调发展原则。按照全面保护和合理利用的要求,保持该区域的原生态,利用资源优势,重点发展生态特色旅游,开发绿色天然产品。健全管护人员社会保障体系,提高公共服务水平,促进该区域的协调发展。

自然保护区:要依据《自然保护区条例》、本规划和自然保护区规划进行管理。

——划定核心区、缓冲区和实验区,进行分类管理。核心区严禁任何生产活动;缓冲区除必要的科学试验活动外,严禁其他任何生产建设活动;实验区,除必要的科学实验以及符合自然保护区规划的绿色产业活动、生态旅游活动,严禁其他生产建设活动。

——按先核心区后缓冲区、实验区的顺序逐步转移自然保护区的人口。到2020年,基本实现自然保护区核心区无人居住,缓冲区和实验区也要较大幅度减少人口。实行异地转移和就地转移两种方式,一部分人口转移到自然保护区以外,一部分人口就地转移为自然保护区管护人员。

——在不影响保护区对象和功能的前提下,重点发展以生态旅游为主的服务业,开发绿色天然食品和用品。

——通过自然保护区可持续示范以及加强监测、宣传培训、科学研究、管理体系等方面的能力建设,提高自然保护区管理和合理利用水平,维护自然保护区生态系统的生态特征和基本功能。

——交通设施要慎重建设,能避则避,不得穿越自然保护区核心区,尽量避免穿越缓冲区。

风景名胜区①:要依据《风景名胜区条例》、本规划以及风景名胜区规划进行管理。

——严格保护风景名胜区内一切景物和自然环境,不得破坏或随意改变。

——严格控制人为景观建设,减少人为包装。

——禁止在风景名胜区进行与风景名胜资源无关的生产建设活动。

——建设旅游基础设施等必须符合风景名胜区规划,逐步拆除违反规划建设的设施。

——在风景名胜区开展旅游活动,必须根据资源状况和环境容量进行,不得对景物、水体、植被及其他野生动植物资源等造成损害。

森林公园②:要依据《森林法》、《森林法实施条例》、《野生植物保护条例》、《森林公园管理办法》、本规划及国家森林公园规划进行管理。

——森林公园内除必要的保护和附属设施,禁止其他任何生产建设活动。

——禁止毁林开荒和毁林采石、采砂、采土及其他毁林行为。

——不得随意占用、征用和转让林地。

地质公园③:要根据《世界地质公园网络工作指南》、《关于加强国家地质公园管理的通知》等规范、本规划以及地质公园规划进行管理。

——除必要的保护设施和附属设施外,禁止其他生产建设活动。

——严禁在地质公园内从事采石、开矿、取土、垦荒、砍伐等活动。

——未经管理机构批准,不得在地质公园范围内采集标本和化石。

湿地保护与恢复示范区、湿地公园:根据《国际湿地公约》、《中国湿地保护行动计划》、《中国湿地保护工程规划》、本规划以及湿地保护区、湿地公园规划进行管理。

第八章　能源与资源
——主体功能区形成的能源与资源支撑

能源与资源的开发布局,对构建国土空间开发战略格局至关重要。在对全区国土空间进行主体功能区划分的基础上,从形成主体功能区布局的总体要求出发,需要明确能源、主要矿产资源开发布局以及水资源开发利用的原则和框架。能源基地和主要矿产资源基地的具体建设布局,由能源规划和矿产资源规划作出安排,水资源的开发利用,由水资源规划作出安排,其他资源和交通基础设施等的建设布局,由有关部门根据本规划另行制定并报自治区政府批准实施。

---

① 风景名胜区是指具有重要的观赏、文化和科学价值,景观独特,国内外著名,规模较大的风景名胜区。
② 森林公园是指具有重要森林风景资源,自然人文景观独特,观赏、游憩、教育价值高的森林公园。
③ 地质公园是指以具有特殊地质科学意义,较高的美学观赏价值的地质遗迹为主体,并融合其他自然景观与人文景观构成的一种独特的自然区域。

第一节　主要原则

为使能源、矿产资源的开发布局和水资源的开发利用与主体功能区布局相协调，要坚持以下原则：

——能源基地和矿产资源基地以及水功能区分布于重点开发、限制开发区域之中，不属于独立的主体功能区。能源基地和矿产资源基地以及水功能区的布局，要服从和服务于国家和省级主体功能区规划确定的所在区域的主体功能定位，符合该主体功能区的发展方向和开发原则。

——能源基地和矿产资源基地的建设布局，要坚持"点上开发、面上保护"的原则。通过点上开发，促进经济发展，提高人民生活水平，为生态建设和环境保护奠定基础，同时达到面上保护目的。

——能源基地和矿产资源基地以及能源通道的建设，要充分考虑"一带一区"城镇化战略格局的需要，充分考虑"三区五带"农业战略格局和"两屏两带"生态安全战略格局的约束。

——能源基地和矿产资源基地的建设布局，要按照引导产业集群发展，尽量减少大规模长距离输送加工转化的原则进行。

——能源基地和矿产资源基地的建设布局，应当建立在对所在区域资源环境承载能力综合评价基础上，并要做到规划先行。能源基地和矿产资源基地的布局规划，应以主体功能区规划为基础，并与相关规划相衔接。

——能源和矿产资源的开发，应尽可能依托现有城镇作为后勤保障和资源加工基地，避免形成新的资源型城市或孤立的居民点。

——位于限制开发的重点生态功能区的能源基地和矿产资源基地建设，必须进行生态环境影响评估，并尽可能减少对生态空间的占用，同步修复生态环境。其中，在水资源严重短缺、环境容量很小、生态十分脆弱、地震和地质灾害频发的中南部地区要严格控制能源和矿产资源开发。

——在不损害生态功能前提下，在重点生态功能区内资源环境承载能力相对较强的特定区域，支持其因地制宜适度发展能源和矿产资源开发利用相关产业。资源环境承载能力弱的矿区，要在自治区设立的"飞地"工业园内进行矿产资源的加工利用。

——城市化地区和粮食主产区的发展要与水资源承载能力相适应。合理调配城市化地区，粮食产区和重点生态功能区的水资源需求，统筹调配流域和区域水资源，综合平衡各地区、各行业的水资源需求以及生态环境保护的要求。

——实行最严格的水资源管理制度，建立用水总量、用水效率和水功能区限制纳污控制指标，严格取水许可和水资源论证制度，实现水资源的有序开发、有限开发、有偿开发和高效可持续利用。

——对水资源过度开发地区以及由于水资源过度开发造成的生态脆弱地区，要建立生态补偿机制，并通过水资源合理调配逐步退还挤占的生态用水，使这些地区的生态系统功能逐步得到恢复，维护河流和地下水系统的功能。

第二节　能源开发布局

按照宁夏能源资源分布特征及开发条件，重点在能源资源富集的宁东地区、北部地区、南部地区发展煤炭、电力、煤化工等产业，在中部和西部沿黄地带重点发展风能、太阳能和生物质能，形成以煤炭开发为主体、新能源为补充的能源开发格局，建设国家能源基地和新能源示范区。

——宁东地区。加快开发煤炭资源,积极发展坑口电站,加快电力外送通道建设,除满足本地区能源需求外,积极向山东、浙江等东部发达省区输电。大力发展煤化工、石油化工产业,加快推进资源优势向经济优势转变。努力建成国家级大型煤炭基地、火电基地、煤化工基地和循环经济示范区,发挥保障国家能源安全的功能。

——北部地区。以石嘴山循环经济示范城市为核心,改造提升现有煤矿,稳定煤炭产能,加大对煤层气资源开发利用,加快太阳能光伏产业发展,保障本地区经济社会发展对能源的需求。

——西部沿黄地带。以清洁能源发展为重点,加快水电、风电等新能源开发。实现电网调峰,提高电网安全保障和供水保障条件。

——中南部地区。积极开发风能、太阳能资源,大力发展生物质能,保障本地区工农业和生态对能源需求。加强煤炭、石油、天然气勘探与开采。

第三节　主要矿产资源开发布局

结合宁夏资源总体状况与产业发展基础,遵循"小集中,大布局"的原则,建设一批优势矿产资源开发基地。继续挖掘北部矿产资源潜力,进一步加强中部地区矿产资源开发,适度开发南部山区矿产资源,积极实施矿产地储备政策,提高矿产资源对经济社会可持续发展的保障能力。

——北部地区。合理开发稀土、硅石、太西煤、石灰石,发展硅材料、碳基材料、乙炔化工、建材等产业,建设光伏材料产业基地、碳基材料生产基地。加快技术攻关,淘汰落后产能,提高资源综合利用率,增加可持续发展能力。

——中部地区。加快冶镁白云岩、石灰石、石膏、陶瓷黏土等矿产资源的开发,建设吴忠市镁工业基地,建设中卫市石灰岩开发基地(电石生产 PVC)和石膏、陶瓷等建材生产基地。适度有序开采金、铜等矿产,形成一系列具有宁夏地区特色的矿产开发基地,保障和带动宁夏的矿业迅猛发展。

——南部地区。适度开发岩盐、石灰岩、芒硝等矿产资源,发展建材等产业。

第四节　水资源开发利用

根据国务院批准的黄河可供水量分配方案,实施最严格的水资源管理制度,加强用水总量控制和定额管理,按照"北部节水、中部调水、南部开源"的分区治水思路,加强水利基础设施建设,加强空中云水资源、苦咸水开发利用,提高水资源的承载能力,实现水资源的合理配置,全面推进节水型社会建设,积极创建节水型城市,保障经济社会跨越式发展对水资源的合理需求。

——北部引黄灌区。合理开发黄河干流水资源,保障北中部地区工业化、城镇化以及国家粮食基地对水资源的需求。合理配置水资源,继续大力推进农业节水,通过水权转换,保障工业用水;进一步加强洪水资源化管理和湖泊湿地资源化利用,防御和调控洪水;加大工业和城市节水力度,提高水循环利用水平;合理利用地下水,解决部分地区地下水资源漏斗问题,退还挤占的生态用水和超采的地下水。

——中部干旱区。加快扬黄灌区节水改造力度,调整扬黄用水结构,拓展外延配水范围,加快清水河流域和苦水河流域综合治理,保障中部干旱带农村人口饮水安全问题和部分城镇缺水问题。加强人工增雨和防雹设施建设,加大空中云水资源开发力度。高标准建设集雨工程,高效率拦蓄利用雨洪水资源。巩固退耕还林、退牧还草成果,提高水源涵养能力。

——南部黄土丘陵区。加强清水河、泾河、葫芦河等黄河支流的水资源开发,重点解决南部山区群众生产生活用水。合理配置水资源,适度调引泾河流域富裕水量,建立库坝塘井窖调节径流、蓄滞洪水。加强与相邻省份的跨区域人工增雨联合作业,增加降水补给。加强三河源地区综合治理,完成病险水库改造。加强生态建设,继续实施天然林保护和人工造林、种草,提高水源涵养。合理规划黄河流域内调水。

——水资源开发利用要严格遵守《水法》和《河道管理条例》。河道范围禁止修建围堤、阻水渠道;禁止围垦河流,确需围垦的,必须科学论证,并经省级以上人民政府批准;在河道范围采砂、取土、修建建筑物,开采地下资源,必须报经河道主管机关批准。

第九章　区域政策

——科学开发的利益机制

政府依托功能区划进行空间管制,按照主体功能区要求和基本公共服务均等化原则,设计和配置差别化的政策体系,调整完善区域主体功能定位,规范全区空间开发秩序,加强和改善区域调控,推进和落实全区科学发展。

第一节　财政政策

按照主体功能区要求和基本公共服务均等化原则,深化财政体制改革,完善公共财政体系。

——适应主体功能区要求,加大均衡性转移支付力度。积极争取中央财政对限制开发区域支持,自治区财政提高对限制开发区域财政转移支付系数,增强限制开发区域基层政府实施公共管理、提供基本公共服务和落实各项民生政策、加强生态环境保护和建设、扶持特色优势产业发展能力,促进基本公共服务均等化。

——自治区财政要在一般性转移支付中,建立自治区级生态环境补偿机制,明确生态补偿的主体和对象,确定补偿标准和类型。

——建立川区与山区之间的县(市、区)横向援助机制,鼓励生态环境受益地区采取资金补助、定向援助、对口支援等多种形式,对限制开发区域因加强生态环境保护造成的利益损失进行补偿。

——加大对自然保护区的投入力度。

第二节　投资政策

一、政府投资

将政府预算内投资分为按领域安排和按主体功能区安排两个部分,实行按主体功能区安排与按领域安排相结合的政府投资政策。

——按主体功能区安排的投资,主要用于国家级和自治区级限制开发重点生态功能区和粮食主产区,包括生态修复和环境保护、农业综合生产能力建设、公共服务设施建设、生态移民、促进就业、基础设施建设和支持适宜产业发展。

——按领域安排的投资,要符合各区域的主体功能定位和发展方向。逐步加大政府投资用于农业、生态环境保护方面的比例。基础设施投资,要重点用于加强重点开发区域的交通、能源、水利以及公共服务设施的建设。农业投资,要重点用于加强"三大农业示范区"农业综合生产能力的建设。生态环境保护投资,要重点用于加强中南部重点生态功能区生态产品生产能力的建设。对农产品主产区和重点生态功能区内国家支持的建设项目,争取中央政府提高补助或贴息的比例,降低自治区政府投资比例,逐步减少或取消市县政府投资比例。

二、社会投资

——积极利用金融手段引导社会投资。引导商业银行按主体功能区定位调整区域信贷投向,鼓励向符合主体功能定位的项目提供贷款,严格限制向不符合主体功能定位的项目提供贷款。

——对不同主体功能区国家鼓励类以外的投资项目实行更加严格的投资管理,其中属于限制类的新建项目按照禁止类进行管理,投资管理部门不予审批、核准或备案。

第三节　产业政策

——布局重大项目,必须符合各区域的主体功能定位。重大能源化工、装备制造业项目优先在宁东能源化工基地和沿黄地区其他工业园区布局。

——严格市场准入制度,对不同主体功能区的项目实行不同的占地、耗能、耗水、资源回收率、资源综合利用率、工艺装备、"三废"排放和生态保护等强制性标准。

——在资源环境承载能力和市场允许的情况下,依托能源和矿产资源的资源加工业项目,优先在市、县(区)、开发区布局。

——建立市场退出机制,对城市居住区及限制开发区域不符合主体功能定位的现有产业,要通过设备折旧补贴、设备贷款担保、迁移补贴、土地置换等手段,促进产业跨区域转移或关闭。

第四节　土地政策

——按照不同主体功能区的功能定位和发展方向,实行差别化的土地利用和土地管理政策,科学确定各类用地规模。确保耕地、林地数量和质量,严格控制工业用地增加,适度增加城市居民用地,逐步减少农村居民用地,合理控制交通用地增长。

——实行城乡之间用地增减挂钩政策,城镇建设用地的增加要与本地区农村建设用地的减少挂钩。

——适当扩大沿黄地区建设用地规模,确保耕地面积不减少,严禁改变重点生态功能区生态用地用途,严禁在自然文化资源保护区进行土地的开发建设。

——将基本农田落实到地块并标注到土地承包经营权登记证书上,禁止改变基本农田的用途和位置。

——妥善处理自然保护区内农牧地的产权关系,引导自然保护区核心区、缓冲区人口逐步迁移。

第五节　农业政策

——逐步完善国家和地方支持和保护农业发展的政策,加大强农惠农政策力度,并重点向粮食主产县区,特别是优势农产品主产区倾斜。

——调整财政支出、固定资产投资、信贷投放结构,保证各级财政农业投入增长幅度高于经常性收入增长幅度,大幅度增加国家和地方对农村基础设施建设和社会事业发展的投入,大幅度提高政府土地出让收益、耕地占用税新增收入用于农业的比例。

——健全农业补贴制度,规范程序,完善办法,特别要支持百亿斤粮食规划建设,落实并完善农资综合补贴动态调整机制,做好农民种粮补贴工作。

——完善农产品市场调控体系,稳步提高粮食最低收购价格,改善其他主要农产品价格保护办法,充实主要农产品储备,保持农产品价格合理水平。

——支持粮食主产县区依托本地资源优势发展农产品加工产业,根据农产品加工业不同产业的经济技术特点,优先在粮食主产县区布局适宜产业。

——健全农业生态环境补偿制度,形成有利于保护耕地、水域、森林、草原、湿地等自然资源和农业物种资源的激励机制。

第六节　人口政策

——沿黄城镇化地区要实施积极的人口迁入政策,加强人口集聚和吸纳能力建设,放宽户口迁移限制,鼓励中南部地区和农村人口迁入沿黄地区就业定居,将在城市有稳定职业和住所的流动人口逐步实现本地化。

——中南部地区和自然保护区要实施积极的人口迁移政策①,切实加强义务教育、职业教育与职业技能培训,增强劳动力跨区域转移就业的能力,鼓励人口到沿黄地区就业并定居。同时,要引导区域内人口向县城和中心城镇集聚。

——完善人口和计划生育利益导向机制,并综合运用其他经济手段,引导人口自然增长率较高的中南部地区的居民自觉实行计划生育,降低生育水平,提高人口素质。

——改革户籍管理制度,逐步统一城乡户口登记管理制度,将公共服务领域各项法律法规和政策与现行户口性质相剥离。按照"属地化管理、市民化服务"的原则,加快推进农民变市民,鼓励沿黄城镇将流动人口纳入居住地教育、就业、医疗、社会保障、住房保障等体系,切实保障流动人口与本地人口享有均等的基本公共服务和同等的权益。

第七节　环境政策

——重点开发区域要结合环境容量,实行严格的污染物排放总量控制指标,较大幅度减少污染物排放量。限制开发区域要通过治理、限制或关闭污染物排放企业等手段,实现污染物排放总量持续下降和环境质量状况达标。禁止开发区域要依法关闭所有污染物排放企业,确保污染物的"零排放",对于难以达标的企业,必须限期迁出。

——重点开发区域要按照国内领先、国际先进水平,根据环境容量逐步提高产业准入环境标准。粮食主产县区要按照保护和恢复地力的要求设置产业准入环境标准;重点生态功能区要按照生态功能恢复和保育原则设置产业准入环境标准;禁止开发区域要按照强制保护原则设置产业准入

---

① 人口在地区间的转移有主动和被动两种。主动转移是指个人主观上具有迁移的意愿,并为之积极努力,付诸实施。被动转移是指个人主观上没有迁移的意愿,但出于居住地基础设施建设、自然地理环境恶化等原因不得不进行迁移。推进形成主体功能区,促进人口在区域间的转移,除了在极少数自然保护区核心区进行必要的生态移民等被动转移外,主要立足于个人自主决策的主动转移。政府的主要职责是提高人的素质,增加就业能力,理顺体制机制,引导限制开发和禁止开发区域的人口自觉自愿、平衡有序地转移到其他地区。

入环境标准。

——重点开发区域要积极推进排污权制度改革,合理控制排污许可证的增发,制定合理的排污权有偿取得价格,鼓励新建项目通过排污权交易①获得排污权。限制开发区域要从严控制排污许可证发放。禁止开发区域不发放排污许可证。

——重点开发区域要注重从源头上控制污染,建设项目要加强环境影响评价和环境风险防范,开发区和重化工业集中地区要按照发展循环经济的要求进行规划建设和改造。限制开发区域要尽快全面实行矿山环境治理恢复保证金制度,并实行较高的提取标准。禁止开发区域的旅游资源开发须同步建立完善的污水垃圾收集处理设施。沙区开发建设要同步采取防沙治沙措施。

——研究开征适用于各类主体功能区的环境税。积极推行绿色信贷②、绿色保险③、绿色证券④等。

——重点开发区域要合理开发和科学配置水资源,在加强节水的同时,限制入河排污总量,保护好水资源和水环境。限制开发区域要加大水资源保护力度,适度开发利用水资源,满足基本的生态用水需求,加强水土保持和生态环境修复与保护。禁止开发区域严禁不利于水生态环境保护的水资源开发活动,实行最严格的水资源保护政策。

第八节　应对气候变化政策

——城市化地区要积极发展循环经济,实施重点节能工程,积极发展和消费可再生能源,加大能源资源节约和高效利用技术开发应用力度,加强生态环境保护,优化生产空间、生活空间和生态空间布局,降低温室气体排放强度。

——粮食主产县区要继续加强农业基础设施建设,推进农业结构和种植制度调整,选育抗逆品种,加强新技术的研究和开发,增强农业生产适应气候变化的能力。

——重点生态功能区要根据主体功能定位推进天然林资源保护、退耕还林还草、退牧还草、风沙源治理、防护林体系建设、野生动植物保护、湿地保护与恢复等,增加生态系统的固碳能力。积极发展风能、太阳能、生物质能、地热能,充分利用清洁、低碳能源。

——加强气候变化规律的科学研究,开展气候变化对水资源、农业和生态环境等的影响评估,严格执行重大工程气象风险评估与气候可行性论证制度。提高极端天气气候事件监测预警能力,加强自然灾害的应急和防御能力建设。

---

① 排污权交易是指在一定的区域内,在污染物问题不超过允许排放量的前提下,内部各污染源之间通过货币交换的方式相互调剂排污量,从而达到减少排污量、保护环境的目的。

② 绿色信贷是通过金融杠杆实现环保调控的重要手段。通过在金融信贷领域建立环境准入门槛,对限制和淘汰类新建项目,不提供信贷支持;对于淘汰类项目,停止各类形式的新增授信支持,并采取措施收回已发放的贷款,从而实现在源头上切断高耗能、高污染行业无序发展和盲目扩张的投资冲动。

③ 绿色保险又叫生态保险,是在市场经济条件下,进行环境风险管理的一项基本手段。其中,由保险公司对污染受害者进行赔偿的环境污染责任保险最具代表性。

④ 绿色证券,是以上市公司环保核查制度和环境信息披露机制为核心的环保配套政策,上市公司申请首发上市融资或上市后再融资必须进行主要污染物排放达标等环保核查,同时,上市公司特别是重污染行业的上市公司必须真实、准确、完整、及时地进行环境信息披露。

第十章　绩效评价

——科学开发的评价导向

建立符合科学发展观并有利于推进形成主体功能区的绩效评价体系。这一评价体系要强化对各地区提供公共服务、加强社会管理、增强可持续发展能力等方面的评价,增加开发强度、耕地保有量、环境质量、社会保障覆盖面等评价指标。在此基础上,按照不同区域的主体功能定位,实行各有侧重的绩效评价和考核办法①。

——重点开发区域。实行工业化和城镇化水平优先的绩效评价,综合评价经济增长、吸纳人口、质量效益、产业结构、资源消耗、环境保护以及外来人口公共服务覆盖率等,弱化对投资增长速度等的评价。主要考核地区生产总值、非农产业就业比重、财政收入占地区生产总值比重、单位地区生产总值能耗和用水量、单位工业增加值取水量、主要污染物排放总量控制率、"三废"处理率、大气和水体质量、吸纳外来人口规模等指标。

——限制开发农产品主产区。实行农业发展优先的绩效评价,兼顾工业化和城镇化水平的绩效评价。强化对农产品保障能力的评价,兼顾对工业化、城镇化相关经济指标的评价。主要考核农业综合生产能力、农民收入等指标,兼顾考核地区生产总值、投资、工业、财政收入和城镇化率等指标;并综合评价经济增长、吸纳人口、就业、质量效益、产业结构、资源消耗、环境保护以及外来人口公共服务覆盖率等。

——限制开发重点生态功能区。实行生态保护优先的绩效评价。强化对提供生态产品能力的评价,弱化对工业化、城镇化相关经济指标的评价,主要考核大气和水体质量、水土流失和荒漠化治理率、森林覆盖率、森林蓄积量、草原植被覆盖度、草畜平衡、生物多样性等指标,不考核地区生产总值、投资、工业、农产品生产、财政收入和城镇化率等指标。

——禁止开发区域。根据法律法规和规划要求,按照保护对象确定评价内容,强化对自然文化资源的原真性和完整性保护情况评价。主要考核依法管理的情况,污染物"零排放"情况、保护目标实现程度,保护对象完好程度等,不考核旅游收入等经济指标。

第十一章　规划实施

——共建我们美好家园

本规划是国土空间开发的战略性、基础性和约束性规划,在各类空间规划中居总控性地位,自治区有关部门和县级以上地方政府要根据本规划调整完善区域政策和相关规划,健全法律法规和绩效考核体系,并严格落实责任,采取有力措施,切实组织实施。

---

① 宁夏沿黄经济区既是国家级重点开发区域也是国家确定的农产品主产区,要实行工业化城市化和农业现代化综合绩效评价。既要加强对农产品保障能力的评价,也要强化对工业化、城镇化相关经济指标的评价,既要考核农业综合生产能力、农民收入等指标,也要考核地区生产总值、投资、工业、财政收入和城镇化率等指标。

第一节　自治区有关部门职责

发展改革部门。负责本规划实施的组织协调,充分做好本规划与各区域规划以及土地、环保、水利、农业、能源等部门专项规划的有机衔接,实现各级各类规划之间的统一、协调;负责指导并衔接地级市主体功能区规划的编制;负责组织编制跨市行政区的区域规划;负责制定并组织实施适应主体功能区要求的投资政策和产业政策;负责自治区主体功能区规划实施的监督检查、中期评估和修订。负责组织编制并实施国家层面重点开发区域的规划。

——财政部门,负责按照本规划的要求,制定并落实适应主体功能区要求的财政政策。

——国土资源部门,负责组织修编土地利用总体规划;负责制定适应主体功能区规划要求的土地政策并落实用地指标;负责监督检查本规划确定的各地区开发强度的落实情况;负责组织将基本农田落到具体地块,并明确"四至"范围。

——水利部门,负责编制适应主体功能区要求的水资源开发利用、节约保护及防洪减灾、水土保持、中小河流水能资源开发等方面的规划,制定相关政策;组织指导水功能区的划分并监督实施,指导饮用水水源保护和水生态保护工作;组织审定江河湖库纳污能力,提出限制排污总量的意见;组织指导水量水质监督、监测和入河排污口设置管理工作。

——农牧、林业部门,负责编制不同主体功能区的生态保护和建设规划,并制定相应政策。农牧部门负责编制跨市行政区的自治区农业功能区规划,指导农牧业地区发展。林业部门负责组织编制自治区森林公园规划及相关自治区级自然保护区规划。

——环境保护部门,负责组织有关部门对现有国家和自治区层面各类禁止开发区域进行全面清查;负责组织编制环境功能区划;负责制定适应主体功能区要求的环境政策;负责组织编制相关自然保护区规划。

——卫生计生部门,负责制定引导重点开发区域集聚人口的政策和限制开发区域、禁止开发区域人口转移的政策。

——人力资源和社会保障部门,负责组织编制适应主体功能区要求的人力资源开发、就业和社会保障规划,并制定相应政策。

——统计部门,负责组织制定适应不同主体功能区要求的绩效评价体系和考核指标体系,并协助有关部门制定适应不同主体功能区要求的绩效评价体系和考核办法,进行考核和监测。

——气象部门,负责组织编制并实施气象灾害防御等规划或区划,参与制定应对气候变化和自然灾害防御政策。

——其他各有关部门,要依据本规划,组织修订能源、交通等专项规划。

第二节　市、县(区)人民政府职责

——地级市人民政府。配合自治区人民政府实施和修订自治区主体功能区规划,负责指导所属县(市、区)实施主体功能区规划,在相关规划编制、项目审批、土地管理、人口管理、生态环境保护等各项工作中遵循全国和自治区主体功能区规划的有关要求。

——县(市、区)人民政府。严格按照全国和自治区主体功能区规划对本县(市、区)的主体功能定位、发展目标和方向、开发和管制原则,组织实施主体功能区规划。

第三节　规划实施

一、加强规划衔接

自治区发展改革委负责做好与国家主体功能区规划的沟通和衔接；做好与相邻省区主体功能区规划的沟通和衔接；做好对市县空间发展规划的指导和衔接。

二、加强规划监测

自治区发展改革委和国土资源厅会同相关部门负责监督检查本规划在各地的落实情况，对本规划实施情况进行跟踪分析，建立主体功能区规划评估与动态修订机制；适时开展规划评估，提交评估报告，并根据评估结果提出是否需要调整规划内容，或对规划进行修订的建议。

自治区发展改革委会同有关部门共同建立、管理国土空间动态监测管理系统。主要监测城市建设、项目动工、耕地占用、地下水开采、矿产资源开采等各种开发行为对国土空间的影响，以及河流、湖泊、湿地、林地、草地、自然保护区、蓄滞洪区的变化情况等。

三、加强基础工作和新技术应用

利用"自然资源和地理空间基础信息库"和"宏观经济管理信息系统"，加快建立地理信息公共服务平台，跨部门整合自治区基础地理信息资源，促进各类空间信息之间测绘基准和标准的统一，实现信息资源的共享。

转变对国土空间开发行为的管理方式，从现场检查、实地取证为主逐步转为遥感监测、远程取证为主；从人工分析、直观比较、事后处理为主逐步转为计算机分析、主动预警为主，提高发现和处理违规开发问题的反应能力及精确度。

建立由发展改革、国土资源、住房城乡建设、科技、水利、农牧、环境保护、林业、地震、气象、测绘等部门和单位共同参与，协同有效的国土空间监测管理工作机制。建立国土空间资源、环境及生态变化状况的定期会商和信息通报制度。各地要加强地区性的国土空间开发动态监测管理工作，对本地区的国土空间变化情况进行及时跟踪分析。

构建航天遥感、航空遥感和地面调查相结合的一体化对地观测体系，全面提升对国土空间数据的获取能力。在对国土空间进行全覆盖监测的基础上，重点对国家和自治区层面重点开发、限制开发区域以及国家和自治区级自然保护区进行动态监测。

四、加强规划的宣传

各地、各部门要通过各种渠道，采取多种方式，加强推进形成主体功能区的宣传工作，使全社会都能全面了解本规划，使主体功能区的理念、内容、政策深入人心，动员全体人民，共建我们美好家园。

附件：1. 主体功能区名录集
　　　2. 国土空间评价图集

附件 1

主 体 功 能 区 名 录 集

表1　主体功能区总名录

功能区分类	级　别	县（市、区）	乡镇个数	面积（平方公里）	占比（%）
重点开发区域	国家级	兴庆区	5	815.80	15.4
		金凤区	4	251.38	
		西夏区	3	226.55	
		灵武市	3	1670.75	
		大武口区	1	999.60	
		惠农区	4	861.59	
		利通区	4	164.59	
		沙坡头区	4	1557.86	
		重点开发的城镇	13	3237.45	
	自治区级	原州区	3	489.46	
	小　　计		44	10275.03	
限制开发区域（农产品主产区）	国家级	永宁县	4	478.89	17.9
		贺兰县	6	624.15	
		灵武市	3	478.33	
		平罗县	10	1140.97	
		利通区	7	1094.16	
		青铜峡市	5	1175.34	
		沙坡头区	5	2725.76	
		中宁县	7	1682.25	
		农产品主产乡镇	7	460.54	
		农　垦	14	1997.53	
	小　　计		68	11857.92	
限制开发区域（重点生态功能区）	国家级	红寺堡开发区	3	1761.57	57.3
		盐池县	11	7148.23	
		同心县	11	5368.75	
		西吉县	19	3875.17	
		隆德县	16	1244.27	
		泾源县	7	879.83	
		彭阳县	12	3171.87	
		海原县	19	6088.77	
	自治区级	生态区位重要的乡镇	16	8533.56	
	小　　计		115	38072.02	
禁止开发区域	国家级和自治区级		54	6194.77	9.3
合　　计			281	66399.74	100.0

宁夏

表2 重点开发区域名录

级　别	城　市	县(市、区)	乡　镇	面积(平方公里)
国　家　级	银川市	兴庆区	城　区	24.19
			掌政镇	163.05
			大新镇	86.21
			通贵乡	120.69
			月牙湖乡	421.66
		金凤区	城　区	68.76
			良田镇	63.08
			丰登镇	81.43
			西湖农场	38.11
		西夏区	城　区	75.89
			兴泾镇	101.90
			镇北堡镇	48.76
		灵武市	东塔镇	162.72
			宁东镇	619.17
			临河镇	888.86
	石嘴山市	大武口区	城　区	999.60
		惠农区	城　区	191.80
			红果子镇	84.45
			二矿北农场	5.15
			石嘴山市农牧场	580.19
	吴忠市	利通区	板桥乡	37.69
			古城镇	50.33
			金积镇	63.24
			上桥乡	13.33
	中卫市	沙坡头区	滨河镇	34.94
			文昌镇	34.14
			东园镇	333.07
			迎水桥镇	1155.71
	其他重点开发的城镇		永宁县杨和镇	93.72
			永宁县望远镇	148.86
			贺兰县习岗镇	121.25
			贺兰县洪广镇	396.54
			平罗县城关镇	192.29
			平罗县崇岗镇	330.31
			平罗县红崖子乡	322.01
			青铜峡市小坝镇	71.97
			青铜峡市青铜峡镇	558.67
			青铜峡市陈袁滩镇	81.79
			中宁县宁安镇	208.14
			中宁县石空镇	443.84
			中宁县新堡镇	268.06
小　计				9799.57

级　别	城　市	县(市、区)	乡　镇	面积(平方公里)
自治区级	固原市	原州区	城　区	42.84
			官厅镇	233.97
			开城镇	212.65
	小　　计			489.46
合　　计				10289.03

表3　农产品主产区名录

城　市	县(市、区)	乡　镇	面积(平方公里)
银川市	永宁县	李俊镇	126.90
		望洪镇	144.08
		闽宁镇	64.05
		胜利乡	143.86
	贺兰县	金贵镇	159.41
		立岗镇	201.88
		常信乡	220.62
		南梁台子农牧场	18.82
		宁夏原种场	10.01
		京星农牧场	13.41
石嘴山市	平罗县	黄渠桥镇	115.36
		宝丰镇	51.89
		头闸镇	90.72
		陶乐镇	130.79
		高庄乡	98.32
		灵沙乡	74.62
		渠口乡	127.17
		通伏乡	134.18
		高仁乡	173.37
		姚伏镇	144.55
吴忠市	青铜峡市	叶升镇	71.22
		瞿靖镇	130.50
		邵岗镇	476.72
		峡口镇	377.39
		大坝镇	268.38
		树新林场	119.51
中卫市	中宁县	鸣沙镇	298.73
		恩和镇	221.99
		舟塔乡	109.89
		白马乡	123.39
		大战场乡	268.57
		余丁乡	391.30

宁
夏

续表

城　市	县（市、区）	乡　镇	面积（平方公里）
其他以提供农产品为主的乡镇		灵武市郝家桥镇	219.53
		灵武市崇兴镇	129.91
		灵武市梧桐树乡	128.89
		惠农区尾闸镇	45.08
		惠农区庙台乡	68.35
		惠农区燕子墩乡	112.12
		惠农区礼和乡	72.00
		惠农监狱	59.38
		惠农区良繁场	3.26
		惠农区二矿南农场	100.35
		利通区金银滩镇	107.16
		利通区高闸镇	69.82
		利通区东塔寺乡	29.94
		利通区扁担沟镇	101.51
		利通区马莲渠乡	36.95
		利通区郭家桥乡	30.28
		利通区孙家滩管委会	718.50
		沙坡头区柔远镇	52.87
		沙坡头区宣和镇	612.44
		沙坡头区永康镇	662.34
		沙坡头区镇罗镇	266.69
		沙坡头区常乐镇	1131.42
农　垦		银川林场	94.04
		平吉堡奶牛场	96.86
		贺兰山农牧场	437.09
		黄羊滩农场	329.15
		玉泉营农场	61.65
		连湖农场	43.30
		暖泉农场	125.14
		南梁农场	49.09
		简泉农场	112.71
		巴浪湖农场	60.69
		渠口农场	152.62
		灵武农场	82.19
		前进农场	176.50
		长山头农场	83.80
合　　计			11857.92

表4　重点生态功能区名录

级　别	城　市	县(市、区)	乡　镇	面积(平方公里)
国家级	吴忠市	红寺堡区	红寺堡镇	380.44
			大河乡	571.19
			南川乡	809.94
		盐池县	花马池镇	930.16
			大水坑镇	1307.26
			惠安堡镇	1204.03
			高沙窝镇	814.02
			王乐井乡	828.58
			冯记沟乡	803.42
			青山乡	583.02
			麻黄山乡	638.12
			盐池县机械化林场	27.94
			宁夏盐池滩羊选育场	2.17
			盐池县草原站	9.51
		同心县	豫海镇	152.89
			河西镇	559.67
			韦州镇	829.00
			下马关镇	667.72
			预旺镇	401.23
			王团镇	578.56
			丁塘镇	213.09
			田老庄乡	611.33
			马高庄乡	564.43
			张家塬乡	565.34
			兴隆乡	225.49
	中卫市	海原县	海城镇	263.27
			李旺镇	443.25
			西安镇	451.22
			三河镇	335.08
			七营镇	342.09
			史店乡	339.51
			树台乡	501.23
			关桥乡	696.76
			高崖乡	162.06
			郑旗乡	410.62
			贾塘乡	385.00
			曹洼乡	284.76
			九彩乡	216.95
			李俊乡	245.76
			红羊乡	260.41
			关庄乡	160.53
			甘城乡	291.64
			甘盐池管委会	211.90
			南华山自然保护区管理处	86.73

续表

级　别	城　市	县（市、区）	乡　镇	面积（平方公里）
	固原市	西吉县	吉强镇	320.92
			兴隆镇	281.35
			平峰镇	246.21
			新营乡	361.68
			红耀乡	174.22
			田坪乡	215.09
			马建乡	226.45
			苏堡乡	169.15
			兴平乡	178.54
			西滩乡	122.87
			王民乡	120.02
			什字乡	142.44
			马莲乡	134.10
			将台乡	144.58
			硝河乡	172.87
			偏城乡	256.08
			沙沟乡	246.42
			白崖乡	254.74
			火石寨乡	107.44
		隆德县	沙塘良种场	0.28
			阴湿良种场	2.91
			六盘山林场	89.59
			城关镇	95.74
			沙塘镇	96.82
			联财镇	58.64
			陈靳乡	59.50
			好水乡	89.34
			观庄乡	153.45
			杨河乡	79.92
			神林乡	66.37
			张程乡	102.69
			凤岭乡	85.40
			山河乡	74.33
			温堡乡	99.21
			奠安乡	90.08
		泾源县	香水镇	164.29
			泾河源镇	153.26
			六盘山镇	163.79
			新民乡	145.05
			兴盛乡	41.16
			黄花乡	135.19
			大湾乡	77.09

级　别	城　市	县(市、区)	乡　镇	面积(平方公里)
		彭阳县	白阳镇	347.54
			王洼镇	436.31
			古城镇	359.54
			新集乡	276.23
			城阳乡	237.21
			红河乡	209.75
			冯庄乡	225.68
			小岔乡	195.26
			孟塬乡	272.02
			罗洼乡	200.18
			交岔乡	186.20
			草庙乡	225.95
	小　计			29538.46
自治区级	生态区位重要、生态脆弱且紧邻国家级重点生态功能区的乡镇		灵武市马家滩镇	668.72
			灵武市白土岗乡	1366.79
			沙坡头区兴仁镇	354.71
			沙坡头区香山乡	1357.77
			沙坡头区蒿川乡	548.48
			中宁县舟塔乡	41.99
			中宁县喊叫水乡	1128.07
			中宁县徐套乡	396.08
			原州区三营镇	375.30
			原州区彭堡镇	192.46
			原州区张易镇	363.24
			原州区头营镇	456.00
			原州区中河乡	192.96
			原州区河川乡	263.11
			原州区黄铎堡镇	192.00
			原州区炭山乡	324.14
			原州区寨科乡	311.74
	小　计			8533.56
	合　计			38072.02

表5　禁止开发区域名录

类　型	级　别	名　称	面积(平方公里)
自然保护区	国家级	哈巴湖国家级自然保护区	945.48
		六盘山国家级自然保护	862.78
		沙坡头国家级自然保护区	167.44
		灵武白芨滩国家级自然保护区	816.44
		罗山国家级自然保护区	107.50
		贺兰山国家级自然保护区	1077.28

宁夏

类　　型	级　　别	名　　称	面积(平方公里)
自然保护区	自治区级	石峡沟泥盆系剖面自然保护区	42.95
		党家岔(震湖)自然保护区	24.74
		云雾山自然保护区	49.92
		沙湖自然保护区	56.12
		南华山自然保护区	192.42
		西吉火石寨自然保护区	99.69
		青铜峡水库库区	201.77
小　　计			4644.53
风景名胜区	国家级	贺兰山—西夏王陵风景名胜区	86.34
	自治区级	沙湖风景名胜区	45.10
		泾河源风景名胜区	44.90
		须弥山石窟风景名胜区	30.00
小　　计			206.34
国家森林公园		六盘山国家森林公园	79.00
		苏峪口国家森林公园	95.87
		花马寺国家森林公园	50.00
		火石寨国家森林公园	61.00
小　　计			285.87
地质公园和地质遗迹	国家级	西吉火石寨国家地质公园	98.00
		灵武国家地质公园	40.40
	自治区级	中宁石峡沟泥盆系地质剖面	1.00
		海原地震地质公园	159.49
		贺兰山北武当地质公园	68.80
小　　计			367.69
湿地保护与恢复示范区、湿地保护区和湿地公园	湿地保护与恢复示范区	银川东部黄河湿地	76.00
		银川西部湖泊湿地	40.00
		吴忠滨河湿地	50.00
		中卫滨河湿地	15.00
	湿地保护区	银川市兴庆区月牙湖湿地	7.00
		银川市兴庆区通贵乡河滩湿地	7.93
		灵武漫水塘湖湿地	0.60
		灵武梧桐湖湿地	15.00
		贺兰三丁湖湿地	8.32
		贺兰于祥湖湿地	22.00
		永宁鹤泉湖湿地	3.00
		石嘴山市大武口简泉湖湿地	16.66
		石嘴山市惠农滩湿地	40.66
		宁夏天河湾湿地	207.34
		平罗朔方湖湿地	5.00
		平罗西大滩湿地	23.33

类　　型	级　　别	名　　称	面积(平方公里)
湿地保护与恢复示范区、湿地保护区和湿地公园	湿地保护区	平罗威镇湖湿地	2.33
		吴忠市孙家滩湿地	10.00
		青铜峡黄家地湿地	8.00
		青铜峡三道湖湿地	7.00
		沙坡头区沙漠湿地	64.35
		中卫小湖湿地	6.60
		中宁长山湖湿地	27.40
		中宁渠口河滩湿地	24.00
		固原市原州区大湖滩湿地	2.82
	湿地公园	银川阅海湿地公园	12.00
		银川宝湖湿地公园	0.80
		银川鸣翠湖湿地公园	6.67
小　　计			690.34
合　　计			6194.77

附件 2

国土空间评价图集

图1 宁夏地形地貌图

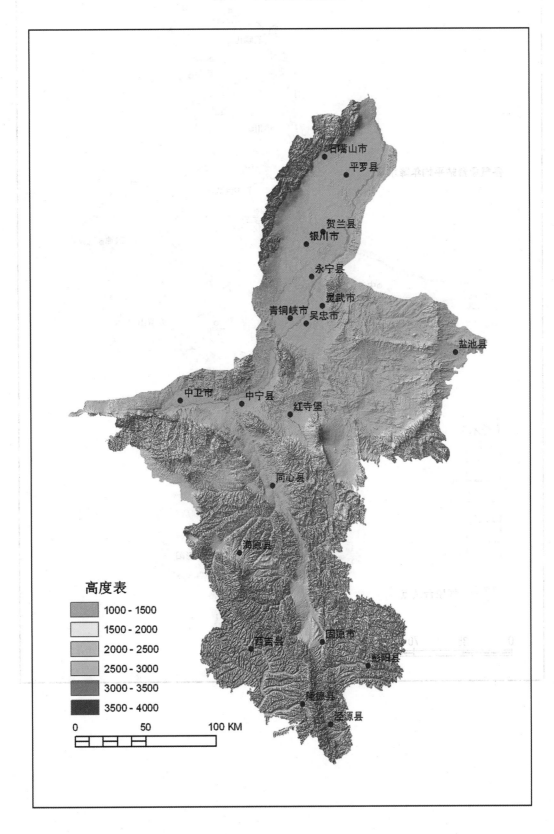

高度表

	1000 - 1500
	1500 - 2000
	2000 - 2500
	2500 - 3000
	3000 - 3500
	3500 - 4000

0   50   100 KM

宁

夏

图2　年降水量图

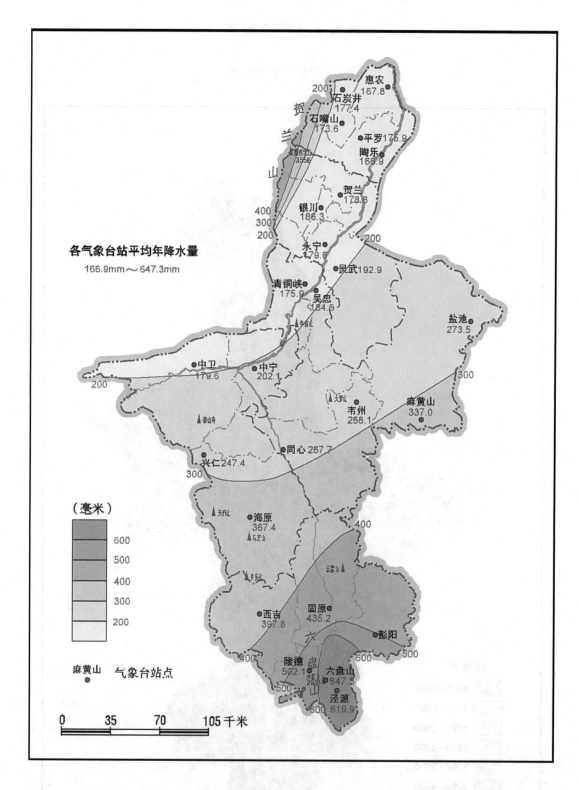

各气象台站平均年降水量
166.9mm～647.3mm

（毫米）

600
500
400
300
200

麻黄山　气象台站点

0　　35　　70　　105 千米

宁
夏

图3 人均可利用土地资源评价图

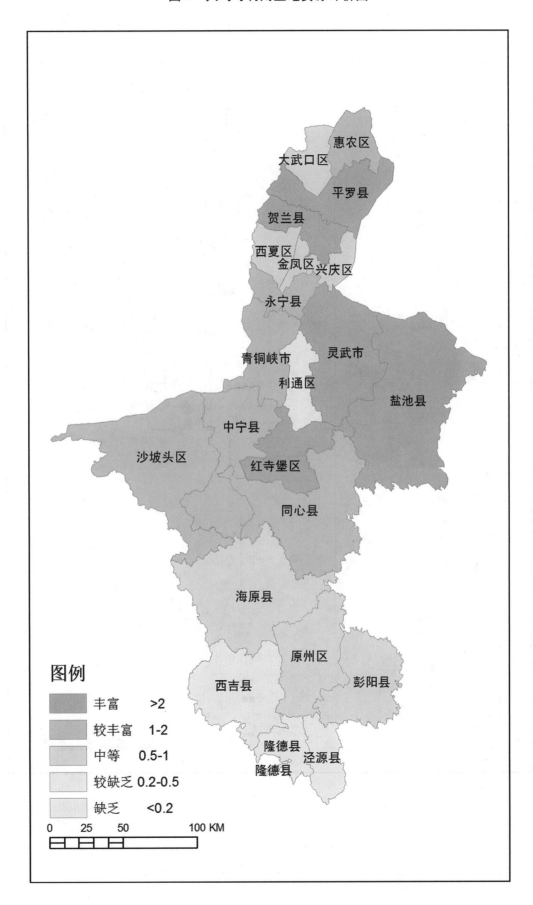

图例

丰富 >2
较丰富 1-2
中等 0.5-1
较缺乏 0.2-0.5
缺乏 <0.2

0 25 50 100 KM

图4　主要矿产分布图

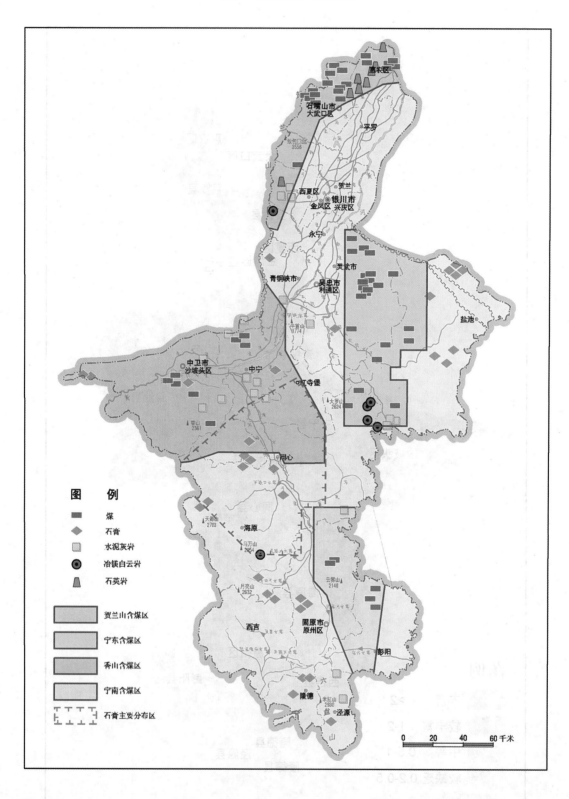

图　例

■　煤
◆　石膏
□　水泥灰岩
◉　冶镁白云岩
▲　石英岩

贺兰山含煤区
宁东含煤区
香山含煤区
宁南含煤区
石膏主要分布区

0　20　40　60千米

图5　植被分布图

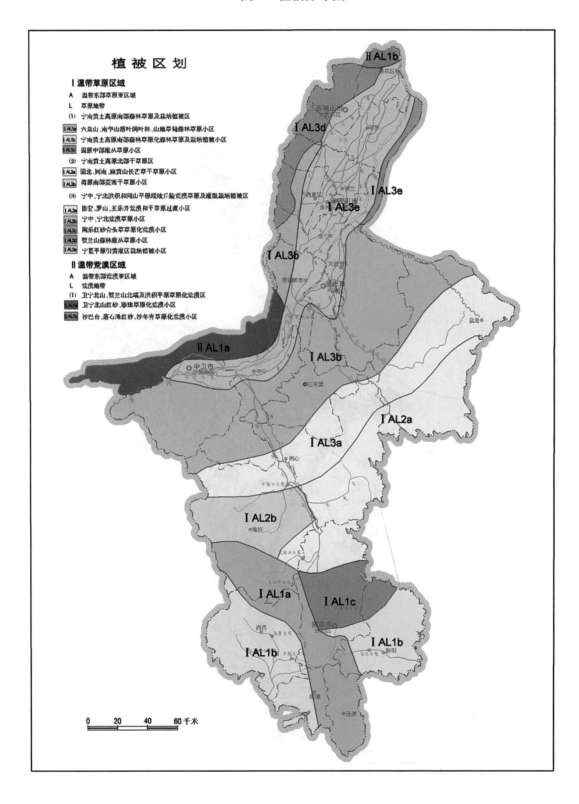

图6　耕地分布图

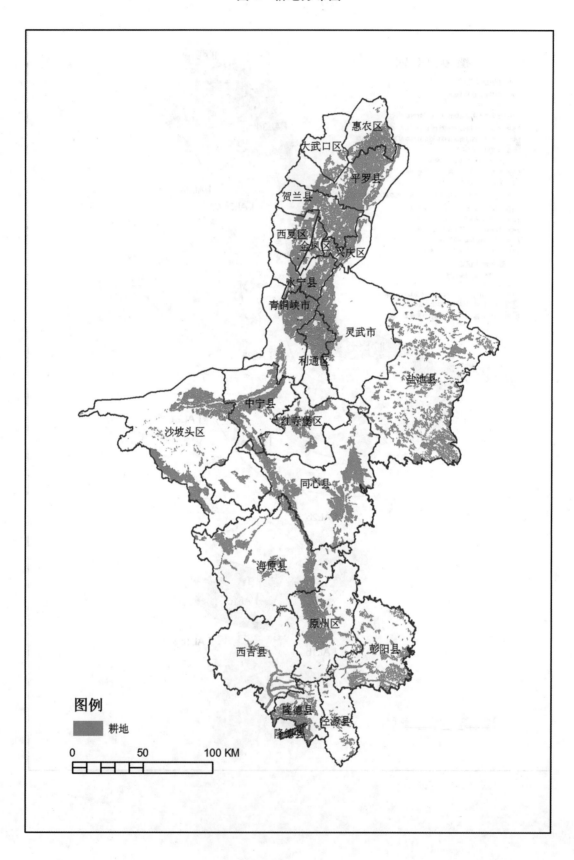

惠农区
大武口区
平罗县
贺兰县
西夏区
金凤区　兴庆区
永宁县
青铜峡市
灵武市
利通区
盐池县
中宁县
红寺堡区
沙坡头区
同心县
海原县
原州区
西吉县
彭阳县
隆德县
泾源县
隆德县

图例
　耕地

0　　　　　50　　　　100 KM

图7 人均可利用水资源评价图

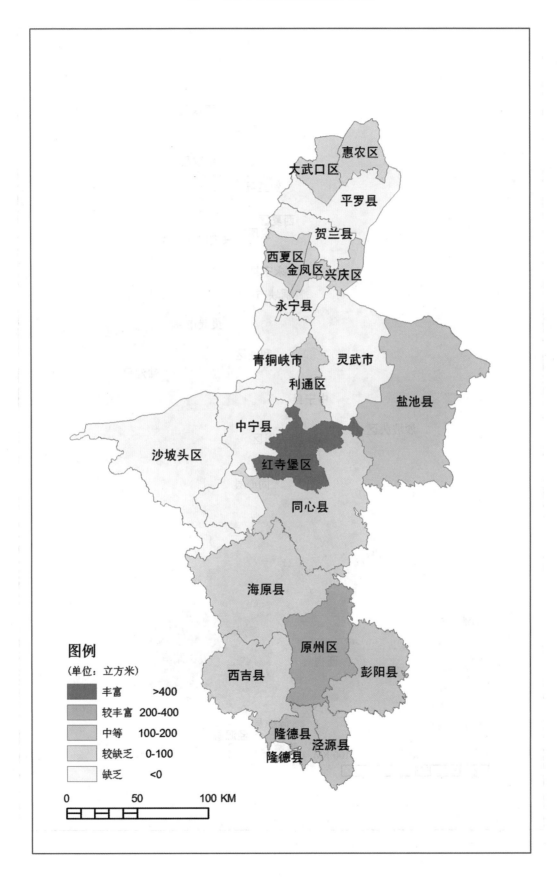

图例

(单位：立方米)

丰富	>400
较丰富	200-400
中等	100-200
较缺乏	0-100
缺乏	<0

0　50　100 KM

图8 生态脆弱性评价图

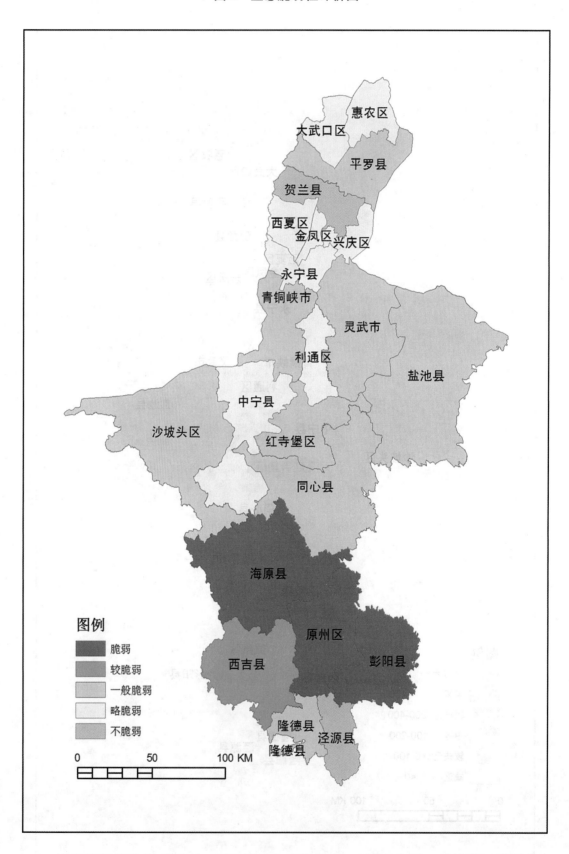

宁
夏

图9　自然灾害危险性评价图

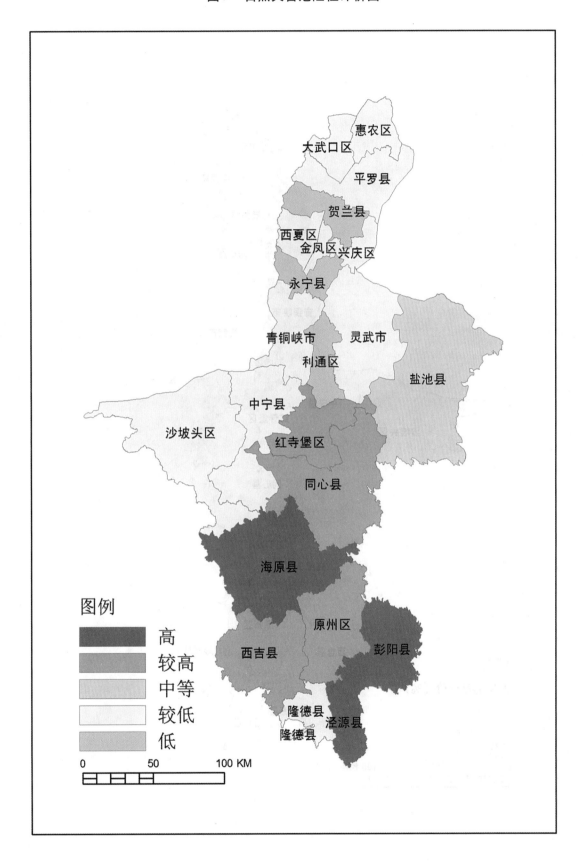

图 10　开发强度示意图

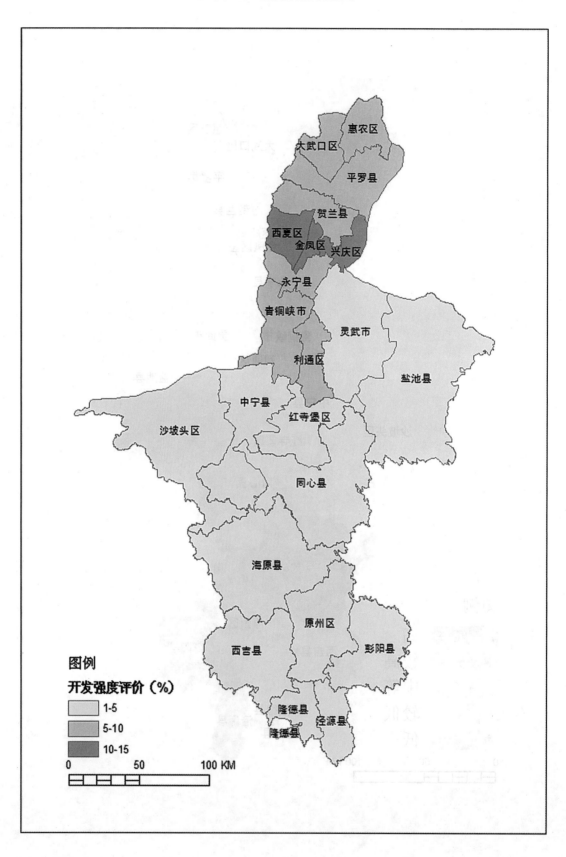

图例

开发强度评价（%）

- 1-5
- 5-10
- 10-15

0　　　50　　　100 KM

图 11　城镇化战略格局示意图

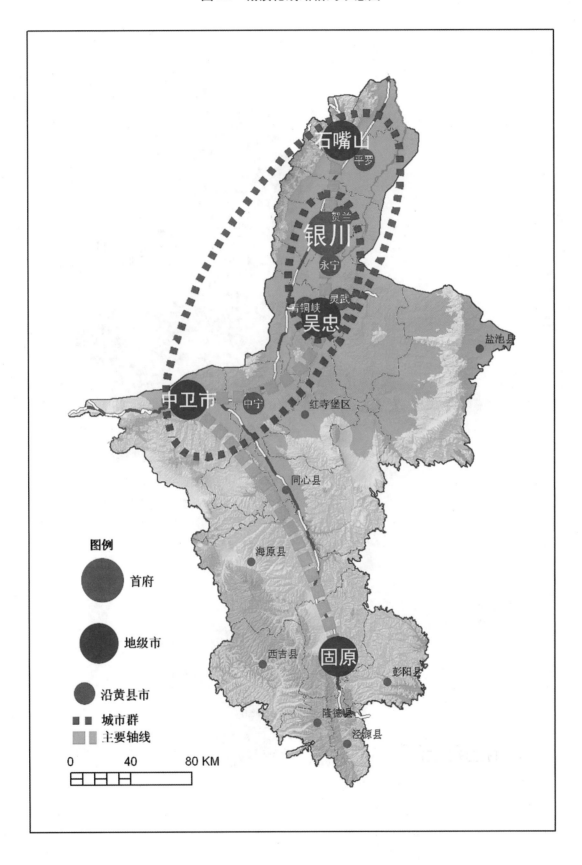

图 12　农业战略格局示意图

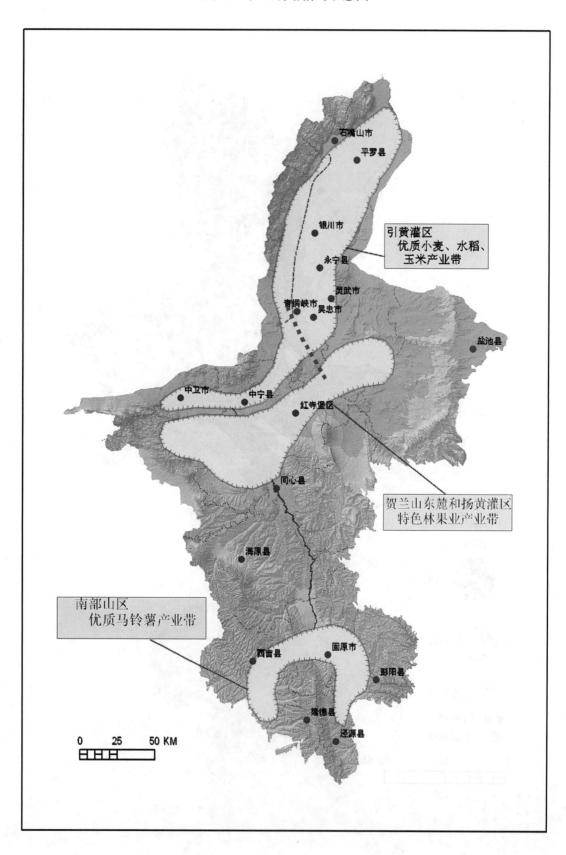

石嘴山市

平罗县

银川市

永宁县

灵武市

青铜峡市　吴忠市

盐池县

引黄灌区
优质小麦、水稻、
玉米产业带

中卫市　中宁县

红寺堡区

贺兰山东麓和扬黄灌区
特色林果业产业带

同心县

海原县

南部山区
优质马铃薯产业带

西吉县　固原市

彭阳县

隆德县

泾源县

0　25　50 KM

图 13 生态安全战略格局示意图

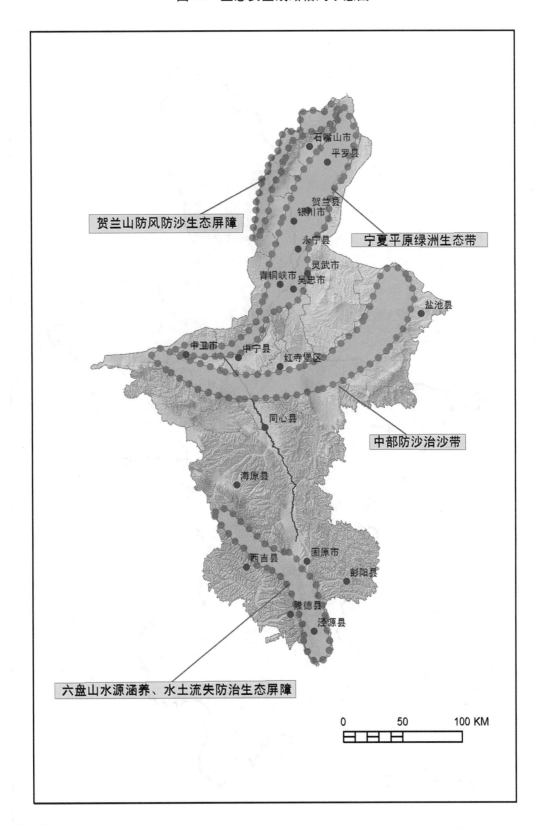

图 14　重点开发区域分布图

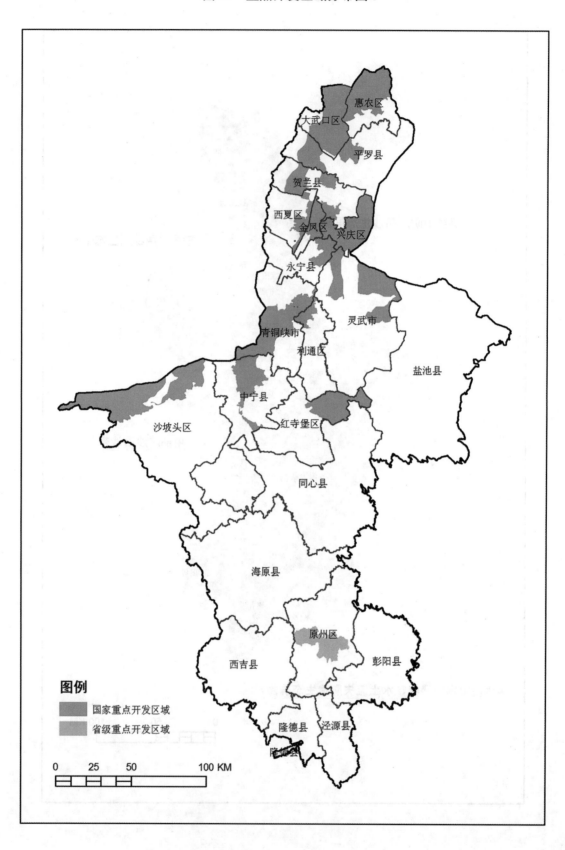

宁
夏

图15　限制开发农产品主产区分布图

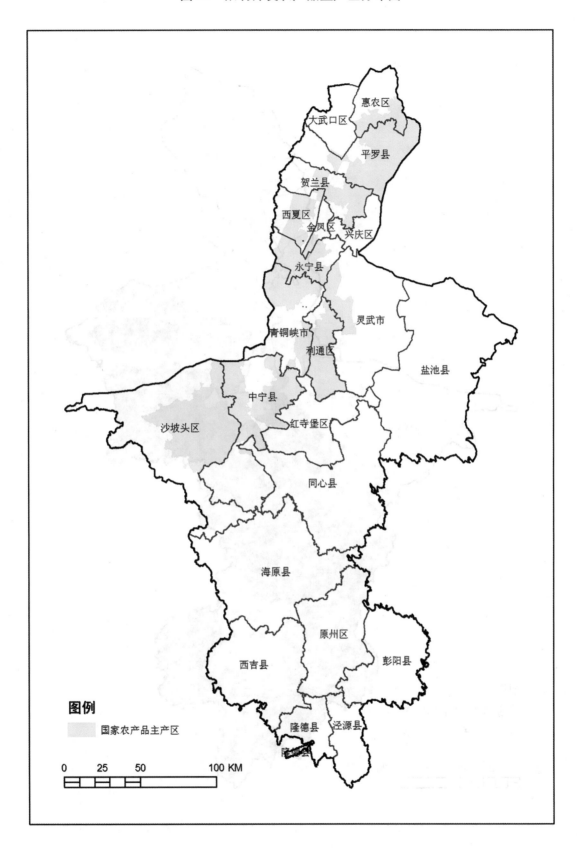

图例

国家农产品主产区

0　25　50　100 KM

图 16　限制开发重点生态功能区分布图

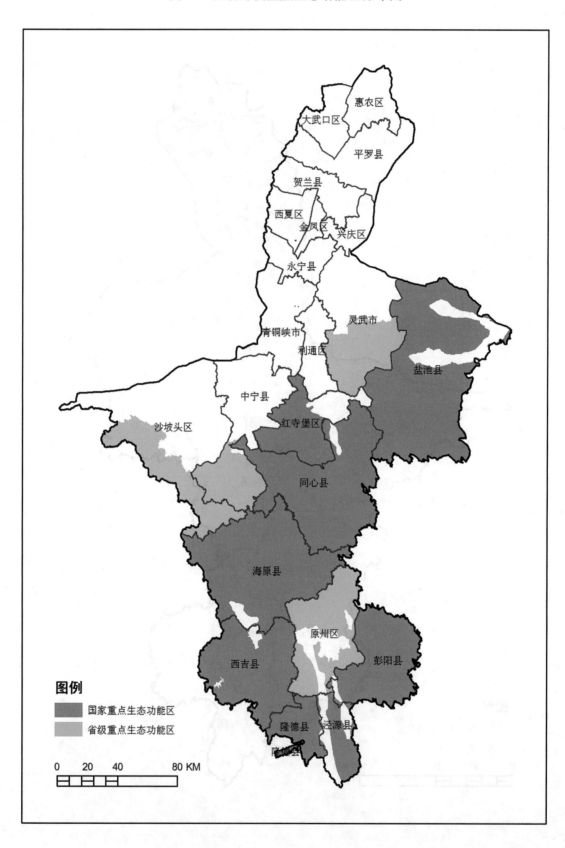

宁
夏

图例

■ 国家重点生态功能区
■ 省级重点生态功能区

0　20　40　　80 KM

图 17　禁止开发区域分布图

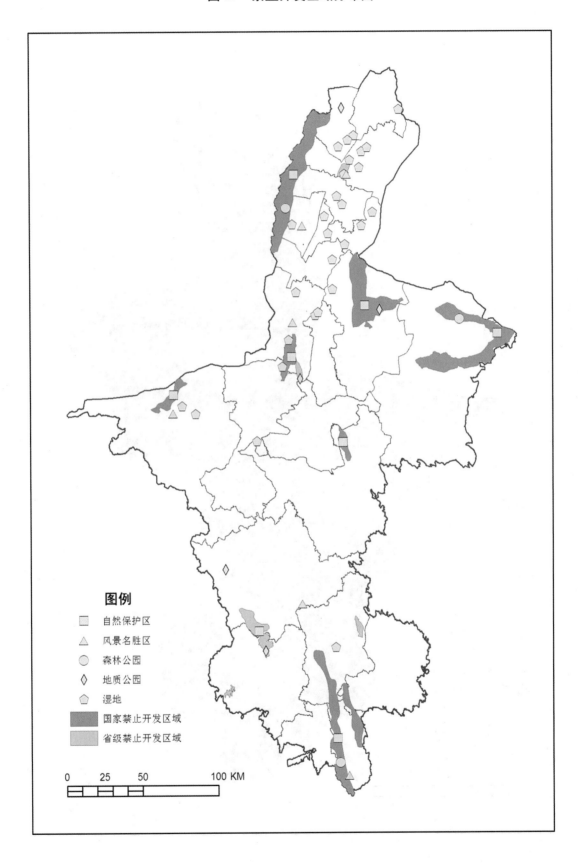

图18 宁夏主体功能区划分总图

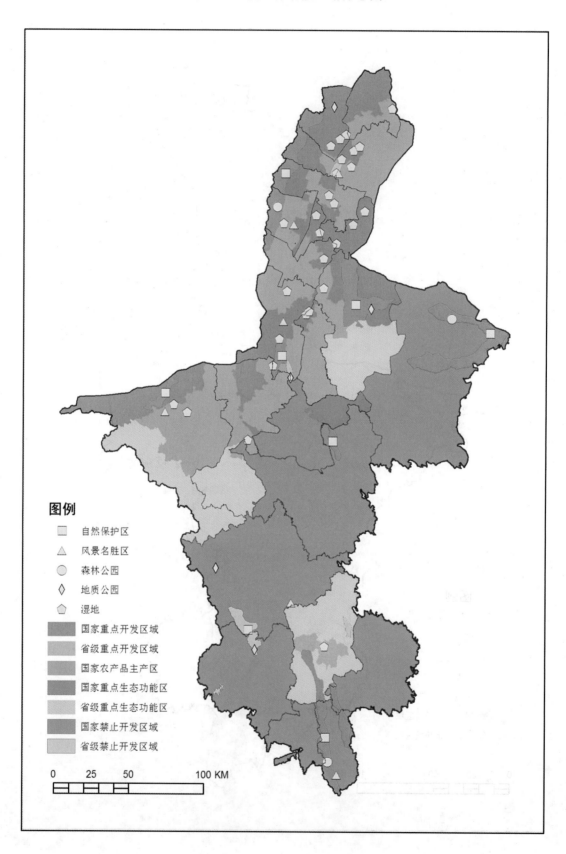

图例

□ 自然保护区

△ 风景名胜区

◯ 森林公园

◇ 地质公园

⬠ 湿地

■ 国家重点开发区域

▨ 省级重点开发区域

▨ 国家农产品主产区

▨ 国家重点生态功能区

▨ 省级重点生态功能区

▨ 国家禁止开发区域

▨ 省级禁止开发区域

0　25　50　　　100 KM

图 19　二氧化硫排放评价图

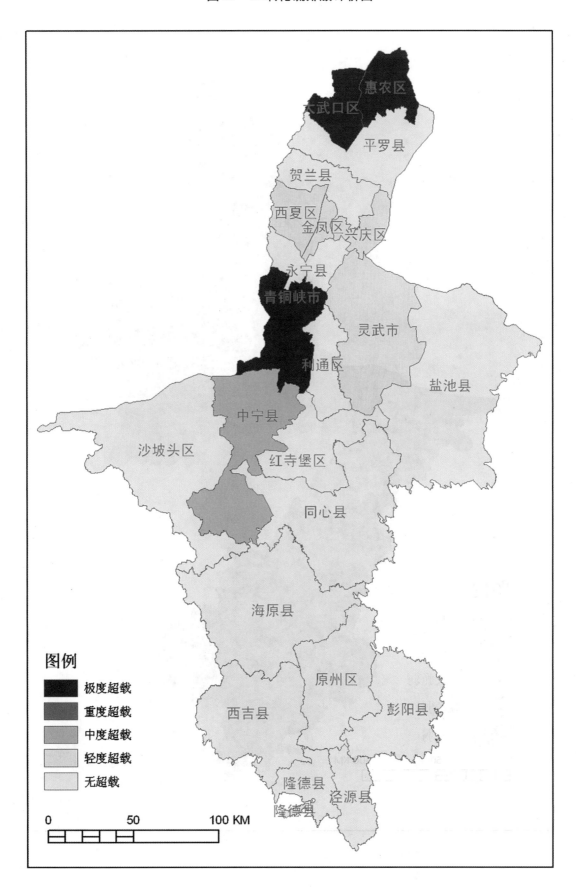

图例

■ 极度超载
■ 重度超载
■ 中度超载
□ 轻度超载
□ 无超载

0　　　50　　　100 KM

图20   沙漠化脆弱性评价图

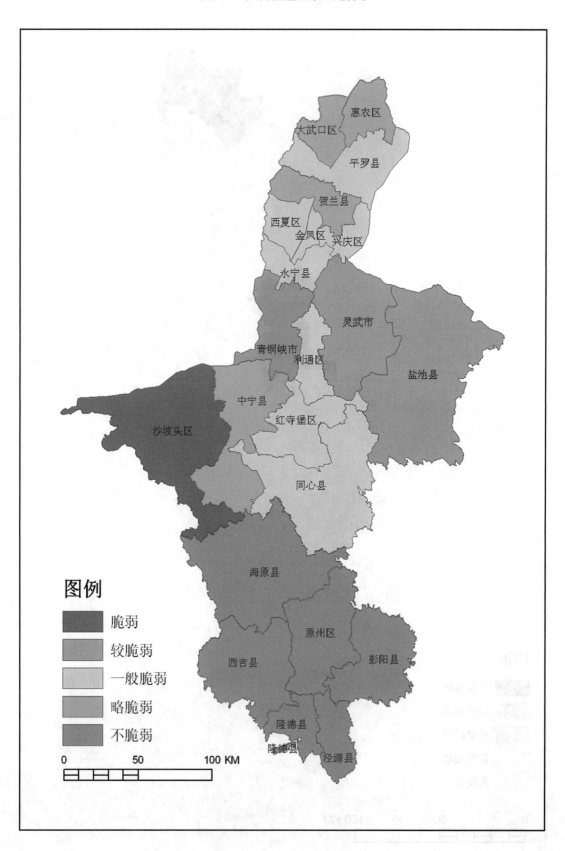

图 21　土壤侵蚀脆弱性评价图

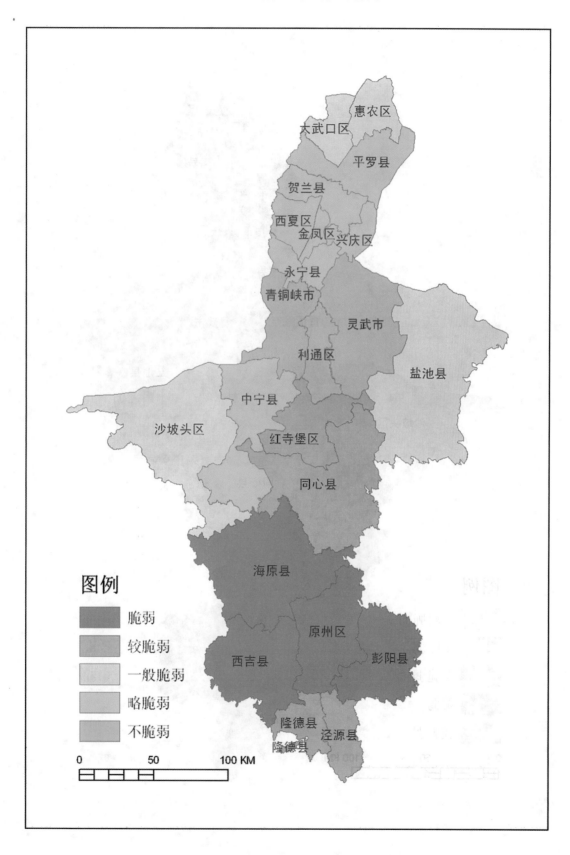

图 22 盐渍化脆弱性评价图

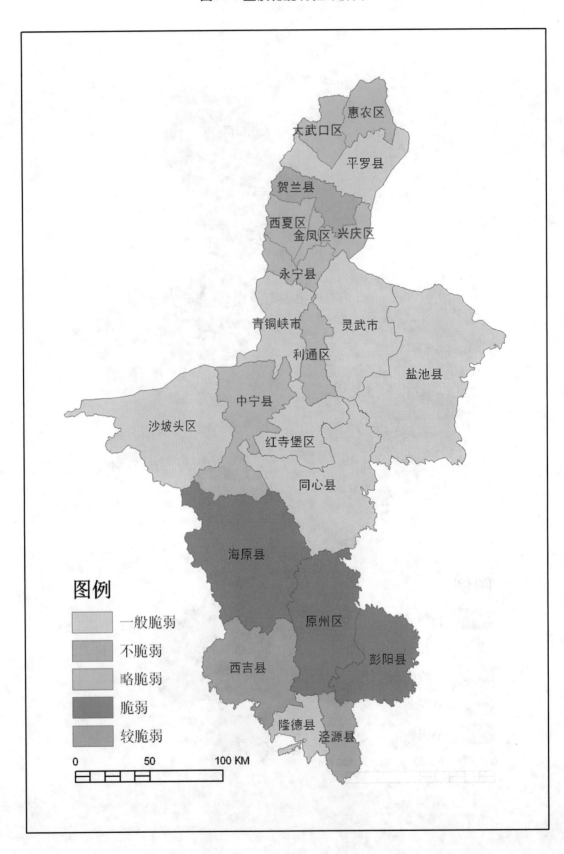

图 23　防风固沙重要性评价图

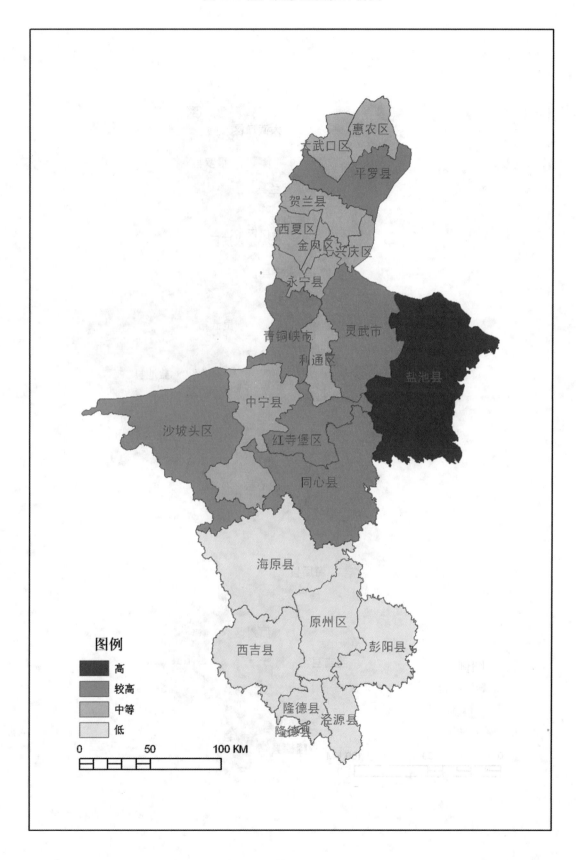

图24　生物多样性评价图

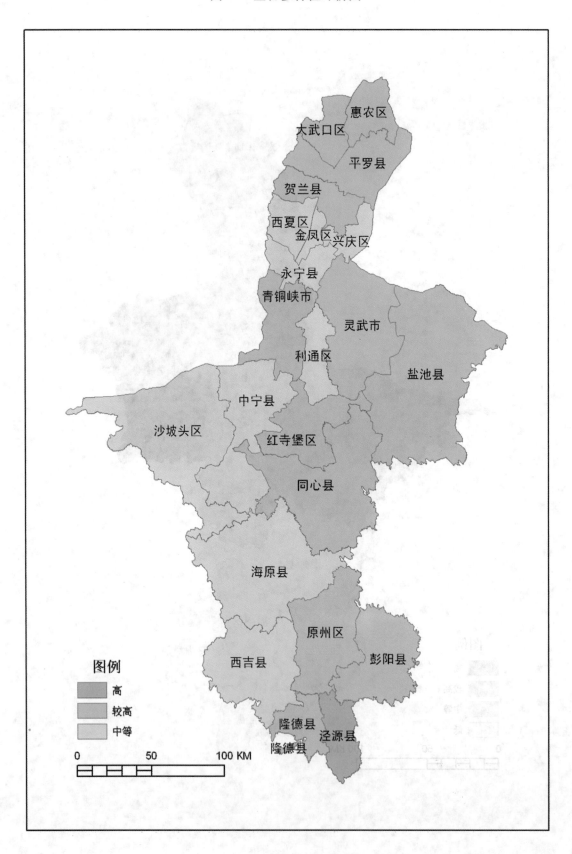

宁
夏

图 25 水源涵养重要性评价图

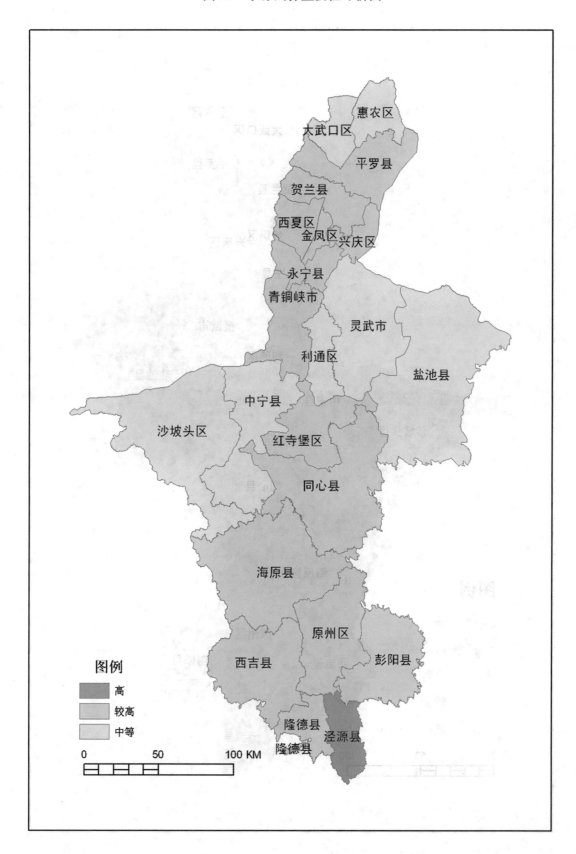

图例

- 高
- 较高
- 中等

0   50   100 KM

图26　生态重要性综合评价图

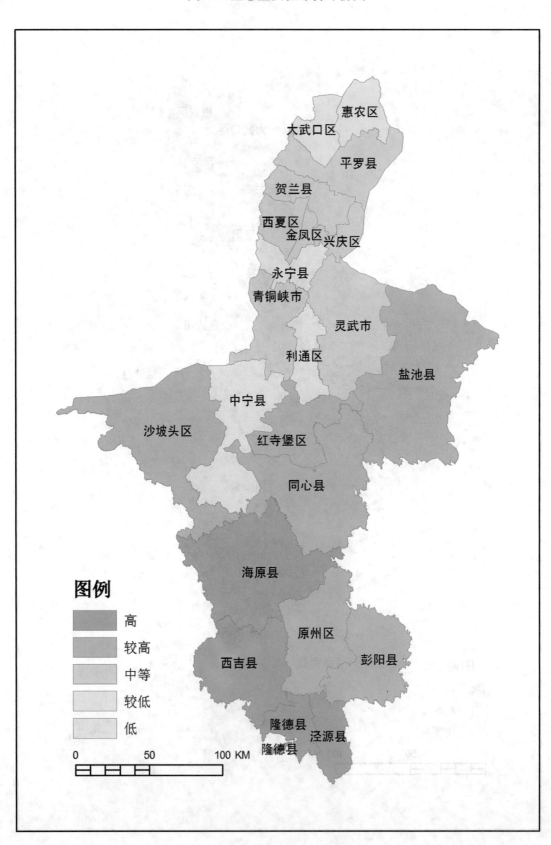

图例

- 高
- 较高
- 中等
- 较低
- 低

0　　　50　　　100 KM

图 27　人口集聚度评价图

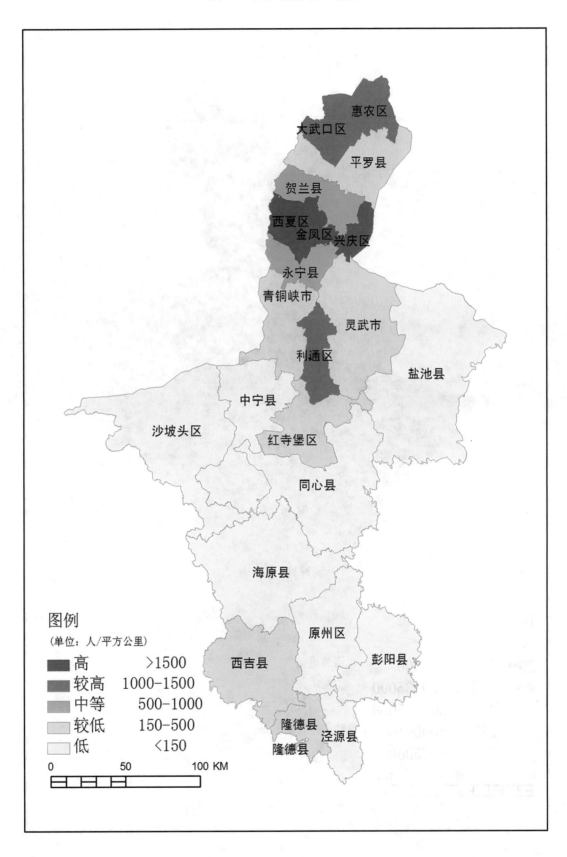

图例

（单位：人/平方公里）

- 高　　　>1500
- 较高　　1000-1500
- 中等　　500-1000
- 较低　　150-500
- 低　　　<150

0　　50　　100 KM

图 28　经济发展水平评价图

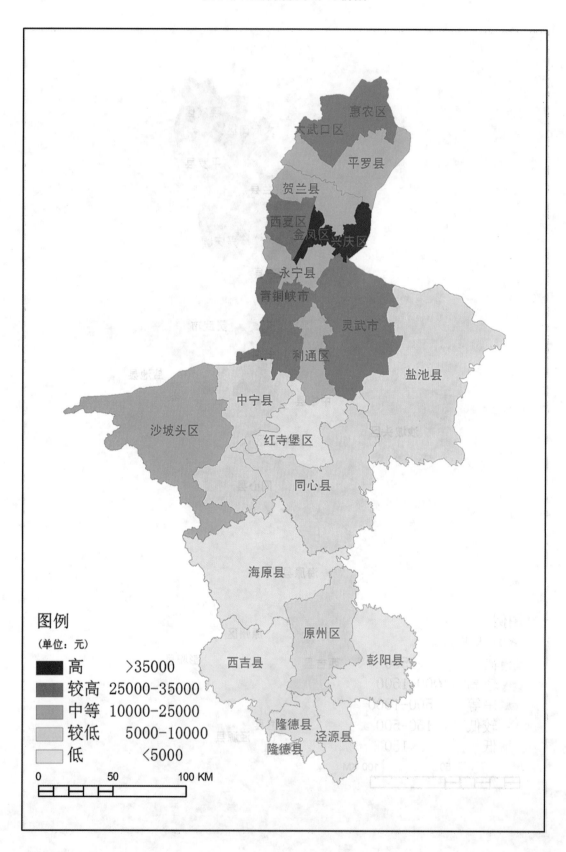

图 29　交通优势度评价图

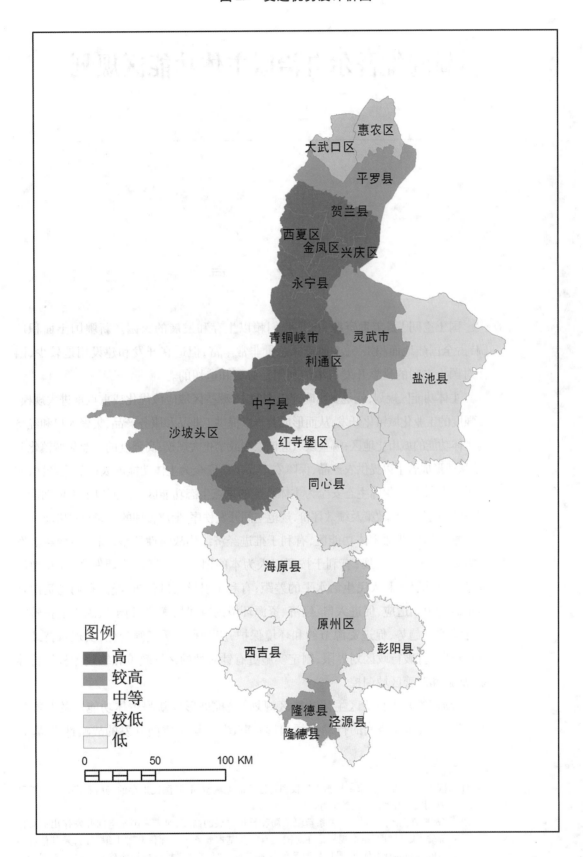

惠农区

大武口区

平罗县

贺兰县

西夏区
金凤区　兴庆区

永宁县

青铜峡市　　灵武市

利通区

盐池县

中宁县

沙坡头区

红寺堡区

同心县

海原县

原州区

西吉县

彭阳县

隆德县　泾源县

隆德县

图例

高
较高
中等
较低
低

0　　50　　100 KM

新疆维吾尔自治区主体功能区规划

序　言

　　国土空间①是宝贵资源，也是我们赖以生存和发展的家园。新疆国土面积广阔，占全国陆地面积 1/6，土地资源总量非常丰富，但适宜开发和建设用地较少，因而对国土空间的科学开发与集约利用是必要和迫切的。

　　主体功能区规划，就是要明确国土空间中，哪些区域应该优化或重点推进大规模、高强度的工业化城镇化开发，从而形成若干以提供工业品和服务产品、集聚人口和经济为主体功能的城市化地区；哪些区域应该限制或禁止大规模、高强度的工业化城镇化开发，从而形成若干以提供农产品、保障农产品供给安全为主体功能的农产品主产区，或以提供生态产品、保障生态安全为主体功能的重点生态功能区。按照以上主体功能定位调整和完善区域政策及绩效评价，规范空间开发秩序，形成合理的空间开发格局。

　　推进形成新疆主体功能区，有利于推进经济结构战略性调整，加快转变经济发展方式，实现科学发展；有利于按照以人为本的理念推进区域协调发展，缩小地区间基本公共服务和人民生活水平的差距；有利于引导人口分布、经济布局与资源环境承载能力相适应，促进人口、经济、资源环境的空间均衡；有利于从源头上扭转生态环境恶化趋势，促进资源节约和环境保护，应对和减缓气候变化，实现可持续发展；有利于打破行政区划界限，制定实施更有针对性的区域政策和绩效考核评价体系，加强和改善区域调控。

　　《新疆维吾尔自治区主体功能区规划》是推进形成新疆主体功能区的基本依据、科学开发国土空间的行动纲领和远景蓝图，是国土空间开发的战略性②、基础

---

① 国土空间，是指国家主权与主权权利管辖下的地域空间，是国民生存的场所和环境。包括陆地、水域、内水、领海、领空等。

② "战略性"指本规划是从关系新疆全局和长远发展的高度，对未来国土空间开发作出的总体部署。"基础性"指本规划是在对国土空间各基本要素综合评价基础上编制的，是其他各类空间规划的基本依据，是区域政策的基本平台。"约束性"指本规划明确不同国土空间的主体功能定位、开发方式等，对各类开发活动具有约束力。

性和约束性的规划。本规划根据中国共产党第十七次全国代表大会①报告、《中华人民共和国国民经济和社会发展第十一个五年规划纲要》、《国务院关于编制全国主体功能区规划的意见》(国发〔2007〕21号)、《全国主体功能区规划》、《新疆维吾尔自治区国民经济和社会发展第十二个五年规划纲要》编制,规划范围为新疆陆地国土及内水空间,推进实现主体功能区主要目标的时间是2020年,规划任务是长远的,实施中将根据形势变化和评估结果适时调整修订。

第一篇 规划背景

新疆幅员辽阔,资源丰富,深居内陆,气候干旱,是我国典型的内生性经济区域,也是我国典型的绿洲生态脆弱区域。新中国成立以来特别是改革开放以来,随着新疆城市化、工业化迅速发展,新建城市、农村面貌发生了翻天覆地的变化,经济、社会、生态格局不断改变。了解新疆发展现状,推进形成主体功能区,对构建新疆"资源节约型、环境友好型、人口均衡型"社会和贯彻"稳疆兴疆,富民固边"战略意义重大。

第一章 规划背景
——认识我们变化着的家园

第一节 自然状况

——地形地貌②。新疆境内地貌总轮廓是"三山夹两盆"。北部有阿尔泰山,南部有昆仑山,天山横亘中部。阿尔泰山与天山中间为准噶尔盆地,其间有我国第二大沙漠——古尔班通古特沙漠;天山与昆仑山中间形成塔里木盆地,其间有我国第一大沙漠——塔克拉玛干沙漠。沙漠和戈壁广泛分布构成荒漠系统,高大山脉和盆地交错分布构成山盆体系,高山冰雪融水形成的河流和湖泊在山盆体系内发育了大量的绿洲系统。山地系统、绿洲系统和荒漠系统的相互作用形成了新疆干旱区典型的山地—绿洲—荒漠生态系统。

——气候。新疆远离海洋,三面环山,属典型的大陆性干旱气候,其中北疆为温带大陆性干旱气候,南疆为暖温带大陆性干旱气候。新疆降水少,且分布不均,全疆年平均降水量147毫米,其中北疆平原地区约为277.3毫米,南疆仅为66.2毫米左右。新疆蒸发量年均1000—4500毫米,比我国同纬度地区高500—1000毫米。全年日照2600—3600小时,是我国日照时数最多的地区之一。总之,气候具有夏季干热,冬季寒冷,干燥少雨,蒸发强烈,冷热悬殊,日较差大,日照时间长,光资源丰富等鲜明特征。

---

① 党的十七大要求到2020年基本形成主体功能区布局。《国家发展改革委办公厅关于开展省级层面主体功能区划基础研究工作的通知》(发改办规划〔2006〕2361号)指出新疆是全国先期开展省级层面主体功能区划基础研究工作的八个省市区之一,并对编制规划提出了具体的要求。
② 在新疆土地总面积中,山地约占38.70%,平原约占38.70%,沙漠约占21.28%,湖、塘、水库约占0.40%。

——资源。新疆自然资源丰富,诸多资源总量位居全国前列。

新疆水资源总量丰富,其水源主要来自高山融雪和山区降水。地表水平均年径流量居全国第12位,地下水占全国地下水资源总量的7%,居全国第6位。境内有塔里木河、伊犁河、额尔齐斯河、乌伦古河等多条大型河流,有博斯腾湖、布伦托海、艾比湖、赛里木湖和天池等多个湖泊。河流径流量随季节性变化较大,水资源在空间上北部多于南部、西部多于东部,水资源时空分布的不均衡导致新疆存在季节性缺水或区域性缺水问题。

新疆地域辽阔,土地资源丰富,可垦荒地资源有约7万平方公里,其中宜农荒地有4.87万平方公里,占全国宜农荒地的13.8%,扩大耕地有可靠的土地资源保证。现有耕地4.12万平方公里,人均占有耕地3亩,为全国人均水平的2倍多。草原面积大,草地类型多,人均占有草地51亩,为全国平均值的16.3倍。

新疆境内地质构造复杂,地层齐全,是我国矿产资源最为丰富的省区之一。矿产种类多,资源储量大,人均拥有量较大。目前发现的矿产有138种,约占全国总数的80%,探明储量的有83种,保有储量居全国首位的有6种,居前十位的有41种。石油、天然气、煤、铁、铜、金、铬、镍、稀有金属、盐类矿产、建材非金属等蕴藏丰富。据全国第二次油气资源评价,新疆石油预测资源量208.6亿吨,占全国陆上石油资源量的30%;天然气预测资源量10.3万亿立方米,占全国陆上天然气资源量的34%;煤炭预测储量2.19万亿吨,占全国预测储量的40%。

——生物多样性。新疆动植物资源较丰富,即使在自然条件十分严酷恶劣的干旱荒漠生态环境中,仍有多种独特的珍稀荒漠动、植物物种分布。疆内分布的脊椎动物近700种,约占全国种类的11%,共有国家重点保护动物116种,约占全国保护动物的三分之一。疆内分布的高等植物有3500多种,森林资源有乔、灌木等140种。新疆物种多样性从其特殊性、复杂性来说,是我国生物多样性中非常重要的组成部分。

——灾害。新疆自然灾害①种类较多,分布较广泛,发生较频繁,季节性明显,灾害共生性和伴生性较显著。主要的灾害包括地震、洪水、冰雹、风灾、干旱、雪灾、风沙、霜冻、冷害、干热风等及其病虫害、鼠害、草害等次生灾害,这对新疆的生态环境产生了一定的威胁,也给农业、牧业生产造成较大损失。

第二节　综合评价

经过对新疆土地资源、水资源、环境容量、生态系统脆弱性、生态重要性、自然灾害危险性、人口集聚度、经济发展水平、交通优势度等指标的综合评价,总结出新疆国土空间的以下特点:

——国土面积广阔,人均可利用土地资源丰富,但适宜建设用地面积较少。新疆国土面积占全国陆地面积1/6,土地资源总量非常丰富。人均可利用土地面积达到极丰富等级的县市数目占全疆的48%,可见人均可利用土地潜力很大。但是由于受水资源限制,新疆已有建设用地面积仅占国土面积的0.74%。新疆只有20%县市的适宜建设用地丰度达到较丰富与极丰富,适宜建设用地较少。适宜建设用地面积较小决定了新疆工业化城镇化可供选择的地域空间有限。

---

① 这里的自然灾害主要指洪涝、干旱灾害,冰雹、暴雪、沙尘暴等气象灾害,火山、地震灾害,山体崩塌、滑坡、泥石流等地质灾害,森林草原火灾和重大生物灾害等。

——水资源总量较丰富,但水资源时空分布不均衡,地均水资源匮乏。新疆水资源总量较丰富,地表水资源总量和人均占有量均居全国前列,但新疆国土面积每平方公里的平均水量只有5.56万立方米,地均水资源匮乏。新疆的水资源时空分布极不平衡,河流多具有春旱、夏洪、秋缺、冬枯的特性,水资源空间分布不均衡,南疆国土面积占全疆73%,地表水资源量仅占全疆48%。

——能源和矿产资源丰富,但利用效率低下。新疆能源和矿产资源比较丰富,品种齐全,但是总体资源能源效率较低。在部分用量大的支柱性矿产中贫矿和难选矿多,开发利用难度大,利用成本高,且新疆远离内陆,运输费用也大大增加了利用成本。能源结构以煤和石油为主,新能源和可再生能源开发潜力巨大,但大规模利用还面临着技术、环境和经济性等方面的制约。

——生态类型多样,生态系统极度脆弱。新疆生态类型多样,森林、湿地、草原、荒漠等生态系统均有分布,但大部分地区生态敏感性高,土地沙漠化和盐渍化问题是生态脆弱的主要反映。新疆生态脆弱性评价结果显示,全疆中度以上生态脆弱区域占国土空间的近65.80%,其中极度脆弱的占62.09%,重度脆弱的占1.53%,中度脆弱的占2.18%。脆弱的生态环境,使工业化与城镇化开发只能在有限的绿洲地区集中展开。

——环境质量总体良好,局部地区环境容量轻度超载。新疆大气与地表水环境质量总体状况较好,但以乌鲁木齐为中心的天山北坡地区二氧化硫和化学需氧量的排放量轻度超标,新疆其他经济较为发达的地区环境容量都呈现较小或已超载。随着西部大开发的进一步实施,重点开发区域的环境容量承载力将不断减小,这将使区域产业结构与空间结构调整的压力加大,区域发展潜力也将大受影响。因此,在发展经济的同时应加大环境治理的力度,使环境和经济都实现可持续发展。

——自然灾害频繁,灾害威胁性较大。新疆自然灾害种类较多,分布广泛,发生频繁,造成受灾人口和伤亡数量多,巨灾风险大。部分县级行政区位于自然灾害严重的区域范围内。频繁发生的自然灾害,加大了工业化城镇化的成本并给人民生命财产安全带来隐患。

第三节　突出问题

西部大开发以来,新疆经济持续快速发展,工业化与城镇化加快推进①,人民生活水平逐步提高。同时,也产生了一些需要高度重视、认真解决的突出问题。

——建设用地开发受水资源约束,且与农业用地、生态用地矛盾突出。新疆国土面积大,适宜建设用地相对较少,而且干旱区建设用地的开发受水资源规模或空间分布的影响显著,这进一步减少了建设用地的开发潜力,严重制约新疆今后工业化城镇化的进一步发展。新疆工业化与城镇化进程推动建设用地不断扩张,不可避免地占用了耕地、草地与林地等空间,使建设用地与农业用地和生态用地的矛盾日益严重,粮食安全与生态安全面临严峻挑战。

——水资源时空分布不均,且利用效率低下。新疆地表水资源相对丰富,但时空分布很不均衡,形成季节性或区域性水资源短缺问题。新疆多为季节性河流,具有春旱、夏洪、秋缺、冬枯的特性,春季的旱灾,尤其是南疆的春旱,发生频率很高,对农牧业生产构成严重威胁;水资源区域分布过于集中,新疆西北部占国土面积的50%,水资源却占全疆水资源总量的93%。农业灌溉、工业用

---

① 经济发展和工业化城镇化,必然要落到具体的国土空间。从国土空间的角度观察,工业化城镇化就是农业空间转化为城市化空间的过程;从人口的角度观察,就是就业从以农业为主、居住以农村为主,转为就业以工业和服务业为主、居住以城市为主的过程。

水效率低,水资源浪费现象比较严重,水资源结构性短缺与用水效率较低影响新疆经济均衡布局和人口均衡分布,生活、生产、生态用水都面临很大压力。

——生态系统[①]受损严重,生态服务功能退化。新疆生态系统脆弱,土地沙化与盐渍化是生态系统受损的主要表现。工农业发展所依赖的绿洲分布于沙漠边缘,沙化土地不断吞噬着周边的宜开发利用土地。不合理灌排和耕作等行为使土地盐渍化问题也日益严重。全球气候变暖变湿对新疆农业灌溉、作物种植等十分有利,但同时全球变化过程中产生的极端气候也会对脆弱生态系统带来不利影响。

——土地利用空间结构不合理,利用效率较低。工农业生产占用了一定的草地、林地、水面和湿地,使得绿色生态空间减少。新疆是典型干旱区,人类活动主要集中在有限且疏散分布的绿洲之上,随着工矿建设用地的增多,势必占用更多的耕地、草地以及林地,同时也占用了本可以用于改善人民生活的居住、公共设施等的空间。新疆经济不够发达,工矿建设空间单位面积产出较低,除乌鲁木齐、克拉玛依、伊宁、石河子、库尔勒、喀什等城市外,绝大多数城市和建制镇的人口密度较低,经济规模较小,空间的集聚效应未能得到充分发挥。

——基本公共服务和生活条件空间差异较大。人口分布与经济布局在区域之间的不协调,带来城乡、区域间人民生活水平和公共服务的差距过大。2008 年,地区之间人均生产总值最高地区为最低地区近 40 倍,绿洲 GDP 密度差距达到 80 倍,城市间公共基础设施投入差距明显。从新疆内部来看,东疆、北疆、南疆三大区域人均 GDP 之比为 3.5∶2.4∶1,高于全国东中西三大经济地带的人均 GDP 比例(2.58∶1.27∶1),同时 2000 年以来全疆经济发展的基尼系数不断扩大,到 2007 年为0.38,且有不断扩大的趋势。基本公共服务和生活条件差距大一定程度上制约了新疆区域经济的协调发展。

——环境问题开始显现。新疆的环境问题主要体现在资源开发区域与工业化地区。新疆是我国重要的能源与矿产资源产区,在资源开采过程中,由于资源开发技术的落后、管理体制不完善和管理水平低,出现掠夺式开采,不仅造成资源浪费严重,而且对资源开采区的生态环境破坏严重。新疆局部地区的城市大气环境质量降低,南疆地区浮尘天气频发,北疆地区由于能源消耗结构不合理,冬季大气煤烟型污染较为严重。工业化过程造成部分地区水资源受到污染,水质破坏加剧了新疆水资源短缺矛盾。

第四节　面临趋势

今后十几年,是新疆全面建设小康社会的重要时期,也是加快推进社会主义现代化建设的关键阶段。实现全面建设小康社会的宏伟目标,国土空间开发必须应对好如下趋势及挑战。

——统筹各项用水,妥善处理好水资源利用与水源地保护的关系。随着工农业的发展,干旱区水资源短缺这一瓶颈将日益突出,生活、生产、生态用水都将面临极大压力,统筹各项用水是未来水资源利用的发展趋势。在这个过程中,生产、生活用水必然挤占一定的生态用水,增加了扩大和恢复水源涵养空间的难度;生产、生活污水的排放增加了保护饮水安全的难度。这对妥善处理好水资源利用与水源地保护的关系提出了挑战。

---

① 生态系统是指在一定的空间和时间范围内,在各种生物之间以及生物群落与其无机环境之间,通过能量流动和物质循环而相互作用的一个统一整体。

　　——统筹城乡发展,妥善处理好城乡建设与农业用地的关系。统筹城乡发展对新疆实现全面建设小康社会意义重大,是未来的发展趋势。统筹城乡发展,一方面要求大力推进城镇化建设,扩大城市建设空间;另一方面是推进社会主义新农村建设,这些建设必然继续占用空间,甚至一些耕地和绿色生态空间。这对妥善处理好城乡建设与农业用地的关系提出了挑战。

　　——统筹人与自然和谐发展,妥善处理好工业化与生态环境的关系。新疆在当前严峻的生态环境问题下,统筹人与自然和谐发展是未来的发展趋势。工业化发展是导致生态环境问题的主要因素,而新疆经济发展的潜力在工业,出路在工业,未来迫切要求加快新型工业化建设步伐,但新型工业化建设的实施必然挤占人们的生活空间和生态空间。这对妥善处理好工业化与生态环境的关系提出了挑战。

　　——统筹区域发展,妥善处理好人口、经济增长与空间发展的关系。在区域经济差异过大,特别是在天山北坡地区与南疆贫困地区之间的差距不断加大的趋势下,统筹区域发展是未来的发展趋势。统筹区域发展,一方面要控制人口总量,扩大增长人口的生活空间,满足和提高人口基础设施建设空间;另一方面通过推动新型工业化和城镇化建设加快经济发展尤其加快南疆贫困区域的经济增长,这些过程不可避免地会占用国土空间。这对妥善处理好人口、经济增长与空间发展的关系提出了挑战。

　　总之,今后相当长一段时期内,新疆面临加速工业化、农业现代化和快速城镇化对国土空间需求不断加剧的形势,尤其是作为我国重要能源战略接替区和西部生态脆弱区,能源产业开发快速推进,水土资源及生态环境的约束瓶颈作用不断增强。我们既要满足人口向绿洲区域聚集、人民生活改善、经济发展、工业化城镇化推进、基础设施建设等对国土空间的巨大需求,同时又要保障山地—绿洲—荒漠生态系统的稳定性和生态安全,为未来小康社会的构建保住并扩大绿色生态空间。新疆国土空间开发面临前所未有的挑战。

第二篇　指导思想与规划目标

第二章　指导思想

——开发①我们家园的新理念

　　推进形成主体功能区,要以邓小平理论和"三个代表"重要思想为指导,深入贯彻落实科学发展观②,全面贯彻党的十七大和中央新疆工作座谈会会议精神,坚持环保优先、生态立区,走资源开发可持续、生态环境可持续的道路,树立科学开发理念,创新开发方式,规范开发秩序,提高开发效

---

① 开发通常指以利用自然资源为目的的活动,也可以是指发现或者发掘人才、发明技术等活动。发展通常指经济社会进步的过程。开发和发展既有联系也有区别,资源开发、农业开发、技术开发、人力资源开发以及国土空间开发等会促进发展,但开发不等同于发展,对国土空间的过度、盲目开发不会带来可持续的发展。

② 落实科学发展观,必须把科学发展观的思想和要求落实到具体的空间单元,明确每个地区的主体功能定位以及发展方向、开发方式和开发强度。

率,构建高效、协调、可持续的国土空间开发格局,不断提高各族人民的生活质量,增强可持续发展能力,建设全疆各族人民的美好家园。

第一节 开发理念

——根据自然条件适宜性开发的理念。不同的国土空间,自然条件各异。水资源短缺、气候恶劣的沙漠区域、干旱区内陆河流域以及其他生态重要和生态脆弱的区域,对维护新疆乃至全国生态系统安全具有不可或缺的作用,不适宜大规模、高强度的工业化城镇化开发,有的甚至不适宜高强度的农牧业开发。否则,将对生态系统造成破坏,对提供生态产品能力造成损害。因此,必须尊重自然、顺应自然,根据不同国土空间的自然属性确定不同的开发内容。

——区分主体功能的理念。一定的国土空间具有多种功能,但必有一种主体功能,从提高产品的角度划分,或以提供工业品和服务产品为主体功能,或以提供农产品为主体功能,或以提供生态产品为主体功能。区分主体功能并不排斥其他功能,但要分清主次。在关系全局生态安全的区域,应把提供生态产品作为主体功能,把提供农产品和服务产品及工业品作为从属功能,否则,就可能损害生态产品的生产能力。因此,必须区分不同国土空间的主体功能,根据主体功能确定开发的主体内容和发展的主要任务。

——根据资源环境承载能力①开发的理念。不同国土空间的主体功能不同,因而聚集人口和经济的规模不同。生态功能区和农产品主产区由于不适宜或不应该大规模、高强度的工业化城镇化开发,因而难以承载较多消费人口。在工业化城镇化的过程中,必然会有一部分人口主动转移到就业机会多的城市化地区。同时,一定空间单元的城市化地区,资源环境承载能力也是有限的,人口和经济的过度集中也会给资源环境、交通等带来难以承受的压力。因此,必须根据资源环境中的"短板"确定可承载的人口和经济规模以及适宜的产业结构。

——控制开发强度②的理念。新疆不适宜开发的土地空间很大,绿洲及其他自然条件较好的国土空间尽管适宜工业化城镇化开发,但这类国土空间同样适宜农业开发,为保障农产品供给安全,不能过度占用耕地推进工业化城镇化。即使是城市化地区,也要保持必要的耕地和绿色生态空间,在一定程度上满足当地人口对农产品和生态产品的需求。因此,各类主体功能区都要有节制地开发,保持适当的开发强度。

——调整空间结构③的理念。空间结构是城市空间、农业空间和生态空间等不同类型空间在国土空间开发中的反映,是经济结构和社会结构的空间载体。空间结构的变化在一定程度上决定着经济发展方式及资源配置效率。目前,新疆已经形成了一定规模的城市建成区、建制镇建成区、独立工矿区、农村居民点和确定的开发区,但空间结构不尽合理,空间利用效率不高。因此,必须把国土空间开发的着力点放到调整和优化空间结构、提高空间利用效率上。

---

① 资源环境承载力,是指在一定的时期和一定的区域范围内,在维持区域资源结构符合持续发展需要区域环境功能仍具有维持其稳态效应能力的条件下,区域资源环境系统所能承受人类各种社会经济活动的能力。资源环境承载力是一个包含了资源、环境要素的综合承载力概念。

② 开发强度指一个区域建设空间占该区域总面积的比例。建设空间包括城镇建设、独立工矿、农村居民点、交通、水利设施、其他建设用地等空间。

③ 空间结构是指不同类型空间的构成及其在国土空间中的分布,如城市空间、农业空间、生态空间的比例,以及城市空间中城市建设空间与工矿建设空间的比例等。

——提供生态产品①的理念。人类需求既包括对农产品、工业品和服务产品的需求，也包括对清新空气、清洁水源、舒适环境、宜人气候等生态产品的需求。从需求角度，这些自然要素也具有产品的性质。保护和扩大自然界提高生态产品能力的过程也是创造价值的过程，保护生态环境、提供生态产品的活动也是发展。总体上看，新疆提供工业产品的能力不断增强，提供生态产品的能力却在减弱；而随着人民生活水平的提高，人们对生态产品的需求在不断增加。因此，必须把提供生态产品作为发展的重要内容，把增强生态产品生产能力作为国土空间开发的重要任务。

第二节　主体功能区划分

我国国土空间分为以下主体功能区：按开发方式，分为优化开发区域、重点开发区域、限制开发区域和禁止开发区域四类；按开发内容，分为城市化地区、农产品主产区和重点生态功能区三类；按层级，分为国家和省级两个层面。

优化开发、重点开发、限制开发和禁止开发四类主体功能区，是基于不同区域的资源环境承载能力、现有开发强度和未来发展潜力，以是否适宜和如何进行大规模、高强度的工业化城镇化开发为标准划分的。

城市化地区、农产品主产区和重点生态功能区，是以提供主体产品类型为标准划分的。以提供工业品和服务产品为主体功能的区域为城市化地区，以提供农牧产品为主体功能的区域为农产品主产区，以提供生态产品为主体功能的区域为重点生态功能区。

优化开发区域是指经济比较发达，人口比较密集，开发强度较高，资源环境问题更加突出的城市化地区。

重点开发区域是指有一定经济基础，资源环境承载能力较强，发展潜力较大，进一步集聚人口和经济条件较好的城市化地区。优化开发和重点开发区域都属于城市化地区，开发内容相同，开发方式不同。

限制开发区域是指关系国家农产品供给安全和生态安全，不应该或不适宜进行大规模、高强度工业化城镇化开发的农产品主产区和重点生态功能区。限制开发区域分为两类：一类是农产品主产区，即耕地较多、农业发展条件较好，尽管也适宜工业化城镇化开发，但从保障国家农产品安全以及国家永续发展的需要出发，必须把增强农业综合生产能力作为发展的首要任务，从而应该限制大规模高强度工业化城镇化开发的地区；一类是重点生态功能区，即生态系统脆弱或生态功能重要，资源环境承载能力较低，不具备大规模高强度工业化城镇化开发的条件，必须把增强生态产品生产能力作为首要任务，从而应该限制进行大规模高强度工业化城镇化开发的地区。

禁止开发区域是指依法设立的各级各类自然文化资源保护区域，以及其他禁止进行工业化城镇化开发、需要特殊保护的重点生态功能区。国家层面的禁止开发区域包括国家级自然保护区、世界文化自然遗产、国家级风景名胜区、国家森林公园、国家地质公园。省级层面的禁止开发区域，包括省级及以下各级各类自然文化资源保护区域、重要水源地、重要湿地以及其他省级人民政府根据

---

① 生态产品指维系生态安全、保障生态调节功能、提供良好人居环境的自然要素，包括清新的空气、清洁的水源、舒适的环境和宜人的气候等。生态产品同农产品、工业品和服务产品一样，都是人类生存发展所必需的产品。生态功能区提供生态产品的主体功能主要体现在：吸收二氧化碳、制造氧气、涵养水源、保持水土、净化水质、防风固沙、调节气候、清洁空气、减少噪音、吸附粉尘、保护生物多样性、减轻洪涝灾害等。一些国家或地区对生态地区的"生态补偿"，实质是政府代表人民购买生态地区提供的生态产品。

需要确定的禁止开发区域。

各类主体功能区,在全国经济社会发展中具有同等重要的地位,只是主体功能不同,开发方式不同,保护内容不同,发展首要任务不同,国家和自治区支持重点不同。对城市化地区主要支持其集聚人口和经济,对农产品主产区主要支持其增强农业综合生产能力,对重点生态功能区主要支持其保护和修复生态环境。

第三节　重大关系

推进形成主体功能区,应在思想上特别是在工作中,处理好以下重大关系。

——主体功能与其他功能的关系。主体功能不等于唯一功能。主体功能区要突出主要功能和主导作用,同时不排斥其他辅助或附属功能。优化开发和重点开发区域的主体功能是集聚经济和人口,但也要保护好森林、草原、水面、湿地等生态空间,也要提供一定数量的农产品和生态产品;限制开发区域的主体功能是保护生态环境或提供农产品,但在生态和资源环境可承受的范围内也可以发展特色产业,适度开发矿产资源;对禁止开发区域,要依法实施强制性保护。

——主体功能区与农业发展的关系。把农产品主产区作为限制进行大规模高强度工业化城镇化开发的区域,是为了切实保护这类农业发展条件较好区域的耕地,使之能集中各种资源发展现代农业,不断提高农业综合生产能力。同时,也可以使国家强农惠农政策更集中地落实到这类区域,确保农民收入不断增长,农村面貌不断改善。此外,通过集中布局、点状开发,在县城适度发展非农产业,可以避免过度分散发展工业带来的对耕地过度占用等问题。

——主体功能区与能源和矿产资源开发的关系。一些能源和矿产资源富集的区域往往同时是生态脆弱或生态重要的区域,被划分为限制进行大规模高强度工业化城镇化开发的重点生态功能区或农产品主产区,并不是限制能源和矿产资源的开发,这类区域中的能源和矿产资源,仍然可以依法开发,资源开采的地点仍然可以定义为能源或矿产资源的重点开发基地,但应该按照该区域的主体功能定位实行"点上开发、面上保护"。

——政府与市场的关系。主体功能区的形成,既要发挥政府重要的引导作用,更要发挥市场配置资源的基础性作用,特别是优化开发和重点开发区域主体功能的形成,应当主要依靠发挥市场配置资源的基础性作用。限制开发和禁止开发区域主体功能定位的形成,要通过健全法律法规和规划体系来约束不符合主体功能定位的开发行为,通过建立补偿机制引导地方人民政府和市场主体自觉推进主体功能建设。自治区政府在推进形成主体功能区中的主要职责是,根据主体功能定位配置公共资源,依照国家法律法规完善本地区的实施细则、规章和区域政策,引导市场主体的行为方向。

第三章　开发原则

——科学开发我们家园的准则

推进形成主体功能区,要坚持以人为本,把提高全疆各族群众的生活质量、增强可持续发展能力作为基本原则。各类主体功能区都要推动科学发展,但不同主体功能区在推动科学发展中的主体内容和主要任务不同。根据主体功能定位推动发展,就是深入贯彻落实科学发展观、坚持把发展作为第一要务的现实行动。城市化地区要把增强综合经济实力作为首要任务,同时要保护好耕地和生态空间;农产品主产区要把增强农业综合生产能力作为首要任务,同时要保护好生态,在不影响主体功能的前提下适度发展非农产业;重点生态功能区要把增强提供生态产品能力作为首要任务,同时可适度发展不影响主体功能的适宜产业。

第一节　优化结构

要将国土空间开发从占用土地的外延扩张为主,转向调整优化空间结构为主①。

——按照生产发展、生活富裕、生态良好的要求调整空间结构,保证生活空间,扩大绿色生态空间,保持农牧业生产空间。

——合理扩张城市空间总面积。在城市建设空间中,主要扩大城市居住、公共设施和绿地等建设空间,有序进行工矿建设。

——坚持最严格的耕地保护制度,确保新疆耕地和基本农田总面积不减少、用途不改变、质量有提高。对耕地按国家限制开发要求进行管理,对基本农田原则上按国家禁止开发要求进行管理。

——增加农村公共设施空间。按照农村人口向城市转移的规模和速度,逐步适度减少农村生活空间,将闲置的农村居民点等复垦整理成农业生产空间或绿色生态空间。

——适度扩大交通设施空间,重点扩大新疆区域中心城市之间、新疆与中亚南亚国家之间交通建设空间。

——调整城市空间的区域分布,扩大重点开发区域的城市建设空间,严格控制限制开发区域城市建设和工矿建设空间。

第二节　保护自然

坚持环保优先、生态立区,根据新疆国土空间的不同特点,以水土资源承载能力和环境容量为基础进行有度有序开发,走资源开发可持续、生态环境可持续的人与自然和谐发展道路。

——把保护水面、湿地、林地和草地放到与保护耕地同等重要位置。

——工业化城镇化开发必须建立在国土空间资源环境承载能力综合评价的基础上,按照以水定发展的要求,严格控制在水资源承载能力和环境容量允许的范围内,并把保持一定比例的绿色生态空间作为规划的主要内容。

——在水资源严重短缺、生态比较脆弱、生态系统非常重要、环境容量小、自然灾害危险性大的地区,要严格控制工业化城镇化开发,适度控制其他开发活动,缓解开发活动对自然生态的压力。

——严禁各类破坏生态环境的开发活动。能源和矿产资源开发,要尽可能不损害生态环境并最大限度地修复原有生态环境。在沙化严重区域,禁止滥开垦、滥放牧、滥樵采。

——加强对河流生态的保护。实行严格的水资源管理制度,明确水资源开发利用、水功能区限

---

① 城市空间,包括城市建设空间、工矿建设空间。城市建设空间包括城市和建制镇居民点空间。工矿建设空间是指城镇居民点以外的独立工矿空间。

农业空间,包括农业生产空间、农村生活空间。农业生产空间包括耕地、改良草地、人工草地、园地、其他农用地(包括农业设施和农业道路)空间。农村生活空间即农村居民点空间。

生态空间,包括绿色生态空间、其他生态空间。绿色生态空间包括天然草地、林地、湿地、水库水面、河流水面、湖泊水面。其他生态空间包括荒草地、沙地、盐碱地、高原荒漠等。

其他空间,指除以上三类空间以外的其他国土空间,包括交通、水利设施等空间。

制纳污及用水效率控制指标。在保护河流生态的基础上有序开发水能资源。严格控制地下水超采,加强对超采治理和对地下水源的涵养与保护。加强水土流失综合治理及预防监督。

——交通、电力等基础设施建设要尽量避免对重要自然景观和生态系统的分割,从严控制穿越禁止开发区域。

——农牧业开发要充分考虑对自然生态系统的影响,积极发挥农牧业的生态、景观和间隔功能。严禁有损自然生态系统的开荒以及侵占水面、湿地、林地、草地等的农牧业开发活动。

——在确保自治区内耕地和基本农田面积不减少的前提下,继续在适宜的地区实行退耕还林、退牧还草。在农业用水严重超出区域水资源承载能力的地区实行退耕还水①。

——严格保护林地。切实保护现有森林,有效补充林地,实施用途管制,严格限制林地转为建设用地及其他农用地,严格保护公益林地。

——实行基本草原保护制度。禁止开垦草原,实行禁牧休牧划区轮牧,稳定草原面积,在有条件的地区建设人工草地。

——生态遭到破坏的地区要尽快偿还生态欠账。生态修复行为要有利于构建生态廊道和生态网络。

——保护天然草地、沼泽地、苇地、滩涂、荒漠、冻土、冰川及永久积雪等自然空间。

第三节　集约开发

要按照建设资源节约型社会的要求,把提高空间利用效率作为国土空间开发的重要任务,引导人口相对集中分布、经济相对集中布局,走空间集约利用的发展道路。

——合理控制开发强度,把握开发时序,使绝大部分国土空间成为保障生态安全和农产品供给安全的空间。

——资源环境承载能力较强、人口密度较高的城市化地区,加快推进城镇化进程。其他城市化地区要依托现有城市集中布局、据点式开发②,因地制宜建设好县城和各具特色的绿洲经济型小城镇,严格控制乡镇建设用地扩张。

——工业项目建设要按照发展循环经济和有利于污染集中治理的原则集中布局。以工业开发为主的开发区要提高土地利用效率,国家级、自治区级经济技术开发区要率先提高空间利用效率。各类开发区在空间未得到充分利用前,不得扩大面积。

——交通建设要尽可能利用现有基础扩能改造,必须新建的也要尽可能利用既有交通走廊。

第四节　协调开发

要按照人口、经济、资源环境相协调和统筹城乡发展、统筹区域发展的要求进行开发,促进人口、经济、资源环境的空间均衡。

——按照人口与经济相协调的要求进行开发。重点开发区域在集聚经济的同时要集聚相应规模的人口。引导限制开发和禁止开发区域人口有序转移到重点开发区域。

---

① 退耕还水就是在严重缺水地区,通过发展节水农业以及适度减少必要的耕作面积等,减少农业用水,恢复水系平衡。

② 据点式开发,又称增长极开发、点域开发,是指对区位条件好、资源富集等发展条件较好的地区,集中资源,突出重点,点状开发。

——按照人口与土地相协调的要求开发。城市化地区和各城市在扩大城市建设空间的同时，要增加相应规模的人口，提高建成区人口密度。农产品主产区和重点生态功能区在减少人口规模的同时，要相应减少人口占地的规模。

——按照人口与水资源相协调的要求进行开发。确定城市化地区和各城市集聚的人口和经济规模以及产业结构，要充分考虑水资源的承载能力。

——按照大区域相对均衡的要求进行开发。在促进天山北坡地区人口和经济进一步集聚的同时，在南疆资源环境承载能力较强的区域，培育形成新的产业和城镇发展带。

——按照统筹城乡的要求进行开发。城镇建设必须为农村人口进入城镇预留生活空间，有条件的地区要将城市基础设施和公共服务设施延伸到农村居民点，同时要逐步提高农村基础设施建设水平。

——按照统筹上下游的要求进行开发。河流上游地区的各种开发要充分考虑对下游地区生态环境的影响。干旱区内陆河流域上游要减少水资源的过度使用，保障下游地区的农业生产、居民生活用水及流域的生态用水，构建流域生态补偿机制，帮助生态受损地区生态环境修复和实现人口脱贫。

——按照统筹地上地下的要求进行开发。各类开发活动都要充分考虑水文地质、工程地质和环境地质等地下要素，充分考虑地下矿产的赋存规律和特点。在条件允许的情况下，城市建设和交通基础设施建设应积极利用地下或地上空间。

——交通基础设施的建设规模、布局、密度等，要与各主体功能区的人口、经济规模和产业结构相协调，宜密则密，宜疏则疏。加强综合运输体系建设和城市道路网建设，提高铁路、公路、空运等多种运输方式之间的中转和衔接能力。

第四章 战略目标

——我们未来的美好家园

第一节 主要目标

根据党的十七大关于到 2020 年基本形成主体功能区布局的总体要求，推进形成新疆主体功能区的主要目标是：

——空间开发格局清晰。"一核两轴多组团"的城镇化战略格局基本形成，人口与经济集聚效应更加明显；"天北天南两带"为主体的农业战略格局基本形成，农产品供给安全得到切实保障；"三屏两环"为主体的生态安全战略格局基本形成，生态安全得到有效保障。

——空间结构得到优化。全区国土空间开发强度控制在 1.1%；工矿及农村居民点建设用地更加集约和节约，城镇工矿用地控制在 0.49 万平方公里以内，农村居民点用地控制在 0.56 万平方公里以内。耕地保有量不低于 4.03 万平方公里（0.6 亿亩），其中基本农田不低于 3.87 万平方公里（0.58 亿亩）。绿色生态空间扩大，林地保有量增加到 9.21 万平方公里，草原面积保持在 51 万平方公里。

表1　新疆维吾尔自治区国土空间开发的规划指标

指　　　标	2008 年	2020 年
开发强度(%)	0.74	1.10
城镇工矿用地(万平方公里)	0.26	0.49
农村居民点(万平方公里)	0.48	0.56
耕地保有量(万平方公里)	4.12	4.03
林地面积(万平方公里)	6.76	9.21
森林覆盖率(%)	4.06	4.60
草原面积(万平方公里)	51.11	51.00

——空间利用效率提高。单位面积城市空间创造的生产总值大幅度提高,城市人口承载能力不断增强。粮食单产稳步提高,棉花等主要经济作物单位土地经济产出效益不断提高,单位面积绿色生态空间蓄积的林木数量、产草量和涵养的水量明显增加。

——区域发展协调性增强。不同区域之间城镇居民人均可支配收入、农村居民人均纯收入和生活条件的差距缩小,扣除成本因素后的人均财政支出大体相当,城乡之间、区域之间基本公共服务均等化取得重大进展,与全国同步实现全面建设小康社会目标。

——可持续发展能力提升。生态系统稳定性明显增强,荒漠化和水土流失得到有效控制,草原面积得以稳定和草原植被得以恢复,森林覆盖率提高到4.60%,生物多样性得到切实保护。水资源利用结构和利用效率明显提高,水资源短缺的状况有所缓解。能源和矿产资源开发利用更加科学合理有序。自然灾害防御水平提升。应对气候变化能力明显增强。

第二节　主要战略任务

为建设繁荣富裕和谐稳定的美好新疆,确保新疆山川秀美、绿洲常在,新疆推进形成主体功能区要着力构建"三大战略格局"。

——构建"一核两轴多组团"为主体的城镇化战略格局。构建以乌昌为核心,以南北疆铁路和主要公路干线为发展轴,以城镇组团为支撑的城镇化战略格局。以兰新铁路西段、连霍高速公路、312国道所组成的综合交通廊道作为北疆城镇发展主轴,积极培育石河子—玛纳斯—沙湾、克拉玛依—奎屯—乌苏、博乐—阿拉山口—精河、伊宁—霍尔果斯等城镇组团,构建天山北坡城市群。以南疆铁路和314国道干线作为南疆城镇发展轴,着力培育库尔勒—轮台、阿克苏—阿拉尔—库车、喀什—阿图什等各城镇组团。同时,加快培育和田、阿勒泰、塔城、吐鲁番、哈密等各具特色的区域中心城市。

——构建"天北和天南两带"为主体的农业战略格局。构建以天山北坡、天山南坡为主体,以基本农田为基础、以林牧草地为支撑的农业战略格局。天山北坡农产品主产区要建设以优质粮食、棉花、特色林果产品、畜产品为主的产业带;天山南坡农产品主产区要建设以特色林果产品、棉花、粮食、畜产品为主的产业带。

——构建"三屏两环"为主体的生态安全战略格局。构建以阿尔泰山地森林、天山山地草原森林和帕米尔—昆仑山—阿尔金山荒漠草原为屏障,以环塔里木和准噶尔两大盆地边缘绿洲区为支撑,以点状分布的省级以上自然保护区域、重点风景区、森林公园、地质公园、重要水源地以及重要湿地组成的生态格局。形成以提升防御自然灾害和应对气候变化能力为目标,保障新疆经济可持续发展的生态安全战略格局。

第三节　未来展望

到 2020 年主体功能区布局基本形成之时,新疆的经济布局更趋均衡,经济结构更趋优化,城乡发展更趋协调,资源利用集约高效,生态系统更加稳定,国土空间格局更加清晰,国土空间管理趋于科学。

——区域经济布局更加集中均衡。工业化城镇化将在适宜开发的一部分国土空间集中开展,产业集聚布局、人口集中居住,城镇密集分布。在进一步集约开发、集中建设,提升天山北坡城镇组团的集聚、辐射和区域竞争力的基础上,培育天山南坡新的城镇组团,尤其是在广大贫困的南疆区域培育新的增长极,形成多极化的网络化城市格局,促使经济增长在空间上全面扩展,人口和经济在国土空间的分布更加集中均衡①,经济结构不断优化。

——城乡区域发展更趋协调。农村人口将继续向城市有序转移,复垦还耕还林还草还水等生产活动加快推进,农村劳动力人均耕地将增加,农业经营的规模化水平、农业劳动生产率和农民人均收入大幅提高,城市化地区反哺农业地区的能力增强,城乡差距逐步缩小。人口更多地生活在更适宜人居的地方,农产品主产区和重点生态功能区的人口向城市化地区逐步转移,城市化地区在集聚经济的同时集聚相应规模的人口,区域间人均生产总值及人均收入的差距逐步缩小。适应主体功能区要求的财政体制逐步完善,公共财政支出规模与公共服务覆盖的人口规模更加匹配,城乡区域间公共服务和生活条件的差距缩小。

——生态系统更加稳定。生态环境将明显改善,保护水平大幅提高,而涵养水源、防风固沙、水土保持、维护生物多样性、保护自然文化资源等生态功能大大提升,森林、湿地、草地、农田、荒漠等生态系统的稳定性增强,绿色生态空间将保持在较高的比率,农产品主产区开发强度得到控制,不符合主体功能定位的开发活动大幅减少,工业和生活污染排放得到有效控制,生态效能将大大提高。

——国土空间管理更趋科学。主体功能的明确定位,为涉及国土空间开发各项政策的制定和实施提供了统一的政策平台,各级各类规划间的一致性、整体性以及规划实施的权威性、有效性将大大增强;为政府对国土空间及其相关经济社会事务的管理提供统一的管理平台,政府管理的科学性、规范性和制度化水平大大增强;为实行各有侧重的绩效评价和政绩考核提供基础性的评价平台,绩效评价和政绩考核的客观性、公正性将大大增强。总之,推进形成主体功能区,将大大增强新疆发展的科学性。

第三篇　新疆自治区主体功能区

第五章　总体划分方案

新疆目前正处在加快新型工业化、农牧业现代化和新型城镇化的重要阶段,中央新疆工作座谈

---

① 集中均衡式经济布局和人口分布是指小区域集中、大区域均衡的开发模式。亦即在较小空间尺度的区域集中开发、密集布局;在较大空间尺度的区域,形成若干小区域集中的增长极,并在国土空间相对均衡分布。这是一种既体现高效,又体现公平的开发形态。

会明确提出要推进新疆跨越式发展和长治久安,确保新疆到 2020 年实现全面建设小康社会目标。根据主体功能区开发的理念,结合新疆独特的自然地理状况和新时期跨越式发展的需要,本规划将新疆国土空间划分为重点开发、限制开发和禁止开发区域;按开发内容,分为城市化地区、农产品主产区和重点生态功能区;按层级,包括国家和自治区两个层面(其中:国家层面主体功能区是《全国主体功能区规划》从我国战略全局出发划定的,自治区层面主体功能区是按要求在国家层面以外的区域划定的)。兵团各团场的主体功能定位遵照所在县(市)的主体功能执行。

重点开发、限制开发和禁止开发三类主体功能区,是基于不同区域的资源环境承载能力、现有开发强度和未来发展潜力,以是否适宜或如何进行大规模、高强度的工业化城镇化开发为基准划分的。新疆主体功能区划中,重点开发区域和限制开发区域①覆盖国土全域,而禁止开发区域镶嵌于重点开发区域或者限制开发区域内。

一、重点开发区域

重点开发区域是指有一定经济基础,资源环境承载能力较强,发展潜力较大,集聚人口和经济条件较好,从而应该重点进行工业化城镇化开发的城市化地区。

新疆重点开发区域包括:国家层面重点开发区域主要指天山北坡城市或城区以及县市城关镇和重要工业园区,涉及 23 个县市,总面积 65293.42 平方公里,占全区总面积的 3.92%,总人口590.77 万人(2009 年),占全区总人口的 27.85%。自治区层面重点开发区域主要指内点状分布的承载绿洲经济发展的县市城关镇和重要工业园区,涉及 36 个县市,总面积 3800.38 平方公里,占全区总面积的 0.23%,总人口 250.07 万人(2009 年),占全区总人口的 11.78%。

表 2　新疆重点开发区域范围

等级	区域	覆　盖　范　围	面积(平方公里)	2009 年人口(万人)
国家级	天山北坡地区	乌鲁木齐市、克拉玛依市、石河子市、奎屯市、昌吉市、乌苏市、阜康市、五家渠市、博乐市、伊宁市、哈密市(城区)、吐鲁番市(城区)、鄯善县(鄯善镇)、托克逊县(托克逊镇)、奇台县(奇台镇)、吉木萨尔县(吉木萨尔镇)、呼图壁县(呼图壁镇)、玛纳斯县(玛纳斯镇)、沙湾县(三道河子镇)、精河县(精河镇)、伊宁县(吉里于孜镇)、察布查尔县(察布查尔镇)、霍城县(水定镇、清水河镇部分、霍尔果斯口岸)	65293.42	590.77
自治区级	点状开发城镇	库尔勒市(城区)、尉犁县(尉犁镇)、轮台县(轮台镇)、库车县(库车镇)、拜城县(拜城镇)、新和县(新和镇)、沙雅县(沙雅镇)、阿克苏市(城区)、温宿县(温宿镇)、阿拉尔市(城区)、喀什市、阿图什市(城区)、疏附县(托克扎克镇)、疏勒县(疏勒镇)、和田市、和田县(巴格其镇)、巩留县(巩留镇)、尼勒克县(尼勒克镇)、新源县(新源镇)、昭苏县(昭苏镇)、特克斯县(特克斯镇)、乌什县(乌什镇)、柯坪县(柯坪镇)、焉耆回族自治县(焉耆镇)、和静县(和静镇)、和硕县(特吾里克镇)、博湖县(博湖镇)、温泉县(博格达尔镇)、塔城市(城区)、额敏县(额敏镇)、托里县(托里镇)、裕民县(哈拉布拉镇)、和布克赛尔蒙古自治县(和布克赛尔镇)、巴里坤哈萨克自治县(巴里坤镇)、伊吾县(伊吾镇)、木垒哈萨克自治县(木垒镇)	3800.38	250.07

---

①　新疆限制开发区域分为农产品主产区和重点生态功能区两种类型。

二、限制开发区域

农产品主产区,即耕地较多、农业发展条件较好,尽管也适宜工业化城镇化开发,但从保障农产品安全以及永续发展的需要出发,必须把增强农业综合生产能力作为发展的首要任务,从而应该限制进行大规模高强度工业化与城镇化开发的区域;重点生态功能区,即生态系统脆弱或生态功能十分重要,资源环境承载能力较低,不具备大规模高强度工业化城镇化开发的条件,必须把增强生态产品生产能力作为前提条件,从而应该限制进行大规模高强度工业化城镇化开发的区域。

新疆国家级农产品主产区包括天山北坡主产区和天山南坡主产区,共涉及 23 个县市,总面积414265.55 平方公里,占全区国土总面积的 24.89%;总人口 417.94 万人(2009 年),占全区总人口的 19.70%。其中天山北坡主产区涉及 13 个县市,这些农产品主产区县市的城区或城关镇及其境内的重要工业园区是国家级重点开发区域,但这些县市以享受国家农产品主产区的政策为主;天山南坡主产区涉及 10 个县市,这些农产品主产区县市的城区或城关镇和重要工业园区是自治区级的重点开发区域,但这些县市以享受国家农产品主产区的政策为主。

表 3　新疆农产品主产区范围

级别	区　域	覆　盖　范　围	面积(平方公里)	2009 年人口(万人)
国家级	天山北坡主产区	霍城县＊、察布查尔县＊、伊宁县＊、精河县＊、沙湾县＊、玛纳斯县＊、呼图壁＊、吉木萨尔县＊、奇台县＊、吐鲁番市＊、鄯善县＊、托克逊县＊、哈密市＊	234642.67	248.02
	天山南坡主产区	库尔勒市＊、尉犁县＊、轮台县＊、库车县＊、拜城县＊、新和县＊、沙雅县＊、阿克苏市＊、温宿县＊、阿拉尔市＊	179622.88	169.92

注:标注 * 的县市,在计算其面积与人口时,扣除县城关镇(或市建成区)以及重要工业园区的面积和人口。

新疆重点生态功能区包括:3 个国家级重点生态功能区(享受国家的重点生态功能区政策)——阿尔泰山地森林草原生态功能区、塔里木河荒漠化防治生态功能区、阿尔金山草原荒漠化防治生态功能区,涉及到 29 个县市,总面积 865119.81 平方公里,占全区国土总面积的 51.97%;总人口 558.81 万人(2009 年),占全区总人口的 26.35%。9 个自治区级重点生态功能区——天山西部森林草原生态功能区、天山南坡西段荒漠草原生态功能区、天山南坡中段山地草原生态功能区、夏尔西里山地森林生态功能区、塔额盆地湿地草原生态功能区、准噶尔西部荒漠草原生态功能区、准噶尔东部荒漠草原生态功能区、塔里木盆地西北部荒漠生态功能区、中昆仑山高寒荒漠草原生态功能区。涉及 24 个县市,总面积 316399.65 平方公里,占全区国土总面积的 19%;总人口 304.34 万人(2009 年),占全区总人口的 14.34%(范围详见附件 1)。

三、禁止开发区域

禁止开发区域是指依法设立的各级各类自然文化资源保护区以及其他禁止进行工业化城镇化开发、需要特殊保护的重点生态功能区。

新疆禁止开发区域包括:国家层面禁止开发区域——国家级自然保护区、世界文化自然遗产、国家级风景名胜区、国家森林公园和国家地质公园。新疆国家层面禁止开发区域共 44 处,面积为

138902.9平方公里,占全区面积的8.34%。自治区层面禁止开发区域——自治区级及以下各级各类自然文化资源保护区域、重要水源地、重要湿地、湿地公园、水产种质资源保护区及其他自治区人民政府根据需要确定的禁止开发区域。新疆自治区级禁止开发区共63处,总面积为94789.47平方公里,占全区总面积的5.69%(范围详见附件2)。

第六章　重点开发区域
——重点进行工业化城镇化开发的城市化地区

第一节　功能定位和开发原则

重点开发区域的功能定位是:支撑新疆经济增长的重要增长极,落实区域发展总体战略、促进区域协调发展的重要支撑点,新疆重要的人口和经济密集区。

重点开发区域应在优化结构、提高效益、降低消耗、保护环境的基础上推动经济可持续发展;大力推进新型工业化进程,提高自主创新能力,抢占市场制高点,增强产业集聚能力,加快建立符合新疆区情的现代产业体系;加速推进新型城镇化,壮大城市综合实力,改善人居环境,提高集聚人口的能力;发挥区位优势,扩大全方位开放,加强开放平台建设和通道建设,打造向西开放的重要门户。应遵循的开发原则是:

——统筹规划有限的绿洲空间。优化城市用地空间结构,适度扩大先进制造业、服务业、交通和城市居住等建设空间,提高土地集约利用水平;调整乡村用地空间格局,减少农村生活空间,扩大绿色生态空间。

——健全城市规模结构。适度扩大城市规模,尽快形成辐射带动能力强的中心城市,促进大中小城市和小城镇协调发展,推动形成分工协作、优势互补、集约高效的城镇格局。

——加强基础设施建设。统筹规划建设水利、交通、能源、通信、环保、气象、防灾等基础设施,构建完善、高效、区域一体、城乡统筹的基础设施网络。

——加快建立现代产业体系。大力推进新型工业化,做大做强现有优势产业和支柱产业,加快培育战略性新兴产业,建设高产、优质、高效、生态、安全的现代农牧业产业体系,积极发展现代服务业,增强产业配套能力,促进产业集群化发展。

——保护生态环境。事先做好生态环境、基本农田保护规划,减少工业化城镇化对生态环境的影响。加强防沙治沙,构建和完善绿洲生态防护体系。按照循环经济的要求,规划、建设和改造各类产业园区,大力提高清洁生产水平,从源头上减少废弃物产生和排放,努力减少对生态环境的影响。

——高效利用水资源,保护水环境,提高水质量。根据水资源的承载能力,合理确定城市经济结构和产业布局。加强流域水资源的管理,合理配置和利用水资源,大力发展高效节水农业,降低农业用水定额。在缺水地区严禁建设高耗水、重污染的工业项目。加强企业节水技术改造,实现冷却水循环利用,并按照环境保护标准达标排放。加大城镇生活污水再生水回用设施建设力度,提高再生水利用率。

——把握开发时序。区分近期、中期和远期实施有序开发,近期重点建设好国家及自治区批准的各类开发区,对目前尚不需要开发的区域,要作为预留发展空间予以保护。

第二节　国家层面重点开发区域

天山北坡地区①是《全国主体功能区规划》确定的国家层面重点开发区域。该区域位于全国"两横三纵"城市化战略格局中陆桥通道的西端,涉及 23 个县市,自东向西依次为哈密市的城区、吐鲁番市的城区、鄯善县的鄯善镇、托克逊县的托克逊镇、奇台县的奇台镇、吉木萨尔县的吉木萨尔镇、阜康市、乌鲁木齐市、五家渠市、昌吉市、呼图壁县的呼图壁镇、玛纳斯县的玛纳斯镇、石河子市、沙湾县的三道河子镇、奎屯市、克拉玛依市、乌苏市、精河县的精河镇、博乐市、伊宁市、伊宁县的吉里于孜镇、察布查尔县的察布查尔镇、霍城县的水定镇与霍尔果斯经济开发区。

该区域的功能定位是:我国面向中亚、西亚地区对外开放的陆路交通枢纽和重要门户,全国重要的能源基地,我国进口资源的国际大通道,西北地区重要的国际商贸中心、物流中心和对外合作加工基地,石油天然气化工、煤电、煤化工、机电工业及纺织工业基地。

——构建以乌鲁木齐—昌吉为中心,以石河子—玛纳斯—沙湾、克拉玛依—奎屯—乌苏、博乐—阿拉山口—精河、伊宁—霍尔果斯为重点的空间开发格局。

——推进乌昌一体化建设,提升贸易枢纽功能和制造业功能,建设西北地区重要的国际商贸中心、制造业中心、出口商品加工基地,将乌昌地区打造为天北地区新型城镇化和新型工业化的核心载体。发展壮大石河子、克拉玛依、奎屯、博乐、伊宁、五家渠、阜康、吐鲁番、哈密等节点城市。

——强化向西对外开放大通道功能,扩大交通通道综合能力。依据天山北坡地区城市群发展形态,因地制宜规划与之相应的综合交通网络布局。

——发展高效节水农业和设施农业,培育特色农牧产业,发展集约化、标准化高效养殖,推进农业发展方式转变。

——保护天山北坡山地水源涵养区,建设艾比湖流域防治沙尘与湿地保护功能区、克拉玛依—玛纳斯湖—艾里克湖沙漠西部防护区、玛纳斯—木垒沙漠东南部防护区以及供水沿线等"三区一线"生态防护体系。

第三节　自治区层面重点开发区域

自治区级重点开发区域主要是部分县市的城关镇及重要工业园区,主要分两种情况:(1)天山南坡的国家级农产品主产区县市,由于借助良好的交通与区位条件,经济发展基础较好,石油天然气加工业、煤化工、纺织业等已形成一定规模,因此将这些国家农产品主产区县(市)内的城关镇和重点工业园区作为自治区级重点开发区域;(2)针对为数众多的自治区级重点生态功能区的县、市,考虑到新疆绿洲经济的特点,即很大的行政范围内,仅有绿洲区域内的一小部分为人口与工业的主要承载区,经济发展相对活跃,对周边的乡镇起到一定带动作用,因此,将这类县的城关镇或市

---

① 天山北坡经济带水系众多,地下水丰富,可利用水资源潜力较大。大气环境总体良好,但局部地区大气容量超载。水环境质量较好,整体水环境容量未超载,仅乌鲁木齐市 COD 排放轻度超标。
该区域为陇海—兰新经济带的重要组成部分,亚欧大陆桥贯穿整个经济带,在全国具有"通东达西、承北启南"的地缘优势。是西部大开发战略中新疆扶优扶强的突破点和带头地区,是新疆现代工业、农业、交通信息、教育科技等最为发达的区域,也是新疆城镇空间发展战略中北疆铁路沿线城镇发展带的主体地区。由于其优越的区位条件与丰富的资源优势,天北经济带不仅成为新疆经济与社会发展的核心区域,同时也正在上升为我国西部地区的经济高地,成为我国经济发展格局中西部重要的增长带。

的城区以及某些重要工业园作为自治区级重点开发区域。

（一）天山南坡产业带①

天山南坡产业带地处天山南麓、塔里木盆地北缘，位于南疆铁路和314国道发展轴。该区域包括库尔勒市主城区、焉耆回族自治县的焉耆镇、和静县的和静镇、和硕县的特吾里克镇、博湖县的博湖镇、尉犁县的尉犁镇、轮台县的轮台镇、库车县的库车镇、拜城县的拜城镇、沙雅县的沙雅镇、新和县的新和镇、阿克苏市城区、温宿县的温宿镇和阿拉尔市城区以及位于这些县市的重要工业园区。

该区域的功能定位是：建成国家重要的石油天然气化工基地，新疆重要的煤炭生产和电力保障基地、装备制造基地、钢铁产业基地、农产品精深加工基地、纺织工业基地，着力增强对南疆经济的辐射带动作用。

——构建以和静—库尔勒—轮台、库车—沙雅—新和—拜城、阿克苏—阿拉尔—温宿为重点的空间格局。

——做大做强石油天然气、煤化工、盐化工、纺织、农副产品精深加工等特色优势产业，加快延伸产业链，形成特色产业集群。

——加强城市基础设施建设，积极引导产业、人口、资金、技术向城市聚集，增强对资源要素集聚的功能。

——合理开发利用塔里木河水资源，保护上游水环境，加强生态修复与环境整治。推进防沙治沙和生态防护林建设，实施塔克拉玛干沙漠北缘天然林封育与保护工程，加快恢复和保护湿地，保护水源地及其他生态敏感区。

（二）喀什—阿图什重点开发区域②

喀什—阿图什重点开发区域地处塔里木盆地西南缘，位于丝绸之路中国境内南、北两道在西端的总汇点。包括喀什市、阿图什市城区、疏附县的托克扎克镇和疏勒县的疏勒镇。

该区域的功能定位是：面向中亚、南亚的民族特色产品生产加工基地和物流中心。

——构建以喀什经济开发区为中心的"大喀什"经济圈。

——加快喀什经济开发区建设。发展商贸物流、出口机电产品配套组装加工、农副产品深加工、纺织、建材、冶金、进口资源加工、旅游、文化、民族特色产品加工、生物技术、新能源、新材料等产业，加快完善口岸功能和基础设施，建设进出口商品集散地、区域性商贸物流中心、进出口产品加工基地、特色农产品生产加工基地和具有浓郁特色的旅游目的地，将喀什打造成为连接亚欧的区域中心城市和中国西部"明珠"城市。

——加快交通枢纽建设，最大限度开通与国内大中城市和周边各国重点城市的铁路、公路、航空线路，构筑对外经济、贸易、旅游大通道。

——加强生态修复与环境综合治理，开展土壤盐渍化和荒漠化防治，加大天然林保护力度，提

---

① 天山南坡产业带油气资源与煤炭资源丰富，是国家西气东输的主气源地、新疆重要的石油化工基地和煤炭基地。近年来，依托大型石化工业园区和项目的建设，已形成新疆重要的石油天然气化工产业带。
境内可利用水资源潜力较好，除库尔勒市水环境轻度超载，整个区域环境容量未超载。适宜建设用地丰度相对丰富。

② 喀什—阿图什重点开发区域地处欧亚大陆中心地带，克孜勒河中游，属喀什噶尔河流域洪积平原。地势平坦，北部略高于南部。属温带大陆性气候。境内主要有克孜勒苏河、吐曼河等水系。可利用水资源潜力一般。大气环境与水环境较好。

高抵御自然灾害的能力。

（三）和田重点开发区域①

和田重点开发区域地处昆仑山北麓、塔克拉玛干沙漠南缘,位于喀什和田铁路东端,包括和田市与和田县的巴格其镇。

该区域的功能定位是:南疆区域性经济增长中心、新疆特色产业基地,新疆旅游南线的重要节点,新疆连接青、藏的交通枢纽和向西开放的重点区域。

——以园区建设为重点,加快发展特色农副产品精深加工、新型建材、维吾尔医药、民族传统加工业等优势产业。加快发展旅游业,建成在国内外具有一定影响力的旅游目的地。

——加强城市基础设施建设,提高公共服务水平,增强对人口和产业的集聚能力,把和田市打造成宜业宜居、生态良好的区域中心城市。

——加强防沙治沙工程建设,实施以植树造林种草和封育为主的综合措施,恢复天然荒漠植被,有效遏制沙漠化趋势。

（四）其他重点开发城镇

自治区重点开发区域还包括塔城市城区、额敏县的额敏镇、托里县的托里镇、裕民县的哈拉布拉镇、和布克赛尔蒙古自治县的和布克赛尔镇、巩留县的巩留镇、尼勒克县的尼勒克镇、新源县的新源镇、昭苏县的昭苏镇、特克斯县的特克斯镇、乌什县的乌什镇、柯坪县的柯坪镇、温泉县的博格达尔镇、巴里坤哈萨克自治县的巴里坤镇、伊吾县的伊吾镇、木垒哈萨克自治县的木垒镇以及这些县市内重要的工业园区。这些城关镇与工业园区是承载人口集中与经济活动的点状区域,通过吸引人口、集聚产业、创造经济增长来支持所在县市实现自治区重点生态功能区的主体功能。

这类区域的功能定位是:推进新型工业化、农牧业现代化、新型城镇化的重要节点。

——加强城市建设,完善城市功能,增强经济实力,实现人口集聚,强化对周边经济发展的辐射带动作用。

——依托当地生态与资源优势,重点发展优势资源加工业、生态旅游业,鼓励发展新兴产业。

——加强水土流失综合防治,实施重点生态环境综合治理、退牧还草、水土保持等工程,保护和建设好绿色生态屏障。

第七章　限制开发区域（农产品主产区）

——限制进行大规模高强度工业化城镇化开发的农产品主产区

新疆农产品主产区①在自治区具有较大食物安全保障意义,需要在国土空间开发中限制进行大规模高强度工业化城镇化开发,在资源环境可承载范围内,发展优势产业或特色经济,以保持并

---

① 和田重点开发区域位于塔里木盆地南缘,生态环境相对脆弱,社会经济发展水平与全疆相比不高,但该区域所在的和田地区是新疆少数民族重要的集聚区,并且周边均为生态型限制开发区域,主体功能区中限制开发区域的人口转移问题在新疆少数民族集聚区具有特殊性,南疆人口与经济依托绿洲分布的特点加大了人口远距离转移的难度,所以,这类区域的发展需要就近选择重点开发区域以带动周边少数民族人口与经济的集聚。因此,将此区域作为自治区级重点开发区域对南疆经济发展与社会稳定具有特殊而重要的意义。

境内主要有玉龙喀什河等水系,可利用水资源潜力及人均可利用水资源潜力一般。大气环境与水质良好,环境容量未超载。

提高农产品生产能力的区域。

第一节　功能定位和发展方向

新疆农产品主产区的功能定位是:保障农牧产品供给安全的重要区域,农牧民安居乐业的美好家园,社会主义新农村建设的示范区。

农产品主产区应着力保护耕地、草场和农田防护林,稳定粮食生产,大力推进农牧业现代化,增强农牧业综合生产能力,增加农牧民收入,加快社会主义新农村建设,保障农牧产品有效供给,确保新疆及国家粮食安全和食物安全,2020 年全区粮食种植面积不低于 3500 万亩,粮食总产量不低于1800 万吨。农产品主产区发展方向和开发原则是:

——加强土地整治,搞好规划,统筹安排、连片推进,加快中低产田改造,鼓励农民开展土壤改良。

——加强水利设施建设,加快水源工程、大中型灌区配套和节水改造工程建设。加快高效节水农业建设,大力发展旱作节水农业,建立标准化、规范化高效节水示范区。结合高效节水,加快改革耕作制度,优化栽培模式,调整种植结构,大幅度提高土地产出率和资源利用率。

——加强人工影响天气能力建设。合理布局人工增雨和防雹重点作业区,加快人工影响天气基础设施建设。开展规模化人工影响天气作业,坚持抗旱型和储蓄型增雨并重,提高冰雹预警能力和作业水平,为农业稳产和增产提供优质保障。

——优化农牧业生产布局和品种结构,搞好农牧业布局规划,科学确定各区域农牧业发展重点,形成优势突出和特色鲜明的农牧业产业带和生产区。

——支持优势农产品主产区农产品加工、流通、储运设施的建设,引导农牧产品加工、流通、储运企业向优势产区聚集。

——粮食主产区要进一步提高粮食生产能力,在保护生态前提下,集中力量在基础条件好的地区加大标准化粮田建设力度,形成稳定的粮食生产供应能力,建设国家粮食安全后备基地。

——大力发展棉花、油料和糖类生产,鼓励发挥优势,着力提高品质和单产,积极开展高标准节水灌溉、全机械化等工程建设。转变养殖业生产方式,推进规模化和标准化,确保畜牧业稳步增产和持续发展。

——加强草原保护与建设,建立和完善草原保护制度,提高草原生产能力,转变草原畜牧业经营方式,强化草原监督管理和监测预警工作。

——优化开发方式,发展循环农业,促进农业资源的永续利用,鼓励和支持农牧产品加工副产物的综合利用,加强农业面源污染防治。

——加强农业基础设施建设,改善农业生产条件。加快农业科技进步和创新,提高农业技术装备水平,强化农业防灾减灾能力建设。

——积极推进农业的规模化、产业化经营,发展农产品深加工,拓展农村就业和增收领域。

——以县域为重点推进城镇建设和非农产业发展,加强县城和乡镇公共服务设施建设,完善小城镇公共服务和居住功能。

——农村居民点以及农村基础设施和公共服务设施的建设,要统筹考虑人口迁移等因素,适度集中、集约布局。

——重视农产品主产区土壤环境的保护,避免在农产品主产区内以及周边布局易造成农产品污染的产业。

——位于农产品主产区的点状能源和矿产资源基地建设,必须进行生态环境影响评估,并尽可能减少对生态空间与农业空间的占用,同步修复生态环境。其中,在水资源严重短缺、环境容量很小、生态十分脆弱、地震和地质灾害频发的地区,要严格控制能源和矿产资源开发。

第二节　农产品主产区

在全面提升农产品主产区发展水平的同时,从确保新疆及国家粮食安全和食物安全的大局出发,充分发挥各地比较优势,促进农业向区域化、标准化、规模化、产业化方向发展,加强农产品粮食和加工原料供给主导功能,提升农业综合生产能力和整体竞争力,推进粮食、棉花、特色林果和畜牧业发展,重点建设以"天北与天南两带"为主体的国家级农产品主产区。

——天山北坡主产区。建设优质专用小麦、优质蛋白玉米、水稻、豆类为主的粮食产业带;优质棉花产业带;以葡萄、枸杞、小浆果、苹果和其他时令果品为主的特色林果产品产业带;以肉牛、肉羊、奶牛、生猪、家禽为主的畜产品产业带;以加工番茄、枸杞、酿酒葡萄等为主的区域特色农产品产业带。

——天山南坡主产区。建设以香梨、红枣、核桃、葡萄、巴旦木、酸梅、苹果、杏等为主的特色林果产品产业带;优质棉花产业带;以小麦为主的粮食产业带;以肉牛、肉羊、奶牛、家禽为主的畜产品产业带;以加工番茄、红花、色素辣椒、芳香植物等为主的区域特色农产品产业带。

第八章　限制开发区域(重点生态功能区)
——限制进行大规模高强度工业化城镇化开发的重点生态功能区

新疆重点生态功能区是指关系到国家及自治区的生态安全,生态环境脆弱、经济和人口聚集水平较低,目前生态系统有所退化,需要在国土空间开发中限制进行大规模高强度工业化城镇化开发,以保持并提高生态产品供给能力的区域。主要是天然林保护地区、退耕还林生态林地区、重要的生物多样性保护地区、重要水源地、自然灾害频发地、山地及森林、草原及沙漠地区。

第一节　功能定位和类型

重点生态功能区的功能定位是:保障国家及自治区生态安全的主体区域,全疆乃至全国重要的生态功能区,人与自然和谐相处的生态文明区。

新疆重点生态功能区由12个功能区构成(附件一:新疆重点生态功能区名录),包括阿尔泰山地森林草原生态功能区、塔里木河荒漠化防治生态功能区、阿尔金山草原荒漠化防治生态功能区3个国家级重点生态功能区,以及9个自治区级重点生态功能区,最终形成"三屏两环"①的生态安全战略格局。

---

① "三屏"即阿尔泰山地森林、天山草原森林和帕米尔—昆仑山—阿尔金山荒漠草原三大生态屏障,"两环"即环塔里木和准噶尔两大盆地边缘绿洲。以"三屏两环"为骨架,以塔里木和准噶尔两大盆地内的限制开发区域为支撑点,以及以点状分布其中的森林公园、地质公园、风景名胜区、主要水源地、重要湿地等为重要组成部分,形成保护"三屏"、建设"两环"的新疆生态安全战略格局。

新疆重点生态功能区分为四种类型：水源涵养型①、水土保持型②、防风固沙型③和生物多样性维护型④生态功能区。限制开发的重点生态功能区界限划分尽量与自然地理格局相一致，避免破碎化。

第二节　规划目标

——生态服务功能增强，生态环境质量改善。塔里木河、伊犁河、额尔齐斯河、玛纳斯河、乌伦古河等主要河流生态用水量基本保持稳定。有效控制水土流失和荒漠化面积，恢复和稳定草原面积，增加林地面积，提高森林覆盖率。野生动植物种群得到恢复和增加。水源涵养型和生物多样性维护型区域的水质保持在Ⅰ类，空气质量保持在一级；水土保持型和防风固沙型区域的水质达到Ⅱ类，空气质量得到改善。

——形成资源点状开发，生态面上保护的空间结构。针对阿尔泰山、塔里木盆地、准噶尔盆地等地的矿产资源富集区域的开发，要在科学规划的基础上，以点状开发方式有序进行，其开发强度控制在规划目标之内，尽可能减少对生态环境的扰动和破坏，同时加强对矿产开发区迹地的生态修复。

——形成环境友好、特色鲜明的产业结构。不影响生态系统功能的适宜产业、特色产业和服务业得到发展，占地区生产总值的比重不断提高，人均地区生产总值明显增加，经济发展与生态环境更加协调，污染物排放总量大幅度下降。

——公共服务水平显著提高，人民生活水平明显改善。实现公共教育服务均等化，全面提高九年义务教育质量，基本普及高中阶段教育，加强职业教育，人口受教育年限大幅度提高。人均公共服务支出高于全疆平均水平。建设覆盖城乡居民的公共卫生服务体系、医疗服务和保障体系，婴儿死亡率、孕产妇死亡率、饮用水不安全人口比率大幅下降。建立覆盖城乡居民的社会保障体系，城镇居民人均可支配收入和农村居民人均收入大幅提高，贫困人口总数明显下降，贫困人口中少数民族贫困人口数量大幅减少，绝对贫困现象基本消除。

第三节　发展方向

新疆重点生态功能区以保障生态安全和修复生态环境，提供生态产品为首要任务，不断增强水源涵养、水土保持、防风固沙、维护生物多样性等提供生态产品的能力，同时因地制宜的发展资源环境可承载的适宜产业，引导超载人口逐步有序转移。

——水源涵养型。在阿尔泰山地森林草原生态功能区、天山西部森林草原生态功能区、天山南坡中段山地草原生态功能区，推进天然林保护和围栏封育，以草定畜，严格控制载畜量，治理土壤侵蚀，维护与重建湿地、森林、草原等生态系统，严格保护具有水源涵养功能的植被，限制或禁止过度放牧、无序采矿、毁林开荒、开垦草地、侵占湿地等行为。在冰川区禁止进行一切开发建设活动；在永久积雪区，除国家和自治区规划的交通运输、电力输送等重要基础设施，禁止进行任何其他开发建设活动。

---

① 水源涵养型：主要指新疆重要河流源头和重要水源补给区。
② 水土保持型：主要指土壤侵蚀性高、水土流失严重、需要保持水土功能的区域。
③ 防风固沙型：主要指沙漠化敏感性高、土地沙化严重、沙尘暴频发并影响较大范围的区域。
④ 生物多样性维护型：主要指濒危动植物分布较集中、具有典型代表性生态系统的区域。

——水土保持型。在天山南坡西段荒漠草原生态功能区、中昆仑山高寒荒漠草原生态功能区等水土流失较为严重的区域实行禁牧、休牧或划区轮牧,严禁采挖荒漠植被和破坏森林的行为,维护自然生态平衡,发挥荒漠草原生态功能。同时加强小流域综合治理,控制人为因素对土壤的侵蚀,恢复退化植被。

——防风固沙型。在阿尔金草原荒漠化防治生态功能区、塔里木河荒漠化防治生态功能区、塔里木盆地西北部荒漠生态功能区等风沙危害大的区域,转变传统畜牧业生产方式,实行禁牧休牧,推行舍饲圈养,以草定畜,严格控制载畜量。加大退牧还草、退耕还林和防沙治沙力度,恢复草地植被。同时加强对塔里木河流域等干旱区内陆河流的规划和管理,保护沙区湿地,新建水利工程要充分论证、审慎决策,禁止发展高耗水工业。对主要沙尘源区、沙尘暴频发区,要实行封禁管理。

——生物多样性维护型。在夏尔西里山地森林生态功能区、塔额盆地湿地草原生态功能区、准噶尔西部荒漠草原生态功能区、准噶尔东部荒漠草原生态功能区等区域内,禁止对野生动植物进行滥捕滥采,保持和恢复野生动植物物种和种群平衡,实现野生动植物资源的良性循环和永续利用。加强防御外来物种入侵的能力,防止外来有害物种对生态系统的侵害。加强生态建设和管理,减少人为干扰,对其进行封禁,要维持好天然草地的生态平衡,保护好现有野生动植物生存环境。

表5 新疆重点生态功能区的类型和发展方向

名 称	类 型	综合评价	发展方向
阿尔金草原荒漠化防治生态功能区	防风固沙	气候极为干旱,地表植被稀少,保存着完整的高原自然生态系统,拥有许多极为珍贵的特有物种,土地沙漠化敏感程度极高。目前鼠害肆虐,土地荒漠化加剧,珍稀动植物的生存受到威胁。	控制放牧和旅游区范围,防范盗猎,减少人类活动干扰。
阿尔泰山地森林草原生态功能区	水源涵养	森林茂密,水资源丰沛,是额尔齐斯河和乌伦古河的发源地,对北疆地区绿洲开发、生态环境保护和经济发展具有较高的生态价值。目前,草原超载过牧,草场植被受到严重破坏。	禁止非保护性采伐,合理更新林地。保护天然草原,以草定畜,增加饲草料供给,实施牧民定居。
塔里木河荒漠化防治生态功能区	防风固沙	南疆主要用水源,对流域绿洲开发和人民生活至关重要,沙漠化和盐渍化敏感程度高。目前水资源过度利用,生态系统退化明显,胡杨林等天然植被退化严重,绿色走廊受到威胁。	合理利用地表水和地下水,调整农牧业结构,加强药材开发管理,禁止开垦草原,恢复天然植被,防止沙化面积扩大。
天山西部森林草原生态功能区	水源涵养	气候温湿,降水丰沛,森林和草甸植被繁茂,是天山西段重要的水源涵养地,物种资源和生物多样性丰富。目前森林破坏,草原退化,野生动物减少,山体滑坡、雪崩及水土流失严重。	禁止非保护性采伐,封山育林,同时采取草原减牧、退耕还草等措施实施,控制农牧业开发强度,涵养水源,保护野生动植物。
天山南坡西段荒漠草原生态功能区	水土保持	干燥少雨,植被稀疏;草原退化,荒漠植被被破坏严重,樵采范围大,荒漠化强烈;山洪危害多发,土壤侵蚀明显,有机质流失严重。	加强水土保持,控制土壤侵蚀。实行禁牧、休牧或划区轮牧,严禁采挖荒漠植被和破坏森林的行为,维护自然生态平衡。
天山南坡中段山地草原生态功能区	水源涵养	冰川发育,众多河流发源地,拥有国最大的淡水内陆湖,分布有大面积的芦苇湿地,巴州重要的供水水源地。目前水土流失、土壤侵蚀严重、森林遭到破坏,草原退化、湖水水质污染、湿地萎缩。	禁止过度放牧,恢复天然草原植被,加大水污染防治力度,加强野生动物和湿地保护。

名　　称	类　　型	综合评价	发展方向
夏尔西里山地森林生态功能区	生物多样性维护	野生动植物资源丰富,植物种类有蒙古黄芪、雪莲、五莲紫草等国家重点保护对象 10 余种,动物种类有赛加羚羊、北山羊、盘羊、棕熊、雪豹等受国家重点保护的野生动物 40 余种。目前区域内生态环境退化、自然景观遭到破坏。	加强生态建设和管理,维护自然景观原貌和生物多样性。
塔额盆地湿地草原生态功能区	生物多样性维护	气候干燥,降水量少,主要植被类型为平原低地草甸,产草量高,目前区域内开荒现象严重,地下水超采,地下水位下降,草甸植被旱化和盐渍化,野生动物栖息地受到破坏。	实施退牧还草、退耕还草,围栏封育天然植被,实施牧民定居。保护好现有的芨芨草甸、湿地、野生动物栖息地。
准噶尔西部荒漠草原生态功能区	生物多样性维护	气候干燥,降水量少,植被旱化,以山地草原和荒漠草原为主。目前草地严重退化,生物资源破坏。	植树造林,退耕还草,加强以草原为主的生态建设,防治草场退化,禁止毁草开荒,保护珍稀野生物种。
准噶尔东部荒漠草原生态功能区	生物多样性维护	气候极端干旱,常年无地表径流,洪流发育。生态环境十分脆弱,荒漠植被覆盖度低,风蚀痕迹明显,荒漠化强烈。卡拉麦里有蹄类动物自然保护区,将军戈壁分布有大面积的硅化木和雅丹风蚀地貌。	保护荒漠植被,保护野生动物,禁止砍挖和樵采,减少人为干扰,保护自然遗产和生物多样性。
塔里木盆地西北部荒漠生态功能区	防风固沙	气候极端干旱,荒漠植被及胡杨林破坏严重,水源蒸发损失严重,油气开发污染环境,土壤环境质量下降。	保护荒漠植被、保护荒漠河岸林、保护农田土壤环境质量。
中昆仑山高寒荒漠草原生态功能区	水土保持	草场过度退化,生物灾害严重,水源减少,植被退化。	保护草地植被,保护野生动物,保护河流水质。

第四节　开发管制原则

——对各类开发活动严格控制,尽可能减少对生态系统的干扰,不得损害生态系统的稳定和完整性。

——在重点生态功能区的范围内进一步划定生态红线,生态红线区是产业发展的禁止区,是一切项目开发不能越过的底线。

——开发矿产资源、发展适宜产业和建设基础设施,都要控制在尽可能小的空间范围之内。做到天然草地、林地、水库水域、河流水面、湖泊水面等绿色生态空间面积不减少,控制新增道路、铁路建设规模,必须新建的,应事先规划好野生动物迁徙通道。在有条件的重点生态功能区之间,要通过水系、绿带等构建生态廊道①,避免成为"生态孤岛"②。

——严格控制国土开发强度,逐步减少农村居民点占用的空间,使更多的空间用于保障生态系统的良性循环。城镇建设与工业开发要依托现有资源环境承载能力相对较强的特定区域集中布局、据点式开发,禁止成片蔓延式扩张。原则上不再新建各类开发区和扩大现有工业开发区的面

① 生态廊道是指从生物保护的角度出发,为可以动物中提供一个更大范围的活动领域,以促进生物个体间的交流、迁徙和加强资源保护和维护的物种迁移通道。生态廊道主要由植被、水体等生态要素构成。

② 生态孤岛是指物种被隔绝在一定范围内,生态系统只能内部循环,与外界缺乏必要的交流与交换,物种向外迁移受到限制,处于孤立状态的区域。

积,已有的工业园区要发展成为低消耗、可循环、少排放、"零污染"的生态型工业园区。

——在保护生态的前提下注重特色农产品生产,利用部分宜农区域的生态环境优势发展绿色或有机农产品生产,利用宜渔水域发展特色渔业。

——实行更加严格的行业准入制度,严格把握项目准入。在不损害生态系统功能的前提下,以国家级新疆棉花产业带及国家商品粮基地县建设为重点,发展农林牧产品生产和加工;在阿尔泰山、天山南坡及塔里木盆地适度发展金属矿产、煤、石油和天然气资源开采;以阿尔泰山、天山和昆仑山自然景观及新疆多民族融合所形成的各异的民俗风情为依托,发展旅游业;以中心城市为依托,在城郊发展观光休闲农业;依托边境口岸优势,发展边境商贸及服务业;保持一定的经济增长速度和财政自给能力。

——根据资源环境承载能力合理布局能源基地和矿产基地,尽可能减少对农业空间、生态空间的占用并同步修复生态环境。

——在现有城镇布局基础上进一步集约开发、集中建设,重点规划和建设资源环境承载能力相对较强的中心城镇。依托中心城镇辐射一般城镇,形成不同层次的小城镇组团,促进资源的节约集约利用,提高资源环境的综合承载能力。引导一部分人口向区域中心城镇转移。加强对生态移民的空间布局规划,尽量集中布局到中心城镇,避免新建孤立村落式的移民社区。

——加强县城和中心镇的道路、供排水、垃圾污水处理等基础设施建设。在条件适宜的地区,积极推广新能源,努力解决农村、山区能源需求。在有条件的地区建设一批节能环保的生态型社区。健全公共服务体系,使公共服务覆盖包括克州、喀什、和田等南疆三地州在内的新疆边远山区农牧民,改善教育、医疗、文化等设施条件,提高公共服务供给能力和水平。

——节约高效利用水资源,保护水环境,提高水质量。根据水资源的承载能力,合理确定城市经济结构和产业布局。加强流域水资源的管理,合理安排生态、生活和生产用水;应用工程节水技术,推广滴灌等节水灌溉模式,降低农业用水定额;在缺水地区严禁建设高耗水、重污染的工业项目,加强企业节水技术改造,实现冷却水循环利用,并按照环境保护标准达标排放。

——科学开发空中云水资源。开展天山、昆仑山、阿尔泰山等人工增雨(雪)工程建设,加大空中云水资源开发力度,增加山区降雪和河流、湖泊、湿地和森林草原等降水,缓解水资源紧缺。

第九章　禁止开发区域
——禁止进行工业化城镇化开发的重点生态功能区

第一节　功能定位

新疆禁止开发区域的功能定位是:自治区保护自然文化资源的重要区域,珍稀动植物基因资源保护地。

根据法律和有关方面的规定,作为新疆禁止开发区域的自然保护区、风景名胜区、森林公园、地质公园等共有107处,新设立的省级以上自然保护区、风景名胜区、地质公园、重要湿地、湿地公园、水产种质资源保护区等,自动进入新疆禁止开发区域名录。

表6　禁止开发区域基本情况

具 体 类 型	个 数
自然保护区	28
风景名胜区	17
森林公园	48
地质公园	7
湿地公园	3
水产种质资源保护区	4
小　　计	107 个

注:本表数据截止到 2012 年 5 月。

第二节　管制原则

禁止开发区域要依据法律法规规定和相关规划实施强制性保护,严格控制人为因素对自然生态和文化自然遗产原真性、完整性的干扰,严禁不符合主体功能定位的各类开发活动,引导人口逐步有序转移,实现污染物"零排放",提高环境质量。

一、国家级和自治区级自然保护区[①]

要依据《中华人民共和国自然保护区条例》、《新疆维吾尔自治区自然保护区管理条例》、本规划确定的原则和自然保护区规划进行管理。

——按核心区、缓冲区和实验区分类管理。核心区,严禁任何生产建设活动;缓冲区,除必要的科学实验活动外,严禁其他任何生产建设活动;实验区,除必要的科学实验以及符合自然保护区规划的旅游、种植业和畜牧业等活动外,严禁其他生产建设活动。

——按核心区、缓冲区、实验区的顺序,逐步转移自然保护区的人口。绝大多数自然保护区核心区应逐步实现无人居住,缓冲区和实验区也应较大幅度减少人口。

——根据自然保护区实际情况,实行异地转移和就地转移两种转移方式,一部分人口要转移到自然保护区以外,一部分人口就地转为自然保护区管护人员。

——在不影响保护区主体功能的前提下,对范围较大、目前核心区人口较多的,可以保持适量的人口规模和适度的农牧业活动,同时通过生活补助等途径,确保人民生活水平稳步提高。

——交通、通信、电网等基础设施要慎重建设,能避则避,必须穿越的,要符合自然保护区规划,并进行保护区影响专题评价。新建公路、铁路和其他基础设施不得穿越自然保护区核心区,尽量避免穿越缓冲区。

二、国家级和自治区级风景名胜区[②]

要依据《风景名胜区条例》、本规划确定的原则和风景名胜区规划进行管理。

——严格保护风景名胜区内一切景物和自然环境,不得对其进行破坏或随意改变。

[①] 国家和自治区级保护区是指经国务院或自治区人民政府批准设立,具有典型意义,在科学上有重大影响或者有特殊科学研究价值的区域。

[②] 国家级和自治区级风景名胜区是指经国务院或自治区人民政府批准设立,具有重要观赏、文化或科学价值,景观独特,规模较大的风景名胜区。

——严格控制人工景观建设。

——禁止在风景名胜区从事与风景名胜资源无关的生产建设活动。

——建设旅游设施及其他基础设施等必须符合风景名胜区规划,逐步拆除违反规划建设的设施。

——根据资源状况和环境容量对旅游规模进行有效控制,不得对景物、水体、植被及其他野生动植物资源等造成损害。

三、国家级和自治区级森林公园①

要依据《森林法》、《森林法实施条例》、《野生植物保护条例》、《森林公园管理办法》、本规划确定的原则和国家森林公园规划进行管理。

——除必要的保护和附属设施外,禁止从事与资源保护无关的任何生产建设活动。

——在森林公园内以及可能对森林公园造成影响的周边地区,禁止进行采石、取土、开矿、放牧以及非抚育和更新性采伐活动。

——建设旅游设施及其他基础设施等必须符合森林公园规划,逐步拆除违反规划建设的设施。

——不得随意占用、征用和转让林地。

四、国家地质公园②

要依据《世界地质公园网络工作指南》、本规划确定的原则和地质公园规划进行管理。

——除必要的保护和附属设施外,禁止其他任何生产建设活动。

——在地质公园及可能对地质公园造成影响的周边地区,禁止进行采石、取土、开矿、放牧、砍伐以及其他对保护对象有损害的活动。

——未经管理机构批准,不得在地质公园范围内采集标本和化石。

五、国际重要湿地、国家重要湿地和国家湿地公园③

——国际重要湿地要依据《湿地公约》、《国务院办公厅关于加强湿地保护管理的通知》、《中国湿地保护行动计划》和本规划进行管理。国际重要湿地内一律禁止开垦占用或随意改变用途,防止其生态特征发生变化。

——国家重要湿地要依据《国务院办公厅关于加强湿地保护管理的通知》、《中国湿地保护行动计划》和本规划进行管理。国家重要湿地内一律禁止开垦占用或随意改变用途。

——国家湿地公园要依据《国务院办公厅关于加强湿地保护管理的通知》和本规划进行管理。湿地公园内除必要的保护和附属设施外,禁止其他任何生产建设活动。禁止开垦占用、随意改变湿地用途以及损害保护对象等破坏湿地的行为。不得随意占用、征用和转让湿地。

---

① 国家级和自治区级森林公园是指具有重要森林风景资源,自然人文景观独特,观赏、游憩、教育价值高的森林公园。

② 国家地质公园是以具有国家级特殊地质科学意义、较高的美学观赏价值的地质遗迹为主体,并融合其他自然景观与人文景观而构成的一种独特的自然区域。

③ 国际重要湿地是根据《湿地公约》在中国境内制定的具有国际重要意义的湿地。国家重要湿地指2000年国务院17个部门共同颁布实施的《中国湿地保护行动计划》中确定的生态地为重要和需要优先保护的湿地。国家湿地公园指国务院林业主管部门批准建立的,以保护湿地生态系统完整性、维护湿地生态过程和生态服务功能并在此基础上以充分发挥湿地的多种功能效益、开展湿地合理利用为宗旨,可供公众浏览、休闲或进行科学、文化和教育活动的特定湿地区域。

六、国家水产种质资源保护区①

要依据《水产种质资源保护区管理办法》、本规划确定的原则和地质公园规划进行管理。

——特别保护期内不得从事捕捞、爆破作业以及其他可能对保护区内生物资源和生态环境造成损害的活动。特别保护期外从事捕捞活动,应当遵守《渔业法》及有关法律法规的规定。

——在水产种质资源保护区内从事修建水利工程、建闸筑坝、围湖造田、勘探和开采矿产资源等工程建设的,或者在水产种质资源保护区外从事可能损害保护区功能的工程建设活动的,应当按照国家有关规定编制建设项目对水产种质资源保护区的影响专题论证报告,并将其纳入环境影响评价报告书。

——禁止在水产种质资源保护区内新建排污口。在水产种质资源保护区附近新建、改建、扩建排污口,应当保证保护区水体不受污染。

第三节　近期任务

在 2015 年前,对现有自治区级禁止开发区域进行规范,主要任务是:

——完善划定新疆禁止开发区域范围的相关规定和标准,对已设立区域划定范围不符合相关规定和标准的,按照相关法律法规和法定程序进行调整,进一步界定各类禁止开发区域的范围,核定人口和面积。重新界定范围后,原则上不再进行单个区域范围的调整。

——进一步界定自然保护区中核心区、缓冲区、实验区的范围。对风景名胜区、森林公园、地质公园,确有必要的,也可划定核心区和缓冲区并确定相应的范围,进行分类管理。

——在重新界定范围的基础上,结合禁止开发区域人口转移的要求,对管护人员实行定编。

——归并位置相连、均质性强、保护对象相同但人为划分为不同类型的禁止开发区域。对位置相同、保护对象相同,但名称不同、多头管理的,要重新界定功能定位,明确统一的管理主体。今后新设立的各类禁止开发区域,不得重叠交叉。

——根据中国二次土地普查,统计汇总出各级行政区域内基本农田的分布、面积、地类等状况。节约集约用地,从严把好审批关,控制非农建设用地总量。做好基本农田占补平衡工作,确保耕地总量不减少,质量有所提高。严禁占用基本农田。

第四篇　保障措施

第十章　区域政策
——科学开发的利益机制

根据推进形成主体功能区的要求,实行分类管理的区域政策,形成市场主体行为符合各区域主

---

① 国家级水产种质资源保护区是指在国内国际有重大影响,具有重要经济价值、遗传育种价值或特殊生态保护和科研价值,保护对象为重要的、洄游性的共用水产种质资源或保护对象分布区域跨省(自治区、直辖市)际行政区划或海域管辖权限的,经国务院或农业部批准并公布的水产种质资源保护区。

体功能定位的利益导向机制。

第一节 财政政策

按主体功能区要求和基本公共服务均等化的原则,深化财政体制改革,完善公共财政体系。

——适应主体功能区要求,完善激励约束机制,加强对国家级主体功能区中央转移支付资金的管理,确保资金有效使用,保证用途不变。加大区本级财政对自治区级主体功能区的奖补力度,引导并帮助建立县级政府基本财力保障制度,增强限制开发区域县级政府实施公共管理、提供基本公共服务和落实各项民生政策的能力。区本级财政在均衡性转移支付标准财政支出测算中,应通过明显提高转移支付系数等方式,加大对自治区级重点生态功能区的均衡性转移支付力度。

——加大各级财政对自然保护区的投入力度。在定范围、定面积、定功能基础上定编,在定编基础上定经费,并区分自治区、县市各自的财政责任。

第二节 投资政策

将政府预算内投资分为按主体功能区安排和按领域安排两个部分,实行按主体功能区安排与按领域安排相结合的政府投资政策。按主体功能定位引导社会投资。

——按主体功能区安排的政府投资,主要用于支持重点生态功能区和农产品主产区的发展,包括生态修复和环境保护、农牧业综合生产能力建设、公共服务设施建设、生态移民、促进就业、基础设施建设以及支持适宜产业发展等。实施重点生态功能区保护修复工程,每五年解决若干个重点生态功能区民生改善、区域发展和生态保护问题,根据规划和建设项目的实施时序,按年度安排投资数额。优先启动国家重点生态功能区保护修复工程。

——按领域安排的投资,要符合各区域的主体功能区定位和发展方向。逐步加大政府投资用于农业、生态环境保护方面的比例。基础设施投资,要重点用于加强重点开发区域的交通、能源、水利、环保以及公共服务业设施的建设。生态环境保护投资,要重点用于加强重点生态功能区生态产品生产能力建设。农业投资,要重点用于加强农产品主产区农业综合生产能力的建设。对重点生态功能区内国家支持的建设项目,逐步降低市县投资配套;对位于困难地区的重点生态功能区,国家支持的公益性建设项目,免除市县两级投资配套。

——积极利用金融手段引导社会投资。引导商业银行按主体功能定位调整区域信贷投向,鼓励向符合主体功能定位的项目提供贷款,严格限制向不符合主体功能定位的项目提供贷款。

——鼓励和引导民间资本按照不同主体功能区定位投资。对重点开发区域,鼓励和引导民间投资进入法律法规未明确禁止准入的行业和领域。对限制开发区域,主要鼓励民间资本投向基础设施、市政公用事业和社会事业。

第三节 产业政策

——进一步明确不同主体功能区鼓励、限制和禁止的产业,对不同主体功能区国家鼓励类以外的投资项目实行更加严格的投资管理。

——编制专项规划、布局重大项目,必须符合各区域的主体功能定位。重大制造业项目原则上应布局在重点开发区域。

——严格市场准入制度,对不同主体功能区的项目实行不同的占地、耗能、耗水、资源回收率、资源综合利用率、工艺装备、"三废"排放和生态保护等强制性标准。

——建立市场退出机制,对限制开发区域不符合主体功能定位的现有产业,要通过设备折旧补贴、设备贷款担保、迁移补贴、土地置换等手段,促进产业跨区域转移或关闭。

第四节　土地政策

——按照不同主体功能区的功能定位和发展方向,实行差别化的土地利用和土地管理政策,科学确定各类用地规模。落实单位国内生产总值建设用地下降30%的目标,确保耕地、林地的数量和质量,严格限制工业用地增加,适度增加城市居住用地,逐步减少农村居住用地,合理控制交通用地增长。

——将基本农田落实到地块并标注到土地承包经营权登记证书上。

——妥善处理自然保护区、森林公园、湿地公园等禁止开发区内农牧地的产权关系,引导核心区、缓冲区人口逐步转移。

第五节　农业政策

——逐步完善支持和保护农业发展的政策,加大强农惠农政策力度,并重点向优势农产品主产区倾斜。

——调整财政支出、固定资产投资、信贷投放结构,保证各级财政对农牧业投入增长幅度高于经常性收入增长幅度,大幅度增加对农村基础设施和社会事业发展的投入,大幅度提高政府土地出让收益、耕地占用税新增收入用于农业的比例。

——健全农业补贴制度,规范程序,完善办法,特别要支持增产增收,落实并完善农资综合补贴动态调整机制,做好对农民种粮补贴工作。

——完善农产品市场调控体系,稳步提高粮食最低收购价格,改善其他主要农产品价格保护办法,充实主要农产品储备,保持农产品价格合理水平。

——支持农产品主产区依托本地资源优势发展农牧产品加工业,根据农牧产品加工业不同产业的经济技术特点,对适宜的产业,优先在农牧产品主产区的县城布局。

第六节　人口政策

——重点开发区域要实施积极的人口迁入政策,加强人口聚集和吸纳能力建设,放宽户口迁移限制,鼓励外来人口迁入和定居,将在城市有稳定职业和住所的流动人口逐步实现本地化,并引导区域内人口均衡分布,防止人口向特大城市中心区过度集聚。

——限制开发和禁止开发区域要切实加强义务教育、职业教育与职业技能培训,增强劳动力跨区域转移就业的能力,鼓励人口到重点开发区域就业并定居。同时,要引导区域内人口向县城和中心镇集聚。

——完善人口和计划生育利益导向机制,并综合运用其他经济手段,引导人口自然增长率较高的区域的居民自觉降低生育水平。

——改革户籍管理制度,逐步统一城乡户口登记管理制度。加快推进基本公共服务均等化,按照"属地化管理、市民化服务"的原则,鼓励城市化地区将流动人口纳入居住地教育、就业、医疗、社会保障、住房保障等体系,切实保障流动人口与本地人口享有均等的基本公共服务和同等的权益。

——探索建立人口评估机制,构建经济社会政策及重大建设项目与人口发展政策之间的衔接协调机制,重大建设项目的布局和社会事业发展应充分考虑人口集聚和人口布局优化的需要,以及人口结构变动带来需求的变化。

第七节 民族政策

——重点开发区域要注重扶持区域内少数民族聚居区的发展,改善城乡少数民族聚居区群众的物质文化生活条件,促进不同民族地区经济社会的协调发展。充分尊重少数民族群众的风俗习惯和宗教信仰,保障少数民族特许商品的生产和供应,满足少数民族群众生产生活的特殊需要。继续执行扶持民族贸易、少数民族特需商品和传统手工业品生产发展的财政、税收和金融等优惠政策,加大对民族乡、民族村和城市民族社区的帮扶力度。

——限制开发区域和禁止开发区域要着力解决少数民族聚居区经济社会发展中突出的民生问题和特殊困难。优先安排与少数民族聚居区群众生产生活密切相关的农业、牧业、教育、文化、卫生、科技、饮水、电力、交通、贸易集市、民房改造、扶贫开发等项目。鼓励并支持发展非公有制经济,加大对少数民族职业技能培训力度,最大限度地为当地少数民族群众提供更多就业机会,扩大少数民族群众收入来源。

第八节 环境政策

——各类主体功能区分别制定相应的环境标准和环境政策。

——重点开发区域要结合环境容量,实行严格的污染物排放总量控制指标,加强清洁生产审核,推进危险废物规范化管理,较大幅度减少污染物排放量。限制开发区域要通过治理、限制或关闭污染物超标排放企业等手段,实现污染物排放总量持续下降和环境质量状况达标。禁止开发区域要依法关闭所有污染物排放企业,确保污染物的"零排放",难以关闭的,必须限期迁出。

——重点开发区域要按照国内先进水平,根据环境容量逐步提高产业准入环境标准。农产品主产区要按照保护和恢复地力的要求设置产业准入环境标准,重点生态功能区要按照生态功能恢复和保育原则设置产业准入环境标准。禁止开发区域要按照强制保护原则设置产业准入环境标准。

——重点开发区域要合理控制排污许可证的增发,积极推进排污权制度改革,制定合理的排污权有偿取得价格,鼓励新建项目通过排污权交易获得排污权。限制开发区域要从严控制排污许可证发放。禁止开发区域不发放排污许可证。

——重点开发区域要注重从源头上控制污染,建设项目要加强环境影响评价和环境风险防范,要将主要污染物排放总量控制指标作为环评审批的前置条件,开发区和重化工集中地区要按照发展循环经济的要求进行规划、建设和改造。禁止开发区域的旅游资源开发要同步建立完善的污水垃圾收集处理设施。

——研究开征适用于各类主体功能区的环境税。积极推行绿色信贷①、绿色保险②、绿色证

---

① 绿色信贷是通过金融杠杆实现环保调控的重要手段。通过在金融信贷中建立环境准入门槛,对限制类和淘汰类新建项目不提供信贷支持,对淘汰类项目不提供新增授信支持,并采取措施收回已发放的贷款,从而在源头上切断高耗能、高污染行业无序发展和盲目扩张的投资冲动。

② 绿色保险又叫生态保险,是在市场经济条件下进行风险管理的一项基本手段。其中,由保险公司对污染受害者进行赔偿的环境污染责任保险最具代表性。

券①等。

——重点开发区域要合理开发和科学配置水资源,厉行节水,限制排入河湖的污染物总量,保护好水资源和水环境。限制开发区域要加大水资源保护力度,实行全面节水,满足基本的生态用水需求,加强水土保持和生态环境修复与保护。禁止开发区域严格禁止不利于水生态环境保护的水资源开发活动,实行严格的水资源保护政策。

第九节　应对气候变化政策

——城市化地区要积极发展循环经济,实施重点节能工程,积极发展和利用可再生能源,加大能源资源节约和高效利用技术开发和应用力度,加强生态环境保护,优化生产空间、生活空间和生态空间布局,降低温室气体排放强度。

——重点生态功能区要推进天然林资源保护、退耕还林、退牧还草、风沙源治理、防护林体系建设、野生动植物保护、湿地保护与恢复等,增加陆地生态系统的固碳能力。有条件的地区积极发展风能、太阳能等清洁能源、低碳能源。

——农产品主产区要继续加强农业基础设施建设,推进农牧业结构调整和种植制度调整,选育抗逆品种,遏制草原荒漠化加重趋势,加强新技术的研究和开发,减缓农业农村温室气体排放,增强农牧业生产适应气候变化的能力。积极发展和消费可再生能源。

——开展气候变化对水资源、农业和生态环境等的影响评估,严格执行重大工程气象灾害风险评估和气候可行性论证制度。提高极端天气气候事件的监测预警能力,加强自然灾害的应急和防御能力建设。

第十一章　绩效评价
——科学开发的绩效考核评价体系

建立符合科学发展观并有利于推进形成主体功能区的绩效评价体系。强化对各地区提供公共服务、加强社会管理、增强可持续发展能力等方面的评价,增加开发强度、耕地保有量、环境质量、社会保障覆盖面等评价指标。在此基础上,按照不同区域的主体功能定位,实行各有侧重的绩效评价和考核办法,并强化考核结果运用,有效引导各地区推进形成主体功能区。

——重点开发区域。实行工业化和城镇化水平优先的绩效评价,综合评价经济增长、吸纳人口、质量效益、产业结构、资源消耗、环境保护以及外来人口公共服务覆盖面等。主要考核地区生产总值、非农产业就业比重、财政收入占地区生产总值比重、单位地区生产总值能耗和用水量、单位工业增加值能耗和取水量、二氧化碳排放强度、主要污染物排放总量控制率、"三废"处理率、大气和水体质量、吸纳外来人口规模等指标。

——农产品主产区。要强化对农牧产品保障能力的评价,弱化对工业化城镇化相关经济指标的评价,主要考核农业综合生产能力、农牧民收入等指标,不考核地区生产总值、投资、工业、财政收

---

① 绿色证券,是以上市公司环保核查制度和环境信息披露机制为核心的环保配套政策,上市公司申请首发上市融资或上市后再融资必须进行主要污染物排放达标等环保核查,同时,上市公司特别是重污染行业的上市公司必须真实、准确、完整、及时地进行环境信息披露。

入和城镇化率等指标。

——重点生态功能区。要强化对提供生态产品能力的评价,弱化对工业化城镇化相关经济指标的评价,主要考核大气和水体质量、水体流失和荒漠化治理率、森林覆盖率、森林蓄积量、林地保有量、森林保有量、湿地保有量、草原植被覆盖度、草畜平衡、生物多样性等指标,不考核地区生产总值、投资、工业、财政收入和城镇化率等指标。

——禁止开发区域。根据法律和规划的要求,按照保护对象确定的评价内容,强化对自然文化资源原真性和完整性保护情况的评价。主要考核依法管理的情况,污染物"零排放"情况,保护目标实现程度,保护对象完好程度等,不考核旅游收入等经济指标。

第五篇 规划实施

第十二章 规划实施

——共建我们的美好家园

本规划是新疆国土空间开发的战略性、基础性和约束性规划,在各类空间规划中居总控性地位,自治区各有关部门、各地(州、市)、县(市)政府要根据本规划调整完善区域政策和相关规划,健全法律法规和绩效考核体系,明确责任主体,采取有力措施,动员全区各族人民,共建新疆美好家园。

第一节 自治区有关部门的职责

发展改革部门。负责本规划实施的组织协调,充分做好本规划与各区域规划以及国土、环保、水利、农业、能源等部门专项规划的衔接,实现各级各类规划之间的统一、协调;负责指导并衔接省级主体功能区规划的编制;负责组织有关部门和地方编制区域规划;负责制定并组织实施适应主体功能区要求的投资政策和产业政策;负责研究并适时将开发强度、资源承载能力和生态环境容量等约束性指标分解落实到各地、州、市的办法;负责自治区主体功能区规划实施的监督检查、中期评估和规划修订。

科技部门。负责研究提出适应主体功能区要求的科技规划和政策,建立适应主体功能区要求的区域创新体系。

经济和信息化部门。负责编制适应主体功能区要求的工业、信息化的发展规划,协调指导规划实施。

监察部门。负责有关部门指导符合科学发展观要求并有利于推进形成主体功能区的绩效考核评价体系,并负责实施中的监督检查。

财政部门。负责按照本规划明确的财政政策方向和原则,制定并落实适应主体功能区要求的财政政策。

国土资源部门。负责组织编制土地利用总体规划;负责制订主体功能区土地利用政策并实施差别化用地计划管理;负责会同有关部门组织调整划定永久基本农田,并落实到地块和农户,明确位置、面积、保护责任人等。

环境保护部门。负责编制适应主体功能区要求的生态环境保护规划,制定相关政策;负责组织编制环境功能区划;负责组织有关部门编制自然保护区规划,指导、协调、监督各种类型的自然保护区、风景名胜区、森林公园的环境保护工作,协调和监督野生动植物保护、湿地环境保护、荒漠化防治工作。

住房城乡建设部门。负责组织编制和监督实施自治区城镇体系规划;负责组织各县(市)城镇体系规划、城市总体规划的审查;负责制订适应主体功能区要求的城市建设和市政公用事业规划和政策。

水利部门。负责制订适应主体功能区要求的水资源管理、水利发展及防洪减灾、水土保持、水能资源开发等方面的规划,制定相关政策。

农业部门。负责编制适应主体功能区要求的农牧业发展和资源与生态保护等方面的规划,制定相关政策。

人口计生部门。负责会同有关部门制定引导人口合理有序转移的相关政策。

林业部门。负责编制适应主体功能区要求的生态保护与建设的规划,制定相关政策。

自治区法制机构。负责组织有关部门研究制定适应主体功能区要求的政府规章和地方性法规。

地震、气象、测绘地理信息部门。负责组织编制地震、气象、地理区情等自然灾害、气候和基础地理信息资源开发利用及人工影响天气业务发展等规划或区划,组织气候变化影响评估,参与制定自然灾害防御政策。

其他各有关部门,要依据本规划,根据需要组织修订能源、交通等专项规划和主要城市的建设规划。

第二节　各地(州、市)、县(市)级政府的职责

各地(州、市)要根据国家和自治区主体功能区规划,组织所辖县(市)实施好两级主体功能区规划,以及落实相关的各项政策措施;负责指导所辖县(市)按本规划落实主体功能定位和开发强度要求;指导所辖县(市)在规划编制、项目审批、土地管理、人口管理、生态环境保护等各项工作中,遵循两级主体功能区规划的各项要求。

各县(市)负责落实国家和自治区主体功能区规划对本县(市)的主体功能定位。在各县(市)国民经济和社会发展总体规划及相关规划中,落实各功能分区的功能定位、发展目标和方向、开发和管制原则等;根据本规划确定的空间开发原则,以及各县(市)的国民经济和社会发展总体规划,规范开发时序,把握开发强度,审批(报)有关开发项目。

第三节　监测评估

加强新疆国土空间开发动态监测管理工作,通过基础地理信息资源整合、地理区情监测等多种途径,对国土空间变化情况进行及时跟踪分析。

建立主体功能区规划评估与动态修订机制,加强对规划实施情况的跟踪分析,注意研究新情况,解决新问题,适时开展规划评估,提交评估报告,并根据评估结果提出需要调整的规划内容或对

规划进行修订的建议。

要加强对推进形成主体功能区的宣传工作,使全社会都能全面了解本规划,使主体功能区的理念、内容和政策深入人心,使主体功能区规划落到实处。

附件1

新疆重点生态功能区范围

级　　别	区　　域	覆　盖　范　围	面积 （平方公里）	2009年人口 （万人）
国家级	阿尔金草原荒漠化防治生态功能区	若羌县、且末县	336624.57	9.56
	阿尔泰山地森林草原生态功能区	阿勒泰市、布尔津县、哈巴河县、青河县、吉木乃县、福海县、富蕴县	117699.01	65.78
	塔里木河荒漠化防治生态功能区	阿瓦提县、阿克陶县、阿合奇县、乌恰县、英吉沙县、泽普县、莎车县、叶城县、麦盖提县、岳普湖县、伽师县、巴楚县、塔什库尔干塔吉克自治县、墨玉县、皮山县、洛浦县、策勒县、于田县、民丰县、图木舒克市	410796.23	483.47
自治区级重点生态功能区	天山西部森林草原生态功能区	巩留县*、尼勒克县*、新源县*、昭苏县*、特克斯县*	39289.06	83.43
	天山南坡西段荒漠草原生态功能区	乌什县*、柯坪县*	17764.65	21.73
	天山南坡中段山地草原生态功能区	焉耆回族自治县*、和静县*、和硕县*、博湖县*	53352.69	35.07
	夏尔西里山地森林生态功能区	博乐市*	5875.74	6.63
	塔额盆地湿地草原生态功能区	塔城市*、额敏县*	13420.92	25.87
	准噶尔西部荒漠草原生态功能区	托里县*、裕民县*、和布克赛尔蒙古自治县*	54146.92	15.64
	准噶尔东部荒漠草原生态功能区	巴里坤哈萨克自治县*、伊吾县*、木垒哈萨克自治县*	69773.31	17.92
	塔里木盆地西北部荒漠生态功能区	阿图什市*、疏附县*和疏勒县*	21927.80	77.10
	中昆仑山高寒荒漠草原生态功能区	和田县*	40569.30	20.94

注：标注*的县市，在计算其面积与人口时，扣除县的城关镇（或市建成区）以及重要工业园区的面积与人口，其含义指该县（市）
　　并非全域都是自治区级重点生态功能区，境内的城关镇、城区或重要工业园区为自治区级重点开发区域。

附件2

新疆禁止开发区域名录

表1　自然保护区

级　　别	名　　称	面积（km²）	所在地
国家级	罗布泊野骆驼国家级自然保护区	61200	若羌县、哈密市、吐鲁番市、鄯善县
	喀纳斯国家级自然保护区	2201.62	布尔津县、哈巴河县
	阿尔金山国家级自然保护区	45000	若羌县、且末县
	托木尔峰国家级自然保护区	2376.38	温宿县
	甘家湖梭梭林国家级自然保护区	546.67	乌苏市、精河县
	艾比湖湿地国家级自然保护区	2670.85	博乐市、精河县

续表

级　别	名　　　称	面积（km²）	所在地
国家级	巴音布鲁克天鹅国家级自然保护区	1486.89	和静县
	塔里木胡杨林国家级自然保护区	3954.20	尉犁县、轮台县
	西天山国家级自然保护区	312.17	巩留县
自治区级	博格达峰天池自然保护区	380.7	阜康市
	卡拉麦里山自然保护区	12871.44	奇台县、富蕴县
	北鲵温泉自然保护区	6.95	温泉县
	布尔根河狸自然保护区	50	青河县
	中昆仑自然保护区	32000	且末县
	塔什库尔干野生动物自然保护区	15000	塔什库尔干自治县
	福海县金塔斯山地草原类自然保护区	567	福海县
	塔城巴尔鲁克山自然保护区	1150	裕民县
	霍城四爪陆龟自然保护区	345.52	霍城县
	巩留野核桃自然保护区	11.8	巩留县
	新源县山地草甸类草地自然保护区	653	新源县
	阿尔泰科克苏湿地自然保护区	306.67	阿勒泰市
	阿尔泰两河源头自然保护区	6759	富蕴县
	夏尔希里自然保护区	314	博乐市
	奇台荒漠类草地自然保护区	493	奇台县
	额尔齐斯河科克托海湿地自然保护区	990.40	哈巴河县
	帕米尔高原湿地自然保护区	1256	阿克陶县
	哈密东天山生态功能自然保护区	9900	伊吾县、巴里坤县
	伊犁小叶白蜡自然保护区	4.05	伊宁县

表 2　风景名胜区

级　别	名　　　称	面积（km²）	所在地
国家级	天山天池风景名胜区	548	阜康市
	库木塔格沙漠国家风景名胜区	1880	鄯善县
	赛里木湖风景名胜区	1301.4	博乐市
	博斯腾湖风景名胜区	2789	博湖县
自治区级	乌鲁木齐南山风景名胜区	120	乌鲁木齐市
	魔鬼城风景名胜区	120	克拉玛依市
	火焰山—葡萄沟—坎儿井风景名胜区	1800	吐鲁番市
	怪石峪风景名胜区	230	博乐市
	胡杨林风景名胜区	100	轮台县
	神木园风景名胜区	0.45	温宿县
	那拉提风景名胜区	1800	新源县
	喀纳斯风景名胜区	1280	布尔津县
	喀拉峻草原风景名胜区	1050	特克斯县
	科桑溶洞风景名胜区	164	特克斯县
	西戈壁公园风景名胜区	31.61	克拉玛依市
	白石头风景名胜区	120	哈密市
	水磨沟风景名胜区	36	乌鲁木齐市

表 3 森林公园

级别	名称	面积（km²）	所在地
国家级	白哈巴国家森林公园	483.76	哈巴河县
	奇台南山国家森林公园	293.06	奇台县
	唐布拉国家森林公园	342.37	尼勒克县
	照壁山国家森林公园	823.94	乌鲁木齐县
	天池国家森林公园	446.27	阜康市
	那拉提国家森林公园	60.25	新源县
	巩乃斯国家森林公园	731.04	和静县
	贾登峪国家森林公园	389.85	布尔津县
	金湖杨国家森林公园	20.00	泽普县
	巩留恰西国家森林公园	556.00	巩留县
	哈密天山国家森林公园	1604.62	巴里坤县、哈密市
	科桑溶洞国家森林公园	164.00	特克斯县
	哈日图热格国家森林公园	268.48	博乐市、温泉县
	乌苏佛山国家森林公园	375.83	乌苏市
	哈巴河白桦国家森林公园	247.01	哈巴河县
	阿尔泰山温泉国家森林公园	887.93	福海县、富蕴县
	夏塔古道国家森林公园	385.07	昭苏县
自治区级	神钟山森林公园	680.70	富蕴县
	青松森林公园	201.32	吉木萨尔县
	玛依格勒森林公园	260	克拉玛依市
	呼图壁南山森林公园	455.29	呼图壁县
	玛纳斯南山森林公园	155.41	玛纳斯县
	大龙王森林公园	56.27	木垒哈萨克自治县
	阿克苏天山森林公园	20	阿克苏市
	神木园森林公园	46.41	温宿县
	大龙池森林公园	84.60	库车县
	阿吾赞沟森林公园	63.10	伊宁县
	伊犁河连心岛森林公园	6.67	伊宁县
	琼博拉森林公园	462.26	察布查尔锡伯自治县
	果子沟森林公园	3.38	霍城县
	三道河子森林公园	3.33	沙湾县
	蒙古庙森林公园	799.78	沙湾县
	小东沟森林公园	14.95	阿勒泰市
	大青河森林公园	312.36	青河县
	庙尔沟森林公园	7.69	乌鲁木齐市、昌吉市
	塔里木胡杨森林公园	3.33	轮台县
	伊犁喀什河森林公园	4.67	伊宁县
	天山森林公园	39.18	乌鲁木齐市
	蒙玛拉森林公园	136.16	伊宁县
	额尔齐斯河北屯森林公园	98	北屯市

续表

级别	名　称	面积（km²）	所在地
自治区级	伊犁河森林公园	3.13	察布查尔锡伯自治县
	布尔津森林公园	88.85	布尔津县
	博州三台森林公园	370.26	博乐市、精河县
	福海森林公园	40.61	福海县
	天格尔森林公园	44.26	乌鲁木齐县
	白松森林公园	204.06	和布克赛尔蒙古自治县
	巴尔鲁克山森林公园	192.75	托里县
	青格里河森林公园	19.10	青河县

表4　地质公园

级别	名　称	面积（km²）	所在地
国家级	布尔津喀纳斯湖国家地质公园	875	布尔津县
	可可托海国家地质公园	619.4	富蕴县
	奇台硅化木—恐龙国家地质公园	492	奇台县
	天山天池国家地质公园	526	阜康市
	吐鲁番火焰山国家地质公园	290	吐鲁番市
	库车大峡谷国家地质公园	108	库车县
	温宿盐丘国家地质公园	92.7	温宿县

表5　湿地公园

级别	名　称	面积（km²）	所在地
国家级	赛里木湖国家湿地公园	1301.4	博乐市
	柴窝堡湖国家湿地公园	45	乌鲁木齐市
	玛纳斯国家湿地公园	47.02	玛纳斯县

表6　水产种质资源保护区

级别	名　称	面积（km²）	所在地
国家级	喀纳斯湖特有鱼类国家级水产种质资源保护区	45.73	布尔津县
	叶尔羌河特有鱼类国家级水产种质资源保护区	71.96	塔什库尔干自治县 阿克陶县
	艾比湖特有鱼类国家级水产种质资源保护区	12	精河县
	乌伦古湖特有鱼类国家级水产种质资源保护区	30	福海县

图 1　新疆地形图

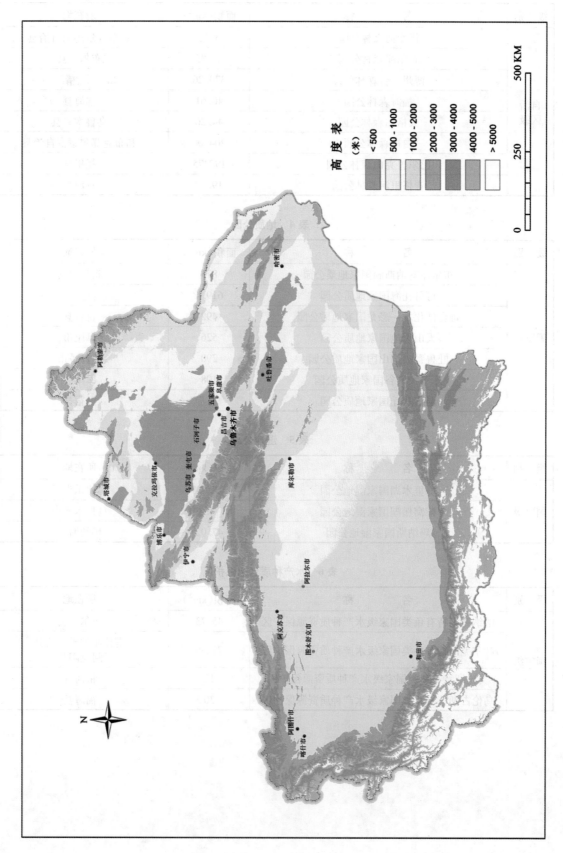

图 2 新疆行政区划图

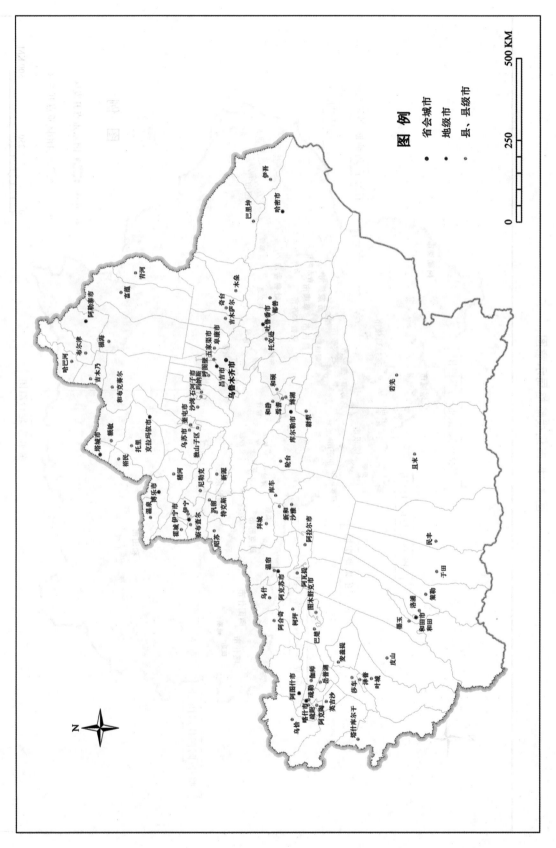

新疆

图 3 城市化战略格局示意图

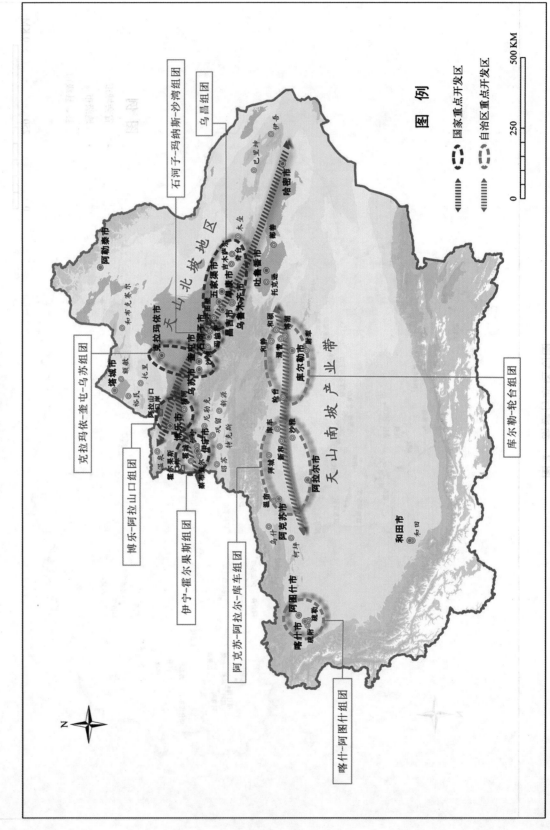

图 4 农业战略格局示意图

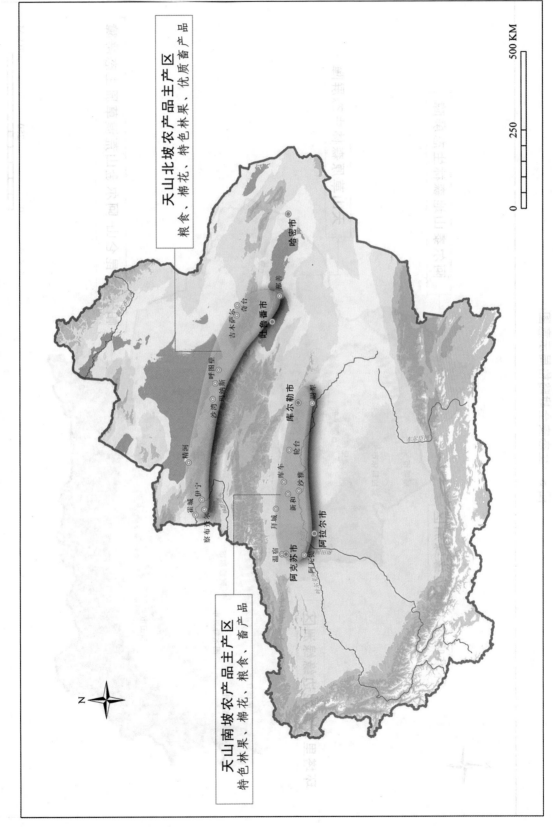

新
疆

图 5　生态安全战略格局示意图

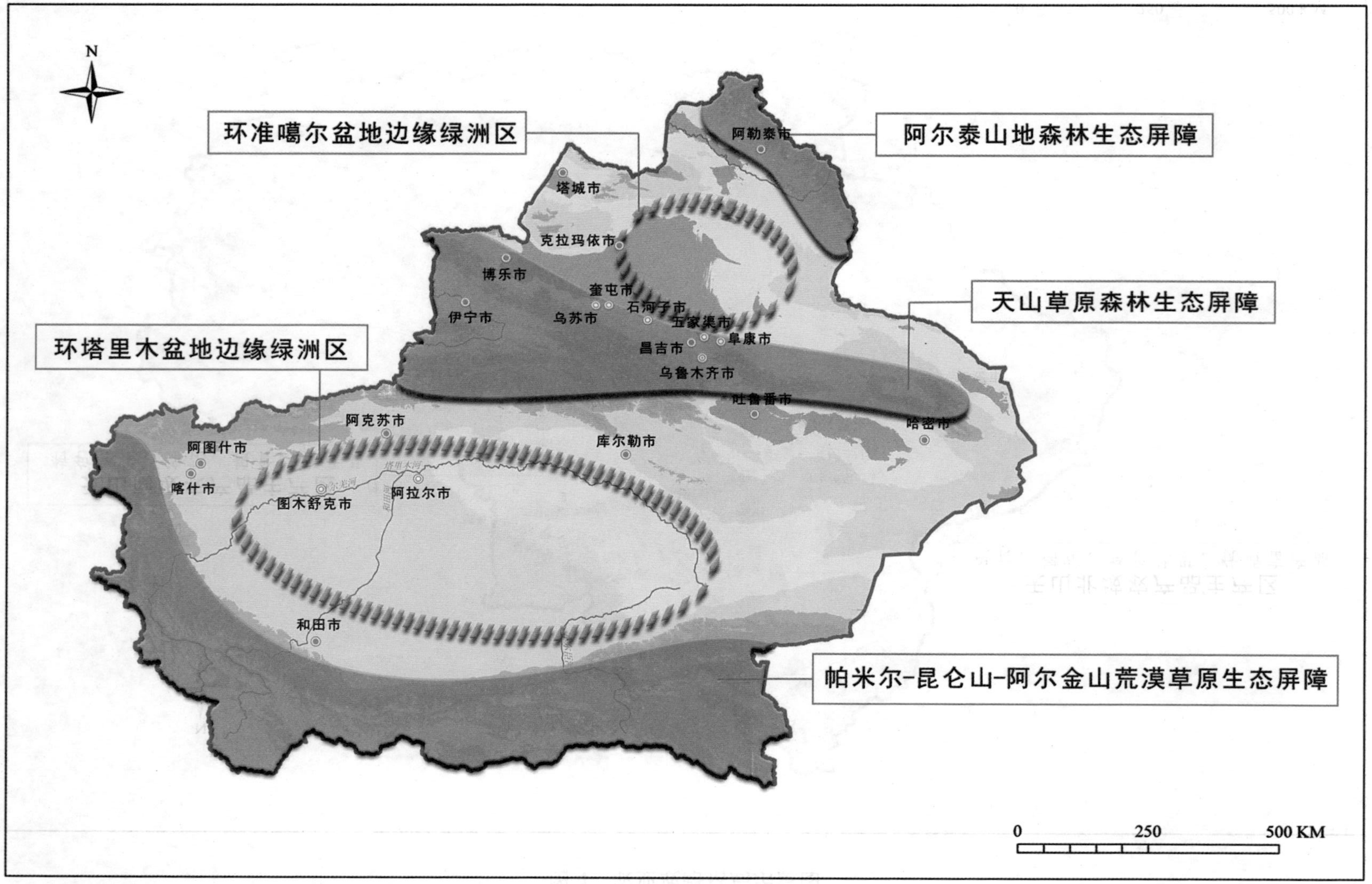

阿尔泰山地森林生态屏障

天山草原森林生态屏障

帕米尔-昆仑山-阿尔金山荒漠草原生态屏障

环准噶尔盆地边缘绿洲区

环塔里木盆地边缘绿洲区

阿勒泰市

塔城市

克拉玛依市

奎屯市

乌苏市

石河子市

五家渠市

昌吉市

阜康市

乌鲁木齐市

吐鲁番市

哈密市

博乐市

伊宁市

库尔勒市

阿克苏市

阿拉尔市

图木舒克市

喀什市

阿图什市

和田市

N

0　　250　　500 KM

新疆

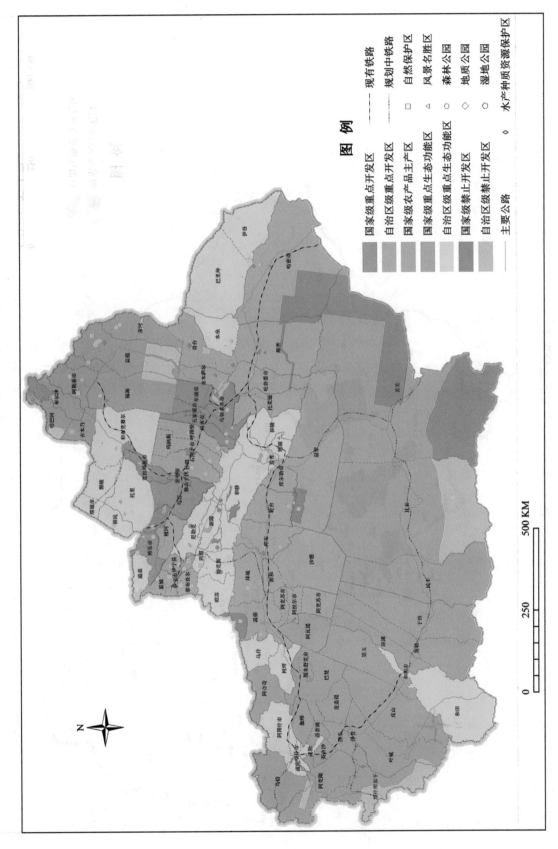

图 6 新疆主体功能区划分总图

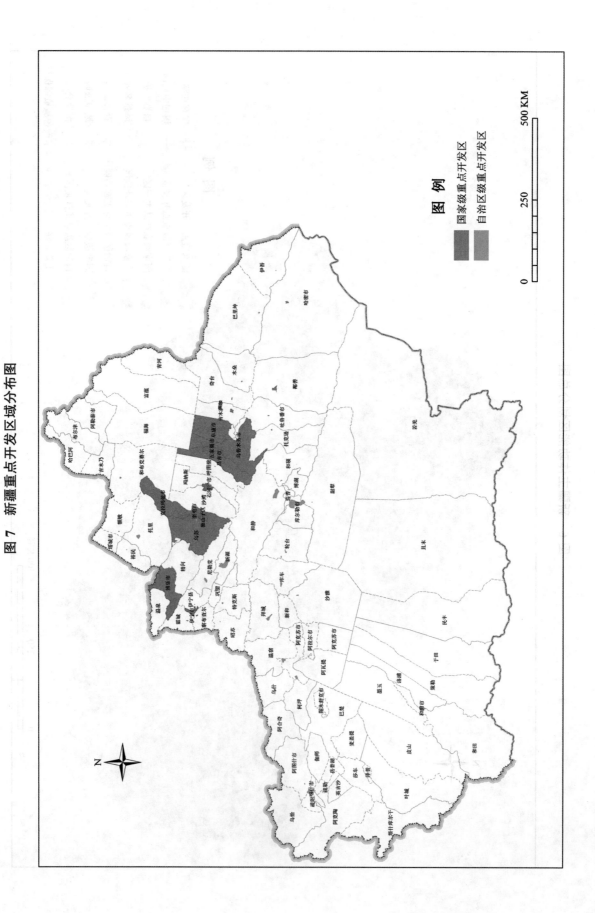

图7　新疆重点开发区域分布图

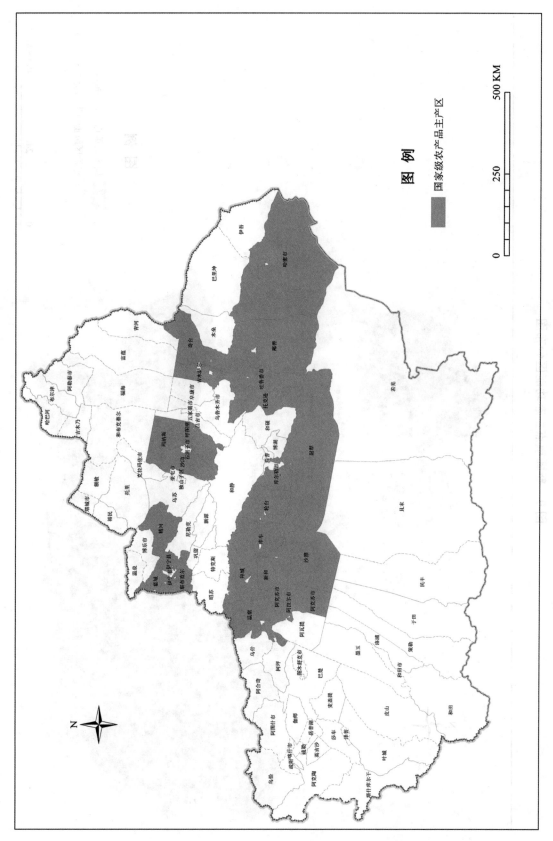

图 8　新疆农产品主产区分布图

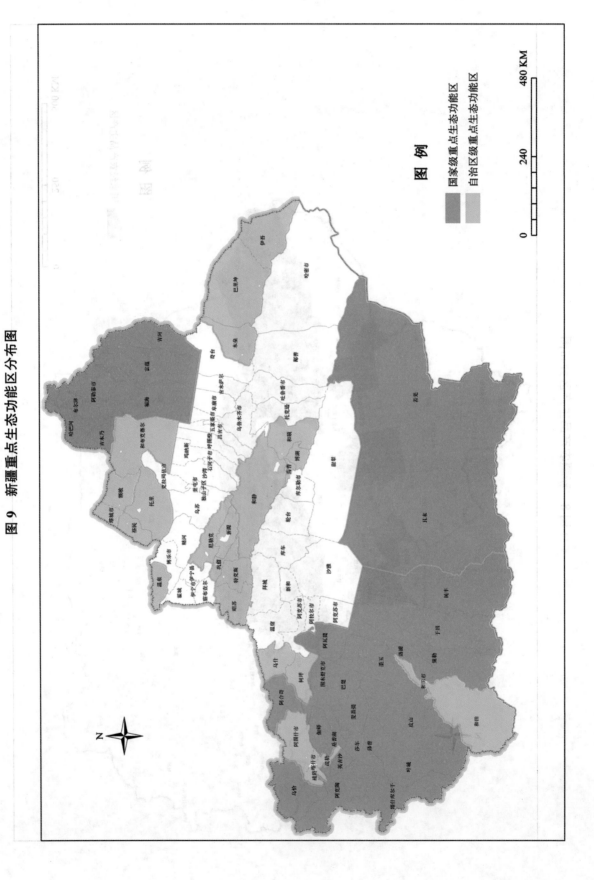

图 9 新疆重点生态功能区分布图

新疆

图 10 新疆禁止开发区域分布图

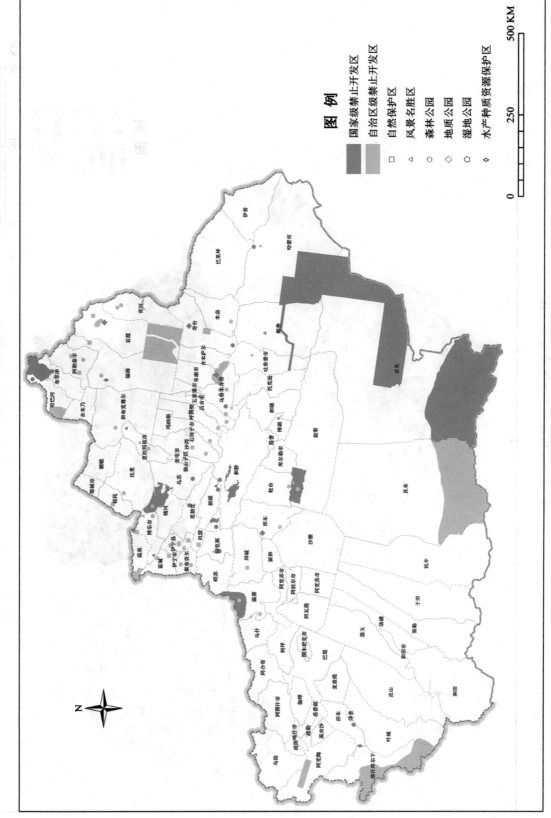

新疆

图 11　人均可利用土地资源评价图

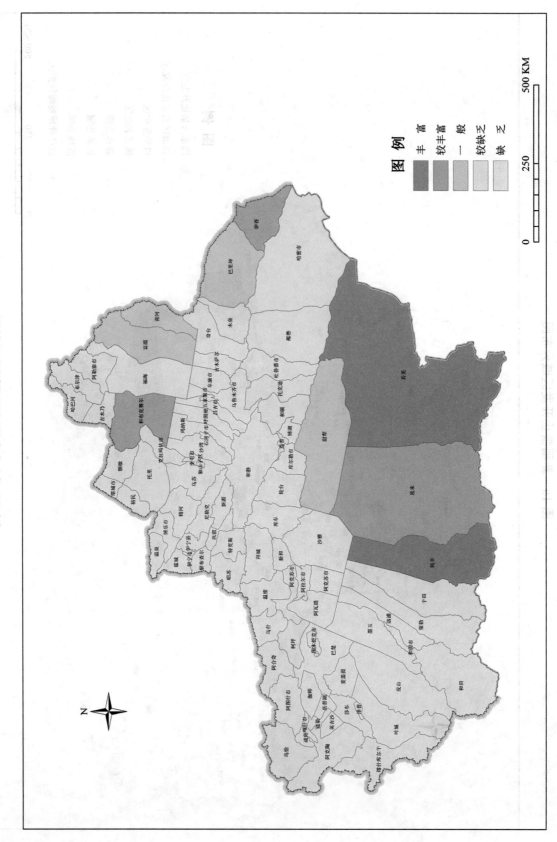

图 12　地均地区生产总值分布图（按国土面积计算）

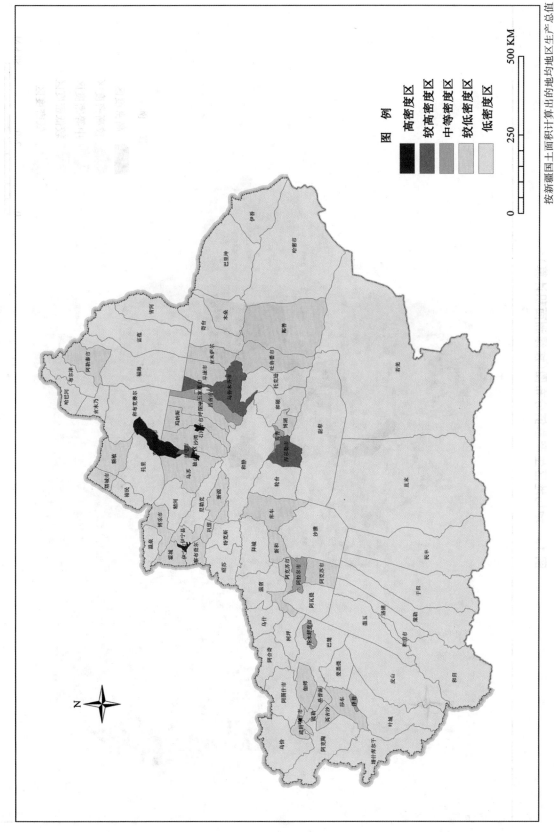

图　例

高密度区
较高密度区
中等密度区
较低密度区
低密度区

0　　250　　500 KM

按新疆国土面积计算出的地均地区生产总值

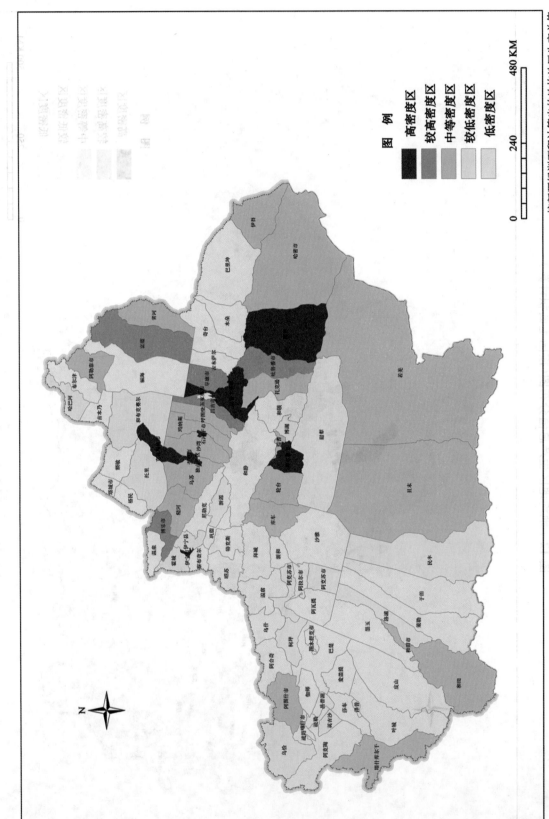

图 13　地均地区生产总值分布图（按绿洲面积计算）

按新疆绿洲面积计算出的地均地区生产总值

图 14　生态脆弱性评价图

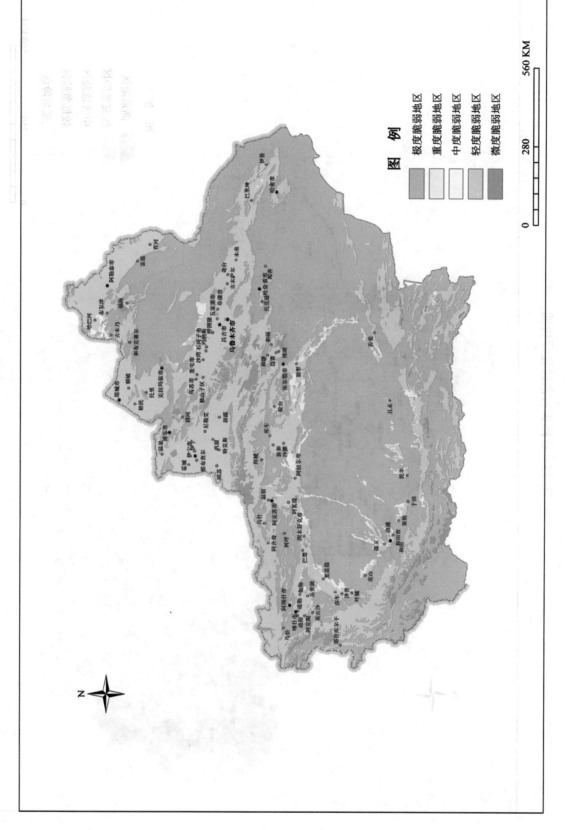

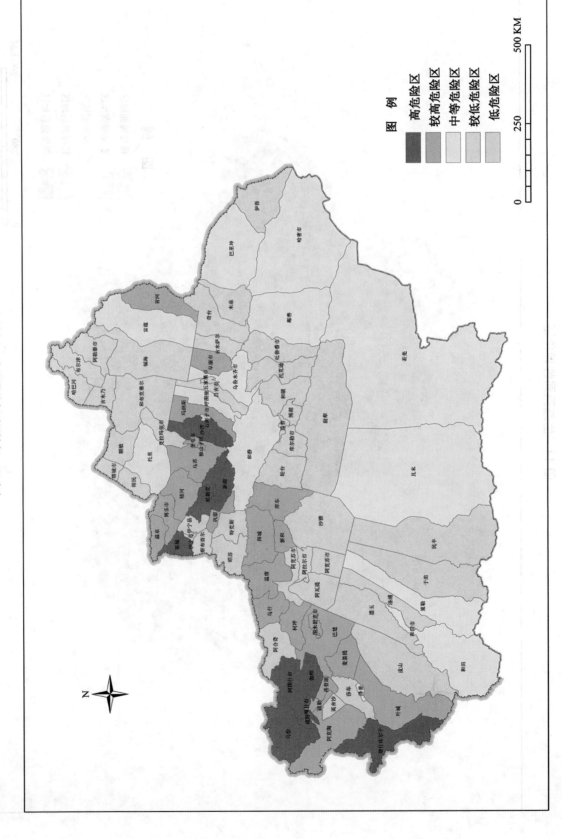

图 15 自然灾害危险性评价图

图 例

高危险区
较高危险区
中等危险区
较低危险区
低危险区

新
疆

图 16　现状开发强度示意图

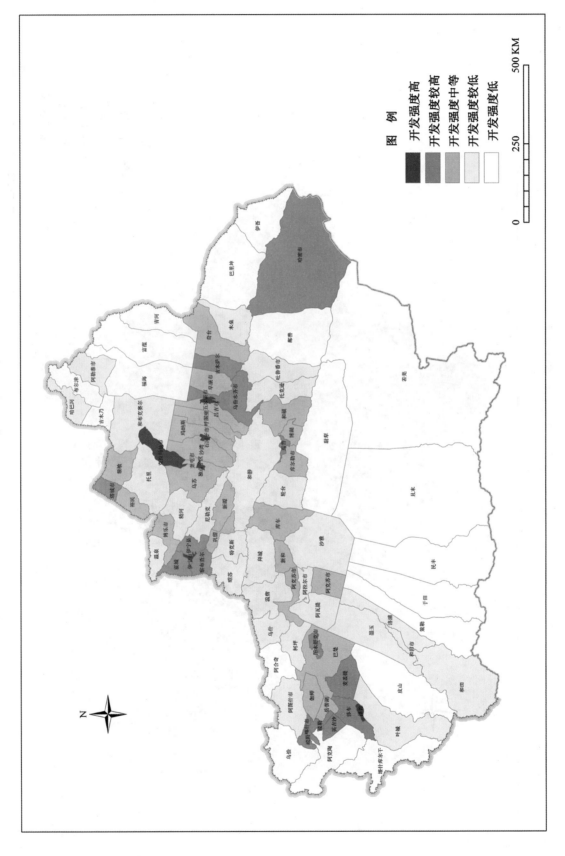

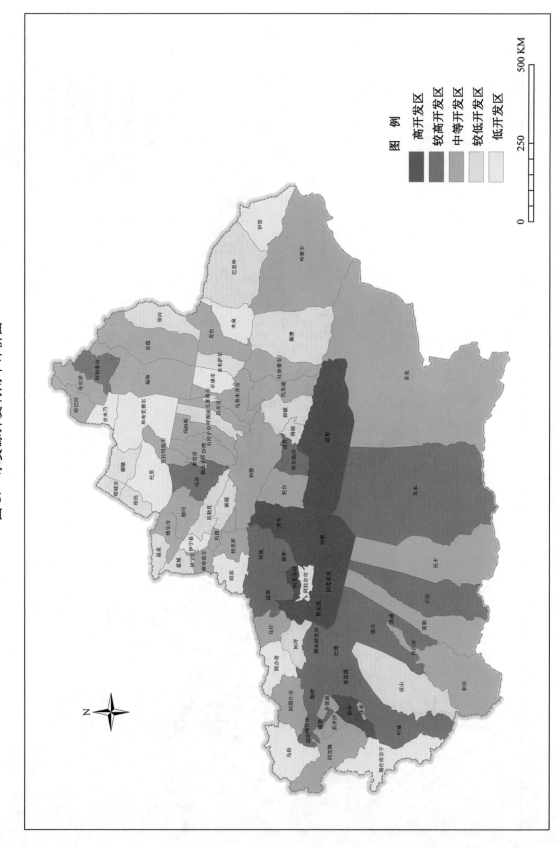

图 17 水资源开发利用率评价图

新疆

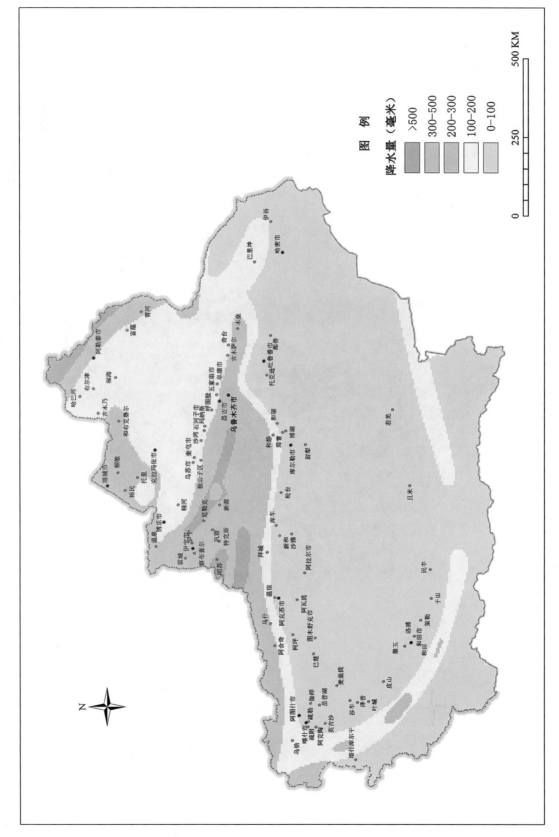

图 18 多年平均降水量分布图

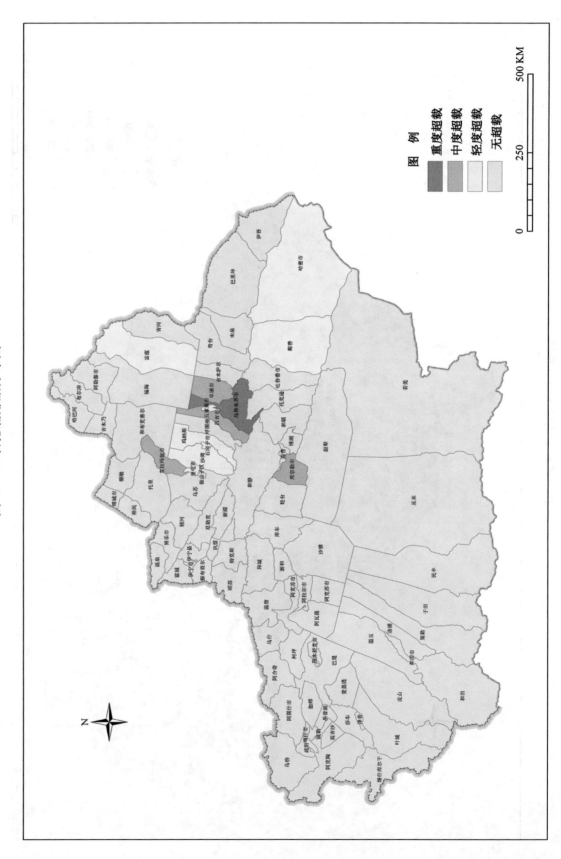

图 19 二氧化硫排放分布图

图 20 化学需氧量排放分布图

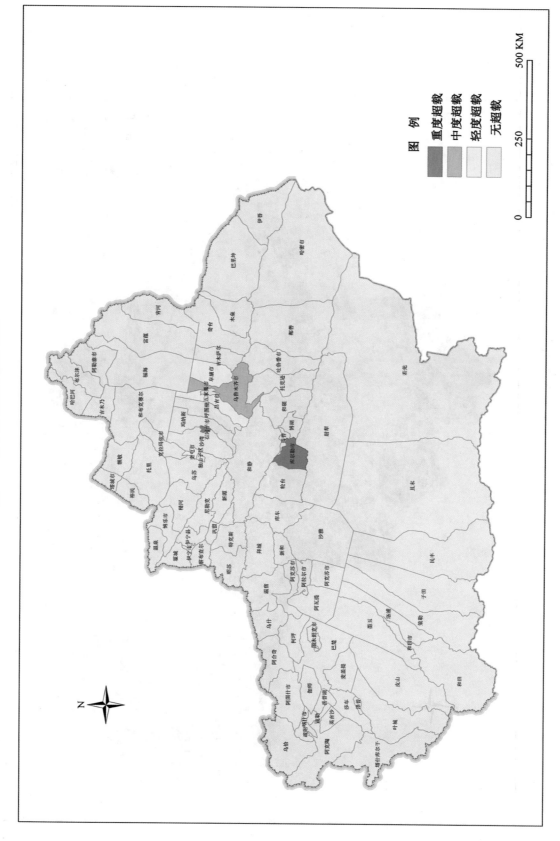

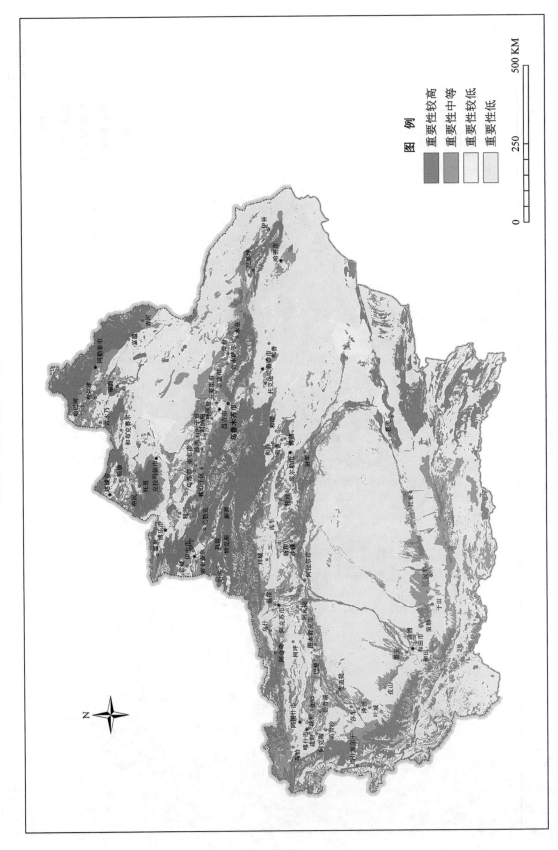

图 21　生态重要性评价图

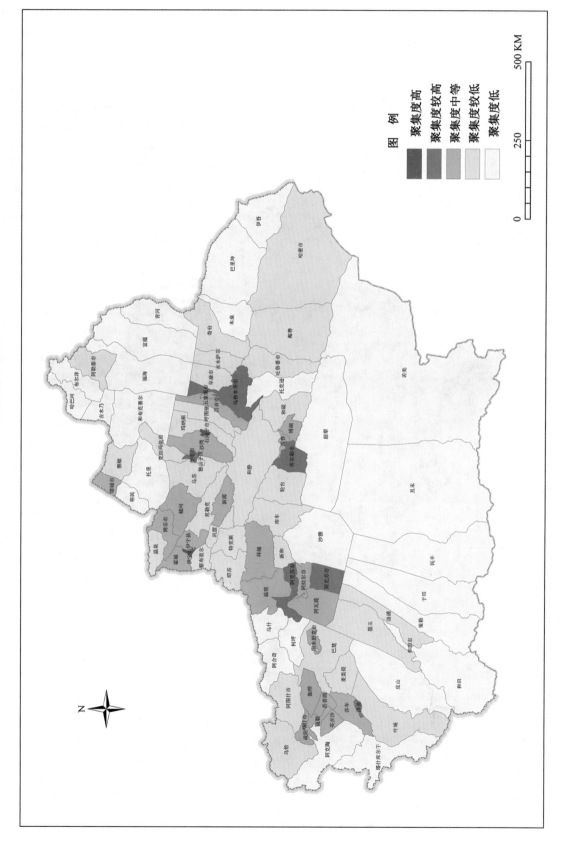

图 22 人口聚集度评价图

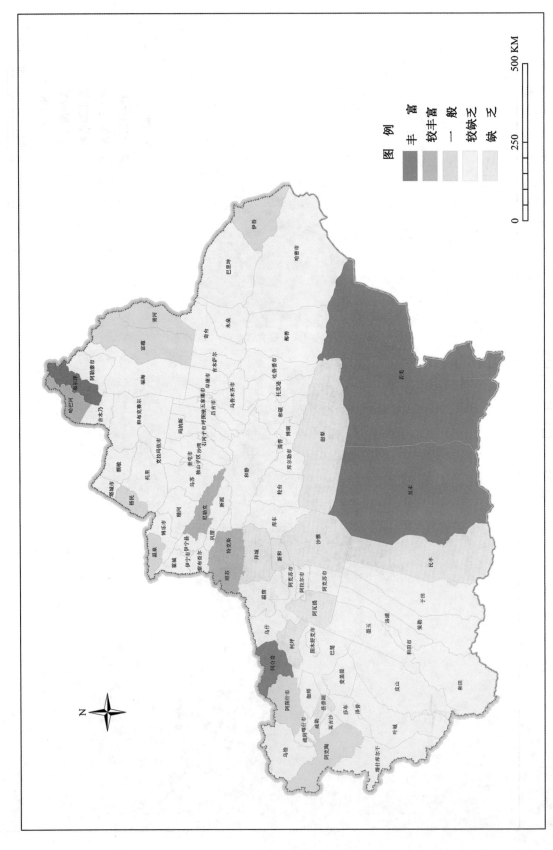

图 23 人均可利用水资源评价图

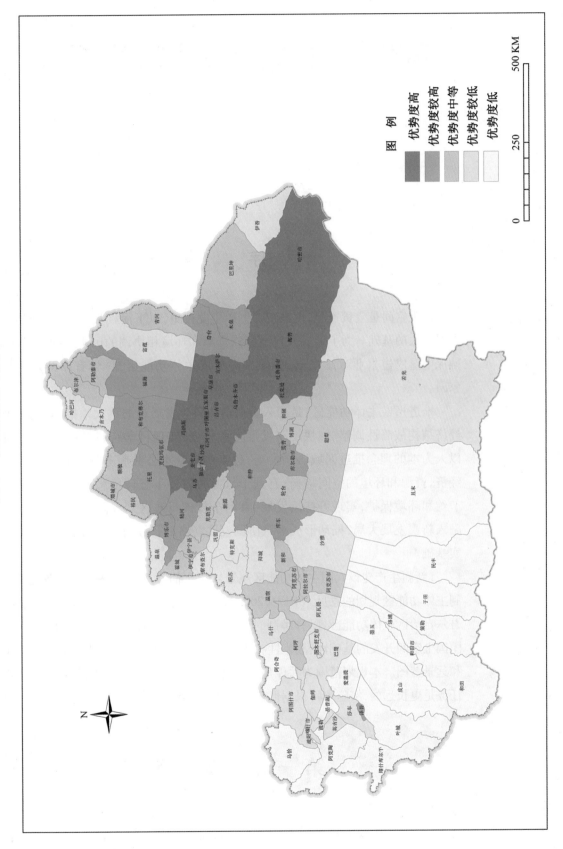

图 24 交通优势度评价图

新疆生产建设兵团主体功能区规划

序　言

国土空间是宝贵资源,也是新疆生产建设兵团(以下简称兵团)屯垦戍边事业发展壮大的基础。为了形成人口、经济、资源和环境相协调的国土空间开发格局,确保屯垦戍边事业永续发展,必须推进形成主体功能区,科学有序开发我们的家园。

推进形成主体功能区,是深入贯彻落实科学发展观的重大举措,有利于推进经济结构战略性调整、加快经济发展方式转变,实现科学跨越发展;有利于按照以人为本的理念推进区域协调发展,逐步实现基本公共服务均等化,促进人口、经济、资源和环境的空间均衡;有利于从源头扭转生态环境恶化趋势,促进资源节约和环境保护,实现可持续发展;有利于打破行政区划界限,更加积极主动地融入新疆发展大局,推动形成区域协调发展新格局,为履行屯垦戍边使命奠定坚实基础。

《新疆生产建设兵团主体功能区规划》(以下简称本规划)根据《国务院关于编制主体功能区规划的意见》(国发〔2007〕21 号)、《全国主体功能区规划》、《新疆维吾尔自治区主体功能区规划》编制,是推进形成兵团主体功能区的基本依据,是兵团国土空间开发的基础性、战略性和约束性规划,是科学开发国土空间的行动纲领和远景蓝图。本规划范围为兵团所辖的国土空间,主要目标时间是 2020 年,规划任务是更长远的,实施中将根据形势变化和评估结果适时调整修订。

第一篇　规划背景

兵团位于新疆维吾尔自治区境内,战略地位极为重要。自兵团成立特别是改革开放以来,城镇化、新型工业化和农业现代化快速发展,城市、团场面貌焕然一新,综合实力、职工生活水平和维稳成边能力明显提高,经济、社会、生态格局不断改变。合理开发国土空间,与新疆各族人民共同构建美好家园,首先要认识兵团基本情况和国土空间变化。

第一章　规划背景
——认识我们变化着的家园

第一节　基本情况

按照中央要求,1954 年 10 月,由驻疆人民解放军的大部集体转业组建兵团,承担劳武结合、屯垦成边使命。目前,兵团辖有 14 个师(6 个市)、176 个团场、近 6000 家工交建商企业和 14 家上市公司以及一批科教文卫体等事业单位。2011 年,兵团总人口 261.4 万人,占新疆 11.8%;生产总值968.8 亿元,占新疆 14.7%;上缴国家和地方各项税费 106.4 亿元。

第二节　分布状况

兵团所辖单位呈点状或片状分布于新疆 15 个地州市境内,形成沿塔克拉玛干、古尔班通古特两大沙漠周边和 2019 公里边境线的"两周一线"布局。辖区国土面积 7.46 万平方公里,占新疆4.5%,其中第一师阿拉尔市、二师铁门关市、三师图木舒克市和第十四师分布于南疆塔克拉玛干沙漠边缘的绿洲地带——塔里木盆地,经济总量、人口数分别占兵团 25.6%、28.4%;第四师、五师、九师、十师北屯市分别分布于伊犁河谷、博尔塔拉河谷、塔额盆地及中蒙、中哈、中俄边界低山谷地和阿尔泰山山麓冲积平原,经济总量、人口数分别占兵团 14.6%、18.8%;第六师五家渠市、七师、八师石河子市、十二师、建工师及兵团直属单位主要分布于北疆古尔班通古特沙漠南缘绿洲地带——准噶尔盆地,第十三师主要分布于东疆吐哈盆地、巴里坤盆地、伊吾淖毛湖盆地,经济总量、人口数分别占兵团 59.8%、52.8%。

第三节　自然概况

——地形状况。新疆地貌总轮廓是"三山夹两盆",北部有阿尔泰山,南部有昆仑山,天山横亘中部,阿尔泰山与天山中间为准噶尔盆地,其间有我国第二大沙漠——古尔班通古特沙漠;天山与昆仑山中间形成塔里木盆地,其间有我国第一大沙漠——塔克拉玛干沙漠。兵团绝大多数团场分布在山前绿洲和两大盆地边缘,少数分布在山区和山麓地带。

——气候特点。兵团气候属典型的大陆性干旱气候。按地理位置可以分为三种类型,北疆西北部的第四师、五师、九师和十师大部分团场属中温带大陆性半干旱气候,北疆准噶尔盆地的第六师、七师、八师、十二师和十师部分团场属中温带大陆性干旱气候,南疆的第一师、二师、三师、十四师和东疆的第十三师属暖温带大陆性干旱气候。总体上,气候干燥少雨,且降水分布不均,日照时间长,且日差较大。

——资源条件。兵团水资源主要来自高山融雪和山区降水,2011 年引水量 126.8 亿立方米,其中地表水约占 81.7%。现有耕地 1540 万亩,人均近 6 亩,可开垦连片荒地资源 800 多万亩。动植物资源丰富,特别是珍稀荒漠动植物物种丰富,具有多样化、特殊性、复杂性等特征。矿产资源有

30 多种,其中煤炭、膨润土、云母、蛋白土、花岗岩、石灰石、铜镍等矿种已开发利用。

——灾害类别。兵团辖区多处于新疆的风头水尾、沙漠边缘,风沙、干旱、霜冻、雪灾、洪水、冰雹、干热风等自然灾害及病虫害、鼠害等次生灾害频繁发生,季节性明显,灾害共生性和伴生性较显著,尤其是 4—6 月份的风雹灾害和 7—8 月份的少雨干旱影响较大。

第四节　综合评价

——战略地位极为重要,但整体实力有待提高。兵团作为党政军企合一的特殊组织,承担着中央赋予的屯垦戍边使命,为加快新疆经济发展,促进民族团结,保持社会稳定,巩固边防,维护祖国统一发挥着十分重要的作用,其作用是任何其他组织不可替代的。在新的历史时期,兵团要更好地发挥推动改革发展、促进社会进步的建设大军作用,更好地发挥增进民族团结、确保社会稳定的中流砥柱作用,更好地发挥巩固西北边防、维护祖国统一的铜墙铁壁作用,就必须进一步发展壮大。2011 年,兵团人口和经济仅占自治区 11.8%、14.7%,尤其是地处南疆的第三师、十四师发展相对滞后,人口和经济分别占兵团 9.7% 和 5.5%,占南疆三地州 4.9% 和 9%,与所承担的维稳戍边任务极不适应。

——人均可利用土地资源相对丰富,但适宜建设用地面积较少。兵团人均可利用土地面积达到丰富和较丰富级别的团场共有 97 个,占团场总数 55%,开发潜力大。但受水资源限制,人口和经济集中在有限的绿洲范围内,适宜开发的面积较少,已有建设用地面积仅占国土面积 3.6%,城镇化工业化可供选择的地域空间十分有限。

——水资源相对匮乏,且时空分布不均衡。兵团大部分团场处于河流下游、沙漠边缘、风头水尾、边境山区,水资源空间分布不均,与土地资源、经济布局不相匹配。地表径流呈现季节性差异,春旱、夏洪、秋缺、冬枯特征明显。可利用地下水资源量小,个别垦区地下水超采严重。用水结构以农业为主,城镇、工业和生态用水比重较低,水资源利用效率不高、效益较低。

——矿产资源以非金属矿为主,且可利用价值较低。兵团辖区内矿产资源种类少且储量较小,资源种类仅占新疆 21.7%。煤炭、石油、天然气等化石能源较少,煤炭资源保有储量仅占新疆 2‰,多为膨润土、云母、蛋白土、花岗岩、石灰石等非金属矿种,可供开发的大中型有色矿产资源少,已开采的矿产资源特别是煤矿普遍存在规模小、综合利用率和回采率不高等问题,难以满足兵团新型工业化建设的需要。新能源和可再生能源开发虽具有一定潜力,但大规模利用推广还面临着技术、环境和经济性等方面的制约。

——生态类型多样,但生态系统相对脆弱。兵团生态类型多样,森林、湿地、草原、荒漠等生态系统均有分布,但大部分团场沙漠化和土壤侵蚀严重,自然灾害频繁,且分布广泛,尤其是地处塔克拉玛干沙漠和古尔班通古特沙漠边缘的团场生态系统更为脆弱,兵团城镇化工业化只能在有限的绿洲及相近区域集中展开。

——环境质量总体良好,个别地区环境容量轻度超载。兵团辖区大气、地表水环境质量总体较好,仅石河子、乌鲁木齐市周边部分团场环境容量轻度超载。但随着开发建设力度加大和产业结构调整步伐加快,区域环境承载压力将逐步加大,环境综合治理的任务更加繁重。

第五节　面临趋势

——缓解水资源瓶颈制约,满足各项用水需求面临挑战。受地理位置和气候因素影响,水资源短缺将是兵团长期面临的突出问题。随着兵团"三化"快速推进,用水需求将进一步增加,生活、生产、生态用水都面临极大压力。必须坚持开源与节流并举方针,加大水利工程建设力度,加快构建节水型社会,调整用水结构,提高水资源利用效率。

——应对城镇化工业化快速发展新趋势,满足城镇建设空间需求面临挑战。兵团正处于城镇化工业化加快推进阶段,城镇基础设施、公共设施、住房建设、产业园区等建设用地需求大量增加,必将使部分农业空间转变为城镇空间,而推进农业现代化又需要保持一定的农业空间、保护好基本农田,妥善处理好城镇空间与农业空间关系面临新课题。

——应对生态环境压力增大,满足职工群众对美好家园向往面临挑战。统筹人与自然和谐发展是未来的发展趋势,经济快速发展,城镇规模迅速扩大,必然挤占职工群众部分生活空间和生态空间。与此同时,随着社会进步,职工群众对良好生态环境的需求也会更直接、更迫切,这就要求兵团既要进一步发展经济,改变以往开发模式,又要当好生态卫士、打造"美丽兵团"。

——统筹区域发展,满足人口、经济增长的空间协调布局面临挑战。缩小区域发展差距,推进基本公共服务均等化是兵团全面建成小康社会的必然要求。在这一过程中,既要适应兵团人口增加和职工生产生活条件改善的新需求,努力扩大职工群众生活空间,又要发挥比较优势,加快南疆困难团场、少数民族聚集团场、边境团场经济发展,这对优化区域开发空间格局提出了新的更高要求。

总之,今后相当长一段时期,兵团国土空间开发既要满足"三化"建设对国土空间的巨大需求,又要应对水土资源及生态环境瓶颈制约,保护并扩大绿色生态空间,这将成为优化国土空间开发的重大战略任务。必须前瞻性谋划好生产、生活、生态空间布局,促进人口、经济和资源环境协调发展。

第二篇　指导思想与规划目标

今后一个时期,是兵团在西北地区率先实现全面建成小康社会目标、推进跨越式发展和长治久安的关键时期。兵团国土空间开发必须适应新形势、新任务、新要求,遵循经济社会发展规律和自然规律,立足资源环境承载能力,加快推进形成主体功能区。

第二章　指导思想
——开发我们家园的新理念

推进形成主体功能区,要坚持以邓小平理论、"三个代表"重要思想、科学发展观为指导,全面贯彻党的十七大、十八大和中央新疆工作座谈会精神,树立科学开发理念,创新开发方式,规范开发秩序,提高开发效率,引导形成主体功能定位清晰,开发规范、有序、高效,人口、经济、资源、环境相互协调,与屯垦戍边使命相适应的国土空间开发格局,不断提高职工群众生活质量,增强可持续发展能力和维稳戍边能力,与新疆各族人民共同建设美好家园。

第一节　开发理念

——根据自然条件适宜性开发的理念。不同的国土空间,自然条件各异。水资源短缺、气候恶劣的沙漠周边垦区以及其他生态重要和生态脆弱的边境垦区,是维护新疆生态系统安全不可或缺的组成部分,不适宜大规模、高强度的城镇化工业化开发,有的甚至不适宜高强度的农业开发,否则,将对生态系统造成破坏,对提供生态产品能力造成损害。因此,必须尊重自然、顺应自然,根据国土空间的自然属性确定开发内容。

——区分主体功能的理念。一定的国土空间具有多种功能,但必有一种主体功能,或以提供工业品和服务产品为主体功能,或以提供农产品为主体功能,或以提供生态产品为主体功能。区分主体功能并不排斥其他功能,但要分清主次。在关系全局生态安全的区域,应该把提供生态产品作为主体功能,把提供农产品和服务产品及工业品作为从属功能,否则,就可能损害生态产品的生产能力。因此,必须区分国土空间的主体功能,确定开发的主体内容和发展的主要任务。

——根据资源环境承载能力开发的理念。国土空间的主体功能不同,集聚人口和经济的规模也不同。农产品主产区和重点生态功能区承载人口和经济的能力有限,在保障履行屯垦戍边使命的前提下,需要将一部分人口转移到城镇化区域。资源环境和交通条件优越的城镇化区域,要吸纳农产品主产区和重点生态功能区转移的人口,加快人口集聚和经济发展。因此,必须统筹考虑资源环境中的"短板"因素和履行维稳戍边使命的要求,确定可承载的人口和经济的规模以及适宜的产业结构。

——控制开发强度的理念。兵团的国土空间大都处于绿洲或沙漠边缘。绿洲及其他自然条件较好的国土空间尽管适宜城镇化工业化开发,但这类国土空间同样适宜农业开发,为保障农产品供给安全,不能过度占用耕地推进城镇化工业化。即使在城镇化区域,也要确定合理的开发强度,保持必要的耕地和绿色生态空间,满足当地人口对农产品和生态产品的需求。因此,必须根据主体功能定位,集约利用土地资源,保持适宜的开发强度。

开发强度是指一个区域建设空间占该区域总面积的比例。建设空间包括城镇建设、独立工矿、团场和连队居民点、交通、水利设施以及其他建设用地等空间。

空间结构是指不同类型空间的构成及其在国土空间中的分布,如城市空间、农业空间、生态空间的比例,以及城市空间中城市建设空间与工矿建设空间的比例等。

资源环境承载力是指在自然生态环境不受危害并维系良好生态系统的前提下,一定地域空间的资源禀赋和环境容量所能承载的经济规模和人口规模,主要包括水、土地等不宜跨区域调动的资源,以及无法改变的环境容量。

——调整空间结构的理念。空间结构是城市空间、农业空间和生态空间等不同类型空间在国土空间开发中的反映,是经济结构和社会结构的空间载体。空间结构的变化在一定程度上决定着经济发展方式及资源配置效率。目前,兵团已经初步形成城市建成区及师部城区、产业聚集园区、团场城镇、中心连队居住区的空间格局,但结构不尽合理,利用效率不高。因此,必须把国土空间开发的着力点放到调整和优化空间结构、提高利用效率上来。

——提供生态产品的理念。人类需求既包括对农产品、工业品和服务产品的需求,也包括对清新空气、清洁水源、舒适环境、宜人气候等生态产品的需求。从需求角度,这些自然要素在某种意义上也具有产品性质;从供给角度,提供工业品和服务产品是发展,提供生态产品、保护生态环境也是发展。随着经济社会的发展,职工群众对生态产品的需求不断增强,维护新疆生态系统安全更需要发挥兵团生态卫士作用。因此,必须把提供生态产品作为发展的重要内容,把增强生态产品生产能力作为国土空间开发的重要任务。

　　生态产品是指维系生态安全、保障生态调节功能、提供良好人居环境的自然要素,包括清新的空气、清洁的水源和宜人的气候等。生态产品同农产品、工业品和服务产品一样,都是人类生存发展所必需的。
　　生态功能区提供生态产品的主体功能主要体现在:吸收二氧化碳、制造氧气、涵养水源、保持水土、净化水质、防风固沙、调节气候、清洁空气、减少噪音、吸附粉尘、保护生物多样性、减轻自然灾害等。一些国家或地区对生态功能区的"生态补偿",实质是政府代表人民购买这类地区提供的生态产品。

　　——履行屯垦戍边使命的理念。兵团不同于一般行政区域,党政军企合一的特殊体制和"两周一线"特殊布局,决定了在主体功能区划分以及功能定位、发展方式上,既与国家和自治区相衔接,又有自身特点,目的是更好地发挥"三大作用"。因此,必须把增强可持续发展能力和维稳戍边能力作为兵团国土空间开发的中心任务,与新疆各族人民共同建设美好家园。

第二节　主体功能区划分

　　我国国土空间分为以下主体功能区:按开发方式,分为优化开发区域、重点开发区域、限制开发区域和禁止开发区域四类;按开发内容,分为城市化地区、农产品主产区和重点生态功能区三类;按层级,分为国家和省级两个层面。

　　优化开发、重点开发、限制开发和禁止开发四类主体功能区,是基于不同区域的资源环境承载能力、现有开发强度和未来发展潜力,以是否适宜和如何进行大规模、高强度的城镇化工业化开发为标准进行划分的。

　　城市化地区、农产品主产区和重点生态功能区,是以提供主体产品类型为标准划分的。以提供工业品和服务产品为主体功能的区域为城市化地区,以提供农牧产品为主体功能的区域为农产品主产区,以提供生态产品为主体功能的区域为重点生态功能区。

　　优化开发区域是指经济比较发达,人口比较密集,开发强度较高,资源环境问题更加突出的城市化地区。

　　重点开发区域是指有一定经济基础,资源环境承载能力较强,发展潜力较大,进一步集聚人口和经济条件较好的城市化地区。优化开发和重点开发区域都属于城市化地区,开发内容相同,开发方式不同。

　　限制开发区域是指关系国家农产品供给安全和生态安全,不应该或不适宜进行大规模、高强度城镇化工业化开发的农产品主产区和重点生态功能区。限制开发区域分为两类:一类是农产品主产区,即耕地较多、农业发展条件较好,尽管也适宜城镇化工业化开发,但从保障国家农产品安全以及国家永续发展需要出发,必须把增强农业综合生产能力作为发展的首要任务,限制大规模、高强度城镇化工业化开发的地区;一类是重点生态功能区,即生态系统脆弱或生态功能重要,资源环境承载能力较低,不具备大规模、高强度城镇化工业化开发条件,必须把增强生态产品生产能力作为首要任务,限制大规模、高强度城镇化工业化开发的地区。

　　禁止开发区域是依法设立的各级各类自然文化资源保护区域,以及其他禁止进行城镇化工业化开发、需要特殊保护的重点生态功能区。国家层面的禁止开发区域,包括国家级自然保护区、世界文化自然遗产、国家级风景名胜区、国家森林公园和国家地质公园。省级层面的禁止开发区域，包括省级及以下各级各类自然文化资源保护区域、重要水源地以及其他省级人民政府根据需要确定的禁止开发区域。

各类主体功能区，在经济社会发展中具有同等重要的地位，只是主体功能不同，开发方式不同，保护内容不同，发展首要任务不同，国家支持重点不同。对城市化地区主要支持其集聚人口和经济，对农产品主产区主要支持其增强农业综合生产能力，对重点生态功能区主要支持其保护和修复生态环境。

依据兵团发展现状和综合评价，根据以上开发理念和划分标准，在与自治区功能分区基本一致的基础上，兵团国土空间分为以下主体功能区：按开发方式，分为重点开发区域、限制开发区域和禁止开发区域三类；按开发内容，分为城镇化地区、农产品主产区和重点生态功能区；按层级，分为国家和兵团两个层面。

主体功能区分类及其功能

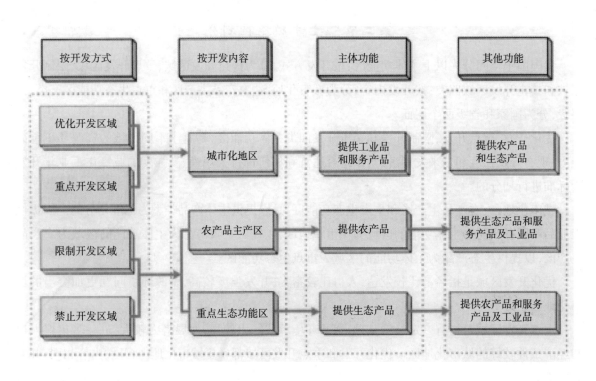

第三节　重大关系

推进形成主体功能区要处理好以下重大关系：

——主体功能与其他功能的关系。主体功能不等于唯一功能。明确一定区域的主体功能及其开发的主体内容和主要任务，并不排斥该区域发挥其他功能。重点开发区域作为城镇化地区，主体功能是提供工业品和服务产品，集聚人口和经济，但也必须保护好区域内的基本农田和农业空间，保护好森林、草原、水面、湿地等生态空间，也要提供一定数量的农产品和生态产品；限制开发区域作为农产品主产区和重点生态功能区，主体功能是提供农产品和生态产品，但在生态和资源环境可承受的范围内，发展特色产业，适度开发能源和矿产资源，进行必要的城镇建设；禁止开发区域要依法实行强制性保护。

——主体功能区与农业发展的关系。把农产品主产区作为限制进行大规模、高强度城镇化工业化开发的区域，是为了切实保护这类农业发展条件较好区域的耕地，使之能集中各种资源发展现代农业，不断提高农业综合生产能力，也可使国家、新疆、兵团支持农业发展的政策更有效地落实到这类区域，确保职工收入不断增长、团场面貌不断改善。此外，通过集中布局、点状开发，在团场城镇适度发展非农产业，避免过度分散发展工业带来的对耕地过度占用等问题。

——主体功能区与能源和矿产资源开发的关系。一些能源和矿产资源富集的区域往往同时是生态系统比较脆弱或生态功能比较重要，并不适宜大规模、高强度城镇化工业化开发。将一些能源和矿产资源富集的区域确定为限制开发区域，并不是要限制能源和矿产资源的开发，而是要依法开发，资源开采地点仍然可以定义为能源或矿产资源的重点开发基地，但是应该按照该区域主体功能定位实行"点上开发、面上保护"。

——主体功能区与垦区发展总体战略的关系。推进形成主体功能区，是为了落实好垦区发展总体战略，实化细化国家相关区域政策，更好地支持垦区协调发展。把一些资源环境承载能力较强、集聚人口和经济条件较好的区域确定为重点开发区域，是为了引导生产要素向这类区域集中，促进城镇化工业化，加快经济发展。把农业生产条件较好和不具备大规模、高强度城镇化工业化开发条件的区域确定为农产品主产区和重点生态功能区，是为了更好地保护这类区域的农产品和生态产品生产能力，使国家支持农产品主产区、支持生态环境保护和改善民生的政策能更集中地落实到这类区域，尽快改善当地基本公共服务和职工群众生活条件。

第三章 开发原则

——科学开发我们家园的准则

推进形成主体功能区，要坚持以人为本，把提高职工群众生活质量、增强可持续发展能力和维稳戍边能力作为基本原则。城镇化地区要把增强综合经济实力作为首要任务，同时要保护好耕地和生态；农产品主产区要把增强农业综合生产能力作为首要任务，同时要保护好生态，在不影响主体功能的前提下适度发展非农产业；重点生态功能区要把增强生态产品供给能力作为首要任务，同时可适度发展不影响主体功能的适宜产业，与自治区共同优化新疆国土空间结构。

第一节 优化结构

——按照生产发展、生活富裕、生态良好的要求调整空间结构。保证生活空间，扩大绿色生态空间，保持农业生产空间。

——合理扩大城镇居住、公共设施和绿地等建设空间，有序进行工矿建设。集约利用土地资源，提高产业聚集园区单位面积产出率。

——坚持严格的耕地保护制度，确保耕地和基本农田总面积不减少、用途不改变、质量有提高。对耕地按国家限制开发要求进行管理，对基本农田原则上按国家禁止开发要求进行管理。

——实行基本草原保护制度，严格保护林地。禁止开垦草原，实行禁牧休牧划区轮牧，稳定草原面积，在有条件的垦区加大饲草料基地建设，发展农区畜牧业。切实保护现有森林，实施用途管制,限制林地转为建设用地及其他农用地,保护公益林。

——扩大重点开发区域的建设空间,控制限制开发区域大规模城镇化工业化建设,连队闲置的居民建设用地及时复垦整理成农业空间或绿色生态空间。

第二节 保护自然

——把保护湿地(包括水面)、耕地、草地、林地、荒漠植被、绿洲等各类生态系统放到与保护耕地同等重要位置。

——城镇和产业聚集园区建设开发,必须建立在国土空间资源环境承载能力综合评价的基础上,按照以水定发展的要求,严格控制在水资源承载能力和环境容量允许的范围内,并把保持一定比例的绿色生态空间作为规划的主要内容。

——水资源短缺、气候恶劣的沙漠周边垦区以及其他生态重要和生态脆弱的边境垦区,要严格控制城镇化工业化开发,适度控制其他开发活动,缓解开发活动对自然生态的压力。

——严禁各类破坏生态环境的开发活动,能源和矿产资源开发要尽可能不损害生态环境,并最大限度地修复原有生态环境。

——实行严格的水资源管理制度,明确水资源开发利用管理及用水效率控制指标。严格控制地下水超采,加强对超采治理和对地下水源的涵养与保护。加强水土流失综合治理及预防监督。

——农业开发要严格遵守"四项禁令",充分考虑对自然生态系统的影响,积极发挥农业生态、景观和间隔功能,严禁有损自然生态系统的开荒以及侵占林地、草地、湿地(包括水面)等农业开发活动。

——继续在适宜的垦区实行退耕还林、退牧还草和防沙治沙。在农业用水严重超出区域水资源承载能力的垦区实行退耕还水。

城市空间:包括城市建设空间、工矿建设空间。城市建设空间包括城市和建制镇居民点空间。工矿建设空间是指城镇居民点以外的独立工矿空间。

农业空间:包括农业生产空间、农村生活空间。农业生产空间包括耕地、改良草地、人工草地、园地、其他农用地(包括农业设施和农村道路)空间,农村生活空间即农村居民点空间。

生态空间:包括绿色生态空间、其他生态空间。绿色生态空间包括天然草地、林地、湿地、水库水面、河流水面、湖泊水面。其他生态空间包括荒草地、沙地、盐碱地、高原荒漠等。

其他空间:指除以上三类空间以外的其他国土空间,包括交通、水利设施等空间。

退耕还水:就是在严重缺水地区,通过发展节水农业以及适度减少必要的耕作面积等,减少农业用水,恢复水系平衡。

四项禁令:《关于严格控制开发水土资源加大生态保护力度的通知》(新兵发〔2009〕39号)规定,严格禁止除国家和兵团批准之外的水土资源开发行为,严格禁止在地下水超采区开采地下水,严格禁止各类社会人员开发团场水土资源,严肃查处违法违规行为。

第三节 集约开发

——合理控制开发强度,把握开发时序,使大部分国土空间成为保障生态安全和农产品供给安全的空间。

——积极推进城镇化,加快推进城市建设和发展,在资源环境承载能力较强、战略地位重要、经济基础好、发展潜力大的垦区中心城镇规划建设城市,全面推进一般团场城镇建设,有条件的团场规划建设建制镇,因地制宜发展一批特色团场城镇。

——各类开发活动都要充分利用现有建设空间,尽可能利用空闲地和戈壁荒滩,减少耕地占用。工业项目要集中布局在产业聚集园区,国家、自治区和兵团级产业聚集园区要提高空间利用效率。

——团场要优化用地结构,整合连队居住区,公共基础设施建设要适度集中、集约布局。

第四节　协调开发

——按照人口与经济相协调的要求进行开发。重点开发区域在集聚经济的同时,要集聚相应规模的人口,除边境和部分南疆团场等特殊区域需要保持一定规模的人口外,其他农产品主产区、重点生态功能区和禁止开发区域内团场人口要有序向重点开发区转移。

——按照人口与水土资源相协调的要求进行开发。重点开发区在扩大城镇建设空间的同时,集聚相应规模的人口和经济,提高水资源的保障能力和建成区人口密度。农产品主产区和重点生态功能区在减少人口规模的同时,要相应压缩中心连队居住区的占地规模。

——按照区域协调发展的要求进行开发。在促进天山北坡地区人口和经济进一步集聚的同时,在南疆和边境资源环境承载能力较强的区域,培育形成新的产业带和城镇。

——按照统筹城乡一体化发展的要求进行开发。在城镇建设为农业人口进入预留生活空间的同时,逐步将城镇基础设施和基本公共服务延伸到中心连队居住区。

——按照统筹地上地下的要求进行开发。各类开发活动都要充分考虑水文地质、工程地质和环境地质等地下要素,充分考虑地下矿点的赋存规律和特点。在条件允许的情况下,城镇建设和交通基础设施应积极利用地下和地上空间。

——按照基础设施和公共服务设施相配套的要求进行开发。基础设施和公共服务设施建设规模、布局、密度等,要与各主体功能区的人口、经济规模和产业结构相协调,并与当地市县互为补充,能依托的要依托,不能依托的要集中建设。

——按照兵地共同发展的要求进行开发。更加积极主动地融入新疆经济社会发展大局,着力推进优势资源共享、基础设施衔接、产业布局配套,形成合理的区域分工格局。

第四章　战略目标

——我们未来的美好家园

第一节　主要目标

——空间开发格局清晰。兵团城镇化空间格局基本形成,主要城镇化区域集聚兵团大部分的人口和经济;农业战略格局基本形成,农产品供给安全得到切实保障;与自治区共建的生态安全战略格局基本形成,生态卫士作用得到有效发挥。

——空间结构不断优化。开发强度控制在 4.5% 以内;城镇建设用地、工矿及连队居民点建设用地更加集约和节约,城镇及工矿用地 991 平方公里,连队居民点用地控制在 605.9 平方公里以内;耕地保有量 10252 平方公里,其中基本农田不低于 9058.9 平方公里;绿色生态空间扩大,林地保有量增加到 19000 平方公里,森林覆盖率提高到 18.5%。荒漠植被、湿地(河流、湖泊)、草原得到有效保护。

——空间利用效率显著提高。兵团城镇单位面积创造的生产总值大幅度提高,城镇建成区人口密度明显提高。基本农田建设得到加强,主要农作物单位土地经济产出效益不断提高,特色林果业得到快速发展。重点生态功能区得到有效保护,绿色生态空间蓄积的林木、涵养的水量明显增加。

——可持续发展能力提升。资源利用率和保障能力有一定提高。水资源利用结构和利用效率明显提高,能源和矿产资源开发利用更加科学合理有序,生态系统稳定性明显增强,垦区荒漠化和沙土流失趋势得到遏制,自然灾害防御水平不断提升,应对气候变化能力明显增强。

——综合实力和维稳戍边能力不断增强。经济社会实现科学跨越发展,不同主体功能区的居民收入水平、生活条件、基本公共服务差距明显缩小,履行屯垦戍边使命的能力不断增强。

表1　兵团国土空间开发的规划指标

指　　　标	2011 年	2020 年
开发强度(%)	3.6	4.5
城镇工矿用地(平方公里)	575.9	991
连队居民点用地(平方公里)	846.5	605.9
耕地保有量(平方公里)	10252	10252
基本农田(平方公里)	9058.9	9058.9
林地保有量(平方公里)	14661	19000
森林覆盖率(%)	17.1	18.5

第二节　主要战略任务

——构建"八片区"和南疆师部城区为主体的城镇化战略格局。积极参与天山北坡城市群建设,构建以北疆铁路、连霍高速、312 国道组成的综合交通走廊为轴线,以乌鲁木齐—五家渠片区、石河子片区、奎屯片区、博乐—塔斯尔海片区、伊宁—可克达拉片区和哈密—黄田片区为主,与地方互为补充的天山北坡城镇组群;以南疆铁路和 314 国道干线为主轴,在天山南坡产业带重点发展阿拉尔、铁门关市,形成以库尔勒—铁门关片区、阿克苏—阿拉尔片区和南疆师部城区为主,与地方互为补充的天山南坡城镇组群。

——构建"天山北坡和南坡两大农产品主产区"为主体的农业战略格局。依托各垦区比较优势,构建以天山北坡、天山南坡为主体、以基本农田为基础的农业战略格局。天山北坡农产品主产区重点建设优质粮油、棉花、畜产品和设施农业产业基地,天山南坡农产品主产区重点建设特色林果、棉花和设施农业产业基地。

——参与构建"三屏两环"的生态安全格局。按照连片保护、共担责任的原则,以塔里木盆地周边、准噶尔盆地南缘防沙治沙工程和三北防护林、边境林工程建设为重点,加强生态工程建设,与自治区共同构建以"三屏"(阿尔泰山地森林、天山草原森林和帕米尔—昆仑山—阿尔金山荒漠草原)"两环"(环塔里木和准噶尔两大盆地边缘绿洲区)为支撑的生态安全战略格局。

第三节　未来展望

——空间开发格局更趋清晰。城镇化地区、农产品主产区、重点生态功能区的主体功能更加突出,城镇化工业化在适宜开发的国土空间集中开展;农产品主产区和重点生态功能区得到有效保护,农产品供给安全和生态安全得到充分保障;人口、经济、资源、环境更加协调。

——资源利用更趋集约高效。产业结构明显优化,过度依赖自然资源、高投入、高消耗、高污染的粗放型经济增长方式进一步转变。国土空间利用更加集约,产业实现集聚布局,人口实现集中居住,生产要素实现科学合理配置,逐步形成经济高增长、人与自然和谐共处。

——生态系统更趋稳定。生态环境明显改善,保护水平大幅提高,涵养水源、防风固沙、水土保持、维护生物多样性、保护自然文化资源等生态功能大幅提升,生态系统的稳定性增强,绿色生态空间保持较高比率,农产品主产区开发强度得到控制,生态效能大幅提高。

——空间管理更趋科学。主体功能区的定位明确,各级各类规划间一致性、整体性以及规划实施的权威性、有效性大大增强;为兵团对国土空间及其相关经济社会事务的管理提供统一的管理平台,管理的科学性、规范性和制度化水平大大增强;为实行各有侧重的绩效评价提供基础性的评价平台,绩效评价的客观性、公正性大大增强。

第三篇　兵团主体功能区

兵团国土空间分为重点开发区域、限制开发区域(包括农产品主产区和重点生态功能区)和禁止开发区域,并分为国家和兵团两个层面,其中:国家层面主体功能区根据《全国主体功能区规划》划定,兵团层面主体功能区根据《新疆维吾尔自治区主体功能区规划》划定。

第五章　重点开发区域
——重点进行城镇化工业化开发的城镇化区域

兵团重点开发区域包括:国家层面重点开发区域——天山北坡垦区,涉及2个市、6个师部城区、9个团场、6个团场场部、兵团直属单位和霍尔果斯经济开发区兵团分区,国土面积3406.3平方公里,占兵团4.6%;人口76.2万人,占兵团29.2%。兵团层面重点开发区域——天山南坡垦区,涉及2个市城区、4个师部城区和喀什经济开发区兵团分区,国土面积205.1平方公里,占兵团0.3%;人口17.8万人,占兵团6.8%。

第一节　功能定位和发展方向

重点开发区域的功能定位是:城镇化建设的重点区域,经济发展的增长极,人口和经济的集聚区。

重点开发区域应在优化结构、提高效益、降低消耗、保护环境的基础上推动经济可持续发展;大力推进新型工业化进程,着力建设优质农产品深加工和优势矿产资源转换两大基地,积极承接中东部产业转移,引导资金、技术和人才等要素向城镇集聚,形成结构优化、技术先进、清洁安全、附加值高、吸纳就业能力强的现代产业体系;加快推进城镇化,改善人居环境,壮大综合实力,提高综合承载能力;发挥区位优势,扩大全方位对外开放,与自治区共同构筑向西开放的大通道,打造向西开放的重要门户。

发展方向是:

——统筹规划有限的绿洲空间。优化城镇用地结构,在兵团城市、师部城区、重点团场城镇统筹规划产业聚集园区,适度扩大工业、服务业、交通和城镇居住等空间,提高土地集约利用水平。引导团场职工到城镇或中心连队居住区集中居住,扩大绿色生态空间。

——构建具有兵团特色的城镇体系。做优做强现有城市,大力培育垦区中心城镇,全面推进一般团场城镇建设,发展兵地共建城区,整合建设中心连队居住区,构建与地方功能互补、分工协调、集约高效的城镇空间格局。

——完善基础设施。统筹规划基础设施建设,加强与地方水利、交通、能源、通信、城镇等基础设施的对接、共享,构建完善、高效的基础设施网络。

——加快建立现代产业体系。调整和优化产业结构,大力推进新型工业化,增强产业配套能力,促进产业集群发展。鼓励发展战略性新兴产业。积极发展金融、物流等生产性服务业,大力发展旅游、社区服务等生活性服务业。加快建设生产、加工、销售、服务、生态"五位一体"的现代农业产业体系。

——提高发展质量。各类产业聚集园区的规划建设应遵循循环经济的理念,大幅度降低资源消耗,减少主要污染物排放,提高环保意识,倡导绿色消费,提高发展质量和效益。

——保护生态环境。做好生态环境、水土保持、基本农田保护规划,减少城镇化工业化对生态环境的影响,大力提高清洁生产水平,从源头上减少废弃物产生和排放,努力提高环境质量。

——把握开发时序。区分近期、中期和远期,实施有序开发,近期重点建设好国家、自治区和兵团批准的各类产业聚集园区,对目前尚不需要开发的区域,要作为预留发展空间予以保护。

第二节　国家层面的重点开发区域

天山北坡地区是《全国主体功能区规划》确定的国家层面的重点开发区域,位于全国"两横三纵"城市化战略格局中陆桥通道的西端,涉及兵团乌鲁木齐—五家渠片区、石河子片区、奎屯片区、博乐—塔斯尔海片区、伊宁—可克达拉片区和哈密—黄田片区,是兵团经济社会发展的核心区域。

功能定位:兵团对外开放的重要窗口和进出口商品加工集散地,兵团和天山北坡地区优势产业集聚区、能源利用和优势矿产资源转换加工基地、优质农产品深加工基地,带动兵团跨越式发展的主导力量和促进天山北坡地区率先发展的中坚力量。

一、乌鲁木齐—五家渠片区

该区域包括:第六师五家渠市(含 101 团、102 团、103 团)、芳草湖及新湖农场场部、建工师师部城区和第十二师师部城区、三坪农场、头屯河农场、五一农场、西山农场、104 团部分区域以及兵团直属单位。

功能定位:兵团承接产业转移和发展煤化工、纺织工业、战略性新兴产业、现代服务业的重要区域,乌昌区域休闲服务基地和农副产品供应基地,促进兵团跨越式发展的新引擎。

——构建以五家渠市、乌鲁木齐垦区为中心,以芳新垦区中心城镇为重要节点,融入乌昌经济一体化,与乌鲁木齐及周边城市合理分工、良性互动的空间开发格局。提升五家渠市和乌鲁木齐垦区在乌昌地区和天山北坡地区的影响力,加快五家渠国家级经济技术开发区建设,积极推进第十二师新城区建设,做大兵团乌鲁木齐工业园区。加快发展食品医药加工、煤化工、有色金属加工、高新技术、房地产、物流等产业,积极发展外向型经济、现代服务业,大力发展城郊农业和农副产品生产加工业。

——加强青格达湖湿地保护和猛进水库水质环境综合治理。做好沿古尔班通古特沙漠南缘天然草原植被恢复和人工防护林建设,保护绿洲农业生态系统,构建乌昌地区北部的生态屏障。

二、石河子片区

该区域包括:第八师石河子市(含石河子乡、152团)。

功能定位:经济繁荣、生态宜居、文明富裕的新疆重要城市,国家重要的氯碱化工生产基地和食品加工出口基地,西部重要的纺织产业基地,兵团战略性新兴产业和现代服务业发展先行区,推进新疆跨越式发展和长治久安的领头雁。

——构建以石河子市为中心,与乌鲁木齐—昌吉区域和奎屯—独山子—乌苏区域协调发展的空间开发格局。推进石河子—玛纳斯—沙湾区域经济合作,加强石河子市基础设施建设,改善人居环境,提高城市综合承载能力和对产业、人口的集聚能力。做大做强石河子国家级经济技术开发区,加快发展农产品深加工、现代煤化工、战略性新兴产业和现代服务业。

——加强生态建设和环境污染治理,加大玛纳斯河流域保护力度,严格控制地下水开采,加大垦区绿化和生态保护力度,构建稳定的绿洲生态系统。

三、奎屯片区

该区域包括:第七师师部城区、130团团部。

功能定位:区域商贸物流中心,兵团重要的煤电煤化工基地。

——构建以奎屯垦区中心城镇130团团部为中心,与天北新区互为补充,与克拉玛依—奎屯—乌苏区域相互协调的空间开发格局。加快建设五五工业园区,培育形成新的产业聚集区和区域性商贸物流中心。加快发展农产品精深加工、现代煤化工,积极参与石油天然气化工配套产业发展,加强农副产品供应基地建设。

——加强奎屯河、古尔图河流域生态系统的保护。严格控制地下水开采,保护和恢复荒漠植被。

四、博乐—塔斯尔海片区

该区域包括:第五师师部城区、89团团部。

功能定位:兵团外向型经济示范区及重要的特色农产品深加工基地。

——构建以塔斯尔海垦区中心城镇89团团部为中心,与第五师博乐新区互为补充,与博乐—阿拉山口区域相互协调的空间开发格局。依托阿拉山口市和周边地区资源优势,大力发展口岸经济,加快发展五师产业园区,积极发展纺织服装、特色农产品深加工及矿产资源加工、物流业等。

——加强生态保护与建设,在稳定草原面积的前提下,建设艾比湖周边垦区绿色生态林和阿拉山口垦区风口地带防风基干林、边境林、人工生态草场。

五、伊宁—可克达拉片区

该区域包括:第四师师部城区、68团团部、霍尔果斯经济开发区兵团分区。

功能定位:新疆及兵团重要的煤化工和特色农产品深加工基地。

——构建以可克达拉垦区中心城镇68团团部为中心,与霍尔果斯经济开发区兵团分区优势互补,与伊宁—霍尔果斯区域协调发展的空间开发格局。加快发展能源、煤化工和特色农产品加工业,培育以进出口贸易、旅游、物流仓储为主的现代服务业。

——推进退耕还林、退耕还牧、三北防护林体系、天然林保护等工程建设,稳定草原面积,恢复草原植被,形成西部边境绿色屏障。

六、哈密—黄田片区

该区域包括:第十三师师部城区、黄田农场场部。

功能定位:兵团重要的特色矿产资源加工、特色园艺生产和新能源基地。

——构建以哈密垦区中心城镇黄田农场场部为中心,以第十三师师部城区为节点,形成与哈密市同步发展的空间开发格局。加快建设二道湖工业园区,积极参与新疆"西煤东运、西电东送"工程建设,大力发展新能源、特色矿产资源开发及特色园艺和仓储物流业。

——有效利用水资源,严格控制地下水开采。完善防护体系,加强绿洲外围荒漠植被的保护,维护绿洲生态系统的稳定。

第三节 兵团层面的重点开发区域

兵团层面重点开发区域与自治区层面重点开发区域范围基本一致,主要是天山南坡垦区中的部分城市城区和点状分布的师部城区,是兵团在南疆地区推进城镇化工业化的主力军。

一、阿克苏—阿拉尔片区

该区域包括:阿拉尔市城区,第一师师部城区。

功能定位:兵团重要的纺织工业、建材工业和优势矿产资源加工基地。

——构建以阿拉尔市为中心,以第一师师部城区为节点,与阿克苏—阿拉尔—库车区域协调发展的空间开发格局。优化投资和人居环境,加快发展阿拉尔国家级经济技术开发区,引导产业、人口和公共资源向城区集聚。培育农业产业化龙头企业,建设南疆重要棉纺织基地,创造条件发展能源、建材、油气加工及黑色金属加工业。

——推进节水灌溉,加强生态防护林建设,禁止开垦草原,强化污染治理,保护塔里木河上游流域生态及其他生态敏感区。

二、库尔勒—铁门关片区

该区域包括:铁门关市城区、第二师师部城区。

功能定位:兵团重要的煤电、石油化工综合加工、特色农产品深加工基地。

——构建以铁门关市为中心,以第二师师部城区为节点,形成与库尔勒—轮台区域协调发展的空间开发格局。加强库西工业园区建设,提升产业配套能力。依托南疆丰富的油气资源和大型石化项目,发展石油、天然气综合加工及配套产业。积极发展农产品深加工业和物流业。

——大力实施节水灌溉,完善农田和生态防护林体系,健全排水系统,减轻土壤盐渍化,保护好基本农田和荒漠植被。

三、其他重点开发的师部城区

与自治区层面重点开发区域相一致,主要包括:第三师师部、喀什经济开发区兵团分区和第十四师师部。

——加快喀什经济开发区兵团分区建设,加强第三师师部城区基础设施建设,发展特色林果加工和民族特色产品加工,形成与喀什市同步协调发展空间开发格局。

——积极参与和田市经济社会发展,加强第十四师师部城区基础设施建设,大力发展特色果品加工,形成与和田市同步协调发展空间开发格局。

表2　兵团重点开发区域名录

级别	区域		范围	面积(平方公里)	人口(万人)
国家级	天山北坡垦区	乌鲁木齐—五家渠片区	第六师五家渠市(含101、102、103团)、芳草湖及新湖农场场部、建工师师部和第十二师师部、三坪农场、头屯河农场、五一农场、西山农场、104团部分区域及兵团直属单位	2488.1	29.2
		石河子片区	第八师石河子市(含石河子乡、152团)	460.0	34.6
		奎屯片区	第七师师部、130团团部	161.3	4.7
		博乐—塔斯尔海片区	第五师师部、89团团部	111.8	2.4
		伊宁—可克达拉片区	第四师师部、68团团部、霍尔果斯经济开发区兵团分区	97.6	3.9
		哈密—黄田片区	第十三师师部、黄田农场场部	87.5	1.4
兵团级	天山南坡垦区	阿克苏—阿拉尔片区	阿拉尔市城区、第一师师部	92.3	10.7
		库尔勒—铁门关片区	铁门关市城区、第二师师部	106.8	5.0
		师部城区	第三师和十四师师部、喀什经济开发区兵团分区	6.0	2.1
国家级重点开发区合计			2个市、6个师部城区、9个团场、6个团场场部、兵团直属单位、霍尔果斯经济开发区兵团分区	3406.3	76.2
兵团级重点开发区合计			2个市城区、4个师部城区、喀什经济开发区兵团分区	205.1	17.8
总计			2个市、2个市城区、10个师部城区、9个团场、6个团场场部、兵团直属单位,喀什、霍尔果斯经济开发区兵团分区	3611.4	94

第六章　限制开发区域(农产品主产区)
——限制进行大规模、高强度城镇化工业化开发的农产品主产区

兵团农产品主产区与自治区农产品主产区范围基本一致,同时兼顾了团场以农为主的特点。依据国家和自治区主体功能区规划,兵团农产品主产区全部为国家层面,主要分为:天山北坡农产品主产区和天山南坡农产品主产区,共涉及126个团场和3个单位,国土面积4.9万平方公里,占

兵团65.7%;人口131.9万人,占兵团50.5%。

第一节　功能定位和发展方向

功能定位:保障农产品供给安全的区域,全国现代农业示范基地、节水灌溉示范推广基地和农业机械化推广基地,职工群众安居乐业的家园,屯垦戍边新型团场建设的示范区。

发展方向:

——加强农业基础设施建设,强化土地整治,搞好规划、统筹安排、连片推进,建设高标准农田。加快农业科技创新和新技术推广应用,提升农业技术装备水平。加强农业防灾减灾能力建设,改善农业生产条件。

——加快水利基础设施建设,加强重点水源建设和优化水资源配置,实施大中型灌区续建配套与节水改造、大中型病险水闸除险加固、小型农田水利基础设施及其配套工程建设。加快实施高新节水灌溉、灌排渠系改造等工程,扩大节水灌溉服务区域。

——优化农业生产布局和品种结构,做好农业区域布局规划,科学确定不同区域农业发展重点,形成区域特色鲜明的农业产业带和生产区。

——参与新疆粮食安全后备基地建设,坚持棉花发展战略不动摇,大力发展畜牧业和果蔬园艺业,因地制宜发展设施农业和特色农业,加强草原保护,稳定草原面积,大力发展农区畜牧业,配套建设饲草料基地。

——积极推进农业产业化经营,发展农产品精深加工业,支持农产品加工、流通、储运、冷链设施建设,引导农产品加工、流通、储运企业向农产品主产区聚集,形成集加工、生产、销售、服务为一体的产业链。

——优化开发方式,加强农业污染源防治,发展循环农业,鼓励和支持农畜产品加工副产物的综合利用,促进农业资源永续利用。

——推进团场城镇建设和非农产业发展,团场城镇公共服务和基础设施建设要与人口规模相适应,适度集中,集约布局。

第二节　发展重点

根据资源禀赋、区位特点和比较优势,以粮食、棉花、油料、畜产品、特色果蔬为主导产品,进一步优化品种结构和区域布局。按照标准化生产、区域化布局、集约化经营、产业化带动的方式组织农业生产和经营,积极发展农产品精深加工业,提升农业综合生产能力和市场竞争力,形成天山北坡和天山南坡两大农产品主产区。

——天山北坡农产品主产区。在伊宁、昭苏、霍尔果斯、奇台、塔额等垦区建设优质粮油生产基地,粮食生产能力稳定在200万吨左右。在芳新、车排子、莫索湾、下野地、博乐等垦区建设国家优质棉生产基地,在奎屯、石河子、乌鲁木齐、五家渠、伊宁等垦区建设奶牛和生猪产业基地,在昭苏、奇台、塔额等垦区建设肉牛羊产业基地,在伊宁、博乐、五家渠、奎屯、石河子、塔额、哈密等垦区建设特色果品及设施农业基地。

——天山南坡农产品主产区。在阿拉尔、沙井子、前海、库尔勒、塔里木等垦区建设优质棉生产基地,在焉耆、库尔勒等垦区建设奶牛和生猪产业基地,在焉耆、塔里木等垦区建设马鹿、禽类等特色畜产品产业基地,在阿拉尔、玉尔衮、苏塘、库尔勒等垦区建设红枣、苹果、香梨和干杂果等特色果品产业基地。

表3 兵团农产品主产区名录

级别	区域		范围	面积（平方公里）	人口（万人）
国家级	天山北坡农产品主产区	第四师	61、62、63、64、65、66、67、68、69、70、71、72、73、74、75、76、77团，拜什墩农场、良繁场	5294.5	17.7
		第五师	81、82、83、84、85、86、87、89、90、91团	3241.2	8.6
		第六师	105、106、107、108、109、110、111团，芳草湖农场、新湖农场、奇台农场、北塔山牧场、共青团农场、军户农场、六运湖农场、土墩子农场、红旗农场	7133.5	18.7
		第七师	123、124、125、126、127、128、129、130、131、137团，水利一处	5745.5	17.1
		第八师	121、122、132、133、134、135、136、141、142、143、144、147、148、149、150、151团，石河子总场	7049.4	24.8
		第九师	162、163、164、165、166、167、168、169团，团结农场	2273.8	4.9
		第十师	184团	686.9	0.6
		第十二师	221团	783.0	0.6
		第十三师	红星一场、红星二场、红星三场、红星四场、红星二牧场、黄田农场、火箭农场、柳树泉农场、红山农场	3951.8	6.1
		兵直单位	222团	187.3	1.1
	天山南坡农产品主产区	第一师	1、2、4、5、6、7、8、9、10、11、12、13、14、15、16团，塔水处、沙水处	4091.9	17.4
		第二师	21、22、23、24、25、26、27、28、29、30、31、32、33、34、35、223团	7950.8	13.3
		第三师	41团、红旗农场	181.3	1.0
	天山北坡农产品主产区合计		93个团场、1个单位	36346.9	100.2
	天山南坡农产品主产区合计		33个团场、2个单位	12224.0	31.7
	总计		126个团场、3个单位	48570.9	131.9

第七章 限制开发区域（重点生态功能区）

——限制进行大规模、高强度城镇化工业化开发的重点生态功能区

兵团重点生态功能区分为国家层面和兵团层面，其中：国家层面的重点生态功能区是按照3个国家级重点生态功能区——阿尔金草原荒漠化防治生态功能区、阿尔泰山地森林草原生态功能区、塔里木河荒漠化防治生态功能区所覆盖的团场来划定的，包括2个市、33个团场、1个单位，国土面积为1.4万平方公里，占兵团18.8%；人口30.9万人，占兵团11.8%。兵团层面的重点生态功能区是按照5个自治区层面重点生态功能区——天山西部森林草原生态功能区、夏尔西里山地森林生态功能区、准噶尔西部荒漠草原生态功能区、天山南坡中段山地草原生态功能区、准噶尔东部荒漠

草原生态功能区所覆盖的团场来划定的,包括8个团场和1个师部,国土面积0.7万平方公里,占兵团9.4%;人口4.6万人,占兵团1.8%。

第一节 功能定位和发展方向

功能定位:保障国家及新疆生态安全的重点区域之一,人与自然和谐相处的生态文明区。

发展方向:以保障生态安全、修复生态环境和提供生态产品为首要任务,不断增强涵养水源、防风固沙的能力。同时可因地制宜发展资源环境可承载的适宜产业。

兵团重点生态功能区与自治区重点生态功能区连片,发展方向一致。分为三种类型:水源涵养型、防风固沙型、生物多样性维护型生态功能区。

第二节 规划目标

——生态服务功能增强,生态环境质量改善。风沙危害逐步减轻,防风固沙能力得到增强,水质明显改善,生态用水基本稳定,有效控制水土流失和荒漠化面积,稳定草原面积,增加林地面积,提高森林覆盖率。水源涵养型和生物多样性维护型区域的水质保持在Ⅰ类,空气质量保持在一级;防风固沙型区域的水质达到Ⅱ类,空气质量得到改善。

——形成资源点状开发、生态面上保护的空间开发结构。要在科学规划的基础上,以点状开发方式对图木舒克、北屯市城区和第九师师部城区进行有序开发,其开发强度控制在规划目标之内,尽可能减少对生态环境的破坏。

——形成环境友好、特色鲜明的产业结构。不影响生态系统功能的适宜产业、特色产业和服务业得到发展,人均生产总值明显增加,经济发展与生态环境更加协调。

——基本公共服务水平显著提高,职工群众生活明显改善。全面提高九年义务教育质量,基本普及高中阶段教育,加强职业教育,人口受教育年限大幅度提高。建设覆盖城市和团场的公共卫生服务体系、医疗服务、社会保障体系,城镇居民人均可支配收入和农牧工家庭人均纯收入大幅提高,实现基本公共服务均等化。

第三节 开发管制原则

——严格控制各类开发活动。在重点生态功能区及其他环境敏感区、脆弱区划定生态红线,尽可能减少对生态系统的干扰,不得损害生态系统的稳定和完整性。

——保持生态空间的完整性。开发矿产资源、发展适宜产业和建设基础设施,都要控制在尽可能小的空间范围之内,做到林地、绿洲、草原、水库水域、河流水面等绿色生态空间面积不减少,与自治区生态功能区连片保护,避免成为"生态孤岛"。

——优化生态空间布局和人口结构。城镇建设与工业开发要在资源环境承载能力较强的特定区域集中布局、据点式开发,引导人口向城镇和中心连队居住区集中,使更多的空间用于保障生态系统的良性循环。原则上不得新建各类工业开发区,已建工业开发区要成为低消耗、可循环、少排放、"零污染"的生态型工业园区。

——严格把握项目准入关。在不损害生态系统功能的前提下,发展农林牧产品生产和加工业,保持一定的经济增长速度和自给能力;在矿产资源丰富地区,点状开发矿产资源;在自然景观资源丰富地区,有序发展旅游业;在边境口岸团场,积极发展边境贸易及以口岸经济为主的服务业。

——促进资源节约利用。重点加强团场城镇和中心连队居住区的道路、供排水、垃圾污水处理等基础设施建设。在条件适宜团场,积极推广使用太阳能、风能、沼气、地热等清洁能源,解决无电地区的能源需求,建设一批节能环保生态型社区。

——节约高效利用水资源。根据水资源承载能力,合理确定城镇经济结构和产业布局。加强流域水资源管理,合理安排生态、生活和生产用水。普及高新节水灌溉技术,降低农业用水定额,加强企业节水技术改造,提高全社会节水意识,建设节水型社会。加大空中云水资源开发力度,缓解水资源紧缺。

表4　兵团重点生态功能区名录

级别	区域	师	范围	面积（平方公里）	人口（万人）
国家级	阿尔金草原荒漠化防治生态功能区	第二师	36、38团,且末支队	1310.3	1.3
	阿尔泰山地森林草原生态功能区	第十师	北屯市(含183、187、188团)、181、182、185、186、189、190团,青河农场	3450.4	6.9
	塔里木河荒漠化防治生态功能区	第一师	3团	255.0	1.5
		第三师	图木舒克市(含44、49、50、51、52、53团)、42、43、45、46、48团,莎车农场、叶城牧场、伽师总场、托云牧场、东风农场	7861.4	17.7
		第十四师	47、224团,一牧场、皮山农场	1495.6	3.5
兵团级	天山西部森林草原生态功能区	第四师	78、79团	959.3	1.0
	夏尔西里山地森林生态功能区	第五师	88团	335.4	0.4
	准噶尔西部荒漠草原生态功能区	第九师	161、170团,九师师部	1969.2	2.3
	天山南坡中段山地草原生态功能区	第十二师	104团(和静县部分区域)	1230.0	0.2
	准噶尔东部荒漠草原生态功能区	第十三师	红星一牧场、淖毛湖农场	2719.1	0.7
国家级重点生产功能区合计		2个市、33个团场、1个单位		14372.7	30.9
兵团级重点生态功能区合计		8个团场、1个师部		7213.0	4.6
总计		2个市、41个团场、1个师部、1个单位		21585.7	35.5

表5　兵团重点生态功能区的类型和发展方向

级别	名称	类型	范围	综合评价	发展方向
国家级	阿尔金草原荒漠化防治生态功能区	防风固沙	36、38团,且末支队	该区保存着完整的高原自然生态系统,拥有许多珍贵特有物种,地表植被稀少,生物多样性及其生态环境高度敏感,土壤侵蚀及土地沙漠化敏感性极高。目前区内草地退化、水土流失、土地荒漠化加速,珍稀动植物的生存受到威胁。	控制放牧和旅游区范围,防范盗猎,减少人类活动干扰。
	阿尔泰山地森林草原生态功能区	水源涵养	北屯市(含183、187、188团)、181、182、185、186、189、190团,青河农场	该区水资源丰沛,矿产资源丰富,有优良的天然草场,畜牧业较为发达。目前土地轻度沙漠化,草原退化,草场植被受到破坏。	禁止非保护性采伐,涵养水源,以草定畜,实施牧民定居。

续表

级　别	名　　称	类　型	范　　围	综合评价	发展方向
国家级	塔里木河荒漠化防治生态功能区	防风固沙	图木舒克市(含44、49、50、51、52、53团)、3、42、43、45、46、47、48、224团,莎车农场、叶城牧场、伽师总场、托云牧场、东风农场、一牧场、皮山牧场	该区为南疆主要水源地,对流域绿洲开发和职工群众生活至关重要。目前沙漠化和盐渍化敏感程度高,胡杨木等天然植被退化严重,绿色走廊受到威胁。	合理利用地表水和地下水,调整农牧业结构,禁止开垦草原,保护恢复天然植被,防止沙化面积扩大。
兵团级	天山西部森林草原生态功能区	水源涵养	78、79团	该区为重要水源涵养地,森林和草原资源丰富,拥有黑蜂等珍稀特有物种。目前森林破坏,草原退化,野生动物减少,山体滑坡、雪崩及水土流失较为严重。	禁止非保护性采伐,采取草原减牧、退耕还草等措施,控制农牧业开发强度,涵养水源。
兵团级	夏尔西里山地森林生态功能区	生物多样性	88团	该区域野生动植物资源丰富,植物种类有蒙古黄芪、雪莲、五莲紫草等国家重点保护对象10余种,动物种类有赛加羚羊、北山羊、盘羊、棕熊、雪豹等受国家重点保护野生动物40余种。目前生态环境退化、自然景观遭到破坏。	加强生态环境建设和管理,减少人为干扰,维护自然景观原貌和生物多样性。
兵团级	准噶尔西部荒漠草原生态功能区	生物多样性	161、170团,九师师部	该区域气候干燥,降水量少,植被旱化,以山地草原和荒漠草原为主。目前草地退化,生物资源破坏,风蚀现象严重。	植树造林,加强以草原为主的生态建设,合理利用草原发展畜牧业。
兵团级	天山南坡中段山地草原生态功能区	水源涵养	104团(和静县部分区域)	该区冰川发育,众多河流发源地。目前草原退化,水质污染,湿地萎缩。	禁止过度放牧,恢复天然植被,加强湿地保护。
兵团级	准噶尔东部荒漠草原生态功能区	生物多样性	红星一牧场、淖毛湖农场	该区域气候极端干旱,常年无地表径流,生态环境十分脆弱,荒漠植被覆盖率低。目前风蚀痕迹明显,荒漠化强烈。	保护荒漠植被和野生动物,减少人为干扰,保护自然遗产和生物多样性。

　　水源涵养型:主要指重要江河源头和重要水源补给区。包括阿尔泰山地森林草原生态功能区,天山南坡中段山地草原生态功能区,天山西部森林草原生态功能区。

　　防风固沙型:主要指沙漠化敏感性高、土地沙化严重、沙尘暴频发并影响较大范围的区域。包括塔里木河荒漠化防治生态功能区、阿尔金草原荒漠化防治生态功能区。

　　生物多样性维护型:主要指濒危珍稀动植物分布较集中、具有典型代表性生态系统的区域。包括夏尔西里山地森林生态功能区,准噶尔东部荒漠草原生态功能区,准噶尔西部荒漠草原生态功能区。

　　生态孤岛:指物种被隔绝在一定范围内,生态系统只能内部循环,与外界缺乏必要的交流与交换,物种向外迁移受到限制,处于孤立状态的区域。

第八章　禁止开发区域

——禁止进行城镇化工业化开发的重点生态功能区

　　兵团禁止开发区域分为国家层面和兵团层面,其中:国家层面的禁止开发区域是按照5个国家级禁止开发区域——罗布泊野骆驼国家级自然保护区、托木尔峰国家级自然保护区、西天山国家级自然保护区、艾比湖湿地国家级自然保护区、天山天池风景名胜区所覆盖的团场部分区域来划定的,共包括8个团场的部分区域,国土面积673.7平方公里,占兵团0.9%。兵团层面的禁止开发区域是按照1个自治区层面禁止开发区域——北鲵温泉自然保护区所覆盖的团场部分区域来划定的,包括2个团场的部分区域,国土面积147.4平方公里,占兵团0.2%。

第一节　功能定位

功能定位:参与新疆自然文化资源保护和珍稀动植物基因资源保护的重要区域,点状分布的生态功能区。

第二节　管制原则

——禁止开发区域要依据法律法规和相关规划实施强制性保护,严格控制人为因素对自然生态和文化自然遗产原真性、完整性的干扰,严禁不符合主体功能定位的开发活动,在确保履行屯垦戍边使命的前提下,引导人口逐步有序转移,实现污染物"零排放",提高环境质量。

——处于自然保护区的团场部分区域,要依据《中华人民共和国自然保护区条例》、《新疆维吾尔自治区自然保护区管理条例》以及自然保护区规划进行管理,在不影响自然保护区主体功能的前提下,可以保持适量的人口规模和适度的农业活动,确保职工群众生活水平稳步提高。

表6　兵团禁止开发区域名录

级　别	自然保护区	涉及团场	面积(平方公里)
国家级	罗布泊野骆驼自然保护区	36团	2.2
	托木尔峰自然保护区	4团	1.7
		5团	117.2
		74团	294.3
	西天山自然保护区	72团	3.3
	艾比湖湿地自然保护区	90团	108.1
		91团	41.6
	天山天池风景名胜区	107团	105.3
兵团级	北鲵温泉自然保护区	88团	145.2
		61团	2.2
国家级禁止开发区合计		8个团场	673.7
兵团级禁止开发区合计		2个团场	147.4
总　　　计		10个团场	821.1
注明:禁止开发区域只覆盖团场的部分区域			

第四篇　能源与资源

能源与资源的开发布局,对构建国土空间开发战略格局至关重要。在对兵团国土空间进行主体功能区划分的基础上,从形成主体功能区布局的总体要求出发,需要明确能源、主要矿产资源开发布局以及水资源开发利用的原则和框架。能源基地和主要矿产资源基地的具体建设布局,由能源规划和矿产资源规划做出安排;水资源的开发利用,由水资源规划做出安排;其他资源和交通基础设施等的建设布局,由有关部门根据本规划另行制定。

第九章　能源与资源
——主体功能区形成的能源与资源支撑

第一节　主要原则

——能源基地和矿产资源基地以及水功能区分布于重点开发、限制开发区域之中,不属于独立的主体功能区,其布局要服从和服务于该区域主体功能定位、发展方向和开发原则。

——能源基地和矿产资源基地的建设布局,要坚持"点上开发、面上保护"的原则。通过点上开发,促进经济发展;通过面上保护,保护生态环境。

——能源基地和矿产资源基地建设,要充分考虑城镇化战略格局、农业战略格局的需要和生态安全战略格局的约束。

——能源基地和矿产资源基地的建设布局,应当在对所在区域资源环境承载能力综合评价基础上,做到规划先行,以主体功能区规划为基础,并与相关规划相衔接。引导产业集群发展,尽量减少大规模长距离输送加工转化。

——位于重点生态功能区的能源和矿产资源基地建设,必须进行生态环境影响评估,尽可能减少对生态空间的占用,同步修复生态环境。

——重点生态功能区内资源环境承载能力相对较强的特定区域,在不损害生态功能前提下,支持其因地制宜、适度发展能源和矿产资源开发利用相关产业。资源环境承载能力弱的矿区,要在区外进行矿产资源的加工利用。

——根据不同主体功能区发展的主要任务,合理调配水资源,综合平衡各垦区、各行业水资源需求。强化用水需求和用水过程管理,实现水资源的有序开发、有限开发、有偿开发和高效可持续利用。对水资源过度开发以及由此造成的生态脆弱垦区,要通过水资源合理调配,逐步退还被挤占的生态用水,使其生态系统功能逐步得到恢复,维护河流和地下水系统的功能。

第二节　能源开发布局

——依托新疆骨干电网和煤炭基地,配套完善兵团能源体系,形成以火电开发为主,水电、风电、太阳能发电共同发展的能源开发格局。

——推进煤炭资源和现有矿井整合,提高产业集中度,扶持发展一批现代化大型煤矿和煤炭企业。积极参与新疆"西煤东运"、"西电东送"工程,在准东、伊犁、吐—哈、库—拜四大矿区建设一批大中型煤矿。提高煤矿安全生产技术装备水平和煤炭资源回采率,推进矿井向安全、高效、集约化开发转变。

——围绕兵团城市、重点产业聚集园区、重大煤化工项目,配套建设热电联产等电源项目,同步建设输送电网和供热管网,满足用电和供热需求。积极参与准东、哈密煤电一体化基地建设,配套做好运输、后勤等服务。

——积极发展水能、风能和太阳能等清洁能源。加大玛纳斯河、奎屯河、古尔图河、莫勒切河流域水能资源开发,重点建设肯斯瓦特、奎屯河、古尔图河等梯级水电站。在阿拉山口、淖毛湖、三塘湖等风区建设一批大型风力发电场。在太阳能资源丰富的哈密地区及天山南麓建设大型光伏发电基地。在保护生态前提下,有序开发利用水能资源。大力发展农村小水电,积极开展水电新农村电气化县建设、小水电代燃料生态保护工程和农村水电增效扩容改造工程。

第三节 主要矿产资源开发布局

依托矿产资源富集的阿勒泰山南缘、吐哈盆地和天山南麓,在北屯和哈密垦区形成两个多金属开采加工基地,加快南疆石棉、盐等非金属矿产资源开发和铅锌铜等金属矿产资源的勘探,形成兵团特色矿业开发格局。

第四节 水资源开发利用

根据新疆不同区域的自然气候条件和水资源分布特点,以及兵团各垦区经济社会发展的目标要求,统筹农业、工业、城镇和生态用水,与自治区山区控制性水利枢纽工程同步开展兵团配套工程建设,加快兵团独立水系水利工程建设,推进大中型灌区节水改造,普及节水灌溉技术,提高水资源利用效率,基本保证地下水抽取量与补给量动态平衡,为兵团经济社会发展提供水资源保障。

第五篇 保障措施

本规划是涉及国土空间开发的各项政策及其制度安排的基础平台。兵团各有关部门要按照国家要求,在国家支持帮助下,建立健全主体功能区的体制机制、政策体系和绩效评价体系。

第十章 区域政策

根据推进形成主体功能区的要求,对兵团不同主体功能区实行分类管理的政策。

第一节 财政政策

按照主体功能区要求和基本公共服务均等化原则,逐步建立兵团公共财政体系。

——建立激励约束机制。增强兵团实施公共管理、提供基本公共服务和落实各项民生政策的能力。将兵团列入重点生态功能区和农产品主产区的团场纳入中央财政转移支付范畴,通过提高转移支付系数等方式,加大均衡性转移支付力度。加强对国家级主体功能区中央转移支付资金的管理和使用,引导主体功能区的形成。

——探索建立对口支援横向援助机制。利用对口支援、定向援助等方式,加强民生建设。

第二节　投资政策

一、政府投资

实行按主体功能区安排与按领域安排相结合的投资政策。

——争取国家按主体功能区安排的投资,主要用于支持纳入国家级重点生态功能区和农产品主产区团场的发展,包括生态修复和环境保护、农业综合生产能力建设、公共服务设施建设、促进就业、基础设施建设以及支持适宜产业发展等。根据规划和建设项目的实施时序,按年度争取国家投资。

——争取国家按领域安排的投资,要符合各区域主体功能定位和发展方向。争取国家基础设施方面的投资,重点用于加强重点开发区域的城建、交通、能源、水利、环保、林业以及公共设施等基础设施建设;争取国家生态环境保护方面的投资,重点用于加强重点生态功能区生态产品生产能力建设;争取国家农业方面的投资,重点用于加强农产品主产区农业综合生产能力建设。

——对重点生态功能区和农产品主产区内国家支持的建设项目,争取提高中央投资补助比例,逐步降低或免除师团配套。

二、社会投资

——鼓励和引导社会投资按照不同区域的主体功能定位投资。对重点开发区域,鼓励和引导社会资本进入各行业和领域;对农产品主产区和重点生态功能区,鼓励社会资本投向基础设施和城镇公用事业、社会事业等领域。

——积极利用金融手段引导民间投资。引导商业银行等各类金融机构按主体功能定位调整区域信贷投向,鼓励向符合主体功能定位的项目提供贷款,严格限制向不符合主体功能定位的项目提供贷款。

第三节　产业政策

——对不同主体功能区国家鼓励类以外的投资项目实行更加严格的投资管理,引导产业合理布局、有序发展。落实好国家对新疆的差别化产业政策。

——严格市场准入制度,对不同主体功能区的项目实行不同的占地、耗能、耗水、资源回收率、资源综合利用率、工艺装备、"三废"排放和生态保护等强制性标准。

——编制专项规划、布局重大项目,必须符合各垦区的主体功能定位。在资源环境承载能力和市场允许的情况下,资源加工业项目和制造业项目优先向重点开发区域布局。

——建立市场退出机制,对限制开发区域不符合主体功能定位的现有产业,积极争取中央财政支持,通过设备折旧补贴、设备贷款担保、土地置换等手段,促进产业跨师转移或关闭。

第四节　土地政策

——按照不同主体功能区的功能定位和发展方向实行不同的土地利用和土地管理政策,科学确定各类用地规模。确保耕地数量和质量,适度扩大城市和团场城镇居住用地。建设用地指标向重点开发区域倾斜,逐步减少一般连队居民点用地,合理控制交通用地增长。

——集约使用建设用地,加大存量建设用地挖潜力度和整合闲散用地,尽量不占或少占新增建设用地指标。鼓励使用戈壁荒滩建设产业聚集园或引进产业项目。

——实施用地规模人地挂钩政策(城市和团场城镇建设用地的增加规模要与吸纳人口进入城镇定居的规模挂钩)。在确保履行屯垦戍边使命的前提下,引导连队职工到城市或团场城镇集中居住。

——加强基本农田保护,确保基本农田数量不减少,质量有提高。

第五节　农业政策

——贯彻和落实国家各项强农惠农富农政策。落实农业补贴制度,争取国家加大对兵团农产品主产区资金支持力度,加大对基础设施建设和社会事业建设力度,改善团场生产生活条件。

——支持农产品主产区依托本地资源优势发展农产品加工业,对适宜的产业优先在农产品主产区的重点团场城镇布局。

第六节　人口政策

——重点开发区域实施积极的人口迁入政策和特殊的招人留人政策,提高人口机械增长率,集聚和吸纳更多人口。对在城市和团场城镇从事各种经济活动、有职业、有较稳定收入、有住所、符合条件的流动人口,逐步实现本地化。

——位于重点生态功能区和禁止开发区域的团场,加强义务教育、职业教育与职业技能培训,增强劳动力就业能力,促进农业富余劳动力转移。

——在兵团城市和部分垦区试行同地区同等生育政策,完善人口和计划生育利益导向机制,保持人口稳定增长。

第七节　民族政策

——落实中央扶持民族贸易、少数民族特需商品和传统手工业品生产发展的各项优惠政策,加大对少数民族职工群众的帮扶力度,最大限度地为当地少数民族职工群众提供就业机会。

——支持少数民族人口较多团场加快发展,扶持和引导少数民族职工从事二、三产业,着力改善民生,努力使少数民族人口较多团场职工收入水平和生活条件高于周边地方群众。

第八节　环境政策

——重点开发区域要结合环境容量,实行严格的污染物排放总量控制指标。工业单位产品能耗达到国家限额标准或国内先进水平,主要污染物排放总量控制在国家下达指标内。加强清洁生产审核,推进危险废弃物规范化管理,大幅度减少污染物排放量。重点生态功能区要通过治理、限制或关闭污染物排放企业等手段,实现污染物排放总量持续下降。

——重点开发区域要根据环境容量,逐步提高产业准入环境标准。农产品主产区要按照保护和恢复地力的要求设置产业准入环境标准,重点生态功能区要按照生态功能恢复和保护的原则设置产业准入环境标准。

——重点开发区域要积极推进排污权制度改革。合理控制排污许可证发放,鼓励新建项目通过排污权交易获得排污权。农产品主产区和重点生态功能区要从严控制排污许可证发放。

——重点开发区域要从源头控制污染。将主要污染物排放总量控制指标作为环评审批的前置条件,建设项目要严格执行环境影响评价制度,产业聚集园区和重化工业集中区要按照发展循环经济的要求进行规划、建设和改造。

——重点开发区域要合理开发和科学配置水资源。在加强节水的同时,加大污水处理和回用力度,减少污水排放,保护好水资源和水环境。农产品主产区和重点生态功能区要加大水资源保护力度,大力普及高新节水灌溉技术,满足基本生态用水需求,加强水土保持和生态环境修复与保护。

第九节　应对气候变化政策

按照自治区及兵团应对气候变化方案,统一实施应对气候变化的各项措施,以推动整体效果的实现。

——重点开发区域要积极发展循环经济,实施重点节能工程,发展和利用可再生能源,加大能源资源节约和高效利用技术应用力度,加强生态环境保护,优化生产空间、生活空间和生态空间布局。

——农产品主产区要继续加强农业基础设施建设,推进农业结构调整,遏制荒漠化加重趋势。加强新技术的研究和开发,增强农业防灾抗灾减灾能力。

——重点生态功能区要推进荒漠植被、天然林资源保护、退耕还林还草、防护林体系建设、湿地保护与恢复等,增加生态系统固碳能力。有条件的垦区要积极发展风能、太阳能等清洁、低碳能源。

——严格执行重大工程气象灾害风险评估和气候可行性论证制度,加强自然灾害应急和防御能力建设。

第十一章　绩效评价

建立健全符合科学发展观并有利于推进形成主体功能区的绩效考核评价体系。按照不同区域的主体功能定位,实行各有侧重的绩效评价和考核办法,并强化考核结果运用,有效引导各区域推进形成主体功能区。

第一节　建立绩效考核评价体系

——重点开发区域:实行城镇化工业化水平优先的绩效评价,综合评价经济增长、吸纳人口、产业结构、质量效益、资源消耗、环境保护以及基本公共服务覆盖面等。主要考核生产总值、非农产业就业比重、单位生产总值能耗和用水量、单位工业增加值取水量、主要污染物排放强度、人口规模等指标。

——农产品主产区:强化对农产品保障能力的评价,主要考核农业综合生产能力、团场职工收入等指标。

——重点生态功能区:强化对提供生态产品能力的评价,主要考核大气和水体质量、水土流失和荒漠化治理率、森林覆盖率、林地保有量、森林保有量、草畜平衡、草原植被覆盖度、生物多样性等指标。

第二节　强化考核结果运用

推进形成主体功能区的主要目标能否实现,关键在于要建立健全符合科学发展观要求并有利于推进形成主体功能区的绩效考核评价体系。根据不同区域的主体功能定位,把推进形成主体功能区主要目标完成情况纳入对领导班子和领导干部的综合考核评价体系中,作为领导班子奖励、惩戒的重要依据。

第六篇　规划实施

本规划是兵团国土空间开发的战略性、基础性和约束性规划,在各类空间规划中居总控性地位。各师、兵团有关部门及各团场要根据本规划调整完善相关规划和政策,落实责任,健全绩效考核评价体系,组织实施好本规划。

第十二章　规划实施

第一节　兵团有关部门的职责

发展改革部门:负责本规划实施的组织协调,充分做好本规划与各区域规划以及土地、环保、水利、农业、能源等专项规划的衔接,实现各级各类规划之间的统一协调;组织编制跨师的区域规划;落实适应主体功能区要求的投资政策和产业政策;负责研究提出将开发强度、资源承载能力和生态环境容量等约束性指标分解落实到各师的办法;负责兵团主体功能区规划实施的监督检查、中期评估和修订。

工业和信息化部门:负责编制适应主体功能区要求的工业、信息化产业发展规划;负责落实相关政策。

科技部门:负责研究提出适应主体功能区要求的科技规划,建立适应主体功能区要求的区域创新体系;负责落实科技相关政策。

监察部门:配合有关部门制定符合科学发展观要求并有利于推进形成主体功能区的绩效考核评价体系,并负责实施中的监督检查。

财务部门:负责按照本规划明确的财政政策方向和原则,落实适应主体功能区要求的财政政策。

国土资源部门:负责制定并落实适应主体功能区要求的土地政策和用地指标;负责组织修编土地利用总体规划;负责会同有关部门组织调整划定基本农田,并落实到具体地块;负责组织编制兵团矿产资源规划,确定重点勘查的区域。

建设部门:负责组织编制和监督实施兵团城镇体系规划;负责制定适应主体功能区要求的城市建设和市政公用事业规划和政策;负责组织各师(市)城镇体系规划、城市总体规划的审查。

环境保护部门:负责编制适应主体功能区要求的生态环境保护规划;负责组织编制兵团环境功能区划;负责落实环境保护相关政策;指导、协调、监督各师环境保护工作。

水利部门:负责制定适应主体功能区要求的水资源开发利用和节约保护、防洪减灾、水土保持等规划;负责落实水利等相关政策。

农业部门:负责编制适应主体功能区要求的农业、林业发展和生态保护规划;负责落实农业等相关政策;负责制定适应主体功能区要求的气象防灾减灾、开发利用空中云水资源等气候资源方面的规划和政策。

人口计生部门:负责会同有关部门制定引导人口合理布局的规划和政策。

其他各有关部门:依据本规划,根据需要组织修订能源、交通、气象灾害防御等专项规划,并落实相关政策。

第二节　各师的职责

各师(市)要根据国家和兵团主体功能区规划,组织实施好两级主体功能区规划,落实相关政策措施;指导所辖团场落实主体功能区定位和所辖单位在规划编制、项目审批、土地管理、人口管理、生态环境保护等各项工作中,遵循全国和兵团主体功能区规划的各项要求;根据兵团主体功能区规划的空间开发原则及本师(市)国民经济和社会发展总体规划,规范开发时序,把握开发强度,申报有关开发项目。

第三节　监测评估

加强兵团国土空间开发动态监测管理,通过多种途径,对国土空间变化情况进行及时跟踪分析。

兵团国土空间动态监测管理系统由发展改革部门与有关部门共同建设和管理,建立由发展改革、工业和信息化、国土资源、建设(环保)、科技、水利、农业等行业管理部门共同参与、协同有效的国土空间监测管理工作机制。

建立兵团主体功能区规划评估与动态修订机制,适时开展规划评估,提出是否需要调整的内容或对规划进行修订的建议。对规划实施情况进行跟踪分析,注意研究新情况,解决新问题。

各师(市)、各部门要通过各种渠道,采取多种方式,加大主体功能区规划的宣传力度,使全兵团都能全面了解本规划,使主体功能区的理念、内容和政策深入人心,把主体功能区规划真正落到实处。

图 1 兵团地形图

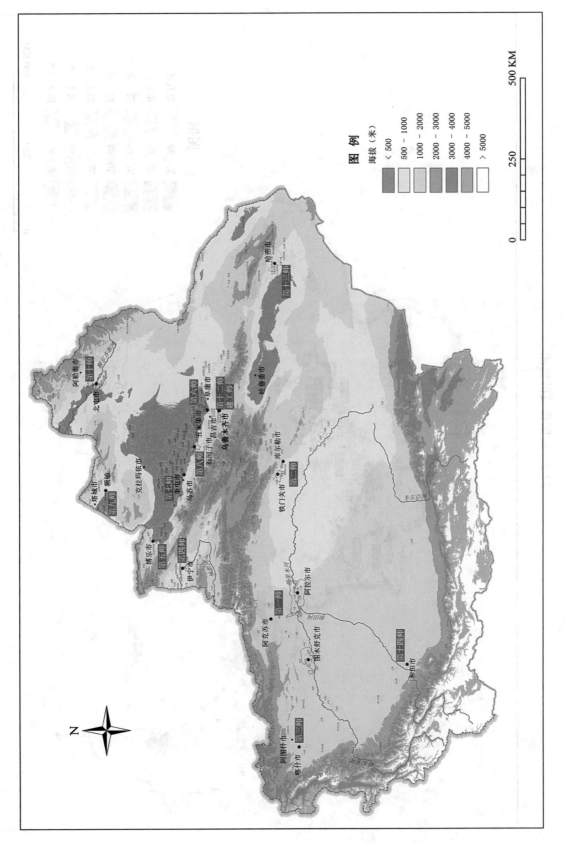

图 2 兵团行政区划图

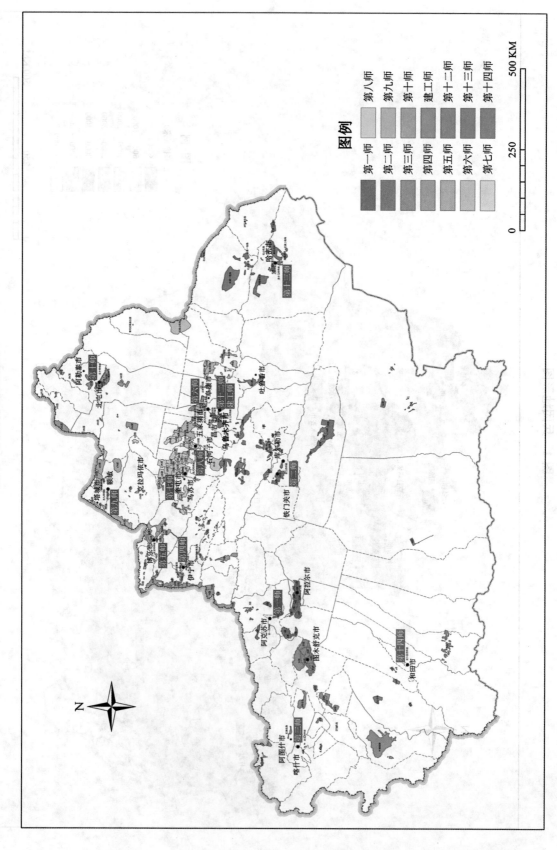

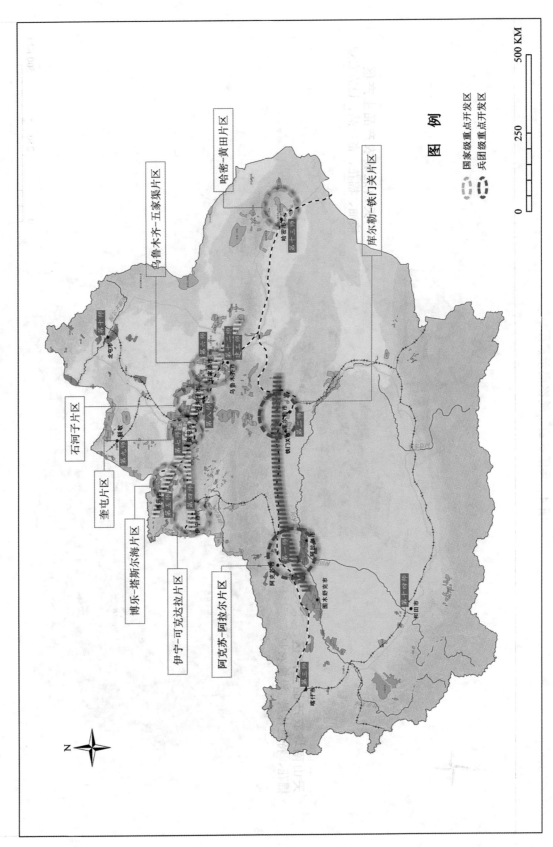

图 3 兵团城市化战略格局示意图

图 4 兵团农业战略格局示意图

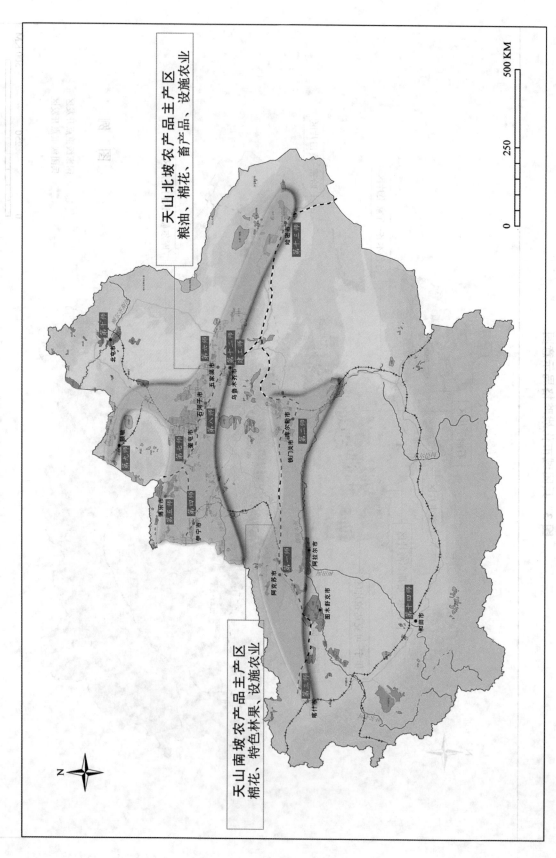

天山北坡农产品主产区
粮油、棉花、畜产品、设施农业

天山南坡农产品主产区
棉花、特色林果、设施农业

图 5　兵团生态安全战略格局示意图

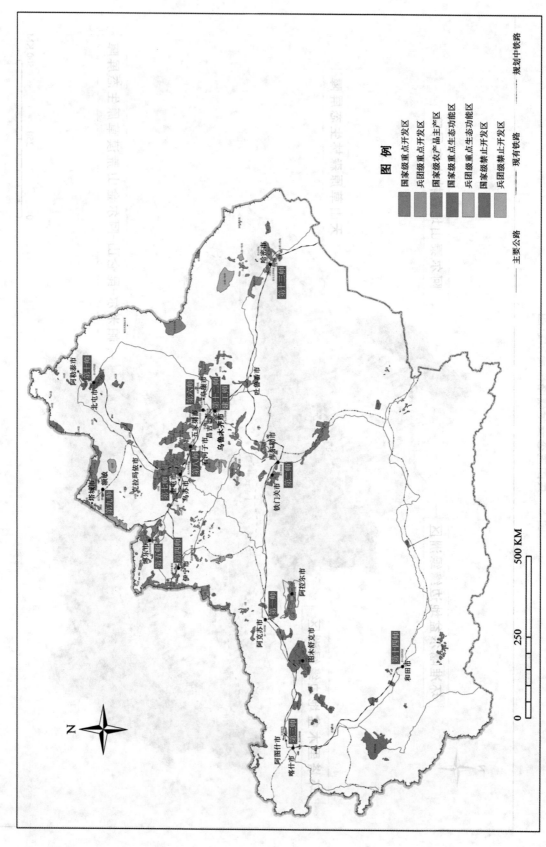

图 6　兵团主体功能区划图

图 7 兵团重点开发区域分布图

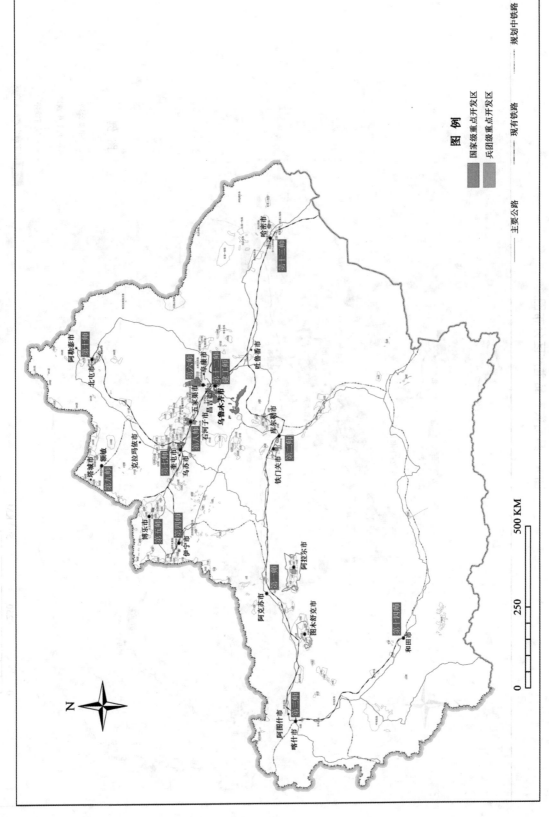

图 8　兵团农产品主产区分布图

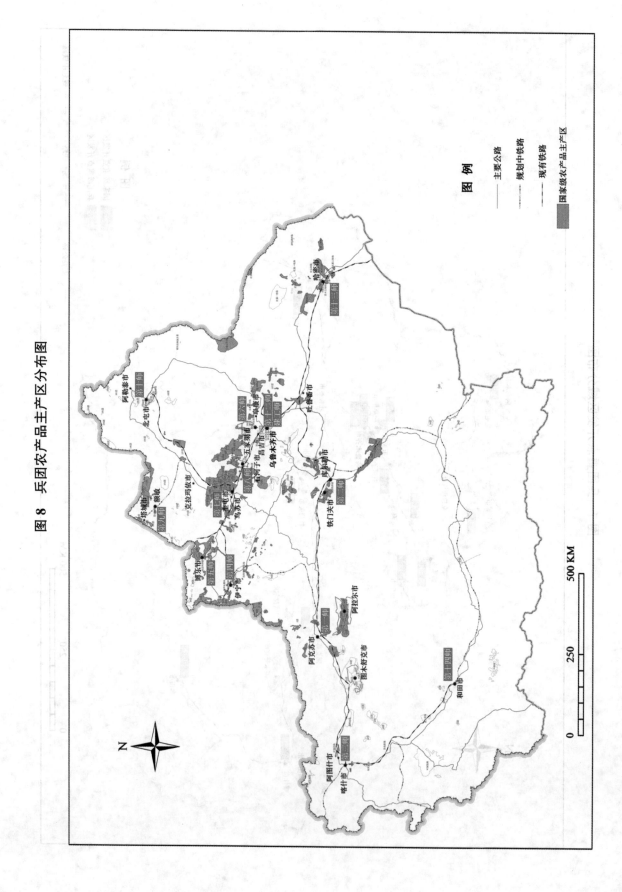

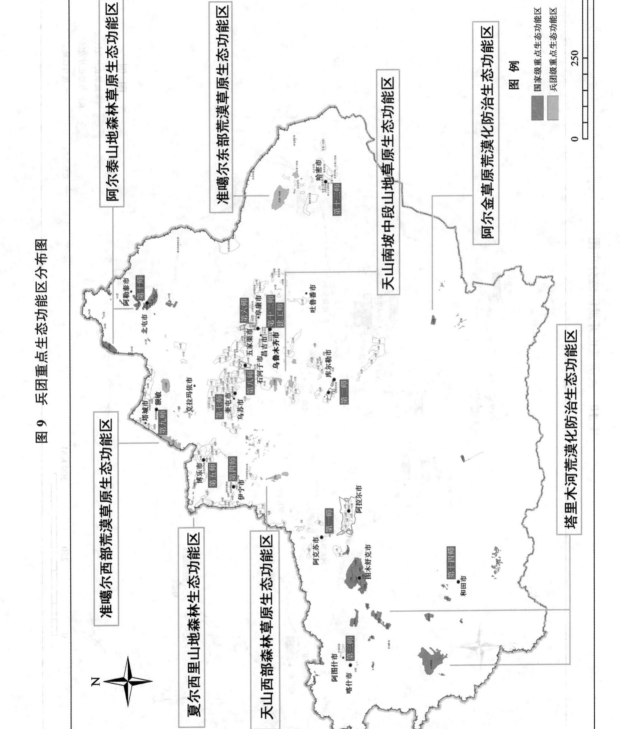

图 9 兵团重点生态功能区分布图

图 10 兵团禁止开发区域分布图

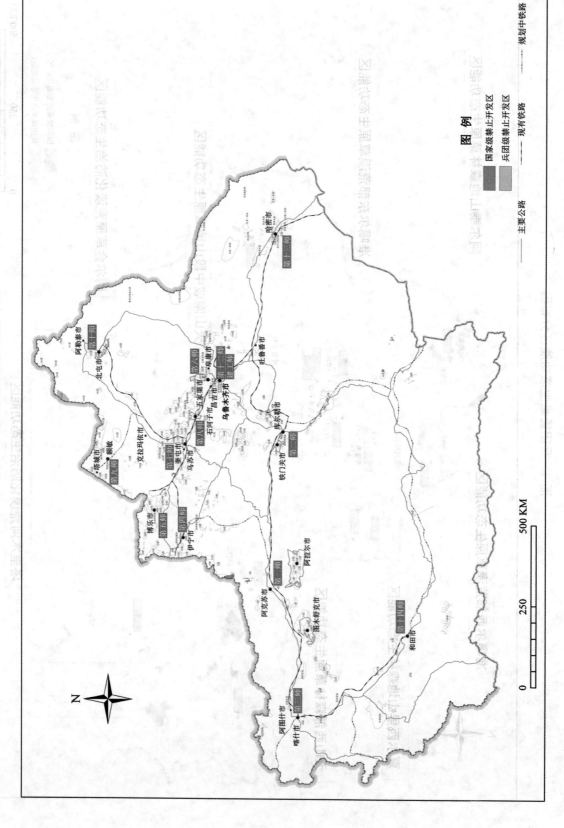

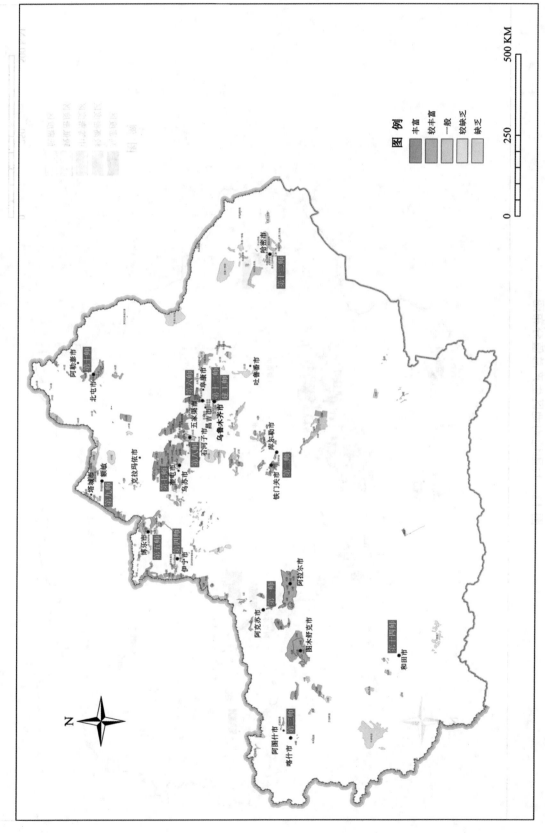

图 11　兵团人均可利用土地资源评价图

图 12 兵团地均地区生产总值分布图

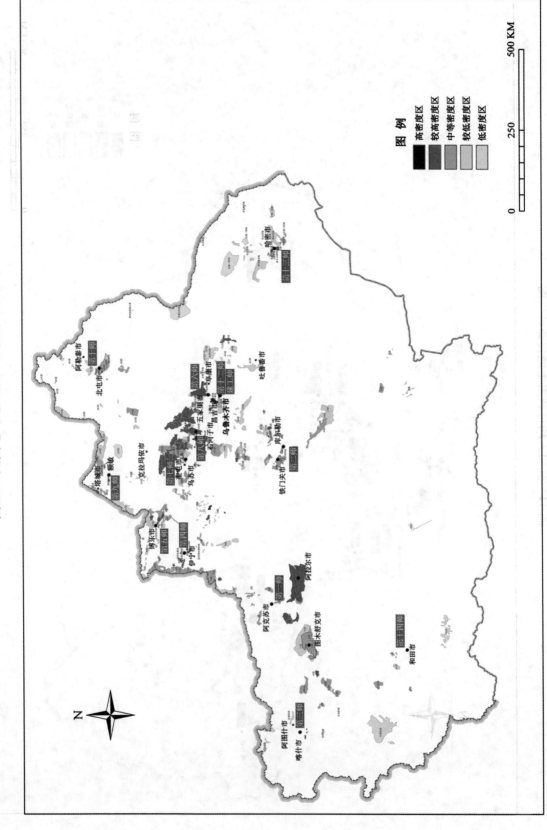

兵
团

图 13 兵团生态脆弱性评价图

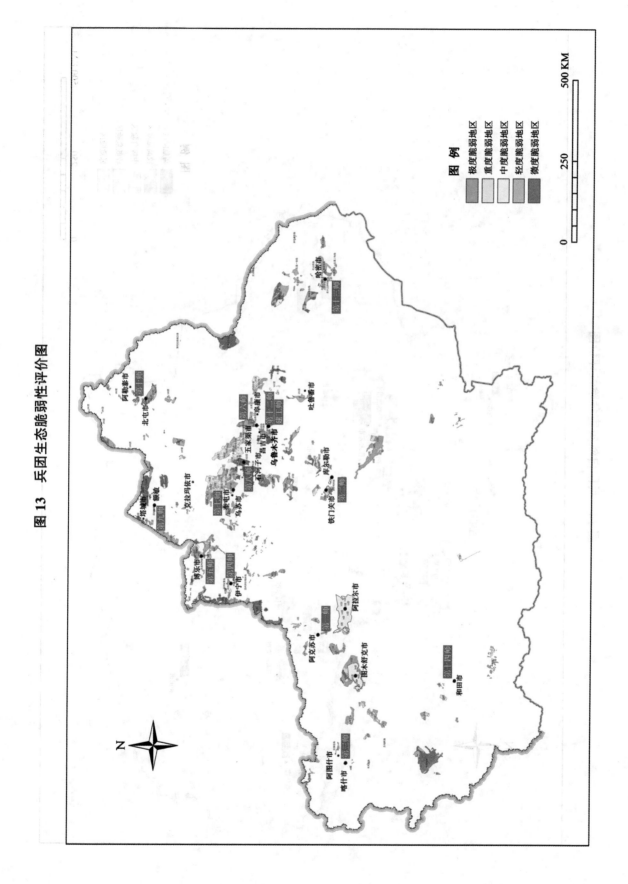

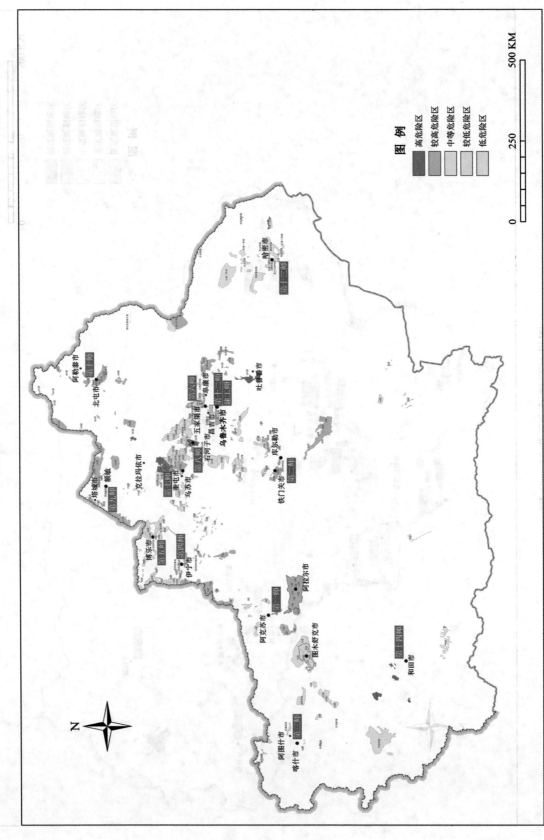

图 14　兵团自然灾害危险性评价图

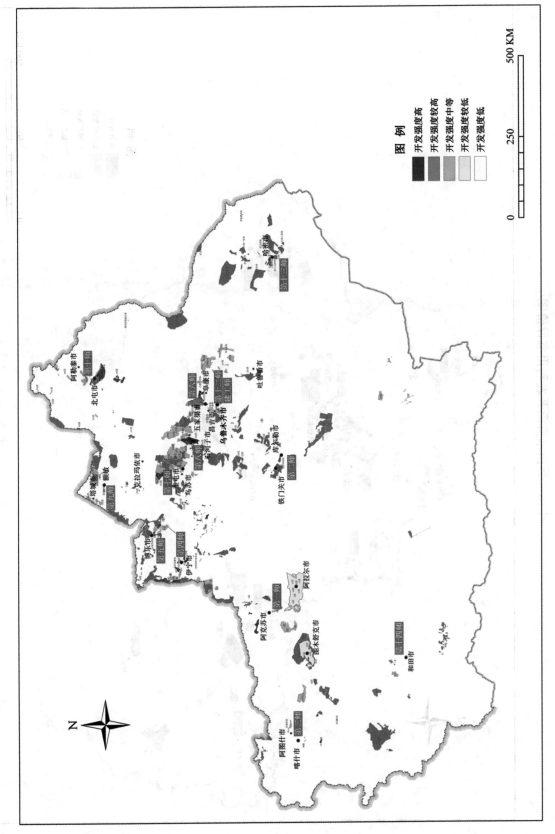

图 15　兵团目前开发强度示意图

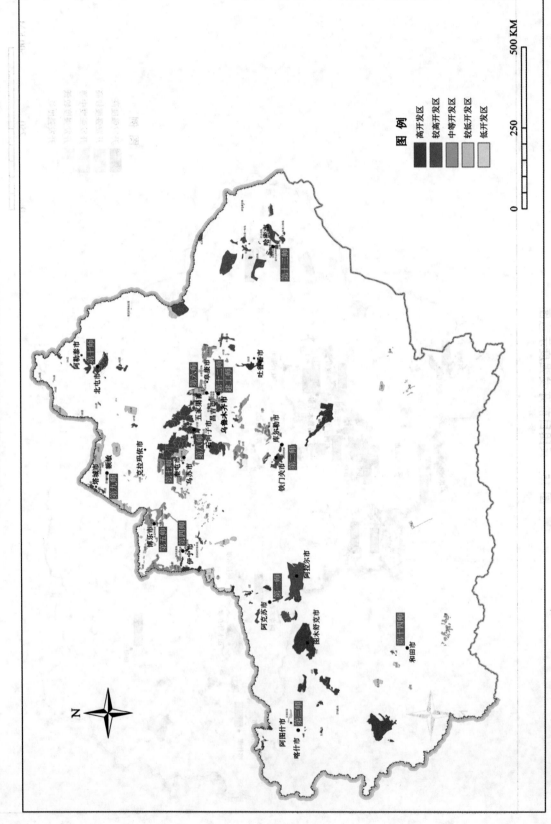

图 16　兵团水资源开发利用率评价图

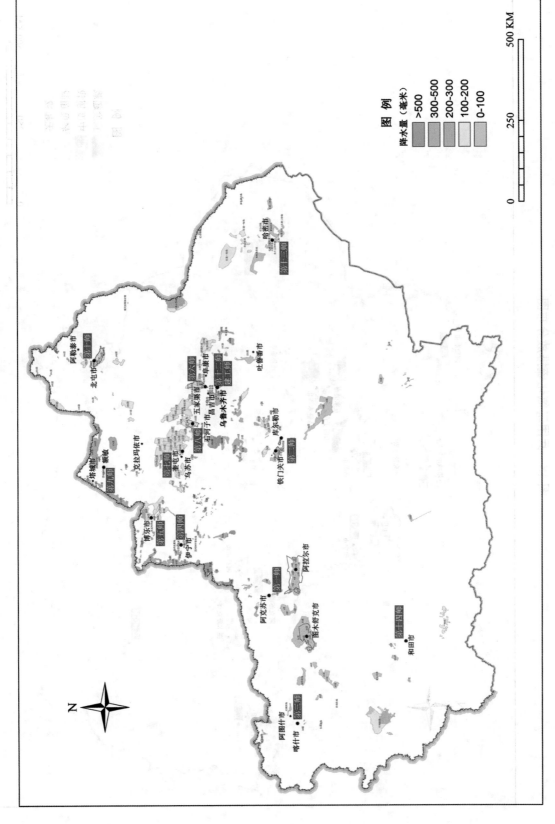

图 17 兵团多年平均降水量分布图

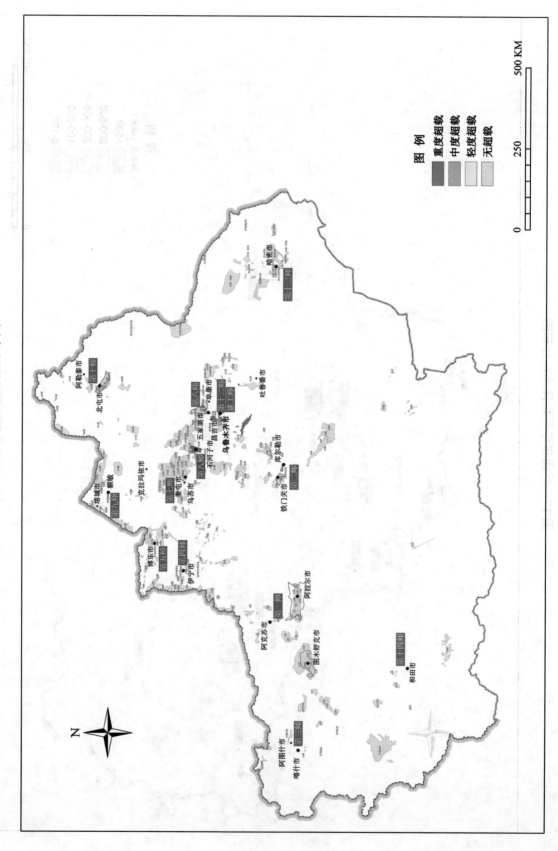

图 18　兵团二氧化硫排放分布图

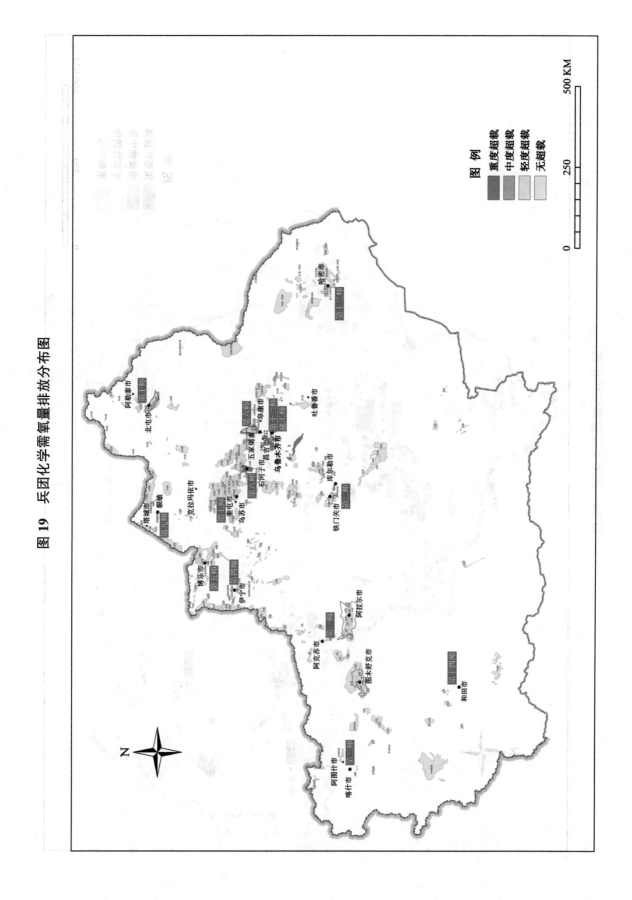

图 19　兵团化学需氧量排放分布图

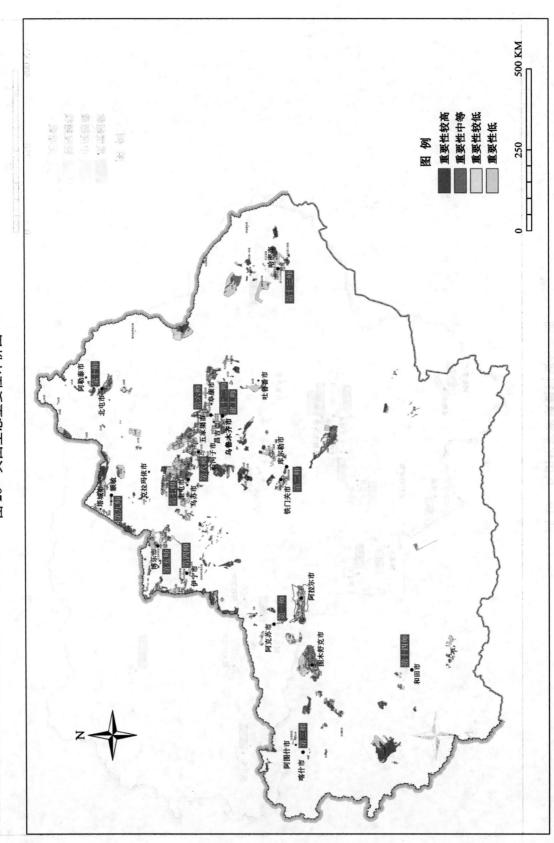

图 20　兵团生态重要性评价图

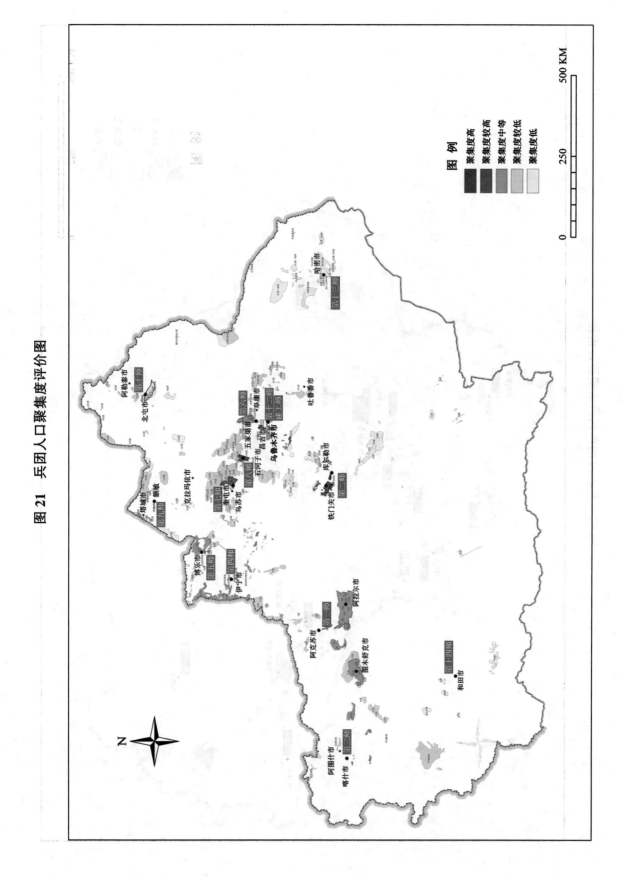

图 21　兵团人口聚集度评价图

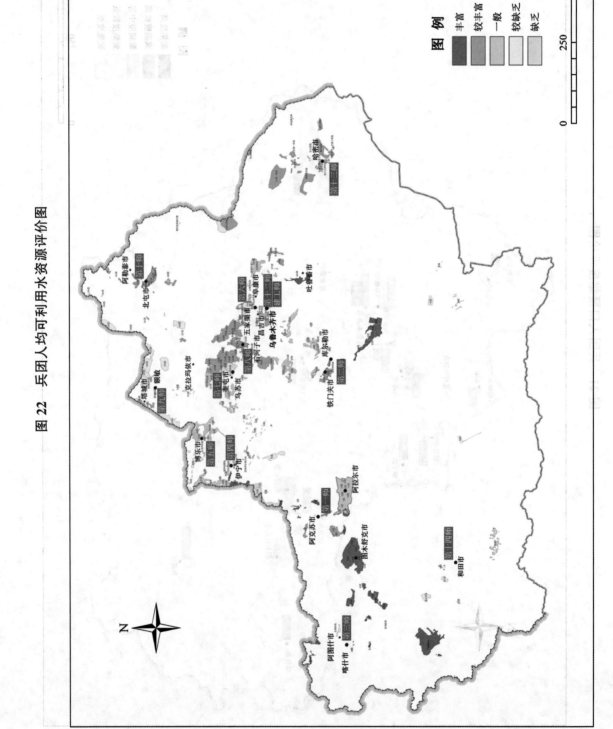

图 22　兵团人均可利用水资源评价图

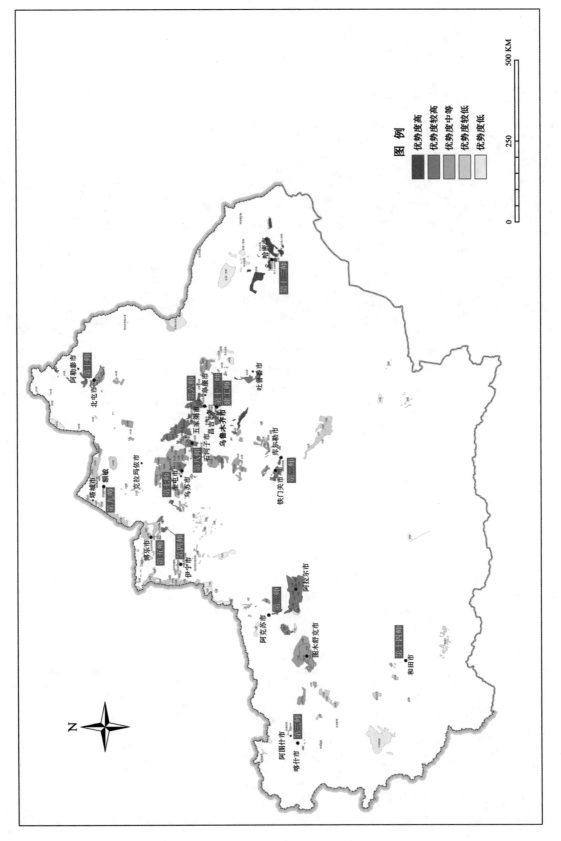

图 23　兵团交通优势度评价图

责任编辑:刘彦青

图书在版编目(CIP)数据

全国及各地区主体功能区规划.下/国家发展和改革委员会 编. -北京:人民出版社,2015.5
ISBN 978 - 7 - 01 - 014839 - 7

Ⅰ.①全… Ⅱ.①国… Ⅲ.①区域规划-研究-中国 Ⅳ.①TU982.2

中国版本图书馆 CIP 数据核字(2015)第 090095 号

全国及各地区主体功能区规划
QUANGUO JI GEDIQU ZHUTI GONGNENGQU GUIHUA
(下)

国家发展和改革委员会 编

人民出版社 出版发行
(100706 北京市东城区隆福寺街 99 号)

北京新华印刷有限公司印刷 新华书店经销

2015 年 5 月第 1 版 2015 年 5 月北京第 1 次印刷
开本:889 毫米×1194 毫米 1/16 印张:46.25
字数:1170 千字 印数:0,001-3,000 册

ISBN 978 - 7 - 01 - 014839 - 7 定价:186.00 元

邮购地址 100706 北京市东城区隆福寺街 99 号
人民东方图书销售中心 电话 (010)65250042 65289539

责任编辑：刘敬文

图书在版编目（CIP）数据

全国及各地区主体功能区规划 / 国家发展和改革委员会编. — 北京：人民出版社，2015.5
ISBN 978-7-01-014839-7

Ⅰ.①全… Ⅱ.①国… Ⅲ.①区域规划-中国 Ⅳ.①TU982.2

中国版本图书馆 CIP 数据核字(2015)第 090095 号

全国及各地区主体功能区规划
QUANGUO JI GEDIQU ZHUTI GONGNENGQU GUIHUA
(下)

国家发展和改革委员会 编

人民出版社 出版发行
(100706 北京市东城区隆福寺街99号)

北京新华印刷有限公司印刷 新华书店经销

2015 年5月第1版　2015 年5月北京第1次印刷
开本：880 × 1230 毫米 1/16　印张：46.25
字数：1170 千字　印数：0,001—1,000 册

ISBN 978-7-01-014839-7　定价：160.00元

邮购地址 100706 北京市东城区隆福寺街99号
人民东方图书销售中心　电话 (010)65250042 65289539

版权所有·侵权必究
凡购买本社图书，如有印制质量问题，我社负责调换。
服务电话：(010)65250042